U0336736

国家出版基金项目
NATIONAL PUBLICATION FOUNDATION

"十二五"国家重点出版物出版规划项目
国家出版基金资助项目

中国气象百科全书

气象预报预测卷

气象出版社
China Meteorological Press

图书在版编目（CIP）数据

中国气象百科全书. 气象预报预测卷/《中国气象百科全书》
总编委会编. —北京：气象出版社，2016.12（2020.8 重印）
ISBN 978-7-5029-6443-6

Ⅰ.①中⋯　Ⅱ.①中⋯　Ⅲ.①气象学—普及读物②气
象预报—普及读物　Ⅳ.①P4-49

中国版本图书馆 CIP 数据核字（2016）第 252121 号

ISBN 978-7-5029-6443-6

9 787502 964436 >

Zhongguo Qixiang Baike Quanshu · Qixiang Yubao Yuce Juan

中国气象百科全书·气象预报预测卷

出版发行：气象出版社

地　　址：北京市海淀区中关村南大街 46 号　　　**邮政编码**：100081
电　　话：010-68407112（总编室）　010-68408042（发行部）
网　　址：http://www.qxcbs.com　　　　　**E-mail**：qxcbs@ cma. gov. cn
责任编辑：邵俊年　隋珂珂　张　媛　杨泽彬　　**终　　审**：成秀虎
封面设计：易普锐创意　　　　　　　　　　　　**责任技编**：赵相宁
责任校对：王丽梅
印　　刷：北京建宏印刷有限公司
开　　本：889 mm × 1194 mm　1/16　　　　　**印　　张**：27.5
字　　数：950 千字
版　　次：2016 年 12 月第 1 版　　　　　　　　**印　　次**：2020 年 8 月第 2 次印刷
定　　价：300.00 元

《中国气象百科全书》总编委会

主　编：郑国光

副主编：王守荣（常务）　　许小峰　　矫梅燕　　于新文　　丁一汇

顾　问：温克刚　秦大河　周秀骥　曾庆存　叶笃正　陶诗言

委　员：（以姓氏笔画为序）

丁一汇	于新文	马鹤年	王式功	王存忠	王会军
王守荣	王明星	王晓云	丑纪范	毕宝贵	吕达仁
伍荣生	刘式适	刘英金	刘燕辉	宇如聪	许小峰
许健民	孙　健	李　柏	李良序	李泽椿	李福林
杨　军	杨修群	吴国雄	何金海	余　勇	宋连春
张人禾	陈云峰	陈洪滨	陈联寿	周定文	郑国光
赵立成	胡永云	费建芳	徐祥德	谈哲敏	矫梅燕
管兆勇	端义宏	翟盘茂			

《中国气象百科全书》协调指导小组

组　长：王守荣

副组长：丁一汇　李泽椿　余　勇　王存忠

顾　问：温克刚　马鹤年　刘英金　骆继宾

成　员：（以姓氏笔画为序）

丁一汇	王　强	王存忠	王守荣	王晓云	毛耀顺
毕宝贵	刘燕辉	孙　健	李泽椿	李维京	杨　军
余　勇	宋连春	陈云峰	赵立成	赵同进	姜海如
洪兰江	陶国庆	章国材	韩通武	端义宏	翟盘茂
潘进军					

前　言

　　《中国气象百科全书》（以下简称《全书》）在社会各界的关注和支持下，经过多年的酝酿和近五年编纂努力，终于与读者见面了，在中国百科全书体系中又增添了新的成员。《全书》是以大气科学为基础，以中国气象事业发展为主线，以气象业务为重点的专科性百科全书，既是一部面向广大读者的集知识性、资料性和可读性于一体的实用工具书，也是为有一定知识水平的社会大众提供气象知识的科普书，同时在一定程度上还是记载气象事业发展的典籍书。

　　《全书》的内容包括气象事业发展、大气科学中各分支学科领域、气象服务、气象预报预测、综合气象观测与信息网络等各个方面的知识。《全书》分《综合卷》《气象科学基础卷》《气象服务卷》《气象预报预测卷》《气象观测与信息网络卷》《索引卷》六卷，共辑录1600多个条目，约560万字。

　　《气象预报预测卷》是《全书》中重要的一卷，是社会公众和专业人士非常关心和重视的一卷，在编写之初就把《气象预报预测卷》定位于一部以气象预报预测作为基础内容，全面概述天气预报、气候预测、数值天气预报、气候变化、空间天气预报、环境气象预报、气候资源评估等方面气象业务情况、技术路线和基本理论的百科全书；有许多内容具有我国特色，充分反映了当代中国气象预报预测业务发展现状和发展方向，并全面概述了国内外气象预报预测业务发展成就和科学研究成果；通过广泛普及气象预报预测科学知识，让社会公众更加了解天气和气候业务的发展和原理，使气象预报预测业务工作在保障经济建设发展、社会和谐稳定等方面起到更好的推动和支撑作用；同时该书也可以作为气象工作者的参考书与工具书。《气象预报预测卷》下设卷前文章、预报预测业务系统、天气预报、数值天气预报、气候预测、气候变化、气候资源评估与开发利用、大气环境监测和预报、空间天气与预报、附录、索引共11个部分，总计有条目344条，共计有214人参与了条目编写工作。

　　《气象预报预测卷》在组织和编写过程中，自始至终都得到了中国气象局各级领导和同事们以及众多专家的大力支持与帮助。谨在此一并表示衷心感谢。

　　由于是第一次系统总结和编写气象预报预测内容方面的百科全书，缺乏经验，加之很多内容无先例可循，很多资料难以收集，写作难度较大，限于水平，书中可能存在不少错误和缺点，热忱希望广大读者批评指正，以便改正和改进。

《中国气象百科全书·气象预报预测卷》编委会

2016 年 3 月

气象预报预测进展

矫梅燕

气象预报预测是天气预报和气候预测的总称,始终是气象服务经济社会发展的重要基础。党和国家宏观经济决策、战略性产业发展、经济结构调整、重大灾害应对防范、大气污染防治、生态环境建设、应对气候变化等,都需要更精准、更及时的天气预报和气候预测。气象预报预测始终是广大人民群众共享气象改革发展成果的重要内容,人们的衣、食、住、行与气象息息相关。随着人民群众生活质量和水平的提高,对气象预报预测服务的要求也将越来越高。气象预报预测已经成为广大人民群众日常生活的"必需品"和"公共品"。

一、发展历程

(一)天气预报业务

1. 国际发展历程

科学意义上的天气预报起源于 19 世纪,在此之前主要靠群众积累的经验预报天气。天气预报业务的发展可分为传统天气预报业务和现代天气预报业务两个阶段。第一阶段开始于 19 世纪中叶,以 1851 年世界第一张地面天气图在英国诞生为标志。这一阶段天气预报的制作主要包括:通过电报收集各地气象站同时观测的数据,由人工填绘在一张有地理信息的空白图上,预报员分析天气系统的结构和演变来研判未来的天气。随后形成的气团学说、极锋理论、长波理论和水汽相变理论等在天气预报中得到应用,使天气预报成为具有一定理论基础支持的业务。1904 年,V. 皮叶克尼斯(V. Bjerknes)首次提出数值天气预报的理论思想,1922 年理查森(Richardson)首次尝试数值天气预报,20 世纪 50 年代,随着计算机技术的发展和人们对大气认识的深入,利用计算机来求解描述大气变化的方程组预报未来天气成为可能。第二阶段发达国家大约开始于 20 世纪 70 年代末 80 年代初,我国则开始于 20 世纪 90 年代,以数值天气预报在天气预报中获得广泛应用为标志。在这个阶段,以高分辨率数值预报产品为基础,以多种资料融合和分析技术为手段,基于对各种天气发生发展规律和机理认识，依托数值预报检验订正和预报员经验，可以开展精细化水平更高、更长时效的气象要素预报和灾害性天气预报。

2. 国内发展历程

中国的天气预报业务也经历了类似的发展，大致可以划分为四个阶段。

19 世纪末至新中国成立之前为萌芽阶段。1895 年 12 月 31 日（清光绪二十一年十一月十六日），上海徐家汇观象台绘制成中国第一张东亚地面天气图。1912 年，中国管辖的第一个近代气象台"中央观象台"在北京古观象台成立，1913 年中央观象台建立了简单的气象观测场并逐年拓展观测业务，开展了早期的气象预报尝试，只做天气现象和风向的预报。

新中国成立至 20 世纪 70 年代，天气预报以天气图的分析为基本技术手段，预报技术水平主要体现在预报员关于天气学的经验积累和分析应用能力。20 世纪 70 年代末至 90 年代，气象卫星和天气雷达开始在天气预报业务中应用，定量化的天气监测分析技术快速发展，暴雨、台风等灾害性天气系统的监测和预报能力明显提高，短时临近预警业务开始发展。

随着计算机技术在天气业务中应用，建立了依托计算机技术为手段的天气业务分析应用平台，数值预报技术得到更大应用，天气预报业务由以经验定性预报为主转为以数值预报为基础的定量化预报，形成了比较明确的天气预报技术路线，即：以数值预报为基础，以卫星、雷达等多种资料和多种预报方法的综合应用，预报员依托人机交互预报业务平台制作天气预报。

进入 21 世纪，天气预报技术快速发展，精细化水平逐步提高。中国自主研发的多尺度统一的数值分析预报系统 GRAPES 获得长足的进步，2015 年水平分辨率全球模式达到 25 千米、中国区域模式为 10 千米、分区模式为 3 千米，总体水平接近国际先进水平。

除气象部门外，部分行业单位也建立了有针对性的气象预报预测业务。民航总局空管局气象处下属的气象台站或机场气象台制作区域和航线的风切变、飞机结冰等航空预报警报产品，机场气象台重点开展雷电、风切变、下击暴流、大雾等的监测和短时临近预报。农垦集团气象台站负责制作农垦区天气预报和农业气象预报。新疆生产建设兵团气象局制作和发布南北疆棉花适播期及春夏季天气变化趋势、夏秋季热量条件分析预测和强冷空气入侵等预测信息。黑龙江农垦总局气象台主要为黑龙江垦区提供专业气象预报服务。黑龙江森林工业管理总局为中国林业生产提供物候监测、林业专业气象服务等。制盐企业下属的 28 个盐业气象台站负责为盐业生产提供专业气象预报服务，包括降水、风力、相对湿度、天空状况等。

（二）气候预测业务

1. 国际发展历程

气候预测的业务技术发展大体经历了四个阶段：第一阶段是 19 世纪末或 20 世纪初，基本上是单纯使用周期分析等简单的统计方法，预测某一地区气象要素的变化。第二阶段是 20 世纪初到 50 年代，苏联穆氏学派将天气系统的概念引入长期预报，利用自然天气周期的分析开展预测。美国纳米阿斯则引入大气长波概念，并应用到长期预报中。第三阶段是 20 世纪 50—70 年代，随着大型计算机的应用，各种统计方法在气候预测中广泛应用，同时也更加注重方法的物理意义。

第四阶段是 20 世纪 80 年代以来，开始利用大气环流模式尝试月尺度气候预测，90 年代发展为利用海气耦合模式进行季节预测。目前国际先进的气候预测业务模式基本包括了大气、海洋、陆面和海冰等主要气候系统的分量模式。21 世纪以来，集合预测方法快速发展，成为气候预测的主要发展方向。

2. 国内发展历程

中国是世界上开展气候预测（长期天气预报）研究和业务最早的国家之一，业务技术发展大体经历了三个主要阶段。

第一阶段是经验统计分析阶段。在 20 世纪 50 年代初对北大西洋、北太平洋和南方涛动与中国旱涝关系进行了研究，初步开展了长期预报业务试验。1953 年中央气象台成立了长期天气预报组；1954 年以"气候展望"的名称第一次正式对外发布年度气候趋势展望；1958 年增加了月预报的内容，并易名为"长期天气预报"；1960 年开始建立全国汛期气候趋势预测会商制度，主要针对农业部门生产服务开展汛期旱涝趋势的预测，1961 年正式发布汛期旱涝趋势预测。进入 20 世纪 60 年代，相关概率、点聚图、复相关表等统计方法及周期平均环流图、环流指数等在业务中广泛应用；可以说 20 世纪 70 年代以前，中国气候预测以经验统计分析为主要手段，也吸收了天气谚语中的有益经验。

第二阶段是物理统计分析阶段。20 世纪 70 年代，考虑气候异常物理成因的数学—物理统计方法在我国气象业务部门得到应用，在预测业务中取得了一定的效果，认识到提高预测效果的关键在于物理因子的分析。进入 80 年代，首次提出中国东部地区夏季三类雨型，建立了具有一定物理意义的概念模型，我国气候预测业务前进了一大步。1979 年开始，国务院抗旱领导小组办公室和中央防汛抗旱总指挥部办公室开始参加全国汛期气候趋势预测会商，会商重点逐步转向主要为防汛抗旱，以及农业、水利、电力等相关敏感行业服务。1991 年开始，全国汛期会商会由国家气象局和水利部联合举办，相关科研院所、高校等相关机构参与，一直坚持至今，从未间断。

第三阶段是动力-统计相结合阶段。20 世纪 90 年代后期以来，随着"九五"国家重中之重科技项目的实施，中国气候预测业务技术开始进入统计与动力相结合阶段，建立了物理概念较为清楚的中国夏季降水物理统计综合预测模型和中国第一代气候模式预测系统。2005 年起，中国气象局开始研制新的海-陆-气-冰多圈层耦合气候模式，并发展建立了第二代气候预测模式业务系统。同时，先后开展了延伸期天气过程预测、多模式解释应用集成、动力相似等客观化预测技术的研究与应用，目前已基本建立以模式为基础、动力与统计相结合的客观化预测业务技术体系，预测水平逐步提升。

（三）专业气象预报业务

1. 国际发展历程

专业气象预报起步于 20 世纪 20 年代。美国开展了森林草原火险气象预报业务。20 世纪 80 年代以来，随着社会经济、科学技术的发展和气象信息准确性的提高，社会各行业对气象预报的需求也越来越广泛，专业气象预报技术逐渐完善，逐步形成专业气象预报业务。如美国 TWC 公司的空气质量预报业务、英国的海洋气象预报业务等。

2. 国内发展历程

中国的专业气象预报始于20世纪50年代，主要涉及农业气象、海洋气象、航空气象等。50年代中国首先开展了农作物发育期预报，这也是农业气象预报中最早的一项业务；50年代后期中国气象部门开始探索农业气象产量预报。50年代初，建立了5个海洋气象台与4个沿海港口气象台开展海洋气象预报业务；到1955年又建立烟台、厦门、北海等海洋气象台。航空气象在50年代由国家气象部门负责，主要为中低空飞行提供气象保障。进入20世纪80年代以来，专业气象业务领域不断拓展，在逐步完善水文气象、环境气象、航空气象、地质灾害气象风险预报、交通气象业务基础上，2003年陆续建立了大气成分监测预报业务、生态气象和空间天气业务，2014年成立了中国气象局环境气象中心。气象预报预测业务已经从传统的天气气候业务向水文、环境、生态和空间等领域拓宽。

二、现代气象预报业务体系

气象预报业务与气象服务业务、气象信息网络业务和综合气象观测业务共同构成现代气象业务体系，现代气象预报业务是现代气象业务体系的核心。现代气象预报业务主要由以数值模式业务为基础的天气、气候、气候变化、应用气象（包括海洋、水文、交通、航运、生态与农业气象、大气环境、空间天气、人工影响天气）等监测分析、预报、预测、预估、预警业务及相应的质量检验，以及评定业务、技术平台和业务流程等组成。

近年来，中国现代气象预报业务发展取得了可喜的成绩。

第一，气象预报业务精准化水平稳步提升。一是灾害性天气监测预警业务进展显著。全国强天气预警业务取得长足发展，建立了短时强降水、雷雨大风、冰雹等强对流天气分类预警和精细化落区预报业务，能力显著提升。中尺度天气分析业务在国家—省两级全面开展，国家级和省级的强天气预报业务指导能力明显提高，省以下实时天气监测和短临预警业务实现了从无到有。二是中短期预报精细化水平稳步提升。各省均建立了乡镇精细化预报业务，乡镇覆盖率达到96.7%；逐小时滚动的灾害性天气落区预报精细到乡镇，开展了5千米分辨率的精细化格点预报业务；中期预报客观定量化水平和灾害性天气概率预报能力逐步提高。三是气候监测预测业务快速发展。全球气候要素和气象灾害监测能力明显增强，建立了极端气候事件、雨季变动以及厄尔尼诺、热带大气低频振荡（MJO）等气候现象的实时监测业务，气候监测空间分辨率精细到县，时间分辨率最高到天；建立了精细到县的延伸期到月、季的客观化气候预测业务体系，实现了由概念模型和统计方法为主的定性预测，向以数值模式为基础、动力与统计相结合的客观化预测的转变，客观化预测水平已接近预报员的主观预测水平。

第二，专业气象预报能力明显提高。一是环境气象业务体系基本建成。组建了国家级和京津冀、长三角、珠三角区域环境气象预报预警服务中心，国家、区域、省三级布局合理、分工明确的环境气象业务体系基本建成。重污染天气预报、空气污染气象条件预报和重污染天气联合预警业务全面展开，在大气污染防治中发挥了重要作用。二是海洋气象预报业务更加健全。以精细化为特征的预报能力得到加强，完善了沿岸海区精细化要素预报和强对流临近预警业务，开展了近海洋面风、能见度、海浪的格点化预报，建立了基于集合预报的海洋气象中期预报，开展了对海上航运和海洋经济活动的影响预报。三是加强了水文气象业务能力建设。健全了按流域布局的气象业务中心，水文气象预报能力和服务效益明显提升，与水利部门的信息共享、联防联控机制进一步完善。四是发展和建立了气象风险预警业务。首次在全国开展了精细到乡镇的暴雨洪涝灾害风险普查和风险区划，构建了基于降水致灾阈值的中小河流洪水、山洪和地质灾害气象风险预警业务系统，初步建立了风险预警、效果检验和效益评估技术体系。与水文、国土部门建立了气象风险预警联合发布机制。五是空间天气预报业务初步建立。成立了国家空间天气预报台，初步形成了天地一体化空间天气监测能力，具备了对太阳活动、地磁活动和电离层等关键要素的定量预报能力，空间天气的决策、专业、公众服务取得良好效果。此外，针对农业、交通、能源、旅游等行业需求，建立完善了信息共享和技术联合研发机制，专业气象预报的融合度和针对性不断增强，有力支撑和拓展了各类专业气象服务。

第三，气象预报业务科技支撑能力不断增强。一是数值预报应用研发取得良好进展。稳步推进 GRAPES 模式的研发和应用，25 千米的 GRAPES 全球数值预报系统实现业务运行，10 千米的 GRAPES 区域数值预报系统实现业务运行。华北、东北、华东、华中、华南、西南、西北和乌鲁木齐等八个区域气象中心先后建立了高分辨率数值预报业务系统和快速更新同化系统，为全国短临预警和精细化预报提供了有力的技术支撑。第二代月（季）气候模式实现业务运行，模式分辨率提高到 110 千米，支撑了客观化、定量化气候预测业务的发展。二是客观化业务技术研发取得明显进展。发展了多源资料融合同化、基于天气雷达的外推预报以及高分辨率模式产品融合预报等技术并业务化应用，提高了强天气分类识别等短临预报预警业务能力；建立了基于集合预报和多模式最优集成等数值预报解释应用技术，提高了定量降水预报、格点化预报和台风、暴雨等灾害性天气预报能力。月尺度重要天气过程预测（MAPFS）、多模式应用集成（MODES）、动力统计预测（FODAS）等客观化气候预测技术系统的发展和应用，加快了气候预测的客观化进程。三是核心业务系统平台持续改进。气象信息综合分析处理系统（MICAPS）升级到第四版，强天气临近预警系统（SWAN）升级到第二版，气候信息分析处理系统（CIPAS）升级到第二版，在全国各级气象台站广泛应用，成为集约共享的气象预报基础业务平台。四是探索了业务与科研结合的新形式。由国家气象中心牵头，建立了业务仿真平台，联合国内外高校和科研院所的专家，针对中小尺度灾害性天气，共同开展分析研究和科研成果转化，初步建立了业务与科研结合的流程与机制。五是稳定投入保障了气象预报技术可持续发展。中国气象局设立了数值预报发展专项、预报员专项以及关键技术集成与应用等项目，此外，在重大工程项目和科研项目中也加大了投入力度，稳定支持关键预报技术研发和预报员技术总结。

第四，气象预报业务布局流程更加集约。一是业务布局越来越集约。气象预报业务逐步向国家—省两级集约，国家级的灾害性天气预报、精细化预报和气候预测对全国的业务指导能力显著增强，省级对市县的精细化预报预警指导能力大幅提升，市县级逐步实现向综合业务方向发展。二是业务流程越来越优化。精细化预报频次逐步增加，初步实现预报业务产品国家—省—市—县四级实时共享，建立了省—市—县三级短临业务一体化流程。此外，气象服务业务单位与气象台之间建立了适应气象服务需求的基本预报产品体系和业务流程，支撑了公共气象服务的精细化发展。三是业务组织管理越来越规范。颁布实施了《气象预报发布与传播管理办法》，进一步强调了气象预报的统一发布制度，明确了鼓励传播气象预报的政策要求。针对短时临近预报、海洋气象预报、气候监测预测等业务，制定和修订了20多项业务标准和规范。初步建立了涵盖各类气象预报业务的质量考核评估制度，强化了下级台站对上级指导预报订正技巧的考核评估，质量考核的"指挥棒"作用有效促进了预报质量的提高。改进了气候预测检验方法，促进了气候预测由平均态趋势预测向异常趋势预测的转变。

第五，预报员队伍整体素质不断提升。一是预报员培训成效显著。基本完成了国家—省—市三级预报员的全员轮训。强化了首席预报员和骨干预报员的针对性培训，建立了预报员上岗资格认证制度，开展了每两年一次的常态化气象行业预报技能竞赛。开展了常态化的预报员国际交流培训。二是骨干预报员队伍不断发展壮大。国家级首席预报员已覆盖全国28个省（区、市），在聘总人数为56人，预报核心作用越来越凸显。组建了台风、暴雨、强对流、短期气候预测、环境气象和天气模式、气候模式7个方向的国家级创新团队以及100支省级创新团队。全国具有正研级高工职称的预报员达到137人。三是预报员科研技术总结不断强化。建立了常态化的预报总结和技术交流制度，促进了气象预报业务技术的深入发展，培养锻炼了一批年轻的业务技术骨干。国家级强对流创新团队编制的《中国强对流天气预报手册》，在业务应用和教学培训中获得很好评价。四是预报员综合业务能力不断提升。气象预报与国土、环保、农业、水文、交通、旅游等专业的融合发展，预报员开始从侧重预报技术分析向同时关注预报影响和气象服务效果转变。

在各级气象部门广大气象预报业务、科研和管理人员的共同努力下，气象预报准确率显著提高。2010年以来，暴雨预警准确率达到60%以上，强对流天气预警时间提前到15～30分钟，接近发达国家水平，气象预警信息的覆盖面进一步扩大；气温预报准确率超过80%；24小时台风路径预报误差小于70千米，达到国际先进水平；全国月降水、温度预测准确率近5年平均为67.5分和77.5分，较21世纪前十年分别提高了4.6%和4.0%。气象预报能力有力支撑了公共气象服务的发展，为防灾减灾和重大气象服务提供了有力保障，是上海世博会、广州亚运会、北京APEC会议以及抗战胜利70周年纪念活动等重大气象保障服务取得成功的基础保障。

三、气象预报的现代化发展

在新的历史起点，必须要以"创新、协调、绿色、开放、共享"的发展理念为指导，坚持创新驱动、服务引领、协调发展，以无缝隙、精准化、智慧型为发展方向，加快完善无缝隙集约化业务体系，深入发展客观化精准化技术体系，全力打造智能化众创型业务发展平台，着力培育创新型专家型人才体系，努力健全标准化规范化管理体系，统筹协调，全面推进气象预报业务现代化。

到 2020 年，气象预报的现代化发展目标是：建成"预报预测精准、核心技术先进、业务平台智能、人才队伍强大、业务管理科学"的现代气象预报业务体系，重大核心业务技术能力接近同期世界先进水平，业务整体实力达到同期世界先进水平。

未来几年，气象预报的现代化发展重点任务包括以下几个方面。

1. 完善无缝隙集约化业务体系

推进预报在时空尺度和针对用户需求两个维度上的精细化和无缝隙发展。建立从分钟到年的无缝隙精细化气象预报业务，以"强化两端，提高中间"为重点，强化短时临近预警和延伸期（11 ～ 30 天）到月、季气候预测，提升灾害性天气中短期预报能力。实现站点预报向格点/站点一体化预报转变。大力发展基于影响的预报和风险预警业务。合理布局各级预报业务，实现气象预报业务体系集约化发展。

2. 发展客观化精准化技术体系

依托国家气象科技创新工程，着力发展高分辨率天气气候业务模式，构建以数值模式为基础、以资料同化应用技术和数值预报解释应用技术为支撑的客观化精准化预报预测技术体系。

3. 打造智能化众创型业务发展平台

智能化众创型业务平台作为发展现代气象预报业务的基础载体，应用云计算、大数据、互联网＋、智能化等现代信息技术，搭建基于统一数据环境和计算资源的众创型业务发展平台，实现MICAPS、CIPAS 和数值模式等技术系统的开源开放，形成汇集众智、激励众创和成果共享的业务循环发展态势。

4. 构筑高素质创新型人才体系

适应气象预报业务技术发展，强化预报员队伍建设，优化结构、提升素质，促进预报员转型发展，营造有利于预报员成长的充满活力的环境。逐步实现全国预报员数量占全部专业技术人员比例达 15% 左右，国家级预报员占本单位专业技术人员 35% 以上，省级预报员占全省专业技术人员 6% 左右，国家级首席预报员占全国预报员总数的 2% 左右。建立有利于预报员提升科学素养的体制机制，推进国家—省两级预报员向提高科学素养、提高研发能力方向转变，推进市县级预报员向提高综合业务能力方向转变。

5. 健全标准化规范化管理体系

转变业务管理理念和方式，推进向标准化和定量化管理转变，实现标准规范、检验评估、考核准入对无缝隙气象预报业务全流程的三个全覆盖。

凡　例

一、编排

1. 本书按气象事业结构和气象科学门类分卷出版。分《综合卷》《气象科学基础卷》《气象服务卷》《气象预报预测卷》《气象观测与信息网络卷》及《索引卷》。

2. 各卷条目按分类编排法编排。

3. 各卷根据各自涵盖内容组成部分的内部结构分成若干分科，分科下设若干科目，科目中按内容多寡设长、中、短条目若干。

4. 分科和科目下开篇条目多为介绍本分科或本科目知识内容的概观性文章。

5. 各卷均列有本卷条目目录，目录按学科、业务或事业结构方式编排，反映条目的层次关系，以便读者了解本卷全貌。

6. 各卷之间相互交叉的知识主题在相应卷中分别设有条目（条目名称可不同），例如：在《综合卷》中设有"气象业务布局"条目，在《气象服务卷》《气象预报预测卷》和《气象观测与信息网络卷》中分别设有"气象服务业务布局""气象预报预测业务布局"和"综合气象观测业务系统"条目，但释文内容分别按各分卷的主题要求有所侧重，且注明互为参见。

二、条目标题

7. 条目标题多数是一个词组，例如："应对气候变化""气象培训体系"；少数是一段词语，例如："海峡两岸气象合作与交流"。

8. 条目标题上方加注汉语拼音；条目标题附有对应的英文（人物条目除外），其中条目英文名称中六角括号〔 〕内的内容可以省略。

三、释文

9. 条目的释文力求使用规范化的现代汉语。条目释文开始一般不重复条目标题。

10. 较长条目的释文，设置层次标题，并用不同的字体和版式表示不同的层次标题。

11. 一个条目的内容涉及其他条目，并需由其他条目的释文补充的，采用"见""参见"的方式，见或参见的条目名称采用蓝色楷体字。见或参见本卷的不标注卷名，加注页码；见或参见别卷的标注卷名，不加注页码。例如，《综合卷》卷内参见："由综合气象观测业务系统、气象预报预测业务系统和气象通信网络系统构成，是气象事业体系的主体（参见第166页气象业务体系）。"《综合卷》参见《气象服务卷》："该计划由6部分组成：服务和产品改进；产品分发和传播；支持防灾减灾；社会经济应用；公共教育和宣传；教育和培训（参见气象服务卷公共天气服务计划）。"

12. 条目释文中出现的外国人名，一般附有原文。

13. 条目中出现的英文缩略词一般附有中文对照，除《综合卷》外，其余各卷均附有本卷常用英文缩略词对照表。

14. 在条目释文中配有必要的插图。插图附图题、图注等说明文字。

四、参考书目

15. 条目的释文后一般均附有参考书目，供读者延伸阅读。

五、索引

16. 各卷均附有本卷的条目标题汉字笔画索引、条目英文标题索引、内容索引，《索引卷》含其他五卷的索引及目录。

六、其他

17. 本书所用科学技术名词以全国科学技术名词审定委员会2009年公布的各学科科学名词为准，未经审定和尚未统一的，从习惯用法。地名以中国地名委员会审定的为准，常见的别译名必要时加括号标注。

18. 本书字体除必须用繁体字的以外，一律用1986年6月24日国务院批准重新发表的《简化字总表》所列的简化字。

19. 本书所用数字服从中华人民共和国国家标准《出版物上数字用法》（GB/T 15835—2011）。

20. 本书所用计量单位服从中华人民共和国国家标准《国际单位制及其应用》（GB 3100—93）、《有关量、单位和符号的一般原则》（GB 3101—93）的规定。

21. 本书所用标点符号服从中华人民共和国国家标准《标点符号用法》（GB/T 15834—2011）的规定。

22. 本书中除明确标注资料时间外，其余内容截稿时间为2014年年底。

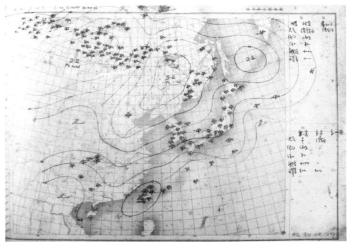

新中国成立当天天气形势图（1949 年 10 月 1 日）

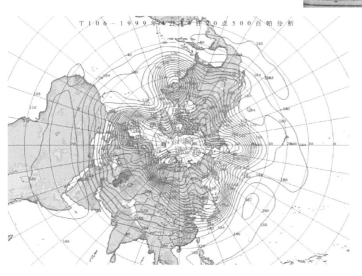

T106 全球模式第一张产品图

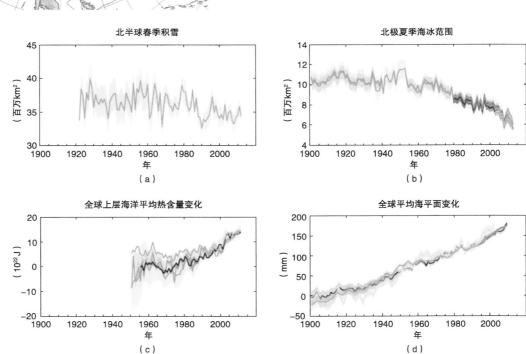

全球变暖趋势图

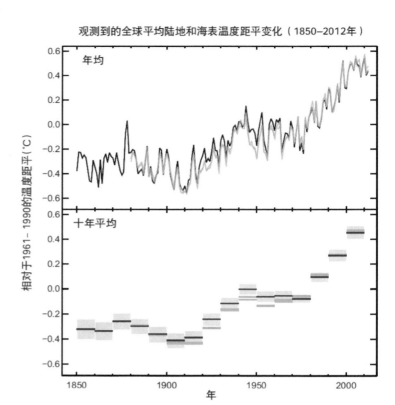

观测到的全球平均陆地和海表温度距平变化（1850–2012年）

中国近百年温度变化趋势图

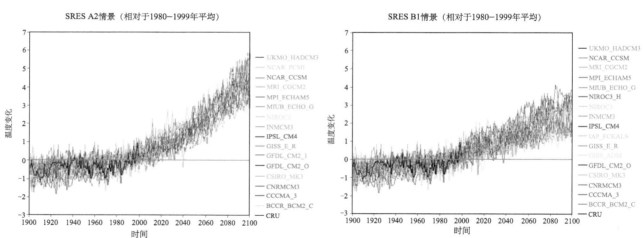

（SRES 情景是由 Nakicenovic 和 Swart（2000 年）制定的并得到采用的"IPCC 排放情景特别报告"中的排放情景，图中右侧均为模式名字。）

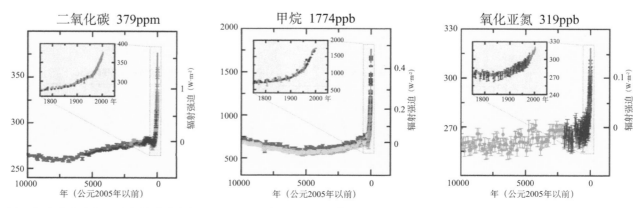

近万年来全球大气温室气体浓度变化（1ppm=10⁻⁶，1ppb=10⁻⁹）

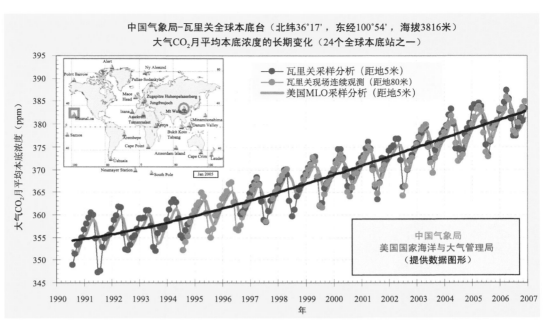

1990–2007 年 CO_2 月平均本底浓度变化趋势中美对比图

■ 预报预测会商

国家级现代化天气预报会商中心和视频会商系统(国家气象中心)

全国气候预测会商
(国家气候中心)

国家气候中心会商室

国家气候中心值班区

省（区、市）级现代化天气预报会商中心和视频会商系统（北京市气象台）

天气预报业务平台（中央气象台）

定量降水预报业务平台（中央气象台）

中长期天气预报业务平台（中央气象台）

国外天气预报业务平台（中央气象台）

台风监测预报业务平台（中央气象台）

农业气象预报业务平台（中央气象台）

强对流天气监测预报业务平台（中央气象台）

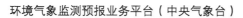
环境气象监测预报业务平台（中央气象台）

世界气象组织北京区域环境紧急响应中心
国家核应急气象监测预报中心

国家空间天气监测预警中心业
务平台

■ 业务网站及出版物

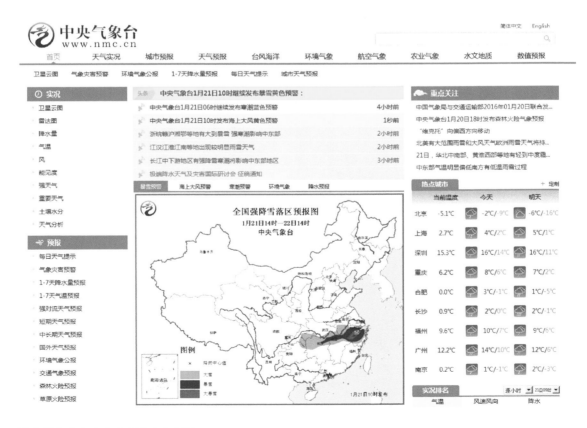

国家气象中心（中央气象台）网站

国家气候中心网站

中国气候变化网

国家卫星气象中心（国家空间天气监测预警中心）网站

应对气候变化报告（2015）

中国应对气候变化的政策与行动
（2011年）

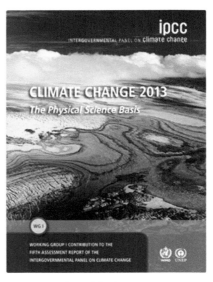

IPCC 第五次工作报告

风能资源利用（新疆达坂城）

光伏发电

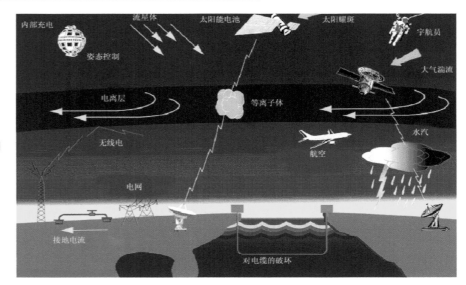

空间天气对人类活动的影响

目　录

气候资源评估与开发利用 …………………………………………………………… 255

附 录

索 引

后 记

气象预报预测业务系统

气象预报预测业务系统

qìxiàng yùbào yùcè yèwù bùjú

气象预报预测业务布局（layout of meteorological forecasting and prediction operation） 气象预报预测业务在气象及其相关行业中的分布和分工。中国气象行业包括气象部门为主体，与民航、农业、林业、兵团、盐业、水利、海洋、电力、司法、科研、院校、军队等设有气象工作的部门和单位共同组成。依据《中华人民共和国气象法》及其相配套的法规和规章，向社会发布的公众气象预报和灾害性天气警报由各级气象主管机构所属的气象台站负责，并根据天气变化情况及时补充或者订正。国务院其他有关部门和省、自治区、直辖市人民政府其他有关部门所属的气象台站，可以发布供本系统使用的专项气象预报。因此，气象部门业务布局和其他相关行业气象单位的气象业务布局不同，气象部门气象预报预测业务实行国家、区域（流域）、省、地、县五级布局。民航气象、农垦气象、盐业气象等其他部门气象业务都是部门内部一级或者部门及其下属机构二级布局。

沿革 新中国成立后，气象事业面临的首要任务，就是迅速进行恢复和建设。1949 年 12 月 8 日，中央军委气象局宣布成立，标志着新中国气象事业的诞生。1951 年 4 月在北京召开了第一次全国气象工作会议，明确了国家、省、地、县四级气象台站的布局和职责范围。随后，各级气象台站逐步建立和完善，四级业务布局的工作秩序逐步走上正轨，形成了最初的气象业务布局和框架。

从 20 世纪 80 年代中后期开始，气象部门进一步深化了气象业务技术体制改革。1988 年 4 月，全国气象局长会议审议通过了《气象部门加快和深化改革的总体设想》，提出了改革天气预报业务技术系统，减少预报业务上不必要的重复劳动；建立国家气象中心、区域气象中心、省（自治区、直辖市）气象台的天气预报现代化业务系统；提高上级对下级台（站）的天气预报业务技术指导能力；调整气象站的预报任务。改革专业气象业务技术系统，积极发展农业气象信息产品和使用技术，建立农业气象业务服务体系；调整海洋气象业务布局，建立海洋气象业务体系。基于 80 年代气象业务技术体制建设已经取得的成果，90 年代初对气象业务布局进行了进一步完善，2010 年中国气象局印发《现代天气业务发展指导意见》，明确了由国家、区域、省（自治区、直辖市）、地（市、州、盟）、县（市、区、旗）五级构成的天气预报业务布局，以及部门内专业气象国家、省、市县三级业务布局。

气候业务布局则是从 1995 年国家气候中心成立之后逐步建立和完善的。截止到 2002 年，全国有 31 个省（自治区、直辖市）气象局成立了气候中心开展气候业务。并逐步形成了北京、沈阳、上海、武汉、广州、成都、兰州和乌鲁木齐气候中心等 8 个区域气候中心，协调各区域（地区）的气候业务工作。2011 年中国气象局印发《现代气候业务发展指导意见》，明确了现代气候业务系统的布局、流程、结构等，指出气候业务系统由国家级、区域（流域）级、省级和市县级四级气候业务单位组成。

气象部门预报预测业务布局 按照中国行政区域和气象部门管理体制，气象预报预测业务布局基本划分为五级，包括国家、区域、省（自治区、直辖市）、地（市、州、盟）、县（市、区、旗），各级履行所在区域的预报业务的职责和功能，并承担上下级之间预报订正反馈和上下游之间的协调和联动任务。但是，气象预报预测业务所包含的天气预报业务、气候预测与气候变化业务、专业气象预报业务三大部分，依据其业务内容和业务流程特点，各级业务任务分工不尽相同；对于专业气象预报业务，专业领域不同，业务布局也各不相同。

天气预报业务布局 实行国家、区域、省（自治区、直辖市）、地（市、州、盟）、县（市、区、旗）五级布局。

国家级 由国家气象中心承担，主要负责运行全球、中国区域数值天气预报和集合预报，以及热带气旋路径预报、东亚区域沙尘暴预报、污染物扩散传输预报、全球海浪预报等专业数值模式预报系统。开展全国气象要素指导预报业务，以及台风、暴雨、寒潮、高温、大雾、沙尘暴、强对流等灾害性天气的监测和短时、短期、中期、长期预报业务，发布气象灾害预警，开展预报产品检验，组织全国天气会商，对下级台站的天气预报进行指导等任务。

区域级　由北京、上海、广州、沈阳、兰州、武汉、成都、乌鲁木齐8个区域气象中心承担，参与国家级数值预报系统的研发工作，开展适合于本区域天气与气候特征的中尺度数值预报模式研发和业务运行，牵头区域内的技术指导、科研组织、技术交流等。

省级　由31个省（区，市）级气象台承担，主要负责对上级数值预报产品检验评估和模式性能诊断业务，基于数值预报产品释用，建立乡镇和其他服务地点的气象要素预报业务，负责中尺度天气分析业务和灾害性天气、气象灾害监测联防以及短时临近预报业务，发布本责任区的气象灾害预警信息，开展短期和中期天气预报业务，开展各类预报产品检验业务，组织责任区内的天气会商和灾害性天气联防。

地（市）级　由339个地（市）级气象台承担，主要负责结合本地观测资料开展对上级气象要素和灾害性天气指导预报的检验，开展上级气象要素和灾害性天气指导预报的订正和短期天气预报业务，负责本地区灾害性天气和气象灾害监测联防以及短时临近预报业务，发布本责任区的气象灾害预警信号。

县级　由2418个县级气象站承担，主要负责本县区域灾害性天气和气象灾害监测业务，重点订正上级指导预报产品，在上级指导下，根据当地资料和经验开展灾害性天气和气象灾害短时临近预报，做好气象服务。

气候预测与气候变化业务布局　实行国家、区域（流域）、省（自治区、直辖市）、市县四级布局。

国家级　由国家气候中心承担，主要负责制作全球和全国性的气候监测诊断、气候预测、气候影响评价等业务和服务产品，负责国家级气候模式系统研发、运行和提供模式产品，开展全国气候资源评估和国家级重大工程的气候应用服务，负责组织制定和推广气候及气候服务标准和规范，组织全国的气候预测会商和技术交流。气候变化业务主要包括气候变化监测和检测以及归因、气候变化预估和评估、气候变化适应和对策，为党中央和国务院应对气候变化和国际谈判提供科学依据。

区域（流域）级　由区域（流域）气候中心承担，负责协调本区域（流域）内的常规气候预测业务及服务工作，在整个业务布局中起纽带作用。协助国家级开展气候模式产品应用开发，承担国家级预测指导产品的释用和评估反馈，牵头协调开展本区域（流域）统计预测方法的研发，牵头拟定本区域（流域）气候预测业务规范和标准，协调开展本区域（流域）各类预测会商和培训。

省级　由31个省（自治区、直辖市）气候中心承担，在国家级业务单位技术指导下，负责开展省级气候业务服务工作，在布局中起骨干作用。负责对国家级指导产品释用订正和评估反馈，利用气候模式产品和国家级指导预测开展针对本地的气候预测解释应用，制作发展有区域特色的气候预测方法，并对地市县台站气候业务进行指导，同时负责组织本省的气候预测会商和技术交流。省级气候变化业务主要着眼于气候变化监测和评估，为省（自治区、直辖市）党委和政府应对气候变化提供科学依据。

市县级　分别由339个地级气象台和2418个县级气象站承担，在上级气候业务单位的指导下，综合应用国家级和省级的气候业务服务产品，开展和制作具有针对性的气候业务和服务产品，负责本地区的气象灾害情报和气候信息资料的收集和及时上报，在布局中起着基础支撑作用。

专业气象预报业务　依专业种类不同，划分业务布局的层级不同。

农业与生态气象业务布局　实行国家、省（自治区、直辖市）、地（市、州、盟）、县（市、区、旗）四级布局。

国家级　由国家气象中心农业气象中心承担，主要开展全国农（牧）业气象情报、主要农作物农用天气预报、主要农（牧）业气象灾害、重大病虫害监测预报，负责全国主要农作物产量和大宗农产品生产国的产量预报，为国家大宗农产品进出口提供依据。开展年度、季节的陆地生态系统综合监测评价，森林、草地等典型生态系统的定期监测与评价，必要时开展不定期的生态环境问题和生态脆弱区的监测评估。

省级　主要由31个省级农业气象业务单位承担，负责全省农（牧）业气象情报、主要农作物农用天气预报，主要农（牧）业气象灾害、重大病虫害监测预报和主要农作物（牧草）产量预报业务，并提供应对措施，为市、县台站提供丰富多样的指导产品。抓住重点，突出特色，开展定期与不定期的典型生态系统特别是生态脆弱区监测评估，突出生态环境问题，提出应对措施等。

地（市）级和县级　分别由339个地级气象台和2418个县级气象站承担，针对当地主要农作物、特色农业、设施农业、牧业等主要农事活动的需求，细化、释用并订正、补充上级业务单位指导产品，结合指标判别和地面调查，开展农业气象灾害监测与诊断，为农（牧）业用户提供针对性的农（牧）业气象情报、预报等产品。

海洋气象业务布局　实行国家级、区域海洋气象中心、沿海省（自治区、直辖市）、地（市）四级布局。

国家级　由中国气象局台风与海洋气象预报中心承担，负责全国海洋气象预报的业务和技术指导，制作下发中国近海海域海洋气象预报指导产品；开展中国近海海域和全球三大洋海洋气象监测分析业务，制作发布海洋气象监测分析产品；开展中国近海海域海洋气象灾害落区预报业务，制作并发布近海海域海上大风等海洋气象灾害预报预警产品；负责收集汇总中国近海海域气象观测和预报信息，制作并发布全国共享的海洋气象监测预报产品，为各级海洋气象台提供信息共享服务；负责组织全国海洋气象预报会商；协调组织国家海上重大活动气象保障任务，协调组织为部委间合作提供日常的中国近海海域气象预报及海上搜救任务区域海洋气象情报信息；开展全球远洋气象导航业务；按国际海事业务规范，负责为全球海上遇险安全系统（GMDSS）提供第 11 海区范围内的海洋气象情报信息。

区域海洋气象中心级　由天津、上海和广州 3 个区域海洋气象中心承担，负责对区域内省级海洋气象预报的业务和技术指导；制作发布近海海域预报区内各海区海洋气象监测、预报、预警产品；依据全国共享的海洋气象预报产品，发布中国近海海域海洋气象预报产品；开展近海海域预报区内海洋气象信息的汇总与共享；负责组织本区域内的海洋气象预报会商；协调组织近海海域预报区内海上重大活动气象保障任务；参与国家级组织的国家海上重大活动气象保障工作；按国际海事业务规范，负责为 GMDSS 提供国际海事责任区的海洋气象情报信息；履行本省省级海洋气象台业务职责。

省级　由沿海 11 个省级气象台承担，负责对省内地（市）级海洋气象预报的业务和技术指导，制作下发本省沿岸海域预报区的海洋气象预报指导产品；制作发布本省沿岸海域预报区内各海区海洋气象监测、预报、预警产品；依据全国共享的海洋气象预报产品，发布中国近海海域海洋气象预报预警产品；开展本省沿岸海域预报区内海洋气象信息的汇总与共享；负责组织本省的海洋气象预报会商；组织实施本省沿岸海域预报区海上重大活动的气象保障任务，参与国家级和区域中心级组织的海上重大活动气象保障工作。

地（市）级　由沿海 11 个省级下属的地（市）级海洋气象台，负责本地区沿岸海域预报区海洋气象监测、预报、预警，在省级海洋气象台指导下，制作发布预报海区的监测、预报、预警产品；负责向省级海洋气象台提供预报海区的监测和预报预警产品；负责预报海区海上重大活动气象保障任务。

环境气象业务布局　环境气象业务实行国家、区域、省（自治区、直辖市）、城市四级布局。

国家级　由中国气象局环境气象中心承担，开展全国环境气象监测、预报和影响评估服务业务，制作发布全国环境气象业务指导产品，并提供对下的技术指导。开展大气污染物区域或跨国传输的监测分析和影响评估。承担环境气象关键技术、国家级大气化学模式、沙尘暴数值预报模式研发，收集并更新污染源排放清单。

区域级　由京津冀、长三角和珠三角环境气象中心承担，开展本区域环境气象监测、预报和影响评估服务业务，制作发布区域环境气象业务指导产品，并提供对下的技术指导。开展大气污染物区域或跨省传输的监测分析和影响评估。承担环境气象关键技术、区域大气化学模式研发。

省级　由 31 个省（自治区、直辖市）级环境气象业务单位承担，基于本地观测资料开展空气质量数值预报模式的释用订正和检验评估业务；开展本省环境气象监测、预报、预警业务，为市、县级开展环境气象业务服务提供指导产品；建立有毒气体扩散应急模式，组织开展本省突发环境气象事件的应急服务和会商联防联动；开展本省环境气象影响评估业务。

城市级　由各大中城市气象台承担，开展大气环境气象的实时监测业务；基于上级指导产品，开展环境气象的短期预报和短时临近预报，发布本地的大气环境气象预警信号；开展环境气象影响评估和应急服务。

气象灾害风险预警业务布局　实行国家、省（自治区、直辖市）、地（市、州、盟）、县（市、区、旗）四级布局。

国家级　由国家气象中心承担，制定致灾（洪）临界雨量推算技术方法，开展全国中小河流洪水、山洪与地质灾害气象风险预警指导预报，与相关部委联合开展全国气象灾害风险预警，开展气象风险预警决策服务和公众服务，开展气象灾害风险预警的业务检验、对下指导以及开展服务效益、服务需求等调查评估。

省级　由 31 个省（自治区、直辖市）级气象灾害风险预警业务单位承担，根据国家级指导产品，根据有关技术要求确定辖区内灾害隐患点的致灾临界雨量和风险等级指标，开展中小河流洪水、山洪与地质灾害气象风险预警指导预报和对外服务产品，与省级合作部门联合开展本辖区内气象灾害风险预警，开展对下指导并开展辖区内气象风险预警服务业务检验和预警服务效益评估。

地（市）级和县级　分别由 339 个地级气象台和 2418 个县级气象站承担，在上级业务指导下，开展中小河流洪水、山洪与地质灾害气象风险预警，与同级合作部门联合发布相应气象灾害风险预警，面向本级决策层面和社会公众提供气象风险预警服务，组织开展本辖区气象灾害应急抢险现场气象服务、灾害风险普查、灾情调查、风险预警业务检验和服务效益评估。

其他部门预报预测业务布局 民航气象、农垦气象、盐业气象等其他部门气象业务都是部门内部实行一级或者部门及其下属机构二级布局。

民航气象业务布局 民航气象业务主要由民航总局空管局气象处下属的气象台站或机场气象台站负责，但内蒙古自治区例外，其民航气象预报由气象部门负责。民航气象业务实行二级布局，华北、东北、华东、华中、西北、华南民航气象中心负责收集国内外的气象观测资料和数值天气预报产品，制作区域和航线航空预报警报产品，包括风切变、飞机结冰等产品。航空终端（机场）气象台重点开展机场雷电、风切变、下击暴流、大雾等的监测和短时临近预报，为保障飞机的起降安全服务。

农垦气象业务布局 农垦气象业务实行两级布局，农垦集团气象台站负责收集国内外的气象观测资料和数值天气预报产品，制作农垦区天气预报和农业气象预报。新疆生产建设兵团气象局还制作和发布南北疆棉花适播期及春夏季天气变化趋势、夏秋季热量条件分析预测和强冷空气入侵等预测信息，为兵团完成年度农业生产任务和目标提供保障。新疆生产建设兵团 38 个气象台站负责制作本分场的天气预报和农业气象预报，重点是为了方便农牧团场安排生产、防灾减灾和城镇职工生活。黑龙江农垦总局气象台主要为黑龙江垦区提供专业气象预报服务等。

林业气象业务布局 中国林业气象工作分三级设置，分别为森工总局、林管局、营林局。黑龙江森林工业管理总局系统共有气象台站 45 个，主要为中国林业生产提供物候监测、林业专业气象服务等。

盐业气象业务布局 由制盐企业下属的 28 个盐业气象台站负责，主要为盐业生产提供专业气象预报服务，包括降水、风力、相对湿度、天空状况等。

展望 随着气象现代化建设进展，气象行业的预报预测业务布局将更加趋向合理、集约和高效，气象部门的预报预测业务将向更加精细化、专业化的方向发展，国家级专业预报中心和省级专业化预报岗位设置将更加完善，国家级和省级的预报业务和指导能力得到加强，内部的业务布局更为协调合理；其他行业的气象预报预测业务将向更加针对性、专业化的方向发展，气象部门与其他行业气象预报预测业务相互之间的联系将更加紧密。

参考书目

中国气象局，2009. 中国气象现代化 60 周年 [M]，北京：气象出版社.

（金荣花　张培群　包红军　高辉）

qìxiàng yùbào yùcè yèwù jiégòu
气象预报预测业务结构（structure of meteorological forecasting and prediction operation） 气象预报预测的各种加工制作业务的有机构成和相应的技术流程，包括天气预报业务结构、气候预测与气候变化业务结构和专业气象预报业务结构。

天气预报业务结构 由数值天气预报、天气分析、天气预报、预报产品检验和天气预报业务平台构成。数值天气预报是天气预报的基础，天气形势分析、气象要素和灾害性天气预报主要依赖于数值天气预报。预报员依托天气分析和预报业务平台，对各种气象观测资料和数值天气预报产品进行综合分析，并结合理论认知和主观经验做出天气预报。预报产品检验是对预报产品的质量进行评估和反馈，为评定和改进预报产品质量提供依据。科学合理的预报业务技术流程可以加强上下级气象台站间的预报指导与订正反馈，加强内部不同时效预报的协调和无缝隙有效衔接，提高预报的准确率和预报结论的一致性。

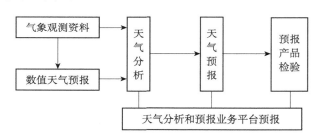

天气预报业务结构主体框架和流程示意图

数值天气预报 包括各种观测资料的获取、预处理、资料同化、模式运行和产品后处理等（参见第 62 页数值天气预报）。

天气分析 可分为两种情况，一种是用于强对流天气临近预报的天气分析，另一种是其他天气分析。前者业务结构主要包括两个方面，一是对流发生环境条件的分析，主要分析大气层结稳定度、水汽条件、垂直风切变和抬升触发机制。二是强对流天气分类识别，主要依靠天气雷达回波分析，包括强度场和径向速度场的分析。其他天气分析的业务结构包括高空、地面图分析、辅导图表分析、数值预报产品误差分析和物理量诊断分析、卫星云图分析和其他探测资料的分析等，分析的重点是天气系统和灾害性天气的发生条件。

天气预报　可分为三种情况，一是强对流天气短时临近预报，二是中短期天气预报，三是延伸期预报。强对流天气短时临近预报业务包括强对流天气的客观外推和融合预报方法，以及预报员的主观订正等。客观外推和融合预报方法有风暴质心识别和追踪（SCIT）、雷暴单体识别、追踪、分析和临近预（TITAN），利用相关法进行雷达回波追踪（TREC），以及与中尺度数值模式相融合的方法（BLENDING）。预报员的主观订正是预报员在分析天气雷达和其他实况资料及产品的基础上，参考客观外推预报，根据自身的预报经验做出的预报。中短期天气预报业务包括客观预报方法和预报员的主观经验预报，气象要素客观预报方法有模式输出统计（MOS）、支持向量机（SVM）、卡尔曼滤、神经元网络等方法，灾害性天气落区预报目前主要采用的是"配料法"。预报员的经验预报是在天气分析的基础上，参考客观预报方法的结果，根据自身的预报经验做出的预报。延伸期预报主要基于客观预报方法，分为统计模式方法和动力模式方法，包括集合预报、低频天气图、低频波、自回归模型及季内振荡（MJO）等方法。

预报产品检验　分为连续性变量和离散型变量两种情况，对连续变量（包括温度、气压、湿度、风、能见度）的预报检验一般采用平均误差、均方根误差或距平相关系数等检验方法；对离散型变量，如晴雨、雪、雾等常规天气现象以及台风、暴雨、暴雪、大雾、沙尘暴、冻雨、强对流等灾害性天气的预报检验，国内外业务上通常采用两分类预报的统计检验方法，用TS评分、漏报率（PO）、空报率（NH）、预报偏差（B）等统计量来评估预报质量的好坏（参见第30页天气预报产品检验）。检验的内容包括客观预报产品和主观预报产品，及其上下级对于同一要素预报检验结果的对比分析。

天气预报业务平台　由以气象信息综合分析处理系统（MICAPS）为核心、天气雷达用户终端（PUP）、卫星天气应用平台（SWAP）等共同组成（参见第14页天气预报工作平台）。

天气预报业务流程　包括指导产品的制作、订正反馈和天气会商，前者由上级气象台按时下发精细化气象要素预报和灾害性天气落区预报指导产品，下级气象台站及时补充订正并将修正意见反馈给上级气象台，通过顺畅的指导预报流程保证预报结论的一致性，提高预报的准确率。天气会商旨在加强上下级台站预报意见的讨论与交流，特别重视预报难点的讨论，达到集思广益、提高天气预报准确率的目的。在同级业务单位内，还需要加强短期气候预测、延伸期预报、中期预报、短期预

报、短时预报和临近预报等不同时效预报产品之间的协调，长时效预报产品考虑短时效预报产品的结论，短时效预报考虑相邻长时效的预报背景，增强预报产品连续性和一致性。

气候预测与气候变化业务结构　由气候模式、气候诊断、气候预测、预测产品检验和气候预测业务平台等构成。气候资料是气候预测业务的基础和关键，时空分辨率足够精细、质量稳定一致的长时间气候资料，为气候规律的诊断分析、气候模式模拟预测的初始场形成、气候变率和变化的监测检测、以及气候预测的检验评估提供必不可少的信息。气候模式是现代气候预测的基本工具，其历史回报和实时预测结果是开展月-季-年际-年代际气候预测和气候变化预估业务的基础信息。经气候模式历史回报的检验评估，所得出气候模式预测的可靠性和不确定性分布，是对气候模式直接预测或预估结果进行必要订正和调整的基本依据。气候预测业务平台是集气候资料处理、气候监测诊断、预测、评估和服务为一体的业务工具载体，平台具有功能整体设计、数据集约共享、界面友好便捷的优势，是提高包括气候预测在内的现代气候业务的效率和效果的保证。

气候诊断　气候诊断是提升气候预测准确率的重要环节。气候诊断主要应用气候系统监测资料，用数理统计工具和适当的热力学和动力学方程对气候现象尤其是异常事件进行分析和计算，以了解各种物理和动力过程的相对作用，在此基础上得到某一气候异常现象的形成原因，从而加深对气候异常形成机制或机理的认识，增强对同类气候异常事件的预测能力。早期的诊断技术主要是一些常用的统计方法和诊断物理量。近20年诊断技术的最大发展在于采用了动力模式，利用各种大气模式或耦合气候模式对诊断对象进行复杂的模拟试验，从运动规律上对气候异常的形成机制或机理给出证实和解释，进一步增强了气候诊断结论的可信性。

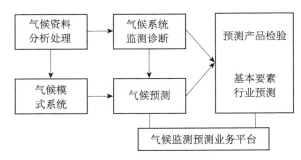

气候预测业务结构主体框架和流程示意图

气候预测　主要依据大气科学基本原理，运用气候动力学、统计学等技术方法，在研究气候异常成因的基础上，对未来气候趋势和极端气候事件等进行预测。动

力与统计相结合的气候预测技术是目前预测业务的重要手段，而利用现代气候动力学理论，以动力气候模式预测为基础，进行动力与统计相结合的预测技术和以降尺度技术为特点的动力模式解释应用，将是现代气候预测业务的主要预测方法。气候预测业务可分为四类，一是延伸期—月尺度无缝隙化气候预测，二是传统的季节预测，三是年际—年代际气候预测，四是专项预测。根据气候异常影响机理的不同，目前延伸期—月尺度气候预测主要依赖于动力模式并开展主客观订正，季节预测、年际—年代际气候预测及专项预测则基于动力模式和物理统计方法综合得出。

预测产品检验 预测产品检验评估的重点是针对月、季、年等定期的气候预测业务发布产品和预测方法开展评估分析。常规的确定性预测产品检验方法包括具有中国特色的技巧评分、相对绝对误差分析，时空相关系数、距平同号率等。为和国际接轨，21世纪以来在预测业务中增设了针对确定性预报的均方根技巧评分及其位相误差、振幅误差和系统偏差三项，并针对概率预报发展了受试者工作特征曲线（ROC 曲线）检验等方法。

气候预测业务平台 气候信息处理与分析系统（CIPAS）与国家气候中心业务内网是气候预测业务主要平台。其中 CIPAS 主要负责数据引擎、产品显示、产品制作、地图管理、交互工具、数据检索、诊断分析及分发服务等功能，业务内网主要用于预测产品的展示和调阅。气候预测业务平台具有统一的基础业务环境，包括统一的基础气候资料，统一的基本监测指标，统一的预测对象，统一的主要预测分析工具和方法，统一的预测检验方法等。

预测流程 包括气候预测指导产品制作、气候预测会商、订正与检验反馈等三个关键环节。气候预测指导产品由上级气候预测业务单位（如国家气候中心）按时下发客观方法和初步综合集成的基本要素预测结果，作为指导产品。下级气候预测业务单位（如各省级气候中心）根据上级预测单位下发的预测指导产品，结合本地特色工作，开展补充订正预测，通过预测会商会将修正意见反馈给上级预测单位。在会商意见综合的基础上，各级预测单位进一步对预测进行订正或修订，形成正式发布的预测产品。在实况出现后，气候预测业务单位再及时开展检验评估，并将评估结果反馈预测的业务人员和预测方法研发人员。

专业气象预报业务结构 由专业气象监测、专业模式模型、天气分析与预报、专业气象预报、专业气象预报产品检验、专业气象服务和专业气象预报业务平台构成。专业模式模型是专业气象预报业务的基础，定量化

的专业气象预报主要依靠于专业模式模型预报。天气分析与预报是专业气象预报业务的上游，根据天气分析与预报结果，结合行业影响因子与专业模式模型预报修正专业气象预报。专业气象预报产品检验作为对预报产品质量评定的重要手段，是提高专业气象预报准确率的重要措施，因此成为专业气象预报业务结构中的重要一环。专业气象服务是面向行业服务用户将专业气象预报结果，结合地理信息系统（GIS）、雷达和卫星等遥感技术，生成多元化、个性化的定时、定点、定量的专业气象预报服务产品。专业气象预报业务平台是集专业气象监测收集处理与分析、专业气象预报、专业气象预报产品检验、专业气象服务应用于一体业务平台系统。科学合理的专业气象预报业务技术流程可以加强上下级业务单位间的预报指导与订正反馈，加强内部不同时效预报的协调和无缝隙有效衔接，提高预报的准确率和预报结论的一致性。

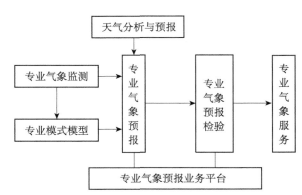

专业气象预报业务结构主体框架和流程示意图

专业气象监测 专业气象属于气象与其他学科的交叉集成，比如水文气象、航空气象、海洋气象、环境气象、工程气象等等。专业气象预报业务监测内容主要包括两方面：一是对相关行业高影响的气象要素监测（如降水、温度、大风等），二是受气象高影响的行业物理要素与影响程度监测（如水位、流量、PM 浓度），作为开展专业气象预报与风险评估的基础。

专业模式模型 从专业领域划分，专业气象预报服务业务所使用的模式模型主要可分为两类：一类是相关行业模式模型，如水文新安江水文模型、森林火险龙布—戴维斯模型、地质灾害浅层斜坡失稳的区域地形稳定性模型等；一类是气象模式与行业模型的（单向或者双向）耦合模式。从模型来源划分，模型分为基于物理机理的数值模型和基于统计实验的经验模型。

专业气象预报 专业气象预报就是面向经济社会高影响相关行业、重点工程建设领域不同生产过程等对气象条件的特殊要求，根据气象监测和天气预报，结合不

同学科特点，通过相应的专业模式模型与技术方法（指标），对未来气象对该行业的影响进行预报预测。目标主要为避险增效。

专业气象预报产品检验　专业气象预报产品检验即是对行业预报要素与影响程度等专业气象产品检验，其检验方法根据所服务行业的专业气象信息产品的特点而不同，主要包括命中率与漏报率检验方法。目前，暴雨诱发的中小河流洪水、山洪与地质灾害气象风险预警业务就是应用这种方法进行检验。

专业气象服务　为特定行业用户提供的基于气象监测和天气预报，结合不同学科模式模型作出的专业气象预报，形成具有针对性、更精细化的气象服务产品，避免气象灾害、提高社会和经济效益的服务类型。

专业气象预报业务平台　专业气象预报业务平台是以气象信息综合分析处理系统（MICAPS）为基础，结合基于地理信息系统的行业预报模式模型，集监测显示、数据分析、预报预警、产品制作与发布的一体化交互式平台。

预报流程　包括指导产品的制作、订正反馈和行业内外会商，前者由上级业务单位按时下发指导性专业气象预报指导产品，下级业务单位及时补充订正并将修正意见反馈给上级业务单位。如果涉及行业外合作单位共同预报，各级气象业务单位需与同级行业外合作单位会商达成一致预报意见。通过顺畅的指导预报流程保证预报结论的一致性，提高预报的准确率。

参考书目

矫梅燕等，2010. 现代天气业务（现代气象业务丛书）[M]. 北京：气象出版社.

李维京，2012. 现代气候业务（现代气象业务丛书）[M]. 北京：气象出版社.

（金荣花　张培群　包红军　高辉）

qixiàng yùbào yùcè yèwù guǎnlǐ

气象预报预测业务管理（management of meteorological forecasting and prediction operation）　指气象预报预测业务发展的方针政策、决策规划计划、业务规范和标准的制定以及组织实施，业务监督检查和信息反馈的全过程。决策在业务发展中起核心作用，根据决策制定气象业务发展规划，组织工程建设，促进业务发展；规范和标准是业务管理的中心任务，根据业务规范和标准才能科学有序地开展各项业务工作；监督检查是保证业务质量的关键环节，检查中发现的问题和各种反馈信息又可以为改进业务系统提供依据。依据《中华人民共和国气象法》及其相配套的法规和规章，

国务院气象主管机构负责全国的气象工作，实行行业归口管理。

管理分工　气象部门气象预报预测业务实行国家、省（自治区、直辖市）、地（市、州、盟）、县（市、区、旗）4级业务管理。其他行业部门的气象工作管理，执行国务院气象主管机构—中国气象局制定的法律法规和规范、标准，根据本部门工作特点进行管理，接受行业管理。

国家级　由中国气象局承担。负责编制全国综合气象预报预测业务及分专业的业务发展规划或指导意见，组织全国布局的重点气象预报预测工程建设，制定各项气象预报预测业务规定和质量考核办法；提出合理的业务布局、分工及相应业务流程意见，推进各级气象预报预测业务的协调有序发展；组织制定气象预报预测方面气象国家标准和气象行业标准，并监督实施；强化业务运行和业务发展的结果管理和信息反馈机制，组织对全国气象预报预测的评价，提出改进意见。

省级　由中国气象局相关业务单位和各省（自治区、直辖市）气象局承担。负责编制与国家级气象规划配套的本单位、省（自治区、直辖市）综合预报预测或分专业的业务发展规划，组织本省区气象预报预测工程建设；科学划分气象预报预测业务岗位，明确岗位职责；制定与国家各项气象预报预测业务规定配套的补充规定和质量考核办法实施细则；组织制定气象预报预测方面气象地方标准，并监督实施；组织气象预报预测业务质量的考核，强化气象预报预测业务的监督检查和业务发展管理。

地（市）、县级　主要负责上级气象管理机构关于气象预报预测的方针政策、规划标准等的贯彻实施；承担本管辖范围内气象预报预测业务的运行管理。

其他　民航、农业、林业、兵团、盐业、水利、海洋、电力、司法、科研、院校、军队等设有气象工作的部门，其预报预测业务执行国务院气象主管机构—中国气象局制定的法律法规和规范、标准，根据本部门工作特点进行管理，并接受国务院气象主管机构的行业管理。重大气象预报服务项目，与中国气象局有关业务单位、其他行业气象部门进行会商沟通，形成统一的预报预测意见，提供服务。中国气象局的重要时段和重大事件的预报预测服务，也请相关行业气象单位会商，集思广益对外开展服务。

重要方针政策　新中国建立以来，党中央、国务院一直非常重视气象预报预测的发布和管理工作，先后制定下发了多个相关文件，对气象预报预测工作的运行及管理作出部署。

1954 年 3 月 6 日，政务院下发《关于加强灾害性天气预报、警报和预防工作的指示》，要求气象部门对于灾害性天气的预报、警报，必须力求迅速、准确，对于灾害可能发生的地区和时间，应具体、明确，预报警报发出后，天气形势有了新的变化，应及时发出修正或补充。要求各级工业、农业等各部门，应与各级气象部门商订大范围灾害性天气预报、警报的内容和发布标准及具体办法，以便各级气象预报台、站按照执行。对于各级气象预报台、站的大范围灾害性天气预报、警报，各地人民广播电台和海岸电台等应定时予以广播。各级政府有关部门应建立传递大范围灾害性天气预报、警报的制度和办法，并在接到预报、警报后，立即运用各种通信工具广泛传达。各地报纸对于本区或当地灾害性天气预报、警报应及时地以显著地位予以刊登。

1993 年 7 月 1 日，国务院办公厅印发《关于公开发布天气预报有关问题的复函》，复函明确：一、国家对公开发布天气预报和灾害性天气警报实行统一发布制度，由中国气象局管辖的各级气象台（站）负责发布，其他部门、单位及个人未经省级或省级以上气象部门同意，均不得向社会公开发布各类天气预报和灾害性天气警报。二、其他部门所属的气象台（站）或机构，只负责向本部门发布天气预报。三、通过广播、电视、报刊、电话等手段向社会公开发布的天气预报和灾害性天气警报，一定要利用气象部门提供的适时气象信息。

1994 年 7 月 4 日，国务院第二十二次常务会议通过的《中华人民共和国气象条例》，明确：国家对气象预报和灾害性天气警报实行统一发布的制度，气象预报和灾害性天气警报，由国务院气象主管机构所属的各级气象台站按照职责公开发布，其他组织和个人不得通过宣传媒介向社会公开发布国务院其他有关部门所属的气象台站可以向本部门发布专业天气预报，在国家气象台站稀少的边远地区，经省、自治区、直辖市气象主管机构同意，也可以为当地有关机关提供气象预报服务。国务院气象主管机构所属的各级气象台站应当及时、准确地制作和发布气象预报、灾害性天气警报，并根据天气变化情况及时发布补充的或者订正的预报和警报。各级邮电部门应当按照国家有关规定，与同级气象机构密切合作，确保气象通信畅通，迅速、准确地完成气象情报、气象预报和灾害性天气警报的传递。国家鼓励其他部门和单位运用其通信工具传递气象信息。

1999 年 10 月 31 日，第九届全国人民代表大会常务委员会通过的《中华人民共和国气象法》，明确：国家对公众气象预报和灾害性天气警报实行统一发布制度，

各级气象主管机构所属的气象台站应当按照职责向社会发布公众气象预报和灾害性天气警报，并根据天气变化情况及时补充或者订正。其他任何组织或者个人不得向社会发布公众气象预报和灾害性天气警报。国务院其他有关部门和省（自治区、直辖市）人民政府其他有关部门所属的气象台站，可以发布供本系统使用的专项气象预报。各级气象主管机构所属的气象台站应当根据需要，发布农业气象预报、城市环境气象预报、火险气象等级预报等专业气象预报，并配合军事气象部门进行国防建设所需的气象服务工作。各级相关新闻媒体，应当安排专门的时间或者版面，每天播发或者刊登公众气象预报或者灾害性天气警报。广播、电视播出单位对国计民生可能产生重大影响的灾害性天气警报和补充、订正的气象预报，应当及时增播或者插播。各类媒体向社会传播气象预报和灾害性天气警报，必须使用气象主管机构所属的气象台站提供的适时气象信息，并标明发布时间和气象台站的名称。通过传播气象信息获得的收益，应当提取一部分支持气象事业发展。

2011 年 7 月 11 日，国务院办公厅下发《关于加强气象灾害监测预警及信息发布工作的意见》。要求：完善预警信息发布制度；加快预警信息发布系统建设；加强预警信息发布规范管理；充分发挥新闻媒体和手机短信的作用；完善预警信息传播手段；加强基层预警信息接收传递；健全预警联动机制；加强军地信息共享；落实防灾避险措施；强化组织保障；加大资金投入；推进科普宣传教育等。

重要决策、规划（计划）　从 20 世纪 50 年代开始，气象预报预测业务建设始终是气象事业发展五年规划（计划）中的核心部分，从第一到第六个五年计划，主要以提高气象预报预测准确率业务能力建设为主，第七至第十二个五年规划（计划）转向以数值天气预报系统工程建设为主要任务的现代气象预报预测业务建设。这一系列的五年规划（计划）和各个时期的气象业务发展战略，都以其特殊的历史背景和发展视角，描绘了气象预报预测业务发展的蓝图。

1982 年关于"多种方法综合运用，重点发展数值预报，尽快实现客观定量"的决策，指出了该时期气象预报预测业务发展的方向，使气象预报预测业务走上了快速发展的道路。1984 年全国气象局长会议通过的《气象现代化建设发展纲要》提出：天气预报业务系统建设的总目标是：尽快建立以数值预报方法为基础的、综合运用动力学、天气学和统计学等各种预报方法制作和发布天气预报的业务系统。这个业务系统要按照既有分工又要互相结合的原则，加强各级气象中心对基层台

站的技术指导，避免重复劳动。气候诊断、分析和预测系统重点在建立各级气候业务和服务的基础上，逐步开展全球、全国及地区性气候变化的诊断、分析，建立气候对国民经济和社会发展影响的评价业务，发展气候预报技术，积极开展资料、气候情报和应用气候分析服务。20世纪90年代初"向两头发展"（一头是中尺度灾害性天气，一头是气候）的决策，促进了中尺度灾害性天气监测预警和气候业务的发展。2000年颁布的《中华人民共和国气象法》催生了气象灾害监测预警和风险评估业务。2003年中国气象事业发展战略研究，开始建立空间天气业务，加快了大气成分和雷电防护业务的发展。气象部门制定的与决策相适应的气象预报预测业务发展规划（参见综合卷气象业务发展规划），对每个时期气象预报预测业务的发展都做出了筹划，并根据规划实施了中期数值天气预报工程、短期气候预测工程、气象灾害预警工程、气候变化监测预报和高性能计算机建设工程、山洪地质灾害防治气象保障工程等重点工程，大大促进了气象预报预测业务的发展。2010年和2011年分别发布了《现代天气业务发展指导意见》和《现代气候业务发展指导意见》，提出了"十二五"期间和今后一段时期气象预报预测业务的发展思路，以科学发展观为指导，面向国家需求和科技前沿，以服务经济社会发展和人民福祉安康为宗旨，以提高天气气候服务能力为核心，不断开拓服务领域、丰富服务产品、完善服务体系，进一步提高监测预报预测的准确性、灾害预警的实效性、气象服务的主动性、防范应对的科学性。努力探索和掌握天气气候规律，大力推进气象科技创新，加快现代气象业务发展，不断提高预报预测能力、气象防灾减灾能力、应对气候变化能力和气候资源开发利用能力，为国民经济与社会发展提供优质服务和有力保障。

主要业务规范和标准　新中国建立以来，就非常重视气象业务规范和标准的建设。1951年提出"建设、统一、服务"的气象工作方针，把统一业务规范放在重要位置，并先后发布了天气预报服务岗位职责、天气预报发布有关规定等一系列的规范性文件，对规范气象预报预测工作起到重要作用。特别是近20多年来，随着气象事业的发展，气象预报预测业务规范更加全面、细致、科学，并加强了业务监督检查和信息反馈。

20世纪后期以来，在气象业务规范方面相继制定了《天气预报业务规定》《天气、海洋公报制作和发布规定》《关于加强公开发布城镇天气预报管理的通知》《台风业务和服务规定》《黄河中下游流域汛期气象联防办法》《优秀值班预报员奖励办法》《灾害性天气及

其次生灾害落区预报业务暂行规定》《突发气象灾害预警信号发布规定》《精细天气预报业务规范（试行）》《全国短时、临近预报业务规定》《海洋气象预报业务规定（试行）》《数值天气预报业务准入管理规定》《月内强降水过程预测业务规定（试行）》《梅雨监测业务规定（试行）》《省级农用天气预报业务服务暂行规定》《国家级农用天气预报业务服务暂行规定》《全国农业气象电视会商业务规定（试行）》等业务规定，形成了比较完整的气象预报预测业务规范。印发了《中短期气象要素预报质量评定办法》《月、季气候预测质量检验业务规定》《生态质量气象评价规范（试行）》《生态质量监测指标体系（试行）》《农业气象产量预报质量考核办法》《气候预测会商流程改革实施方案（试行）》《气候预测会商技术手册（试行）》等，规章制度和管理体系逐步健全，保证了气象预报预测业务稳定运行和质量的不断提高。根据《中华人民共和国气象法》，颁布了《天气预报发布规定》（局长令），促进了天气预报的有序发布。

在气象标准方面，先后发布了《短期天气预报》《中期天气预报》《临近天气预报》《灾害性天气预报警报指南》《热带气旋等级》《沙尘暴天气监测规范》《沙尘暴天气等级》《气象干旱等级》《牧区雪灾等级》《冷空气等级》《江河流域面雨量等级》《城市火险气象等级》《暖冬等级》等近30个气象预报预测方面的气象国家标准，及一批气象行业标准和气象地方标准，形成了比较完整的气象预报预测业务标准，对气象预报预测业务的规范发展，起到重要作用。

管理依据　依法行政和依法发展气象事业，是气象现代化进程中的宝贵经验之一。60多年来，中国气象法规、标准体系不断完善，气象依法行政全面推进，为气象现代化建设营造了良好的政策法治环境，提供了有力的支撑与保障。气象预报预测业务管理以《中华人民共和国气象法》为依据，贯彻落实《国务院关于加快气象事业发展的若干意见》（国发〔2006〕3号），以"气象事业发展战略"、"气象现代化发展纲要"和"气象事业发展规划"为纲领性、指导性文件，结合气象预报预测业务时代背景和发展前沿，编制气象预报预测业务专项发展规划或计划，制定配套的业务规范和标准，并开展相关工作的组织实施、业务监督检查和信息反馈。

展望　坚持面向国家需求和世界科技发展前沿，气象预报预测业务管理将融入先进的管理理念，科学分析和遵循事业发展的客观规律，更加重视事业发展的战略规划和顶层设计水平的提高，更加关注配套的业务规范、标准的建设，以及注重组织实施的科学高效管理，

为实现从气象大国到气象强国跨越的战略目标提供依据和保障。

（金荣花　张培群）

quánqiú zīliào jiāgōng hé yùbào xìtǒng

全球资料加工和预报系统（Global Data-processing and Forecasting System，GDPFS）由世界气象组织（WMO）成员运行的各级气象业务中心组成的全球实时业务系统网。全球资料加工和预报系统（GDPFS）的任务，主要是向WMO成员提供关于天气、气候、水资源和环境的协议产品和服务，促进WMO成员间气象及相关领域业务合作和先进科技成果共享，促进发展中国家的业务发展。GDPFS是WMO业务系统中的核心部分。

GDPFS的组织机构和业务任务通过系统化设计，力争做到与WMO成员的需求、能力相匹配，并注重提高效率，减少重复。GDPFS的产品和服务设计，面向天气、气候、水和环境的应用，主要包括数值模式产品、海洋和气候分析预测产品，以及某些专业化定制的产品。

主要任务　WMO各成员通过GDPFS提供或接收天气、气候、水文、海洋等信息产品为众多业务任务提供支撑。这些任务包括实时任务和非实时协调任务。

实时任务　又分为基本任务和专业任务。基本任务包括全球确定性数值天气预报、区域确定性数值天气预报、全球集合数值天气预报、区域集合数值天气预报、季节和气候数值预测、海浪数值预报、风暴潮预报和海洋数值预报；专业任务包括短时临近预报、区域强天气预报、区域气候监测和预报、延伸期多模式集合预测、热带气旋预报、海洋气象服务、海洋环境紧急响应、核事故环境紧急响应、非核事故环境紧急响应、大气沙尘预报、水文相关任务、农业相关任务、极地地区相关任务。

非实时协调任务　包括协调确定性数值天气预报检验、协调集合预报检验、协调海浪预报检验、协调观测检验等。

组织形式　GDPFS是由三级气象业务中心组成的体系，包括世界气象中心、区域专业化气象中心和国家级气象中心。

作为世界气象中心，至少要同时开展全球确定性数值天气预报、全球集合数值天气预报以及季节和气候数值预测；作为区域专业化气象中心，至少要开展全球确定性数值天气预报、区域确定性数值天气预报、全球集合数值天气预报、区域集合数值天气预报、季节和气候数值预测、海浪数值预报、风暴潮预报和海洋数值预报之一，或者开展短时临近预报、区域强天气预报、区域气候监测和预报、延伸期多模式集合预测、热带气旋预报、海洋气象服务、海洋环境紧急响应、核事故环境紧急响应、非核事故环境紧急响应、大气沙尘预报等专业活动之一；作为国家级气象中心，须承担各时效的预报和预警任务，提供面向专业用户的包括气候和环境质量监测、预测的产品以及非实时气候相关产品。

（应宁　王毅）

天气预报

天气预报业务系统

tiānqì yùbào

天气预报（weather forecasting）　根据过去和现在的大气状态，利用现代预报技术手段和方法，运用天气学、动力气象学、统计学等科学理论和数值预报技术，对未来某一地区或地点的大气状态及可能影响进行预测。

沿革　天气预报的发展，大体上经历四个阶段：群众经验预报、单站经验预报、天气图分析和预报、现代天气预报。

群众经验预报阶段　出现在17世纪前，古代劳动人民通过生产实践活动，逐渐积累了许多看天、报天的经验，形成许多天气谚语，用以预报当地未来的天气。

单站经验预报阶段　17世纪后，气象观测仪器相继出现，地面气象站陆续建立，气象观测资料逐渐积累，这时气象站工作人员可根据单站地面气象要素如气压、气温、风、云等的变化来预报天气，即进入单站经验预报阶段。

天气图分析和预报阶段　19世纪中叶，地面气象观测网的建成和电报的出现，使天气预报从纯经验预报阶段走上了天气图分析和预报阶段。1851 年，世界第一张地面天气图（参见第 26 页天气图和天气图分析）在英国诞生，它是通过电报将各地气象站同时观测的数据传至气象台，再由人工点绘在一张有地理信息的空白图上，通过分析，地面天气图可以显示出天气系统的结构和演变，据此可以预报未来某一受影响地区的天气。20 世纪 20 年代，探空仪的出现，人们可以观测到从地面直到 30 km 高度的气温、气压、风向、风速和湿度等数据，从而构建不同气压层的高空天气图，分析高空天气系统的结构和演变。这个阶段形成的气团学说、极锋理论、长波理论和水汽相变理论等在天气预报中得到应用，使天气预报成为具有一定理论基础支持的业务。

现代天气预报阶段　该阶段的主要标志是数值天气预报在天气预报中获得广泛应用并成为天气预报的基础。发达国家和中国分别于 20 世纪 70 年代和 80 年代先后进入现代天气预报阶段。20 世纪 50 年代，随着计算机技术的发展和人们对大气认识的深入，利用计算机来求解描述大气变化的方程组成为可能。1904 年，挪威气象学家 V. 皮叶克尼斯（V. Bjerknes）首次提出数值天气预报的理论思想，1922 年英国气象学家理查森（Richardson）首次尝试数值天气预报，于 1954 年首次在瑞典实现数值天气预报业务。数值天气预报是根据大气实际情况，在一定初值和边值条件下，通过数值计算，求解描写天气演变过程的流体力学和热力学方程组，预报未来天气的方法。与经验预报和天气图方法不同，这种预报是定量和客观的预报。以高分辨率数值预报产品为基础，以多种资料融合和分析技术为手段，以对各种天气发生发展规律和机理认识为背景，以数值预报检验订正和预报员经验为依托，可以开展更为精细化的气象要素预报和灾害性天气预报。

20 世纪初期，新的天气图预报方法已为各国所采用，而中国直到 1913 年春中央观象台气象科建立后，通过增补地面观测仪器，于 1916 年才正式以天气图的方法试作天气预报并取得成功，但持续时间不长。1928 年 4 月南京气象研究所成立后，为了开展天气分析预报的研究，曾派人去菲律宾马尼拉观象台实习天气分析与预报，经过一年多的试作，于 1930 年 1 月 1 日正式开始天气图的分析预报。新中国建立后，1949 年 12 月中央军委气象局成立，根据国防建设和国民经济发展对气象的迫切需要，逐步增设观测站点和气象观测项目。1950 年 3 月 1 日，中央气象台成立，11 月中央气象台与中国科学院地球物理研究所成立了联合天气分析预报中心，开展天气分析预报及科学研究，并培养了大批气象科技人才，为天气预报业务建立和发展发挥了重要作用。1953 年 8 月气象部门由军队建制转为政府建制后，气象服务重点也由主要为国防服务逐步转移到既为国防建设服务，又为经济建设服务，开始公开向广大群众发布各种天气预报和灾害性天气警报。到 20 世纪 50 年代中期，中央气象台已经具备了所需的各种天气图表，开展了天气学方法的短期天气预报和自然周期天气方法的中期天气预报。中国数值预报的理论研究从 1954 年就开始了，至 20 世纪 70 年代末，进行了多种数值预报模式的开发和实验，1978 年中国开始发展数值天气预报业务系统，1982 年 2 月北半球 B 模式正式投入业务运行，从此中国天气预报业务进入以数值天气预报为基础，综合运用各种气象信息和预报技术方法的天气预报技术路线。

预报内容　天气预报按时效通常分为临近天气预报（0～2 小时）、短时天气预报（0～12 小时）、短期天气预报（1～3 天）、中期天气预报（4～10 天）和延伸期天气预报（11～30 天）。短时和临近天气预报主要为弥补短天气期预报在临近时效上的不足，在遇有突发性天气如雷电、雷雨大风、冰雹、短时强降水、龙卷等灾害性天气时及时发布的预报预警。短期天气预报一般的预报内容主要包括气象要素和灾害性天气预报，气象要素预报包括气温、湿度、降水相态、降水量等级、风向风速等基本预报内容；灾害性天气包括台风、暴雨、暴雪、寒潮、大风、沙尘暴、低温、高温、干旱、雷电、冰雹、霜冻、冰冻、大雾、霾等。中期和延伸期天气预报重点预报重要天气过程、降水趋势和冷暖趋势等。上述预报主要给出气象要素和灾害性天气的发生时间或时段、发生区域、发生强度、发展趋势等内容，灾害性天气预报预警还要给出防御指南。气象部门还与其他部门联合开展农用天气预报、水文气象预报、山洪地质灾害气象预报、草原森林火险预报、环境气象预报、交通气象预报等多项专业气象预报。

预报技术和方法　现代天气预报以数值天气预报为基础，以人机交互处理系统为平台，综合应用多种技术和方法。随着数值预报同化技术的发展和计算机能力的提高，数值天气预报的能力得到很大提高，可用预报时效延长，模式分辨率提高。同时，集合预报技术也得到广泛应用，概率图、面条图、箱须图、极端天气指数等多种集合预报产品应用于日常业务预报。另外，基于数值天气预报产品开发出多种预报技术方法，如多模式集成技术、逻辑回归强降水预报技术、配料法、降水相态预报技术等，也用于日常预报中。

预报产品　天气预报产品种类丰富，主要有以图或表格表示的站点或格点的气象要素预报，产品包括天气现象、气温、降水、湿度、风向风速、能见度预报等；以图形表示的落区预报，产品包括强对流天气落区预报、24 小时内逐 6 小时降水预报、空气污染气象条件预报、1～7 天降水量预报、1～3 天气温预报、灾害性天气落区预报、空气质量等级预报、热带气旋预报、近海海区预报、农用天气预报等；以文字和图形结合表示的天气公报或警报，产品包括短期天气公报、中期延伸期天气公报、热带气旋公报、海洋天气公报、环境气象公报、各类气象灾害警报等。

和相关学科的联系 天气预报是多学科科学技术发展的集中体现，涉及天气学、动力气象学、大气物理、大气化学、计算数学、统计学以及天文、地理、物理、数学、化学、通信、计算机、卫星、雷达等各学科的发展。天气预报是以对各种天气发生规律的认识和对天气系统结构和演变认识为背景的，这得益于天气学、动力气象学、大气物理、大气化学、计算数学、统计学的发展；天气预报的基础资料来源于气象观测，气象台站建设、气象观测仪器及相关技术的发展为天气预报提供准确的气象观测资料；大量气象资料的传输需要通信技术的发展；气象资料的处理和数值预报模式运行需要高性能计算机技术的发展；数值预报方程的建立及求解需要物理、数学等方面的理论知识。

与社会、经济的关系和作用 人们的生产和社会活动都受到天气的影响，严重的灾害性天气可以带来较大的社会、经济损失甚至威胁到生命安全，天气预报已成为现代社会不可缺少的重要信息。天气预报的重要作用就是为防灾减灾、经济社会平稳较快发展、人民群众安全福祉、各项重大工程建设和重大社会活动提供服务保障。随着人们生活水平提高、社会和经济的发展，对天气预报的准确率和精细化水平、对灾害性天气和气象灾害的监测、预报、预警能力、对天气预报的针对性、通俗性和指导性等都提出了更高需求。

展望 完善以数值预报产品为基础，综合应用多种资料和技术方法，人机交互作业的天气预报技术路线，健全无缝隙、精细化、专业化的现代天气业务体系；努力提高台风、暴雨、强对流、寒潮、高温、沙尘暴、雾、霾等灾害性天气的预报准确率和精细化水平，延长预报时效。

参考书目

孔玉寿，章东华，2005. 现代天气预报技术 [M]. 北京：气象出版社.

刘英金，2006. 风雨征程—新中国气象事业回忆录第一集（1949—1978）[M]. 北京：气象出版社.

（孙军）

天气预报业务（weather forecasting operation） 针对公众、决策者、专业部门和用户对气象的需求，由各级气象台组织、实施的天气预报工作，包括天气预报的流程、气象预报的结论及加工制作并分布提供的预报产品等。现代天气预报业务是以预报的精细化发展为标志，以提高预报准确率为核心，以数值预报等现代预报技术的发展及多种资料和预报技术的综合应用为支撑，以建设能够驾驭现代科学技术的预报员队伍为关键因素的现代化天气分析、预报业务。包括数值天气预报、天气预报、产品检验评估、综合分析预报平台以及规范的业务布局和业务流程等方面，其突出特征体现在天气业务核心技术和支撑手段的现代化，业务流程的规范化，业务产品的精细化和业务分工的专业化。

沿革 天气预报业务起源于 19 世纪。1854 年 11 月 14 日黑海突然出现风暴，使正在该海域作战的法国海军亨利四世号军舰及 38 艘商船毁坏沉没。事后，法国天文台台长勒弗里埃对风暴的来龙去脉进行了调查，发现风暴前期已经存在并影响了西班牙和法国西部，如果提前获得风暴情报，完全可以避免损失。1856 年，在各方的支持下，法国组建了第一个天气预报服务系统，开创了天气预报业务工作。

新中国的天气预报业务从百废待兴的 20 世纪 50 年代艰苦创业，60 多年来取得了显著的进展。1950 年 3 月中央气象台成立，开始天气预报工作，当时的天气预报主要依靠天气图分析和预报员经验的总结，并只向中央有关领导和军事机关提供预报服务。1951 年开始通过中央人民广播电台公开发布台风和寒潮警报。1954 年，中央气象台开始向水利和农业部门提供 3～5 天的中期降水预报服务。1956 年 6 月正式对外公开发布天气预报。1957 年，随着大量气象站的建立和技术的发展，中长期天气预报业务开始开展。1960 年 6 月，"正压过滤涡度方程模式"开始投入业务应用，1965 年 3 月中央气象台开始向全国气象台站发布 48 小时的 500 百帕天气形势预报。20 世纪七八十年代，数值天气预报技术迅速发展，并开始逐步投入天气预报业务应用。中国气象局确立了以数值天气预报为基础的方针，1982 年 2 月，短期数值天气预报业务系统（简称 B 模式）正式投入业务运行。1991 年 6 月，中国第一代中期数值天气预报业务系统（简称 T42）正式建成并投入业务运行，预报时效从 3 天延长至 6～7 天。这一系统的建成使中国步入世界上少数几个能够开展中期数值天气预报的国家行列。中国的天气业务预报技术逐步实现了从"以天气图方法为基础"到"以数值预报为基础"的转变。统计预报、物理量诊断分析、人工智能等一批客观预报方法相继投入业务使用，预报准确率得到很大提高。进入 21世纪，资料同化理论和应用技术快速发展，全球模式分辨率和模式性能不断提高，集合预报系统开始在业务中使用，天气预报业务出现了第二次跨越式发展。中国逐步建立起包含全球中期数值天气预报模式、中期集合预报模式、有限区域中尺度数值预报模式、沙尘、台风、大气污染数值预报模式系统等组成的比较完整的数值天气预报业务体系。预报产品不断丰富，预报准确率逐渐提高，现代天气业务在预报时效和内容、无缝隙、精细化和专业化程度等方面都取得了显著的发展和进步。

主要内容 现代天气预报业务包括数值天气预报业务、天气分析业务、天气预报业务、预报产品检验业务、天气预报业务分工和业务技术流程以及专家型预报员团队建设等内容。

数值天气预报业务 包含观测资料的采集与预处理、资料同化、模式运行、产品后处理与释用、产品的分发等一系列过程。数值天气预报模式和同化系统的业务运行涉及信息网络、数据库、高性能计算、云计算、计算机的图形显示等许多方面的技术，数值预报业务水平体现了现代气象业务的综合水平。经过几十年的开发研究，中国逐步建立起了包括全球中期数值预报模式、有限区域中尺度数值预报模式、集合预报模式、台风预报模式等业务数值预报模式系统。

天气分析业务 以多种观测资料和数值预报产品的综合应用为基础，以气象信息综合分析处理系统（MICAPS）为平台，逐步从以天气尺度分析为主向天气尺度与中尺度分析相结合的业务发展，同时开展多种资料融合分析、数值预报产品检验和误差订正等业务。

天气预报业务 以多种资料融合技术和高分辨率数值预报产品为基础，以提高气象要素和灾害性天气预报准确率和精细化水平为目的，以数值预报产品释用技术和预报员经验为依托的现代化天气预报业务。中国已经初步构建了包括临近天气预报（0～2 小时）、短时天气预报（0～12 小时）、短期天气预报（1～3 天）、中期天气预报（4～10 天）和延伸期天气预报（11～30 天）等无缝隙预报业务体系，建立了集监测、分析、预报、检验为一体的较为完整的现代天气业务技术流程。

临近天气预报业务 未来 0～2 小时内的天气预报，预报的时间分辨率小于 0.5 小时，重点是监测预警短历时强降水、冰雹、雷雨大风、龙卷、雷电等强对流天气。

短时天气预报业务 未来 0～12 小时的天气预报，预报的时间分辨率小于或等于 3 小时，重点是监测预警短历时强降水、冰雹、雷雨大风、龙卷、雷电等强对流天气。

短期天气预报业务 未来 1～3 天的天气预报，预报的时间分辨率一般为 6 小时。短期天气预报的重点是监测预报降水、气温（日最高、最低气温，定时气温）、风向风速、湿度、云、天空状况等气象要素和台风、暴雨、暴雪、大雾、大风、冰雹、沙尘暴、高温、低温（包括寒潮）、冰冻、霜冻、霾等灾害性天气。

中期天气预报业务 未来 4～10 天的天气预报，预报的时间分辨率为日。中期天气预报的重点是监测预报降水、日最高气温、日最低气温、风向风速、湿度等气象要素和台风、暴雨、暴雪、大雾、大风、冰雹、沙尘暴、高温、低温（包括寒潮）、冰冻、霜冻、霾等灾害性天气。

延伸期天气预报业务 未来 11～30 天的预报。延伸期预报不再是预报每日的天气，而是预报 11～30 天内的重要天气过程，例如强降水过程，高温、低温过程等和降水、气温的趋势。

预报产品检验业务 对数值天气预报产品、各种类型和各种预报时效的主观和客观天气预报产品的定量检验和评价。主要包括定量降水预报、强对流天气预报、台风预报、站点和格点气象要素预报、灾害性天气落区预报、中期天气预报和延伸期天气趋势预报的检验业务，以及业务数值模式预报性能的实时检验评估业务等。

天气预报业务分工和业务技术流程 适应现代气象业务发展的，实现全国统一集约高效的气象要素和灾害性天气预报的业务分工和业务技术流程。天气预报业务分工见第 104 页数值天气预报业务体系。业务技术流程包括加强上下级气象台站间的预报指导与订正反馈，提高预报结论的一致性和准确率，实现集天气监测、分析、预报、检验为一体的较为完整的规范化、标准化、集约化、现代化的业务技术流程。

专家型预报员团队建设 现代天气预报的发展，对预报员提出了多方面的能力要求，专家型预报员要具有天气分析和预报的理论基础和实践能力；要有数值天气预报产品的订正和解释应用能力；要有气象卫星、气象雷达等多种观测资料和预报技术方法的综合分析应用能力；要有对灾害性天气形成机理的诊断分析和认知能力。通过预报员团队合作，对天气相关领域进行深入研究和探索，建设能够驾驭现代气象科学技术的预报员队伍是现代天气业务的关键因素。

技术方法与技术平台 天气预报业务的重要技术方

法包括：大尺度天气系统与夏季雨带预报技术；暴雨预报技术；台风监测和预报技术；配料法强降水预报技术；强对流天气多指标叠套预报技术；短时预报技术；格点化降水预报技术；中期、延伸期预报技术；数值预报的解释应用技术等。

天气预报业务技术平台是集各类气象观测资料和数值模式产品分析显示、人机交互制作各类天气预报产品和产品生成等多功能于一体的综合性业务平台。支持灾害性天气监测、临近天气预报、落区天气预报，精细化气象要素短时、短期天气预报，台风、定量降水预报等多种业务流程。现代化天气业务技术平台具有以下五类主要功能：①气象资料和产品的显示功能；②人机交互功能；③查询检索功能；④规范产品自动生成功能；⑤综合分析预警能力。

集约化的基本天气预报业务技术平台系统包括：全国通用的气象信息综合分析处理系统（MICAPS），全国标准化与地方化相结合的灾害性天气短时临近预报业务系统（SWAN），全国精细化预报产品共享数据库（NWFD）和全国数值天气预报解释应用业务系统。这些系统为全国现代天气业务提供专业化平台支持，推动了全国气象部门规范化、标准化、集约化、现代化的天气预报业务流程逐步形成和建立。

展望 数值预报业务方面，未来 3～5 年，高分辨率模式将得到快速发展。全球模式的分辨率将达 10 km，垂直方向扩展到 0.01 hPa，全球模式将进入高分辨率中尺度数值预报模式时代；有限区域数值预报模式的分辨率将达 1 km 左右。集合预报技术将在天气业务中发挥关键作用。

天气分析将更注重天气尺度与中尺度分析的紧密结合。特别是对灾害性天气发生发展有明显影响的各种特征线、特殊区域、特征系统和物理量的分析将得到完善。针对各类气象灾害的不同特征，对各种观测资料进行融合分析。基于中尺度观测资料和快速更新同化系统输出的精细数值分析预报产品的中尺度天气分析业务将得到快速发展。对中尺度天气系统的空间结构、要素配置和物理过程的演变将得到更深入的认识和理解。定量化、精细化气象要素预报和灾害性天气的短时临近预报能力将进一步提高。以灾害性天气为主要内容的天气监测分析和预报警报业务得以完善，预报提前量和准确率得到有效提升。

伴随现代天气业务布局和业务流程建设，天气业务体制将向专业化、集约化方向发展，实现天气业务技术和支撑手段的现代化，业务流程的合理化，业务产品的精细化以及业务分工的专业化。多种专业模式的进一步

发展、各种专业应用软件的开发，将有效推进天气预报业务向满足更多行业用户需求方向拓展。通过对预报员的培养和锻炼，打造出一批拥有丰富经验和科学素养的专家型预报员团队。

参考书目

端义宏，金荣花，2012. 我国现代天气业务现状及发展趋势[J]. 气象科技进展，2（5）：6-11.

矫梅燕，等，2010. 现代天气业务[M]. 北京：气象出版社.

矫梅燕，龚建东，周兵等，2006. 天气预报的业务技术进展[J]. 应用气象学报，17（5）：594-601.

李泽椿，毕宝贵，朱彤等，2012. 近30年中国天气预报业务进展[J]. 气象，30（12）：4-10.

（谌芸 杨舒楠 张博）

tiānqì yùbào gōngzuò píngtái
天气预报工作平台（weather forecasting work platform） 预报员用以显示和分析地面、探空、雷达、卫星等各种气象观测数据和数值天气预报模式及分析产品并制作天气预报的工作平台。中国气象部门使用的天气预报工作平台是以气象信息综合分析处理系统（MICAPS）为核心，结合使用多个专业版本、多种业务软件的综合性预报工作平台。

天气预报工作平台的出现，为预报员提供了人机交互的气象数据分析显示的基本工具，大大减轻了预报员的手工劳动，实现预报产品的数字化，天气预报制作方式向以人机交互系统为平台、综合应用多种信息和先进技术的现代天气预报方式转变。随着气象观测数据的快速增加和模式分辨率的提高，面对海量观测数据，只有现代化的天气预报工作平台才能让预报员在较短的时间内浏览分析各类气象数据。天气预报工作平台已经成为现代天气预报业务的基础，是实现研究成果向业务转化，提高天气预报准确率和制作精细化天气预报的基础，是气象业务现代化的重要标志。

沿革 计算机终端引入中国天气预报业务之前，预报员主要是通过手工分析和利用纸质天气图，配合使用传真图、卫星云图等各种图表来制作天气预报。1985 年起引进了计算机终端，实现卫星云图、雷达回波在计算机屏幕上显示，1986 年从美国引进天气预报人机对话系统（McIDAS），1991 年引入并改进气象应用图形集成彩色系统（MAGICS）以及高级气象图像和图像分析系统（AMIGAS）。随着"七五"科技攻关项目的完成和业务化，由中国气象局开发的分析预报和数据处理业务系统（AFDOS）在中央气象台投入业务运行，1995 年 1 月，中央气象台气象交互处理系统研制成功并投入业务

运行。由气象交互处理系统和 AFDOS 系统构成的相互补充、互为备份的天气预报工作平台在中央气象台的天气预报业务中发挥了重要作用。

1995 年国家气象中心、中国气象科学研究院和北京市气象局联合研制 MICAPS。1996 年 6 月初级版本在中央气象台开始业务试运行，1998 年 6 月在中央气象台投入业务应用，1999 年在全国各级气象台站全面推广应用。MICAPS 的业务应用，实现了天气图分析、天气预报制作完全计算机化。2002 年，完成了 MICAPS2.0 的开发，2004 年起在全国各级气象台站推广应用。2005 年，启动 MICAPS3.0 的开发，并于 2007 年 12 月发布，并在全国推广应用。2009 年发布 MICAPS3.1 版本，2011 年底发布 3.2 版并推广应用。

各地各级气象业务部门根据自身的业务需求，也开发了一些适合地方应用的天气预报业务工作平台。在地方城镇天气预报中起到重要作用。

天气预报业务平台是现代天气预报业务中重要操作平台，发达国家把天气预报业务平台作为数值天气预报技术之后排位第二的重要的预报技术手段。国际上主要的天气预报工作平台包括美国的高级天气交互处理系统（AWIPS）、英国气象局开发的 horace、法国气象局开发的 Synergie，德国气象局开发的 Ninjo 等。其中，美国是国际上最早开发天气预报业务工作平台软件的国家，自 20 世纪 60 年代开始开发 AFOS 系统，20 世纪 90 年代启动 AWIPS 的开发，2012 年已完成 AWIPS II 的开发并在业务中推广应用。

主要业务软件 中国天气预报中使用的主要业务软件包括 MICAPS 及基于 MICAPS 开发的专业版本，雷达产品终端软件天气雷达主用户处理器（PUP）、卫星天气应用平台（SWAP）等，以及部分省份基于本地需求开发的地方预报业务软件等。

MICAPS 及其专业版本 在业务中广泛应用的 MICAPS 第三版，包括 MICAPS3.1 和 3.2 两个版本，基于 MICAPS 基础版本开发了台风预报、海洋预报、短时临近预报、山洪预报和中尺度分析等专业版本。

灾害性天气短时临近预报业务系统（SWAN） 是基于 MICAPS 开发的灾害性天气短时临近预报业务系统，该系统以天气雷达、自动气象站、卫星云图等数据为基础，集成多种短时临近预报算法，形成统一的业务系统软件，支持灾害性天气监视和短时临近预报业务。

天气雷达主用户处理器（PUP） 中国气象局新一代多普勒天气雷达系统由雷达数据采集、雷达产品生成、主用户处理器（PUP）及通信设备组成。主用户处理器（PUP）标准配置是一台带有两个彩色显示器的微机，主要功能是获取、存储和显示产品，预报员通过这一界面获取所需要的雷达产品。

产品请求是通过 PUP 向相应的 RPG 发出请求的方式完成的，可以通过常规产品列表、一次性请求和产品—预警配对的方式获取产品；获取的数据以文件方式保存在本地目录中，默认保存时间为 7 天，保存目录和保存时间可以设置，产品数据也可以转换为图像数据格式传给其他台站使用；图形产品显示方式包括自动显示和通过检索显示，自动显示是请求的产品一到达就自动显示出来，用户也可以通过检索本地目录保存的数据文件显示产品，用户可以对图形进行放大、预置中心、重置中心、过滤、合并、闪烁、图像灰化、颜色恢复、动画、叠加等多种处理。

卫星天气应用平台（SWAP） 主要基于数据同步及共享数据库、产品及图像显示处理及交互分析等业务运行公共平台，为从事天气预报专业技术人员和科研人员提供具有友好操作界面的、符合用户使用习惯的静止气象卫星资料专业处理和分析平台，以方便快速获取、分析静止气象卫星资料、产品及云图分析人员针对卫星资料的专业解译结果，从而充分发挥静止气象卫星和产品在天气预报和分析中的作用。整个软件平台由 5 个软件分系统组成：应用产品自动处理分系统、综合显示与处理分系统、热带气旋及暴雨强对流天气专业分析分系统、应用产品交互分析及制作分系统、用户支持与帮助分系统。该系统提供了云图显示、动画制作、云图投影变换、三维云图显示、热带气旋及暴雨、强对流等专业天气分析功能，并可叠加地面填图、雨量、模式产品等气象数据。

省级开发的天气预报工作平台 除了国家级开发的天气预报工作平台外，一些省份也开发了自己的预报工作平台，以补充通用工作平台的不足，支持本地化的业务需求，如广东省气象局开发了针对强天气综合预报工具（SWIFT）、精细化预报操作平台等，支持专业化的预报业务，这些预报工作平台在一定程度上满足了自身的需求，补充了全国通用平台功能的不足。

展望 随着气象观测的时空分辨率的提高，数值天气预报模式分辨率也越来越高，公众对天气预报的精细化需求也越来越高，急需提高天气预报工作平台分析处理大数据的能力，各国都在继续开发新一代的天气预报工作平台，重点解决大数据的存储服务、大数据的分析处理和可视化、精细化天气预报制作以及气象研究成果的业务化应用等问题。

参考书目

裘国庆，2000. 国家气象中心 50 年 [M]. 北京：气象出版
　社.

李柏，2001. 天气雷达及应用 [M]. 北京：气象出版社.

（李月安）

jīngxìhuà qìxiàng yàosù yùbào xìtǒng
精细化气象要素预报系统（meteorological element fine forecast system）　基于数值模式历史预报结果和实况观测资料，通过统计、动力等数值预报产品解释应用方法而建立起来的客观气象要素预报系统，主要由预报模型建立和实时预报两部分组成。预报模型建立是在历史观测资料和数值预报产品基础上建立可用于实时预报的预报模型，实时预报是通过预报模型，在最新的模式和观测资料基础上得到未来某一时刻或时段的客观气象要素预报结果。

精细化气象要素预报系统的目的是提供时空分辨率较高、预报较为准确的客观气象要素预报产品。已在城镇预报、格点化气象要素预报等方面得到广泛应用，并发挥了重要作用。

气象要素预报有站点预报和格点预报两种形式。站点预报为气象观测站点或城市站点的气象要素预报，包括气温、风、湿度等要素预报结果和最高气温、最低气温、降水等预报结果，预报时间分辨率通常精细到 3 小时或者 1 小时，空间分辨率精细到乡镇和需要天气预报的地点。格点预报为网格点上的气象要素预报，预报要素和时间分辨率与站点预报一致，空间分辨率精细到 10 km、5 km 甚至更细。

沿革　精细化气象要素预报系统是在数值预报模式的基础上发展而来。美国从 20 世纪 70 年代起基于数值预报产品统计释用的气象要素预报系统实现业务运行。中国从 80 年代开始研发基于数值预报产品释用技术的精细化气象要素预报系统，早期工作比较分散且在业务中的应用不多。2008 年国家级精细化气象要素预报实现业务化运行，国家气象中心的县级气象台站指导系统每天两次提供包括温度、湿度、降水等多要素的预报产品，部分省台也开展了乡镇等客观气象要素预报业务，精细化气象要素预报系统开始在预报业务中，尤其是城镇预报业务中发挥重要作用。为满足预报服务的需求，空间精细化、格点化、预报要素多样化以及多时次滚动预报成为精细化气象要素预报系统的发展方向。

技术方法　站点气象要素预报方法主要有：逐步回归、聚类分析、逻辑回归等传统经典的统计学方法、神经网络等人工智能方法。另外，还有数值模式气象要素预报直接插值模式直接输出方法（DMO）以及基于预报偏差订正的 DMO 方法（参见第 116 页数值预报产品释用与检验）。

站点气象要素预报的其他技术方法还包括无观测站点的预报模型替代、小概率事件的区域建模、多预报结果的综合集成及预报结果的一致性处理技术等。

无观测站点预报模型替代，是对于没有历史观测资料的站点或要素，采用其他具有相近地理特征或气候变化特征站点的预报模型进行替代，或者采用区域建模方法使用同一分区中有观测站点的资料，建立同一分区的预报模型并应用于该站点或要素。

小概率事件的区域建模，是指采取同一分区建立一个预报模型，该预报模型应用于区域内所有站点，对于小概率事件该方法能够给出更为稳定的预报模型，从而得到更好的预报结果。区域建模的基础是合理的分区，分区结果可以根据经验给出，也可通过客观分析方法给出。

多预报结果综合集成及预报结果一致性处理，包括通过客观方法以单个预报结果作为预报因子建立预报模型，从而实现多预报结果的综合集成，或者通过事先给定的集成准则，如权重集成、优选等合成最后唯一的预报产品。为保证预报结果的合理性和有效性，需要对最后的预报结果进行一致性处理，使得预报结果在要素之间、时效之间和空间上是协调一致的。

格点气象要素预报技术方法，包括从站点预报到格点的降尺度分析方法和格点要素直接建模预报方法。由于很难获得准确的格点气象观测资料，所以从站点气象要素预报分析得到格点的气象要素预报结果，是常用的方法。其中的关键技术是针对不同气象要素合理的数学插值方法和基于天气学认识的各种处理技术，例如温度插值中的高度订正等。区域建模是目前格点要素直接建模预报中的有效方法，利用同一分区中的站点气象观测资料建立区域的预报模型，该预报模型应用于区域内的格点，从而得到格点的气象要素预报结果。

展望　随着数值预报发展和精细化气象要素预报技术方法进一步完善，精细化气象要素预报系统所提供预报产品准确率将越来越高，精细化水平将进一步提高，逐渐满足要求越来越高、越来越细的气象服务需求，同时将使得预报员主观订正重点可以从常规气象要素预报中解放出来，从而集中在高影响、灾害性天气预报上，进一步提高高影响、灾害性天气预报准确率。

参考书目

章国材等，2007. 现代天气预报技术和方法 [M]. 北京：气象
　出版社.

（赵声蓉）

qìxiàng xìnxī zònghé fēnxī chǔlǐ xìtǒng

气象信息综合分析处理系统（Meteorological Information Comprehensive Analysis and Processing System，MICAPS）是现代化天气预报业务工作平台。该系统由中国气象局组织开发，实现了天气预报从手工天气分析和预报向人机交互系统为平台、综合应用多种信息和先进技术的现代天气预报方式的转变，是具有自主知识产权、全国各级天气预报业务人员每天使用的核心预报工作平台，是中国气象现代化建设的重要组成部分，极大提高了天气预报工作效率，持续有效支持天气预报准确率的提高。

沿革 1995年，中国气象局启动了气象信息综合分析处理系统（MICAPS）第一版的开发，作为"气象卫星综合应用业务系统"（9210工程）的一部分，开发现代化天气预报业务软件系统，定义地面、高空、卫星及雷达等观测数据和数值天气预报产品的格式，实现上述数据的分析显示功能以及数据交互分析和预报制作功能，取代了传统的纸质天气图绘制，改变基于纸质天气图的天气分析和预报制作方式，实现应用计算机显示气象信息、人机交互方式进行天气图分析和预报制作，MICAPS 1.0于1997年完成开发并在业务中试用，1999年在全国各级气象台站的天气预报业务中全面应用，MICAPS 1.0包括运行在Windows和SGI IRIX操作系统下两个版本。

2002年，完成了MICAPS 2.0的开发，2004年起在全国各级气象台站推广应用，MICAPS 2.0只开发了Windows版本。MICAPS 2.0实现了多窗口显示，改进系统工具栏，改进数据检索方式，增强数据分析显示功能，实现等值线填色显示及一维图、邮票图、三维显示等功能，系统支持功能模块扩展，支持对系统进行二次开发。

2005年，启动了微机版MICAPS 3.0的开发，于2007年12月发布并在全国气象部门推广应用。MICAPS 3.0重新设计了开放式的系统构架，采用C语言开发，结合C/C++开发算法库，以提高系统运行效率。2009年发布MICAPS 3.1，使用OpenGL代替GDI+绘图，大幅度提高系统效率，改变模块加载方式，提高系统启动效率，降低计算机资源使用，2011年底发布MICAPS 3.2并推广应用。MICAPS第三版同时开发了SGI工作站版，实现了与微机版基本类似的功能，并在中央气象台业务中应用。

系统基本结构 MICAPS分为服务器端和客户端两个部分。服务器端包括数据获取、数据处理、数据存储、中间分析产品生成、数据管理和服务、预报产品管理和服务等基本功能；客户端是预报员直接操作的平台，包括数据分析和可视化、交互预报制作、天气监视等功能。

MICAPS第三版软件 MICAPS第三版采用开放式系统构架，小型软件框架实现图层管理、图形绘制和模块管理等基本功能，各类数据分析显示、交互天气分析和预报制作功能通过扩展模块实现，提高了系统二次开发和本地化应用能力。通过修改配置文件，实现系统菜单、工具栏的修改。

MICAPS第三版采用C开发系统框架、系统界面和主要功能模块，大大提高了系统开发效率，采用OpenGL绘图引擎，提高系统绘制和图形渲染效率，采用C/C++开发基础算法，提高系统数据分析处理的运算效率。

MICAPS第三版实现了各类气象观测资料的显示，包括常规地面气象观测、自动气象站观测、高空气象观测、数值天气预报产品、雷达观测、卫星观测、飞机气象资料接收与下传（AMDAR）以及闪电定位、卫星定位水汽观测、风廓线等观测资料，支持MICAPS第一版、第二版定义的各类数据格式，并支持雷达基数据、雷达终端（PUP）产品、卫星云图和产品，实现基于探空数据的60多种探空物理参数计算、垂直能量分析、垂直水汽分析等多种分析，实现交互式T-InP图制作和订正，支持地面、高空时间序列和各类剖面图制作以及基于模式产品的各类剖面图制作与叠加，实现模式资料的多种处理与应用方式、集合预报应用等功能，并提供天气会商材料制作、预报流程管理等功能。

基于MICAPS第三版基础版本，开发了台风预报、中尺度天气分析、精细化气象要素预报订正、海洋气象预报、短时临近预报、山洪预报等多个专业版本，支持专业化预报流程。

应用情况和效果 MICAPS已经成为全国各级气象台站天气预报业务的核心预报系统，在日常天气预报、决策气象服务、重大活动气象保障、灾害性天气预报、气象应急响应等方面起到了关键支持作用，提高了天气预报制作和服务的效率，发挥各类气象资料在天气预报中的应用能力，为提高天气预报准确率起到了重要作用。截至2014年底，MICAPS已经在民航、水利、海洋、军队及科研院所等部门应用，并推广到巴基斯坦、蒙古、马来西亚、缅甸等17个亚洲国家安装应用。

展望 作为中国气象局核心业务平台，MICAPS需要根据业务需求和技术发展不断改进，MICAPS第四版将在系统功能方面有较大提高，适应精细化、专业化的业务需求，并提高系统运行效率，适应高分辨率气象数据的处理与应用。同时，发展基于云计算架构，整合MICAPS 的通用模块，在产品研发与业务集成的众创共享平台基础上，逐步建成精细化预报、短时临近天气预警、中短期天气预报、业务检验等一体化的监测分析和预报预警应用系统。

（李月安）

zāihàixìng tiānqì duǎnshí línjìn yùbào yèwù xìtǒng
灾害性天气短时临近预报业务系统（Severe Weather Automatic Nowcasting System，SWAN）中国气象局组织开发的，主要用于监测灾害性天气，制作短时临近天气预报，发布预警信号的业务平台。

沿革 灾害性天气短时临近预报业务系统（SWAN）是中国气象局 2008 年业务建设重点项目——"灾害性天气短时临近预报预警业务系统建设与改进"的重要成果，联合广东、湖北、安徽省气象局和国家气象中心等十几个单位研究开发，是具备自主知识产权的第一套完整的短时临近预报业务系统。

SWAN 零版本 零版本是 2008 年研发的实验性版本，该版本集合了多个单位优选的短时临近算法，初步形成了短时临近预报能力。该版本客户端以 MICAPS 3.1 为基础，实现了短时临近预报产品的显示更新，具备初步的报警能力。

SWAN 壹版本 壹版本在零版本的基础上对系统进行了优化，2009 年发布，壹版本的服务器框架从原来的单线程改为多线程，大大提高了算法运行的效率，很多地市级气象台依旧保留了 SWAN 壹版本的运行。

SWAN 市县版 市县版于 2010 年发布，该版本没有沿用数字编号，主要目的是通过实验验证将算法在省级台站运行，地县级只保留客户端的部署模式。该版本的客户端在 MICAPS3.2 的基础上进行了升级，同时初步形成了省级计算，产品分发到地市的网络化运行能力。

SWAN1.6 版本 1.6 版本的主要改动在客户端，该版本在继承各个历史版本原有功能的基础上，更加强调与短时临近预报预警业务流程的结合。该版本提升了数据显示效率、调整、优化并扩展了数据检索和分析工具，为短时临近天气预报预警业务提供了更为简便高效的工作平台。

其他 SWAN 衍生版本 在 SWAN 版本开发中，很多业务也利用了 SWAN 作为基础平台进一步开发，这些版本包括了山洪版 SWAN、城市内涝平台等系统。

系统构成和功能 SWAN 系统结构上分为产品服务器和用户终端两个模块，产品服务器部署在运算性能较高的计算机上，其功能是实时处理数据传输系统提供的气象雷达、气象卫星、自动气象站等观测数据，服务器上的气象算法模块根据这些数据计算生成客观产品和报警消息，并通过多种方式将结果实时推送到用户终端。用户终端是预报员的工作平台，基于 MICAPS 系统开发，用户终端的主要功能是实时更新产品服务器推送的资料并处理报警数据发出报警，同时提供预报员在终端上进行短时临近预报的交互分析和预警信号制作，一体化的流程极大地简化了业务操作。作为短时临近天气预报业务的平台系统，SWAN 涵盖了监测、预报、报警、产品制作等一系列业务功能。

SWAN 系统以雷达、自动站、卫星云图的数据为基础数据，针对短历时降水和强对流天气，优选全国各地开发的算法和研究成果，检验、集成并加以优化，形成统一的业务系统。该系统可提供实时雷达拼图、降水估测、一小时的降水预报、风暴质心识别和追踪（SCIT）和雷暴单体识别、追踪、分析和临近预报（TITAN）、自动气象站实况监测和综合报警，冰雹、大风报警等多种实况监测和临近预报的气象产品。

应用 经过多年的开发和推广，全国各省级气象台均有实时运行的 SWAN 系统，并在部分市级气象台和县级气象站业务中使用，该系统为省地县气象台站提供了集成的短时临近业务环境，大大提高了气象雷达，自动气象站等新型资料的应用能力和临近预报的效果，整体推动了全国短时临近预报业务的发展。同时基于 SWAN 系统的支撑，开发了中小河流、山洪风险平台等多个专业性业务系统，扩展了短时临近业务服务能力。

展望 作为 MICAPS 短时临近天气预报专业化版本，未来 SWAN 将在系统建设和技术方法两个方面不断改进，一方面基于 MICAPS 新版本不断改进完善系统功能，另一方面逐渐增加灾害性天气短时预报、分类强对流天气客观预报、不同类型强对流天气识别等技术，为全国短时临近预报业务提供系统平台和技术支撑。

（沃伟峰）

天气诊断分析

dàchǐdù tiānqì fēnxī
大尺度天气分析（large scale weather analysis）利用天气学、大气动力学等知识，对大气中具有天气尺度（或称为大尺度，空间尺度在 1000 km 到 6000 km 之间，时间尺度在一天以上到数周之间）时空特征的天气系统结构、演变及其带来的天气变化和影响进行主客观分析，称为大尺度天气分析。大尺度天气系统包括温带气旋和反气旋、长波槽脊、锋面等。

沿革　大尺度概念的提出是与天气预报的发展尤其是气象观测网的发展分不开的。19世纪中叶，世界第一张地面天气图（参见第26页天气图和天气图分析）诞生，通过分析，地面天气图可以显示出气旋、锋面等尺度较大的天气系统的结构和演变。20世纪20年代，高空探测出现，从而可构建不同气压层的高空天气图，进而分析高空天气系统的结构和演变。而通过气象观测形成的气团学说、极锋理论和长波理论等使得当时观测分析出来的天气系统与天气的发生、发展密切联系起来。由于当时观测资料的空间距离一般都在上百千米，只能分析出像气旋、极锋锋面、长波槽脊等一些尺度达上千千米的天气系统，这样通过大范围资料分析只能给出当时大气状态的一个概要，但这类尺度的天气系统对天气的发生、发展至关重要，因此把对这一类天气系统的分析称为大尺度天气分析，目前仍是天气预报业务分析的重要内容之一。随着气象卫星的出现，这类天气系统在卫星云图上清晰可见。大尺度天气系统一般满足静力平衡和准地转运动条件，是数值天气预报能够作出较长时效预报的一类天气系统，因此目前的大尺度天气分析一般是基于数值天气预报，同时与地面观测、高空观测、气象卫星云图等资料做对比分析。

分析内容　利用地面天气图、高空天气图、数值预报形势图等进行分析，分析的主要内容为：①各类大尺度天气系统位置、强度和结构，包括地面气旋和反气旋、高空槽、高空脊、锋面、切变线、低涡、高空冷涡、低空急流、高空急流等；②各天气系统的高低空配置关系、时间演变分析；③各大尺度天气系统热力、动力场诊断分析。

分析原理和方法　大尺度天气分析原理，主要是应用准地转理论和等熵位涡理论，二者角度不同，得到的结果是一致的。准地转理论用于描述和解释中高纬度大尺度运动及相关天气系统的特征和结构，该理论的核心思想是大尺度天气系统的产生及演变主要决定于涡度平流和温度平流的时空分布和变化，该原理为中国预报员广泛采用。等熵位涡理论利用位涡的守恒性和可反演性原理，来解释中高纬度准平衡大气运动的动力学特征，该理论的核心思想是高空的位涡异常可以引起气旋或反气旋环流发生，该原理多为欧洲预报员采用。

在分析方法上主要采用：①主观判断加数值诊断相结合，主观判断主要是对各天气系统进行识别和分析，

并判断天气发生的大致位置，虽然自动识别技术也能实现，但与预报员的主观分析判断还有差距。数值诊断主要包括大尺度运动带来的水汽条件、垂直上升运动条件、大气不稳定条件的诊断。②高低空相互配置。大尺度天气系统一般具有一定的空间伸展结构，高低空各天气系统相互影响、协同发展，分析时必须全面考虑，如引起暴雨的天气系统低层一般有低涡或切变线带来的辐合，高层往往会有辐散流场相配合，而中层则有高空槽对应。通过各影响天气系统高低空配置分析，可建立某类天气的形势配置图，如2012年北京"7·21"特大暴雨的形势配置。如果积累的个例足够多，进而可形成某类天气的大尺度天气概念模型。③多种资料综合分析。可结合气象卫星、天气雷达等其他探测手段获得的资料进行综合分析。如利用气象卫星水汽图像资料与同时刻的数值天气预报初始场资料进行叠加比较，可以判断数值预报初始场的误差。④动态分析。在对数值预报形势场进行分析时，首先要对数值预报的初始场与观测进行比较，确定初始误差；其次是对数值预报的稳定性进行分析，即同一大尺度天气系统不同时刻起报的预报是否具有稳定性。⑤集合预报方法。可采用多模式集合预报和单模式集合预报，来判断某一大尺度天气系统的发生发展概率。

和相关业务的联系　大尺度天气分析是制作天气预报的基础工作，对于范围较大的天气如大范围降水、寒潮、台风、沙尘暴、雾、霾等往往直接受大尺度天气系统支配，但强烈的天气如暴雨、雷雨大风、冰雹、龙卷等是由中尺度系统造成的，但大尺度天气系统可制约和影响中尺度天气系统的活动。因此要进行各种天气的预报和研究，都首先要了解其发生的大尺度环境背景，大尺度天气分析是其重要一环，涉及定量降水预报、台风海洋预报、强对流预报、空气污染预报、环境气象预报等各业务。

产品和应用　大尺度分析产品包括欧亚地面分析、欧亚高空500 hPa分析、欧亚高空700 hPa分析、欧亚高空850 hPa分析、海洋天气图分析。还可根据需要，制作满足分析要求和目的的大尺度天气分析产品，如高低空形势配置图。大尺度天气分析是天气预报各业务部门日常基础工作，是预报员制作天气预报的重要参考工具。大气科学研究部门在分析某类天气现象的成因时，一般也首先要作大尺度天气分析。

展望　大尺度天气分析在天气系统识别方面还主要是靠预报员判别。为了节省预报员的时间以进行更为细致的中尺度分析工作，随着计算机和人工智能技术的发展，大尺度天气系统自动识别技术会逐步得到推广应

用。数字化、定量化的分析结果会被预报员逐渐采用，并用于构建客观化的大尺度天气概念模型。

参考书目

寿绍文，励申申等，2002. 天气学分析 [M]. 北京：气象出版社.

孙军，谌芸，杨舒楠，等，2012. 北京 721 特大暴雨极端性分析及思考（二）极端性降水成因初探及思考 [J]. 气象，38（10）：1267-1277.

（孙军）

zhōngchǐdù tiānqì fēnxī

中尺度天气分析（meso-scale weather analysis） 针对大气中具有中尺度（空间尺度在 2～2500 km、生命史在 3～5 天）时空特征的天气及成因和影响进行的分析。具有中尺度特征的天气有很多种类，通常意义上的中尺度天气分析指的是对流天气分析。中尺度天气分析的含义有狭义和广义之分。狭义的中尺度天气分析是指对中尺度天气系统的分析，为了捕捉天气系统的中尺度特征，分析一般基于中尺度时空分辨率的观测资料。广义的中尺度天气分析是指针对对流天气进行的任何基于中尺度气象学原理的分析，这种分析的对象和所采用的资料的时空分辨率并不局限于中尺度也可以是大尺度。气象预报业务中采用广义的中尺度天气分析含义。

沿革 中尺度天气分析技术的发展始终紧随对流天气观测手段和机理研究的发展。在 20 世纪 40 年代中期，主要根据雷达和飞机对雷暴的观察，取得了上升气流、下沉气流、降水类型及雷暴单体演变过程的资料，根据这些资料概括了雷暴单体三阶段的生命史模式。50 年代至 60 年代，通过特殊的地面、高空气象观测网，配合雷达和飞机，发现了在强垂直风切变环境中能够垂直发展的巨型雷暴，即对流风暴，同时进一步了解到环境气流与风暴之间的相互作用，由此开始提出对流风暴的模式。70 年代早期，多普勒天气雷达的应用使得人们能够进一步深入观测雷暴内部的气流结构及其环境条件，了解对流风暴的演变过程，更清楚地确定对流风暴的发展和结构模型。这些科学观测和机理研究的进展，为开展中尺度天气分析提供了理论依据和分析资料。

20 世纪 40 年代到 70 年代，美国强对流天气业务中逐渐发展了一套基于常规观测资料的分析技术方法，称为中尺度天气分析。在这一时期，为了从常规观测资料中分析中尺度天气系统，产生了许多分析技术和手段，包括从要素时空分布中进行中尺度天气系统分离的客观分析方法，以及利用高时空分辨率资料进行时空转换以弥补低空间分辨率的方法等。80 年代到 90 年代，随着美国全国多普勒天气雷达网的建设完成，基于雷达资料的中尺度天气分析技术得到进一步完善，可分辨的中尺度天气系统更加精细，在强对流天气临近预报中发挥了巨大作用。

20 世纪 90 年代以来，中国气象局逐渐完成了多普勒天气雷达的全国布网，中尺度天气分析业务逐步建立并得到长足发展。数值模式及其资料同化技术的发展，也衍生出大量的中尺度天气客观分析技术和产品。

分析内容和对象 中尺度天气分析的主要内容有两部分。

一是有利于对流天气发生的大气环境场条件分析。依据中尺度气象学关于对流天气的物理机理，利用大气温压风湿等要素，从水汽、不稳定、抬升触发机制和垂直风切变四个方面，分析中尺度天气系统发生发展的大气环境场条件。

二是对流天气系统本身的发生发展演变及天气影响分析。基于对对流天气系统结构、特征及其演变规律的认识，利用卫星、雷达、加密自动站及闪电等观测资料，判识和追踪中小尺度对流天气系统及其所伴随的天气。

分析原理和方法 产生对流天气的中尺度系统相比大尺度系统而言具有尺度小、生命史短、变化快、产生天气剧烈的特点。中尺度天气系统不具有近似的准水平运动、准地转运动、准静力平衡等特征，因此基于准地转理论的大尺度尺度分析不能满足对流天气的分析和预报需求，须进行基于中尺度气象学原理的中尺度天气分析。对流天气发生发展是潜在不稳定的暖湿空气被抬升进而触发自由对流，并在合适动力条件下加强发展而形成的。

潜在不稳定的暖湿空气具有大量对流有效位能，当这部分空气被抬升至自由对流高度以上时，由于其温度高于环境气温将获得向上的正浮力进而产生加速上升运动，位能转换为动能，自由对流得以发生。当具有很强的对流有效位能并且处于明显垂直切变环境中时，对流系统可以加强维持并发展为具有高度组织化特点的对流风暴系统，产生大风、冰雹、短时强降水和龙卷等强对流天气。

根据对流天气系统的发生环境条件及其本身演变规律，中尺度天气分析可分为对流天气发生的环境场条件分析和与对流天气系统本身的发生发展演变及其伴随天气的中尺度过程分析两部分。前者从中尺度气象学原理出发，分析对流天气发生和发展的大气环境条件，包括对流条件的天气图分析、诊断物理量分析及局地探空分析；后者基于加密自动站、风廓线仪、雷达、卫星、闪电定位仪等中小尺度观测资料，分析对流天气系统的中尺度过程和特征，包括对流天气的实况分析、中尺度对流系统结构特征及演变分析。

产品和应用　中尺度天气分析产品主要是基于温压风湿气象要素的各种主客观天气图形，诊断物理量图，探空分析图，以及基于雷达、卫星、闪电定位仪等非常规观测的雷暴结构特征图形。

中尺度天气分析主要应用于雷电、雷雨大风、冰雹、短时强降水、龙卷等强对流天气相关的中短期至临近所有时效强对流天气发生发展的分析和预报。对流天气大气环境条件分析主要应用于短时、短期和中期时效的强对流天气发生潜势预报；对流天气中尺度过程分析可以应用于短时临近时效的强对流天气预报和预警。

展望　中尺度天气分析技术手段的提高主要取决于理论认知和观测手段两个方面。一方面当前大气科学领域对对流天气的形成机理认识仍然不全面，例如不稳定的湿空气被抬升这一中尺度天气分析的基本对象仅是强对流天气发生的必要条件而不是充分条件，垂直风切变的作用复杂，对其作用仍未被全面认识；另一方面，卫星、雷达以及其他非常规观测手段都有自身的局限性，各类中尺度对流天气系统的结构并未被全面而完整的认识。

中尺度天气分析业务水平的提高，取决于分析的技术手段、高效的业务平台和预报员认知水平。近些年中国大力发展高分辨率中尺度数值预报模式和基于多源资料的快速更新同化分析和预报业务系统，同时，智能化分析业务平台的快速发展及预报员理论认知和实践经验的不断提升，中尺度天气分析将逐步向客观化、定量化、精细化和智能化的快速分析转变，更加满足对中小尺度天气的快速反应、准确定位和及时服务的需求。

参考书目

陆汉城，2004. 中尺度天气原理和预报［M］. 杨国祥. 第二版. 北京：气象出版社.

杨国祥，1983. 中小尺度天气学［M］. 北京：气象出版社.

（张涛）

tiānqì zhěnduàn fēnxī
天气诊断分析（synoptic diagnostic analysis）　根据实际气象要素值的分布，用不包含时间变量的动力学和热力学方程对所研究的天气现象、大气系统或天气过程的影响因素进行定量计算，从而客观定量地分析与解释其物理过程，并推断其与天气的关系。它是认识和理解天气过程的一种重要途径，通过天气诊断分析，可以从有限的常规气象观测资料中获取更多重要的天气信息，有助于对各种天气系统和天气过程的动力和热力特征做出深入定量的解释，并在此基础上建立各种天气系统和过程演变的物理概念模型，为天气预报提供可靠的依据。

现代的天气诊断分析往往要根据诊断方程计算各种不直接观测的物理量，如垂直速度、水汽通量散度、假相当位温等，并着重分析各种要素的相对重要性。天气诊断分析的物理量均用观测实况或数值模式分析场资料计算，这与数值试验是不同的。天气诊断分析中最主要的因子包括热力因子、动力因子和水汽因子，三者通常综合使用。

热力因子诊断　指基于热力学理论，诊断研究大气的热状态及其热力过程，如水相平衡与转变过程、大气中的绝热过程与非绝热过程、大气层的静力稳定度及引起静力稳定度发生转变的过程等。热力因子诊断不仅表征大气的热力状况，还可反映天气系统的动力结构及其发生发展的机理。如根据准地转位势倾向方程判断当暖平流随高度减弱时，等压面高度升高，高空高压脊将发展。在天气诊断分析中，多通过诊断表征温度、湿度及它们合成的物理量（即温湿参量），如相当温度、湿球温度、位温、假相当位温、比湿、露点等的时空变化特征来进行热力因子诊断。热力因子诊断的方法除常用的数理计算方法外，还常常利用热力学图解—温度—对数压力图（即 T-lnP 图）进行分析，该图可直观反映出大气的热力状况，如对流不稳定能量和对流抑制能量的大小，逆温层的位置、厚度和强度等，对流凝结高度，抬升凝结高度，0 ℃层高度等信息。

动力因子诊断　根据大气动力学方程和观测资料，对一次天气过程或一类天气系统的产生、发展和消亡进行诊断分析研究，进而从物理本质上加以解释。简化的大尺度运动学方程表明，准地转平衡是大气的基本特性，而非地转平衡是产生各种天气的原因。风场与气压场的准地转平衡关系是对天气尺度系统进行动力诊断分析的基本依据，基本的动力因子诊断包括地转风、梯度风、热成风、地转偏差、涡度、散度、垂直速度等的计算和分析。由于大气中降水过程、不稳定能量的触发等与垂直运动密不可分；同时，垂直运动造成的水汽、热量和动量等的垂直输送，对天气系统的发展有很大影响，因此垂直速度是最重要的动力诊断因子之一。垂直速度的计算方法很多，常用的有积分连续方程法（运动学法）、准地转 ω 方程法、绝热法、由降水量反算等方法。其中积分连续方程法应用最多，而准地转 ω 方程法无须依赖精确的风场观测值就能计算出垂直速度，并且可以直观判断导致垂直运动的各因子的相对作用，进而了解天气系统发展的物理机制。

水汽因子诊断　水汽是大气的基本参量之一，水汽输送过程伴随动量和热量的转移，影响沿途的气温、气压等其他气象因子。暴雨和强对流天气均要求大气具有充沛的水汽，因此水汽因子诊断是天气诊断分析的一个重要组成部分。水汽因子诊断主要包括大气中水汽的含量及其变化、水汽平流、水汽通量和水汽通量散度等。大气中水汽含量及其饱和程度主要用各层的水汽压、混合比、比湿或露点、温度露点差、相对湿度及湿层厚度等来表征，水汽含量越大，湿层（饱和层）厚度越厚，越有利于强降水的产生。能否形成降水关键在于从各方向来的水汽能否在某地集中起来，因此要用水汽通量散度表征单位时间、单位面积内汇合或辐散出去的净水汽质量。由于大气中 85%～90% 的水汽都集中在 500 hPa 以下，计算也表明产生降水的水汽主要靠 700 hPa 及以下的水汽通量辐合来提供，因此一般也仅限于对流层中低层 700 hPa 及以下层次进行水汽因子诊断。

参考书目

大气科学辞典编委会，1994，大气科学辞典［M］. 北京：气象出版社.

盛裴轩，毛节泰，李建国，等，2003，大气物理学［M］. 北京：北京大学出版社.

寿绍文，等，2006，天气学分析［M］. 北京：气象出版社.

朱乾根，林锦瑞，寿绍文，等，2007，天气学原理和方法［M］. 北京：气象出版社.

（张芳华）

气象卫星资料分析（satellite data analysis）　利用气象卫星的遥感观测资料对大气环流、天气系统和天气变化进行分析和解释应用的总称。气象卫星资料已广泛应用于锋面、气旋、反气旋、台风、中小尺度强对流等天气系统的分析与监测以及短时临近预报、航空气象等领域。

沿革　1960 年 4 月 1 日，美国发射第一颗试验气象卫星 TIROS-1；1966 年 12 月 6 日，发射了世界上第一颗地球静止气象卫星，从而开创了人类从太空自上而下观测大气的新纪元。1967 年，鲍彻（Boucher）首次提出利用云图上的云团参数作为天气强度的指数；1971 年詹姆斯·珀德姆（J. Purdom）提出利用静止卫星的观测，可以监测强对流天气的发展，这是首次提出利用卫星图像对强对流天气进行预报、预警的一些想法；20 世纪 70 年代中期，美国 GOES 系列静止气象卫星的发射开辟了利用高时间分辨率卫星资料监测风暴的时代。随着观测资料的日趋丰富，气象工作者们逐渐深入地研究了如何在天气分析和预报中分析应用卫星资料。

中国于 20 世纪 70 年代初期开始接收国外的气象卫星资料，用于天气预报业务，并开展了气象卫星资料应用研究。1988 年 9 月 7 日中国发射了第一颗极轨气象卫星，到 2014 年已成功发射极轨气象卫星和静止气象卫星 14 颗。气象卫星资料在天气分析和预报的应用中取得了重要的成果。利用卫星云图对影响中国的天气系统进行了全面的分析，提出了台风的定位和强度估计方法、台风发生发展过程中的云型演变、赤道辐合带及热带云团的特征，概括出了锋面和气旋的云型特征，尤其是对高空旋涡和梅雨锋结构等的研究取得重要成果，对高空急流、西南低涡和暴雨的降水云系特征等方面，也有相应的研究成果。1985 年以来，随着气象卫星定量遥感探测能力的增强，卫星探测资料在暴雨、中尺度对流云团等方面的研究更加深入，在中尺度云团的动力学和热力学结构，及其发展演变、日变化、地理分布及移动和传播等特征，以及定量降水估测等方面都进行了大量的研究工作。此外，中国气象卫星资料在数值模式中的同化、气候监测和短期气候预测（如：海温反演、冬小麦估产、地表覆盖监测、行星尺度天气系统的季节性活动特征分析）等方面也取得了长足的进步。

分析内容和对象　在天气预报中，卫星资料分析的主要内容：区分不同通道的卫星资料；区分地表和云区，尤其是区分云和雪区；识别不同种类的云等；分析大范围云的分布及其对应的天气系统，根据天气尺度云系特点确定天气系统发展的阶段，预告其未来变化；从卫星资料估算气象要素，如风、温度、湿度、大气稳定度、垂直运动、涡度、云量、云高和降水等；将卫星资料与常规气象资料、天气雷达等探测资料结合在一起，进行综合分析，为天气预报提供可靠的依据。目前，天气分析与预报中常使用的卫星云图资料主要包括分裂窗区红外图像、可见光图像、水汽图像和微波图像等。

在卫星云图上，可以根据6个判据识别云（卷状云、对流性云和层状云等）：结构型式、范围大小、边界形状、色调、暗影和纹理。卫星云图上云的结构型式有带状、涡旋状、团状（块）、细胞状和波状等，有助于识别云的种类和天气系统。卫星云图上不同类型的云，其范围也不同，与气旋、锋面相联系的高层云、高积云和卷云的分布范围可达上千千米；与中小尺度天气系统相联系的积云、浓积云和积雨云的分布范围则较小。各种云的边界形状有直线的、圆的、扇形的，有呈气旋式弯曲的、也有呈反气旋式弯曲的，有的云的边界十分整齐光滑，有的则很不整齐。色调是指卫星云图上目标物的明暗程度，红外云图的色调取决于其本身的温度，可见光云图的明暗反映了云的密实程度，水汽图像上的色调有助于识别对流中上层水汽的分布；暗影只出现在可见光云图上，反映了云的垂直分布状况。纹理是指云顶表面光滑程度的判据，不同类型、不同厚度的云其云顶表面很光滑或者呈现多起伏、多斑点和皱纹，或者是纤维状。

此外，由于不同的天气系统在卫星云图上表现出来的特征各不相同，可以用于辨识天气系统和辅助天气分析：

中纬度天气系统云系　包括冷锋、温带气旋、高空急流等云系。冷锋云系在不同季节和不同下垫面，外貌差异很大。在冬季洋面上，由于水汽丰富，下垫面均匀，活跃的冷锋云系表现最为明显，为一条长达数千千米完整的云带，常与一个涡旋云系连接在一起，云带向南凸起，呈气旋性弯曲。温带气旋云系通常由斜压叶状云系、涡度逗点云系和变形场云系三部分组成。高空急流云系多为带状，且以卷云为主，因此它在窗区红外云图上表现得非常清楚。

热带云系　包括热带云团、热带辐合带云系、东风波云系、热带气旋等。热带云团常由数个中尺度对流系统顶部的卷云砧合并组成，直径达100～1000 km，生命史为1～5天。热带辐合带云系长达数千千米，近于东西向，分布有许多活跃的对流云团。成熟热带气旋的云型由三部分组成：眼区位于云系中心的圆形黑色区域，围绕眼区的中心密蔽云区和螺旋云带及其嵌入其内的对流云组成。

对流性云团　造成对流性天气的中小尺度天气系统空间尺度小、生命史短，利用高时空分辨率的静止卫星云图可以观测中小尺度云系的发生发展，分析对流系统的演变。对流云团通常具有较低的红外亮温和较高的可见光反照率，利用可见光图像上的暗影可以判断上冲云顶的位置。对流云团的形状与高空风场有关，高空风较弱时云团近似圆形，高空风较强时往往能看到明显的卷云砧。1981年有学者提出了包括云顶亮温、冷云区面积及持续时间等判别中尺度对流复合体（MCC）的标准。

由气象卫星资料还可以对各类气象参数进行定量估测，如降水、大气运动矢量、云物理参数（云顶亮温、云量、云分类、光学厚度、有效粒子半径等）、大气温度、大气含水量、臭氧、气溶胶、大气成分等，以及应用于遥感表面温度、反演地面反照率、监测火点和海洋遥感等。

在天气预报业务中的作用　气象卫星资料由于其高时空分辨率、观测范围广且不受地形因素的影响等特点，已广泛应用于锋面、气旋、反气旋、台风、中小尺度强对流等天气系统的分析与监测，以及短时临近预报、航空气象等领域，特别是为空间尺度小、生命史短的中小尺度系统的监测和预报提供了强有力的保障，弥补了常规观测资料的不足。

展望　美国、日本、中国及欧洲等都正在加紧研发部署新一代地球静止轨道气象卫星。其中，日本的"Himawari-8"静止卫星已于2015年7月投入业务运行。在不久的将来，中国的新一代地球静止轨道气象卫星"风云四号"也将发射并投入使用。由于采用了三轴稳定的平台稳定方式，"风云四号"能更有效地进行对地观测，其成像仪能提供15分钟一次的全圆盘观测，空间分辨率可以达到0.5～2 km，光谱通道数也有可能增加到15个。同时，"风云四号"还搭载了大气垂直探测仪和闪电探测仪，有利于提高大气垂直廓线的监测及对云闪的监测能力。新一代地球静止轨道气象卫星将大大提升对强对流、台风等高影响天气的监测和预报能力。

参考书目

陈渭民，2005. 卫星气象学［M］. 北京：气象出版社.

蒋尚城，2006. 应用卫星气象学［M］. 北京：北京大学出版社.

帕特里克·桑特里特，等，2008. 卫星水汽图像和位势涡度场在天气分析和预报中的作用［M］. 方翔，译. 北京：科学出版社.

盛裴轩，等，2003. 大气物理学［M］. 北京：北京大学出版社.

章国材，等，2007. 现代天气预报技术和方法［M］. 北京：气象出版社.

（林隐静）

tiānqì léidá zīliào fēnxī
天气雷达资料分析（weather radar data analysis）对天气雷达观测到的基本数据或者产品进行分析或解释应用，可应用于强对流、暴雨、暴雪、台风等天气监测、临近天气预报和数值模式资料同化等领域。

沿革 20世纪50年代，世界上出现了由军用雷达发展而来的天气雷达，早期的天气雷达是数字化天气雷达，只能用于探测降水回波的强度和位置；中国在70年代研制了"711""713""714"等型号的数字化天气雷达，并逐步在全国进行了布网。从20世纪末开始布设新一代多普勒天气雷达网，到2015年，共有约216部雷达投入业务使用。新一代多普勒天气雷达不仅能够测量降水回波的强度和位置，还能够测量降水粒子的径向速度。有了径向速度，预报员就可以对降水系统的气流结构进行分析，极大地提高了灾害性天气的监测分析和临近预报能力。2000年以来，天气雷达的双偏振探测技术日趋成熟，双偏振雷达比多普勒雷达的优势在于能够估测降水离子的形状和大小，有助于判断降水相态，提高冰雹、龙卷等天气的识别能力和定量降水估测的精度。

分析内容和对象 天气雷达资料的分析主要是针对其各类产品的分析。天气雷达产品分为基本产品和二次产品。

基本产品 主要包括三类，即反射率因子（或称回波强度）、平均多普勒径向速度和谱宽。对于双偏振多普勒雷达，还有差分反射率因子、差分相移率、退偏振因子和相关系数等产品。

反射率因子能够基本反映降水的强度和风暴的水平或垂直结构。对于不同性质的降水，同一反射率因子值所对应的降水效率是不一样的，这取决于雨滴谱的分布。在分析冰雹回波时，需要重点关注55 dBZ以上的回波，并从垂直剖面图上分析三体散射特征、悬垂回波特征和 −20℃层以上是否有出现大于50 dBZ的强回波。在分析雷暴大风时，需要注意是否有弓状回波出现，一般来说弓状回波的出现表明有较强的中气旋，容易产生地面大风。

平均径向速度是降水粒子的多普勒速度在雷达径向上的投影，通常负值表示朝向雷达运动，正值表示远离雷达运动。分析径向速度场可以判断冷暖平流；可以判断是否有急流存在；可判断是否存在中气旋，可判断是否存在超级单体；龙卷涡旋特征对于龙卷的预警有指示意义。

谱宽可提供由风切变、湍流和速度样本质量引起的平均径向速度变化的观测，也可用来确定边界（密度不连续面）位置，估计湍流大小及检查径向速度是否可靠。

差分反射率因子能够描述粒子的形状，双偏振雷达通过探测粒子的水平和垂直后向散射截面来判断粒子的扁平程度。冰雹或小雨滴由于接近圆球形，差分反射率因子值较小，因此差分反射率因子对冰雹有指示意义。差分相移率在强降水区的表现较为突出，对于改善大雨以上量级的定量降水估计有重要意义。退偏振因子对识别云中的粒子微物理特征有较好作用。相关系数体现了雷达波束照射体积内粒子分布的均匀性，对区分降水回波和非降水回波有较好的指示意义。双偏振雷达观测是反演云中粒子微物理特征的重要资料。

二次产品 二次产品有很多种，业务使用较多的有组合反射率因子、回波顶高、垂直累积液态水含量、风暴质心识别和追踪产品、冰雹指数、中气旋识别产品、龙卷涡旋特征、降水估测累积产品等。

组合反射率因子产品有助于了解各个高度层内降水或非降水回波情况。中层组合反射率因子平均值产品可用于监测强回波中心发展高度。回波顶高产品有助于快速估计强对流回波发展的高度、位置、有助于区分非降水回波和实际风暴、有助于识别风暴的结构特征。垂直累积液态水含量（VIL）产品有助于确定大多数强风暴的位置，因为高VIL值对应于强上升气流的高反射率因子深厚区域；可用于判断有大冰雹的风暴；持续的高VIL值与经典或强降水超级单体风暴有关。风暴追踪产品有利于分析监测相互分离容易识别的风暴体信息，对预报员监测风暴的移动和发展是很好的参考。冰雹指数产品对于冰雹、特别是强冰雹具有较强的指示性，当强冰雹概率（POSH）大于50%时极有可能产生冰雹。使用中气旋识别产品必须同时检查反射率因子及相对于风暴的平均径向速度分布图，以确定中气旋的存在；向地面降低的中层中气旋有可能预示着有一个龙卷正在发展。龙卷涡旋特征产品显示的龙卷涡旋信号处有发生龙卷的较大可能。降水估测累积产品可用于监测雷达探测范围内任意时段内的降水量（最长不超过24小时）。

在天气预报业务中的作用 天气雷达在天气预报工作中的作用主要是，进行中尺度天气分析以及利用外推法制作临近天气预报。近些年，雷达资料也广泛应用于中尺度高分辨率数值模式中，实时同化雷达反射率因子和平均径向速度产品大大提高了高分辨率数值天气预报模式初始场的精度，进而提高模式对中尺度天气系统的预报能力。

展望 未来的天气雷达会发展快速扫描技术、相位编码技术等新的探测技术，进一步提高对各类灾害性天气的监测分析能力，分析资料主要针对基本反射率因子产品，主要用于分析对流系统的强度。未来还需要对目前已有的产品导出算法进行完善，并不断研发新的导出产品。

参考书目

俞小鼎，等，2006，多普勒天气雷达原理与业务应用［M］. 北京：气象出版社.

Bringi V N, 2001. Polarimetric Doppler Weather Radar ［M］. Cambridge University Press.

（朱文剑）

fēichángguī guāncè zīliào fēnxī

非常规观测资料分析（non-conventional observation data analysis）

气象卫星、多普勒天气雷达、风廓线雷达、闪电定位仪、全球卫星定位系统（GPS）、微波辐射计等仪器观测得到的高时空分辨率数据的分析及应用。非常规观测由于能够提供更高时空分辨率的资料，因此更能满足精细化预报的要求，在台风、暴雨、强对流天气等灾害性天气的监测以及短时临近预报中发挥着非常重要的作用（参见第 22 页气象卫星资料分析、第 24 页天气雷达资料分析）。

风廓线雷达资料分析 风廓线雷达是通过向高空发射不同方向的电磁波束，接收并处理这些电磁波束因大气垂直结构不均匀而返回的信息进行高空风场探测的一种遥感设备。风廓线雷达以晴空湍流作为探测对象，能够实时提供大气的三维风场信息。

根据探测高度的不同，风廓线雷达分为边界层风廓线雷达、对流层风廓线雷达、中间层-平流层-对流层风廓线雷达。

边界层风廓线雷达的探测高度一般在 3 km，对流层风廓线雷达的探测高度一般在 12～16 km。目前，风廓线雷达资料主要用于两个方面：一方面，由于其较高的时间和空间分辨率，该资料可以用于天气监测和短时临近天气预报，基于其获取的大气风场信息能够监测分析高空槽、锋面、中尺度切变线（辐合线）、边界层急流和脉动、垂直风切变、晴空湍流区等，可用于边界层污染物扩散的分析和预报；通过风廓线雷达组网观测能够得到大范围的多层次大气风场信息，并能够计算涡度、散度、高低空急流等，可以有效地帮助预报员分析实时天气，从而提前强对流天气、暴雨等灾害性天气的预警时间。另一方面，风廓线雷达资料可以作为初始场加入到数值模式中，在现有基础上提高强对流天气预报准确率。

地基卫星定位资料反演水汽资料分析 地基卫星定位资料反演大气水汽技术是从 20 世纪末开始发展起来的一种全新的大气观测手段。它利用地基高精度卫星定位资料接收机，通过测量卫星定位资料在大气中的延迟量来反演大气中的水汽信息，可以提供高时间分辨率的水汽信息。由于水汽是强对流天气和暴雨发生的重要基本条件，因此通过分析区域性卫星定位资料反演的高时空密度水汽资料的分布和变化对于预报天气系统的演变具有非常重要的应用。

通过这种方法测定的是大气垂直气柱的水汽含量——大气可降水量，测量精度可达 1～2 mm。美国、日本和西欧等发达国家相继建成了由多部门的地面 GPS 接收站组成的综合应用网。中国在 20 世纪 90 年代中期就开始了利用地基高精度双频 GPS 接收机信号反演大气积分水汽含量的方法研究。2000 年在北京地区开展了全球卫星定位系统/水汽（GPS/VAPOR）观测试验。在国内的一些重大气象科学试验观测计划中，均把 GPS 水汽观测作为观测内容之一而加以实施。

卫星定位系统在大气水汽探测中的研究及应用还处于探索、试验阶段，在以下几个方面尚需开展深入的研究：①反演大气水汽的数据处理模型如映射函数、水平梯度还需进一步改进；②卫星定位系统反演低层大气水汽的误差源还较多，而水汽的 90% 集中在距地面的低层大气；③卫星定位系统反演可降水量时，需要建立适合当地特点的计算模型即局地订正模型；④卫星定位系统反演水汽产品用于业务工作的实时性、连续性和质量稳定性还有待提高。

微波辐射计探测资料分析 微波辐射计是一种被动式微波遥感设备，通过接收大气中的某些成分在一定频率上辐射的微波，通过反演算法得到大气在垂直方向上的温度、湿度、液态水含量等气象要素分布，还可以探测到云状、云高和晴空湍流等。微波遥感能够全天候观测到大气温湿的连续变化。

微波辐射计作为一种非常规大气廓线探测手段，其探测资料主要用于中小尺度天气，特别是强对流天气的监测和预警。利用微波辐射计温湿廓线数据可以计算一些二次产品，如对流有效位能（CAPE）、K 指数等对流参数；与风廓线数据联合使用还可构建实时探空数据计算各种大气不稳定度参数，为强对流天气的监测和预报提供支持。微波辐射计探测资料在航空气象、人工影响天气以及数值预报的数据同化等相关领域也具有非常高的应用价值。

微波辐射计在全国布网还比较稀疏，在水平空间上还不能满足强天气监测和预报业务需求。微波辐射计直接探测的是亮温，其反演大气温湿廓线方法还有待检验和优化。

随着技术的发展，微波辐射计的探测通道更多，探测精度将会进一步提高，反演方法也会逐步改进，由微波辐射计反演的产品和其他探测设备配合使用，如毫米波雷达、双偏振雷达等主动探测设备，将会大大提高强对流天气的监测和预警能力。

闪电定位资料分析　闪电定位仪是一种通过探测云间或者云内闪电（云闪）和云间—地面闪电（地闪）发生时所产生的强电磁场脉冲，确定闪电发生位置、闪电极性、放电电流大小、放电时间、闪电回击次数、回击电流波形陡度最大值等闪电参量的遥感设备。

20 世纪 70 年代中期美国开始研制雷电定位系统用于雷电预警，之后又在电力系统雷击安全和故障点检测、航空雷暴区、森林火灾预警等方面得到广泛运用。目前，发达国家基本建立了本国的闪电监测网，实现了高精度闪电参数信息的实时获取。中国于 80 年代末开始研究闪电定位技术，截至 2014 年已建立了基本覆盖全国、实时快速、精准度高、全天候连续监测等特点的全国地闪定位监测网络。

闪电定位资料在天气监测及其预报中的应用非常广泛。由于闪电与中尺度对流天气系统的发生密不可分，闪电活动的强弱在一定程度上可指示雷暴云的对流强度，通过监测闪电活动的影响范围和变化趋势，可对未来对流天气的变化做出预报；闪电活动的频数、极性变化等信息，对雷暴云结构、发展演变趋势以及强对流天气灾害预警都有一定的指示意义。

业务上应用的闪电定位系统只能对地闪进行有效探测，无法获得云闪信息，因此国内对于对流云的三维电荷结构特征等研究仍处于起步阶段。

随着探测技术的进步，闪电的三维空间定位技术已日趋成熟，其产品在部分欧美国家已开始建网使用。未来中国新一代的三维闪电定位系统的发展和建设，将成为中国灾害天气立体监测网的重要组成部分，在国家气象防灾减灾预警业务中发挥重要作用。

参考书目

何平, 2006. 相控阵风廓线雷达 [M]. 北京：气象出版社.

王道洪, 郗秀书, 郭昌明, 2010. 雷电与人工引雷 [M]. 上海：上海交通大学出版社.

章国材, 2007. 现代天气预报技术和方法 [M]. 北京：气象出版社.

（张小雯　杨波　蓝渝）

天气预报

tiānqìtú hé tiānqìtú fēnxī

天气图和天气图分析（weather chart and weather chart analysis）　在一张特制的地图上填有同一时刻不同气象测站的气象要素，经过绘制和分析，能够反映一定范围内天气实况或天气形势的图。天气图分析是根据天气分析原理和方法，通过分析等值线、定出天气系统、标出降水、大风等主要天气区的方式揭示主要的天气系统、天气现象的分布特征和相互关系，从而得出天气系统发展演变规律的过程。天气图分析是制作天气预报的基础性工作之一。

沿革　1820 年，德国气象学家 H. W. 布兰德斯（H. W. Brandes）将过去各地气压和风的同时间观测记录填入地图，绘制了世界上第一张地面天气图。1851 年，英国气象学家 J. 格莱舍（J. Glaisher）在英国皇家博览会上展出第一张利用电报收集的各地气象资料而绘制的地面天气图。1895 年，第一张东亚地面天气图在上海徐家汇观象台诞生。1915 年，中国中央观象台开始绘制天气图，试做天气预报。20 世纪 30 年代，世界上建立高空观测网之后，才有高空天气图。英国、美国等先后开始分析等高面高空天气图，而德国则于 1935 年开始采用等压面天气图来分析高空形势。一直到 1945 年，各国才统一采用高空等压面来绘制与分析高空天气形势图，这也标志着天气学研究进入了一个新的发展阶段。传统天气图多采用预报员手绘的方式来分析，随着现代计算机技术的发展，电脑和人工分析相结合的方式逐渐成为主流；同时，丰富的观测和数值模式资料，使得天气图分析越来越精细。

天气图分析的主要内容　在日常业务工作中，天气图分析主要包括地面天气图（简称地面图）分析、高空天气图（简称高空图）分析和辅助天气图分析。

天气图分析除了遵从一般等值线分析的基本原则外，更重要的是要遵从天气学基本理论，如地转风平衡、热成风平衡等。2001 年之前，中国采用的是人工手绘分析纸质天气图的方式。进入 21 世纪，随着计算机和通信技术的飞速发展，中国便采取预报员借助气象信息综合分析处理系统（MICAPS）平台操作电脑鼠标绘制天气图并打印的方式进行天气图分析和留档。受益于客观分析技术的发展，天气图分析的重点逐步转变为对主要天气系统，如锋面、槽线、切变线等的分析，而等值线的绘制工作则由客观分析自动完成。

地面天气图分析　地面天气图是填写气象观测项目最多的一种天气图，它填有地面各种气象要素和天气现象，如气温、露点温度、风向、风速、海平面气压和雨、雪、雾等；还填有一些能反映空中气象要素的记录，如云量、云状、云高等，并填有一些能反映短期内天气演变实况及趋势的记录，如三小时变压、气压倾向等。地面天气图的分析项目通常包括海平面气压场（等压线）、三小时变压场、天气现象和锋面等。地面天气图的绘制时次一般每天定时绘制4次，分别用北京时间02时、08时、14时、20时的观测资料；补充绘图4次，分别用北京时间05时、11时、17时、23时的观测资料；根据特殊需要，也可以利用地面自动气象站资料每小时、每10分钟绘制一次地面天气图。

等压线分析　海平面气压场分析就是在地面天气图上绘制等压线（见图1），即把气压数值相等的各点连成平滑的线，一般用黑色实线表示。绘制等压线后，分别标注高气压（G，蓝色）和低气压（D，红色）中心以及该中心的最高（低）气压值，便能清楚地看出气压在海平面上的分布情况。在分析等压线时，除遵守一般等值线分析的基本原则外，还必须遵循地转风关系，即等压线和风平行。但由于地面摩擦作用较大，风向与等压线会有一定的交角，即风从等压线的高压一侧吹向低压一侧。等压线通过锋面时，必须有明显的折角，或为气旋性曲率的明显增大，且折角指向高压一侧。

等三小时变压线分析　将地面天气图上三小时变压相等的各点连成平滑细虚线，并分别用蓝色"＋"和红色"－"标注正负变压中心及相应的最大变压值。三小时内的气压变化反映了气压场最近改变状况，是确定锋面的位置、分析和判断气压系统及锋面未来变化的重要依据。

锋面分析　锋面是两个性质不同的气团的分界线，是温度水平梯度比较大的区域，附近常有天气系统的发生发展和比较剧烈的天气变化，所以锋面分析在天气图分析中占有非常重要的地位。锋面按其移动过程中冷暖气团所占地位不同可分为冷锋、暖锋、静止锋和锢囚锋等。具体分析时，可依据历史连续性的原则，参考高空锋区位置和温度平流性质，结合气压、风、温度、露点温度、变温、变压等要素和天气现象的分布特征，并辅以卫星云图、探空资料等确定地面锋面的位置和性质。在天气图上，冷锋通常用蓝色实线并在其凸起一侧加若干蓝色小三角表示，暖锋用红色实线并在其凸起一侧加若干个红色小半圆表示，静止锋用紫色实线并在两侧交互加小三角和小半圆表示，锢囚锋用紫色实线并在一侧加小三角和小半圆表示。

如有编号台风时，须在地面天气图上分别标注台风编号、同时刻的台风中心经纬度以及相应的强度等信息。

高空天气图分析　高空天气图是一种填绘有各地不同测站同一时刻高空气象要素值分布的天气图。一般有等压面图和等高面图两种，简称高空图。近代天气分析中基本上都采用等压面图。高空天气图一般有850 hPa、700 hPa、500 hPa、300 hPa、200 hPa、100 hPa等压面图；因气象研究等特殊需要，也可增加其他等压面图。高空天气图分析项目包括等高线、等温线、槽线和切变线等。高空天气图一天一般绘制两次，用北京时间08时、20时的观测资料；因特殊需要，也可加密观测并绘制。

等高线分析　把某一等压面上位势高度相同的各点按照一定的规则连成平滑的线（见图2），一般用黑色实线表

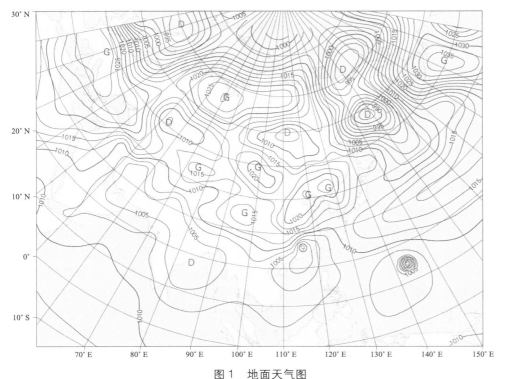

图1　地面天气图

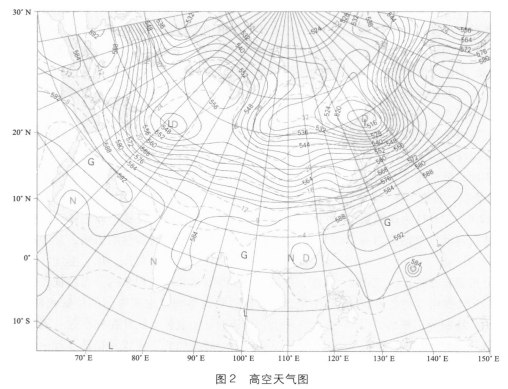

图2　高空天气图

示，并分别在气旋性和反气旋性环流中心标注高低压中心，高压中心用蓝色"G"和低压中心用红色"D"标注。因为等高线的高（低）值区对应于高（低）压区，因此，等压面上风与等高线的关系，和等高面上风与等压线的关系一样，适应地转风关系。在分析等高线时，同样需要遵循"等高线走向与风向平行，在北半球背风而立，高值区（高压）在右，低值区（低压）在左"及"等高线的疏密（即等压面的坡度）与风速的大小成正比"这两条原则。

等温线分析　把某一等压面上温度相同的各点按照一定的规则连成平滑的线，一般用红色实线表示，并分别在暖中心和冷中心标注红色"N"和蓝色"L"。除主要依据等压面上的温度记录进行分析以外，还可参考等高线的形势进行分析。这是因为空气温度越高，其密度越小，气压随高度的降低也越慢，等压面的高度就越高。因此越到高空，高温区往往是等压面高度较高的区域；反之，低温区往往是等压面高度较低的区域。所以，在高压脊附近温度场往往有暖脊存在，而在低压槽附近往往有冷槽存在。

槽线和切变线分析　槽线是低压槽区内等高线曲率最大点的连线，而切变线则是风的不连续线，在这条线的两侧风向或风速有较大的切变。槽线和切变线是分别从气压场和流场来定义的，但因为风场与气压场相互适应，所以槽线两侧风向必定也有明显的转变；同样，风

有气旋性改变的地方，一般也是槽线所在处，两者有密切联系。在天气图上，槽线和切变线用棕色实线分析。

如有编号台风时，须在高空天气图上分别标注台风编号、同时刻的台风中心经纬度以及相应的强度等信息。

辅助天气图分析　天气分析中常用的辅助图表包括温度—对数压力图、等熵面图、剖面图、单站图等。

温度—对数压力图（T-lnp图）　又称埃玛图，是由温度和气压的对数组成的具有正交或斜交坐标的热力学图解。中国普遍采用下正交坐标。横坐标为温度，纵坐标为气压对数。图上填写各高度上温度和露点温度的探空资料，分别连接成层结曲线和露点曲线；再分析气块的状态曲线，状态曲线和层结曲线之间所夹的面积为（正或负）不稳定能量面积，1 cm² 的面积表示 4.5 J·kg⁻¹ 的能量。温度—对数压力图可以用来分析和计算各种大气温湿特征量、特征高度、气层厚度以及不稳定度或不稳定能量等，是天气分析和预报的重要辅助图表之一。

等熵面图　某一时刻由空间上干空气熵值相等的点构成的面叫等熵面。由于干空气熵值与对数位温值成正比，所以实际工作中以等位温面代替等熵面。在等熵面上分析表征大气状态的各种物理量的等值线（如等压线、等比湿线、流线、等流函数线等）便构成等熵面图。等熵面图是一种较常用的辅助天气图。在等熵面图上的等压线即等温线，它们的疏密程度表示等熵面的坡度及大气斜压性和静力稳定性的大小。等熵面图还可反映其他各种大气基本状态和空气块在三维空间的运动情况。

剖面图　用于分析气象要素在铅直方向的分布和大气的动力、热力结构的图。图上填有各标准等压面和特性层的气温、湿度和风向风速等要素，绘有等风速线、等温线、等位温线及锋区上下界等。它分为空间剖面图和时间剖面图两种。前者用多站同时刻的探空资料，表示某时刻沿某方向的铅直剖面上大气的物理特性；后者用单站连续多次的探空资料，表示某一时段内该站上空大气状况随时间的演变情况。

单站图 有用极坐标绘制的单站高空风图，它可以表示测站附近高空风的铅直切变强度等动力状况和各层冷、暖平流的热力状态；也有用地面或高空某些气象要素随时间变化和偏离正常情况的曲线图等。

各地气象台站在天气预报服务实践中，还探索总结了很多适合本地实际的辅助天气图表，用以开展天气分析预报和服务工作。

展望 随着计算机技术的发展，气象卫星、天气雷达图像、数值模式诊断量等能够与气象观测结合在一起，有助于提高天气图分析的准确性和精细化程度。而基于气象学和地理信息系统技术的发展，天气信息可以和相关地理信息进行融合，开辟了传统天气图应用的崭新前景。

参考书目

北京大学地球物理系气象教研室，1976. 天气分析和预报 [M]. 北京：科学出版社.

寿绍文，等，2006. 天气学分析 [M]. 北京：气象出版社.

伍荣生，等，1999. 现代天气学原理 [M]. 北京：高等教育出版社.

（张芳华）

tiānqì yùbào zhǔnquèlǜ

天气预报准确率（weather forecast accuracy） 以数量表示天气预报的准确程度，用以评定天气预报是否准确的一个指标。表示天气预报准确率的方法有很多，例如：预报成功指数、技巧评分、预报正确率、均方根误差等。为了评定不同气象要素预报准确率，气象部门提出了一系列相对标准的预报准确率指标体系，如表征数值天气预报模式水平的平均误差、均方根误差、距平相关系数等；表征天气事件预报准确率的 TS 评分、预报准确率等；表征台风预报水平的台风路径预报误差、台风强度预报误差等。

中国对于定量降水预报准确率实行分级和累加降水量级 TS 评分检验。$TS = \dfrac{NA}{NA + NB + NC}$，其中 NA 为预报事件发生，实况也确实发生的事件；NB 为预报事件不发生，但实况却发生了的事件；NC 为预报事件发生，但实况却没有发生的事件。TS 评分同时考虑到预报正确的次数、漏报和空报的次数，其数值越接近 1 代表预报和实况越吻合，准确率越高。定量降水预报检验量级包括小雨、中雨、大雨、暴雨、大暴雨、特大暴雨和小雪、中雪、大雪、暴雪 10 个等级。其中，24 小时暴雨量级降水预报的 TS 评分 2013 年为 0.19，为历史最好成绩。

对晴雨（雪）预报准确率，采用预报正确率进行检验。预报正确率 $PC = \dfrac{NA + ND}{NA + NB + NC + ND}$，其中 ND 为预报事件没发生，且实况也没有发生的事件。中国 2014 年全国 24 小时晴雨预报准确率为 87.5%。

对于温度预报准确率，采用平均绝对误差、均方根误差以及预报准确率来度量预报的准确程度。

$$平均绝对误差：T_{MAE} = \frac{1}{N} \sum_{i=1}^{N} |F_i - O_i|$$

$$均方根误差：T_{RMSE} = \sqrt{\frac{1}{N} \sum_{i=1}^{N} (F_i - O_i)^2}$$

$$预报准确率：TT_K = \frac{Nr_K}{Nf_K} \times 100\%$$

其中，F_i 为第 i 站（次）预报温度，O_i 为第 i 站（次）实况温度，K 为 1、2，分别代表 $|F_i - O_i| \leq 1$ ℃、$|F_i - O_i| \leq 2$ ℃，Nr_K 为预报正确的站（次）数，Nf_K 为预报的总站（次）数。温度预报准确率的实际含义是温度预报误差 ≤1 ℃（2 ℃）的百分率。2014 年全国 24 小时最高和最低气温预报准确率分别达到了 80.2% 和 84.4%。

针对灾害性天气落区预报，目前采用 TS 评分对预报准确率进行度量。将灾害性天气分为冰雹，雷暴，冻雨，霜冻，雾、浓雾、强浓雾，中雪、大雪、暴雪，暴雨（新疆等 6 个省区为大雨）、大暴雨（新疆等 6 个省区为暴雨）、特大暴雨（新疆等 6 省区为大暴雨），沙尘暴、强沙尘暴，≥6 级大风、≥8 级大风、≥10 级大风、≥12 级大风，≥37 ℃高温、≥40 ℃高温，降温幅度 ≥8 ℃强降温、降温幅度 ≥12 ℃强降温等，分别检验各种灾害性天气预报的准确程度。

台风预报的准确率通常用绝对误差来衡量，包括台风路径预报误差、台风强度预报误差等。截至 2015 年，中央气象台的台风路径预报准确率有了很大的提高，24 小时路径预报绝对误差从过去的 200 多千米降低到 2015 年的 66 km（见图 1，图 2）。

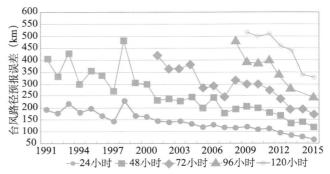

图 1 中央气象台台风路径预报误差图
（截至 2015 年 10 月 31 日）

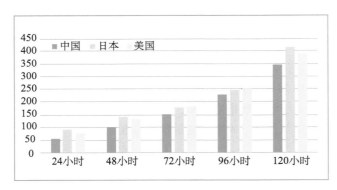

图2 2015年第12号台风路径预报误差对比图

随着预报员对各类天气形成机理的认识和分析能力的提高以及数值天气预报准确率的不断提高，天气预报准确率将会得到不断提高。但中国幅员辽阔，气候类型多样，天气系统复杂多变，降水的空间和时间分布极不均匀，这些均导致降水预报难度较大。此外，极端天气事件增多，灾害性天气频发，也给预报带来很大挑战。面对挑战，要不断提高数值天气预报模式的性能和精度，增强预报员对天气现象形成机理的认识以及预报经验的积累，开发各种客观化预报产品，增强集合预报应用，增强雷达、卫星、风廓线等非常规资料应用，努力提高天气预报的准确率。

参考书目

端义宏，金荣花，2012. 我国现代天气业务现状及发展趋势[J]. 气象科技进展，2（5）：6-11.

宗志平，代刊，蒋星，2012. 定量降水预报技术研究进展[J]. 气象科技进展，2（5）：29-35.

Lorenz E N, 1969. Predictability of a flow which possesses many scales of motion [J]. Tellus, 21, 289-307.

（谌芸 杨舒楠）

tiānqì yùbào chǎnpǐn jiǎnyàn

天气预报产品检验（verification of weather forecast outputs） 对天气预报主、客观产品水平的检验与评估。客观产品是指数值模式直接输出的或经过释用得出的产品；主观产品是指预报员在分析各种常规、非常规观测资料以及数值天气预报等客观产品的基础上，加上预报员自身的预报经验得出的预报产品。检验的目的主要是为了掌握数值天气预报产品的预报性能及主客观预报产品的预报水平，不断提高预报准确率。

天气预报产品的检验方法主要有统计检验及诊断检验方法。统计检验方法有对非连续变量的两分类、多分级、连续变量及概率预报检验，而对连续变量（包括温度、气压、湿度、风、能见度、台风路径和强度）预报

的检验一般采用绝对误差、平均误差、均方根误差或距平相关系数等检验方法。诊断检验方法主要有空间预报检验方法、概率预报检验方法，包括集合预报系统检验等。

两分类预报统计检验方法 对晴雨、雪、雾等天气现象以及暴雨、暴雪、大雾、寒潮、高温、沙尘暴、冻雨、强对流（包括雷暴、大风、冰雹、龙卷）等灾害性天气事件预报的检验，业务上通常采用两分类预报的统计检验方法，用 TS 评分（TS）、漏报率（PO）、空报率（NH）、预报偏差（B）、预报效率（EH）、公平 TS 评分（ETS）等统计量来评估预报质量的好坏。

TS 评分：$TS = \dfrac{NA}{NA + NB + NC}$

漏报率：$PO = \dfrac{NC}{NA + NC}$

空报率：$NH = \dfrac{NB}{NA + NB}$

预报偏差：$B = \dfrac{NA + NB}{NA + NC}$

预报效率：$EH = \dfrac{NA + ND}{NA + NB + NC + ND}$

公平 TS 评分：$ETS = \dfrac{NA - R(a)}{NA + NB + NC - R(a)}$

$$R(a) = \dfrac{(NA + NB) \cdot (NA + NC)}{NA + NB + NC + ND}$$

NA 是指预报事件发生，实况也确实发生了的事件（预报正确）；NB 是指预报事件发生，但实况却没发生的事件（空报）；NC 是指预报事件不发生，但实况却发生了的事件（漏报）；ND 是指预报事件不发生，实况也没发生的事件（消极正确）。

不同的评分方案各有其特点，但也有一定的局限性。例如，TS 评分对事件的气候概率依赖大，小概率事件往往评分低，如暴雨的降水评分远远低于小雨。理想的预报偏差（B）接近1，大于1说明存在过量预报的现象，小于1则说明预报频率偏少。TS 评分对正确预报敏感，也惩罚空报和漏报，常和漏报率（PO）、空报率（NH）、预报偏差（B）一并考虑。当被检验的资料数量和质量都很高时，检验结果才有很高的可信度。ETS 评分吸收了 TS 评分的所有优点，同时还避免了随机气候小概率事件评分低的现象。预报效率（EH）简单、直观，但由于"消极正确"的权重与"正确"一样，反映不出极端天气的预报准确性。对于累加检验而言，其小雨预报的预报效率就是通常所说的晴雨预报准确率。

空间预报检验方法 对于灾害性天气落区预报的检

验也可以采用面向对象的或基于目标的空间预报检验方法（object-oriented method），它是一种诊断检验的方法。譬如对于降水落区检验，基于目标的检验是将降水落区看作多个天气系统相伴随的降水目标组成，先将观测和预报的降水场进行识别和配对后再对各个降水目标的位置、尺度和形状等属性进行检验，因此能够提供更加详细且定量的具有天气学含义的检验信息。

概率预报检验方法　概率预报产品预报的是大气状态（事件）发生的概率分布。世界气象组织 1989 年规定了概率预报产品的检验方法有布赖尔（Brier）评分和 Brier 技巧评分等。同时，集合预报系统也是一种概率预报系统，对集合预报系统中的概率预报产品也可进行 Brier 评分和 Brier 技巧评分检验。

Brier 定义了一种均方概率误差，称之为 Brier 评分（BS）：$BS = \frac{1}{N} \sum_{i=1}^{N} (f_i - O_i)^2$，其中 N 为二态分类事件的预报数，f_i 为事件发生的预报概率。如果事件发生 $O_i = 1$，事件不发生 $O_i = 0$。评分的取值范围是 0～1，且越小越好，即 $BS = 0$ 表示概率预报最佳，预报正确；$BS = 1$，表示评分最差，预报失效。Brier 技巧评分（BSS），是基于 BS 定义的：$BSS = 1 - BS/BS_{clim}$，其中 BS_{clim} 为气候 BS 评分，且 $BS_{clim} = \overline{O}(1 - \overline{O})$，$\overline{O}$ 为事件发生的气候概率，$\overline{O} = \frac{1}{N} \sum_{i=1}^{N} O_i$，$BSS$ 表示了预报对气候预报改进的程度，若 BS 评分为气候值，则 $BSS = 0$。

参考书目

矫梅燕等，2010. 现代天气业务 [M]. 北京：气象出版社.

（林建）

línjìn tiānqì yùbào

临近天气预报（weather nowcasting）　对未来发生明显变化的天气现象的 0～2 小时高时空分辨率的预报。临近天气预报主要是预报局地灾害性天气（如雷暴、强降水、冰雹、龙卷等）的发生、发展和影响等，也包括详细气象要素（如温度、气压、湿度、风向风速）的预报。

临近天气预报作为一个正式的天气预报范畴是 20 世纪 80 年代初提出的。天气雷达和卫星云图是当时的主要工具，而 2 小时预报时效是基于雷达回波和云图外推的雷暴和强对流天气系统可用预报时效的上限。世界气象组织（WMO）2005 年定义的临近天气预报则指 0～6 小时的天气预报。中国对于临近天气预报的时效定义在 0～2 小时。临近天气预报中最重要的是强对流天气的临近预报。

强对流天气临近预报主要包括两个方面，一是对流发生前的条件分析，二是对流发生后的演变趋势预报。对流条件分析主要是分析大气层结不稳定、水汽和抬升触发机制，以及垂直风切变条件等。强对流天气发生后，主要依靠雷达、卫星、闪电探测和地面自动气象站等观测资料分析预报对流风暴未来的演变趋势，并利用多源监测数据来识别对流风暴的强度和强对流天气的类型。由于临近天气预报的定时、定点和定量的要求，已经开发了多种客观识别、追踪和临近预报算法，来实现对流风暴的自动临近预报。其中基于雷达资料的相关算法包括风暴质心识别和追踪（SCIT）、雷暴单体识别、追踪、分析和临近预报（TITAN）、雷达回波追踪（TREC）等，卫星资料通常与雷达观测和闪电观测资料结合用于初生大气对流的预报。

对于可能造成冰雹或大风的对流风暴的临近预报，需综合考虑当前系统的强度演变趋势，包括对流发展的高度、是否有弓状回波发展、回波悬垂、弱回波区等特征和下游地区垂直风切变、中层干冷平流等；对于可能造成短时强降水的对流风暴的临近预报，需分析上下游地区低空急流、水汽辐合条件的演变趋势及对流不稳定能量的大小等。对于可能造成龙卷的超级单体风暴的临近预报，需要着重分析下游地区 0～1 km 风切变的大小及雷达径向速度图上是否有中气旋发展的趋势等。

各国气象部门发展了多个临近天气预报系统。中国气象局组织开发了具有自主知识产权的灾害性天气短时临近预报业务系统（SWAN），并在全国各省（市、区）气象台投入了业务使用。还有香港天文台开发的 SWIRLS 系统、北京市气象局的自动临近预报系统（BJ-ANC）、广东省气象局开发的综合临近预报系统等。国外的临近预报系统如美国的自动临近预报系统（ANC）、加拿大雷达决策支持（CARDS）系统、澳大利亚和英国气象局联合开发的短期集合预报系统（STEPS）等；这些临近预报系统主要以雷达资料为基础，部分系统将数值模式预报和外推预报融合进行更长时效的预报。

临近预报的产品可分为两类，即定性产品和定量产品。定性产品主要描述天气系统未来的影响区域和加强、减弱或是消亡等演变趋势等。定量产品主要是高时空分辨率的格点化定量降水、雷达反射率因子产品等，多用于决策服务或是公共服务。

临近天气预报当前的主要不足之处主要是对风暴微物理结构的有效探测和对流生消的预报，未来可通过发展更先进的探测手段，以便准确及时监测对流风暴的内部结构，并发展先进的快速资料同化技术和高分辨率（集合）数值模式来提高强对流天气的临近预报水平。

参考书目

Charles A. Doswell III. 2001. Severe Convective Storms［M］. American Meteorological Society.

Tim Vasquez. 2009. Severe Storm Forecasting［M］. Weather Graphics.

（朱文剑）

duǎnshí tiānqì yùbào

短时天气预报（short-time weather forecast）　对未来发生明显变化的天气现象的 0～12 小时的预报。短时天气预报主要是预报局地灾害性天气（如雷暴、强降水、冰雹、龙卷等）的发生、发展和影响等，也包括详细气象要素（如温度、气压、湿度、风向风速）的预报。预报的时间分辨率应小于等于 3 小时。

目前，短时天气预报在传统的以外推预报技术为主的临近预报技术基础上，已经发展到外推预报与数值预报相融合的预报技术，以及统计预报技术等多种技术手段的综合预报技术。Nimrod 是最先融合雷达回波外推预报和数值预报的预报系统。

与临近预报相比，短时天气预报的预报时效更长，更加依赖高分辨率的数值模式产品。目前，高分辨率的"对流可分辨"中尺度数值模式（水平分辨率一般为 1～4 km）快速发展，这类模式对对流初生、结构及演变特征有一定的描述能力。同时，利用快速更新循环同化稠密的中尺度观测资料、特别是天气雷达资料，可以有效缩短数值天气预报"Spinup"（起转）时间，可以在最初的几个小时预报时效内有效地提高数值模式的预报技巧。在若干小时后的数值预报中，相对于外推临近预报，数值模式已经表现出更优秀的定量降水预报能力。利用实况外推与数值模式的融合技术，可以获得无缝的短时预报。最简单的融合技术是分别检验每小时实况外推和数值模式产品的预报准确率，并根据预报准确率赋予二者不同的权重。一般来说，0～2 小时外推预报的权重更大一些；随着预报时效的延长，数值预报对融合预报的贡献逐渐加大，直至 6 小时后占主导地位。融合预报技术也可以采用订正技术，即用实况不断地订正数值预报产品。

强对流天气主观短时预报思路是，首先分析有利于强对流天气的环流背景和对流性天气的三个基本条件：水汽、不稳定层结和抬升机制（参见第 20 页 中尺度天气分析）；其次判断有无强对流发生发展的有利条件，

包括垂直温度递减率、前倾槽、中层干区、高低空急流等；然后分析客观预报产品的预报误差并进行订正；最后根据分类强对流天气的物理模型（环境条件指标）和订正后的客观预报产品，形成主客观结合的强对流天气短时预报产品。

基于外推预报技术的临近预报和基于数值模式的短期预报技术相对成熟，而短时天气预报的时间、空间分辨率和预报准确率还不高，需要大力发展快速更新循环同化技术和高分辨率中尺度数值预报模式及其同外推预报相融合的预报技术，以提高短时预报能力。

参考书目

苗春生，2013. 现代天气预报教程［M］. 北京：气象出版社.

（林隐静　章国材）

duǎnqī tiānqì yùbào

短期天气预报（short-range weather forecast）　对未来 1～3 天天气变化的预先估计和预告。预报内容包括天空状况、总云量、天气现象、气温、相对湿度、风向、风速、降水量、能见度等气象要素。当预计有灾害性天气，例如台风、暴雨、暴雪、寒潮、大风、沙尘暴、低温、高温、干旱、雷电、冰雹、霜冻、冰冻、大雾、霾等发生时，必须制作并发布相应的灾害性天气预警。预报的时间分辨率：24 小时时效内间隔一般为 6 小时，24～72 小时时效内时间间隔为 12 小时。短期天气预报主要依赖于数值天气预报产品的解释应用和预报员的主观订正。

沿革　古代天气预报主要是通过人们对一定的天气自然现象的观测，积累形成的一些天气谚语或经验，据此来对当地天气进行一定的预测。17 世纪开始，科学家开始使用科学仪器（温度表、气压表等）来测量大气状态，并使用这些测量的数据来对天气进行预报。1837 年电报被发明后，人们开始利用大范围的气象数据来做天气预报，1851 年，英国首先通过电报及时将各地气象站同时间的观测资料传至英国气象中心，绘制成地面天气图，来制作天气预报。20 世纪，随着科学技术的迅猛发展及对大气科学认识的逐渐深入，二战结束后，电子计算机的出现及数值预报的使用，使得天气预报进入了数值天气预报时代，随着气象卫星与天气雷达在天气领域的应用，天气预报更是有了较大的发展，现代天气预报即基于数值天气预报基础，综合应用各种观测资料来对天气进行预报。

主要产品及方法

气象要素预报　数值天气预报虽然有气象要素的预

报产品，但是这些预报产品仍然存在误差，需要应用数值预报产品解释应用方法进一步提高气象要素预报准确率。在业务上应用最多的数值预报产品解释应用方法有模式输出统计（MOS）、卡尔曼滤波、支持向量机（SVM）和神经元网络等。国家气象中心已经建立全国2416个县市站点的1～7天降水、最高最低气温、风向风速、相对湿度、云等气象要素预报业务，24小时之内还提供3小时间隔的气象要素预报产品；各省级气象台在国家气象中心指导产品的基础上，发展了乡镇、风景名胜地等气象要素预报业务。数值预报产品解释应用后的地面气温预报已有较高的准确率，预报员重点针对强降温、升温和辐射进行气温预报订正；但对于大雨以上的降水和风的预报等，预报员的经验订正仍然可以提高这些要素的预报准确率。

专业气象预报　灾害性天气落区预报　由于数值天气预报产品中强降水和大风预报准确率较低，又缺乏冰雹、雾等高影响天气的预报，因此，需要研究这些灾害性天气的形成条件和机理，并对数值模式对这些条件的预报误差进行订正，在此基础上才能制作灾害性天气落区预报。在业务上广泛应用的灾害性天气落区方法是"配料法"，即根据研究得到的各类灾害性天气形成的环境条件，利用订正后的数值预报产品生成预报指标，它们的重叠区即为灾害性天气的预报落区。灾害性天气落区客观预报方法正在发展之中，在数值预报产品的基础上，预报员的经验在灾害性天气预报仍然起着主要的作用。

专业气象预报　随着公众对各种专业天气预报的需求日益增长以及政府决策部门的需要，气象部门与其他部门联合开展多种专题项目预报，如农用天气预报、水文气象预报、地质灾害气象预报、草原森林火险预报、环境气象预报、交通气象预报等。农用天气预报的核心是确定适合农事活动的气象条件，水文气象预报、地质灾害气象预报、草原森林火险预报、环境气象预报、交通气象预报等的核心是确定致灾临界气象条件，有了准确的气象条件指标，就可以在天气预报的基础上制作专业气象预报了。

展望　随着数值天气预报的进步，气象要素预报和灾害性天气短期天气的时空分辨率和准确率都有了明显的提高。短期天气预报水平的进一步提高有赖于数值天气预报和其他客观预报方法的完善，以及预报员经验的积累和对灾害性天气发生机理的深入认识。

参考书目

矫梅燕，等，2010. 现代天气业务 [M]. 北京：气象出版社.

（桂海林）

中期天气预报（medium-range weather forecast）　对未来4～10天天气变化的预先估计和预告。中期天气预报以防灾减灾和公众服务为重点，核心是对未来中期时段内总体降水、气温趋势的把握，以及灾害性、转折性和关键性天气过程的预报。

沿革　20世纪50年代，主要采用苏联牟尔坦诺夫斯基等为代表的"自然天气周期法"；20世纪60年代，德国鲍尔倡导的"环流型预报方法"占据主导地位；20世纪70年代中后期，北半球天气图开始在日常预报工作中得以应用，对其进行时间平均或空间滤波，以识别长波、超长波演变，成为制作更长时效的中期天气预报的基础；20世纪80年代前期，数值模式形势产品开始出现，将其转化为区域性的具体天气预报。

20世纪90年代之后，随着数值天气预报的发展，数值预报产品在时效、层次、要素、范围、分辨率和准确率等方面进展迅速，中期天气预报进入快速发展期。特别是进入21世纪，随着信息技术和大气科学的发展，以中期数值天气预报为基础，各种数值产品统计释用技术为辅助手段，传统中期预报技术以天气学经典原理、大气动力热力学前沿理论为科学理论支撑，以人机交互处理系统为工作平台的现代中期天气预报体系已基本成熟。随着中期集合预报产品业务应用逐步推进，中期天气预报已进入新的发展时期。

主要内容及产品　中期天气预报的主要内容为以气温趋势预报、降水趋势预报、重大天气过程预报为重点的天气趋势预报和逐日天气预报。

中央气象台中期天气预报业务产品主要有"中期天气公报"（未来10天天气趋势预报）、"旬天气预报"以及各种面向政府的决策气象服务材料，其内容包括冷暖趋势（平均气温距平）、降水趋势和主要天气过程预报，特别是灾害性天气（区域性寒潮、暴雪、暴雨、高温、沙尘暴和霜冻等），转折性天气（持续性旱涝天气的转换、持续高温起讫、低温雨雪冰冻的持续与结束等）和关键性天气（华南前汛期暴雨、梅雨、华北暴雨和华西秋雨等）过程预报。在逐日预报方面，主要为气温（以MOS客观产品为主）和降水（落区）预报，时间间隔为24小时。各级地方气象台站的中期天气预报业务产品与中央气象台大体相同，根据当地的实际情况会有所增减和侧重。

技术方法　中期天气预报以中期数值天气预报为基础，各种数值产品统计释用技术为辅助手段。

中期天气预报的重点在于天气总体趋势和重大天气

过程，其决定性的大气环流因素是行星尺度和天气尺度系统的相互作用，如西风带锋区位置和强度变化，阻塞高压的建立和崩溃，南支西风扰动以及西北太平洋副热带高压、南亚高压等季风系统成员的活动等。因此，探索这些大气环流和关键天气系统的演变规律和机制是中期天气预报技术的核心。

中期天气预报的难点在于未来环流形势预报信息的不确定性，为减少这种不确定性，常在中期数值模式预报产品中提炼出能反映大气环流、关键天气系统的总体特征和演变趋势的特征物理量场和指数时间序列，并结合实况和历史观测资料、数值模式再分析资料分析其与气候态的偏差，用以判断未来中期时效内天气的总体变化趋势和主要天气过程。

此外，中期站点气象要素预报，主要是对中期数值模式预报的气温、降水的解释应用，利用统计方法对数值模式的要素预报结果进行客观订正，得到中期气象要素预报结论。集合预报产品的释用对中期天气预报的重要性日益凸显。由于集合预报优势在于揭示天气过程非线性不确定性因素，通过集合预报产品的开发和应用，中期天气预报的不确定性得到了更为科学的定量描述。

展望 随着数值预报模式性能的提高，气象要素的逐日预报甚至更短时间间隔的预报将覆盖整个中期时效。基于集合预报的概率预报业务也将是中期天气预报的重要发展方向。

参考书目

章基嘉，葛玲，1983. 中长期天气预报基础［M］. 北京：气象出版社.

（赵晓琳　康志明）

yánshēnqī tiānqì yùbào

延伸期天气预报（extended-range weather forecast）对未来 11～30 天天气变化的预先估计和预告。延伸期天气预报是介于常规天气预报和气候预测之间的天气预报，它主要针对气温、降水总体趋势以及重大天气过程的预报，它填补了天气预报（1～10 天）和气候预测（月尺度以上）的"时间缝隙"，成为一项崭新的预报业务。

沿革 欧美国家的延伸期天气预报业务开展的较早，发展也较为成熟。美国环境预报中心（NCEP）自1988 年 6 月开始对 6 天以上的预报进行研究探索，其延伸期模式预报开始于 2004 年 8 月。欧洲中期天气预报中心（ECMWF）于 2004 年 10 月建立了首个实时延伸期天气预报业务系统，2008 年 3 月又对其进行了更新，其预报产品主要基于集合预报系统的数值天气预报产品。

从 2002 年开始，国家气象中心（中央气象台）利用历史资料、月动力延伸模式产品和中期数值预报产品，研发了国家级延伸期监测应用和预报模型，并建立了延伸期天气预报业务系统。2005 年 9 月，延伸期天气预报开始准业务化，主要制作未来第二旬和第三旬的延伸期天气预报，并通过国家气象中心网站向社会公众发布。2008 年开始，国家气象中心进一步推进延伸期预报业务的建设，开发新的预报方法，制定了预报规范和预报流程。2010 年 5 月，国家气象中心和国家气候中心建立了联合会商机制，统一了延伸期预报业务的规范、流程和产品，产品内容包括未来第 11～20 天的降水量、温度距平、降水距平百分率以及相应时段的主要天气过程。另外，区域气象中心和一些省级气象业务单位也根据当地的天气气候特点，正采用各种方法尝试开展延伸期天气预报业务。

预报内容 延伸期天气预报的预报对象是 11～30 天时间段内的天气状况。但其具体的预报内容与中短期天气预报相比，存在较大的差异。目前延伸期天气预报主要是从两方面进行：一是对气象要素（气温、降水）在延伸期时段内的平均值或距平值进行预报；二是针对持续的异常大气环流在延伸期时段造成的重大天气过程或极端天气事件进行预报。

中短期天气预报的可预报时限主要由初值决定，在中高纬度天气系统中其可预报期限大约为 2～3 周，这在很大程度上是由数值模式对大气初始条件的敏感性决定的。由于大气是一个高度非线性的混沌系统，很小的、不可避免的初始场误差也会通过与大尺度运动的非线性相互作用而随时间演变逐渐增大，最后使得一定时期之后的预报值与真实状况相距甚远，从而使逐日天气预报失去意义。

上述主要受初始条件影响的 2～3 周以内的预报，可以归为第一类可预报性问题。而月以上时间尺度的预报可以归为第二类可预报性问题，其主要受大气上下边界（上边界包括太阳辐射等；下边界包括海温、土壤湿度、冰雪等）的影响。延伸期预报困难的原因在于其预报时效超越了确定性预报的理论上限（两周左右），而预报对象的时间尺度又小于气候预测的月、季时间尺度，加之对地表热力状况的观测仍然存在误差，以及在延伸期天气预报领域尚未形成较为完备的理论体系，无法对延伸期天气预报实践进行科学有效指导，从而成为长期以来困扰气象预报的难题。

主要技术方法 虽然将中短期天气预报的数值模式延长时效至2～3周以上非常困难，但在延伸期时效内进行预报仍然具有可行性，主要原因在于延伸期天气预报不仅受到初始条件的影响，还受大气外部一些强迫因子的影响，例如土壤湿度、植被、冰雪覆盖、反照率和海冰移动等，他们的作用将使误差的增长减慢或停止，使得几天或者更长时间的大气平均状态趋向于稳定；同时，一些长周期的大气现象如大气季节内振荡（MJO）、北极涛动（AO）等对天气尺度系统有明显影响，有助于提高可预报上限；另外对大气状态进行时间平均的方法去除了部分天气噪声，使得大气的缓慢变化特征更加明显，从而使这些要素平均值的延伸期预报成为可能。

延伸期天气预报尚处在研究探索和初步实践的阶段，但也取得了一定的可喜成果。数值模式预报的发展被认为是从根本上解决天气预报问题的科学途径，虽然在短时期内还无法将数值模式的预报时效延长到延伸期时段，但是通过集合预报等方法可以有效增加预报时效，通过提高观测资料的质量和覆盖率可以极大地减少预报误差，同时利用天气气候方法、概率统计方法和动力—统计学方法等进一步研究延伸期天气预报的方法，从而促进延伸期天气预报的发展和完善。

根据延伸期天气预报的理论基础和业务需要，诸多科研业务单位开展延伸期天气预报所使用的方法不尽相同，主要有：

基于 MJO 的延伸期预报方法 MJO 即热带地区的季节内的低频振荡，其向东传播和与之伴随的对流强迫或遥相关会对热带和中高纬度地区都产生相当大的影响。它既是高频天气变化的直接背景，又是月和季气候的主要分量，是联系天气和气候的纽带和桥梁。由于 MJO 的时间尺度正好与延伸期天气预报的时限范围较为接近，因此可以作为预报因子进行延伸期天气预报。目前基于 MJO 的延伸期天气预报已经相当活跃，其方法大多是根据 MJO 的带通滤波信号或主模态方法进行统计分析。

相似预报方法 相似的天气形势往往对应着相似的物理过程，因此相似预报方法就成为延伸期天气预报早期常用的方法之一。该方法主要通过分析统计历史上与当前天气形势相似的个例，利用历史个例的天气演变来对当前天气进行延伸期时效的预报。

集合预报方法 集合预报的思想对于非线性混沌系统的大气演变趋势预报来说具有重大意义。集合预报现在不仅是对数值模式的初始场进行扰动的集合，还包括对物理参数过程和边界条件扰动的集合。多模式的超级集合方法，也已经在越来越多的气象业务和科研单位中使用。集合预报能够对延伸期降水、温度等要素进行概率预报，这对做出科学的预报结论非常有利。

经验波传播方法 首先，在初始时刻利用傅里叶分析和纬圈谐波展开的方法，把大气波动分解为各种谐波的叠加；然后，根据已经得到的观测资料计算出大气波动的传播速度，对大气波动的未来演变进行外推和预测，并对其进行傅里叶变换，即可得到未来大气变化的解析预报。

动力延伸方法 从大尺度大气动力学方程组出发，根据月尺度大气环流的演变特征，得到月降水距平百分率和500 hPa 月平均高度场之间的相关关系，然后利用动力延伸预报的500 hPa 高度距平资料和站点的实际降水资料，使用统计学的反演方法得到站点延伸期的降水预报方程。

物理统计方法 对延伸期天气过程进行物理机制分析，选取与延伸期天气变化关系密切的具有相关物理机制的各种大气因子和非大气因子，采用各类物理统计预报模型制作延伸期天气预报。

综合集成预报方法 采用权重线性集成、线性回归集成等方法对使用其他各类方法得到的预报结果进行集成。如果各种方法之间存在复共线性时，可采用主成分回归方法进行集成分析。

展望 中国的延伸期天气预报业务已开始建立并逐步完善，然而，经济社会的快速发展，对延伸期天气预报提出了更高的要求，现代社会对灾害性天气，特别是持续性异常极端天气事件预报时效尽量提前的需求越来越强。这对延伸期天气预报而言既是一种挑战，同时也是发展的好机遇。随着集合预报的快速发展，延伸期天气预报的不确定性得到了更为科学的定量描述，概率天气预报取代确定性天气预报也逐渐成为一种趋势，延伸期天气预报必将迎来一个更为广阔的发展空间。

参考书目

朱乾根，等，2000. 天气学原理和方法（第四版）［M］. 北京：气象出版社.

章基嘉，1994. 中长期天气预报基础（修订本）［M］. 北京：气象出版社.

（张峰　康志明）

tiānqì xíngshì yùbào

天气形势预报（synoptic situation forecast） 对大范围大气环流型和天气系统未来的生消、移动和强度变化的预报。天气形势包括高空大气环流形势（大尺度环流型、长波槽脊、高低压系统等）和地面气压形势（气旋与反气旋中心、锋面系统等），分别反映大气高层和低层的天气系统配置。天气形势预报是天气预报的基础。高空天气形势是天气过程的背景，它制约着天气系统的运动和发展，并与地面气压形势共同影响和导致大范围的天气变化。

在数值天气预报业务问世之前，天气形势预报是由预报员根据天气学原理先作天气图分析，然后外推天气形势后做出天气预报。数值天气预报业务出现后，情况发生了很大变化，20 世纪 80 年代以后，数值天气预报对天气形势的预报已经超过了有经验的预报员的预报水平。因此，预报员不再用外推的方法制作天气形势预报，天气形势预报主要依赖于数值天气预报，预报员根据检验结果，对数值天气形势预报的系统误差进行订正，来提高天气形势预报的水平。

天气形势预报方法主要分为以下两大类：

天气学方法　根据天气学原理，对天气形势做出定性或基本定性的预报。主要有：①经验外推法。利用天气系统过去到现在的移动和强度变化，预测未来天气系统的移动和强度变化。②形势相似法。将历史上相似的天气过程综合分析，归纳出若干有代表性的典型形势模式，依照模式形势的变化规律来预报某一相似天气形势的未来变化趋势。③统计法。对历史个例进行统计，寻找预报指标，进行天气形势预报。④物理分析法，分析天气系统的生消、移动和强度变化的物理因素，在此基础上制作天气形势预报。

数值预报方法　利用高速计算机求解大气原始方程组或简化方程组，对气压场、风场和温度场等制作数值天气形势预报，这种方法具有扎实的理论基础和客观的计算结果，是天气形势预报的主要途径。中短期天气形势预报已广泛采用数值预报的结果，延伸期天气形势的数值预报也已投入业务使用。

气象预报员在长期天气预报的实践中，积累总结不同数值模式对有关天气系统移动或强度变化预报表现的经验规则，这些经验规则在天气形势预报中有很大作用。在多种数值模式预报的基础上，预报员综合运用统计学方法、天气学方法和相关预报经验，对数值模式的预报结果进行检验分析和订正，最终给出未来天气形势变化的预报结论。

参考书目

朱乾根，等，2000. 天气学原理（第四版）[M]. 北京：气象出版社 .

（赵晓琳　康志明）

dìngliàng jiàngshuǐ yùbào

定量降水预报（Quantitative Precipitation Forecast，QPF）　预计在某一区域未来一定时间内能够形成液态降水累积量的预报；对于降雪、冰雹等固态降水过程，定量降水预报是指预报固态降水物融化后所形成液态水累积量。

技术方法　定量降水预报可以通过雨量计测量、天气雷达降水估计等观测数据进行检验。预报员在制作短期时段（1～3 天）的定量降水预报时，所遵循一般的技术流程是通过地面、探空、卫星和雷达等观测数据综合分析大气环流的当前状态，结合多家天气预报业务中心如美国环境预报中心（NCEP）、欧洲中期天气预报中心（ECMWF）、中国中央气象台等发布的确定性和集合预报数值模式产品，对模式预报的气旋、锋面、急流等影响天气系统进行分析诊断，预估云和降水的发展状况，形成天气发展的概念模型。预报员也可根据最近一段时间的模式连续预报，对数值模式预报产品进行趋势分析和误差诊断。通过上述分析和诊断过程，预报员将决定何种数值预报模式在大致正确的时间和地点内产生了合理的降水预报，将这种选择作为制作定量降水预报的起点，再基于主观预报经验对降水的量级和落区进行人工调整，形成最终的文字和图形定量降水预报产品。

短时/临近时段（0～12 小时）的定量降水预报与短期时段定量降水预报采用的技术方法存在一定差别，基于预报时效的要求，短时/临近预报系统重点通过来自气象卫星、气象雷达、自动气象站网等非常规观测资料的综合即时处理，以中尺度高分辨率模式产品为基础，结合多种融合分析技术产生客观化的定量降水预报，为预报员提供迅速直观的文字和图形预报预警参考产品。

预报产品　中央气象台负责发布全国定量降水预报指导产品。经过多年发展，中央气象台逐步建立了以高分辨率的全球数值天气模式、中尺度数值天气模式为核心的数值模式系统，发展了模式输出统计（MOS）、多模式集成预报、集合概率预报、配料法等级预报等多种定量降水客观预报方法，配套建立了基于天气系统和物理量分析检验的多种主客观降水检验业务产品，并持续发展了集成化的定量降水预报平台。目前中央气象台发布的定量降水预报业务指导产品每天滚动发布 3 次，包括未来 24 小时时效内逐 6 小时累积定量降水预报、未来 168 小时时效内逐 24 小时累积定量降水预报，以及旬降水量预报、过程降水量预报等特色定量降水预报产品。

20 世纪 90 年代后期，随着短时临近预报业务的开展，"配料法"预报概念、基于卫星和雷达观测外推估计的定量降水估计（QPE）、定量降水预报（QPF）等现代预报技术也逐步在暴雨（雪）预报过程中开展研究应用。进入 21 世纪后，资料同化技术、中尺度区域数值模式等数值天气预报技术得到了迅速发展，同时基于不确定性理论的集合概率预报、极端天气事件估计等概率预报方法也开始在中国的定量降水预报业务中得到应用。除去传统的面向具体站点的降雨等级预报外，基于高分辨率网格坐标的降水预报与地理信息系统（GIS）、水文预报系统结合后，能够发挥更重要的功能；2014 年 7 月中央气象台开始试验性地发布 10 km 分辨率的格点化定量降水预报产品，并标注出可能的降水中心位置及其降水强度，有效提高了暴雨（雪）预报产品的精细化程度。

展望 未来的定量降水预报产品将进一步向更高的时间分辨率、空间分辨率的方向发展，以更加灵活多变的方式满足社会服务需求。

参考书目

宗志平，代刊，蒋星，2012. 定量降水预报技术研究进展 [J]. 气象科技进展，2（5）：29-35.

（陈涛）

bàoyǔ（xuě）yùbào
暴雨（雪）预报（torrential rain/snowstorm forecast） 针对降水量等级将超过暴雨（雪）强度的降水过程的预报。

暴雨（雪）等级标准 按照降水量等级划分国家标准（GB/T 28592—2012），某一观测站点 24 小时内雨量大于或等于 50 mm 的降雨为暴雨；大于或等于 100 mm 为大暴雨；大于或等于 250 mm 为特大暴雨。24 小时内降水量大于或等于 10 mm 的降雪为暴雪。

暴雨（雪）分布 中国处在季风气候区内，夏季风爆发和盛行期间是中国暴雨多发的时期。随着夏季风推进，中国主要雨带随着季节向北移动，暴雨集中出现在华南前汛期、江淮梅雨期、华北雨季、华西秋雨以及东南沿海地区台风暴雨集中期。除去西北个别地区外，中国大多数地区都出现过暴雨。引起中国大范围暴雨的天气系统主要有锋面、气旋、切变线、低涡、槽、台风、东风波和热带辐合带等；此外，暖季频发的对流性天气也可造成短历时、小区域的暴雨。

中国降雪时段主要出现在北半球冬季，年降雪日数分布具有高山高原多、低地平原少、北方多、南方少的

特点；东北、华北地区的暴雪过程集中在 11 月上旬、1 月，3 月中下旬相对也较多，青藏高原在 3—4 月多暴雪过程。中国北方地区的暴雪过程通常与锋面、气旋、冷高压、河套地区低压倒槽等天气系统密切相关。

暴雨（雪）形成条件 暴雨（雪）预报等强降水过程预报一直以来都是天气预报中最为困难和复杂的预报对象。产生区域性暴雨的基本物理条件主要有：①充分的水汽供应；②强盛而持久的气流上升运动；③与强降水相关的行星尺度系统和天气尺度系统稳定维持或者重复出现。其他如大气层结稳定性特征、下垫面和局地地形特征等也与暴雨过程的发生发展有密切关系。降雪过程要求具备特定的冻结温度条件，因此地面温度和边界层温度的分布状况是暴雪过程的重要分析对象。

暴雨（雪）过程涉及在时间、空间上不同尺度天气系统共同作用，物理机制复杂；20 世纪 80 年代后，随着气象卫星、气象雷达等新型观测资料的广泛应用和中尺度数值模式的发展，各国才开始对直接造成暴雨（雪）的中尺度对流系统（MCS）、中尺度对流辐合体（MCC）、台风螺旋雨带等中小尺度对流天气系统过程开展分析研究，但仍未充分认识其发生发展的物理机制。截至 2014 年为止，暴雨（雪）预报在时间和空间上的准确率、提前量、精细化程度仍有待于进一步提高。

预报方法 针对暴雨（雪）等级的降水预报，预报员的主观分析、预报技巧仍然高于数值预报和其他客观预报方法。在暴雨（雪）预报思路的建立上，预报员需要了解预报时段的气候背景以及主要天气系统概念模型，根据数值预报分析可能导致暴雨（雪）发生的环流形势，确定和追踪主要影响系统和暴雨（雪）区的演变；并通过卫星、雷达、探空等其他资料，结合其他客观统计类方法，对数值预报的分析结果进行订正。近年来发展的中尺度天气分析业务，对确定主要影响天气系统和相关暴雨区中的高影响地点、时段、落区和量级预报发挥了重要作用，使暴雨预报进一步向精细化方向发展。

中国一直以来都十分重视暴雨（雪）预报的理论研究和业务建设，国内气象科研和业务单位发展了一系列暴雨（雪）的预报理论方法和业务预报工具。1980 年，陶诗言在《中国之暴雨》总结了针对中国常见暴雨（雪）类型的气候特点和天气形势特征，是中国预报员进行短期暴雨（雪）预报的重要参考书目。20 世纪 80 年代以来中国实施了一系列的大规模大气科学试验和科

技攻关项目,对华南前汛期暴雨、江淮梅雨暴雨等南方暴雨的关键中尺度过程有了更进一步的认识;2008 年由于中国南方地区遭受了罕见的雨雪冰冻灾害,各级气象科研人员和预报员对于极端性暴雪事件的气候规律、天气系统演变特征和相关的暴雪、冻雨预报技术进行了深入的分析、总结和研究。

产品及应用 中央气象台发布的与暴雨(雪)预报相关的产品主要包括全国城市天气预报、常规(1~7天)定量降水预报、不同等级的暴雨预警、暴雪预警等相关的文字和图形产品,这些产品通过网站、电视、广播、移动客户端等多种方式发布。省级及以下气象台也结合当地实际,发布相关暴雨(雪)预报和预警信号。

由于暴雨(雪)过程物理机制的复杂性,并且总体来说是小概率事件,长期以来确定性的暴雨(雪)预报的准确率都较低。进入 21 世纪后,集合预报方法在小概率天气事件预报上开辟了新的技术思路。基于高时空分辨率数值模式的集合概率预报、极端性天气事件估计等新型客观预报技术,在中国的暴雨(雪)预报业务中得到广泛应用。除去传统的面向具体站点的暴雨等级预报外,基于高分辨率网格坐标的定量降水预报与地理信息系统(GIS)、水文预报系统结合后,暴雨(雪)预报产品能够发挥更为重要的预警服务功能;2014 年 7 月中央气象台开始试验性地发布 10 km 分辨率的格点化定量暴雨(雪)预报产品,有效提高了暴雨(雪)预报产品的精细化程度。

参考书目

陶诗言等, 1980. 中国之暴雨 [M]. 北京:科学出版社.

朱乾根,林锦瑞,寿绍文,等, 2007. 天气学原理和方法 [M]. 北京:气象出版社.

矫梅燕,曲晓波, 2008. 2008 年初中国南方持续性低温雨雪冰冻灾害天气分析 [M]. 北京:气象出版社.

(陈涛)

气温预报(air temperature forecast) 对人类活动主要区域空气温度的未来变化所作的预报。按中国地面气象观测规范的规定,地面观测的气温是取离地面 1.5 m 高度处百叶箱中的空气温度,通常的气温预报也是指这一温度。中国气象业务上采用的是摄氏温标(℃),美国和其他一些英语国家则采用华氏温标(℉)。

中国各级气象台站主要是进行日最高和最低气温的预报。中国天气预报业务中一般把日最高气温达到或超过 35 ℃称为高温天气。当连续三天日最高气温将在 35 ℃以上、24 小时内最高气温将升至 37 ℃或 40 ℃时,各级气象台站会分别发布高温黄色、橙色或红色预警信息。近年来随着预报向精细化发展,气温预报的时空分辨率也在不断提高,如逐 6 小时、1 小时间隔的气温预报。

空气温度的变化受空气平流(例如寒潮)、太阳辐射、地表特征、降水和风等诸多因素的综合影响。这些因素之间普遍存在相互作用,例如冷空气带来降温的时候,一方面会因为太阳辐射使冷空气升温,同时伴随的云雨和风又会减弱太阳辐射的增温作用。另外,人类活动也会影响到空气温度,汽车尾气排放、取暖、工业生产中的热量排放等,都会增加空气温度,导致城市的气温显著高于周边郊区,形成"热岛效应",城市越大,这一效应越明显。

因此,空气温度预报要综合考虑以上各因素。主要预报方法有数值模式预报及其解释应用产品和预报员的主观预报。数值模式根据大气运动和气温的变化规律,构建一定的数学模型,通过计算机定量地计算各种因素对气温的影响,从而对气温做出定量的预报。随着技术的进步,数值预报已成为天气预报不可替代的工具,然而受对大气理论认知和计算能力等方面的限制,数值模式对地面气温的预报还存在较大的误差。为进一步提高气温的预报准确率,综合考虑影响其变化的主要因素,可以建立地面气温与其他要素(如低层风向、风速、等压面高度等)之间的统计模型,包括模式输出统计(MOS)、人工神经网络等,进而对气温进行更准确的预报。预报员的主观预报一般是在不同模式和各种统计模型的预报结果基础上,对天气进行综合分析,结合经验对气温作进一步的订正或者多模式集成。

中国各级气象台站主要是滚动发布未来 15 天的逐 24 小时的最高和最低气温预报,未来 24 小时内逐 3 小时的最高和最低气温预报产品。气温预报不断向精细化方向发展,并且已经在开展高时空分辨率的格点化气温预报。

(董全 孙军)

湿度预报(humidity forecast) 对未来空气干湿程度的预报。由于测量方法及实际应用的不同,湿度可用多个物理量表示,如绝对湿度、相对湿度、混合比、比湿、露点、水汽压等。气象业务中较常见的为相对湿度预报。

相对湿度是空气中水汽压和饱和水汽压之比，其大小主要由水汽含量和温度两个因素决定。在同样多的水蒸气的情况下，温度降低，相对湿度就会升高；温度升高，相对湿度就会降低。因此，一天当中，一般夜间至清晨相对湿度较高，白天相对湿度相对较低。此外，相对湿度的大小还与降水、雾、霾等天气现象的形成有较为密切的关系。

相对湿度的预报关注点一般包括天气系统（高空槽和冷涡等）、动力因子（涡度、散度）、能量因子（潜热通量）、湿度因子（降水、混合比）等。其预报方法一般分为三种：一是在数值模式输出结果的基础上进行主观订正。即对照天气监测实况，对数值模式预报性能进行检验评估，根据其偏差大小和模式调整趋势，结合预报员主观经验对模式产品进行订正；二是参考数值天气预报产品的解释应用客观预报产品，释用统计方法包括模式输出统计（MOS）、完全预报法（PPM）、卡尔曼滤波法等；三是对历史气象数据进行统计整编，分析影响湿度大小的气象因子，总结湿度变化规律，应用统计方法建立预报模型，如多元线性回归法、日较差分级法等。

（花丛）

fēng yùbào

风预报（wind forecast） 对距离地表面 10 m 高处未来风向、风速（风力）的预报。风向预报一般采用八方位表示（北、东北、东、东南、南、西南、西、西北），风速（风力）预报采用蒲福风力等级（风速用 m/s、风力用风级）表示。近地面的风受局地地形、地貌和建筑物的影响很大，缺乏代表性。中国地面气象观测规范规定，地面气象观测的风向、风速仪距地面的高度应不低于 10 m。通常，风力在 3 级以下时不作风向预报，预报业务重点集中在平均风力达到 6 级（10.8～13.8 m/s）以上大风的预报上，并根据风力、持续时间以及影响范围，发布大风灾害预警。中国常见的大风有冷锋后偏北大风，高压后部偏南大风，低压大风以及台风大风和雷雨冰雹大风等。

针对不同类型天气过程，风向风速的预报方法有所不同，但一般通过分析海平面气压场的水平气压梯度的方向和大小来实现对风向风速的预报。传统的大风预报方法是在产生大风的天气系统移来的方向上游选取几个指标站，用历史资料统计出指标站的气象要素，或指标站与本站之间的要素差值（近似的梯度值）与本站风力的关系。这种方法优点在于简单易行，在气压场形势预报正确的前提下，风向风速预报一般也正确；缺点在于预报时效较短，预报精细化程度较低。现代天气业务中，随着数值天气预报的发展，常用业务数值模式一般可输出 7～10 天内的较高时空分辨率的风向风速预报产品，在此基础上，考虑风形成的气象因素以及下垫面条件，利用 MOS 统计方法、神经元网络法、支持向量机（SVM）建模法等方法建立风向风速预报模型或分别建立经向风、纬向风分量预报模型，输出风的客观预报产品。预报员基于客观预报产品，结合大气环流形势的演变分析，以及地方特色预报经验，制作完成风预报。

参考书目

朱乾根，林锦瑞，寿绍文，等，2007. 天气学原理和方法 [M]. 北京：气象出版社.

（花丛 孙军）

lěngkōngqì dàfēng yùbào

冷空气大风预报（cold air wind forecast） 对出现在冷锋后高压前沿平均风力将达到 6 级（10.8～13.8 m/s）以上风的预报。

冷空气大风一般发生在秋、冬、春三季。其预报的物理基础主要有以下六点。①风与气压场的关系。由于在中高纬度，自由大气中风场与气压场基本上符合地转风、梯度风原理，因此应首先分析冷高压和冷锋的强度变化和移动路径，根据冷锋附近风的不连续变化特点和地转风、梯度风原理，预报冷锋移过本站时风向风速的可能变化。②摩擦作用对风的影响。粗糙的下垫面摩擦作用使风力减小，并使风向偏离等压线指向低压一侧。③温度层结对风的影响。空气层结不稳定时，铅直交换强，空气的动量下传较强，因而使地面风速明显加大。当冷空气南下而层结变得不稳定时，会产生空气动量下传现象。④变压场对风的影响。变压梯度愈大，风速也愈大。冷锋后最大风速常出现在正变压中心附近变压梯度最大的地区附近。⑤热力环流对风的影响。在地表热力性质差异明显的地区（如沿海地区、山与谷和高原与平原毗邻地带等），常有地方性的热力环流形成。当热力环流与冷空气大风发生叠加时，会在一定程度上影响风向风速的预报。⑥地形对风的影响。主要分为地形的狭管作用和冷空气翻山下坡两种。

基于上述原理，实际预报中，充分利用数值预报模式产品，从天气形势预报入手，主要着眼于冷空气活动路径的高空和地面形势分型，结合表征冷空气活动强度的动力和热力学预报指标，以及下垫面特征，分析和制作冷空气大风预报。也有基于数值预报模式产品，采用天气分型，应用数理统计方法建立大风模式输出统计（MOS）预报方程或完全预报（PP）方程，输出大风客观预报产品。

参考书目

朱乾根，林锦瑞，寿绍文，等，2007，天气学原理和方法［M］．北京：气象出版社．

（花丛）

hánchǎo yùbào

寒潮预报（cold wave forecast） 对未来某地区将遭受强烈冷空气侵袭的预报。寒潮是一种大规模的强冷空气爆发南下，侵袭中、低纬度地区，并造成强烈降温和大风的天气过程，有时还伴有冰冻、雨、雪等天气现象。根据中央气象台气象灾害预警发布办法，未来48小时，有4个及以上省（自治区、直辖市）的大部分地区日平均气温或日最低气温将下降8 ℃以上，并伴有4～5级及以上大风，冬季长江中下游地区（春、秋季江淮地区）最低气温降至4 ℃以下，发布寒潮预报预警信息。

据统计，影响中国寒潮的冷空气有95%会经过西伯利亚中部（70 °E～90 °E，43 °N～65 °N），并在那里积聚加强，该地区被称为"关键区"。冷空气经关键区南下入侵中国的主要路径有：西北路：从关键区经蒙古到达中国河套附近南下，直达长江中下游及江南地区；东路：从关键区经内蒙古及中国东北地区、东移从渤海经华北可直达两湖盆地；西路：从关键区经新疆、青海、西藏高原东侧南下。

寒潮的主要天气系统包括极涡和地面冷高压等。极涡是指冬季极地地区在对流层中层的气旋性涡旋，常被作为大规模极寒冷空气的象征，是寒潮天气过程的重要成员之一。地面冷高压则是寒潮天气过程的直接影响系统，它的中心强度和高压前部的气压梯度是预报寒潮冷空气强度和大风等灾害性天气的重要参考指标，东亚大槽的建立过程是寒潮爆发的关键着眼点。引导冷空气迅猛南下影响中国而形成寒潮的天气形势主要有：小槽发展型；低槽东移型；横槽转竖型等，它们共同特点是在东亚沿岸建立起一个大槽，致使槽后的强冷空气迅速而猛烈地南下侵袭中国。

寒潮的预报方法是指气象预报员利用监测到的信息，在数值天气预报模式产品的基础上，综合运用天气学、统计学等各种方法对未来大气环流形势、海平面气压、风、气温等气象要素进行分析，预报未来寒潮冷空气的强度、移动路径及带来的大风、降温等影响。寒潮预报的关键着眼点是冷空气强度与路径预报，冷空气强度一般以地面冷高压和高空冷中心的强度表示；寒潮路径一般以地面冷高压中心、高空冷中心、地面冷锋、冷锋后24小时正变压、负变温的移动路径等来表示。

参考书目

朱乾根，等，2000．天气学原理［M］．北京：气象出版社．

康志明，金荣花，鲍媛媛，2010．1951—2006年期间我国寒潮活动特征分析［J］．高原气象．19（2）：420-428．

（赵晓琳 康志明）

shāchénbào jiāncè yùbào

沙尘暴监测预报（dust storm monitoring and forecast） 对未来某地区将遭受沙尘天气侵袭的监测预报。沙尘天气是大风将地面尘土、沙粒卷入空中，使空气混浊的一种天气现象的统称，按照出现的严重程度可划分为浮尘、扬沙、沙尘暴、强沙尘暴和特强沙尘暴五级，通常沙尘暴（含强沙尘暴和特强沙尘暴）是指强风扬起地面的尘沙，使水平能见度小于1 km的天气现象。

沙尘的形成一般需要四个条件，一是沙源地，它是形成沙尘的物质基础。中国主要有两大沙尘暴多发区，其一为中国西北地区，主要位于塔里木盆地周边地区，吐鲁番—哈密盆地经河西走廊、宁夏平原至陕北一线和内蒙古阿拉善高原、河套平原及鄂尔多斯高原；第二个多发区为华北北部的浑善达克至科尔沁一带地区。二是大风，这是形成沙尘的动力条件，也是远距离输沙的动力保证。来自东亚的沙尘不仅可以影响中国北方广大地区，最南可以到达中国香港、台湾地区，甚至能影响到太平洋或者更远地区。三是不稳定的大气层结，这是重要的热力条件，有利于沙尘的起沙。沙尘天气多于午后到傍晚发生，说明了局地热力条件对沙尘发生发展的重要性。四是下垫面状况，每年春季3～5月，是沙尘暴多发季节，这与春季北方少雨多风，并且地面气温升高，地表解冻有很好的相关性。

对沙尘暴的监测主要是应用常规气象观测和自动气象站观测、激光雷达、卫星遥感反演监测以及大气成分观测等手段建立起的监测网络，对沙尘的发生、发展进行实时跟踪和监视。2001年至2014年，中国在北方地区逐步建立起了由29个专业观测站组成的沙尘暴观测站网，主要监测内容有大气降尘、可吸入颗粒物（PM_{10}）[①]、细颗粒物（$PM_{2.5}$）、可入肺颗粒物（PM_1）、能见度、散射特性、光学厚度、土壤水分等。卫星遥感资料利用其高时空分辨率优势，对人烟稀少地区的沙尘暴进行有效的监测。

沙尘暴的预报包括客观预报与主观预报两类。客观预报是指沙尘数值模式对未来几天预报区域内的沙尘所做的预报，包括地面起沙通量、干湿沉降率、近地面沙尘浓度及风场等要素等。沙尘数值模式是指在常规数值天气模式的预报场驱动下，通过耦合适当的陆面过程模式和起沙及沙尘传输模式，对未来几天模式预报区域沙尘的发生、发展、输送和沉降以及沙尘强度和范围进行预报的数值模型；主观预报主要指气象预报员在数值天气预报模式基础上，根据预报区域内的气温、地表状况、风力等情况，综合运用天气学、统计学等方法预报未来几天所关注区域是否出现沙尘暴以及沙尘暴的范围、强度、持续时间等。当预计沙尘暴强度达到预警标准时，各级气象台会及时发布相应级别的沙尘暴预警。

面向公众的沙尘预报主要是区域及城市站点的沙尘等级预报，随着现代气象业务的发展，沙尘暴的预报时效会向更长时效延伸，预报内容向更精细化方向发展。

参考书目

杨德保，等，2006. 沙尘暴天气学分析 [M]. 北京：气象出版社.

（桂海林）

wù jiāncè yùbào

雾监测预报（fog monitoring and forecast） 对未来某地区将遭受雾侵袭的监测预报。雾是悬浮在贴近地面大气中的大量水滴或冰晶微粒的集合体。雾按其形成过程可分为辐射雾、平流雾、蒸发雾、上坡雾、混合雾几种；按物态分，可分为水雾、冰雾、水冰混合雾三类；从天气学分类法，又可分为气团雾、锋面雾和海雾三类。雾形成条件主要有：冷却、加湿、凝结核。雾消散的主要原因有：下垫面增温，雾滴蒸发；风速增大，将雾吹散或抬升成云；湍流混合，水汽上传，热量下递，近地层雾滴蒸发。

雾的监测主要通过地面气象观测（主要依据能见度和相对湿度进行判断）和气象卫星资料反演进行。在日常监测业务工作中，雾的监测内容主要包括雾的持续时间、范围及强度等。

雾的预报主要指对未来雾出现的时间、强度和范围

---

① PM，颗粒物，英文全称 particulate matter。

的预报。雾的预报时效目前只有短期时效，未来几年可逐步延长至中期。雾的预报等级按照能见度（V）分为五级：轻雾（1000 m≤V<10 000 m）、大雾（500 m≤V<1000 m）、浓雾（200 m≤V<500 m）、强浓雾（50 m≤V<200 m）、特强浓雾（V<50 m）。雾的预报分为主观预报、客观预报和模式预报三种。主观预报首先由预报员对实况进行主观分析，在此基础上参考模式预报产品进行环流形势与基本气象参数分析、边界层条件分析，并结合客观预报产品进行研判订正，最后得到雾预报结果。实况分析包括：雾、降水、气温、天空状况等天气实况及演变的分析，比较本站和上游站点的天气要素；影响区域及本地的环流形势及水汽、风、变温、变压、稳定度等气象参数分析；气溶胶等大气成分的实况及变化分析。环流形势与基本气象参数预报分析主要有：冷空气活动、地面气压变化、变温、变压、低层水平风速、垂直速度、散度、涡度、相对湿度变化等，其中平流雾要重点关注入海高压的西部、太平洋高压西部以及气旋和低槽的东部。大气边界层条件预报分析主要有：基于模式产品的混合层高度、稳定度参数、垂直交换系数等。客观预报产品包括基于天气模式开发的能见度客观预报产品（如：神经网络、多元回归等方法）及天气与化学耦合数值模式系统输出的能见度客观预报，并依据相对湿度进行判别。

雾的发生与地形紧密相关，存在很大局地性，因此雾的监测预报有很大难度，技术手段和预报能力均有限。随着监测手段提高、预报技术改进、数值模式完善，雾的预报精细化程度将会不断提高，预报时效逐步延长。

参考书目

朱乾根，林锦瑞，寿绍文，等，2007. 天气学原理和方法 [M]. 北京：气象出版社.

（张恒德　吕梦瑶）

mái jiāncè yùbào

霾监测预报（haze monitoring and forecast） 对未来某地区将遭受霾侵袭的监测预报。霾是大量极细微的干尘粒等均匀地浮游在空中，使水平能见度小于 10 km、空气相对湿度小于 80% 时的空气普遍混浊现象，使远处光亮物体微带黄、红色，使黑暗物体微带蓝色。

影响霾形成的主要气象因子有：稳定的高空环流形势，500 hPa 一般为偏西气流或西北气流控制；850 hPa 图上一般盛行弱西北气流；从温度场来看，对流层中低层一般为弱的暖性结构，但一般不存在明显的温度槽或

脊；地面气压梯度小（如鞍型场，弱高压区，弱低压区、高压区后部等）；出现气流停滞区，近地面静风、弱风现象增多；边界层存在强逆温现象；适当的相对湿度；低层垂直运动弱等。

霾的监测指对过去一段时间及实时霾的实况进行提取和分析。气象部门应用地面气象观测（依据天气现象、能见度、大气成分和相对湿度等进行判定）、气象卫星遥感反演监测以及大气成分观测等手段建立起霾监测网络，对霾的发生、发展进行实时跟踪和监视。在日常霾监测业务工作中，霾的监测内容主要包括霾的持续时间、范围及强度。

霾的预报指对未来一段时间霾出现时间、强度和范围的预报。分为主观预报、模式预报和客观预报三种。霾的主观预报首先由预报员对实况进行分析，在此基础上参考模式预报产品进行环流形势与基本气象参数分析、边界层条件分析，并结合客观预报产品进行研判订正，最后得到霾预报结果。实况分析包括：细颗粒物（$PM_{2.5}$）、可入肺颗粒物（PM_1）、气溶胶等大气成分的实况及变化分析；雾、霾、降水、气温、天空状况等天气实况及演变的分析；环流形势及水汽、风、变温、变压、稳定度等气象参数分析。环流形势与基本气象参数预报主要有：冷空气活动、地面气压变化、气温变化、低层水平风速、垂直速度、散度、涡度、相对湿度变化等。大气边界层条件预报主要有：基于模式产品的混合层高度、稳定度、逆温等。模式预报主要指天气与化学耦合数值模式系统输出的 $PM_{2.5}$、PM_1 等污染物浓度、能见度预报产品，并依据霾的判识标准进行判定。客观预报指主要基于神经网络、多元回归、多指标叠套等方法，利用化学模式输出的污染物浓度、能见度及天气数值模式输出的气象要素等资料，得到霾的预报结果。霾的预报时效集中在短期时效内，未来几年将逐渐延长至中期时效。

霾的形成机理复杂，受大气污染物、气象条件及地理条件共同影响，监测预报难度大，目前的技术手段和预报能力有限。随着观测手段提高、预报技术改进、数值模式完善，霾预报的空间分辨率会不断提高，预报时效会延长，准确率会提升。

参考书目

中央气象局，1979. 地面气象观测规范 [M]. 北京：气象出版社.

（张恒德　吕梦瑶）

dòngyǔ yùbào

冻雨预报（freezing rain forecast）　预计在某一区域未来一定时间内能够形成冻雨的预报。冻雨是降落到地面，接触到温度低于 0 ℃的物体后会迅速冻结的过冷降水。对这类降水的预报称为冻雨预报。中国每年的 1 月份是冻雨的高发季节，贵州、云南、四川、湖南、江西等地是中国冻雨的高发地区。由于冻雨降落到地面后，会在地表物体上不断冻结，给农业、林业、电力、交通等造成巨大的危害和损失。

冻雨的形成一般需要两个条件，一个是过冷水的存在，另一个是地表气温低于 0 ℃，所以冻雨只能在冬季合适的气温和地理条件下形成。过冷水的形成有两种机制，一种是一层模式：整层大气温度都小于或接近 0 ℃，由于大气中缺乏凝结核，水汽不能形成冰晶或雪花而降落；另一种是两层模式：大气存在逆温层结，即在大气底层温度低于 0 ℃的冷层以上，存在气温大于 0 ℃的暖层，高层的冰晶降落到暖层时融化为液态水滴，再经过冷层的降温，由于来不及冻结而形成过冷水降落到地面。

冻雨的预报主要有数值模式输出客观预报和预报员主观预报两种。前者是用数值模式模拟冻雨形成的各种物理过程和条件，从而对冻雨的范围和强度进行定量的预报。影响冻雨的物理过程非常复杂，涉及各层大气中各种云雨粒子相互作用和转化的过程，同时和整个大气的温度层结关系密切。目前的全球数值模式一方面还无法准确而详细地模拟各层大气中云雨粒子相互作用和转化的物理过程，另一方面在预报精度和分辨率上，也远远达不到要求，所以对冻雨的预报还存在较大的误差。预报员的主观预报一般是根据冻雨发生的时间和空间特点，在每年的高发时期和高发地区，根据其形成的地面气温、大气层结和逆温层等条件，综合分析大气环流形势，对冻雨落区和强度进行综合判断。

（董全　孙军）

shuāngdòng yùbào

霜冻预报（frost injury forecast）　霜冻是指作物生长季节里地面附近的温度降到 0 ℃或以下而使作物受害的天气现象。霜冻预报是可能出现霜冻天气现象的预报。霜冻按其成因可以分为三类。由北方冷空气南下直接引起的霜冻，称为平流霜冻；晴朗无风的夜晚，由于地面辐射冷却而造成的霜冻，称为辐射霜冻，常见于低洼地区；由平流降温和辐射冷却共同作用引起的霜冻，称为平流—辐射霜冻。

霜冻预报的关键是对冷空气影响起止时间、强度以及最低气温的预报。在气象业务工作中使用的霜冻预报方法有如下 3 种：

通过最低气温预报值进行判断的方法。由于天气预报中的最低气温是指百叶箱高度上的空气温度，而衡量霜冻是否出现的是地面附近的最低温度，所以首先应该考虑地面最低温度与百叶箱高度上最低气温的关系，两者的关系会随不同地区下垫面性质、近地面空气湿度和风等的情况不同而有所不同。可以根据当地的具体情况，结合冷空气强度和当时的大气环流形势，通过对气温的预报值来判断地面最低温度是否可能达到 0 ℃ 左右或以下，即是否可能有霜冻出现。这是实际业务工作中短期时效内的霜冻预报的主要方法。

统计分析方法。结合当地历年来初（终）霜冻灾害发生时的天气过程进行统计分析，得到本地区与初（终）霜冻相关性最好的气象因子，进而用统计回归的方法编制回归方程，建立初（终）霜冻的预报模型，得到初（终）霜冻的预报日期。

概率预报方法。随着概率预报的发展，其在霜冻预报方面的作用也逐渐呈现。利用最大转移概率预报方法，结合初、终霜冻日期的初始分布，建立预报模型，可以对未来的初、终霜冻日期进行预报。

参考书目

朱乾根，林锦瑞，寿绍文，等，2007. 天气学原理和方法 ［M］. 北京：气象出版社.

（张峰）

táifēng jiāncè yùbào

台风监测预报（typhoon monitoring and forecast）对台风的中心位置、强度和风雨分布的监测分析及其预报。台风是发生在西北太平洋和南海海域的较强热带气旋系统。

沿革 20 世纪 60 年代前，由于海洋气象观测资料稀缺，无法全程监测到台风的生成及移动，只有等到台风靠近船舶和陆地时，才能监测到台风的存在。20 世纪 60 年代气象卫星投入业务使用之后，任何一个台风都能被及时监测捕捉到。目前，随着气象卫星观测网、天气雷达观测网以及地面气象观测网等综合气象观测系统的建立和逐步完善，已实现了对台风进行全方位立体实时探测和跟踪。

台风观测 主要包括：地面观测、高空探测、雷达观测、卫星遥感探测和其他观测等。地面观测主要是对台风影响时近地面层和大气边界层范围内的各种气象要素进行观测和测定；高空探测一般是利用探空气球携带无线电探空仪器升空可测得不同高度的大气温度、湿度、气压，并以无线电信号发送回地面，利用地面的雷达系统跟踪探空仪还可测得不同高度的风向和风速；天气雷达可对近海台风位置、强度和降水、大风分布等进行监视、跟踪；卫星遥感气象探测主要是进行气象要素探测和卫星图像定位；其他观测包括陆地移动"追风"观测、飞机气象探测、海面船舶观测等。

台风中心位置的确定 台风定位是台风业务预报中的一项重要工作，主要手段是气象卫星、天气雷达和地面气象观测，少数国家如美国则应用飞机探测作为一种重要的辅助监测手段。

卫星图像定位 主要依据卫星云图上台风眼区、浓密云区和螺旋雨带的云型特征进行台风定位。卫星图像定位一般包括 5 个步骤：①确定台风云型整体中心，根据云线及弯曲云带汇聚点确定系统中心，或者是将标有中心位置的台风发展模式云型与被分析的云型相比较，确定系统中心；②云型整体中心附近小尺度细微特征分析；③将中心位置与外推路径位置（即预报位置）比较；④比较前一时次与当前时次图像的中心位置在台风云型中的相对位置；⑤中心位置最后订正调整，针对网格误差、卫星观测视角误差，对中心定位进行可能的修正。

雷达定位 当台风进入雷达有效探测范围内时，可根据雷达图像上的台风眼区回波或螺旋雨带确定台风中心位置。当雷达探测到清晰的闭合眼壁回波或中心角大于 180° 的开口圆弧状回波时，取其几何中心为台风中心；当台风强度弱、台风眼区不清晰时，根据台风的螺旋雨带，用对数螺线拟合，确定台风中心位置，或借助天气雷达径向速度场或其他观测手段来确定台风中心。

地面气象观测定位 当台风登陆后，主要依据地面实时观测的风场和气压场确定台风中心位置，一般参考气压值并取地面风场闭合环流中心作为台风中心。

飞机探测定位 飞机探测确定台风中心位置的方法分为穿眼飞行定位和非穿眼飞行定位两种。穿眼飞行定位按照台风移向预报分右前、右后、左前和左后四个象限做穿入或退出台风中心飞行，然后根据探测的云墙、飞行高度上的气压、温度、风环流以及基于眼内云层推测的地面风环流，确定台风中心位置；非穿眼飞行定位是运用飞机上的天气雷达在台风大风区的外围测定台风眼的位置，其有效探测距离一般为 75 海里。

台风强度的确定 台风强度是指台风中心附近的最大平均风速和最低海平面气压。在海洋上主要依据气象卫星观测台风强度，少数国家采用飞机探测作为一种重要的辅助监测手段；台风登陆后，确定台风强度的主要依据为地面观测资料。

卫星图像定强　在卫星云图上，台风强度是台风云型结构多种特征的综合反映。这些特征包括：台风环流中心、中心强对流云区范围、外围螺旋云带以及台风眼区周围云顶亮温、眼区亮温等方面。世界各国主要采用美国科学家德沃夏克（Dvorak）研发的 Dvorak 分析技术，根据静止气象卫星在红外和可见光波段观测的台风云型特征及其变化确定台风的强度。该技术于 1987 年由世界气象组织推荐使用，已成为台风强度监测的国际标准。Dvorak 技术是在假定台风云型特征变化与台风某一发展阶段和一定强度相对应的基础上，通过对卫星云图上的台风云型特征进行提取和分析，得到用于表征台风强度的台风现实强度指数（CI），然后由观测统计得到的 CI 与台风中心最大风速的经验关系，得到台风近中心最大风速，再由台风中心最低海平面气压与台风中心最大风速的风压统计关系来确定台风中心最低海平面气压。

地面气象观测定强　当台风靠近陆地或登陆后，主要依据地面实时观测的风场和气压场确定台风强度。日常业务中，一般采用地面实际观测到的最大平均风速作为台风的强度。由于观测站点分布或观测仪器测风极限的限制，常常采用比地面实际观测到的最大平均风速略高的平均风速作为台风的强度。

飞机探测定强　侦察飞机在台风眼中心 700 hPa 高度上向海面投掷下投式探空仪，可直接测量台风中心的海平面气压，其误差在 ±5 hPa；飞机探测的台风中心附近的近海面最大风速则是飞行员根据肉眼所观察到的海面状况进行估计的，因此这种估计方法有一定的主观性，常常造成较大的误差，且台风越强（风速越大），估计值的误差也越大，对于一个中心风速大于 50 m/s 的台风，其估计误差在 10 m/s 以上。

台风预报　主要是对台风路径、强度、大风和降水的预报。

台风路径预报　是对台风未来的移动方向、移动速度以及未来 5 天台风中心的位置的预报。

20 世纪 60 年代至 80 年代初，台风路径预报方法大多建立在预报经验总结基础上，主要预报方法包括：相似路径预报方法、外推预报方法、气候持续性预报方法以及引导气流预报方法。80 年代以后，较普遍使用的台风路径客观预报方法有：统计预报法、动力统计预报法、预报专家系统、模式输出统计释用法、神经网络法、集成预报法、动力释用预报法等。这些方法大多采用台风历史资料作为统计样本，采用数理统计方法建立

台风路径预报模型，制作台风路径预报。进入 21 世纪，随着数值预报技术的发展，台风路径预报已由传统的统计学、天气学和主观经验等方法转变为以数值天气预报和集合预报方法为基础、多种预报方法综合运用的新技术路线。由于数值预报模式和集合预报系统的快速发展，中国台风路径预报取得较大的进展，台风路径预报误差呈现逐年减小的趋势，中央气象台 24 小时台风路径误差已由 20 世纪 90 年代初期的近 200 km 减小到 2014 年的 80 km 左右，台风路径预报水平达到世界先进水平。

台风强度预报　是对未来 5 天台风中心附近的最大平均风速和最低海平面气压的预报。

台风强度预报业务中使用的客观预报方法包括外推预报方法、统计预报方法、统计动力预报方法、数值天气预报方法和集合预报方法，此外还使用一些强度预报指标，如强度迅速增强指数、双眼墙形成指数、环状飓风指数、垂直切变倾向等。数值模式的台风强度预报能力仍不如统计或统计动力预报模型，因此统计或统计动力预报模型的发展和改进仍是未来台风强度预报的一个主要方向。

台风大风预报　台风大风的预报可分为某一时段内的台风特征风圈半径（如 7 级、10 级或 12 级风圈半径）预报和某一时段内台风大风分布预报两种。其中，台风特征风圈半径的预报效果最好的是气候持续性方法，即基于气候学模型和持续性特征进行预报。数值天气预报模式受分辨率和初始误差的限制，现在还无法提供有预报技巧的特征风圈半径的预报结果。此外，台风特征风圈半径的预报能力明显依赖于台风强度预报的准确率。

台风大风分布的预报则是针对某一海域或地区在某一时段内是否有大风影响及其影响程度的预报，它是在对台风路径、强度和特征风圈半径进行分析和预报的基础上，综合考虑未来天气形势的变化，尤其是副热带高压、冷高压、变性高压等台风周围天气系统的变化，同时结合天气雷达、卫星图像上强回波区和强对流云区的分布和变化特征以及特殊地形、特殊海岸地段因子以及预报员的实际预报经验，通过对数值天气预报模式的大风预报进行订正而进行的。日常天气预报中，气压梯度的大小是考虑风力大小的重要因素。

台风降水预报　是针对某一时段内台风降水分布的预报。全球各台风预报中心在业务中使用的台风降水客观预报方法主要包括统计预报方法、统计动力预报方法、数值天气预报方法和集合预报方法。此外，还使用

一些台风暴雨预报指标，如物理量配料法等。统计预报方法主要预报台风影响时间、台风路径、台风强度、台风降水气候分布等。统计动力预报方法是通过选取一些对台风降水有显著影响的气候和动力预报因子，如水汽条件、垂直上升速度、低层涡度、高层散度、台风强度、台风移速、地形、台风降水气候分布等因子，采用逐步回归统计或逐步多级判别等方法，分型建立台风降水预报方程，制作台风定量降水预报或分级预报；台风降水分型可由路径和登陆地段两个因素确定。物理量配料法则是将统计动力与数值天气预报相结合的方法，即根据数值预报的结果（预报场）选取一些预报的因子，然后将这样的因子输入统计预报方程作出预报，如中央气象台的模式输出统计（MOS）降水预报方法。数值天气预报模式的台风降水预报能力已具有与气候持续性方法相当的预报性能，甚至在某些方面还优于气候持续性方法，特别是高分辨率数值天气预报模式具有较强的定量降水预报能力。近年来为降低数值预报系统中初始场和模式参数的不确定性而发展起来的集合预报方法以及基于集合预报方法而建立的台风降水集成预报订正方法，也逐渐成为提高台风降水预报准确率和预报技巧的重要手段之一和研究热点。

登陆台风降水的实际预报往往是预报员综合应用上述方法的结果，是在正确的台风路径及强度预报的基础上，预报员根据数值天气预报和集合预报的结果，结合当时天气环流形势演变、卫星云图、雷达回波特征及其降水估计结果以及预报员的实际预报经验，进行综合分析的结果。

展望 由于受到科学认识和监测、预报技术手段的限制，台风强度预报、登陆台风风雨定量预报还存在一定的误差，预报技术急需改进和提高，尤其是需加快高分辨率数值天气预报模式的发展以及对数值模式输出结果的合理解释应用技术。

参考书目

陈联寿，丁一汇，1979. 西太平洋台风概论［M］. 北京：科学出版社.

陈联寿，端义宏，宋丽莉，等，2012. 台风预报及其灾害［M］. 北京：气象出版社.

矫梅燕，2010. 现代天气业务［M］. 北京：气象出版社.

王志烈，费亮，1987. 台风预报手册［M］. 北京：气象出版社.

Vernon F. Dvorak, Frank Smigielski, 1996. 卫星观测的热带云和云系［M］. 北京：气象出版社.

（顾华 许映龙）

强对流天气监测预报（severe convective weather monitoring and forecast） 对未来某一地区或地点可能发生的强对流天气进行监测和预报。强对流天气指的是雷雨大风（风速达到或超过 17 m/s）、冰雹、龙卷风、短时强降水（小时降水量达到或超过 20 mm）等由中小尺度对流系统产生的天气，通常伴有雷电，具有突发性、生命史短、局地性强、天气剧烈、破坏力强等特点。

沿革 由于强对流天气的精细历史观测数据存在不足，中小尺度大气运动也多不满足静力平衡、准地转理论，因此对其坚实可靠的研究只有短短几十年历史。关于中小尺度系统的概念则是在进行了很多比较细致的天气图分析，特别是在有了天气雷达等探测工具之后才建立起来的。中尺度天气学已经成为气象学的一个分支。它专门研究破坏大气垂直平衡的剧烈运动引起的非静力过程。在 20 世纪八九十年代，风暴研究的深入开展、多普勒天气雷达等新手段的出现、中尺度天气学的研究都使强对流天气的预报能力有了明显的提高。之后，随着探测手段的不断进步和数值天气预报的发展，对强对流天气的认识在不断加深，预报水平也逐渐提高。特别是随着数值预报模式时空分辨率的提高，气象学家对强对流天气成因及发展过程有了更进一步的认识。

预报对象和内容 强对流天气预报对象包括雷电、雷雨大风、短时强降水、冰雹和龙卷风。目前预报的主要困难在于确定强对流天气发生和持续时间、落区、强度及类型。当前，利用全球和中尺度数值模式预报，制作强对流天气落区和强对流天气发展趋势的预报，仍然是各级气象业务单位所承担的共同任务。

预报时效和方法 针对不同的预报时效，强对流天气预报又可以分为短期预报、短时预报和临近预报。不同时效的强对流天气预报所使用的方法和分析的重点会各有侧重。

强对流天气短期预报 时效在 3 天以内的强对流天气预报，称为强对流天气短期预报。主要基于数值模式预报，结合统计方法，从有利于强对流天气形成的水汽条件、大气层结不稳定条件、抬升触发机制等方面进行综合判断。

强对流天气短时预报 时效在 12 小时以内的强对流天气预报称为强对流天气短时预报。短时预报的思路与短期预报相似，然而有更多实况资料如探空、风廓线雷达、卫星、天气雷达和地面自动站的资料等来分析当前大气环境场的实际特征，从而基于各种非常规资料的分析和快速更新中尺度数值模式的结果，对未来12小时以内强对流天气是否发生做出判断。

强对流天气临近预报　时效在2小时以内的强对流天气预报称为强对流天气临近预报。主要利用各种常规和非常规观测资料的分析，综合分析强对流天气实况、中尺度系统的结构特征及其发生发展条件，并使用外推预报等方法对强对流天气进行临近预报。

对经济社会的影响　灾害性强对流天气可带来较大的社会、经济损失。例如，雷击事件可以带来人身伤亡、敏感电子元器件的损坏、森林火灾、影响国家电网、交通运输、航空、航天安全；风雹灾害可影响农业、建筑业等多个行业；短时强降水可以引发洪水、城市内涝、山洪、泥石流和山体滑坡等灾害。

展望　强对流天气预报在很大程度上依赖于中尺度时空观测网的建立、中小尺度非线性过程的数学描述的发展和非常规观测手段的提高以及机理认识的深入等。在数值天气预报模式中完全考虑对流过程的各个方面是十分困难的，多采用参数化的方法，其对强对流天气的预报还有较多的不确定性。因此强对流天气预报依然存在着极大的挑战性。

参考书目

陆汉城，杨国祥，2004. 中尺度天气原理和预报 ［M］. 北京：气象出版社.

寿绍文，励申申，姚秀萍，2003，中尺度气象学 ［M］. 北京：气象出版社.

周后福，郑媛媛，李耀东，等，2009，强对流天气的诊断模拟及其预报应用 ［M］. 北京：气象出版社.

（刘鑫华）

léidiàn yùbào

雷电预报（thunderstorm forecast）　对未来某一地区或地点的雷电发生发展及可能影响进行预报。雷电指出现闪电和雷鸣的自然现象，常伴有强烈的阵风和暴雨，有时还伴有冰雹和龙卷风，又称为雷暴。

雷电的形成　在雷雨云中存在云滴、雨滴、冰晶、雪晶和霰粒等大量粒子，电荷的积累以及雷雨云的带电机制多依靠粒子生长过程的碰撞、撞冻和摩擦等，其中最主要的机制是水滴的冻结。对流云中上部以正电荷为主，下部以负电荷为主，上、下部之间形成一个电位差，当电位差达到一定程度后，就会产生放电，即闪电现象。放电过程中，由于闪电通道中温度骤增，使空气体积急剧膨胀，从而产生冲击波，导致强烈的雷鸣。

预报时效和方法　由于雷电的形成比较复杂，生命史短，预报难度较大，所以预报时效也比较短。一般有短期预报、短时预报和临近预报。

短期预报　是指时效在3天以内的雷电预报。在对天气实况和数值天气预报进行综合分析的基础上，通过形势判断和"配料"等方法，对未来3天内可能出现雷电的区域和强度做出估计和预报。预报的着眼点，首先是大气中水汽含量和来源分析，大气低层偏南风的水汽输送与辐合往往是雷电天气产生的重要条件；其次是不稳定条件分析，分析不稳定能量和对流性不稳定指标及其变化趋势，判断大气的潜在不稳定度；最后是抬升机制分析，在水汽和稳定度适合的情况下，低层辐合系统或边界层辐合线等可以触发雷电天气。

短时预报　是指时效在12小时以内的雷电预报。短时预报更注重当前气象资料和天气形势实况的分析，判断未来中高层是否有冷平流、冷槽侵入，或当前上空中高层的冷平流、冷槽是否有可能维持；低层近地面是否有局地增温及局地辐合生成等。同时综合数值天气预报，对天气形势和雷电预报指标等物理量场进行综合分析，判断未来12小时内出现雷电天气的可能性和落区等。

临近预报　是指时效在2小时以内的雷电预报。包括两种情况：一是雷电天气即将出现的预报。根据当前气象观测资料和天气形势实况，判断是否有可能即将受到雷电天气系统影响和控制；利用当前及上游典型测站探空实况判断是否存在有利于雷电系统发生发展的不稳定层结；是否存在有可能的触发机制。二是雷电天气已经出现，未来影响区域、强度、发展趋势、减弱结束时间的临近判断。主要基于天气雷达、闪电定位仪观测资料对产生雷电天气的对流系统移动方向、变化趋势的分析和预报。

展望　未来雷电预报水平的提高，将更大程度上依赖于闪电定位网的完善、观测手段的提高、对雷电形成机理认识的深入、资料同化技术的发展和高分辨率数值天气预报能力的提高。

参考书目

俞小鼎，姚秀萍，熊廷南，等，2006. 多普勒天气雷达原理与业务应用 ［M］. 北京：气象出版社.

章国材，2011. 强对流天气分析与预报 ［M］. 北京：气象出版社.

（樊利强）

léiyǔ dàfēng yùbào

雷雨大风预报（thunderstorm gust forecast）　对未来某一地区或地点可能发生的雷雨大风天气进行预报。雷雨大风是指在出现雷雨天气时，风力达到或超过8级（或者17 m/s）的天气现象。

雷雨大风的形成　雷雨大风是由对流风暴中的下沉气流达到地面时产生强辐散而造成的地面大风。首先，气流下沉要增温，因此维持气流下沉要有强的垂直温度递减率以维持下沉的负浮力；第二，对流风暴下沉气流由于液相粒子蒸发或者冰相粒子融化或者升华冷却，在到达地面时形成一个冷空气堆向四面扩散，冷空气堆与周围暖湿气流的界面成为阵风锋，阵风锋的推进和过境可导致大风；对流层中低层的低湿度有利于干空气夹卷进入下沉气流，使其蒸发或者升华，从而使下沉气流温度降低到低于环境温度而产生向下的加速度，从而有利于雷雨大风的产生。第三，强的垂直风切变也有利于雷雨大风的产生，一般来说 0～6 km 之间的垂直风切变大于 20 m/s 有利于产生强雷雨大风。雷雨大风的产生还需要触发对流的条件，其触发天气系统有锋面、中尺度辐合线等。因此，雷雨大风的预报就是雷雨大风形成的环境条件和触发条件的预报。

下击暴流是造成雷雨大风的一个重要原因。下击暴流是指一股在地面或地面附近引起辐散型灾害性大风的强烈下沉气流，水平尺度约 4～40 km。当下击暴流出现时，地面风速常达 18 m/s 以上，并伴有强的水平和垂直风切变。

雷雨大风形成的环境条件一般可以通过分析对数压力—温度图（T-lnP）得到，这些参数的预报值可以通过分析数值天气预报对这些参数的预报误差并订正得到，然后用"配料法"得到雷雨大风落区预报。

预报时效和方法　由于雷雨大风发生空间尺度小、持续时间短、致灾性强、预报难度大，一般有短期预报、短时预报和临近预报。

短期预报　是指时效在 3 天以内的雷雨大风预报。主要依据数值模式预报和常规观测资料，通过概念模型和要素配料方法来综合判断是否为有利于雷雨大风产生的环境条件。尤其要关注对流层中下层的温度直减率和垂直风切变以及中高层是否有干空气层存在。倒 V 型温湿廓线或弱云帽型温湿廓线是在弱切变环境下识别有无雷雨大风的主要信息。

短时预报　是指时效在 12 小时以内的雷雨大风预报。根据自动气象站观测、探空资料、风廓线雷达、卫星和天气雷达等观测资料和数值预报资料，通常分析地面是否存在辐合线等触发机制、垂直风切变、对流有效位能、温度和湿度层结等来判断是否利于出现雷雨大风。同时，结合雷达回波和卫星云图云型特征来判断。

临近预报　是指时效在 2 小时以内的雷雨大风预报。主要根据雷达和卫星观测资料追踪识别雷雨大风，通过外推来做临近预报。雷雨大风的雷达回波形态主要有以下几种类型：弓状或钩状回波、带状回波和近椭圆状回波。下击暴流经常出现在超级单体钩状回波附近或弓形回波的顶点附近，从卫星云图上看，下击暴流与雷暴云顶上冲之后的崩溃有关。雷雨大风的临近预报指标：当雷暴距离雷达在 60 km 以外时，主要是弓形回波、中层径向辐合和中气旋以及风暴顶辐散；当雷暴距离雷达在 60 km 以内时，除了上述特征外，主要看低空是否有径向速度超过 20 m/s 的大值区存在。

展望　提高雷雨大风预报准确率需要进一步研究雷雨大风的发生发展机理，提高数值预报对该类天气的预报能力。

参考书目

俞小鼎，等，2006. 多普勒天气雷达原理与业务应用 [M]. 北京：气象出版社.

章国材，2011. 强对流天气分析与预报 [M]. 北京：气象出版社.

（周晓霞）

duǎnshí qiángjiàngshuǐ yùbào
短时强降水预报（short-duration heavy rainfall forecast）

对短时间内降水量达到或者超过较大量值的预报。短时强降水指短时间内降水强度较大，其液态降水量达到或超过某一量值的天气现象，多集中出现在 4—10 月。当前中国各地气象台站对短时强降水量值的规定不尽相同，中央气象台规定小时降水量达到或者超过 20 mm 为短时强降水。

短时强降水的形成　与普通降水和暴雨不同，短时强降水的形成需要大气中的水汽在短时间内高效地转化为液态降水，并降落至地面，因此，短时强降水常由对流性天气系统造成，充足的水汽、一定的大气层结不稳定和触发机制是形成短时强降水的重要因素。首先，整层大气水汽含量大，整层大气可降水量超过 26 mm，是出现大范围短时强降水的必要条件，超过 60 mm 的整层可降水量区域极易于形成短时强降水；其次，强的不稳定层结，表征大气层结状况的 K 指数或最优抬升指数（BLI、表征自由对流高度以上不稳定能量的大小）是其表征物理量，小于 -1.0 的 BLI 或大于 28 度的 K 指数是必要的不稳定指标。触发短时强降水的天气系统有锋面、中尺度辐合线等。

预报时效和方法　由于短时强降水发生空间尺度小、持续时间短、致灾性强、预报难度大，一般有短期预报、短时预报和临近预报。

短期预报　是指时效在 3 天以内的短时强降水预报。通过综合分析探空资料和数值天气预报得到有利于短时强降水形成的环境条件和触发条件，然后运用"配料法"得到短时强降水落区预报。

短时预报　是指时效在12小时以内的短时强降水预报。综合自动气象站、探空、风廓线雷达、卫星、天气雷达等探测资料和数值天气预报，分析有利于短时降水天气的大气环境条件及其演变，从而对未来12小时以内的短时降水天气的发生作出更准确的判断。

临近预报　是指时效在2小时以内的短时强降水预报。在对自动气象站、风廓线仪和探空等观测资料进行分析的基础上，根据雷达和卫星观测资料来识别、追踪导致短时强降水的对流系统，结合外推预报等综合制作临近预报。热带型对流和大陆型强对流产生的雨强不同。热带型对流中45～50 dBZ的反射率因子也可以产生80 mm/h的极端短时强降水。对于同样的反射率因子，大陆强对流降水型对应的雨强明显低于热带降水型的雨强，反射率因子越大，差异越大。

展望　短时强降水多由中小尺度天气系统直接产生，空间尺度小、持续时间短、预报难度大，致灾性强，提高短时强降水的预报准确率需要进一步研究短时强降水发生发展机理，提高数值预报对该类天气的预报能力。

参考书目

俞小鼎，等，2006. 多普勒天气雷达原理与业务应用 [M]. 北京：气象出版社.

章国材，2011. 强对流天气分析与预报 [M]. 北京：气象出版社.

（田付友）

bīngbáo yùbào

冰雹预报（hail forecast）　对未来某一地区或地点可能发生的冰雹天气进行预报。冰雹是指坚硬的球状、锥状或形状不规则的固态降水。气象学中通常把直径在5 mm以上的固态降水物称为冰雹，其中直径大于等于20 mm的冰雹称为大冰雹；直径2～5 mm的称为冰丸，也叫小冰雹，而把含有液态水较多，结构松软的降水物叫软雹或者霰。

冰雹的形成　冰雹产生于对流特别旺盛的对流云中，当对流云中强烈的上升运动携带大量的水滴和冰晶粒子经过大气中低层含水量累积区时，形成了冰雹核心，雹核在云中生长区与过冷水滴不断的碰并，形成透明的冰层，并在上升气流的带动下，继续向上运动，进入由冰晶、雪花等固态粒子构成的低温区，形成不透明层，当达到一定重量时掉落至低层，而遇到较强的上升气流时，又可重新进入高层的低温区，冰雹粒子正是在冰雹云中反复的经过这一过程越变越大，当达到一定重量时落到地面上就变成了冰雹。因此，冰雹的形成需要三个环境条件：一是低层要有充足的水汽；二是强的不稳定层结，对流有效位能（CAPE）是其表征的物理量，一般要求CAPE大于1000 J/kg；三是有合适的0 ℃层和−20 ℃高度，而且−10 ℃层和−20 ℃层之间存在足够的过冷却水滴。根据统计0 ℃层在600～700 hPa最有利于冰雹发生。强的垂直风切变有利于冰雹的发生和增长。冰雹的产生还需要触发条件将潜在的不稳定能量转化为强的上升运动，触发冰雹产生的天气系统有锋面、中尺度辐合线等。

预报时效和方法　由于冰雹发生空间尺度小、持续时间短、致灾性强、预报难度大，一般有短期预报、短时预报和临近预报。

短期预报　是指时效在3天以内的可能发生冰雹天气的预报。冰雹的短期预报就是对冰雹形成的环境条件和触发条件的预报。冰雹形成的这些条件通过综合分析探空资料和数值天气预报得到，基于这些条件通过"配料法"得到冰雹落区预报。通过大气温压湿等要素还可以构造出简单易用的冰雹指数，运用指数阈值做冰雹落区的预报。

短时预报　是指时效在12小时以内的可能发生冰雹天气的预报。短时预报可以使用大量实况资料如自动气象站、探空、风廓线雷达、卫星和天气雷达等观测资料等，并运用数值预报资料，综合分析有利于冰雹天气的大气环境条件及其演变，从而对未来12小时以内的冰雹天气的发生、发展及影响作出更准确的判断。

临近预报　是指时效在2小时以内的可能发生冰雹天气的预报。目前，冰雹在临近预报方面主要依赖天气雷达对冰雹粒子的识别。冰雹临近预报的雷达回波特征指标包括三体散射、高悬的强回波、弱回波区与回波悬垂、有界弱回波区等，比如基于"高悬的强回波"判别冰雹天气发生，回波越强，强回波扩展到的高度越高，则强冰雹概率越大，冰雹直径也越大。另外，通过冰雹探测算法，还可以判别出现任何尺寸冰雹的概率、强冰雹的概率并估计最大冰雹直径。

展望　冰雹发生空间尺度小、持续时间短、致灾性强、预报难度高，提高冰雹预报准确率需要继续深入研究冰雹发生发展机理，提高数值预报对其的预报能力。

参考书目

俞小鼎，等，2006. 多普勒天气雷达原理与业务应用 [M]. 北京：气象出版社.

章国材，2011. 强对流天气分析与预报 [M]. 北京：气象出版社.

（章国材　盛杰）

lóngjuǎnfēng yùbào

龙卷风预报（tornado forecast） 对未来某一地区或地点可能发生龙卷风进行预报。积雨云底伸展出来猛烈旋转的漏斗状云叫作龙卷，可分为陆龙卷和水龙卷。龙卷伸展到地面时会引起强烈的旋转风—龙卷风。龙卷涡旋的中心气压很低，中心与外围之间气压梯度可达 2 hPa/m 左右，其中心风速最大可达 100～200 m/s 以上，具有极大的破坏力。

预报时效和方法 由于龙卷风发生空间尺度小、持续时间短、致灾性强、出现概率小、预报难度大，一般有短期预报、短时预报和临近预报。

短期预报 是指时效在 3 天以内的可能发生龙卷风的预报。短期龙卷风预报需要关注以下条件：龙卷多发生在地面为低压的情况，气压越低发生龙卷的可能性就越大；200 hPa 高空均为辐散区，500 hPa 高空常有低槽或横槽等系统；龙卷产生需要有较好的有利于对流天气的动力热力条件，如较大的对流有效位能（CAPE）和低层风垂直切变。较强的龙卷通常都发生在比较低的抬升凝结高度 LCL（即大的边界层相对湿度）和比较大的低层垂直风切变（0～3 km，尤其是 0～1 km 间的垂直风切变）。

在大多数情况下，发生龙卷时的风暴螺旋度相对较冰雹和雷暴大风大，其有一定的指示预警作用。相对于冰雹和雷雨大风，发生龙卷时要求的大气中比湿最大，虽然对流层中层有时也有干冷空气，但其湿度一般仍远大于冰雹和雷雨大风；深厚的湿层有利于龙卷的发生发展。

短时预报 是指时效在 12 小时以内的可能发生龙卷风的预报。短时预报可以使用如自动气象站、探空、风廓线雷达、卫星和天气雷达等观测资料，综合数值预报资料，对未来 12 小时以内的龙卷天气的发生与否作出更准确的判断。快速更新的同化了的自动气象站、卫星、雷达等高分辨率观测资料的高分辨率中尺度数值模式预报，在短时预报中发挥非常重要的作用，可提高对龙卷的短时预报能力。

临近预报 是指时效在 2 小时以内的可能发生龙卷风的预报。龙卷的临近预报通常是建立在雷达探测到对流层中层中气旋的基础上，一般来说，对流层中层中气旋越强，出现龙卷的概率就越大。但在出现中气旋的风暴（即超级单体风暴）中，只有 20% 左右的情况下会出现龙卷。与强龙卷相联系的中气旋特征可能在龙卷发生前 20～30 分钟出现。预警指标是在径向速度图上识别出强中气旋或识别出底高不超过 1 km 的中等强度中气旋，若同时伴有龙卷涡旋特征，可发布龙卷预警。

预报业务上通常应考虑三种情形：①如果中气旋能生成龙卷，最有可能在中气旋强度达到最大值期间产生；②如果速度切变最大（最小的半径和最大的旋转速度）的中气旋延伸到最低层的话，通常将会发生严重的龙卷；③如果中气旋的切变不断加强（旋转速度加大，半径减小）并且/或者明显的旋转向下发展的话，表明这是一个或正在成为一个更加危险的中气旋。

展望 龙卷作为小概率的极端强对流天气，预报还存在相当大的难度。最为有效的监测预警手段主要依靠多普勒天气雷达，预警时间较短，美国对龙卷的提前预警时间也只有十几分钟。国内对龙卷的研究多以个例分析为主，未来需要对龙卷发生发展机理和监测预警技术进行持续深入的研究。

参考书目

俞小鼎，等，2006. 多普勒天气雷达原理与业务应用［M］. 北京：气象出版社.

（方翀）

tiānqì yùbào jìshù fāngfǎ

天气预报技术方法（technical methods of weather forecast） 实现天气预报所依赖的技术手段和辅助工具。现代天气预报技术是以高分辨率数值预报产品为基础，以多种资料融合和诊断分析技术为手段，以对各种天气发生发展规律和机理认识为背景，以数值预报检验订正和预报员经验为依托，以先进信息处理系统和业务平台为支撑，开展精细化天气预报的综合预报体系。

沿革 天气预报技术的发展，经历了多个阶段。古代中国民间有许多气象谚语，比如"一场秋雨一场寒，十场秋雨穿上棉""朝霞不出门，暮霞行千里"等，这是劳动人民通过长期生产生活实践，观象测天，逐渐积累提炼出的天气预报经验。即使以今天的立场看，许多气象谚语仍具有一定科学道理。这些民间经验是天气预报方法的发展雏形。

17 世纪至 19 世纪，随着气象观测仪器的出现以及电报、电话等无线、有线信息传播技术的发展，地面气象站陆续建立，气象工作者不仅可以根据单站地面气象要素，如气压、气温、风向风速、云状云量等的变化来预报本地天气，同时也使绘制地面天气图（见第 26 页 天气图和天气图分析）成为可能。地面天气图可以显示出天气系统的结构和演变，据此可以预报未来某一受影响地区的天气。

进入 20 世纪，高空气象探测逐渐开展，天气学和天气动力学理论不断成熟，通过分析地面和高空不同等压面的天气图，可以识别高低空天气系统的配置结构和演变，并依据气团学说、锋面理论、波动理论和准地转理论等做出天气预报，形成具有一定理论基础和技术支持的天气图预报方法。中国气象工作者也总结出许多预报经验，比如依据低空急流、切变线的不同配置推断暴雨的落区，依据温压场配置推断槽脊的发展，以及寒潮爆发的不同天气形势等。这一时期，虽然建立起一些天气概念模型以及基于统计基础上的指标预报方法作为客观辅助工具，但是对未来天气的预报主要还是依赖预报员的推理和预报经验的应用，预报员的主观判断是决定天气预报成败的关键。因此，这个阶段是主观预报方法的鼎盛期，预报员在天气预报中的作用占支配地位。

20 世纪下半叶，随着高空气象观测网的建立和天气动力学的快速发展，长波槽脊、高低空急流、地转风关系、斜压大气结构、对流层顶结构等新的观测事实使准地转理论、斜压不稳定、大气波动理论等天气动力学理论得以建立并成为天气分析的工具。随着计算技术的飞速发展，利用计算机来求解描述大气运动的方程组成为可能，数值天气预报方法（见第 62 页 数值天气预报）逐渐发展以及气象卫星和天气雷达等新的观测工具的应用，都极大地促进了天气预报技术的发展。这一时期的预报理论主要由准地转理论和概念模型构成，数值预报的作用也日渐重要，但预报员在天气预报中的作用仍占支配地位。这种预报理论、天气图分析及预报经验相结合的"半理论半经验方法"，人们仍习惯称之为"主观预报方法"。

20 世纪后期以来，现代天气观测已建成涵盖天基、地基、空基三位一体的综合观测系统，可以准确、立体、动态、实时的获取各种观测数据。与此同时，数值天气预报技术进入快速发展阶段。不同于经验预报和天气图预报方法，数值预报作为一种定量化和客观化的预报方法，可以高时空分辨率刻画天气系统的发展演变，在预报业务中的作用日益突出，已成为现代天气预报的重要基础。同时，在数值天气预报基础上发展起来的动力随机预报方法—集合预报（见第 95 页 集合预报），也逐渐受到重视并得以广泛应用。基于数值天气预报产品的物理量诊断及动力集成等诊断分析产品更加丰富，以动力统计理论和数值预报产品释用相结合的指标叠套、模式输出统计、卡尔曼滤波、相似离度、逻辑回归、频率匹配、人工神经网络、支持向量机等客观预报方法也得到快速发展和应用。

技术方法 天气预报方法主要有主观和客观方法两种。

主观预报方法 指预报员在对各种天气发生发展规律和机理认识的背景下，通过长期大量天气预报实践总结提炼出的相似相关或局地预报经验，在天气图分析及多种资料的综合分析应用基础上，依靠天气学理论以及预报经验对未来天气做出主观分析判断的预报方法。

客观预报方法 指不以预报员的主观分析判断为转移，而是通过应用动力学、热力学原理或统计学方法，对各种气象资料进行整理分析或数值计算，得出定量客观结论的程序化预报方法。如数值预报和统计预报等即属客观预报方法。除数值预报以外，应用比较广泛的客观预报方法有：

配料法 英文名称为 ingredients based forecasting methodology，国内通常译为"配料法"。即以相对独立的基本气象变量组成预报目标的构成要素或"配料"，只要确定了合适的构成要素及要素的相应阈值，即可对某一天气要素进行预报。"配料法"在暴雨、强对流、沙尘、雾等灾害天气的预报中应用比较广泛。该方法的主要局限是难以判定关键构成要素及其阈值，因为这些阈值往往具有区域和季节变化特征。

模式输出统计法（MOS） 即基于多元线性回归的模式输出统计方法。MOS 方法综合了数值天气预报方法和数理统计天气预报各自的优点，其包括完全预报法、模式输出统计法等，是天气预报方法中准确率较好的客观预报方法之一。MOS 方法直接建立数值预报的历史因子值以及局地天气观测资料与要素之间的统计关系，按这种方式建立的回归方程会自动订正数值预报的偏差，当数值模式误差特征稳定时预报效果较好，这是其主要优点。但当模式有较大改变时，即使是预报性能的改善，也会对 MOS 预报结果带来副作用，需要重新建立统计关系。

卡尔曼滤波 是一种通过系统输入输出观测数据，对系统状态进行最优估计的线性算法。由于观测数据中包括系统中的噪声和干扰的影响，所以最优估计也可看作是滤波过程。数据滤波是去除噪声还原真实数据的一种数据处理技术，在测量方差已知的情况下能够从一系列存在测量噪声的数据中，估计动态系统的状态。因其便于计算机编程实现，并能够对数据进行实时的更新和处理，因此在气温预报、雷达目标追踪等气象领域应用比较广泛。

人工神经网络 是一种应用类似于大脑神经突触连接的结构进行信息处理的数学模型。在工程与学术界也常直接简称为神经网络或类神经网络。神经网络由大量的节点（或称神经元）之间相互连接构成。每个节点间通过激活函数和权值、阈值建立联系，相当于人工神经网络的记忆。人工神经网络就是在大量学习样本和目标样本间实现非线性映射，利用所得到的权阈关系进行预报释用的一种方法。人工神经网络在气温、风、降水、能见度等气象要素的预报及各种灾害天气的预报上均有广泛应用。相比 MOS 等线性方法，其在准确性、容错性及泛化能力等方面有一定优势。

问题与展望　随着各种客观预报技术方法在预报业务中的作用日渐突出，预报员的主观作用在逐渐弱化，国内外也曾出现过有关预报员在未来天气预报中的作用和地位的讨论和争论。虽然数值天气预报技术蓬勃发展，但其自身还存在的诸多问题，如预报云、雾、雷暴、相对湿度、局地大风、低层大气温湿廓线等准确率不足，初始场的质量问题（观测和数据同化方法等），模式自身的问题（模式动力框架和次网格物理过程参数化）等，难以描述复杂地形和下垫面、人类活动和自然随机事件的影响，"数值预报＋统计订正"不能完全解决转折性天气和局地特色天气的预报问题，这决定了它不可能完全替代预报员的主观判断，预报员的主观预报在未来仍将会发挥不可或缺的重要作用。当然，数值预报技术的发展也对预报员提出了新的更高要求，要充分利用数值模式高时空分辨率的优势，结合自身经验、知识来订正模式结果，才能对关键性天气及局地灾害天气做出准确的预报。可以预见，主、客观相结合的预报方法在今后相当长的一段时间仍将是天气预报技术方法的主流。

与日益增长的社会需求相适应，现代天气预报技术方法不断进步，预报产品也在不断丰富，涉及的领域日趋广泛。除温度、湿度、风向风速及天气现象等基本预报项目外，还包括台风、暴雨、寒潮、高温、强对流、雾、霾等灾害天气的预报预警。除传统天气预报领域外，还涉及水文、农业、地质、航空、海洋、环境等诸多预报领域，这将使未来的天气预报技术继续向专业化、精细化方向深入发展。

参考书目

矫梅燕，等，2006. 天气预报的业务技术进展，应用气象学报，17（5）.

俞小鼎，2011. 基于构成要素的预报方法——配料法 [J]. 气象，37（8）：913-918.

Doswell III C A，Brooks H E，Maddox R A，1996，Flash flood forecasting：An ingredients based methodology [J]. Weather Forecasting，11：560-581.

Steve Graham，Claire Parkinson，MousChahine，2002. Weather Forecasting Through the Ages. NASA Facts.

（马学款）

shùzhí tiānqì yùbào chǎnpǐn shìyòng fāngfǎ

数值天气预报产品释用方法（interpretation method of numerical weather prediction products）　通过求解流体力学—热力学方程组将数值天气预报模式输出的各种产品（压、温、湿及诊断量）利用统计方法进行加工，最后作出局地天气预报的方法，也可称为数值模式产品统计后处理技术。近年来，尽管数值模式的预报能力得到稳步提高，但由于初始场误差、数值计算近似和物理化学过程不完善仍然存在，会使得数值预报呈现随机性和系统性误差，而数值天气预报释用方法主要用于消除系统性误差。

沿革　1959 年美国国家气象局技术发展实验室首先提出用数值天气预报与统计天气预报相结合的动力—统计预报方法来制作局地天气预报。目前数值预报产品的释用技术已经得到很大的发展。至 2012 年，美国国家环境预报中心的释用客观预报，已经从过去站点预报发展到格点预报，提供美国及周边地区的 2.5 km 分辨率和阿拉斯加地区 3 km 分辨率产品。自 20 世纪 70 年代中国各级气象台站就开始研究应用各种释用方法，至 2011 年由中央气象台研制的精细化气象要素客观预报系统正式进行业务运行，并在各省（自治区、直辖市）气象业务部门得到推广使用。

主要方法　数值天气预报释用方法最主要的有两类：一类是动力—统计预报方法，包括完全预报方法（PPM）和模式输出统计方法（MOS）两种；另一类是数值模式预报、天气学经验以及诊断天气分析三者相结合的分析方法，如基于"配料法"的强降水等级预报，其核心思想是依据预报量和指示量之间的物理联系来建立相应预报方程，而不是简单地依赖于回归分析。

进展　数值天气预报释用方法主要依赖于数值模式，并把滞后的统计关系推进到同时或近于同时的统计关系，从而使得统计关系的精确性得到提高。有的方法（如 PPM）通过长期的历史观测资料来导出预报关系式，其基础是假定模式输出与实测值完全一致。但实际上，数值预报结果相对于实况是有误差的，因此用模式输出作统计预报也必定会相应地产生误差。有的方法（如 MOS 法）利用数值预报产品来建立预报关系式，因此预报关系式依赖于数值模式，往往由于数值模式的更替，人们只能得到年限较短的统计资料，因此统计预报关系的稳定性得不到保证。

为解决该问题，近年实时回算的模式历史预报资料技术逐步得到应用，有利于建立稳定可靠的预报统计关系，从而提高预报精确度。另外，随着集合预报系统的出现，针对概率预报的统计后处理方法也得到快速发展，如卡尔曼滤波方法、贝叶斯模型平均、逻辑回归等。

（代刊）

gàilǜ tiānqì yùbào
概率天气预报（probabilistic weather forecast） 简称概率预报，与单值预报给出确定性结论不同，其针对多个不同的预报结论给出相应出现概率值，而所有可能出现的预报结论的概率值构成概率预报。如对降水的预报，传统的天气预报一般预报有雨或无雨，而概率预报则给出可能出现降水的百分率，值越大出现降水的可能性越大。概率天气预报定量描述天气事件发生的不确定性，使广大用户全面了解未来天气可能变化的大小程度，以便做出更科学合理的决策。

沿革 1965 年美国国家天气中心就首先制作和发布降水概率预报，随着用户需求的增加和预报技术的发展，降水等级和类型、雷暴、云量、能见度等要素概率预报得到开展；随后，加拿大、日本、澳大利亚以及欧洲的一些国家也相继开展了概率预报业务；中国中央气象台于 20 世纪 80 年代初用 MOS 方法制作并发布了中雨以上的降水概率预报；至 1995 年，上海和北京市气象台尝试通过电视和广播向公众发布降水概率预报。进入 21 世纪，随着集合预报系统的深入应用，极大地推动概率预报的发展。美国天气局明确提出，未来将大力发展概率预报，实现由确定性向概率预报的转变，为国家防灾减灾和经济部门提供更科学的决策信息。如美国强天气预报中心（SPC）从 2000 年开展龙卷、冰雹、雷暴大风等分类强对流天气概率预报，至 2006 年增加强对流天气预警的概率预报产品；而国家飓风预报中心（NHC）亦开始提供未来 5 天热带气旋的生成、强度、大风影响范围、海浪及风暴潮的概率预报产品；此外，天气预报中心（WPC）也发布中期基本气象要素概率预报产品，气候预测中心（CPC）发布延伸期降水和气温异常概率预报产品。中国天气预报业务目前还是主要以确定性预报为主，但随着 2007 年 T213 和 2014 年 T639 全球集合预报系统实现业务化，概率天气预报的研发也得到重视和加强，并逐步在天气业务中得到应用。

预报量分类 概率天气预报按预报对象本身特征大体上分为两类预报量：连续性预报量，例如最高或最低温度、风速等，可将连续性预报量处理成离散性预报量，如风速达 8 级以上的大风预报、温度下降幅度在 24 小时之内达 8 ℃以上的强寒潮预报等；离散性预报量，例如降水有无、降水量等级、降水类型、天气现象（大雾、龙卷风、沙尘暴等）是否发生的类别预报。在实际业务预报工作中，概率预报对象个数可有一个也可多个。对于只有一个离散性变量的概率预报又可分为两种不同情况：一种天气事件的出现概率，如降水出现的概率预报，只关心降水的出现，而不要求预报降水的大小；一种天气事件分不同级别的概率预报，如按降水量大小的不同等级（小雨、中雨、大雨、暴雨）概率预报。对于多个不同离散性变量的概率预报的情况比较复杂，要根据用户的要求确定离散性变量个数及内容。例如，飞行训练对天气条件的要求为：云量 <7 成、云高 >1000 m、能见度 >4 km 和风速 <10 m/s，这 4 个天气条件同时能出现的概率预报是多个要素的联合概率预报问题。

预报方法 概率预报通常可通过 3 种方式制作，即气候概率预报、主观概率预报和客观概率预报。气候概率预报以长期的相对频率为基础，例如要表征北京夏季降水量在 20 mm 以上的天气事件，可用历年夏季的较长历史的大样本资料，统计得出这一事件出现的相对频率来表征。以这种长期的相对频率作为概率预报的估值，即气候概率预报方法，是预报员制作概率预报的重要参考。在天气预报应用中，因为长期观测资料有时难以得到，况且气候概率预报难以反映当前天气变化的复杂性，预报精度低，不能满足预报要求。在实际天气预报工作中，概率预报可表征个人对某天气事件发生的把握程度，反映个人判断能力，而这种判断因个人的经验和知识水平而不同。因此，这种概率预报解释成评估个人制作概率预报的技术水平，称为主观概率预报。主观概率预报在应用中不需要长期的历史资料的积累，虽简单易行，但经验少的预报员都会感到困难，且概率值随预报员不同而存在差异。集合预报系统考虑了各种不确定性信息，为客观概率预报提供了基础。集合预报由数个具有不同初始场的模式成员组成，能提供多个预报结论（见第 95 页 集合预报）。集合预报并不直接提供包括所有可能预报结论的概率分布函数，而是采用统计方法得到概率预报值。最简单是采用等权重方法，即由 N 个集合成员组成的集合预报系统中，若有 M 个成员预报了某种天气事件的发生，则该天气的概率预报值为 M/N%。

应用 研究表明，概率预报较单值预报更有价值，其不仅能指示最有可能出现的预报结论，还能够提供极端或罕见天气事件的出现概率；此外，连续多天发布的概率预报较相应的单值预报具有更好的一致性。在实际应用中，概率预报能使用户根据自己的需求及条件作出最优决策，从以往的使用预报的被动和盲目性而变成主动和有针对性，因此合理应用概率预报是提高其效益的一个重要方面。某机场对于大风天气（风速大于 25 m/s）如果采取保护措施需花费 15 万元，否则将会损失 100 万元。对于 10 次预报个例，如下表，如果决策者依据单值预报来决定是否采用保护措施，这将会总花费 205

概率预报效益示例

个例	单值预报（m/s）	观测（m/s）	花费（万）	概率预报	不同概率阈值的花费（万）					
					0%	20%	40%	60%	80%	100%
1	33	27	15	42%	15	15	15	100	100	100
2	29	32	15	72%	15	15	15	15	100	100
3	37	29	15	95%	15	15	15	15	15	100
4	28	19	15	13%	15	0	0	0	0	0
5	20	16	0	3%	15	0	0	0	0	0
6	16	28	100	36%	15	15	100	100	100	100
7	31	36	15	85%	15	15	15	15	15	100
8	27	21	15	22%	15	15	0	0	0	0
9	11	14	0	51%	15	15	15	0	0	0
10	27	20	15	77%	15	15	15	15	0	0
总花费			205		150	120	190	260	330	500

万元；而如果依据概率预报，并采用不同的决策概率阈值，如采用 0% 的阈值，即所有个例都采用保护措施则将会花费 150 万元，依次类推，可见在采用 20% 作为概率阈值时，花费最少（120 万元）。

检验评估 对于概率预报的检验评估比确定性预报更复杂，有多种检验评分方法从可靠性、解析度或准确度等不同方面来评价概率预报。通常，一个单一的概率预报不可能对也不可能错。例如预报出降水量大于 10 mm 的概率是 30%，而实况却只有 1 mm 降水。在这种情况下，应该认为此次概率预报既不是对的也不是错的，而需要去估量在许多次实况中跟概率预报相匹配的实况数量：比如有 100 次预报降水量大于 10 mm 的概率是 30%，实况应该有约 30 次的降水量超过了 10 mm，这才是可靠的概率预报。

展望 天气预报从单一值的决定论向多值的概率论转变，不但符合气象科学发展的实际，也是更好地服务经济社会的需要。当然，这种转变不是轻而易举，因为人们已经习惯了决定论的思维方式，需要广泛地进行科普宣传，让所有人包括一般公众、决策者和气象专业用户逐渐接受概率预报并进行有效使用。

参考书目

杜钧，陈静，2010. 天气预报的公众评价与发布形式的变革 [J]. 气象，36（11）：1-6.
陆如华，袁国庆，1995. 天气概率预报的科学性及其应用前景 [J]. 气象，21（11）：3-6.

（代刊）

xiàndài tiānqì yùbàoyuán de zuòyòng
现代天气预报员的作用（role of modern weather forecasters） 熟悉现代天气预报技术、具有良好的气象知识背景、丰富的气象预报经验，并能满足经济社会对气象服务不断增长的需求的现代天气预报专业技术人员。

预报员在当代天气预报、灾害性天气预报预警、数值模式产品的解释和应用等方面发挥着无可替代的重要作用。随着现代天气业务的不断发展，数值天气预报业务水平不断提高，数值预报模式产品逐渐取代了部分预报员的一些预报项目，现代天气业务也越来越依靠数值预报模式；在新形势下随着社会的发展，公众对天气预报的准确率和精细化水平等方面提出了越来越高的要求，单纯依靠数值预报模式做预报很难满足当今公众和社会发展的需求，这就需要现代天气预报员要在数值预报模式的基础上做"加法"，要求现代天气预报员对于数值预报模式，特别是高分辨率数值预报模式和集合预报都拥有很强的综合分析与应用能力，同时注重对数值预报模式产品的解释和订正能力，以及对天气预报的科学问题拥有很强的解析和开发能力。

现代预报员应更加关注高影响天气事件的监测预报、更加注重观测资料和数值模式的理解应用分析评估，预报员还应加强灾害性天气识别和物理机制理解、新技术新资料在天气业务中的应用，加快预报员知识结构的更新。现代天气预报员还要朝着专业化方向发展，应努力成为台风、暴雨、强对流等灾害性天气预报专家。现代天气预报员不同于以往，不仅在传统天气预报方面发挥着重要作用，而要在对数值预报模式产品的订正和解释应用、对不同数值预报模式产品性能的正确把握、对天气预报科学问题的研究、现代预报技术的开发等的基础上，向天气影响预报和气象风险预报预警方向转变，在气象资料的综合分析、对用户需求的沟通和理解等方面发挥更重要的作用，以更好地服务社会，满足公众和经济社会发展的需要。

（陶亦为）

专业气象预报

zhuānyè qìxiàng yùbào yèwù

专业气象预报业务 （professional meteorological forecast operation） 面向经济社会高影响相关行业、重点工程建设领域不同生产过程对气象条件的特殊要求，根据气象监测和天气预报，结合不同学科特点，通过相应的模型与技术方法（指标），对未来气象对该行业的影响进行预报预测的业务。目标主要为避险增效。

沿革 专业气象预报起步于 20 世纪 20 年代，美国首先开展了森林草原火险气象预报业务。20 世纪 80 年代以来，随着经济社会、科学技术的发展和气象信息准确性的提高，社会各行业对气象预报的需求也越来越广泛，专业气象预报技术逐渐完善，逐步形成专业气象预报业务。如美国 TWC 公司的空气质量预报业务、英国的海洋气象预报业务等。

中国的专业气象预报开始于 20 世纪 50 年代，刚开始主要在农业气象、海洋气象、航空气象、水文气象等专业领域。进入 20 世纪 80 年代以来，气象部门发挥积极主动性，推动部门合作，探索多部门合作的运行机制和方式，相继建立了农业气象预报、地质灾害气象风险预警、环境气象预报、交通气象预报、水文气象预报、城市空气质量预报、森林（草原）火险等级预报等上百个专业领域气象预报业务。

主要内容 主要是集成气象监测和预报预警信息、行业监测和运行信息，根据气象监测和天气预报，通过相应的行业专业模型与技术方法（指标），借助通信和计算机技术，由专业气象预报员在专业气象业务平台上制作专业气象预报产品，并及时提供给用户。

专业气象预报业务根据其预报服务用户可分为决策专业气象预报业务、公众专业气象预报业务和行业专业气象预报业务；根据其预报服务目的可分为风险评估和气候可行性论证类、预报预警类、利用天气增效类三种业务。

技术方法 随着经济社会的快速发展和各行业发展对气象的需求，专业气象预报技术与方法取得了长足的发展与业务应用，已从以经验为主的专业气象预报，发展到统计与指标相结合、多源信息融合的专业气象机理预报。现代专业气象预报技术，主要包括现代天气预报技术与行业预报技术（模型）。天气预报技术是专业气象预报业务的基础，行业预报技术是提高气象对行业影响的预报精度的重要保障。比如在农业气象预报领域的

病虫害发生发展气象等级预报业务中的作物病虫害气象预测模型、海洋气象预报领域的海浪预报业务中的海浪数值预报模型、水文气象领域的渍涝风险气象预报预警业务中的数值预报模式与分布式水文模型耦合预报模式等。

业务产品及应用 专业气象预报业务的产品针对各个行业各有不同。总体可分为短期（包括短时临近）专业气象预报产品、中期专业气象预报产品与长期专业气象预报产品，分别应用于决策气象服务、公众气象服务和行业气象服务。

展望 随着国民经济建设和人民生活水平的不断提高，对天气预报，尤其专业气象预报业务水平的要求越来越高。未来专业气象预报业务将会朝着产品更精细化、专业化、规模化的方向发展。因此，要不断深化气象对行业影响机理规律的认识，不断加强气象影响预报技术的研发，提升专业气象预报能力与专业气象预报业务水平。

参考书目

娇梅燕，2010. 现代天气业务 [M]. 北京：气象出版社.

许小峰，2010. 现代气象服务（现代气象业务丛书）[M]. 北京：气象出版社.

郑国光等，2009. 中国气象现代化 60 年 [M]. 北京：气象出版社.

（赵鲁强　包红军）

hángkōng tiānqì yùbào

航空天气预报 （aviation weather forecast） 对航空活动影响较大的天气现象和气象要素等的预报。预报内容主要包括：云底高度、能见度、地面和空中的气温、风向、风速、风切变、风的阵性以及飞机积冰、飞机颠簸、雷电和各种降水类型等在指定的空间、时间范围内的生消、变化。

沿革 1903 年，莱特兄弟发明了飞机，航空气象预报服务即开始诞生。1919 年，国际气象组织建立航空气象学应用委员会。随着高速飞机的出现，航空气象开始采用先进技术，利用雷达和卫星等观测资料制作航空天气预报，并开展了全球数值天气预报等。

中国的航空天气预报始于 1939 年，"中华民国"航空委员会设立空军气象总台，1947 年成立民用航空局，下设气象科和为数不多的机场气象台。1949 年新中国成立后，中央军委气象局逐步建立了比较完善的航空气象组织，在航空天气预报和航空气象服务方面有了较大的发展。1961 年中国民用航空局成立，民航气象工作移交民用航空局，航空天气预报和气象服务工作主要由民航

局负责组织和管理，国务院气象主管机构（中国气象局）对其进行行业管理和业务指导，国家主管的相关气象站承担航空气象报告、航空危险气象报告的观测和发报任务。

预报分类　航空天气预报主要有航站（机场）天气预报、航线天气预报和区域天气预报三种。

航站（机场）天气预报　以机场跑道为中心的视区范围内航空天气预报。其预报时效有四种：①定时机场航空天气预报，一般有效时段为9、12、18、24小时。时段为9小时的预报，每间隔3小时发布一次；时段为12小时、18小时或24小时的预报，每间隔6小时发布一次。②不定时的机场航空天气预报，一般有效时段为大于2小时、小于9小时。其有效时段包括航空器预计起飞、着陆前后1小时。③起飞机场航空天气预报的有效时段，根据飞行员或飞行签派员的要求确定。④趋势型着陆机场航空天气预报（指附在定时天气报告或特选天气报告之后）的有效时段为2小时。预报内容包括飞机起飞、着陆所需的气象要素和天气现象的预计情况，如地面气温、气压、风向、风速、云状、云量、云高、跑道能见度以及雷暴等。当机场及其区域内出现影响飞行安全的重要天气时，发布航空危险天气警报。

航空危险天气警报主要有两种：机场警报和风切变警报。①机场警报：当机场出现或预期出现一种或多种天气现象，并形成威胁飞行中或停场的航空器以及机场设施的安全时，必须发布下列警报：热带风暴、雷暴、冰雹、大雪、强沙（尘）暴、强地面风、飑线、霜冻、冻雨和暴雨等。②风切变警报：当机场附近或行飞路线上已经观测到或预计将要出现风切变影响飞行安全时，必须发布风切变警报。当地面观测或航空器报告表明风切变已消失，应当发布解除风切变警报。

航线天气预报　包括起降航线和空中航线两侧25 km范围以内的天气预报，有效时段一般为预计飞行期间前后1小时。内容包括飞行高度上的风向、风速、气温、云量、云状、云高、能见度、天气现象（雾、雷暴、降水等）和积冰等。

区域天气预报　飞行管制区的天气预报，一般都用天气预报图的形式发布，有效时段一般为24小时。内容主要是预报危险天气的起止时间、强度、原因及其未来的变化等。对于航空危险天气需及时发布通报或警报。

预报内容　航线与区域天气预报的主要内容包括：飞机积冰预报、风切变预报、湍流预报、晴空颠簸预报和火山灰扩散预报等五种。

飞机积冰预报　飞机积冰是指飞机机身表面一些部位产生冰层聚积的现象，与航路上的气象条件和飞行速度、机型有关。飞机积冰预报着重考虑航路上的云层、云中过冷水含量、水滴大小等因素，依据积冰与天气系统、云中温度和湿度的关系综合考虑制作。

风切变预报　风切变是指空间任意两点之间风矢量（风向和风速）在水平和垂直方向的突然变化。在航空气象学中，把出现在600 m以下空气层中的风切变称为低空风切变。飞机在起飞和着陆时引起的低空飞行颠簸，主要来自风的垂直切变，即水平风在垂直方向上的变化。产生低空风切变的天气背景主要有强对流天气、锋面、地面大风、地形、低空急流、尾涡等。低空风切变主要通过临近预警来完成航空气象预报服务。

湍流预报　大气湍流表现为速度场的时间不规则性和空间不均匀性。大气湍流是引起飞机颠簸的主要原因，而且只有当大气湍流的尺度与飞机尺度相近时，才容易引起飞机升力和仰角的显著变化，造成颠簸。对颠簸的预报还停留在定性预报的层面上，较容易导致颠簸的天气背景有云中、锋面、高空槽、高空低涡、切变线、晴空湍流等。

晴空颠簸预报　晴空颠簸一般是指发生在大气6000 m高度以上和强对流活动无关的颠簸。研究表明，引起高空飞行颠簸最主要的直接原因是来自空中的水平方向上风和温度切变。国际上通用的晴空颠簸主要是颠簸指数（L-P）预报法。

火山灰扩散预报　火山灰不仅影响到航线上的飞机视线，还会破坏飞机控制系统。火山灰通告具体包括火山名称、位置、所属国家、喷发的海拔高度、公告号、情报源、颜色等级、喷发的细节描述、观测火山灰的时间、观测数据、未来18小时的预报和下次预报描述。目前国际上对火山灰的预报通常采用大气污染模式。

主要预报方法　航空天气预报是气象学与航空学之间的交叉学科。对大气低能见度，大气湍流（晴空湍流、低空风切变、地形波和下击暴流等），积冰，雷暴和暴雨（雪）等气象要素或天气现象的预报主要是依托天气预报综合技术的发展，尤其是非常规气象资料的监测技术、数值预报技术，在此基础上发展航空数值天气预报和航空短时临近天气预报新技术，以提高准确率。

展望　根据国际民航事故报告，在世界航空业务中，因气象原因造成的飞行事故有增无减，所以航空运输业所追求的安全、高效很大程度上受气象因素的影响和制约，因此使航空气象预报更具有及时性、精细化、国际性的要求越加迫切。未来基于多源观测、数值天气预报和网络技术，逐渐实现自动化和半自动化的预报系统及概率预报产品将是发展的重点方向；而图形格式的产品最终将成为集成的决策辅助工具，同时针对不同的航空用户提供定制化的预报产品则是航空气象服务的一个重要方向。

参考书目

陈廷良，1992. 现代运输机航空气象学 ［M］. 北京：气象出版社.

章澄昌，2008. 飞行气象学 ［M］. 北京：气象出版社.

（赵素蓉）

hǎiyáng qìxiàng yùbào

海洋气象预报（marine weather forecast） 海洋水文预报和海洋气象预报的统称，是对规定的时段和规定的海区所预期出现的海洋水文和气象状况的预报。鉴于历史上首先发展了海洋气象预报，而且许多国家的海洋水文预报业务统一设立在气象机构内，所以习惯上把海洋水文气象预报称为海洋气象预报。

沿革 具有一定时效和准确率的海洋气象预报是在第二次世界大战期间创立和发展起来的，最具有代表性的是1941年12月日本偷袭珍珠港和1944年6月美英联军诺曼底登陆作战的海洋水文气象预报。中国海洋气象预报最初是由专门针对海洋渔业、海上石油平台、港口、近海航线预报等专项预报服务而逐渐发展起来的，现今主要以海洋气象专业模式为基础，综合多种观测资料分析，开展中国近岸、近海和远海海洋气象预报，制作和发布影响中国近海的海洋灾害天气预警产品。

海洋气象监测 广义的海洋气象监测涵盖所有在海气界面、海面以下及海面以上的大气和与之有关的环境要素的观测，海洋监测内容主要包括天气系统、海洋气象要素和海洋环境要素。监测手段包括传统的浮标站、飞机探测、船舶探测，及现代手段的遥感观测、自动气象站、高频地波雷达、天气雷达、风廓线仪、海岸边界层等。海洋气象监测系统中，卫星遥感观测技术是海洋气象观测的重要手段，卫星遥感观测弥补了海洋地基观测稀少的不足，能够提供稳定可靠、高精度、连续的全球范围的海洋气象观测资料和卫星图像产品。在海洋气象预报业务中，尤其是在台风、温带气旋、海雾和海冰的监测方面，卫星遥感观测是制作海洋气象预报不可或缺的手段之一。

预报内容 海洋气象预报包括：海洋气象要素预报和海洋灾害性天气的预报警报两大类。海洋气象要素主要包括：天气现象、风力、风向、能见度、浪高等；海洋灾害性天气主要有海上大风、海雾和海上强对流等。需要指出的是，海浪和风暴潮等的预报，不属于海洋气象预报的范围，但它们均是由一些灾害性天气系统引起的，所以在这里也做简单的介绍。

海上大风预报 一般在海洋气象预报业务中，将海上近海面层平均风力达到8级（17.2 m/s）以上的风，称为海上大风。引发中国近海大风的主要天气系统有：冷空气、寒潮、温带气旋和台风等。海上大风的预报内容主要包括起风时间、风力（包括平均风力与阵性风力）、风向和持续时间等。

20世纪50—60年代，海上大风的预报主要以天气学方法为主，主要考虑预报海域未来是否会出现产生大风的气压场形势，如有无锋面过境、有无气旋发生发展以及其他可能产生大风的天气系统。若在预报海域中将出现产生大风的气压场形势，就要考虑未来海上大风出现的可能性和起止时间及风力。70—80年代，则以天气模式与统计物理量相结合的预报方法为主，将预报海域中历史上发生的大风，按不同季节进行分别归类，找出产生各类大风的起始场信息作为预报指标，并根据一些统计物理量指标，制作风力大小的预报。90年代以来，随着数值预报技术的发展和对大气边界层物理过程认识的不断深化，采用数值模式产品预报近海海面风场成为一种趋势，并逐渐取代了以天气动力学理论和预报员经验为主的预报方法。在实际业务中，预报员通过综合分析天气形势变化，对数值预报做出适当订正，制作大风范围和强度预报。从2000年以来，基于集合预报的海上大风预报技术方法已逐渐成为一种主要的业务预报技术方法。

海雾预报 海洋低层大气中的一种水汽凝结（华）现象，水平能见度一般在1 km以下，厚度通常在200～400 m。海雾在海上形成后，可以深入陆地，有时达几十千米。按照海雾的形成原因，可以将海雾分为两类：一是受下垫面影响而形成的雾，如平流雾、混合雾和辐射雾等；二是受特定天气系统影响而生成的雾，如锋面雾。其他还有受海岛、海岸等地形影响形成的地形雾。在中国近海，各个海区两种雾的比率不尽相同，但主要以平流冷却雾为主。

海雾预报方法有天气学方法、统计学方法和动力数值模式预报方法。天气学方法多用于沿海站点的预报，根据不同的天气型，选择一些敏感的气象要素作为预报因子，判断未来是否有雾。统计学方法则是基于海温要素和气象要素之间的统计关系，建立海雾生消与气象要素场之间的关系，做出海雾预报。动力数值模式预报方法是在研究海雾生消变化规律的基础上，综合考虑大气边界层方案、云辐射方案等，结合海表能量收支、液态水的重力沉降等物理因素，通过建立高分辨率区域中尺度数值预报模式，输出海雾数值预报图形和数据产品。近年来，动力数值模式预报方法已逐渐成为海雾预报的主要技术手段。

海上强对流预报　中国海域的强对流天气主要包括雷暴、龙卷风和飑线等几类。海上强对流天气易于在海陆边界形成和发展，这与下垫面的动力和热力作用关系密切，与发生在陆地上的强对流天气一样，海上强对流具有垂直方向速度大、突发性强和破坏力大等特点。海上的强对流天气，一般2月开始发生，9月以后逐渐减少。

海上强对流预报分为短期、短时和临近预报。短期（1～3天）预报，一般只能划定大致落区，主要参考数值模式产品以及地面和高空观测资料，根据数值预报风场、温度场以及湿度场的配置，预测未来某些海域可能会出现强对流天气。短时（0～12小时）预报，除了参考数值预报分析受影响海域以及上游的风场、温度场以及湿度场的高低空具体配置状况外，还参考海上强对流的卫星遥感实时监测数据分析，来判断预测未来该海域可能出现哪类强对流天气。临近预报（0～2小时），则主要是通过地面天气雷达和气象卫星对海上强对流云团连续变化的监测分析结果，结合近岸和海岛自动气象观测以及数值预报模式产品进行海上强对流预报制作短时临近预报的方法主要有简单外推方法、雷暴演化概念模型与外推相结合方法、数值预报与外推相结合方法以及纯粹的数值预报方法等。

海浪预报　发生在海洋中的一种由风产生的海水波动现象，其周期为0.5至25秒，波长为几十厘米到几百米，波高一般为几厘米到20米，有时可达30米以上。海浪的空间范围一般从几百千米至上千千米，时间尺度从几小时至几天。海浪可以按其产生的大气扰动加以分类，将由台风、温带气旋和寒潮大风造成的海浪，分别称为台风浪、气旋浪和寒潮浪等三类。

海浪预报是根据影响海浪的生成、发展和消衰的外界条件，结合海区内的现时海浪状况，对海区未来的海浪状况做出计算和预报。制作海浪预报，主要考虑三个因素：一是气象条件，即从预报时刻到未来某一时刻的时间间隔内，海面上的风速和风向在预报海区内的空间分布和时间变化情况；二是海区地理环境，包括水平方向上的陆界分布和垂直方向上的深度分布；三是预报时刻海区内的海浪分布状况，通常根据海浪观测网资料，经计算分析得到。

海浪预报的方法随预报内容、时效和科学技术发展水平而异。经验预报、天气图预报方法仍广泛应用于短期海浪预报，但图表的填制、分析等方面已实现自动化。常用客观预报方法主要包括统计预报法、动力数值预报法和统计与数值相结合预报法等，它们是海浪预报自动化、定量化的必要途径，也是发展方向。海浪经验统计预报方法主要是根据海区海面风与浪高的历史观测资料，通过统计回归分析，建立风速与波高的经验关系，制作海浪预报。海浪数值模式预报方法主要是在对海浪的生成、成长、消衰及传播规律研究的基础上，建立海浪数值预报模型，依据给定的海面风场计算海浪场中各格点的海浪要素，进行海浪的模拟、后报与预报。

风暴潮预报　指在强烈天气系统（台风、温带气旋、强冷空气等）作用下所引起的海面异常升高现象，有时也称为"风暴增水"或"气象海啸"。当正好遇上天文潮高潮阶段，可导致潮位暴涨；当离岸大风长时间吹刮，可致使岸边水位剧降，称为"负风暴潮"或"风暴减水"。形成严重风暴潮的条件有三个：一是强烈而持久的向岸大风；二是有利的岸带地形，如喇叭口状港湾和平缓的海滩；三是天文大潮配合。根据不同的条件，风暴潮的空间范围一般由几十千米至上千千米不等。根据造成风暴潮的不同类型天气系统，常把风暴潮分为台风风暴潮和温带风暴潮两大类。一般而言，由于台风强度强，移动速度快，产生的风暴潮增水大，危害也大；而对于温带气旋、强冷空气等天气系统，由于其扰动强度较弱、影响时间较长，引起的风暴潮增水相对不急剧，但持续时间相对较长。

风暴潮的预报方法可以归纳为两大类。一是经验统计预报方法，以历史上大量实测资料为基础，建立气象扰动和特定地点风暴潮位之间的经验关系，来进行风暴潮预报，这种方法简单实用，但预报精度较低，对罕见的特大风暴潮预报比较困难。二是动力数值计算方法，其实质是"数值天气预报"和"风暴潮数值计算"相结合的一种预报方法，数值天气预报给出风暴潮计算所需要的海上风场和气压场，风暴潮数值计算就是在给定的海上风场和气压场的初始条件下，进行数值求解风暴潮的潮位。

海洋气象导航　也称为气象定线，是专门为船舶规避恶劣天气设计最佳航线、跟踪预报沿航线的天气和海况、确保航行安全、使其达到最佳经济效益的一种海洋气象业务。其基本原理是根据当前天气、短中长期天气和海况预报，结合船舶特性和船舶运载情况，在确保航行安全的前提下，选择一条尽量能避开大风浪，特别是顶头浪和横浪等不利因素，又能充分利用有利的风、浪、流等因素的航线，使其达到最佳经济效益。

在实际的气象导航工作中，可以根据船舶不同的航行目的，在保证航行安全的前提下，为其提供不同要求的航线。通常有以下几种航线可供选择：①安全航线。为船舶提供对于货物和人员最为安全的航线，一般来说安全航线并不是最经济的航线。②最短航线。选择距离最短的航线航行，在大洋上尽量走大圆航线，这种航线最为省时，但安全性得不到保证。③混合航线。在安全得到保障的情况下，尽可能地走最短航线，在有大风浪的区域，则走安全航线。这种航线也是海洋气象导航经常推荐的一种航线。④特殊航线。为满足船舶的特殊要求而选择的航线。

和临近学科的联系 海洋气象预报既涉及大气，又涉及海洋，它是大气科学和海洋科学共同研究的领域。它的形成和发展又和海洋观测台站网、天气监测网以及海洋气象资料传输通信技术的发展有着密切的关系。海洋防灾减灾、国防海洋安全、海洋生态环境保护、海洋资源开发和利用等多个涉海领域保障都离不开海洋气象预报。

展望 21世纪是海洋的世纪，中国海洋经济发展战略已进入全面实施的新阶段，随着海洋渔业、海水养殖、海洋石油、海洋交通运输、滨海旅游、海洋能源等产业（服务领域）的快速发展，海上经济活动面临的气象灾害风险也日益加大，强化海洋气象监测预警，提高海洋气象预报的精细化水平，进一步加强海洋气象的专业化和特色化发展方向，将是未来的海洋气象预报的主要发展方向和目标。

参考书目

许小峰，顾建峰，李永，2009. 海洋气象灾害 [M]. 北京：气象出版社.

尹尽勇，徐晶，等，2012. 我国海洋气象预报业务现状与发展 [J]. 气象科技进展，2（6）：17-26.

（黄彬）

shuǐwén qìxiàng yùbào

水文气象预报（hydrometeorological forecast） 根据前期和现时的大气与流域水文状态，使用气象学与水文学原理与预报技术，对未来水文循环中某一水体、某一流域或者某一站点的降水、蒸发、土壤含水量、径流等水文气象要素的状态及可能影响进行预报预测。

沿革 水文气象业务始于20世纪30年代。美国为了满足防洪工程设计需要，专门成立水文气象实体机构，从事气象资料推算可能最大降水和可能最大洪水研究与应用。随后，水文学快速发展，使得水文学与气象学逐步有机结合，水文气象学形成了具有独立体系的一门学科。水文气象预报的发展，主要依赖于气象学与水文学的发展。其发展大体上经历两个阶段。

预报方法 主要包括经验与统计预报、现代水文气象预报。

经验与统计预报 20世纪70年代之前，水文气象预报主要基于经验方法或者天气图分析预报技术的降水预报，基于水文统计法、气象成因法和暴雨移植法的可能最大降水和可能最大洪水，以及基于流域水量平衡的流域总蒸发量的推求。

现代水文气象预报 现代水文气象预报是伴随现代天气预报业务与现代水文情报预报业务的建立与发展而发展。20世纪60—80年代，流域水文模型得到蓬勃的发展与业务应用，尤其80年代以后，随着计算机技术、地理信息系统、数字高程模型和遥感技术的快速发展，一系列分布式水文模型得到了发展和应用。数值天气预报的定量化预报水平逐步提升，使得提高水文气象预报精度与延长预报预见期成为可能。90年代以来，欧美发达国家逐步实现基于数值天气预报与流域水文模型的现代水文气象预报，并在业务中广泛使用。进入21世纪后，中国气象部门建立并迅速发展了七大江河流域面雨量预报、渍涝风险气象预报预警、中小河流洪水气象风险预警与山洪气象风险预警等多项全国一体化的现代水文气象预报业务；水文部门建立了全国自上而下的水文气象预报实体机构和现代水文气象预报业务。以精细化数值天气预报与流域水文预报产品为基础，以多种资料融合和分析技术为手段，以对水文气象事件的发展规律和机理认识为背景，以预报检验订正和水文气象预报员经验为依托，开展定时、定点、定量的精细化流域水文气象要素预报。

预报内容与时效 水文气象预报内容主要包括：水文循环中的降水预报、气温预报、蒸发量预报、径流量预报等，以及面向水文气象灾害的风险等级预警。水文气象预报的预报时效目前还没有统一的划分，实际应用中往往兼顾天气预报与水文预报的预报时效进行应用：短期水文气象预报（1～3天），中期水文气象预报（4～15天），长期水文气象预报（15天以上）。

原理和技术方法 现代水文气象预报以数值天气预报模式与流域水文模型为基础，综合应用了气象、水文、地理、遥感等多源资料和技术方法，对未来水文循环中水文气象要素进行预报预测。水文气象预报技术最为典型为欧洲的欧洲洪水预警系统（EFFS，2003）与美国国家环境预报中心的先进水文预报业务（AHPS，2005）。EFFS和AHPS的水文气象预报技术反映的都是水文集合预报的理念。水文集合预报定义为在同一时刻针对同一个或同一系列水文气象事件发出的一组预报中，组里的每一个预报不相同、但都能按一定概率发生，包括前处理、集合数据同化、预报模型、模型参数估计、后处理等技术。在中国，进入 21 世纪后，气象部门应用 EFFS 和 AHPS 的水文气象预报技术并发展了精细化格点降水预报及全球集合预报系统（T639）、全球/区域中尺度数值预报模式（GRAPES-Meso）等多个数值预报模式（集合预报模式）与新安江水文模型（分布式新安江模型）、可变下渗容量大尺度水文模型（VIC），以及水动力学模型的（单向/双向）耦合预报模式，面向防灾减灾建立多个水文气象服务业务，包括七大江河流域面雨量预报、渍涝风险气象预报预警、中小河流洪水气象风险预警与山洪气象风险预警等。在水文集合预报技术应用上，中国目前还处于研究与试验阶段。

产品及应用　水文气象预报产品主要包括：未来一定预报时效的水文循环中降水预报、气温预报、蒸发量预报、径流量预报等，以及面向水文气象灾害的风险等级预警。水文气象预报在防灾减灾、趋利避害及促进国民经济建设和保护人民生命财产等方面取得了重大的社会、经济和生态效益。随着社会经济的发展，水旱灾害损失越来越大，水资源紧缺和水资源污染日趋严重，各级政府管理部门及社会公众对定时、定点、定量的水文气象预报需求旺盛，水文气象预报在经济社会发展中必将发挥更大效益。

防汛抗旱、航运排沙、水力发电、农作物种植等行业部门离不开水文气象预报。准确的定时定点定量的水文气象预报可以避免或减少流域性洪涝、中小河流洪水、山洪、城市内涝、农田渍害、地质灾害、水文干旱等灾害损失。

和临近学科的联系　水文气象预报是气象学与水文学之间的交叉学科，是多学科科学技术发展的集中体现，涉及气象学、水文学以及天文、地理、物理、数学、计算机、卫星、雷达等各学科的发展。水文气象预报是以对水文循环中水文气象事件发生规律的认识和对大气—水文系统结构和演变认识了解为背景的，这得益于气象学、水文学的发展；其预报的基础资料来源于气象、水文观测，观测仪器及相关技术的发展为水文气象预报提供准确的观测资料；大量资料的传输需要通信技术的发展；资料处理、数值预报和水文水动力学预报需要高性能计算机技术的发展；数值天气预报方程与水文水动力学方程的建立及求解需要物理、数学等方面的知识；模式运行需要大型计算机技术的支持等。

展望　由于大气—水文过程的高度非线性特征和可能出现的混沌现象，观测误差、时空尺度以及人类活动对水文循环过程的影响等原因，与天气预报与水文预报密切相关的水文气象预报不可避免出现一定的误差，并且往往随着预报时效的延长，预报误差增大。因此，要不断深化人类对大气—水文系统规律的认识、完善提升气象和水文观测系统能力、不断完善大气—水文耦合预报能力、提升水文气象预报水平。

参考书目
矫梅燕，2010. 现代天气业务 [M]. 北京：气象出版社.
郑国光等，2009. 中国气象现代化 60 年 [M]. 北京：气象出版社.
De Roo, A P J, Beven, Keith J. et al, 2003. Development of a European flood forecasting system [J]. International Journal of River Basin Management, 1（1）：49-59.
Mcenery J, 2005. NOAA's Advanced Hydrologic Prediction Service：Building pathways for better science in water forecasting [J]. Bulletin of the American Meteorological Society, 86：375-385.
Schaake J, Coauthors, 2007. Precipitation and temperature ensemble forecasts from single-value forecasts [J]. Hydrol. Earth Syst. Sci. Discuss., 4, 655-717.

（包红军）

军事天气预报（military weather forecast）　根据军事任务要求，对某一地区或空域未来一定时段内的天气变化作出的预测报告。是军队利用有利天气、规避不利天气遂行军事任务的重要依据。制作并提供军事天气预报是军事气象部门实施气象保障的重要内容之一。

沿革　军事指挥人员历来十分重视天气对作战的影响和天气预报的应用。在古代，他们主要通过天象、物候的观察来预测天气的变化。17 世纪以后，人们开始根据单站气压、气温、风、云等气象要素的变化预报天气。1820 年第一张地面天气图诞生后，军事气象保障人员开始以天气图为主要预报工具，制作天气预报。随着军事科学技术和武器装备的发展，天气图预报和统计天气预报得到快速发展和应用。新中国建立以后，随着国家气象现代化的发展，军事天气预报也逐渐进入以数值天气预报为主要预报方法的新阶段。进入 21 世纪后，军事天气预报在客观、定量、精细化方面有了很大的突破和发展。

预报分类　军事天气预报按时效，主要分为短期天气预报（0～3 天）、中期天气预报（4～10 天）和长期天气预报（11～30 天），其中短期天气预报中 0～12 小时的预报称为短时天气预报，0～2 小时的预报称为临近预报；按地域，分为单站天气预报和区域天气预报；按保障对象和内容，分为海洋天气预报、航空天气预

报、航天天气预报、战略导弹作战天气预报，以及保障军兵种行动的其他专项预报等。

海洋天气预报 对某海域未来一定时段内的天气变化作出的预测报告。是安全、顺利地完成舰艇航行、海上作战、训练、国防科研试验等军事任务的重要气象依据。

海洋天气预报内容主要包括：气温、湿度、风、能见度、海雾、云、降水、雷暴、热带气旋、海浪、风暴潮、大气波导等要素的变化。按预报时效可分为短期、中期和长期预报，有时也根据军事活动的需要，发布时效为数小时的短时预报和数月甚至一年以上的短期气候预测。按预报范围，分为大洋预报、海区预报、航线预报、战区（任务区）预报等。

航空天气预报 对某航站、航线或空域未来一定时段的天气变化作出的预测报告。是航空兵遂行作战、训练和其他军事任务，保证飞行安全的重要气象依据。

航空天气预报的预报时效以 0～12 小时和 0～24 小时为主。通常根据飞行任务性质和规定气象条件等，确定航空天气预报内容。以机场跑道为中心周围 50 km 范围内的航站天气预报内容包括：地面风向、风速、水平能见度、气温，各层云的云量、云状、云底高度、云蔽山情况，雷暴、降水等天气现象及下击暴流，低空风切变等。起飞机场至降落机场（或目标区）的航线两侧 10 km 范围内的航线天气预报内容包括：各层云的云量、云状、云底高度、重要云层的云顶高度、云蔽山情况，空中能见度，雷暴、降水等天气现象，飞行高度的风向、风速、气温，飞机积冰、飞机颠簸和飞机尾迹等。飞行指挥责任区、飞行空域或遂行任务地区的区域天气预报内容视飞行任务的不同而有所差别。

航天天气预报 对发射场、着陆（回收）区、测量船、测控站卫星摄影区、应急救生区等地域未来一定时段内的天气变化作出的预测报告。是军队遂行航天任务，保障航天活动安全的重要气象依据。

航天天气预报根据不同任务阶段提供不同时效的天气预报。任务实施前，主要提供短期气候趋势预测（1 个月至 1 年）和长期天气过程预报；任务实施过程中，主要提供中、短期和短时气象要素预报。

航天天气预报的内容也因预报区域和遂行任务的不同而不同。①发射场区天气预报。以发射场为中心 40 km 范围内的天气预报。包括影响火箭和航天器转场、加注和发射的地面气温，近地面层和高空的风向、风速，云，能见度，降水、雷暴、沙尘暴等天气现象。②测控站天气预报。包括影响测量设备安全和顺利测控的雷暴、强降水和大风等要素的预报。③测量船航线和测控海域气象水文预报。包括影响测量船航行和测控的海面风浪、能见度等要素的预报。④卫星摄影区天气预报。针对摄影卫星实施光学摄影任务而提供的天气预报。包括卫星摄影区的云、雾、降水、能见度等要素的预报。⑤应急救生区天气预报。包括影响搜索救援的飞机、舰船、地面车辆本身安全和搜救任务顺利进行的大风、恶劣能见度、降水、低云和海面风浪等要素的预报。⑥着落区天气预报。以航天器降落点为中心的 200 km 范围内的天气预报。包括影响航天器着陆的近地面层风和高空风、雷暴和降水，影响光线测量的云、恶劣能见度，影响搜索救援的低云、雾、沙尘暴等要素的预报。

载人航天发射窗口天气预报 载人航天发射窗口是指允许载人航天器发射的时间范围，这个时间范围的大小也称为发射窗口的宽度。窗口宽度有宽有窄，宽的以小时计，甚至以天计算，窄的只有几十秒钟，甚至为零。对于航天器而言，发射窗口的选择至关重要。

发射窗口受很多条件限制，如：天体运行轨道条件、航天器的工作条件、地面跟踪测控条件、气象条件等。在载人航天气象保障任务中，气象保障人员应根据发射窗口所需要的气象条件，提供准确的发射窗口天气预报，确保载人航天活动安全顺利实施。

通常，确定发射窗口前，气象保障组每日 1～2 次或根据任务需要随时提供发射场区和测控站中、短期天气预报；确定发射窗口期间，随时提供发射场区和测控站短期、短时天气预报；确定发射窗口后，密切注视天气变化，滚动发布发射窗口天气预报。载人航天器返回着陆时，需提前 72 小时或更长时间提供着陆场区的中、短期天气预报。危险天气预报，要及时发布，并提出防范措施和建议。

战略导弹作战天气预报 对导弹发射区、目标区、飞行弹道或航线未来一定时段内的天气变化作出的预测报告。是导弹部队安全、顺利完成各项任务的重要气象依据。

战略导弹作战天气预报按作战阶段和预报区域分为：为拟制战略作战计划而提供的发射区和目标区的短期气候预测，为战前准备阶段提供的导弹发射区、目标区、飞行弹道或航线的中、短期天气预报，为导弹作战实施阶段提供的短期、短时天气预报；按预报区域分为：为保障导弹安全顺利发射的发射区天气预报，为提高导弹命中精度和毁伤效果的目标区天气预报，为导弹飞行主动段和再入段提供有关大气参数的飞行弹道天气预报。

战略导弹作战天气预报内容主要是影响导弹作战的

气象要素、天气现象和某些大气环境参数的变化情况。如影响导弹发射、飞行、目标打击、毁伤效果的气温、气压、大气密度、能见度、风、云、降水、雷电等；反映再入区粒子云对导弹弹头造成天气侵蚀严重程度的天气严重指数；影响核爆炸后地面放射性污染分布和强度的高空风场、大气垂直运动和降水；影响大气污染物扩散、稀释的风、大气湍流和大气边界层热状况等。

军事天气预报方法　军事天气预报方法主要为：天气学预报方法、数值天气预报方法、统计天气预报法以及它们相互结合形成的如动力—统计预报等方法。

天气学预报方法是根据天气学原理，运用观（探）测资料以及遥测遥感资料，对未来的天气形势和气象要素作出预报的方法。常用的有外推预报法、物理分析法、相似预报法、统计资料法和经验预报法等。

数值天气预报方法是根据大气动力学和热力学基本方程组，应用数值积分方法，对未来的气象要素作出预报的方法。

统计天气预报法是运用概率论和数理统计原理，在历史天气与未来天气之间建立统计模式，从而根据统计模式由过去或现在的天气推断未来天气的预报方法。

展望　应用现代高新科学技术，开展高时空分辨率、涵盖不同天气要素、适用不同军事需求的客观、定量、自动化天气预报业务，进一步提高数值天气预报准确率，延长预报时效和提高中小尺度天气预报水平。

参考书目

中国人民解放军军事科学院，1997. 军语［M］. 北京：军事科学出版社.

朱乾根，林锦瑞，寿绍文，等，2000. 天气学原理和方法［M］. 北京：气象出版社.

（余杰青）

huánjìng jǐnjí xiǎngyìng qìxiàng yùbào
环境紧急响应气象预报（meteorological forecast for environmental emergency response）　发生环境突发事件或事故时，向大气排放和泄漏放射性物质或有毒有害气体，造成或可能造成大气污染事件、对人体健康和生态环境造成影响。需要根据突发事件或事故附近的气象监测、数值预报模拟结果，并结合大气扩散模型，提供气象条件和大气污染物扩散方位等的预报。为事故的应急决策、响应行动、后果评价提供气象技术支持。

沿革　环境紧急响应气象预报始于1986年苏联切尔诺贝利核泄漏事故，当时欧洲各国为了评估切尔诺核泄漏事故对人体健康和食品安全等的影响，开展了有关核放射性物质浓度的预报。20世纪90年代，为了帮助国家气象与水文部门对环境紧急事件进行有效的响应，世界气象组织（WMO）开展了环境响应计划（ERA），该计划通过培训、开发与协调支持，在全球建立了八大观测资料和专业产品制作与交换中心，配合WMO和国际原子能机构（IAEA）进行国际协调，对不可预知的紧急事件提供迅速的响应。中国气象局国家气象中心是1996年11月在埃及开罗召开的WMO基本系统委员会第十一次届会上被正式认定为亚洲区域3个承担环境紧急响应任务的区域专业气象中心之一，称为北京区域环境紧急响应中心，并从1997年7月1日起履行相关义务。进入21世纪后，各区域中心在配合IAEA演习的同时，开始共同承担全面禁止核试验公约组织（CTBTO）的污染物轨迹追踪回算演习职责，在CTBTO的要求下快速响应、按期提交回算产品。2011年3月福岛核事故爆发，各区域中心（尤其是亚洲3个区域中心：北京、东京和奥布宁斯克）为福岛核事故提供的各类服务产品为事故的应急决策、响应行动和后果评价提供了重要的气象技术支持。

预报内容　环境紧急响应气象预报业务主要内容是对影响大气扩散的各种气象条件进行预报和分析，主要包括风、大气湍流、温度层结、降水等气象条件，为应急响应行动提供场区及其周围的气象资料。此外，该预报业务主要内容还包括利用数值预报模拟出来的气象要素，模拟大气污染烟羽的扩散状况和空中、地面的污染范围等，为核事故的环境后果预测和评价及采取响应防护措施提供所需大气污染物扩散预报。为保障实施环境紧急防护措施、组织应急响应行动提供气象信息和提出利用气象条件建议而采取的综合服务措施，其目的是减少工作人员、应急响应人员和公众少受或免受核事故造成的辐射照射，减少核事故造成的损失。

目前，国家气象中心已经建立的环境紧急响应业务系统包括：全球大尺度国际核紧急响应数值预报系统、区域中尺度精细环境紧急响应系统和城市小尺度紧急响应系统，能够进行核事故应急响应和危险化学品、森林火灾、火山爆发等情况的环境污染传输和污染物源地追踪气象服务。

预报方法　历经30多年的发展，环境紧急响应业务随着数值天气预报业务的发展，其技术与方法也得到了长足的发展与业务应用，从最初的确定性预报为主的业务，发展到目前支持回算、追踪以及集合预报等技术的新型业务。目前环境紧急响应预报技术，主要采用数值天气预报模式与大气扩散模式耦合的模拟技术。数值天气预报模式的发展是环境紧急响应业务发展的基础，数值模式的模拟水平直接决定着环境应急响应气象预报能力的高低。目前，中国国家气象中心主要采用全球数值预报模式 T639、中尺度数值预报模式 GRAPES_Meso 与拉格朗日混合单粒子轨道模型（HYSPLIT）耦合的方式来进行模拟预报。

预报产品　环境紧急响应气象预报的产品主要包括气象条件产品、污染物扩散产品和辅助决策产品。气象条件产品主要是针对事件或事故发生地点的气象条件预报，包括天气形势分析和气象要素预报。污染物扩散产品主要是污染扩散轨迹、浓度和沉降范围预报。辅助决策产品是在气象条件产品和污染扩散产品基础上，根据地理信息、人口信息等数据加工出来的撤离路线、危险区识别等产品。这些产品都能应用于环境应急响应的决策服务和响应行动制定。

展望　未来环境紧急响应气象预报将朝向更精细化、多样化、专业化的方向发展。因此，一方面需要提高自身天气预报及数值天气预报的能力和水平；另一方面加强与其他学科的交流和融合，如核技术、食品安全、生态环境等，提升环境紧急响应气象预报能力和业务水平。

参考书目

国家环境保护总局环境监察局，2007. 环境应急响应 [M]. 北京：中国环境科学出版社

李继开，2010. 核事故应急响应概论 [M]. 北京：原子能出版社

岳会国，2012. 核事故应急准备与响应手册 [M]. 北京：中国环境科学出版社

WMO，2014. Documentation on Rsmc Support for Environmental Emergency Response [R]. WMO Technical Document No. 778.

（盛黎　王毅）

数值天气预报

数值天气预报

shùzhí tiānqì yùbào

数值天气预报（Numerical Weather Prediction, NWP）　由观测获得的当前大气状态出发，借助于现代电子计算机，采用数值方法求解控制大气运动的流体力学方程组，从而对未来天气变化做出的预报。与建立在天气学定性理论和预报员经验基础上的传统天气预报相比，数值天气预报具有大气动力学理论基础深厚、与计算机和大气探测新技术发展紧密结合、客观和定量等特点，被认为是当代科学技术的重大成就。数值天气预报经过半个多世纪的发展，其理论与方法已经形成了大气科学的一个重要分支。

沿革　数值天气预报科学理念的由来可追溯到一个世纪以前。1904 年，挪威学者 V. 皮叶克尼斯（V. Bjerknes）以其"天气预报问题就是大气运动方程的积分"的著名论断，提出了数值天气预报的设想和核心问题。20 世纪 20 年代初，英国数学家理查森（Richardson）给出了相当完整的天气预报方程组及其数值积分方法，并组织了大量人力，用手摇计算机计算了几个月，但所得结果的误差巨大，致使这方面的探索在很长时间无人继续。二次世界大战结束后由于电子计算机的出现与气象资料的改善，数值天气预报又引起了人们的注意。查尼（Charney），费耶托夫（Fjortoft）和冯·诺伊曼（von Neumann）三人采用了他们推导的正压滤波模式，在世界上第一台电子计算机上做出了真正意义上的天气预报图，展示了数值天气预报的可行性，开启了现代数值天气预报发展的新时期。这一研究成果很快引起了业务部门的关注，1954 年 9 月，瑞典在国际上率先制作了实时业务数值天气预报，约半年后美国数值天气预报开始业务运行。

以后半个多世纪里，数值天气预报有了飞快的发展。最重要的进展表现在：一是数值天气预报模式由高度简化的滤波模式发展为静力平衡的原始方程模式，再发展为能更准确描述大气中各种运动形态的非静力平衡模式，模式的空间分辨率由几百千米提升到几千米，甚至 1 km 以下；二是以辐射、积云对流等非绝热物理过程参数化方法的提出为起点，模式的物理内容不断丰富，从早期将大气视为孤立系统的绝热模式发展为考虑大气内的复杂物理化学过程以及大气与地球其他圈层相

互作用的耦合模式；三是为了有效使用观测资料，改进数值天气预报的初始场，提出了气象资料四维同化概念，并在同化的理论与方法方面取得巨大进步，特别是卫星资料的变分同化，基本解决了直接观测资料不足这一长期制约天气预报水平提高的问题；四是基于大气可预报性研究提出了集合预报概念和方法，提高了对极端天气事件的预报能力，并与资料同化相结合带来资料同化的新发展。数值天气预报的发展带来了天气预报的革命，不仅使天气预报实现了客观与定量化，也大大提高了预报的精准度。在数值天气预报基础上发展起来的数值模拟方法还被广泛应用于大气科学其他分支的研究，成为当代大气科学最基本的研究方法之一。

中国是开展数值天气预报研究较早的国家之一，1956 年中国著名气象学家顾震潮带领中国科学院和中央气象局的研究团队开始了数值天气预报研究，并在 1959 年实现了以正压地转模式为基础的准业务预报。这一时期还涌现了一些开创性、有深远影响的成果。如顾震潮、丑纪范提出的历史资料在数值预报中的应用，曾庆存建立的求解原始方程的"半隐式差分方案"等。但受制于当时的计算条件与其他因素，中国数值天气预报总体上发展不快，特别是业务数值预报的步伐缓慢。直至20 世纪 70 年代末到 80 年代初才重新开始数值天气预报业务化的进程。经过三十几年，中国数值预报业务与研究均有了长足的发展，已跻身国际上为数不多的具有发布全球中期数值天气预报能力的国家行列。21 世纪初，中国科学家自主研究发展了新一代全球/区域同化和预报增强系统（GRAPES），数值天气预报已成为气象业务与服务的重要基础。

经过半个多世纪的发展，数值天气预报已经从早期的两、三天的短期预报，发展到涵盖短期、中期（10 d左右），以至月、季等多个时间尺度的预报；从单一的天气形势，到风、云、雨、雪、沙尘等多种要素预报。其预报水平也有极大提高，当前有效中期数值天气预报时效已达到 8 d 左右。数值天气预报已在天气预报中起主导作用。数值预报的巨大进步，同超级计算机和卫星探测技术的发展分不开，它们也将为数值预报的进一步发展提供更大的发展空间。

基本原理　天气变化是大气运动的表现，而大气运动受到一些基本的物理、化学定律的支配，它们中最主要的有关于流体的动量守恒定律（即牛顿第二定律）、热力学第一定律（即能量守恒）、流体质量守恒定律、气体的状态方程以及大气中的水汽守恒与相变的定律等。这些基本的物理定律可以用一组关于大气状态变量的偏微分方程表达出来，称为大气运动的控制方程。预测天气变化即在已知大气的当前状态与大气周边的环境条件（前者为初始条件，后者为边界条件）下求解这一偏微分方程组。但这组支配大气运动的方程组是复杂的非线性微分方程组，它的初、边值问题的解不能用简单的关于空间与时间的函数解析地表达出来，为此科学家提出了求取方程组的近似数值解，由此产生了数值天气预报。所谓求数值解，即用有限个数的变量来近似表达在时间与空间都是连续的预报变量，并把在一定初、边值条件的限定下，控制方程所反映的预报变量间的联系转化为离散变量的代数方程，再用恰当的数学方法求得离散变量的数值。由于离散变量的数目巨大，这一求解过程的计算是人力所难以承受的，加上有意义的天气预报计算的速度必须快于实际天气变化，因此数值天气预报需要借助于当代高速电子计算机才能完成，它的发展始终与计算技术的发展相伴随。数值天气预报在数学上属于微分方程初值或初边值混合问题的范畴。原则上讲，了解初始时刻（即预报起始时刻）的大气状态要依靠对大气的观测，但实际可以获得的观测资料总是不足以完整描述大气的初始状态，这使得数值天气预报的发展强烈依赖于大气探测技术的发展以及探测资料的有效利用，即气象资料的同化。因此计算机技术与大气探测技术的发展是数值天气预报的基础条件。

基本内容

预报模式及其动力内核　制作数值天气预报需要首先确定大气运动的控制方程组及其数值求解方案，并编制成计算机上执行的计算程序，这一过程称为建立预报模式。数值预报模式是指为解决特定的预报问题而确定的大气动力、热力方程组，定解（边界）条件和数值求解方案，包括编制的计算程序。模式是数值天气预报的基础，也是整个数值天气预报系统的核心。地球大气是一个非常复杂的物理系统，大气运动无论在时间和空间上都有很宽广的尺度谱，完全准确精细地描述和预报实际大气运动是非常困难的。为了使数值天气预报得以实现，需要针对预报对象的主要特征，引入必要近似，将实际大气理想化、简单化。这种经过简化处理的大气模型就称为模式大气。设计描写模式大气的动力学和热力学方程组和相应的数值求解方案，就得到各种类型的数值预报模式。从方程组到具体预报模式，通常分成两个部分加以研究和具体实现：①模式动力内核（或称动力框架），指略去各非绝热源（汇）项后方程组剩余部分的数值求解，基本属于计算数学的范畴；②模式各个非绝热物理过程（也即各个源（汇）项）的刻画和计算方法，主要是大气物理学的范畴。

用离散的变量代替连续的变量总会带来截断误差。

离散化方案（下称离散化方程）应具有收敛性，即它的解在离散化越来越精细的条件下应该收敛到微分方程的解，而收敛性取决于离散化方程与微分方程间的一致性以及离散化方程的稳定性（Lax-Richtmeyer 定理）。前者指在离散化越来越精细的条件下，离散化的截断误差会趋于零，后者则指方程的解随着时间增长保持有界。由于方程的复杂性，要完整地判断实际离散化方程的收敛性与稳定性是困难的，科学家通常借用一些在理想情况下得到的稳定性判据并辅以物理上的考虑，如计算方案应满足原方程组的原有的守恒特性（总能量守恒、总质量守恒、涡度拟能守恒等），以防止引入虚假的源汇造成计算不稳定。正确反映山脉的动力和热力作用是动力内核设计的另一个独特的问题。山脉对各种尺度大气运动都有作用。由于青藏高原对中国天气气候有重大影响，在模式中处理好地形作用，对中国数值天气预报更有其特殊意义。模式中的地形问题涉及动力内核的许多方面，并且与模式物理过程有关。

模式物理过程　模式中的非绝热物理是动量方程、热力学方程和水汽方程的强迫项，描写了大气中各种能量相互转换。主要有水物质相变中的潜热释放或热量消耗，地气间动量、感热和潜热的交换，以及辐射能量传输等等。这些过程不仅对大气运动有重要影响，本身往往也是重要的预报对象，如水汽凝结产生的降水。有的非绝热过程的尺度小于模式的分辨率，通常被称为次网格尺度过程，如积云对流，以及尺度更小的湍流输送等过程，尽管模式不能分辨这些过程，但它们对于模式所描述的天气变化往往有重要影响。模式采用"参数化"方法，即用大尺度运动的参数来表征和计算这些次网格尺度过程的效应。与此相对，模式对于能够分辨的尺度的物理过程可以直接用模式的变量将其描写出来，因此它们在模式中是"显式"表达的。

资料同化　模式预报变量在模式开始积分时刻的取值（通常称为初始场）正确与否对数值天气预报的结果往往有决定性的影响，而初值又来源于该时刻以及前期对大气的观测。但气象观测值只获取了大气的片断信息，而非大气状态的完整描述，且包含着各类误差，不能直接作为模式积分的初值。从数学上讲由观测决定模式的初值是一个高度"欠定"的问题。需要引入其他先验信息，并将两类信息有效融合。随着数值天气预报的发展，数值天气预报模式越来越接近真实大气，数值天气预报模式成为提供先验信息的最佳选择，因此由观测决定模式所需的初值的过程已经发展为融合观测与模式的信息对大气真实状态作出更为准确的估计的过程，这一过程实质上就是预报模式吸收各个时刻的观测信息，

不断地逼近大气真实状态，被称之为资料四维同化，简称资料同化。尽管资料同化最初是因解决模式对初值的需求而提出来的，但由于它给出了大气状态的完整的、比观测或模式预报都更接近大气的真实状态的定量描述，且方便进行诊断分析，因此也广泛应用于天气、气候分析，例如当前的大气科学研究大多使用再分析资料，都是由资料同化系统产生的。

集合预报（Ensemble Prediction）　传统的数值天气预报是从单一的初值出发，积分单一的预报模式得到单一的预报，因此是一个完全确定的问题。但这种"确定性"的思维不符合自然界的实际。考虑到初值与模式误差，加上大气本身的混沌特性，所采用的单一模式与单一初值其实只是真实大气变化规律与真实大气状态的一种可能，换言之模式与初值其实都有高度的不确定性。集合预报模拟这种不确定性，将单个初值产生的预报转变为按照一定的概率分布所产生一组初值样本所产生的一组预报，或者将单一模式产生的单一预报转变为一组模式产生的一组预报。这组预报的每一个预报称为集合成员，它们给出了在初值或者模式具有不确定性条件下预报的统计特征。集合预报架起了传统的确定性数值预报与概率预报的桥梁，在提供数值预报产品的同时，也提供了对预报不确定性的定量描述。特别是对于极端天气等小概率事件的预报，集合预报提供了非常有价值的信息，因而在业务预报中有很大价值。集合预报是从观念到方法的突破，被认为是数值天气预报发展过程中的又一个里程碑。自 1992 年美国国家环境预报中心（NCEP）和欧洲中期天气预报中心（ECMWF）建立了集合预报系统起，发展迅速，不仅在传统的天气尺度系统的短期、中期预报，而且在月尺度预报、气候预报到短时强烈天气预报中都有广泛应用。近几年集合预报与资料同化中的卡尔曼滤波结合，形成了一种新的资料同化方法，被认为是一种有独特优势的资料同化方法。

应用　数值天气预报已成为现代气象预报业务的基础。天气预报业务部门的预报员在制作各类天气预报时大多要参考各数值天气预报中心的预报产品，甚至以数值天气预报产品作为主要依据。由于数值天气预报产品是对大气未来状况的精细、定量、时空分布的全面描述，数值天气预报还为天气预报的定量化、精细化创造条件，并且为天气预报服务领域的扩展创造了条件。例如关于降水的时空分布的预报信息可以应用于水文、地质灾害等预报；关于大气低层风场的定量预报信息，可应用于空气质量的预报等。数值天气预报模式中还可以耦合其他过程的预报模块，例如水文预报模块、大气化学模块，从而直接制作水文或空气质量的数值预报。鉴

于模式只是真实大气的一个近似，并且数值预报仍有一定的误差，部分数值预报产品并不能直接作为气象要素的预报量用于正式发布的业务气象预报，需要对数值天气预报产品做适当的修正，这一过程统称数值天气预报产品的解释应用，简称释用。有的情况下模式提供的大气中的动力、热力参量也有重要的应用价值。

数值天气预报技术也被广泛地应用于大气与地球科学研究的广大领域，特别是基于数值天气预报模式发展起来的大气数值模拟，已成为天气、气候、大气物理、大气化学重要的研究手段，促进了这些学科的发展。

数值天气预报技术被应用于大气观测系统的设计、效果评估等，促进了大气探测技术的发展。利用数值天气预报模式可以进行观测系统的仿真实验，研究未来观测系统的性能以及应用效果。

展望　数值天气预报的主要发展趋势，一是预报模式进一步精细化，采取更高的分辨率，更为细致地刻画各种大气物理、化学过程及其相互作用；二是资料同化方法进一步完善，更充分和有效地从卫星、雷达等观测中提取有用信息；三是海-陆-气及冰雪圈耦合模式进一步完善，实现其在各个时间尺度数值预报模式的应用；四是集合预报及其产品释用的新理论和技术方法进一步发展，并在极端天气预报中得到应用；五是数值天气预报将向覆盖从临近到季节尺度的天气气候无缝隙方向发展。

参考书目

哈廷纳，1975. 数值天气预报（中译本）. 北京：科学出版社.

Eugenia Kalnay，2005. 大气模式、资料同化和可预报性（中译本）. 北京：气象出版社.

Melvyn A，Shapiro，Alan Thorpe，2004. THORPEX International-al Science Plan ［R］. WMO/TD-No. 1246, World Meteoro-logical Organization.

（纪立人　薛纪善）

数值天气预报模式

dàqì yùndòng jīběn fāngchéngzǔ

大气运动基本方程组（basic equations of atmosphere motion）　表述大气运动所遵循的动量守恒、能量守恒和质量守恒的数学物理方程组。大气可以视为一个连续的流体。用气压、密度或者温度等物理量来表征此连续流体中每一个质点的状态，且该状态变量值在每一个点

是唯一的。这些状态变量以及它们的时间、空间导数在气象学中假设是连续的。大气的运动遵从流体力学和热力学的基本定律，可以表示为这些状态变量以及其时间、空间导数的偏微分方程组。1904 年，挪威学者 V. 皮叶克尼斯（V. Bjerknes）首次提出大气运动遵循三个物理定律，即质量守恒、动量守恒和能量守恒。表征这些规律的数学表达式可以通过推导空气质点的质量、动量和能量收支得到。

运动方程　大气中空气质点的运动遵循牛顿第二定律，即单位质量空气质点的加速度等于作用于该空气质点的所有力之和（矢量和），表征了大气运动的动量守恒。大气中作用于空气质点的力包括重力、柯里奥利力、气压梯度力和黏性力。黏性力是由于相邻流体中空气质点运动速度不同造成的动量交换而引起的，在 100 km 以下的大气中，除了贴近地表的大气薄层之外黏性力通常可以忽略不计。科里奥利力是由于地球自转而引起的视加速度。在不考虑其他力的情况下，科里奥利力使得空气质点的运动轨迹相对于地球表面是曲线而不是直线，在北半球使得空气质点的运动向右偏转、在南半球向左偏转。单位质量空气质点的运动方程用矢量形式可以表示为：

$$\frac{d\vec{V}}{dt} = -\alpha \, \nabla p - 2\vec{\Omega} \times \vec{V} + \vec{g} + \vec{F} \qquad (1)$$

式中：$\vec{\Omega}$ 为地球自转的角速度；α 为比容；$\vec{g}$ 为重力；g 为重力加速度的大小；$-2\vec{\Omega} \times \vec{V}$ 为科里奥利力；$\vec{V}$ 为相对于地球的空气质点速度矢量；p 为气压；$-\alpha \nabla p$ 为气压梯度力；$\vec{F}$ 为摩擦力或黏性力。

热力学方程　大气运动遵循热力学第一定律，即空气微团受到的加热将用于改变微团的内能及微团的膨胀对周围的做功，表征了大气运动的热力学能量守恒。根据热力学第一定律，容易导出单位质量空气质点的热力学方程为：

$$\frac{de}{dt} = -\frac{p}{\rho} \, \nabla \cdot \vec{V} + Q \qquad (2)$$

式中：$e = c_v$；T 为单位质量的内能；c_v 为定容比热；Q 为由于辐射、热传导和潜热释放等产生的单位质量的加热率。

上述热力学方程可以改写成更为常用的形式，把连续方程带入上式，可以得到：

$$c_v \frac{dT}{dt} + p \frac{d\alpha}{dt} = Q \qquad (3)$$

进一步地，应用理想气体状态方程及定压比热 c_p（= 1004 J·kg^{-1}·K^{-1}）和定容比热之间的关系（$c_p = c_v + R$，R 为理想气体常数），可以得到：

$$c_p \frac{\mathrm{d}T}{\mathrm{d}t} - \alpha \frac{\mathrm{d}p}{\mathrm{d}t} = Q \tag{4}$$

这就是常用的大气运动热力学方程。在实际应用时，根据模式设计或者研究目的的需要，热力学方程还可以有其他的变形。

连续性方程 大气运动满足的质量守恒法则，其数学表达式称为连续性方程。连续性方程通过考虑空气微团在运动过程中的质量收支平衡导出，可以写为：

$$\frac{\partial \rho}{\partial t} = -\nabla \cdot (\rho \vec{V}) = -\rho \nabla \cdot \vec{V} - \vec{V} \cdot \nabla \rho \tag{5}$$

上式也经常写成：

$$\frac{1}{\rho} \frac{\mathrm{d}\rho}{\mathrm{d}t} + \nabla \cdot \vec{V} = 0 \tag{6}$$

式中：ρ 为空气密度；$\vec{V}$ 为三维速度矢量。可以看出，连续性方程表征了空气密度的局地变化等于空气质量的辐合辐散。

状态方程 理想气体情况下三个主要热力学变量气压、密度和温度之间的关系式。理想气体情况下，状态方程满足以下的关系式：

$$p\alpha = RT \text{ 或者 } p = \rho RT \tag{7}$$

完全的理想气体是不存在的，多数情况下上式是很好的近似。大气是多种气体的混合物，如果取式中气体常数 R 为构成大气的各种气体之气体常数的平均，该式就是气象学所用的大气状态方程。水汽或水成物是大气中变化较为剧烈的组分，气象学中通常将干空气和湿空气的状态方程分别写为：

$$p_d = \rho_d R_d T \text{ 和 } p = \rho R_d T_v \tag{8}$$

式中，p_d 和 ρ_d 为干大气的气压和密度；T_v 为虚温。

水汽方程 成云致雨是经常观测到的大气现象。除去表征空气质量守恒的连续性方程外，还需要水汽的守恒方程。同样基于质量守恒法则，可以导出水汽方程：

$$\frac{\mathrm{d}q}{\mathrm{d}t} = \frac{\partial q}{\partial t} + \vec{V} \cdot \nabla q = \frac{S}{\rho} \tag{9}$$

式中，q 为比湿；定义为水汽密度与空气密度的比。S 为任何一种水汽的源和汇。

参考书目

George J Haltimer，Roger Terry Williams，1979. Numerical Prediction and Dynamic Meteorology ［M］. New York：John Wiley & Sons Inc.

Jean coiffier，2011. Fundamentals of Numerical Weather Prediction ［M］. Cambridge：Cambridge University Press.

（沈学顺）

móshì dònglì kuāngjià
模式动力框架（model dynamical core） 模式所采用的大气运动基本方程组及其时空离散化求解的绝热部

分，和非绝热过程即模式物理过程一起构成完整的数值预报模式。

大气运动基本方程组在实际应用时需要写成适当坐标系下的标量表达形式。数值预报中常用球坐标系和地图投影直角坐标系，其垂直方向一般用气压或者高度的地形追随坐标（包括混合坐标），以方便处理作为模式大气下边界的复杂地表。球坐标系常用于全球模式，地图投影直角坐标系则用于区域模式。这些适当坐标系下的大气运动方程组就构成连续形式的模式动力学方程组。大气运动的基本方程组是非线性偏微分方程组，不可能求得解析解，需要借助计算机通过数值方法求解。对于满足连续形式方程组的真实大气运动，模式方程组依据其在离散化求解时的分辨率，只能表征某种时空平均的大气运动，而不能完全表征连续尺度的真实大气运动，不能表征部分采用参数化的方法在模式大气方程组中加以表达。时空平均的模式大气运动方程组加上对不能表征部分的参数化以及辐射、微物理及与其他圈层的相互作用部分（如陆面过程）即构成了模式大气，也就是一个完整的数值预报模式。

实际应用时，根据所关注的模拟预报大气现象时空尺度的不同，常通过尺度分析对模式大气运动方程组做不同的近似，如静力平衡近似、滞弹性近似、地转平衡近似等。在业务数值预报模式中，静力平衡近似曾被长期采用，而其他近似多用于研究模式。随着计算能力的大幅度提高，业务全球天气预报模式水平分辨率已达到 10 km 量级，区域模式达到千米量级，目前的业务数值预报模式大多采用不做任何近似的完全方程组。

模式大气方程组在实际数值求解时，需要在时间和空间上离散化。全球模式一般采用球坐标系下的空间格点有限差分、有限元离散，或者水平方向用谱方法、垂直方向用有限差分或有限元方法离散。区域模式多采用有限差分方法。选取高精度的空间离散化算法及适当的网格，对模式的预报性能有着重要影响。在选择空间离散化方案、网格及推导离散化的模式方程组时，需要考虑全局积分的质量、角动量及某种形式能量或者某些动力学量（如涡度拟能）的守恒，同时需要保证离散化方程组的收敛性、一致性和计算的稳定性。在构造时间积分方案时，需要选择保证精度和稳定性的时间离散化方法，如常用的分裂显示积分方案、半隐式积分方案等。时空离散化后的方程组构成模式预报方程组，是模式动力框架的核心。

参考书目

George J Haltimer，Roger Terry Williams，1979. Numerical Prediction and Dynamic Meteorology ［M］. New York：John Wiley & Sons Inc.

James R Holton, 2012. An Introduction to Dynamic Meteorology [M]. Academic Press.

Jean coiffier, 2011. Fundamentals of Numerical Weather Prediction [M]. Cambridge University Press.

（沈学顺）

chuízhí zuòbiāo

垂直坐标（vertical coordination）

为了把直观的几何图形与比较抽象的代数方程结合起来进行研究，需要建立一个参照系（如空间直角坐标系），以便实现几何图形空间的点与代数方程有序的数组之间的联系。在气象上通常把 x 轴和 y 轴设置在水平面上，而把 z 轴设置在垂直线，z 轴称为垂直坐标，用以表示空气质点（或其他被描述的对象）与特定的参考水平面的垂直距离。

垂直坐标种类

气象数值预报模式中常用的垂直坐标有：

自然高度坐标 在空间直角坐标系中，若取铅垂方向的 z 轴（竖轴）为自然高度，该坐标轴则称为自然高度坐标轴，简称自然高度坐标或自然高度垂直坐标。该坐标系的特点（或优点）是简单、直观，铅直坐标面是一水平面；缺点是若将自然高度坐标用于研究地球表面的、具有初边条件问题的计算流体力学运动时，很难正确给定贴地面的边界条件，用于流体力学运动控制方程组的离散化计算求解。

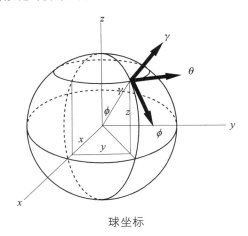

球坐标

气压坐标、等熵坐标 垂直坐标变量的选择只要求满足单调、可导的条件。因此，除了可以选择自然高度变量作为垂直坐标以外，还可以选择其他变量作为垂直坐标。在气象上，为了处理问题的简化和突出大气运动的某一特性，若选择随高度减小的气压作为垂直坐标，这就是气压坐标，强调大气的大尺度准水平运动；若选择随高度增加的位温作为垂直坐标，这就是等熵坐标，强调沿位温面的大气能量守恒运动。

地形追随坐标 这是为了研究地球表面的流体（如海洋、江河湖泊、大气等）运动而设计的，因为地球表面并非水平面，它是高低起伏的。如果取地球表面（即相当于地形表面）作为垂直坐标面，该坐标则称为地形追随坐标。常用的地形追随坐标有气压地形追随坐标和高度地形追随坐标。该坐标系的特点（或优点）是若将地形追随坐标用于研究地球表面的、具有初边条件问题的计算流体力学运动时，很容易给定贴地面的边界条件，用于流体力学运动控制方程组的离散化计算求解；缺点是铅直坐标面不是水平面，会带来在求解流体力学运动控制方程组时的水平气压梯度力等项的计算误差。

混合坐标 在气象数值预报模式中，通常采用一种"混合"的垂直坐标，即在模式低层（对流层中下层）取地形追随坐标，在模式高层（对流层高层以上）取自然高度坐标或气压坐标。

垂直分层 为了进行差分计算，需要沿垂直方向进行分层，最简单的办法是均匀分层，每一层的厚度都一样。在气象数值预报模式的实际应用中，通常采用非均匀分层，每一层的厚度是不一样的，在近地面的边界层取得更密些，以便更好地描述近地面边界层小尺度运动。恰当的垂直坐标选择对于模式动力框架的守恒格式构造、避免虚假的计算模态非常重要。

参考书目

Arakawa A, Konor C S, 1996. Vertical Differencing of the Primitive Equations Based on the Charney-Phillips Grid in Hybrid-σ-p Vertical Coordinates [J]. Mon. Wea. Rev. , 124：511-528.

Arakawa A, Lamb V R, 1977. Computational design of thebasic dynamical processes of the UCLA general circulationmodel [J]. Methods in Computational Physics, J. Chang, Ed. , Academic Press, 17：173-265.

Gal chen T J, Somerville R C, 1975. On use of a coordinate transformation for the resolution of the Navier-Stokes equation [J]. J Com-put. Phys, 17：209-228.

Simmons A J, Burridge D M, 1981. An energy and angularmomentumconserving finite-difference scheme and hybridvertical coordinates [J]. Mon. Wea. Rev. , 109：758-766.

（陈德辉）

dàqì shùzhí móshì qiúmiàn wǎnggé

大气数值模式球面网格（spherical grid in the atmospheric numerical model）

在全球大气数值模式中，为了对各物理场进行空间离散，需要对三维空间进行网格剖分。通常将重力方向视为垂直方向，而将与其正交的方向视为水平方向。在产生水平方向的计算网格时通常采用四边形、三角形或六边形作为网格单元。全球大气模式的网格需要考虑球面弯曲特征。

数值计算网格及其分类 数值求解大气运动学方程组需要在计算网格上对物理场进行空间离散，因此计算网格是进行数值模拟的基础。同时，计算网格也会直接影响空间离散化方案的数值特征，如守恒性、计算稳定性和收敛性等。

数值网格可分成两类：结构网格和非结构网格。两者的主要区别在于其网格的几何特征，比如单元、单元节点和中心的相互关系是否有序，并且与它们的数据构成、排列是否具有对应性等。一般来说，结构网格可以通过坐标变换与笛卡尔网格对应起来，网格数据可以用沿各个坐标轴方向的网格编号来标识。与非结构网格相比，结构网格的数据结构简单直观、比较适合差分格式的数值离散；然而，结构网格在处理复杂的几何计算域时显得比较棘手；相反，非结构网格更擅长处理复杂几何计算域，但其数据结构更为复杂。

常用的球面网格及其优缺点 这里介绍大气数值模式设计时比较常用的球面网格：普通经纬度网格、阴阳网格、立方球投影网格、正二十面体三角形网格、正二十面体六边形网格。前三者可以归为球面结构网格，而后两者为球面非结构网格。

普通经纬度网格 在全球大气数值模式中得到广泛应用，其重要原因是该网格设计简单，具有良好的正交性，易于编程等（见图1a）。然而，在用普通经纬度网格构建数值模式时会遇到两个主要困难：一是经纬坐标的控制方程在两极会出现奇异，而更为严重的是经线在极区出现辐合，使网格距变小，进而限制显式法的时间积分步长。特别是在未来数值模式分辨率提高至千米级甚至更高时，这一问题将显得更加棘手。为缓解普通经纬度网格的极区计算问题，可以采用"精简格点"，即纬向由赤道往极地逐渐减少网格点的技术。该做法在谱模式中用得较多。此外，高斯网格是另一较常使用在高精度谱模式中的球面数值网格，可以看成普通经纬度网格的一个特例。它具有普通经纬度网格的正交性，沿着纬向其格距是均匀的，然而沿着经向相邻两网格的间距是不均匀的，其经向网格点是高斯积分点，通常高斯网格点中不包括地球的极点。

准均匀、无数值奇异的阴阳网格 针对普通经纬度网格存在问题，影山·聪（Akira Kageyama）等（2004）提出的准均匀、无数值奇异的阴阳网格（见图1b）。其由两个低纬度格距较均匀的普通经纬度网格相互扣接而成。球面阴阳网格继承了普通经纬度网格设计简单、有良好的正交性、易于编程等优点，而且单元网格面积均匀、不存在数值计算奇异问题，因此受到数值

模式开发者的青睐。然而，球面阴阳网格属于组合网格，需要通过插值在阴网格和阳网格边界接壤处进行数据交换；如果不采取特别措施，其数值守恒得不到严格保证，不太适合强调数值守恒性的长期气候模拟。尽管如此，普遍观点认为采用球面阴阳网格做短期数值天气预报还是合适的。

立方体球面投影网格 属于结构网格，由萨杜尔尼（Sadourny，1972）提出。该网格通过球心投影正立方体表面至球面而成，在其6个投影面上可生成网格单元面积均匀的结构网格。根据投影方式不同，其可分为心射切面投影立方球网格（见图1c，为等角投影立方球网格）和保角投影立方球网格（Rančič M et al.，1996）。前者生成的球面网格不正交，而后者生成的球面网格是正交的。不论哪种立方球投影网格，在保证计算单元网格边界通量连续的情况下其均能够保证数值格式的守恒性，适合于各类时段的数值天气预报和长期气候模拟。值得一提的是，采用心射切面投影的立方球网格6个面的交合边界不连续，通常会产生较大的计算误差。而保角投影立方球网格的度量项一般不具有解析解，且网格单元面积的均一度不如心射切面投影。

正二十面体球面网格 1968年，Sadourny等提出（见图1d）。先通过球面上的12个顶点将球面分成20个球面三角，而在每个三角内又细分成多个小三角或其他形状（如六边形）的网格单元。从网格单元的形状看，其属于非结构网格，不过与一般的非结构网格不同，正二十面体球面网格的数据结构更加规则、简单。正二十面体网格均匀，不存在边界，避免了普通经纬度网格的坐标奇异和格点辐合缺点。数值实验表明，在正二十面体网格的12个顶点处，通常会出现较大的计算误差。由于其网格单元具有非结构网格的特点，基于正二十面体网格的数值模式一般采用有限体积方法或局域高阶方法建立动力学框架。与三角单元相比，采用六边形单元（见图1e）的正二十面体球面网格具有更好的网格均一度以及更高的通量计算精度，可以预见其将来会受到更大关注。

展望 选取合适的球面网格，对设计全球大气数值模式至关重要。通过特殊处理，可以缓解普通经纬度网格的极区计算问题，从而使经纬网格在一定时期内仍将得到应用。但从全球大气模式的发展方向来看，随着计算机硬件性能的不断提高，未来的全球大气模拟将通过大规模高分辨率计算获得更高精度的数值结果。这就要求模式既要有高精度又要有较高的计算效率和大规模并行计算的可扩展性。在这方面，前述的几种具有全球准均匀网格分辨率的球面网格都具有一定优势。因此，

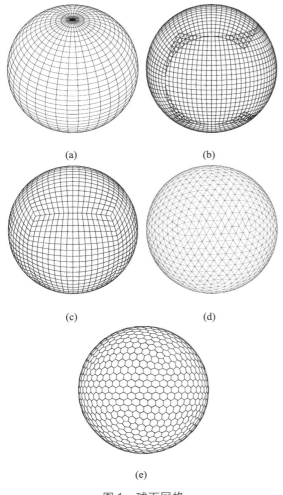

图 1　球面网格

（a）普通经纬度网格；（b）阴阳网格；（c）立方球投影网格；
（d）正二十面体三角形网格；（e）正二十面体六边形网格

可以预见，这些网格在全球大气模式的研究开发中将会得到越来越多的应用。

阴阳网格虽不具有严格的数值守恒性，但数值实验表明，对于数周以内的中短期天气预报，其守恒误差不会对预报结果产生实质性的影响，因此，阴阳网格未来在天气预报模式中仍会得到应用。立方球网格和二十面体球面网格容易构造守恒格式，既可用于中短期天气预报模式，又可用于气候模式。必须指出，投影以及网格单元剖分的方法并不只限于上述方法，未来可能还会出现新的球面网格。可以预见这类具有严格守恒特征的球面网格将会成为未来全球模式的首选网格。但从网格的几何特征和与之相对应的数据结构来看，这类网格对数值解法具有更高要求，针对这类网格，如何选用或设计高品质的数值算法也将成为发展全球数值模式动力框架的一个主要研究方向。

参考书目

Kageyama A，Sato T，2004. The "Yin-Yang grid"：An overset grid in spherical geometry［J］. Geochem. Geophys. Geosyst.，5：Q09005.

Rančić M，Purser R J，Mesinger F，1996. A global shallow-water model using an expanded spherical cube：gnomonic versus conformal coordinates［J］. Q. J. R. Meteorol. Soc.，122：959-982.

Sadourny R，1972. Conservative finite-differencing approximations of the primitive equations on quasi-uniforms phericalgrids［J］. Mon. Wea. Rev.，100：136-144.

Sadourny R，Arakawa A，Mintz Y，1968. Integration of the nondivergentbarotropicvorticity equation with an icosahedral-hexagonalgrid for the sphere［J］. Mon. Wea. Rev.，96：351-356.

Washington W M，Parkinson C L，2005. An Introduction to Three-Dimensional Climate Modeling［M］. University Science Books. 2nd ed.：368.

（李兴良）

dìtú tóuyǐng

地图投影（map projection）　按照一定的数学法则，将地球表面上点的分布转换到平面上。因为地球是一个不可展的球体，使用物理方法将其展平会引起褶皱、拉伸和断裂。因此，在大气科学中所使用的投影图，是按照几何投影方法将地球椭球面上的经纬线投射到一个面上的，这个面若是曲面还需再展成平面。用于投影的数学法则不同，能得到不同的投影图。

投影时一般会存在距离、面积、形状的误差，要消除所有这些误差是不可能的。在大气科学中则是采用消除形状误差的正形投影，为尽量减小其他误差，则使用割投影，即投影面与地球表面相割。若投影图再按一定的比例缩小则成为地图，则称此比例为地图比例尺。

投影方式　在大气科学中采用的投影方式主要有三种：第一种是极射赤面投影。这种投影假设光源在极地，投影面是与赤道面平行、割南纬或北纬60°的平面。用它制作南、北半球天气的底图，常用于研究大气环流的演变；第二种是兰勃特投影。这种投影的光源在地心，投影面是与30°及60°纬度相割的圆锥面，投影图再沿某一经线剪开就可展成平面。用它可制作中高纬度的天气底图。中国的亚欧天气底图就是这种投影，常用于研究或预报中、短期天气形势的演变；第三种是墨卡托投影。这种投影的光源在地心，投影面是与南纬和北纬22.5°相割的圆柱面，投影图需沿某一经线剪开展成平面。用它可制作低纬和赤道地区的天气的底图，常用于研究或预报低纬地区天气系统的演变。

应用　在制作区域的数值天气预报时，常用上述三种投影图。为定量地描述投影空间距离造成的误差，引入了一个物理量：地图放大系数。它表示投影面上的距

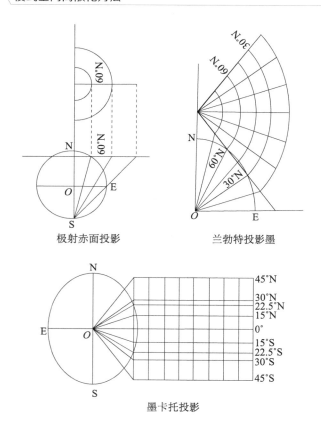

极射赤面投影　　　　兰勃特投影墨

墨卡托投影

离与地球表面上相应距离的比值。在数值计算中，用地图放大系数将投影距离换算成实际距离，以保证数值计算的精确性。

由于地图投影是以数学方法实现的，由它制成的地图可以进行电子化、信息化。现已向三维和四维发展，可以很方便地展现各地地形、地貌以及道路交通的状况和变化。目前，使用电子地图已越来越广泛。

参考书目

方俊，1957. 地图投影学［M］. 第1卷. 北京：科学出版社.
陆漱芬，1987. 地图学基础［M］. 北京：高等教育出版社.
沈桐立，田永祥，陆维松，等，2010. 数值天气预报［M］. 北京：气象出版社.

（沈桐立）

móshì kōngjiān lísǎnhuà fāngfǎ

模式空间离散化方法（spatial discretization method in the numerical model）　数值模式中将大气在空间上连续分布的物理状态离散成为网格单元上的平均值（格点模式）或有限基函数展开的各项系数（谱模式），并以其作为计算变量，通过空间离散格式将控制方程中的微分或积分项，用近似的代数关系式进行表示与求解。

常用的模式空间离散化方法包括：有限差分方法、有限体积方法、谱方法、有限元方法和谱元方法。

有限差分方法　利用泰勒展开，对微分方程中的空间导数建立基于网格点值的有限差分近似，其计算精度可以通过泰勒展开的截断误差来估算。有限差分方法具有概念清晰、算法简洁的特点，在实践中，被证明是在结构网格（包括经纬网格）中求解大气动力学方程组的一种有效方法。

有限体积方法　主要针对通量形式的守恒型方程，将控制方程对网格单元进行体积分，从而得到对应物理量体积分值的时间发展方程。同时通过高斯定理可将通量函数的散度项写成针对网格单元体表面积分的形式。由此，再通过估算网格单元体表面的通量函数即可建立空间离散格式。有限体积方法可以严格保证数值格式的守恒性，并且适用于各种结构及非结构网格，在计算流体力学领域有极其广泛的应用，也是现代大气、海洋模式动力框架的首选算法之一。

谱方法、有限元方法和谱元方法　可以归为级数展开方法，将未知物理量函数展开成某组基函数的线性组合，并将该展开的未知物理量函数代入微分方程，通过加权余量法等余差极小化方法，得到一组基函数系数随时间演变的常微分方程，最后通过求解基函数系数的时间演变，预报未知物理量的时间演化。谱方法、有限元方法和谱元方法都可以归类为加权余量法［例如伽列略金（Galerkin）方法］，区别在于基函数的选取：谱方法的基函数为一系列覆盖整个计算域的连续函数（通常要求其具有正交性），如三角函数（傅立叶函数）或正交多项式。谱方法对连续分布的物理量具有极高的逼近精度，但在用于有间断物理量时，则会出现数值振荡（即吉布斯现象）。有限元方法则在每个网格单元内定义覆盖局部区域的基函数（也称形状函数）。这样，通过加权余量法得到的空间离散格式一般只依赖于邻近网格单元的变量值。谱元方法兼顾了谱方法的高精度和有限元方法的几何处理灵活性。谱元方法在局部单元内利用正交多项式对物理量进行逼近可获得较高精度，同时，利用单元分区可以灵活地处理复杂的几何边界。谱元方法一般只需和相邻单元进行数据交换，更便于并行处理。通常，有限元法的精度比谱元方法低，而两者精度均不如谱方法，但其更加灵活，便于处理复杂边界问题和平行计算。

不论是哪种方法，作为保证其数值解在离散网格距趋于零的情况下，能够收敛于微分方程精确解的必要条件，它们都必须满足与原微分方程的相容性条件。一般来讲，只要空间离散方法的截断误差具有一阶以上的精度，相容性条件就可以满足。

（李兴良）

móshì shíjiān lísǎnhuà fāngfǎ
模式时间离散化方法（time discretization method in the numerical model） 在数值模式中，一般通过对大气运动方程中的时间微分项进行数值积分，通过已知的大气状态外推下一时刻的大气演化状态。通常把数值模式中针对时间变化项的近似求解方法称为模式时间离散化方法。大气运动方程一般只包括对时间的一阶微分，因此一些常用的求解一阶常微分方程数值解的算法都可以用到大气模式中。

大气数值模式中常用的时间离散化方法主要有：显式格式、隐式格式、半隐式格式和水平显式垂直隐式时间积分方法等。

显式格式 在离散格式中如果计算每一个离散变量只需用到当前或之前时刻的已知变量值，则称为显式方法。一般来说，显式方法的求解过程不需要计算联立代数方程，运算简单。在大气数值模式中经常用到的显示格式有：欧拉向前积分、蛙跃式时间积分、龙格-库塔（Runge-Kutta）法等。显式格式会受到计算稳定性（CFL）条件约束，尤其在有快波的情况下时间积分步长会受到很大限制。因此，在大气模式中采用显示格式时，常将快波（声波、重力波）和慢波（平流过程）分开，对快波分多步用小步长计算，对慢波用大步长计算。

隐式格式 与显式方法不同，若在离散格式中同时有多个未知数（未来时刻的变量）则称其为隐式格式。对隐式格式无法直接求解，一般需要通过迭代法联立求解，计算较复杂。隐式格式有较好的计算稳定性，一般隐式格式不受 CFL 条件的约束，即使对快波也能取较大的时间步长。

半隐式格式 针对大气运动中同时具有快波和慢波的特点，可采用半隐式格式将方程中的快波与慢波分离，快波用隐式格式而慢波则用显式格式计算。作为这类算法的代表，半隐式—半拉格朗日方法在大气模式中得到了广泛应用。具体做法是，首先利用拉格朗日不变量求解平流过程，然后利用隐式积分法，通过运动方程和连续性方程推导出求解快波变化的亥姆霍兹方程（Helmholtz equation）。亥姆霍兹方程通常用来诊断气压或位势高度场，属于椭圆形方程，其离散后的联立方程一般可以写成稀疏矩阵形式，可以通过迭代法计算。

水平显式垂直隐式时间积分方法 大气数值模式的水平网格距远大于垂直网格距。如果在垂直和水平方向都采用显式格式，为满足垂直方向的计算稳定性条件只能取很小的时间步长。因此，在大气数值模式中采用水平显式垂直隐式的时间积分方法可以有效地提高计算效率。一般来讲，为使垂直方向的计算步长不受计算稳定性条件的限制，水平显式垂直模式（HEVI）需在垂直方向进行隐式求解。由此产生的联立方程一般可用直接解法快速求解。同时，由于大气模式的并行分区一般只在水平方向进行，HEVI 不会对并行处理产生不利影响。现代大气数值模式广泛地采用了 HEVI 格式。

（李兴良）

móshì fēnbiànlǜ
模式分辨率（model resolution） 数值模式的网格距即为该模式的模式分辨率。数值模式在计算求解过程中无论是采用差分或谱方法，所有变量都需定义在网格点上以便于进行数值计算。在一个数值模式中，根据需要，不同的变量可以定义在不同的网格点上，也可定义在相同的网格点上。同一变量在相邻网格点之间的距离定义为网格距。因此，模式分辨率与模式计算区域的网格设置有关，同时，由于数值模式的计算区域在水平和垂直方向存在较大的变化差异，为保证计算精度，模式分辨率可能在水平和垂直方向上使用各自不同的标准来描述。水平方向一般采用距离（球面也采用角度）来描述，并且在水平的两个坐标方向也可能有不同的分辨率；由于大多数情况下模式在垂直方向上采用不等距的分层方法，同一模式在垂直方向上的网格距变化较大，一般情况下使用模式在垂直方向的层数来表示模式的垂直分辨率。

模式分辨率依赖于模式计算区域的网格设置。数值模式从计算区域上区分，可以分为全球模式和有限区域模式两种。

全球模式的计算区域为全地球表面，采用有限差分进行离散计算的模式，其水平方向采用经纬网格是传统选择，这时模式水平分辨率可以使用球面网格距所含角度来表示。例如 1° 分辨率表示模式网格在经圈和纬圈方向的格点距离都是 1°，0.2°×0.25° 则表示模式网格在纬圈方向上的格点距离是 0.2°，而经圈方向上的格点距离是 0.25°，而 0.5°×0.5°L60 表示模式水平分辨率在经圈和纬圈方向上都是 0.5°，模式在垂直方向上分 60 层。谱模式是采用谱方法进行离散计算的模式，一般用模式谱截断时可分辨的最短波长对应的波数表示。

采用经纬网格的有限区域模式的水平分辨率的表述与采用经纬网格的全球模式情形相同。此外，许多有限区域模式网格设置采用直角坐标系，其水平分辨率（X，Y 方向）用长度单位度量，例如水平分辨率 5 km 等。

（胡江林）

jiéduàn wùchā
截断误差（truncation error） 数值计算过程中由于取有限项（步）运算带来的误差称为截断误差。数学模型精确解与数值方法近似解之间的误差可分为截断误差和舍入误差两部分。实际问题的数学模型往往很复杂，通常要用数值方法来求解，由于实际运算只能完成有限项或有限步运算，因此要将有些需用极限或无穷过程进行的运算减化，对无穷过程进行截断，求得它的近似解。数值计算过程中由于取有限项（步）运算带来误差称为截断误差。截断误差可用来表示计算的精度，使用泰勒展开

$$f(x \pm \Delta x) = f(x) \pm f'(x)\Delta x$$
$$+ \frac{1}{2!}f''(x)\Delta x^2 \pm \frac{1}{3!}f'''(x)\Delta x^3 + \cdots \quad (1)$$

数值计算时只能使用有限项，例如取前两项时：

$$f'(x) = \frac{f(x + \Delta x) - f(x - \Delta x)}{2} + R \quad (2)$$

R 代表级数的所有剩余项，定义为截断误差。这里 R 项包含 Δx^3 及其更高阶项，因此计算精度被认为是 2 阶，记为：

$$R = O(\Delta x^2) \quad (3)$$

以此类推，可得到 n 阶计算精度下的截断误差表达通用公式为：

$$R = O(\Delta x^n) \quad (4)$$

一般来说，计算精度越高阶，截断误差越小。

大气运动与变化遵循纳维-斯托克斯（Navier-Stokes）微分方程组，数值模式是利用该微分方程组通过数值积分的方法求解大气变量的随时间演变。而微分项在数值计算过程中是无法精确表达的，因此在数值积分过程中必须对微分方程组的各项进行空间差分和时间差分计算，因此数值模式在积分求解过程中存在截断误差。其中由于空间网格设置（计算时网格距设为 Δx）引起的计算误差，称为空间截断误差；在时间积分过程中由于时间步长（时间积分时将时间步长定为 Δt）设置引起的计算误差，称为时间截断误差。具体在数值模式中若变量的空间导数项计算略去 Δx^2 及其以上项，为空间差分 1 阶精度，而略去 Δx^3 及其以上项，为空间差分 2 阶精度，以此类推。同理，时间积分公式中计算误差含 Δt^2 项为时间差分 1 阶精度，计算方案中略去 Δt^3 及其以上项，为时间差分 2 阶精度，等等。具体计算方案中，导数项的计算如采用向前或向后差分，属 1 阶精度，中央差分属 2 阶精度，更高阶的精度需更复杂的计算方案。

截断误差大小除与阶数有关外，还与网格距或时间步长有关。网格距越大或时间步长越长，截断误差越大。

实际计算时除了截断误差外，还存在由于计算机表示位数限制而引起的舍入误差，虽然每一次的舍入误差可能很小，但舍入误差随计算步数增加而增长。截断误差与舍入误差关系较复杂，但在固定预报时间内，Δt 越小，时间截断误差越小，而舍入误差随预报步数的增加而增大。

（胡江林）

xiànxìng jìsuàn wěndìngxìng
线性计算稳定性（linear computational stability） 对采用离散化后的线性偏微分方程进行数值积分时，随着计算步数不断地增加，若解始终保持有界，称之为线性计算稳定。反之，解若不能保持有界，称为线性计算不稳定。这个性能非常重要。离散化在目前的数值天气预报中，主要使用差分方法和谱方法。

在数值计算中有三个重要概念：相容性，收敛性，稳定性。相容性指的是当时空步长无限缩小时，差分方案是否能趋近微分运算；收敛性指的是当时空步长无限缩小时，差分方程的解是否能趋近微分方程的解；稳定性指的是当计算步数无限增大时，是否能得到解。拉克斯定理指出："对于一个适定的初值问题，差分方程的格式满足相容条件，且差分格式是稳定的，这是差分格式收敛的充要条件。"可见，要求计算是稳定的，才能保证计算结果能代表微分方程的解。

关于差分格式的稳定性，柯朗-弗里德里希斯-列维在 1928 年的研究指出：对于双曲型方程的显式差分一维格式，它的依赖域包含了原微分方程的依赖域，其线性稳定性的条件是：

$$\frac{|c|\Delta t}{\Delta x} \leq 1 \left(\text{若为二维时}\frac{|c|\Delta t}{\Delta x} \leq \frac{1}{\sqrt{2}}\right)$$

称其为计算稳定性（CFL）条件。式中 c 为波速，Δt 为时间步长，Δx 为空间步长。

对于某一具体差分格式，其稳定性如何判别呢。现常用 V. 纽曼方法。它的基本思想是：通过分析差分格式近似解一个谐波分量的稳定性，从而判断整个差分格式的稳定性。其具体做法是：设差分方程的近似解为 $u_i^n = A^n e^{Ikx_i}$，其中 n 是时间步数，$x_i = i\Delta x$ 是位置坐标，k 是波数，$I = \sqrt{-1}$。将此近似解代入差分方程，整理可得 A^{n+1} 与 A^n 的一个比值式，设此比值式为 G，称其为增幅因子，当其值 ≤ 1 时为稳定，表明波动的振幅不随时间增长。因此，只要分析 G 数值 ≤ 1 的条件就知道稳定的性质。稳定性的情况大致分三种：第一种是 G 的值总是

≤1，称其为绝对稳定格式；第二种是 G 的值有条件的满足 ≤1，称其为条件稳定格式；第三种是 G 的值不论在任何条件下均不能满足 ≤1，称其为绝对不稳定格式。

根据稳定性的特征，大气科学中将时间积分格式分成三种：第一种是显式格式。它的稳定性是要具体判断的，为保证稳定需要满足 CFL 条件，其时间积分的步长要与空间步长匹配，时间步长不能取得很长，但单独的方程可以积分出下一时刻的值；第二种是隐式格式。它是绝对稳定的，没有 CFL 条件的限制，即数值积分时没有时间步长的限制，但必须同一时刻整排或整场格点的方程联立才可以积分出下一时刻的值，计算量较大；第三种是半隐式格式，它是综合显式格式和隐式格式的各自特点，在保证稳定性的情况下，把方程分成仅含慢波或快波的两部分，显式格式用于慢波，隐式格式用于快波。这种格式有利于节约计算机时。

数值求解常在有限区域中进行，1968 年，克雷斯研究得到了二层显式格式的初边值问题稳定性充分条件；1972 年，古斯塔夫森等得到了多层隐式格式的初边值问题稳定性充分必要条件，一般称之为 GKS 理论。

最新研究表明：对于非线性偏微分方程的数值积分，要保证其稳定性，至少也应满足 CFL 条件的限制。

参考书目

廖洞贤，王两铭，1986. 数值天气预报原理及其应用 [M]. 北京：气象出版社.

苏煜城，吴启光，1989. 偏微分方程数值解法 [M]. 北京：气象出版社.

（沈桐立）

fēixiànxìng jìsuàn bùwěndìngxìng

非线性计算不稳定性（nonlinear computational instability）　在数值积分时，由非线性作用产生的突变、紊乱或剧烈地振荡。这种计算不稳定性不同于线性计算不稳定，它不能用缩小时间步长的方法来克服。1959 年，菲利浦首次指出了这种不稳定，认为这种不稳定是由于波与波之间的非线性作用引起的波混淆现象造成的。他指出，波与波非线性相互作用时，会生成较短的波，这些波因模式网格的分辨率限制而不能被分辨时，会被误认为是其他格距的波，于是产生混淆误差。随着积分步数不断增长时，此类误差会迅速增大而导致计算不稳定。

关于非线性计算不稳定产生的原因。1981 年，曾庆存等认为：第一种原因是，差分方程的格式未能保持原微分方程的守恒性，特别是未能保持能量的守恒性而引起的；第二种原因是，由于初值取得不当引起的。1984

年，刘儒勋进一步指出有四个因子能引起非线性计算不稳定。它们的重要性依次如下：第一个因子——网格尺度效应，即在一个定解问题的解域，其差分离散网格的特征尺度（如空间、时间步长），必须与原微分方程解的特征步长相适应，若不适应则会引起非线性计算不稳定；第二个因子——差分格式的余项效应（即截断误差效应），由于存在截断误差会引起非线性计算不稳定；第三个因子——数值边界效应，即边界条件应取得与内点的差分格式相匹配，若不协调则会引起非线性计算不稳定；第四个因子——格式守恒效应，但守恒性绝不是非线性计算稳定性的充分条件或关键条件。

保证非线性计算稳定，对于数值计算非常重要。总体来说，应对微分方程、差分格式、初值条件和边界条件结合起来进行分析并采取措施才最有效。具体来说可采用下列方法：第一，构造总能量守恒式或完全平方守恒格式；第二，在变量 F 的预报方程中引入形式 $\nu \nabla^2 F$ 的扩散项，其中 ν 为扩散系数；第三，构造具有隐式平滑或某种选择性衰减作用的差分格式，如欧拉后差分格式等；第四，在计算过程中，不断地采用空间或时间平滑。

目前，对非线性计算不稳定问题，仍在理论上和方法上做进一步研究。

参考书目

季仲贞，杨晓忠，林万涛，2001. 若干差分格式非线性计算稳定性研究的新进展 [J]. 华北电力大学学报，28（4）：5-8.

廖洞贤，王两铭，1986. 数值天气预报原理及其应用 [M]. 北京：气象出版社.

林万涛，董文杰，2004. 计算地球流体力学的回顾进展及展望 [J]. 地球科学进展，19（4）：599-604.

刘儒勋，1984. 关于非线性计算稳定性问题 [J]. 力学学报，16（5）：528-533.

曾庆存，季仲贞，1981. 关于非线性计算稳定性的若干问题 [J]. 力学学报，（3）：209-217.

（沈桐立）

wùlǐ guòchéng cānshùhuà

物理过程参数化（parameterization of physical processes）　大气模式包括表述可分辨动力过程的动力框架和对不可分辨部分的物理描述。物理过程参数化是模式中对不可分辨部分的物理描述，即对于大气离散化方程组中不可分辨的次网格尺度过程、粒子及分子过程（云物理、辐射）和圈层相互作用，通过采用格点尺度的变量描写这些过程对格点尺度大气运动的平均影响。模式中的物理过程参数化方案包括陆面过程、湍流边界层、积云对流、微物理、辐射、次网格尺度地形拖曳等。

1950 年，查尼（Charney）第一次成功实现数值天气预报的模式是不包含物理过程的纯动力框架模式，随后物理过程的重要性被认识到。物理过程产生的热力和动力倾向是显著的，即使在短期对大气的发展也产生明显贡献，同时它也驱动了大气环流，还产生了与人类活动息息相关的云、降水和近地面（一般用 2 m 高度）空气的温度、湿度等天气参数。因此，物理过程被引入到模式中，且其参数化的发展经历了由最基本的大尺度凝结、辐射、深对流到日益细化，方案由简单到复杂，各个过程之间的相互作用不断深入的过程。

陆面过程　陆面过程描写非均匀陆地表面的能量和水分收支、土壤水热传输、植被过程及其与大气的相互作用。陆面过程的发展经历了从简单到复杂三个阶段，从最早的吊桶模式发展到考虑土壤水热循环和植被热力作用的复杂模式，以及在此基础上更为复杂地考虑植被对陆地表面水循环影响和碳氮交换的土壤-植被生态物理化学过程模式。

湍流边界层过程　湍流边界层参数化是描写从地面到边界层顶（约 2~3 km）的大气边界层内由于湍流引起的热量、动量和水汽的输送，是模式中地气能量交换的重要过程。边界层参数化方案包括简单的总体模式、局地和非局地 K 闭合以及基于湍流动能的闭合方案等。

积云对流参数化　大气层结不稳定造成的空气上升运动称为对流，对流单体的空间尺度（几千米）远小于多数模式所能分辨的尺度（几十千米），积云对流参数化是用格点尺度变量描写对流过程对大气运动平均影响的物理方法。对流参数化主要分为三类方案，以真锅淑朗（Manabe，1965）为代表的湿对流调整方案，以郭晓岚（Kuo，1974）为代表的大尺度水汽辐合方案以及荒川等（Arakawa et al.，1974）为代表的质量通量型方案。

微物理过程大气数值模式中描述水汽凝结（华）成云，以及云降水粒子碰并、转化、融化、冻结和相变潜热等微物理过程的方法称之为云微物理参数化。详细描述各种云降水粒子相态、大小、形状和密度的变化过程极其复杂，通常在云微物理参数化中利用云水、雨水、冰晶、雪、霰和雹的比含水量或数浓度等参数表征水凝物微物理特征的变化。参数化方案主要分为总体方案（粒子尺度分布采用规定的函数形式）和分档方案（把粒子分布分成许多有限尺寸或者质量种类）。前者又分为单参数（只预报水凝物含量）和双参数（预报含量和数浓度）方案，目前大部分模式采用单参数方案。

辐射过程　辐射过程参数化是通过辐射传输方程计算太阳短波辐射和地气系统放射的长波辐射在大气中的辐射能量传输的方法。模式中通过辐射过程计算任何地点的总辐射通量，用于表面能量收支和大气柱的辐射加热和冷却率。长波辐射方案包括经验方法、二流方法、窄带模式和宽带模式（发射率模式）。短波方案包括经验方法、二流方法、爱丁顿（Eddington）方法、德尔塔-爱丁顿（Delta-Eddington）方法。

次网格尺度地形参数化　次网格尺度地形通过产生重力波、上游阻塞和小尺度湍流等对大气运动产生影响，对这些由次网格尺度地形产生的物理现象对大气运动影响的物理描述就是次网格尺度地形参数化，次网格尺度地形参数化与大气层结稳定度、气流的风向、风速和山脉的尺度及各向异性等有关，主要包括重力波拖曳参数化、阻塞流拖曳参数化和湍流地形拖曳参数化三部分。重力波、阻塞流拖曳属于中尺度地形拖曳，湍流拖曳属于小尺度地形拖曳。

展望　随着模式分辨率的不断提高，传统参数化方案的一些假定已经不成立，需要发展灰色地带物理参数化方案。同时，传统的参数化方案是单柱的，没有考虑格点之间的水平交换，需要发展三维湍流边界层和辐射方案。开发自适应物理过程，实现对流从参数化向显式描述的平滑过渡和一维垂直扩散向三维涡旋扩散的平滑过渡。以概率密度函数为基础的湿物理过程的一致参数化，实现对不同物理过程方案之间次网格尺度非均匀性和湿热力学变量的一致描述也是一个重要的发展方向。

参考书目

Charney J，G Fjortoft R，von Neuman J，1950. Numerical integration of the barotropic vorticity equation［J］. Tellus，2：237-254.

David J. Stensrud，2009. Parameterization Schemes：Keys to Understanding Numerical Weather Prediction Models［M］. Cambridge：Cambridge University Press.

（陈起英　沈学顺）

yún wēiwùlǐ guòchéng cānshùhuà

云微物理过程参数化（parameterization of cloud microphysical processes）　大气数值模式中描述水汽凝结（华）成云，云降水粒子通过碰并、转化、融化和冻结等一系列微物理过程的参数化方法称之为云微物理参数化。

大气中水汽达到液面饱和或冰面饱和后，将发生水汽凝结为云雨滴或凝华为冰雪晶的过程，云滴凝结增长或冰晶凝华增长到一定尺度后，将通过自动转化过程产生更大尺度的初始雨滴或雪，雨滴和雪在下落过程中不断碰并云滴、冰晶而长大，冰相粒子在大于零度的大气中将会融化，液相粒子随上升气流运动到零度层以上高度的大气中将发生冻结过程，这些过程通常称之为云微物理过程，发生相变的微物理过程还将释放潜热。云和降水的微物理特征十分复杂，它包括各种相态、大小、形状和密度的粒子，其质量和增长速率差别很大。详细描述它们的物理量变化过程极其复杂，通常在云微物理参数化中利用比含水量或水凝物粒子数浓度等参数表征水凝物微物理特征的变化。

根据云中水的相态、形状、比重等，通常将水凝物分成 6 种，即云水（Q_c）、雨水（Q_r）、冰晶（Q_i）、雪（Q_s）、霰（Q_g）和雹（Q_h）。数值模式中描述云降水粒子谱变化特征和伴随着的微物理过程通常分为体积水方案和分档方案。体积水方案将水凝物粒子总体平均状况进行参数化；分档方案将各水凝物尺度分为几十或上百档，详细参数化各水凝物在每档发生的凝结、喷并、转化、冻结和融化等微物理过程。由于需要耗费大量计算机资源，分档模式一般多用于云尺度模式，近年来随着计算资源的不断改进，分档云微物理方案在中尺度模式中也开始逐渐得到应用。体积水方案是数值模式中使用最多的云微物理参数化方案，通常大气数值模式中的云微物理参数化方案可根据是否包括有冰相过程分为暖云方案和混合相云方案，也可根据包括的云微物理过程的复杂程度和增加的水凝物预报量的种类分为简化云方案和复杂云方案。

描述暖云方案将水凝物分为云水和雨水，不考虑冰相作用，它能描述成云降雨的基本特征和主要的热力、动力反馈，有时推广应用于混合云降水过程。混合云方案将水凝物分为云水、雨水、冰晶、雪、霰和雹等，它较为细致地考虑了云中冰相过程，对云中降水粒子的起源，以及云中冰相水凝物的凝华、冻结和融化潜热等过程，它对大气热力、动力的反馈作用描述地更细致、客观。

通常在大气数值模式中，只利用水凝物比含水量表征水凝物微物理特征和微物理过程的参数化方案被称之为单参数化微物理方案，而采用水凝物比含水量和比浓度双参数表征水凝物微物理谱特征变化和微物理过程的参数化方案被称之双参数化微物理方案。双参数化微物理方案比单参数化方案具有更坚实的物理基础，描述的云微物理过程更加全面和细致，目前不同复杂程度的双参数云微物理方案已在许多中尺度模式和部分全球模式中得到应用。

（刘奇俊）

积云对流参数化（cumulus convection parameterization） 由于大气层结不稳定造成的热空气上升运动被

称为对流，但对流单体的空间尺度（几千米）远远小于目前多数模式所能分辨的尺度（几十千米以上），要考虑次网格尺度对流过程对大尺度的影响，就要运用参数化的方法，即积云对流参数化。积云对流参数化方案需要解决的问题主要包括对流触发机制、闭合假设以及云模型等方面，并按照处理方式的不同主要分为三类：对流调整方法、大尺度水汽辐合方法以及质量通量方法。

主要方案 经典的对流参数化主要分为三类方案：1965 年，以真锅淑朗（Manabe）为代表的湿对流调整方案、以郭晓岚为代表的大尺度水汽辐合方案以及以荒川等（Arakawa et al.，1974）为代表的质量通量型方案。

1968 年，Manabe 方案的基本思想是当相邻的两个模式层出现饱和湿静力不稳定时，对流过程会沿湿绝热线调整温度及湿度，同时多余的水汽凝结变成对流降水。贝茨（Betes）和米勒（Miller）于 1986 年提出一个穿透性对流的调整方案，对流云中的温度以及湿度变化率，是由大气环境场的温度及湿度在对流特征时间内根据参考廓线调整而得到的。如果调整时计算的降水为正值时，对流则被触发，反之则不会发生对流。大尺度水汽辐合方案的代表为 Kuo 方案，是郭晓岚于 1965 年和 1974 年提出，通过给定的半经验型参数 b，将大气柱内的总的水汽供应分解为对大气的增湿部分以及降水部分来预报湿度的变化；温度的倾向计算与凝结的垂直分布相对应，先假设对流云内的温度沿假湿绝热线变化，通过对流云内温度以及环境场的温度之差来决定计算得出对流加热率的垂直分布。质量通量型积云对流方案由荒川（Arakawa）和舒伯特（Schubert）在 1974 年最先提出，是目前广泛运用的积云对流方案。方案的基本思想是考虑在模式网格内存在以夹卷率为特征尺度的一系列的对流云（积云谱），引入比较简单的上升气流模型，计算积云质量通量的垂直廓线、云内温度、湿度以及上升支、下沉支中的凝结和蒸发。蒂特克（Tiedtke）在 1989 年提出总体型质量通量方案，与 Arakawa-Schubert 方案类似，但是仅仅考虑在模式网格内存在一种主要的云型，而不是一系列的积云谱。凯因（Kain）和弗里奇（Fritsh）在 1990 年同样是质量通量型方案，考虑了对流下沉支的处理，同时也考虑了对流上升支的卷入卷出等过程，在中尺度模式中应用较广泛。

触发机制 即数值模式中确定对流在当前时间步是否能发生的判据。对流的触发机制会因具体的积云对流参数化方案的不同而有各自的判断。一般而言，首先确定对流潜在来源的层次，某些方案会加入温度扰动，然后寻找抬升凝结高度，满足一定的标准时就会触发对流过程（Pan et al.，1995；Tiedtke，1989；Kain，2004；等等）。也有一些方案会直接用对流有效位能（CAPE）达到某个阈值作为触发机制（Zhang et al.，1995），还有一些方案选择整个柱水汽达到某个阈值作为触发机制（Peters et al.，2006）。

闭合假设　由于大部分模式采用质量通量型方案，故在此主要介绍 Arakawa 和 Schubert 在 1974 年提出的准平衡假设，其基本思想是对流造成的云功函数的时间变化率与大尺度造成的云功函数的时间变化率基本达到平衡。通过这个假设，可以计算出云底的质量通量，进而可以求解整个云模型的方程，是数值求解积云对流过程中非常重要的假设。

展望　随着模式分辨率的提高，积云对流过程在什么样的分辨率情况下可以完全不需要参数化，是目前积云对流参数化发展的热点也是难点之一。普遍认为当模式分辨率提高到 10 千米到几千米时，处于需要调用积云对流过程的过渡地带（被称之为 grey zone，即灰色地带），在灰色地带中如何描述使得积云对流方案表现得更合理，是研究者积极努力的方向。近年来，云可分辨率模式（CRM）得到广泛的应用，基于这种基础，2004 年，格拉博夫斯基（Grabowski）等提出超级参数化的概念，即将 CRM 植入 GCM 的每一个格点柱内，从而模式能够显式地表示中小尺度过程以及其相互作用；另外，2004 年，Arakawa 还提出了准三维 CRM 与 GCM 的耦合，从而构建全球准三维多尺度模式框架的设想。

参考书目

Arakawa A, 2004. The cumulus parameterization problem：past, present, and future ［J］. J. Climate, 17：2493-2525.

Arakawa A, Schubert W H, 1974. Interaction of a cumulus cloud ensemble with the large-scale environment Part I ［J］. J. Atmos. Sci., 31：674-701.

Grabowski W W, 2004. An improved framework for superparameterixation ［J］. J. Atmos, Sci., 61（15）：1940-1952.

Kuo H L, 1965：On formation and intensification of tropical cyclones through latent heat release by cumulus convection ［J］. J. Atmos. Sci, 22：40-63.

Manabe S, Smagorinsky J, Strickler R F. 1965. Simulated climatology of general circulation model with a hydrological cycle ［J］. Mon. Wea. Rev., 93：769-798.

Pan H L, Wu W S, 1995. Implementing a mass flux convective Parameterization Package for the NMC Medium-Range Forecast model ［J］. NMC Office Note, 409：40.

Peters O, Neelin J D, 2006. Critical Phenomena in atmospheric precipitation ［J］. Nature Physics, 2（6）：393-396.

（刘琨）

fúshè guòchéng cānshùhuà

辐射过程参数化（parameterization of radiative process）在数值模式中为了考虑大气气体、气溶胶和云等对大气温度和能量收支的影响，需要计算每个模式层的辐射通量和加热/冷却率，需要采用一定的辐射参数化方案来描述这些物理过程。根据计算波长范围不同，辐射过程参数化方案可以分为短波辐射和长波辐射。太阳辐射波长（通常小于 4 μm）较地面和大气辐射波长（通常大于 4 μm）小得多，所以通常又称太阳辐射为短波辐射，称地面和大气辐射为长波辐射。

辐射过程参数化方案主要包括三部分的内容：气体吸收，分子、气溶胶和云的散射及辐射传输方程的求解。

辐射过程参数化中常用的气体吸收方案主要有逐线积分、K-分布、带模式三种。其中逐线积分模式精度最高，但需要耗费大量的计算时间，目前还不能用于天气预报和气候模式之中。带模式运算速度快，但是精度与逐线积分和 k-分布方案相比还有一定差距。K-分布方案由于其可以兼顾精度和计算效率，因此目前被广泛应用于大尺度模式之中。

辐射过程参数化中常用的散射计算主要包括瑞利散射和米散射，由于米散射仅能用于球型粒子的计算，为了更好地计算非球型粒子，*T* 矩阵、几何光学等方法也被逐渐用于散射计算之中。

由于计算时间的限制，辐射过程参数化中的辐射传输方程主要采用二流辐射传输方案（二流离散纵标法、Eddington 法等），随着计算机能力的提高，四流辐射传输方案（四流离散纵标法、四流球谐函数法）也逐渐被采用。

次网格云的模拟以及云辐射传输的处理是辐射参数化中的难点，目前大尺度模式中逐渐采用蒙特卡洛独立气柱近似来估计网格平均的辐射通量和加热率。

业务中常用的辐射参数化方案主要包括 Goddard 长短波辐射方案、美国地球物理流体动力实验室（GFDL）长短波辐射方案、欧洲中期天气预报中心（ECMWF）长短波辐射方案、非均匀大气辐射传输（RRTM）长短波辐射方案、Fu-Liou 辐射方案、北京气候中心大气辐射模式辐射方案、公用大气模式第三版/美国国家大气研究中心（CAM3/NCAR）长短波辐射方案等。

参考书目

廖国男，2004. 大气辐射导论［M］. 北京：气象出版社.

石广玉，2007. 大气辐射学［M］. 北京：科学出版社.

（张华）

xíngxīng biānjiècéng cānshùhuà
行星边界层参数化（planetary boundary layer parameterization）

解决模式格点无法分辨的大气边界层中的小尺度湍流输送的次网格问题。

大气边界层过程 大气边界层（PBL）过程是大气运动物理过程中的一个重要组成部分。它主要由湍流作用产生动量、热量以及水汽等的交换。由于湍流运动尺度很小，属于次网格，因此需要进行参数化处理。

PBL 过程在大气模式中相当重要。首先，动量、热量和水汽的大尺度收支受地表通量的影响；其次，边界层过程与其他过程如陆面、云和对流有相互作用，是连接地表和自由大气的重要过程；再次，边界层中的模式变量如两米温湿、十米风等是重要的模式产品。

边界层参数化原理 大气运动方程组，由于 Reynold 分解和平均，产生了 $\overline{u'w'}$、$\overline{w'\theta'}$ 等非线性未知量，代表未平均的湍流运动对动量、热量以及水汽的垂直输送。由于新的未知量的出现，方程不闭合。因为湍流的尺度较小，数值模式的网格无法显式描述这些变量，因此大气边界层参数化就是要用平均量来描述这些次网格的通量，使得方程闭合，得以求解。这种用平均量来描述这些次网格边界层通量的过程就叫作边界层参数化（参见第 73 页 物理过程参数化）。

边界层参数化分类 大气边界层参数化的具体方法根据闭合阶数不同，可分为不同的种类。

K 理论（一阶闭合） 常用的一阶闭合为 K 闭合方案。K 理论是指任何变量 ζ 的湍流通量密度可以表示成下列公式：

$$\overline{\zeta'u_j'} = -K\frac{\partial \overline{\zeta}}{\partial x_j} \qquad (1)$$

式中，$j = 1$、2、3；u_j 为速度的三个分量，即 $u_1 = u$、$u_2 = v$、$u_3 = w$；x_j 代表坐标轴的三个方向，即 $x_1 = x$，$x_2 = y$，$x_3 = z$；K 为湍流系数。K 通常为正，表示变量 ζ 湍流通量密度 $\overline{\zeta'u_j'}$ 顺着 ζ 的局地梯度由高值向低值传输。如 $\frac{\partial \overline{\zeta}}{\partial z} < 0$，变量随高度递减分布，则 $\overline{\zeta'w'} > 0$，表示 ζ 向上输送。

根据 K 的不同计算方法，K 理论可以分为局地和非局地两种。局地方案的 K 仅与局地梯度有关，如局地的动量湍流系数为：

$$K_M = l^2 F_M \left|\frac{dU}{dz}\right| \qquad (2)$$

其中 l 为长度尺度，$F_M = F_M(Ri)$，为 Ri 的经验函数，Ri 为局地理查森数。

而非局地方案中，K 与整个边界层的特征量（通常是边界层高度）相关，如非局地的动量和热量湍流系数分别为：

$$K_M = k\,w_s z\left(1 - \frac{z}{h}\right)^2 \qquad (3)$$

$$K_H = k\,w_s z\left(1 - \frac{z}{h}\right)^2 Pr^{-1} \qquad (4)$$

其中 h 为边界层高度，Pr 为普朗特数，w_s 为近地层速度尺度。

大多数国家数值预报中心均以该方案为理论基础，如欧洲中期天气预报中心（ECMWF），英国气象局以及美国的国家环境预报中心（NCEP）。

高阶闭合 是指在边界层方程中保留高阶矩的预报方程。

1.5 阶闭合模式不仅包括平均风、温度、湿度的预报方程，同时也包括位温方差和湍流动能的预报方程，提高涡扩散系数 K 的参数化，此时扩散系数 K 是湍流动能和位温方差的函数。很显然，该方案明显比 K 闭合方案要复杂。

当然还有更复杂的方案，讨论更高阶的湍流统计量的预报方程，如二阶方案保留二阶相关矩的预报方程，对三阶相关矩进行参数化；三阶方案保留三阶相关矩的预报方程，对四阶相关矩进行参数化……高阶闭合理论上提高了闭合精度，但是在实际应用中却有很多困难。

行星边界层参数化的发展 边界层方案由最初将整个边界层作为一个整体来考虑的 bulk 模式，逐渐发展到 K 闭合以及更高阶的闭合模式。随着模式分辨率的不断提高，单点模式中的均匀性和各向同性假设将越来越难满足，高分辨模式中边界层参数化将有可能向三维模式发展，以考虑下垫面的水平非均匀性。另一方面，模式的物理过程的发展越来越注重不同物理过程之间的相互作用。ECMWF、NCEP 和英国气象局的边界层方案中都考虑了边界层顶积云的夹卷效应对湍流垂直扩散的影响；ECMWF 发展了涡扩散质量通量方案，以更好地考虑对流和边界层之间的耦合；同时大气边界层和陆面的相互作用也越来越被重视；云降水方案中也将逐步考虑边界层过程对低云的影响。

（陈炯）

lùmiàn guòchéng cānshùhuà
陆面过程参数化（parameterizations of land surface processes）

在数值模式中通过统计或物理统计相结合的方法来表达发生在土壤、植被和大气之间的各种高度复杂或次网格尺度过程，描述陆面状态的变化并为大气模式提供陆地部分的下边界条件。

陆地面积约占地球表面的 1/3，是大气运动的重要下边界。陆地表面与大气之间存在不同时空尺度的相互作用，对大气环流及气候具有重要影响。陆面过程是指发生在陆地表面的热力、动力、水文及生物物理、生物化学等一系列复杂过程，也包括了陆面与大气之间的动量、热量以及物质（水汽及 CO_2）交换过程。地表热量平衡通常表示为：$R_n = H + \lambda E + G$，式中 R_n、H、λE、G 分别为地表吸收的净辐射、感热通量、潜热通量和地表热通量；而地表水分平衡则表示为：$P = E - R - \Delta S$，P、E、R、ΔS 分别为降水、蒸发、径流和土壤含水量的变化。

20 世纪 50 年代，科学家就开始了大气和陆面相互作用参数化方案的研究。早期，数值模式对陆面过程的处理比较简单，陆面过程通常被处理为大气模式的一个组成部分；其后，陆面过程参数化方案逐渐发展成为相对独立的陆面过程模式（或陆面模式）。陆面模式的发展大致经历了三代：

第一代（20 世纪 60 年代末—70 年代） "Bucket" 模式。"Bucket" 模式是对陆面水循环过程的极端简化，通过空气动力学总体输送公式和几个均匀的陆面参数来反映土壤水分、蒸发和地表径流。

第二代（20 世纪 80 年代—90 年代） 考虑植被生物物理作用的陆面模式。70 年代末提出了 "大叶"（Big Leaf）模式，首次将植被冠层对陆面过程的控制作用引入到陆面参数化中。第二代陆面模式的典型代表有生物圈大气传输模型（BATs）和简单生物圈模式（SiB）。这一时期的陆面模式主要考虑了植被对辐射、水分、热量和动量传输的控制作用，对植被在陆面过程中的作用进行了较细致地描述，从而较为真实地描述了土壤—植被—大气系统的水热交换过程。

第三代（20 世纪 90 年代以后） 考虑生物化学过程和碳循环的陆面模式。这一时期的代表性模式有美国国家大气研究中心（NCAR）陆面过程模式（LSM）、中国科学家为主研发的通用陆面模式（CoLM）及 NCAR 最新的公用陆面模式（CLM）等。第三代模式的显著特点是在模式中引进植被光合作用的生物化学模型，对植被的生物化学过程及生物通量进行描述，从而使陆气相互作用的物理过程和生物化学过程紧密结合，更真实反映陆气之间的交换过程。

陆面模式还考虑了植被的动态变化过程，即动态植被问题。

（陈海山）

次网格尺度地形拖曳参数化（subgrid-scale orographic drag parameterization） 是描写模式不能分辨的次网格尺度地形对大气运动影响的数学描述过程。根据大气层结稳定度，气流运动的方向、风速和山脉的尺度及各向异性，次网格尺度的地形通过产生重力波、上游阻塞和附加的湍流对大气形成拖曳。重力波、阻塞流拖曳属于中尺度地形拖曳，湍流拖曳属于小尺度地形拖曳。

重力波拖曳参数化 在稳定层结条件下，当气流越过不规则地形时会激发垂直传播的重力内波，重力波在传播的过程中遇到不稳定层结或临界层时会被吸收，产生波和环境之间的动量交换，从而对环境产生拖曳，即重力波拖曳。研究工作开始于 20 世纪 70 年代，大部分重力波拖曳参数化方案包括两个部分：计算表面波应力和波应力的垂直分布。主流模式采用的主要参数化方案包括帕尔默（Palmer）方案、麦克法兰（McFarlane）方案和洛特-米勒（Lott-Miller）方案。不同方案的基本原理和假定基本相同，区别仅在于计算表面波应力的公式和一些可调参数的表达式不同。后来发展的有些方案还考虑了山脉下游的低层波破裂和背风波捕获过程，例如金-荒川（Kim-Arakawa）方案。

阻塞流拖曳参数化 当层结进一步稳定，气流的垂直运动受限，主要绕过山脉，由于山脉上下游的压力差对气流产生的拖曳叫阻塞流拖曳。对阻塞流拖曳的参数化从 20 世纪 90 年代后期才开始。历史上最初对低层阻塞作用的参数化采用人为提高模式可分辨地形的方式，比如在平均地形的基础上增加次网格地形高度标准差的倍数，即包络地形。这种方法能增加拖曳，但是对同化和降水预报有负面影响。洛特（Lott）和米勒（Miller）1997 年发展的低层拖曳参数化方案更有物理基础，它由大气的层结稳定度、气流的方速和山脉的高度决定阻塞层的深度，表面应力的计算根据气流经过不同形状物体的解析研究结果和尺度分析的方法确定。现有数值模式中基本都采用这个方案。

湍流地形拖曳参数化 在边界层内，湍流经过小于 5 km 的地形，由于地形上下游的压力差对气流产生的拖曳叫湍流地形拖曳。伍德（Wood）和梅森（Mason）等 1993 年通过引入有效粗糙度长度的概念来参数化这种拖曳力的影响，并被许多模式所采用。安东（Anton）等 2003 年实现了更有物理基础的湍流地形拖曳参数化方案。这个方案包括地形谱的参数化、表面拖曳的计算和拖曳力在垂直方向的分布。已经有越来越多的模式在采用这个参数化方案。

现有大部分重力波参数化方案在一个格点盒里假定

只有一个垂直传播的重力波，当入流方向随高度变化，达到与表面风垂直时，会产生过多的动量耗散，有些方案采用两个不同传播方向的重力波来缓解这个问题。客观地评估地形拖曳参数化仍然很困难，而且现有参数化里的许多参数缺乏观测资料对其进行限制。另外，当模式格距逐渐减少，重力波在垂直方向上传播轨迹倾斜时能传播出模式的垂直格点柱，影响周围的格点，这对地形重力波参数化也是一个挑战。

（陈起英）

上下边界条件（upper and bottom boundary conditions）

在数值模式计算域的上下边界上，针对各模式变量或其他相关变量（如通量等）所加的约束条件。通过边界条件给出大气运动变化的环境条件，以获得逼近实际大气的数值模拟结果。

作为定解问题，在用大气数值模式进行模拟或预报时，除初始条件外还必须给出边界条件。针对一般偏微分方程的数值求解，边界条件可以大致分成下面几类：①狄利克雷（Dirichlet）边界条件（俗称第一类边界条件），该边界条件指定计算域边界上模式变量的数值；②纽曼（Neumann）边界条件（俗称第二类边界条件），一般针对相关物理量的通量，给定计算域边界法向导数；③第一类和第二类边界条件的混合给法。

就大气数值模式而言，上下边界条件有其本身特点。首先，大气的下边界为地球表面，因此大气模式的下边界条件必须根据地表状况给出。下边界条件包括反映地形和地面摩擦作用的运动学边界条件如滑动边界条件和固定边界条件，以及反映大气与地表之间物质和热量传输的热力学类边界条件。通常，这些边界条件本身就是海气或陆气相互作用的结果，所以可以通过耦合模式如陆面模式和海洋模式等来确定。其次，实际大气的顶部没有明确的界限，一般来讲，大气模式的上边界可伸展至平流层中甚至更高。与下边界不同，上边界并不是物理意义上的边界，而是由于计算区域的限制产生的人为规定的边界。特别是区域模式，这种不开放的人为边界会使得上传的大气波动能量产生累积，为此，人们通常采用无反射边界条件或吸收边界条件，以消除其作为人工边界可能产生的负面影响。

（李兴良）

模式嵌套技术（nesting for the model）

是指在粗网格模式区域内嵌套一个细网格模式区域的方法，这种嵌套可以是双重嵌套，也可以是双重以上的多重嵌套，而且嵌套网格中的细网格区域可以是固定的，也可以是随天气系统移动的。粗网格模式可以是有限区域模式，也可以是全球模式。区域模式嵌套技术按照粗、细网格之间的相互反馈影响可以分为单向嵌套和双向嵌套方案；按照使用模式的异同情况可以分为自模式嵌套和异模式嵌套。

单向嵌套方案 单向嵌套是指在整个模式积分过程中细网格预报对粗网格预报无反馈影响作用，只有粗网格模式通过为细网格模式提供初值和侧边界条件产生"强迫控制"影响作用。这种方案又可分为时间同步的和非时间同步的两种单向嵌套方案。前者是指每个时间步都进行粗、细网格模式的嵌套处理，即模式积分的第一步首先由粗网格模式的初值生成细网格模式的初值和边界条件，然后每个时间步进行粗、细网格模式的先后顺序积分，细网格模式的侧边界均由粗网格模式的预报场提供。非时间同步的单向嵌套是指细网格模式初始场和侧边界条件由粗网格模式的初始场和较长时间间隔（如3小时、6小时等）的预报场提供。

双向嵌套方案 这种方案类似于时间同步的单向嵌套方案，所不同的是在整个模式积分过程中细网格预报对粗网格预报有反馈影响作用。见图，红色点为粗网格点，蓝色点为细网格点，细网格模式区域可设置在靠近粗网格模式区域边界，也可以设置在粗网格模式区域中央。为了便于处理粗、细网格模式的相互反馈影响作用，粗、细网格模式的格点距离比一般取为1:3，这样细网格模式每间隔3倍的格点与粗网格的格点重合，每次细网格模式积分结束后的细网格预报值可以直接更新粗网格模式重合点的预报值，完成细网格模式对粗网格模式的反馈作用，而粗网格模式预报场为细网格模式更新侧边界条件，对细网格模式产生"强迫控制"作用。如此反复，直到整个预报积分结束。

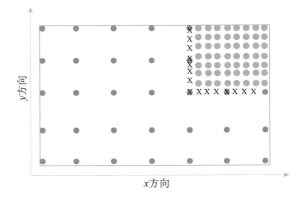

双向嵌套方案

说明：红色点表示粗网格模式或驱动模式的网格点；蓝色点表示细网格模式或被嵌套模式的网格点。

在时间同步的单向嵌套方案和双向嵌套方案中，由于每个时间步都更新细网格模式的侧边界条件，相当于使波动更"平顺"穿过细网格模式侧边界，减缓侧边界的"堆积""反射"作用，从而使在计算机资源有限的条件下，可以嵌套更小区域的、更高分辨率的细网格模式，提高高分辨率细网格模式对强天气过程（如飑线、龙卷）的模拟预报能力。相比较而言，双向嵌套方案比时间同步的单向嵌套方案在这方面更具优势。

自模式嵌套 自模式嵌套是指粗、细网格模式均采用同一数值预报模式，但模式物理过程方案可以不一样，而模式动力框架一样。一般来说，时间同步的单向嵌套方案和双向嵌套方案多为自模式嵌套。

异模式嵌套 异模式嵌套是指粗、细网格模式均采用不同的数值预报模式，包括资料同化系统、模式动力框架、模式物理过程参数化方案等。最常见的情形是全球模式与区域模式之间的嵌套。异模式嵌套可能引起的问题是不同预报性能的模式之间的协调性问题。

模式嵌套可能引发的问题 嵌套模式本质上仍为有限区域模式，它既继承了有限区域模式的优点，同时也包容了有限区域模式的问题。除此以外，嵌套模式也存在由于嵌套引起的特有问题，如：①细网格模式侧边界条件的处理问题。波动在粗网格中一般移速较慢，当波动从粗网格进入细网格时易变平。反之，当波动从细网格进入粗网格时，易收缩，振幅增大，有时还会出现波的折射和反射问题。②时空插值问题。由于粗、细网格模式的格距不一致，经常在内边界附近进行插值，这种插值误差会对预报带来负面影响。

（陈德辉　徐国强）

cèbiānjiè tiáojiàn

侧边界条件（lateral boundary conditions） 和全球模式不一样，有限区域模式存在人为设定的侧边界，为了在有限区域上求解离散化的模式控制方程组，需要给定侧边界条件。大气有限区域模式的侧边界属于"开边界"，要求区域内的波动或扰动经过侧边界时，不产生堆积，不产生影响内区域数学解的反射波，平顺通过侧边界，移出模式区域。同时要求外部的"强迫"气流经过侧边界时，不产生堆积，不被破坏，平顺通过侧边界，进入模式区域内。作为大气模式的侧边界条件，通常可以采用大尺度的分析场、气候场、观测场、模式场（如全球模式），插值到每一个侧边界的"细网格"、每一时间步上，生成模式侧边界条件。对于侧边界条件的处理方法主要有：

松弛边界方法 设有限区域模式的侧边界为一过渡带（宽约 3～5 圈），那么过渡带格点上每一时间步的预报变量值定义为大尺度场提供的变量值与小模式的预报值的权重平均，计算公式如下：

$$F_i = \alpha_i F_{LS} + (1 - \alpha_i) F_{SS} \quad (i = 1, \cdots, N) \quad (1)$$

式中，"i"为侧边界格点圈的序号，最外圈为"1"，最内圈为"N"，后者为总的圈数；$0 \leq \alpha_i \leq 1$ 为权重系数，最外圈 $\alpha_1 = 1$，意思是最外圈的变量值为大尺度值，最内圈 $\alpha_N = 0$，意思是最内圈的变量值为小模式的预报值。实际业务应用或模拟研究中，多采用松弛边界条件。

固定边界方法 区域模式侧边界格点上的预报变量值完全由大尺度场提供，且不随模式积分时间演变而有任何变化。

周期边界方法 在同方向上（如"x"方向或"y"方向），侧边界上流出点的变量值等于流入点的变量。

辐射边界方法 设想有一波动移近模式侧边界，在实际大气中，该波动应该不产生任何反射波、很平顺地通过侧边界。辐射边界的给定就是减缓反射波作用，强化大气波动平顺通过侧边界的效果。设反射波的位相速度为"C^*"，那么任一变量 $\phi(x, t)$ 一维平移变化为：

$$\frac{\partial \phi(x,t)}{\partial t} + C^* \frac{\partial \phi(x,t)}{\partial x} = 0 \quad (2)$$

当预报变量由区域外设定时，C^* 由外指向区域内；当预报变量由区域内外插得到时，C^* 由区域内指向外。如何给定位相速度"C^*"是问题的难点。

实际业务有限区模式多采用松弛边界方法，其他三种方法通常只限于理论模拟研究。

另外，侧边界和紧靠侧边界上的结果是存疑的，故在设置模式区域时，应该尽可能把感兴趣的关键核心区设置在远离边界的位置，如模式区域的中央位置。

（徐国强　陈德辉）

quánqiú dàqì móshì

全球大气模式（global atmospheric model） 借助高性能计算机求解全球大气运动及其状态未来演变的数学物理模型，在数学上是一个发展方程的初边值问题。该模型建立在控制大气运动的能量守恒、动量守恒、质量守恒及状态方程的基础上，由于方程组的高度非线性，只能通过时间、空间数值离散化方法在高性能计算机上得到数值解。

基本原理 离散化的方程组是连续形式大气运动和状态的时空平均近似，近似程度与离散化时采用的时空分辨率密切相关，不能分辨部分的大气运动（如积云对流、湍流等）及对大气运动有重要影响的过程（如辐射加热和冷却、陆地和海洋的状态及变化）通过物理过程参数化的办法加以考虑。完整的全球大气模式由表征当前大气状态的初值、离散化的控制大气运动的方程组和物理过程参数化构成，在计算机上则是一个复杂的程序软件。求解全球大气模式的初值通常通过资料同化的办法得到，大气顶部和下部边界条件根据大气运动的动力学和热力学属性并考虑离散化算法的易实现性（如垂直坐标的选择）来给定。

全球大气模式通常近似地球为圆球，采用球坐标系刻画平行于地球表面的大气运动方程组，垂直方向多采用地形追随坐标（如高度地形追随坐标、气压地形追随坐标）以简化复杂的大气运动下边界条件。全球大气模式空间离散化时在水平方向上一般采用谱方法或者格点有限差分方法，垂直方向采用有限差分法或者有限元法。考虑计算效率和稳定性，在时间离散化时多采用半隐式半拉格朗日方法或者快慢波分离的时间分裂算法。目前，全球大气模式的空间分辨率在十千米到百千米量级之间。控制方程组依据对大气运动的近似分为静力平衡原始方程组和非静力全可压方程组，前者对十千米以上较低分辨率的模式大气是一个很好的近似，后者适用于各种尺度的大气运动。

现状和分类　全球大气模式按照空间离散化方法的不同，分为谱模式和格点模式。欧洲中期天气预报中心的集合预报系统（IFS）、日本气象厅全球谱模式（GSM）、法国气象局大小尺度天气研究天气模式（AR-PEGE）和美国国家环境预报中心全球预报系统模式（GFS）全球中期预报模式是谱模式的代表。中国气象局发展的 GRAPES 全球数值预报系统（GRAPES_GFS），英国气象局的统一模式（UM），加拿大气象局的全球环境多尺度模式（GEM）和德国气象局的全球气象模式（GME）是全球格点大气模式的代表。这些业务全球大气模式中，根据采用的大气运动控制方程组的不同，分为静力模式和非静力全可压模式，欧洲中期天气预报中心、日本气象厅和美国国家环境预报中心是静力模式，其他主要数值预报业务中心均已采用非静力模式。

应用　全球大气模式是数值天气预报模式业务系统的核心，提供 10 天时间尺度的全球中期天气预报，同时是全球中期集合预报系统和全球台风路径数值预报的重要基础。在数值预报业务体系中，全球大气模式为区域数值预报或者中尺度数值预报及其他区域台风、环境数值预报等提供区域侧边界和资料同化的背景场。全球大气模式也作为大气分量模式，是气候系统模式（或地球系统模式）的重要组成部分。在两周到月尺度的短期气候预测业务中，是动力延伸预报的重要工具。全球中

期数值天气预报模式的分辨率目前在 15～30 km，用于气候预测、模拟和研究的全球大气模式分辨率在百千米左右。

展望　未来用于全球中期天气预报的全球大气模式分辨率将达到 10 km 或者更高，预报时效将延长至两周。全球大气模式的发展除了考虑传统的稳定性、计算精度和效率之外，模式的守恒性、对可以得到解析解的大气波动的仿真性以及大规模并行计算的可扩展性成为设计模式时必须考虑的重要内容，平流层甚至更高层大气过程的合理描述，对于延长预报时效和满足航空航天的预报服务需求，也是全球大气模式发展的重要方向。总之，高分辨率全球大气模式是全球大气模式的发展方向。适应未来众核高性能计算机的发展，现有的格点模式和谱模式其时空离散化算法和格点结构，成为全球大气模式发展的瓶颈，设计和发展具有高阶精度、守恒和高可扩展性的离散化算法及全球准均匀结构的网格，是发展下一代全球大气模式的重要内容。在正二十面体、三角形及立方球网格等准均匀网格上，基于"有限元"类空间离散化的算法（有限体元、谱元、不连续伽略金等）可以满足上述下一代全球大气模式发展的要求，是目前国际全球大气模式发展的前沿。基于快速勒让德变换算法的发展，欧洲中期天气预报中心克服了谱模式大规模并行计算的瓶颈，使得谱模式仍然是未来全球大气模式发展的选项之一。

物理上更加合理和精细化是全球模式物理过程的发展方向。同时，全球模式的物理过程在模式分辨率达到 10 km 或者更高之后，需要对在较粗分辨率基础上发展起来的物理方案进行合理性改进和优化。发展在各种大气运动尺度上通用或者尺度自适应的物理过程参数化是模式物理过程研究的前沿问题。

参考书目

陈德辉，薛纪善，2004，数值天气预报业务模式现状与展望 [J]. 气象学报，62（5）：623-633.

Kalnay E，2003. Atmospheric modeling, data asimilation and predictability [M]. Cambridge：Cambridge University Press.

Lauritzen P H, et al, 2011. Numerical Techniques for Global Atmospheric Models [M]. NewYork：Springer Press.

（沈学顺　杨学胜）

qūyù móshì

区域模式（regional model）　各种有限区域数值天气预报模式的统称。这种称谓是从模式覆盖的地域范围来称呼的，因此，这类模式积分区域远小于半球，但大于云模式的尺度。区域模式又常称为有限区域预报模式。

例如：中国的全球/区域中尺度数值预报模式（GRAPES-Meso）模式、先进的有限区域 η 坐标暴雨数值预报模式（AREM）等，美国的第五代中尺度模式（MM5）、先进的区域预报模式（ARPS）、天气研究和预报模式（WRF）、区域气候模式（RegCM）等系列模式。在这些模式中，若具有预报中小尺度天气系统能力的，也称其为中尺度模式。区域模式数量众多，应用范围极广，主要用来做 $1 \sim 3$ d 的短期天气预报和模拟，也被应用于区域气候的模拟及研究。

　　基本内容　区域模式的研究几乎涉及了数值天气预报的全部内容。包括：模式的基本方程组、主要物理过程处理方案、侧边界处理方案、各种尺度地形的处理及陆面过程方案、数值计算方案（包括离散化方法、守恒格式的设计、时间积分方案、并行计算等）、资料同化及初值形成方案、诊断及模式运行监控方案等，内容相当丰富。

　　科学基础　区域模式涉及的科学基础为：基本方程组的构成需要具有大气动力学和大气热力学的知识，物理过程及陆面过程的处理需要具有大气辐射学、云雾物理学和边界层物理过程的知识，其他方面的内容，则需要掌握数值天气预报及数值计算技术的有关知识等。

　　发展的主要趋势　①空间分辨率不断提高，不少模式为了取得更高的分辨率，常采用多重嵌套方案，使水平网格距可达 1 km 或更细。垂直分层可以多达 60 层或更多；②采用非静力平衡的动力学方案，可用于预报或模拟中小尺度强对流天气系统；③模式物理过程中多含有云的微物理过程方案，使降水的预报效果显著地提高；④具有精细的陆面过程及小尺度地形处理方案，能较好地反映天气系统的地方特色；⑤具有用于区域同化多种资料的能力，例如能同化地面加密观测资料，多普勒雷达资料等；⑥侧边界采用协调处理方案，能较好地与全球分析资料及大模式预报资料相协调。

　　主要技术方法　①动力框架均采用非静力平衡的方程组，保留了重力波与声波的机制；由于气压梯度力是方程中的大项，中国的 GRAPES 模式为了计算得更准确，引用 π 函数来表示气压梯度力；②由于垂直方向上采用非静力平衡方案。垂直方向不能简单沿用过去的气压坐标。为了有效地考虑地形的作用，目前主要采用两种垂直坐标。一种是由几何高度建立的无量纲 σ 坐标，称之为 η 坐标（又称为 "高度地形追随坐标"）。例如，GRAPES 模式；另一种是由气压基本量 p_0 建立的无量纲 σ 坐标，称之为仿地形高度坐标。MM5 及 WRF 模式就是使用这种坐标；③区域模式配有三维或四维变分同化模块，能有效地同化所获取的各种资料，包括各种观测资料、再分析资料及大模式的预报资料。特别需要指出的是，四维变分同化模块需要使用 "伴随技术"，且该模块必须与模式配套。另外，有些模式选用集合卡曼滤波方法进行同化；④这类模式绝大部分采用差分方法进行离散化，差分格式多采用高阶精度和能量守恒的格式。为了克服线性和非线性不稳定并取得较好的预报效果，如，GRAPES 模式采用半隐式—半拉格朗日时间积分方案，WRF 模式采用时间分离的积分方案；⑤各区域模式都具有完善的物理过程处理模块，包括辐射处理、云和降水处理、边界层处理、陆面过程处理等。每种处理中都有多个方案可供选择。特别需要指出的是，为了提高降水预报的准确率，每个模式都备有丰富的云和降水微物理过程方案，可供使用者选择。如果网格很细时，积云对流参数化方案，可以省略不选用；⑥外侧边界采用协调处理方案，目前以戴维斯方案用得较多。

　　应用领域　区域模式的应用领域极广。首先，因它能模拟或预报出 $1 \sim 3$ 天期间中小尺度天气系统的产生与发展。是构建很多国家或地区业务模式的首选。例如：中国国家气象中心研发的 GRAPES-meso 模式；广州区域气象中心依托 GRAPES-meso 模式构建的华南区域数值预报系统；上海区域气象中心和成都区域气象中心依托 WRF 模式分别构建的华东区域数值预报系统和西南区域数值预报系统；其次，用区域模式可以开发出很多专业模式。例如：北京区域气象中心在 GRAPES 模式基础上开发出紫外线预报模式（GRAPES_UV）；中国气象科学研究院在 GRAPES 模式基础上开发出中国沙尘天气预报系统（GRAPES-CUACE/Dust）；广州区域气象中心在 GRAPESG 模式基础上开发出中国南海台风数值预报系统；再次，用区域模式可以开发出各种集合预报模式。例如：中国国家气象中心在 WRF 模式的基础上，开发出了中国区域中尺度集合预报系统；最后，用区域模式还可以构建出一些短期区域气候模式，用它对短期区域气候进行预测或模拟。例如，用美国的 MM4-5 模式就构建出区域气候的 RegCM 系列模式，也有人在 MM5 V3 模式基础上成功地进行短期区域气候的模拟。

　　存在的主要问题　①由于区域模式的侧边界处理条件一般是人为设定的，其参数及处理时产生的误差会对模式的预报效果有较大的影响；②区域模式的物理过程处理仍然不够细致和完善，直接影响了模式的预报效果；③资料同化方案和效果仍然有待改进；④采用集合预报方法对提高预报效果有很大帮助，但区域集合预报的技术仍需进一步深入研究；⑤由于各种专项业务区域模式是互相独立运行的，这对人力及计算机的资源都是不经济的。

展望 ①对于国家气象局这一级，应当发展出一种全球与区域共同运行的一体化模式及相关技术，这将极大地节约计算机的资源；②对于区域气象中心这一级，它本身不需要运行全球模式，应当进一步发展网络技术、云计算技术，高效地做出本区域的预报；③发展出物理过程处理更为细致和完善的区域模式，使其模拟预报效果更好；④在完善现有资料同化方案基础上，取得更好的效果。同时还将研制出新的同化方案；⑤未来将设计出效果更好的区域集合预报模式，使得预报时效更长、预报效果更好；⑥由于各种行业专项模式间存在着非常多的重复运算，应当发展出一种多功能的区域模式，以代替众多行业专项模式。可利用云计算技术，同时做出多种专项预报。

参考书目

陈德辉，薛纪善，2004. 数值天气预报业务模式现状与展望 [J]. 气象学报，62（5）：623-633.

徐同，李佳，王晓峰，等，2011. 2010年汛期华东区域中尺度数值模式预报效果检验 [J]. 大气科学研究与应用，（2）：10-23.

薛纪善，陈德辉，等，2008. 数值预报系统GRAPES的科学设计与应用 [M]. 北京：气象出版社.

张利红，吕爽，何光碧，2012. 西南区域中心数值预报系统WRF_RUC简介及业务流程优化 [J]. 高原山地气象研究，32（4）：31-34.

Mass C F，郭英华，1999. 区域实时数值天气预报：现状及展望 [J]. 气象科技，（2）：1-6.

（沈桐立）

zhōngchǐdù shùzhí tiānqì yùbào móshì
中尺度数值天气预报模式（meso-scale numerical weather prediction model）

是指以2～2500 km尺度的中尺度天气系统为主要预报或模拟对象的数值天气预报模式。

主要技术方法中尺度天气过程与大尺度天气过程的区别，本质在于后者具有二维准水平运动的特性，可以应用静力平衡假设对大气动力方程组进行简化，而中尺度过程则为完全的三维非静力平衡运动。因而，中尺度模式控制方程组的形式更复杂，需要描述三维非静力平衡大气运动、描述与中尺度过程相匹配的物理过程及其过程间相互作用的机制。

中尺度模式主要包括滞弹性非静力平衡模式和全可压非静力平衡模式，与大尺度模式不同，控制方程组中包含了垂直速度预报方程，且在动力框架计算精度、高分辨率陡峭地形的处理等方面要求更高；中尺度模式物理过程参数化方案通常包括比较复杂的云微物理过程、

中尺度适宜的对流参数化方案、边界层参数化方案、陆面过程方案和辐射过程方案等，且更加关注对一些快变物理过程的精细描述和相互作用的描述，如：云微物理、积云对流、边界层过程及其相互间的联系与影响等。中尺度数值模式还需要具有同化（或融合）高时空分辨率观测信息能力的同化（或客观分析）系统为其提供包含中尺度信息的模式初值。随着高性能计算机能力的不断提高，中尺度模式的覆盖范围已不局限于某一有限区域，可以覆盖全球，15～25 km的中尺度全球模式近年来已经开始出现在数值预报业务中。

应用 中尺度数值预报模式应用很广，是精细化天气预报及其影响预报的基础，其产品常用于中尺度天气分析、暴雨和雷暴大风等强对流天气的短时和短期预报、台风强度及风雨预报、暴风雪和冰冻天气预报、城市气象与交通气象预报等。另外，中尺度数值预报模式与专业模块耦合，可拓展一系列的专业预报，如洪水预报、山洪和地质灾害预报、空气质量预报、核/有害气体近距离扩散传输预报、风能太阳能日变化预报等等。中尺度数值预报还是大型户外活动不可或缺的气象保障技术手段，为诸如国庆阅兵、奥运会等大型体育赛事、卫星与航空航天器发射、现代化战争军事演练、大型工程建设（如三峡大坝工程）等提供精细化、针对性特殊气象指导产品。

展望 随着高性能计算机能力的不断提高，业务上运行中尺度高分辨率有限区域/全球数值预报模式已成为可能，目前世界上多数国家的中尺度业务数值天气预报的有限区域模式水平分辨率已小于10 km。未来10～20年，中尺度有限区域数值预报模式的水平分辨率将进入1 km或数百米范畴，很多小尺度天气（如龙卷、小雷暴、积云等）现象的数值预报能力将得到发展。另外，全球数值预报模式的水平分辨率也进入 γ 中尺度范畴，意味着不仅对大的 α 中尺度天气系统（如热带气旋，锋面，区域性降雨等），而且对 β 中尺度天气系统（如积雨云，山地积云、飑线等），全球数值预报模式都能够予以分辨和作出预报。

参考书目

Orlanski I, 1975. A rational subdivision of scales for atmospheric processes [J]. Bull. Amer. Meteor. Soc., 56：527-530.

（陈德辉）

táifēng shùzhí yùbào móshì
台风数值预报模式（typhoon numerical prediction model）

利用数值预报模式（见第62页数值天气预报）对台风路径、强度、台风伴随的天气现象、台风发

生发展的气象环境场等进行预报。在这里，"台风"泛指包括热带低气压、热带风暴、强热带风暴和台风等所有在西北太平洋和南海出现的热带气旋（见科学基础卷热带气旋）。而在大西洋及东北太平洋则将热带气旋称为"飓风"。

沿革　20世纪80年代，美国、日本等受台风（飓风）影响较频繁的国家就建立了台风路径数值预报业务系统。到80年代末90年代初，台风路径数值预报已经成为最有前途的预报方法。

90年代初期，中国气象局成功研制了第一代国家级和区域级台风数值预报系统，包括国家气象中心基于第五代中尺度模式区域模式研制的西北太平洋及南海台风数值预报系统、上海台风所基于第五代中尺度模式（MM5）研制的东海台风数值预报系统以及广州热带海洋气象研究所基于热带有限区域业务数值预报系统研制的南海区域台风路径数值预报系统。2004年国家气象中心的台风数值预报系统由区域模式升级到全球模式T213L31。T213L31台风模式的业务运行显著提高了国家气象中心台风路径数值预报能力。2014年T639L60全球台风数值预报系统投入业务运行。特别是，随着全球/区域同化和预报增强系统的区域版本——GRAPES区域中尺度数值预报系统（GRAPES_Meso）的不断完善，基于GRAPES_Meso发展的区域台风数值预报系统（上海台风所发展的台风预报系统、广州热带海洋气象研究所发展的热带天气数值预报模式系统以及国家气象中心发展的区域模式台风数值预报系统）均已经投入业务运行和应用。

数值预报模式和资料同化技术不断发展、可同化资料的不断增加，中国、美国、日本、欧洲中期天气预报中心的台风路径数值预报均达到了较高的预报水平。同时，台风强度数值预报也已成为台风数值预报关注的重点内容。

主要技术方法

台风涡旋初始化技术　台风涡旋初始化技术通常指改善模式分析场中台风涡旋环流的技术和方法，包括改善分析场中台风涡旋环流的位置、强度以及环流结构。台风生成和发展于广阔的海洋地区，由于洋面上可用观测资料稀少，数值预报模式的分析场通常不能较好地描述台风环流，包括台风环流的大小、中心位置和强度等都与实际观测位置有偏差。故台风涡旋初始化技术是提高台风数值预报水平的关键技术。台风涡旋初始化技术主要包括以下三类：

人造涡旋技术　利用有限的观测资料（包括台风环流近地面最大风速、最低海平面气压、七级风半径等）

以及经验公式构造具有完整台风结构的初始台风涡旋，嵌入模式分析场中，以此改变模式分析场对台风涡旋的描述能力。早期的台风数值预报模式常用人造台风涡旋方法来改善数值预报分析场对台风涡旋的描述能力，包括早期的日本气象厅全球模式、中国国家气象中心区域及全球台风数值预报模式、上海台风研究所以及广州热带海洋气象研究所的区域台风数值预报模式。

涡旋初始化技术　基于观测资料及经验公式构造台风环流区域资料并通过同化技术改善模式分析场对台风涡旋的描述能力。

动力涡旋初始化技术　利用模式积分获得同模式动力及热力相协调的初始台风涡旋。获得台风涡旋的模式既可以是用于台风数值预报的模式，也可以是其他模式。

在台风数值预报系统涡旋初始化过程中常会用到台风涡旋重定位技术：将数值预报模式预报的台风涡旋通过涡旋分离技术从预报场中分离后再重新嵌入到观测位置。涡旋重定位技术是目前台风数值预报涡旋初始化技术常用的辅助手段，以确保背景场中台风涡旋的位置同观测位置一致，为进一步进行涡旋初始化提供较为精确的背景场。

高分辨率台风模式物理过程　影响高分辨率模式台风强度数值预报的物理过程主要包括积云对流参数化过程、微物理过程、边界层过程。而由于边界层过程是台风发展的水汽及热量源，所以在高分辨率台风模式发展中，边界层过程尤为重要，不同的边界层参数化过程对所产生的台风大小如15 m/s风速半径、流入及流出层厚度以及台风强度均有明显影响。另外近年来根据观测数据将强风条件下（30 m/s）边界层中拖曳系数的计算进行了修正，改进了对强台风的数值预报能力。

高分辨率台风模式（小于5 km）是否需要对流参数化过程仍存在较大争议。美国国家环境预报中心（NCEP）基于HWRF模式发展了可适用于高分辨率模式的对流参数化过程Meso-SAS（简化的荒川-舒伯特方案，simplified Arakawa-Schubert scheme），以期对高分辨率模式中次网格尺度的对流加以处理。

海气耦合台风模式　在台风移过的海域，由于台风引起的海水上翻，会引起海面温度下降，这将会影响台风路径及强度的预报。海气耦合台风数值预报模式可以包括模式积分过程中海温的变化，因此对台风强度数值预报比较重要。在台风强度预报及模拟中常用的海洋模式有普林斯顿海洋模式，海洋混合协调模式，河口、海岸和海洋模式等。

应用　全球模式台风数值预报系统通常是全球模式中期数值预报系统的一个组成部分，主要用于台风路径的较长时效预报，预报时效通常会大于 120 小时（5 天）。全球模式台风集合预报系统主要提供台风路径概率预报。如目前中国国家气象中心全球模式的中期数值预报及台风数值预报系统 T639L60 可提供 120 小时台风路径预报，而基于 T639L60 开发的全球模式的中期数值预报及台风集合预报系统可以提供台风路径袭击概率预报等。区域模式台风数值预报系统有相对高的水平分辨率，重点关注台风强度、台风降水尤其是登陆台风降水、台风结构预报等。台风过境时的大风预报以及登陆台风降水及大风预报是区域台风模式预报的重点。目前区域模式台风数值预报系统的预报时效通常也可以达到 120 小时，如中国国家气象中心区域台风数值预报系统，可以提供 120 小时台风强度及降水预报。

展望　随着全球模式分辨率的不断提高，未来的区域台风模式和全球模式将发展为一体化模式，即在全球模式里直接嵌套更高分辨率的区域台风模式。台风预报范围也将逐渐扩展至涵盖台风存在的所有洋面，包括太平洋、大西洋、印度洋等。

参考书目

瞿安祥, 麻素红, 李娟, 等, 2009. 全球数值模式中的台风初始化 II：业务应用 [J]. 气象学报, 67（5）：727-735. 殷鹤宝, 顾建峰, 1997. 上海区域气象中心业务数值预报新系统及其运行结果初步分析 [J]. 应用气象学报, 8（3）：358-367.

王康玲, 何安国, 等, 1996. 南海区域台风路径数值预报业务模式的研究 [J]. 热带气象学报, 12（2）：113-121.

（麻素红）

zhuānyè qìxiàng shùzhí yùbào móshì

专业气象数值预报模式（specific meteorological prediction model）　以大气数值预报模式作为主驱动模式的、针对与大气现象相关联的特定对象而建立起来的数值预报模式，称为专业气象数值预报模式。

专业气象数值预报模式主要由气象数值预报模块和专业预报对象模块耦合组成，这种耦合既有单向的耦合，也有双向的耦合。单向耦合是指气象模块与专业预报模块之间的作用是单向的，即气象模块为专业预报模块的计算提供所需气象信息，但专业模块的计算结果对气象模块的计算没有反馈和影响；双向耦合则指气象模块与专业预报模块之间的作用是相互的，两者在计算过程中，有信息的相互反馈，形成对计算结果的相互影响。专业气象数值预报模式中，气象数值预报模块是基础，其本身为包含大气热力、动力和物理过程的复杂预报模型；而专业预报模块有些是以动力、物理和化学过程理论为基础的预报模型，有些是以数理统计或动力与统计相结合的方法为基础的计算模型。

专业气象数值预报模式的预报内容主要有台风数值预报、环境气象数值预报、水文气象数值预报、农业气象数值预报、海洋气象数值预报、地质灾害数值预报、雷电气象数值预报、医疗气象数值预报、大气成分（污染物、大气化学）数值预报，以及空间天气预报和风能、太阳能预报等。专业气象数值预报对防灾减灾、社会经济、生态环境、可再生能源利用以及百姓生活与福祉等有重要意义。

（陈德辉）

资料同化技术方法

guāncè zīliào yùchǔlǐ

观测资料预处理（observation data preprocessing）　在数值天气预报中，对观测资料分析、同化之前进行处理的过程和方法。使观测资料的内容、格式、空间分布特性和质量等尽可能满足分析、同化需求。是数值天气预报模式初值形成必不可少的重要环节之一。

沿革　在 20 世纪 50 年代——数值天气预报发展初期，人们就认识了自动化观测资料处理的必要性，在客观分析中开发应用了极值检查、背景场对比检查和静力学检查等质量控制方法。60 年代，空间一致性检查方法开始应用，包含决策算法的综合质量控制思想也已形成，并于 80 年代逐步发展完善和应用。随着计算机技术、探测技术的快速发展和变分同化技术的应用，于 20 世纪末，在一些先进的同化系统中发展和应用了变分质量控制技术；同时，针对卫星、雷达等非常规观测资料的质量控制技术也应运而生。

主要内容

质量控制　主要功能是识别和处理错误资料，以便使用此资料时考虑。主要方法如下。

极值检查　识别给定极值范围以外的观测资料。极值是根据长期历史资料的统计得出的。

内部一致性检查　根据观测要素之间应满足的数量关系进行的检查，并包括根据大气科学，对探空观测相邻气压层的温度与高度的静力学检查、温度垂直递减率检查、逆温检查、风切变检查等。

时间一致性检查　基于气象要素随时间变化连续性特点，识别和处理异常时间突变的观测资料。

空间一致性检查　基于气象要素随空间变化连续性特点，识别和处理异常空间突变的观测资料。空间一致性检查方法有逐步订正、临近比对法、最优插值法等。

背景场对比检查 假设背景场基本能描述真实大气，把观测资料和对应位置的背景场数值进行比较，识别偏离背景场太大的异常观测资料。

经验正交分解法 对某一时刻的资料，选取该时刻及其前一段时间的观测资料及背景场进行经验正交分解分析，找出离群（异常）资料。

云检测法 利用云对窗区通道观测影响特点，识别卫星辐射资料处于云区或晴空区（参见第86页 云检测）

退模糊算法和回波强度质量控制 用于识别雷达观测资料中不能使用的孤立回波、电磁干扰、测试回波、生物回波、晴空回波等非降水回波资料。

变分方法 以变分同化系统为基础，根据随机误差满足正态分布，过失误差满足均匀分布的假定应用贝叶斯概率理论推导的质量控制技术，在变分分析同化方案中考虑具有各种误差特征的资料，包括错误资料对分析的不同影响，使资料得到更合理的应用。

决策算法 利用多种质量控制方法，并结合错误资料在各种质量控制方法中反映的先验知识进行综合分析，避免仅凭单一质量控制技术做出错误判断。

偏差订正 对观测资料的系统性偏差进行的订正。系统性偏差是根据历史资料和参照场进行长期统计得出的。对于卫星辐射资料，包括与视角相关的静态偏差订正和在变分同化迭代过程中，实现的与动态偏差订正因子相关的动态偏差订正。

稀疏化 目的是去除空间分布冗余的观测资料，以提高各种观测资料的利用和融合效果，可节省计算机资源，提高计算时效。稀疏化标准和模式分辨率以及观测误差相关特性有关。

问题和进展 观测资料的真值是不知道的，任何资料质量控制方案，错误的决策是不可避免的；在统计观测资料系统性偏差时，往往假设参照场是无偏的。若能合理考虑参照场的系统性偏差，更能提高偏差订正的效果。

随着探测技术和资料同化技术不断发展，将要求观测资料预处理技术不断创新。

参考书目

Gandin L S，1988. Complex quality control of meteorological observations［J］. Mon. Wea. Rev.，116：1137-1156.

（陶士伟 龚建东）

guāncè wùchā

观测误差（observation error） 气象观测资料相对于实际大气真值的误差。由于实际大气真值不能获得，观测误差的统计特性只能通过估计手段得出。

观测误差可分为随机误差、系统性误差和过失误差三类。随机误差是气象观测仪器存在的固有特性，来源多样，包括仪器观测精度、观测时间位移、观测位置位移、资料处理算法与计算精度，以及模式不能描述的次网格尺度扰动（又称代表性误差）等。随机误差的概率密度函数分布基本呈现无偏正态分布特征，其均方根误差被用作度量随机误差的大小；系统性误差也称为偏差，通常在时间上呈持久性。系统性误差主要由仪器标尺、频率偏移、仪器更换等有持续性影响的因素造成。系统性误差大小可以用统计方法确定，通过偏差订正来消除；过失误差也称为非气象意义的误差。引起过失误差的原因多样，包括仪器失灵、通信传输错误、编译码错误、资料处理算法错误等。它的危害大，往往能造成数值预报系统中断或产生严重偏离。气象观测资料质量控制的主要目的之一是识别和剔除过失误差。

（龚建东）

guāncè zīliào piānchā dìngzhèng

观测资料偏差订正（bias correction of observation）数值天气预报中的资料同化要求观测资料和模式背景场的误差分布满足无偏正态假设，由于观测仪器本身特点和资料预处理的不完善，观测资料会存在系统性偏差。观测算子的局限性也可能使模拟值有系统性偏差。观测资料偏差问题在卫星辐射率资料同化中尤为突出。观测资料偏差订正的目的就是去除观测资料和模式模拟值相对于真实值的系统性偏差。

观测资料偏差订正的方法可以分为静态的和动态的两种。静态方法是基于一定时间的观测资料与真实值（一般采用数值预报背景场或其他无偏的观测资料作为真实值的近似）的统计；动态方法是把偏差表达为几个预报因子，如扫描角、辐射透过率的递减率等）的加权平均，其权重系数是通过资料同化过程中的变分极小化方法与分析场同时得到的最优权重系数。

（韩威）

yún jiǎncè

云检测（cloud detection） 采用某种技术手段对受云影响的资料进行判识的过程，是卫星遥感数据处理和应用过程的关键技术。云检测方法主要是利用云在不同频率有不同辐射吸收和反射特征来识别云辐射资料。云检测的目的是识别晴空视场和有云视场、晴空通道和有云通道。目前对于数值预报有重要贡献的卫星遥感辐射率资料主要有两种，即大气红外波段和微波波段辐射率探测资料。

在大气红外波段，卫星传感器不能探测除卷云外的云下面的大气辐射及来自地面的辐射，云对红外探测是一种"污染"。因此要实现大气红外探测器辐射率的应用，云检测是关键一步。目前解决云污染问题主要有以下三种方法：一是利用不同通道的经验组合进行晴空视场的识别。一旦检测到云，即剔除视场内（气柱）所有通道资料。二是仅剔除受云影响的通道，保留不受云污染的云顶以上通道资料。该方案首先计算模拟晴空亮温和观测亮温的偏差，根据通道对云的敏感性进行排序，采用滑动平均滤波滤除仪器噪声，分晴空、低冷云、高冷云、高暖云、低暖云等几种情形，逐步寻找不受云污染的、云顶以上的通道资料，大大增加了资料的使用度。三是发展考虑云影响的大气辐射传输模式和伴随模式，直接同化受卷云影响的大气红外辐射率资料，实现全天候卫星资料的同化应用。

对于微波辐射率资料，尽管微波探测器具有穿透除降水云外的云层探测大气温度和湿度的能力。微波云检测方法相对简单，包括散射指数，液态云水路径和可降水量，以及窗区通道等。散射指数方法依据低频波段（24～57 GHz）对雨点和冰晶粒子的吸收特征及高频波段（89～190 GHz）的散射特征，利用低频通道 1～3（24～50 GHz）辐射亮温估算高频通道 15（89 GHz）亮温，通过与通道 15 观测亮温的比较，计算散射指数，依据经验阈值判识降水云。液态云水路径是用来反映单位面积上垂直大气柱中所含液态水总量的物理量；可降水量是指某一时刻假设单位截面大气柱中的水汽凝结为液态水并以降水的形式落在地面上的液态水厚度，是衡量大气中水汽含量的重要物理量。利用两个微波通道反演云水路径和可降水量，可用来判识云特性。大气微波温度计窗区通道对上升运动强烈区（如热带辐合带（ITCZ））有反映，晴空大气微波温度计（MWTS）窗区通道模拟辐射率与相应通道观测之间的统计关系也可用作云检测判据。与该关系的离群值是受云影响的资料。

（张华）

kèguān fēnxī

客观分析（objective analysis） 利用分布不规则、种类和属性不尽相同的气象观测资料，依据数学、物理学和动力学原理，采用合理数值计算方法，通过计算机自动生成规则分布、最大可能真实反映大气状态的格点变量客观分析场（如位势高度、气压、温度、风速、相对湿度或比湿等气象要素场）的技术方法。它是数值天气预报（NWP）学科中的一个重要分支。由客观分析得到的气象变量分析场，主要作为 NWP 模式的初值，也可应用于国民经济、国防军事和科学研究等其他领域。

沿革 早期 NWP 模式的初值，用人工方法得到，主观性强，效率低，质量因人异，难以满足 NWP 的需求。随着 20 世纪 40 年代后期电子计算机的出现，气象观测网、特别是高空探测和 NWP 的发展，促进了客观分析方法的研究和发展。

最早的客观分析方案采用函数拟合观测资料的方法。1949 年帕诺夫斯基（Panofsky）最先开展客观分析的尝试，提出二维多项式插值方案。但是，仅利用单要素变量的观测，在连续区域的边界会产生分析不连续现象。针对这一问题，1954 年吉尔克里斯特（Gilchrist）等发展了局地多项式插值方案，可利用高度和风的观测资料，对等压面高度场进行了客观分析。中国早期 NWP 的客观分析试验和研究，采用了类似的方案。1970 年弗拉特雷（Flattery）开发了霍夫（Hough）函数和经验正交函数（EOF）结合的谱函数分析方案，可进行全球三维多变量客观分析，曾用于美国国家气象中心（NMC）的 NWP。函数拟合的方法在观测资料缺乏的地区，有可能出现不合理的分析结果，分析场的误差较大。1955 年博格舒尔松（Bergthorsson）等提出利用 NWP 的短期预报背景场的概念，利用观测资料对它进行订正的增量客观分析方法。这样，上游的观测资料可以对观测资料缺乏的下游地区的分析产生影响。1959 年克雷斯曼（Cressman）提出了迭代订正的方法，把分析增量表达为观测增量的经验加权平均，使分析场逐步逼近其周围地区的观测，称为逐步订正法（SCM）。这种方法最早在美国国家天气局（NWS）的业务 NWP 中应用。其后，在世界许多气象中心采用。中国国家气象中心的 NWP-A 和 B 系统和上海区域气象中心早期的短期 NWP 系统都使用这一方法。逐步订正法在观测资料缺乏、数量分布极不均匀的地区，可能会出现异常的分析结果。随着计算机能力的增加，1963 年冈丹（Gandin）发展了根据背景场（参见第 91 页 初估场）和观测的误差统计特征，在把分析增量表达为观测增量的加权平均时，权重函数不再是经验给定的，而是使分析场的误差方差最小的统计插值法，或称最优插值（OI）法。20 世纪 70 年代后期至 90 年代，这种方法在包括中国在内的许多气象中心的业务 NWP 系统中得到广泛应用，分析结果明显优于以往的方法。

OI 方法受到方案自身和计算机资源等的限制，采用局地或小区域分析，仅利用与分析变量类型一致、有限数量的观测资料。80 年代中期以后，随着 NWP 及高性能计算机和卫星大气遥感探测技术的发展，一种根据贝叶斯（Bayesian）概率论原理，求解最佳分析（对特定使用的模式给出最佳 NWP）的变分分析方法，成为应用广泛、最为主要的一种客观分析方法。通过构建包含分析场与背景场、分析场与观测之差的目标函数，利用极小化方案，求得能够更真实反映实际大气、动力学更协调的分析场。变分分析方法的最大特点是在整个分析区域求解；可以利用包括分析变量可以推演得到的非分析变量的各种观测资料（如，卫星观测的辐射率，多普勒雷达的散射率、径向风速，无线电掩星技术的折射率或射线弯曲角，地面可降水资料等）；其中，四维变分还可集资料质量控制、客观分析和初值化一体的功能，并使用多个时刻的观测资料。

主要技术方法

多项式插值法　在特定区域，用相同的多次（通常 2~3 次）多项式函数表示二维高度，并利用地转关系求得地转风，同时拟合区域内高度和风的观测。用最小二乘法，使分析高度、风与观测高度、风的偏差最小，得到多项式的最优系数，求得区域格点的高度场分析值。如果对每个分析格点，利用各自邻近的观测，求得不同最优系数的多项式，即为局地多项式插值法。

谱函数分析法　将空间三维的无因次高度和风速作谱函数展开。水平为浅水波方程的 Hough 函数；垂直方向为经验正交函数，根据分析前几天等压面的实际资料，用 Hough 函数展开得到的系数作为变量求得。用最小二乘法，使计算区域内分析与观测的偏差最小，即求泛函极小，利用 Hough 函数和经验正交函数的正交性，得到谱函数有限项展开式的最优系数，求得三维高度和风矢量的分析场。

逐步订正法　二维高度分析场的迭代求解公式为求解第 n 次迭代的分析高度，是用订正项对分析估值场，即上一次（$n-1$ 次）迭代的分析高度订正求得。首次迭代的估值场，即初估场，取先验知识—背景场。订正项由各个观测高度和利用地转关系将观测风转换成的高度，与上一次分析高度线性插值到观测点的偏差加权得到。权重系数是经验函数，距离分析格点近的观测有较大的权重，使其对分析场有较大影响；反之，亦然。通过迭代求解，使分析逐步逼近观测，求得高度分析结果。

最优插值法　和逐步订正法相似，二维分析变量的求解公式为：分析增量（即分析场与背景场之差）是观测增量（即观测与背景场之差）线性加权平均。但和逐步订正法不同，权重系数是根据背景场和观测的误差协方差的函数，分析场的误差方差最小。此外，对分析仅订正一次；可以进行高度、温度、风速和湿度等要素的单变量分析，也可以直接利用高度或温度和风速的观测进行多变量分析；权重系数是根据背景场和观测的误差统计特征得到。假设背景场、观测的误差无偏、互不相关，由求解公式得到归一化的分析场误差方差的计算公式，使其最小，即分析场误差方差对权重系数的导数为零，得到求解最优权重系数的线性方程组。已知背景场、观测误差协方差矩阵，就可以得到最优权重系数，最终求得格点的订正项和统计最优分析结果。

变分分析法　（见第 93 页<u>三维变分同化、四维变分同化</u>）

资料同化系统　资料同化是将时间序列的各种观测资料，通过比较完善的数值模式计算，与当前的观测资料结合，形成分布规则、动力学上协调、最大可能描述大气真实状态的气象要素场。自 20 世纪 70 年代以后，世界各国纷纷开展资料同化的研究，包括中国在内的许多气象中心都开发了与全球和区域 NWP 相配套的资料同化系统。将短期 NWP 的预报结果作为背景场的客观分析方法，应用于这些系统，成为资料同化系统不可缺的、最重要的组成部分。从采用最优插值法，到利用单一时刻观测的三维变分法，发展成为利用多个时刻观测的四维变分法，资料同化与客观分析发展两者紧密联系在一起。美国国家环境预报中心（NCEP）、欧洲中期天气预报中心（ECMWF）还利用资料同化系统生成再分析资料，提供了非常有价值的描述大气历史状态的资料。

展望　NWP 是典型的初值问题。客观分析的发展促进初值质量的提高，随着 NWP 模式的改进，可用预报已从 1~2 天延长至 8~9 天，正向更长的（即 2 周）可预报期限逼近。随着当今科学技术的飞猛发展，作为与 NWP、计算数学，大气探测和计算机技术等多门学科紧密交叉联系的客观分析，定能取得更大的进展。

参考书目

廖洞贤，王两铭，1986. 数值天气预报原理及其应用［M］. 北京：气象出版社.

刘式适，刘式达，1988. 特殊函数［M］. 北京：气象出版社.

Daley R，1990. 客观分析［M］. 北京：科学出版社.

Kalnay E，2005. 大气模式、资料同化和可预报性［M］. 蒲朝霞，等译. 北京：气象出版社.

Lorenc A C，1986. Analysis methods for numerical weather prediction［J］. Quart. J. Roy. Met. Soc.，112：1177-1194.

（朱宗申）

zīliào rónghé

资料融合（data fusion，通常译为数据融合）　利用计算机对多种来源的观测信息进行自动分析、综合，为完成特定的科学目的，做出有效决策和判断的信息处理技术。它包括采集各种观测传感器和信息源的信息，并依据一定的准则进行过滤、合成并辅助人们进行有目的的判定和决策等。

资料融合是随着计算机与通信技术的高速发展而形成的新的数据处理技术，其核心思想是合理使用各种传感器及人工观测信息，将在空间和时间上互补或冗余的各种来源信息，依据某种优化准则进行算法组合，产生对观测对象的一致性解释和描述。

资料融合技术首先是应军事的需要而发展起来的，但在多个民用科技领域均有重要的应用。资料融合技术在气象科技中也有广泛的应用。随着大气探测，特别是遥感技术的快速发展，将多源、多平台观测信息应用于灾害性天气监测、分析、预警制作与防灾的快速响应成为气象事业发展的紧迫任务，促进了多源气象观测资料融合技术的研究与应用，例如天气雷达观测、气象卫星观测与常规的人工气象观测资料的融合及其在对流性天气监测预警中的应用。广义地讲，数值预报的资料同化也属于资料融合的范畴，但多源气象资料融合的准则主要是统计经验性的，这与数值预报资料同化用动力预报模式作为约束，得到最优综合各种观测资料的客观统计方法有本质区别，因此在文献中"气象资料融合"这一词语一般专指不涉及动力预报模式的多种观测资料综合经验分析技术，并不包括数值预报的资料同化。

（薛纪善）

zīliào tónghuà

资料同化（data assimilation） 数值天气预报的核心组成部分，其目的是利用现有的所有观测与先验信息来定义一个最大可能精确的大气（海洋）运动状态，为数值天气预报提供初值。资料同化主要包括观测资料预处理与质量控制、客观分析、初始化三个过程。

沿革 资料同化的概念及其理论是在数值天气预报实践中，伴随着数值模式以及观测技术的进步而逐步发展。20 世纪 50 年代为了给数值模式提供初值，发展了插值方法。随着模式预报区域扩大，必须弥补观测资料的不足，又发展了能够融合观测资料与其他先验信息（通称背景场）的逐步订正方法。这些方法被称为客观分析方法。这一时期由于所采用的地转预报模式只有位势高度一个变量，单凭客观分析即可满足需要。

20 世纪 60 年代随着原始方程预报模式的出现，初值中的不同变量间的动力学平衡成为必须关注的问题，推进了对初始化问题的研究，提出了一些基于地转近似或平衡方程的初值调整方案。为了更有效地利用观测资

料，提出了具有更坚实统计理论基础、能反映观测资料的分布影响的统计插值（又称最优插值）的客观分析方案。而在初始化的研究方面，70 年代初伴随着全球模式的出现，提出了基于全球大气基本运动模态的非线性正规模初始化方案。

20 世纪 80 年代以后资料同化的理论框架逐渐建立起来，对资料同化的科学问题的研究更加广泛与深入；同时卫星遥感资料的应用也推进了对同化理论与方法的研究。80 年代后期提出的变分同化方案由于在同化遥感资料和同化结果与预报模式更加协调这两方面的突出优势，从 90 年代起逐渐被大部分业务中心所采用。90 年代中又提出了基于集合预报的卡尔曼滤波方法。进入 21 世纪，将集合卡尔曼滤波与变分同化方案结合，吸收两种方案各自的优点，形成业务应用方案，是吸引最多研究、发展最快的方向。

变分资料同化的基本理论 变分资料同化基于最大相似估计理论，在预报误差与观测误差的概率密度函数都满足正态无偏的高斯分布特征时，对大气状态变量（初值）的最优估计问题可以表述为求解目标函数极小值问题。

以 $x(t)$ 表示 t 时刻大气状态，它的演变受到模式预报方程的控制，可表示为：

$$x(t_n) = M[x(t_{n-1})] + \varepsilon \qquad (1)$$

式中，M 为预报模式；ε 为模式预报的误差；n 为某一时刻，该时刻对大气的观测过程可以表示为：

$$y(t_n) = H[x(t_n)] + \mu \qquad (2)$$

式中，y 为观测值；H 为观测量与大气状态变量之间的关系，称之为观测算子；μ 为观测误差。模式与观测误差具有一定的随机性，可以假定它们服从多元正态分布，并假定其均值均为零，而协方差矩阵分别为 B 与 R：

$$p(\varepsilon) = [\sqrt{2\pi}\det(B)]^{-1}\exp(\varepsilon^T B^{-1}\varepsilon) \qquad (3)$$
$$p(\mu) = [\sqrt{2\pi}\det(R)]^{-1}\exp(\mu^T R^{-1}\mu)$$

式中，p 为概率密度。按定义：

$$\varepsilon = x^f - x, \mu = y - H(x) \qquad (4)$$

式中，上标 f 为模式的预报，故上两式等价于：

$$p(x^f - x) = [\sqrt{2\pi}\det(B)]^{-1}$$
$$\exp[(x^f - x)^T B^{-1}(x^f - x)]$$
$$p[y - H(x)] = [\sqrt{2\pi}\det(R)]^{-1}$$
$$\exp\{[(y - H(x)]^T R^{-1}[y - H(x)]\}$$

$$(5)$$

式中，上标 T 为矩阵的转置。根据概率论中的贝叶斯定理，在观测到 y 的条件下，状态变量取值 X 的概率密度为：

$$p(x \mid y) = \frac{p(y \mid x)p(x)}{p(y)} \qquad (6)$$

右端的分母与 x 无关，在对 x 的估计中可以作为一个比例系数略掉，得到：

$$p(x \mid y) \propto \left[(2\pi)\det(B)\det(R)\right]^{-1}\exp\{-(x^f-x)^T$$
$$B^{-1}(x^f-x)-[y-H(x)]^TR^{-1}[y-H(x)]\}$$
$$\qquad (7)$$

关于 x 的最大似然估计应使 $p(x \mid y)$ 最大，也即使目标泛函 J 达到极小：

$$J = (x-x^f)^TB^{-1}(x-x^f)+[y-H(x)]^TR^{-1}[y-H(x)]$$
$$\qquad (8)$$

可以证明，由此得到的 x 也是最佳线性无偏估计。

关键科学技术问题 资料同化分析质量取决于观测资料的要素种类、空间覆盖率与对观测资料的同化技术。随着遥感资料成为大气观测的主体，资料同化的主要对象也已由常规观测转变为空基或地基遥感。遥感仪器的测量结果与模式需要的大气参数间是复杂的非线性关系，20 世纪 90 年代发展起来的变分同化技术对同化空基遥感资料起了重要作用，但还有许多科学技术问题仍没有得到完全解决，因此可使用的遥感资料还是有限的。随着雷达、卫星等遥感探测技术的发展和遥感观测平台的快速更新，多种新遥感观测资料大量涌现，同化技术更为复杂。与探测技术发展相似，数值模式的发展也提出了对资料同化的新的要求。模式物理过程的不断完善，特别是海气、陆气耦合模式的发展，要求提供大气内各种水物质与成分以及大气外圈层的初值，因而同化问题的研究对象扩展到更多要素与各个圈层。随着中尺度模式分辨率提高到千米尺度或更高，对流尺度资料同化技术更为复杂，需要发展完善。

现有资料同化的理论研究在处理模式误差方面的弱点与系统开发的难度，也使科学家寻求资料同化的其他途径。随着序列同化方法，例如基于集合预报的卡尔曼滤波方法逐渐走向业务化，资料同化的方法正向多元化方向发展。尽管如此，资料同化理论基本上是建立在预报与观测算子近线性、误差分布近高斯分布的假定基础上的，实际情况远非如此，这些基本的理论问题还没有得到充分的研究。而如何在不同的环流与观测资料分布的条件下实现同化效果的真正优化，即适应性同化的问题的研究现在也只是一个开端。发展资料同化的新理论与新方法，推进同化技术的持续发展，应是一项长期的任务。

发展的新方向 四维变分（4DVar）系统的巨大计算量与较低可扩展性始终是影响业务应用的主要因素。随着高性能计算机发展及"万核"计算机的出现，如何使得 4DVar 系统应用更多的处理器来提高计算效率并具有更好的并行度和可扩展性成为关键，但单纯地依靠对资料同化系统的并行处理不能完全解决问题，需要对资料同化的算法进行重新设计，探索更有效的并行计算方式。

传统变分同化使用统计的气候背景误差协方差。将集合卡尔曼滤波和变分同化方法结合，利用集合卡尔曼滤波的背景误差协方差演变信息用于变分同化，即所谓的混合资料同化方法，能结合两者的长处，是未来业务资料同化发展的主流方向。此外，对混合资料同化方法在时间上进行扩展，实现类似 4DVar 同化时窗内可以考虑多个时次观测资料的优点，并避免维护切线性与伴随模式的麻烦，具有更好的并行计算可扩展性，也是未来资料同化发展的新方向。

由于模式对云参数（水凝物分布、宏观云量等）的预报模拟能力较弱，背景云参数信息的误差非常大，而有云处卫星红外亮温资料对云参数的变化呈现出明显的非线性响应特征，也即云参数变化产生的亮温变化幅度要远超过温度与湿度变化产生的幅度，因此在有云处卫星红外亮温资料还不能同化应用。提高云雨条件下卫星资料的同化是未来发展的重点。

对地球科学的影响 变分技术的发展，空基与地基遥感资料的同化技术的突破，使得长期制约天气预报质量提高的观测资料空缺问题基本得到解决，先进的数值预报业务中心每日使用的卫星遥感资料达到 1600 余万份，占到资料总量的 90%。全球数值天气预报质量，包括常规观测资料稀少的南半球地区的预报质量大幅度提高。资料同化与数值模式的不断发展，使得预报质量显著提高，有效预报时效大大延长。以全球中期预报为例，国际上最先进的模式的可信预报时效已超过一周，对将近半数的热带气旋可以预报出它们的生成，而在以前对热带气旋的生成几乎是没有预报能力的。

尽管资料同化最初是因解决模式对初值的需求而提出来的，但由于它给出了大气状态的完整的、比观测与模式预报更接近大气的真实状态的定量描述，且方便进行诊断分析，因此也广泛应用于天气、气候分析，例如当前的大气科学研究大多使用欧洲中期天气预报中心或者美国国家环境预报中心的再分析资料，它们都是由资料同化系统产生的。

此外，资料同化的研究并不局限在同化的方法上，实际上关于观测资料的质量控制、同化中的观测算子、不同观测对同化与预报的影响、观测系统的设计与评价以及同化方案对观测系统的适应等都是资料同化的研究内容。而资料同化的业务也已经突破了单纯为模式提供初值的功能，而扩展到再分析、目标观测方案制定等。

参考书目

Daley R，1991. Atmospheric data analysis［M］. Cambridge：Cambridge University Press.

Kalnay E，2003. Atmospheric modeling, data assimilation and predictability［M］. Cambridge：Cambridge University Press.

Talagrand O，1997. Assimilation of observations, an introduction［J］. J. Met. Japan. Special Issue 75，1B：191-209.

（龚建东）

chūgūchǎng

初估场（first guess field） 又称第一猜值场，是大气物理变量（如：位势高度、气压、温度、风速、相对湿度或比湿等气象要素）的初始估值场，给出大气状态的近似估计。它是用于客观分析计算的变量。资料同化所需要的先验信息或背景场常作为初估场使用，因此若无特指，两个名词常被混用。

由于观测分布极不均匀，常遇到观测站点稀少、甚至缺乏的地区。早期客观分析的函数拟合观测方法，难以对这些地区的格点给出符合数值天气预报模式需要的合理分析结果。人工分析方法的经验显示，利用前 6 小时或 12 小时的手工分析、经验预报、甚至气候值提供的估值，可以得到近似的、基本合理的分析。1955 年博格舒尔松（Bergthorsson）等在客观分析中最先提出使用初估场的方法，并在 1959 年由克雷斯曼（Cressman）对它进行改进，发展成为逐步订正法，得到较好的应用效果。以后，初估场在最优插值、变分分析等的诸多客观分析方法中使用。

采用观测资料得到订正值，对初估场进行订正，求得分析结果。在有观测资料影响的区域，初估场得到订正。如果初估场是实际大气的较好估值场，且观测比较准确，就可以得到合理的、更接近实际大气状态的分析结果。在没有观测资料影响到的区域，分析就取初估场，既能保证分析得到实现，效果和初估场仍保持一致。

早期的初估场，取自称为先验信息或背景场的气候值、前一时次的分析场、12 小时或 24 小时的数值天气预报结果以及上述估值的加权平均。近年来，随着数值天气预报的发展，短期数值天气预报结果越来越接近实际大气，初估场基本都选用短期数值天气预报的预报场。

参考书目

Cressman G P，1959. An operational objective analysis system［J］. Mon. Wea. Rev，87：367-374.

（朱宗申）

fēnxī zēngliàng

分析增量（analysis increments） 分析变量与背景场的差，通过资料同化或客观分析所求得，与背景场相加，就得到分析变量。

资料同化常表示为求分析增量的问题，这样处理方便于保证分析是无偏的，即分析场与背景场间不存在系统性的偏差。并且在同化的计算中可以简化数学计算。例如当变分分析方法可以是分析变量的非线性表达式（如辐射传输方程，甚至数值天气预报模式等）时，在背景场处作观测算子的切线性近似展开。

$$H(x_a) = H(x_b + \delta x_a) \approx H(x_b) + H(x_b) \cdot \delta x_a$$

它是分析增量的线性表达式，用于观测算子及其偏导数的近似计算，可以完成目标函数泛函极小的数值求解（参见第 93 页三维变分、四维变分）。式中，H 为观测算子，H 为切线性观测算子；x_a、x_b 和 δx_a 为分析变量、背景场和分析增量。因此，变分分析采用分析增量替代分析变量作为求解变量，是恰当的变量选择。

另外，用分析变量求得模式初值。如果分析和模式使用不同的变量或采用不同的坐标时，就需要进行变量的物理变换和插值运算。由于分析增量通常是小量，采用分析增量而不是分析变量进行上述的运算，然后与模式格点的背景场相加得到模式初值，可以减小计算误差，并使初值尽可能保持背景场持有的动力学协调特性。

其他客观分析方法如最优插值法、逐步订正法所得到对背景场的订正项也可以称为分析增量（参见第 87 页客观分析）。

参考书目

Courtier P，Andersson E，Heckley W，et al，1998. The ECM-WF implementation of three-dimensional variationalassimilation（3D-Var）. Part 1：Formulation［J］. Quart. J. Roy. Meteor. Soc.，124：1783-1807.

（朱宗申）

chūzhíhuà

初值化（initialization） 对客观分析场进行滤波和适应性调整，使原始方程模式积分不会产生虚假重力波增长。

初值化方法建立在地转适应理论基础上，其解决方案可以分为静态和动态初始化两类。静态初始化，即按瞬时平衡的要求，只对单时刻的客观分析进行调整，最简单的是采用一些线性平衡关系来滤掉客观分析场中的高频重力波成分，例如地转风关系，线性平衡方程等。然而大气实际运动是非线性的，即使在模式初值中过滤掉了高频重力波，通过非线性作用高频重力波可被重新产生。为了解决这个问题，20世纪70年代后期发展了所谓的非线性正规模的初值化方法。通过对初值的调整在使高频重力波分量的时间倾向趋于零，并同时保持大气的慢波分量不变的条件下，对初值进行调整。这一方法以及其后在其基础上发展起来的一些类同方法成为80年代以来很多业务资料客观分析系统中的主要初值化方案。动态初始化则依靠模式本身具备的动力调整功能，对模式进行向前或向后积分，使无气象意义的扰动自动衰减，从而获得接近动力平衡的初值，此类方法包括动力初值化、牛顿松弛和数字滤波等。

在比较先进的变分同化中，资料的客观分析与初值化不再是两个相互分隔的步骤，初值化的目标可以通过直接在目标函数中加入约束条件在同化资料的同时得以实现。

（刘艳）

数字滤波 （digital filtering）

原本是信号处理的一个基本过程。1992年，林奇（Lynch）等将它引入数值天气预报，发展成为一种初值化方法。数字滤波初值化方法的目标是消除模式积分初期初值的高频振荡分量，而保留具有天气意义的低频分量。它的基本原理是通过对从 $-T$ 到 T 时段的一组气象要素预报场的时间序列 $\{x_n\}$，用数字滤波器进行处理，滤去短周期振荡，得到所需要的气象要素初值 x_0^*，如下式：

$$x_0^* = \sum_{n=-N}^{N} h_n x_n \qquad (1)$$

$$h_n = \frac{\mathrm{Sin}[n\pi/(N+1)]}{n\pi/(N+1)}\left[\frac{\mathrm{Sin}(n\theta_c)}{n\pi}\right] \qquad (2)$$

式中，x_0^* 为数字滤波后的初值；x_n 为时间序列的计算值；h_n 为滤波器；$\theta_c = \omega_c \Delta t$ 为截断频率；与 θ_c 相应的 $T_c = \frac{2\pi}{\omega_c}$ 为截断周期，将比此周期短的扰动滤去。

按照模式积分过程中引入非绝热过程的方式不同，将数字滤波的实施分为两种。方法一：以 $t=0$ 时刻为起点，模式分别用分析场向前和向后积分 T 时间，其中模式向后积分采用绝热模式，模式向前积分用非绝热过程，对 $-T$ 到 T 的时间序列数字滤波，得到 $t=0$ 时刻的初值。方法二：模式先用分析场从 $t=0$ 时刻绝热向后积分到 $t=-T$ 时刻，然后从 $t=-T$ 时刻再用非绝热过程返回向前积分到 $t=T$ 时刻，但仅对 $[-T,T]$ 时段内的非绝热过程得到的时间序列数字滤波，得到 $t=0$ 时刻的初值。方法二完整引入非绝热过程，得到的时间序列

更连贯，因此比绝热数字滤波方法更常用。方法二虽然能有效地控制重力波，但得到的 $t=0$ 时刻的正向非绝热模式积分计算场和初始化后的初值往往偏离分析场较远。为了克服这一问题，引入增量数字滤波的方法，用 $t=0$ 时刻的背景场 x_b 代替分析场 x_a，按照上述相同的程序，得到背景场的滤波场，则初始化后的初值为：

$$x_{ini} = x_b + (x_a^{df} - x_b^{df}) \qquad (3)$$

式中，x_{ini} 和 x_a^{df}、x_b^{df} 分别为 $t=0$ 时刻初始化的初值变量和用分析场、背景场得到的滤波场变量。这等价于只对分析增量引起的模式状态变化进行滤波，不仅消除了模式正、反向积分差异带来的变化，还可保证在没有观测资料的情况下不会因数字滤波引入额外的变化，缺点是花费更多的计算时间。数字滤波操作简单，不受动力分析在计算上的许多困难与限制，且易于引入非绝热过程，已在许多数值预报中心的系统中使用。

（刘艳）

最优插值 （optimal interpolation）

又称统计插值。是基于要素场本身的误差统计结构的一种客观分析方法。这种方法最初是由苏联学者冈丹（Gandin）于20世纪60年代初提出的。其基本思路是将求数值预报某一网格点上的客观分析值 x_i^a 表达为该分析网格点影响范围内的所有观测增量 $o_{ij} - x_i^b$（$j=1, \cdots, N_i$）的加权平均对一个预先知道的背景值 x_i^b（一般是根据前一时刻分析场所做的模式预报）的修正，即：

$$x_i^a = x_i^b + \sum_{j=1}^{N_i} w_{ij}(o_i - x_i^b)[0,1] \qquad (1)$$

式中，w_{ij} 为权重系数。w_{ij} 的选取应使分析误差的统计方差值达到最小。根据公式（1），分析误差 ε_i^a、观测误差 ε_i^o 以及背景误差 ε_i^b 间存在如下关系：

$$\varepsilon_i^a = \varepsilon_i^b + \sum_{j=1}^{N_i} w_{ij}(\varepsilon_i^o - \varepsilon_i^b) \qquad (2)$$

在要求权重系数之和等于一的约束条件下，使分析误差方差（$\sigma_{a,i}^2 = \overline{\varepsilon_i^a \varepsilon_i^a}$）最小的权重系数 w_j 满足下面的方程：

$$\sum_{j,k=1}^{N_i}(\overline{\varepsilon_j^b \varepsilon_k^b} + \overline{\varepsilon_j^o \varepsilon_k^o})w_{jk} = \overline{\varepsilon_k^b \varepsilon_i^b} \qquad (3)$$

式中，$\overline{\varepsilon_j^b \varepsilon_k^b}$ 和 $\overline{\varepsilon_j^o \varepsilon_k^o}$ 分别为背景误差与观测误差的协方差。解线性方程组（3）可以求得对应各个观测站的权重系数。（1）式给出由观测与背景场计算客观分析值的公式，而（3）式则给出如何计算每一观测资料的权重系数。最优插值的优点在于充分考虑了背景场与观测误差的大小及其相关分布结构，对观测资料的使用更为合

理。观测资料与分析变量在不同的空间点上，它们通过背景场误差的协方差函数发生联系。通过背景场的协方差还可以将简单的动力学约束关系隐式施加在分析中，从而使分析结果保持较好的动力平衡。这些优点都是最优插值之前的客观分析方法所不具备的。

从 20 世纪 70 年代后期起，统计插值成为国际上业务客观分析的主流方法。其缺点是不能处理观测要素与分析要素间存在复杂非线性关系的情况，因而不适用于卫星遥感资料等的直接同化。所以从 90 年代起，业务数值预报中心更多使用变分同化方法。最优插值实际上已经发展了被后来流行的变分方法与卡尔曼滤波方法所采纳的统计估计基本概念，所以从资料同化的技术发展进程看，它代表了早期资料同化方法向更先进的现代资料同化方法的过渡。

（薛纪善）

sānwéi biànfēn tónghuà
三维变分同化（three-dimensional variational assimilation，简写为 3D-Var）

已知背景场、观测资料和它们的误差协方差矩阵，通过求解一个描述背景场和观测资料"距离"的目标泛函数的极小值，得到三维变分的分析场。目标泛函数的表达形式如下：

$$J(x) = (x - x_b)^T B^{-1}(x - x_b) + [H(x) - y^o]^T$$
$$(O + F)^{-1}[H(x) - y^o]$$

式中，x 和 x_b 分别表示分析场和背景场向量，由模式大气状态变量组成，y^o 为观测资料向量；H 为观测算子；B 和 O 分别为背景场和观测资料的误差协方差矩阵；F 为观测算子误差协方差矩阵。三维变分得到的分析场是统计估计中的最可能解。三维变分的优点是可以直接同化全球卫星辐射资料等非直接模式变量和非线性观测算子，方便加入动力约束条件。在三维变分系统中，背景场误差协方差矩阵是静态的。

参考书目
薛纪善，陈德辉，等，2008. 数值预报系统 GRAPES 的科学设计与应用［M］. 北京：科学出版社.
邹晓蕾，2009. 资料同化理论和应用［M］. 北京：气象出版社.

（张林）

sìwéi biànfēn tónghuà
四维变分同化（four-dimensional variational assimilation，简写为 4D-Var）

是三维变分方法在四维空间上的扩展。四维变分的目标泛函数可表达如下：

$$J(x) = \frac{1}{2}(x - x_b)^T B^{-1}(x - x_b) + \frac{1}{2}\sum_{i=0}^{n}$$

$$(H_i M_{0 \to i}(x) - y_i^o)^T(O_i + F_i)^{-1}(H_i M_{0 \to i}(x) - y_i^o) \quad (1)$$

式中，x 和 x_b 分别表示分析场和背景场向量，由模式大气状态变量组成；y^o 为观测资料向量；H 是观测算子；B 和 O 分别为背景场和观测资料的误差协方差矩阵，F 是观测算子误差协方差矩阵，下标"i"代表第 i 次观测时间，$M_{0 \to i}$ 表示从同化时间窗开始时刻到第 i 个时刻的模式积分。

目标泛函相对于分析场的梯度可以表达为：

$$\nabla_x J = B^{-1}(x - x_b) + \sum_{i=0}^{n} M_{0 \to i}^T H_i^T (O_i + F_i)^{-1}$$
$$(H_i M_{0 \to i}(x) - y_i^o) \quad (2)$$

式中，M^T 是预报模式 M 的伴随模式算子；H^T 是观测算子的伴随算子。四维变分同化用极小化数学软件通过迭代得到目标泛函数的极小值，即四维变分分析。在每次迭代中，目标泛函数及其梯度要重新计算。利用预报模式 M 的伴随模式，使在现代高速计算机上计算目标泛函的梯度成为可能，也就使四维变分同化成为可能。

参考书目
薛纪善，陈德辉，等，2008. 数值预报系统 GRAPES 的科学设计与应用［M］. 北京：科学出版社.
邹晓蕾，2009. 资料同化理论和应用［M］. 北京：气象出版社.

（张林）

Kǎěrmàn lùbō
卡尔曼滤波（Kalman filter）

信号处理的一种最优估计方法，它是 R. E. 卡尔曼（R. E. Kalman）于 1960 年提出的处理线性动态系统、具有高斯白噪声随机误差的一种顺序递推、最小方差估计方法。卡尔曼滤波同化方法的实施由更新和预报两个步骤组成。更新步骤的方程可表示为：

$$x_a^t = x_b^t + K(y_o^t - H^t x_b^t) \quad (1)$$
$$P_a^t = K(I - K H^t) P_b^t \quad (2)$$
$$K = P_b^t H^{t^T}(H^t P_b^t H^{t^T} + R^t)^{-1} \quad (3)$$

式中，x_p 和 P 为大气状态模式变量的预报值和预报误差协方差矩阵；y_o 和 R 为观测值和观测误差协方差；H 为线性观测算子；x_a 和 P_a 为分析值和分析误差协方差；K 为增益矩阵，上标 t 表示时间，上标 T 表示矩阵的转置（即伴随矩阵）。增益矩阵表达式（3）使分析场误差方差最小。

预报步骤紧接在每一个更新步骤之后。根据更新步骤得到的 t 时刻的分析场的值和误差协方差，通过模式预报，得到 $t+1$ 时刻的预报场的值和预报误差协方差矩阵。具体方程可表示为：

$$x_b^{t+1} = M^{t, t+1} x_a^t \quad (4)$$

$$P_b^{t+1} = M^{t,t+1} P_a^t M^{t,t+1^T} + Q^{t,t+1} = M^{t,t+1}(M^{t,t+1} P_a^t)^T + Q^{t,t+1} \tag{5}$$

式中，$M^{t,t+1}$ 为从 t 到 $t+1$ 时段的线性预报模式算子；Q 为预报模式误差协方差矩阵。

如果卡尔曼滤波方程（1）和（4）中的线性预报模式改成非线性预报模式，即扩展卡尔曼滤波。对于 N_x 维的大气状态向量 x，P 和 P_a 是 $N_x \times N_x$ 维矩阵。对于高维的预报模式，由于卡尔曼滤波需要存储和计算 $N_x \times N_x$ 维矩阵 P 和 P_a，这样的数据存储量和计算量都太大，限制了卡尔曼滤波或扩展卡尔曼滤波的实施。埃文森（Evensen）于1994年提出了集合卡尔曼滤波方法，利用有限数量的短期集合预报，计算增益矩阵中的 $H^t P^t H^T$ 和 $P_b^t H^T$，避免了显式地存储和计算预报协方差矩阵。

参考书目

Evensen G, 1994. Sequential data assimilation with a nonlinear quasi-geostrophic model using Monte Carlo methods to forecast error statistics [J]. J. Geophys. Res., 99 (C5): 10143-10162.

Tim Palmer, 2006. Predictability of Weather and Climate [M]. Cambridge University Press.

（朱国富）

guāncè suànzǐ

观测算子（observation operator） 也称为向前观测算子。对给定的大气状态，计算得到观测物理量。换句话说，观测算子是从大气状态空间到观测空间的一个映射，其数学形式表示为：

$$y = H(x)$$

式中，y 为观测变量构成的向量，其维数 N_y 等于所用观测的数据个数；x 为大气状态变量构成的向量，对于一个格点模式，其维数 N_x 等于所有格点数与模式变量个数的乘积；H 为观测算子。各种观测资料的同化都需要有一个对应的观测算子。如卫星辐射率资料中的 H 是快速辐射传输模式，常规资料同化中的 H 是空间插值，四维变分同化中的 H 包括数值天气预报模式。

（朱国富）

bèijǐngchǎng wùchā xiéfāngchā

背景场误差协方差（background error covariance） 大气资料同化中背景场（参见第91页初估场）的误差协方差矩阵，用 B 表示。背景场是能较准确地描述大气模式状态的一种先验信息。随着数值天气预报精度的不断提高，通常采用模式短期预报作为背景场，此时背景误差协方差就是预报误差协方差，也可用 P_b 表示。

作为一个协方差矩阵，它可以表示为 $B = \Sigma C \Sigma$，其中 Σ 是标准差的对角矩阵，C 是一个相关矩阵；其标准差部分表征背景场向量各分量的不确定性，其相关部分表征背景场向量各分量之间的联系，包含不同变量间的物理相关（如风场和质量场之间的地转平衡关系、质量场本身的温度和气压之间的静力平衡关系）和不同位置间的空间相关。

当代的大气资料同化方法一般表现为将背景场和观测统计最优地结合而产生分析场，其数学公式形式为：

$$x_a = x_b + W[y_o - H(x_b)] \tag{1}$$

式中，x_a 和 x_b 分别为分析场和背景场的值；y_o 为观测值；H 为观测算子（参见第94页观测算子）；最优权重矩阵 W 也被称为增益矩阵，表示为 $W = BH^T(HBH^T + R)^{-1}$，其中上标"T"和"-1"分别表示矩阵的转置和逆矩阵，R 为观测误差协方差和观测算子误差协方差之和，H 是观测算子 H 的一阶线性近似。

背景场误差协方差矩阵 B 对分析场有着根本的影响。由（1）式能够知道，它的标准差部分和观测的方差，共同决定了用来订正背景场的观测信息的适当权重；它的相关部分，在没有约束项和预报模式的三维变分情形下，完全地决定了利用观测信息的插值和平滑作用。背景场误差协方差矩阵 B 的生成一直是建立一个资料同化系统最具挑战性的关键技术之一。

参考书目

Purser R J, Wu Wan-Shu, Parrish D F, et al, 2003. Numerical aspects of the application of recursive filters to variational statistical analysis. Part I: Spatially homogeneous and isotropic Gaussian covariances [J]. Mon. Wea. Rev., 131: 1524-1535.

Purser R J, Wu Wan-Shu, Parrish D F, et al, 2003. Numerical aspects of the application of recursive filters to variational statistical analysis. Part II: Spatially inhomogeneous and anisotropic general covariances [J]. Mon. Wea. Rev., 131: 1536-1548.

Wu Wan-Shu, Purser R J, Parrish D F, 2002. Three-dimensional variational analysis with spatially inhomogeneous covariances [J]. Mon. Wea. Rev., 130: 2905-2916.

（朱国富）

bànsuí móshì

伴随模式（adjoint model） 被广泛应用于四维变分、敏感性分析、大气稳定性研究和参数估计等领域。

在数学上，已知线性算子 L，对于任意向量 X 和 Y，它的伴随算子 L^* 都满足

$$<X, LY> = <L^*Y, X> \tag{1}$$

式中，$< >$ 表示向量的内积。在欧氏空间里，线性算子

L 的伴随算子是它的转置，也就是 $\boldsymbol{L}^* = \boldsymbol{L}^T$。在数值天气预报的应用中，离散形式的伴随模式预报算子就是切线性模式预报算子的转置。伴随模式的表达形式是：

$$x^* = \left[\frac{\partial M(x)}{\partial x}\right]^T x_i^* \qquad (2)$$

式中，x_i^* 为 i 时刻的伴随模式变量，x^* 为初始时刻的伴随模式变量，$(x)^T$ 表示矩阵的转置。数值天气预报模式描述了大气系统状态变量随时间的演变，它可以简化为下面的公式：

$$x_i = M(x_0) \qquad (3)$$

式中，x_0 为初始时刻模式大气状态变量；x_i 为 i 时刻模式预报的大气状态变量；M 为从初始时刻到 i 时刻的模式预报算子。

如果给数值天气预报模式的初值 x_0 增加一个小扰动 δx_0，那么输出结果的变化可以表示成：

$$\delta x_i = M(x_0 + \delta x_0) - M(x_0) \approx \left.\frac{\partial M}{\partial x}\right|_{x_0} \delta x \equiv M\delta x \qquad (4)$$

$$\delta x_i = M(x + \delta x) - M(x) \approx \frac{\partial M(x)}{\partial x}\delta x$$

式中，$M = \left.\dfrac{\partial M}{\partial x}\right|_{x_0}$ 为从初始时刻到 i 时刻的切线性模式预报算子，是数值天气预报模式的一阶线性近似，它描述了初值扰动随时间的一阶演变。

如果定义一个与数值天气预报模式输出结果有关的指标 y，它的表达形式是：

$$y = f(x_i) \qquad (5)$$

那么可以用伴随模式计算这个指标相对于初值 x 的梯度，这是因为：

$$\frac{\partial y}{\partial x} = \left[\frac{\partial M(x)}{\partial x}\right]^T \frac{\partial f(x_i)}{\partial x_i} \qquad (6)$$

伴随模式的优点在于只积分一次就可以得到 $\dfrac{\partial y}{\partial x}$ 的全部分量，这样可以大大提高效率。四维变分中定义的目标泛函和敏感性分析中定义的泛函就是不同形式的指标 y，它们都需要计算各自指标相对于初值 x 的梯度。

切线性模式变量和伴随模式变量的内积不随时间变化，也就是：

$$< \delta x, x^* > = < \delta x_i, x_i^* > \qquad (7)$$

这个性质常常被用于进行伴随模式的正确性检验。

因为数值天气预报模式非常复杂，开发它的伴随模式比较困难，通常采用自动微分工具和人工修改相结合的办法。

参考书目

邹晓蕾，2009. 资料同化理论和应用 [M]. 北京：气象出版社.

Errico R M，1997. What is an adjoint model？[M]. Bulletin of the American Meteorological Society，78：2577-2591.

（张林）

qìxiàng zīliào zàifēnxī

气象资料再分析（re-analysis of meteorological data）　利用数值天气预报系统对历史气象观测资料重新进行同化处理，产生历史上的气象分析场，以供天气、气候分析或其他科学、业务应用。

与日常业务数值天气预报的资料同化系统产生的气象分析场相比，再分析产品有两点明显的优势：其一是观测资料的采集与处理不受到实时预报发布时间的限制，可以使用更多、更好的观测资料；其二是使用更先进的预报模式与同化技术。与直接观测资料相比，再分析资料是对大气状态的更完整的描述，更便于进行诊断计算与分析研究。但根据资料同化的理论作为同化系统产品的再分析资料，本质上是一种模式状态，与实际大气不可避免是有区别的，特别是当模式有系统性偏差的时候，这种偏差会反映到再分析产品中。这使得不同国家的数值预报中心产生的再分析数据在某些特征量会有差别，甚至重大差别，在利用再分析产品进行气候分析时应特别注意。

再分析过程包括以下几个基本环节：对历史观测资料的重新整理与质量控制，消除各种人为的干扰造成的资料不连续，保证观测资料的质量与均一性；对数值天气预报模式与同化系统作进一步的优化，尽可能减小模式偏差与同化系统带来的系统性误差，保证同化结果的可信度；进行再分析的运算并产生便于应用的数据集。显然采集充足的观测资料并进行严格的质量控制、先进的数值天气预报系统是资料再分析的基础。

自 20 世纪 90 年代开始，欧洲中期预报中心与美国国家环境预报中心（联合美国国家大气研究中心等）分别实施了多轮气象资料再分析计划，先后产生了多套再分析数据。每一轮新的再分析都使用了更新的业务预报模式与同化技术，并针对上一轮分析中存在的问题对再分析系统作了优化与改进，使新的一轮再分析结果更可靠。这些再分析资料在天气气候的研究中发挥了重要的作用。

（薛纪善）

集合天气预报

jíhé yùbào

集合预报（ensemble prediction）　针对大气运动的非线性、初值误差和模式误差而提出的一种数值预报方法，通过考虑不同误差的模式预报样本集合，提供推断大气状态的概率密度函数随时间的演变以及所有可能的状态。

集合预报通常由一个控制成员和多个具有细微差异初始条件或物理参数的扰动成员预报组成。集合预报主要用于估计数值预报的两种不确定性来源：①由于观测误差在动力系统混沌特性下放大而带来的预报不确定性，也称为初始条件敏感性；②由于不完善的数值模式系统而带来的预报不确定性，如近似的数值计算求解或不完善的物理过程描述。理想的集合预报能够包含动力系统未来的真实状态，其离散度也能够用于度量预报不确定性。

沿革　自20世纪70年代至21世纪初，集合预报发展经历了三个阶段。第一阶段是20世纪70—80年代理论研究阶段，主要集中于集合预报的理论研究和数值实验上；1963年洛伦兹提出非线性动力系统"混沌"理论，奠定了集合预报发展理论基石，70年代爱普斯坦（Epstein）和利思（Leith）首先提出了集合预报概念，将天气预报描述为大气状态概率密度函数（PDF）随时间演变，因而经典集合预报仅仅是一个"初值问题"；但数值模式中有许多物理过程，如参数化方案等同样具有不确定性和随机性；近年来集合预报技术也考虑模式不确定性。

第二阶段是20世纪90年代以来的业务应用，随着大规模并行计算机的发展，1992年集合预报在美国国家环境预报中心和欧洲中期天气预报中心投入业务运行，集合预报成为数值天气预报业务体系重要组成部分，集合预报产品开始广泛应用于日常预报中，预报员应用集合预报逐日变化的数值预报不确定性信息，提升使预报员对确定性预报的信心，特别是在极端天气事件预报中，集合预报显示了较好的应用前景。

第三阶段是集合预报提供的流依赖误差信息逐渐应用于其他方面，如目标观测和资料同化领域，特别是集合预报与资料同化技术结合的混合集合同化技术成为资料同化领域主流和新的发展方向。

基本原理　集合预报理论基础是洛伦兹1963年提出的非线性动力系统"混沌"理论，其核心思想即是：当非线性运动的初始条件发生微小改变，就可能导致运动结果的截然不同。大气运动具有混沌特性，数值天气预报模式初始条件或模式的任何微小误差，都可能导致模式预报结果出现较大差异。初值误差来源于观测不准确和资料同化处理中导入误差；离散化的数值模型是真实大气的一种近似，与真实大气存在误差。这些误差的存在，使得单一确定性数值天气预报的结果存在不确定

性。获得合理的集合预报有两个基本假定：①具有合理的集合预报初值样本，这些样本能正确估计分析误差概率分布；②具有可靠的数值预报模式，由该模式计算的由某一初值出发的大气状态相空间运动轨迹，是对真实大气相空间运动轨迹的良好近似。如果满足上述两个假定条件，所构造的集合预报结果较合理，可以通过集合预报统计量（一阶距和二阶距）大致估计出大气状态概率密度函数PDF。

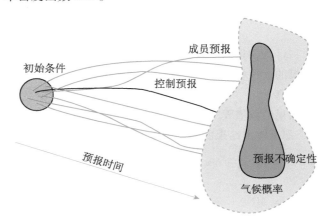

技术方法　采用科学合理的方法构造集合预报系统，产生集合预报成员，是集合预报研究领域的核心。根据数值天气预报的误差来源，集合预报扰动方法可以分为初值扰动和模式扰动两种。

初值扰动是通过一定的数学方法生成一组不同的初值样本，从而形成不同的集合成员。初值扰动的方法可划分为两类：第一类是估计分析误差的概率分布，如蒙特卡罗随机扰动方法（MCF）、时间滞后平均法（LAF）和观测扰动技术、卡尔曼滤波法（KFM）、集合转置卡尔曼滤波法（ETKF）等；第二类是通过分析数值天气预报误差在相空间中的增长方向和速度，寻找沿着预报相空间中最不稳定的方向来构造扰动初值，如增长模繁殖法（BGM）、奇异向量法（SVM）。从理论上看，沿着预报相空间最不稳定的方向扰动初始场应该可以描述模式初值不确定性的统计特征。

模式的不确定性不可忽略，需要在集合预报中加以考虑。目前集合预报系统中使用的模式扰动方法主要有三种：多物理过程组合法（针对同一个模式，通过对不同的集合成员使用不同的模式物理参数化方案来实现扰动）、多模式组合法（通过运用不同的模式来体现模式过程及动力过程的不确定性）、随机物理过程扰动法[在模式的某些参数或相关项（如倾向项、扩散项）上引入一个随机过程或因子对其进行改变，以体现上述随机不确定性的作用]。随机物理过程法在理论和实际应用中都具有非常好的潜力，是国际上集合预报系统扰动

技术研究的重要方向。

应用 集合预报系统不仅给出单一的最佳可能预报，还定量地估计天气预报的不确定性，即通过集合成员估计天气预报结果的概率分布函数，包括：关于环流系统、天气过程、天气要素的概率预报产品极端天气事件的预报信息。集合预报的另一应用价值是将集合预报直接与应用模式相联系，开发对天气敏感的商业与人类活动领域的定量概率预报工具，如将集合海浪预报应用到大洋航线预报，与水文模式结合的水文集合预报系统等，使集合预报更有应用价值。

研究表明，相对于确定性模式预报，集合预报除更能够增加长预报时效的预报精度以及预报稳定性之外，还能提供预报的不确定性信息以及极端天气的概率信息。目前，集合预报产品，如集合平均及离散度、面条图、邮票图和概率预报，已经在国内外的天气预报业务中得到广泛应用。同时，许多用于消除系统偏差、调整离散度、提取不确定性信息等集合预报统计后处理技术也得到快速发展。

目前天气预报业务应用中主要包括全球、区域和对流尺度三种类型的集合预报系统：①全球集合预报系统采用全球数值预报模式在相对低分辨率的网格距上运行，主要用于 3～15 天的中期预报；②区域集合预报系统采用区域或中尺度数值模式，更多关注 1～3 天的短期预报；③对流尺度集合预报系统采用 1～4 km 网格距的对流尺度数值模式，能够分辨对流系统的更多细节，主要尝试预报对流系统的位置和强度。

此外，集合预报在长期天气预报和气候预测中也有应用，它们主要着眼于 15 天以上的延伸期、月尺度和气候预报。

展望 集合预报与资料同化、耦合模式、高分辨率模式一起被世界气象组织列为未来数值天气预报领域的四个发展战略之一，显示出强大的生命力。集合预报的应用不断延伸，开始被引入到各种尺度的数值预报试验中，小到风暴尺度、云尺度的系统，大到季节、气候的预报。整个地球物理科学中的系统预报如地震预报、海洋海浪预报也都可应用集合预报的概念，特别是水文预报对气象上降水集合预报寄予了非常高的期望。同时，集合预报技术已不单纯仅仅用在天气预报上，而且还应用到了气象观测和资料的同化处理上。

参考书目

Epstein E S, 1969. Stochastic dynamic prediction [J]. Tellus, 21：739-759.

Leith C E, 1974. Theoretical skill of Monte-Carlo forecasts [J]. Mon. Wea. Rev., 102：409-418.

Lorenz C E, 1965. A study of the predictability of a 28-variable atmospheric model [J]. Tellus, 17：321-333.

（陈静　代刊）

jíhé yùbào rǎodòng
集合预报扰动（ensemble prediction perturbations）集合预报系统中描述大气初值不确定的初始扰动，体现模式不确定性的物理过程扰动，以及区域集合预报系统中描述来自侧边界不确定性的侧边界条件扰动。

初始扰动 集合预报系统中定量描述大气数值模式初始条件不确定性的一组小扰动。理论上，这些小扰动应该能描述大气初始条件中误差分布的概率密度函数（PDF），通过将初始扰动叠加在分析场上，产生出集合预报的扰动初始成员。产生初始扰动主要方法如下：

奇异向量法（SV） 奇异向量定义为在一定最优化时间间隔内相空间（物理空间）增长最快的一组扰动，用大气数值模式的切线性向前模式和伴随模式组合成的矩阵算子来进行求解，在求解过程中奇异向量扰动的大小通过一个权重矩阵来衡量，常采用总能量模权重矩阵。欧洲中期天气预报中心（ECMWF）最早使用 SV 扰动来构建中期集合预报系统。奇异向量法是在预报误差线性演变的假设条件下，采用合适的衡量扰动大小的权重模，构建的集合预报能够体现预报误差方差的最大变化范围。

增长模繁殖法（BGM） 也称繁殖向量法，是在资料同化原理基础上提出的初始扰动产生方法，最早应用于美国大气环境预报中心（NCEP）的全球集合预报系统。这种方法模拟资料分析循环中的误差的发展，繁殖培育出在大气演化相空间中非线性基本气流上增长最快的非线性扰动。BGM 法的特点是计算花费少，但在繁殖循环过程中不使用观测资料，扰动结构只依赖过去大尺度气流的不稳定性。

集合卡尔曼滤波法（EnKF） 一种区别于 SV 及 BGM 法的扰动技术，本质上，它是卡尔曼滤波技术的近似，一种利用短期预报的蒙特卡罗（Monte-Carlo）集合来估计预报误差协方差的四维资料同化技术。在利用集合成员的预报来估计预报误差的协方差时，这些集合成员也用作集合预报的扰动初始场。加拿大气象局率先将 EnKF 技术应用于全球和区域集合预报系统。EnKF 技术需要耗费巨大的计算机资源。

集合变换卡尔曼滤波法（ETKF） 与 EnKF 法的基本原理相同。但是在 ETKF 法中，分析扰动通过对预报扰动的变换而得到，因此其计算速度要远远高于 EnKF。ETKF 技术应用于英国气象局的集合预报系统。

观测扰动法（PO） 类似于蒙特卡罗随机扰动方法，其通过在观测场上叠加随机噪声扰动来体现初始条件的不确定性。在 PO 方法中对一组经随机扰动过的观测场资料分别进行同化分析，产生出一组初始分析场，并分别进行模式积分得到预报结果，从而形成不同的集合成员。这种方法的优点是计算量相对较小、容易捕获分析误差。但是这种初值扰动方法与动力模式不相协调，且无法显示出真实误差的概率密度函数。

物理过程扰动 集合预报中用来体现模式物理过程不确定性的方法。在数值预报模式中，次网格尺度物理过程通常采用参数化处理，即用大尺度变量表征次网格尺度物理过程的总体效应。在任何一个参数化方案中，需要先验给定一些经验函数或阈值。这是因为，对这些物理过程具体的物理机制的理解还不够全面，或是因为这些值是在有限观测试验样本资料基础上给出的。另一方面，模式物理过程与模式动力过程的反馈作用也存在不确定性。因此，这种物理过程参数化处理带来的不确定性对数值预报的不确定性有重要影响。在集合预报系统中加入物理过程扰动，可以一定程度上表现出物理过程的不确定性，并能提高集合预报系统的预报能力。常用的物理过程扰动方法主要有两种：

多物理过程组合法 针对同一个模式，通过对不同的集合成员，使用不同的模式物理过程参数化方案来实现扰动。

随机物理过程扰动方法 引入随机扰动因子，对模式物理过程参数化方案中的关键参数、经验函数，或对物理过程反馈倾向进行扰动。其中，随机物理过程扰动方法在理论和实际应用中都具有相当好的潜力，是国际上集合预报系统扰动技术研究的重要方向。

侧边界条件扰动 特指针对有限区域模式侧边界条件的要求和误差特点，为区域集合预报系统提供不同侧边界条件的技术。区域集合预报的侧边界条件，一方面应该反映大尺度环流背景对于区域模式所描述的天气过程的影响，并符合区域模式计算方面的基本要求，如保证计算的稳定性、不在边界处造成虚假的扰动能量堆积等；另一方面又要能反映测边界条件的不确定性，对增大集合成员预报间的离散度有贡献。侧边界条件扰动对区域集合预报系统的影响随着积分时间越来越重要，如果缺乏侧边界条件扰动，不同集合成员预报结果将逐渐趋同，集合离散度显著降低。

区域集合预报侧边界条件扰动信息一般来自全球集合预报系统，区域集合预报需要解决全球大尺度扰动向有限区中尺度模式侧边界的扰动输入技术，克服粗网格大尺度扰动向小尺度区域模式激发虚假重力波影响。侧边界条件扰动还与区域集合预报系统预报区域大小和侧边界缓冲区域处理有关：如果模式计算范围取得太小（相对于实际预报区域而言），那么侧边界条件就会大大限制其离散度的增长而不能包含大气的实况；对应于较大的预报区域，应该选取较宽的缓冲区域，在缓冲区平衡大尺度强迫场和区域模式本身预报值之间的关系。集合成员侧边界扰动条件的产生可以借鉴初值扰动方法，并与对应时刻的初值扰动相匹配。

参考书目

Buizza R，Palmer T N，1995. The singular-vector structure ofthe atmospheric global circulation ［J］. J. Atmos. Sci.，52：1434-1456.

Houtekamer P L，Derome J，1995. Methods for ensembleprediction ［J］. Mon. Wea. Rev.，123：2181-2196.

Toth Z，Kalnay E，1997. Ensemble forecasting at NCEP and thebreeding method ［J］. Mon. Wea. Rev.，125：3297-3319.

（陈静 李晓莉 邓国）

duōmóshì chāojí jíhé yùbào
多模式超级集合预报（multimodel superensemble prediction） 利用不同来源的数值模式作为集合成员制作集合预报的方法。

基本原理与方法 对可以得到的不同数值预报结果，通过信息加工与集成产生更准确的预报结果。表征模式误差的方法主要包括两个：一是采用误差性质相互独立的不同框架结构和物理过程（同一模式可选择不同物理过程组合）的多个不同模式，构成多模式集合预报；二是随机扰动同一模式的物理过程或者动力学过程主要参数。多模式超级集合预报与统计学方法紧密关联。如果集成采用的不同模式预报技巧接近，通常采用等权重的方式进行多模式集合；如果模式预报技巧存在明显差异，则通过不同权重对多模式进行集合。具体权重系数的确定，需要使用过去预报和观测分析的数据集接受训练，通过线性回归技术、滑动平均技术、非线性神经元技术等确定不同模式的权重系数，再进行模式集成。

由于不同模式预报误差特点存在差异，进行模式集成时需要通过偏差订正技术扣除每个成员的系统性偏差，才能构成多模式超级集合预报。模式偏差订正的方法包括后验订正（在整个模式积分完成后对预报结果进行订正）和过程订正方法（在积分过程中反复订正）两种。集合预报偏差订正可以针对一阶矩模式系统的订正（如自适应卡尔曼滤波订正方法），也可以针对二阶离散度订正（如贝叶斯模式平均方法）。经过模式偏差订正，可显著地降低预报误差和提高集合离散度，提高集合预报系统预报技巧。

应用 自从 1999 年 T. N. 克里希那穆提（T. N. Krishnamurti）等人提出多模式超级集合预报技术以来，超级集合预报技术已经迅速在世界各国主要预报中心使用，特别是北美集合预报系统（NAEFS）使该技术的关注和应用达到了一个新的高度。超级集合预报技术不仅应用于台风路径预报，也广泛应用于世界各地格点和站点的温度、降水、风速风向和位势高度等要素预报，应用领域涵盖天气尺度到气候预测等各个方面。多模式超级集合预报作为一种客观预报方法，是计算机技术（计算、传输、存贮、发布）、统计技术和气象预报技术的完美结合。

展望 多模式超级集合预报不仅可以制作确定性预报，也可制作概率预报。多模式集合的权重系数选择需要反映预报的不确定性，根据预报与实况资料进行动态统计与更新是一个发展趋势。超级集合预报的主流集成方法将有新的发展，如：在现有多元线性回归方法、非线性神经网络方法、贝叶斯模式平均方法、马尔科夫链方法等之外，一些新的研究成果包括随机向量多元线性变换的多元高斯核拟合（Gaussian Ensemble Kernel Dressing）方法，以及考虑天气变量空间型结构的客观诊断评估方法（Method for Object-Based Diagnostic Evaluation）已经出现。另外，多模式超级集合预报也将从传统的"点对点"多模式集合向反映变量空间结构的概率预报拓展。

参考文献

Krishnamurti T N, Kishtawal, Timothy LaRom, et al. Improved Weather and Seasonal Climate Forecasts from Multimodel Superensemble [J]. Sciences, 1999：285（5433）：1548-1550.

（邓国）

jíhé yùbào xìtǒng

集合预报系统（ensemble prediction system） 通过积分一组反映数值预报模式分析场随机误差和模式误差特征的代表性样本，来预报大气系统未来发展演变状态的数值预报系统。集合预报可通过多初值、多模式、多物理过程以及物理过程随机扰动等技术构成预报集成员，反映数值预报模式初值误差、模式误差和大气系统混沌特性引起的数值预报的不确定性。

沿革 自从 1963 年洛伦茨（Lorenz）提出可预报性理论，1969 年爱普斯坦（Epstein）阐述动力随机预报概念，1974 年利思（Leith）给出比较适合于实际应用的 Monte Carlo 预报以来，经过众多科学家 50 多年的不懈努力，集合预报得到了迅猛的发展，其产品已经成为世界主要数值预报业务中心（欧洲中期天气预报中

心、英国气象局、日本气象厅、美国环境预报中心、加拿大气象中心、中国气象局、法国气象局等）的主流。集合预报的发展经历了三个阶段。

第一阶段是（见第 95 页 集合预报）20 世纪 70—80 年代，集合预报的发展主要集中于集合预报的理论研究和数值实验阶段，发展的集合预报技术包括经典的 Monte Carlo 法和时间滞后平均法（LAF）等。

第二阶段是 20 世纪 90 年代，大规模并行计算机的发展促进集合预报系统进入了业务化预报阶段。1992 年集合预报系统率先在美国国家环境中心和欧洲中期天气预报中心（ECMWF）投入业务运行。随后，法国等其他国家先后建立了各自的集合预报业务系统。该阶段典型的集合预报技术包括 ECMWF 的"奇异向量法"、美国的"增长模繁殖法"等。

第三阶段是 21 世纪以来，集合预报与分析同化技术建立更紧密的联系推动集合预报获得空前的发展，集合预报从考虑初值的不确定问题扩展到考虑模式的不确定问题。典型的集合预报方法包括集合卡尔曼滤波及相关简化方法。

中国国家气象中心是世界上最早开展业务集合预报系统研发的预报中心之一。在全球集合预报系统建设工作中，国家气象中心于 1996 年 9 月建立的以 T63L16 为基础，采用时间滞后平均法生成扰动初值，包含 12 个集合成员的预报系统投入试验运行；1999 年底以 T106L19 模式为基础，建立采用奇异向量法生成扰动初值，包含 32 个集合成员的全球中期集合预报准业务预报系统；2006 年底，基于 T213L31 全球谱模式，采用增长模繁殖法初值扰动技术产生 15 个集合成员的新一代全球集合预报系统投入准业务运行；2014 年 5 月，基于增长模方案的全球集合预报系统，完成了从 T213L31 向 T639L60 的业务升级，集合概率预报能力取得了长足的进步。区域集合预报系统建设充分借鉴了全球集合预报系统研发的经验，于 2010 年底研发了基于天气研究和预报模式（WRF）、采用增长模繁殖方法建立的中国区域集合预报准业务系统，2014 年 5 月完成了预报模式和扰动技术的升级，建立了基于全球/区域同化和预报增强系统（GRAPES）模式，采用集合卡尔曼滤波方法产生扰动初值的区域集合预报业务系统。

系统分类 业务预报中应用的集合预报系统主要包括：全球集合预报、区域集合预报和对流尺度集合预报。三种集合预报系统在预报对象、预报时效、模式分辨率等方面存在明显差异。全球集合预报的原理主要建立于斜压不稳定扰动发展和预报误差增长理论基础上，通常设计用于 3～15 天的中期天气预报，采用格距介于

30～70 km 的全球模式。全球集合预报系统的低分辨率会限制预报细节的获取，不能分辨一些细节。区域集合预报在动力机制、预报误差增长特征不同于全球大尺度系统，并且需要从全球模式获取背景场和侧边界条件，主要着眼于 1～3 天的短期天气预报，具有较全球模式更高的分辨率（格距通常在 7～30 km），因此可以用于预报天气系统中的一些局部细节。对流尺度集合预报系统的模式分辨率可以达到 1～4 km 或者更高，覆盖范围相对较小，可以捕捉一些对流系统的细节，反映对流不稳定引发的数值预报在空间和时间不确定性。

应用　业务集合预报系统不仅直接为日常天气预报提供指导和服务，也成为其他重要业务预报系统的基础，如台风集合预报、海浪集合预报以及水文集合预报等。这些专业集合预报系统从全球/区域基本集合预报业务系统获取大气要素集合扰动初值或集合驱动场信息，结合自身技术特点/领域开展专业集合预报业务。

业务流程　集合预报系统流程包括分析同化过程（产生分析场）、初值扰动模块（产生扰动初值）、控制预报（相当于常规确定性预报）、集合成员预报（利用分析场和初值扰动生成集合成员初值并预报）、物理过程扰动、偏差订正与集成（利用统计方法修订集合预报系统误差，提高集合离散度）、产品加工处理以及集合预报检验等。区域与全球集合预报系统的差异在于区域集合预报需要从全球集合预报系统获得初始场和侧边界条件。

展望　集合预报未来发展将与资料同化技术建立更紧密的联系，发展集合—同化混合同化技术，将是集合预报的重要发展方向。同时，模式随机扰动（物理倾向，物理参数及动力）成为模式扰动技术发展的主流。随着高性能计算的发展，集合预报分辨率和集合成员数量将显著提高，研究不同尺度大气运动初始误差概率密度函数的分布及其对预报的影响，发展混合尺度灾害性天气集合预报系统将为高影响天气预报提供有力的支撑。

参考书目

Epstein E S, 1969. Stochastic dynamic prediction [J]. Tellus, 21：739-759.

Leith C S, 1974, Theoretical skill of Monte Carlo forecasts [J]. Mon. Wea. Rev., 102：409-418.

李泽椿，陈德辉，2002. 国家气象中心集合数值预报业务系统的发展及应用. 应用气象学报，13（1）：1-14.

（邓国）

jíhé lísǎndù

集合离散度（ensemble spread）　描述集合预报成员之间差异的一种度量，从数学计算上表示为集合成员与集合平均之间的标准差。

集合离散度可作为一种体现集合预报系统中预报不确定性的定量指标，其图形产品通常与集合平均图形产品叠加，互相结合使用。一般来说，相对于集合平均所表征的天气系统而言，如果对应小的集合离散度，则表示天气系统的可预报性较高；大的离散度则意味着系统的可预报性较低。集合离散度的演变通常表现出随着预报时效延长而增加的特征。对于某种预报变量或参数，其集合离散度特征随着天气形势而变化，在高压阻塞形势下，降水和风等要素的离散度可能会较小，而云和温度预报的集合离散度就可能较大。在纬向气流控制的天气系统中，情况就可能相反，表现为降水和风预报的集合离散度较大，云和温度预报的离散度较小。

（李晓莉）

jíhé píngjūn

集合平均（ensemble mean）　对集合预报中所有集合成员的预报结果进行算术平均的结果。集合平均通常会滤去集合成员中预报差异大、可预报性低的小尺度天气特征，而保留各成员预报中较一致的、可预报性较高的大尺度天气特征，如纬向环流、阻塞形势、气旋及反气旋等。

集合平均产品可作为一个好的指导产品，帮助预报员判断主导天气系统的发生和演变。通过与集合离散度产品的配合使用，也可获得集合平均产品中天气系统的预报不确定性信息。对于某些天气要素预报如降水、风及云等，集合平均产品的应用存在着一定的局限性。例如，对于 20 个成员的集合预报系统，若有 70% 的集合成员预报没有降水，而其余集合成员预报出超过 20 mm/6 h 的强降水，则集合平均结果就会有超过 6 mm/6 h 的降水，如只使用集合平均产品就会误导有极端降水事件发生的可能性。因此，集合平均产品中出现极端天气事件时，还需要同时使用概率或其他能评估极端值的产品来进一步判断。

（李晓莉）

jíhé yùbào chǎnpǐn

集合预报产品（ensemble prediction products）　包括基于集合预报模式直接输出的基本产品及加工产品。集合预报加工产品是指利用集合预报后处理技术对模式直接输出结果进行再加工，比如对结果进行偏差订正、聚类分析等而得到的产品。

基本产品

集合平均　是各个集合成员等权重的数学平均，集合平均会过滤掉集合成员中的可预报性较低的小尺度天气特征而保留各成员预报中较一致的大尺度天气特征，因此集合平均相对于控制预报有较好的预报准确性。

集合离散度 是描述集合预报成员之间差异的一种度量，从数学计算上定义为集合成员与集合平均之间的标准差。集合离散度是预报不确定性的一种形式，小的离散度表示天气系统的可预报性较高，大的离散度则意味着系统的可预报性较低。在图形表现上，集合预报离散度通常叠加在集合平均产品上。

集合概率 是通过对某种天气事件发生的概率来描述预报的不确定性信息。对于某种天气事件（通过特定阈值表示），概率定义为预报这个事件发生的集合成员的个数与总集合成员数的比值，概率是在模式格点上计算，其阈值选取因不同气象要素而变化。

面条图 是将所有集合成员预报中表征某个重要天气的特定等值线（比如 500 hPa 高度场的 528 dagpm 线、546 dagpm 线和 564 dagpm 线等）绘在一张图上，以反映这种天气的可预报性。如果这些等值线在图上较紧密，表示可预报性较高；而如果等值线的分布像一盘散乱的面条，则表示可预报性较低。

邮票图 将所有集合成员以及控制预报的预报结果以图形的形式显示在一起，构成了邮票图。常用的是降水及 850 hPa 温度预报的邮票图。通过邮票图可以直观地看到各个集合成员预报情况，进而估计某种极端天气发生的可能性。

单点集合预报图 是由统计学中的盒须图发展而来的，这种图能给出某个具体格点或站点不同天气要素（如云量、降水、10 m 风和 2 m 温度）的集合预报分布的时间演变（见图）。在单点集合预报图中集合分布的 25 个至 75 个百分位数是由中间宽盒子表示，宽盒子中的短水平线为 50 个中位数，宽盒子上下两端的两个较窄的盒子分别代表 75～90 个中位数的分布，及 10～25 个百分位数的分布，单点图的上下两端分布为集合成员中的最小和最大值。通常，在单点集合

预报图上也显示集合控制预报及高分辨率确定性预报结果。

加工产品 是通过一些集合动力和统计后处理方法来对模式直接输出进行加工，以提高集合预报产品质量，并促进其进一步应用。常用的几类经过集合预报后处理加工的产品为：

统计后处理加工产品 模式系统误差对一些地表变量（例如 2 m 气温、2 m 湿度、10 m 风速、降水量、总云量等）的预报有很大的影响。统计后处理技术可以订正集合预报中的模式系统误差，并改进集合预报普遍存在的离散度不足的问题。常见的集合概率统计后处理技术主要有两类，第一类为针对概率分布函数的一阶距（集合平均）偏差的订正技术，如自适应方法，这类方法通过一段历史时期的模式输出和观测值组成的训练样本，建立统计模式来消除各集合成员预报中的系统误差。第二种为能订正概率分布函数的二阶距（集合离散度）偏差订正技术，如贝叶斯平均、非齐次高斯回归方法及集合核分布模式输出统计方法等。这类技术能校准集合预报结果概率密度函数分布中的一阶（平均）和二阶变量（方差），进而改进预报结果的概率密度函数分布，提高预报效果。上述集合统计后处理技术常用来对服从高斯正态分布的连续预报变量，如温度预报进行加工，订正其集合平均产品中的误差，及改进集合离散度产品的分布特征。

降尺度加工产品 对于粗分辨率数值模式的集合预报，通过各种降尺度技术能产生一些包括局地信息的高

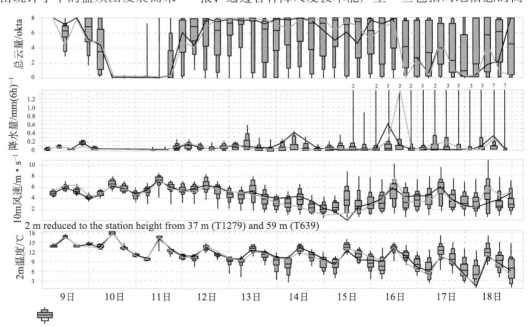

2010 年 10 月 ECMWF 全球集合预报系统的单点集合预报示例

（okta：八分之一，云量单位）

分辨率集合预报产品，来满足用户对精细化预报的需求。常用的降尺度技术有两类：一是统计降尺度，这种技术是在粗分辨率的集合预报场和高分辨率的分析场构建一个统计关系，进而产生出高分辨的集合预报场。统计降尺度技术主要应用于集合预报温度和降水产品的加工；二是动力降尺度，该技术主要应用于区域和对流尺度集合预报系统的建立，在这些系统中使用高分辨率的区域模式，来获得地形强迫信息及小尺度对流预报特征，而其集合成员的初始场和侧边界场由较粗分辨率的全球集合预报成员来提供。可以看出，由动力降尺度技术获得的集合预报产品，实际上就是区域及小尺度集合预报系统所产生的高分辨率集合预报产品。

聚类产品 集合预报系统中海量预报信息可以通过聚类技术对其加工分析，提取其中最重要的信息。主要的聚类技术及产品有两类：一是聚类分析，是指在特定地理分布区域，将在相空间中演变状况相似的集合成员集中在一起，并以此提取出集合预报概率分布的最重要的信息。主要有天气型聚类和气候天气型聚类两种聚类分析。聚类技术主要应用于集合预报中大尺度环境预报场，如500 hPa高度场聚类产品；二是管道聚类法，这种方法是通过集合成员与集合平均比较，定义一个集合成员距离集合平均最近距离的中央聚类，及那些与集合平均显著不同的成员（管道聚类极端成员），以判定最有可能出现的预报结果，和可能截然不同的预报结果。

极端预报指数产品 这类产品是欧洲中期天气预报中心率先开发的集合预报后处理产品，它通过计算集合预报分布和模式气候分布的累积分布函数的差异，来衡量相对于模式气候分布集合预报中异常极端天气事件发生的可能性（不同于极端灾害性天气的发生概率），以提供极端天气风险预警。极端预报指数的假设条件是如果集合预报相对于模式气候是异常或是极端的，则预报相对于真实气候也是异常或极端的。在极端预报指数产品计算中，理想的模式气候分布函数是由再预报数据集来产生。再预报是指基于一个固定的集合预报系统（同一模式版本、统一分辨率、统一预报长度），利用长期（几十年）的历史分析场做初始条件，进行模式预报，来获得一套完整的再预报数据集。除了应用于极端天气指数计算之外，再预报数据集作为包含多种天气种类和形势的大样本集，能为集合预报后处理订正技术后处理方法提供较好的数据集，可以作为训练期资料用于集合预报校准，来提高概率预报的质量和可信度。

展望 集合预报和高分辨率确定性预报应用的有效结合。通过发展更直观的交换平台或图形展示方式将集合概率预报提供的天气预报的不确定性信息，如集合离散度及单点集合预报图，和高分辨率确定性预报结合起来，通过分析高分辨率预报与集合预报一致性及其与集合离散度的关系，使预报员在做决策预报时充分考虑到系统的可预报性信息。

更多对流尺度集合预报产品的开发及应用。随着集合预报系统分辨率的提高，新的中小尺度集合预报直接及诊断产品，及对流系统的预报参数〔如对流有效位能（CAPE），对流抑制能量（CIN）指数和 K 指数等〕将会为中小尺度预报提供集合预报参考信息。

集合订正和校准技术发展及其产品的应用。经订正校准后的集合预报产品会增强预报员和用户使用集合预报产品的信心，随着集合偏差订正和校准技术的发展，未来将尽可能地向预报员和用户发布订正校准后的集合预报产品。

参考书目

ECMWF, 2013. User guide to ECMWF forecast products. ECMWF.

WMO, 2012. Guidelines on Ensemble Prediction Systems and Forecasting. WMO，No. 1091.

（李晓莉）

jíhé gàilǜ yùbào
集合概率预报（ensemble probability forecast） 用集合预报成员结果来定量地估计预报区域内可能发生的环流系统、天气过程、天气要素等概率预报产品。

集合概率预报通常都是针对一些会影响到用户做决策的重大天气事件（如高温热浪、强降水等）。通常这些天气事件都是以一个阈值（例如降水大于50 mm、气温低于0 ℃、风力大于7级等）的方式定义。集合概率预报的表达方式很多，并不一定要通过天气事件发生的概率的数值来描述。例如：在天气图上用填色部分来表示天气事件发生的概率；或者像标准的天气预报产品一样，发布一些固定百分位的预报值，并以此体现集合分布。

需要注意的是，这里定义"概率"只是为了实际应用而设计的用频率估计的概率。它的前提是假定数值模式能够准确模拟出天气事件发生的气候累计概率分布，然而实际情况也许并非如此。因此集合概率预报需要通过大量的检验证明其正确性，否则有必要进行修正。

（陈静）

数值天气预报业务

shùzhí tiānqì yùbào de yèwùhuà fāzhǎn
数值天气预报的业务化发展（operational development of numerical weather prediction） 数值天气预报

的理论和方法转变为制作每日天气预报的基本技术方法并持续得到改进，定时运行、实时为预报员制作天气预报提供指导产品。

沿革 由于数值天气预报研究试验的成功（Charney et al.，1950），各国开始注重业务数值天气预报系统的发展，自 1954 年起，先后在瑞典、美国、英国、澳大利亚、法国、加拿大、欧洲中期天气预报中心、日本、中国、北欧诸国、巴西、印度、俄罗斯、韩国等国家建立了业务数值天气预报系统，模式分辨率由最初的 200～400 km 提高到现有的几千米至几十千米。20 世纪 50—60 年代，有限区域数值天气预报模式（LAM，如欧洲、北美区域有限区域模式）实现了每天的实时业务化应用，预报时效为 24～48 小时；随着可用于气象领域的商业化计算机能力的提高，模式计算区域扩大至北半球，可输出 0～5 天的数值天气预报，为预报员每天制作天气预报提供参考。至 70 年代，开始出现了全球数值天气预报模式（GM），可输出 0～7 天的全球中期数值天气预报（当时有澳大利亚、美国等国家）。20 世纪 70 年代，欧洲中期天气预报中心（ECMWF）建立并开始发展全球中期数值天气预报模式系统。80 年代以来，由于其在模式技术和变分同化、卫星资料应用的快速发展，ECMWF 在全球中期预报处于世界领先地位。全球数值天气预报模式制作 0～10 天的数值天气预报。

数值天气预报制作流程 业务数值天气预报的制作流程包括：气象综合观测资料的获取；资料质量控制与处理；将空间分布不均匀的、不同时刻的观测资料进行同化，生成规则分布的、同一初始时刻的模式积分初值；利用巨型计算机自动快速完成描述大气状态运动变化的数学物理模型的计算，输出未来时刻（如几十分钟、几小时、几天、十天）、计算区域内任一格点（分辨率从几千米到百千米不等）的大气状况；计算结果后处理，生成标准等压面、近地面和地表面的气象要素数据（温度、气压、湿度、风、雨、雪等）；图形图像处理，根据用户需要生成各类天气图（如大风、降温、降雨等）或图像动画（如台风云图动画）。

中国数值天气预报业务的发展 中国是数值天气预报起步较早的国家之一。大概可以分为四个阶段。

半手工、半自动的数值天气预报 20 世纪 50 年代初，顾震潮先生组织推动开展中国的数值天气预报模式的开发研究。当时有两个数值天气预报的研究小组，一个是中国科学院大气物理研究所小组，另一个是中央气象局小组。中国的第一代数值天气预报研究模式是一个 500 hPa 单层的滤波模式，模式覆盖区域为亚欧地区，

可制作 48 小时的 500 hPa 高度场的天气形势预报。但是，由于当时通信网络技术和计算机技术相当落后，达不到数值天气预报自动业务运行的要求，这一时期的中国数值天气预报只能是"半手工、半自动"来完成。

"A"模式、"B"模式的建立 以中国科学院大气物理研究所研制的三层原始方程模式为基础，建立了一个初步自动化的分析预报系统，20 世纪 70—80 年代在国家气象中心、上海区域气象中心投入业务运行，成为第一代业务数值预报系统（简称 A 模式）。进一步地以中国科学院大气物理研究所研制的北半球三层原始方程模式和北京大学地球物理系的有限区域原始方程模式为基础，发展了北半球五层原始方程模式和有限区域五层原始方程模式（简称 B 模式），建立了自动化数值天气预报业务系统，于 1982 年 2 月 16 日起，每天正式发布一次北半球模式数值预报；1983 年 8 月发布中国区域数值预报模式的降水预报产品。

全球中期数值预报的建立 从 20 世纪 80 年代中期开始，中国气象局开始建立以全球中期数值预报为核心的数值预报业务体系，并列入国家"七·五"科技攻关项目。采取"引进为主"的技术路线，在 90 年代初建立起中国全球中期天气数值预报业务系统和有限区短期数值预报业务系统，使中国跻身于当时国际上少数能发布中期数值预报的国家行列。从此，中国气象局的全球中期数值预报进入了持续发展的阶段，全球模式从最初的 T42L9 模式（水平分辨率约为 300 km，垂直 9 层）发展到 TL639L60（水平分辨为约为 30 km，垂直 60 层），并已建立了包括全球集合、有限区域、台风路径预报、环境气象、海洋气象等的较为完整的业务技术体系。

以 GRAPES 为核心的数值预报系统建立 自 2001 年开始，中国气象局联合中国科学院、北京大学、南京大学、国防科技大学等国内的科研力量，开始自主发展中国全球/区域同化和预报增强系统（GRAPES）。2006 年，GRAPES 区域系统投入业务运行，2009 年，GRAPES 全球预报系统投入准业务运行，2013 年 GRAPES 台风预报系统投入业务，自此，中国的数值天气预报模式走上了一条自主研究，不断发展、完善和应用的道路。

经过一个多世纪（自 1904 年起）的数值天气预报理论研究，以及半个多世纪（自 1954 年起）的业务化应用实践，数值天气预报取得了迅速的发展。数值天气预报已成为现代天气预报业务的基础和主流发展方向，改进和提高数值天气预报精度是提高天气预报准确率的关键。20 世纪 90 年代以来，大气科学以及地球科学的研究进展，高速度、大容量的巨型计算机及其网络系统

的快速发展，加快了数值天气预报的发展步伐。在这一发展过程中，一方面，数值天气预报水平和可用性在大大提高，天气形势可用预报可超过 8 天；制作更精细的数值天气预报也已成为可能，数值模式的应用领域也从中短期（1～15 天）天气预报拓展到短期气候（月、季、年）预测、气候系统模拟、短时（3～12 小时）预报以及临近（十几分钟至三小时）预报，模值模拟作为一种科学研究手段也从大气科学、环境科学扩展到地球科学。

数值天气预报重大事件

1904 年，挪威学者 V. 皮叶克尼斯（V. Bjerknes）首次提出数值天气预报的理论思想。

1950 年，查尼（Charney）等借助美国制造的世界上首台电子计算机（ENIAC），成功地制作出了 500 hPa 高度场 24 小时天气形势预报，从而开创了数值天气预报走向实际业务应用的新时代。

1954 年罗斯贝（Rossby）及其研究小组，在瑞典率先开始了业务（实时）数值天气预报。

1979 年，欧洲中期天气预报中心（ECMWF）正式成立，1982 年，正式发布全球中期（0～5 天）业务数值天气预报产品。

20 世纪 50 年代中期，中国气象科学家顾震潮开始组织推动开展中国的数值天气预报模式的开发研究。1959 年，在通信网络和计算机技术相当落后的条件下，中国气象科学家"半手工、半自动"地完成第一张欧亚区域数值天气预报图，并向国庆 10 周年献礼。该工作一直持续到 1965 年。

20 世纪 70 年代末到 80 年代末，第一代业务数值预报系统（简称 A 模式）在上海区域气象中心和国家气象中心投入业务应用，之后进一步发展了北半球五层原始方程模式和五层原始方程有限区域预报模式（通称 B 模式），建立了自动化数值预报业务系统，于 1982 年 2 月 16 日开始每天正式发布一次北半球模式预报。

20 世纪 80 年代中期开始，中国气象局采取"引进为主"的技术路线发展全球数值预报业务系统，于 1993 年建立起中国第一代全球谱模式中期天气数值预报业务系统（T42L9），之后不断改进发展为当前水平分辨约为 30 km、垂直 60 层的 T639L60 全球中期预报业务系统。

2001 年开始，中国气象局与国家科技部组织全国有关科技力量，自主研发中国新一代多尺度通用资料同化与数值预报系统（GRAPES），其区域模式版本 GRAPES_Meso 在 2006 年投入业务应用、全球模式版本 GRAPES_GFS 于 2009 年准业务运行。

展望 未来 20 年，更先进的无线遥感技术用于大气及近地表面观测，可获取覆盖全球的从基本大气状态要素（温、压、湿、风）到云雨参数、地表覆盖参数更全面的观测信息，大型高性能计算机技术完全能满足数值天气预报的快速计算与大容量数据输入/输出、存储的需求，全球数值预报模式分辨率可达 5 km 或更高、区域数值预报模式分辨率可达 500 m 量级，可制作无缝隙数值天气预报，向环境气象专业化预报领域发展，提供无缝隙气象预报保障服务产品，包括确定性的天气预报产品以及概率化的天气预报服务产品；按需提供预报服务。

参考书目

Charney J G, Fjörtoft R, Von Neuman J, 1950. Numerical Integration of the BarotropicVorticity Equation [J]. Tellus, 2: 237-254.

Richardson L F, 1922. Weather Prediction by Numerical Process [M]. Cambridge University Press, reprinted Dover, 1965: 236.

Rossby C G, 1940. Planetary flow patterns in the atmosphere [J]. Quart. J. Roy. Meteor. Soc., 66: 68-87.

李泽椿，陈德辉，王建捷，2000. 数值天气预报的发展及其应用.//1999/2000 中国科学技术前言. 中国工程院版. 北京：高等教育出版社.

薛纪善，陈德辉，等，2008. 数值预报系统 GRAPES 的科学设计与应用 [M]. 北京：科学出版社.

（陈德辉）

shùzhí tiānqì yùbào yèwù tǐxì

数值天气预报业务体系（integrated system of operational numerical weather prediction system） 由数值天气预报业务所涉及的技术和系统、运行流程、组织实施规范等构成的有机整体。

数值天气预报业务 数值天气预报业务是一项将数值天气预报理论和技术方法付诸气象日常工作实践的高科技业务，即：依靠高性能计算机每日实时将大气观测数据应用于大气运动数学物理模型、对模型进行数字化求解、生成格点化数值预报产品的业务。它属于气象业务范畴。

核心内容 实时制作出在时效和精度上对天气预报均有意义的数值预报。作为一项完整的业务，其内容还包括：数值预报运行过程的实时监控、数值预报产品的开发和检验、数值预报系统的改进和升级等。

实时运行流程 一般包括以下 4 个关键过程或主要环节：大气综合观测资料的预处理、观测资料的客观分析与同化、数值模型求解、模式预报结果后处理与预报产品加工。

主要任务 发展和完善各类数值预报业务系统，使其不间断运行和产出数值预报产品，为预报员每日制作和发布中短期天气预报（如：未来两周内大气环流、气象要素和天气现象等的可能情况及其演变）提供不断更新的客观指导和参考依据。这里所谓"客观预报"并非指预报与客观实际大气的运动和发展状况完全一致，而更多是指预报具有定量化和不因人而异的特点。

重点目标 通过改进和发展数值预报核心技术和应用关键技术，使数值预报业务产品质量和精度不断提高。

数值天气预报系统 可以实现数值天气预报完整制作功能的专业化计算机软件集成系统，被称之为数值天气预报系统。一个数值天气预报系统通常包含四个基本子系统：资料预处理子系统、资料同化子系统、数值模式子系统、数值模式后处理子系统，每个子系统又由众多软件模块组成，通过模块的集成和运行流程的有机连接，使得各子系统协同工作，实现数值预报的全自动制作。

基本数值预报系统 全球数值天气预报系统和有限区域数值天气预报系统是最为基本的数值天气预报系统。全球数值天气预报系统主要侧重于预报两周内全球大气环流/大尺度系统（如极涡、高空槽脊、副热带高压、高低空急流、越赤道气流、温带和热带气旋、地面高低气压、冷暖锋面等）的演变和与之相联系的大范围天气现象（如雨带/雨雪区、寒潮、台风、高温热浪/低温、沙尘、区域性雾等）的发生发展过程；而区域数值天气预报系统通常比全球模式分辨率高，侧重于对有限范围72小时内中尺度天气系统的演变和近地面气象要素的变化进行细致预报，例如：对流层低层中尺度低压和辐合线/切变线的生消活动、低层垂直风切变的时空特征、强降水发生的区域和强度以及出现的时间、地面气象要素（气温、相对湿度、风向和风速、能见度、雾等）的变化等。

专业数值预报系统 为满足不同专业化气象预报的需要，根据预报对象的不同，可在全球和有限区域数值天气预报基础上，发展派生出沙尘数值预报系统、核污染扩散数值预报系统、海浪数值预报系统、环境气象数值预报系统等专业数值预报系统。

集合预报系统 随着人类对大气可预报性、观测系统和模式误差等问题的认识加深，将集合预报方法用于全球和有限区域数值预报成为数值预报业务发展的一个重要方向。21世纪初以来，中国已建立并发展了全球和有限区域集合预报业务系统。集合预报的主要目的是定量估计预报的随机误差分布，也即预报的不确定性范围，因而从集合预报系统可以得到对大气环流、气象要素和天气现象等的概率预报产品以及灾害性/高影响天气发生发展的气象风险预报产品。

全球数值预报系统的核心地位 在数值预报业务技术体系中，全球数值预报系统是核心。除全球环流预报本身具有重要性以外，全球数值预报是各类有限区域数值预报业务不可或缺的"帮手"，一方面它要为有限区域模式的运算提供侧边界条件和模式冷启动时的初估场；另一方面它也是全球集合预报和专业化全球模式预报的基石，相关专业模型/模块只有与其耦合才能形成专业数值预报系统。截止到2015年，拥有全球数值预报业务系统在全世界仅有12个国家（澳大利亚、加拿大、美国、英国、法国、德国、中国、日本、韩国、俄罗斯、印度、巴西）和欧洲中期数值预报中心（ECMWF，由欧洲近20个国家联合支持），缺少全球数值预报系统的数值预报业务，其技术体系是不完整的。

中国数值天气预报业务分工和布局

数值预报业务体制 由于数值预报业务的建立和可持续发展，对人才和技术储备有专业化特殊要求，对物力和财力支撑条件亦有高要求，因而，数值预报业务与天气预报和服务业务布局相比较，具有向上集中的特征。中国数值预报业务是两级体制，即：在国家气象中心和区域气象中心两级建立数值预报业务，协同支撑国家和地方不断发展的精细化天气预报和专业/专项气象预报与服务需要。

国家级数值预报业务发展重点 引领国家数值预报业务技术发展方向，发展数值预报核心技术、改进和提高全球与中国区域数值预报/集合预报系统和专业专项数值预报系统及其性能，代表中国气象部门履行数值预报业务方面的国际义务等。

区域级数值预报业务发展重点 区域级数值预报业务是针对辖区内气象预报服务精细化需求和一些地方性专业气象预报需要而展开的，其发展重点是：结合地方精细化地理地貌和环境特征进行高分辨率中尺度模式的本地化、区域性观测资料在中尺度模式中的同化应用、一些相关专业数值预报应用系统的开发，改进和提高辖区内短时、短期数值预报性能。

数值预报业务技术体系 进入21世纪，中国数值预报业务技术路线逐步从引进核心技术向自主发展核心技术转变。在国家级形成了引进和自主发展共同构成的比较完整的数值预报业务技术体系，即：以全球谱模式（基于引进技术）和全球/区域同化和预报增强系统（GRAPES）有限区域模式为主体模式、针对多类用途和涵盖不同预报对象的数值预报业务技术体系，预报范围可覆盖全球，预报时效最长可达两周，预报内容由常规天气拓展到专业气象领域。主要包括：全球中期数值预报系统 T639L60、中国及周边区域数值预报系统 GRAPES_Meso、全球与中国区域集合预报系统、中国责任海区台风与海浪数值预报系统、全球核污染扩散传输数值预报系统、中国及周边区域沙尘数值预报系统等。

中国区域中心的有限区域中尺度数值预报系统，或是基于天气研究和预报模式（WRF）（美国发展）或是基于 GRAPES_Meso 模式（中国发展）的核心技术，经过本地化发展而来的。各区域中心的中尺度模式覆盖范围不同，仅为中国的部分省区或部分海区，模式分辨率通常高于国家级的全国区域中尺度数值预报系统。仅少数区域中心在发展有限区域中尺度数值预报系统的同时，还建有某一类专业数值预报系统。

数值预报业务产品分发　国家级数值预报业务系统每日产出的各类指导产品，通过多种途径下发到全国各级气象台站，同时大量图形指导产品通过国家气象中心网站，为全国天气预报和专业气象预报业务提供参考。国家级全球模式指导产品还实时向国内其他相关行业（如民航气象台、部队气象部门、水文气象机构等）、大学和研究机构（北京大学、南京大学、南京信息工程大学、成都信息工程大学等）以及一些周边国家的气象部门提供，用于支持有关应用和研究。

数值预报业务管理　数值预报业务管理中有两个最重要的管理制度：①数值预报检验评估制度，该制度规范了中国数值预报业务的质量评价体系与国际标准的接轨。中国数值预报业务自建立以来，预报性能不断提高，以全球数值预报业务为例，目前全球数值预报的可用预报时效接近 7.5 天，比 21 世纪初提高了 1.5 天；台风路径 24 小时预报误差已经减小至 100 km 以内。②数值预报业务系统准入制度，该制度的执行可确保数值预报系统在成为业务系统时必须达到一定质量要求，促进了中国数值预报业务体系建设的有序发展。

数值天气预报与天气预报的关系　数值天气预报是具有坚实物理根基的天气预报客观技术方法，由高性能计算机求解大气运动数学物理方程组，推演得到天气变化定量预报结果，是制作天气预报和专业气象预报的核心基础。天气预报是预报员在数值预报指导产品基础上，利用大气科学理论综合分析各种观测信息，并结合预报实践经验判断，最终形成面向公众的预报结果。理论上说，天气预报应该比数值预报更加接近实况，因为它是预报员在数值预报上附加了价值的产物，即天气预报体现了预报员的作用和正贡献。换句话说，预报员对

数值预报产品的正确解释与应用可以有效提高天气预报水平。由于数值预报本身处在快速发展中，故需要预报员不断适应数值预报产品的新特点，改进产品应用方法和提升应用效果，使天气预报伴随数值预报的进步而发展。

展望　未来 5 年，将通过自主创新加快 GRAPES 全球数值预报核心技术的发展及应用，加快卫星资料同化技术、特别是中国风云卫星资料的同化应用技术的研发，逐步过渡到以 GRAPES 全球模式系统（GRAPES_GFS）为主要支撑的数值预报技术体系。到 2020 年，数值预报业务有望总体接近同期世界先进水平。

参考书目

陈德辉，薛纪善，2004. 数值天气预报业务模式现状与展望 ［J］. 气象学报，62（5）：623-632.

李泽椿，陈德辉，王建捷，2000. 数值天气预报的发展及其应用 .//1999/2000 中国科学技术前言 . 中国工程院版 . 北京：高等教育出版社 .

（王建捷）

GRAPES quánqiú shùzhí yùbào xìtǒng

GRAPES 全球数值预报系统 （GRAPES global forecast system）

中国气象局自主研发的全球/区域同化和预报增强系统（Global/Regional Assimilation and PrEdiction System）的全球版本，简称为 GRAPES_GFS。GRAPES_GFS 每天在 00UTC 和 12UTC 运行两次，进行 10 天全球范围的中期天气预报。

沿革　中国气象局在国家科技攻关计划的支持下，自 2001 年起，联合国内其他科研院所的力量，自主研制发展中国的新一代全球与区域一体化数值预报系统 GRAPES，经过 10 年多的科技攻关，中国自主发展的 GRAPES 已经初步建立，主要包含一个通用的动力框架和并行计算底层软件库，通过匹配和使用不同的物理过程方案实现全球和区域中尺度数值天气预报。于 2006 年将区域 GRAPES_Meso 中尺度系统投入业务运行和应用、2009 年将全球 GRAPES_GFS 中期预报系统投入准业务运行，全球 GRAPES_GFS 中期预报模式的分辨率约为 50 km。

通过 GRAPES 的研发，中国首次拥有了完全属于中国自己的新一代数值天气预报系统，减少对国外技术的依赖，缩小了中国数值天气预报基础研究和技术研发与国际的差距，提高了中国数值天气预报的技术支撑能力。

系统构成　GRAPES 全球数值预报系统（GRAPES_GFS）包括资料预处理与质量控制、资料同化、预报模

式、后处理系统等。

资料预处理与质量控制系统 进行全球观测资料预处理和质量控制，包括常规观测和全球卫星资料预处理和质量控制。首先按照时效要求，在中国气象局实时资料库中自动检索需要的观测资料，然后进行资料的质量检查。其中常规资料包括探空、地面、飞机、船舶、云导风等，以一定的资料质量控制办法（如探空资料使用的一致性检查等），对资料进行剔除或进行质量可靠性的标记；卫星资料则包括美国国家海洋大气局（NOAA）系列卫星、高光谱卫星、全球定位系统（GPS）掩星等（所得到的全球卫星资料不是原始数据，而是经过初步处理的 1B 数据），通过资料预处理软件对其进行定标、定位、云检测和格式转换等预处理，再进行时间截断、数据整合、资料稀疏化和通道选择等处理。资料预处理和质量控制系统为 GRAPES_ GFS 的资料同化系统提供可靠、可用的观测数据。

三维变分同化系统 基于常规的三维变分方法，对常规资料和卫星资料进行变分同化的系统。其主要特征包括：卫星资料偏差订正；背景误差协方差统计和三维变分同化技术等。分述如下：

卫星资料偏差订正 辐射传输模式本身包含有误差，辐射传输模式的基础光谱数据以及输入数据（温度、湿度廓线、臭氧总量等）也包含有误差。另外，卫星观测数据本身因仪器灵敏度、定标、云等的影响也包含有误差，传感器的响应特性会随时间发生改变，也将造成辐射测量的系统偏差。所有这些误差的综合效应造成观测辐射值与根据模式背景场廓线模拟计算的辐射值之间的系统偏差。结合 GRAPES 全球模式的特点，开发了全球 GRAPES 的卫星资料偏差订正方案。偏差订正后，可提高卫星资料的使用量和同化效果。

背景误差协方差统计 GRAPES 同化系统的背景误差协方差参数采用美国国家气象中心（NMC）方法和观测方法相结合的方式来估计。背景误差协方差估计中，假定背景误差协方差是水平和垂直可分离的，水平和垂直可分离意味着每个自协方差和交叉协方差的水平结构与垂直坐标无关；假定水平背景误差协方差和相关也是可分离的。采用 NMC 方法统计水平背景误差协方差后，并以观测方法进行参数调整。

三维变分同化 以向量 x 表示大气状态，它由表示基本大气要素的格点值或谱展开系数所构成，以下标 a 表示分析值，下标 b 表示背景场，下标 t 表示其真值，下标 f 表示预报值。再以向量 y 表示全体观测，而以 H 表示从大气状态到观测的映射，即常说的观测算子，向量或矩阵的上标 $\mathbf{T}$ 表示其转置。三维变分同化就是求以

下目标函数：

$$J(x_a) = \frac{1}{2}(x_a - x_b)^T B^{-1}(x_a - x_b)$$
$$+ \frac{1}{2}[H(x_a) - y]^T R^{-1}[H(x_a) - y]$$

达到极小的分析场 x_a，并提供给预报模式作为模式的初值。其中 B 与 R 分别是背景场与观测误差的协方差矩阵。

变分同化系统的垂直坐标与模式相同，均为地形追随的高度坐标；垂直方向的变量配置为 Charney-Phillips 跳点；水平方向为 Arakawa-C 格点；分析变量为无量纲气压、位温、径向风、纬向风、水汽比湿等；控制变量为流函数、势函数、风速及水汽等；同化系统水平和垂直分辨率与模式相同。

GRAPES 全球模式 包括动力框架和物理过程两个部分，并针对 GRAPES 全球模式的特点，设计了并行计算结构和底层的信息交换机制。分述如下：

模式动力框架 采用全可压的大气运动方程组，引入参考大气，考虑垂直运动预报方程得到非静力动力框架，采用两个时间层的半隐式半拉格朗日时间离散方案。GRAPES 现有两种垂直坐标，一为纯地形高度追随坐标，优点是垂直差分项计算简单，缺点是模式高层受地形影响比较大；二为低层采用地形高度追随，模式高层采用纯高度的混合坐标，有可能克服现有模式中高层由地形引起的计算误差。水平方向采用 Arakawa-C 网格，其中两个极点设定为 v 点，垂直方向采用 Charley-Philips 变量配置；使用分段有理函数方法（PRM 平流方案保证水汽守恒，PRM 方案具有高精度、正定、守恒、保形的特点）；使用极地滤波、水平扩散及 w-damgping 以提高模式稳定性。

物理过程 GRAPES 有一整套适合全球模式使用的物理过程。如非均匀大气辐射传输（RRTM）辐射过程、简化的荒川-舒伯特方案（SAS）、通用陆面模式（CoLM）陆面过程方案、中期预报（MRF）边界层方案和 WRS 单时刻（WSM6）微物理过程，此外还引入了重力波方案和小尺度地形湍流拖曳方案等。相比较中尺度模式，全球模式重点关注于云及与云过程相关的微物理、对流等过程，及这些过程相互的联系和作用。在 GRAPES_ GFS 中已经实现了预报云方案，与之配套使用的是双参数云方案、宏观云方案及对流夹卷对于云量预报的影响方案。

任务和流程 GRAPES 全球数值预报系统提供 10 天的全球大气环流形势、降水和近地面气象要素预报，水平分辨率目前为 0.5 km，模式顶 10 hPa，垂直层次 36

层。到 2015 年底，水平分辨率已提高为 0.25 km，垂直层次也将增加至 60 层，模式层顶提升至约 3 hPa。

其流程为：①收集常规和卫星观测资料，并进行质量控制和资料预处理，以给同化系统提供观测资料；②变分同化，使用三维变分同化方法，对观测资料与模式的 6 小时预报的背景场进行有效地融合，产生与模式协调的、与观测相接近的初始场；③模式初始化，即数字滤波以去掉分析场中的不合理噪音；④预报，模式向前积分，进行 10 天的预报，并为下一次同化提供背景场；⑤进行下一次同化 – 预报循环。

展望　坚持自主发展，期待在 2020 年左右接近世界先进水平。

近期目标主要为完成现有 GRAPES 系统的深化发展和应用，解决限制瓶颈的关键技术问题。主要包括：针对高时空密度观测资料同化应用以及更多卫星资料的同化应用，研发四维变分同化技术及其相关的切线/伴随模式和线性化物理过程；针对卫星资料同化，研发偏差订正技术，包括能体现资料特点及季节特征的动态偏差订正方案与变分偏差订正方案；针对极点奇异性和分辨率提高后极区网格距急剧收缩的问题，研发阴阳网格技术；针对模式的质量守恒性问题，进一步完善混合垂直坐标，研发高精度的半拉格朗日插值方案，研发高守恒性的半隐式半拉格朗日动力框架；针对模式中表现出来的预报偏差，进一步完善云过程，包括预报云、微物理、对流及其相互的联系等。

更加长远的目标是：面向未来超大规模计算机的发展，设计和实现面向众核高性能计算的数值预报新同化和模式框架。包括如下主要内容：集合同化方法，卫星资料和其他遥感资料的大量有效应用，大气成分和海洋同化；均匀或准均匀的数值网格下，高可扩展性、高精度、守恒的全球大气模式；高分辨率模式物理过程研发，进入"灰色地带"物理过程的处理等等。

参考书目

薛纪善，陈德辉，2008. 数值预报系统 GRAPES 的科学设计与应用 ［M］. 北京：科学出版社.

（孙健）

GRAPES 区域中尺度数值预报系统（GRAPES regional mesoscale numerical prediction system）

是中国气象局自主研发的全球/区域同化和预报增强系统 GRAPES 的区域版本，是制作区域短期、中尺度天气预报的数值预报系统，简写为 GRAPES_Meso。

沿革　2004 年，水平分辨率为 60 km 的 GRAPES_

MesoV1.0 开始在国家气象中心试运行，2006 年，水平分辨率为 30 km 的 GRAPES_MesoV2.0 正式投入业务应用，2010 年，升级为水平分辨率为 15 km 的 GRAPES_MesoV3.0，2014 年 6 月，升级为水平分辨率为 15 km、垂直 50 层的 GRAPES_MesoV4.0。部分区域气象中心以 GRAPES_Meso 为基础，分别开发了适合自己的数值预报系统，如广东省气象局研发了南海台风数值预报系统与华南中尺度预报系统；上海气象局研发了上海台风预报系统，等等。

系统构成　由 GRAPES_Meso 的运行流程图可知，GRAPES 区域中尺度数值预报系统主要由三个分系统组成：资料预处理子系统、区域 GRAPES 同化子系统和 GRAPES_Meso 模式预报子系统。

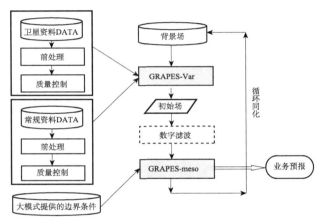

新一代中尺度短期数值天气预报业务系统（GRAPES_Meso）流程图

资料预处理子系统的功能是收集资料、质量控制、资料筛选等，其作用是生成可用的观测信息，以及生成区域数值模式的侧边界条件。

区域 GRAPES 同化子系统的功能是进行资料同化、融合，获得模式大气［风、温、压（位势高度）、湿、云雨等气象要素］的三维初始场，为模式积分提供初值。

GRAPES_Meso 模式预报子系统的功能是在输入模式积分的初值和侧边界条件后，借助巨型计算机进行模式积分运算，即对天气过程的演变进行预报，得到气象要素的预报值，同时提供各种所需的预报产品。

基本技术特征　GRAPES 区域中尺度数值预报系统主要包括资料同化、模式动力框架和模式物理过程三个方面的内容。

资料同化　采用增量分析的三维变分方案，同化的资料包括：常规高空和地面观测资料，卫星、雷达探测资料，以及全球定位单位—可降水量（GPS.PW）和飞机报等非常规观测资料。

动力框架　主要特征是，采用经纬度网格系统，垂直坐标采用了高度地形追随坐标，模式预报变量的设置垂直方向采用 Charney-Philips 跳层设置，水平方向采用 Arakawa_VC 格点跳点设置。采用半隐式-半拉格朗日时间空间离散化方案，模式控制方程为全可压、非静力平衡的大气方程组。

模式物理过程　GRAPES 模式为"多尺度通用"模式系统。所谓"多尺度通用"是指模式动力框架使用几百千米以上尺度天气气候过程的全球模拟研究与业务应用，也适用于几十千米、几千米以下尺度的强天气过程的有限区域模拟研究与业务应用。而物理过程参数化方案采用可插拔式的程序软件设计，在实际应用时可根据需要选择不同的物理过程参数化方案的组合，以获取最佳的应用效果。物理过程参数化方案主要包括：对流降水过程，微物理降水过程，辐射过程，陆面和边界层过程等。各类物理过程参数化提供了多种可选方案，可选用的主要物理过程方案如下：

对流降水过程（包括深对流和浅对流过程）　包含浅对流的 Kain-Fritsch（new Eta）方案，Betts-Miller-Janjic 方案，简化的荒川-舒伯特方案（SAS），原来的 Kain-Fritsch 方案。

微物理降水过程　Kessler 方案（暖云方案），Lin 等的方案，NCEP 3 简单冰方案，NCEP 5 方案，Ferrier（new Eta）方案，中国气象科学研究院简冰方案，WSM 3 简单冰方案，WSM 5 方案，WSM6 类方案。

辐射过程　长波方案：RRTM 长波方案，EC 长波辐射方案，美国地球物理流体动力实验室（GFDL）（Eta）长波方案；短波方案：Dudhia 短波方案，Goddard（gsfcswscheme）短波方案，EC 短波辐射方案，美国地球物理流体动力实验室 GFDL（Eta）短波方案。

陆面和边界层过程　近地面层方案有：Monin-Obukhov 方案和 MYJ Monin-Obukhov 方案；陆面过程方案有：SLAB 热量扩散方案，LSM 方案，Noah 方案，RUC 方案；行星边界层方案有：中期预报（MRF）方案，Mellor-Yamada-Janjic TKE（湍流动能）方案，YSU 方案。

GRAPES 所有程序采用标准化、模块化、并行化的软件设置标准，适应于当代高性能计算机的体系结构，并行计算效率较高，有利于模式系统的持续发展。

业务应用　在 GRAPES 区域中尺度数值预报系统基础上，已经拓展开发出台风路径与强度预报系统、针对短时临近预报的快速循环同化预报系统、沙尘/环境预报系统、中国区域集合预报系统等。这些以 GRAPES_Meso 为基础的数值预报系统在短期、短时天气与环境预报中的得到了较广泛应用，其预报产品向全国发布，

在中国的天气与环境预报业务中起到了科技支撑作用。

展望　GRAPES_Meso 将向对流尺度精细数值预报系统方向发展，数值预报模式分辨率将达到千米尺度并包含与之匹配的模式物理过程；发展更先进的集合—变分同化系统，同化与融合更高时间频次和更高空间分辨率的非常规观测资料，包括地面自动气象站观测、风廓线、多普勒天气雷达径向风雨反射率因子、卫星观测、飞机报等。与此同时，其在专业专项领域的延伸应用（如：水文气象预报、风能预报、闪电预报等）亦将更加广泛。

参考书目

陈德辉，薛纪善，杨学胜，等，2008. GRAPES 新一代全球/区域多尺度统一数值预报模式总体设计研究［J］. 科学通报，53（20）：2396-2407.

薛纪善，陈德辉，2008. 数值预报系统 GRAPES 的科学设计与应用［M］. 北京：科学出版社.

薛纪善，庄世宇，朱国富，等，2008. GRAPES 新一代全球/区域变分同化系统研究［J］. 科学通报，53（20）：2408-2417.

（徐国强　陈德辉）

quánqiú jíhé yùbào yèwù xìtǒng
全球集合预报业务系统（operational global ensemble prediction system）　将集合预报扰动技术用于全球模式，可实时制作全球集合预报产品的业务系统。一般包括：观测资料预处理、客观分析、初值扰动构造、模式预报、模式后处理和产品生成等子系统。

沿革　1998 年 6 月，国家气象中心在国产神威巨型计算机上开始建立 T106L19 全球模式的中期数值天气集合预报系统，2001 年 3 月实现准业务运行。该系统由奇异向量法产生初始扰动（T106L19），集合预报成员为 32 个。这是中国首个集合预报业务系统，为预报员提供中短期的集合预报产品。

2004 年，针对该系统存在的发散度低、集合平均预报技巧与控制预报相同、集合预报产品与检验方法不足等问题，对全球集合预报系统进行了升级研发。2006 年在 IBM_SP 并行机上建成了基于增长模初值扰动法的 T213L31 全球集合预报系统，包含 15 个集合成员。根据分析误差的地理分布特点，构造了控制误差增长幅度的地理掩模方案。同时，在 T213 全球集合预报系统基础上，发展了人造台风涡旋技术，建立了全球模式台风路径集合预报系统，并于 2007 年 7 月投入实时运行阶段。2008 年 6 月，将全球 ATOVS 资料三维变分同化系统这一成果应用到 T213L31 集合预报系统中，实现控制

预报从最优插值向三维变分的升级，从而提高了集合预报系统的整体性能。2010 年以后，对全球集合预报业务系统展开进一步升级研发，综合应用初始扰动和物理过程扰动技术于全球 T639L60 模式，并将模式积分时间从 10 天延长至 15 天，T639L60 全球集合预报员系统在 2014 年实现了业务化。

运行和流程　业务系统采用主管监控调度作为运行调度的开发工具。业务系统每天启动 4 次，其中在 00UTC 和 12UTC 做 240 小时预报，06UTC 和 18UTC 只做同化和扰动循环。每天 12UTC 提供数据，气象信息综合分析处理系统（MICAPS）产品。每次启动先做控制预报，完成后启动集合成员预报，由 7 对扰动产生 14 个扰动预报初始场，然后对集合成员积分并获得 14 个预报结果，最后进行后处理提供集合预报产品。

主要预报产品　业务集合预报产品十分丰富。除了部分下发全国，全部产品还通过网络传送到中央气象台数据服务器。预报员每天可以在业务平台上实时调阅到生成的产品。产品包括地面要素（降水、2 m 温度、10 m 风、海平面气压）和高空要素（200 hPa，500 hPa，700 hPa，850 hPa，1000 hPa 等压面的位势高度、U 风、V 风、相对湿度、温度、比湿、厚度等）。产品种类包括集合平均和离散度图、面条图、箱线图、概率图等。这些图形产品在中央气象台网站上也可实时调用。另外，中国气象局是交互式全球大集合预报系统（TIGGE）中心之一，负责全球集合预报资料的交换与实时收集。中国国家气象中心开发了基于 TIGGE 资料的集合预报产品，同时开展了相关业务应用研究工作，使之在业务中发挥作用。

展望　下一代全球集合预报系统，将基于 GRAPES 全球模式，采用依赖于模式、扰动正交化程度高、与 GRAPES 四维变分同化分析系统匹配的奇异向量（SV）初值扰动方法，同时进行物理过程随机扰动，建立基于中国自主研发的 GRAPES 模式的全球集合预报系统。

（田华）

táifēng shùzhí yùbào yèwù xìtǒng
台风数值预报业务系统（operational typhoon numerical forecast system）　是针对台风生成、发展、演变（如路径、强度）过程及其相关天气现象（风雨分布）进行专门预报的业务数值预报系统。

沿革　中国气象局基于区域模式，成功研制了第一代国家级和区域级台风数值预报系统，并于 1996 年投入业务运行。国家级台风数值预报系统在国家气象中心运行，负责西北太平洋及南海台风路径预报；区域级台风数值预报系统在广州热带海洋研究所和上海台风研究所运行，分别负责南海台风以及东海台风路径预报。模式水平分辨率均为 50 km，预报时效 48 小时，平均路径误差在 200 km/24 h 和 400 km/24 h 左右。2006 年，基于中国气象局自主研发的区域中尺度数值预报系统（GRAPES_ Meso）的不断完善，先后发展了上海台风研究所区域台风模式、广州热带海洋气象研究所区域台风模式以及国家气象中心区域台风模式并投入业务运行，分辨率由原来的 50 km 提升到 36 km（广州热带海洋研究所）至 15 km（国家气象中心），预报时效由有 48 小时延长到 72 小时。区域模式台风路径数值预报平均误差有明显减小：120 km/24 h、180 km/48 h、250 km/72 h。

2004 年，中国气象局基于 T213 全球谱模式和客观分析技术研制的全球模式台风数值预报系统投入业务运行。2008 年该系统由简单涡旋初始化技术升级为较为复杂的涡旋初始化技术（人造涡旋构造、涡旋重定位和涡旋强度调整），同化系统也升级为三维变分系统。2014 年，基于 T639L60 全球模式和人造资料同化技术的台风数值预报系统投入业务运行。全球模式台风数值预报系统的路径预报误差为 135 km/24 h、235 km/48 h、340 km/72 h、466 km/96 h、567 km/120 h。

台风集合预报是台风数值预报系统发展重点。全球模式台风路径集合预报系统可以作为全球集合预报系统的组成部分，也可以作为单独数值预报系统运行。2007 年，中国气象局发展了 T213L31 全球模式台风集合预报系统。2014 年，台风集合预报系统也升级为基于 T639L60 的系统。

种类和构成　台风数值预报业务系统可分为全球和区域 2 类。全球台风数值预报重点关注一周以内覆盖全球范围的台风（飓风：大西洋）路径预报。区域台风数值预报重点关注 3～5 天的台风路径、强度和风雨的预报。考虑海洋变化对台风生成和发展的影响，又发展了海—气耦合台风数值预报系统。

台风数值预报业务系统主要包括资料预处理、涡旋初始化，模式预报和预报产品生成。台风涡旋初始化是区别与常规数值预报系统的主要方面。

运行与产品　与全球、区域数值预报业务系统不间断运行方式不同，台风数值预报业务系统只在台风生成或者接近生成（例如热带低压生成）时启动。其流程包括报文检索，有热带低压生成时启动系统、通过台风涡旋初始化生成初始场，进行预报并提供产品。

主要产品包括模式直接输出的高空形势场、台风路径、台风中心气压和台风伴随的天气（降水、大风）分布等以及通过动力诊断分析得到的引导流、风切变、台风眼壁中的温度、风场和云水、云冰等分布等。不同层次的引导气流是分析预报台风路径变化的重要因子；风切变、第二类热成风螺旋度和台风轴对称结构是判断台风强度和结构变化的重要依据；模式直接输出的降水及大风，是台风风雨预报最重要的参考产品。

预报水平　随着数值预报模式的不断发展、同化技术的日益完善和卫星资料的应用，台风路径数值预报水平近10年得到了明显的提高。2000年以前24小时及48小时平均路径误差近200 km和400 km，而近4年（2010—2013年）24小时及48小时的平均误差约100 km和200 km，较十多年前预报误差下降了约50%。

台风强度数值预报的进展相对缓慢。随着涡旋初始化技术不断完善、大量遥感观测的应用及模式物理过程的发展，台风数值模式对强度预报的能力也逐步提升，如美国NCEP发展的飓风天气研究和预报模式系统（HWRF）和中国气象局基于GRAPES_Meso发展的区域模式台风数值预报系统，均初步具备了台风强度预报能力。

展望　随着资料同化技术的不断进步、可用观测资料的增加以及高分辨率模式物理过程的日益完善，台风数值预报系统将向更为精细化数值预报模式发展：基于更为先进的变分同化技术如混合变分同化技术，发展台风环流区域更多资料的同化应用来完善台风数值预报系统中模式初始台风涡旋的描述；发展高分辨率模式物理过程如微物理过程和边界层过程；发展考虑强风条件下包括海洋表面温度，海浪和海洋飞沫等作用的海—气—浪耦合系统。而基于不断改进的高分辨率台风数值预报系统发展，考虑模式初始场、模式框架及物理过程以及海洋系统不确定性的台风集合预报系统，将是台风数值预报系统发展的必然趋势。

参考书目

瞿安祥，麻素红，等，2009. 全球数值模式中的台风初始化Ⅱ：业务应用 [J]. 气象学报，67（5）：727-735.

王诗文，1999. 国家气象中心台风数值模式的改进及其应用试验 [J]. 应用气象学报，10（3）：347-353.

王康玲，何安国，薛纪善，1996. 南海区域台风路径数值预报业务模式的研究 [J]. 热带气象学报，12（2）：113-121.

殷鹤宝，顾建峰，1997. 上海区域气象中心业务数值预报新系统及其运行结果初步分析 [J]. 应用气象学报，8（3）：358-367.

Ma S，Qu A，Wang Y，2007. The performance of the new tropical cyclone track prediction system of the China National Meteorological Center [J]. Meteorology and Atmospheric Physics，97：29-39.

（王晓峰　麻素红）

沙尘模式业务系统（operational model system for sand and dust storm prediction）　将描述沙尘起沙、传输、沉降过程的风沙模型耦合于大气环流模式之中，可实时制作沙尘数值预报的业务系统。

沿革　国家气象中心从2002年引进了澳大利亚新南威尔士大学开发集成的沙尘天气数值预报系统，并实现了本地业务化运行，T213L31全球模式为区域模式提供背景场和侧边界条件，并开发了沙尘预报产品。2004年开始实现了沙尘模式与第五代中尺度模式（MM5）的耦合，并实现业务运行。业务采用的沙尘数值预报系统，是中国气象局大气成分中心开发的亚洲沙尘暴数值预报系统，该系统采用MM5在线耦合沙尘模式，模拟未来72 h大气沙尘运动过程，提供沙尘暴天气相关要素的客观指导预报产品。

基本原理和方法　沙尘天气的形成和大气中的天气系统发展演变有密切的关系，像冷锋、雷暴和飑线一类的天气系统可产生沙尘暴这样的强风蚀事件。对沙尘暴的数值模拟需要一个高时空分辨率的大气模式，为风沙模式提供风速、降水等物理场。沙尘暴在地面形成的风蚀作用本身就是一种陆面过程，这个过程与其他土壤水文、生物化学过程密切相关。要对沙尘暴做出准确预报，就要对土壤的水分和陆面的植被覆盖和生长做出预测，利用陆面模式可以解决土壤的水分和植被覆盖等问题。风蚀模式需要土壤和植被的空间分布信息。这些信息可以通过地理信息系统提供，如土壤类型、植被覆盖、植被类型、叶面积指数等参数。风蚀模式可以利用这些参数来计算临界摩擦速度，土壤风蚀方案是沙尘模拟和预报的核心，包括起沙过程、垂直和水平沙通量、干湿沉降过程的准确描述，是提高沙尘模式数值预报水平的关键。

构成和功能　沙尘天气数值模拟和预报系统是一个集成的预报系统，主要包括大气模式（全球和区域大气模式）、陆面模式、风沙模式（包括起沙、输送和沉降过程）。大气模式为风沙模式提供风场、温度场、降水量等。陆面模式预报土壤水分、摩擦速度等；风沙模式预报沙尘发生的源地、输送和沉降；地理信息系统提供土壤类型、植被覆盖和类型、叶面指数等参数。

在沙尘业务系统中主要包含了以下物理过程模块：①起沙模块。以土壤结构、土壤类型以及分布状况为基础，同时考虑了地面粗糙度、土壤含水量和近地面大气运动的影响，计算水平和垂直沙通量。对于不同直径的粒子通过考虑气动卷积、跳跃碰撞和聚合分解等过程，来计算起沙率。②输送和沉降模块。通过在大气扩散传输方程中考虑平流输送、次网格尺度的湍流扩散和对流扩散，沙尘粒子的重力沉降过程，沉降率与气溶胶粒子的大小和密度，云内清除和云下清除过程来计算沙尘浓度和和沉降率。③集成耦合模块。将全球与区域大气模式与沙尘模式系统耦合在一起，实时提供未来沙尘天气预报。④观测资料同化模块。读取实时地面观测资料和解译卫星反演沙尘暴空间分布产品，包括地面能见度、风云2C（FY-2C）卫星反演的反映沙尘位置、强度、面积分布的沙尘指数等。利用变分同化技术，将沙尘暴数值模式输出的沙尘浓度空间分布，与卫星和地面资料融合出的沙尘空间分布的观测信息进行同化，得到既能包含观测信息又能反映模式特征的分析场。

业务流程　沙尘数值预报模式系统采用中尺度天气模式在线耦合沙尘模式，模拟未来72小时大气沙尘运动过程，提供沙尘暴天气相关要素的客观指导预报产品。区域覆盖亚洲地区。中尺度模式采用全球模式提供背景场和侧边界条件，区域模式采用目前国际流行的中尺度模式系统，每天运行两次（00UTC和12UTC）。同化系统采用三维变分同化技术，通过资料融合方法，实现了能够同化风云卫星、地面气象台站观测资料、沙尘暴站网观测资料在内的多种观测资料。背景场采用前一日12UTC模式预报量。

预报产品　预报产品包括：①区域沙尘浓度：预报区域内直径40 μm的沙尘粒子浓度。包括近地面层和1000 hPa、925 hPa、850 hPa、700 hPa、600 hPa、500 hPa、400 hPa共8个层次；时间间隔为每3小时一次。②重点城市的沙尘浓度：包括各城市每3小时一次的近地面沙尘浓度、每日最高沙尘浓度和最高沙尘暴等级三类数据。③边界层物理量：预报区域内边界层高度、摩擦速度，时间间隔为每3小时一次，可用来对沙尘暴过程进行天气学分析。④地面干湿沉降率，主要表征降落到地面的沙尘量。

展望　包含陆面资料同化、沙尘气溶胶能见度、光学厚度等观测资料同化系统集成的沙尘数值预报系统是未来发展趋势，多模式、多初值沙尘集合预报系统也是发展的方向。沙尘模式预报产品的检验评估技术需要进一步加强。

参考书目

Gillette D A, Hanson K J, 1989. Spatial and Temporal Variability of Dust Production Cause by wind Erosion in the United States [J]. J. Geophys. Res., 94（D2）：2197-2206.

Shao Y, 2001. A model for mineral dust emission [M]. J. Geophys. Res., 106（D17）：20, 239-20, 254.

Shao Y, Jung E, Lance M L, 2002. Numerical prediction of northeast Asian dust storms using an integrated wind erosion modeling system [J]. Journal of Geophysical Research, 107（D24）：4814-4837.

Shao Y, Raupach M R, Leys J F, 1996. A model for predicting aeolian sand drift entrainment on scales from paddock to region. J. Soil Res., 34：309-420.

Tegen I, Fung I, 1994. Modeling of mineral dust in the atmosphere: sources, transport, and optical thickness. J. Geophys. Res., 99：22897-22914.

（宋振鑫）

huánjìng jǐnjí xiǎngyìng móshì xìtǒng

环境紧急响应模式系统（model system for environmental emergency response）　将污染物扩散模型耦合于大气环流模式之中，可实时制作污染物扩散传输的数值预报业务系统。主要用于对核辐射、火山爆发等重大环境污染事件的即时响应，以及时追踪和预报污染物的扩散传输情况。

沿革　苏联切尔诺贝利核事故以后，国际原子能机构（IAEA）和世界气象组织（WMO）为了评估放射性核污染物长距离扩散传输的影响，在全球成立8个核应急专业区域气象中心，负责全球范围内的大气环境紧急响应事件。当大气环境可能或已经受到核辐射、火山爆发或有害气体扩散等污染时，8个区域气象中心承担污染监测、预报及产品发送等职责。

1996年11月于埃及开罗召开的WMO基本系统委员会（CBS）第十一次届会上，中国国家气象中心被正式认定为亚洲区3个承担环境紧急响应任务的区域专业气象中心之一，并从1997年7月1日起履行相关义务。国家气象中心环境紧急响应模式系统经历了三代更新发展。第一代环境紧急响应模式系统是以长距离、大范围大气传输模式为主的大尺度数值模式系统，主要为国际核应急响应演习试验提供了技术保障；第二代环境紧急响应模式系统是大尺度与中尺度并行发展的环境紧急响应系统。第三代环境紧急响应模式系统是集成了全球大尺度、区域精细中尺度和城市小尺度3种尺度的核及危险化学品泄漏气象紧急响应服务系统，2012年正式业务运行。

系统构成和基本原理　环境紧急响应模式系统，是针对大气环境突发事件建立的紧急响应专业数值预报模式系统，用于评估核事故产生的放射性污染物扩散、传输对人类和环境可能造成的影响。环境紧急响应模式系统利用核事件发生时的放射性污染源参数和气象条件，利用大气扩散传输模式对核污染物颗粒或烟羽的扩散传输的路径、空中和地面浓度、沉降范围做出及时预报，评估核事件造成的危害。环境紧急响应模式系统包括：全球大尺度气象服务系统、精细中尺度气象服务系统和城市小尺度气象服务系统。

全球大尺度气象服务系统将全球中期数值预报气象数据作为背景场，使用扩散模式进行模式运算生成产品图，然后发送给 IAEA 和全面禁止核试验公约组织（CTBTO）以及国内的有关用户（如国家核事故应急协调委员会）。

区域精细中尺度服务系统接入中尺度数值天气预报气象数据。核污染扩散模式进行模式运算，生成的图形与地理信息系统（GIS）底图叠加后生成产品发送给用户。承担的气象服务保障任务包括核扩散、危险化学品、森林火灾、火山爆发共 4 种大气环境突发情况。

城市小区尺度应急处理接入的是现场观测数据，包括自动站的观测数据和下垫面数据。气象服务产品提供核和危险化学品泄漏两种紧急情况的气象服务保障。提供的产品包括污染物扩散轨迹、浓度和沉降扩散预报和决策参考服务产品。

系统运行　环境紧急响应模式系统的运行流程主要包括 3 个部分：气象数据及下垫面数据接入、模式运算和产品制作。

气象数据及下垫面数据接入模块　系统根据业务化的数值预报系统产品生成的时次，定时自动接入全球中期数值天气预报数据和中尺度数值天气预报数据，并将其自动转换成扩散模式所需的数据格式。

模式运算模块　利用获取的气象数据文件运行核污染扩散传输模式，得到轨迹和浓度数据文件，并完成产品制作。当进行小尺度大气扩散的模拟运行时，系统利用指令相关信息和获取的自动站气象观测资料，生成相关参数文件，驱动小尺度模式，并得到浓度数据文件，通过与地理信息的叠加完成产品制作。

产品制作模块　系统采用灵活的配置和产品任务调度机制，保障高优先级的产品先制作出来，产品主要包括图形产品和文字产品，图形产品包括轨迹、浓度和沉降等产品，并通过网页、传真和邮件的方式发送给相关国际组织和国内机构。

主要预报产品

0～72 小时的污染物在大气中的三维扩散传输轨迹　地面以上 500 m、1500 m 及 3000 m 处开始的三维轨迹，每隔 6 小时标定污染质点位置。

0～72 小时内每 24 小时时段内的平均污染浓度　三个预报时段的每个时段内地面至 500 m 高度层内空气污染浓度的时间平均，单位为 Bq/m^3。

0～72 小时内每 24 小时时段累积地面总沉降分布图　从释放时间到预报 24 小时、48 小时和 72 小时时间段内的总沉降（湿沉降与干沉降总和），单位为 Bq/m^2。

决策参考服务产品　针对未来的大气环流和天气形势来描述大气传输模式产品的文字陈述报告。

展望　未来发展趋势包括：①多尺度气载放射性污染物扩散预报、系统集成等技术研究，完善和改进核应急及危险化学品泄漏气象服务系统；②大气扩散集合预报技术研究；③开发基于 GIS 的气象可视化与辅助决策系统、检验评估系统、核事故的场外后果评价、应急决策和响应系统。

（宋振鑫　盛黎）

kuàisù gēngxīn fēnxī yùbào xìtǒng
快速更新分析预报系统（rapid update analysis/forecast system）　针对短时临近天气预报应用而设计建立的数值预报业务系统，它利用时间稠密的观测资料，快速地完成同化分析和模式预报，及时制作基于最新观测信息的更新产品，供相关人员使用。因其具有较大业务应用价值，在国内外先后建立了"快速更新分析预报系统"。如：美国的快速更新分析预报系统（RUC）系统（2010 年改进为 Rapid Refresh 系统）、北京区域气象中心的北京快速更新分析预报系统（BJ-RUC）系统、广州区域气象中心的 Grapes-CHAF 系统、武汉区域气象中心的 AREM-RUC 系统等等，这些快速更新分析预报系统在区域天气预报业务和北京奥运会、广州亚运会等重大活动气象保障中发挥了重要作用。

构成和功能　快速更新分析预报系统的主要功能模块包括：资料处理、资料同化、数字滤波、数值模式。

资料处理的主要功能是收集资料、质量控制、资料筛选、云分析等，其作用是生成可用的观测信息，以及生成区域数值模式的侧边界条件。

资料同化的功能是进行资料融合，获得天气系统的三维分析场，分析场一般包括风、温、压、湿、云雨等气象要素，它是模式积分的初值（需要利用数字滤波作进一步处理）。在当前业务运行的快速更新分析预报系统中，资料同化技术主要采用三维变分；随着对流尺度集合预报业务的开展，集合同化技术用于快速更新分析预报系统中也正在研究开发之中。

数字滤波的功能是减缓分析场（模式初值）中要素之间的不协调所带来的动力、热力不平衡及其云雨与环流的不匹配，从而最大限度地抑制模式预报的初始虚假扰动（Spin Up 现象），是被普遍采用的、有效的初始化过程，实际多采用增量形式的数字滤波。采用数字滤波后，模式预报能够在 20～30 分钟的积分时段内达到平衡。

数值模式的功能是对天气系统的演变进行预报，提供预报产品，以及生成资料同化所需的背景场。在当前业务运行的快速更新分析预报系统中，数值模式均采用了高分辨的中尺度模式，如全球/区域同化预报系统（GRAPES）、天气研究和预报模式（WRF）等，主要是进行确定性预报，对流尺度的集合预报也在研究试验中，将用于快速更新分析预报系统中。

运行流程　快速更新分析预报系统，主要采用 1 h 的更新循环，即每小时提供最新的分析和预报产品，其中，预报时效可以根据预报起始时刻有所不同。系统运行是每隔 1 小时启动循环同化/预报（一般是正点后 20～30 分钟开始，按观测的时间截断设置而定），每次循环至少完成 9～12 小时的短时预报，其中每隔 3 小时的循环可以完成更长时效（24 小时或 36 小时）的预报。这样，每隔 1 小时，就能够得到依据最近 1 小时的观测信息做出的预报供相关人员使用。

图为快速更新分析预报系统的主要流程。资料处理模块从资料库中收集给定时间窗内的观测资料和全球模式（或粗分辨率模式）的预报场，经过处理，形成资料同化可用的观测资料和数值模式的边值；资料同化利用观测资料和背景场（模式上一次预报）融合得到分析场；分析场再经过数字滤波得到模式的初值；最后，利用初值和边值进行数值模式的积分，得到新的预报场，形成产品并进入下一次循环。

主要预报产品　快速更新分析预报系统的主要业务产品包括：天气系统环流结构及其演变的预报、地面气象要素（风、温、湿、压和降水）预报，以及各类天气的物理诊断量预报。由于是依据最近 1 小时的观测信息做出的不断更新的预报，快速更新分析预报系统能在短时/临近天气预报中发展重要的支撑作用。

与中尺度数值预报系统的关联　快速更新分析预报系统本质上是中尺度数值模式系统的一种特殊应用，主要针对短时/临近天气预报的应用需求。但是，正是因为它必须具备快速更新和短时效预报可用的特点，在一些技术处理上有着独特的要求以及需要解决一些特殊的问题。首先是快速更新分析预报系统必须具有数字滤波这一个关键环节，控制模式初值不平衡带来的虚假扰动，减小模式起转时间。数字滤波在一般的中尺度数值模式系统中是不必要的。其次是合理的云分析、暖启动更加重要，这对保障快速更新分析预报系统的短时效预报可用性是不可或缺的，也是减缓模式初值不平衡的重要方面。而中尺度数值模式系统可经过一段时间的积分，生成同环流相匹配的云和达到模式的完全平衡。另外，快速更新分析预报系统常常只能用到区域性的"稠密资料"，其他观测因时间截断而无法获得使用，但中尺度数值模式系统可以有时间等到它所需要的大量观测资料。它们在利用观测资料方面有显著的不同，相应地产生各具特点的技术方案，快速更新分析预报系统常常需要超级观测来弥补实际观测的不足，而中尺度数值模式系统一般不需要。快速更新分析预报系统的产品主要体现出"快"和"新"，预报时效相对较短；中尺度数值模式系统的产品主要突出在质量较好，预报时效相对较长。

展望　快速更新分析预报系统所应用的观测资料是区域性的资料，大范围的观测资料因传输时间长而

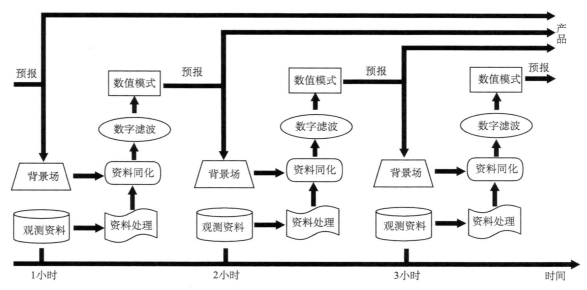

快速更新分析预报系统流程

不能被利用，导致观测对大尺度信息描述不全，区域性的观测资料也还不具备对中尺度天气系统进行完整的立体观测，资料利用的水平对分析和预报有重大影响。同时，云分析及其在系统中的应用也是难点，当观测的云和背景的云不一致时就存在处理上的困难，暖启动技术的发展还不是非常完善，这对预报水平也有较大影响。

快速更新分析预报系统在国内外都处于发展时期，分辨率在不断提高，相应的各功能模块也在不断地完善。特别是，对流尺度的集合预报技术和集合同化技术将在快速更新分析预报系统得到应用，资料的利用效率将得到提升，预报产品也会更加丰富。

参考文献

陈敏，范水勇，仲跻芹，等. 2010. 全球定位系统的可降水量资料在北京地区快速更新循环系统中的同化试验 [J]. 气象学报，68（4）：450-463.

陈子通，黄燕燕，万齐林，等. 2010. 快速更新循环同化预报系统的汛期试验与分析 [J]. 热带气象学报，26（1）：49-54.

Benjamin S G, Brundage K J, Miller P A, et al. 1994. The Rapid Update Cycle at NMC. Preprints, 10th Conference on Numerical Weather Prediction, AMS, Portland, OR：566-568.

Benjamin S G, Devenyi D, Weygandt S S, *et al.* 2004. An hourly assimilation/forecast cycle：The RUC [J]. Mon. Wea. Rev., 132：495-518.

（万齐林）

shùzhí yùbào yèwù zhǐdǎo chǎnpǐn

数值预报业务指导产品（numerical weather prediction guidance products）

根据日常天气预报以及气象灾害的预报、预警需求，对业务数值预报系统模式预报的气象要素场进行加工处理，向有关业务部门提供具有技术指导意义的数字或图形图表产品。

产品种类及其应用

单一数值预报模式产品 按生成属性有：模式直接输出的预报变量、诊断变量、组合因子综合分析变量等产品；按空间分布有：高空变量、低层变量、近地面和地面变量等产品。直接提供给预报员做大气环流形势和降水预报，分析高空高度场、温度场以及低层的风切变等使用。

集合预报产品 主要包括集合平均产品、离散度产品、概率产品、面条图、邮票图、箱线图、烟羽图等。主要用于了解集合预报的不确定性、可信度和概率分布等。

专业数值预报产品 针对特殊的天气现象或者特殊的服务需求制作的有针对性的产品，如针对核污染扩散和应急响应制作的污染物扩散的轨迹图和沉降图，针对台风预报制作的台风路径预报图和袭击概率图，针对海洋预报制作的浪高、浪向图等。

产品制作过程

模式输出量插值 将输出的模式预报气象要素场，水平和垂直插值到用户所需的水平网格和等压面上。

诊断量计算 根据需求进行多要素综合计算，导出必要的物理诊断量。

图形图像化处理 利用图形制作工具，处理成天气预报习惯使用的各种要素、各种高度组合的图形。

数据处理和压缩 按照需求进行数据筛选和压缩，以便于进行归档和分发。

产品发布流程 为了使产品更快到达用户手中，发布流程通常采用边计算、边处理、边分发的策略，即，每完成一天模式预报的计算及对其输出的加工处理，就开始当天产品的下发。根据分发的用户不同，采用全球电信系统（GTS）、中国气象局卫星数据广播系统（CMACast）、千兆局域网络、气象地面宽带网络、同城网络专线以及互联网等方式发放。

展望 在天气预报专业化和精细化的要求下，对数值预报指导产品也同样提出了专业化和精细化的需求。未来的产品发展趋势应该是覆盖天气和气候预报的无缝隙数值预报指导产品，即对定量降水预报、中期、延伸期、强天气和台风等进行全方位的指导。因此，开发时空无缝隙产品、特别是其中的集合预报产品，进行粗分辨率集合预报产品与高分辨率模式产品的有机结合，丰富各种专业模式的专业产品种类，有效提高指导产品的精度等，这些方面是未来数值预报指导产品的发展方向。

（佟华）

shùzhí yùbào zhīchēng xìtǒng

数值预报支撑系统（supporting system for numerical weather prediction）

是支撑数值预报业务系统运行维护和改进发展的软硬件系统的统称，包括高性能计算机、作业运行控制、程序版本管理、数据处理和管理系统、集成中试系统、产品分发及数据可视化等子系统。是数值预报业务体系的重要组成部分。

沿革 20世纪80年代末，中国气象局开始建设高性能计算机系统，在1990年到2005年期间，中国气象局在计算环境和能力上有了显著提高，从每秒亿次量级的计算峰值能力提升到10万亿次量级的计算峰值能力，并经历了从向量机到标量机的重大转变，高性能存储容量从兆字节（MB）提升到太字节（TB）量级，到

2013 年，中国气象局国家级高性能计算机系统的总体计算峰值能力已经超过 1000 万亿次每秒，高性能存储超过 4000TB。数值预报业务管理软件也有很大发展，从早期单一操作命令方式发展到批处理作业管理调度系统，实现自动化运行流程。在 2005 年，引入欧洲中期天气预报中心（ECMWF）的主管监控更改管理软件，构建业务运行系统，实现可视化运行流程管理。

系统构成及功能　高性能计算子系统为数值天气预报软件提供并行计算环境及大数据的快速访问与存储；作业运行控制系统对计算资源进行分配，对数值天气预报作业模块进行管理调度和自动化运行；程序版本管理子系统是实现对软件开发过程有效的变更控制，为模式软件代码提供可持续发展的支撑环境；数据处理和管理系统是气象标准编解码处理，存储与检索，实现用户对数据的高效访问；集成中试系统是提供给研发人员进行模式调试的各种参数化试验的操作平台，实现在异构网络环境上与资料库、程序版本库、作业系统、后处理系统等操作过程的集成；产品分发系统是利用先进的网络通信技术，向用户推送和发布业务产品；数据可视化系统实现产品在用户端的交互操作和显示功能，为预报员、模式研发人员提供产品预报应用和模式诊断分析的工具。

展望　随着数值预报模式分辨率提高，模式算法精细化和复杂度增加，对系统运行的支撑能力要求越来越高，在高性能并行计算技术，存储技术和大规模批量试验系统等方面都将不断发展。众核加速和可定制技术成为高性能计算机发展的趋势。新的计算机体系结构要求模式在计算过程中要能充分应用大规模众核计算资源，因此需要研究适合众核深度并行特点的、具有高并行可扩展性的并行数值计算方法；另外，通过采用计算协同设计技术，根据气象、气候模式特点，对 CPU、网络、存储、并行编程模型等进行全面定制，设计出通专结合的高性能计算机系统。到 2018 年，全球气候数据的总量接近 100PB，其中模式输出数据大约 50PB。随着模式时空分辨率的提高，气象模式的海量数据对高性能计算机的存储系统要求越来越高，不仅表现在存储容量，更重要的是数据的可用性、容量的可扩展性及 I/O 的性能。因此，高性能计算机的存储系统将以数据中心（数据仓库）的方式，一方面为高性能计算机提供稳定、高效的全局文件系统服务，另一方面，也为气象气候的大数据挖掘提供海量数据基础支撑服务。面向越来越复杂的模式系统的研发，与之相适应的模式诊断，验证的试验工作会大规模增长，发展对模式研发大规模批量试验的支撑，形成操作便捷、功能完善的 TEST-BED，通过交互式平台操作实现从资料到模式评估的整个试验工作流。

参考书目

都志辉，2001. 高性能计算并行编程技术 [M]. 北京：清华大学出版社.

薛纪善，陈德辉，等，2008. 数值预报系统 GRAPES 的科学设计与应用 [M]. 北京：科学出版社.

（胡江凯）

数值预报产品释用与检验

shùzhí tiānqì yùbào chǎnpǐn shìyòng

数值天气预报产品释用（interpretation of numerical weather prediction products）　对数值天气预报产品的进一步解释应用，具体来说就是利用统计、动力、人工智能等方法，并综合天气预报经验，对数值天气预报的结果进行分析、订正，最终给出更为精确的客观天气预报结果或者特殊服务需求的天气预报产品。数值天气预报产品释用的目的是得到比数值天气预报产品更为精确的客观天气预报或其他特殊服务的天气预报产品，数值天气预报产品释用的基础是数值天气预报结果和实况观测资料，数值天气预报产品释用的手段是统计的、动力的或者人工智能等方法。

沿革　数值天气预报产品释用是在数值预报模式发展的基础上发展而来的，美国从 20 世纪 70 年代模式输出统计（MOS）方法进入业务运行，其他发达国家也相继开展了 MOS 方法和完全预报法（PPM）的试验或业务运行。直接模式输出（DMO）预报方法伴随模式产生，在 80、90 年代曾作为最主要的方法在业务中应用，由于其可得到模式覆盖范围内任意点预报的特性，至今仍在业务中广泛应用。动力释用方法作为针对小概率、高影响天气的释用方法，在中国的研究应用开始于 20 世纪末。神经网络和支持向量机（SVM）方法作为统计机器学习方法也在 20 世纪 90 年代开始应用于气象预报和气候预测，并逐步在业务中应用。

中国从 80 年代在数值天气预报模式发展的基础上，开展了一些数值天气预报产品释用的工作，主要以模式直接输出和统计释用为主，2007 年以来，在业务需求的推动下，数值天气预报产品释用技术方法的研究应用得到了较大发展，在实际天气预报业务中发挥了重要作用。数值天气预报产品释用技术在台风、强天气、中期天气预报等多个领域客观预报业务中都有不同程度的应用，但应用最为广泛的是在精细化客观气象要素预报方面。2008 年业务化运行的国家级精细化气象要素预报业务中，国家气象中心每天两次的县级气象台站指导产品就是完全依赖数值天气预报产品释用技术的客观化预报，包括温度、湿度、降水等多要素，1～7 天多时效的预报产品。部分省级气象台也利用数值天气预报产品释用技术，开展了相关的乡镇等客观气象要素预报业务。

现状 美国是开展数值预报产品释用较早也是业务应用比较成熟的国家。其主要技术特点是：以逐步回归和概率回归为主要技术方法；对于雷暴等高影响小概率天气采用基于概率回归的区域建模方法，即选取气候变化比较一致的站点建立区域预报方程，该预报方程应用于区域内所有站点的预报。随着业务的发展，美国开展了在站点预报基础上通过分析技术分析得到格点上预报结果的格点化 MOS 预报技术应用研究，并已形成产品在业务中应用。

中国数值天气预报产品释用的研究和试验开展比较晚，这和数值预报发展较晚有关。但近年来数值预报产品释用方法研究和应用已有了较大进展。国家级精细化气象要素预报业务流程的建立更是进一步推动了气象要素预报的发展，基于数值预报产品释用技术的精细化客观气象要素预报取得了比较好的效果，并在预报业务中发挥了重要的作用。但也还存在很多需要改进和发展的地方。

主要方法 数值天气预报产品释用的方法大体上可分为以下四类：一类是模式直接输出方法，也就是通常所说的 DMO 方法。是指在模式预报的基础上，通过插值分析得到指定点上的预报结果。DMO 预报方法的优点是能够得到模式范围内任意点的天气预报结果，预报时效也可以很细，非模式输出量可以通过经验公式计算得到。缺点是 DMO 未能对模式的系统误差进行订正，其预报效果完全依赖模式的准确率。通常情况下可以利用近期的天气预报模式的系统误差，对预报结果进行订正，可以在一定程度上改进预报效果。一类是统计释用方法，就是常用所说的 MOS 方法（参见第 118 页 *产品统计释用*）；人工智能方法，包括神经网络方法等，其原理和 MOS 方法一样，需要在一定长度的历史资料基础上建立预报模型，只不过使用的方法不同，因此也可归为 MOS 方法。还有一类就是动力诊断方法，通常用于强对流、强降水等高影响、小概率事件的预报，其原理是在对预报事件发生发展消亡原理的充分认识基础上，推导出能够反映该过程的物理量，并给出判据，判断该事件是否出现，从而做出预报（参见第 118 页 *产品动力释用*）。

产品的应用 数值天气预报解释应用产品在国家级的业务和准业务应用，主要有站点和格点两种形式，预报产品种类包括客观气象要素、强对流天气、台风和海洋气象要素等。气象要素如温度、降水、湿度、风向风速等，一天两次预报，最长预报时效到 10 天、最小时间间隔到 3 小时；强对流天气主要是强对流分类预报产品，如雷暴、大风等，一天两次预报，最长预报时效到 7 天、最小时间间隔到 3 小时；台风预报包括台风强度和路径预报，有台风时一天 4 次预报，最长预报时效到 5 天、最小时间间隔到 1 小时；海洋气象要素包括能见度、风等，一天两次预报，最长预报时效到 3 天、最小时间间隔到 1 小时。

展望 MOS 等方法在业务中应用广泛，其方法本身还有可改进的空间，主要在预报因子的处理、预报因子信息的增加、预报方案的细化和改进等方面，尤其是在目前预报效果不是十分理想的降水、风向风速等要素的预报上，还可以开展多方面的研究试验工作，从而达到提高预报效果的目的。以统计方法为主的客观气象要素预报缺少动力因素的考虑，对于一些强天气和极端天气，应当结合动力诊断、天气分析和统计预报方法来提高预报效果。

格点化气象要素预报是客观要素预报另一个重要方面，但目前在这方面的研究应用还相对较少，同时格点预报与站点预报协同一致的处理方法也是需要进一步研究的问题。未来数值天气预报产品释用技术研究应用将在高影响天气的针对性、时间和空间精细化、预报要素的多样化以及产品格点化方面深入发展。

参考书目

黄嘉佑，1990. 气象统计分析与预报方法 [M]. 北京：气象出版社.

颜宏，夏建国，等，1991. 数值预报产品应用指南 [M]. 北京：气象出版社.

赵声蓉，赵翠光，赵瑞霞，等，2012. 我国精细化客观气象要素预报进展 [J]. 气象科技进展，2 (5)：12-21.

（赵声蓉）

chǎnpǐn wùchā dìngzhèng

产品误差订正（error correction of products） 根据预报结果和实况观测资料分析一定时间段内的误差分布特征，在此基础上对预报进行订正，达到提高预报效果的目的。

对于温度等连续变量通常采用计算一定时间段内的平均预报误差，并近似地看成预报系统误差，在预报中减去。实际应用证明，该方法能够明显提高天气预报效果。但需要注意的问题是：在订正时，通常采取每天滚动计算预报偏差的方案，因而计算预报偏差时段的选取显得十分关键，计算时段过短可能会使所计算的预报偏差稳定性和代表性较差，而计算时段过长可能会削弱订正效果，尤其是在季节转换的时候；另一个重要问题是如何规避极端误差个例的影响，通常是在预报中只减去部分的预报偏差，比如80%或者90%。还可以对计算误差的个例按一定误差段来统计出现频率，根据频率来赋予不同的权重，出现频率高的权重较大，出现频率低的权重较小。

更复杂的计算方案是利用天气形势在历史资料中选取相似个例，利用相似个例来计算预报偏差。对于降水这样的不连续变量产品误差订正通常会结合单点订正和分布型订正，比如，针对某个数值预报模式的降水预报在中国江淮地区，不同的天气形势下，可能会存在偏北或者偏东或者范围偏大等特征，因此在先对降水分布型进行订正后，再对单站的降水预报进行订正，可能效果会更好。但总的来说多降水等不连续变量的订正会更为复杂和困难。

（赵声蓉）

chǎnpǐn dònglì shìyòng
产品动力释用（dynamical interpretation of products）相对于统计释用方法而言，针对特定的天气，在数值天气预报基础上，利用动力学知识和相关实况资料，进一步订正模式预报结果，判别该类天气出现的可能，或者利用诊断模型和更细的资料得到比原模式更精细的预报结果。

产品动力释用主要有以下三种方法：①利用最新观测资料订正模式中关键物理量，并根据动力学知识和天气系统演变特征达到对未来时间内预报结果的订正，例如利用最新6小时降水观测，订正模式垂直速度，并结合模式中天气系统移动以及强度变化特征，达到对未来降水订正的目的；②根据动力学知识推导出与特定天气密切相关并能较好地反映该天气发生、发展、消亡变化特征的物理量，在此基础上利用天气学知识或者通过历史资料得到该天气发生与否的判别值，从而做出预报，物理量可以是一个或者多个，例如，通过散度方程推导出与强对流密切相关的不平衡场表征量，并通过历史个例分析得到该物理量表征强对流发生与否的判别值，根据最新的模式预报结果，计算出该物理量，从而对强对流天气做出预报；③利用更精细的观测资料和地形资料，通过诊断模型（模式）对原模式进行进一步的释用以得到更精细的预报结果，例如，利用高分辨率的边界层模式和精细的地形资料模拟出城市小地形下风场的变化等。

数值天气预报产品的动力释用方法和气候模式产品的动力释用方法，在天气预报和短期气候预测业务中分别都有相关应用。

（赵声蓉）

chǎnpǐn tǒngjì shìyòng
产品统计释用（statistical interpretation of products）利用统计方法对数值预报产品进行解释应用的客观技术。即：基于历史资料（以历史观测要素或天气现象为预报对象、以历史数值预报产品或历史实况分析产品为预报因子）建立预报对象和预报因子的统计关系——预报方程，用当前数值预报产品结果作为预报因子值带入预报方程，即可计算得出相应的预报对象的值。

产品统计释用方法主要有以下5种：

PP方法 以预报因子的客观分析历史值（实况）同预报要素的历史实况建立统计关系（预报方程），预报时则用模式预报的因子值代入方程。它要求模式预报是完全准确的，这样预报结果与同建立方程时的拟合结果一样好，因此其预报的精度完全依赖模式预报的质量。优点在于：可以有很长的样本，可以分为很细的情况来建立方程，同时方程不依赖模式。缺点在于：不能对模式预报误差进行修正。

MOS方法 利用统计方法在历史模式预报资料和实况资料的基础上建立预报方程，从而做出所需预报。优点是能够对模式的系统误差进行订正，只要模式的系统误差明显，即使模式直接预报准确率不是很高，也能够得到较好的预报效果。缺点是模式更新换代以后不能沿用老方程，否则会影响预报效果。逐步回归方法是最常用的方法，所以有时MOS方法又指基于逐步回归方法的释用。

神经网络方法 是一种人工智能的方法，它是由模仿人体神经系统信息储存和处理过程中的某些特性而抽象出来的数学模型，是一个非线性的动力学系统。神经网络方法与传统统计学方法的区别在于：传统统计学方法是假设预报量和预报因子之间满足特定的关系（规律），例如逐步回归是假定预报要素与预报因子满足线性"和"关系，通过历史资料计算得到各预报因子的系数；神经元网络方法不需要预先知道因子和预报量之间的关系，而是通过"自己"学习，从大量的样本中得到规律，因此神经元网络方法的中间过程更像一个"黑匣子"。神经网络有很多种结构模型，气象中常用的是BP网络，它是一种单向传播的多层前向网络。

卡尔曼滤波方法 是由卡尔曼（Kalman）建立的，他在Wiener平稳随机过程的滤波理论基础上建立了一种新的递推式滤波方法，可借助于前一时刻的滤波结果，递推出现时刻的状态估计量，利用前一时刻预报误差反馈到原来的预报方程，通过修正原预报方程系数，来提高下一时刻的预报精度。卡尔曼滤波方法最大的优点是：不需要保存大量的历史观测资料和历史模式预报结果。该方法主要用于作连续性的气象要素预报。

SVM方法 是另一种非线性方法。通常的方法在处理问题时是把样本降维（向低维空间做投影），采用线性化手段简化问题，而SVM方法是把样本点"升维"，即映射到高维甚至无穷维空间，把低维空间中的非线性问题变为高维空间中的线性问题，再在高维空间中采用处理线性问题的方法。映射是非线性的，从而解决样本空间中的高度非线性问题。

（赵声蓉）

zōnghé jíchéng yùbào fāngfǎ
综合集成预报方法 （methods of comprehensive assembly）

在多个预报结果的基础上，通过一定的方法合成一个预报结果并提供使用。

综合集成预报方法包含两种情况，一是在多个预报结果的基础上，通过一定的数学方法建立预报模型，也就是把单个预报结果作为预报模型的预报因子，进而通过模型得到最终的集成预报结果。这种情况一般要求每个预报必须有一定时间长度的预报结果用于预报模型的建立，这与产品统计释用方法类似，只不过模型输入的预报因子是来自多个预报方法的预报结果。二是在要素不完全相同、时效不完全相同、预报站点不完全相同的预报结果的基础上，通过一定的准则来进行合成，使得最终的预报结果是唯一的。这种综合集成产生的原因是，业务部门往往有多种不同的客观预报产品，信息到达后预报员对其分析和制作预报的时间非常有限，需要通过一定方法对这些信息进行进一步加工和优化处理，在提供给预报员之前合成每个站点、每个时效、每个要素，得出唯一的预报指导产品。另外，不同的方法其预报结果有不同的特点，在实际的预报业务中也需要扬长避短，并尽可能吸收好的预报信息和满足实际预报服务的需要。

通常采用在客观预报［如直接模式输出（DMO）、模式输出统计MOS预报］结果的基础上结合主观订正预报的方法，事先对预报结果进行优势排序和检验结果优选相结合的方法合成最终的预报结果，在多个预报产品进行集成后进行各种协调一致性处理，最终形成统一下发的指导预报产品，提供给各种专业服务、各级业务部门参考使用。协调一致性处理主要包括要素和时效之间的协调处理，长短时效之间的协调一致性处理等，处理的目的是使预报结果更合理、有效，提高预报产品的可用性。

（赵声蓉）

shùzhí yùbào jiǎnyàn
数值预报检验 （verification of numerical weather prediction products）

根据对应实况资料，对数值预报产品进行质量评估的过程。用于对比的实况可以是观测数据，也可以是认为近似准确的客观分析数据。

数值预报产品检验是数值预报模式发展过程中非常重要的一环。其目的有三个：一是监测数值预报产品的质量，二是评估模式间的差别，三是给出模式系统存在的误差特征，以便进行模式改进和提高。

沿革 国际上最早开始预报检验尝试是在1884年，但此后一百年发展缓慢。1987年开始由于墨菲（Merphy）的杰出工作以及数值预报的飞速发展，使预报检验理论进入了快速发展时期，检验方法从简单的统计检验向空间和概率预报检验发展。中国最早的模式检验工作从1982年开始，先是半球B模式的检验，然后发展为全球模式的检验，并开始区域模式降水预报的检验。2001年有了第一个较为完整的业务预报检验系统，2007年建成了第一个综合数值预报检验平台，并开始集合预报检验的起步工作。2010年建成了面向八个区域中心的数值预报检验平台，重点关注近地面要素预报的效果。2011年从美国引进了全球模式诊断与检验工具，并实现了全球集合预报检验的业务化。

方法分类 一般而言，数值预报产品不同，检验方法不同。既可做定性检验（如主观天气学检验），也可做定量检验（如统计检验）。根据预报产品的特性，定量统计检验方法可分为两分类预报检验方法、多分类预报检验方法、连续变量预报检验方法及集合或概率预报检验方法。

两分类预报检验方法 两分类预报检验方法用于只有两种结果的预报产品检验，如降水、高温、大风等天气现象的有无。方法是通过列联表中4个元素NA、NB、NC和ND组成的不同公式构成的检验量来评价二元预报的质量。其中NA表示预报有、实况也确实发生的数目，NB表示预报有但实况没有发生的数目，NC表示预报没有而实况发生的数目，ND表示预报没有发生、实况也没有发生的数目。对于任何两分类预报都可以表示为下面这张表：表中行代表预报，列代表实况。

两分类预报检验列联表

实况 预报	有	无
有	NA	NC
无	NB	ND

在中国气象业务体系中常用的两分类预报检验量公式有：

临界成功指数(TS 评分、CSI)　$TS = \dfrac{NA}{NA + NB + NC}$

$$(1)$$

漏报率　$PO = \dfrac{NC}{NA + NC}$　　(2)

空报率　$NH(FAR) = \dfrac{NB}{NA + NB}$　　(3)

预报偏差　$Bias = \dfrac{NA + NB}{NA + NC}$　　(4)

预报效率(准确率 PC)　$EH = \dfrac{NA + ND}{NA + NB + NC + ND}$

$$(5)$$

技巧评分　$SS = \dfrac{TS - QY}{100 - QY}$　　(6)

公平 TS 评分　$ETS = \dfrac{NA - R(a)}{NA + NB + NC - R(a)}$　　(7)

式中：$R(a) = \dfrac{(NA + NB) \cdot (NA + NC)}{NA + NB + NC + ND}$

技巧评分公式中用到的 QY 是月平均的气候概率值。国外常用的评分还有让步比(OR)、让步比技巧评分($ORSS$)、真实技巧评分(TSS)(HK 或 PSS)、海德克技巧评分(HSS)、命中率(POD)、空报探测率($POFD$)等，相关公式在世界气象组织（WMO）国际检验小组承办的检验网站 http：//www. cawcr. gov. au/projects/verification/上有详细介绍。

多分类预报检验方法　多分类预报检验方法主要用于比较多种分类预报产品在不同分类时的发生频率与实况发生频率。类似于多分类散点图。主要的检验方法有直方图和统计方法，主要的检验量有准确率、格里蒂（Gerrity）评分（GS）、HSS 和 TSS 等。相关方法及公式在 WMO 的检验网站有简单介绍。

连续变量预报检验方法　连续变量检验方法主要用于检验具有连续性质的预报产品，如高度、温度及风，重点关注预报变量与观测变量数值上的差别，国外也广泛用于降水量的检验。

WMO 全球模式确定性预报检验标准规定，连续变量检验有对模式分析检验和对观测检验两种。基本检验公式如下：

平均误差　$ME = \left[\sum\limits_{i=1}^{n} w_i (F - A_v)_i \right] \bigg/ \sum\limits_{i=1}^{n} w_i$　　(8)

均方根误差　$RMSE = \sqrt{\sum\limits_{i=1}^{n} w_i (F - A_v)_i^2} \bigg/ \sqrt{\sum\limits_{i=1}^{n} w_i}$

$$(9)$$

距平相关系数　$AC(r) =$

$$\dfrac{\sum\limits_{i=1}^{n} w_i (F - C - M_{fc})_i (A_v - C - M_{vc})_i}{\left[\sum\limits_{i=1}^{n} w_i (F - C - M_{fc})_i^2 \right]^{\frac{1}{2}} \left[\sum\limits_{i=1}^{n} w_i (A_v - C - M_{vc})_i^2 \right]^{\frac{1}{2}}}$$

$$(10)$$

风矢量均方根误差　$RMSE = \sqrt{\sum\limits_{i=1}^{n} w_i (V_f - V_v)_i^2} \bigg/$

$$\sqrt{\sum\limits_{i=1}^{n} w_i} \quad (11)$$

绝对误差　$MAE = \sum\limits_{i=1}^{n} w_i |F - A_v|_i \bigg/ \sum\limits_{i=1}^{n} w_i$　　(12)

均方根误差距平　$RMSA = \sqrt{\sum\limits_{i=1}^{n} w_i (F - C)_i^2} \bigg/$

$$\sqrt{\sum\limits_{i=1}^{n} w_i} \quad (13)$$

误差标准差　$SD = \sqrt{\sum\limits_{i=1}^{n} w_i (F - \sum\limits_i w_i F)_i^2} \bigg/$

$$\sqrt{\sum\limits_{i=1}^{n} w_i} \quad (14)$$

S1 评分　$S1 = 100 \times$

$$\dfrac{\sum (|F_x - A_{vx}|)(|F_y - A_{vy}|)}{\sum [\max(|F_x|, |A_{vx}|) + \max(|F_y|, |A_{vy}|)]} \quad (15)$$

对风矢量，其评分为 u，v 分量合成结果。

$$ME(V) = [ME(u^2) + ME(v^2)]^{\frac{1}{2}} \quad (16)$$

$$RMSE(V) = [RMSE(u^2) + RMSE(v^2)]^{\frac{1}{2}}$$

$$(17)$$

$$COR(V) = \dfrac{1}{2}[COR(u^2) + COR(v^2)]^{\frac{1}{2}} \quad (18)$$

式中，F 为预报值，A_v 为分析值，C 为气候平均值，N 为检验区域中的格点数。

$$M_{fc} = \dfrac{1}{N} \sum (F - C) \quad M_{vc} = \dfrac{1}{N} \sum (A_v - C)$$

$$= \dfrac{1}{N} \sum (F - A_v) \quad (19)$$

$$F_x = \dfrac{\partial F}{\partial X} \quad F_y = \dfrac{\partial F}{\partial Y} \quad A_{vx} = \dfrac{\partial A_v}{\partial X} \quad A_{vy} = \dfrac{\partial A_v}{\partial Y}$$

$$(20)$$

式中权重系数对分析检验定义为：$w_i = \cos\varphi_i$ 即所在格点纬度的余弦。

而对站点检验定义为：$w_i = \dfrac{1}{n}$，即所有观测站等权重。

集合和概率预报检验方法　和确定性预报相比较，集合预报需要耗费巨大的计算机资源，因此检验集合预报的目的是评估集合预报的准确性以及其相对于常规确定性预报或者气候值所能提供的额外信息，另一方面则是评估系统的偏差并分析误差来源。

集合预报检验分为两个部分：一是评估均值，其方法是通过比较距平相关系数、均方根误差来检验预报均值相对于控制预报的提高程度。二是检验概率分布函数或者是对特定事件的概率预报的预报能力。由于集合预报的复杂性，集合预报的检验和评价需要全方位、多角度进行。

集合预报检验方法

集合离散度 集合离散度 $S(t)$ 表示集合预报相对于参考场的不确定性，集合离散度一方面要足够大，最大可能地包含大气实际情况，另一方面各成员间的离散度也不能过大（和准确性成反比），要真实反映大气的可预报性或预报可信度：

$$S(t) = -\left[\frac{1}{N-1}\sum_{i=1}^{N} d_i^2\right]^{\frac{1}{2}}, d_i = f_i(t) - f_0(t) \quad (21)$$

式中 t 为预报时效，$f_i(t)$ 为扰动预报（$i = 1, 2, \cdots, N$），$f_0(t)$ 为参考场，可以是集合平均，也可是控制预报。通常集合成员的离散度应该和集合平均的预报技巧相同，离散度太小，则"真值"被漏掉的概率大，预报系统的可靠性差，反之则集合预报系统设计不够集约。

T 分布和预报失误概率 T 分布用于检验集合预报的概率分布，即检验成员等同性和离散度情况，其思想是观测值或分析值应该以同样概率落在 EPS 各预报成员附近。做法是把 N 个集合预报成员按照升序排列，得到 $N+1$ 个区间，分别计算每个格点上 $N+1$ 个区间内分析（或观测）发生的次数，取总样本平均得到 $N+1$ 个区间上预报正确的概率，画出柱状图即为 T 分布。它可以描述集合预报的离散度在何种程度上体现观测值的不确定性，获得系统的可靠性。在 T 分布中，将分析（观测）落在预报值区间之外的平均概率称为预报失误概率，其值越大，预报失误的概率越大。

连续分级概率评分（CRPS） CRPS 用单一的值来描述对应于概率分布函数的累计分布函数和观测资料间的差别，可以看作是有无穷等级数的等级概率评分，每个等级宽度为零，也可以理解为均方概率误差（Brier 评分）在所有可能值上的积分，对确定性预报，此评分就等价于预报的平均绝对误差。

$$CRPS\ (P, x_a) = \int_{-\infty}^{\infty} [P(x) - P_a(x)]^2 dx$$
$$P(x) = \int_{-\infty}^{x} \rho(y) dy \quad (22)$$
$$P_a(x) = H(x - x_a)$$

式中，P 和 P_a 分别为集合概率预报和观测真值的累计分布。$\rho(x)$ 为集合预报系统的概率密度函数，当 $x < x_a$，$H(x) = 0$；当 $x \geq x_a$，$H(x) = 1$；实际计算时，集合预报累计分布函数可以表示为分段函数：$P(x) = p_i \equiv \frac{i}{N}$，则 CRPS 可以表示为每个分级箱子内分段 CRPS

的和：

$$CRPS = \sum_{i=0}^{N} c_i \equiv \int_{x_i}^{x_{i+1}} [p_i - H(x - x_a)]^2 dx \quad (23)$$

CRPS 的单位与被检验变量的单位相同，是定量的先进的评分，CRPS 及其分解量是负定向的，零值最理想。

概率预报检验方法 一个概率预报给出事件发生的概率为 o_i，其值为 $0 \sim 1$（或者 $0 \sim 100\%$）。通常是基于观测数据（事件发生，$o_i = 1$；或者不发生 $o_i = 0$）对一组概率预报进行检验。概率预报检验通常事先指定事件发生的阈值，评估超过特定阈值的预报概率。

均方概率误差布赖尔（Brier）评分（BS）及其分解 BS 评分用来检验集合预报准确性

$$BS = \frac{1}{N}\sum_{n=1}^{N} (P_n - O_n)^2 \quad (24)$$

式中，P_n 为第 n 个样本的被检验事件的集合预报概率。O_n 为第 n 个样本的被检验事件的观测频率，如果观测到检验事件，O_n 的值为 1，否则其值为 0。BS 取值范围 $0 \sim 1$，越小越好，0 最理想；对于特定的二分类事件，对于 N 个样本，BS 可分解为可靠性、分辨率和不确定性：

$$BS = \frac{1}{N}\sum_{i=1}^{K} n_i (f_i - o_i)^2 - \frac{1}{N}\sum_{i=1}^{K} n_i (o_i - \bar{o})^2 + \bar{o}(1 - \bar{o})$$
$$(25)$$

式中，右端三项依次为可靠性、分辨率和不确定性。式中 N 为总体样本数；K 为概率箱子的数目（对于集合成员数是 M 的系统，K 的值为 $M+1$）；n_i 为在第 i 个概率箱子中的样本数；f_i 为在第 i 个概率箱子中的预报概率；o_i 为当预报概率为 f_i 时被检验事件出现的观测频率；$\bar{o}$ 为在总样本中被检验事件出现的观测频率。

Brier 技巧评分（BSS） 表示概率预报相对于一个参考系统（通常是事件是否发生的气候概率）的提高程度。

$$BSS = 1 - \frac{BS}{BS_{ref}} \quad (26)$$

取值范围 $-\infty \sim 1$，越大越好，1 为最理想；式中 $BS_{ref} = s(1-s)$，s 为被检验事件发生的气候概率。BSS 值对气候参考系统比较敏感，当检验样本数小时，BSS 的值可能出现明显的负值，但并不能真实体现系统的预报性能。一般来说，检验样本数越多，得出的 BSS 值越稳定可靠。

相对作用特征（ROC）曲线及 ROC 面积 表示预报区分事件发生和不发生的能力，把 1 分为 K 个概率区间（如 $0 \sim 0.1$，$0.1 \sim 0.2$ 等），每个分位数所对应的命中率（POD）相对于空报探测率（POFD）的变化曲线称为 ROC 曲线, 曲线越靠近命中率, 则预报越好; 曲线下的面积称为 ROC 面积, 可作为 ROC 曲线的技巧评分, ROC 面积取值范围 0～1, 越大越好, 1 为理想值。

可靠性曲线　表示事件的预报概率和观测频率间的吻合程度。在 K 个预报概率等级上, 沿着预报概率变化的方向画出相应观测出现的频率。表示每个等级样本大小的柱状图和事件的气候概率通常也要包括在可靠性曲线中。对角线表示完美预报, 越接近对角线, 预报的可靠性越好。

展望　中国的数值预报检验工作还多局限于统计检验, 对于国际上非常关注的空间检验还涉足较少。此外, 尽管中国的预报检验实践是比较早的, 但在检验理论的发展方面还没有具有代表性的研究工作。今后应加大这些方面的研究力度。

参考书目

Ian T, David J, Stephenson B, 2012. Forecast Verification: A Practitioner's Guide in Atmospheric Science. John Wiley & Sons, Ltd.

（王雨）

jùpíng xiāngguān xìshù

距平相关系数（anomaly correlation coefficient）　数值预报连续变量检验中最常用的统计检验量, 通常用于描述两组数据的空间位相差。相关通常指的是"距平"间的相关, 距平指的是每个格点上变量的瞬时值减去它的"气候"值。

距平相关系数:

$$AC(r) = \frac{\sum_{i=1}^{n} w_i (F - C - M_{fc})_i (A_v - C - M_{vc})_i}{\left[\sum_{i=1}^{n} w_i (F - C - M_{fc})_i^2 \right]^{\frac{1}{2}} \left[\sum_{i=1}^{n} w_i (A_v - C - M_{vc})_i^2 \right]^{\frac{1}{2}}}$$

AC 位于 1 和 -1 之间。当位相完全相同时, *AC* 有最大值 1, 当位相完全相反时得到最小值 -1, 当距平的位相相差 + -45° 或 - +135°, *AC* 值为 + -0.318。而当距平位相相差 90° 时, *AC* 值为 0。模式预报误差研究表明, *AC* 大约为 0.60 是模式可用预报的下限, 这时意味着真实技巧评分大约为 0.2, 也就是与完全精确的预报相距 20%。由于大尺度运动特征的不同, 模式 *AC* 评分天与天、周与周都会有所变化。模式预报会对某些天气报得好, 而对某些天气报不好。有些人试图用这一特性为预报员提供预报图可信性估计。一般情况下与均方根误差一起用于模式预报的评估, 以便从位相和误差幅度两个方面来全面评估模式误差的情况。

为了方便研究误差的倾向, 也常用平均误差和绝对

误差来评价模式是否存在系统误差。是数值预报业务质量评价体系中最常应用的检验量, 在欧洲中期数值预报中心、美国等业务检验中也是常用的检验量之一。以这个评分为基础求出的预报可用天数是很多国家用于表示模式发展进步的常见方式。

（王雨）

TS pĺngfēn

TS 评分（Threat Score, TS）　数值预报两分类检验中常用的统计检验量, 该量主要描述观测到的预报事件（如降水）被准确预报的比例。

$$TS \text{评分}: TS = \frac{NA}{NA + NB + NC}$$

公式说明参见第 119 页 数值预报检验。*TS* 评分的理想评分是 1, 取值范围是 0～1, 当评分为 0 时, 表示没有技巧。*TS* 评分对事件的气候概率有一定依赖性, 当事件的发生频率较高时, 评分往往容易较高。该评分的特点是对预报准确的事件较敏感, 对空报和漏报都有惩罚, 因此从 *TS* 评分本身分析不出预报误差的来源。对于较少发生的事件, 有时也可通过空报来提高 *TS* 评分。为了公平起见, 多与预报偏差一起用于分类预报的检验评估。只有 *TS* 评分增加了, 且预报偏差在合理的情况下才认为预报技巧有了提高。当对不同时间区间的 *TS* 评分进行综合时, 平均方法不同, *TS* 评分也会有很大不同。尽管这个评分只关注预报事件, 不关注预报事件的反方面, 但在中国实际预报业务中应用非常广泛, 是主要的降水预报性能评估参考指标。

欧洲国家对这个检验量的使用正在逐渐淡化, 并逐渐用 ETS 等评分取代。

（王雨）

bǐlì jìqiǎo píngfēn

比例技巧评分（fractions skill score）　邻域空间检验方法中的一种算法。其基本思想是: 如果在定义的预报和观测的邻域空间内, 预报事件和观测事件有类似的发生比例, 则认为预报是可用的。其公式如下:

$$FSS = 1 - \frac{FBS}{\frac{1}{N} \left[\sum_N \langle P_y \rangle_s^2 + \sum_N \langle P_x \rangle_s^2 \right]} \tag{1}$$

式中, N 为模拟区域内邻域窗口的数量, s 为其中的某个邻域窗口, P_y 为邻域预报的概率, P_x 为邻域观测的概率, 代表在不断移动的空间邻域窗口内观测事件和预报事件覆盖邻域观测和邻域预报总数的比例（以分数表示）, 再用这些分数作为事件的发生频率来计算比例

Brier 评分（*FBS*）：

$$FBS = \frac{1}{N} \sum_N (\langle P_y \rangle_s - \langle P_x \rangle_s)^2 \qquad (2)$$

有关 Brier 评分（*BS*）的介绍参见第 119 页数值预报检验。

（王雨）

（参见第 119 页数值预报检验）。

yùbào piānchā

预报偏差（forecast bias） 数值天气预报两分类检验中常用的统计检验量，该量主要描述预报事件的频率与实际观测事件频率的比例（参见第 119 页数值预报检验）。

预报偏差的理想评分是 1，取值范围是 $0 \sim \infty$。当取值小于 1 时，表示预报频率小于实际发生的频率，而大于 1 时，则表示预报频率高于实际发生的频率，但不能描述预报与实况是否一致，只能衡量相对频率。在以站点观测为实况的检验体系中也可以理解为预报站数（当检验站分布均匀时，也可以理解为预报面积）与实况降水站数的比率。这个评分多与 *TS* 等评分联合用于预报评估业务，以从多个角度正确认识预报性能，避免出现以空报换较高 *TS* 评分现象的出现。该评分项目在国内外应用广泛。

（王雨）

气候预测

气候业务系统

xiàndài qìhòu yèwù

现代气候业务（modern climate operation） 以现代气候学为理论基础，应用现代综合观测资料和气候模式等现代技术手段，对全球气候系统的变率和异常特征进行滚动监测、诊断、预测和影响评估等业务过程。主要开展二周以上到月、季和年际时间尺度的气候预测和影响评估，以提升气候风险评估、气候服务和气候变化应对能力。

中国现代气候业务是现代气象业务体系重要组成部分，是防灾减灾和应对气候变化的科学基础。中国现代气候业务的显著标志是气候监测的标准化、气候预测的客观化、气候评价的定量化、气候服务的精细化和气候业务流程的集约化。

沿革 现代气候业务适应经济社会的需求不断发展，并伴随着气候科学和相关技术进步同步前行。20 世纪 50 年代之前的气候科学被认为是经典气候学或传统气候学。经典气候学认为气候是一个地区某种代表性气候变量的统计平均状态，通常用该地区的温度、降水、气压或风等代表性气候变量的统计平均值来描述，而气候的形成主要是依赖于太阳辐射、海陆分布和大气环流。作为气候核心概念的统计平均状态，后来逐渐发展

为 30 年平均的气候标准值或气候平均值。由于对气候平均值、气候要素及气候成因三个气候基本概念认识的局限性，经典气候学对气候的理解是静态的、狭隘的。基于经典气候学理论，借助于有限的、非常稀少的观测资料和技术手段所建立的是传统气候业务，其主要内容是对大气环流的平均状态和特定地区的气候要素进行统计分析和预测。

20 世纪 50—70 年代，科学技术的进步和经济社会的需求，极大地促进了气候科学的发展。50 年代随着短期数值天气预报获得成功并建立业务，到 70 年代数值预报的可用时效已经达到 96 小时，数值模式逐渐成为研究大气运动和开展天气预报业务最为重要的先进技术手段，并迅速扩展到气候研究中，促进了气候模拟的出现和发展。大型计算机的发明和计算能力的迅速提高，以及全球观测手段的出现和全球观测系统的建立，为气候科学和业务的发展提供了基础条件。到 70 年代末期，已经具备了计算模拟全球气候的能力，美国国家海洋大气局（NOAA）系列卫星遥感资料的使用极大地提高了全球观测能力。60 年代北半球陆续出现影响广泛的寒冬，60—70 年代西非发生持续十余年的干旱导致广泛的饥荒，频繁发生的厄尔尼诺事件等，这些持续的气候异常及其引发的灾害都给经济和社会造成巨大影响，也成为推动气候研究和业务发展最大的需求和动力。

从 20 世纪 70 年代开始，气候科学进入现代气候学的全新阶段。1974 年世界气象组织（WMO）和国际科

学联盟理事会（ICSU）在斯德哥尔摩联合召开了"气候的物理基础及其模拟"国际研讨会，明确提出了"气候系统"的概念。气候系统是大气圈与水圈（海洋）、冰雪圈、岩石圈和生物圈相互作用的整体，气候则被认为是气候系统在一段时间内的整体状况。

1979年WMO在日内瓦召开了第一次世界气候大会，提出并推动了世界气候计划（WCP）的建立和实施，为现代气候学奠定了广泛坚实的基础。现代气候学不再是静态地看待气候，而是从气候变化的角度，运用气候动力学方法认识气候系统，揭示气候变化的规律。1990年WMO在日内瓦举行了第二次世界气候大会，敦促加强现代气候研究，特别是加强全球气候监测，推动建立了全球气候观测系统，为现代气候业务的发展奠定了坚实的观测资料基础。2009年WMO在日内瓦举行了第三次世界气候大会，提出了未来十年内建立"全球气候服务框架"的发展计划，计划的实施将把气候预测等气候信息与气候风险管理联系起来，支持全球和区域内不同层次范围的用户应对气候变率和变化，为现代气候业务提出了面向用户需求和服务的发展方向。

气候模式（发展演变为气候系统模式）和基于模式的集合预测技术成为开展现代气候业务的重要工具和技术方法。20世纪90年代是国际上气候系统模式快速发展的重要时期。在世界气候研究计划（WCRP）气候变率与可预测性［研究计划］（CLIVAR）等国际研究计划的大力推动下，由最初的海气耦合模式，逐步发展为包括全球大气-海洋-陆面-海冰等分量模式的完全耦合的气候系统模式。气候系统模式呈现出高分辨率和完善物理-化学等过程的发展趋势。同时为克服利用气候模式开展短期气候预测时所面临的初值和模式的不确定性问题，提出了集合预测方法，并不断地发展和应用。国际上先进的气候业务中心都已研发和开展了多模式的超级集合预测技术，如欧洲中期天气预报中心（ECMWF）的欧洲的季节到年际预测（EUROSIP）（2005年起发布产品）系统和美国国家环境预报中心（NCEP）的北美多模式集合（NMME）（2011年起发布产品）预报系统是国际上最具代表性的多模式季节预测系统。

中国是世界上开展气候预测研究和业务比较早的国家。20世纪50年代初中央气象局[①]与中国科学院成立了联合预报中心，开展了长期天气预报的业务试验，1954年即以"气候展望"的名称第一次正式对外发布

---

① 1949年12月8日8日—1953年9月7日，称"中央军委气象局"；1953年9月8日—1982年4月23日，称"中央气象局"；1982年4月24日—1993年6月13日，称"国家气象局"；1993年6月14日开始，称"中国气象局"。

年度气候趋势展望产品；1958年正式开展月尺度气候预测，发布月气候预测服务产品；1960年正式制作和发布汛期旱涝趋势预测，并从1960年开始，每年召开一次或数次全国气候趋势预测会商会，重点是汛期旱涝趋势预测会商，主要讨论当年汛期的降水和旱涝趋势，参加单位包括国家级、区域级、省级气象业务单位，还有科研、教育、水利等单位，一直坚持至今，从未间断。20世纪80年代初期逐步开展了气候评价工作，并开始启动对大气环流、海表温度分析和厄尔尼诺南方涛动（ENSO）事件监测，开始形成气候诊断业务。

1995年国家气候中心（NCC）成立，中国进入现代气候业务快速发展时期。在"九五"国家重中之重科技攻关项目"我国短期气候预测系统的研究"的支持下，研制并建立了中国第一代月/季节预测的动力气候模式系统，改进研制月、季、年时间尺度的物理统计预测模型，基本实现了对全球气候系统的准实时监测，初步建立了我国气候事件监测预测业务。

2005年第一代动力气候预测模式投入业务运行，2006年NCC被WMO认定为长期预报全球产品中心和东亚季风活动中心，2009年被认定为亚洲区域气候中心，承担面向亚洲区域的气候业务服务工作。

经过几十年的探索建设，中国逐步形成了以气候系统监测、气候动力学诊断分析为基础，以提升气候风险评估、气候服务和气候变化应对能力为目标，以提高气候预测准确率和发展关键期极端性气候预测业务为核心，以气候预测模式、现代气象探测资料综合应用和气候信息处理分析系统为技术支撑，以培养能够熟练掌握现代科学技术的气候预测和服务队伍为关键的中国现代气候业务发展之路。

主要内容

现代气候业务 包括气候系统的监测和诊断、气候系统预测模式、气候预测、气候影响评估、气候应用与服务。气候系统的监测包括对全球大气、海洋、陆面、生物圈等变率和异常的三维立体监测，时间尺度涵盖了从日变化、月变化、季节变化、年际变化至年代际变化。气候系统预测模式以多圈层耦合和高分辨率为发展方向，国际先进气候业务中心的全球气候系统模式几乎涵盖了气候系统的全部圈层分量（大气、海洋、陆地、冰雪、生物），其大气分量模式水平分辨率在50km左右，海洋分量模式则达到15～30km，且模式系统的物理、化学、生物过程比较齐全。而基于气候模式系统，气候预测业务可提供从延伸期到月、季节、年际的气候集合预测产品，正在发展年代际气候预测业务。利用定量的气候影响评估模式，实现了从定性评估向定量气候

影响评估的转变，正向综合影响的定量评估发展。同时现代气候业务还面向优先领域和重点行业（包括农业与粮食安全、灾害防御与减缓、水、健康、城市和能源等）开展气候应用与服务，这也是未来现代气候业务需要加强的重点。主要任务包括：

气候监测诊断业务　进行气候要素监测，全球大气环流滚动监测，开展全球海洋异常监测，建立全球关键海区海温异常监测业务，进行次表层海温、洋流、洋面通量等监测。加强陆面和冰雪监测业务，综合卫星反演和台站观测资料，完善积雪深度、海冰范围等监测，以及地表温度、土壤湿度、植被覆盖等陆面状况监测业务。加强极端天气气候事件与重要气候过程监测，完善极端天气气候事件和季风、梅雨、冷空气等重要气候过程监测指标体系和监测系统，建立完善相应的业务规范和行业标准。依托气候模式，发展气候异常动力学诊断技术，改进下垫面外源异常对东亚乃至全球气候影响的气候模拟动力诊断业务，定量分析外源强迫的气候影响，建立气候异常诊断归因业务。

气候预测业务　包括延伸期、月、季节和年度气候预测业务，发展集合概率预测技术；开展延伸期-月内强降水、强变温（高温、强冷空气）等重要过程预测，建立季内极端天气气候事件预测业务；针对台风、暴雨、沙尘暴、低温、高温、干旱以及关键农事季节的灾害等开展年度气象灾害展望和年景预评估业务；改进对东亚气候有重要影响的海洋和大气关键物理过程与主要模态的预测，完善 ENSO 动力模式预测方法，发展针对其他关键海区海气系统的预测业务；开展东亚季风爆发、推进、结束以及华南前汛期、江淮梅雨、华北雨季等关键气候过程的预测；发展气候模式产品降尺度应用与订正技术，开展针对地方需求的精细化预测；探索开展年际-年代际气候预测业务。改进气候预测检验业务，突出气候异常预测的检验，建立客观、标准和规范的预测检验评估业务。

气候影响评估业务　完善基本气候影响评估业务，提高对关键要素分布变化的气候特征、气象灾害特点以及灾害性、极端性天气气候事件的定量影响评估能力，增强气候影响评估产品的准确性和时效性以及灾害影响预评估产品的综合性和权威性。

气候服务业务　结合各类专项和综合的定量化气候影响评估模型，重点面向农业、水资源、能源以及重大工程等决策者或敏感行业用户，加强互动，构建中国气候服务框架，开发可靠的决策和行业应用气候服务产品，为农事活动、水资源管理、各类气象灾害防御等提供风险和适宜性的决策支撑信息服务。

气候模式　发展全球气候系统模式，提高分辨率，改进物理、化学、生物过程和不同分量模式间的耦合，提高模式对 ENSO、气温和降水等的预测模拟能力；发展适用于东亚气候预测和气候变化预估的区域气候模式；建立海洋、陆面资料同化系统，基于三维变分和集合卡尔曼滤波（EnKF）方法，建立以海洋、陆面模式资料同化系统为基础的模式气候预测初始化系统；面向单一或组合的行业应用，发展专项或综合的定量行业影响评估模型。

气候资料应用　完善气候观测资料质量控制和均一性检验技术，开展资料序列均一性分析，建立气候资料序列均一性检验订正方法和气候资料质量控制标准体系；完善高分辨率气候系统资料数据集；建立我国极端天气气候事件数据库、历史气象灾害及次生灾害个例和灾情数据库以及中国区域长时间序列、高时空分辨率卫星遥感气候数据集。

气候业务平台　研制发展气候信息处理与分析系统（CIPAS）平台，支撑国家级和省级气候监测诊断、气候预测业务；实现 CIPAS 的软件设计通用化、数据共享集约标准化、系统结构网络化、交互工具人性化。

布局与流程　中国现代气候业务布局由国家级、区域（流域）级、省级和市县级四级组成。国家级面向国家宏观决策提供科技支撑，在整个现代气候业务布局中起着引领作用；区域（流域）级负责协调本区域（流域）内的常规气候业务及培训工作，在整个现代气候业务布局中起着纽带作用；省级在国家级和区域（流域）级的指导下开展省级气候业务服务工作，在布局中起着骨干作用；市县级主要在上级气候业务指导产品的基础上开展基础资料收集上报和气候服务工作，在布局中起着基础支撑作用。

现代气候业务布局及分工

国家级　业务承担单位为 NCC，对外称为北京气候中心（BCC），承担 WMO 的区域气候中心（RCC）、全球长期预报产品中心（GPC-LRF）、东亚季风活动中心（EAMAC）和亚洲极端天气气候事件监测评估中心（CEEMA）的职责和任务；负责全球和全国各类气候观测数据收集处理与再加工，气候系统模式研发，中国和东亚气候及气候变化监测预测和影响评估产品制作和发布，气象灾害影响评估和气候资源开发利用技术研发；承担国家决策气候服务和气候业务标准规范的编写，承担气候风险管理和气候可行性论证技术支撑；建立气候业务中试平台和气候科研成果转化平台，开展业务模式、技术方法的中试，以及科研成果的转化应用工作；承担气候业务会商、技术总结的组织等工作。

区域（流域）级 业务承担单位为各区域（流域）气候中心，协助国家级业务单位开发区域气候模式，承担国家级预测指导产品的释用和评估反馈；牵头协调开展本区域（流域）物理统计预测方法的研发；协调建立针对本区域气候特点和服务对象的气候影响评估方法，开展气候服务；牵头拟定本区域（流域）的气候业务规范和标准；负责开展本区域（流域）各类会商和培训。

省级 业务承担单位为各省级气候中心，负责对国家级指导产品释用订正和检验评估反馈，发展有区域特色的气候预测方法；加强对本地区气象灾害的监测和评估，为地方政府提供决策气候服务；发展气候影响评估技术，开展有针对性的气候应用服务；组织开展本省气候资源和气象灾害调查，建立气候区划和气象灾害区划

业务；加强气候风险社会管理，开展气候可行性论证业务；组织协调本省各类技术、会商总结并指导下级部门工作。

市县级 业务承担单位为各市县气象局，负责结合本地区实际，综合应用上级部门的气候业务指导产品，开展有针对性的气候服务。同时负责本地区气候信息的收集和上级指导产品的检验评估反馈。

现代气候业务流程 包括气候业务与服务流程、气候服务与用户协调反馈机制和各级业务单位有机结合的业务技术流程等。

气候业务与服务流程 基于气候系统监测资料和气候系统模式，通过综合气候业务平台制作监测诊断、预测预警、影响评估、应用服务等产品，通过气候服务平

现代气候业务体系常规业务产品

产品大类	产品次级种类	主要内容
气候监测诊断	基本气候要素监测	全球、亚洲、中国范围的气温、降水、湿度、风等基本气候要素的空间分布和长时间序列
	大气环流监测	全球范围的海平面气压场、位势高度场、温度场、风场、湿度场等基本大气环流变量，关键大气过程（西风带环流指数、副热带高压、阻塞高压、东北低涡等）监测指标，亚洲关键大气环流过程（东亚季风系统、南亚、西北太平洋、青藏高原、大陆性气候区）的实时监测指标，涵盖季节内、年际、年代际时间尺度变化的监测信息
	海洋监测	海洋表层、次表层海温的监测指标，对中国气候有潜在影响的主要海洋异常现象（如印度洋偶极子、大西洋三极子、ENSO 等）的监测指标，涵盖了季节内、年际、年代际等多种时间尺度的监测产品
	冰雪监测	欧亚中高纬度积雪和青藏高原积雪主要时空分布特征，包括积雪面积、深度、日数等物理量；极地海冰面积、厚度、范围等监测指标
	陆面监测	中国区域土壤温度、土壤湿度、不同气候区（如湿润区、干旱区等）陆面植被等生态状况的监测，逐步扩展至亚洲、全球
	典型地区气候监测	华南前汛期、梅雨、华北雨季、华西秋雨等中国主要雨季气候监测，典型干旱区域气候监测
	亚洲区域气候诊断	应用具有动力学、热力学意义的物理诊断量，从热带、热带外海温、积雪、海冰等下垫面强迫影响因子，以及大气高、低频扰动影响等，对中国/亚洲区域性干旱、洪涝、低温、高温、台风等灾害性事件的气候分析诊断
气候预测	延伸期重要天气过程预测	基于多模式集合和模式降尺度技术的延伸期过程集合气候预测
	月-季节气候预测	基于多模式集合、多种模式降尺度和动力-统计集合方法的滚动月-季气候集合预测
	年代际气候预测	基于动力气候模式、模式降尺度技术和统计预报技术的年代际预测，重点预测年代际尺度降水雨带变化和气温变化趋势
	气候事件预测	中国汛期各区域主要气候事件，尤其是雨季起讫时间和强度的气候预测，以及东亚季风的强弱和进程影响的气候预测
	极端气候事件及灾害预测	基于动力气候模式及其物理统计诊断的季节和季节内主要极端气候事件和灾害性气候事件（高温、低温、干旱、洪涝、台风）发生的概率预测
	气候现象预测	基于动力气候模式和动力-统计结合的订正技术，对 ENSO、季内振荡（MJO）、印度洋全区（IOBW）、印度洋偶极子（IOD）、北极涛动（AO）等对我国气候异常有显著影响的主要气候现象的客观预测
	行业气候预测	面向农业、水文、能源、环境、健康等气候敏感行业的气候条件形势预测
气候灾害风险监测评估		基于全国气象灾情信息及风险普查信息，制作发布干旱、暴雨洪涝、高温热浪、台风、冰雹、雾、霾、低温、雪灾、沙尘、雷电等灾害监测，以及灾害风险区划与评估信息
气候影响评估		基于量化的影响评估模型，评估气候对农业、水资源、生态、人体健康等行业的影响
气候应用与服务		基于气候服务信息系统和用户界面平台，为政府、行业管理者和终端用户提供可用于其决策支撑的气候信息、知识和定制产品

台向政府和各行业用户提供服务，用户将意见反馈至气候信息系统，以进一步改进产品。同时，履行气候风险的社会管理职能。

气候业务会商与指导业务流程　国家级负责全国气候业务会商的组织，区域（流域）、省级负责本区域范围内的气候业务会商。重点发挥国家级业务单位在会商中的牵头和带动作用，强化区域（流域）和省级的参与，突出会商的互动性。提高气候业务会商尤其是气候预测会商的科技含量，明确会商主题，突出重点，提高业务会商的敏感性和主动性，及时开展各类滚动会商和补充会商。建立和农业、水文、海洋、林业等部门的联合会商制度。建立会商效果评估机制，不断提高会商质量，同时提高气候业务人员综合能力。

制定气候业务产品的发布和指导流程　形成上级指导有效、下级反馈订正及时的业务流程。

规范技术总结形式和制度　保证技术总结的及时性和针对性。国家级每年组织开展全国性气候业务技术交流研讨，着重针对年度重大气候事件的特征、影响和成因以及预测效果进行总结分析，促使科研成果快速应用于业务，提高类似事件的预测准确率。

业务产品　中国初步建立了现代气候业务体系，气候业务可提供气候监测诊断、气候预测、气候灾害风险监测评估、气候影响评估、气候应用与服务共5大类17种常规业务产品，为各级政府部门决策和社会各行各业等领域提供有效的服务。

展望　随着科技进步和经济社会需求的不断提高，中国现代气候业务的主要差距和不足如下：①气候资料在现代气候监测预测业务中的综合应用能力不足，对于大气的观测已经具备相当强的能力，但气候系统其他圈层的直接观测资料还相当缺乏，全球海温、海冰、积雪、土壤温度和湿度、植被等影响气候变率的关键因子的观测资料非常不足，卫星、雷达、高空探测、加密的自动观测等已有观测资料还没有得到完全充分应用，资料同化和再分析系统的发展还存在相当大的差距，大量的气候资料尚不能应用于气候模式和气候业务。②气候模式作为现代气候业务的重要工具尚需加强，海-陆-气-冰完全耦合的气候模式在季节预测，特别是热带地区季节预测效果和性能得到很大提升，但在热带外地区，特别是中国所在的东亚季风区的模拟预测能力有待提高，耦合物理过程和模式分辨率等影响气候模拟和预测的关键环节与现代气候业务的需求还存在较大差距。③业务技术及其支撑平台难以满足现代气候业务发展的需求，基于准确观测信息的气候监测指标体系尚不完善，对ENSO、MJO、AO等关键气候现象以及季风、

台风等具有区域和地方特色的气候过程和极端气候事件监测能力还需进一步加强，极端气候异常的成因诊断技术、多时空尺度预测技术、灾害影响评估和风险管理技术等尚需深入研发和实现成果转化，基于现代信息技术和软件工程的气候业务平台的能力与业务需求还存在较大差距。

未来现代气候业务将向多时空尺度的无缝隙服务方向发展。中国现代气候业务发展的重点则是提高气候系统模式的分辨率、改进完善模式物理过程、发展气候预测客观方法、研制气候定量化影响评估和灾害风险管理方法、构建现代气候业务平台。

参考书目

李维京，2012. 现代气候业务［M］. 北京：气象出版社.

世界气象组织，2006. 世界气候研究计划2005—2015年战略框架：地球系统的协调观测和预报［M］. 李建平，等译. 北京：气象出版社.

王绍武，赵宗慈，龚道溢，等，2005. 现代气候学概论［M］. 北京：气象出版社.

Asrar G R，Hurrell J W，2013. Climate science for serving society［M］. Berlin：Springer.

Palmer E T，Hagedorn R，2006. Predictability of weather and climate［M］. Cambridge：Cambridge University Press.

（张培群）

qìhòu xìtǒng jiāncè zhěnduàn

气候系统监测诊断（monitoring and diagnostics of climatic system）　观测和分析气候系统变化的事实和规律并揭示气候异常的成因。气候系统是大气圈同水圈、岩石圈、冰雪圈、生物圈之间相互作用的整体，气候的形成和变化不仅是大气内部状态和行为的反映，而且是与大气有明显相互作用的海洋、冰雪圈、陆地表面及生物圈等所组成的复杂系统的总体行为，各子系统内部及各子系统彼此之间的相互作用决定了气候的长期平均状态及各种时间尺度的变化。因此气候系统的监测诊断包括对各圈层、不同要素、多种时间和空间尺度变化和物理机制的分析。

沿革　"气候监测"一词是美国库茨巴赫等在20世纪70年代首先提出的，而"气候诊断"一词是70年代中期出现的，"气候系统"这一概念是1974年在瑞典斯德哥尔摩召开的世界气象组织（WMO）和国际科学联盟理事会（ICSU）联席会议上明确提出的。1979年WMO将气候监测列为"世界气候计划"的重要组成部分。1991年在日内瓦召开的WMO大会第11次会议将原世界气候资料计划（WCDP）更名为世界气候资料和监测计划（WCDMP），表明了对气候监测工作的高度

重视。

中国气象部门于 20 世纪 60 年代初开始，每年 3—4 月召开全国汛期气候趋势预测讨论会，也是短期气候变化的诊断分析会。然而，中国真正的气候监测诊断业务的发展开始于 80 年代后期，概括起来可分为三个阶段。首先是起步阶段。90 年代末中国气象局国家气象中心资料室开展了气候监测诊断业务系统建设工作，于 1990 年建立了月尺度的气候监测业务系统，并于 1990 年 10 月正式刊出《月气候监测公报》，标志着气候监测诊断业务的开始。第二个阶段是稳步发展和向网上业务产品转化阶段。1995 年国家气候中心（NCC）成立，由气候诊断室专门负责气候监测诊断业务的维持和发展，于 1996 年增发"年气候监测公报"和"ENSO①监测简报"。此后，注重研发网上业务产品，于 2003 年发布了"气候系统监测公报"和"东亚季风监测简报"。第三个阶段是快速发展阶段。随着气候业务需求的增多以及与国际交流要求的不断提升，气候监测诊断业务在内容上向气候系统各领域不断拓展，在时间尺度上逐步涵盖了日、候、旬、月、季和年等多种尺度；特别是成立了气候监测室后，专门负责此项业务，使得业务能力和产品得到了迅速增强和发展。

内容与方法　气候监测是利用标准化的现代观测技术连续的或者经常性的观测或测量资料，对气候系统中大气、海洋、陆面、冰雪和生态系统进行全面观测与监测，并利用资料的同化或综合分析系统对气候变量的时空分布进行近实时的分析，以监视气候异常和气候变化过程和信号。现代气候监测不仅包括常规的地面和探空观测，还包括了飞机、雷达、卫星遥感等手段的探测，构建了气候系统的监测网。气候异常监测是对于不同气候要素（气温、降水、大气环流等）偏离正常值的气候状态的监测。从 1991 年起，WMO 每两年出版一本"全球气候回顾"，该书反映全球和区域温度变化和异常、干旱和洪涝、季风、风暴、ENSO 事件及其影响、积雪和冰盖、大气和海洋环流、大气痕量气体、森林火灾等方面的最新监测成果。美国、日本、中国、澳大利亚等国也定期出版气候监测公报，反映全球和区域的气候异常和变化信号，同时利用现代网络技术，使得大量气候监测产品在因特网上共享，以便及时提供气候异常和变化信息。中国已建立了一套多时间、空间尺度的气候系统监测诊断业务系统，包括对气温和降水等气候要素、极端气候事件、大气环流、季风、海温、海冰、积雪等

异常的监测。

气候诊断是通过观测和模拟研究等手段，在对气候系统进行全面监测的基础上，揭示气候异常、气候变化和重大气候事件的基本特点及其成因的一种方法。现代气候诊断应用气候系统监测资料，用数理统计工具和热力学、动力学方程对研究的现象进行分析，了解各种物理和动力过程的相互作用，在分析基础上进行科学的综合和推断，得到天气气候异常现象的形成原因。诊断是对气候系统及其各个组成部分的状况的一种分析方法，诊断需要对气候状况的精确、全面分析后才能得出结论。利用统计方法对全球气候系统的观测资料进行加工处理和分析只是气候诊断的重要手段之一，现代气候诊断还需要应用大量动力学方法和气候模式进行动力学诊断。这样，人们不仅可以用统计方法解释气候异常和气候变化的时空特征，而且可以根据物理定律应用气候模拟来研究其成因和机制。

中国国家级气候监测诊断业务内容包括基本要素与极端事件监测诊断、大气环流与季风监测诊断、海温监测诊断、海冰和积雪监测诊断、陆面过程监测诊断以及平流层过程监测等等，尤其是加强了对大气、海洋、陆面、冰雪等关键因子及其对中国气候异常的影响机理的研究，提出一些新理论、新技术和新方法，在气候业务工作中发挥了重要作用。

气候变化是指长时期内气候状态随时间的变化，即气候平均状态和离差（距平）两者中的一个或两个一起出现了统计意义上的显著变化。因此，气候变化的监测不但包括对平均值的变化监测，也包括其变率的变化监测，通常用不同时期的温度和降水等气候要素的统计量的差异来反映，变化的时间长度从最长的几十亿年至最短的年际变化。在政府间气候变化专门委员会（IPCC）使用的气候变化，是指气候随时间的任何变化，无论其原因是自然变率，还是人类活动的结果。气候变化主要表现为全球气候变暖、酸雨、臭氧层破坏三方面。IPCC 第五次评估报告（AR5）指出，气候变暖是非常明确的，且从 20 世纪 50 年代以来的气候变化是千年以来所未见的。

展望　气候监测虽然基于气候系统各成员常规和非常规的观测，但又不是简单的观测。气候监测诊断需要在观测资料的基础上进一步深入进行有气候学意义的分析，发展气候系统监测诊断是现代气候学的重要基础。国际上的气候系统监测诊断正朝着全球气候监测网以及与气候诊断紧密结合的方向发展。中国的气候系统监测诊断业务经过 20 多年的发展，在理论、方法和业务系统建设等方面都取得了长足的发展，未来的发展主要包

---

① ENSO：El Nino 与 Southern Oscillation 合成的缩略词，厄尔尼诺南方涛动。

括4个方面：①加强多源格点资料的能力建设，推进卫星遥感资料等非常规观测资料、数值同化技术在气候监测中的应用；②加强对影响中国气候的关键物理过程和气候灾害全方位、多要素、多指标综合监测诊断；③重视生态环境、大气化学和气候变化影响因子的监测；④推进气候业务系统平台建设，不断提高气候监测诊断效率。

参考书目

王绍武，2001. 气候诊断与预测研究进展：1991—2000［M］. 北京：气象出版社.

（李清泉）

dònglì qìhòu móshì yùcè xìtŏng
动力气候模式预测系统（dynamic climate model prediction system） 基于气候数值模式建立的气候预测系统。在尽可能刻画气候系统内部物理过程和准确估计大气、海洋、陆面、海冰等多圈层分量初始状态的前提下，通过气候动力模式积分对未来的全球或区域范围的月、季节、年际或年代际等时间尺度的气候平均状态或变率做出预测，并采用集合方法减少初值和模式误差的不确定性，为气候业务决策或科学研究提供针对性的气候预测产品。

沿革 20世纪70—80年代以来，动力气候模式预测系统的发展经历了由简单到复杂、由"两步"到"一步"的过程。早期的系统主要基于简单的大气环流模式建立，预报上采用"两步法"，即先利用海气偶合模式预报海温，再用海温驱动大气模式完成月、季节气候预测；随着气候模式的不断改进完善，气候系统不同分量的相互作用过程逐渐得到全面、合理的刻画，因此动力气候预测系统的发展逐渐包含多圈层耦合过程的复杂气候系统模式，预测方法也转变为"一步法"，即基于耦合模式直接预测月、季节气候的变化。

结构与功能 气候模式预测系统主要包含如下四个组成部分：能比较可靠地刻画主要气候现象平均状态和变率的气候系统模式；生成各分量模式初值的资料同化系统；消除初值和模式误差不确定性的集合预报方法以及气候模式预测结果订正方法。

气候系统模式 气候系统模式一般表征为可以描述地球气候系统状态、运动和变化的一组偏微分方程组，对该方程组进行数值求解，可以再现过去、现在和将来的气候状态及各种变化特征。一般而言，描述气候系统各种过程和作用的偏微分方程组主要包括气候系统各组成部分的动力学和热力学方程以及特定物质的状态方程和守恒定律。早期的传统气候模式仅基于一维或二维方程建立，而现代气候模式则以描写气候系统内部大气、陆面、海洋、海冰等分量的基本三维方程为基础，详细考虑了有关气候系统或不同分量的动力、热力、物理以及化学过程，从而能够对气候系统的不同分量乃至整个气候系统进行更全面、合理的模拟。

资料同化系统 与天气模式资料同化系统侧重于提供准确的大气系统初值不同，气候模式资料同化系统侧重于通过提供具有长时间记忆能力的地球气候各分量模式（海洋模式、陆面模式、海冰模式等）准确的边值状态，改善气候系统模式对长时间尺度气候现象的预测能力。气候模式资料同化通常分为单独分量模式的资料同化和耦合资料同化两种。

海洋资料同化通过有效结合多源海洋观测资料和海洋模式，使模拟结果更接近于实际，从而提高模式的预报水平。海洋观测资料的来源主要包括船舶观测、卫星遥感、海岸水文站和浮标观测等。海洋资料同化方法主要分为两类，一是基于统计学方法的，如集合卡尔曼滤波（EnKF）和集合最优插值（EnOI）等；二是基于变分方法的，如三维变分（3DVar）和四维变分（4DVar）等。EnKF和4DVar方法在性能上是最优的，但需要耗费较多的计算资源和机时。3DVar由于其方法的简洁性和对复杂观测算子的适用性，在海洋资料同化业务中应用较广。EnOI作为EnKF的简化形式，保留了集合同化方法的一些特点，而且计算量较小，正得到越来越多的业务应用。在海洋—海冰模式系统中同化海冰在方法上仍面临着许多挑战，海冰生成和消融是强非线性的，海冰密集度不满足高斯分布的假设，很难将海冰观测直接同化到模式中；而且大气和海洋强迫对海冰状态有很强的影响，对海冰的直接同化调整容易被模式物理过程消除。由于海冰密集度与其他相关变量的背景误差协方差关系难以确定，大多采用间接同化的方法，比如基于熵的集合滤波或者建立海冰与海洋变量（主要是海温和盐度）的统计关系实现对海冰的间接同化等。

陆面资料同化是一种陆地表面信息最优化分析技术，将基于多种观测手段（地面台站观测、卫星遥感观测、雷达观测等）得到的具有较长时间记忆尺度的陆面观测资料信息（土壤湿度、土壤温度、积雪、植被、陆表参数等），与能刻画自然界陆面圈层和水文圈层物理演变特征的多种陆面过程模型信息最优化结合，得到对自然界陆面真实状态的连续地、更准确地描述，并为短期气候预测提供更准确的陆面初始状态。由于陆面状态变量比大气状态变量有更长的记忆性，准确的陆面状态将通过长时间尺度的陆-气反馈机制提高短期气候预测能力。常用的陆面资料同化方法可分为间歇式同化和连续式同化两类。间歇式同化的特点是仅在观测时刻对观测信息进行同化，操作简便，这类方法的代表有最优插值（OI）方法、卡尔曼滤波类方法［卡尔曼滤波（KF）、扩展卡尔曼滤波（EKF）、EnOI、EnKF 等］、3DVar；连续式同化的特点是能同时提取不同观测时刻资料信息，所得同化结果在时间上更加平滑和连续，该类方法的代表有 4DVar、卡尔曼平滑类方法［卡尔曼平滑（KS）、集合卡尔曼平滑（EnKS）］。

气候系统耦合资料同化是基于耦合气候系统模式（包括海气耦合模式、陆气耦合模式等）的一种先进同化技术。耦合系统同化方法主要通过将气候系统各分量模式中近表层观测信息与耦合气候系统模式信息进行最优化分析，为气候系统模式提供更准确的地表交换通量信息，有效减小耦合气候模式误差繁殖和偏差增长，改善海气和陆气系统之间平衡，从而更好地改善气候系统模式的短期气候预测能力。气候系统耦合资料同化主要采用混合型资料同化方法，这类方法的代表是集合四维变分方法（En4DVar）和四维集合变分方法（4DEnVar），它们的优点是能更好地实现对不同气候分量观测系统中多种时间尺度和空间尺度观测信息的协调同化。按照不同气候分量系统的耦合程度又可将耦合资料同化方法分为两类：一类是弱耦合方法，各分量模式的背景场更新是相互独立的，通过耦合模式实现各分量模式信息的交换和反馈；一类是强耦合方法，耦合模式的背景场通过耦合同化系统统一更新，通过耦合同化系统实现各分量模式信息的交换和反馈。

集合预测　由于大气内部的混沌行为，气候预测本质上是概率预报，这决定了短期气候预测采用集合预报方法是必要且可行的，可以消除随机误差并识别掩盖在大量气候噪声下的气候信号。气候模式预测的不确定性主要来源于积分初值和模式本身的误差，为了有效减小模式系统误差和初值误差，从而减少气候预测的不确定性，短期气候预测已广泛使用了集合预报技术。常用的构建集合预测的方法有：

初值扰动法　采用不同的初值，得到不同的预测结果，通过提取多个预报结果的最优信息作为最终预测结果；集合预测业务常用的初值扰动方法有：滞后平均法、增长模繁殖法、奇异向量法等。

物理过程扰动法　针对同一物理过程采用不同的参数化方案，称为多物理过程集合预测。

模式扰动法　针对同一预报对象采用不同数值模式进行预测，称为多模式集合预测。

模式预测结果订正　数值模式无论发展到何种程度，都不可能是完美的模式，模式中来源于初值和内部

过程的未知误差总是客观存在的，因此，发展经验方法以减小模式误差对预测的影响是不可或缺的。对模式系统性误差的订正，一般分为后验订正和过程订正，后验订正只在整个积分完成后对预测结果进行订正处理，过程订正则是在积分过程中固定时间间隔反复进行订正。对模式时变误差的订正问题，第一类方法是使用近期资料和模式预测来估计，并对当前初值的预测进行订正，缺点是仅用到最近数据，信息量太少，估计的订正量可能不够稳定；第二类方法是建立由预测变量计算误差订正量的统计关系，缺点是没有先验地增加可用信息量，统计关系的样本稳定性难以保证。

产品及应用　动力气候模式是国际上开展气候预测业务的主要工具，如美国环境预报中心、英国气象局、日本气象厅等都定期发布基于动力气候模式的预测产品。预测产品通常包含气候系统不同分量的状态变量在预测时间和空间尺度上的异常量值或概率分布，如：大气位势高度及其距平、海平面气压及其距平、风场及其距平、降水和地面气温的异常及概率、土壤温度及其距平、土壤湿度及其距平、海表温度及其距平、海冰密度及其距平等；此外，还包含对表征气候系统成员（如季风、厄尔尼诺南方涛动（ENSO）、季内振荡（MJO）等）状况的气候指数的异常及概率预测。中国气象局国家气候中心（NCC）在 20 世纪 90 年代后期组织研发了包括海气耦合季节预测模式、月动力延伸预报模式、ENSO 预测模式和海洋资料同化子系统在内的第一代动力气候模式预测系统，并于 2005 年投入业务运行，为中国短期气候预测提供了重要支撑。2005—2014 年基于 NCC 气候系统模式研制了包括月动力延伸预报模式、海洋资料同化子系统、季节预测模式在内的第二代短期气候预测系统，并投入了准业务运行，明显改善了中国的短期气候动力预测水平。第二代动力气候模式预测系统提供了全球及区域范围的候、旬、月、季、年际尺度的短期气候预测产品。

展望　未来的气候预测模式发展计划中，基于多圈层分量耦合的地球系统模式，建立次季节-季节-年际-年代际尺度气候预测系统将是主要的发展方向。欧洲中期天气预报中心和美国环境预报中心都已着手发展天气-气候一体化预测模式系统，中国气象局也启动了天气-气候无缝隙一体化预测系统的研发工作。

参考书目

Eugenia Kalnay，2002. Atmospheric Modeling，data assimilation and predictability［M］. Cambridge：Cambridge University Press.

Geir Evensen，2009. Data assimilation：The ensemble kalman Filter［M］. 2nd ed. Springer.

Toth, Zoltan, Kalnay, et al, 1997. Ensemble forecasting at NCEP and the breeding method［J］. Monthly Weather Review, 125（12）：3297-3319.

（刘向文　聂肃平　周巍　程彦杰）

qìhòu yǐngxiǎng pínggū

气候影响评估（climate impact assessment）　是基于气候监测信息，对气候异常特征及灾害性天气气候特点进行分析评估。气候影响评估是在综合分析气候系统五大圈和人类活动等因子的基础上，评估气候对人类社会、经济、生态系统和自然环境等各个方面的影响，是对气候影响的总结。

沿革　在1979年世界气候大会及所通过的世界气候计划推动下，气候影响评估在世界许多国家广泛开展。早期研究侧重气候对人类活动的影响上，20世纪80年代之后，逐渐强调气候与人类活动之间的相互作用及气候影响系统。

气候影响评估在中国开始于20世纪60年代，起初从气候影响情报收集开始，侧重气象灾害的影响评估。作为一项全国性的常规业务工作则是从1984年开始的，逐步拓展评估领域和内容，不断改进评估方法，大力加强气候与社会经济的联系。

20世纪90年代后期以来，在气候变化、影响评估以及环境、可持续发展等方面相继开展了一系列研究，不断深入探讨气候影响评估理论和方法，使得气候影响评估工作由定性描述逐渐走向客观化、定量化，由简单的统计方法向统计与复杂的数学、物理评估模型相结合的方法转变。针对不同影响对象和领域，研制建立专业性强的影响评估模型，推动了影响评估模式的建立和业务应用。90年代后期，建立了国家级的"气候异常对国民经济影响评估业务系统"，并不断完善。

进入21世纪，逐步计划开展气候综合影响评估模型的研制，同时为满足社会需求，基于建立的模型和模式，结合预测和未来情景气候预估结果，开展气候影响预估和风险评估应用服务。

内容与方法　气候影响评估已经涉及经济与社会经济活动的许多方面，诸如农业、工业、交通、水资源、能源、水产、海洋、生态、人体健康、经济等领域。

研究气候影响评估主要有4种途径：强调影响，以气候事件为直接原因和直接影响的假设为基础的，力图寻找气候异常或变化和可能影响之间的相对简单的联系；强调相互作用，目的是更好地了解气候和人类活动之间相互作用；强调相互作用的次序，通过考虑阶梯式相互作用达到理想的结果；强调综合作用，建立一个完全综合的气候影响评价系统。

气候影响评估模式种类繁多，从人类活动的种类来看，气候影响评估模式包括粮食产量模式、水资源模式、能源需求模式等；从模式的科学特性来看，生物物理学模式、经济学模式和系统模式等；从科学技术的发展阶段来看，又分为经验统计模式、动力模拟模式和系统集成模式。

综合评估模式，比较有代表性的是温室效应综合评估模式（IMAGE）和全球变化评估模式（GCAM）。IMAGE是一个全球模式，起源于欧洲的人口—环境研究，主要由能源工业系统、陆地环境系统和大气海洋系统3个全面关联的子系统组成，用以提供一个以科学为基础的气候变化问题综述，支持国家和国际上对政策的评价。GCAM起源于美国关于环境变化的经济影响评估，它由人类活动、大气成分、气候和海平面、生态系统4个部分组成。

业务进展　气候影响评估业务是国家、省（自治区、直辖市）、地（市）、县各级气象部门的基本业务。国家级气候业务单位负责收集汇总全国气候影响情报和资料，开展气候对各行业影响评估方法技术研究，制作和分发全国气候影响评估产品，指导全国气候影响评估业务技术。各省（自治区、直辖市）级气候业务单位负责收集本地区气候影响情报和资料，制作和分发本行政区域内气候影响评估产品，指导地（市）、县气候影响评估业务技术。各地（市）、县级气象业务单位负责收集本地区气候影响情报和资料，制作和分发所属区域的气候影响评估产品。

气候影响评估业务包括气候资料的实时接收、预报预测产品收集、气象灾情和社会经济数据信息收集及相应数据库建设；建立指标和模型评估体系；建立业务平台，开展气象灾害或气候事件发生前、中、后不同时间段的监测、评估、预评估以及气候影响评估、气象灾害风险评估等，为提高防灾减灾、制定气候变化适应对策提供科学依据。

国家级气候影响评估业务系统涵盖的内容包括农业、水资源、交通、能源、生态环境、人体健康等等。采用的评估方法一般包括指标法、统计模型及动力模式3种。干旱、洪涝、高温、沙尘暴等项目的指标评估体系日渐成熟，也建立了气候对交通、能源、水资源影响等一系列项目的年评估统计模型，初步建立了部分地区气候对农业、水资源影响评估模式。

产品应用　气候影响评估业务产品分为定期和不定

期 2 类。定期产品主要有月、季、年时间尺度的气候影响评估产品。气候影响评估业务产品通过对评估时段气候背景和主要气候特点的描述、主要气候事件和气候灾害及其影响的分析、气候对各行业的影响评估、预评估以及对策建议等气候决策服务信息，供有关部门在制定规划和部署生产时参考。

随着气候影响评估业务系统不断完善，评估领域也逐渐拓展，评估产品内容丰富、形式多样，且更加定量化和客观化，气候影响评估决策和公益服务能力不断增强，力度也逐步加大，可通过报纸、电视等新闻媒体及互联网等多种渠道，为公众提供服务。

展望　虽然气候影响评估发展迅速，但还是存在一些问题。如：相关社会经济资料的缺乏一直是气候影响评估业务开展的瓶颈，缺少与相关行业部门深入合作，与社会需求差距大，有些领域研究不够深入，需要引入和研究开发新的评估模型以及采用先进的地理信息等技术来提高评估水平和丰富评估内容。气候对社会综合影响评估模型研制难度大，有些领域较少涉及甚至还没有涉及。

未来气候影响评估发展将逐步由定性向定量转变，由仅用简单的统计方法向与复杂的数学评估模型相结合的方法转变；气候影响评估产品更加定量化和客观化，内容更具有针对性，与社会各行业需求紧密结合，加强合作，评估领域和内容也将会逐渐拓展和深入。

参考书目

黄朝迎，1990. 气候影响评价的若干进展 [J]. 气象，16（2）：3-10.

黄朝迎，2001. 气候异常对社会经济可持续发展影响综述 [M] // 项目办公室，项目执行专家组. 气候异常对国民经济影响评估业务系统的研究. 北京：气象出版社.

李维京，2012. 现代气候业务 [M]. 北京：气象出版社.

（高歌）

qìhòu yīngyòng fúwù
气候应用服务（climate applications and services）

制作并提供基于过去、现在和未来气候及其对自然和人类影响的信息，以满足用户的需求。气候服务包括使用简单的信息（如过去和现在气候的直接观测资料）和较复杂的产品（如月、季节时间尺度的气候要素预测）进行服务，对不同敏感行业，利用气候影响的各种应用信息开展具有针对性的服务。气候服务同时还提供气候信息不确定性，以帮助使用者在决策过程中正确理解和应用气候服务。

沿革　气候是人类活动的重要环境条件，既有其有利的方面可资利用，又有其不利的方面应力求避免。人类很早就应用气候知识解决生产和生活中的问题。中国在 2000 多年前已用二十四节气和七十二候的知识指导以农事为主的各种活动。古希腊在 2000 多年前也已把气候知识用于农业和航海。但是，气候应用与服务作为气候业务研究主要内容，是 19 世纪中叶以后在各项生产活动和科学技术迅速发展过程中逐渐形成和发展起来的。现代气候应用与服务的内涵、领域、覆盖面、手段、服务产品种类以及标准化、专业化和精细化程度都有了很大的发展，气候应用服务的科学性、针对性和时效性也进一步增强。

服务领域和内容　气候应用服务涉及农业、工业、水利、电力、交通、运输、建筑、能源、生态、医疗、旅游、军事等各个领域，主要提供气候影响分析信息，也可以是针对某一类事件的综合评估，包括因果分析及未来的变化趋势和应对对策建议等。典型的气候应用服务包括：针对农业部门全年生产活动科学规划，提供旱涝等气候灾害和农业年景趋势预测；针对重点产粮区、牧区及大宗经济作物主产区，提供关键农时季节气候条件分析信息，农牧民可利用气候信息帮助其选择种植作物的种类或规避气候灾害的风险；针对威胁生命财产安全、影响经济社会平稳运行的气候事件及时提供监测、评估以及预测信息，分区域、分行业评估气候事件可能造成的灾害影响类型和程度；针对重大气象灾害、地震、地质灾害和森林（草原）火灾以及核、危险化学品泄漏和公共卫生事件等突发事件，按照相关应急预案的要求及党政领导和相关应急指挥、联动部门的要求，重点关注气象条件对事件发生、发展以及应对处置可能造成的影响，加强防范事件处置过程中气象灾害影响，分阶段、分环节有针对性地提供气象监测、预测、评估信息；为保障重大政治和社会活动顺利进行，提供气候风险评估和趋势展望，并针对可能造成的不利影响提供操作性强的应对建议；针对综合气候区划、重大工程建设、城市规划等，提供气候可行性论证以及工程建设、运行的气候生态环境监测评估和运行保障服务，提供气候应用技术标准、重大工程和规划等专题气候服务产品；依据行业标准，利用气候学、统计学、地理学、"3S" 技术①等，结合区域气候条件，进行各行业气候风险评估及区划。

---

① "3S" 技术：遥感技术（Remote Sensing, RS）、地理信息系统（Geographical Information System, GIS）、全球定位系统（Global Positioning System, GPS）三种技术名称英文最后一个单词字头的统称。

业务系统　现代气候应用与服务业务系统包括气候应用与服务信息系统、中试平台、气候服务产品存储管理和分发系统、支撑服务平台四部分。

气候应用与服务信息系统　气候服务业务管理平台和支撑系统，是提高气候服务业务化水平与服务能力的手段，气候服务数据库系统实现气候信息收集、加工处理、统计分析、存储与应用服务的自动化业务流程和统一管理，为气候服务提供高质量的信息保障。

中试平台　建立气候算法库和产品检验分系统，实现对气候算法的注册管理和流程编排，加强气候算法在业务平台应用中的可扩展性，提高业务产品检验能力，加速气候科研领域的科技转化。

气候服务产品存储管理和分发系统　实现对气候服务产品的分类管理，为内外用户提供产品上传和下载服务，实现气候服务产品交换与分发。

支撑服务平台　提高业务系统的管理和运行能力，通过对系统的运行监视和管理控制保证气候业务系统准确、高效地完成业务运行目标，为气候服务业务提供良好的系统支撑。

此外，还包括气候服务用户界面平台，为用户、气候信息分析制作者提供多层面互动的方式，并确保气候信息的准确性，帮助用户正确理解和科学使用气候服务信息，并将气候服务信息在决策过程中的效用达到最大化；它由信息服务、用户反馈、对话、宣传和评价等部分组成，主要针对农业和粮食安全、灾害风险管理、水资源、能源、城镇和人体健康等优先发展领域，从方法、手段、方式、系统化合作等方面建立气候服务用户交互机制和界面，建立完善的气候服务业务体系，建立示范项目监督和评估体系，建立国家和国际层面的培训和示范项目推广体系。

展望　世界气象组织（WMO）于2009年提出了全球气候服务框架（GFCS），旨在建立起适应需求、规范标准的现代气候业务体系，显著提高气候监测、预测和影响评估的服务水平。作为适应气候变化和气候风险的积极有效举措，高质量的气候服务在未来将会像天气服务一样，深入经济社会的各个行业。中国气候服务系统（CFCS）将以提高气候服务能力为核心，通过深化科研转化、示范项目建设，提高服务内涵，拓展服务领域，扩大气候服务覆盖面，丰富气候服务产品种类，改善服务手段，提高气候服务标准化、专业化和精细化程度以及气候服务科学性、针对性和时效性。

参考书目

李维京，2012. 现代气候业务 [M]. 北京：气象出版社.

（郭战峰）

极端气候事件监测业务系统（operational system of monitoring extreme climatic events）　针对单站温度、降水等极端值及历史极值和区域性极端高温、低温、强降水等过程以及连阴雨、干旱、台风、寒露风等极端气候事件的发生和特征等进行实时自动化监测的业务系统，主要应用于气候监测业务和服务。

沿革　自2009年极端气候事件监测业务系统建立以来，坚持"边研发，边应用"，系统不断得到完善和升级。实现了多用户使用需求和方案；监测指标从最初的10余种发展至100余种，监测内容和范围大大扩展。系统已在国家级和全国各省级气象业务单位进行了推广应用，产品被广泛于气候监测、评估业务和服务工作，为防灾减灾起到了重要作用。系统还将继续发展升级，增加更多的监测指标，提供更便捷的用户使用体验，以满足不断增大的业务和服务需求。

系统框架　系统基于Windows平台开发，主要采用Net Framework 4.0为基础运行环境，C# 4.0为开发语言，结构化查询语言（SQL）数据库系统为数据支撑。系统主要包括实时数据接收、极端事件监测和统计分析、图形产品制作、定时自动作业、监测指标添加等5个模块：

实时数据接收模块　由气候信息处理与分析系统（CIPAS）基础数据库中取出逐日温度、降水等观测资料，在完成实时数据的内部一致性检验和空间一致性检验后，将与历史资料融合形成系统可直接调用数据。

极端事件监测和统计分析模块　主要包括基本要素、单站极端事件、区域性极端事件、地方特色极端事件、重要气候事件、全球台站监测6大类150余项监测指标，由系统定时器控制定时作业，也可由外部命令触发定制作业，对各项监测指标进行计算。

图形产品制作模块　主要根据用户需求绘制和显示时间序列图和空间分布图，该模块也可根据外部导入数据作图，可对图层和绘图属性等进行管理和编辑。

定时自动作业模块　主要利用Windows时钟管理功能，通过添加按钮的方式增加新的作业时间点，经过资料同步、添加指标和后处理任务等的设置，实现新增作业时间点的任务自动运行。

指标添加模块　主要功能为将新开发的可执行程序快速添加至系统，通过菜单添加，路径和参数设置，定时作业设定等步骤即可将新监测指标对应的可执行程序集成入系统，实现新监测指标的运行和监测。

系统功能　系统主要的任务和目标是利用历史和实时的气象观测资料，对单站和区域性极端气候事件、重大过程性极端气候事件和有地方特色的重大气候事件等进行实时监测；对新研发指标进行试验性运行，提供改进和完善的依据；对监测数据进行查询和检索，能将数据生成为图形，并实现调用和编辑等，最终实现方便、快速、美观、准确地制作各类业务和服务产品。极端气候事件监测业务系统主要设置了三大功能：

监测功能 对极端天气气候事件进行实时监测，自动计算极端天气气候事件监测指标，生成相关监测产品数据，图形产品，并提供产品的检索与编辑等功能。

中试功能 快速加载业务人员新开发的基于执行程序的新计算指标，通过配置和定时作业等实现新计算指标的实时计算，图形显示和数据查询等，进行新指标的试验性业务运行。

产品加工功能 导入外部数据，利用系统的绘图功能将数据产品加工成图形产品。

主要产品及应用 系统能生成6大类150余项监测指标的计算结果和图形文件产品。这6大类包括：基本要素、单站极端事件、区域性极端事件、地方特色极端事件、气候事件、全球台站监测。

基本要素监测产品 包括中国台站旬、月、季、年和任意时段、任意区域的气温、降水、平均风速、平均相对湿度和日照时数等。

单站极端事件监测产品 主要包括逐日或任意时段内中国各单站的极端高温、连续高温日数、低温、日降温、连续降温、日降水量、连续降水量、连续降水日数等事件的发生频次，旬、月、季、年尺度上日平均气温、日最高气温、日最低气温和日降水量等的历史极值等。

区域极端事件监测产品 主要包括区域性极端高温、低温和强降水事件的起止时间、影响范围、平均强度和综合强度等。

地方特色极端事件监测产品 主要包括寒露风、干热风、冰冻等极端气候事件的起止时间、发生站点、平均强度和综合强度等。

气候事件监测产品 主要包括中国梅雨季节、华北雨季、华南前后汛期、西南雨季、华西秋雨、冷空气过程等的起止时间、空间分布特征、降水量、降水强度、综合强度等。

全球台站监测产品 主要包括全球气象台站逐日或任意时段的日平均气温、日最高气温、日最低气温、日降水量的平均场分布，距平场分布和单站极端高温、低温、强降水事件频次等。

参考书目

Alexander L V, Zhang X, Peterson T C, et al, 2006. Global observed changes in daily climate extremes of temperature and precipitation［J］. Journal of Geophysical Research, 111：D05109.

Frich P, Alexander L V, Della-Marta P, et al, 2002. Observed coherent changes in climatic extremes during the second half of the twentieth century［J］. Climate Research, 19：193-212.

Zhai P M, Pan X H, 2003. Trends in temperature extremes during 1951—1999 in China［J］. Geophys. Res. Lett., 30：1913-1916.

（王遵娅　高荣）

qìhòu zīliào xìnxī
气候资料信息（climate data and information） 通过一切可能的观测、探测、遥感等手段收集或加工处理来自地球大气圈及其他圈层的与大气状态变化规律有关的信息元素或资料分析结果。气候资料信息是分析、判断气候系统变化特征的基本依据。

沿革 自从有气象观测以来，人们对气候及气候变化的认识主要基于两方面的资料：其一是来源于常规气象观测、飞机航行和船舶航海等；其二是来源于大气科学与环境领域的有关专项科学实验和计划（如世界气候计划（WCRP）和国际地圈生物圈计划（IGBP）等）以及数值模拟和再分析资料等。许多环境观测和天气观测资料的长期积累被用作气候资料。科学家们利用各种手段来研制一些时间尺度较长、空间分辨率较高的格点气候数据，如基于地表气象台站观测资料所发展的英国东英吉利大学的气候研究中心（CRU）月平均气候数据集，美国国家气候资料中心的全球历史气候网（GHCN）气候数据集，由卫星资料反演的美国气候预报中心合成分析降水（CMAP）和全球气候计划降水资料（GPCP），以及全球综合海洋-大气资料集（COADS）、全球综合大气参照资料集等长期的全球性资料集。一些国际大气研究计划的特殊资料，如地表气压观测实验（PAOBS）、第一次全球观测试验（FGGE）、热带海洋全球大气计划（TOGA）和海气耦合响应试验（COARE）等资料；卫星遥感资料主要有热带海洋区域（南北纬20°区域）垂直探测仪（TOVS）的气温资料、陆地区域100 hPa以上的TOVS气温探测资料和静止气象卫星（GMS）云导风资料等，为近代气候变化研究作出了重要贡献等。

随着人们对气候系统认识的不断深化以及人类社会对气候变化需求的不断提高，对建立长期稳定并保持连续观测的全球气候观测系统的需求也越来越强烈，受到世界气象组织（WMO）、政府间海洋学委员会（IOC）、联合国环境计划署（UNEP）和国际科学联盟理事会（ICSU）的支持，在第二次世界气候大会之后（1992年）建立了全球气候观测系统（GCOS）。

产品与应用　气候资料按气候系统圈层划分可分为大气资料、海洋资料、陆面资料，其中大气资料包括地面气象资料、高空气象资料和大气成分资料等诸多子类；陆面资料包括水文气象资料、冰雪气象资料、生态气象资料和农业气象资料。气候资料按观测体系划分可分为地基观测气象资料、空基探测气象资料和天基探测气象资料；按资料应用的时效性可分为实时气象资料和历史气象资料两大类。气候资料的表现形式既可以是数字、字母符号，也可以是文字、图像、影视产品等，需要一定的载体才能进行传输和保存。其载体可分为两类：一类是以能源和介质为特征，运用声波、光波、电波传递信息元素的无形载体；另一类是以实物形态记录为特征，运用纸张、胶卷、胶片、磁带、磁盘传递和保存贮信息元素的有形载体。

21世纪以来，利用资料同化技术再分析过去的气象观测资料，重建高时空分辨率的格点历史气候数据集取得了长足发展。再分析资料的问世为人们深入了解大气运动的方式、认识不同时空尺度内气候变化和变率提供了强有力的资料基础。全球大气资料再分析计划主要有：美国国家环境预报中心（NCEP）和美国国家大气研究中心（NCAR）的NCEP/NCAR全球大气再分析资料，以及NCEP与美国能源部（DOE）的NCEP/DOE全球大气再分析资料；美国国家航空航天局（NASA）资料同化办公室（DAO）全球大气再分析资料（NASA/DAO，也称GEOS-1）、欧洲中期天气预报中心（ECMWF）的全球大气再分析资料；日本气象厅（JMA）和电力中央研究所联合组织实施的全球大气再分析资料。一些再分析资料产品所生成的全球格点大气资料，虽然在长期气候变化中应用还存在一些问题，但已经在短期气候监测、诊断、预测和年际气候变化研究中起到了十分重要的作用。

气候资料信息被广泛应用于气候及其相关领域的科研和业务工作中。例如，利用卫星、探空、雷达、观测站和自动气象站等的全球气象观测资料，了解全球范围的天气气候现象。通过对气候数据进行整理和分析，得到数据变化规律性的认识，从而对人类活动环境的未来状态进行预估。利用气候资料对气候要素（如气温、降水等）、大气现象（如季风）、海洋现象（如厄尔尼诺/拉尼娜）、极端事件（如干旱、暴雨）进行监测、预测和诊断分析的研究和业务。此外，还通过数值模式对大气运动的变化过程进行模拟和预测，其中也存在大量的气象要素和相关诊断物理量的数据。通过对大气变量分析诊断产生的数据进行分析，研究大气变量的发生和发展的规律性、产生的原因，以及对大气未来状态做出估计和预测。

展望　由于观测仪器和观测手段在不断发展改进，所以观测资料的准确性与一致性非常重要。随着气象观测仪器不断改进，这些长期积累的观测资料用到气候变化研究过程中时，会带入因观测仪器改变而产生的系统偏差，直接影响到气候变化研究结果；观测台站的迁移和观测规范的改变也同样会带来系统偏差。另一方面，科学实验资料观测时段相当有限，不能满足气候研究对长期资料的需求。从空间覆盖性上看，一些重要的气候要素的空间采样严重不足，如在非洲、南美洲等地区。要认识气候变化及其强迫因素、预测未来气候变化，最基础的工作是建立综合气候观测系统，获取气候系统变化的详细信息和高质量气候资料。全球气候变化研究需要具备完整的、准确的和均一的观测资料。在区分自然变率的基础上检测人为原因的气候变化信号，需要长期系统性的资料积累。在现有条件下，通过GCOS收集观测资料的历史记录，形成比较完整的资料集，克服资料观测误差，研究和订正序列的不均一性，对气候变化研究具有十分重要的现实意义。

参考书目

赵立成，2011. 气象信息系统［M］. 北京：气象出版社.

（李清泉）

quánqiú chángqī yùbào chǎnpǐn zhōngxīn
全球长期预报产品中心（Global Producing Centres for Long Range Forecasts，GPC-LRF）　制作和提供月到季节时间尺度指导预报产品的业务中心，由国际上具有利用全球气候模式开展长期预报业务能力的国家级业务单位承担，是世界气象组织（WMO）全球资料加工和预报系统（GDPFS）的组成部分。WMO于2006年提出建立GPC-LRF的计划，并制定了相应的认定标准和认定程序。

对GPC-LRF产品的基本要求为：产品为月或更长时间的平均、累积或频次的预测，尤其是以3个月平均的异常值为标准格式的季节预测，预测通常以概率形式表述；预测的提前时间为0~4个月；预测的发布频次为逐月或至少为逐季，通过GPC-LRF网站提供图形产品和相应数据的下载；预测变量包括2 m温度、降水、海表面温度、平均海平面气压，500 hPa高度场、850 hPa温度场，并同时提供按照长期预报标准化检验系统（SVSLRF）给出的长期预报技巧的评估。

认定标准要求 GPC-LRF 需满足以下条件：①具有固定的预报制作流程；②具有规范的预报产品集；③按照 WMO 定义的检验标准（WMO 长期预报标准化检验系统，WMO-SVSLRF）检验预报（回报），提供检验结果。

到 2014 年，WMO 已经认定全球 12 个业务单位为 GPC-LRF，包括：澳大利亚气象局（BOM）、中国气象局（CMA）的北京气候中心（BCC）、美国国家海洋大气局（NOAA）环境预报中心（NCEP）、欧洲中期天气预报中心（ECMWF）、日本气象厅（JMA）的东京气候中心（TCC）、韩国气象厅（KMA）、英国气象局（Met Office）、法国气象局（Meteo-France）、加拿大气象局（MSC）、南非气象局（SAWS）、俄罗斯水文气象中心（RHMC）、巴西国家天气气候研究中心（CPTEC）。其中 BOM 和 MSC 联合承担 WMO 长期预报标准化检验系统示范中心（LC-SVSLRF），NCEP 和 KMA 联合承担 WMO 多模式集合长期预报示范中心（LC-LRFMME）。

（张培群）

ShìJiè QìXiàng ZǔZhī QūYù QìHòu ZhōngXīn
世界气象组织区域气候中心（WMO Regional Climate Center，WMO RCC）

世界气象组织（WMO）命名的机构，是全球资料加工和预报系统（GDPFS）的重要组成部分，区域气候中心通过制作分发气候产品、开展业务合作与培训等各种途径，支持区域内各国水文气象服务部门开展气候信息制作和业务科研活动，以增强 WMO 各成员气候业务和服务的能力。

WMO 早在 1998 年就正式提出建设 RCC 的计划，目的是把气候工作从研究阶段全面推进到业务阶段。2001 年 4 月，WMO 组建了区域气候中心任务组建委员会，随后在第 14 届大会上要求气候学委员会（CCI）提出建立 RCC 的详细指南。2003 年 11 月，WMO 又在日内瓦组织召开了 WMO 区域气候中心特别专家组会议，制定了 WMO 区域气候中心认定的实施计划。

RCC 由 WMO 认定，对 RCC 基本功能的要求包括：解释和评估 GPC-LRF 产品，开展相关的预报和回报资料的共享交换；根据国家气象水文部门的不同需要加工制作产品，包括制作基于共识的季节气候预测产品等；提供 RCC 产品在线服务；开发区域气候资料集，提供气候资料库和档案服务；开展区域内气候监测、诊断、预警服务；协调培训 RCC 用户，向用户提供 RCC 产品指南和应用服务信息等。

2009 年 6 月，在 WMO 执行理事会第 61 次届会上，北京气候中心（BCC）和东京气候中心（TCC）被首批正式认定为 WMO 二区协（亚洲）区域气候中心，并于 2009 年 7 月 1 日起正式运行。

（孙源　张培群）

BěiJīng QìHòu ZhōngXīn
北京气候中心（Beijing Climate Center，BCC）

1994 年 2 月国务院批准中国气象局组建国家气候中心（NCC），并于 1995 年 1 月正式成立，是国家级科技型气候业务单位。为了促进气候业务科研的国际交流，在全球和亚洲区域更好地发挥作用，于 2003 年 3 月在 NCC 的基础上成立了 BCC。

2009 年 6 月，在世界气象组织（WMO）执行理事会第 61 次届会上，BCC 被首批正式认定为 WMO 二区协（亚洲）区域气候中心（WMO RCC）。它的主要职责和任务是：①开展季节到年际气候预测和气候变化预估，按时发布产品，及时对相关产品进行解释和评述；②发展气候预测系统和气候变化业务，促进产品应用方面的协调与协作；③拯救气候资料，提供气候资料咨询服务；④组织气候和气候变化培训，提高相关人员的能力；⑤广泛开展气候和气候变化研究领域的合作与交流。

2004 年以来，BCC 每年举办气候系统与气候变化国际讲习班（ISCS），聘请国外知名专家授课，促进中国在国际气候变化领域的业务科研交流和提高，增进中国科学界及社会各界对气候变化及其影响的科学认知。2005 年开始，BCC 每年举行亚洲区域气候监测、预测和评估论坛（FOCRAII），论坛集中体现了 WMO 区域气候中心的职能，对促进亚洲地区气候业务、服务和科研起到了积极作用，在国际上享有较高的声誉。

BCC 还先后于 2006 年 2 月、11 月和 2010 年 2 月被 WMO 大气科学委员会（CAS）、基本系统委员会（CBS）和世界天气研究计划（WWRP）批准成为 WMO 东亚季风活动中心（EAMAC）、WMO 长期预报全球产品中心（GPC-LRF）和亚洲极端天气气候事件监测评估中心（CEEMA）。

截至 2015 年，BCC 发展建立了一套适用于中国和东亚气候特点的动力气候模式系统和短期气候监测、预测、评价业务系统，能够提供亚洲乃至世界范围的气候系统监测、预测、评估等业务产品。未来，BCC 将致力于建设成为一个集气候系统监测诊断分析、气候预测、气候影响评价、气候变化研究和气候服务为一体的具有国际先进水平的气候业务科研中心。

（孙源）

气候监测与诊断

jíduān qìhòu shìjiàn jiāncè

极端气候事件监测（monitoring extreme climate events） 利用温度、降水等气候要素资料，根据给定的指标，对严重偏离气候平均态、出现概率极小的极端气候事件的发生、发展进行实时监测、分析，并及时提供相关产品。

从概率分布的角度来看，极端气候事件就是某一特定地点和时间，当天气气候状态严重偏离其气候平均态时，发生概率极小的事件，通常发生概率只占该类天气现象的10%或者更低。这种定义方法考虑了不同地区气候的差异性，从而避免了事件的绝对强度随区域不同而产生较大差异难以用同一标准作比较的问题。在统计意义上，认为极端事件是小概率事件，有些人认为是50年一遇甚至100年一遇的事件。从时间尺度上，极端天气事件是时间尺度较短（一般在一周以内）的罕见的或高影响的气象事件。而极端气候事件是时间尺度较长的极端事件，通常是极端天气事件累积的结果。

极端事件从极端性的性质上分可以包括两大类：一类是依赖于基本天气气候要素的极端值进行定义的（如极端强降水、极端高温和低温事件），气候变化研究中通常通过分析这些要素的变化趋势来分析极端事件的演变规律；另一类是对自然环境有重大影响并且通常会带来较大经济损失的灾害性极端事件（如干旱、洪涝、热浪等），这些极端天气气候事件也称为综合性极端事件，因为一般来讲，它们并不是由单一气象要素的异常引起的，而是由于两个甚至更多气象要素的共同作用造成的，例如降水减少和全球变暖是引起干旱加剧的两个重要因子。

阈值 气候与某种天气事件的概率分布有关。当某地的气候状态严重偏离其平均态时，就可以认为是不容易发生的气候事件。在统计意义上，不容易发生的值（事件）就可以称为极端值（事件）。极端事件阈值主要包括绝对阈值和百分位阈值。

绝对阈值 是指设定一个阈值，大于或小于这一阈值的值则为极端值。绝对阈值定义的指数适用于气候特征类似的区域，如定义每年（季、月）内日最高温度大于35℃的天数为高温天数，利用这一绝对阈值指数来研究中国长江中下游地区的高温天数，能更直观地看出极端气候事件的影响强弱，但却不能同时用于江淮和东北，因为江淮和东北地区的气候特征差异太大。

百分位阈值 指采用某个百分位值作为极端值的阈值，超过或低于这个阈值的值被认为是极值，并称为极端气候事件。确定百分位值一般需要了解气候要素的概率分布函数，或对该气候要素的概率分布函数做出某种假设，然后根据统计学和概率论相关知识给出便于实际操作的公式。百分位阈值法适用于气候差异较大的研究区域。

国际上多采用的是百分位阈值，但是百分位方法在计算均值时将极端气候事件也包括在内，某种程度上掩盖了系统背景的真实信息，可能导致某些极端气候事件无法检测到，所以也有人采用中值和均值两种方法来监测极端气候事件，很好地克服了百分位法的缺陷。

监测指标 极端气候事件通常有两种监测指标：一种是根据极端气候事件本身的标准定义的常规监测指标，直接通过对原始资料的分析来判断该类极端气候事件的频率或强度变化；另一种是定义与极端气候事件相关的代用气候指数，通过分析这些气候指数的特征来反映极端气候事件的变化。

常规监测指标 基于百分位阈值定义的16种极端事件：①极端高温事件：某站的日最高气温达到或超过95%极端阈值；②极端连续高温日数事件：截至某日，某站日最高气温≥35℃的连续日数达到或超过95%极端阈值；③极端连续炎热日数事件：截至某日，某站日最高气温≥37℃的连续日数达到或超过95%极端阈值；④极端连续酷热日数事件：截至某日，某站日最高气温≥40℃的连续日数达到或超过95%极端阈值；⑤极端低温事件：某站的日最低气温达到或超过95%极端阈值；⑥极端日降温事件：某站某日与前一日日最低温度的差值绝对值达到或超过95%极端阈值；⑦极端连续降温事件：某站某段时期内连续降温幅度值（一个连续降温过程中日最低气温的最大值减去最小值的差值）达到或超过95%极端阈值；⑧极端日降水量事件：某站某日日降水量达到或超过95%极端阈值；⑨极端3日降水量事件：某站截止某日的3日降水总量达到或超过95%极端阈值；⑩极端连续降水日数事件：某站截止某日的连续降水日数达到或超过95%极端阈值；⑪极端连续降水量事件：某站截止某日的连续降水总量达到或超过95%极端阈值；⑫极端连续无降水日数事件：某站截止某日的连续无降水日数达到或超过95%极端阈值；⑬超旬（月、季、年）历史极值日最高气温：某日的日最高气温达到或超过当日所在旬（月、季、年）的日最高气温历史极值；⑭超旬（月、季、年）历史极值日最低气温：某日的日最低气温达到或超过当日所在旬（月、季、年）的日最低气温历史极；⑮超旬（月、季、年）历史极值日平均气温：某日的日平均气温达到或超过当日所在旬（月、季、年）的日平均气温历史极值；⑯超旬（月、季、年）历史极值日降水量：某日的日降水量达到或超过当日所在旬（月、季、年）的日降水量历史极值。

代用气候指数 气候变化监测、检测和指数专家组定义了27种代用气候指数，主要集中在对极端气候事件的描述上，其中包括16个温度指数和11个降水指数，这些指数是根据逐日最高、最低和平均温度或逐日降水量计算得到的。这些指数可归为5类：①基于百分比阈值的相对指数，包括冷夜、暖夜、冷昼、暖昼、非常湿日和过度湿日。②代表某个季节或某年最大或最小值的绝对指数，包括日最高气温的极大、极小值，日最低气温的极大、极小值，1日和5日最大降水量。③气温或降水值大于或小于某固定阈值的天数的阈值指数，包括霜冻日数、结冰日数、中雨日数、大雨日数等。④过度冷、暖、干、湿的持续时间或对生长季长度而言的生长周期所对应的持续指数，包括冷日持续指数、热日

持续指数、持续湿期、持续干期等。⑤其他指数，包括年总降水量、气温日较差、平均雨日降水强度、极端气温差以及年极端降水占总降水的百分比等。

表1和表2列出了国际学术界较为通用且在国内研究中常用的极端气温和降水指数。

区域性极端气候事件 除站点的极端气候事件以外，大部分极端气候事件还同时具有区域性和过程性特征，即具有一定影响范围和持续时间，此类极端事件统称为区域性极端气候事件。这类事件主要包括：区域性高温、区域性强降水、区域性低温、区域性干旱等。区域性极端气候事件的识别和描述一般包括以下几个步骤：①根据时间序列过程识别方法得到所有站点（格点）的过程性事件；②给出邻近站点（格点）定义；③定义区域性事件：若在同一时间段内有相邻N站同时发生同一类型的过程性事件，则定义为一次区域性事件；④综合考虑事件持续时间、影响范围和极值强度的方面特征的区域性事件的综合强度指数。

表1 常用极端气温指数

序号	代码	名称	定义	单位
1	FD0	霜冻日数	日最低气温<0℃的全部日数	d
2	ID0	结冰日数	日最高气温<0℃的全部日数	d
3	TXx	月极端最高气温	每月内日最高气温的最大值	℃
4	TNx	月最低气温极大值	每月内日最低气温的最大值	℃
5	TXn	月最高气温极大值	每月内日最高气温的最小值	℃
6	TNn	月极端最低气温	每月内日最低气温的最小值	℃
7	TN10p	冷夜日数	日最低气温<10%分位值的日数	d
8	TX10p	冷昼日数	日最高气温<10%分位值的日数	d
9	TN90p	暖夜日数	日最低气温>90%分位值的日数	d
10	TX90p	暖昼日数	日最高气温>90%分位值的日数	d
11	WSDI	热日持续日数	每年至少连续6天日最高气温>90%分位值的日数	d
12	CSDI	冷日持续日数	每年至少连续6天日最低气温<10%分位值的日数	d

表2 常用极端降水指数

序号	代码	名称	定义	单位
1	RX1day	1日最大降水量	每月最大1日降水量	mm
2	RX5day	5日最大降水量	每月连续5日最大降水量	mm
3	SDII	降水强度	年降水量与降水日数（日降水量≥1.0 mm）比值	mm/d
4	R10	中雨日数	日降水量≥10 mm的日数	d
5	R20	大雨日数	日降水量≥20 mm的日数	d
6	R50	暴雨日数	日降水量≥50 mm的日数	d
7	CDD	持续干期	日降水量连续<1 mm的最长时期	d
8	CWD	持续湿期	日降水量连续≥1 mm的最长时期	d
9	R95p	强降水量	日降水量>95%分位值的总降水量	mm
10	R99p	极强降水量	日降水量>99%分位值的总降水量	mm

参考书目

Easterling D R, Evans J L, Groisman P Y, et al, 2000. Observed Variability and trends in extreme climate events [J]. Bull. Am. Meteorol. Soc., 72: 1507-1520.

Zhai P M, Sun A, Ren F, et al, 1999. Changes of climate extremes in China [J]. Climatic Change, 42: 203-218.

（龚志强）

gānhàn jiāncè

干旱监测（drought monitoring） 利用降水量等资料，以各种干旱指数作为监测指标，对全国各地干旱的发生、发展状况进行实时监测、分析，并根据服务需要，及时发布干旱监测和预警产品。

干旱分类 干旱是指因水分的收与支或供与求不平衡而形成的持续的水分短缺现象。干旱的分类有很强的学科性质，根据不同学科对干旱的理解，干旱大致可分为气象干旱、水文干旱、农业干旱和社会经济干旱四类。气象干旱指某时段由于蒸发量和降水量的收支不平衡，水分支出大于水分收入而造成的水分短缺现象。农业干旱以土壤含水量和植物生长状态为特征，是指农业生产季节内因长期无雨，造成大气干旱、土壤缺水，农作物生长发育受抑，导致农业明显减产，甚至无收成的一种农业气象灾害。它的发生有着极其复杂的机理，在受到各种自然因素如降水、温度、地形等影响的同时，也受到人为因素的影响，如农作物布局、作物品种及生长状况等。水文干旱是指河川径流低于其正常值或含水层水位降落的现象，其主要特征是在特定面积、特定时段内可利用水量的短缺。社会经济干旱是指由自然降水系统、地表和地下水量分配系统及人类社会需水排水系统这三大系统不平衡造成的异常水分短缺现象。

在自然界，一般有两种类型的干旱：一类是由气候、海陆分布、地形等相对稳定的因素在某一相对固定的地区常年形成的水分短缺现象，称之为干燥或气候干旱，如中国西北大部分地区就属于气候干旱区。另一类干旱是由各种气象因子（如降水、气温等）变化形成的随机性异常水分短缺现象，或称气象干旱。通常情况下所说的干旱是指气象干旱。

监测内容和方法 国家标准《气象干旱等级》（GB/T20481—2006）规定了降水量距平百分率、相对湿润度指数、标准化降水指数、土壤相对湿度干旱指数、帕默尔干旱指数和综合气象干旱指数的干旱等级划分方法，这6种指数是国家气候中心（NCC）进行干旱监测的主要指标。

降水量距平百分率 通过下式计算：

$$P_a = \frac{P - \bar{P}}{\bar{P}} \times 100\% \tag{1}$$

式中：P 为某时段降水量；$\bar{P}$ 为计算时段同期气候平均降水量，由下式计算得到：

$$\bar{P} = \frac{1}{n}\sum_{i=1}^{n} P_i \tag{2}$$

式中：n 为30年，$i = 1, 2, \cdots, n$，表示时间尺度，如天、月等。用降水量距平百分率划分干旱等级的标准见表1。

表1 降水量距平百分率的干旱等级划分表

等级	类型	不同时间尺度的降水量距平百分率 P_a 值		
		月尺度	季尺度	年尺度
1	无旱	$-40 < P_a$	$-25 < P_a$	$-15 < P_a$
2	轻旱	$-60 < P_a \le -40$	$-50 < P_a \le -25$	$-30 < P_a \le -15$
3	中旱	$-80 < P_a \le -60$	$-70 < P_a \le -50$	$-40 < P_a \le -30$
4	重旱	$-95 < P_a \le -80$	$-80 < P_a \le -70$	$-45 < P_a \le -40$
5	特旱	$P_a \le -95$	$P_a \le -80$	$P_a \le -45$

相对湿润度指数 是表征某时段降水量与蒸发量之间平衡状况的指标之一。该等级标准反映作物生长季节的水分平衡特征，适用于作物生长季节旬以上尺度的干旱监测和评估。具体计算见下式：

$$M = \frac{P - PE}{PE} \tag{3}$$

式中：P 为某时段的降水量；PE 为某时段的可能蒸散量，用联合国粮农组织（FAO）彭曼-蒙蒂思（Penman-Monteith）或桑斯威特（Thornthwaite）方法计算。用相对湿润度指数划分干旱等级的标准见表2。

表2 相对湿润度的干旱等级划分表

等级	类型	相对湿润度指数 M 值
1	无旱	$-0.40 < M$
2	轻旱	$-0.65 < M \le -0.40$
3	中旱	$-0.80 < M \le -0.65$
4	重旱	$-0.95 < M \le -0.80$
5	特旱	$M \le -0.95$

标准化降水指数 是表征某时段降水量出现的概率多少的指标之一，该指数适合于月以上尺度相对于当地气候状况的干旱监测与评估。其具体计算原理和方法见国家标准《气象干旱等级》。用标准化降水指数划分干旱等级的标准见表3。

土壤相对湿度干旱指数 是反映土壤含水量的指标之一，适合于某时刻土壤水分盈亏监测。采用10～20cm深度的土壤相对湿度，适用范围为旱地农作区。由于不同土壤性质的土壤相对湿度存在一定差异，使用者可根据当地土壤性质，对等级划分范围作适当调整。计算公式：

$$R = \frac{w}{f_c} \times 100\% \qquad (4)$$

式中：R 为土壤相对湿度；w 为土壤重量含水率；f_c 为土壤田间持水量。用土壤相对湿度干旱指数划分干旱等级的标准见表4。

帕默尔干旱指数　是表征在一段时间内，某地区实际水分供应持续地少于当地气候适宜水分供应的水分亏缺情况。该指数适合旬、月以上尺度的水分盈亏监测和评估。其具体计算原理和方法见国家标准《气象干旱等级》。用帕默尔干旱指数划分干旱等级的标准见表5。

表3　标准化降水指数的干旱等级划分

等级	类型	标准化降水指数 SPI 值
1	无旱	$-0.5 < SPI$
2	轻旱	$-1.0 < SPI \leq -0.5$
3	中旱	$-1.5 < SPI \leq -1.0$
4	重旱	$-2.0 < SPI \leq -1.5$
5	特旱	$SPI \leq -2.0$

表4　土壤相对湿度干旱指数的干旱等级划分表

等级	类型	10～20 cm 深度土壤相对湿度	干旱影响程度
1	无旱	$60\% < R$	地表湿润或正常，无旱象
2	轻旱	$50\% < R \leq 60\%$	地表蒸发量较小，近地表空气干燥
3	中旱	$40\% < R \leq 50\%$	土壤表面干燥，地表植物叶片有萎蔫现象
4	重旱	$30\% < R \leq 40\%$	土壤出现较厚的干土层，地表植物萎蔫、叶片干枯，果实脱落
5	特旱	$R \leq 30\%$	基本无土壤蒸发，地表植物干枯、死亡

表5　帕默尔干旱指数的干旱等级划分表

等级	类型	帕默尔干旱指数 X_i 值
1	无旱	$-0.5 < SPI$
2	轻旱	$-1.0 < SPI \leq -0.5$
3	中旱	$-1.5 < SPI \leq -1.0$
4	重旱	$-2.0 < SPI \leq -1.5$
5	特旱	$SPI \leq -2.0$

综合气象干旱指数　计算公式：

$$CI = aZ_{30} + bZ_{90} + cM_{30} \qquad (5)$$

式中：Z_{30}，Z_{90} 分别为近 30 天和近 90 天标准化降水指数 SPI 值；M_{30} 为近 30 天相对湿润度指数，由式（3）得到；a，b，c 为系数，分别取 0.4，0.4，0.8。用综合气象干旱指数划分干旱等级的标准见表6。

表6　综合气象干旱指数的干旱等级划分表

等级	类型	综合气象干旱指数 CI 值
1	无旱	$-0.6 < CI$
2	轻旱	$-1.2 < CI \leq -0.6$
3	中旱	$-1.8 < CI \leq -1.2$
4	重旱	$-2.4 < CI \leq -1.8$
5	特旱	$CI \leq -2.4$

注：常年干旱区和气温小于 0 ℃时，不作气象干旱监测，视为无旱。

1995 年起，NCC 开发研制了"全国旱涝气候监测、预警系统"，基于上述各种干旱指数，实现了对全国干旱范围和程度的实时监测和影响评估，并利用数值模式的预报结果，对未来干旱的发展趋势进行预测和预评估。

展望　干旱监测指标主要基于气温和降水等气象要素，也主要反映了气温高、降水少的气象干旱特征，但由于各地农作物品种不同，抗旱设施不一，防灾减灾能力不同等因素，干旱监测指标并不能完全反映实际的旱情。因而，需要基于气象干旱，有针对性地发展能反映水文、农业、社会经济等方面旱情的监测指标，这是未来发展的方向。

参考书目

张强，潘学标，马柱国，等，2009. 干旱 [M]. 北京：气象出版社.

张强，庄丽莉，王有民，等，1998. 旱涝气候监测、预警分析业务系统及服务 [J]. 自然灾害学报，7（3）：58-64.

张强，邹旭恺，肖风劲，等，2006. 气象干旱等级 [S]. 北京：中国标准出版社.

（王遵娅）

yǔlào jiāncè

雨涝监测（heavy rain and flood monitoring）　利用降水资料，根据监测指标对雨涝发生的时空特征进行实时监测、分析，并根据服务需要提供相关产品。

雨涝是指长时间降水过多或区域性持续大雨、暴雨以及局地性短时强降水造成的洪水或渍涝。雨涝的监测、评估一般采用降水百分位数、月降水量距平百分率及旬降水总量等指标，对某年全国（主要考虑年降水量 400 mm 等值线以东、以南地区）的雨涝发生状况进行监测、评述。考虑到地区之间的气候差异，规定了不同地区描述雨涝的不同季节，即黄淮海、东北、西北地区为 6—8 月，长江中下游地区为 4—9 月，华南地区为 4—10 月，西南地区为 6—9 月。具体监测指标包括：

降水百分位数 R：当 $90\% > R \geq 80\%$ 为一般雨涝；

$R \geqslant 90\%$ 为严重雨涝。

月降水量距平百分率 P：当 $200\% \geqslant P \geqslant 100\%$ （华南 $150\% \geqslant P \geqslant 75\%$）为一般雨涝；$P > 200\%$ （华南 $P > 150\%$）为严重雨涝。

旬降水量 R_{10}：当一个旬降水量达到 $250 \sim 350$ mm（东北 $200 \sim 300$ mm，华南、川西 $300 \sim 400$ mm）为一般雨涝；当一个旬降水量 > 350 mm（东北 > 300 mm，华南、川西 > 400 mm）为严重雨涝。当两个旬降水总量达到 $350 \sim 500$ mm（东北 $300 \sim 450$ mm，华南、川西 $400 \sim 600$ mm）为一般雨涝；两个旬降水总量 > 500 mm（东北 > 450 mm，华南、川西 > 600 mm）为严重雨涝。

修正的 CI 指数：根据 CI 指数（参见第 139 页 干旱监测）值和近 30 天或近 10 天的降水量来确定雨涝等级。具体步骤：首先确定是否达到雨涝标准，如果达到雨涝标准由 CI 指数确定等级，再看近 10 天的降水量是否满足标准，如果满足则认定该等级，不满足则降一个等级。

修正的 CI 指数划分的雨涝等级

等级	类型	CI 值近 10 天降水量 R_{10}/mm
1	无涝	$CI < 0.6$ 或 $R_{10} < 150$
2	轻涝	$0.6 \leqslant CI < 1.2$ 和 $R_{10} \geqslant 150$
3	中涝	$1.2 \leqslant CI < 1.8$ 和 $R_{10} \geqslant 200$
4	重涝	$1.8 \leqslant CI < 2.4$ 和 $R_{10} \geqslant 250$
5	特涝	$2.4 \leqslant CI$ 和 $R_{10} \geqslant 300$

国家级雨涝监测业务主要依托全国旱涝气候监测业务系统进行，采用修正的 CI 指数和上表中的雨涝等级划分标准，对全国范围内雨涝发生的范围和强度进行实时监测。

（王遵娅）

低温冷害监测（low temperature and cold damage monitoring）

作物生长期内因温度偏低、热量不足，或者是在作物的某一生育阶段，遇有一定强度的异常低温，影响作物的生长发育速度、结实、灌浆成熟，使作物受害减产，对这种比较严重的农业气象灾害过程进行监测。

低温冷害的地域性和时间性强，人们一般按其发生的地区和时间（季节、月份）来分类。也有的按发生低温时的天气气候特征来划分，如低温、寡照、多雨的湿冷型，天气晴朗、有明显降温的晴冷型，持续低温型等三类。在农业气象学中，还根据低温对作物危害特点及作物受害的症状划分为三类，即延迟型冷害、障碍型冷害和混合型冷害。

在气象业务上，一般从灾害角度将低温冷害分为三类，即南方春季低温阴雨、南方秋季低温冷害、东北夏季低温。根据相关技术标准，针对东北夏季持续性低温、南方春季和秋季的低温过程进行实时监测，分析低温过程所造成的灾害影响，及时提供相关服务信息。

东北夏季低温：夏季平均气温明显偏低，往往使作物生育期延迟，延迟的时间与平均气温成反比，即平均气温越低，作物生育期延迟的时间越长。所以当未成熟的作物遇到早霜冻就会造成大幅度的减产。有效积温是东北夏季持续性低温监测的主要指标之一，由下式计算得来：

$$N = d_2 - d_1 + 1 \qquad (1)$$

$$Ae = \sum_{i=1}^{N} T_i - 10N \qquad (2)$$

式中：Ae 为有效积温；N 为起止日期之间的天数；d_1 为起日；d_2 为止日；T_i 为日平均气温。

南方春季低温阴雨：南方早稻播种育秧期间（2 月 11 日—4 月 20 日）出现的一种低温冷害事件，主要是因为冷空气南下，直接影响早稻种子发芽、生长，致使秧苗的生理机能失调和诱发病害，最终导致烂秧死苗。2 月 11 日—4 月 20 日，日平均气温等于或低于 12 ℃ 且连续 3 天或以上，或者日平均气温等于或低于 15 ℃ 且日照时数等于或少于 2 小时连续 7 天或以上，作为一次低温阴雨过程的指标。

南方秋季低温冷害：南方晚稻抽穗扬花期，受到低温天气的影响，造成空壳和疵粒率增大而减产。南方秋季低温冷害主要发生在 9 月下旬至 10 月上旬，云贵高原地区一般发生在 8—9 月。由于此种灾害多发生在"寒露"节气前后，故称"寒露风"，云贵川地区称为"八月寒"或"秋寒"。一般把日平均气温 $\leqslant 20$ ℃ 且持续 3 天或以上，作为秋季低温冷害的指标。由于作物品种和地域的差异，各地采用的低温指标有所不同。这种低温指标是危害作物抽穗开花时期的临界气温值。一般气温越低、维持的时间越长，造成的损失越重。

（龚志强）

高温热浪监测（heat wave monitoring）

主要利用气温资料对高温和热浪发生的时空特征进行实时监测、分析，并根据服务需要提供相关产品。

高温热浪是持续一段时间、使人体感觉极不舒适的酷暑天气过程，通常情况下也伴随着相对湿度大的特点。气象上将日最高气温 $\geqslant 35$ ℃ 定义为高温日；将日最高气温 $\geqslant 38$ ℃ 称为酷热日。每个气象测站连续出现 3 天以上（包括 3 天）≥35 ℃高温或连续 2 天出现≥35 ℃并有一天≥38 ℃定义为一次高温过程，也称为高温热浪。人的体感温度往往还和湿度有关，同样的温度下湿度越大感觉就越闷热，所以高温高湿的天气通常也称高温热浪。

中国国家级气象业务对高温热浪的监测指标主要有绝对温度阈值和高温热浪等级两类。

绝对温度阈值：是考虑日最高气温特征的指标，一般考虑某段时期日最高气温大于阈值的天数、日最高气温连续大于阈值的天数、日最高气温连续大于阈值的有效温度等以及当年值与历史极值间的对比。在业务运行中通常采用 35 ℃作为气温阈值来监测高温天气过程，监测的主要时段在 5—9 月。

高温热浪等级：利用热指数（Heat Index，HI）来评价高温对人体健康的影响。热指数也称体感温度（又称显温），最早由美国著名的生物气象学家斯特德曼（Steadman）提出，能较为实际地反映出在相对湿度与气温共同作用下的人体感受。根据热指数可将高温热浪划分为四个等级。

高温热浪等级划分标准

等级名称	等级	热指数/℃	高危人群可能发生的热病
极度闷热	4	>54.4	连续暴晒极易中暑，对人体健康、能源消耗等社会生产生活造成严重不利的影响
重度闷热	3	40.6～54.4	易发生中暑、热痉挛或热疲劳，较长时间暴晒和/或从事体力活动容易中暑；能源消耗等社会生产生活造成较为严重的影响
中度闷热	2	32.2～40.6	可能发生中暑、热痉挛或热疲劳，较长时间暴晒和/或从事体力活动可能中暑，对能源消耗等社会生产生活造成一定的影响
轻度闷热	1	26.7～32.2	较长时间暴晒和/或从事体力活动容易疲劳

（王遵娅）

Huánán yǔjì jiāncè

华南雨季监测（monitoring of the flood season in South China） 利用降水量等气象观测资料，针对华南前、后汛期的开始和结束时间以及降水强度等特征进行实时监测、分析，并及时提供相关产品。

华南雨季是指每年 4—10 月在中国华南地区的降水相对集中期。其中，4—6 月一般为华南前汛期，以西风槽、锋面和锋前暖区强降水为主要特征；7—10 月一般为华南后汛期，以西太平洋副热带高压北跳后季风槽、热带辐合带、东风波、台风等热带天气系统引起的强降水为主要特征。华南前汛期的平均开始日期为 4 月 6 日，结束日期 7 月 6 日；后汛期的平均开始日期为 7 月 7 日，结束日期 10 月 20 日。

监测内容 华南雨季监测内容主要包括华南前、后汛期的起讫日期、长度、降水量等级、强降水频次等级、综合强度等。监测时段为 3—11 月。

监测指标

前汛期开始时间 ①先确定华南地区各省（自治区）前汛期开始条件。广东、广西：3 月 1 日起，某监测站出现日降水量≥38.0 mm（大到暴雨级别降水），则认为该站前汛期开始，该日为该监测站前汛期开始日；全省（自治区）累计前汛期开始站点达到省（自治区）内监测站点的 50%（或以上），且达到标准的当日及前 1 日（48 小时内）全省（自治区）共有 10% 以上站点的日降水量≥38 mm，则将该日作为本省（自治区）前汛期开始日期。福建、海南：4 月 1 日起，某监测站出现日降水量≥38.0 mm（大到暴雨级别降水），则认为该站前汛期开始，该日为该监测站前汛期开始日；全省累计前汛期开始站点达到省（自治区）内监测站点的 50%（或以上），且达到标准的当日及前 1 日（48 小时内）全省共有 10% 以上站点的日降水量≥38 mm，则将该日作为本省（自治区）前汛期开始日期。②确定华南地区前汛期开始时间。以广东、广西、福建、海南 4 省（自治区）中前汛期最早开始日期作为华南前汛期开始日期。

前汛期结束时间 ①自 6 月 1 日起，华南地区连续 5 天区域平均（监测区 261 个代表站平均）的日降水量<7 mm；②日降水量≥38 mm 的站点数连续 5 天少于总站数的 5%；③连续 5 天西北太平洋副热带高压脊线位置维持在 22°N 以北。满足上述 3 个条件后，以华南区域平均的日降水量<7 mm 的第一天作为前汛期中断日，如果有若干个中断日，则以最接近 6 月 30 日的中断日作为华南前汛期结束日。

后汛期开始时间 华南前汛期结束后次日即为华南后汛期开始日。

后汛期结束时间 ①华南地区各省（自治区）后汛期结束条件：自 10 月 1 日起，连续 5 天全省（自治区）监测站点平均日降水量<5 mm（小到中雨量级）且各天日降水量≥38 mm 的站数均少于本省（自治区）监测区域内总站数的 4%，则以满足条件的首日为本省（自治区）后汛期中断日，以最接近 10 月 15 日的中断日为本省（自治区）后汛期结束日；②华南地区后汛期结束时间：以广东、广西、福建、海南 4 省（自治区）中后汛期的最晚结束日期作为华南后汛期结束日期。

雨季长度　华南前汛期开始日至结束日的总天数为华南前汛期长度，简称华南前汛期；华南后汛期开始日至结束日的总天数为华南后汛期长度，简称华南后汛期；华南前、后汛期长度之和为华南雨季长度，简称华南雨季。

雨季降水量等级　华南地区前（后）汛期降水量区域平均值为华南前（后）汛期降水量；汛期降水量则为前、后汛期降水量之和；汛期降水量标准化值（Z_p）是表征某年汛期降水量多少的指标；汛期降水量等级（I_p）依据 Z_p 大小划分（见表1）。

表1　汛期降水量等级划分

强度	显著偏多	偏多	正常	偏少	显著偏少
I_p	5	4	3	2	1
Z_p	≥ 1.5	$1.5 > I \geq 0.5$	$-0.5 < I < 0.5$	$-1.5 < I \leq -0.5$	≤ -1.5

雨季强降水频次等级　汛期强降水（日降水量 ≥ 38.0 mm）站次比标准化值（Z_c）是表征某年汛期发生强降水频次多少的指标，汛期强降水频次等级（I_c）依据 Z_c 的大小划分（见表2）。

表2　汛期强降水频次等级划分

强度	显著偏多	偏多	正常	偏少	显著偏少
I_c	5	4	3	2	1
Z_c	≥ 1.5	$1.5 > I \geq 0.5$	$-0.5 < I < 0.5$	$-1.5 < I \leq -0.5$	≤ -1.5

雨季降水综合强度　雨季降水综合强度（I）由汛期降水量等级和汛期强降水频次等级权重求和的大小确定。具体计算公式：

$$I = 0.4I_p + 0.6I_c（I 四舍五入取整）$$

表3　汛期综合强度等级划分

强度	强	偏强	正常	偏弱	弱
I	5	4	3	2	1

应用　利用华南汛期监测指标和方法，在常规的气候监测业务中可以对华南前、后汛期的总体特征进行监测，客观定量地掌握华南前、后汛期开始和结束的早晚，降水量的多少及降水强度大小等特征，为气候影响评估和预测等业务提供客观依据；也可根据该监测指标和方法分析华南前、后汛期各特征量的长期变化趋势及相关的大气环流背景和外强迫特征等，开展与华南汛期相关的气候学和气候变化研究。另外，水文和水利等相关部门也可根据需要使用该监测方法和指标开展华南汛期业务和服务工作。

参考书目

王遵娅，丁一汇，2008. 中国雨季的气候学特征［J］. 大气科学，32（1）：1-13.

郑彬，梁建茵，林爱兰，等，2006. 华南前汛期的锋面降水和夏季风降水Ⅰ. 划分日期的确定［J］. 大气科学，30（6）：1207-1216.

（王遵娅）

méiyǔ jiāncè

梅雨监测（Mei-yu monitoring）　以降水为主要指标，参考气温、西太平洋副热带高压位置、南海季风爆发时间等辅助条件，对江淮流域梅雨的开始、中断、结束日期，以及梅雨期长度、梅雨强度和发生区域等梅雨期主要特征进行实时监测和分析，并根据需要及时发布相关产品。梅雨监测是国家级和相关省级气象业务部门所承担的主要气候监测业务之一。

梅雨是指初夏时节从中国江淮流域到韩国、日本一带持续时间较长的连阴雨天气，期间暴雨、大暴雨天气过程频繁出现，降水连绵不断，多雨闷热易生霉，谓之"霉雨"。此时正值江南梅子成熟季节，故又称为"梅雨"。中国梅雨平均入梅时间为每年6月8日，出梅时间为7月18日，梅雨季平均降水量为343.4 mm。历史上最大值为1954年的789.3 mm，其次为1998年的596.4 mm；而梅雨季降水最少的为1958年的134.7 mm，其次为2009年的139.2 mm。梅雨气候特点表现为：雨量大、日照时数少、多云高湿、风力较小。

梅雨是具有锋面降水的性质，东亚地区梅雨锋云系在红外卫星云图上清晰可见。锋面附近为暖湿区，冷锋前有一致的西南气流，暖锋前为偏东气流。另外，对流层高层与锋面云图相关联的3个行星尺度环流系统分别是：副热带西风急流、热带东风急流、南亚高压；与此相匹配，对流层中层为西北太平洋副热带高压、西风带中高纬度短波槽；而对流层低层是行星尺度的西南季

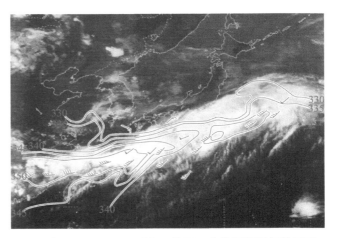

2005年6月19日08时东亚地区一次梅雨锋面红外云图
850 hPa假相当位温（实线，K）和风羽

风、天气尺度的西南低空急流、切变线以及其上的中尺度波动或涡旋。梅雨锋具有很强的暖湿梯度，同时具有水汽辐合。

中国大陆梅雨主要分布在江淮流域，即西自湖北宜昌，东至华东沿海，南端以南岭以北的 28 °N 为界，北抵淮河沿线 34 °N 一带，其经纬度范围为：28 °N～34 °N，110 °E～123 °E；涉及的行政区域包含上海、江苏、安徽、浙江、江西、湖北、湖南等 6 省 1 市。

沿革 梅雨是东亚地区的独特天气与气候现象，是东亚夏季风向北推进的阶段性产物。国内外诸多学者对梅雨进行过广泛、深入的研究。早在 20 世纪 60 年代，陶诗言等提出中国长江流域在 6～7 月出现一个降水量比较多的时期，称之为"梅雨季节"。日本学者也提出梅雨锋西段（中国大陆）温差小、斜压性弱、多为对流云；梅雨锋东段（西北太平洋）温差大、斜压性强、多为层状云。关于梅雨非均匀性、梅雨降水型差异及梅雨不典型性的研究更加普遍，在梅雨业务上也发展起多时间—多空间尺度动态监测预测的技术，并形成国家到地方气象部门梅雨指标一体化监测统一的思路和方法。

20 世纪 60 年代后期，中国学者就根据 1885 年以来长江中下游 5 站降水资料，研究确定了梅雨的技术标准，建立了梅雨的长序列资料，为梅雨的研究和业务工作提供了基础。从那时以来，国家气候中心（NCC）每年的 5～8 月利用逐日的长江中下游 5 站降水和西太平洋副热带高压脊线位置资料，对长江中下游的梅雨进行实时监测，及时确定入梅、出梅等梅雨要素的特征。梅雨从此也就成为中国短期气候预测的主要对象之一。长江中下游的相关省、市气象部门也先后针对本地区的梅雨特征进行监测和预测。20 世纪末以来，NCC 联合有关省、市气候业务部门，补充、修改、完善了梅雨标准，利用更大范围内几百个观测站的降水等资料，建立了江淮流域梅雨的资料系列，为梅雨的监测和预测提供了更好的基础。

监测内容 主要依据监测区域的逐日降水条件监测入梅日期、出梅日期、梅雨长度、梅雨强度等，辅助条件还包括西太平洋副热带高压脊线、南海夏季风爆发时间和气温等。

监测指标和方法 根据国家级和省级天气气候业务及服务需求，采取地理行政分区和气候分区两种方法，进行梅雨监测区域划分：①地理行政分区：按照行政区划对梅雨监测区域进行分区。梅雨区域内的 277 个国家气象观测站为梅雨监测站，分别为：上海 10 个站、江苏 56 个站（长江以南 22 个站、长江以北 34 个站）、浙江 49 个站、安徽 55 个站（安徽南部 35 个站、安徽北

部 20 个站）、江西 37 个站、湖北 50 个站、湖南 20 个站。②气候分区：按照气候类型可将梅雨监测区域分为江南区（I）、长江中下游区（II）、江淮区（III）；同时，考虑到长江中游与下游梅雨降水的时空差异，将长江区又细分为长江中游区（IIa）和长江下游区（IIb）。江南区 65 个站、长江中下游区 157 个站（其中下游区 42 个站、中游区 115 个站）、江淮区 55 个站。具体监测指标和方法如下：

降水条件 ①雨日确定：某日区域中有 1/3 以上监测站出现 ≥0.1 mm 的降水，且区域内日平均降水量 ≥R_d，该日为一个雨日。其中，安徽江淮之间、江苏（长江以南和长江以北）、湖南和上海等地 R_d 取值为 1.0 mm，其他区域 R_d 取值均为 2.0 mm。②雨期开端日确定：从第 1 个雨日算起，往后 2 日、3 日、……、10 日中的雨日数占相应时段内总日数的比例 ≥50%，则第一个雨日为雨期开端日。③雨期结束日确定：从雨期的最后 1 个雨日算起，往前 2 日、3 日、……、10 日的雨日数占相应时段内总日数的比例 ≥50%，则最后一个雨日的次日为雨期结束日。④雨期确定：一个雨期需满足以下条件：任何连续 10 日的雨日比例 ≥40%、雨日数 ≥6 天且没有连续 5 天（含 5 天）以上的非雨日、站平均降水强度 ≥5 mm/d。一个雨期长度为该雨期的开端日到结束日所经历的日数。⑤入梅时间确定：第一个雨期的开端日即为入梅。⑥出梅时间确定：最后一个雨期结束日的次日即为出梅日。⑦梅雨期长度确定：梅雨期内可以出现有一个以上的雨期，梅雨期长度为入梅日到出梅日前一天的日数。

其他条件 ①西太平洋副热带高压脊线：梅雨期内西太平洋副热带高压脊线 5 天滑动平均位置需要满足表所列条件。②南海季风：梅雨一般在南海夏季风爆发（5 月 5 候）之后发生。③气温：梅雨发生在高温高湿的环境中，区域梅雨的入梅条件中还需要满足日平均气温 ≥22 ℃的条件。

梅雨期西北太平洋副热带高压脊线活动范围

行政区域	南界（°N）	北界（°N）	气候分区
浙江、江西	≥18	<25	江南区（I）
湖南、上海、湖北、安徽南部、江苏长江以南	≥19	<26	中游/下游区（IIa 和 IIb）
安徽北部、江苏长江以北	≥20	<27	江淮区（III）

区域梅雨强度指数 区域梅雨强度指数（M_i）的计算公式为：

$$M_i = \frac{L}{L_0} + \frac{(R/L)}{(R/L)_0} + \frac{R}{R_0} - 2.50$$

式中：L 为某一年梅雨期的长度（日数）；L_0 为历年梅雨期的平均长度（日数）；R 为某一年梅雨期内监测站总降水量；R_0 为历年梅雨期监测站总降水量的平均值；(R/L) 为梅雨期内平均日降水强度；$(R/L)_0$ 为历年梅雨期平均日降水强度的平均值。

展望 纵观江淮梅雨在监测、预测及基础研究等方面已经取得了很多重要成果，尤其是梅雨的监测规范（标准）和业务系统已经初步形成，这将在梅雨的研究和预测中发挥重要作用。但梅雨的监测指标和业务系统在今后的使用过程中还需要根据业务、科研、服务发展的需求逐步完善和进一步改进、提高。另外，梅雨作为东亚夏季风进程中阶段性产物，各季风子系统对梅雨的影响大小及其机制尚需进一步研究；热带及热带外海温等大气外强迫因子对梅雨季节影响的动力学过程需要特别重视；迫切需要加强前期预测信号的提取及判识研究，为梅雨预测提供新的依据。

参考书目

胡景高，周兵，徐海明，2013. 近30年江淮地区梅雨期降水的空间多形态特征 [J]. 应用气象学报，24（5）：554-564.

胡娅敏，丁一汇，廖菲，2010. 近52年江淮梅雨的降水分型 [J]. 气象学报，68（2）：235-247.

徐群，1965. 近80年长江中下游的梅雨 [J]. 气象学报，35（4）：507-518.

（周兵）

Huáběi yǔjì jiāncè

华北雨季监测（monitoring of North China rainy season）

利用降水量和西太平洋副热带高压位置等资料，对华北地区雨季的起讫时间和强度等特征进行实时监测、分析，并及时提供相关产品。

华北雨季特征 受东亚夏季风向北推进的影响，每年7月中下旬至8月上旬是华北地区降水最活跃时期，约占全年降水量的50%左右，被称为华北雨季。华北雨季降水多为对流性降雨，强度大，分布极为不均，并常伴随雷电大风等天气，有时也会出现冰雹。

华北雨季气候平均开始日期在7月18日左右，平均结束日期在8月18日左右，平均雨季长度为32天，雨季平均降水量为135.7 mm。华北雨季长度不一，最长可达53天，而最短仅有16天。雨季强弱变化差异也很显著，降水量最多年份可达312 mm，而最少年份仅有42 mm，导致雨季期间旱涝灾害比较频繁。

影响华北雨季降水的主要水汽通道有三支：一支源自孟加拉湾和南海的西南风水汽输送；一支源自西太平洋副热带高压西侧的东南风水汽输送；一支来源于中纬度西风带系统的影响。华北雨季开始期东亚大气环流的主要特征是：在500 hPa 位势高度场和海平面气压场上，华北到西北太平洋一带为"东高西低"的距平场配置；西太平洋副热带高压北抬，异常偏南风北推到30 °N。华北雨季结束期东亚大气环流的特征正相反：在500 hPa 位势高度场和海平面气压场上，华北到西北太平洋一带为"东低西高"的距平场配置；西太平洋副热带高压南撤，异常偏北风控制中国东部地区。

监测的主要内容 包括雨季开始、结束时间和强度等，监测时段为7—8月，每年从7月1日开始进入实时监测阶段。具体监测指标：

华北雨季开始时间 主要依据是区域内监测站的降水状况和西北太平洋副热带高压脊线位置来判定：①某日华北区域平均降水量超过本区域雨季的气候平均日降水量（即3 mm），表明雨季开始前后雨量有明显的变化。②该日华北区域有超过20%的站点出现≥17 mm（即中到大雨级别）的降水，表明雨季开始伴随着区域性的强降水。③110 °E～130 °E 范围内西太平洋副热带高压平均脊线连续5天以上稳定维持在25 °N 以北，表明东亚夏季风雨带向北推进到华北一带。当某日同时满足上述3个条件时，则判定该日为华北雨季开始日期。

华北雨季结束时间 主要依据区域内监测站的降水条件来判定：若某日华北区域监测站降水不满足上述①和②两个条件，且从该日开始，之后15天内再没有满足条件的雨日出现，则判定该日为华北雨季结束日期。

华北雨季强度 从雨季开始到结束期间，监测站总降水量的区域平均值为当年华北雨季的总降水量，亦称雨季强度，总降水量大（小）于多年平均降水量1倍标准差时，称为雨季偏强（弱）。

华北雨季监测是国家级和相关省级气象部门的主要天气气候监测业务之一。国家级气象业务单位依据监测指标和方法，开展华北地区雨季的实时监测，及时组织省级气象业务单位会商，分析总结华北雨季的天气气候特点，发布雨季监测产品，指导相关省级气象业务单位开展华北雨季监测。而华北地区相关省级气象业务单位依据监测指标和方法，开展对本区域雨季的实时监测，及时总结雨季的天气气候特点，发布雨季监测产品。

参考书目

刘海文，丁一汇，2008. 华北汛期的起讫及其气候学分析 [J]. 应用气象学报，19（6）：688-696.

刘海文，丁一汇，2011. 华北汛期大尺度降水条件的年代际变化 [J]. 大气科学学报，34（2）：146-152.

赵汉光, 1994. 华北的雨季 [J]. 气象, 20 (6)：8-12.

(孙丞虎)

Huáxī qiūyǔ jiāncè

华西秋雨监测（monitoring of autumn rainy season in Southwest China）　利用降水量等气象观测资料, 对华西地区秋雨的起讫时间以及强度等特征进行实时监测、分析, 并根据服务需求发布相关产品。华西秋雨监测是国家级和相关省级气象部门承担的主要天气气候监测业务之一。

华西秋雨特征　华西秋雨是中国西部地区秋季多雨的特殊天气现象。在某些地区称之为"秋绵雨"或"秋淋"。华西秋雨平均开始日期为 8 月 31 日, 平均结束日期为 11 月 1 日。秋季频繁南下的冷空气与停滞在该地区的暖湿空气相遇, 使锋面活动加剧而产生较长时间的阴雨。华西秋雨以绵绵细雨为主, 持续的阴雨寡照, 给当地的农业生产和人民生活带来一定的不利影响。华西秋雨的降水量虽然少于夏季, 但持续降水也易引发秋汛。

监测的主要内容　包括秋雨开始、结束时间和强度等, 监测时段为 8 月中下旬至 11 月。监测指标主要依据监测区域内的降水状况来确定。另外, 根据华西秋雨的区域气候区域特征, 将监测区域划分为南北两个气候区。具体监测指标：

多雨期　①秋雨日：自 8 月 21 日起, 某日监测区域内≥50% 的台站日降雨量≥0.1 mm, 则称为一个秋雨日, 否则为一个非秋雨日。②多雨期：自 8 月 21 日起, 若监测区域内连续出现 5 个秋雨日（第 2～4 天中允许有一个非秋雨日）, 则多雨期开始, 并将第一个秋雨日定为多雨期的开始日。之后若连续出现 5 个非秋雨日（第 2～4 天中允许有一个秋雨日）, 则该多雨期结束, 并将第一个非秋雨日定为该多雨期结束日。秋雨期内可以出现一个或多个多雨期。

秋雨开始时间　①南北气候区和省级行政区秋雨开始时间：若自 8 月 21 日起, 监测区域内第一个多雨期出现, 则该区域秋雨开始, 并将第一个多雨期的开始日定为该区域秋雨的开始日。②国家级华西秋雨开始时间：南、北两区域中, 秋雨开始最早区的秋雨开始日作为华西秋雨的开始日。

秋雨结束时间　①北区及其相关省级行政的秋雨结束时间：秋雨开始后, 若直至 10 月 31 日再无多雨期出现, 则秋雨结束, 并将最后一个多雨期的结束日定为该区秋雨结束日。②南区及其相关省级行政区的秋雨结束时间：11 月 1 日后, 若连续出现 10 个非秋雨日（第

2～9 天中允许有两个秋雨日）, 则该区秋雨结束, 并将最后一个多雨期的结束日定为该区秋雨结束日若以上条件不满足, 则继续监测到 11 月 30 日, 直至再无多雨期出现, 则秋雨结束, 并将最后一个多雨期的结束日定为该区秋雨结束日。③国家级华西秋雨结束时间：在南、北两区中, 秋雨结束最晚的区的结束日作为华西秋雨的结束日。

秋雨强度　分别用秋雨期长度指数、秋雨量指数和综合强度指数来表征华西秋雨的强弱。其中秋雨期长度指数和秋雨量指数分别用两者的标准化值来确定, 而综合强度用秋雨日数指数和秋雨量强度指数的等权相加的值来确定。

(司东)

jīxuě jiāncè

积雪监测（snow cover monitoring）　对积雪（地球表面存在时间不超过一年的季节性雪层）面积、日数、深度和开始、结束日期以及积雪面积增量等对气候应用有意义的指标进行实时监测、分析, 并根据服务需求提供相关产品。

积雪分类　基于积雪的物理属性, 如深度、密度、热传导性、含水率、雪层内晶体形态和晶粒特征, 以及各雪层间相互作用、积雪横向变率和随时间变化特质等, 并经验性地参考各类积雪存在的气候环境特点（如降水、风、气温）, 将全球积雪分为六类：苔原积雪、针叶林积雪、高山积雪、草原积雪、海洋性积雪、瞬时积雪。国际冰雪分类系统委员会根据积雪液态水含量, 又将积雪划分为：干雪（0）、潮雪（0～3%）、湿雪（3%～8%）、很湿雪（8%～15%）和雪浆（>15%）。

积雪分布特征　在冰冻圈中, 积雪的空间覆盖范围仅次于季节冻土, 最大可达 4.7×10^7 km², 98% 分布在北半球。在南半球, 南极洲之外鲜有大面积陆地被积雪覆盖。积雪季节变化显著, 北半球陆面积雪最小仅为 1.9×10^6 km², 最大可达 4.52×10^7 km², 接近北半球陆地面积的一半。北半球平均积雪面积年际变率最大发生在夏季（相对值）或秋季（绝对值）, 而非积雪面积最大在冬季。中国积雪的地理分布相当广泛, 极不均匀。以年积雪日数 60 天为界, 中国积雪可分为稳定积雪区和不稳定积雪区两大类, 其中稳定积雪区主要分布在东北和内蒙古自治区东部地区、新疆维吾尔自治区北部和西部地区以及青藏高原地区, 总面积约为 3.4×10^6 km²。

积雪观测　通常用来描述积雪的 3 个关联变量为积雪深度、积雪密度和雪水当量。积雪深度指地表新雪和老雪的总厚度或高度, 通常以 cm 为单位, 最大雪深可

以从瞬时积雪的几厘米到山区湿寒型积雪的几百厘米。积雪密度，与其他物质一样，为单位体积的质量，标准单位为 kg/m³，其数值可从新雪的 30～150 kg/m³ 增加到最大季节的 300～400 kg/m³，融雪再冻结雪壳的密度可达 700～800 kg/m³。雪水当量是指单位体积积雪融化成水的深度，是积雪深度和密度的函数，常以 kg/m² 或 mm 为单位。

中国气象观测站参照中国气象局于 2003 年发布的《地面气象观测规范》对积雪进行观测，包括雪深和雪压。每日 08 时，当气象站四周视野地面被雪覆盖超过一半时，用量雪尺或普通米尺垂直插入雪中直到地表为止，依据雪面所遮掩尺上的刻度线，读取四舍五入的整数来测定雪深，以 cm 为单位。每月 5 日、10 日、15 日、20 日、25 日和月末最后一天，若雪深达到或超过 5 cm 时，在观测雪深的地点附近用体积量雪器或称雪器测定雪压，以 g/cm² 为单位，取 1 位小数。每次进行雪深和雪压观测均应取 3 个样本，取平均值作为本次观测值。

对积雪其他物理属性的观测多来自于野外考察，包括人工观测和自动观测。人工挖雪坑的观测对象包括积雪深度、积雪密度、雪层温度、雪粒径大小、雪层结构、含水率等。其中，雪粒径通常由一个放大镜和一个雪径卡测量，单位为 mm；各雪层温度由一个带有圆盘刻度面的茎状温度计测得，单位为℃；积雪密度是利用积雪采样器通过测量一定体积内的积雪重量获得的。在野外站架设的自动测雪仪器，观测对象包括积雪深度（如 SR50a 仪器）、雪水当量（如 GMON 仪器）、积雪密度（如 SPA—雪层分析系统仪器）、积雪面积（瞬时视野 100 m² 的照相机）、雪层温度（如 109SS-L 仪器）、风吹雪（如 FlowCap 仪器）等[①]。

积雪监测方法 由于野外观测的非定时性和低时效性，气候上对积雪基本是从宏观角度进行监测。国际上发布的积雪监测产品，多基于卫星遥感资料对大尺度积雪覆盖范围进行月尺度监测。中国国家级气象业务除了对积雪面积进行监测外，还对积雪日数、积雪深度等常规变量，以及积雪开始和结束日期、积雪面积增量等对气候应用有意义的指标进行监测。监测一般利用气象台站观测资料或卫星遥感资料，空间范围涵盖半球尺度、大陆尺度、中国及区域尺度，时间范围涵盖日、候、旬、月、季、年等多种时间尺度。同时，对积雪各变量的监测方法、各区域和时间尺度的划分以及时间和空间平均方法进行了一系列定义和规范，包括：

---

① SR50a、GMON、SPA、109SS-L、FlowCap 均为积雪测量主要设备。

积雪监测指标 ①区域积雪面积指数：定义为考察时段内该区域的积雪总面积，是同时与网格面积和积雪日数有关的变量，用下式计算：

$$A_{org} = \sum_{i=1}^{n} \frac{D_s}{D_t} \times area_i \qquad (1)$$

式中：D_s 为考察时段内某网格有雪的总日数；D_t 为该时段的总日数；$area_i$ 为网格的面积；n 为考察区域内的网格总数；$\frac{D_s}{D_t} \times area_i$ 为考察时段内该网格积雪面积指数；A_{org} 为考察时段内该区域的积雪面积指数。②积雪面积增量：定义为欧亚大陆季节新增/融化的积雪面积，以下式计算：

$$A_{fse} = A_{org}（当季末月）- A_{ogr}（前季末月）\qquad (2)$$

积雪监测时间尺度划分 ①候；②旬月；③季；④年。

北半球积雪监测区域划分 ①欧亚大陆；②北美大陆；③中国；④中国东北（40 °N～55 °N，115 °E～135 °E）；⑤中国西北（40 °N～50 °N，73 °E～105 °N）；⑥青藏高原（20 °N～40 °N，70 °E～105 °E）。在进行时间平均时，要求某格点在考察时段内的非缺测数据应不少于该时段总长度的 2/3，否则记为缺测；在进行空间平均时，要求某格点在某空间尺度内非缺测数据不少于该区域总网格数的 1/2，否则记为缺测。

展望 未来对积雪监测产品的开发，在加强建立对气候预测具有指示意义的指标的同时，将更侧重于建立能够反映气候系统多圈层相互作用的指标，如监测积雪致灾因子（影响人类的生产生活）、积雪建立时间（影响下伏冻土）、积雪消融时间（影响水文水循环）等，最终建立积雪的综合监测系统。

参考书目

Fierz C，Armstrong R L，Durand Y，et al，2009. The international classification for seasonal snow on the ground［M］. Paris：UNESCO-IHP.

Ma L，Che T，2013. In-situ observations of snow cover in China［R］//CNC-CliC/IACS Annual Report 2013：Ground-based and satellite measurements of cryosphere and related variables. Beijing：China Meteorological Press.

Sturm M，Holmgren J，Liston G E，1995. A seasonal snow cover classification-system for local to global applications［J］. J. Climate，8（5）：1261-1283.

（马丽娟）

dōngjìfēng jiāncè
冬季风监测（winter monsoon monitoring） 根据表征东亚冬季风强弱的各种指数，对东亚冬季风强度的演变特征进行实时监测、分析，及时提供相关信息。

冬季风为季风地区冬季由大陆冷高压吹出的风。冬季风属于季节性空气流动，冬季陆地的比热比海面小，相对海面气温低，所以形成从大陆向海洋流动的空气。受纬度位置和海陆位置的影响，中国大多数地区一年内的盛行风向随季节有显著变化，形成了典型的季风气候。冬季盛行偏北风。影响中国的冬季风主要来自亚欧大陆北方严寒的西伯利亚和蒙古一带，冬季风带来的气流寒冷干燥，影响中国大部分地区。

冬季风示意图

从东亚季风环流的特点及影响出发，诸多气象研究工作者从海平面气压、500 hPa 位势高度、东亚地区高低层风场以及地面气温变化等各个不同方面定义了各种东亚冬季风指数。例如：①利用中国不同区域气温的变化直接反应冬季风强弱的指数；②根据东亚大陆—西太平洋之间海平面气压差表征的冬季风指数；③反映东亚槽强度变化的冬季风指数；④根据 300 hPa 区域纬向风切变反映东亚地区副热带急流变化的冬季风指数；⑤利用东亚区域内（25 °N～50 °N，115 °E～145 °E）平均的冬季 850 hPa 风速定义的冬季风指数；⑥根据东亚区域平均经向风的变化来描述冬季风强弱的指数等。

中国气象局国家气候中心业务中，用于监测冬季风的指标主要有两个：①西伯利亚高压强度指数：用北半球冬季西伯利亚地区（40 °N～60 °N，80 °E～120 °E）区域平均的海平面气压标准化数值来表示，用来反映冬季风在源地的强弱程度。②东亚冬季风指数：用北半球冬季 25 °N～35 °N、80 °E～120 °E 区域与 50 °N～60 °N、80 °E～120 °E 区域平均的 500 hPa 纬向风距平差的标准化数值来表示，用于描述冬季东亚地区环流、冷空气活动和中国气温的变化。冬季风指数的大小代表冬季风的强弱程

度，指数大，表示冬季风强，意味着入侵中国的冷空气活动频繁、势力强，导致中国大部地区气温偏低；指数小，表示冬季风弱，意味着入侵中国的冷空气次数少、势力弱，致使中国大部地区气温偏高。

（袁媛）

夏季风监测 xiàjìfēng jiāncè

夏季风监测（summer monsoon monitoring） 根据表征东亚夏季风强弱的指数对东亚夏季风进行实时监测、分析，及时提供相关信息。

夏季风是季风地区夏季由海洋吹向大陆的盛行风。由于夏季亚洲大陆上为巨大的热低压控制，海洋上是高气压，气流由高气压区吹向低气压区，形成夏季风。位于低压南部的南亚、东南亚及中国西南一带，盛行西南季风；位于低压东部的中国东部地区，盛行东南季风。东亚夏季风以阶段性的而非连续的方式进行季节推进和撤退，北进过程经历两次突然北跳和三次静止阶段。在这个过程中，季风雨带和季风气流以及相应的季风气团也类似的向北运动，如下图所示。

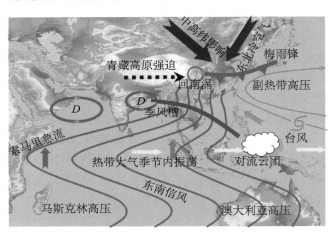

夏季风示意图（张庆云等，1998）

由于亚洲夏季风具有广阔的空间和时间尺度变率，夏季风监测针对不同的现象和要素大致可以归纳为 3 类：①针对降水或对流来定量表征夏季风强度，如定义东亚降水指数来描述东亚夏季风的强度，用对流指数来反映南亚和东南亚夏季风的年际变化；②基于季风是海陆热力差异的综合产物这个基本成因，来定量描述季风强度，如用海平面气压差来定义季风指数，用东西向和南北向的海陆温差定义东亚海陆热力差指数；③针对季风环流本身，选择风场、散度场或涡度场来描述夏季风的强度，如用 850 hPa 和 200 hPa 的纬向风切变来定义季风指数，定义经向风切变为季风经向垂直环流指数，用对流层高低层散度差来描写南海夏季风，用东亚热带和副热

带纬向风差值来定义夏季风指数，将东西向海平面气压差与低纬度高低层纬向风切变相结合定义东亚夏季风指数等。

中国气象局国家气候中心业务中，采用的东亚夏季风指数监测指标定义为：用东亚热带季风槽（10 °N～20 °N，100 °E～150 °E）与东亚副热带地区（25 °N～35 °N，100 °E～150 °E）夏季（6—8月）平均850 hPa纬向风距平差来表示。利用该定义计算出历年的东亚夏季风指数序列，将指数≥2 m/s的年份定义为强夏季风年，指数≤－2 m/s的年份定义为弱夏季风年。该指数的大小与中国夏季降水的分布特征密切相关。指数大，表示夏季风强，对应中国夏季主要雨带位置偏北；指数小，表示夏季风弱，对应中国夏季主要雨带位置偏南。

参考书目

张庆云，陶诗言，1998. 亚洲中高纬度环流对东亚夏季降水的影响［J］. 气象学报，56（2）：199-211.

张庆云，陶诗言，陈烈庭，2003. 东亚夏季风指数的年际变化与东亚大气环流［J］. 大气科学，61（4）：559-568.

（袁媛）

Nánhǎi jìfēng jiāncè

南海季风监测（monitoring of the South China Sea summer monsoon）　利用纬向风和假相当位温等指标，对南海季风的起讫时间和强度及其发展、演变过程进行实时监测、分析，并根据南海季风的发展状况，及时发布相关信息。

南海季度是指中国南海区域盛行风向随着季节有显著变化的风系，属于热带季风。夏半年南海地区低层盛行西南风，高层为偏东风；冬半年南海地区低层盛行东北风，高层为偏西风。南海夏季风的平均爆发时间为5月第5候，平均结束时间为9月第6候。

主要监测内容包括南海夏季风的爆发和结束时间以及强度的变化等。监测时段为4—10月。具体监测指标：

（1）南海夏季风爆发时间：以南海季风监测区内（10 °N～20 °N，110 °E～120 °E）850 hPa平均纬向风和假相当位温作为主要监测指标，同时参考200 hPa、850 hPa和500 hPa位势高度场的演变。监测区内平均纬向风由东风稳定地转为西风以及假相当位温稳定超过340K（持续3候以上或持续2候、中断不超过1候），即判定南海夏季风爆发。

（2）南海夏季风结束时间：仍以南海季风监测区内（10 °N～20 °N，110 °E～120 °E）850 hPa平均纬向风和假相当位温为主要监测指标，同时参考200 hPa和850 hPa，500 hPa位势高度场的演变。当监测区内平均纬向风由西风稳定转为东风以及假相当位温稳定小于340K（一般持续2候及以上），则判定南海夏季风结束。

（3）南海夏季风强度指数：以南海夏季风爆发到结束期间，850 hPa纬向风强度累积值的标准化距平值作为当年南海夏季风强度指数。

在气候监测与诊断系统中，建立了南海季风监测区内850 hPa平均纬向风和假相当位温的逐候变化曲线以及南海季风强度指数的逐日、逐候和年际变化曲线，通过这些曲线来考察南海夏季风的爆发、结束时间以及强度的演变趋势和特征。南海夏季风作为东亚季风系统中重要的一个部分，由于其特殊的地理位置，它不仅与东亚副热带季风、西太平洋季风、印度季风和南半球季风密切相关，而且还与中高纬环流有联系，因而其发生、发展及演变对东亚地区，尤其对中国的气候会产生很大影响。通过对南海季风特征的监测，为每年中国汛期降水的分布趋势和季风雨带的季节进程提供了非常有用的信息。

（柳艳菊）

Xī Tàipíng Yáng fùrèdài gāoyā jiāncè

西太平洋副热带高压监测（monitoring of West Pacific subtropical high）　以表征西太平洋副热带高压特征的各种指数作为指标，对其进行实时监测、分析，重点监测它的面积大小、强弱程度、南北和东西位置的变化以及季节演变特征等，及时发布监测信息。

地处热带和温带之间的副热带地区存在着一条暖性高压带，被称为副热带高压带，受海陆分布的影响，常断裂成为若干个孤立的暖性高压，这些孤立的高压统称为副热带高压。位于北半球西北太平洋的被称为西太平洋副热带高压（简称"西太副高"或"副高"），是一个半永久性的暖性高压系统，中心有时只有一个，有时有数个，其主体则位于海上。西太平洋副高夏季时一般分裂成东、西两个单体，西部高压脊会深入到中国大陆。在盛夏时偶尔呈南北狭长形状外，一般呈东西扁长的椭圆形。

对天气气候的影响　西太平洋副高是影响中国气候异常的主要因素之一，它的强弱、位置的变化对中国的气温和降水趋势都会产生显著的影响。特别是夏季，中国主要季风雨带的南北移动与西太平洋副高的季节活动基本一致，通常主要雨带位于副高脊线以北约5～8个纬度的地方。每年4—6月，副高脊线稳定在18 °N～20 °N，中国华南雨季（前汛期）开始，华南地区出现持续性强降水。6月中旬随着副高脊线首次北跳至20 °N～25 °N，中国主要雨带也随之北移到长江流域一带，正是长江中下游梅雨季节开始的时期。到了7月中旬,副高脊线再次北跳到25°N～30°N,主要雨带从长江流域北推到黄淮流域;长江中下游的梅雨结束,开始被西太平洋副高所控制,出现高温伏旱。7月底到8月初,副高继续北进,脊线越过30°N,主要雨带也北抬至华北、东北地带。9月上旬,副高开始向南撤退,主要雨带也开始自北向南移动。因此,对西太平洋副高各种特征的实时监测,对掌握中国的冷暖、旱涝特征和季风雨带的进程以及分析气候异常的成因都非常有意义。

监测指标 在中国气象局国家气候中心业务中,用北半球500 hPa平均环流场上定量描述西太平洋副高强弱和位置的各种指数作为实时监测指标:

面积指数 表征西太平洋(10°N以北,100°E～180°E)副高范围大小的指标。以500 hPa天气图上,588 dagpm等值线所包围区域的相对面积来表示,计算公式:

$$GM = dxdy \sum_i \sum_j (n_{ij}\cos\varphi_j) \quad (1)$$

$$n_{ij} = \begin{cases} 1, H_{ij} \geq 588 \\ 0, H_{ij} < 588 \end{cases}$$

式中:GM为西太平洋副高面积指数;dx为纬向格距,单位为°;dy为经向格距,单位为°;i为格点纬向序号,$i = 1,2,\cdots,Nx$,Nx为监测范围内的纬向格点总数,由西向东增加;j为格点经向序号,$j = 1,2,\cdots,Ny$,Ny为监测范围内的经向格点总数,由南向北增加;$H_{i,j}$为500 hPa位势高度场上某个格点的位势高度;φ_j为格点所在的纬度。

强度指数 表征西太平洋副高强弱的指标。以500 hPa天气图上,位势高度大于588 dagpm高度面为底的副高体的相对体积来表示,计算公式:

$$GQ = dxdy \sum_i \sum_j [n_{ij}(H_{ij} - 587.0)\cos\varphi_j] \quad (2)$$

式中:GQ为西太平洋副高强度指数。

脊线指数 表征西太平洋副高体内位势高度最大值连线的指标。以500 hPa天气图上,西太平洋副高体内纬向风速为零的平均纬度来表示。

北界指数 表征西太平洋副高北部边缘平均纬度的指标。以500 hPa天气图上,西太平洋副高脊线以北位势高度为588 dagpm等值线的纬度平均值来表示。

西伸脊点指数 表征西太平洋副高最西点位置的指标。以500 hPa天气图上,西太平洋副高西侧位势高度为588 dagpm的最西点经度值来表示。

很显然,副高面积指数越大,副高体越大;强度指数越大,副高越强;脊线指数和北界指数越大,副高偏北越明显;西伸脊点指数越小,副高西伸越明显。反之亦然。

气候特征 西太平洋副高的强度和位置有明显的季节变化,冬季面积最小,强度最弱,位置最南、最东;夏季面积最大,强度最强,位置最北、最西。从冬到夏向北偏西方向移动,强度逐渐增大;自夏至冬则向南偏东方向移动,强度逐渐减弱。冬季副高脊线位于15°N附近,随着季节转暖,脊线缓慢向北移动。大约到6月中旬,副高出现第一次北跳,脊线越过20°N,此后在20°N～25°N徘徊;7月中旬副高出现第二次跳跃,脊线迅速跳过25°N,以后摆动于25°N～30°N;7月底至8月初,脊线进一步向北越过30°N到达最北位置。9月以后随着西太平洋副高势力的减弱,脊线开始自北向南迅速撤退,9月上旬脊线第一次南退到25°N附近,10月上旬再次南压至20°N以南地区。至此,副高结束了以一年为周期的季节性南北移动。副高的季节性南北移动并不是匀速进行的,而是表现出稳定少动、缓慢移动和跳跃三种形式,还伴随着北进过程有暂时南退、南退过程有短暂北进的南北振荡现象。同时,北进过程持续时间较久、移动速度较缓,而南退过程则经历时间较短、移动速度较快。副高的这种季节性移动特征是全球性的现象,是太阳辐射季节变化以及副热带高压强度纬向不均匀分布和随时间非匀速变化特征的反映。

参考书目

何金海,祁莉,张韧,等,2010. 西太平洋副热带高压研究的新进展及其应用 [M]. 北京. 气象出版社.

刘芸芸,李维京,艾婉秀,等,2012. 月尺度西太平洋副热带高压指数的重建与应用 [J]. 应用气象学报,23 (4): 414-423.

赵振国,1999. 中国夏季旱涝及环流场 [M]. 北京:气象出版社.

(袁媛)

xīfēng huánliúxíng jiāncè

西风环流型监测(monitoring of westerly circulation patterns) 针对北半球500 hPa亚洲地区、欧亚地区、欧洲—大西洋地区西风带环流的变化特征进行实时监测、分析,及时提供相关信息。

西风环流型是定量描述一定地区大尺度环流变化的一项指标。具体监测指标如下:

(1)亚洲和欧亚地区环流指数:用亚洲地区(45°N～65°N,60°E～150°E)和欧亚地区(45°N～65°N,0°E～150°E)环流指数来反映该地区大尺度西风环流的变化,包括纬向指数(I_z)和经向指数(I_M)两类。

在单位时间内通过某一地区的平均空气输送量或与之成正比的量可以作为大气环流有物理意义的量度。在

500 hPa 高度场上，任一地区 $x_1 y_1 x_2 y_2$（X 轴向东，Y 轴向北）单位时间、单位厚度上通过单位面积空气平均纬向和经向输送量 M_z，M_m 是：

$$M_z = \frac{1}{q} \int_{x_1}^{x_2} \int_{y_1}^{y_2} \rho u \, dx dy \quad M_m = \frac{1}{q} \int_{x_1}^{x_2} \int_{y_1}^{y_2} \rho v \, dx dy \quad (1)$$

式中：u，v 分别为风速在 X，Y 轴方向的分量；ρ 为空气密度；q 为所考虑地区的面积取地转近似，不考虑科氏力参数 f 以及空气密度 ρ 的变化，纬向指数 I_z 定义为：

$$I_z = \frac{f}{\rho g} R M_z = IR \overline{\frac{\partial z}{\partial y}} = I \overline{\frac{\partial z}{\partial \varphi}} \quad (2)$$

式中：R 为地球半径；g 为重力加速度；φ 为纬度；"——"表示对所考虑地区求平均。

经向指数 I_m 也可以采取同样的方法来定义。但是，由于在所考虑的地区内自南向北和自北向南的经向输送常常同时出现，而且两者往往都可以达到很大的数值。因此，如果直接采取所考虑地区的平均经向空气输送量来描述大气环流的经向度是不适宜的，如此必然会比实际大气环流的经向度减弱许多。取平均的区域愈大，则影响的程度愈大；若所考虑的地区扩展及全北半球，则无论局地空气的经向输送如何强烈，其平均经向输送将恒等于零。为此，可以把所考虑地区分成 n 个小分区，逐一计算每个小分区的经向指数 i_{mj}，然后求出它们的模量（绝对值）在所考虑地区内的平均值，即可作为本地区环流的经向指数 I_M：

$$I_M = \frac{1}{n} \sum_{j=1}^{n} |i_{mj}| = \frac{1}{n} \sum_{j=1}^{n} \left| R \overline{\left(\frac{\partial z}{\partial x_j}\right)} \right| \quad (3)$$

式中：λ 为经度。

在实际业务工作中，为表示亚洲和欧亚西风带环流是以经向环流占优势还是纬向环流占优势，常用下式计算西风环流指数：

$$I_\Delta = I / \overline{I_z} - I_M / \overline{I_M} \quad (4)$$

式中：I_z 为亚洲或欧亚纬向环流指数；$\overline{I_z}$ 为亚洲或欧亚纬向环流指数多年平均值；I_M 为亚洲或欧亚经向环流指数；$\overline{I_M}$ 为亚洲或欧亚经向环流指数多年平均值；I_Δ 为西风环流指数，当 $I_\Delta \geq 0$ 时，表示西风带纬向环流占优势，反之经向环流占优势。

（2）欧洲—大西洋环流型：在逐日 500 hPa 环流图上，根据欧洲—大西洋地区（40 °N～80 °N，25 °W～70 °E）槽脊位置的不同和强度的差异，划分为 W，C，E 三个型。W 型的特点是该地区西风带环流平直，盛行纬向环流；C 型的特点是欧洲西海岸为高压脊，乌拉尔山地区为长波槽，欧洲地区经向环流发展；E 型的特点恰好与 C 型相反，欧洲西海岸为长波槽，乌拉尔山地区为高压脊，导致东亚地区环流经向度加大。

W，C，E 三种环流型的划分，一般采用相似法，即把每一天的实况场与三个典型场对比，找出最相似的典型场，即为该日的环流型。也可采用客观方法来计算：分别选取三种环流型中典型日数的 500 hPa 客观分析场，将格点资料进行合成，得到 W，C，E 三种环流型的典型场。实况场分别与三个典型场在欧洲—大西洋地区通过下列公式计算欧氏距离：

$$D_j = \sqrt{\sum_{k=1}^{N} (H_{jk} - H_k)^2} \quad (j = 1,2,3) \quad (5)$$

式中：D_j 为实况场与三个典型场之间的欧氏距离；H_{jk} 为典型场的格点值；H_k 为逐日实况场相应格点值；N 为网格点总数。每天可计算得到逐日实况场与 W，C，E 三种典型场的三个欧氏距离，取距离最小的一个所对应的典型场类型作为该日环流型。

各种西风环流型是影响中国气候异常的重要因素之一，西风带环流的纬向发展、经向加强都会对中国的气温和降水变化趋势产生影响。比如：冬季亚洲西风带纬向环流发展，有利于中国气温偏高；若经向环流加强，则有利于中国气温偏低。

参考书目

王永光，刘海波，1996，大西洋—欧亚环流型和东亚槽的客观化评定 [J]. 气象，22（5）：19-22.

赵振国，1999. 中国夏季旱涝及环流场 [M]. 北京：气象出版社.

（袁媛）

zǔsè gāoyā jiāncè
阻塞高压监测（monitoring of the blocking high）

利用北半球 500 hPa 高度场资料对中高纬阻塞形势的发生、发展、减弱、消退的演变过程进行实时监测、分析，重点判断阻塞高压建立、维持的时空特征，及时提供相关信息。

阻塞高压形成与影响 在北半球西风带长波槽脊的发展演变过程中，在高压脊不断北伸时，其南部与南方暖空气的联系会被冷空气切断，在脊的北边出现闭合环流，形成暖高压中心，这种中高纬度地区大气对流层中部和上部深厚的暖高压，称之为阻塞高压。它很少移动，持续时间又比较长，阻碍着上游西风气流和天气系统的东移。此外，阻塞高压主要出现在北半球，常和切断低压相伴出现。阻塞高压出现具有特定的区域，在欧亚地区阻塞高压出现频次最高的三个地区分别是乌拉尔山、贝加尔湖、鄂霍次克海地区，其在一年中任何月份都有可能出现。

北半球中高纬地区阻塞形势的建立和崩溃常常伴随着大范围环流型的调整，阻塞形势的持续发展往往会导致中国气候产生异常。比如冬季乌拉尔山到贝加尔湖一带阻塞高压的发展、维持，有利于冷空气南下影响中国大部地区，致使这些地区温度持续偏低；夏季贝加尔湖和鄂霍次克海地区阻塞高压的发展、维持，会使中国夏季主要雨带位置偏南，造成长江流域及其以南地区多雨常发生洪涝。

监测指标　在中国气象局国家气候中心业务中，通过北半球 500 hPa 高度逐日的时间-经度剖面图和乌拉尔山、贝加尔湖、鄂霍次克海地区 500 hPa 高度逐日的时间-纬度剖面图等，对北半球中高纬的阻塞形势进行持续监测，重点监测对中国气候有明显影响的乌拉尔山、贝加尔湖、鄂霍次克海阻塞高压的发展过程。同时还利用阻塞高压指数进行阻塞高压的定量监测。

阻塞高压指数是对阻塞高压进行实时监测的主要指标。首先对北半球 500 hPa 逐日高度场做 5 天的滑动平均，然后计算北半球中高纬阻塞高压指数，即对北半球每个经度，南区 500 hPa 高度梯度（$GHGS$）和北区 500 hPa 高度梯度（$GHGN$）采用下述公式进行计算：

$$GHGS = \frac{Z(\phi_0) - Z(\phi_s)}{\phi_0 - \phi_s} \qquad (1)$$

$$GHGN = \frac{Z(\phi_n) - Z(\phi_0)}{\phi_n - \phi_0} \qquad (2)$$

式中：$\phi_n = 80\ °N + \delta$；$\phi_0 = 60\ °N + \delta$；$\phi_s = 40\ °N + \delta$，$\delta = -5°,\ 0°,\ 5°$

对某时刻某经度任意一个 δ 值，如果条件满足：①$GHGS > 0$，②$GHGN < -10$ 位势米/纬度，则诊断该时刻该经度有阻塞形势出现，其相应的阻塞高压指数为 $GHGS$。当有两个以上的 δ 值同时满足①和②两个条件时，则取 $GHGS$ 值大者为阻塞高压指数。

（司东）

jíwō jiāncè

极涡监测（polar vortex monitoring）　用极涡面积指数、强度指数、中心位置和强度等描述北极极区极涡特征的定量指标，对极涡进行实时监测、分析，并根据服务需求及时提供相关信息。

极涡是北半球极区、对流层中上层 500 hPa 上绕极区的气旋式涡旋，它是表征大规模极区寒冷空气的特征。地面为浅薄冷高压，700 hPa 转为低压环流。极涡中心通常会偏离极心，并且常呈不对称分布结构。如果极涡集中在极地地区不向南移动，中纬度地区不容易受来自极地的冷空气侵袭。但如果极涡分裂成几个，分裂中心南移，就容易把来自北极和西伯利亚地区的冷空气带到中纬度地区，造成这些地区受到冷空气（寒潮）影响。

极涡监测指标的具体定义如下：

（1）极涡面积指数：在 500 hPa 月平均等压面上，取接近于最大西风轴线的等高线为极涡南界，以这一特征等高线以北所包围的面积为极涡面积。利用球面计算公式计算极涡面积：

$$S = \int_{\varphi}^{\frac{\pi}{2}}\int_{\lambda_1}^{\lambda_2} R^2\cos\varphi\,d\varphi\,d\lambda = R^2(1 - \sin\varphi)(\lambda_2 - \lambda_1) \qquad (1)$$

式中：S 为在经度 $\lambda_2 \sim \lambda_1$ 范围内的极涡面积；φ 为极涡南界的纬度；R 为地球半径，其值取 6378 km。以每 10 个经度为空间步长，由此得到计算极涡面积的公式：

$$S = \frac{R^2\pi}{18} \sum_{i=1}^{36}(1 - \sin\varphi_i) \qquad (2)$$

求得极涡面积后，取 $10^5\,km^2$ 为单位的极涡面积作为定义极涡大小的一种特征量，用该特征量作为极涡面积指数。为描述不同区域范围内的极涡面积的变化特征，将北半球分为四个区，1 区：$60\ °E \sim 150\ °E$，2 区：$150\ °E \sim 120\ °W$，3 区：$120\ °W \sim 30\ °W$，4 区：$30\ °W \sim 60\ °E$。根据上述公式，分别计算各区域极涡面积，北半球极涡总面积为四个区域面积指数之和。

（2）极涡强度指数：用 500 hPa 月平均等压面与极涡南界特征等高线所在的等高面之间的空气质量来表示极涡的强度，计算公式为：

$$Q = \rho R^2 \Delta\varphi\Delta\lambda \sum_i \sum_j (H_0 - H_{ij})\cos\varphi_i \qquad (3)$$

式中：ρ 为大气密度；R 为地球半径；$\Delta\varphi$ 和 $\Delta\lambda$ 分别为 500 hPa 月高度平均图上相邻格点的纬度差和经度差，取经度格距为 10°，纬度格距为 5°；H_0 为极涡南界特征等高线位势高度值；H_{ij} 为在特征高度线以北格点上的位势高度值。ρR^2 可视为常数，为计算方便，取值为 0.1。由此计算各分区和整个北半球极涡强度指数。

（3）极涡中心位置及其强度：利用 500 hPa 月平均高度图，在北半球范围内，选取位势高度最低的一个低涡中心，用其经度和纬度位置来表示北半球极涡的中心位置。极涡中心附近最小的一个网络点上的高度值表示极涡中心强度。

极涡是影响中国气候异常的重要因素之一，它的范围大小、强弱程度、位置不同都会对中国气候产生不同程度的影响。比如冬季极涡向东亚地区扩展，往往会导致中国气温偏低；若向极地收缩，中国气温则容易偏高。

（袁媛）

dàqì yáoxiāngguān

大气遥相关（atmospheric teleconnection）　又称大气遥相关波列，在地理上相隔遥远的不同地区同一时间或不同时间气象要素变化之间存在有密切关系的现象。它表明气候系统运动的统一特征，某个地方的环流或天气的变化会与其他地方的环流或天气变化有一定的联系。根据文献记载，V. 皮叶克尼斯（V. Bjerknes）早在 1969 年研究赤道太平洋海温异常与东北太平洋环流变化的关系时，首先使用了遥相关一词。

现代大气遥相关概念则是由华莱士（Wallace）和古茨勒（Gutzler）于 1981 年研究大气低频变化水平结构时引入的。大气遥相关概念已经有了极大的发展，一般包含四种形式：①同一变量在同一时间的空间遥相关（同时相关）；②不同变量（如来自大气和海洋）在同一时间的空间遥相关；③同一变量在不同时间的遥相关（时滞相关）；④不同变量在不同时间的遥相关（海气相互作用的超前落后相关）。

基本内容　遥相关实际上是海气系统中某种本质规律的外在反映，反映了海气之间密切相关的一类非常普遍的相互作用过程。遥相关型表现为一种循环（再生）的、持续的大尺度气压及环流异常，这种环流异常可以出现在许多特定的地理区域，被看成是一种低频（长时间尺度）变化的特定模态。典型的遥相关型通常持续几周到几个月，甚至有时连续几年都有非常明显的表现。它们可以反映大气环流空间相互关联性，以及随年际变化和年代际变化的重要特征。遥相关在大气低层或海平面附近（通常在地面气压场上）的反应包括南方涛动（SO）、北大西洋涛动（NAO）、北太平洋涛动（NPO）、北极涛动（AO）和南极涛动（AAO）等（见第 203 页大气模态变化）。而在对流层中高层（通常在 500 hPa 的大气环流上）的反应包括太平洋—北美（PNA）型、欧亚—太平洋（EUP）型，西大西洋（WA）型，西太平洋（WP）型，东大西洋（EA）型，以及太平洋—日本（PJ）型等典型大气遥相关型。

遥相关指数　是定量描述各种遥相关型的显著性、辨别正负遥相关型空间特征的指标，它是基于标准化的月平均 500 hPa 高度异常资料，对特定的格点高度异常进行计算得到的。这些特定的格点就是相关系数极大值所在的位置，对于不同的遥相关型，遥相关指数的计算格点也不一样。令某格点的 500 hPa 月平均高度值为 $z(x,y,t)$，$z(x,y)$ 为其多年平均值，那么标准化高度异常 $z^*(x,y,t)$ 可表示成

$$z^* = \frac{z - \bar{z}}{\sqrt{\frac{1}{I}\sum_1^I (z-\bar{z})^2}} \quad (1)$$

式中：I 为资料序列的数目。这样，各种遥相关型及其指数分别为：

PNA 型

$$PNA(I) = \frac{1}{4}[z^*(20°N,160°W) - z^*(45°N,165°W) + z^*(55°N,115°W) - z^*(30°N,85°W)] \quad (2)$$

中东太平洋与北美大陆 500 hPa 位势高度跷跷板式的变化关系。在 500 hPa 形势图上，正 PNA 型遥相关对应着北美大陆西岸为强高压脊控制，北太平洋和北美东部是高空槽控制区；负 PNA 型遥相关对应的形势不同，整个北美大陆为高空大槽控制，而北太平洋高压脊明显存在。

EUP 型

$$EUP(I) = -\frac{1}{4}z^*(55°N,20°E) + \frac{1}{2}z^*(55°N,75°E) - \frac{1}{4}z^*(40°N,145°E) \quad (3)$$

EUP 的正负相关系数的中心位于欧洲西部（55°N，20°E）、西伯利亚（55°N，75°E）和日本（40°N，145°E）上空，表现为乌拉尔地区和东亚沿岸、欧洲西部地区的 500 hPa 高度场距平的负相关关系。相对于其他遥相关型，EUP 的纬向特征较清楚一些。在 500 hPa 形势上，正 EUP 对应着在 30°E 附近有较强的高空槽，西伯利亚反气旋比较强；而负 EUP 型对应着在 60°E 附近有高空槽，西伯利亚反气旋比正常偏弱。冬季 EUP 以年际变率为主，年代际变化的分量不明显，其显著周期表现为 2～4 年。

WA 型

$$WA(I) = \frac{1}{2}[z^*(55°N,55°W) - z^*(30°N,55°W)] \quad (4)$$

与地面气压的 NAO 对应，在 500 hPa 环流的演变中也有类似的形势，即在西大西洋（60°W～50°W）附近地区的热带和高纬度的 500 hPa 高度表现出的负相关关系。同 NAO 正的 WA 型在 500 hPa 上表现为弱的北美东岸大槽和弱的西大西洋急流；强烈发展的北美东亚大槽和强的西大西洋急流则对应着负 WA 型遥相关。

WP 型

$$WP(I) = \frac{1}{2}[z^*(60°N,155°E) - z^*(30°N,155°E)] \quad (5)$$

与地面气压的 NPO 对应，在 500 hPa 高度的变化方面也有西太平洋遥相关。在 150°E～160°E 附近，热带地区的 500 hPa 高度变化与中高纬地区 500 hPa 高度变化有明显的负相关关系，这就是 WP 型遥相关。在 500 hPa 环流形势上，若阿留申地区的低压槽比较弱

（强），而日本上空的高空急流也比较弱（强），则对应着正（负）WP型遥相关存在。

EA型

$$EA(I) = \frac{1}{2}z^*(55\ °N,20°W) - \frac{1}{4}z^*(25\ °N,25°W)$$
$$- \frac{1}{4}z^*(50\ °N,40\ °E) \quad\quad (6)$$

EA遥相关型表明了副热带东大西洋、北大西洋及欧洲地区500 hPa位势高度变化的遥相关特征。若北大西洋地区有异常高的500 hPa高度，而副热带东大西洋和东欧地区500 hPa高度较低，则出现正EA型遥相关；反之，则出现负EA型遥相关。对应于正EA型，500 hPa上在东大西洋（20°W）有明显的高压脊，在黑海（40°E）一带高空槽很强。而对应于负EA型，将有相反的500 hPa形势，20°W附近为高空槽控制，40°E附近有高压脊存在。这种500 hPa形势的巨大差异对天气气候的影响也必然不同。

PJ型，又称东亚—太平洋遥相关波列

$$EAP = -\frac{1}{4}Z'(20\ °N,125\ °E) + \frac{1}{2}Z'(40\ °N,125\ °E)$$
$$- \frac{1}{4}Z'(60\ °N,125\ °E) \quad\quad (7)$$

北半球夏季西太平洋与东亚（日本）上空对流活动和500 hPa位势高度的反向变化关系。基于西太平洋地区云量和对流层环流的长期变化特征，新田（Nitta）在1986年指出PJ型涛动的存在；其后又进一步指出夏季北半球环流存在PJ型波列，并认为这个遥相关波列的出现同赤道西太平洋地区的对流活动以至同厄尔尼诺（El Nino）事件有密切关系。

各计算公式中的系数1/2和1/4为格点的权重系数。

上述各种遥相关型都是全球大气环流持续异常的反映。造成大气遥相关的原因有两类：大气外源异常和大气内部动力过程。海温异常、陆面热源异常、地形和准定常热源及其相互作用都能够激发大气遥相关，同时大气的基本气候态（如基本气流形势）在遥相关的产生中也有重要作用。大气遥相关的发生、发展会对世界和中国气候产生影响，以各种遥相关型指数表征的大气遥相关型已成为气候分析和预测的有用参数和因子，对短期气候异常和预测有重要作用。

参考书目

李崇银，2000. 气候动力学引论 [M]. 第二版. 北京：气象出版社.

李维京，2012. 现代气候业务 [M]. 北京：气象出版社.

钱维宏，梁浩原，2012. 北半球大气遥相关型与区域尺度大气扰动 [J]. 地球物理学报，55（5）：1449-1461.

孙照渤，陈海山，谭桂容，等，2010. 短期气候预测基础 [M]. 北京：气象出版社.

（袁媛　张培群）

气候影响评估

qìhòu duì nóngyè yǐngxiǎng pínggū

气候对农业影响评估（impact assessment of climate on agriculture）　采用客观的评估方法，主要针对气候资源（热量、光照、水资源等）和气象灾害（低温冷害、高温热害、干旱、洪涝等）对农业的影响进行分析、评估。我国主要农作物（如水稻、小麦、玉米等）产量的高低很大程度上受到当地农业气候资源和农业气象灾害的影响，因此气候对农业影响评估的重点是农业气候资源和农业气象灾害的影响评估。

沿革　作物模型是进行气候对农业影响客观评估的重要方法之一。从20世纪60年代起，随着对作物生理生态机理认识的不断深入和计算机技术的发展，作物生长模型的研究得到了飞速发展，已经达到了实用化阶段。作物模型基于作物生理生态机理，考虑了作物生长与天气、土壤等因素的相互作用。作物模拟是从系统科学的观点出发，将作物生产看成是一个由作物、环境、技术、经济四要素构成的整体，不仅可以通过建立数学模型或子模型对作物过程及其与环境之间的复杂关系进行动态描述，还可以兼收相关学科的理论和实验成就。70—80年代，针对早期作物模型机理性不足、应用性较差的弊病，作物模拟研究领域逐渐分化成以荷兰C.T.德维特（C.T. De wit）和美国J.T.里奇（J.T. Ritchie）为代表的两大学派。荷兰学者利用现有知识、理论或假说，注重作物生长过程的机理表达。这一思想贯穿在他们先后推出的初级作物生长模拟（ELCROS）模型、基本作物生长模拟（BACROS）模型、简单和通用作物生长模拟（SUCROS）模型、一年生作物的模拟（MACROS）模型和世界粮食作物研究（WOFOST）模型等模型中（Van Ittersum et al.，2003）。美国学者则主张作物模拟模型既要在理论上可行，又要便于应用。最具代表性的是著名的作物环境资源综合系统（CERES）模型系列。90年代之后，作物模拟继续朝着应用多元化的方向发展，荷、美两大学派也出现了合流趋势，即一致主张机理性与应用性并重。同时，对作物生产中的优化问题亦更为重视。其中最成功的例子是将作物模型与大气环流模式（GCM）相联接，评估全球气候和气候变化对农业生产的影响。中国作物模拟开始于 20 世纪 80 年代，90 年代中国科学家将作物模拟技术与栽培优化原理相结合，完成了中国第一个大型的作物模拟软件水稻栽培模拟优化决策系统（RCSODS），还研制了棉花生长发育模拟模型和冬小麦生长发育模拟模型。

借助"3S"技术和多源数据挖掘与融合技术、风险评估技术以及数值天气预报，通过典型农业气象灾害案例分析、长期的野外观测模拟实验及相关模拟控制实验平台，从土壤—农作物—大气系统出发，国家级业务部门开展了气候对农业影响风险评估研究。

评估内容　评估的内容主要有两个方面：农业气候资源影响评估和农业气象灾害影响评估。

农业气候资源影响评估　中国东北地区主要种植玉米、单季稻和大豆，华北、黄淮等地主要种植冬小麦、玉米，南方主要种植水稻。农业气候资源影响评估主要包括热量资源评估、水资源评价和光照日数评估。不同地区不同作物评价指标不同，例如冬麦区热量资源评价经常用大于 0 ℃的活动积温，但水稻区热量指标经常用大于 10 ℃的活动积温。一般光照、温度、水资源匹配较好，利于农业增产丰收；若热量资源偏少、降水资源异常偏多或偏少、日照偏少都不利于农作物生长发育。除了统计方法外，作物模型开始逐渐在研究和业务中应用。

农业气象灾害影响评估　我国农业深受农业气象灾害的影响。东北地区玉米主要受干旱的影响，水稻主要受到低温冷害的影响；西北地区玉米主要受到干旱和低温冷害（含霜冻）的影响；华北地区冬小麦主要受到干旱和低温冷害的影响，玉米主要受到干旱的影响；华东地区水稻主要受到高温和低温冷害的影响，冬小麦主要受到渍害的影响；华南地区水稻主要受到暴雨和干旱的影响；西南地区水稻主要受到高温热害的影响，玉米主要受到干旱的影响。不同地区不同农作物灾害指标不同。

主要评估方法　气候对农业影响的主要评估方法包括指标统计法和作物模型法。

指标统计法　主要是利用农作物的指标和数理统计方法进行评估，其中开展大田实验研究非常重要。例如农业干旱评估方法（作物水分亏缺指数距平指数）：

作物水分亏缺距平指数按公式（1）计算：

$$CWDI_a = \frac{CWDI - \overline{CWDI}}{\overline{CWDI}} \times 100\% \qquad (1)$$

式中：$CWDI_a$ 为某时段作物水分亏缺距平指数；$CWDI$ 为某时段作物水分亏缺指数；$\overline{CWDI}$ 为所计算时段同期作物水分亏缺指数平均值。

作物模型法　主要是利用作物模型评价气候条件的好坏，这种方法比较复杂，但机理性清楚，逐渐被广泛应用。例如，WOFOST 作物模型中同化速率的计算：一天中选取三个时间段，分别求出他们的冠层同化速率，对时间进行积分得到的冠层总同化速率，分别乘以不同的权重，再乘上日长就得到日 CO_2 总同化速率。

$$A_d = D \frac{A_{c,-1} + 1.6A_{c,0} + A_{c,1}}{3.6} \qquad (2)$$

式中：A_d 为总同化速率；D 为日长；A_c 为整个冠层总的瞬时同化速率；$p = -1, 0, 1$。

中国气候对农业影响评估技术经过几十年的发展，形成了一批实用的农作物指标和统计方法，作物模型在研究中广泛应用，但在实际指导农业生产中应用还比较少。

展望　未来气候对农业评估技术还应在以下三方面深入展开：①开展更多的田间实验。20 世纪 80，90 年代至 21 世纪初，中国农作物品种更新很快，但有些实验研究成果仅适用于以前的作物品种，针对更新的作物品种大田实验很少。②开展作物模型机理研究。由于作物模型机理性清楚，但业务服务中应用较少，因此应该加强机理研究和应用研究。③农业气象灾害风险研究及应用。面对极端条件下中国重大农业气象灾害频发的严峻形势，面向国家急需解决的应对气候变化和防灾减灾问题，及时与国际研究接轨，应加强农业气象灾害风险研究及应用。

参考书目

De wit C T, 1965. Photosynthesis of leaf canopies [J]. Agricultural Research Report, 42：663-671.

Van Ittersum, Leffelaar M K, Van keulen P A, et al, 2003. On approaches and applications of the Wageningen crop models [J]. European Journal Agronomy, 18：201-234.

（宋艳玲）

qìhòu duì shuǐzīyuán yīngxiǎng pínggū
气候对水资源影响评估（impact assessment of climate on water resources）　利用观测资料或借助统计模型、物理模型等方法，对一定气候条件下的水资源或其变化给出定性或定量描述。

水利部 1999 年发布实施的中华人民共和国行业标准《水资源评价导则 SL/T238—1999》指出，水资源评估包括水资源数量评估、水资源质量评估、水资源利用评估和综合评估四方面的内容。其中水资源数量评价内容包括水汽输送、降水、蒸发、地表水资源、地下水资源、总水资源，水资源质量评估内容包括河流泥沙、天然水化学特征、水污染状况。气候对水资源影响评估内容可参考水资源评价导则中的水资源数量与质量评估内容与要求，其评估时段与气候变化对水资源影响评估具有交叉重叠的部分，两者之间没有确切的时间上的界定，但气候变化对水资源影响评估侧重于长期的影响，而气候对水资源影响评估更侧重于较短时段内的影响。

沿革 气象部门开展气候对水资源影响评估主要始于国家"九五"重中之重科研项目"我国短期气候预测系统的研究"，其研究成果中水资源评估一直用于之后的气候影响评估日常业务。如利用降水量或产水系数与水资源总量间的统计关系式估算全国及分区年度水资源总量，并进行丰枯级别评估；利用月水量平衡模型评估黄淮海、黄河和长江部分流域主要水文控制站地表水资源年度丰枯程度，并通过与实测气候资料与气候预测资料相连接，实现实时监测评估与预评估。

气象部门不断致力于气候对水资源影响评估的科研，并应用于影响评估业务，包括全国范围和典型流域的水资源评估。如，国家气候中心与中国科学院大气物理研究所联合开发了中国水资源监测评估业务系统，通过分布式可变下渗容量大尺度水文模型（VIC）与实时观测资料连接，开展全国范围蒸发量、径流量、土壤湿度等水量平衡项的滚动模拟与评估。国家和省级气候中心通过对分布式水文模型水文局水平衡部门（HBV）、水土资源评估工具（SWAT）在不同流域的本地化，与实时观测数据连接，用于关注时段流域地表水资源的丰枯监测，与短期气候预测数据连接，用于未来一个时段流域地表水资源丰枯程度预评估。

为了发展可靠的水文集合预报方法，为水行政主管部门提供决策依据，解决关键科学问题及预报方法的可执行处理方案，重点推进洪水、干旱、水资源管理领域的概率水文预报技术，2004 年美国国家海洋大气局（NOAA）、欧洲中期天气预报中心（ECMWF）等研究机构的科学家发起了一项国际合作研究计划——水文集合预报试验（HEPEX）。该计划汇集了世界各地的水文气象学报，每年举行一次研讨会，促进学术思想和成果的交流。其 10 年计划（2004—2014 年）为 HEPEX 科学与实施计划的更新提供了契机。第一轮实施计划由多名科学家于 2006 年 10 月 7 日提出。2009 年，HEPEX 建立了一系列试验流域，开展了天气预报降尺度、水文预报不确定性、集合预报系统应用等具体科学问题的研究，重点关注应用在水文预报中的气象预报。为了促进计划更好地实施，HEPEX 与其他国际计划建立了密切联系，通过与全球能量与水循环试验（GEWEX）合作开展中期水文预报研究，通过与世界气候计划（WCRP）合作

提高天气/气候模式预报精度。随着该计划多项工作完成和应用经验的积累以及新问题的出现，于 2014 年发布新一轮的 HEPEX 科学与实施计划。

评价内容和方法 国家及区域/省级气候中心开展的气候对水资源影响评估工作主要包括水资源总量评估、径流评估、水资源脆弱性评估。其中对以径流为主的地表水资源评估工作开展得较多，方法也较为成熟。

水资源总量评估 评估方法以统计模型为主，即利用历史上观测的降水资料和水利部的《中国水资源公报》提供的水资源总量，建立统计关系式，或者利用各地区年产水系数（年水资源总量/年降水量）和年降水量建立统计关系，利用各地降水量计算年水资源总量，再根据水资源丰枯标准进行年水资源量丰枯的年景评估。其中常年缺水和旱年缺水的北方地区是关注的重点。

径流评估 评估方法以水文模型模拟为主，即以观测气候资料、天气预报和短期气候预测为输入，利用统计方法或水文模型对过去或未来一个时段的流域径流丰枯或流量变化进行评估。如：通过将实测气候资料和预测资料相连接，用于驱动分布式水文模型 VIC 开展了包括蒸发量、径流量、土壤湿度等水量平衡各要素的全国范围的影响评估与预评估。用于驱动流域分布式水文模型的流域范围主要水文控制站的径流评估与预测评估，如基于月水量平衡模型的黄淮海和汉江、赣江流域水资源评估与预评估、基于 SWAT 和 HBV 的多个流域水资源评估与预评估。

水资源脆弱性评估 评价方法可分为定性评估、定量评估。定性评估即对于水资源变化有密切关系的诸多因素进行系统分析，找出水资源脆弱性主要影响因素，提出降低水资源脆弱性的措施。定量评估即引入一个能定量衡量水资源脆弱程度的量，常使用脆弱度的概念，常用方法有指标权重法、综合指标法和函数法等。国内短期气候业务还没有开展水资源脆弱性评估，往往只对脆弱度评估所用的部分指标进行评估，如降水量、径流量、河塘蓄水量、人均水资源量等。

国际上，许多国家或地区在水资源预报和预评估方面积累了丰富经验。美国国家气象局（NWS）从 20 世纪 90 年代早期就开始采用集合流量预报的方法用于长期径流预报，后来该方法进一步扩展用于短期水文预报服务。其河流预报中心（RFCs）采用确定性预报或概率预报技术，提供诸如洪水监测与预警，供水、休闲旅游、河川径流调节、环境对生态系统的影响等多种用途的水文预报服务。欧盟采用通过数值天气预报与水文模型耦合开发了 10 天欧洲洪水预警系统（EFAS），预报

不同重现期洪水出现的概率。HEPEX 计划实施过程中在气候预测降尺度、集合预测技术、数据同化、不确定性，预测检验、预测信息如何用于决策制定等方面积累了丰富经验。

应用 气候对水资源评估结果有助于正确认识气候对一地区水资源状况的影响，明确水资源丰枯程度、水质优劣程度及其在一定气候条件下的变化和未来一段时间可能发生的变化。这些信息可为水资源管理部门进行水资源调度、水资源规划等管理措施的制定或风险决策制定提供科学依据，有助于社会、经济的可持续发展和社会的稳定。

展望 气候对水资源影响评估面临的主要问题是水资源预评估技巧偏低以及水资源预测结果如何更好地用于水资源管理部门和相关决策部门。水资源预测技巧受多方面的影响，包括天气预报或气候预测技巧、气候预测降尺度技术、水文模型模拟性能、水文模拟结果后处理技术以及预测结果的表现与应用方式等。

随着 HEPEX、GEWEX、WCRP 等一系列相关国际计划的开展，所面临的技术问题将不断得到解决，预测技巧也将不断提高。预估结果的不确定性处理与描述，与相关用户的交流与应用方式也将不断得到改进。这些问题将是一项长期的任务和未来努力的目标。

参考书目
李维京, 2012. 现代气候业务 [M]. 北京：气象出版社.
中华人民共和国水利部, 2000. 水资源评价导则 SL/T238—1999 [S]. 北京：中国水利水电出版社.

（刘绿柳）

qìhòu duì jiāotōng yǐngxiǎng pínggū
气候对交通影响评估（impact assessment of climate on transportation） 对一段时间内因雾、霾、雨、雪、大风、积冰、高温、低温、干旱、低空切变、雷电、沙尘暴、季节性冻土等灾害性天气气候对交通运输产生不利影响程度的评估。

随着社会经济的发展，人们社会活动的增多，气候与交通运输之间的关系愈显密切，尤其是不利天气气候对交通运营的影响愈加凸显。为此，开展气候对交通影响评估对防灾减灾具有非常重要的现实意义。交通方式分为公路、铁路、水路、航空四种方式，因此，在具体开展气候对交通影响评估时，通常又针对不同交通方式分别进行气候影响评估。

评估内容 气候对交通的影响评估包括：气候对交通影响的一般性常规评估、极端天气气候事件对交通运营以及气候对交通建设影响的专题性影响评估。

中国虽然在气候对交通运输影响研究方面已开展多年，但气候对交通运输影响评估的业务工作目前大多仍停留在定性分析和影响机理的陈述上。气候对交通影响的一般性常规评估工作主要体现在月、年时间尺度上，其中包括对交通运营不利的天气日数以及由暴雨引发的山洪和河水泛滥冲毁公路的里程、铁路运输中断的时间和断道次数进行评估。专题性影响评估主要体现在严重低温雨雪冰冻、极端低温、雪灾等重大气候事件对交通运营的专题影响评价以及冻土消融对青藏铁路、大风雷电等对高铁路线选择等重大工程建设的气候可行性论证。

评估方法 主要采用指标统计方法或概念模型，其中指标统计法在业务中广泛应用。在指标统计方法中，一般采用表征交通运营状况的指标，如交通事故发生情况（事故次数、受伤人数、死亡人数、财产损失）或车流量、断道次数、断道时间、水毁里程等资料，与当地同期的降水、气温、沙尘、雾、雪、冰冻等气象要素进行关联分析。在此基础上，确定影响交通运输的主要气象因子，采用多元回归法构建统计模型，最后建立某一时段（如月、年）气候对交通运输影响的指数历史序列，确定评价等级指标，进行评估。也有的将某一时段（如月、年）内对交通运输不利的天气日数直接相加构成交通运输影响综合气象指数来，开展气候对交通运营影响评估业务。

展望 截至 2015 年，中国气候对交通影响评估业务经过了近 30 年的发展，评估指标从单要素到多要素综合，评估对象从公路、铁路到航空运输、高铁，评估方法从定性评估到定性、半定量和定量评估共存，无论评估指标、评估内容、评估对象还是评估方法均有了一定进步。但由于气候对航空、水运、铁路、公路的影响机理、影响方式差异很大。长序列的、完备的交通运输影响资料获取存在一定困难，以及气候对交通运输影响程度分离技术所限等，气候对交通运输影响的定量评估工作仍处于初级阶段，尤其是气候对航空运输、水上运输的定量影响评估更显缺乏。

需加强气象与交通管理部门的联合，通过信息共享、技术共享、成果共享，有望使气候对交通运输影响的定量评估工作得到明显推进。从评价方法上，应发展数值模拟方法开展诸如暴雨洪涝对公路、铁路的淹没长度和淹没时间的定量评估等。雾、霾对交通运输影响的定量评估和气候对不同方式交通运营的风险评估，也是今后的发展方向。

参考书目
白虎志，李栋梁，董安祥，等, 2005. 青藏铁路沿线的大风特

征及风压研究 [J]. 冰川冻土, 25（1）：111-116.

黄朝迎, 1998. 气候异常对交通影响的诊断分析 [J]. 灾害学, 13（1）：92-96.

朱瑞兆, 1991. 应用气候手册 [M]. 北京：气象出版社.

（叶殿秀）

qìhòu duì réntǐ jiànkāng yǐngxiǎng pínggū

气候对人体健康影响评估（impact assessment of climate on human health） 对一段时间内气象要素或气象要素的变化幅度超过某一阈值，造成人体不适或某些疾病发生、高发或重发程度的评估。

气候与人体健康有着广泛而密切的关系，有利的气候条件促进人类健康，不舒适的气候条件容易诱发某些疾病的发生或加重。气候是决定某些疾病的地理范围、高发季节和流行时间的主要因子。气候对人体健康的影响机理很复杂，包括直接影响和间接影响。充分了解气候变化及气候异常对人类健康的影响程度、易受影响的人群范围等，对建立重大天气气候灾害对人类健康的监测和评估系统，采取各种有效的对策和措施保护人类自身的健康，具有积极的现实意义。

评估内容 气候对人体健康的影响评估包括：气候对人体健康的影响评估及极端天气气候对人体健康影响评估。

气候对人体健康影响评估主要集中在四个方面：一是基于人体热应力的气候适宜性评估；二是基于空气污染（霾、雾、沙尘）不利于人体健康的评估；三是基于空气自洁能力的大气环境对人体健康影响的评估；四是基于气象因子评估指标对一些流行性疾病发生的评估。其中基于热应力对人体健康的影响评估，通常采用炎热指数、风寒指数、体感温度、热指数等来统计年、月等不同时间尺度的舒适日数、炎热日数或寒冷日数，并对其多少进行评估；基于空气污染（霾、雾、沙尘）对人体健康的影响评估采用天气现象资料统计霾、雾、沙尘等出现的日数，在此基础上，对其多少进行评估；基于空气自洁能力的气候影响评估是基于大气环境容量原理，统计分析月、季、年空气自洁能力评估工作，也可基于以上不同指标（数）针对某种或某几种疾病开展有针对性的人体健康影响评估，如针对呼吸系统、心脑血管病、精神病、风湿病、皮肤病、糖尿病、结核、肝炎、消化性溃疡病、伤寒等病；基于气象因子评估指标开展气候对登革热、疟疾、血吸虫等疾病的发生程度和发生范围进行评估。

极端天气气候事件对人体健康影响评估主要指洪涝、风暴、气旋、飓风、干旱、热浪、寒潮等通过各种直接和间接的方式造成某些疾病发生、重发或死亡率增加进行评估。例如洪水灾害后易出现大范围疫病流行；寒流到来时冠心病、气管炎、哮喘、中风加重；高温热浪导致以心脑血管、呼吸系统为主的疾病或死亡增加等。通过极端气候事件与疾病发病率（住院率、死亡率等）之间的关系，来评估极端气候事件对健康的影响程度。

评估方法 国外开展气象与人体健康的研究方法，一是直接对人体的研究和用动物进行实验研究，获取一些影响机理方面的理论；另外还做一些流行病学研究。国内从 20 世纪 60 年代开始了这方面的研究，气候对人体健康的影响评估通常采用两种方法，一种是数理统计方法，另一种是系统分析方法。

数理统计方法 虽然人们对气象与人体健康的关系研究已经开展了较长时间，但由于临床资料的特殊性，医疗气象的研究方法较为简单，通常在对医疗资料收集与汇总整理后，对照气象资料进行分析，大多采用多元统计的方法，具体地说，可分为三类：①相关分析，这是医疗气象分析中常用来确定影响疾病发病因子的方法，即用相关普查的方法确定因子；②多元线性函数，如回归或判别，用来建立医疗气象评估预报模型；③主成分分析法，确定关键因子，用少量的主要因子做出预报。由于人类疾病与环境之间存在着极为复杂的相互关系，这种方法较难阐述评估、预测因子与人体疾病的物理与生理关系。其模型缺乏生物与生态意义，是一"黑箱"方法。

系统分析方法 将发病的人群和环境作为一个系统来对待，将各种致病原因及其关系集中起来作系统分析，并求出在何种情况下最易得病，具体做法是：①明确目标和要解决的问题，搞清楚要解决问题的实质；②针对某种疾病，收集和整理有关资料和数据，分析发病分布状况，提出致病的可能原因；③将复杂的发病原因和关系归类，也就是将发病人群和环境这个相当复杂的系统分成子系统，列出各种成分，并找出各种成分的依从关系，进行发病机理分析；④建立数学模式，也就是用数学函数来表示各成分之间的关系；⑤形成算法，求出参数（比率变量）；⑥检验模式，修改模式及其中参数；⑦用模式解决实际问题。

显然，这种方法可以考虑众多的重要因子，既可以反映人体疾病发生、发展的内在规律、原因，又可以反映气象条件诱发、加重的原因和规律；可以动态模拟人体疾病发生、发展、蔓延、流行等过程，近似于一个"白箱"，可以探讨气象条件对疾病影响的机制，不失为一个好办法。虽然还没有人开展此类研究，但这是以后此类研究的方向。

展望 截至 2015 年，中国气候对健康影响评估业务经过了近 30 年的发展，评估指标从单要素到多要素综合，评估方法从定性评估到定性、半定量和定量评估共存，无论评估指标还是评估方法均有了一定进步。但与先进国家相比还存在差距，主要表现在：业务运行的气候对人体健康影响评价模型有很大的局限性，大部分仅能作为单项评估，不能提供综合影响评估结果，而且主要是进行事后总结评价，预评估业务薄弱；具有一定病理机制的模式方法评估基本处于空白状态。

气象部门应联合医疗部门，根据对全国范围的气象条件诱发疾病的病例普查，从致病原因入手，加强健康的气象条件研究，建立气候对人体健康综合影响评估的评价指标体系，开展气候对健康影响的综合评价业务；从风险管理的角度出发，分析人类健康对气候的敏感性、脆弱性和适应性，开展气候对人体健康影响的风险评估，以及主要流行病的气候风险区划研究；基于数值模式，结合社会经济资料，发展具有一定影响机理的气候对人体健康影响评估模式，开展气候对人体健康影响评估和预评估工作。

参考书目

谭建国，郑有飞，2005. 近 10 年我国医疗气象学研究现状及其展望 [J]. 气象科技：33（6）：550-554.

吴兑，邓雪娇，2000. 环境气象学与特种气象预报 [M]. 北京：气象出版社.

McGregor G R，Bessemoulin P，Ebi K，et al，2015. Heatwaves and health：guidance on warning-system development [R]. Geneva，Switzerland：World Health Organization and World Meteorological Organisation.

World Health Organization，World Meteorological Organisation，2012. Atlas of health and climate [R]. Geneva，Switzerland：World Health Organization and World Meteorological Organisation.

（叶殿秀）

qìhòu duì shēngtài xìtǒng yǐngxiǎng pínggū
气候对生态系统影响评估（impact assessment of climate on ecosystem）

主要是评估温度、水分、日照和光强等气候因素对生态系统的分布以及生态系统的组成、结构和功能的影响。

生态系统指由生物群落与无机环境构成的统一整体，气候是生态系统最主要的环境影响因素。此外，人类活动，如土地利用、农业生产和工业废物排放等也会对生态系统产生影响。

沿革 2001 年联合国启动了新千年生态系统评估（MEA）项目。MEA 的核心工作是对全球生态系统过去、现在和将来的状况进行评估，并提出相应的对策。该项目已经于 2006 年 3 月完成，来自 95 个国家的 1360 名专家参与评估，并有 80 人组成的评议团，资料来源于各国科学文献数据库和数学模式计算。评估结果认为，20 世纪后半叶，人类改变生态系统的速度超过有史以来的任何时段，人类获得了福利增长和经济发展，但代价是生态系统质量下降和部分人群更加贫困。报告预研，21 世纪前半叶，生态系统改变将会加速，达不到联合国新千年预期目标。报告提出了全球协调，适应性对策、技术园区和生态安全等改善生态系统的建议。MEA 的结论中与气候相关的内容是，强调了气候变化和生态系统服务之间的联系，肯定了气候变化正在成为生物多样性最大的威胁之一。此外，在 MEA 的后续行动中还提出了要开发用以评估由诸如气候变化等因素引起的生态系统服务变化的工具。中国也开展了全国气候与环境评估以及西部地区气候与生态环境评估，开发了评估工具和方法，得出一系列重要结论。

评估内容 陆地生态系统是人类赖以生存和发展的基础。中国的陆地生态系统主要有森林、草原、内陆湿地和荒漠生态系统。气候对生态系统的影响评估包括气候对生态系统分布、生态系统功能（生产力等）和生态系统结构（组成）的影响。从 2001 年起，在气候影响评估业务中增加了关于气候对生态和环境的相关内容。评估的内容包括对草原区和林区火灾、植被退化、水土流失、赤潮、滑坡和泥石流等社会广泛关注的生态和环境问题进行评估。但因资料较为缺乏，此类问题还很难定量评估，采取的主要方法是参考一些内部资料，给出定性评述。

此外，在月及年尺度的影响评估中，还应用地球观测系统中分辨率成像光谱仪（EOS\MODIS[①]）得到的归一化差分植被指数（NDVI）作为植被长势监测和评估的指标，并通过与前一年同时段的植被长势进行对比，从而对植被生长状况进行定量估算。

评估模型 在生态系统和气候系统相互作用的研究方法中，经常使用且比较成熟的全球生态系统模型大致包括：生物物理模型、生物地理模型和生物地球化学模型。其中生物物理模型可模拟植被-土壤-大气之间辐射、热量、水和动量转化和交换过程。其主要类型有简单生物圈模型、生物圈大气传输模型（BATS）和土地生态系统-大气反馈模型。生物地理模型主要依据植物地理学理论，该理论认为植物空间分布范围主要取决于

――――――――――

① MODIS 是搭载在 terra 卫星上的一个重要传感器。

生态生理条件，如最低温度、热量和干旱指数，而植被结构（如高度、叶面积指数、根系深度）主要取决于植物生长所需资源的供应，如光照、水和养分，因此模型以植物对环境的生态生理适应性和资源竞争能力为基础模拟植被分布和组成。

展望 气候和气候变化对生态系统影响定量评估，是中国现代气候业务建设的重点工作之一。存在的问题主要是缺乏观测资料、已有的观测资料序列不完整、评估方法偏定性、缺少客观定量的评估手段，评估内容仅限于植被长势，缺乏全面的评估。基于长序列的卫星遥感监测产品，开展植被长势监测、湖泊水体面积变化监测、荒漠化范围监测；在此基础上，拟结合地理信息系统技术，利用长序列的 MODIS、总臭氧量测图光谱仪（TOMS）遥感数据和气象数据，并与生态系统模型相结合开展植被净第一性生产力的定量化评估，是气候对生态系统影响评估急需开展的业务工作。

参考书目

中国气象局国家气候中心，2015. 全国气候影响评价：2014［M］. 北京：气象出版社.

Millennium Ecosystem Assessment，2005. Ecosystems and human well-being：synthesis report［M］. Washington：Island Press.

（许红梅）

气候模式与模拟

qìhòu xìtǒng móshì

气候系统模式（climate system model） 基于大气、海洋和陆面（包括海冰和积雪）等气候分量所遵循的动量、能量及水分循环过程中的物理定律而建立的数学模型，用来描述气候系统内部各个组成部分以及各部分之间复杂的相互作用。气候系统模式是更广泛意义上的气候模式的复杂形式，已经成为认识气候系统行为和预估未来气候变化的定量化研究工具。一般的气候模式可看成是气候系统理想化的数学表示，因此根据对气候系统理想化处理及数学表示的简单化程度可形成简单的全球平均模式（如全球平均温度和辐射收支相联系建立的零维模式、只在垂直方向上考虑辐射和对流效应的一维模式等）及复杂的大气和海洋耦合的全球三维环流模式。气候系统模式以地球流体（大气、海洋）为主体，并考虑了地球表面的陆面物理过程的复杂三维模式，主要目的是理解多圈层相互作用的物理规律，也称为"物理气候系统模式"。

沿革 这种复杂的气候系统模式由数值天气预报模式发展而来，但又有别于数值天气预报模式。因为气候模式模拟的是事件平均统计量，而不是具体天气事件的演变。最早用于气候模拟的复杂模式可被认为是菲利普斯（Phillips）于 1956 年基于准地转方程组构建的大气环流模式，它成功地进行了大气环流统计量的数值模拟，这一成功范例成为数值模式发展史上的一个里程碑，成为气候系统模式发展的基础。随着计算机能力的进一步提高，20 世纪中后期，很多学者又开始发展基于准地转和原始方程的半球及全球大气环流模式。至 20 世纪 70 年代，全球大气环流模式已基本成熟，并开始进行了气候数值模拟试验。

20 世纪 60 年代初，鉴于海洋在海气相互作用中的重要地位，科学家们认识到发展海洋模式、并将海洋模式与大气环流模式进行耦合的必要性。1969 年，真锅淑朗（Syukuro Manabe）等首次给出了基于理想化的大陆-海洋而构造的海气耦合模式结果。此后不久，第一个基于实况海陆分布的海气耦合模式产生了。

经过 20 世纪后期至 21 世纪初几十年的发展，气候模式由简单逐渐到复杂，取得了飞速进步，越来越多的物理、化学、生物过程被引入到模式系统中来，形成了由大气、海洋、冰雪圈、陆地等分量组成的气候系统模式。气候系统模式将向着积分时间更长、空间分辨率更高、对各子系统描述更全面的方向快速发展。

原理与构成 气候系统模式的建立是根据气候系统所遵循的基本物理定律，如牛顿运动定律、能量守恒定律、质量守恒定律等，来确定气候系统中各个分量的形状及其演变的数学方程组，将上述数学方程组在计算机上实现程序化数值求解后，构成气候系统模式。

气候系统模式的范围一般是全球性的，高度从陆面或海洋底层直到平流层（50 km 左右）。气候系统模式中关键的气候分量模式包括大气（参见第 163 页大气环流模式）、陆面（参见第 165 页陆面过程模式）、海洋（参见第 164 页海洋模式）、海冰（参见第 167 页海冰模式）。这些模式分量首先是独立发展和完善，最后耦合到一起形成气候系统模式。

在气候分量模式的耦合方案上，2000 年以前采用"通量订正"技术为主，之后主要采用直接通量耦合技术，这样能排除"人为调整"的主观影响，更客观、更自然地描述圈层间的能量和物质交换。

实现直接通量耦合方案，主要有两种方式，一种是采用"可插拔"的模块化框架，即通过耦合器把不同气候分量模式耦合在一起；另一种是采用没有耦合器的非模块化耦合框架，即在不同分量模式两两相交的界面上进行直接通量交换。

模式类型　按复杂程度气候模式可分为：①简单气候模式，即模式的物理过程设计简单或简化，考虑0～2维或箱式、单点等。如利用能量守恒和转化原理求取气候平均态的能量平衡模式（EBM）、在垂直方向考虑辐射与对流相平衡的辐射对流模式（RCM）、混合层海洋模式、箱式陆面模式、热力学海冰模式等；②中等混合气候模式，一般考虑大气（或海洋）是复杂的动力学模式，而海洋（或大气）是简单的或统计学的模型，如全球大气耦合混合层海洋与海冰模式、统计大气动力海洋模式等；③复杂的气候模式，一般考虑全球气候系统的所有成员，根据物理方程组和计算数学方法求解，如全球（区域）大气环流模式（AGCM）、全球（区域）海洋环流模式（OGCM）、海冰模式、陆地生物圈模式、积雪模式及这些模式耦合嵌套后形成的全球气候系统模式。复杂的气候模式设计在三维空间，垂直与水平分辨率都很细（例如全球大气和海洋环流模式的垂直分辨率一般在20层以上，水平分辨率一般在100 km左右），考虑的物理过程更接近实际气候系统。

按模式所模拟的范围，可以将气候模式分为模拟全球气候的全球气候模式和模拟某一特定区域气候的区域气候模式。

随着对气候及气候变化科学认识的加深、观测手段的改进、观测资料的丰富以及计算机技术迅速发展，气候模式也在不断更新换代。主要体现在：①模式所包含的物理过程越来越丰富。过去主要包括大气模式和海洋模式，后来则发展成包括大气、海洋、陆面、海冰等分量的海气耦合模式。越来越多的研究中心正在把大气化学过程、气溶胶的作用、陆面及海洋中的碳循环过程、动态植被及生物过程等加入气候模式中形成地球系统模式（见第161页地球系统模式）。②模式的分辨率正在不断地增加。过去全球模式的格距为几百千米，后来则达到几十千米并向更细的方向发展。因此原来必须用参数化方式表示的过程现在可以用显式的方式来处理。③结合高性能计算机并行计算处理技术应用到气候模式的运算过程，使模式的求解速度大大加快并使模式包括更详细的物理过程和更高的分辨率。④系统耦合技术的发展，也给模式的发展提供了较好的支撑。如在模块化耦合框架的基础上改进耦合机制，实现分量模式间的直接耦合，以提高耦合通信效率。⑤由于各种新的观测技术的出现，如卫星、雷达、全球定位系统（GPS）等，观测资料大大丰富。为了在气候系统模式中应用这些信息，气候资料分析、同化系统也相应地发展起来。

产品及应用　气候系统模式与数值天气预报模式相比，表现出以下几方面的特点：①在关注的对象方面，数值天气模式主要是预报10天以内的中短期天气，而气候系统模式更多关注的是气候系统内部各圈层之间相互作用及反馈机制。②在关注目标方面，数值天气模式的目标是尽可能细致的瞬时天气现象和天气过程，而气候系统模式的目标是一定时间尺度和空间尺度的平均状态及其变化。③在研究内容方面，数值天气模式主要针对的是天气过程的精确演变过程，而气候系统模式主要研究气候系统中能量的转换和平衡、物质循环过程等。④在模式的设计方面，数值天气模式更强调精度，而气候系统模式更强调系统整体的守恒性和运行的稳定性。

气候系统模式不仅可用于模拟历史气候的演变、当代气候的特征和行为，而且可用于模拟预测气候边界条件改变所引起的气候变化（见第216页气候变化模拟）。因此，如果说人类能够用实验方法来研究气候及其变化的话，那么最重要的试验工具就是气候系统模式。在预测未来人类活动造成的气候变化研究及其应用方面，主要依靠的工具就是气候系统模式。

气候系统模式另一个重要的应用是气候预测业务，即基于气候系统模式建立气候预测系统（见第129页动力气候模式预测系统），对真实气候状态的演变进行预测。尽管气候系统模式既可用于气候模拟，又可用于气候预测，但气候模拟能力好不表示气候预测的技巧就会高。因为气候模拟能力是基于观测和模式模拟的统计特征来衡量，而预测技巧则是指一次预测的精确程度。

参考书目

王斌，周天军，俞永强，等，2008. 地球系统模式发展展望［J］. 气象学报，66（6）：857-869.

Manabe S，Bryan K，1969. Climate circulations with a combined ocean-atmosphere model［J］. J. Atmos. Sci.，26：786-789.

Phillips N A，1956. The general circulation of the atmosphere：A numerical experiment［J］. Q. J. R. Meteorol. Soc，82：123-164.

Smagorinsky J，Manabe S，Holloway J L，1965. Numerical results from a Nine-level general circulation model of the atmosphere［J］. Mon. Wea. Rev.，93：727-768.

（王在志）

dìqiú xìtǒng móshì
地球系统模式（earth system model）　基于地球系统中的动力、物理、化学和生物过程等建立起来的数学方程组，以及为求解这些方程组而发展的计算方法和编写的计算机语言的综合系统。通过大型计算机对这些方程组进行数值计算可以定量描述地球系统五大圈层（大气圈、水圈、冰冻圈、岩石圈、生物圈）的相互作用和变化，以及地球外层空间的性状，从而实现对地球系统复杂行为的模拟和未来可能情景的预测。简单而言，地球系统模式可以看成是传统意义上的气候系统模式与生物地球化学过程模式以及固体地球和外层空间（主要指太阳活动）模式的综合体，其基本组成包含五个功能模块：物理气候系统、生物地球化学系统、与人类活动影响相关联的人文（或社会科学）系统、固体地球、与太阳活动有关的空间天气。

沿革　地球系统模式的发展可以粗略地划分为三个阶段：

第一阶段是 20 世纪 80—90 年代以地球流体（大气、海洋）为研究主体的"物理气候系统模式"阶段（参见第 160 页气候系统模式），其中的固体地球部分只考虑了地球表层的物质、能量交换等物理过程。该阶段的代表性工作有美国国家大气研究中心（NCAR）联合美国多个大学和研究机构发展的共同气候系统模式（CCSM）系列。中国学者从 20 世纪 80 年代开始也发展了有自己特色的海气耦合模式并参与国际模式比较计划。

第二阶段起始于 21 世纪初，在"物理气候系统模式"的基础上考虑大气化学过程、生物地球化学过程和人文过程，对碳、氮等物质循环过程具备定量的描述能力，能够部分地反映人类活动对气候的影响，称为"地球气候系统模式"，大体上包含以下几个子系统模式及它们之间的相互耦合：大气环流模式、海洋环流模式、海冰模式、陆面过程模式、（全球）植被动力学模式、气溶胶和大气化学模式、海洋生物地球化学模式、陆地生物地球化学模式。该阶段的代表性工作有英国气象局哈德莱研究中心（MOHC）发展的哈德莱中心第二版全球环境模式（HadGEM2），美国地球物理流体动力实验室（GFDL）发展的第二版地球系统模式（ESM2），德国马普气象研究所（MPI-M）发展的德国马普气象研究所-地球系统模式（MPI-ESM），美国国家大气研究中心（NCAR）发展的通用地球系统模式（CESM）。

第三阶段是在"地球气候系统模式"的基础上进一步考虑地球气候系统与固体地球（如地球板块移动及其引发的地形变化、地震、火山爆发等）和空间天气相互作用的相对完整的数值模式，即所谓的"地球系统模式"阶段，这些工作尚处于探索时期，是未来若干年的发展方向。

模式结构　国际上比较先进的地球气候系统模式（比如 NCAR 的 CESM），基本包含了分别描述地球系统五大圈层的分量模式：大气（参见第 163 页大气环流模式）、海洋（参见第 164 页海洋模式）、海冰（参见第 167 页海冰模式）、陆面（参见第 165 页陆面过程模式）、生态模块，并由通量耦合器将各个模块耦合在一起，通过数值积分来模拟地球系统各子系统的时间变化及子系统之间物质、能量等的交换过程。其中描述冰冻圈的陆地部分（大陆冰盖、山地冰川）以及陆地生物圈的模块往往与陆面模式嵌套在一起，而海洋生物地球化学循环过程则在海洋模式中考虑。参与耦合模式比较计划第 5 阶段（CMIP5）试验的所谓地球系统模式（ESM），其实只是在传统意义的"物理气候系统模式"基础上，简化地考虑了碳循环（个别包含氮循环）过程，对植被的动态变化（尤其是植被类型的演替）以及大气化学过程的描述比较简单，还需要进一步改进。

应用　对天气预报和季节到年际时间尺度的短期气候预测而言，包括大气、海洋、陆地表面动力过程的"物理气候系统模式"已经能够满足需求。发展"地球气候系统模式"的目的是通过研究大气、陆地和海洋之间的能量、动量和物质交换以了解地球能量过程、生态过程和新陈代谢过程的运行规律，并了解地表覆盖变化和温室气体排放等所引起的气候响应，特别是了解碳、氮和铁循环的生物地球化学耦合过程在气候系统中的作用、人类活动对这些循环过程的影响及其气候效应。而发展真正意义上的"地球系统模式"，不仅可以更加客观地研究上述问题，还可以用来研究与地理学、地球物理学、地球表层物理和化学等相关的问题，定量考察地球流体运动与固体地球过程的相互作用以及空间天气对地球系统的影响问题。

展望　地球系统模式的研制不仅涉及地球科学各分支（气象学、气候学、地理学等），还与数学、物理、化学、生物、经济、信息科学、计算机科学等领域密切相关。随着地球科学和计算机技术的发展，作为"地球系统模式"主要分量的大气模式和海洋模式的分辨率不断提高以描述更精细的物理过程，其中的许多参数化方案也随着观测手段的加强和观测资料的丰富而进一步完善。植被动力学模式尚处于起始阶段，各种植被类型的生理、物理等参数有很大的不确定性，人们对不同植被功能型之间的竞争规律、生消规律的认识还不是很清楚，这些将是未来数年内的研究热点。由于时间尺度差异较大，固体地球运动与传统地球气候系统的耦合则需要在相应的理论成熟以后才能有所发展。从"地球系统模式"的应用来讲，耦合模式比较计划第 6 阶段（CMIP6）试图描述人类活动对生态环境的影响及生态系统与气候变化的相互作用，参与 CMIP6 试验的模式可能需要包含碳、氮循环以及动态变化的大气化学和气溶胶过程。

参考书目

王斌，周天军，俞永强，等，2008. 地球系统模式发展展望

[J]. 气象学报，66（6）：857-869.

曾庆存，周广庆，浦一芬，等，2008. 地球系统动力学模式及模拟研究 [J]. 大气科学，32（4）：653-690.

Flato G M, 2011. Earth system models：an overview [J]. Wiley Interdiscip. Rev., 2（6），783-800.

Hurrell J W, Holland M M, Gent P R, et al, 2013. The community earth system model-A framework for collaborative research [J]. Bull. Amer. Meteor. Soc., 94, 1339-1360.

（李伟平）

dàqì huánliú móshì

大气环流模式（atmosphere general circulation model）

根据牛顿运动定律、能量守恒定律、质量守恒定律等基本的物理定律，得到由大气运动方程、热力学方程、连续性方程、物质输送方程等组成的大气运动方程组，并在给定初、边值条件下将上述方程组在计算机上实现程序化求解后，就构成了大气环流模式。

总体上看，大气环流模式是一种显式的动力学模式。它表示大气的主要特征量，如温度、压力、风向、风速、湿度、密度等之间的关系，以及这些变量同各种外部强迫（如辐射、海温等）之间的关系和相互作用。

大气环流模式主要由动力框架和物理过程两部分组成，此外还包括初值和边界强迫的处理。

大气环流模式动力框架是根据尺度分析对大气运动方程组进行简化，对简化的方程组进行水平和垂直方向离散化处理，并在计算机上实现大气状态时间演变的程序化处理过程。

大气环流模式物理过程主要是对热力学方程中的非绝热加热和运动方程中的摩擦项进行处理。因为气候指的是大气运动的准定常部分，所以在模拟全球气候时正确地给出加热项和摩擦项就更显得重要了，这也是与数值天气预报模式主要的区别。大气环流模式中物理过程主要涉及太阳和地球辐射过程、云和降水过程、大气边界层中的能量和物质输送、次网格过程处理，还包括模式上边界的处理等。对于次网格过程的处理，需要采用参数化方法来实现，即用模式可分辨的预报量来计算次网格尺度的效应，如辐射参数化、积云对流参数化、边界层参数化等。

沿革 大气环流模式是复杂气候系统模式的一个分量，是由数值天气预报模式发展而来，在 20 世纪 70 年代已基本成熟，并开始进行气候数值模拟试验。

菲利普斯（Phillips，1956）最早进行了大气环流的数值模拟，他采用了一个包含静力学近似、地转近似及若干其他假设的两层模式，在一个区域上进行了大气环流的数值模拟。所选的区域南北相距 10 000 km，东西方向 6000 km，所有要素均以 6000 km 为波长周期地重复，外部热源是纬度的函数。菲利普斯的试验在复制大气环流的某些特征方面取得了很大成功。

以后斯马格林斯基（Smagorinsky et al.，1963）用原始方程的数值模式进行模拟，1965 年真锅淑郎（Syukuro Manabe）则在模式中加上了水汽，进行更真实的模拟。明茨（Mintz，1965）于 1964 年在模式中还加了大尺度地形及海洋和陆地。

20 世纪 70 年代以后大气环流模式得到了更加进一步的发展。几乎所有较大国家的气象业务和研究部门都有了自己的大气环流模式，它们在模拟气候、预测天气和气候的变化方面发挥了极大的作用。

模式类型 根据动力框架不同的处理方法可以对大气环流模式进行分类，如根据对垂直运动方程的处理可分为静力平衡模式和非静力平衡模式。常用的是按对方程组的空间离散方案将模式划分为谱和格点两类模式框架。谱模式框架基于解析谱函数的有限项展开来描述气象动力场的变化，而格点模式框架是在有限差分格点上描述空间和时间的动力气象变量。格点框架除了传统的有限差分格点框架外，还研制出了基于半隐式时间积分方案的半拉格朗日格点框架和基于全球准均匀多边形网格的有限体积格点框架。

根据应用领域不同，大气环流模式又可区分为短中期数值预报模式和气候模式。用于短中期数值预报的大气环流模式一般分辨率较高，故可以对大气及地表状况分辨得较仔细，但运行时间较短；模式所包括的有关非绝热加热的物理过程不需要十分复杂。气候模式用于气候及气候变化的模拟、进行气候预测，由于研究对象的时间尺度较长，非绝热物理过程的影响较重要，海温、冰雪、植被、温室气体、气溶胶的作用等等都需包括进来，对于某些历史气候问题的模拟，太阳活动的变化、地球轨道参数的变化也需要加入模式。由于计算时间长、物理过程复杂，气候模式的分辨率不可能很高。

应用与展望 借助于大型计算机的帮助，在给定外强迫的条件下，可以从某一初始大气状态开始通过求解上述大气运动方程组，计算出未来一定时段的大气状况。大气环流模式主要用于模拟大气环流、天气以及气候的变化，一般来说，通过改变模式中物理过程的表示方法或模式的外强迫等方法，可以研究大气中各种物理过程对大气环流变化、天气气候变化以及各种外强迫作用的影响等。大气环流模式的另一个重要用途是天气预报和气候预测，在给定大气实际的初始状态之后（某些情况还需要边界条件）运行大气环流模式可以对未来的天气或气候进行预测。

提高模式分辨率和完善物理、化学过程是大气环流模式发展的趋势。部分国家已经推出较为成熟的高分辨率大气环流模式。例如，日本气象研究所的大气环流模式分辨率为 20 km，美国国家海洋大气局（NAOO）地球物理流体动力学实验室（GFDL）的大气环流模式分辨率为 25 km，美国国家大气研究中心（NCAR）的大气环流模式分辨率 25 km，德国马普气象研究所（MPI-M）的大气环流模式分辨率为 50 km。日本东京大学气候研究中心还尝试发展分辨率高于 5 km 的全球模式。这些模式能够真实再现热带气旋、热带季节内振荡等普通气候模式难以描述的天气气候现象。中国也正发展分辨率在 50 km 以内的高分辨率大气环流模式。模式分辨率提高的同时，模式中的物理过程也将进一步完善和细化，如超级参数化方案、降水与云的显示处理方案，以及将边界层和深、浅对流等过程统一处理的一体化处理方案等。随着模式垂直分层的提高，模式的高度也抬升到 80 km 附近的中层大气，因此平流层重力波过程及化学过程也在模式中需加以处理。同时模式在环境预报中的应用，也将促进对流层化学及气溶胶过程的发展。

参考书目

Manabe S, Bryan K, 1969. Climate circulations with a combined ocean-atmosphere model [J]. J. Atmos. Sci., 26: 786-789.

Mintz Y, 1965. Very long-term global integration of the primitive equations of atmospheric motion: an experiment in climate simulation [J]. WMO Tech. Notes, 66, 119-143.

Phillips N A, 1956. The general circulation of the atmosphere: A numerical experiment [J]. Q. J. R. Meteorol. Soc., 82: 123-164.

Smagorinsky J, Manabe S, Holloway J L, 1965. Numerical results from a Nine-level general circulation model of the atmosphere [J]. Mon. Wea. Rev., 93: 727-768.

（王在志）

hǎiyáng móshì

海洋模式（ocean model） 描写海洋环流和海水要素演变的计算机模型，即海洋环流数值模式。海洋环流可以用海水的七个要素——位温、盐度、密度、压力、两个水平速度分量和垂直速度在三维空间的分布及其随时间的演变来描述。这七个要素在旋转球面上满足简化的纳维-斯托克斯（Navier-Stokes）方程组，其热动力驱动项为各种能量源（包括太阳辐射，风应力，蒸发和降水等）。这些复杂的方程可以借助数值方法利用计算机求解。

全球海洋模式只以实际存在的陆地为边界，由于包括高纬度和极区海洋，海洋环流模式必须考虑海水和海冰的相互转化过程，所以一个完整的海洋模式应当是海洋-海冰耦合模式。

全球海洋-海冰作为一个整体存储海水、热量和 CO_2，成为控制全球变暖的主因。但由于计算机规模和运算速度有限，并且无法完整刻画内在物理过程（如湍流过程），难以建立一个"通用"的海洋模式以模拟全球各个海盆不同时空尺度的现象。

沿革 第一个三维海洋模式是 20 世纪 60 年代由美国地球物理流体动力实验室（GFDL）的布赖恩（Bryan）研究开发的（Bryan, 1969）。采用"刚盖"近似（rigid-lid）滤去自由表面重力波，这样海洋模式的时间步长可以增加到当时计算机的承受范围。从 70 年代中期开始，在迈克·考克斯（Mike Cox）和伯特·塞姆特（Bert Semtner）的努力下，基于 Bryan 的设计所建立的 GFDL 海洋模式（也称为"Bryan-Cox-Semtner"模式）得到了充分的发展、推广和应用，并在大尺度海洋环流和气候数值模拟中长期处于主导地位。自 80 年代末以来，由于算法改进，考虑海表面起伏（包含表面重力波）的自由面海洋模式获得了广泛应用。

当代海洋模式为节省计算时间和增加模式的计算稳定性，将海流的正压模和斜压模分离，采用不同的时间步长，外模为二维，时间步长较短，内模为三维，时间步长较长。水平坐标一般是球面上的经纬度坐标。水平网格选取多采用 Arakawa B 或 C 网格。早期海洋模式水平分辨率较粗，网格为 Arakawa B 网格，这种网格有利于波在网格上的传播。随着计算能力显著增加，越来越多高分辨率全球海洋模式采用 Arakawa C 网格。主流海洋模式水平分辨率也由涡相容尺度（1/6°～2/3°）向涡分辨率（1/6°）过渡，更为精细的空间尺度对于合理刻画热量，盐度以及其他空间属性尤为重要。

超级计算机运算速度呈指数递增，各种现场观测资料、卫星资料采集时间间隔越来越短，空间越来越精细，有助于海洋模式提高时空分辨率模拟。GFDL 的模块化海洋模式（MOM）、德国马普气象研究所-海洋模式（MPIOM）以及中国科学院大气物理研究所（IAP）大气科学和地球流体力学数值模拟国家重点实验室（LASG）发展的气候系统海洋模式等高分辨率海洋模式的水平分辨率均已达到1/10°，MPIOM 垂直方向高达 80 层。

原理与结构 三维海洋模式的原始方程是在球坐标上简化和修改的 Navier-Stokes 方程组，满足能量守恒，体积守恒和动量守恒。方程组通过静力假定，布西内斯克（Boussinesq）近似以及不可压缩近似等进行简化。并且利用低阶有限差分方法来离散方程组。海洋模式网格离散化中有不能被模式网格所分辨的物理过程，称为"次网格"过程，需要进行参数化处理。包括动量（示踪物）方程中水平方向和垂直方向的黏性（扩散）项，高纬度深对流过程，太平洋短波辐射穿透项，海表湍流通量等。最重要的次网格参数化是沿等密度面扩散方案（Gent，McWilliams，1990），该方案简写为"GM90"。它用于刻画中尺度涡旋对于大尺度位温、盐度及其他示踪物的作用。GM90方案涉及两个参数化过程：其一是主要沿着等位密度面，其二是涡旋诱发的输送过程。GM90方案的引入全面改进主温跃层结构、经向热输送和对流发生区等方面。该方案已成为不能分辨中尺度涡的z坐标海洋环流模式必须引入的参数化方案。

应用 海洋模式首先是作为气候研究和模拟的工具。单独海洋模式不仅可以模拟海洋环流和海水物理属性的气候态特征，还可以理解海洋在不同时空尺度上对外强迫的响应，包括水团演变，热含量变化以及海洋环流变化等。作为耦合模式分量，海洋模式可用于研究海气相互作用，如气候反馈、全球变暖等问题以及太阳轨道参数变化等带来的古气候变化问题。其次，海洋模式还可用于气候预测业务，利用客观分析，资料同化和给定大气强迫，进行月、季、年际甚至年代际尺度的气候预测。此外，强迫场时频的提高可利用海洋环流模式开展日变化研究。

展望 全球海洋模式一般都采用矩形网格，为减少计算量，满足计算能力的要求，网格分辨率较粗，无法对关心海域进行细致的模拟。因此，构建出具有"研究海域"局部加密，而"其他区域"网格稀疏，无需开边界条件的全球海洋三角形网格，成为必要途径。通过将边界点的笛卡尔坐标转化为法向、切向坐标，能有效处理不规则海陆边界问题，2011年起MPI-M开始发展含海洋分量的三角形网格模式。

海洋环流的主要能源来自于大尺度，而耗散主要发生在小尺度，因此能量向小尺度串级的总趋势不可避免。当气候变化时，次网格过程的参数化也应随之改变。但现有海洋模式所采用的次网格参数化大多数并不随气候变化而变化，与实际情况不符，因此，随着对次网格参数化研究的深入，未来有望改进次网格参数化，使之能随气候变化而改变。

海洋生物地球化学过程是指海洋环境中生物参与下的生源要素或与生物有关元素的生物地球化学过程或循环，如碳、氮、磷、氧、硅等生源要素的循环，它是控制海洋系统的一个重要组成部分。发展三维显式海洋生态系统的模式及其与海洋模式的耦合是研究全球变暖的一个重要方向，通过海洋碳循环和氮循环的模拟研究，以评估海洋中的碳水平演变并预估未来海洋对大气 CO_2 的吸收和储存能力。

参考书目

张学洪，俞永强，周天军，等，2013. 大洋环流和海气相互作用的数值模拟讲义［M］. 北京：气象出版社.

Bryan K，1969. A numerical method for the study of the circulation of the world ocean［J］. Journal of Computational Physics，4：347-376.

Gent P R，McWilliams J C，1990. Isopycnal mixing in ocean circulation models［J］. J. Phys. Oceanogr.，20，150-155.

（吴方华）

lùmiàn guòchéng móshì

陆面过程模式（land surface processes model） 描述土壤内部水热传输以及陆地—大气交界面物质和能量交换的物理、生化、生态过程的数值模型，是地球气候系统模式（参见第160页气候系统模式）的重要分量。陆面模式的物理过程描述植被、土壤、雪盖等下垫面的水、热传输以及与大气进行水分、热量、动量、辐射的交换；生化过程描述碳、氮等化学元素的循环，包括植被的光合作用以及土壤的呼吸；生态过程则是描述时间尺度较长的生态系统结构、组成和成分的动态变化以及生态系统演替。

沿革 用于气候数值模拟的陆面模式大致经历了三个发展阶段：20世纪60年代末至70年代发展的第一代陆面模式，基于水分质量守恒的假定，用空气动力学总体输送公式和几个均匀的陆地表面参数简单地描述土壤含水量、地表蒸发和地表径流，该简化模型模拟了一个形似水箱中的垂直方向均匀分布的土壤及其中的水分运动，故称为箱式模型。70年代末到90年代，在迪尔多夫（Deardorff）提出的"大叶"模型基础上，以生物圈大气传输模型（BATS）、简单生物圈模式（SiB）为代表的第二代陆面过程模式，显式地引入植被生理过程，将植被冠层近似处理为一个薄的叶片，基于一系列可以直接观测到的陆面参数，建立起关于植被覆盖上空辐射、水分、热量和动量交换以及土壤中水热传输过程的参数化方案，较为真实地描述了植被在陆面过程中的作用，特别是细致地刻画了植被生理过程（如蒸腾）对陆面水分和能量收支的影响。90年代以后逐渐发展起来的第三代陆面模式，引入了植被吸收二氧化碳（CO_2）进行光合作用的生物化学过程，不仅更加真实地刻画了陆—气交界面的水、热交换过程，还可以模拟地表碳通

量和大气 CO_2 浓度的变化，为植物动态生长并响应气候变化的生态模式研究打下基础，美国国家大气研究中心（NCAR）的陆面模式（LSM）和第二代简单生物圈模式（SiB2）是该阶段的代表。

中国学者在陆面模式发展方面的工作始于 20 世纪 80 年代，先后建立起侧重点不同的陆面过程模式，比如大气-植被相互作用模式（AVIM）及其改进版本第二代大气-植被相互作用模式（AVIM2）在描述植被生长方面有特色，基于多孔介质混合扩散过程的陆面过程模式及其升级版本通用陆面模式（CoLM）模式在国内外得到广泛应用。此外，针对不同陆面物理过程还发展了各种参数化方案，比如简化的雪盖与大气相互作用（SAST）方案、植被冠层内辐射传输方案、湖泊和湿地模型以及描述不同植被类型竞争演替的森林—草原—灌木竞争方案等。

原理与结构　陆面模式由若干个预报方程和诊断方程组成。预报方程描述植被冠层温度、冠层截留降水量、土壤温度、土壤湿度（或者土壤含水量）等物理量在近地层大气条件强迫下随时间的变化。对单层的"大叶"模型而言，方程的个数随着土壤垂直分层的个数变化。诊断方程则仿照电路理论中的电位势、电流强度和阻抗的关系来模拟土壤与植被、土壤与大气、植被与大气界面间的动量、能量和水分的湍流交换。这些通量的计算大多是根据零阶闭合的相似理论，用来诊断平均风速、温度、湿度和其他变量随时间变化的平衡关系。针对不同的研究对象，相似性尺度分析可以分为莫宁-奥布霍夫相似、混合层相似、局地自由对流相似和罗斯贝数相似等。

应用　在长期连续的近地层气象场（包括传统观测和卫星遥感反演数据）的驱动下，陆面模式可以离线运行，产生时空连续的土壤温度、土壤湿度等再分析数据，供陆面过程相关研究应用。如果与气候系统其他分量模式耦合运行，陆面模式可以为大气模式（参见第 163 页大气环流模式）提供下垫面条件，反映地表覆盖和土地利用变化等因素对大气环流和气候的影响，也可以用来预测陆地表面状况的未来变化。若包含陆地碳循环过程，则可以描述陆地-大气之间的 CO_2 交换，进行全球变化研究。

展望　陆面过程模式主要关注植被生物圈、土壤圈与大气圈的相互作用，而且基本上是针对垂直方向一维均匀下垫面的理想情况，所用的湍流参数化方案大都是基于局地均匀流动的相似理论，对冻土、干旱/半干旱地区以及稀疏植被下垫面的描述过于简单。基于这些类型下垫面的场地观测结果，改进陆面模式中的相关参数化方案，充分考虑大气环流模式（GCM）网格尺度内的非均匀性，合理描述具有次网格特征的物理过程（如降水、地形、地貌对土壤含水量和水文过程的影响）是陆面模式的发展方向之一。另外，陆面模式中的生化过程对碳循环的刻画尚需进一步完善，并且大多数没有考虑土壤中氮等营养元素对植被光合作用的制约，未来需要把碳、氮循环过程进行耦合研究，能够刻画植被动态生长甚至植被类型演替的动态植被模型将更加完善。此

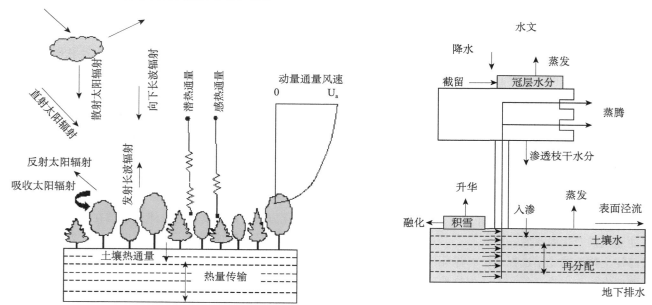

陆面过程模式中所描述的生物物理过程（a）和水文过程（b）（Oleson et al., 2004）

外，利用日益丰富的遥感及其他观测资料，更新陆地表面覆盖类型和土壤质地等基础数据，反映自然和人类活动对陆地下垫面的影响，也是支撑陆面过程模式未来发展不可或缺的工作，例如城市面积不断扩大，强烈改变了下垫面的水热性质和粗糙度，需要发展新的参数化方案来刻画这些非传统意义上的陆地下垫面类型。

参考书目

孙菽芬, 2005. 陆面过程的物理、生化机理和参数化模型 [M]. 北京：气象出版社.

Bonan G B, 2002. Ecological climatology：concepts and applications [M]. New York：Cambridge University Press.

Dai Y, Zeng X, Dickinson R E, et al, 2003. The common land model [J]. Bull. Amer. Meteor. Soc., 84：1013-1023.

Deardorff J W, 1978. Efficient prediction of ground surface temperature and moisture with inclusion of a layer of vegetation [J]. J. Geophys. Res., 83：1889-1903.

Oleson K W, Dai Y, Bonan G, et al, 2004. Technical description of the Community Land Model：NCAR Technical Note NCAR/TN-461 + STR [R]. National Center for Atmospheric Research, Boulder, Colorado.

（李伟平）

hǎibīng móshì

海冰模式（sea ice model）

根据质量、动量和热量守恒定律等建立起来的对海冰的运动、生长以及消融等物理过程的数学描述，是研究海冰变化以及海冰与其他气候子系统相互作用的有力工具。

主要组成 海冰的厚度、密集度以及流速等要素特征受动力学和热力学过程的直接影响，所以海冰模式一般包括动力学模式和热力学模式等主要组成部分。海冰动力学模式是描述海冰在大气风应力、海流应力和海冰内部应力作用下的运动及变化过程，海冰内部应力的计算是动力学模式的关键和难点。海冰热力学模式主要研究海冰与大气、海洋间的热力相互作用和海冰内部的热力过程，以及这些过程引起的能量收支对海冰温度、生长和融化的影响。为了描述海冰与大气及海洋间的物质及能量交换，海冰模式主要模拟密集度、厚度、漂流速度、反照率、热量通量、淡水通量等要素。

海冰动力学模式 早在 20 世纪 60 年代中期，坎贝尔（Campbell, 1965）发展了第一个以流变学计算海冰内部应力的海冰动力学模式，成功模拟出了波弗特涡旋，但未能模拟出穿极地的漂流。在随后的 70 年代，北极海冰动力学联合实验（AIDJEX）提出了海冰的弹塑流变学。在此基础上，希布勒（Hibler）于 1979 年和 1980 年考虑了海冰动力学和海冰厚度的作用关系，提出

了粘塑流变学的动力学模式，并应用于北极海冰的模拟，计算了海冰的厚度、密集度和流速场等的季节变化，正确模拟出了北极海冰的主要流系波弗特涡旋和穿极流，但是，该模式在高分辨率的情况下有着计算效率差的不足。1997 年汉克（Hunke）等对此模式做了进一步的改进，在海冰流变学中引入了类似弹性的成分，称为弹粘塑性（EVP）流变学模式，从而改善了 Hibler 的方法，并显著提高了计算的效率，在当前的海冰模式中得到了广泛的应用。

海冰热力学模式 较为完备的海冰热力学模式最先在 1971 年由马伊库特（Maykut）等建立起来，该模式考虑了冰面上的雪盖、冰的盐度以及太阳辐射在海冰内部的加热作用，通过对北极海冰的模拟表明，模拟得到的平均海冰厚度等与观测基本一致，但是计算过于复杂，难以适应大尺度模拟的需要。塞姆特（Semtner, 1976）对此进行了简化，将垂直层数简化为三层，包括一层雪层和两层冰层，同时改变了差分方案，并对扩散方程进行了简化，提高了效率和适用性。随着认识的深入，新的热力过程（融池、冰内盐泡、黑碳等）不断加入到海冰模式中。

由于海冰厚度在空间上是分布不均匀的，因此，如何更好地描述离散网格内海冰厚度的分布情况也显得尤为关键。为此在 1975 年桑代克（Thorndike）等发展了海冰厚度分布方案，定义了海冰厚度分布函数，提出了海冰厚度分布理论，很好地处理了由海冰热力学增长、消融及动力作用引起的海冰分布在厚度空间上的演化。

应用 海冰多位于高纬地区，受天气情况等诸多因素的限制而难以观测。因此，海冰模式可以有效地弥补观测在时间及空间上的不足，模拟海冰的分布及其物理特征，在此基础上，可以研究海冰变化的因素以及对大气、海洋边界条件的敏感性。同时，海冰模式是地球气候系统模式的一个重要组成部分，海冰模式与其他分量模式一起使得更深入地了解海冰在气候系统中的作用以及相互影响成为可能，更为重要的是，这不仅为模拟历史的气候演变，更为预估未来的气候变化提供了有效的途径。

展望 随着科学和工程技术的发展，对海冰的认识不断加深，更为广泛的领域得到了大量深入的研究，如海冰自身的结构和特性、海冰的漂移和形变、冰表面积雪的特征和影响、冰间湖和水道的观测和研究，以及最受关注的海冰范围的变化、海冰与其他气候子系统的相互作用和反馈机制等，然而，全球海冰未来的变化趋势、海冰在不同的时间空间尺度上对气候系统的影响等问题还需要更多的研究。这些将推动着海冰模式的不断发展和完善，也为更全面地认识海冰提供更为有效的工具。

参考书目

Hibler III W D, 1979. A dynamic thermodynamic sea ice model [J]. J. Phys. Oceanogr., 9：815-846.

Semtner A J, 1976. A model for the thermodynamic growth of sea ice in numerical investigations of climate [J]. J. Phys. Oceanogr., 6：379-389.

Weeks W F, Hibler III W D, 2010. On sea ice [M]. Fairbanks：University of Alaska Press.

（储敏）

huàxué chuánshū móshì

化学传输模式（chemical transport model） 用于描述大气中的一种或多种化学物质的含量及其物理化学变化过程的数值模式。二氧化碳、臭氧、微颗粒物等化学组成成分在进入大气后，会发生一系列复杂的物理和化学过程，包括在大气中的输送、化学的生成和清除，最终沉降回地表。通过合理的假设和简化，这一系列复杂的过程被描述成一套数学方程，并利用计算机进行数值求解，从而模拟这些化学成分在大气中的含量及其变化过程。常用的化学传输模式为离线的三维大气化学模式，即大气化学模式本身并不计算气象要素场（温度、湿度、风场等），而用给定的气象要素场（通常是大气环流模式计算的气象场）作为模式输入。

沿革 化学传输模式的发展可追溯至 20 世纪初期对地球大气平流层中的臭氧层的探索，通过构建一维（垂直方向）或二维（纬向-垂直方向）的大气化学模式用来解释平流层臭氧的生成、输送以及平流层臭氧洞的成因。研究大气污染的学者从 20 世纪 50 年代开始构建计算机数值模式用以分析和解释地面空气污染的成因，例如伦敦烟雾和洛杉矶光化学烟雾。最初的箱型模式仅考虑化学反应机制，到 60—70 年代发展为二维或三维模式，囊括了大气污染物从排放、相互间的化学反应、输送和沉降等各个过程。80 年代研究人员开始关注对流层低层的大气化学，研究人为排放的温室气体和污染物在大气中的变化过程。对流层中的空气流动相比平流层更为复杂，需要构建三维模式来模拟大气组分的传输和分布特征。90 年代以来，研究者发现大气污染不仅是局地或区域的环境问题，甚至存在洲际或全球尺度的长距离污染物输送，从而逐步发展能够衔接局地、区域至全球等不同空间尺度的三维的化学传输模式。

主要化学过程 模式描述的主要大气化学过程有：①对流层臭氧生成机制，即人为或自然活动排放的氮氧化物与碳氢化合物在太阳紫外辐射下发生光化学反应生成臭氧；②大气氧化剂 OH 自由基的生成和清除，例如一氧化碳或甲烷在大气中被 OH 自由基氧化，最终形成二氧化碳；③无机气溶胶及其热力学平衡，即二氧化硫和氮氧化物在大气中通过均相或非均相反应被氧化形成硫酸和硝酸，并与大气中的氨气结合形成硫酸盐、硝酸盐和铵盐气溶胶等。

模式类型 常用的化学传输模式根据其格点框架结构可划分为欧拉模式（如箱型模式）和拉格朗日模式（如烟羽模式）。欧拉模式是固定研究区域中的空间格点网络，计算大气组分在各空间格点内的变化；拉格朗日模式是固定研究对象，对空气气团进行追踪模拟。

化学传输模式也可根据其研究的空间尺度划分为微尺度模式、城市尺度模式、区域模式、洲际模式和全球模式。

应用 化学传输模式主要用于模拟大气化学组成成分在时间和空间上的变化，从而认识和理解各组成成分的变化原因和未来趋势。化学传输模式已广泛运用于大气环境、空气污染和气候变化等方向的研究，例如酸雨沉降、光化学烟雾污染、区域大气污染、污染物长距离输送以及臭氧和气溶胶的辐射强迫等。

展望 随着计算机运算能力的增强，化学传输模式与大气环流模式相结合进行的在线模拟是发展的趋势。化学传输模式与大气环流模式的双向耦合（即在线模拟）能够计算化学传输模式中大气组分变化对大气环流模式中辐射过程的反馈影响，也能够实时更新用于强迫化学传输模式的气象场，从而更为准确地表征了实际大气中化学组分和天气、气候的相互作用。

参考书目

Jacob D J, 1999. Introduction to atmospheric chemistry [M]. Princetion：Princeton Univ. Press.

Jacobson M Z, 2005. Fundamentals of atmospheric modeling [M]. New York：Cambridge Univ. Press.

Seinfeld J H, Pandis S N, 2006. Atmospheric chemistry and physics：from air pollution to climate change [M]. Hoboken：John Wiley & Sons, Inc. .

（张霖 张洁）

qìróngjiāo móshì

气溶胶模式（aerosol model） 基于气溶胶在大气环境中排放、生成、转化、输送和沉降等过程所建立起来的数学模型，用以模拟或预测不同种类和尺度的气溶胶粒子在大气环境中的时空分布特征及其变化规律。

沿革 气溶胶模式研究大约起源于 20 世纪 70 年代。早期的气溶胶模式通常在物理、化学过程上非常简单。其后发展了许多或侧重于气溶胶微物理过程，或是基于气-粒化学平衡理论的气溶胶模式，并发展了气溶胶分档处理的方法研究气溶胶谱变化特征。针对不同的应用，自 20 世纪 80 年代以来发展了很多种类的气溶胶模式，有根据模拟时间长短将气溶胶模式分为短期模式和长期模式等；有的根据所考虑的物理、化学过程，将气溶胶模式区分为热力学平衡模式和动力学模式；也有的按气溶胶大小是否分档处理来区分的分档模式和不分档模式等。气溶胶动力学模式考虑气溶胶形成过程中的核化、凝结增长、聚并、溶解、蒸发、沉降等过程；而平衡模式考虑的是气体和粒子之间的热力平衡，已知物种的总量（包括气相与气溶胶相），通过求解平衡方程或通过使该系统的吉布斯自由能达到最小来求得平衡后的化学组成及气溶胶状态。

原理和方法 对气溶胶模式的开发需要考虑以下几种因素：①气溶胶类型：包含海盐气溶胶、沙尘气溶胶、黑碳气溶胶、有机碳气溶胶、硫酸盐气溶胶、铵盐和硝酸盐气溶胶等；②气溶胶粒子的尺度分布特征，有三种描述方式：一是总体方案，将气溶胶粒子大小设定为某个固定值，只预测粒子的质量浓度；二是模态方案，采用某分布函数描述粒子的尺度分布，假定分布宽度一定，分别预报粒子的质量浓度和数浓度；三是分档方案，将粒子尺度分布范围划分为若干尺度区间，分别计算各尺度间隔内粒子的质量浓度或数浓度；③气溶胶混合方式：采用外部混合或内部混合两种方式进行处理；④对排放源的处理：对不同种类的气溶胶采取不同的处理方式，如海盐气溶胶排放数据是通过海盐排放参数化方案在模式内直接计算而得，黑碳、有机碳、硫酸盐和硝酸盐气溶胶排放数据则通过模式内直接读入预先处理的对应排放数据而得；⑤清除过程：分为湿沉降、干沉降和重力沉降三种清除方式；⑥气溶胶微物理过程：只有少数模式考虑了气溶胶的微物理过程（亦称气溶胶动力学），还有一些模式考虑了通过气粒转化途径所产生的硫酸盐颗粒物等；⑦输送驱动场：或为化学输送模式，或为大气环流模式（GCM）。前者根据预先给定的气象资料（气候模式模拟结果或再分析观测资料）驱动大气化学输送模式计算气溶胶分布，后者则直接在大气模式内计算气溶胶在大气中的输送及分布等。

应用和展望 气溶胶模式的功能日益趋于完善，不仅模式中所包含的气溶胶种类和所涉及的物理化学过程更为全面和复杂，而且对排放源的处理也更精细和准确。同时，以辐射为纽带所构建的气溶胶-气候模式在线双向耦合系统可以实现模式对气溶胶与气候之间双向反馈作用的计算和模拟，这为应用气候模式在线模拟和揭示气溶胶和气候之间的相互作用提供了强大的计算工具。另外，将气溶胶气候模式系统应用于环境气候预测业务之中，也将成为未来气候预测业务的一个拓展领域，这可以从近期发表的政府间气候变化专门委员会（IPCC）第五次评估报告（AR5）中有关气溶胶模式对未来情景的预估中获得某些启示，国内在这方面的应用还处在探索之中。

参考书目

颜鹏，李维亮，秦瑜，2004，近年来大气气溶胶模式研究综述 [J]．应用气象学报，15（5）：629-640.

Textor C，Schulz M，Guibert S，et al，2006. Analysis and quantification of the diversities of aerosol life cycles within AeroCom [J]．Atmos. Chem. Phys.，6：1777-1813

（刘茜霞）

qūyù qìhòu móshì
区域气候模式（regional climate model） 基于更高时空分辨率和更精细物理过程对有限区域内的气候特征进行模拟预报的数值模式。它通常采用分辨率较粗的全球分析（或再分析）资料，以及全球模式的模拟或预报资料作为初值和边值条件，对区域的气候演变进行模拟或预报，以克服全球模式因分辨率相对较低，难以真实反映受复杂地形、陆面状况和精细物理过程制约的区域气候特征，为局地气候状况提供更详细的分析预报结果，因此也被用于全球气候模式模拟或预测结果动力降尺度的重要工具。

沿革 区域气候模式是基于大气运动演变的动力、热力等物理方程，从中尺度模式发展而来。20 世纪 80 年代末，迪肯森（Dickenson）、乔治（Giorgi）和贝茨（Bates）等最早提出将改进的有限区域中尺度模式与全球模式嵌套的思路开展区域气候研究，发展了第一个区域气候模式（RegCM），即美国国家大气研究中心（NCAR）第一代区域气候模式（RegCM1）。该模式以滨州大学/美国国家大气研究中心（PSU/NCAR）第 4 代中尺度模式（MM4）为基础建立，为可压的、静力平衡的有限差分模式，垂直方向采用 δ 坐标，其所模拟的美国西部冬季气候状况明显好于当时的全球气候模式。此后，Giorgi、Dickenson 等通过添加显式分离时间积分方案，减小在陡峭地形下水平扩散误差，改进辐射、边界层、积云对流、陆面等物理过程，使得 RegCM 系列不断得到发展，至 2015 年，已经发展到第 4 代区域气候模式（RegCM4）。此外，在 NCAR 的第 5 代中尺度模式（MM5）基础上建立的天气研究和预报模式（WRF）（气候版）、英国气象局哈德莱研究中心（MOHC）的区域气候模式系统 PRECIS①、美国科罗拉多州

① PRECIS：英文全称为 Providing Regional Climates for Impacts Studies，是一种区域气候模式。

立大学（CUS）等发展的区域大气模式系统（RAMS）等区域气候模式不断地发展起来。

20世纪90年代中期起，中国区域气候模式研发工作也快速推进。基于第2代区域气候模式（RegCM2）、MM5第2代及中尺度暴雨模式AREM等，先后发展了国家气候中心区域气候模式（RegCM_NCC）、区域环境集成模式系统（RIEMS）和埃塔坐标区域气候模式（CREM）（中国科学院大气物理研究所）。21世纪初，区域气候模式与海洋模式、陆面模式、作物模型、大气化学模式、影响评估模式等的耦合工作也有了许多进展，并广泛应用于过去和未来气候变化的模拟和预估、短期气候预测、极端气候事件模拟分析、气候物理过程模拟等研究领域，而且逐步向业务应用方面推广。

应用　国际上早期的区域气候模式应用工作主要集中于美国和欧洲地区，亚洲地区在这方面的工作相对较少，主要集中在日本和韩国。21世纪初，欧洲和美国等国研究人员在加强全球海气耦合模式（AOGCM）集合模拟和预估的基础上，陆续开展区域气候模式集合方面的工作，旨在提升全球和区域的气候预估水平。这类比较计划在世界许多地区都有所开展，如欧洲、北美、南美以及北极地区等。亚洲地区所进行的区域气候模式比较计划（RMIP）现在也进行到第3阶段。2009年，国际相关领域正在开展的联合区域气候降尺度协同试验（CORDEX）计划，将使用动力和统计的方法，在全球各陆地范围进行气候变化的降尺度预估，以提高区域气候模拟、预估的分辨率和可信度，支持区域气候影响评估和适应研究，并为政府间气候变化专门委员会（IPCC）第五次评估报告（AR5）服务。

区域气候模式在中国区域被广泛应用于当代区域气候模拟、未来气候变化预估、短期气候预测、海气相互作用模拟、土地利用改变和气溶胶气候效应等方面的研究。随着计算方法和计算机技术的快速发展，国内高分辨率、多年代际时间尺度的模拟和气候变化预估也逐渐开展。如第一次《气候变化国家评估报告》发布时，模式的分辨率为60 km，模拟时间为5年；而后积分模拟时间开始达到连续10年以上，出现了多个年代际长度的气候变化模式，开展了水平分辨率达到20 km左右的气候预估研究，此外短期气候预测的研究也取得初步进展。

展望　区域气候模式建立在公认的物理原理基础上，能够模拟出当代区域气候，并且能够再现过去的区域气候和气候变化特点，是进行区域气候变化预估的首要工具，可以得到较可靠的预估结果，但其中也存在着不确定性。具体到区域气候模式，和全球气候模式类似，在进行气候变化预估时，其不确定性首先来源于未来温室气体排放情景，包括温室气体排放量估算方法、

政策因素、技术进步和新能源开发等方面的不确定性，其次是气候模式发展水平限制引起的对气候系统描述的误差，以及模式和气候系统的内部变率等。

区域模式降尺度结果的可靠性，很大程度上还取决于全球模式提供的侧边界场的可靠性，全球模式对大尺度环流模拟产生的偏差，会被引入到区域模式的模拟，在某些情况下还会被放大。在区域尺度上，气候变化预估的不确定性则更大，一些在全球模式中有时可以被忽略的因素，如土地利用和植被改变、气溶胶强迫等，都会对区域和局地尺度气候产生很大影响，而气候模式对这些强迫的模拟结果之间差别很大。此外，观测资料的局限性，也在区域模式的检验和发展中增加了不确定性。

在使用区域模式进行中国气候变化模拟和预估方面，存在的主要问题是完成的模拟比较少，并且这些模拟采用的全球模式驱动场、排放情景以及分辨率等都存在较大差异，难以进行相互之间的比较并给出未来的变化范围，与此同时，模拟时段也存在较大差别。此外与统计降尺度方法间的比较也进行得很少，在对现有的区域模式结果分析方面的工作也有待进一步深入，如缺乏对未来热带气旋变化的分析等。

类似于全球模式的多模式比较计划（如大气模式比较计划（AMIP）和耦合模式比较计划（CMIP）系列等），使用多区域气候模式进行气候变化模拟集合，是减少预估中不确定性的重要方面。采用更多的模式进行东亚区域的气候模拟，最终进行多模式的比较集合，对于加深中国未来气候变化的理解将起到有益推动作用。

参考书目

气候变化国家评估报告编写委员会，2007. 气候变化国家评估报告［M］. 北京：科学出版社.

气候变化国家评估报告编写委员会，2011. 第二次气候变化国家评估报告［M］. 北京：科学出版社.

Christensen J H，Hewitson B，Busuioc A，et al，2007. Regional climate projections［M］//Solomon S，Qin D，Manning M，et al. Climate Change 2007：The Physical Science Basis. Contribution of Working Group I to the Fourth Assessment Report of the Intergovernmental Panel on Climate Change. Cambridge，United Kingdom and New York，NY，USA：Cambridge University Press.

（吴佳）

短期气候预测

qìhòu píngjūnzhí

气候平均值（climatology mean）　月、季、年等某种

气候要素（温度、降水量、风、位势高度等）在某个长期时段内的平均状况，即较长时间内观测资料的平均结果。气候平均值也叫气候标准值、多年平均值或常年值。气候平均值反映某一地区多年时段内气候要素的一般状态，是该时段内各种天气过程的综合表现。气候平均值是表述气候特征的基本依据之一，也是气候学分析的基本指标之一。在气候平均值的基础上，可以计算出气候距平、气候异常、气候趋势等气候学的重要指标。

为了使气候研究及业务中所使用的气候平均值尽可能统一和规范，世界气象组织（WMO）专门对气候平均值的计算做了规定：取某气象要素的最近三个整年代的平均值或统计值作为该要素的气候平均值，即每隔10年需对气候平均值进行一次更新。中国气象局根据该规定，从2012年1月1日起，在日常气候业务中使用1981—2010年30年的平均作为气候平均值。

人们通常关注的是气候要素与常年平均态的偏差所反映的未来趋势。为了更好地表示现阶段气候状态在气候演变的历史长河中的特征，同时又能在统计上合理体现当前气候的年际振荡，对计算气候要素常年平均所取的时段有着特定的要求，并适时更新。即时段既不能太长，又不能太短。因为时段过长不能反映现阶段气候的特点，而时段过短则容易受到气候极值的影响造成常年平均值在统计上的不稳定。为此，气候要素常年值的参考时段一般为30年。当然研究工作者也可以根据研究内容的需要取所选任一时段或整个观测值序列的平均值。气候平均值并非一成不变，不同30年时段的气候平均值往往是有差异的，这种差异也会在厄尔尼诺南方涛动（ENSO）、暖冬、干旱等各类气候事件及气候距平、气候异常、气候趋势等各种气候变量中反映出来。

（顾薇）

qìhòu jùpíng

气候距平（climate departure）　某种气候要素（温度、降水、风、位势高度等）某时刻不同时间尺度（候、旬、月、季、年等）的平均值与其气候平均值（多年平均值）的差值。距平有正、负之分，正距平表示某种气候要素某时刻的平均值大于（高于）气候平均值，负距平则表示某种气候要素某时刻的平均值小于（低于）气候平均值。显然，距平值的大小反映了某一地区某一时刻气候值偏离气候平均态的状态和程度，距平绝对值越大（小）气候异常越（不）明显。距平的单位与气候要素的单位相同。

通常描述气候距平的其他统计量还包括距平百分率、滑动平均距平、累积距平等。

距平百分率：由某种气候要素某一时刻的气候距平值与气候序列平均值之比值计算得到，单位是百分率。距平百分率消除了不同地区气候平均态的差异，有利于不同地区之间的相互比较。

滑动平均距平：依据选择时段的长度（5年、10年等）通过递推平均法依次计算气候要素距平序列的平均距平值，经过平滑而重新构成一个新的滑动平均距平序列。滑动平均相当于低通滤波，可以滤掉序列的高频部分，突出低频变化特征，是研究气候变化阶段性特征的有效方法之一。

累积距平：气候要素距平值按时间序列的连续累加，即把气候要素距平值，按序列的时间顺序以依次求和得到累积距平值序列。累积距平曲线也是一种滤波形式，是研究气候长期变化趋势（如年代际演变趋势等）的简捷而实用的方法之一。

气候距平是气候研究和业务中常用的一个重要气候统计量，是气候监测、诊断、预测和评估的主要工具之一，对分析和预测气候状态、气候趋势、气候异常、气候变化、气候突变等有非常重要的作用。气候分析和预测的对象，除降水一般用距平百分率值表示外，温度、风、位势高度等其他气候要素则多用距平值表示。

短期气候预测按其预测对象大致可分为两大类型：一类是概率预测，即预测未来某种气候状态（事件）发生可能性的大小，用概率值来表示，一般称之为非确定性预测；另一类就是距平趋势预测，即预测未来某种气候要素偏离气候平均态的大致趋势，用其距平值或距平百分率值来表示，可称之为确定性预测。中国短期气候业务预测目前仍侧重于大范围的距平趋势预测，重点是针对灾害性气候（干旱、洪涝、低温冷害、高温热浪等）的发展趋势。

（陈丽娟）

qìhòu yìcháng

气候异常（climate anomaly）　气候状态明显偏离气候平均态的罕见气候现象，世界气象组织（WMO）把异常气候定义为"30年以上一遇的罕见气候现象"，气候异常往往伴随着严重干旱、洪涝等气候灾害的发生。气候异常的判定需要与正常情况进行比较之后才能确定是否异常。正常值通常采用WMO规定的最近三个年代①的平均值。对于不同的气候要素，气候异常的判定标准具有不同的表达方法。

（1）气温异常：即月平均气温异常。在中国气候监

———————
① 若当年是2014年，最近三个年代就是1981—2010年。

测中以平均气温距平 $\delta T \geqslant 2\sigma$（$\sigma$ 为标准差）为异常偏高；$\delta T \leqslant -2\sigma$ 为异常偏低。由于月平均气温服从正态分布，根据 t 检验法，可以得到出现异常高值（低值）的距平值超过（低于）2 倍标准差的约为 100 年一次。采用正态分布对规定的 30 年中计算其温度等级，按温度等级帮助确定其异常程度。当监测到的温度 T ≤ 正态分布值的 10% 属于显著偏低，10% ≤ T < 30% 为偏低；30% ≤ T < 70% 正常，70% ≤ T < 90% 为偏高，T ≥ 90% 属于显著偏高。

（2）降水异常：一种方法是采用 WMO 的五分位法将某 30 年的参考时段中同期降水量从小到大进行排序，定义出不同参考级别的降水量。这样就可以进行判别，当监测到的降水量属于 30 年中未出现过的小降水量时，降水级别定义为 0，属于异常偏少；当降水量属于 30 年中未出现过的大降水量时，降水级别定义为 6，属于异常偏多；依此类推，1，2，3，4，5 级分别为显著少雨、少雨、正常、多雨和显著多雨。另外，对月降水量采用 Γ 分布计算不同百分位所对应的降水量，帮助确定其异常程度。在参考时段内，当月降水量大于 90% 分位数值属于显著偏多，70%～90% 为偏多；30%～70% 正常，10%～30% 为偏少，小于 10% 属于显著偏少。

（3）环流异常：监测方法多种多样，取决于所监测的对象和目的，其中利用特定的大气环流型分析大气环流异常是最重要的诊断方法之一。中国特别重视 500 hPa 高度场的监测，除监测高度距平场的异常变化外；同时还通过极涡、西风环流型、东亚大槽、中纬度阻塞高压、副热带高压、印缅槽、亚洲季风等多种天气系统，以监测大气环流系统和大气活动中心的异常程度。美国还利用 500 hPa 高度场出现高度场偏低或偏高的日数来反映月内高度场的持续异常程度，同时还利用一些遥相关指数来判断大气环流异常状况。

（李清泉）

qìhòu qūshì

气候趋势（climate trend）　气候长时期变化的一种倾向，指某种气候要素序列在较长时间内（十年或更长时间）的波动过程中平滑而单调上升或下降的大体走向，一般以气候要素在 10 年或 100 年间的线性变化作为指标。如近百年来，全球气温持续增暖就是一种气候趋势。不过在长期变化过程中，气候趋势并非始终维持一种状态，而常常是不同状态交替出现，一种趋势维持一段时间后转变为另一种相反的趋势，如由冷变暖、由暖变冷等，发生明显的趋势转折，这就是所谓的"气候突变"，即气候由一种稳定状态（冷、暖）跳跃式地转变

到另一种稳定状态（暖、冷）。

气候趋势及其变化可能与人类活动有关，也可能是气候系统自然变率的一部分，或者受到人类活动和自然变化两方面因素的共同影响。20 世纪以来，由于人类活动的影响，全球气候系统表现出明显的增暖趋势，全球政府间气候变化专门委员会（IPCC）的科学评估报告指出：过去 100 年全球气候总的趋势是变暖的，全球地面气温上升了 0.3～0.6 ℃。但气候变化也因受到自然因素等影响，还普遍存在着 20～30 年和 50～70 年的年代际振荡。在全球气温上升增暖这一气候趋势的大背景下，近 60 多年来也表现出明显的年代际振荡，比如 20 世纪 50—70 年代，北半球气温表现为明显的下降趋势；20 世纪 70 年代末发生突变，后转为明显的上升趋势。自 70 年代末发生"气候突变"以来，在海洋温度和对流层低层大气温度出现不同程度上升增暖趋势的同时，北极海冰、平流层大气温度则又表现出明显的下降趋势。气候趋势及其变化对于全球和地区的天气气候会产生显著的影响。

（顾薇）

qìhòu kěyùbàoxìng

气候可预报性（climate predictability）　反映气候系统本身的内在属性，表明人们对气候进行预报的可能程度。由于气候异常变化及其归因的复杂性，气候异常变化的信号往往又同气候"噪声"交织在一起，而且气候"噪声"还会随时间增长，这就存在着能不能预报未来气候的问题，或者说能够在多大程度上预报未来气候，也就是气候可预报性问题。

动力学不稳定和非线性相互作用产生了对气候状态的确定性预报的限制，即出现了气候可预报性的期限。然而，早期可预报性概念只局限于大气自身的初值和边值问题。E. N. 洛伦兹（E. N. Lorenz）最早把大气可预报性分为两类：第一类是大气初始误差（扰动）随时间的增长问题，直接与大气统计性质的预报有关，主要表现为按时间顺序预报大气状态的可能程度；第二类是指大气外强迫发生变化后，其自身变化的模拟和预报能力。气候可预报性可看作对大气可预报性概念的自然延伸，也主要涵盖了两个方面内容。

（1）第一类气候可预报性：实际上就是关于确定性预报的时效问题，预报时效超过某种极限时，因误差太大预报将毫无意义。这实际上反映了气候的内在动力不稳定性，即混沌属性，其气候状态的演变表现出对初值极为敏感的特性。初始时刻状态的微小改变最终将会引起气候的巨大变化。具体来讲，现实世界中初值的确定

不可避免地会产生误差，而气候混沌属性导致误差一定是随时间增长，并会向低频谱段传播，从而使局地误差变为全局误差，气候状态因此而发生变化，预报只在某时段内是确定的。对于不同时效的气候预测，初值所提供的预报性影响会有很大差别。一般认为，大气初值对于逐日天气预报的影响平均不超过 2～3 周，但由于大气内部低频模态的存在，其初值对于 10 天以上到季节内的延伸期预报仍然有效。而且，广义的气候初值还包含了海洋、陆面和冰雪等状态的大尺度信息，其影响将大大地延长第一类气候可预报性的期限，是短期气候预测的重要依据。

（2）第二类气候可预报性：一般来讲，气候状态也可简单看作大气运动与外强迫（例如海表或者地表状况）共同作用的产物。超过天气可预报期限以后，初始场信息逐渐消失，大气内部动力学可预报性（即第一类可预报性）逐渐变小，而随机过程和外部强迫的影响将逐渐变大。外强迫的改变，尤其是一些持续性的外强迫异常，必然使大气环流和气候状态发生变化。这就产生了第二类气候可预报性问题：它是指外强迫发生变化后，大气响应所能达到的程度，主要针对短期气候预测时间尺度。对于月预报而言，除了大气内部动力学可预报性外，还应包括外部强迫可预报性。对于季节乃至更长尺度的短期气候预测问题，外源强迫可预报性可能起到决定作用。对第二类气候可预报性问题，一般都用数值试验，看模式大气对外强迫源的响应及其敏感性。

伴随着人们对于气候系统概念或者广义气候初值的深入认知，两类气候可预报性的界限将变得模糊。例如，海洋和地表状况即可认为是大气的边值，这对应传统的第二类可预报性问题，它们也可以看作是气候状态的初值信息，由于其自身也在发生改变，并且与大气过程紧密耦合和反馈在一起，不能简单看作边值影响，这就形成了第一类可预报性问题。基于对气候可预报性的认识，短期气候预测具有可行性的两个主要条件是：相应不同时间尺度平均环流或者低频模态预报和下垫面等外强迫异常有持续性。这涵盖了两类可预报性的来源问题。

（任宏利）

气候预测对象（climate predictant）

亦称气候预测量，是对温度、降水等主要气候预测要素偏离气候平均态的异常程度，即距平趋势的预测。理论研究表明，逐日天气预报的可预报上限大约为 2 周，2 周以上的逐日预报是不可能的。因此，要做更长时间的预报，突破逐日预报的理论上限，只有改变预报对象。

研究认为，大气低频变化的可预报性远远超过了高频变化的可预报性。所以，如果只预报大气的低频变化，预报时效是可以增长的，对一段时间（比如一个月或季节）进行平均就是一种过滤出低频变化的方法。因此，气候预测的预报对象不同于天气预报，不是对逐日的天气进行预报，而是对未来一段时间（比如一个月或一个季节）气象要素或天气状况的平均状态（平均统计量）或偏离气候平均态的程度（距平）进行预测。

根据气候服务的需要和科学发展的实际水平，中国短期气候预测的对象主要是针对全国和重点地区月、季节时间尺度的气候趋势，重点是干旱、洪涝和高温热浪、低温冷害等灾害性气候。具体预测项目包括：降水距平百分率、温度距平、冷空气过程、热带气旋频数、南方春播天气条件、北方初霜期、北方沙尘次数、森林草原火险等级以及重点地区雨季的起讫日期和强度，如华南汛期、江淮梅雨、华北雨季、华西秋雨等。随着气候预测技术的发展，也会增加新的预测项目，提高预测客观化水平和定量化程度，以更好满足用户需求。气候异常往往受多种因素的影响，为了预测气候要素的未来趋势，除了分析气候要素自身的变化规律外，还要对影响气候要素异常的外强迫因子［如厄尔尼诺南方涛动（ENSO）等气候事件］和大气内部的动力因子（季风等大气活动中心或大气环流系统等）进行预测。

（贾小龙）

气候预测因子（climate predictor）

对未来气候变化趋势有指示意义的各种物理因素。影响中国气候异常的因素非常广泛，其相互关系也非常复杂，既有自然因素，也有人为因素，除了地球系统之内的大气圈、海洋圈、冰雪圈、岩石圈、生物圈，也包括地球系统之外的太阳活动，等等。

影响气候的因子 大致可以分为两大类：即大气外强迫因子和大气内部动力因子。

大气外强迫因子 即影响气候异常的大气外部强迫因素。大气系统是一个强迫耗散的非线性系统，外界对大气系统能量的输入以及大气系统与其他系统的能量交换，都影响到大气系统的发展过程。海洋、陆地和冰雪活动层是气候系统中大气活动的下垫面，与大气系统之间的动量、能量和物理量通量的交换，决定着大气环流的演变趋势。外强迫因子主要来自海洋和陆面，包括全球海温、陆面积雪、北（南）极海冰、地温、土壤湿度、植被、火山爆发等。月尺度以上的气候预测，如季节或年际气候预测的可预报性主要来自气候系统中慢变过程的外强迫因子。因此外强迫因子的异常是季节尺度气候预测最为重要的信号。如赤道中东太平洋的海表温度异常［厄尔尼诺南方涛动（ENSO）现象］是季节预报最主要的可预报性来源，它是年际变率的主要模态，是迄今为止人们发现的最强的气候异常信号，它的发生、发展会引起全球大气环流的异常，并通过全球大气环流遥相关影响世界各地区的温度和降水等气候要素的异常。ENSO 现象也是影响中国气候异常的重要信号之一，比如厄尔尼诺事件的发生、发展是有利于中国暖冬气候的出现有一定指示意义。除 ENSO 事件外，全球其他地区的海温异常，也会影响世界不同地区季节尺度的气候异常，如印度洋海温偶极子和大西洋海温三极子等。相比海洋异常信号持续时间长和影响显著的特征，陆面异常信号的持续时间相对较短，同时由于陆地上各种各样的下垫面都时时刻刻向大气输送动量、感热和潜热，反射短波辐射和发射长波辐射。

研究和业务预测的实践表明，陆面过程在某种情况下或对某些地区可为季节预测提供有价值的信号。比如：根据秋季北极海冰异常预测东亚冬季风的强弱和中国冬季冷暖变化趋势，利用冬、春季青藏高原和欧亚大陆积雪异常预测我国夏季降水分布趋势，都表现出了较好的预测技巧。

大气内部动力因子 即影响气候异常的大气内部动力因素，这些因素是大气内部的动力模态。大气环流的状态是由支配地球大气运动的动力学和热力学定律及影响大气环流的各种内部和外部的条件共同决定的。大气环流系统内部动力过程在下垫面强迫与大气内部变率之间常常起着媒介或传递的作用。大气环流是导致气候异常的直接因素，是气候异常的主要影响因素之一，在长期的气候预测研究和业务实践中，中国气象（气候）工作者广泛、深入地研究了影响中国或东亚地区气候异常的全球主要的大气环流系统、大气活动中心、大气遥相关、大气低频振荡等大气内部动力因子，主要包括亚洲季风、西太平洋副热带高压、欧亚中纬度阻塞高压、东亚遥相关型、南亚高压、印缅槽、东亚大槽、西伯利亚高压、西风环流型、极涡、北太平洋涛动、大西洋涛动、南方涛动、北极涛动、南极涛动、大气准两年振荡、大气季节内振荡，等等。根据大气内部动力因子与气候异常的物理联系建立的各种统计模型或方法，一直是中国短期气候预测的主要工具之一，在短期气候业务预测中发挥了重要作用。例如，根据副热带环流良好的持续性，利用冬季西太平洋副热带高压的强弱趋势估计未来夏季副高的特点，取得了良好的预测效果。

应用 在实际业务预测中，针对不同季节、不同预

报对象和不同时间尺度，预测因子的选取是不同的。影响中国夏季降水异常的主要因素包括：东［反映海洋热状况异常，包括 ENSO、太平洋十年振荡（PDO）、西太平暖池等］、西（反映青藏高原热状况异常，包括积雪、位势高度异常）、南（亚洲季风、热带对流和南半球大气环流异常）、北（北极海冰、北极涛动、东亚阻塞高压，反映了中高纬大气环流异常导致的冷空气）、中（西太平洋副热带高压，反映了副热带大气环流异常）五个不同地理区域的不同影响因素，这五个方面的因素基本反映了影响中国夏季降水的主要热力、动力条件，即大气环流和下垫面热力异常。

展望 对影响气候异常的各种物理因素的认识，无论从广度或深度方面，还都是非常有限的，而同时气候系统属于不稳定系统，它的可预报性是有一定限度的。中国地处东亚季风区，影响中国气候异常的因子又极为复杂，因此气候可预报性的限度更短，气候预测的难度和不确定性也更大。由于影响中国气候异常的信号的多样性和复杂性，对东亚季风变异的机理认识还远远不够，尤其是年代际、年际、季节不同时间尺度、不同空间尺度以及气候系统不同影响因子间的相互作用对中国旱涝的影响还需要深入的研究；在气候变暖和气候年代际转折背景下，大气环流、海温、积雪等影响因子与中国气候异常的关系也发生了变化，很多以前具有很好的预测指示意义的预测信号随着全球气候变化，预测信号本身以及对中国气候异常的指示意义也发生了变化，需要对这些气候预测因子的变化规律进行深入研究，传统的气候预测理论和方法也需要重新认识和应用；对极端事件的变化规律和形成机理还缺乏深入的认识，预测能力非常有限，而 1～2 次极端降水往往会改变整个月甚至季节的降水量变化，这也给寻找对极端事件具有有效的指示意义的预测信号和开展气候预测带来了极大的不确定性。另外，用于气候预测的历史和实时资料比较欠缺。气候系统作为一个整体，各圈层存在复杂的相互作用，能够获取和使用大量的气候资料是开展气候预测的基础，气候预测使用的资料中大气和海洋的资料较多，其他圈层较少，这也在一定程度上限制了对气候异常和气候预测因子的科学认识。因此，短期气候预测的技术难度相当大，整体水平仍然不高，效果不很稳定。但实践表明，持续深入的研究工作，对于深化气候异常物理过程的认识，提高短期气候预测的效果是非常有意义的。

要继续广泛、深入地研究影响中国和东亚地区气候异常的各种物理因素，重点要加强各种因素之间的相互关系及其主导因素的研究，加强有物理基础的前兆信号

的研究，建立物理图像比较清晰的客观化的统计预测模型，不断提高我国短期气候预测的业务能力和技巧水平。

参考书目

陈兴芳，赵振国，2000. 中国汛期降水预测研究及应用［M］.北京：气象出版社.

贾小龙，陈丽娟，高辉，等，2013. 我国短期气候预测技术进展［J］. 应用气象学报，24（6）：641-655.

廖荃荪，赵振国，1992. 我国东部夏季降水分布的季节预报方法［J］. 应用气象学报，3（S1）：1-10.

赵振国，1996. 我国汛期旱涝趋势预测进展［M］//王绍武.气候预测研究. 北京：气象出版社.

（贾小龙）

duǎnqī qìhòu yùcè

短期气候预测（short term climate prediction） 一般指时效超过中期以上（通常为两周）至一年（也有称两年）以内的天气预报。过去曾将气候预测称为长期天气预报。随着人们对大气可预报性问题的认识，发现气候预测与天气预报是根本不同的两类预报问题，逐日天气超过两周以上的可预报期限之后，是不可预报的。气候预测是对偏离气候平均值的变化或变率的预测。把月、季节、年际时间尺度的气候预测称为短期气候预测，而最近随着对气候演变时间尺度特征的深入认识，又将较短时间的年代际变化（通常指 10～20 年的近期年代际变化）的预测问题也纳入短期气候的预测范畴。短期气候预测对象根据气候要素和现象的特点一般取为平均值、总量、距平，或者预报时段内的倾向、趋势、等级、概率预测等。

沿革 几千年来，中国劳动人民由于农耕生产的需要，总结了许多反映气候状态预测的农谚，还有根据物候和天象所做的气候预测，均是中国早期经验性的气候统计预测。近代和现代短期气候预测的研究和应用约有一百多年的历史，它的发展同气象观测技术的发展和资料的积累以及统计气象学、动力气象学、动力气候学、数值模式的发展相联系。20 世纪 30 年代，涂长望研究了中国气候与世界三大涛动的关系。新中国成立以来，中国短期气候预测的业务技术发展大体经历了经验统计分析、物理统计分析，动力-统计相结合三个主要发展阶段。50 年代初，杨鉴初首创用历史演变法作月平均气温、降水量距平的年度预测；中央气象台长期预报组先后试验了苏联穆尔坦诺夫斯基的中期预报法及美国纳迈尔斯的 30 天平均环流预报法，认识到 30 天平均环流的重要性。70 年代以前，由于资料缺乏，计算条件落后，

从资料计算到预报制作完全是人工操作，以经验统计分析为主要手段，这是第一个发展阶段，该阶段建立了中国短期气候预测的基本业务。

20 世纪 70—90 年代前期，随着资料的种类和样本长度的增加以及计算机技术的应用，中国短期气候预测的物理统计技术得到了很大发展。数理统计方法（多元回归、逐步回归、最大熵谱、正交函数分解、判别分析、聚类分析等）得到了广泛的应用，成为短期气候预测的主要手段之一。80 年代以来，随着短期气候预测理论研究的发展和观测事实的不断揭示，对影响大气环流和气候异常的物理因素的分析，从广度和深度都有了很大的发展，如海气相互作用、陆地热状况、低频振荡、遥相关型等等在短期气候预测业务中得到广泛应用。90 年代中国气象局重点研究课题的实施，推动了中国短期气候预测研究和业务工作的进展。先后研究了厄尔尼诺南方涛动（ENSO）事件、青藏高原热状况对东亚大气环流和中国气候的可能影响，以及东亚遥相关型、东亚阻塞高压、西太平洋副热带高压、亚洲季风、南亚高压、北太平洋涛动、南方涛动、准两年振荡（QBO）等大气环流异常与中国夏季降水的关系，提出了各种具有一定物理意义的预测概念模型，气候业务部门先后建立了以物理统计方法为主的短期气候预测业务系统，使中国短期气候预测业务向现代化迈进了一大步，进入以物理统计分析为主的第二个阶段。

20 世纪 90 年代后期以来，随着重大气象科技项目的实施，进入了动力与统计相结合的新阶段。首先深入研究了海、陆下垫面热力因素和东亚大气环流异常与中国汛期旱涝的关系，加深了对气候异常物理成因的认识，以太平洋海温、青藏高原积雪、亚洲季风、东亚阻塞高压、西太平洋副热带高压等五大因素为基础，建立了物理概念比较清楚的中国夏季降水物理统计综合预测模型。同时，研究建立了中国第一代动力气候模式系统，包括全球大气环流模式、全球海洋环流模式、东亚区域气候模式和简化的 ENSO 预测模式等月、季、年际时间尺度的动力气候模式系列。进入 21 世纪，继续研发新一代海-陆-气-冰-生多圈层耦合的气候系统模式以及多模式集合、动力相似预测试验和动力模式产品释用技术的研究与应用，这是动力统计相结合的第三个阶段。

主要研究内容 短期气候预测研究主要侧重四个方面的内容，这四个方面具有一定的递进关系。首先需要认识气候系统的基本特征，通过大量的空基和地基观测资料，认识大气环流、海洋、陆面、冰雪等系统的基本状况；其二研究气候系统中预报因子与预报对象之间的物理联系，包括大气内部动力学特征和缓变的外强迫信

号对大气环流的影响机制，并在此基础上获得短期气候预测的可预报性信息；其三基于该物理联系建立客观的预测方法，包括统计预测方法、动力预测方法、动力-统计相结合的预测方法。最后根据观测资料对预测方法进行检验和评估，获取预测方法的优劣信息，以利于进一步改进预测。

理论基础和方法　短期气候预测的信号来源有外强迫作用、耦合强迫、内部变率，从而也确定其理论基础与气候变量的惯性或记忆、耦合系统不同的相互作用（如反馈）或变率的模态以及气候变量对外强迫的响应密切相关。外强迫信号有太阳和火山活动、温室气体和气溶胶、土地利用变化等，这些因子主要对季节以上尺度有一定作用，对季节以下尺度的预测一般不作为重要因子考虑。耦合强迫是气候系统的内部变率之一，包括海气耦合、陆气耦合，均是慢变过程。其中海气耦合中ENSO现象是年际变率的主要模态，通过全球遥相关影响各地的气候，是短期气候预测的强信号。陆气耦合涉及的陆面因素有土壤湿度、雪盖、植被、地下水位变化、陆地热容量、海冰等，均会对不同时间尺度的短期气候产生影响。初值信息主要来源于大气内部变率以及大气环流异常的影响，包括热带大气季内振荡（MJO）、对流层-平流层相互作用、各种大气遥相关以及外强迫和耦合强迫下大气的响应等信息。

在气候预测理论的基础上，早期有三类气候预测方法：经验统计预测方法、物理统计气候预测方法和气候模式预测方法。20世纪90年代以来，逐渐归类为统计预测方法、动力预测方法、动力-统计相结合的预测方法。

产品及应用　1995年以来，在国家重中之重项目、国家基础研究项目、科技支撑项目等支持下，建立了中国现代气候预测业务的框架体系。到21世纪初，国家气候中心可以实时发布延伸期气候预测、月气候预测、季节气候预测、年度气候展望。在各时间尺度的气候预测中，重点预测未来干旱、洪涝、高温、冷空气过程等灾害性气候事件。短期气候预测产品及相关的服务为中央和各级政府部门在制定国民经济计划、部署防洪抗旱和重大项目决策，以及减灾部门制定防灾、抗灾、减灾措施等过程中提供参考依据，为国民经济现代化建设和社会发展做出了重要贡献。

展望　如逐日天气预报存在两周左右的可预报性上限一样，短期气候预测也存在可预报性上限，这就使得短期气候预测只能在一定的超前时间提供有限的可用预测信息，预测效果还不稳定，不能适应社会、经济发展的需要，预测能力与服务需求之间存在着较大的差距。

短期气候预测是一个世界性的难题，未来短期气候预测的发展重点考虑以下几个方面：①建立在概率密度预报基础上的集合预报，减少预测的不确定性，增加预测的可靠性；同时能够定量评估气候预测的风险。②预报方程由确定性的动力方程组转化为随机动力方程组，减少气候预测的系统性误差。③通过三步嵌套预测（全球-区域-局地或用户）使全球气候预测产品可直接应用于特定地区、流域、城市以及农业水利、能源、保险等部门，大大提高了产品的潜在社会经济价值。并通过建立风险评估管理系统，提高不同用户对概率预报应用的决策能力。④发展多模式集成方法——以不同初值、不同参数化方案为基础的集合预报。⑤考虑气候变化对短期气候预测的影响，不仅在初值中考虑温室效应的信息，还应在气候的演变过程中考虑温室效应等人类活动造成的长期趋势对短期气候变率的影响。⑥加强物理统计技术的研究和应用，广泛、深入地研究中国气候异常的物理成因和前兆信号，建立有深厚物理基础的多种统计预报方法。⑦动力和统计方法齐头并进，两条腿走路，发展有特色的多种统计与动力方法的集合预报。

参考书目

丁一汇，2011. 季节气候预测的进展和前景 [J]. 气象科技进展，1（3）：14-27.

李维京，2012. 现代气候业务 [M]. 北京：气象出版社.

孙照渤，陈海山，谭桂容，等，2010. 短期气候预测基础 [M]. 北京：气象出版社.

（陈丽娟）

yuè qìhòu yùcè

月气候预测（monthly climate prediction）　针对月时间尺度的气候状态及相对于气候平均态偏差的预测，是短期气候预测的一个重要组成部分。早期的认识是把月尺度气候预测看作是初值问题的天气预报延伸，利用大气环流模式进行月平均环流及距平场预报，一般取实际观测的大气在某一时刻的状态作为初始场，下垫面海温用气候平均值或实际观测的月平均场，积分大气环流模式一个月，得到月平均场。后来的研究发现，月气候预测既是初值问题，又是边值问题，海温的变化及海气相互作用对月尺度大气同样具有明显的影响。从而演变成利用海气耦合模式对月平均环流进行预报，取实际观测的大气、海洋某一时刻的状态作为初始场，积分大气环流模式和海洋模式耦合模式，同时两个分量模式还通过耦合器完成质量和能量交换，最终获得月时间尺度大气的演变特征。

可预报性　无论模式如何改进，资料如何丰富，现在数值预报模式的框架不可能做 1 个月的逐日预报。查尼（Charney）于 1959 年首先提出长期天气预报要做时间平均预报。舒克拉（Shukla）于 1985 年指出长期数值天气预报之所以可行，主要有两个条件：①做平均环流预报；②下垫面异常有持续性。月平均环流在很大程度上滤掉了波长较短的移动性波，而保留下来的主要是超长波（一般波数为 0～4）。因此，是否能做平均环流的预报，就在于超长波是否有比较大的预报时效。穆萨耶良（Мусаелян）于 1980 年曾明确提出，不同波长运动的预报时效是不同的。对任何一种尺度的运动来讲，初始场的影响都是逐渐衰减的，衰减的速度随波数而变化，外源的影响则是逐渐增加的，这两种影响的交界时间可粗略地看作可预报性上限。月平均环流以超长波为主，超长波的可预报性大，利用预测的月平均环流建立与气温、降水等要素的联系，进行气候要素预测。

预测方法　世界上著名的科研业务中心都采用大气环流模式或者海气耦合模式进行月尺度气候预测试验，最有代表性的机构是欧洲中期天气预报中心（ECMWF），于 2004 年 10 月开始运行实时月集合预报系统，共有 51 个成员，积分 32 天；最初的 10 天运行采用持续海温异常强迫大气模式 T639L62；10 天之后，T639L62 模式耦合海洋模式 T319L62 积分到 32 天。该系统每周一和周四运行一次，输出产品有逐周、逐月的环流、降水、气温等要素。中国的月尺度预测业务从 20 世纪 50 年代就开始了，早期的环流预报方法主要基于统计预报，然后定性给出该环流型下气温和降水的分布。随着数值模式的发展和应用，90 年代以后，月平均环流预测主要依赖于动力模式的预测，进入 21 世纪，月平均环流的预测完全依赖于气候模式。普遍采用的方法是利用气候模式①做 30～45 天积分，然后求 30 天平均环流距平。②为了克服气候漂移，做模式系统误差订正，或者用模式大气做气候平均。③普遍采用集合预报，减少预测的不确定性。21 世纪初月平均环流距平预报与观测值相关系数约为 0.4，还没有达到可以在业务预报中使用的水平。但是已有部分预测样本相关系数达到了 0.5～0.8。这表明对月平均环流进行预测的途径是可行的。在确定月尺度大气环流型之后，再根据动力方法、统计方法、动力－统计相结合等降尺度方法预测降水、气温等要素。

展望　21 世纪以来国际上比较重视利用耦合气候模式做未来第 1～3 个月及第 4～6 个月逐月和季的平均环流及气候要素预测。2010 年，世界气象组织的世界天气研究计划（WWRP）、全球观测系统研究与可预报性试验（THORPEX）和世界气候研究计划（WCRP）委员会联合发起了次季节到季节尺度研究计划，旨在建立天气预报和气候预测之间的桥梁，提高对高影响天气事件的预报能力，次季节到季节尺度研究计划的提出和执行从另一个侧面丰富了月尺度预测的内涵。

参考书目

李维京，2012. 现代气候业务［M］. 北京：气象出版社.

（陈丽娟）

jìjié-niánjì qìhòu yùcè

季节-年际气候预测（seasonal to interannualclimate prediction）　预测未来一个季节或多个季节的气候趋势，重点是预测偏离气候平均态的异常程度。如果预测未来季节的气候条件与常年值没有差别，则可用"气候"预测作为未来的实际季节预测，这是制作季节气候预测的出发点。首先考察所制作的季节预测与过去观测到的同期气候条件是否相似或基本匹配，但气候条件经常受到多种因子的影响，而使它不同于气候平均态。正是这些因子对未来气候特征是有影响的，所以未来气候是可预测的，从而形成了季节-年际气候预测的科学基础和目标。

可预报性　气候预测基于气候的可预报性，可预报性是自然系统的物理属性，不随预报方法改变。在气候预测业务中，关注更多的是季节-年际尺度大气的可预报性来源：①季内振荡（MJO）的预测及其对季节-年际尺度气候的影响以及 MJO 与厄尔尼诺（El Nino）的关系；②平流层与对流层相互作用及其对季节-年际尺度气候的影响；③海洋与大气的热量和水汽交换及其对气候过程的影响，陆面过程和土壤湿度与大气的相互作用及其对气候过程的影响；④火山喷发和太阳活动等对后期气候条件的影响；⑤温室气体增加或者陆面类型的改变对气候过程的影响。对这些可预报性来源的认识和提高都有利于提高气候预测技巧。

研究内容　气候平均态的分析和研究是季节-年际气候预测的重要起点。在此基础上再分析影响平均态的因子以及这些因子是如何造成季节-年际尺度气候的异常。造成气候平均态扰动或异常的因子有两类：外强迫作用和气候系统的内部变率，正是它们决定着季节-年际预报的可预报性。外强迫作用包括太阳和火山活动、温室气体与溶胶、土地利用变化；气候系统的内部变率是自然变化，它具有各种尺度，一般又可分大气的内部变率与耦合变率两种。前者包括天气系统的影响，对季节-年际气候预测而言，它被看作不可预测的噪音。季节-年际尺度可预报性的来源主要是气候系统的慢变过程，如海洋和耦合海气系统的低频变化以及海冰、土壤条件、雪盖等的影响。热带平流层准两年振荡（QBO）和平流层状况也可作为上边界影响季节-年际气候异常。厄尔尼诺南方涛动（ENSO）是季节-年际气候预测最主要的可预报性来源。它是年际变率的主要模态，是季节-年际尺度气候异常的基础，并通过全球遥相关影响各地区的温度和降水异常。

用复杂的海气耦合模式已能较准确地预测 ENSO 事件的爆发与演变。除 ENSO 外，不同海域海洋的异常也会影响不同地区的季节尺度温度和降水，如印度洋偶极子（IOD），热带和温带大西洋海温的异常等。陆面过程的影响目前研究尚不够，但至少对某些地区和在某种情况下可为季节预报提供一种预测信号。异常雪盖/雪量也可能是有一定作用的信号，用高原和欧亚前冬和春季雪盖多少作为夏季汛期预测的信号有明显的技巧，尤其是前者。分析大气内部区域性模态也可提高季节气候预测的技巧，如南半球环状模（SAM）、北半球环状模（NAM）、北大西洋涛动（NAO）、北太平洋涛动（NPO）等。这些因子是大气内部的动力模态，有时可影响季节可预报性。有些情况下，它们与海洋强迫有联系，另一些情况则没有联系。这些模态的变率大部分是不可预报的，但它们在下垫面强迫与大气内部变率间常常起媒介或传递的作用。除了 QBO 外，平流层环流变化对对流层环流异常也有先兆作用，尤其是平流层低频分量可向下传播并影响对流层季节尺度的环流变化。因而考虑对流层与平流层环流的双向作用是很重要的，这与 20 世纪后期只考虑对流层对平流层单向作用的观点有了明显改变。

动力季节预测　从 20 世纪后期到 21 世纪，动力季节预报有了很大发展，首先是对 ENSO 预测的提高，这是最成功地预测季-年际尺度大尺度现象预测的基础；此外，印度洋的海表面温度（SST）预测技巧虽比 EN-SO 低，但也有明显的提高，尤其对东印度洋的 SST 具有较好的预测技巧，但是对 IOD 的预测能力仍然较低，对降水的预测显示预报技巧随地点和季节而异，相关技巧空间型和季节差异表明 ENSO 变率是全球季节气候预测技巧的主要来源，在两半球由 ENSO 引起的遥相关对冬季季风降水有一定预报能力，但对陆地和局地夏季季风区的降水预测技巧相对比较低。对于东亚大陆地区，除了环流以外，温度和降水的预测技巧一般较低。

国家气候中心于 20 世纪 90 年代建立了第一代海气耦合模式系统，该系统每月运行，可提供未来 1～3 个季节的环流和要素预报。21 世纪初期，国家气候中心又发展了第二代气候系统模式，对 ENSO、大气环流的预测能力有了明显的提高。

汛期预测　中国处于东亚季风区，降水的季节变化和年际变化非常大，年降水量的大部分集中在夏半年。因此，汛期旱涝是对国民经济特别是农业影响极大的灾害性气候，是各级政府极为关注的重要问题，也是众多气象学家长期以来研究的主要课题。中国的气象研究和业务人员，从海洋、陆地热状况和大气环流异常等方面广泛、深入地研究了影响汛期旱涝的诸多因素，建立了各种统计预测模型，并相继发展了多种动力气候模式。从 1961 年开始，每年组织全国会商讨论当年的汛期旱涝趋势预测。汛期气候预测会商成为中国短期气候气候预测业务的重要组成，也是科研与业务相结合的一个典范，在科研的支撑下，中国汛期降水具有比较稳定的预测技巧，预测水平是月、季、年际降水预测项目中最高的。多年来为国民经济现代化建设和社会发展提供了大量有价值的参考依据，做出了重要贡献。

展望　气候系统模式是季节-年际气候预测的重要工具，现代的气候系统模式一般包括五部分：大气模式、海洋模式、陆面过程模式、海冰模式、大气化学过程模式。它们一方面可以独立的运行，模拟气候系统不同圈层的变化，同时又是相互作用或耦合在一起的，以此能够预测短期气候异常和长期气候变化。整个气候系统模式的耦合和运行十分复杂，并需要巨大的计算机资源。总之，气候模式发展的最终目的是尽可能把整个气候系统都包含在模式中。这样可以包括各圈层的各种主要相互作用，气候的预测将有可能考虑各圈层之间的反馈作用。要实现这个目标，还要走相当长的路程。未来依然要坚持统计方法与气候系统模式相结合的方法进行季节-年际气候预测，提高气候预测技巧。

参考书目

丁一汇，2011. 季节气候预测的进展和前景 [J]. 气象科技进展，1（3）：14-27.

李维京，2012. 现代气候业务 [M]. 北京：气象出版社.

李维京，张培群，李清泉，等，2005. 动力气候模式预测系统业务化及其应用 [J]. 应用气象学报，16（S1）：1-11.

（陈丽娟）

è'ěrnínuò nánfāng tāodòng shìjiàn jiāncè yùcè
厄尔尼诺南方涛动事件监测预测（ENSO monitoring and prediction）　利用海洋和大气环流资料，对热带太平洋地区的 ENSO 现象（事件）的发生、发展和演变过程进行实时监测、分析和预测，并根据监测结果，及时发布实况监测信息和未来发展趋势的预测意见。ENSO 事件是对厄尔尼诺（El Nino）和南方涛动（Southern Oscillation）的总称，是代表赤道东太平洋海气相互作用的重要现象。由于 ENSO 是气候系统年际变率的最主要信号，是全球海气相互作用中最显著的现象。不仅直接造成热带太平洋地区的天气气候异常，还会以遥相关方式影响热带太平洋以外地区乃至全球的天气气候异常。ENSO 也是中国短期气候预测所考虑的最重要的外强迫因子之一，季节预测的技巧很大程度上依赖于 ENSO 现象，所以 ENSO 监测预测业务是中国气候监测、预测业务系统的重要组成部分。

自 20 世纪 80 年代以来开展的一系列热带太平洋观测试验计划［例如热带海洋全球大气计划（TOGA）和热带海洋大气浮标观测陈列（TAO）计划］，使得科学界对于 ENSO 现象的认识发生了质的飞跃，观测资料的日益丰富，特别是全球卫星观测资料的大量使用，不仅极大地推动了 ENSO 动力学研究的快速发展，也为开展定量准确的 ENSO 监测业务提供了基础。20 世纪 80 年代以来，国际上主要科研业务机构开展了 ENSO 事件的监测预测工作。美国气候预测中心（CPC）等国际上著名的气候业务中心，每月实时滚动发布热带太平洋 EN-SO 关联区海温指数和热带大气状况等相关信息。

同时，人们从动力机理入手，针对 ENSO 提出了多个理论模型，探索对 ENSO 现象实现准确预测，其中最著名的是美国科学家泽比亚克（Zebiak）和凯恩（Cane）共同研制的预测模型。他们在 20 世纪 80 年代将这一 ENSO 预测模型应用到预报中，取得了巨大的成功，极大地推动了 ENSO 动力学和模式预测技术的发展。20 世纪 90 年代以来，国际上开展了对 ENSO 预测和可预报性的大量研究，包括统计经验模式、随机模式、简化海气耦合模式、复杂海气耦合模式等各种模式，都被应用到 ENSO 的预测中，提前 2～3 个季节的预测已达到业务应用水平。但因赤道太平洋海温有很好的持续性，高相关不能真实反映预测技巧也同样高。截至 2015 年，动力和统计模式的预测技巧并未有明显差别，很少有模式能准确预报出事件爆发的信号。此外，由于 ENSO 预测的误差发展存在明显的季节依赖性，最大误差增长通常发生在春季，这就是所谓的春季可预报性障碍现象。

中国国家级 ENSO 监测预测业务系统建立于 20 世纪 90 年代中后期，其中 ENSO 监测业务主要是对热带和热带外区域大气、海洋的物理系统进行监测，到 2015 年包括大气多要素监测、全球地面气压监测、向外长波辐射监测、海面温度和海面高度监测及海洋上层热容量监测等。已有的 ENSO 监测产品主要是月、季尺度的产品，包括赤道太平洋海表温度、各 Nino 区海温指数、次表层海温、热带对流活动、南方涛动等。2010 年以

来，国家级气象业务单位相继开展了不同分布型 El Ni-no 的监测指标、气候影响等方面的开发研究工作，并在短期气候预测中得到了较好的应用。

ENSO 预测业务主要制作未来 6 个月以内或者未来三个季节的热带太平洋海洋、大气状态的季节展望和逐月滚动预测。预测方法包括多种 ENSO 统计模式、全球大气-海洋耦合动力模式和大气-海洋简化耦合动力模式等。该系统基本上能满足国家级 ENSO 监测预测业务的需求，但其业务能力离国际领先水平还有一定差距，特别是进入 21 世纪以来，观测到的 ENSO 属性发生了巨大变化，ENSO 自身发生和演变机制也出现了很大改变，这在客观上需要对现有 ENSO 监测和预测业务系统进行改进和发展。

（任宏利）

qìhòu yùcè fāngfǎ

气候预测方法（climate prediction method） 客观预测未来气候变化趋势和异常分布特征的方法。气候预测方法主要有动力气候模式、物理统计模型以及动力-统计相结合的方法。

沿革 气候预测方法是随着人们对自然界认识的深入和科学技术的进展而不断发展的。早期受气象资料的限制和对气候系统认识的局限性，用简单的经验统计方法进行气候预测，以单相关、两元相关、列联表或点聚图为主。随着计算机的发展，逐步回归、判别分析、经验正交函数（EOF）分析、功率谱分析等各种统计方法逐渐得到普及。20 世纪 80 年代开始，随着数值预报的发展，动力气候模式预测方法开始应用。由于气候系统的复杂性以及历史资料在气候预测中的重要性，20 世纪 90 年代开始动力-统计相结合的理论和方法也逐渐得到发展和应用。

科学基础和基本内容 统计预测方法的科学基础来源于基于历史数据获得的预报因子和预报对象之间的统计关系。随着全球观测系统的发展，统计预测方法在 20 世纪也获得了长足的进步。在短期气候预测领域，统计预测技巧也强烈依赖于海温等影响气候异常的外强迫信号，多数的预测信号来源于热带海洋。

动力预测方法基于流体动力学方程组表征大气和海洋的运动规律，一些不能用该方程组表达的物理过程（例如湍流）则是用参数化方法来描述，然后利用计算机可以将方程组的解转变成气候动力模式。早期的气候动力模式主要是大气环流模式（AGCM），利用 AGCM 可以提供延伸期到多季节尺度的环流和要素预测，需要给大气环流模式提供的边界条件是海表面温度（SST），

SST 可以是气候场或实况场，可以是统计方法提供的预报场或者是海洋环流模式提供的预报场。这种先提供 SST 预报，再驱动大气环流模式的方法为二步法（Tier two）。随着海气耦合模式（CGCM）或海-陆-气-冰-生气候系统模式（CSM）的发展，直接利用气候系统耦合模式通过一步法（Tier one）在短期气候预测中的应用越来越广泛。这得益于气象学者对气候系统内多成员相互作用的认识以及在耦合模式中的应用。尤其是在海气或陆气相互作用显著的区域，利用 Tier two 模式系统无法反映二者之间真实的物理联系。

由于统计方法和动力方法各自的缺点，从而产生了综合二者优点的统计-动力相结合的方法。早在 20 世纪 50 年代，中国科学家就指出在数值预报中引入历史资料的重要性和可行性，后来经过近 10 多年来的发展，在动力-统计的结合方面取得显著成绩。国际上也非常重视利用历史资料订正模式预报，从而发展了基于模式输出统计（MOS）法和完全预报法（PPM）等理念的动力-统计结合的方法。

应用　气候预测方法在短期气候预测领域有非常广泛的应用，基于统计预测方法、动力预测方法、动力-统计相结合的预测方法可以对气候系统主要现象（例如厄尔尼诺南方涛动循环）、主要事件（例如梅雨）、主要要素（例如环流、降水、温度）进行预测。在这三类预测方法的支撑下，中国和国际上一些重要气候业务中心都建立了气候预测业务系统，可以实时发布和评估短期气候预测产品。这些产品可以为不同的用户提供有价值的信息，例如有的用户需要海温预测，有的用户需要降水或气温的预测，有的用户需要全球气候预测，有的需要区域气候预测。而各种预测方法可以提供多种预测信息以满足不同用户的需求，包括与气象信息相关的社会信息预测等等。当然预测方法的价值在于提供准确的气候预测。目前对于气候系统中最关键的现象——厄尔尼诺南方涛动（ENSO）的预测，在超前 6 个月时，Nino 3，4 区的海温预测和实况的距平相关系数可以达到 0.7 左右。

展望　气候预测方法的发展本质上依赖于观测资料的积累、气候异常机理的认识、气候动力模式以及计算机技术的发展。随着气象观测资料在时空尺度的丰富，对气候系统物理规律认识的深化，以及超级计算机运算能力的提高，各种气候预测方法也必将有很大的发展。但是在比较长的时期内，集成动力方法和物理统计方法以及动力—统计相结合的方法仍将占据重要地位。

参考书目

丑纪范，1986. 长期数值天气预报［M］. 北京：气象出版社.

李维京，2012. 现代气候业务［M］. 北京：气象出版社.

（陈丽娟）

tǒngjì qìhòu yùcè fāngfǎ

统计气候预测方法（statistic climate prediction method）　利用统计学方法从长时间历史资料序列中获得气候异常的规律与科学认识，并对未来气候状态做出预测的一种方法。一般根据直接或间接获得的观测数据，以及局地气候环境的演变规律，或根据不同气候系统气候要素之间存在的相互依赖关系，建立统计模型，对未来气候状态做出分析和预测。

新中国成立以来，中国的统计预测方法经历了经验统计分析和物理统计分析两个主要发展阶段。20 世纪 80 年代以前，中国气象工作者在气候预测业务和研究分析中使用了多种回归、多种聚类、典型相关、谱分析、时间序列分析等统计方法，建立了各种统计预测模型。然而，由于资料的缺乏和计算机条件的限制，对预报对象和预报因子之间物理联系的认识仍是一个薄弱环节。80 年代以后，对影响大气环流和气候异常物理因素的分析、应用有了很大发展；90 年代后期以来，对各种可能影响区域气候的物理因子的认识进一步趋于完善和系统。对厄尔尼诺南方涛动（ENSO）循环、印度洋主要海温模态、大西洋主要海温模态、欧亚积雪、极冰、陆面过程、太阳活动等对大气的影响以及气候系统各成员之间的相互作用和物理联系都有了比较深入的认识。在此基础上选择的先兆信号作为预测因子和统计方法相结合构成物理统计预测模型，有效地提高了气候预测准确率和统计方法的物理内涵。统计预测计算量小，并且可以紧密结合局地气候特征为决策用户服务是一大优势。

统计气候预测方法发展的另一个特点是密切联系气候预测业务应用，把气候变化规律通过统计预测方法用于我国国民经济领域的各个方面。例如农作物产量的预测、干旱预测、林区防火等自然灾害的预测与评估。这些研究大大地推动了基础气候学科与其他学科的相互渗透。同时与实际应用密切联系的过程，也深化了统计气候预测技术和基础理论的发展。因此，未来统计气候预测方法依然是气候预测的主要方法之一。为了更好地利用历史资料和动力气候模式客观预测结果，单纯的统计预测方法将向动力-统计相结合的方向发展。

（陈丽娟）

dònglì qìhòu yùcè fāngfǎ

动力气候预测方法（dynamic climate prediction method）　基于动力气候模式的短期气候预测方法。动力气候模式预测方法在短期气候预测业务中得到了广泛的应用，已经成为短期气候预测的主要方法之一。

国际上是在 20 世纪 80 年代中期开始用大气环流模式（AGCM）作月平均环流预测，后发展为先用模式作厄尔尼诺南方涛动（ENSO）预测，然后用预测的海表面温度（SST）强迫 AGCM 作季度及跨季度预测，即两步法。随着对海气相互作用认识的深入，基于一步法的海气耦合模式（CGCM）被用来作月、季节气候预测。进入 21 世纪，随着气象工作者对地球系统五大圈层的认识，海-陆-气-冰-生气候系统模式得到蓬勃发展，为短期气候预测和气候变化预估提供了动力预测工具。同时由于气候预测的不确定性，多模式超级集合预测方法也在国际重要气候业务中心发展和使用。

中国用动力气候模式进行短期气候预测的试验起步始于 20 世纪 70 年代，先后研制了几种动力模式，进行了月平均环流形势的预测试验。如早期距平滤波模式、考虑历史演变的动力—统计模式等。20 世纪 80 年代末到 90 年代中国科学院大气物理所用海气耦合模式（CGCM）作中国跨季度降水预报，为汛期降水预测提供了重要依据。中国气象局国家气候中心于 90 年代初进行了月动力延伸预报的研究和业务试验，并在业务预报中进行了试用；90 年代中期以来，又先后研制了月、季、年际时间尺度的动力气候模式系列，包括全球大气环流模式、全球海洋环流模式、东亚区域气候模式和简化的 ENSO 预测模式等，提供动力模式的旬、月、季节尺度的确定性和概率预测指导产品，建立起了中国第一代短期气候预测动力气候模式业务系统；21 世纪开始，进一步研究建立新一代海-陆-气-冰-生多圈层耦合的气候系统模式，并不断升级版本；另外，还研究了动力模式产品的释用技术和方法，模式产品的解释应用已成为区域和省级气候预测业务的主要手段之一。21 世纪以来已有多个动力模式在汛期降水与 ENSO 预报中使用。

动力气候模式在短期气候预测中的使用，加强了短期气候预测的动力学基础，提高了短期气候预测的业务能力和水平，取得了良好的服务效果和社会经济效益。

（陈丽娟）

dònglì-tǒngjì qìhòu yùcè fāngfǎ
动力-统计气候预测方法（dynamic-statistic climate prediction method）

将动力学方法和统计学方法有机结合起来进行气候预测的方法。该方法力争克服单纯的动力气候预测方法和单纯的统计气候预测方法各自的缺点，集成动力气候模式和物理统计方法各自的优点，从而达到获得最优预测效果的目的。

动力与统计相结合经历了较长的发展阶段。早期的结合是在统计气候预测方法的基础上加入动力学解释，以增加对气候演变过程和物理机制的理解；随着动力气候模式的发展和性能的提高，动力-统计气候预测方法逐渐发展为以动力气候模式结果为基础，利用统计方法进行订正、集合。另外还有一种动力与统计相结合的思路也在探索、实验之中，即通过改造动力方程，或者在动力方程中引进随机项、随机系数，或者按照一定的准则导出新的统计-动力方程，以达到动力与统计相结合的目的。

中国气象科技工作者在该领域开展了一系列有特色的工作。模式输出统计（MOS）法和完全预报法（PPM）是利用动力气候模式输出的高技巧环流信息，建立与局地气候要素之间的统计关系，然后利用该统计预报方程进行降水、气温等要素预报。还可以利用初值扰动后的多样本集合预报结果，分析多样本的统计分布特征，通过其集合平均、方差分布等信息获得概率预报结果。另外，从改造动力学方程入手的距平模式和直接将统计方法的思想融合到动力方程组中，从而实现两者的结合。

随着超级计算机的发展和动力气候模式的进一步完善，动力气候模式的预测技巧将不断提高，动力与统计相结合的短期气候预测方法最终将实现以动力气候预测方法为主导的方向发展。

（陈丽娟）

jiàngchǐdù qìhòu yùcè
降尺度气候预测（downscaling climate prediction）

利用气候模式输出的大尺度气候信息，通过嵌套区域气候模式或结合区域观测要素和统计方法，得到区域内更高分辨率的气候预测。

全球气候模式是气候预测最有效的工具，它能很好地模拟出大尺度气候的平均特征，对低纬度地区气候的年际变化也有较好的模拟能力。但是全球气候模式在发展初期模式分辨率普遍偏低，在描述区域气候特征时明显不足。为了弥补这种不足，两种可行的方案被提出，一是发展更高分辨率的全球气候模式，二是采用降尺度方法。降尺度包括动力降尺度和统计降尺度方法。它们的共同点是都需要全球气候模式提供大尺度气候信息。

（1）动力降尺度：是指将低分辨率全球气候模式输出的大尺度信息作为输入量，驱动较高分辨率的区域气候模式，产生区域高分辨率的气候模式输出信息。动力降尺度的优点是物理意义明确，能应用于任何区域而不受观测资料的影响，也可应用于不同的分辨率。对于动力降尺度而言，区域模式的驱动场、物理过程、侧边界嵌套技术以及模式分辨率是区域气候模式需要考虑的重要问题，它们对动力降尺度预测结果有显著的影响。当大气环流模式无法准确模拟出主要大尺度环流特征时，这些不准确的信息会影响到区域模式的模拟。

区域气候模式首先由迪肯森（Dickenson，1989）和乔治（Giorgi，1990）等发展并应用到气候模拟中，经过不断发展，已广泛应用于气候模拟、极端气候事件模拟分析、物理过程模拟研究等方面。区域气候模式较全球气候模式能更加细致地描述地形和海陆分布以及地表植被分布等下垫面特征，能更好地刻化气候的区域性特征。为了比较不同的区域气候模式对全球不同区域气候的模拟能力，相继开展了一些区域气候模式比较计划，如欧洲和美国区域气候模式比较计划、亚洲区域模式比较计划（RMIP）和北极区域气候模式比较计划（ARCMIP）等。这些比较计划的实施很好地展现了不同区域气候模式的特点，也为区域气候模式的改进提供了有益的参考依据。

虽然动力降尺度在平均气候和未来气候变化方面已经开展了大量的研究工作，但是系统性的诊断分析工作仍比较有限，系统性的理论研究更为缺乏。这使得区域气候模式中的物理过程和各种反馈机制具有很大的不确定性，区域气候模式在短期气候预测中的应用仍比较有限。但随着观测资料的丰富，对区域气候的认识不断加深，区域气候模式中物理过程不断优化，动力降尺度将在短期气候预测中发挥更好的作用。

（2）统计降尺度：与动力降尺度不同，它是利用历史观测资料建立大尺度气候场与区域气候要素之间的统计关系，并利用独立的观测资料检验这种关系是否显著，然后把这种关系应用于全球气候模式输出的大尺度气候信息，对未来的区域高分辨率气候状态及其趋势进行预测。

统计降尺度的思想可以追溯到 20 世纪 40 年代，其本意是指建立表征大尺度的变量状态与表征小尺度的变量状态之间联系的过程。70 年代，基于这种思想的完全预报法（PPM）在天气预报业务中投入应用。在此基础上，模式输出统计（MOS）法被提出，它和 PPM 的最大差异在于直接利用数值模式输出的变量和要素之间建立统计关系，让预报系统自动考虑模式预报的系统偏差和不确定性。90 年代，随着全球气候模式的发展，统计降尺度作为一个崭新的学科方向流行开来。

统计降尺度可以将气候模式输出中物理意义较好、模拟较准确的气候信息应用于统计模式，从而纠正气候模式的误差。统计降尺度方法很多，主要包括转换函数

法、天气分型技术和天气发生器。在月季尺度气候预测中，转换函数法最为常用。从统计降尺度预测模型的特点来看，一般可以分为两类，分别是大尺度变量对区域要素主要模态的预测以及对站点（格点）要素的预测。

与动力降尺度相比，统计降尺度不需要考虑边界条件对预测的影响，而且计算量相当小，节省机时，这些优点使得统计降尺度迅速发展，并广泛应用于气候变化与短期气候预测领域，是短期气候预测技术发展的重要方向之一。

参考书目

Dickinson R E, Errico R M, Giorgi F, et al, 1989. A regional climate model for the western United States [J]. Climate Change, 15: 383-422.

Giorgi F, Marinucci M R, Visconti G, 1990. Use of a limited-area model nested in a general circulation model for regional climate simulation over Europe [J]. Geophys. Res., 95: 18413-18431.

Klein W H, 1948. Winter precipitation as related to the 700-millibar circulation [J]. Bull. Amer. Meteor. Soc., 9: 439-453.

（柯宗建）

qìhòu jíhé yùcè
气候集合预测（climate ensemble prediction）　利用初值扰动或物理过程扰动对气候模式进行积分，并对不同扰动结果进行集合分析得到的集合预测。

集合预测的概念来自于数值天气预报，它的出现是为了减少天气预报的不确定性。集合预测的思想最早是由爱普斯坦（Epstein，1969）提出的随机动力预报的概念。早期集合预测更多关注初值集合，在数值模式的初始条件中引入扰动，并对不同初值预报进行集合就得到了集合预测。蒙特卡洛方法和滞后平均预报方法是早期集合预测常用的方法。随着初值扰动认识的加深，繁殖法和奇异向量法成为国际上先进数值预报中心采用的初值扰动方法。利用不同时刻大气和海洋的观测值组合构建模式初始场是常用的方法，繁殖法和奇异向量法也用来对大气或海洋的初始场进行扰动，增加模式的扰动成员。基于大气和海洋的不同初值分别对气候模式进行积分，并对不同初始场条件下的预测结果进行集合，来减小初值不确定性对气候模式的可能影响。而对国际上不同预报中心的模拟结果进行集合平均，其效果优于单个模式的预测结果，这使得多模式集合预测的发展成为了一种必然趋势。因此，多模式集合方法采用了最好（对照）的初始条件和国际上各个预报中心最好（对照）的模式。根据不同模式的历史表现赋予模式不同的权重，可以进一步减小多模式集合预测的误差，并把它称

为多模式超级集合。多模式超级集合思路的提出，使得多模式集合气候预测迅速成为研究热点，并在国际上一些重要的气候业务预报中心发展和应用。

集合气候预测有三个主要目的，一是通过集合平均提高预测质量，因为集合平均可以过滤掉预报中不确定成分而保留集合成员一致部分；二是提供预报的可靠性评价，因为各预报成员之间的离差一定程度上表征了模式预报的可信度；三是为概率气候预测提供了定量基础。

模式预测的误差主要来源于模式初值、物理过程的描述不准确以及数值求解的误差。集合气候预测可以减小模式初值误差、物理过程及参数化方案描述上的差异，以达到减小模式不确定性的目的。对于模式误差主要来源于初值的不确定性，可以通过对初值进行扰动，生成一组初值附近相空间的临近值，用它们来表征可能存在的初值状态。对于模式误差而言，在数值模式里对描述物理过程的参数进行扰动，利用多个参数化方案的组合，再对多个参数化方案进行集合，可以孤立某个具体参数化的影响。对于气候预测而言，不同时间尺度关注的误差有所差异。一般认为，延伸期到月尺度，初值的影响比较显著；而对于季节到年际尺度，外强迫对大气的影响更为重要，大气与外源相互作用的描述是否合理对模式误差有明显影响。

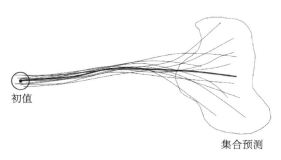

初值

集合预测

集合预测示意图

随着气象工作者对地球系统五大圈层认识的加深，复杂的海-陆-气-冰-生气候系统模式不断发展，气候模式对热带地区的气候已经有了较好的模拟能力，气候集合预测在气候预测业务中发挥了重要的作用，基于多初值、多模式的概率预测已经成为国际上气候预测领域的发展方向。但由于气候模式仍不完善，对热带外地区气候的模拟能力偏低，对五大圈层相互影响、相互制约的关系仍有待于研究，这也给气候模式的发展带来了巨大的困难和不确定性。集合预测减小模式不确定性的作用毋庸置疑，多模式集合预测可以提高单模式的预测技巧也得到广泛的认可，但多模式集合预测的能力与单模式休戚相关，如何更好地提高单模式的预测能力仍是短期

气候预测的关键。

参考书目

丑纪范，郜吉东，1995. 长期数值天气预报 [M]. 修订本. 北京：气象出版社.

Epstein E S，1969. Stochastic-dynamic prediction [J]. Tellus，21：739-759.

Kalnay E，2005. 大气模式、资料同化和可预报性 [M]. 蒲朝霞，杨福全，邓北胜，等译. 北京：气象出版社.

Krishnamurti T N，Kishtawal C M，Larow T E，et al，1999. Improved weather and seasonal climate forecasts from multimodel superensemble [J]. Science，285：1548-1550.

（柯宗建）

qìhòu yùcè pínggū fāngfǎ
气候预测评估方法（climate prediction assessment method） 对一组对应的气候预测和观测给出定量关系和评价，客观评估气候预测的技巧和水平，通常要求气候预测产品是客观的。检验工作的目的是通过检验发现问题，对产品效果或预测方法进行改进，同时提高气候预测的服务效果。

对短期气候预测结果进行评估有各种各样的方法，通常可分为确定性检验和概率检验两大类。确定性检验包括平均误差、平均绝对误差、均方根误差、距平相关系数等；概率预报检验包括布赖尔（Brier）评分检验、塔拉格兰德（Talagrand）概率分布检验、受试者工作特征曲线（ROC）检验等（参见第119页数值预报检验）。

针对不同类型的气候预测对象和产品，应采用不同的检验方式，离散变量关注预报事件与观测事件的匹配程度，主要的评分指标有命中率，虚警率，误警率等，以及在此基础上发展起来的真实技巧统计量（TSS）评分和海德克技巧评分（HSS）等；连续变量关注的是预报相对于观测的整体表现，主要计算标准差、距平相关系数、斯皮尔曼相关系数、肯德尔（Kendall）等级相关系数、均方根误差、误差百分位数等；对于集合预报及其相应的概率预报，检验方法通常可以分为三类：第一类是检验集合样本成员的概率密度函数，主要有Talagrand图、连续分级概率评分（CRPS）和最小跨度树（MST）等方法；第二类是集合预报系统的概率预报检验方法，或者说是检验集合预报与真实要素概率密度函数（PDF）的相似程度，主要有"未知"评分、概率评分等；第三类是对事件的概率预报检验，包括Brier评分及其分解、可靠性图和ROC分析等。

对短期气候预测而言，世界气象组织（WMO）推荐了三种评分检验办法来比较各个业务中心的预测能

力。三种方法分别为平均方差技巧评分、相对作用特征和概率预测的可靠性图表。平均方差技巧评分适用于不分类的确定性预报；相对作用特征评分适用于分类的确定性预报或概率预报；概率预测的可靠性图表则通常只用于概率预报，它本质上依赖于相对作用特征评分，但给出了可靠性图表和频率柱状图。

中国的短期气候预测长期以来采用自行设计的评估方法，评估公式为：

$$Ps = \frac{N_0 + f_1 N_1 + f_2 N_2}{N + f_1 N_1 + f_2 N_2} \times 100$$

式中：Ps 为预测准确率；N_0 为预报和实况距平符号一致以及预报和实况虽距平符号不同但都属正常级的站点数；N 为参加评分范围内的总站数；f_1，N_1 和 f_2，N_2 分别为一级异常报对和二级异常报对的权重系数和站数。该方法反映了预报区域内预报的总得分，当预报和实况完全一致时，预报评分为 100。基于该评分方法，1981—2013 年期间，国家级发布的气候预测业务产品检验结果为：月平均气温和降水的评分分别为 71 分和 61 分，汛期的降水预测评分为 66 分，冬季的气温预测评分为 81 分。

该方法在距平符号预测准确的基础上，加上异常级加权得分构成。预测评分立足于对大范围距平趋势预测的评估，比较符合当前短期气候预测的实际能力；加上异常级加权得分，对提高异常气候的预测能力有一定的导向作用；评定结果以百分制表示，比较直观。在实际业务应用中发挥了较好的作用。但这种评分方法具有较强的经验性，是具有我国自己传统特点的短期气候预测的评估方法。

（郑志海）

气候变化

气候变化

qìhòu ānquán

气候安全（climate security） 《联合国气候变化框架公约》第二条规定，"本公约以及缔约方会议可能通过的任何相关法律文书的最终目标是：根据本公约的各项有关规定，将大气中温室气体浓度稳定在防止气候系统受到危险的人为干扰的水平上。这一水平应当在足以使生态系统能够自然地适应气候变化、确保粮食生产免受威胁并使经济发展能够可持续地进行的时间范围内实现。"依据公约精神，气候安全是指通过全球减缓和适应气候变化的共同努力，使气候系统免受危险的人为干扰，使人类社会生存与发展和生态系统可持续性免受气候变化的威胁。气候是自然环境的重要组成部分，是人类赖以生存和发展的基础条件，也是经济社会可持续发展的重要资源。气候安全作为一种全新的非传统安全，它与粮食安全、水资源安全、生态安全、环境安全、能源安全、重大工程安全、经济安全等非传统安全有着明显的联动效应，也与防灾减灾、应对气候变化和生态文明建设等密切相关，是国家安全体系和经济社会可持续发展战略的重要组成部分。

气候安全是国际社会面临的重大共同挑战

观测表明，近百年来全球气候呈变暖趋势。1880—2012 年全球地表平均温度大约上升了 0.85 ℃。2015 年是自有现代观测以来最热的年份，比 1961—1990 平均值高出约 0.76 ℃。气候变暖已经并正在深刻地影响着全球自然生态系统和人类的生存与发展，成为国际社会面临的重大共同挑战。2014 年联合国政府间气候变化专门委员会（IPCC）发布的科学评估报告表明，气候变化加大粮食生产的不确定性，影响水资源量和水质，导致淡水资源缺乏，粮食安全和水资源安全问题日益突出。气候变化也改变了地球上部分生物物种的数量、活动范围、习性及迁徙模式，对生物多样性构成威胁。气候变化还导致海洋酸化，给海洋生态带来不利影响。如果不对未来人为温室气体排放进行管控，将致使全球气候进一步变暖，全球自然生态系统和人类社会面临的气候风险将进一步加剧。

气候变化给中国带来的气候风险也不容忽视。21 世纪以来，中国气象灾害所造成的直接经济损失是同期全球平均的 8 倍，相当于国内生产总值约 1%，气候变化导致的风险不断加大，对中国国家安全提出了严峻挑战。一是气候变化引发的极端灾害会削弱中国多年发展积累的成果，对国民的生命财产和生活质量产生严重影响。二是极端天气气候事件和长期气候变化所引发的海平面上升、荒漠化和水土流失、生态承载力退化、环境污染加剧等问题，将影响国家发展的自然环境和物质基础，可持续发展目标受到影响。三是气候变化引发的极端灾害风险对重大国防和战略性工程的负面影响正在凸显，气候变化可能导致水资源争夺和跨国移民潮，未来海平面上升引发的海洋边界变化，有可能影响全球资源和能源格局。

生态文明建设必须重视和解决气候安全问题

人类社会发展史是一部文明发展史。在经历了原始文明、农业文明后，进入 18 世纪，随着科学技术的进步和生产工具的巨大改进，以化石能源为动力的工业革命提升了社会生产力，创造出丰富的社会财富，从根本上变革了农业文明形态，进入了工业文明时代，实现了社会的重大转型，经济、政治、文化和社会结构都发生了巨大变化。但工业化以来，因对自然资源的粗放开发和对化石能源的过度依赖，人类活动对气候影响的广度和深度日益增大，使人类赖以生存的自然环境受到巨大破坏，资源的数量和质量显著下降，使全球经济社会发展逐渐陷入包括生态和气候等要素在内的环境危机。人们深刻反思工业文明带来的生态环境危机特别是气候危机，选择了生态文明作为人类可持续发展的目标和方向以及追求的绿色化生产生活方式，其特征是低耗能、低污染、循环再生、高效率、高科技、整体协调、健康持续等。

维护气候安全和维护生态安全在道路和目的上高度一致。没有气候安全就谈不上生态安全。建设生态文明，走文明发展道路，是积极应对气候变化、维护全球生态、经济和社会安全的必然选择，也是人类可持续发展、促进社会和谐稳定的必由之路。气候环境是生态系统的基础。建设生态文明，必须认识、适应、利用和保护气候，必须树立尊重自然、顺应自然、保护自然的生态文明理念，也必须重视气候安全。

应对气候变化和建设生态文明在作用和方式上相互促进。气候良好则生态良好，反之亦然。适宜的气候环境是生态文明的基础，良好的气候造就优美的生态环境。推进生态文明建设，保护生态环境也可以改善局地气候。例如，自 1978 年启动三北防护林工程以来，三北地区生态恶化趋势已得到初步遏制；北方重点区域加快了生态环境治理步伐，生态状况得到明显改善；东北大兴安岭地区生态恶化趋势得到有效抑制；三江源区在实施生态工程以来，局部水体扩张，部分荒漠转变为草地，植被覆盖度明显提高，生态系统结构和功能逐渐趋向良性发展；自实施退耕还林、退牧还草等政策以来，甘肃南部、陕西北部等地生态环境明显改善，特别是陕北地区植被覆盖度由 2000 年的 31% 提升至 2012 年的 53%，生态环境的改善增加了局地大气的水分内循环，2001 年后陕北地区年平均降水量比 1990—2000 年增加 15.9%，而同期河南北部减少 4.4%；2005—2014 年贵州省治理石漠化面积近 4500 km²，石漠化土地年均减少约 1.34%，石漠化恶性蔓延趋势得到有效遏制，主要河流水质达标率由 71.8% 提高到 81.2%，长江、珠江上游生态屏障基本形成。

强化气候安全 促进绿色发展

科学认识气候、主动适应气候、合理利用气候、努力保护气候，体现了生态文明建设的内在要求。推进生态文明建设，需要不断提升对气候规律的认识水平和把握能力，坚持趋利避害并举、适应和减缓并重原则，主动顺应气候规律，合理开发和保护气候资源，科学有效防御气象灾害，积极维护气候安全。

科学认识气候，高度重视气候安全 人类社会的发展史也是一部认识自然、改造自然的历史，科学界在气候变化领域的研究进展，不仅推进了人类对气候的认知与理解，也是各国制定应对气候变化政策与行动的科学基础。中国在应对气候变化、防灾减灾和生态文明建设等领域的相关工作中，同样需要科学把握气候规律。在加强气候变化研究基础上，重点关注不同区域、不同行业、不同人群的气候风险加剧问题。牢固树立气候安全观，把气候安全作为国家安全体系的重要组成部分，并纳入国家安全体系、可持续发展战略和全球治理体系。这既是落实习近平总书记提出的总体国家安全观的重要途径，也是中国实现经济社会发展长期目标的基本条件，更是生态文明建设和实现"中国梦"的重要保障。

主动适应气候，强化气象灾害风险管理 主动适应气候变化，大力加强气象灾害风险管理，是降低气候风险、保障气候安全的重要手段。针对全球气候变暖对中国自然生态系统和经济社会发展的影响，提高适应气候变化特别是应对极端天气气候事件的能力，加强监测、预警和预防，提高农业、林业、水资源等重点领域和生态脆弱地区适应气候变化的水平。进一步强化全社会气象灾害风险防范意识，提升气象灾害风险管理能力，提高防灾减灾的针对性、科学性和主动性，最大限度地降低气候风险，保障中国经济社会发展和人民生命财产安全。

科学利用气候，合理开发气候资源 气候是经济社会发展的基础资源。中国风能、太阳能资源丰富，陆地 50 m、70 m 和 100 m 高度上风能资源可开发量分别为

20 亿千瓦、26 亿千瓦和 34 亿千瓦；陆地每平方米接收的太阳辐射总量每年为3300～8400MJ，相当于 2.4 万亿吨标准煤。在国家实施以绿色循环低碳为重点的经济结构调整过程中，应合理开发利用风能、太阳能等气候能源，大幅调整中国能源生产结构，为实现国家应对气候变化目标做出应有贡献。要充分利用光、热、水等气候资源，开发农业生产气候潜力，发展特色农业和现代农业。依据气候特征和规律，推进经济和产业布局科学化，着力改善大气环境质量，促进人与自然和谐、经济社会与资源环境协调发展。把气候资源纳入资源环境生态管控、自然资源资产负债等重大制度，探索建立基于气候承载力评估的城市规模控制和产业结构调整制度。

努力保护气候，积极引领国际气候治理制度设计 绿色循环低碳是减缓气候变化、降低气候风险、保障气候安全的基本特征。应始终坚持节约优先、保护优先、自然恢复的基本方针，始终坚持绿色循环低碳发展的基本途径，大力发展低碳能源和水电、风电、太阳能、生物质能等可再生能源，打造低碳韧性城市等，有效减少温室气体排放，促进自然生态系统的良性循环。2014年，中国正式发布了《国家应对气候变化规划（2014—2020 年）》，并在同年发表的《中美气候变化联合声明》以及 2015 年向联合国提交的《强化应对气候变化行动——中国国家自主贡献》中，明确提出中国二氧化碳排放在 2030 年左右达到峰值、到 2030 年中国单位国内生产总值二氧化碳排放比 2005 年下降 60%～65%，非化石能源占一次能源消费比重达 20% 左右，森林蓄积量比 2005 年增加 45 亿立方米左右的行动目标。中国应对气候变化的有力行动不仅为维护全球气候安全做出了力所能及的贡献，树立了良好的国际形象，体现了建设性参与全球气候治理制度构建的态度，还将为中国调整经济和能源结构以及转变发展方式打下坚实基础，并有利于提升中国的科技创新能力和国际竞争力。

重视绿色发展，着力引领气象发展的新领域 切实把服务保障生态文明建设、推动促进绿色发展作为气象推进永续发展、满足人民对美好生活追求的必然要求。围绕加快建设主体功能区、推动低碳循环发展、全面节约和高效利用资源、加大环境治理力度等开展工作，依托气象体制优势，厚植气象业务优势，形成气象服务优势，科学应对气候变化，有序开发利用气候资源，高度重视气候安全，大力发展生态气象、环境气象、资源气象、海洋气象、农业气象、旅游气象，提升气象服务保障绿色发展的能力和水平，促进人与自然和谐共生。

参考书目

第三次气候变化国家评估报告编写委员会，2015. 第三次气候变化国家评估报告 [M]. 北京：科学出版社.

IPCC，2014. Climate change：synthesis report [M]. Cambridge：Cambridge University Press.

（郑国光　宋连春）

Zhōngguó qìhòu biànhuà

中国气候变化（China climate change） 中国气候历史时期的多年代到世纪尺度演化，以及现代时期气候的长期趋势性变化，包括关键气候要素均值和/或变率的变化以及异常与极值变化的事实、原因和未来可能趋势。

发生在地质时期超长时间尺度上的气候变迁，现代年际到年代际较短时间尺度上的气候变异，现代时期高空气候变化，以及未来气候变化的可能影响和应对等，均不在此介绍。

沿革 竺可桢先生最早利用历史文献、物候和器测资料，对中国历史时期和当代气候变化进行了综合研究，并于1972 年发表了著名的论文《中国近五千年来气候变迁初步研究》，对国内气候变化研究起到极大推动作用。20 世纪 70 年代以来，中国气象科学研究院、北京大学、中国科学院地理研究所和复旦大学等单位对中国历史时期和近现代气候变化开展了研究，其中最具代表性的一项工作是 70 年代中期由气象部门组织编撰和出版的《中国近五百年旱涝分布图集》，以及利用该图集资料陆续进行的中国历史时期旱涝和降水变化规律研究。

系统地利用测器资料研究中国现代气候变化的工作始于 20 世纪 70 年中后期。当时，张先恭、章基嘉和屠其璞等学者对中国过去几十年到上百年地面气温和降水长期变化进行了初步分析。1982 年，张先恭和李小泉发表了《本世纪中国气温变化的某些特征》论文，报告了利用月平均气温等级资料建立中国地面气温序列、分析全国气温长期变化规律的研究成果。20 世纪 80 年代末和 90 年代，王绍武、丁一汇、林学椿、章名立等分别对近百年中国地面气温和降水量变化进行了较系统的研究和评估，陈隆勋、周秀骥、李克让等对具有更完整观测资料的 20 世纪 70 年代后期以来中国气候变化特征进行了较全面的分析，赵宗慈等利用国际上的气候变化模式模拟产品对中国未来气候变化可能趋势进行了预估。

21 世纪初以来，中国气候变化的研究进入一个新的阶段。这个阶段与此前的研究比较，主要体现出以下特色：①对地面观测资料的质量特别是气温资料的非均一性给予关注，观测资料的密度和序列长度显著增加；②对区域和全国地面气温观测资料序列中的城市化影响偏差开展了系统评价；③对极端天气气候事件的趋势变化特征进行了全面和综合分析；④利用气候模式，包括中国自主研发的全球气候模式，对中国、东亚地区现代气候变化的原因和未来可能趋势进行了模拟研究。

变化事实　中国地面近万年来的气候变化特征，还没有形成共识。竺可桢指出，近 5000 年来的前 2000 年气候明显温暖，一般比 20 世纪高 2.0 ℃，冬季更高出 3.0～5.0 ℃，此后地面气温呈波动性下降；施雅风提出全新世"大暖期"概念，认为全新世中期气候最温暖湿润，距今 5000 年前以后气温和降水量均下降，气候变冷干，其中关于历史时期气温变化的结论与竺可桢相近；采用更加完善历史文献资料和树轮等代用资料的重建研究表明，最近 1000 年时期存在"中世纪暖期"和明清时期"小冰期"气候波动，但对于现代气候变暖期和"中世纪暖期"何者更暖的问题，仍未解决。中国近千年历史时期降水或干湿度也出现过明显的波动，其中在 1637—1643 年（明末崇祯年代）华北地区发生了罕见的特大干旱。

对近百年来的气候变化研究，由于连续积累了地面气候观测资料，研究结果可信度更高。近几年的研究和评估表明，中国最近 100 多年和半个世纪地面气温均呈现出明显上升趋势。20 世纪近百年全国年平均地面气温上升速率介于 0.05～0.15 ℃/10a，而近半个世纪年平均地面气候变暖趋势达到 0.25 ℃/10a，20 世纪 80 年代以来升温速率更大。气候变暖在北方比南方明显，最快速的变暖发生在东北、华北、西北地区和青藏高原，而西南部分地区年平均气温没有表现出显著变化；冬季和春季变暖比其他季节明显，夏季变暖趋势最弱，其中江淮流域夏季平均气温略有变凉。全国年和季节平均最低气温比最高气温增加趋势大得多，平均气温日较差明显下降。

最近半个世纪的快速城市化，已对多数国家基准气候站和基本气象站长序列地面气温观测记录产生了显著影响，总体上产生了一个正向偏差。消除城市化引起的系统偏差，中国地面气温上升幅度和速率明显减小，但仍然是显著的，且同全球陆地平均增暖趋势更为接近。

最近一个世纪或半个世纪，全国平均年降水量没有表现出显著趋势变化，但存在比较明显的年代和多年代尺度振动。自从 20 世纪 50 年代中期以来，北方的华北、西北东部、东北南部和西南地区降水量减少，而南方多数地区和西部、特别是西北地区和青藏高原北部降水量增多。近半个世纪全国平均日照时数或太阳总辐射、近地面平均风速和水面蒸发量或潜在蒸发量均呈现明显下降趋势。

在气候迅速变暖的近半个世纪，中国地面主要类型极端气候事件发生频率和强度有增有减，但没有出现总体一致的增多和增强趋势。极端气温事件发生频率出现了比较协调一致的变化，异常偏冷事件和寒潮事件明显减少、减弱，而异常偏暖事件和高温热浪事件有所增多和增强；全国范围极端强降水事件和暴雨事件频率略有增加，但具有明显的区域性和季节性；全国范围特别是东部季风区小雨降水频数出现显著下降；全国气象干旱面积或频率有所增加，但不显著，比较明显的增加出现在从东北南部、华北经四川盆地到西南的夏季风西北部边缘地带；登陆和影响中国东南沿海地区的热带气旋或台风频数趋于减少；北方的沙尘暴事件、强风事件和东部季风区的雷暴事件发生频率和强度全部呈现明显减少或减弱趋势。

变化原因　在区域尺度上检测气候变化的主要影响因子比较困难，因为自然的年代到多年代尺度气候变异性一般更明显，人为影响或自然外强迫因子的影响信号难以识别。但也有若干研究并得出结论。对近百年中国气候变化的归因研究表明，大气中温室气体浓度增加很可能是造成现代地面气候总体变暖和极端气温事件长期变化的主要原因；部分地区气候变暖不明显，特别是近半个世纪江淮流域夏季呈变凉趋势，可能与大气中气溶胶浓度增加和云量、雨量增多有关；多年代尺度自然气候变异及其东亚夏季风趋于减弱可能是中国现代降水量变化的主要影响因子；北方沙尘天气事件频率明显减少的直接原因可归因于沙尘源区降水增多和北方大范围地区近地面风速及大风频率下降。

未来趋势　国外和国内的全球气候模式对 20 世纪中国年平均地面气温变化具有较好的模拟能力，对地面气温气候学特征也具有较好的模拟能力。在不同的温室气体排放或浓度情景下，气候模式模拟得到的未来几十年到 100 年中国大陆地面气温均将显著增加，增加幅度比全球平均略高。但是，气候模式对区域降水变化的模拟能力还较弱，据已获得的中国降水变化和强降水事件变化的预估结果，其可信度较低。此外，中国学者还利用长序列器测资料、代用气候资料和现代统计技术，结合影响因子和机理分析，对华北等地区未来 10～30 年降水变化趋势进行了预测，所得结果对于流域水资源综合规划和管理以及区域气候变化适应提供了具有较高可信度的科学依据。

展望 中国气候变化研究还存在若干不足和问题，需要开展深入研究。存在的主要不足包括：早期资料十分缺乏，西部地区尤其，对全国近百年气候变化观测研究造成很大困难；气温、降水、辐射和风速等多种关键气候变量的观测资料还存在着非均一性，对单站和局地研究结果造成较大影响；城镇站地面气象观测资料序列中存在着较大的城市化影响偏差，地面气温资料序列中的城市化影响偏差尤其明显，需要在客观评价的基础上进行合理的订正；对于全国和区域尺度极端气候变化的综合分析还较薄弱；对全国和区域尺度气候变化的机理和原因，了解得还不充分，需要加强研究；气候系统模式的发展还处于起步阶段，模式再现区域尺度气候变异和趋势变化的能力还比较弱，需要不断予以改进和完善。

参考书目

第二次气候变化国家评估报告编写委员会，2011. 第二次气候变化国家评估报告 [M]. 北京：科学出版社.

丁一汇，任国玉，2008. 中国气候变化科学概论 [M]. 北京：气象出版社.

秦大河，丁一汇，苏纪兰，2005. 中国气候与环境演变（上卷）[M]. 北京：科学出版社.

任国玉，战云健，任玉玉，等 . 2015. 中国大陆降水时空变异规律 I. 气候学特征 [J]. 水科学进展，26（4）：451-465.

张先恭，李小泉，1982. 本世纪中国气温变化的某些特征 [J]. 气象学报，40：198-208.

Ye D，Fu C，Chao J，1987. The climate of China and global climate [M]. Beijing：China Ocean Press.

（任国玉）

气候变化的监测与事实

qìhòu biànhuà jiāncè

气候变化监测（climate change monitoring） 通过各种仪器对全球气候变化进行动态观测（包括常规观测和特殊项目观测），利用长期的观测资料分析揭示气候系统五个圈层（大气圈、水圈、陆面岩石圈、冰雪圈、生物圈）基本变量（如温度、降水、气压和风速）过去和当前平均状况和/或变率的变化趋势和规律。不同于气候变化检测研究，气候变化监测要结合使用历史观测资料和实时观测资料，定期或不定期提供监测产品，是气候变化业务的组成部分。

沿革 人们对气候变化观测事实及其原因的研究，最初起源于对大气中 CO_2 浓度增加和全球温度之间关系的关注。20 世纪 90 年代以来，气候变化检测和归因研究随之兴起，成为气候学和地球科学领域热门课题之一。这里主要以地表温度为例，重点介绍国内外气候变化监测、检测和归因研究的发展过程。

19 世纪中后期，廷德尔（Tyndall）等认识到大气中的水汽和 CO_2 等气体具有所谓的"温室效应"，并可影响地球的温度。19 世纪末，瑞典科学家阿伦尼乌斯（Arrhenius）等分析了大气中 CO_2 浓度变化对欧洲地面气温的可能影响，指出人类活动引起的温室气体浓度增加，可能造成地球表面气温上升。长期监测表明，大气中 CO_2 浓度的上升趋势非常稳定、持续。同时，南极冰芯资料也表明，当前的大气中 CO_2 浓度是史无前例的，在过去的几十万年时间里它和地面气温同步波动。这说明，人类活动无疑是工业革命以来大气中 CO_2 浓度持续上升的最主要原因，也暗示至少在千年以上尺度上，大气中 CO_2 浓度变化可能是引起气温变化的原因之一。

就地面气温变化观测研究而言，早在 20 世纪 20 年代，人们就通过分析当时的观测资料发现，欧洲和北美地区的气温自 19 世纪晚期以来表现出上升趋势。到 20 世纪 30 年代中后期，美国科学家利用东部地区观测资料和世界其他地区的稀疏资料，获得了"全球"平均气温变化序列，发现自 1865 年以来全球陆地平均气温已明显上升。不过他们认为，这种变化可能是气候长周期变化的表现。到了 20 世纪 80 年代初，美国、英国和苏联的科学家分别对全球地表温度资料进行了系统的整理和分析，获得了更可靠的全球陆地平均温度序列。他们的结果如汉森（Hansen）等证实，全球平均温度在经历了 20 多年的变冷之后，70 年代中后期开始又转暖了。此后，不断更新的观测资料序列表明了持续性的全球气候变暖。在另一方面，大气中温室气体浓度的观测已经积累了足够长的序列，冰芯氧同位素和气泡内气体记录显示出过去温室气体浓度与大气温度之间的密切联系，以及当前温室气体浓度已经明显超出自然波动范围。这些发现一般支持人类活动可能将大规模影响地球气候的推断。

20 世纪 80 年代末，世界气象组织（WMO）和联合国环境计划署（UNEP）共同成立了政府间气候变化专门委员会（IPCC），负责对全球气候变化研究进展进行定期评估，其中关于气候变化观测事实和可能原因的研究都是第一工作组评估的重点内容。一系列国际合作研究计划也在 80 年代初以后陆续启动，包括国际地圈生物圈计划（IGBP）、世界气候研究计划（WCRP）和国际全球环境变化人文因素计划（IHDP）等，着重探讨由于人类活动引起的全球变暖现象、机理及其影响。

20 世纪 90 年代以来，除了继续不断对全球和区域地表温度序列进行及时更新和分析外，人们对极端气候事件频率和强度的长期变化及其与全球气候变化的可能联系开始给予更多的关注。根据半个世纪左右的实测资料，人们对全球陆地和不同地区各类极端天气气候事件的趋势变化特征进行了分析研究，发现与温度相关的极端气候事件频率和强度出现比较一致的趋势变化，但与降水相关的极端气候事件频率变化具有区域差异性。全球极端气温事件和北半球中高纬度地区强降水事件发生了明显的变化。

监测内容　包括对气候系统五个圈层的常规和非常规监测。当前，国际上气候变化监测的要素和对象主要包括：地表气温、降水、高空大气温度、极地冰层覆盖面和厚度、高山冰川面积、积雪覆盖面积、海洋表面温度、海平面高度、海洋混合层、洋流、海洋盐度、太阳活动、火山活动、太阳辐射以及温室气体等对气候变化敏感的物理量和影响气候变化的驱动因子。美国国家海洋大气局（NOAA）下属的国家气候资料中心（NC-DC）、美国国家航空航天局（NASA）下属的戈达德空间科学研究所（GISS）、英国气象局哈德莱研究中心（MOHC）和东英吉利大学气候研究中心（CRU）以及日本气象厅（JMA）等国外机构开展了全球和区域气候变化监测业务。IPCC 先后出版了 5 次气候变化评估报告，美国和中国等主要国家开展了国家气候变化评估工作，定期或不定期出版国家气候变化评估报告，有关气候变化基本事实的内容是基于气候变化监测进行的综合。

业务产品　中国的气候变化监测工作始于 1995 年以后，以气象台站观测资料为基础，通过不定时更新分析中国地区关键气候要素的年代变化以及线性变化趋势等特征，揭示区域气候变化的历史规律和最新动态，为国家有关部门应对气候变化提供基础科学信息，并为历次国家气候变化评估报告提供基本素材。《中国气候变化监测公报》是中国气象局年度气候变化业务产品，创刊于 2011 年，由国家气候中心牵头承担，中国气象局气候变化中心各成员单位及国内相关科研院所共同参与

编制，每年 3 月初定期发布。中国气候变化监测公报的主要内容包括大气、海洋、冰冻圈、陆面和气候变化驱动因子五大部分。

大气　开展对全球、亚洲和中国近百年地表平均气温变化的监测分析，提供中国区域其他大气基本气候变量（降水、相对湿度、云量、风速、雾、霾、日照日数和积温等）和主要类型极端天气气候事件变化的监测信息，分析直接影响中国气候的季风环流系统主要成员（西北太平洋副热带高压、东亚季风和南亚季风等）的整体演变特征。

海洋　监测分析全球海洋气候系统中，影响中国气候的关键海域海表温度变化和海平面变化状况的最新演变信息。

冰冻圈　结合地面观测和卫星遥感资料，监测分析中国关键积雪区、两极海冰和中国海域海冰、中国山地冰川和冻土的最新变化信息。

陆面　提供中国陆面系统关键要素，包括地表温度、植被、湖泊面积、地表水资源变化的监测结果，突出最新的年度特征，提供中国典型区域生态气候要素指标的变化信息。

气候变化驱动因子　监测分析气候变化驱动因子，包括大气成分（主要温室气体浓度、臭氧总量和大气气溶胶光学厚度）、太阳活动、太阳辐射和火山活动等的最新演变信息。

通过对气候系统五个圈层中主要气候变量的监测，不仅可以为气候变化应对工作提供决策依据，也有助于科学认识全球气候系统的变化机理，提升人们防灾减灾与适应气候变化的能力，从而为经济发展方式的转型和经济社会可持续发展提供科技支撑。

监测技术　高质量的长序列观测资料对于气候变化监测工作至关重要。但是，在各种空间尺度上，已有的历史观测数据都存在很多不足或问题。造成这种状况的主要原因是，过去的地面、高空气象观测系统大部分不是为气候变化监测和研究设计和运行的，而是为天气预报或者传统的气候学研究服务的。20 世纪 90 年代以来，人们对观测资料的诸多问题有了深入认识，但由于观测资料积累需要漫长的过程，对于当前的监测和研究来说，不得不采用存在各种瑕疵的历史观测数据。在这种情况下，就需要对各种历史气候观测数据进行严格的质量检验和处理，也需要对早期采样不足等原因造成的分析误差做出科学评价。对于现有的历史气候观测资料，主要的工作是如何改善资料的覆盖、完整性、连续性和代表性，获得具有较高质量、尽可能反映实际变化的长

时间资料序列。为此，有三个方面的工作需要开展：①进一步发掘并数字化早期仪器记录，特别是在资料稀缺地区，如非洲、南美洲和亚洲；②历史气候资料质量控制、插补和均一化。这项工作要对过去观测记录中出现的错误值、缺测现象以及由于人为原因导致的非均一性或序列断点等进行检验、评价和订正，获得具有基本质量保证和均一化的数据产品；③历史气候资料的系统偏差评价和订正。对于地面气温资料，主要偏差来自城市化影响，特别是城市热岛效应随时间不断增强造成的局地增温偏差；而对于降水观测资料，主要偏差来自各种原因引起的近地面风速减缓产生的影响，又称空气动力学偏差。这种近地面风速减缓作用致使气象站雨量计雨雪捕获率上升，产生虚假的趋势性变化。

有了上述基础资料数据集，就可以确定研究区域范围和时间范围，发展和确定研究中采用的指标或指数，然后采用规范或标准的方法、步骤建立相应的单站或区域平均指数时间序列，例如全球陆地年平均地面气温距平序列，或亚洲地区夏季降水量距平百分率序列，并对所构建的时间序列误差进行评估，给出误差分布的定量估计值。

接下来就是根据所构建的气候指数时间序列，利用气候变化时空规律分析方法，开展所关注要素的长期趋势、周期性和阶段性规律分析。值得指出的是，在气候变化研究中，最为关注的特征是仪器观测时期某一固定时间段某一气候要素的长期趋势性变化，这主要和人们对全球气候变暖速率、原因及其未来趋势等科学问题的密切关注有关。周期性和阶段性分析主要用于检测和认识气候系统内部变异性规律，对于不同时间尺度气候预测有帮助，但在气候变化监测和研究中一般很少采用。在历史观测资料基础数据集的基础上，增加实时观测资料，并在气候变化规律分析部分去除周期性和跃变分析，定时更新单站和区域平均气候要素时间序列，给出关键变化特征分析结论，是气候变化监测工作的主要技术内容和步骤。

展望　20 世纪后半叶以来，气候变化监测已经取得重大进展，但还存在若干不足和问题。主要不足包括：在全球尺度上，某些地区（如非洲、环太平洋岛礁国家、两极地区）早期观测资料十分缺乏，另外，已有的观测记录很多也未实现电子化、质量控制等技术处理，对开展近百年气候变化观测研究造成很大困难；另外，全球范围内进行气候变化研究的"百年气候观测站"也不多，受城市化、测站迁址等影响，气温、降水、辐射和风速等多种关键气候变量的观测资料还存在着非均一

性，对单站和局地研究结果造成较大影响，需要在客观评价的基础上进行合理的订正，这些问题需要不断予以改进和完善。

参考书目

任国玉，初子莹，周雅清，等，2005. 中国气温变化研究的最新进展 [J]. 气候与环境研究，10（4）：701-716.

IPCC，2013. Climate Change 2013—The Physical Science Basis：Contribution of Working Group I to the Fifth Assessment Report of the Intergovernmental Panel on Climate Change [M]. Cambridge：Cambridge University Press.

Weart S R，2003. The discovery of global warming [M]. Harvard University Press.

（孙丞虎　王朋岭）

dàqì jiāncè

大气监测（atmospheric monitoring）　利用各种气象仪器和探测手段对大气中的物理过程和物理现象及气象要素等进行实时监测。所获取的气象记录、资料是进行天气预报、气候分析、气象科学研究和为各行各业服务的基础。主要包括：地面大气监测、高空大气监测、大气成分监测等。第二次世界气候大会（1992 年）以来，在世界气象组织（WMO）的组织下，全球气候观测系统（GCOS）逐步建立，包括大气观测系统、海洋观测系统和陆地系统三个部分。其中大气观测系统是三个子系统中最为成熟的系统，观测内容主要包括大气环流、大气成分、地面气象要素（气温、气压、湿度、风、降水等）、高空气象要素（气温、湿度与风、云、辐射等）。大气成分的测量主要包括温室气体、气溶胶、臭氧、污染物等。对于上述观测变量，中国气象局和国家环保部均已建立相关监测业务。

地面大气监测　主要包括气温、湿度、气压、风（包括风向、风速）、能见度、降水、蒸发量、日照时数、太阳辐射等。中国地面大气要素的气候监测业务始于 20 世纪 60 年代，提供的产品包括全球及各子区域（如亚洲、中国等）的地面气温、降水特征、风速、风向、日照时数、太阳辐射等要素的监测，产品时间分辨率涵盖日、候、月、季、年、年代际及其趋势等多种尺度。

高空大气监测　主要包括不同高度或等压面上的大气温度、湿度、气压、风（包括风向、风速）、位势高度等变量的监测以及相关大气环流系统的监测。中国的高空大气监测业务始于 20 世纪 60 年代初，当前通过综合利用探空资料、卫星反演资料及大气再分析资料，开

展了全球及区域（主要是亚洲和中国范围）高空各等压面温度、湿度、风速、风向等气候要素的监测。对高空大气环流的监测，主要包括对全球行星风系、三圈环流（热带信风环流圈、极地东风环流圈、中纬度西风环流圈）、定常分布的平均槽脊和高空急流、西风带中的大型扰动、季风环流等的监测，产品时间分辨率涵盖日、候、月、季、年、年代际及其趋势等多种尺度。

大气成分监测　主要包括对温室气体、气溶胶、臭氧和大气环境污染物等要素的监测。温室气体的监测，主要包括对二氧化碳、甲烷、氧化亚氮以及六氟化硫等浓度变化的监测。中国青海瓦里关大气本底站每年会对外发布上述温室气体浓度以及臭氧总量的实时监测结果。气溶胶的监测，主要包括对PM_1、$PM_{2.5}$及PM_{10}[①]等颗粒物的监测。中国气溶胶气候监测业务，能够提供1990年以来中国100余站气溶胶浓度日-年代际尺度变化特征的监测。大气环境污染物的监测，主要是对大气环境中污染物的浓度观察、分析其变化和对环境影响的测定过程。主要是监测大气中污染物的种类及其浓度，观察其时空分布和变化规律。所监测的分子状污染物主要有硫氧化物、氮氧化物、一氧化碳、臭氧、卤代烃、碳氢化合物等；颗粒状污染物主要有降尘、总悬浮微粒、飘尘及酸沉降。中国规定的常规业务监测项目有二氧化硫、氮氧化物、总悬浮颗粒物、一氧化碳和降尘。此外，还可根据区域大气污染的不同特点，增加碳氢化合物、总氧化剂、可吸入颗粒物、二氧化氮、氟化物、铅等特征污染物的业务监测。

（孙丞虎）

qìhòu zīliào jūnyīhuà
气候资料均一化 （homogenization of climate data）综合利用统计技术、元数据信息和卫星遥感数据，检测、评估和校订由于观测仪器更换、观测规范变化、观测场址迁移和观测环境变化等各种非气候因素造成的观测资料序列不连续性或突变点，使之形成一致的连续气候资料，可以用于气候变化监测和研究。均一性的气候资料序列应该仅包含由各种尺度气候本身的变化所导致的变化信息。去除非均一性或者至少评估其可能导致的误差是气候变化研究的基础，是科学认识长期气候变化趋势和极端天气气候事件的重要前提。

气候资料的均一性检验与订正处理方法通常可分为直接方法和间接方法两类。直接方法就是结合元数据信息采用主观调整的方法进行断点的检查与订正，直观地判断资料序列产生非均一性变点的时间及原因；然而，受历史多种因素影响，详尽的台站元数据信息很难获取，采取一定的数学方法使得序列中不连续点在统计上体现出来的间接方法得到学界的认可，其中现已得到广泛应用的客观方法包括：标准正态均一化检验方法、二相回归方法、序列均一性的多元分析、多元线性回归等。实现气候数据集的均一化，一般要经过如下几个重要步骤：台站元数据和原始资料的质量控制，站点数据空间代表性分析，建立参照序列，断点检测和验证，序列订正，订正效果评估和优化。

自20世纪80年代起，国际众多研究者在气候资料均一性检验和订正方面已开展了大量的探索性工作，相关方法被应用于各国气候资料业务、科研部门。国际气候资料均一性研究呈现如下发展趋势：①检验气候要素增多：针对降水、风速、辐射等受局地环境因素影响较大且概率分布非正态气候要素的检验方法逐步发展；②时间尺度细化：极端天气气候事件研究迫切需要日时间尺度的数据作为基础资料，日值序列的均一性研究方法正在得到越来越多的关注；③对无记录变点和多变点的检验和订正：在无法获取元数据信息时，借助多种均一性方法的综合判断等方法得到了发展。

中国气候资料均一性研究工作起步相对较晚，随着气候变化学科领域的发展以及各行业用户对于气候资料应用的迫切需求，加强中国气候资料均一性研究势在必行。进入21世纪中国气象观测站网系统出现了新的变化，如自动化仪器的引入、城市发展造成的台站迁址、观测业务规范调整等因素，使得2004年之后的气候资料序列出现了新的非均一性情况，亟待加强中国气候资料的均一性研究和业务工作，发展适用于中国气候观测资料的均一化技术思路，开发一整套高质量、均一化的站点和格点化气候数据集。

（王朋岭）

hǎiyáng qìhòu jiāncè
海洋气候监测 （ocean climate monitoring）　利用各种仪器和探测手段对海洋中的各种过程和现象及要素等进行长时期的实时监测。为了开展海洋气候的监测，从1985年开始，世界气候研究计划（WCRP）发起和实施了为期10年（1985—1994年）的热带海洋全球大气计划（TOGA）。正式确定了发展热带海洋大气浮标观测阵列（TAO），建立了由海洋浮标、船舶、潮汐观测站、

---

① PM_1代表可入肺颗粒物，$PM_{2.5}$代表细颗粒物，PM_{10}代表可吸入颗粒物。

卫星等组成的观测网，对热带太平洋海洋和大气状况进行密切监视，并共享收集到的资料。世界气象组织通过的一项新的科学计划——热带大西洋浮标观测陈列预测研究计划（PIRATA），在热带大西洋布置了浮标观测阵列。而 TAO 阵列与日本的 TRITON 阵列合成一体，扩展成 TAO/TRITON 观测阵列，进一步丰富了全球海气相互作用的观测。由于 TAO 浮标观测网存在观测层次少，费用昂贵，不易维持的问题，联合国政府间海洋学委员会（IOC）提出利用漂流剖面浮标（约 3000 个），取代 TAO 进行全球海洋观测，这就是实时海洋地转观测阵（ARGO）。ARGO 剖面浮标观测网由约 3000 个浮标组成，每个浮标每隔 10 天发送一组取自 2000 m 深度到海面的温度和盐度剖面资料。在全球大洋内每隔大约 3 个经纬度布设一个浮标，其数据通过卫星快速转送到全球各气候（或海洋）预报中心，供业务人员使用。

另外，为了更好地组织好对全球气候系统各成员的观测、认识和预测，1992 年世界气象组织（WMO）、联合国教科文组织（UNESCO）、国际科学联盟理事会（ICSU）和联合国环境计划署（UNEP）倡议建立了全球气候观测系统（GCOS），并发展了全球海洋观测子系统（GOOS），促进各成员国开展了包括海表、海表以下以及海气相互作用等方面的海洋观测。该系统对于海表面，主要测量海表温度、海平面气温、海平面气压、风、海冰等要素；对于海洋上层，重点测量其温盐结构。在观测手段方面，主要利用船舶、浮标以及卫星观测提供海面温度、海面气温、海平面气压、海洋环流、海面高度等方面的观测资料。这些大型海洋观测计划的实施，为世界各国逐步积累和交换海洋观测资料，建立海洋资料同化系统，如美国国家环境预报中心（NCEP）建立的全球海洋资料同化系统，生产全球海洋资料集，进而为开展全球海洋气候监测业务提供了可能。

基于上述科学研究计划所建立的海洋表层、次表层观测及资料分析系统，2000 年以后，中国逐步建立了全球海洋气候监测业务。从监测范围上可分为海洋表面和次表层海洋气候的监测，监测对象则包括全球海洋中主要的异常现象，如热带太平洋的厄尔尼诺和拉尼娜现象、北太平洋地区的北太平洋年代际振荡、热带印度洋的偶极子、北大西洋的多年代际振荡和三极子等现象。对海洋表层气候的监测业务产品包括逐周-季时间尺度，海表温度、海平面气压、洋面风空间分布特征，以及各海洋关键监测区海温指数时间序列等。

中国的海洋次表层监测业务，主要围绕厄尔尼诺、拉尼娜等现象，开展了海洋 450 m 深度范围内的海洋热力、动力特征的监测，主要业务产品包括，逐周—季尺度，各层次海水温度、海水盐度变化剖面等。

（孙丞虎）

Dàxī Yáng jīngxiàng fānzhuǎn huánliú
大西洋经向翻转环流（Atlantic Meridional Overturning Circulation，AMOC）

经向翻转环流亦称温盐环流（thermohaline circulation），是海洋上的大尺度环流，输送低密度海洋上层海水到较高密度的中深层，然后再返回到上层海洋，这种环流是不对称的。在北大西洋，表层温暖的海水自南向北流。这些海水在高纬海域释放出大量的热量，随后变冷下沉，在一定深度上，以北大西洋深层冷水的形式向南回流，期间由于低纬加热作用令海水密度减小而逐渐上翻；随后，在相对较浅的深度上，从低纬又流回高纬，从而构成闭合环流。这一闭合环流被称为大西洋经向翻转环流。

大西洋经向翻转环流示意图[1]
（图中黑色洋流为温暖的大西洋洋流，
蓝色洋流为回流的深海冷水）

在现代气候系统中，温盐环流对全球热量输送起到了十分重要的作用。大西洋经向翻转环流将海洋上层的暖水向北输送，造成了欧洲特别是北欧地区温和的气候；欧洲北部沿海较同纬度其他地区更暖，冬季尤为明显。观测还表明，AMOC 的变化也受风的操控。另外，

———————
① 引自 Marika Holland，2000。

受到全球变暖影响，一些研究发现大西洋经向翻转环流的流速在过去几十年里已减缓，当前的环流比20世纪乃至上个千年中任何时候都要弱。一般来说，温盐环流一旦减弱，由于向北输入热量的减少，北半球高纬地区会大幅度变冷，而南半球则会增温，导致一种跷跷板式的地球表面温度变化。大西洋经向翻转环流的变化对局地，甚至全球气候都能产生显著影响。

（孙丞虎）

quánqiú tànxúnhuán

全球碳循环（global carbon cycle） 各种形态碳在大气圈、岩石圈、水圈、土壤圈、生物圈等圈层内部与圈层之间的转移、交换和贮存的总称，它是维持地球生命活动的主要物质循环之一。

碳循环包含生物小循环与地球各圈层间的生物地球化学大循环。生物小循环是指生物圈中绿色植物从空气中吸收二氧化碳，经光合作用转化为葡萄糖，并放出氧气，葡萄糖再经过转换合成为其他有机化合物，碳水化合物与其他有机化合物经食物链传递，成为动物和微生物等其他生物体的一部分，并作为有机体代谢的能源经呼吸作用或分解作用被重新氧化为二氧化碳和水，并释放回大气。碳的生物小循环也被称为生态系统中的碳循环。

地球圈层间碳的生物地球化学大循环是指碳自其贮存的圈层，经过生物或物理化学作用，进入到其他的圈层，再经过生物或物理化学作用，沉积返回到其贮存的圈层。如贮存在岩石圈的化石燃料碳，经燃烧释放到大气中，大气二氧化碳被绿色植物吸收合成为有机化合物，有机化合物随地表径流进入海洋，然后在海洋经生物与物理化学作用，被转化为碳酸盐，沉积到海底再次回到岩石圈。

碳的储藏与交换 地球表层系统中的碳，绝大部分是以沉积物的形式储藏于岩石圈的，岩石圈是碳的最大储藏库，据估测：岩石圈中储藏的碳在 6.0×10^8 亿吨以上。在岩石圈储藏的碳，或以碳水化合物的形式储藏于煤、石油、天然气等有机物质中，或以碳酸盐的形式储藏于岩石和土壤中。碳酸盐是岩石圈碳储藏的主要形式。岩石圈储藏库中的碳，活动缓慢，绝大部分时间以储藏态形式存在。海洋是碳储藏的第二大库，约有38万亿吨碳储藏于海洋中。大气在现代储藏有超过8200亿吨碳，与海洋、陆地进行着活跃的交换，承担着碳的储藏和交换的双重功能。大气、海洋、陆地是碳循环的重要库，碳在这三个库间以及陆地、海洋库内部进行着活跃而频繁的交换。生物在三个储藏库之间与库内部的交换与流动过程起了重要作用。大气库的碳主要来自于生物的呼吸、含碳有机物的氧化（包括化石燃料的燃烧、生物质燃烧、土地利用变化所导致的生物碳与土壤有机碳的分解氧化）、火山喷发、海水溶解二氧化碳的释放；而大气库的碳移除则主要源于绿色植物的光合固定、海水的溶解。大气碳库是陆地碳库与海洋碳库连接的纽带与桥梁，大气二氧化碳含量的变化直接影响着地球生态系统的物质循环与能量流动，更是碳的生物地球化学大循环特征的反映性表征。

陆地、海洋生态系统碳循环 是全球碳循环的两个重要部分，它们之间有着明显的区别，却又相互紧密联系。

陆地生态系统碳循环 陆地植被通过光合作用吸收大气二氧化碳，将碳固定为有机化合物。其中，一部分有机物通过植物自氧呼吸又释放回大气中。剩余的部分以凋落物的形式进入到土壤，又以异氧呼吸的形式返回到大气中。这样就形成了大气-陆地植被-土壤整个陆地生态系统的碳循环。研究表明，在现代碳循环速率下，陆地生态系统各主要库所贮存的碳量：土壤库约为1500～2400 PgC[①]，植被库为450～650 PgC。陆地植物每年由光合作用固定大气二氧化碳的碳量约为123 PgC，其中约60 PgC 由自养呼吸释放回大气；另外约60 PgC，一部分作为人类和其他动物的食物，供它们进行异氧呼吸以维持生理代谢、繁衍等生命活动，另一部分碳则由微生物分解，供土壤结构与肥力维持、陆地生态系统功能的保持。陆地碳循环给人类带来了粮食、纤维与其他多种多样的生态服务，包括土壤肥力保持、自然景观美等等。

海洋生态系统碳循环 海洋在全球碳循环中起着极其重要的作用。海洋储存碳是大气的近50倍，是陆地表层生物与土壤层的近20倍。工业革命以来，大约50%人为排放的碳被海洋和陆地吸收。海洋的碳循环是碳在海洋中吸收、输送及释放、沉积的过程，主要包括二氧化碳的海气之间交换过程、海洋环流过程、生物过程和化学过程。海洋碳循环包含三个重要方面：一是"碳酸盐泵"，就是大气中的二氧化碳气体被海洋吸收，并在海洋中以碳酸盐的形式存在；二是"物理泵"，即混合层发展过程和陆架上升流输入，它与海洋环流密切相关；三是"生物泵"，即生物净固碳输出，它是浮游植物光合固碳减去浮游植物、浮游动物和细菌的呼吸，也就是通过生物的新陈代谢来实现碳的转移，在海洋中

---

① PgC 代表 10^{15} 克碳。

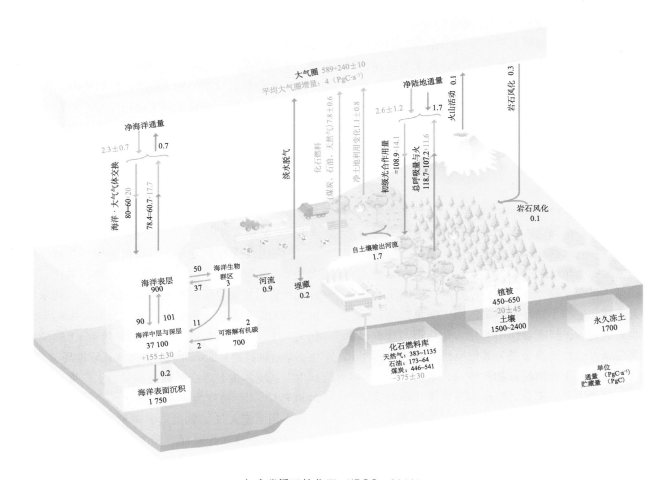

全球碳循环简化图（IPCC，2013）

主要是通过海洋浮游植物的光合作用来实现，是海洋生物生产的基础。

人类对全球碳循环的干扰　长期生物与环境的协同进化，碳在各个库之间的流动与交换相对稳定，使得大气二氧化碳浓度长期保持在 280 ppm[①]左右。进入工业革命以来，机械的发明与改进使人类利用自然资源、改造自然的能力得到了大大提升。人类大量使用化石燃料，不断向大气排放二氧化碳，成为自然碳循环"额外"的源，改变了碳循环库之间原有的交换、流动速率，直接导致了大气二氧化碳浓度不断攀升。2014 年大气二氧化碳全球平均浓度达到 397.7 ppm，为近 80 万年以来的最高值，超过工业革命前的 43%。大气二氧化碳浓度的攀升，致其温室效应不断增强，引起了以增暖为特征的气候变化。同时，大气二氧化碳浓度的不断上升，也促进了绿色植物光合作用对大气二氧化碳的固定，以及海洋对大气二氧化碳的吸收，使陆地和海洋大

部分时间表现为净碳汇。陆地的净碳汇，在 20 世纪 80 年代约为 0.2 ± 0.7 PgC，在 20 世纪 90 年代达到了 2.6 PgC；海洋则自 18 世纪中叶以来，大约吸收了人类化石燃料燃烧和土地利用变化所释放碳的 28%。但随着气候的不断增暖，全球陆地生态系统、海洋生态系统在未来还能保持多长时间的净碳汇状态，不仅是现代科学研究的重要问题，而且也是人类保护地球气候系统的重要目标。

至 21 世纪末，四个不同典型浓度路径（RCPs）下，陆地生态系统是否仍保持碳汇，则争议极大；而海洋则仍可能继续作为汇而吸收碳，但其吸收的数量很可能因人类排放增加而趋于下降。

参考书目

Ciais P, Sabine C, Bala G, et al, 2013. Carbon and Other Biogeochemical Cycles［M］//Stocker T F, Qin D, Plattner G K, et al. Climate Change 2013—The Physical Science Basis: Contribution of Working Group I to the Fifth Assessment Report of the Intergovernmental Panel on Climate Change. Cambridge: Cambridge University Press.

---

① 1 ppm = 10^{-6}。

Falkowski P，Scholes R J，Boyle E，et al，2000. The global carbon cycle：A test of our knowledge of earth as a system［J］. Science，290（5490）：291-296.

IPCC，2013. Climate Change 2013—The Physical Science Basis：Contribution of Working Group I to the Fifth Assessment Report of Intergovernmental Panel on Climate Change［M］. Cambridge：Cambridge University Press.

Stocker T F，Qin D，Plattner G K，et al，2013. Climate Change 2013—The Physical Science Basis，Frequently Asked Questions：Part of the Working Group I Contribution to the Fifth Assessment Report of the Intergovernmental Panel on Climate Change［M］. Cambridge：Cambridge University Press.

（张称意　孙丞虎）

hǎiyáng suānhuà

海洋酸化（ocean acidification）　指海水由于吸收了空气中过量的二氧化碳，导致酸碱度降低的现象。酸碱度一般用 pH 值来表示，范围为 0～14，pH 值为 0 时代表酸性最强，pH 值为 14 时，代表碱性最强。蒸馏水的 pH 值为 7，代表中性。海水应为弱碱性，海洋表层水的 pH 值约为 8.2。当空气中过量的二氧化碳进入海洋中时，海洋就会酸化。除了二氧化碳可以改变海洋酸碱度，海洋其他化学物质的增减，亦可改变海洋酸碱度。

海洋与大气在不断进行着气体交换，排放到大气中的任何一种成分最终都会部分溶于海洋。在工业革命到来之前，大气中碳的变化主要是自然因素导致的。但从工业革命开始，人类开采使用煤、石油和天然气等化石燃料，并砍伐了大量森林，至 21 世纪初，已经排出超过 5000 亿吨二氧化碳。这使得大气中的碳含量水平逐年上升。受海风的影响，大气成分最先溶入几百英尺[①]深的海洋表层，在随后的数个世纪中，这些成分会逐渐扩散到海底的各个角落。研究表明，在 19 世纪和 20 世纪，海洋吸收了人类排放的二氧化碳中的 30%，并且仍在以约每小时 100 万吨的速度吸收着，使表层海水的氢离子浓度近 200 年间增加了 3 成，pH 值下降了 0.1。作为海洋中进行光合作用的主力，浮游植物的门类众多、生理结构多样，对海水中不同形式碳的利用能力也不同，海洋酸化会改变物种间竞争的条件。受酸化影响，牡蛎的产量下降了一半。

2003 年，"海洋酸化"这个术语第一次出现在科学文献上。到 2005 年，研究灾难和突发事件的专家詹姆斯·内休斯为人们进一步勾勒出了"海洋酸化"潜在的

---

① 1 英尺 = 0.3048 m。

威胁。他的研究发现，距今 5500 万年前，海洋里曾经出现过一次生物灭绝事件，罪魁祸首就是溶解到海水中的二氧化碳，估计总量达到 45 000 亿吨，此后海洋至少花了 10 万年时间才恢复正常。

政府间气候变化专门委员会（IPCC）第五次评估报告（AR5）指出，自 1950 年以来全球海水中的二氧化碳在持续增加，造成自工业时代以来，全球海水表层 pH 值减小了约 0.1，而 pH 值的减小趋势为 −0.0014～−0.0024/a。另外，根据地球系统模式预估，在所有排放情景下，全球海洋酸化都将加剧。

海洋酸化会对海洋生物产生严重影响，其中最有可能受到海洋酸化伤害的是海洋植物和生物。海洋的酸化不仅使它们无法获取生长外壳和珊瑚礁所需的原料，而且加剧了现有的珊瑚结构和海洋活生物的外壳溶解。珊瑚礁是海洋物种丰富而又美丽的生态系统的基础，而酸度增加的海水会对珊瑚生成礁石的能力造成负面影响。如果珊瑚消失了，那么那些生活在珊瑚礁中的鱼类也会面临危险，进而导致海洋生态系统的破坏。

（孙丞虎）

lùmiàn guòchéng jiāncè

陆面过程监测（land surface process monitoring）利用现代科技手段综合观测陆面-大气相互作用过程中的关键要素或变量，并通过相应的统计分析方法对地面观测和遥感数据进行分析和处理，从不同时空尺度认识陆面过程关键状态变量的特征、规律和趋势。陆面作为气候系统中一类重要的下垫面，通过感热、潜热、蒸发、反射等方式与大气进行热量、水汽以及其他物理量交换，进而影响气候系统的变化。

监测内容　陆面过程监测是现代综合气候系统监测中的重要成员，其监测对象涉及气候系统的物理、化学、生物特征及其演变。20 世纪 90 年代以来，全球气候观测系统（GCOS）和全球陆地观测系统（GTOS）的先后建立，为陆面过程监测业务和研究工作的开展提供长期、可靠和稳定的陆面数据产品及数据同化技术支撑。陆地观测系统主要包括水圈、冰冻圈和生态系统的观测与测量。其中水圈相关观测以径流、湖泊和水资源为主；陆地生态系统观测以植被指数、土地利用变化、陆面碳交换、初级生产力、土壤温湿度、地表反照率、火灾等观测为主。

土壤温湿度　地温是指地表面及以下不同深度处土壤温度的统称，气象观测地温资料包括 0 cm、5 cm、10 cm、15 cm、20 cm、40 cm、80 cm、160 cm 和 320 cm 等不同深度层位的土壤温度。地温决定着地表辐

射能量平衡中的长波辐射，其可通过影响地表能量、水分收支和地表覆盖度来影响气候变化，是陆面过程监测中的关键参量。土壤湿度是全球水圈、大气圈和生物圈水分和能量交换的重要组成部分，也是地表干旱信息最重要的表征参量，土壤湿度的空间分布和变化对地-气间的热量平衡、土壤温度和农业墒情均有显著影响。21世纪以来，中国基于气象台站观测、卫星遥感及相关同化资料，逐步开展中国及亚洲区域不同深度、多时间尺度（旬、月、季和年）的土壤温度和湿度实况、距平及其长期趋势变化特征等监测业务。

地表反照率　地表反照率，即所有地表反射辐射能量与所有入射辐射能量之比，是地表能量平衡和地气相互作用的重要驱动因子，同样是数据同化过程中的重要变量。伴随卫星辐射探测技术发展，利用卫星资料反演地表反照率成为监测区域与全球地表反照率的重要手段。地表反照率估算方法主要包括三类：统计模型方法、二向反射模型反演方法和基于大气层顶反射率的地表反照率反演方法。

植被指数　植物叶面在可见光红光波段有很强的吸收特性，在近红外波段有很强的反射特性，通过这两个波段测值的不同组合可得到不同的植被指数。根据植被的上述光谱特性，基于卫星遥感多光谱数据的植被指数是监测全球植被的有效手段，国际上已定义了40多种植被指数，广泛应用于全球和区域植被覆盖变化研究，其中归一化差分植被指数（NDVI）应用最为广泛（参见第196页植被监测）。

水体　根据水体的波谱特征，利用水体在不同波段间反射率差异以及水体与其他地物光谱反射率的不同特征来构建提取水体信息的指标，通过多种水体指数在遥感影像上识别与提取水体信息。利用遥感技术监测陆面水体水域面积、水位以及蓄水量的动态变化，为开展水资源与水环境监测、洪涝灾害调查评估、生态环境监测等提供数据信息。

展望　利用数据同化方法，将观测数据与物理过程数值模型拟合结果相融合，应用遥感数据可高效地开展气候、水文及生态过程等相关陆面过程信息的监测。由于部分遥感产品受云的影响较大，且利用遥感手段较难获取时空连续的陆面状态变量，如何提高遥感产品的反演精度以及提供区域和全球空间尺度上更高时间分辨率的遥感产品，未来仍需要开展大量的工作。

参考书目

梁顺林，李新，谢先红，等，2013. 陆面观测、模拟与数据同化［M］. 北京：高等教育出版社.

GCOS，2010. Implementation plan for the global observing system for climate in support of the UNFCCC［M］. Geneva：World Meteorological Organisaton.

（王朋岭）

zhíbèi jiāncè

植被监测（vegetation monitoring）　利用绿色植被在遥感可见光和近红外波段中反射率的差异描述特定区域的植被特征，提取植被类型或估算绿色生物量，并监视分析植被动态变化及其驱动因子的过程。

植被在地球气候系统中扮演着重要的角色，其通过影响地-气系统的能量平衡，在气候、水文和生物地球化学循环中起着重要作用。通过卫星遥感等手段监测植被的多时空尺度变化特征有助于理解和模拟陆地生态系统的动态变化，是人类监测地表环境以及研究人类活动和气候变化对区域或全球植被变化影响的有效手段。

植物叶面在可见光红光波段有很强的吸收特性，在近红外波段有很强的反射特性，通过这两个波段测值的不同组合可得到不同的植被指数。作为对地表植被的简单、有效和经验的度量，植被指数是无量纲的，是利用叶面的光学参数提取的独特的光谱信号。国际上已经定义了40多种植被指数，广泛地应用于全球与区域土地覆盖、植被分类和环境变化、初级生产力分析、作物和牧草估产、干旱监测等方面。

乔丹（Jordan）于1969年利用近红外波段和红光波段的反射率比值，提出最早的一种植被指数即比值植被指数（RVI），用来反映植被的生长状况。但对于浓密植物反射的红光辐射很小，RVI将无限增长。迪林（Deering）于1978年提出归一化差分植被指数（NDVI），将比值限定在（−1，1）范围内，其计算公式如下：

$$NDVI = (NIR - R)/(NIR + R)$$

式中：NIR为近红外波段反射率；R为红光波段反射率。

由于NDVI可消除大部分与仪器定标、太阳角、地形、云阴影和大气条件有关辐照度的变化，增强了对植被的响应能力，已有的40多种植被指数中应用最广。随后，为减少土壤和植被冠层背景、大气的影响，土壤调节植被指数、抗大气植被指数也相继被提出。

随着卫星遥感技术的进步和应用发展，中国科技工作者通过卫星遥感数据陆续开展了大量全球及中国区域植被变化及其与气候条件间相互关系的研究工作。中华人民共和国科学技术部国家遥感中心和中国气象局国家卫星气象中心等相关业务单位现已形成对全球和中国区域植被状况的多时间尺度的监测评估业务能力，其中全球生态环境遥感监测年度报告等产品具有较高的国际影响力。

（王朋岭）

bīngdòngquān jiāncè

冰冻圈监测（cryosphere monitoring） 通过地面观测、航空和卫星遥感等手段获取冰冻圈基本物理变量的观测信息，通过加工和管理多源观测资料形成标准数据产品，综合分析冰冻圈主要成员变化的强度、模式和速率及其影响。

作为气候系统五大圈层之一，冰冻圈内的水体处于自然冻结状态，包括冰川（含冰盖和冰帽）、河冰、湖冰、积雪、冰架、冰山、海冰，以及多年冻土和季节冻土。

海冰监测 海冰是冰冻圈中一个关键组成部分，其制约着海洋和大气间的热量和水汽交换，海冰长期变化是全球气候变化的重要指示器。通过地面、船舶观测、航空以及卫星系统等多种方式，可获取海冰密集度、海冰范围、厚度分布、运动、反照率和温度等关键参数信息，参数的连续时间序列可用来分析海冰的季节和年际演变及长期变化趋势。其中，海冰密集度和海冰范围是海冰监测最常用的两项指标。海冰密集度是指海区内海冰面积所占百分比，而海冰范围指海冰密集度大于等于15%的区域面积。

北极海冰范围通常在3月和9月分别达到其最大值和最小值。1979—2012年，北极年均海冰范围以每10年3.5%～4.1%（即每10年0.45百万～0.51百万平方千米）的速率缩小。与北极地区不同，南极海冰范围通常在9月和3月分别达到其最大值和最小值。1979—2012年，南极年均海冰范围很可能以每10年1.2%～1.8%（即每10年0.13百万～0.20百万平方千米）的速率增加，且前述速率存在很大的区域差异，有些区域在增加，有些区域在减小。

积雪监测 积雪作为冰冻圈中地理分布范围最广的要素，影响地表水和能量通量、生物地球化学通量和生态系统，对温度和降水变化高度敏感。积雪监测是通过地面观测、航空和星载平台上的仪器和系统，结合实测和卫星反演数据融合技术，获取积雪关键属性的观测资料及其演变信息。积雪监测的对象主要包括积雪面积、雪水当量、雪深、反照率、积雪密度、温度、微物理属性（雪粒径大小、颗粒形状、雪层结构、硬度等）和积雪化学成分等。

根据政府间气候变化专门委员会（IPCC）第五次评估报告（AR5），自20世纪中叶以来北半球积雪范围持续缩小。1967—2012年，北半球3月和4月平均积雪范围每10年缩小1.6%，6月每10年缩小11.7%；并且在此期间，北半球积雪范围在任何月份都没有显现具有统计意义的显著增加。

冰川冰盖监测 山地冰川是气候变化的敏感指示器，其变化表现为冰川末端的前进和后退、冰川厚度的增加和减小、冰川面积的扩大和收缩，冰川动态监测是全球变化研究的重要内容之一。评估冰川变化的常用监测指标包括物质平衡、长度、速度、面积和体积等。物质平衡是指冰川上物质的收入（积累）与支出（消融）的代数和，该值为负时，表明冰川物质发生亏损；反之则冰川物质发生盈余。世界冰川监测服务处（总部位于瑞士苏黎世大学）定期对全球冰川变化做出评估，并发布代表性冰川的观测资料。中国天山乌鲁木齐河源1号冰川（43.08 °N，86.82 °E），是该机构长期选定的全球参照冰川之一。中国科学院天山冰川观测试验站（简称天山冰川站）是中国唯一专门以冰川和冰川作用区为主要观测、试验和研究对象的野外站，于1959年建立。2010年，中国首个冰川监测塔在天山乌鲁木齐河源1号冰川区建成，可实现冰川面积、末端位置、表面高程、

冰冻圈各组成部分的面积、体积（Vaughan et al.，2013）

冰冻圈构成	面积/10^6 km^2	冰体积/10^6 km^3
北半球陆地积雪（年最小 [大]）	1.9 [45.2]	0.0004 [0.004]
海冰（年最小 [年最大]）		
北极海冰（北半球秋季 [冬/春季]）	6.2 [14.1]	0.0130 [0.0165]
南极海冰（南半球夏季 [春季]）	2.9 [18.9]	0.0034 [0.0111]
冰架（年平均）	1.6	0.38
冰盖（总计）	14.1	26.1
格陵兰冰盖（年平均）	1.8	2.9
南极冰盖（年平均）	12.3	23.2
冰川（含冰帽）（最小 [最大] 估算值）	0.73	0.125 [0.211]
北半球季节冻土	48.7	N/A
北半球多年冻土（年最小 [最大] 值）	13.2 [18.0]	0.008 [0.040]
北半球淡水冰	1.6	N/A

注：表中N/A表示"不适用"（Not Applicable）。

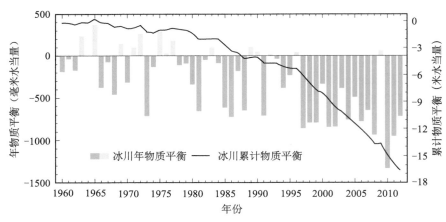

1960—2012 年中国天山乌鲁木齐河源 1 号冰川物质平衡和累计物质平衡变化
（资料源自中国科学院天山冰川观测实验站）

表面运动速度等指标的动态监测和观测数据的实时传输，标志着中国在冰川监测领域达到国际先进水平。

半个世纪，全球山地冰川总体处于持续退缩状态（无论是长度、面积，还是体积），20 世纪 90 年代以来退缩更为显著。由于区域气候差异、局地地形因素等影响，冰川退缩的幅度具有区域差异，喀喇昆仑山的有些冰川保持稳定或微弱前进。1960—2012 年，天山乌鲁木齐河源 1 号冰川呈加速消融退缩趋势，与全球冰川总体变化相一致。

现存大陆冰盖主要包括南极冰盖和格陵兰冰盖。冰盖的形状、面积和体积很大程度上受控于冰盖表面降雪量、冰流流速、底部融化和前段冰山崩裂引起冰架冰的损失量。冰盖实地观测系统包括挖掘雪坑测量近表层温度、积雪和粒雪的密度、雪冰晶体结构、表面容积率，结合全球定位系统（GPS）重复测量花杆求算冰盖表层流速，定点反射和折射的地震实验可用来测量冰层厚度和冰床属性等实地观测。20 世纪 80 年代以来，雷达和卫星遥测技术已被广泛应用于冰盖物理属性和动力状况的观测和研究，星载测高仪探测大面积冰盖表层高程变化可作为冰盖体积变化的测量指标，重力卫星法可为监测冰盖物质变化提供直接测量手段。IPCC AR5 指出，近 20 年，格陵兰冰盖的冰量损失大大加速，已从 1992—2001 年的每年 34 Gt[①]增至 2002—2011 年的每年 215 Gt；同期南极冰盖的冰量损失速率从每年 30 Gt 增至 147 Gt，且冰量损失主要发生在南极半岛北部和南极西部的阿蒙森海区。

冻土监测　冻土可分为多年冻土和季节冻土。地球上任何岩土物质保持在 0 ℃以下至少连续两年以上称之

———————————
① 　1 Gt = 10⁹ t。

为多年冻土，其厚度从几米到几百米甚至上千米。季节冻土指经历年度冻融的岩土物质，冻结期可从几天到几个月，冻结深度从几厘米到几米。多年冻土温度和活动层厚度是冻土监测的关键变量。活动层是指多年冻土区夏季融化而冬季冻结的地表层，其作为多年冻土与大气间的"缓冲层"，对气候变化更为敏感，响应更为迅速。

自 20 世纪 80 年代初以来，大多数地区多年冻土温度已升高。在阿拉斯加北部一些地区，观测到的升温幅度达到 3 ℃（20 世纪 80 年代早期至 21 世纪 00 年代中期），俄罗斯的欧洲北部地区达到 2 ℃（1971—2010 年）。20 世纪 60 年代以来，中国多年冻土区冻土活动层厚度增加、温度升高的趋势明显；青藏公路沿线近 30 年活动层厚度增加速率为 1.33 cm/a，多年冻土上限温度每 10 年升高 0.31 ℃。

展望　从冰冻圈系统的角度认识冰冻圈各要素自身、之间及其与气候系统其他圈层的相互关系，通过多学科交叉、多手段集成、新技术应用开展冰冻圈多要素综合分析是冰冻圈监测发展的总体态势。综合利用多种遥感手段提高对冰冻圈要素的监测精度，北极海冰快速消融及其气候效应，南极冰盖和格陵兰冰盖变化及其对海平面变化的影响，多年冻土退化及其对全球碳循环的影响等，都将成为未来全球气候变化研究的热点问题。

参考书目
第三次气候变化国家评估报告编写委员会，2015. 第三次气候变化国家评估报告［M］. 北京：科学出版社.
秦大河，2014. 冰冻圈科学辞典［M］. 北京：气象出版社.
效存德，谢爱红，马丽娟，等译，2010. 全球综合观测战略伙伴：冰冻圈主题报告［M］. 北京：气象出版社.
Vaughan D G, Comiso J C, Allison I, et al, 2013. Observations: Cryosphere［M］//Stocker T F, Qin D, Plattner G K, et al. Climate Change 2013—The Physical Science Basis: Contribution of Working Group I to the Fifth Assessment Report of the Intergovernmental Panel on Climate. Cambridge: Cambridge University Press.

（王朋岭）

quánqiú biànnuǎn
全球变暖（global warming）　一般特指在工业革命以来大气中温室气体的浓度不断升高背景下，全球陆地和海洋表面温度明显上升的现象。地球历史上的气候总是处于多种时间尺度上的动态变化过程中，"冷暖交替"

是其最主要的变化特征之一。而工业革命以来的"全球变暖",被认为与人类活动(主要是向大气排放温室气体以及改变土地利用状况)密切相关,并对人类赖以生存的自然环境和经济社会发展产生深远影响(参见科学基础卷全球气候变化)。

沿革 1827年,法国科学家让·巴普蒂斯·约瑟夫·傅里叶(Baron Jean Baptiste Joseph Fourier)首次提出大气中温室气体的增暖效应,即温室效应理论。此后,英国、瑞典、美国等国科学家陆续针对温室气体浓度升高所带来的增温效应进行了估算,并在1957年首次由美国建立了夏威夷观象台,对大气温室气体浓度进行直接的常规观测。随着温室效应理论被更多学者所接受,逐步建立的全球气候观测系统也在不断完善,人类对气候系统及其变化机理的认知程度不断加深。1979年在瑞士召开了第一届"世界气候大会——气候与人类专家会议","全球变暖"首次作为国际社会广泛关注的问题被提上议事日程,并由此推动建立了政府间气候变化专门委员会(IPCC),对全球变暖及其影响和应对问题进行全面和深入的评估。截至2014年底,IPCC共发布了五次综合性评估报告和多个特别报告、技术报告和方法学报告。

观测事实 据2013年IPCC发布的第五次评估第一工作组报告《气候变化2013:自然科学基础》,全球变暖是无可争议的事实,无论是从过去几十年还是从数百年来看,当今气候系统中的许多变化都是前所未有的;大气和海洋已经变暖,冰量和雪量已经减少,海平面已经升高,大气温室气体浓度已经增加。

科学界对全球变暖观测事实的认识主要有以下几个方面:

近百年全球地表平均温度显著升高,某些极端天气气候事件趋多趋强 20世纪80年代以来的最近三个年代中任一年代的全球气候都比1850年以来的任一年代要暖;1983—2012年可能是北半球近1400来最暖的30年。1880—2012年全球地表平均温度约上升了0.85℃(0.65~1.06℃);2003—2012年全球地表平均温度比1850—1900年高出0.78℃(0.72~0.85℃);全球绝大部分区域都表现出了变暖现象;几乎确定的是,自20世纪中叶以来,全球范围内对流层已变暖;由于气候系统还存在自然变率,与1951—2012年相比,1998—2012年全球地表增温速率放缓。1950年以来,全球冷昼和冷夜日数很可能已减少,暖昼和暖夜日数很可能已增加;欧洲、亚洲和澳大利亚的大部分地区的热浪频率可能已增加。

海洋温度、热含量和海平面等正在发生变化,这一观测事实具有高信度 1971—2010年气候系统增加的净能量有90%以上储存在海洋中;几乎确定的是,1971—2010年海洋上层(0~700 m)变暖,而自19世纪70年代到1971年,变暖现象可能也同样存在。从全球尺度上看,海洋表层的变暖最大,1971—2010年海洋上层(0~75 m)温度以0.11℃/10a(0.09~0.13℃/10a)的速率上升;1957—2009年700~2000 m深度的海洋已变暖,1992—2005年2000~3000 m深度的海洋可能没有显著的趋势性变化,3000 m以下可能依然变暖,其中最大的变暖是在南大洋观测到的。1971—2010年,气候系统净能量增长的60%以上储存在海洋上层(0~700 m),约30%储存于700 m深度以下,海洋上层热含量的线性增量可能为17×10^{22} J($15 \times 10^{22} \sim 19 \times 10^{22}$ J)。1901—2010年全球平均海平面上升了0.19m(0.17~0.21)m,1971年以来的上升速率还在逐渐加快;末次间冰期(129~116 kaBP)全球平均最高海平面至少比当前高出5 m,格陵兰冰盖对这一海平面变化的贡献可能在1.4~4.3 m海平面当量之间。

两极冰盖和全球冰川正在消退,海冰和积雪面积正在缩减 具有高信度的是,20世纪90年代以来的格陵兰冰盖和南极冰盖的冰量已经损失,世界范围内几乎所有冰川均已持续消退,北极海冰和北半球春季积雪范围已持续缩减。自1992年以来,格陵兰冰盖冰量损失的平均速率很可能从1992—2001年的34 Gt/a(-6~74Gt/a)[①]增加到2002—2011年的215 Gt/a(157~274 Gt/a);南极冰盖冰量损失的平均速率很可能从1992—2001年的30 Gt/a(-37~97 Gt/a)增加到2002—2011年的147 Gt/a(72~221 Gt/a)。1971—2009年,全球范围内冰川(不含冰盖边缘的冰川)物质损失的平均速率很可能是226 Gt/a(91~361 Gt/a),而1993—2009年很可能为275 Gt/a(140~410 Gt/a)。1979—2012年北极海冰范围很可能以3.5%/10a~4.1%/10a的速率缩减,其中夏季海冰最小范围以9.4%/10a~13.6%/10a的速率缩减,而同期南极海冰范围则以1.2%/10a~1.8%/10a的速率增加。具有很高信度的是,20世纪中期以来,北半球积雪范围已经缩小。1967—2012年,北半球积雪范围的缩减速率在3,4月为1.6%/10a(0.8%/10a~2.4%/10a),在6月为11.7%/10a(8.8%/10a~14.6%/10a)。具有高信度的是,自20世纪80年代初以来,大多数地区多年冻土的温度升高,且不同地区的增温速率有所差异。

大气中人为温室气体浓度还在增加 2012年全球大气中二氧化碳、甲烷、氧化亚氮等温室气体的平均浓度

----

① 1 Gt/a = 1×10^9 t/a。

分别 为 （393.1 ± 0.1） ppm[①]、（1819 ± 1） ppb[②] 和 （325.1 ± 0.1） ppb，超过了近 80 万年来的水平，浓度 及辐射强迫的增速可能是过去 2.2 万年来所未有的。自 18 世纪 50 年代工业化开始到 2011 年，由于人类使用化 石燃料和改变土地利用，人为向大气中累积排放的二氧 化碳已经达到（555 ± 85）PgC，2011 年的人为二氧化 碳排放量比 1750 年增加了 40%，使用化石燃料和改变 土地利用导致的人为二氧化碳排放，是大气中二氧化碳 浓度增加的主要原因；2002—2011 年大气二氧化碳浓度 的平均增速为（2.0 ± 0.1）ppm/a，与 1958 年开始使用 仪器直接观测大气二氧化碳浓度以来的任何一个连续的 10 年相比，这 10 年间的增速都是最快的；海洋吸收了 大约 30% 人为排放的二氧化碳。1999—2006 年，大气 中甲烷浓度的变化不大，2007 年之后甲烷浓度重现增 长。自 20 世纪 80 年代初以来，大气中氧化亚氮浓度的 增速为（0.73 ± 0.03）ppb/a；排放到大气中的氧化亚

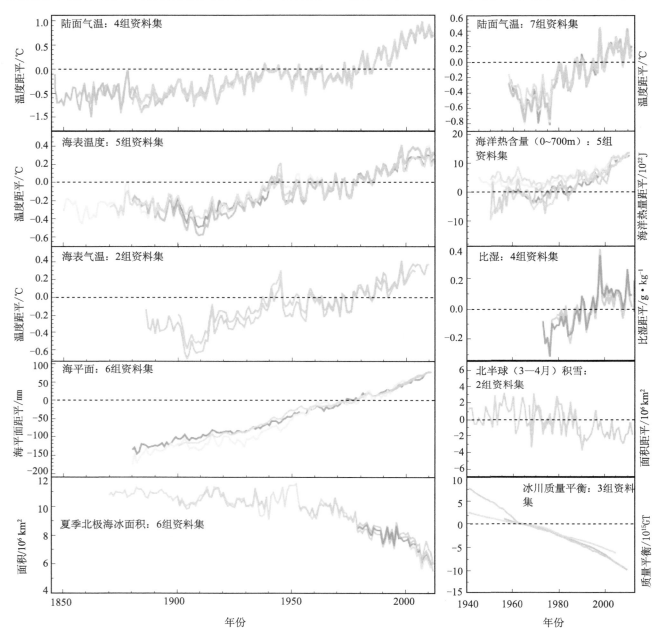

多项全球气候变化的互补性指标（每条线代表的是独立推导的气候要素变化的估值；在每个图框中，所有资料集都统一为相同的记录期）（IPCC，2013）

---

① 1 ppm = 10^{-6}。

② 1 ppb = 10^{-9}。

氮多由土壤和海洋中的活性氮通过氮化和脱氮反应产生。

近百年全球变暖的归因　气候变化的归因研究过程，一般是利用气候模式，通过对比不同外部强迫条件下模拟结果之间的差异来进行的（见第211页气候变化归因）。外部因素对气候系统影响的大小是以辐射强迫值来定量表示。当今科学界对全球变暖的归因问题存在很强的共识。相对于1750年，2011年人为总辐射强迫值为2.29 W/m²，与前期相比，人类活动影响还在进一步增强。人类活动极可能（95%以上的可能性）导致了20世纪50年代以来一半以上的全球变暖。这一人类活动影响气候变化的信度进一步增强。当然，正如任何一门科学的发展过程，全球变暖归因问题也存在着诸如"太阳活动主导"和"自然变率主导"等一些观点，但从现有的科学证据和主流观点上看，人类活动仍被普遍认为是近百年全球变暖的主要原因。

展望　科学界对全球变暖给予了前所未有的关注，针对气候系统及其变化的观测也大幅增加，但离全面系统地了解气候系统各组分、过程和相互作用，尚存在较大差距。如探空资料的数量和质量依然不足；量化全球和区域降水趋势还存在很多变数；用于分析极端天气气候事件的数据依然相对匮乏；对冰川物质损失的估算依然存在一定的不确定性；海洋观测数据依然需要经过一段时间进行累积；历史时期的气候变化信息仍在许多地区难以获取。不过，科学界已经在许多层面知道了获取全面信息的技术途径，通过一系列国际间和区域间与全球变暖有关科学计划和观测计划的实施，以及观测技术和分析技术的提高，未来对全球变暖的理解必将逐步深化。

参考书目

第二次气候变化国家评估报告编写委员会，2011. 第二次气候变化国家评估报告［M］. 北京：科学出版社.

秦大河，丁永建，穆穆，等，2012. 中国气候与环境演变［M］. 北京：气象出版社.

IPCC，2007. Climate Change 2007—The Physical Science Basis：Contribution of Working Group I to the Fourth Assessment Report of the Intergovernmental Panel on Climate Change［M］. Cambrideg：Cambridge University Press.

IPCC，2013. Summary for Policymakers［M］//Stocker T F，Qin D，Platter G K，et al. Climate Change 2013—The Physical Science Basis：Contribution of Working Group I to the Fifth Assessment Report of the Intergovernmental Panel on Climate Change. Cambridge：Cambridge University Press.

（刘洪滨）

jíduān tiānqì qìhòu biànhuà

极端天气气候变化（extreme weather and climate change）　极端天气气候包括极端天气事件和极端气候事件及其变化。极端天气事件和气候事件是指在特定地区、特定时间段内（一般为一年以内）气候系统出现的异常或极稀少的事件，某个天气或气候变量值高于（或低于）该变量观测值区间的上限（或下限）端附近的阈值，其发生概率一般小于10%或大于90%。

极端天气气候变化则是指在一个较长时期内，极端天气气候事件频率和强度随时间的趋势性变化。常见的极端天气气候事件主要有干旱、洪涝、台风、强降水、高温热浪、低温寒潮、沙尘暴、风暴潮、海平面上升以及海冰范围的异常变化等。极端天气气候事件与灾害密切相关，发展中国家由于极端事件造成的经济损失占国内生产总值（GDP）比重也更大。

评估方法　极端天气气候变化评估通常有两种方法，一种是定义与极端气候事件相关的极端气候指数，通过分析这些指数的特征来反映极端气候事件的变化情况；另一种就是根据极端气候事件本身的定义标准，直接通过对原始资料的分析来判断该类极端气候事件的频率或强度有何变化。世界气象组织（WMO）气候学委员会等机构联合成立的气候变化监测和指标专家组定义的27个典型的极端事件指数，是国际上较为常用的极端气候指标。

评估结果　基于观测资料所进行的极端天气气候变化评估，其信度取决于资料的质量和数量。在研究中，一般使用有限、中等或确凿以及一致性程度（低、中等或高）来描述现有证据，使用很低、低、中等、高和很高来描述信度水平，使用几乎确定、很可能、可能、或许可能、不可能、很不可能和几乎不可能来表示评估的可能性。

自1950年以来收集到的观测证据表明，总体而言，在全球尺度上，即对于有足够资料的大多数陆地区域，冷昼和冷夜数量很可能已减少，而暖昼和暖夜数量可能已增加；在欧洲、亚洲和澳大利亚的大部分地区，热浪的发生频率可能已增加。与降水减少的区域相比，更多陆地区域出现强降水事件的数量可能已增加。在北美洲和欧洲，强降水事件的频率或强度可能均已增加。在其他各洲，强降水事件变化的信度最高为中等。世界上某些区域已经历了更强和持续时间更长的干旱，特别是在欧洲南部和非洲西部，但在另一些地区，干旱已经变得不太频繁、不太严重或持续时间较短，如在北美中部和澳大利亚西北部。在考虑到过去观测能力的变化之后，任何观测到的热带气旋活动的长期（即40年或以上）

增加趋势（即强度、频率和持续时间）都具有低信度。

从中国极端天气气候事件的相关研究来看，20 世纪 50 年代以来中国极端天气气候事件发生了显著变化，高温日数和暴雨日数增加，极端低温频次明显下降，北方和西南干旱化趋势加重，登陆台风强度增大，霾日数增加（高信度）。全国年平均最高气温值、最低气温值和高温日数均显著增加；全国平均冷昼日数略趋减少；区域性极端低温事件频次以每 10 年 0.6 次的速率明显下降；冰冻日数以每 10 年 0.6 天的速率显著减少；全国性寒潮平均每 10 年减少 0.2 次；2007—2013 年，区域性、阶段性低温冷冻时有发生。暴雨频率增高，强度趋强，影响范围扩大。东北、华北和西南地区干旱化趋势明显，1997—2013 年中等以上干旱日数较 1961—1996 年分别增加 24%、15% 和 34%。西北太平洋和南海生成的台风数呈下降趋势，但登陆中国台风的强度明显增强，21 世纪以来登陆台风中有一半最大风力超过 12 级，华东及东南沿海地区台风降水趋于增多。沙尘暴频次呈波动性减少趋势，以 1983 年为界，后 25 年较前 25 年发生沙尘暴的站次平均值减少了 58%。中国中东部冬半年平均霾日显著增加，尤其是华北地区因霾导致能见度明显下降。

未来趋势　基于耦合模式比较计划第 5 阶段（CMIP5）气候模式模拟研究表明，在大气中温室气体继续增加条件下，有可能的是，未来几十年多数陆地区域出现暖昼和暖夜的频率将上升，而出现冷昼和冷夜的频率将下降；低温事件的 20 年重现值将以大于冬季平均温度的速率不断上升，但偶尔仍会发生冷冬极端事件；强降水事件的发生频率和强度可能将增加；热带气旋的全球频率可能降低或基本保持不变，与其相一致的是全球平均热带气旋最大风速和降水率均可能增加。

基于 CMIP5 全球模式对中国区域的预估结果显示，未来中国暖事件将增加，冷事件将减少，高温日数将增加，日最高气温最高值和日最低气温最低值均将升高，高排放情景下的变幅更大。强降水事件频数将增加，强度将增强，强降水量占年降水量比重增大。全国范围内中雨、大雨和暴雨事件很可能显著增多，小雨发生频次则相对减少。

可能的成因与归因分析　极端天气气候事件的变化，既受到气候系统内部变率的影响，又受到包括温室气体和大气成分变化在内的外部强迫的影响。大尺度环流的变化，是极端天气气候事件长期变化的重要背景。季风是海陆热力差异作用的结果，海陆热力对比的改变必将导致季风面积的相应变化。有研究指出，北半球陆地季风降水量的整体减弱趋势，是季风面积和季风降水

强度二者共同作用的结果，而其中非洲季风和南亚季风的贡献则最为显著。模拟结果则表明全球陆地季风降水的减弱趋势，主要来自赤道中东太平洋和印度洋增暖的强迫作用，其强度显著超越内部变率的影响，表明与海洋的年代际变化相关联的海温型的变化，是驱动全球和东亚季风变化的重要因子。

在年际尺度上热带海气相互作用过程是调制东亚—西北太平洋夏季风变率的关键因子，也是东亚—西北太平洋夏季风季节预测的主要预报因子。研究发现，西北太平洋异常反气旋在厄尔尼诺（El Nino）成熟位相的冬季建立，并一直维持到 El Nino 衰减年的夏季，是联系东亚—西北太平洋夏季风和厄尔尼诺南方涛动（ENSO）最重要的系统。

有证据表明，由于人为影响，包括大气温室气体浓度的增加，一些极端事件已经发生变化。人为影响可能已经导致全球极端日最低和最高温度升高。具有中等信度的是，人为影响已导致全球极端降水加强。由于平均海平面上升，人类活动可能已对沿海极端高水位事件的增加产生了影响。由于热带气旋历史记录具有不确定性，对热带气旋度量与气候变化相关联的各种物理机制缺乏完整认识，并考虑到热带气旋的变异程度，将可检测到的热带气旋活动变化归因于人类活动影响具有低信度。将单一的极端事件归因到人类气候变化尚具有挑战性。

展望　无论在全球尺度上，还是对中国区域来说，上述预估结果均包含较大的不确定性，尤其表现在极端降水事件指数的变化上，如何减少这些不确定性是未来应重点关注的科学问题。有证据表明（中等信度），由于资料的限制和分析手段的局限，对极端天气气候事件在多大程度上、多大时空尺度上与气候变化存在着联系，在全球尺度、区域尺度和局地尺度上极端天气气候事件存在多大的差异性，如何定量评估极端天气气候事件以及如何提高对极端天气气候事件预测预警等方面，尚缺乏完整的认识，是未来关注重点。

参考书目

第二次气候变化国家评估报告编写委员会，2011. 第二次气候变化国家评估报告 [M]. 北京：科学出版社.

IPCC，2011. Managing the risks of extreme events and disasters to advance climate change adaptation [M]. Cambridge，UK and New York，USA：Cambridge University Press.

IPCC，2013. Climate Change 2013—The Physical Science Basis：Contribution of Working Group I to the Fifth Assessment Report of the Intergovernmental Panel on Climate Change [M]. Cambridge，UK and New York，NY，USA：Cambridge University Press.

IPCC SREX，2012. Managing the risks of extreme events and disasters to advance climate change adaptation. A special report of working groups I and II of the Intergovernmental Panel on Climate Change ［M］. Cambridge, UK and New York, NY, USA：Cambridge University Press.

（石英 孙颖）

dàqì mótài biànhuà

大气模态变化（atmospheric mode change） 大气模态也称大气涛动，是指大气活动中心之间相互联系和相互作用的变化特征，也反映了大尺度大气环流空间分布型的变化。

20世纪20—30年代，沃克（Walker）发展了大气活动中心的概念，指出大气活动中心间有密切的关系。他研究了这些"活动中心"的关系，提出了著名的三大涛动，即北大西洋涛动（NAO）、北太平洋涛动（NPO）和南方涛动（SO）。此后，随着南、北半球中高纬地区观测资料的积累，王绍武和龚道溢于1992年提出南极涛动（AAO），汤普森（Thompson）和华莱士（Wallace）在1998年又提出北极涛动（AO），这两种模态分别揭示了南、北半球中高纬地区气候变率的主要模态。另外有些研究提出北方涛动（NO），北半球环极模（NAM）和南半球环极模（SAM），太平洋十年振荡（PDO），太平洋-北美型（PNA），印度洋偶极子（IOD）等。

北大西洋涛动 指冬季冰岛低压气压下降时，亚速尔到欧洲西南一带气压上升，这种两地气压反相变化的趋势，以及与此相关的一系列天气气候异常现象。政府间气候变化专门委员会（IPCC）在《管理极端事件和灾害风险推进气候变化适应特别报告》（SREX）中指出，从古地质资料中，人们发现中世纪时NAO基本都在维持正位相，而在较冷的小冰期时代，它基本是负位相。IPCC第五次评估报告（AR5）和SREX报告中也指出，虽然最近30多年来，NAO和全球温度一样都呈显著的上升趋势，但近几年NAO出现了明显的负位相。从NAO的影响看，北大西洋及邻近的北美东部，北非和欧洲地区的气温、降水与NAO的年际、年代际尺度上的变化联系非常显著。通常NAO强，格陵兰以西及北美洲的东北部、北非和地中海地区偏冷，欧洲北部和美国东部偏暖，欧洲北部降水偏多，而地中海地区则降水偏少，反之亦然。

北极涛动 是北半球中纬度和高纬度气压此消彼长的一种"跷跷板"现象。当北极涛动处于负位相时，中纬度的低气压和高纬度的高气压都加强，从而使中纬度地区西风减弱，即盛行经向环流，在对流层低层产生强的北风异常，将冷空气从较高的纬度输送到较低的纬度，导致中纬度地面气温降低；而当北极涛动处于正位相时，环流异常相反。IPCC AR5中指出，冬季北极涛动在20世纪80年代前多呈现负位相，80年代末至90年代中期总体为正位相阶段，进入21世纪以来又转为负位相阶段。伴随着上述位相转换，欧亚地区气温由20世纪80年代前的偏低转为之后的总体偏高阶段，但进入21世纪以后受AO负位相影响，欧亚地区多次出现大范围气温偏低的情况。AO对中国气温也有明显影响，一般AO负位相出现较多的年代里，中国东北地区气温易偏低，反之亦然。

南极涛动 是南半球中高纬主要的气候变率模态，反映了南半球中高纬大气环流反位相的变化及质量交换。南极涛动强，表示南半球绕极低压加深和中高纬西风加强，反之亦然。IPCC AR5和SREX报告中都指出，1950年以来，南极涛动多呈现正位相，并且夏季南极涛动强度增加也很显著。SREX报告中也指出，当南极涛动正位相时，南极大陆和澳大利亚一带容易气温偏低，而南美南部和新西兰南部气温容易偏高。中国的学者则发现，南极涛动能够影响东亚的冬春气候和中国北方的沙尘频次以及华北、长江中下游一带夏季的降水。

北太平洋涛动 北太平洋高纬度和中纬度南北方向海平面气压变化的"跷跷板"现象。高纬度区域包括西伯利亚东部到加拿大西部，中纬度区域则包括了从副热带一直到大约40°N附近的广大地区。NPO的变化，对北美洲西部的气候有很大影响。研究发现，冬季NPO在20世纪70年代中期发生了显著的年代际突变，在突变前后NPO的活动中心位置、强度和变化周期明显不同。NPO是北半球大气中一个显著的、南北向跷跷板式的低频振荡，其演变不仅直接影响北太平洋附近地区的天气和气候，如影响太平洋风暴路径、阿拉斯加阻塞高压等，甚至对整个北半球的环流异常、持续以及气候突变都有重要影响。中国学者发现它会影响东亚区域气候异常，当冬季NPO强时，东亚冬季风偏弱，中国气温普遍偏高。

南方涛动 指东南太平洋与印度洋间存在的一种大尺度的气压跷跷板式的振荡，是热带环流年际变化最突出、最重要的一个现象。当太平洋上气压变高（低）时，印度洋上从非洲到澳大利亚气压变低（高），即两地气压的距平有反向的变化。其最大正相关中心位于澳大利亚北部至印度尼西亚的低压区；最大负相关中心位于东南太平洋高压区，在东北太平洋亦有一较大的负相关区。IPCC AR5中指出，人们在过去7000年地质代用资料的结果中发现，南方涛动一直存在较高的变化幅度。SREX 报告中亦指出，过去百万年中，南方涛动的强度也有较大变化，如 17 世纪和 14 世纪晚期强度较强，而 12 世纪和 15 世纪强度却较弱。由于南方涛动的变化与厄尔尼诺、拉尼娜现象的出现密切相关，因此其对全球气候异常的影响与这两种现象密切相关。

北方涛动　指北太平洋东西部气压具有完全相反变化的现象，即当北太平洋东部的气压上升时，西南部的气压下降，反之亦然。北方涛动由中国学者陈烈庭（1984）提出，其位置与南半球的南方涛动基本对称。

许多研究指出，大气涛动对全球气候变化和变异亦有重要作用。最近北大西洋海表面温度（SST）的变冷及欧亚大陆的变暖，几乎完全可由北大西洋涛动的变化予以解释，而北半球中高纬地区年平均气温的年际变率的近三分之一也可由北大西洋涛动的变化得到解释；全球低纬和中高纬对流层温度都与厄尔尼诺南方涛动（ENSO）有很好的对应关系，只是气温响应时间比 ENSO 约落后 3 个月，而且低纬响应幅度大，中高纬响应幅度小。IPCC 所评估的最近的加速增暖部分几乎全都是由 ENSO 和北大西洋涛动的年代际变异分量所造成的，因此加速增暖必然不能持久。如果 ENSO 和北大西洋涛动的位相在下一个年代反过来，即使是中等强度的全球增暖趋势都将被抵消，高纬大陆冬季气温将下降。

中国学者对大气模态变化对东亚地区气候变化的影响也作了大量工作，发现近一百年中，北大西洋涛动在 1984—2010 年特征最显著，有利于蒙古和中国 105 °E 以东的区域增温而西南地区和青藏高原降温，也是造成 20 世纪 80 年代东亚显著增暖的原因之一。

展望　无论在全球尺度上，还是对中国区域来说，大气模态的变化对气候的年代际变化等都有显著影响。然而，在全球变暖背景下，未来这些主要大气模态将有怎样的变化特征，并且它们之间的相互作用会对全球及区域气候产生怎样的影响，都是值得继续关注和研究的。

参考书目

陈烈庭，1984. 北方涛动与赤道太平洋海温和降水［J］. 科学通报，19：1190-1192.

Barnston A G，Livezey R E，1987. Classification, seasonality and persistence of low-frequency atmospheric circulation patterns ［J］. Mon. Wea. Rev.，115：1083-1126.

IPCC，2013. Climate Change 2013—The Physical Science Basis：Contribution of Working Group I to the Fifth Assessment Report of the Intergovernmental Panel on Climate Change［M］. Cambridge：Cambridge University Press.

Seneviratne S I，Nicholls N，Easterling D，et al，2012. Changes in climate extremes and their impacts on the natural physical environment［M］//Managing the Risks of Extreme Events and Disasters to Advance Climate Change Adaptation. A Special Report of Working Groups I and II of the Intergovernmental Panel on Climate Change. Cambridge：Cambridge University Press.

Walker G T，Bliss E W，1932. World weather V［J］. Memoirs of the Royal Meteorological Society，4：53-84.

（孙丞虎）

qìhòu tūbiàn

气候突变（abrupt climate change）　气候系统在几十年或更短时间内的大规模变化，对人类和自然系统造成实质性的破坏或中断，气候系统被迫跃过某一阈值进入一个新的状态，其速度由气候系统本身决定，比触发过程要快。气候系统的混沌过程可能会使引发气候突变的过程很小并不易觉察。更一般的定义是，气候系统的某种决定性量的渐变（如辐射平衡、陆面属性等）能引起结构不同的快速响应。一种纯线性系统的响应与强迫是成正比例的，在强迫建立的时候，一种新的平衡被达到，它从结构上是相似的，但不一定接近原来状态。但如果系统包含一个以上的平衡状态，则有可能过渡到结构不同的状况。在穿过一个翻转点（分岔点），系统的演变不再受强迫的时间尺度所控制，而由其内部动力学所决定，它或者比强迫快得多，或者慢得多。只是前一种情况被称作气候突变，但后者具有同样的重要性。

从气候突变可能产生的潜在影响来看，突变就是一种迅速发生并且无法预料的变化，使人类或自然很难适应。从人类的角度看，气候突变意义十分重大，如果突变持续数年或更长时间，则其意义相比典型的气候变率更为重要，并将对次大陆或更大的地区造成影响。气候变量或其变率的任何变化都可能是突然的，包括强度、持续时间或极端事件的频率。例如，单次的洪水、飓风或火山喷发对人类和生态系统十分重要，但其影响一般不会被认为是气候突变，除非气候系统被推到一个阈值而进入一种新的状态。然而，如果洪水或飓风的强度或发生次数发生了迅速的变化，而这种变化持续很长时间，那么这可能是一个突变。

研究进展　气候学家对气候突变问题的关注，起源于观测到的气候突变现象，即观测到的气候的不连续性、阶段性以至跳跃性的特征。自从 E.N. 洛伦兹（E. N. Lorenz）于 1968 年、1976 年和查尼（Charney）于 1979 年从理论上揭示了气候突变的可能性后，有关气候突变的研究得到广泛的关注。从某种意义上说，气候突变的概念最初是由长期的古气候记录分析中提出来的。1977 年，汤普森（Thompson）根据格陵兰冰芯（世纪营地）记录报道了气候系统突然变化的证据，不久在格陵兰 Dye 3 冰芯中也发现了气候突变的证据。上述的冰芯记录以及在安第斯山脉魁尔克亚（Quelccaya）冰帽的冰芯记录均表明大气状态的改变仅仅在很短的几年之内就可完成。以后的一系列古气候证据表明，气候系统在末次冰期中常常出现长达几年到几百年的间断期涨落，它们将前后两段型式完全不同的气候间隔开。不但冰期存在着气候的突变现象，大量的冰芯、孢粉、地磁等资料均表明间冰期及冰期和间冰期的过渡阶段也存在着气候突变现象。

对 20 世纪的观测研究表明，现代的气候系统也存在着各种尺度的突变现象，但因为幅度很小，可以称为跃变。厄尔尼诺现象尽管只局限于地区范围，但其在1976 年左右明显向变暖变湿发展，这可以认为是一种跃变。

气候突变的研究着重于气候突变而非渐变的趋势，以及它给人类和生态系统带来的意想不到的结果。

典型事件　典型的气候突变是距今约 1.15 万年前的新仙女木（Younger Dryas，简称 YD）事件，这是末次冰期向全新世转暖过程中的一次快速变冷事件，从北半球到全球气候发生了巨大的变化，许多地区温度变化幅度达到了现代气候与冰期差异的三分之一甚至一半。这次事件因最初在北大西洋及相邻区域的地层中发现喜冷植物仙女木的花粉突然大量出现，指示气候的突然变冷而得名。后来在远离北大西洋的许多地区，包括中国黄土区、西太平洋边缘海，甚至新西兰的海、陆古气候记录中均找到相应证据。较为公认的新仙女木事件的年代界于距今 1.27 万～1.15 万年，持续时间大约为 1300 ± 70 年。新仙女木事件以格陵兰冰芯记录的最为强烈，气温的最大降幅可达 8 ℃。新仙女木期的开始和结束都是突变性的。结束时，格陵兰地区的气温在不到 50 年的时间内即迅速上升了 7 ℃，在西欧其他地区也有类似变化。

新仙女木事件揭示了全球气候系统内部的复杂关系，表明在冰期之后的全球回暖过程中气候系统内部的反馈机制可以造成短时期的气候回返事件，从而提示人们在当前全球大范围变暖的背景下，应当对出现突然变冷事件的可能性予以足够的关注。

另一次典型的突变是发生在 8200 年前的温度下降，持续了大约 200 年，虽然弱一些，但也影响到了半球范围。

同时，另外一些气候突变事件是发生在 10～100 年尺度的丹斯加德-奥斯切尔（Dansgaard-Oeschger，简称

DO）循环事件。在末次冰期，大约发生 25 次 DO 事件和数个百年尺度的突变事件。DO 事件在格陵兰的主要特征是在几十年内从突然的冷位相转变到暖位相，之后又出现逐渐的冷却。一些研究指出，对一次典型的 DO 事件，格陵兰温度的增加可在几十年内达到 14～18 ℃，同时伴随着大气粉尘和其他气候要素的突然变化。

突变机理　气候突变的形成必须具备一个基本要素，即必须快速地改变气候系统成员（如海洋通量）正在"缓慢"（即持续）运作的状态。这其中重要的两个成员包括海洋和陆冰。同时，由于大气可作为气候系统相互作用的重要纽带，大气的响应也是导致气候突变形成的重要因素之一。大气也能引起气候系统中阈值的发生，由此使强迫的渐变在响应过程中产生几乎不连续的变化。

可能导致气候突变的机制需要具备下列特点：①有一个导致突破阈值（可能引发气候事件）的触发器，或混沌扰动。②有一个加大和传播小的或局地变化影响的放大器和全球传播器。③有一种使变化了的气候状态持续几百年或上千年的源。

一些研究表明，气候突变可能（至少）以三种根本不同的方式发生：①气候系统之外的参数或强迫力的突然变化。如由于某一冰川湖淡水突然涌入海洋，就可能改变北大西洋的表面环流，从而改变其临近区域的气候；火山喷发或大规模核战争也属于这一类。②外力的缓慢变化使气候系统越过突变的界限，并进而向第二个系统平衡状态过渡。这种变化的过程是由系统动力学而不是缓慢变化的外部时间尺度控制的。如由于地球轨道周期性变化所引起的冰川及温暖条件的振荡范围较大，影响季节性太阳辐射分布，使厄尔尼诺、季风及全球大气环流突然改变。③气候系统本身内部混沌过程产生的突然变化。如热带海洋大气动力改变所造成的区域性或全球性后果。在这种情况下，外部激发因素是不需要的，一系列不同形态的变化能无限期地继续下去，或者直到外强迫或系统动力学的缓慢变化消除混沌运动。

展望　气候突变的形成实质上是地球各圈层相互作用的结果，可能会对全球产生明显的影响。历史资料已经表明，过去无疑存在着重复发生的气候突变。因此，未来也可能由于自然或人类活动再度触发类似的气候突变，而这种突变可能对人类的挑战将会是十分严峻的。目前，在对气候突变发生的机理方面仍然有很多工作需要完成，随着多种资料和气候模式等的发展和完善，通过学科交叉，有望可以更深刻地理解气候突变的原因，合理预测未来气候变化，推动相关学科的发展。

参考书目
杨梅学，姚檀栋，1999. 气候突变及其研究进展 [J]. 大自然

探索，68：29-33.

Masson-Delmotte，V，Schulz M，Abe-Ouchi A，et al，2013. Information from Paleoclimate Archives［M］//Stocker T F，Qin D，Plattner G K，et al. Climate Change 2013—The Physical Science Basis：Contribution of Working Group I to the Fifth Assessment Report of the Intergovernmental Panel on Climate Change. Cambridge：Cambridge University Press.

National Research Council，2002. Abrupt climate change：inevitable surprises［M］. Committee on Abrupt Climate Change.

（孙颖）

wùhòu guāncè

物候观测（phenological observation） 对物候现象的特征和发生日期的观测和记录。在地球表面以年为周期性发生的各种宏观的自然和人文现象统称为物候现象。按照其性质，可分为：非生物物候现象，如霜、雪、河湖的结冰和化冰、土壤的冻结和解冻、雷、闪电等；生物物候现象，如植物的萌动、展叶、开花，结实、叶变秋色、落叶，鸟类、昆虫和其他动物的始见和绝见、始鸣和终鸣等；人类生活物候现象，如播种和收获等农事活动，季节性的过敏症、传染病和其他疾病等现象。

沿革 一般认为，中国现存最早的具有丰富物候内容的著作是《夏小正》，它大约成书于夏王朝末年，按一年十二个月的顺序记载了物候、气象、天文，以及渔猎、农耕、蚕桑等方面的生产活动，可以说是一部三千多年前淮河至海河一带的物候月历。中国最早记载物候现象的文学作品是《诗经》，其中，西周前期的《豳风·七月》篇里有"四月秀葽，五月鸣蜩。八月其获，十月陨萚"。其含义是"四月里远志把子结，五月里知了叫不歇。八月里收获农作物，十月里草木始落叶。"战国时期《小戴礼记》的《月令》和《吕氏春秋》的《十二纪》中也有物候的记载，但内容大多来源于《夏小正》。同期的《逸周书》的《时训解》和汉代《淮南子》的《时则训》也是与《月令》相类似的作品，但《时训解》把《夏小正》和《十二纪》所记的物候按二十四节气和七十二候依次叙述，将物候现象的出现与阳历结合起来，便于对古今物候状况进行比较。此外，《史记》的《律书》和《汉书》的《律历志》中也有一些物候的内容。

自秦代以来，正史、方志和私人著作中保存有很多星散的物候资料，特别值得指出的是《魏书》中的七十二候已与《逸周书》不同，似乎魏人已经意识到物候现象发生时间的南北与高下差异。此后，唐、宋、元、明、清几代史书所记载的七十二候和一般时宪书所载的

物候，均因袭古志，将错就错，缺乏新意。反之，在接触实际的古农书和一些私人作品中，却承续着《夏小正》和《豳风·七月》的传统，不断丰富和积累着物候知识。中国最早的一部农学著作《氾胜之书》（西汉）中写道："杏始华荣，辄耕轻土弱土。望杏花落，复耕。"这是以物候作为农事活动适宜时机的标志。民间流传的许多农谚如"枣芽发，种棉花""楝花开，割大麦；枣花开，割小麦；楸花开，抽蒜苔"（山东），"燕子飞来齐插秧，燕子飞去稻花香"（陕西）等，都是这一传统的反映。此后，崔寔的《四民月令》（东汉）、贾思勰的《齐民要术》（北魏）、元代初年司农司编纂的《农桑辑要》、王祯的《农书》（元）、徐光启的《农政全书》（明）、李时珍的《本草纲目》（明）等农书中都有联系实际的物候记述。

在中国古代，比较系统的个人物候观测出自南宋的吕祖谦（公元 1137—1181 年），他记录了公元 1180—1181 年金华（婺州）24 种植物开花和结果的日期，以及鸟类和昆虫的初鸣日期。此外，便是 19 世纪太平天国在南京所颁行的"天历"。为了纠正前代历书不顾物候地区和年际差异的缺点，把在南京观测到的物候现象发生日期按照节气编成《萌芽月令》，并将前一年的植物物候观测结果附在后一年同月份的日历之后，以便当年农事活动参考。

中国近代科学意义上的物候观测是从竺可桢先生开始的，他留学回国（1918 年）后不久即开始在南京观察记录物候和天气，发表有 1921—1931 年 9 年的 11 种物候观测记录，并勤于搜集整理古代有关物候的文献，介绍欧美物候观测的方法和研究成果。他还曾两度倡导并组织全国的物候观测网，第一次是在 1934—1937 年，因日本侵华战争而终止观测。1961—1963 年，在他倡导下，由中国科学院地理研究所主持建立了中国物候观测网，开始了第二次全国性物候观测（但多数站点起于1964 年或 1965 年），持续运行至 1996 年，因经费支持中断而停止观测，2003 年又恢复观测。另一个全国范围的物候观测网是由中国气象局于 1980 年建立的，隶属于农业气象监测网，在 587 个农业气象监测站（1990年）中有 400 多个站进行物候观测。

主要内容 物候学研究重复出现的各种生物现象的发生时间，以及它们发生时间在生物和非生物驱动方面的原因，特别是与天气和气候的关系。物候学研究的基本任务是观测非生物物候现象、生物物候现象和人类生活物候现象的发生日期。按照观测对象区分，物候观测通常包括水文和气象现象的观测，植物和动物物候的观测，以及农事活动、季节性疾病流行的观测等。如果按

照观测目的区分，物候观测则包括普通物候观测和专业物候观测两类，前者为经常性的观测，旨在收集自然界的物候信息，用于基础性和应用性的科学研究；后者为目的性很强的观测，旨在服务于特定的应用目标和生产实践，如病虫害发生期的观测，不同果树和农作物品种生长发育的对比观测和分期播种观测。

对于地面目视普通物候观测而言，其观测内容大致包括：

水文和气象现象的观测　一年中初霜和终霜日期，初雪和终雪日期，初次积雪和积雪融化日期，初次和最后一次闻雷声的日期，初次和最后一次见闪电的日期，初次和最后一次见虹的日期，土壤表面冻结和解冻日期，池塘、湖泊结冰和解冻日期，河流结冰和解冻日期等。

植物物候的观测　对于树木来说，包括芽膨大期、芽开放期、展叶期、花蕾或花序出现期、开花期、果实和种子成熟期、果实和种子脱落期、叶秋季变色期、落叶期等。对于草本植物而言，包括萌动期、展叶期、花蕾或花序出现期、开花期、果实和种子成熟期、果实和种子脱落期、黄枯期等。农作物的物候观测内容依不同作物而不同，如麦类的物候观测包括出苗期、三叶期、分蘖期、越冬开始期、返青期、起身期、拔节期、孕穗期、抽穗期、开花期、乳熟期、成熟期等。

动物物候观测　包括各种候鸟和昆虫的始见和绝见日期，始鸣和终鸣日期。

农事活动和季节性疾病流行的观测　包括某种作物的播种期和收获期等；季节性疾病流行的开始期、盛行期和结束期等。

应用　物候观测的目的是发现气象因子与生物物候过程之间有意义的关联。随着全球气候变化对陆地生态系统影响研究的深化，植物物候与生长季节研究的重要性得到科学界的重新阐发。在陆地生物过程与大气物理过程之间的相互作用方面，春、秋季物候发生日期决定的植被生长季节初、终日期和长度的变化，直接受到温度和水分等气候因子季节性变化的影响。因此，它们是认识生态系统在季节-年际尺度上对气候变化快速响应的敏感指示器；而上述生长季节参数的变化，通过改变陆地表面绿叶覆盖的季节性直接影响地表反射率、地-气之间感热与潜热交换的比例和大气湍流的季节变化等，并调节着陆地表面温度和水分的变化。在陆地生物过程与大气化学过程之间的相互作用方面，春、秋季气候波动引起的落叶植被生长季节参数的变化，通过光合作用与呼吸作用的季节性更替，直接影响大气中 CO_2 含量夏季降低、冬季升高的季节变化，从而调节着气候的变化；而大气中 CO_2 含量的升高也可以改变植被的变绿期，从而影响生长季节的变化。

可见，模拟植被生长季节与气候因子之间的关系，对于预测植被生长季节对气候变化的响应，进而揭示陆地植被 CO_2 吸收期的变化规律和陆-气之间水分与能量的季节性交换特征及其对气候变化的反馈作用，都具有重要的科学意义。此外，在掌握农、林、牧等季节性生产活动的时宜方面，物候观测还具有显著的应用价值。

展望　随着物候学研究的深化和全球气候变化物候响应研究的需要，物候观测的内容和方法也在不断地发展。以应用最广的植物物候观测来说，在观测站点的选择方面，正逐渐从城近郊区人工栽植植物的物候观测向天然和半天然植物群落的物候观测拓展；在观测的层次方面，从对植物个体的物候观测向植物群落和景观的物候观测拓展；在观测的技术方面，从地面目视观测向地面目视（植物个体和种群物候观测）与低空照相（植物种群和群落物候观测）和卫星遥感（植物群落和景观物候观测）相结合的观测拓展。总体来看，地面单站目视植物个体和种群物候观测仍是获取物候数据和信息的基本途径，照相和遥感物候观测的结果必须配合地面目视观测予以验证，才能更好地应用于区域和全球尺度上物候变化的诊断与模拟。

参考书目

国家气象局，1993. 农业气象观测规范（上卷）[M]. 北京：气象出版社.

宛敏渭，刘秀珍，1979. 中国物候观测方法 [M]. 北京：科学出版社.

竺可桢，1979. 论新月令 [C] // 竺可桢文集. 北京：科学出版社.

竺可桢，宛敏渭，1980. 物候学 [M]. 北京：科学出版社.

Chen X Q，Xu L，2012. Phenological responses of Ulmus pumila（Siberian Elm）to climate change in the temperate zone of China [J]. International Journal of Biometeorology，56：695-706.

（陈效逵）

人类活动与气候变化

tǔdì lìyòng biànhuà

土地利用变化（land use change）　人类的农业、林业、畜牧业、工矿采掘业以及城乡建设活动等对土地管理与经营的类型、方式与活动水平等方面的明显或巨大改变或变更，这种改变或变更常常导致土地中的或相伴的生物群落、水分、土壤理化性质发生明显或显著的变化。这种变化也常常称为土地覆被变化，土地利用变化往往导致土地覆被在类型或功能与性质上的改变。

土地利用变化以土地覆被变化为基础，而土地覆被则是指自然营造物与人工建筑物所覆盖的地表景观多要素的综合，包含着地表植被、土壤或岩石、水体和形形色色的人工建筑物等，具有明显的时空属性。土地覆被在时空尺度上不断发生的形态变化是土地利用变化的直观表现。土地利用变化实质是人类在特定土地覆被基础上进行与开展与先前不同的经营活动、输入与管理，并改变土地覆被类型或功能与性质的总称。此类不同的经营活动、输入或管理往往基于新的经济与社会目的，直接体现着对土地覆盖状况与特征的人类新影响，如将放牧草地开垦为农田，水源涵养林砍伐后建设居住地。人类将湿地排水后降低地表水位并植树造林，进而建立森林的土地经营活动，也是土地利用变化的一种。土地利用变化也可能不引起土地覆被表观上的显著变化，如将天然森林砍伐后营造人工林，可能并没有引发土地覆被的显著变化，但却导致了土地利用的变化，特别是生物群落的变化。

沿革 土地利用变化可以追溯至原始农耕时期。原始部落人群将自然林地或草地火烧后驯化和种植植物，收获谷物以食用，为原始形式的土地利用变化。随着工具的发明、使用与技术进步，人类社会由原始农耕不断向前发展，直接驱动了以土地覆被改变为基础的土地利用变化，出现了人类经济社会活动重要产物之一的多类型土地利用变化。进入工业革命以来，人类改造自然的能力得到了空前的提高，土地利用变化直接导致了地球表面土地覆被发生了重大变化。据统计，地球陆地表面超过40%已变为农田、居住地和道路，湿润、半湿润区的大量森林和草地被转变为农田、居住地。土地利用变化具有重大和多重的环境效应。因土地利用变化，地球表面土地覆被的变化直接导致地表景观、生物群落与多样性的改变，并引发地球系统的能量与热量平衡、物质循环的改变。

研究 土地利用变化研究，是人类认识与掌握在自然因素影响下的人类经济社会活动所导致的土地覆被改变规模、时空格局的基本途径，也是人类了解与探寻土地利用变化与环境变化、对气候系统作用的基本手段。土地利用变化研究主要围绕其起因、特征、后果与效应来展开。土地利用变化牵涉着人类经济社会活动、自然过程密切相关的多方面地球表面过程和格局，如资源利用、城市化、生物地球化学循环、生物圈与大气圈的交互作用等多方面，所以土地利用变化研究具有自然科学和人文科学多学科交叉的特征。随着遥感技术、空间定位技术、地理信息系统科技的发展与应用，为土地利用变化研究提供了极大的便利和有效手段，使得全球范围、大陆乃至区域的大尺度土地利用变化监测成为可能；同时，现代遥感、空间定位等的科学进展与技术进步也为不同尺度下土地利用变化的驱动力、环境效应的研究提供了有效途径。对卫星影像资料分析发现：全球生长在热带地区潮间带茂密的红树林在20世纪90年代以来，有超过1/3因围垦、养殖等毁林活动而消失了，使得红树林所提供的抑制风暴潮、减缓自然灾害的生态服务功能明显削弱。

研究进展与结论 针对土地利用变化的重要性与科学价值，国际地圈生物圈计划（IGBP）与国际全球环境变化人文因素计划（IHDP）联合拟定了《土地利用/土地覆被变化科学研究计划》，目的在于通过实例分析，探寻土地利用变化的自然与社会驱动因素；通过对人类经济与社会行为的分析，建立多时空尺度的土地利用和土地覆盖变化模型，预测未来的土地利用变化与环境效应，包括对气候变化的影响。结果表明：土地利用变化直接对地表反照率、蒸散、近地层的辐射通量、土壤水分状况、温室气体源汇动态，以及气候系统的其他性质和特征产生了影响；土地利用变化与气候变化有着密切的联系，观测到的1951—2010年全球平均表面气温升高的一半以上极有可能是由人为增加的温室气体浓度和其他人为强迫（包括土地利用变化）共同导致的，农业、林业和其他土地利用约占净人为温室气体排放的四分之一（约$10 \sim 12$ Gt CO_2当量/年[①]），主要来自毁林、土壤和养分管理以及畜牧的农业排放（中等证据，高一致性）；人类的农耕、城市建设与扩张，已经将大量储存于陆地表面植被和土壤中的碳释放到大气中，土地利用变化是大气温室气体浓度上升的重要贡献者之一，自工业化以来，二氧化碳浓度已经增加了40%，首先是由于化石燃料的排放，其次是由于土地利用变化导致的净排放。政府间气候变化专门委员会（IPCC）在第五次评估报告（AR5）指出：自1750年以来，人类因土地利用变化向大气释放的碳量达到了（$180 \times 10^9 \pm 80 \times 10^9$）t。由于土地利用在气候变化中的重要作用，因此在未来气候变化的预估中，人为排放情景都加入了土地利用的变化。

中国土地利用变化 中国在经济建设发展、人民生活改善、自然条件的共同作用下，土地利用变化表现出如下特征：在国家退耕还林、天然林保护等有关政策的影响下，全国的森林覆盖面积不断增加，森林覆盖率上

---

① 1 Gt CO_2 当量/年代表 1×10^9 吨二氧化碳当量/年。

升；城市或城市群的居住地以及道路修建占用土地呈迅猛扩张势态，占用耕地、林地，导致全国耕地面积急剧减小，已逼近 18 亿亩[①]的生态红线，特别是东部地区这一现象尤为突出；草地退化仍是困扰草地生产力提高、草地畜牧业优质高效的突出因素；受到沙漠绿化治理、气候变湿的影响，西北地区的沙地荒漠化在一些地区有了逆转的迹象；在湿地保护方面，中国取得了明显进展，国家、省（自治区、直辖市）、地（市）各级设立的湿地保护区呈现明显增多，保护的湿地越来越多，面积越来越大，但受到垦殖、放牧的影响，中国的湿地退化与减少趋势总体上仍未得到彻底遏制。

展望　全球陆地项目目的在于加深人类土地利用活动对地球系统的影响以及人文-环境系统对全球变化响应的科学认识。中国的土地利用变化将从保护土地资源、实现可持续发展方面出发，进行科学、合理、有序地实施土地利用变化，避免土壤污染与土地生态破坏等问题；并对污染土壤和退化土地进行生态修复和恢复，将土地利用变化全面纳入生态文明建设轨道，使土地利用变化切实贡献于生态文明建设和气候变化的适应与减缓。

针对全球性重大环境问题，科学界还需就土地利用变化的全球性环境问题开展研究，即在兼顾经济利益的前提下，人类采取何种措施将土地利用变化对气候的冲击降低到最低程度；在未来气候变化下，人类如何合理开发土地，来有效缓解气候变化。

参考书目

刘纪远，匡文慧，张增祥，等，2014. 20 世纪 80 年代以来中国土地利用变化的基本特征与空间格局（英文）[J]. 地理学报，68（1）：3-14.

Millennium Ecosystem Assessment, 2005. Ecosystems and human well-being：Synthesis [M]. Washington：Island Press.

（张称意）

气溶胶气候效应（climatic effect of aerosol）　大气气溶胶颗粒由悬浮在大气中的小液态滴或固态颗粒组成，来自自然源和人为源。工业化以来，由于工农业生产、城市发展和人口增长等人为因素造成人为气溶胶的排放快速增长，在某些城市和工业区甚至超过了自然源排放。除了温室气体排放增加造成的温室效应以外，气溶胶的气候影响被认为是气候系统中最重要的人为扰动。气溶胶时空分布的不均匀性和短生命期，使得它造

[①]　1 亩 = 1/15 hm²。

成的地球能量平衡的变化比温室气体具有更大的不确定性。因此，研究大气气溶胶对气候的影响对于全球气候变化的研究具有重要意义，同时气溶胶气候效应研究也是当今大气科学和全球气候变化研究的前沿与焦点。

研究方法　主要包括卫星和地面观测资料分析以及模式模拟等。卫星和地面观测获取气溶胶的光学性质和辐射性质，结合辐射传输模式，计算气溶胶对辐射能量的影响，或者通过对气溶胶数据和气象数据做相关分析，获取气溶胶对气象场的影响。在模式方面，国际上最先进的做法是利用在线耦合了气溶胶理化模式的气候模式，开展不同的敏感性试验，研究气溶胶浓度变化对温度、降水、环流等的影响。

主要结论　来自自然和人为源的气溶胶颗粒通过与辐射和云相互作用从而以多种复杂的方式影响地球气候系统。气溶胶-辐射相互作用指的是人为和自然气溶胶通过散射和吸收辐射能量而造成的辐射通量的改变。气溶胶-云相互作用指的是气溶胶颗粒作为云凝结核或冰核，改变云的微物理性质或者云降水，从而影响气候。气溶胶-液态云相互作用通常分为两类：第一类指的是，当云中的液态水含量不变时，气溶胶粒子的增加会减小云滴的有效半径，增加云滴数目，导致云的反照率增加，称为云的反照率效应；第二类指的是，气溶胶粒子增加所造成的云滴有效半径的减小将增加云的寿命，减少云降水形成，称为云的生命期效应。此外，气溶胶作为冰核可能增加混合相云或冰云的冰冻作用，从而增加降水。在对流云中，云凝结核的增加可能推迟降水的发生和冰核的形成，因此影响云中潜热垂直分布和潜热总量，激发对流风暴。

大气中的气溶胶包括沙尘、海盐、硫酸盐、硝酸盐、铵盐、有机碳/黑碳这六类七种主要组分。沙尘和海盐气溶胶主要由自然原因产生，硫酸盐、硝酸盐、铵盐、有机碳和黑碳主要由人为活动产生。沙尘气溶胶对短波辐射的消光效应以散射为主，但它对于红外辐射也具有较强的吸收作用。沙尘在大气顶产生净的负辐射强迫，对气候系统起冷却作用。海盐、硫酸盐、硝酸盐、铵盐和有机碳气溶胶主要表现为散射太阳辐射，对地气系统起冷却作用。黑碳来自含碳物质的不完全燃烧，其排放源区主要集中在中国、西欧、南美洲和非洲中部、北美东部，它在地气系统中起到一个特殊且重要的作用。黑碳对从短波到红外波段的太阳辐射都具有很强的吸收作用，从而在大气顶产生正的辐射强迫，对地气系统起到明显的增暖作用。在全球尺度上，黑碳的加热效应可能导致降水方式发生改变，它会造成赤道以北热带降水增加，赤道以南热带降水减少，引起热带辐合带北

移。在区域尺度上，黑碳的加热效应可能增强亚洲夏季风环流，造成中国北方降水增加，南方总降水减少。海盐、硫酸盐、硝酸盐、铵盐和有机碳气溶胶具有一定的吸湿性，能够活化成为云凝结核。这些气溶胶的增加会增加云的反照率和生命期，从而冷却地气系统，减少全球降雨量。一些非吸湿性的气溶胶（如沙尘、黑碳）还能直接作为冰核，增加冰水含量或冰云量，在大气顶产生正的辐射强迫，增暖地气系统。

政府间气候变化专门委员会（IPCC）第五次评估报告（AR5）给出，1750—2011 年，硫酸盐、黑碳、初始有机碳、生物质燃烧生成的气溶胶、二次有机气溶胶、硝酸盐和沙尘产生的直接辐射强迫的全球年平均值各分别为 -0.4 W/m^2（$-0.6 \sim -0.2$ W/m^2）、0.4 W/m^2（$0.05 \sim 0.8$ W/m^2）、-0.09 W/m^2（$-0.16 \sim -0.03$ W/m^2）、-0.0 W/m^2（$-0.2 \sim 0.2$ W/m^2）、-0.03 W/m^2（$-0.27 \sim 0.2$ W/m^2）、-0.11 W/m^2（$-0.3 \sim -0.03$ W/m^2）和 -0.1 W/m^2（$-0.3 \sim 0.1$ W/m^2），总的气溶胶的直接辐射强迫（气溶胶-辐射相互作用）的全球年平均值为 -0.35 W/m^2（$-0.85 \sim 0.15$ W/m^2），气溶胶-云相互作用产生的有效辐射强迫的全球年平均值为 -0.45 W/m^2（$-1.2 \sim 0.0$ W/m^2）；飞机凝结尾迹及其引起的卷云变化产生的有效辐射强迫的全球年平均值为 0.05 W/m^2（$0.02 \sim 0.15$ W/m^2），黑碳沉降到雪冰表面产生的辐射强迫的全球年平均值为 0.04 W/m^2（$0.02 \sim 0.09$ W/m^2）。1750—2011 年，总的气溶胶的有效辐射强迫（除了雪冰上黑碳的作用）约为 -0.9 W/m^2（$-1.9 \sim -0.1$ W/m^2），对地气系统起到明显的冷却作用，且北半球的冷却明显高于南半球。

展望 对气溶胶-辐射相互作用已经处于较高的科学认知水平，对飞机凝结尾迹影响处于中等科学认知水平，但对气溶胶-云相互作用、雪冰上黑碳的影响、飞机凝结尾迹引起的卷云变化等仍处于低的科学认知水平，对总的气溶胶效应处于中等科学认知水平。未来气溶胶气候效应研究需要重点关注的方面包括：首先，气溶胶的排放源具有很大的不确定性，未来需要持续地改进气溶胶的排放清单；其次，需对气溶胶质量浓度、数浓度、混合状态、光学性质、气溶胶-云相互作用等进行长期的观测，以期获取可靠的数据；最后，大气化学-气候在线耦合模式的发展和持续改进，对我们最终获取气溶胶的气候效应具有重要的意义。

参考书目

Boucher O, et al, 2013. Clouds and Aerosols [M] //Stocker T F, Qin D, Plattner G K, et al. Climate Change 2013—The Physical Science Basis：Contribution of Working Group I to the Fifth Assessment Report of the Intergovernmental Panel on Climate Change. Cambridge：Cambridge University Press.

Myhre G, et al, 2013. Anthropogenic and Natural Radiative Forcing [M] //Stocker T F, Qin D, Plattner G K, et al. Climate Change 2013—The Physical Science Basis：Contribution of Working Group I to the Fifth Assessment Report of the Intergovernmental Panel on Climate Change. Cambridge：Cambridge University Press.

（张华）

quánqiú zēngwēn qiánnéng

全球增温潜能（Global Warming Potential，GWP）瞬时脉冲排放某种化合物，在一定时间范围内产生的辐射强迫的积分与同一时间范围内瞬时脉冲排放同质量 CO_2 产生的辐射强迫的积分的比值。其值较大则说明该化合物产生辐射强迫相对较大。

1990 年，GWP 初次用于政府间气候变化专门委员会（IPCC）报告。其后，GWP 作为衡量温室气体气候效应的指标收录于《联合国气候变化框架公约》（UNFCCC），并从《京都议定书》签订后开始实施。现在 GWP 已经成为默认的测量指标，用于将不同气体的排放转化到一个通用的衡量尺度。

GWP 定义中的积分时间通常取 20 年，100 年或者 500 年，当目标气体在大气中的寿命衰减时间短于 CO_2 时，GWP 值会随着时间尺度的增加而减小。这是由于分母的上 CO_2 辐射强迫积分值的增加所致。

IPCC 第五次评估报告给出了部分温室气体的 GWP。例如，当积分时间选取 20 年时，CH_4 为 84，N_2O 为 264，CF_4 为 4880；当积分时间选取 100 年时，CH_4 为 28，N_2O 为 265，CF_4 为 6630。

自从 GWP 的概念提出以来，就遭到了许多质疑。主要质疑有：相对于寿命较长的气体而言，GWP 不能很好地体现寿命较短的气体对未来气候变化的影响；GWP 只表示温室气体排放对辐射强迫的积分效应，而不能给出气体对地表气温变化的直接影响；GWP 没有以分析排放造成的损失为基础，而决策者以及公众最关心的是人类排放对气候（温度）变化、经济社会以及生态系统的影响、经济损失等。因此，在 IPCC 第四次评估报告（AR4）后，许多研究者又提出诸多的指标概念试图取代 GWP，包括全球温变潜能（GTP）概念等。但是这些新的概念也存在这样或那样的缺点和不足，还有待于得到更多的应用和检验，当前还无法取代 GWP。

（张华）

全球温变潜能（Global Temperature change Potential，GTP） 脉冲排放 1 kg 某种化合物或者以 1 kg/a 递增持续排放某种化合物，在未来给定的一段时间内造成的全球平均地表温度的变化与参照气体（一般为 CO_2）所造成相应变化的比值。其值较大说明该化合物对全球平均地表温度的影响较大。

由于 GTP 把排放与其造成的全球平均地表气温的变化直接联系起来，便于决策者使用等优点而在联合国政府间气候变化专门委员会（IPCC）第四次评估报告中（AR4）与全球增温潜能（GWP）概念同时被使用。2008 年，在附属执行机构第 28 次会议上，巴西提出了用 GTP 代替 GWP 计算各国温室气体排放当量的建议，但欧盟则强调由于计算复杂、不确定性较大等因素，现阶段考虑用 GTP 替代 GWP 时机尚不成熟。因此，在 IPCC 报告（AR5）中，仍然同时使用 GTP 和 GWP 两个概念作为衡量温室气体排放的指标。

由于 GTP 与全球平均地表气温变化更直接相联，所以在评估温室气体对地表气温的影响时具有潜在的优势。但 GTP 也存在着许多不确定因素，它需要考虑辐射强迫的气候敏感度因子、气候系统海气之间的热交换、目标时间点的选取等。在 IPCC AR5 中给出了部分温室气体的 GTP。例如，当积分时间选取 20 年时，CH_4 为 67，N_2O 为 277，CF_4 为 5270；当积分时间选取 100 年时，CH_4 为 4.3，N_2O 为 234，CF_4 为 8040。

GTP 概念推出的时间还非常短，尽管给出了温室气体排放在未来一个给定的时间点上的包括地表平均气温的气候响应的定量评估，但在科学、政治、经济影响等方面还缺乏验证；另外，GTP 的计算过程中需要的参数比 GWP 要多，还存在很多不确定性，因此暂时还不能完全替代 GWP 指标。

（张华）

辐射强迫（Radiative Forcing，RF） 因某种扰动的引入而造成的地球系统能量平衡的变化，通常用一段时间内平均的、单位面积上变化的瓦特数来表示。RF 为比较不同外强迫因子引起的某些潜在的气候响应，尤其是全球平均温度变化，提供了一个简单而且量化的标准，因而在科学界得到了广泛的应用。

若干关于 RF 的定义。瞬时辐射强迫（IRF）是指因外强迫的引入造成的净辐射通量的瞬时变化。IRF 经常定义在大气顶或气候态的对流层顶，且当这两处的 IRF 不相等时，后者能更好地指示全球平均的温度响

应。IRF 的提出有一个隐含的前提，即外强迫引入所造成的净辐射通量变化可以从该强迫引起的一系列气候响应中分离出来，而事实上他们并非清晰可分。

政府间气候变化专门委员会（IPCC）第三次评估报告（TAR）、第四次评估报告（FAR）、第五次评估报告（AR5）定义了平流层调整的辐射强迫，即保持地表与对流层温度与状态量，如水汽、云量等不变，但允许平流层温度调整到辐射平衡状态，对流层顶净辐射通量的变化。总体上看，该辐射强迫定义比 IRF 能更好地指示地表和对流层的温度响应。

以上两种 RF 定义均忽略了对流层中的快速调整过程，如云对大气稳定度的响应和云的吸收效应，而这些快速调整过程可以对辐射通量扰动起到增强或者削弱的作用。IPCC AR5 将这些快速调整过程纳入到辐射强迫的范畴，提出了有效辐射强迫（ERF）的定义：允许大气温度、水汽和云进行调整，而保持全球平均地表温度或者部分地表状况不变的情况下，大气顶净辐射通量的变化。计算 ERF 的方法主要有两种：①固定海平面温度和海冰覆盖率为气候态平均值，但允许气候系统其他部分响应至气候达到平衡状态，计算大气顶净辐射通量的变化；②分析瞬时辐射扰动与引起的瞬时全球平均地表温度变化之间的关系，并用回归法外推至模拟出发点，得到 ERF。

（张华）

气候变化归因

气候变化归因（attribution of climate change） 即气候变化的原因，是基于某种给定的信度，估算多种因子对气候变化（包括某种变化或某个事件变化）的相对贡献的过程。归因的前提是观测到的气候变化必须首先能够检测到。气候变化检测是指在某种给定的统计意义上展现气候或受气候影响的系统发生变化的过程，而不提供该变化的原因。如果观测到的某种气候变化单独由于内部变率本身随机发生的可能性很小（如 <10%），则可以说这种变化被检测到了。

沿革 20 世纪 80 年代以来，由于对全球气候变暖原因的争议不断，气候变化归因研究迅速成为气候变化研究的热点和焦点问题。从研究如何给出主要气候变量指标，主要参照物，到具体的归因分析的主要方法以及分析影响气候变化的可能因子，研究内容十分广泛。从 90 年代以来，归因研究不断发展和深化。研究对象从大

气和海洋的变化发展到全球水循环变化、极端气候事件变化等。研究的空间尺度从全球平均发展到大陆和洋盆尺度，乃至区域尺度。研究方法从最初的简洁直观的单步归因发展到多步归因，其目的是为了解决除温度以外的其他变量的归因方法。而一些具体的研究方法，如最优指纹法等也在发展，从使用一般的最小二乘到总体最小二乘，或者贝叶斯方法。随着这些研究的不断深入，观测资料的不断完善和气候模式的快速发展，对引起气候变化原因的科学认识也在不断深化。

越来越多的证据表明，尽管观测资料和气候模式仍然存在不确定性，但是对 20 世纪 50 年代以来的气候变化，人类活动对全球变暖的影响是非常可能的。可辨别的人类活动影响扩展到了气候的其他方面，包括海洋变暖、大陆尺度的平均温度、温度极值以及风场。政府间气候变化专门委员会（IPCC）第一工作组 5 次评估报告的结论清楚地表明了国际科学界在检测归因研究领域所取得的重要进展。IPCC 第一次评估报告（FAR）指出，人类活动产生的各种排放正在使大气中的温室气体浓度显著增加，这将增强温室效应，从而使地表升温。IPCC 第二次评估报告（SAR）的结论表明，人类活动已经对全球气候系统造成了"可以辨别"的影响，降水的变化与地球表面正在变暖的气候是一致的（如更活跃的水循环及其更多的严重降水事件和降水时间的改变）。IPCC 第三次评估报告（TAR）表明，过去 50 年期间大部分观测到的变暖可能是由于温室气体浓度的增加，观测到的北半球高纬度降水变化与模式对人类强迫响应的模拟结果间存在定性的一致性。IPCC 第四次评估报告（AR4）指出，近半个世纪以来的全球变暖"很可能"是由于人为温室气体浓度增加所导致，可辨别的人类活动影响扩展到了气候的其他方面，包括海洋变暖、大陆尺度的平均温度、温度极值以及风场。可辨别的人类活动影响尚未能够扩展到降水变化。但有研究表明：考虑人为影响和自然变率的模式模拟陆地降水与观测值相关显著。IPCC 第五次评估报告（AR5）的结论表明，极有可能人为影响是造成观测到的 20 世纪中叶以来变暖的主要原因，可检测到的 1961 年以来对流层升温以及平流层下部相应降温的模态，很可能是人为影响特别是温室气体和平流层臭氧损耗所导致的。人为强迫很可能对全球海洋上层热含量增加、全球水循环变化、日极端温度频率和强度变化、北极海冰的损耗以及全球平均海平面上升做出贡献。人类影响也可能对冰川退缩、格陵兰冰盖表面冰量损耗加剧及北半球春季积雪减少做出贡献。

随着对气候变化原因认识的深化，归因研究从对气候变化基本观测事实的归因扩展到气候变化影响的归因，即对气候变化产生的影响进行归因分析。这使得传统的归因从定义到方法学有了很大的扩展。2009 年 9 月，IPCC 第一和第二工作组联合召开"气候变化检测与归因"专家研讨会，讨论了检测和归因的定义、评价方法、资料与要求等，在此基础上形成了覆盖检测与归因不同研究领域，包括气候变化观测事实和影响等的指导性文件，并综合了 4 种检测归因方法，包括对外强迫的单步归因、多步归因、联合归因以及对观测到的气候条件变化的归因，囊括了当前研究这一因果链采用的不同途径。

主要研究方法

最优指纹法　20 世纪 70 年代末，哈塞尔曼（Hasselmann）提出一种定量化鉴别人为气候变化信号并作归因分析的方法，这就是最优指纹方法。这种方法是当前研究领域日益占据主导地位的方法，是基于气候模拟和观测对比分析的指纹法。指纹法需获得气候模式对多种组合外强迫响应的时空分布型，然后通过某种回归分析，评估各型在观测到的气候变化中的贡献。可用如下公式表示：

$$Y = Xa + u$$

式中：Y 为经过滤波的观测资料，使其能够充分反映观测气候的时空变化；矩阵 X 为气候系统对外部强迫响应模态；a 为表征对应这些模态的在观测中的信号强弱的系数矩阵；u 为内部气候变率，对于归因分析而言就是"噪音"，可利用没有外强迫的气候模拟结果加以评估。

最优指纹法是一种增强人为气候变化信号特征使之排除低频自然变率噪声干扰的技术方法。它比任意选择的某一气候指标（如全球平均气温）作为检测变量，更有说服力。但是，由于它必须对气候信噪比极大化，因而需要知道气候信号与噪声两者的空间-时间结构。这种方法不仅对早期的外部强迫检测有用，而且也可用于区分不同的强迫机制来进行归因分析。研究表明，最优指纹法是与其他一些最佳平均或滤波方法十分接近的方法，在噪声背景下它可以最佳地估计出气候变化振幅。

单步和多步归因　对外部强迫的单步归因，具有的优点是比较简单，其前提条件是所研究的观测变量有足够多的观测（如地表气温），且气候模式能较直接地反映外强迫（如大气温室气体浓度增加）对该变量的影响。对于不满足上述条件的情况，一些研究者发展了多步归因法，即先实现单步归因，再通过进一步的模拟试验，考察单步归因结果的进一步后果。在多步归因研究中，变量如大尺度地表气温变化的归因研究，首先进行单步归因，之后估计与之相关的不确定性，然后通过对模式模拟结果的分析进一步探讨气候变化的影响。但是，在区域气候变化的研究中，因为包含更多的噪音，很难分解出不同外强迫的影响，在这种情况下，需要通过多步归因识别出所有外强迫的响应，然后通过对归因结果的分析，辨识出影响区域变量变化最重要的因子。

引起气候变化的原因　主要包括自然和人为原因。自然原因主要包括太阳和火山强迫，人为原因主要包括温室气体、气溶胶和土地使用变化等因子。

自然强迫　影响全球气候系统的自然强迫因子包括太阳活动、火山活动和地球轨道参数等。太阳活动影响地球气候的途径有3个：太阳辐照度（TSI）（或称太阳常数）的变化；太阳紫外线（UV）变化；银河宇宙线（GCR）变化。

第一种途径 TSI 的直接观测已证实太阳常数不是一个真正的常数，但是随11年周期的变化只有0.1%，这大约能造成0.1℃的全球气温变化，不足以解释观测到的气候变化。在几百年的过程中，TSI 的变化可能要大些，但根据太阳黑子的变化推算18世纪以来TSI仅增加0.5 W/m²，相当于大气顶部的辐射强迫增加0.08 W/m²。假定气候敏感度0.7 W/m²，则仅能造成0.06℃的全球温度变化，比这段时间观测到的升温0.6℃要小一个数量级。

第二种途径主要依据是太阳活动11年周期中UV谱段的辐射强度变化激烈。不同作者估计不尽相同，最高估计从太阳活动11年周期极大年（M年）到极小年（m年）可变化7%。紫外线变化通过引起臭氧的变化间接地引起大气环流变化。有证据显示，平流层温度和纬向风的11年变化可归因于太阳紫外线辐射变化。然而，对太阳活动影响地球气候的这种途径的物理机制的研究还不够，观测证据（如 O_3 浓度与太阳活动关系的证据）尚有分歧。与TSI相比，紫外线对气候变化可能有更重要的影响。这意味着仅基于TSI度量太阳活动影响是不合适的，对紫外线的测量和研究还需加强。

对第三种途径研究较多。观测证明，随太阳活动11年周期，GCR可变化15%，地球低云量可变化1.7%，相当于辐射强迫1 W/m²。CO_2 的辐射强迫只有1.66 W/m²，相比之下GCR的影响也足够大了。但是，GCR影响地球气候的机制还在研究之中，究竟太阳活动对地球气候的影响有多大，可能在多大程度上抵消或加强温室效应的影响还是一个有待研究的问题。

火山活动可向平流层释放大量 SO_2 气体，引起年际和多年代际气候变化。火山活动能解释工业革命前许多气候变化事件。火山喷发释放大量的火山灰，形成大量的硫酸盐气溶胶，由于体积小持续时间长，而且强烈散

射太阳辐射，成为引起气候变化的重要自然强迫因子。硫酸盐气溶胶在对流层持续时间大约只有一个星期，在平流层可持续数月到1～2年。火山活动可通过其所引起的直接辐射强迫影响气候变化，也可通过其产生的垂直或水平热力差异以及大气环流模态的相互作用引起全球气候变化。一些大型的火山喷发将大量的火山灰输送到平流层，形成硫酸盐气溶胶后能强烈的散射和放射太阳辐射，减少入射的太阳短波辐射，使地面温度下降。火山喷发会通过影响局地大气环流系统影响气候变化。爆发于热带地区的两次火山事件埃尔奇琼火山（El Chichon）（1982）和皮纳图博火山（Pinatubo）（1991）均引起喷发当年北美和欧洲部分地区冬季气温的升高，主要是在于火山气溶胶的辐射影响致使北大西洋涛动和北极涛动正相位加强，使低压系统和冷空气长时间滞留于高纬度地区，导致更强的西风环流携带更多的海洋暖湿空气进入陆地，从而导致受影响地区冬季气温的升高。

人类活动　工业化时代人类活动影响气候变化的主要途径有两条。

其一，通过化石燃料燃烧向大气排放温室气体（如 CO_2、CH_4、N_2O 和卤代烃等，其效应主要是阻碍地球长波辐射）造成气候变暖，以及通过排放气溶胶（如硫酸盐、有机碳、黑碳、硝酸盐等，其效应主要是影响太阳辐射）引起降温。检测归因研究表明，1951—2012年全球平均地表温度上升0.72℃，大部分可归因于人类活动，其中温室气体的贡献为0.9℃上下，气溶胶等其他因素的贡献在 -0.6～0.1℃。人类活动引起的大气温室效应增强，在导致全球变暖的同时，可能也导致了极端降水气候事件的变化。现有的全球耦合模拟结果大都表明：大气温室效应增强将有助于加强亚洲夏季风，而近几十年观测的夏季风减弱则可能是由于人为排放气溶胶的演变所致。

其二，人类活动通过大范围土地覆盖和土地利用变化（包括农业、林业的发展以及城市化等），使得地表反照率、粗糙度等地表特征发生变化，导致地气之间能量、动量和水分传输的变化，进而影响气候变化，主要影响区域尺度气候变化，比如热带雨林砍伐造成区域尺度的气温升高和降水减少。在东亚季风区人类活动使得原来是森林的地区改变为农田，造成了气温上升、降水减少、土壤变干，夏季的东亚季风环流减弱。

展望　气候变化归因研究主要基于观测资料和气候模式模拟结果，使用各种统计方法进行。在这个过程中，主要存在两个方面的不确定性，一是模式的不确定性，二是观测资料的不确定性。其中模式的不确定性主要来源于模式本身物理、化学、生物过程的不完善，如

气溶胶—云—辐射的耦合，生态系统对气候变化的响应与反馈等；另一方面是辐射强迫的不确定性，对于充分混合的温室气体来说，辐射强迫的不确定性是小的，但是对于一些其他类型的辐射强迫，如气溶胶、森林变农田的陆面变化的辐射强迫是非常大的。同时，阶段性的火山活动和太阳释放总能量的变化也存在不确定性，如20世纪之前火山强迫有很大的不确定性，特别是某个火山爆发的幅度方面存在不确定性。而卫星时代以前太阳辐射强迫的估计存在很大的不确定性。

用于检验气候模式结果的观测资料不足，以及观测资料本身的限制等原因，观测资料也存在一定的不确定性。以气温为例，在观测网络覆盖范围、经纬度单元格内数据源分布状况、不同年代际温度记录数量的差异、温度序列长度、站点气温观测连续性、站点的城乡分布、城乡温度差异、城市热岛效应等方面都存在着一定的差异，降水的观测更加复杂，不确定性更大。如城市化对地面气温记录的影响难以完全分离，现有的全球和区域陆面气温序列中还不同程度地保留着城市热导效应增强因素的影响，在一些发展迅速、城乡差别悬殊的国家和地区，城市化的影响尤为突出。

总体来说，随着观测资料的增加，检测归因方法和技术的进一步完善，气候变化检测归因研究在国际上取得了较大的进展。未来需要加强对区域尺度和不同变量气候变化的归因研究。虽然对于区域尺度气候变化的检测归因仍然被认为是一个很复杂的问题，但是国际上已经开始在相关领域进行了很多的工作。而随着国际上大规模气候模式比较计划的开展，气候模式分辨率的提高以及模式性能的加强，未来对区域尺度上不同变量变化趋势的检测与归因将会有很大进步。

参考书目

气候变化国家评估报告编写委员会，2007. 气候变化国家评估报告 [M]. 北京：科学出版社.

孙颖，尹红，田沁花，等，2013. 全球和中国区域近50年气候变化检测归因研究进展 [J]. 气候变化研究进展，9（4）：235-245.

Hasselmann K, 1998, Conventional and Bayesian approach to climate-change detection and attribution [J]. Quart. J. R. Met. Soc., 124：2541-2565.

Hergerl G C, Hoegh-Guldberg O, Casassa G, et al, 2010. Good practice guidance paper on detection and attribution related to anthropogenic climate change [R/OL]. http：//www.ipcc.ch/pdf/supporting-material.

（尹红 孙颖）

气候变化的不确定性

qìhòu biànhuà rènshi bùquèdìngxìng
气候变化认识不确定性（uncertainties of climate change knowledge） 科学认识水平不完善的一种状态，这主要是由于信息的缺乏或者是对已知的或可知的信息认识不一致造成的。一些不确定性可用某些数值范围来表述，而另一些不确定性则可表述为专家对某些科学发现认识的信度。

气候变化不确定性来源 由于自然气候系统的复杂性和科学水平的限制，无论是对已有气候变化的认识，还是对未来气候变化的预估，都存在着很大的不确定性。这些不确定性可能有多种来源，主要包括资料本身不够精确，对太阳活动和火山喷发等自然强迫的气候影响缺乏了解，一些概念或术语定义不够准确，或者是人类活动的未来预估不够确定等。概括起来，主要有以下几个方面：

观测资料的不确定性 多种古气候代用资料分析存在偏差，有待进一步校订；很多地区古气候代用资料也十分缺乏，无助于对现代气候变化的历史地位和原因进行深入研究；器测时期观测资料的质量存在误差，尤其是20世纪前50年缺乏高质量的全球观测资料；城市化对气象台站资料的影响需要进一步评价和订正，这种带有系统偏差的观测资料在用于气候变化研究时，会产生一定的不确定性，在一些地区对某些敏感变量的研究结果甚至造成较严重的干扰。此外，气象观测资料也会因观测仪器的改变、台站的迁移、观测规范的修改等产生非均一性，进而影响单站和局地气候变化相关研究结果。

排放情景的不确定性 排放情景描绘了未来世界发展的各种可能性。其不确定性主要来自：①温室气体排放量估算的不确定性：化石燃料燃烧所释放的 CO_2 排放量、固定源所排放 CH_4、N_2O 的排放量以及流动源所排放的 CH_4、N_2O 排放量计算方法中的不确定性；未来各种能源政策对未来温室气体排放量影响的不确定性；技术的差异或先进与否对温室气体排放量估算的影响；新型能源开发对温室气体排放量估算的影响。②未来温室气体排放清单与排放情景中的不确定性：排放清单本身并不能完整反映过去和未来的温室气体排放状况，一般都只是过去有限时段内的排放量，而且对未来的排放情景一般都是依据现有的数据和假设条件得到的预估数据。

气候模式的不确定性　气候模式在近几十年不断发展的同时，其不确定性问题也一直存在。模式中存在的不确定性主要来源于：①模式参数化的不确定性：模式中不确定的过程包括气溶胶-云-辐射的耦合、生态系统对气候变化的响应与反馈等。②气溶胶气候效应的不确定性：从模式估算的大气顶端气溶胶辐射强迫值的量级可以看出，即使是对同一气溶胶成分来说，模拟出的辐射强迫值可以相差数倍，从而会导致模拟出的气溶胶气候效应有很大差异。③气候系统内部各圈层相互作用和反馈的不确定性：限于气候模式发展水平，对气候系统的描述、气候系统的内部变率以及地球生物化学过程等反馈机制的认识上都存在着一定的不确定性。

未来预估的不确定性　首先来源于未来温室气体排放情景，其次是气候模式发展水平限制引起的认知的不确定性和气候系统内部变率等。政府间气候变化专门委员会（IPCC）第四次评估报告（AR4）中指出，在使用气候模式进行未来气候变化预估时，近期预估结果的不确定性主要来源于模式的不确定性和气候系统内部变率，但随着时间的推移，情景不确定性所占的比例越来越大，到 21 世纪末所占比例达到 80% 以上。

在区域尺度上，气候变化预估的不确定性则更大，一些在全球模式中有时可以被忽略的因素，如土地利用和植被改变、气溶胶强迫等，都会对区域和局地尺度气候产生很大影响。另一不确定性主要来自于全球模式提供的侧边界场的可靠性，全球模式对大的环流模拟产生的偏差，会被引入到区域模式的模拟，在某些情况下还会被放大。此外，观测资料的局限性，也在区域模式的检验和发展中增加了不确定性。

对气候变化不确定性的处理　IPCC 第五次评估报告（AR5）推荐了关于不确定性的处理办法，建议依靠两种衡量标准表述重要发现的确定性程度：①以证据类型、数量和一致性以及达成一致的程度，对某项发现有效性的信度，以定性方式表示。②对某项发现的不确定性进行量化衡量，用概率表示。

下列简略术语用于描述现有的证据：有限、中等或确凿；一致性程度：低、中等或高。信度水平用五个修饰词来表示：很低、低、中等、高和很高。下面对证据和一致性及其与信度关系进行了简要说明。

表提供了描述"可能性"的术语。它可用于表示某一事件或结果（如某一气候参数、观测到的趋势或位于某一给定区间的预估变化）发生概率的估值。"可能性"可基于统计分析或模拟分析、专家观点的启发或其他量化分析。该表中定义的不同类别之间的界线可视为是"模糊"的。对"可能"出现某一结果的陈述意味

一致性高 证据量有限	一致性高 证据量中等	一致性高 证据确凿
一致性中等 证据量有限	一致性中等 证据量中等	一致性中等 证据确凿
一致性低 证据量有限	一致性低 证据量中等	一致性低 证据确凿

证据（类型、数量、质量、一致性）

证据量和一致性说明及其与信度的关系。如渐强的阴影所示，信度向右上角抬升。通常当有多重、一致的独立高质量证据线索时，证据最为确凿（孙颖等，2012）

着该结果的概率区间是从 ≥66%（暗含了模糊边界）到 100%，这表示所有其他结果是"不可能"（0%～33% 的概率）。当有充分信息时，最好明确给出整个概率分布或概率区间（如 90%～95%），而不使用表中的术语。"或许可能"不应当用于表达缺乏知识。另外，有证据表明，读者可根据已认知的潜在后果的程度调整他们对这一"可能性"语言的解读。

展望　气候系统变化的复杂性决定了人类对气候变化研究在确定性认识方面不可能一蹴而就，加之对这一复杂问题关注和研究的学者来自不同的学科领域，因此对有关问题的认识产生分歧和争议在所难免，很多问题包括一些基础性问题都有待进一步研究。中国未来应重点在全球气候变化的观测理论、方法，长序列、高精度过去气候变化记录的重建，气候变化事实、规律、驱动机制及其突变与非线性特征，气候变化的影响及适应，气候系统模式及排放情景发展等方面加强研究，以尽可能地减少不确定性。

可能性范围（孙颖等，2012）

术语	成果的可能性
几乎确定	99%～100% 的概率
很可能	90%～100% 的概率
可能	66%～100% 的概率
或许可能	33%～66% 的概率
不可能	0%～33% 的概率
很不可能	0%～10% 的概率
几乎不可能	0%～1% 的概率

参考书目

葛全胜，王绍武，方修琦，2010. 气候变化研究中若干不确定性的认识问题 [J]. 地理研究，29（2）：191-203.

孙颖，秦大河，刘洪滨，2012. IPCC 第五次评估报告不确定性处理方法的介绍 [J]. 气候变化研究进展，8（2）：150-153.

IPCC，2013. Climate Change 2013—The Physical Science Basis：

Contribution of Working Group I to the Fifth Assessment Report of the Intergovernmental Panel on Climate Change［M］. Cambridge：Cambridge University Press.

（石英　孙颖）

气候变化模拟与预估

qìhòu biànhuà mónǐ

气候变化模拟（climate change simulation）　根据影响地球气候系统的内部和外部强迫因子以及气候系统5个圈层的相互作用和反馈，用数学方法建立起表示气候系统状态和变化的数学模型，利用建立的数学模型通过数学计算（主要应用计算机）模仿多种时间尺度全球和区域气候的形成及变化。

沿革　气候变化模拟主要依赖不同复杂程度的气候模式，早期用于气候变化模拟的模式为仅包含辐射过程的简单大气模式或海洋-大气耦合模式，因为考虑的物理过程不全面，对气候变化的模拟存在一定局限性。早期的海洋-大气耦合模式结果普遍存在气候漂移，即模拟结果与实际的偏差随积分时间延长而增大。随着计算机的发展、气候系统各分量模式的改进以及新的耦合方法的提出，气候模式所包含的物理模块日益复杂和完善。当前的全球气候模式能够描述气候系统5大圈层间复杂的相互作用过程，成为气候变化模拟不可替代的工具。世界气候研究计划（WCRP）推出了模式比较计划（参见第218页气候模式比较计划），为气候变化模拟研究提供统一的平台，也为各国模式的发展提供了借鉴。自政府间气候变化专门委员会（IPCC）第三次评估报告（TAR）以来，世界各个研究机构针对有仪器观测时期的气候（主要是20世纪气候），利用海气耦合模式开展了大量数值模拟试验。该试验的主要目的是评估气候模式的模拟能力，并为未来气候变化预估试验提供基础参考。这类数值试验也有助于分析人类活动的气候效应，开展气候变化的归因研究。

模拟内容　气候变化模拟的内容涵盖气候模式对地球系统各圈层（大气、陆面、海洋和海冰）物理变量的模拟。比较受关注的气候变化模拟的大气变量有降水、气温、风场、位势高度、辐射、云等；陆面变量包括土壤温度、土壤湿度、积雪厚度、径流、植被叶面积指数等；海洋变量主要有海温、盐度、流速、海表高度等；海冰变量有海冰密度、海冰面积、海冰厚度等。气候变化模拟包括现代历史气候模拟和古气候模拟（参见第219页古气候模拟）。历史气候模拟是指对20世纪初以

来近百年气候变化的模拟。将这些试验模拟的物理变量与实际观测进行对比，是模式评估的主要内容之一。

技术方法　气候变化模拟的常用方法是利用复杂程度不同的气候模式（参见第160页气候系统模式），针对影响气候变化的内部、外部因子设计各种数值试验，以模仿全球或者局地气候的演变。根据气候系统不同时空尺度变化过程所建立的模式有多种，既包括一些简化的理论模式，如简化厄尔尼诺南方涛动（ENSO）模式、辐射-对流模式、能量平衡模式、随机气候模式、相似-动力模式等，也包括能够描述气候系统各分量演变特征以及复杂相互作用过程的模式，如大气环流模式、海洋环流模式、气候系统模式和地球系统模式等。

针对不同的模拟对象可以采用不同的模拟方法。对大气环流的模拟是在给定下边界的海表面温度（SST）和海冰分布、陆地表面特征条件下对气候进行模拟，重点关注发生在大气圈中的气候现象；海洋环流模拟是指给定海洋上边界的条件，对大洋环流的气候状态或者变率进行长期气候模拟。气候系统模式模拟气候变化时，充分考虑影响气候变化的内部因子和外强迫（如太阳常数、温室气体、硫酸盐及火山气溶胶、土地利用等）的变化，以反映这几个分量所描述的气候系统各圈层之间的相互作用及反馈过程。在地球气候系统的模拟中，包含了大气化学过程、陆面生态过程、海洋生物过程等，大气中温室气体、硫酸盐等影响气候变化的因子是由模式计算得到的。此外，区域气候模式由于其较高的空间分辨率，常被用来刻画区域范围内气候变化的细节（参见第222页区域气候变化模拟）。美国国家大气研究中心（NCAR）发展的共同气候系统模式（CCSM）、美国地球物理流体动力实验室（GFDL）发展的气候模式、英国气象局哈德莱研究中心（MOHC）发展的模式等都在气候变化模拟中得到广泛应用。中国较早开展气候变化模拟研究的模式包括中国科学院大气物理研究所（IAP）的全球（区域）大气环流模式（AGCM）和后来的全球海洋-大气-陆面系统耦合模式（FGOALS），中国气象局国家气候中心模式参加了第四次评估，海陆气耦合模式参加了耦合模式比较计划第5阶段（CMIP5）。

结果与应用　气候变化模拟的应用主要分为气候变化预估和归因分析两个方面。气候变化预估即利用不同排放情景和不同复杂程度的气候模式模拟未来可能的气候变化趋势；归因分析则是利用实际观测资料和针对不同强迫因子（如人类活动排放温室气体或自然强迫因素）进行的气候模式敏感性试验结果进行对比，识别过去观测到的气候变化的可能影响因子。基于模式的气候

变化模拟结果可以为气候变化影响评价和适应提供参考信息。对过去百年气候变化的模拟为理解 20 世纪气候变化的机理提供了模拟证据，也是判断气候模式对未来气候变化预估结果可信度的标准之一。此外，气候模式对古气候和历史时期（如近 2000 年）气候及其变化的模拟，也是重要的应用（见第 219 页古气候模拟）。气候变化模拟评估表明，气候模式能够较好地模拟出 20 世纪的全球变暖，尤其后 50 年变暖更明显，人类活动排放温室气体增加是很可能的变暖原因。

展望 气候模式对复杂的真实气候系统的描述还存在较大距离，不同模式的模拟结果之间存在较大差别，尤其是对降水和极端天气气候事件的模拟。这很大程度上在于气候模式本身的不确定性。气候模式采用有限时空网格进行数值运算来刻画气候系统的演变过程，无法直接刻画的次网格尺度过程，必须采用物理参数化方法。参数化方案本身与实际情况的偏离以及其中参数取值的经验性都不可避免地带来气候模拟的不确定性。另一方面，气候模式所采用的历史和未来外源强迫以及边界资料存在一定的误差，也会影响气候变化模拟的可靠性。

未来需要进一步开发和改进气候系统模式，同时加强对气候系统各因子相互作用过程和气候变化物理机制的研究，建立更加精确完善的高分辨率地球系统模式，提高模式对气候变化模拟的能力。未来对气候模式的进一步完善和发展是提高气候变化模拟准确性的重要途径。

参考书目

丁一汇，任国玉，2009. 中国气候变化科学概论［M］. 北京：气象出版社.

（辛晓歌　李伟平）

qìhòu biànhuà yùgū
气候变化预估（climate change projection）　在设定的自然因素（太阳活动、火山活动）和人类活动（人口变化与社会经济发展、人为排放温室气体和气溶胶、土地利用等）等外源强迫下，基于气候模式的模拟结果，对未来几十年至百年时间尺度上气候系统如何变化做出估计。由于缺少自然强迫的未来变化预估，目前气候变化预估主要考虑人类活动的各种情景（参见第 220 页排放情景）的影响。

沿革 气候变化预估随着气候模式发展和温室气体排放情景的更新在逐步改进，其结果是政府间气候变化专门委员会（IPCC）历次评估报告的重要参考依据。在已经开展的历次模式比较计划（参见第 218 页气候模式比较计划）中，气候变化预估均是比较气候模式的一

个重要内容，预估的内容和结果随着排放情景的发展而变化。最早使用的情景是 CO_2 随时间线性递增的简单情景（如 CO_2 加倍，CO_2 每年增加 1% 等），随后在 1992 年发布了 IS92 情景，IPCC 第三次评估报告（TAR）主要涵盖了 14 个模式对 IS92a 情景的气候变化预估；2000 年发布了排放情景特别报告（SRES）情景，在 IPCC 第四次评估报告（AR4）中，全球气候变化预估是来自 34 个模式在 SRES 情景下（参见第 220 页排放情景）的模拟。IPCC AR4 认为，对 21 世纪的变暖以及区域尺度特征的预估结果，包括风场、降水和极端事件的模拟具有更为可信的结果。2010 年发布了典型浓度路径（RCPs）情景（参见第 220 页排放情景），这些情景所考虑的社会、经济发展等因素更加全面、合理。在 IPCC 第五次评估报告（AR5）中，参与气候变化预估的模式达到 46 个，所依据的排放情景是 RCPs。与此同时，气候模式也在不断改进（参见第 160 页气候系统模式），模式物理过程更加完善，国际上参加气候变化预估试验的模式越来越多，气候变化预估结果的可信度逐步提高。

预估内容 气候变化预估分为近期气候变化预估和长期气候变化预估。年代际气候变化预测主要关注近期 10～30 年的气候变化，充分考虑海洋初始状态以及大气强迫因子对气候预估的影响，而长期气候变化预估关注的是百年尺度的气候变化，主要考虑的是大气强迫因子的变化，不考虑初始条件的影响。气候变化预估的内容涵盖气候模式所有输出的地球系统各圈层物理变量的未来变化，包括大气、陆面、海洋和海冰模式分量中的各物理变量，过去科学家最为关注的是大气环流、温度和降水、海平面高度和海冰面积等的未来预估，随着气候模式和气候变化预估的发展，科学家更加关注的气候变化预估更加全面和具体，包括极端天气气候事件、季风、厄尔尼诺南方涛动（ENSO）、经圈翻转环流等。

预估方法 气候变化预估主要采用气候模式模拟的方法。预估未来气候变化需要构建未来社会、经济变化的情景，由此衍生出温室气体排放情景，可以是温室气体浓度情景、温室气体排放情景、辐射强迫情景等。依据不同的试验目的和方案设计，所采用的模式可以为大气环流模式、气候系统模式或者区域气候模式。在利用区域气候模式进行预估时，需要使用气候系统模式或者大气环流模式的预估结果提供侧边界强迫。

结果与应用 气候变化预估结果被广泛应用于以下几个方面：①各国政府间气候变化谈判方面，为政府减少人为排放、制定气候政策、适应气候变化等提供科学依据；②用于研究气候变化的规律、气候变化归因、区

域气候变化物理机制、未来极端气候事件变化趋势和气候变化影响等，为科学了解未来气候变化规律及其影响提供信息；③用于模式比较和评估，推动气候模式的发展。

历次 IPCC 中有关气候变化预估都指出，随着温室气体排放的增加，全球气温在 21 世纪都将持续升高，海平面高度增加，部分极端气候事件发生更频繁。需要指出的是，具体结论在不同排放情景下会有所不同。最新的 IPCC AR5 指出，大量气候系统模式考虑 RCPs 四种排放途径预估，相对于 1986—2005 年，2016—2035 年期间全球年平均地表温度可能升高 0.3～0.7 ℃，2081—2100 年可能上升 0.3～4.8 ℃。21 世纪末全球平均海平面将上升 0.26～0.82 m。热浪发生的频率很可能更高，时间更长。北极海冰覆盖面积继续萎缩和变薄，全球冰川面积进一步减小，具有较高可信度。

中国地处东亚大陆，其升温幅度比全球平均状况更高（参见第 222 页 区域气候变化模拟）。在天气和季节时间尺度上，未来将会有更多的极端高温事件发生，热浪将发生更频繁、持续时间更长，冬季低温和极端冷事件也会继续出现，但是频率和强度可能减弱。

展望 气候模式的预估结果还存在较大的不确定性，尤其是在区域气候变化的预估方面。一方面是因为气候模式中包含了许多人们知之甚少的物理过程或者模式分辨率较低而无法显式刻画的物理过程，必须使用经验性的参数化方法，另一方面，模式中众多经验性参数的取值不确定。上述因素导致不同模式的预估结果之间存在较大差别，尤其是对降水和极端天气气候事件的预估。

为了提高模式预估的可信性，一方面，应该重视开发和改进气候系统模式，提高气候模式对区域气候变化及极端天气气候事件和气候突变的模拟能力；另一方面，需要对模式预估结果的不确定性给出比较客观、定量的描述。

中国科研人员致力于发展高精度、高分辨率的气候系统模式，这将有助于提高中国气候模式的模拟能力，从而获得更为可靠的预估结果，为制定适应和减缓气候变化的政策措施及气候变化国际谈判提供必要的科学基础。

参考书目

赵宗慈，2006. 全球气候变化预估最新研究进展［J］. 气候变化研究进展，2：68-71.

IPCC，2007. Climate Change 2007—The Physical Science Basis：Contribution of Working Group I to the Fourth Assessment Report of the Intergovernmental Panel on Climate Change［M］. Cambridge：Cambridge University Press.

IPCC，2013. Climate Change 2013—The Physical Science Basis：Contribution of Working Group I to the Fifth Assessment Report of the Intergovernmental Panel on Climate Change［M］. Cambridge：Cambridge University Press.

（辛晓歌 李伟平）

qìhòu móshì bǐjiào jìhuà
气候模式比较计划（climate model intercomparison project） 为推动气候系统模式发展，在一些国际组织的召集下，不同机构发展的气候系统模式或者大气、海洋、陆面分量模式按照事先拟定的方案在相同的框架下进行一系列数值试验，通过模拟结果的对比分析，以了解不同模式对给定外强迫的响应和模式间的差异，从而探讨导致模式结果不确定性的原因，为改进各分量模式和气候系统模式提供依据。综合分析多个气候系统模式的数值模拟结果还可以对历史气候变化进行归因研究，并对未来可能的气候变化进行预估。这些有组织、有明确目标、参与人员众多的利用多个气候模式进行对比的数值试验称为气候模式比较计划。其中影响较大的是世界气候研究计划（WCRP）推出的模式比较计划，包括大气模式比较计划（AMIP）、陆面参数化方案比较计划（PILPS）、耦合模式比较计划（CMIP）；国际地圈生物圈计划（IGBP）提出的海洋碳循环模式比较计划（OCMIP）；IGBP 和 WCRP 共同推出的古气候模式比较计划（PMIP）、气候—碳循环耦合模式比较计划（C4MIP）。此外，还有针对重要物理过程的比较计划，如云反馈模式比较计划（CFMIP）、厄尔尼诺模拟比较计划，以及针对特定地区的区域模式比较计划，如亚洲区域模式比较计划。

大气模式比较计划是在给定海表面温度和海冰分布历史变化的前提下，考察不同大气环流模式对气候平均态以及气候变率的模拟性能；陆面参数化方案比较计划是在给定近地面气象要素的情况下，研究不同陆面过程模式对土壤水热传输及陆地表面通量的模拟性能；耦合模式比较计划是利用包含大气、陆地、海洋、海冰甚至生物圈等圈层相互作用的气候系统模式，研究气候系统各分量之间复杂的相互作用与反馈过程；古气候模拟比较计划则是利用气候系统模式，在给定的海陆分布和太阳辐射等强迫条件下模拟过去气候的典型特征，与重建的古气候资料进行对比，为分析和解释古气候重建资料提供数值模式结果。

在已经开展的诸多气候模式比较计划当中，耦合模式比较计划的规模和影响最大，其结果得到广泛应用。

政府间气候变化专门委员会（IPCC）第四次评估报告（AR4）曾经大量引用耦合模式比较计划第 3 阶段（CMIP3）的模拟结果。2008 年发起的耦合模式比较计划第 5 阶段（CMIP5）最终吸引了近 30 个机构的 60 多个模式版本参与，其试验结果为 IPCC 第五次评估报告（AR5）提供了重要的科技支撑。中国科学院大气物理研究所的 FGOALS-g1 和 FGOALS-s2、中国科学院大气物理研究所/清华大学的 FGOALS-g2、中国气象局国家气候中心的 BCC-CSM1.1 和 BCC-CSM1.1-m、北京师范大学的 BNU-ESM、国家海洋局第一海洋研究所的 FIO-ESM 7 个气候模式版本参与了 CMIP5 的大部分数值试验，预计将有更多的来自中国的气候模式参加耦合模式比较计划第 6 阶段（CMIP6）。

（李伟平）

古气候模拟（paleoclimate simulation）

利用气候模式对古气候时期（包括历史和地质时期）的气候状况进行数值模拟，将模拟结果与古气候重建（和/或代用）资料进行比较，从而恢复古气候特征，进一步探讨古气候变化的原因和影响，评估用于未来气候变化预估的模式对不同于现代边界和强迫条件气候的模拟能力。控制古气候与现代气候的因子并不完全相同，有的因子在现代气候模拟中可以不考虑，但在古气候模拟中却是必不可少的，例如地球轨道参数、大陆冰盖、海陆分布等。

古气候模式比较计划（PMIP） 是研究过去气候中最成功的模拟计划之一。PMIP 是由国际上专攻古气候模拟的科学家和专业学者组成的联合会，其主要目的是基于已有的古气候证据，为气候模式和气候动力研究提供一个便于开展模式间以及模式结果间分析比较的平台。它使科学家们在研究影响古气候变化机理的同时，逐渐提高了对气候响应模式依赖性的关注。PMIP 的高前瞻性积极推动了古气候模拟研究的发展。

20 世纪 90 年代至 2014 年，PMIP 已成功组织了 3 次国际模式比较计划，3 次计划所使用的模式类型有所不同：第一次古气候模式比较计划（PMIP1）采用全球大气环流模式（部分嵌套混合层海洋模式）开展古气候模拟试验，是大气模式比较计划的一部分；第二次古气候模式比较计划（PMIP2）采用全球海气耦合模式以及全球海-气-植被耦合模式开展模拟试验；第三次古气候模式比较计划（PMIP3）采用全球海气耦合模式以及地球系统模式开展模拟试验。

第三次古气候模式比较计划（PMIP3）对上新世中

期、末次间冰期、末次盛冰期、全新世早期、中全新世以及近千年（公元850—1850 年）这六组古气候特征时期试验进行了详细的设计。其中，末次盛冰期和中全新世模拟试验在古气候模拟中一直备受关注。这是因为末次盛冰期和中全新世与现代气候存在显著差异，同时人们对主导这两个时期气候的自然外强迫因子的了解相对清晰。末次盛冰期、中全新世和近千年气候模拟试验同属于耦合模式比较计划第 5 阶段（CMIP5），是 PMIP3/CMIP5 联合试验。下面重点阐述三组古气候模拟试验。

末次盛冰期 距今大约 2.1 万年，是末次冰期中气候最为寒冷、冰川规模达到最大的时期。末次盛冰期试验的目的是考察模式对极端冷气候的模拟能力，研究气候对大冰盖、冷海洋以及低温室气体条件的响应。末次盛冰期的气候响应主要表现为寒冷和干燥。PMIP3/CMIP5 将末次盛冰期试验方案设计为：地球轨道参数及温室气体含量取末次盛冰期的数值（ecc = 0.018 994，obl = 22.949°，peri − 180° = 114.42°，CO_2 = 185 ppm[①]，CH_4 = 350 ppb[②]，N_2O = 200 ppb，CFC = 0），春分点设为 3 月 21 日正午；气溶胶、太阳常数以及植被覆盖与工业革命前控制试验（CMIP5 PI）的设置相同；冰盖覆盖数据以及相应的地形变化、海陆分布数据和海拔高度变化均由 PMIP3/CMIP5 试验设计组提供；径流、冰盖物质平衡、全球平均大气表面气压可与 CMIP5 PI 试验相同；初始时刻全球平均海洋盐度增加 1 实际盐度单位（PSU）。对比检验表明，大部分 CMIP5/PMIP3 模式能够较好的模拟出末次盛冰期的寒冷特征，尤其是多模式的集合平均模拟效果更好，比 PMIP2 略有提高。

中全新世 距今约 6000 年，地形和海岸线与现代相似，被认为是可能比当今气候温暖的时期。因地球轨道参数的不同，中全新世时期大气层顶进入地球系统的太阳辐射的季节变化强于工业革命前——北半球冬季接收到的太阳辐射低于工业革命前，而北半球夏季接收到的太阳辐射强于工业革命前。与此对应，中全新世时期北半球夏季风增强、中高纬度森林带北移。PMIP3/CMIP5 将中全新世试验方案设计为：地球轨道参数及温室气体含量取中全新世时期的数值（ecc = 0.018 682，obl = 24.105°，peri − 180° = 0.87°，CO_2 = 280 ppm，CH_4 = 650 ppb，N_2O = 270 ppb，CFC = 0），春分点设为 3 月 21 日正午；气溶胶、太阳常数、植被覆盖、冰盖、地形及海岸线与 CMIP5 PI 的设置相同。其中，依据所用陆面模式的特点，可采用指定的植被类型和叶面积指

① 1 ppm = 10^{-6}。
② 1 ppb = 10^{-9}。

数、交互式碳循环过程，或是采用动态植被过程。对比检验表明，CMIP5/PMIP3 模式在一定程度上模拟出中全新世的温暖特征，但是模拟效果不如对末次盛冰期的模拟，主要因为外强迫信号较弱。

近千年　距现代相对较近，气候代用资料及相关历史记载较多。其中，中世纪气候异常期又称中世纪暖期以及小冰期，是距今最近的典型气候冷暖异常时期。近千年模拟试验的目的是评估模式模拟年代际和长期气候变化的能力，考察外部强迫和内部变率对气候变化的相对影响，有助于从长期的角度对气候变化进行分析和归因研究。中世纪暖期和小冰期气候主要受自然外强迫因子的影响。PMIP3/CMIP5 将近千年试验方案设计为：采用公元850—1850 年逐年变化的地球轨道参数、温室气体、火山气溶胶以及太阳辐照度；春分时间设为 3 月 21 日正午；臭氧、气溶胶、冰盖、地形及海岸线设置可与 CMIP5 PI 相同。其中，地球轨道参数可采用指定数据或由模式自行计算；植被覆盖可与 CMIP5 PI 试验相同，或采用预先给定的植被变化数据。对比检验表明，大部分模式可以模拟出全球和北半球近千年温度变化的主要特征和多种时间尺度的变率。

展望　气候模式能较合理地模拟出末次盛冰期的干冷气候以及中全新世北半球季风显著增强和高纬显著增温，但模式存在低估区域气候变化强度的现象。气候模式对近千年气候变化趋势有一定模拟能力，但模拟与重建结果间仍存在差别。这与太阳辐照度、火山气溶胶、土地利用等外强迫场的不确定性以及模式对外强迫响应机制的完善程度有一定关系。

在减小模式自身模拟不确定性和重建古气候资料自身的不确定性的条件下，古气候模拟研究有望获得更大进展。

参考书目

Braconnot P, Otto-Bliesner B, Harrison S, et al, 2007. Results of PMIP2 coupled simulations of the Mid-Holocene and Last Glacial Maximum—Part 1：Experiments and large-scale features ［J］. Clim. Past, 3：261-277.

Braconnot P, Harrison S, Otto-Bliesner B, et al, 2011. The Paleoclimate Modeling Intercomparison Project contribution to CMIP5 ［J］. Clivar Exchanges, 56 (16)：15-19.

Braconnot P, Harrison S P, Kageyama M, et al, 2012. Evaluation of climate models using palaeoclimatic data ［J］. Nature Climate Change, 2 (6)：417-424.

Gates W L, 1992. AMIP：The Atmospheric Model Intercomparison Project ［J］. Bull. Am. Meteor. Soc., 73：1962-1970.

（张洁）

páifàng qíngjǐng

排放情景（emission scenario）　建立在一系列科学假设基础之上，为了对未来气候状态时间、空间分布形式进行合理描述而假定的人为温室气体和气溶胶等的排放情况。情景描绘了未来世界发展的各种可能性，它由许多相互关联的变量组成，在一系列连贯的有关主要发展驱动因素及其相互关系的假设或理论基础上，形成对未来世界的总体描述，输入到气候模式，从而用于对未来气候变化的预估。

研究方法　排放情景的主要决定因素包括人口增长、经济发展、技术进步、环境条件和社会管理等。政府间气候变化专门委员会（IPCC）于 1990 年首次提出用两种方法研究发展气候情景。一是模式模拟方法，二是能源和农业部门关于 CO_2 排放研究方法。其中用模式模拟方法发展了 4 个情景：A 情景（照常排放情景），B 情景（低排放量情景），C 情景（控制政策情景）和 D 情景（加速的政策情景）。IPCC 于 1992 年对 SA90 作了修订，推出气候情景 IS92，针对到 2100 年世界人口总量和经济增长速率预测的不同组合，提出包括各种温室气体在内的 6 个排放替代情景（IS92a-f），用于驱动大气环流模式（GCM）进行气候变化模拟。

2000 年，基于科学评估的进展和新的需求，IPCC 发布排放情景特别报告（SRES），由此推出 SRES 情景，具体包括四个情景族（A1，A2，B1 和 B2），涉及一系列人口、经济和技术驱动力以及由此产生的温室气体排放（见表 1）。

2007 年，为使气候模式获得更多的信息和进一步评估各种政策的影响和效果，同时为了更详细地探索适应措施的作用和效应，IPCC 决定本身不再开发情景，而由气候模式、综合评估模式、陆地生态系统模式和温室气体排放清单等专业研究团队发展第五次评估报告（AR5）所需要的情景，并建议新情景用典型浓度路径（RCPs）来表示。RCPs 主要包括 4 种情景，分别称为 RCP8.5、RCP6.0、RCP4.5 和 RCP2.6（见表 2）。其中前 3 个情景大体与 SRES A2、A1B 和 B1 相对应。

应用　排放情景主要应用于气候变化预估中，不同排放情景下的温室气体、硫酸盐等的浓度，通过气候模式的辐射及物理过程影响气候模式预估的温度和其他气候要素的变化情况。因此，合理制定排放情景是尤为重要的。即将进行的 CMIP6 试验计划正在制定新的排放情景。

表 1　SRES 情景描述（Nakicenovic et al.，2000）

情景族	描述
A1	描述的是一个经济快速增长，全球人口峰值出现在 21 世纪中叶并随后下降，新的和更高效的技术迅速出现的未来世界。其基本内容是强调地区间的趋同发展、能力建设、不断增强的文化和社会的相互作用、地区间人均收入差距的持续减少。A1 情景系列划分为 3 个群组，分别描述了能源系统技术变化的不同发展方向：化石燃料密集型（A1FI）、非化石燃料能源（A1T）、各种能源之间的平衡（A1B），A1B 是指在所有能源的供给和终端利用技术平行发展的假定下，不过分依赖于某种特定能源
A2	描述的是一个极不均衡发展的世界。其基本点是自给自足，保持当地特色。各地域间生产方式的趋同异常缓慢，地区间的人口出生率很不协调，导致持续的人口增长。经济发展主要以区域经济为主，人均经济增长与技术变化越来越分离，低于其他情景的发展速度
B1	描述的是一个均衡发展的世界，全球人口数量与 A1 情景族相同，人口峰值出现在 21 世纪中叶，随后开始减少。不同的是，经济结构向服务和信息经济方向快速调整，伴之以材料密集程度的降低，以及清洁和资源高效技术的引进。其基本点是在不采取气候行动计划的条件下，更加公平地在全球范围实现经济、社会和环境的可持续发展
B2	描述的是世界强调区域性的经济、社会和环境的可持续发展。全球人口以低于 A2 情景族的增长率持续增长，经济发展处于中等水平，与 B1 和 A1 情景族相比，技术变化速度较为缓慢且更加多样化。尽管该情景也致力于环境保护和社会公平，但重点放在局地和地区层面

表 2　典型浓度路径目标和描述（Moss et al.，2010）

情景	辐射强迫目标	描述
RCP8.5	辐射强迫在 2100 年上升至 8.5 W/m^2，CO_2 当量浓度达到 1370 ppm	假定人口增长最快，技术革新率不高，能源改善缓慢，收入增长慢，这导致长时间的高能源消耗以及温室气体排放，并且缺少应对气候变化的政策。这个情景是根据国际应用系统分析研究所（IIASA）的综合评估框架和能源供应选择及其总环境影响（MESSAGE）模式建立的
RCP6.0	辐射强迫在 2100 年之后稳定在 6.0 W/m^2，CO_2 当量浓度达到 850 ppm	反映了生存期长的全球温室气体和生存期短的物质的排放以及土地利用的变化。根据亚洲-太平洋综合模式（AIM）的结果，温室气体排放的峰值大约出现在 2060 年，此后持续下降。2060 年前后能源改善强度为每年 0.9%～1.5%。模式中用生态系统模型计算地球生态系统之间通过光合作用和呼吸交换的 CO_2
RCP4.5	辐射强迫在 2100 年之后稳定在 4.5 W/m^2，CO_2 当量浓度达到 650 ppm	采用全球变化评估模式（GCAM）模拟得到。这个模式考虑了与全球经济框架相适应的、生存期长的全球温室气体和生存期短的物质的排放以及土地利用的变化
RCP2.6	辐射强迫在 2100 年之前达到峰值（约 3.0 W/m^2），之后下降至 2.6 W/m^2，CO_2 当量浓度峰值约 490 ppm	为把全球平均温度升温幅度限制在 2 ℃之内设定的情景。为了达到该目的，在 21 世纪后半段的辐射强迫应为负值，即全球吸收的温室气体大于人类排放的温室气体。建立该情景应用了全球环境评估综合模式（IMAGE），采用中等排放基础并且假定所有国家都参与。2010—2100 年累计温室气体排放比基准年减少 70%。为此要彻底改变能源消费结构及 CO_2 以外的温室气体的排放，特别提倡应用生物技术、恢复森林等

参考书目

Nakicenovic N，Alcamo J，Davis G，et al，2000. Special Report on Emission Scenarios（SRES）[M]. Cambridge：Cambridge University Press.

van Vuuren D P，Edmonds J，Kainuma M，et al，2011. The representative concentration pathways：An overview [J]. Climatic Change，109：5-31.

Moss R，Edmonds J，Hibbard K，et al，2010. The next generation of scenarios for climate change research and assessment [J]. Nature，463：747-756.

（辛晓歌）

niándàijì qìhòu biànhuà yùcè

年代际气候变化预测（interdecadal climate change prediction）　对十年以上尺度的气候变化进行预测。近期气候预测包括年代、年代际和多年代际气候预测。

沿革　年代际气候变化预测自 21 世纪初以来逐渐成为气候学领域研究的热点。科学家发现，与百年尺度长期气候变化不同的是，年代际尺度气候变化不仅受气候系统内部自然变率和外强迫的影响，还受到大气、海洋的影响。国外科学家在 2006 年以来发表多项科研成果，指出在年代际时间尺度上，初始条件对区域气候变量态预报能力的影响比边界条件更为重要；仅考虑外强迫条件下，气候系统模式对未来气候变化的预估实际上夸大了未来全球增暖的幅度；用观测海温的异常信息对模式模拟进行初始化，对部分海洋区域海表温度的预测效果明显提高。基于已有研究成果，在 2012 年制定的耦合模式比较计划第 5 阶段（CMIP5）试验计划中，将 10～30 年尺度年代际气候预测作为 CMIP5 的一个重要试验内容。与此同时，中国也逐渐开展年代际气候变化预测的研究，重点关注东亚区域的年代际气候变化预测。即将开展的耦合模式比较计划第 6 阶段（CMIP6）为年代际气候变化预测设计了更多更详细的试验，并且作为 CMIP6 的一个子试验计划。

预测内容　年代际气候变化预测主要是对近几十年来的气候变化进行预测，填补了短期气候预测（季节到年）和气候变化预估（百年）时间尺度之间的气候预测的空白。预测的内容同气候变化预估（参见第217页气候变化预估），涉及对地球系统各个圈层的物理变量的预估。

预测方法　传统的气候预测方法有两种：统计方法和动力方法。

统计方法　是基于大量历史资料，考虑某一个或多个物理因子，分析气候系统内部与其他变量之间关系的变化规律及特征，利用数理统计方法，建立预报因子与预报对象的统计关系，进行定量的年代际气候预测。对于气温、海温、冰雪覆盖、太阳活动等一些变量，统计方法对年代际气候变化具有一定的预测能力。但该方法的缺陷是未考虑气候变化的物理过程。

动力方法　是利用全球和区域气候模式在一定的初边界场以及外强迫驱动下，进行数值模拟，做出年代际气候预测。该方法的优势在于能够再现海、陆、气、冰各大圈层的相互作用，并能较好地处理各种现象和非线性关系。数值模式所考虑的影响因子也不同于短期气候预测。对于天气预报和短期气候预测，主要考虑模式的初值影响；而对于多年代至世纪尺度的气候预测可视为"边界条件问题"，即受外强迫如温室气体等的影响较大。年代际气候变化预测介于这两者之间，不仅要考虑温室气体等外部边界强迫，也要考虑当前气候的初始状态如海洋热含量、陆地雪盖和土壤湿度等。对于年代际气候预测试验来说，由于需要考虑模式初值的影响，需要开展多个不同初值的试验进行集合，以减小初始扰动带来的模拟不确定性。用数值模式开展的年代际气候变化预测中，模拟试验外强迫的方法与气候变化预估试验相同，但初始化方法尚无统一的方案，可以使用的方案有：①恢复方案，将耦合模式模拟的海温和盐度向观测的海温和盐度资料进行恢复；②同化方案，利用客观分析资料同化模式温度和盐度。

应用　年代际气候变化预测结果应用于以下几个方面：①各国政府间气候变化谈判方面，为政府减少人为排放、制定气候政策、适应气候变化等提供科学依据；②研究年代际尺度气候预测的成因，对比研究不同时间尺度气候变化预测的影响因素，为进一步提高气候预测水平奠定基础；③模式比较和评估，推动气候模式的发展。

观测结果与预测检验　观测资料诊断分析表明，存在明显的北大西洋多年代振动和变率以及太平洋年代振动和变率。CMIP5中关于年代际预测试验结果的主要结论有：在年代际气候变化预测中，大多数模式在大陆、印度洋、大西洋等地区模拟技巧依赖于试验设计中的外强迫（温室气体、气溶胶和火山爆发）信号；在大西洋近极地涡流地区大多数模式都有较好的年代际尺度的可预测性存在，但在太平洋地区较少模式有很好的预测技巧存在。

年代际气候预测对中国也十分重要，中国旱涝趋势和雨带、雨型等变化就具有明显的年代际气候变化规律和特征。但中国关于年代际气候模拟预测研究工作仍然相对薄弱，需制定专门的研究和业务计划，大力提升模拟预测水平。

参考书目

Latif M, Collins M, Pohlmann H, et al, 2006. A review of predictability studies of Atlantic sector climate on decadal time scales [J]. J. Climate, 19 (23)：5971-5987.

Smith D M, Cusack S, Colman A W, et al, 2007. Improved surface temperature prediction for the coming decade from a global climate model [J]. Science, 317 (5839)：796-799.

Taylor K E, Stouffer R J, Meehl G A, 2012. An overview of CMIP5 and the experiment design. Bull [J]. Amer. Meteor. Soc., 93 (4)：485-498.

（辛晓歌）

qūyù qìhòu biànhuà mónǐ
区域气候变化模拟（simulation of regional climate change）　使用全球、区域气候模式，基于观测或者排放情景的辐射强迫，对历史或未来时期区域气候变化的数值模拟。

沿革　全球海气耦合模式是气候变化研究的首要工具，随着计算机技术的不断发展，全球海气耦合模式的水平分辨率不断提高，耦合模式比较计划第5阶段（CMIP5）已经达到100～400 km，但就区域尺度的气候变化模拟来说，还不够理想，并且提高分辨率需要的计算量较大。全球可变分辨率模式则采用全球模式在"目标区域"局地加密技术，即对所关心区域增加水平分辨率，对于远离关注区域则采取较低水平分辨率，这种方法对区域气候有较好的模拟能力，但在技术上也较难实现。此外，还可以采用降尺度方法，包括统计降尺度和动力降尺度，前者主要是对全球模式结果进行统计和经验方面的修正，由于物理基础不足，受到一定限制；应用更广泛的动力降尺度方法，是使用再分析资料或者低分辨率全球海气耦合模式结果，作为初始和侧边界条件驱动分辨率更高的、地形和物理过程描述更为精细的区域气候模式，进行历史或未来时期区域气候变化的模拟。

区域气候模式最早在20世纪80年代末由乔治（Giorgio）等发展而来，其后被广泛应用于区域气候变化模拟研究。世界气候研究计划（WCRP）启动了区域气候降尺度协同试验（CORDEX）计划，使用动力和统计的方法，在全球各陆地范围进行气候变化的降尺度模拟，以提高区域气候模拟、预估的分辨率和可信度，支持区域气候影响评估和适应研究。

主要内容 区域气候模式已广泛用于不同时空尺度当代区域气候模拟，未来将进一步用于气候变化预估、短期气候预测、极端气候事件、海气相互作用模拟、季风模拟、土地利用改变和气溶胶气候效应对区域气候的影响等方面的研究。类似全球气候变化模拟研究，中国的区域气候模式在这方面的研究工作也已经开展很多。

技术方法 区域气候模式通常是建立在天气学原理和中尺度气候模式基础上。最早是有限区域模式，由乔治（Giorgi）和迪肯森（Dickenson）等提出。20 世纪80 年代末，第一代区域气候模式（RegCM）在滨州大学/美国国家大气研究中心（PSU/NCAR）中尺度数值天气预报模式第 4 代（MM4）基础上建立，其动力框架源于 MM4，为可压的、静力平衡的有限差分模式，垂直方向采用 δ 坐标。90 年代初又添加显式分离时间积分方案和减小在陡峭地形下水平扩散的算法，从而使模式的动力核心相似于 MM5 的静力平衡版。模式包括陆面过程方案生物圈大气传输方案（BATS）、NCAR 的公共气候模式（第一版）（CCM1）辐射传输方案、中分辨率行星边界层方案、郭晓岚积云对流参数化方案、显式水汽方案。随后 RegCM 系列不断得到扩充和改进，已发展到第 4 代区域气候模式（RegCM4）。国际上已发展了多个区域气候模式，如 NCAR 的中尺度数值天气预报模式第 5 代（MM5）、天气研究和预报模式（WRF）（气候版）、英国哈德莱研究中心的区域气候模式系统，美国科罗拉多州立大学等的区域大气模式系统（RAMS）以及中国的区域环境集成模式系统（RIEMS）等。

模拟结果 区域气候模式对中国地区当代气候有更好的模拟能力，由于具有较高分辨率（25 km 或更高）能够模拟出更详细的分布特征，对全球模式中模拟的偏差有一定的修正，但各区域模式对当代气候的模拟仍存在不同程度的偏差。在给定温室气体排放情景下，区域气候模式对中国地区未来气候变化的高分辨率预估结果表明，未来年平均气温将升高，降水也将增加，极端高温日数将明显增加，低温日数将减少，中国区域未来大雨日数将大范围增加。此外，气温和降水的变化表现出一定的区域性特征，青藏高原升温幅度最大，西北和东北次之，南方地区升温幅度最小，降水则在西北地区增加最为明显，东北及南方地区也呈增加趋势，但幅度较小，青藏高原为弱的减少趋势。使用区域气候模式进行中国汛期短期气候预测研究也初步展开，其结果表明区域气候模式对气温和降水的回报效果相比其驱动的全球模式有一定改进。

展望 中国具有独特的东亚季风系统和复杂的地形、下垫面特征，全球模式对中国气候的模拟能力相对不足，如气温模拟往往有较大偏差，降水则在中西部产生虚假降水中心等。这些问题在 CMIP5 中尽管有所改进，但仍然存在，需要使用高分辨率的区域气候模式进行降尺度模拟。此外，尽管一些高分辨率的全球模式模拟也已经开始出现，但由于其需要的计算量大，几十年尺度的长期积分几乎难以实现，因此在长期气候变化模拟方面，高分辨率区域气候模式的作用尚不可替代。国际上正开展的 CORDEX 计划的模式分辨率已经达到 25 km。中国在使用区域气候模式进行气候变化模拟存在的主要问题是完成的模拟试验比较少，并且采用的全球模式驱动场、排放情景以及分辨率等都存在较大差异，难以进行相互之间的比较并给出未来气候变化的可能范围。同时未来区域气候变化模拟结果，不仅依赖于所采用的温室气体和气溶胶的排放情景或辐射强迫情景，全球模式提供的侧边界场以及再分析资料和观测资料的可靠性对其结果也会产生很大影响。全球模式对大尺度环流模拟产生的偏差，会被引入到区域模式的模拟，在某些情况下还会被放大，因此具有相当大的不确定性。

未来需要在改进区域模式物理过程的基础上，采用多区域气候模式模拟结果的集合（例如借助于 CORDEX 计划的多模式模拟结果），以减少不确定性。

参考书目

第二次气候变化国家评估报告编写委员会，2011. 第二次气候变化国家评估报告［M］. 北京：科学出版社.

第二次气候变化国家评估报告编写委员会，2015. 第三次气候变化国家评估报告［M］. 北京：科学出版社.

气候变化国家评估报告编写委员会，2007. 气候变化国家评估报告［M］. 北京：科学出版社.

Christensen J H，Hewitson B，Busuioc A，et al，2007. Regional climate projections［M］//Solomon S，Qin D，Manning M，et al. Climate Change 2007—The Physical Science Basis：Contribution of Working Group I to the Fourth Assessment Report of the Intergovernmental Panel on Climate Change. Cambridge，UK and New York，USA：Cambridge University Press.

（吴佳）

气候变化的影响与评估

qìhòu biànhuà yǐngxiǎng pínggū

气候变化影响评估（climate change impact assessment） 用科学的方法识别和评估气候变化对自然和人

类系统造成的影响和结果，包括已有的影响和未来潜在的影响，为政策制订者和决策者提供必要的科学信息。对已发生的气候变化影响评估时，针对受人为活动干扰较弱的自然生态系统可将其作为指示性指标，评估气候变化对自然生态系统的影响。对于农业、水资源、人类健康等系统，由于受气候变化和其他因素的共同作用，难以分离气候变化对这些系统的单独影响。在进行分领域、分区域气候变化的影响评估时，首先评估已经观测到的气候变化影响的事实。对未来气候变化影响评估就是将未来气候情景与专业-影响模式相结合，分别将当前/过去气候状况和未来气候情景输入专业-影响模式，将所得结果进行比较，两者之差作为气候变化的影响。

沿革　自 20 世纪 90 年代以来，气候变化影响评估工作不断演进和深化。政府间气候变化专门委员会（IPCC）第一次评估报告（FAR）和第二次评估报告（SAR）利用全球大气环流模式耦合混合层海洋和海冰模式进行预测和预估，给出了气候变化对农林、自然生态系统、水资源、人类居住、海洋与沿海地区，以及季节性积雪和多年冻土变化的影响，视角是全球尺度的。从《气候变化区域影响、脆弱性特别评估报告》和第三次评估报告（TAR）开始，评估的行业领域范围扩大，开始关注区域尺度的影响，自然和人类系统中增加了保险和金融服务，以及人类健康，开始确定对非洲、亚洲、澳大利亚和新西兰、欧洲、拉丁美洲、北美、极地、小岛国等 8 大区域开展评估，在区域报告中又将亚洲分为温带亚洲、热带亚洲、中东和西亚干旱地区。第四次评估报告（AR4）在评估领域中去掉了保险和金融服务，更突出了气候变化影响的复杂性，分析了气候变化影响的气候因素和非气候因素对气候变化影响脆弱性的地域特点，强调了适应政策与措施的作用，关注重点为预估气温升高 1～5 ℃情况下，气候变化对水、生态系统、粮食、海岸带、健康 5 大领域和 8 大区域的影响。第五次评估报告（AR5）以风险治理为切入点，评估了气候变化对淡水资源、陆地和淡水生态系统、海岸带和低洼地区、海洋系统、粮食安全与粮食生产系统、城市地区、农村地区、主要经济部门与服务、人类安全、生计与贫困等领域和 9 大区域（各大洲、两极地区和岛屿）的影响，在领域系统中将海洋方面进一步细分为海岸带和低洼地区、海洋系统两部分，增加了人类安全、生计和贫困领域，并继续拓展和调整区域分类；对有关领域和区域气候变化的影响有更定量的认识，并提出未来气候变化将对自然和人类社会造成 8 个方面的关键风险。

在气候变化影响评估方法和技术上不断提升与改进。2001 年研究者开始应用综合评估模型（IAMs），开展跨部门、跨区域、跨学科、不同体制下的气候变化影响和政策选择，并评估"端到端"的实施效果。2014年，科学家基于共享社会经济路径（SSPs）可反映气候因素与社会经济因素间的综合作用，动态描述气候变化影响、适应和减缓的综合联系。

除 IPCC 全球气候变化影响评估外，美国、俄罗斯、印度、英国等国家也分别发布了国家气候变化影响评估报告。2010 年，美国发布《全球气候变化对美国的影响》报告，该报告综合了各种最新科学评估报告的内容，总结了气候变化的已知观察结果并预测了对美国的影响。2008 年，俄罗斯发布《气候变化及其对俄罗斯联邦的影响评估报告》，报告分上、下卷，其中下卷重点论述了观测和预估的气候变化对俄罗斯联邦范围内的陆地和海洋生态系统、不同经济部门以及人体健康的影响。2010 年，印度发布《气候变化与印度：4×4 评估——面向 2030 年代的领域与区域分析》，该报告针对印度 4 个气候敏感地区（即喜马拉雅地区、西高止山脉地区、海岸地区、东北地区）进行了气候变化影响的分析研究。这些敏感区关系到印度经济的 4 个关键领域（即农业、水、自然生态系统、生物多样性）。2011 年，英国气象局发布《气候：观测、预估及影响》报告，分析了气候变化对作物产量、粮食安全、水资源短缺及干旱、洪水、海岸带等方面的影响；2012 年，英国政府发布《英国气候变化风险评估报告》，确定了英国气候变化适应行动的优先事项。

中国自 2007 年以来，已经发布 3 次气候变化国家评估报告。2012 年出版《气候与环境演变：2012》，系统总结了气候与环境变化对气象灾害、地表环境、冰冻圈、水资源、自然生态系统、近海与海岸带环境、农业生产、重大工程、区域发展及人居环境与人体健康的影响。同时，在区域/流域层面上，出版多部反映区域/流域特征的气候变化影响评估报告，如鄱阳湖流域气候变化影响评估报告、长江三峡库区气候变化影响评估报告、华东区域气候变化评估报告等，在气候变化影响评估工作方面取得了长足的进展。

针对中国气候变化影响、适应性、脆弱性评估研究的需要，社会经济情景预估工作在研究尺度、类型、方法等方面都取得了一定的进展。在国家层面和地区层面上开发了多个社会经济情景指标，除了常用指标，如人口、经济指标外，还开发了农业土地利用情景、水资源利用情景，以及未来流域洪水风险管理预估所需的商业资产和居民家庭资产评估情景。从情景类型而言，基于 IPCC 排放情景特别报告（SRES）描述的情景，开发了

A2、B2 和国家或地方规划方案等三种社会经济情景；从研究方法而言，采用了降尺度方法把全球情景降尺度到国家、地方尺度，以及其他经济统计学、计量学和抽样调查等方法。

在气候变化情景构建上，中国利用区域气候模式（RCM）构建了中国区域高分辨率气候情景，并且已经广泛应用于农业、生态系统、水资源等气候变化影响评估中。中国应用的 RCM 主要包括中国气象局国家气候中心区域气候模式（RegCM-NCC）、中国科学院大气物理研究所的区域环境系统集成模式，以及中国农业科学院农业环境与可持续发展研究所从英国哈德莱研究中心引进的区域气候模式系统。2008 年 12 月，中国气象局国家气候中心发布第一版《中国地区气候变化预估数据集 1.0》，2012 年 12 月发布《中国地区气候变化预估数据集 3.0》。在 3.0 版本中，提供的区域气候模式数据为使用区域气候模式 RegCM4.0，单项嵌套 BCC_CSM1.1 全球气候系统模式所得的模拟结果，包括历史气候模拟和 RCP4.5、RCP8.5 情景下未来气候变化预估数据。

在研究领域中，第一次气候变化国家评估报告给出了对农业、水资源、生态系统、海岸带、重大工程、人体健康和环境的影响；第二次评估报告扩大了研究领域，在生态系统中增加了生物多样性的影响，海岸带增加了近海区域，增加了能源、工业、交通、人居等领域，同时将重大工程单独列为一章；第三次国家评估报告中，增加了冰冻圈环境。同时，针对中国地域辽阔，气候多样，不同区域的地理环境、气候特征、经济发展水平等差异性显著的特点，根据中国七大区域受气候变化影响程度的不同、重点领域的不同，分别评估气候变化对区域的影响。

技术方法　气候变化影响评估方法主要包括四类：自然生态研究方法、社会影响评价方法、经济影响评价方法、系统分析方法。

自然生态研究方法　这类方法一般注重研究生态系统的各种组成成分及它们之间的相互联系与作用过程。在对气候变化影响的研究中，主要用来预测气候变化对生态区的迁移、基因多样化、生物保护区、生产率、生态系统的稳定性以及生态复原性等的影响方面。代表性的分析方法和工具如土地能力分类法和生态模拟模型。

社会影响评价方法　这类方法的主要目的在于设法把社会价值及行为因素纳入到气候变化影响评价的分析过程中。使用的主要分析方法有比较传统的社会学研究方法，如社会调查、问卷、面谈、观测及社会统计等，建立未来社会情景方法和代尔斐法。

经济影响评价方法　这类方法主要用以考察气候变化对社会不同部门的经济影响，分析各种适应对策手段的经济成本，计算气候变化对一些非市场产品及服务造成的损失，并用货币单位来表达。代表性的分析方法有成本效益分析法和投入产出法。

系统分析方法　是把研究对象看作系统，并根据系统的概念、思想及一些适当的定性、定量方法，按照一定的框架程序和逻辑步骤，对研究对象进行解析、研究的方法。这类方法为完成气候变化影响的综合评估提供了一个有效的研究框架，并对科学研究和决策制定的统一发挥了桥梁作用。

具体到不同领域，由于研究目的不同，气候变化影响评估的方法和工具也有所不同。在农业领域主要有：统计分析法、气候情景驱动作物模式法、农业系统分析法等；在水资源领域主要有：统计分析法、气候情景驱动水文模型法等；在生态系统领域主要有：实证观测分析法、模型模拟分析法和类比或相似分析法；在海岸带领域主要有：海岸带系统风险分析法和脆弱性评估方法；在能源、交通等领域主要有：统计模型和情景分析法。

评估步骤　气候变化影响评估的基本步骤可归纳为 7 步：①确定研究问题；②选择适用的研究方法；③对影响评价方法进行检验；④建立未来气候及非气候变化情景；⑤气候变化影响评估；⑥适应对策研究；⑦向决策部门和科学团体提供报告。

主要结论　IPCC AR5 有关气候变化影响评估的结论主要有：气候变化对大陆和海洋的自然和人类系统已经产生了广泛而深远的影响，具有高信度。具体表现为：全球很多地区的降水变化和冰雪消融正在改变水文系统，影响到水资源量和水质；作为对气候变化的响应，陆地、淡水和海洋生物地理分布、季节性活动、迁徙模式和丰度、物种的相互作用等已发生改变；许多区域的作物研究表明，气候变化对粮食产量的不利影响比有利影响更为显著。气候变化对人类系统的不利影响主要通过脆弱性和暴露度来体现。近期极端气候事件（热浪、干旱、洪水、热带气旋和野火等）的影响表明了一些生态系统和许多人类系统对气候变率表现出明显的脆弱性和暴露度，气候灾害加剧了其他威胁，经常对生计（特别是贫困人口）带来不利影响。

中国有关气候变化影响评估的典型结论主要有：①气候变化总体上导致中国多熟种植北界向高纬度高海拔地区扩展；作物品种更替向生育期长、抗冻性弱和耐高温的趋势发展；中国小麦、玉米和大豆单产均以下降趋势为特征，水稻单产有所增加。②中国主要江河降水、实测径流量、水资源量发生了不同程度的变化，总体上看，北方河流如海河、黄河、辽河等江河的实测径流量和水资源量减少较为明显，水资源短缺，特别在干旱地区影响更大；旱涝灾害发生概率增加。③中国近海海水温度明显升高、海平面持续上升，近岸海域赤潮灾害加剧、珊瑚礁和红树林生态系统退化、生物多样性减少等；风暴潮的发生频率、强度和灾害增加，海岸侵蚀和咸潮入侵等海岸带灾害加重。④气候变化导致物候、物种组成和分布、群落结构和演替过程发生改变，湿地萎缩和草场退化，濒危物种增加。⑤季节冻土总体上在减薄，冻结期退后、融化期提前，冻结期缩短；多年冻土总体上处于退化中。

展望　虽然气候变化影响评估工作取得了不少成果，但由于气候变化的影响受到其他因素的共同作用，有些领域要单独分离讨论还相当困难，影响认定方法相对薄弱。同时，由于研究手段和技术的局限，气候变化影响评估的方法和结果还存在一定的不确定性，其中包括气候情景预估的不确定性、各领域影响评估模式的不确定性、社会经济情景的不确定性、适应对策评估的不确定性等方面。

针对在农业、水资源、自然生态系统等领域的气候变化影响评估工作中存在模拟模式类型较少，模拟结果可比性不足，应尽可能采用不同的模型进行评估，从而弥补模型自身的不足之处。在人类健康、交通、重大工程和环境等其他领域，模拟和评估工作开展得不多，需要加强。同时，需要加强可应用于影响评估的气候情景数据和社会经济数据的构建和模型工具的开发、进行气候变化影响的风险分析、减小气候变化的不利影响、降低影响和适应评估的不确定性、开发多要素集成的综合影响评估系统方面的工作。

参考书目

第二次气候变化国家评估报告编写委员会，2011. 第二次气候变化国家评估报告 [M]. 北京：科学出版社.

姜彤，2013. 气候变化影响评估方法应用 [M]. 北京：气象出版社.

气候变化国家评估报告编写委员会，2007. 气候变化国家评估报告 [M]. 北京：科学出版社.

殷永元，王桂新，2004. 全球气候变化评估方法及其应用 [M]. 北京：高等教育出版社.

IPCC, 2014. Climate change 2014：impact, adaptation and vulnerability [M]. Cambridge：Cambridge University Press.

（王艳君）

qihòu biànhuà duì nóngyè de yǐngxiǎng pínggū
气候变化对农业的影响评估（impact assessment of climate change on agriculture）　用科学的方法识别和评估气候变化对农业造成的影响和结果，包括已有的影响和未来潜在的影响。气候变化对自然生态系统和社会经济系统产生重要影响，尤其对农牧业生产、水资源供需等的影响更为显著。气候变化对农作物产量、作物类型和栽培制度的影响最为敏感，对全球不同季节和不同纬度带粮食产区和非粮食产区的影响是不同的。

中国主要农作物包括水稻、小麦、玉米等，农作物产量的高低主要受到当地农业气候资源和农业气象灾害的影响，气候变化主要通过改变地区农业气候资源、农业气象灾害以及农业病虫害的发生等进而影响农作物的种植面积和单产。

基本内容　气候变化对农业影响评估一般从全国、主要农区及主要粮食作物（水稻、玉米、小麦等）三个层次分析中国农业气候资源变化、农业气象灾害变化、农业病虫害变化、农业种植制度变化及其对粮食生产的影响，评估过去和未来主要粮食作物的增产潜力。

气候变化对农业的影响涉及农业生产的方方面面，既包括农业条件、生产环境、农业自然资源、农业气象灾害，也包括气候对农业的影响过程、影响机制、农业适应气候变化的技术、政策，农业布局的调整等。例如研究近几十年的气候变化使东北地区活动积温明显增加，生长季长度明显延长，低温日数大幅减少。东北地区粮食主产区热量资源改善对增加农作物播种面积、提高产量非常有利。但气候变化使南方粮食主产区高温灾害加剧，干旱、洪涝灾害突出。南方粮食主产区高温日数呈增加趋势，对水稻生产特别是早稻灌浆非常不利。同时，干旱、洪涝灾害突出，长江流域有近 1/3 地区属洪涝高脆弱性地区，这将是影响粮食稳产和增产的一大隐患。

技术方法　气候变化对农业影响研究开始于 20 世纪 80 年代，开展研究的主要方法包括数理统计和作物模型。为了研究气候变化和气候变率对农作物的影响，将基于气候模式与农业模式的嵌套建立农作物和气候因子相联系的作物生长模型。因此作物生长模型成为评价气候变化对农业影响不可缺少的工具。

国外作物模型　20 世纪 60 年代起，随着对作物生理生态机理认识的不断深入和计算机技术的迅猛发展，作物生长模型的研究得到了飞速发展，已经达到了实用化阶段。作物模型基于作物生理生态机理，考虑了作物生长与天气、土壤等因素的相互作用。作物模拟的定义是：作物模拟是从系统科学的观点出发，将作物生产看成是一个由作物、环境、技术、经济四要素构成的整体，不仅可以通过建立数学模型或子模型对作物过程及其与环境之间的复杂关系进行动态描述，还可以兼收相关学科的理论和实验成就。

作物生长模型早期的研究是荷兰学者和美国学者开创的。荷兰学者注重作物生长过程的机理表达，即利用现有知识、理论或假说，首先构建作物过程的模拟模型或子模型，然后再将模拟结果与实验数据进行比较，看现有的知识、理论或假说能否圆满解释生长发育、光合作用、干物质分配和产量形成等生理过程。这一思想贯穿在他们先后推出的初级作物生长模拟模型、基本作物生长模拟模型、简单和通用作物生长模拟模型、一年生作物的模拟模型和世界粮食作物研究模型等中。美国学者则主张作物模拟模型既要在理论上可行，又要便于应用。因此在他们研制的模型中，一方面包含了动力学和生理过程，同时也包含以试验为基础的经验公式或参数。这种模型被称为基于作物过程的模拟模型，最具代表性的是著名的作物-环境综合系统模型系列，已覆盖了玉米、小麦、水稻、大麦、高粱、粟、马铃薯、大豆、花生、木薯等多种作物模型。同一时期或稍后，研制的作物模型还有：冬小麦模型、棉花生长模拟模型、水稻模型、大豆综合作物模型、土壤侵蚀影响生产力模拟模型、水稻-天气模拟模型、水稻生产基本模型等。

中国作物模型 中国作物模拟开始于20世纪80年代，与美国合作建立的苜蓿生产的农业气象计算机模拟模式，以及中国学者建立的作物模型均在学术界产生了重要影响。至90年代，将作物模拟技术与水稻栽培的优化原理相结合，完成了中国第一个大型的作物模拟软件水稻栽培模拟优化决策系统。其后研制的棉花生长发育模拟模型和冬小麦生长发育模拟模型，在中国气象局国家气候中心业务评估中得到应用。

气候变化影响评估结果

国际主要评估结论 气候变化对全球大多地区作物和其他粮食生产负面影响比正面影响更为普遍，正面影响仅见于高纬度地区。在大多数情况下CO_2对作物产量具有刺激作用，增加水分利用效率和产量，尤其对水稻小麦等作物。O_3对作物产量具有负面作用，通过减少光合作用和破坏生理功能而导致作物发育不良，产量和品质下降。田间试验和模型模拟均表明CO_2、O_3、平均温度、极端事件和水分及氮肥的交互作用是非线性的，对作物产量的影响难以预测。气候变化与CO_2浓度增高将改变重要农艺措施和入侵野草的分布，同时增加其间竞争关系。气候变化对粮食安全的各个方面均有潜在的影响，包括食物的获取、使用和价格稳定。

中国主要评估结论

中国农业气候资源发生明显变化 1961年以来，全国热量资源总体改善，80%保证率下日均气温稳定通过0℃和10℃的积温明显增加；日均气温≥0℃和≥10℃的初日提前、终日推迟、持续天数延长，小麦、玉米和水稻生育期内的平均气温、平均最高气温、平均最低气温和积温总体均呈升高趋势。降水量的空间变异较大，值得关注的是华北和西南地区降水资源明显减少，已经严重威胁农业生产。日照时数总体呈减少趋势。西北麦区和玉米产区的气候呈暖湿化趋势，其他主要冬麦区和玉米产区气候均呈暖干化；东北和西南单季稻产区气候呈暖干化，其他单季稻产区气候均呈暖湿化；双季稻产区气候均呈增暖趋势。

农业气象灾害呈加重趋势，对农业生产不利 1961年以来，全国年气象干旱日数呈弱减少趋势；但空间分布极为不均，农作物主要生长季的干旱呈加重趋势，全国干旱灾害呈面积增大和频率加快的发展趋势。特别是华北麦区冬春气象干旱风险显著增加，西南地区的干旱已经严重影响农业生产。全国洪涝与高温热害总体呈面积增大和危害加重的发展趋势。东北低温在6月和8月呈显著减少趋势，但7月呈弱增加趋势。全国平均初霜日期推迟、终霜日提早，无霜期呈延长趋势。

中国农业病虫害加重，防控难度加大 1961年以来，气候变化总体有利于使农业病虫害发生、面积扩大，危害程度加剧；全国农作物病虫害、病害和虫害的发生面积由1961年到2010年分别增加6.4倍、8.1倍和5.8倍，特别是病害的增加速度远高于虫害。除单季稻外，气候变暖和病虫害加剧均导致全国冬小麦、玉米和双季稻的单产减少，且病虫害加剧导致的单产减少大于气候变暖的影响。

展望 国内外的学者关于气候变化对农业的影响评估研究很多，特别中国是农业大国，粮食生产关系着国家的粮食安全。未来气候变化对农业的影响研究较多，但近几十年的气候变化对粮食生产是正面影响还是负面影响研究较少，主要的困难是实际的农业生产不仅受到气候和气候变化的影响，还受到农作物品种改良、农业生产措施改进、农业病虫害防治手段的加强等综合影响。因此农业产量中很难分离出气候变化的影响。

随着全球气候变化的持续，气候变化对农业的影响评估工作会越来越受到决策者和科研工作者的重视，如何更好地适应气候变化，为国家粮食安全保驾护航势必成为未来发展的方向。

参考书目

第三次气候变化国家评估报告编写委员会，2015. 第三次气候变化国家评估报告［M］. 北京：科学出版社.

王春乙，2007. 重大农业气象灾害研究进展［M］. 北京：气象出版社.

IPCC，2014. Climate change 2014：impact，adaptation and vul-
nerbility.［M］. Cambridge：Cambridge University Press.

（宋艳玲）

qihòu biànhuà duì shuǐzīyuán de yǐngxiǎng pínggū
气候变化对水资源的影响评估（impact assessment
of climate change on water resources） 从观测理论和
气候水文模拟角度对气候变化所引起的水循环要素的数
量或质量及其时空分布的变化进行定性或定量评估。气
候变化以及大规模人类活动，均可对水循环更替的长
短、水量、水质、水资源时空分布和水旱灾害频率与强
度产生重大影响，这一系列变化进一步影响水资源管理
系统及社会经济系统。气候变化对水文水资源的影响评
估对于理解和解决与居民用水、工业、能源、农业、交
通相关的潜在水资源问题，未来水资源系统规划与管
理，自然环境保护等非常重要，也是提出气候变化适应
性对策措施的基础。

沿革 关于气候变化对水文水资源影响方面的系统
性研究起步于 20 世纪 70 年代后期，由世界气象组织
（WMO）、联合国环境计划署（UNEP）、国际水文科学
协会（IAHS）等国际组织促进，先后开展并实施了世
界气候影响研究计划（WCIP）、全球能量与水循环试验
（GEWEX）等项目的研究。20 世纪 80 年代，国际水文
界开始重视和讨论温室效应对水文和水资源的影响。
WMO 于 1985 年出版了气候变化对水文水资源影响的综
述报告，并推荐一些检验和评价方法，随后又给出水文
水资源系统对气候变化的敏感度分析报告（WMO，
1987）。为加快研究步伐，1988 年由 UNEP 和 WMO 共
同组建了政府间气候变化专门委员会（IPCC），专门从
事气候变化的科学评估，并定期总结最新的科学成果，
提供具有权威性的气候评估报告，其中包括气候变化对
水文水资源的科学评估，有力地促进国际上气候变化对
水文水资源模拟和影响评估研究。进入 21 世纪，气候
变化成为一些国际会议的主要议题，对气候变化的研究
不仅实现了水文、气象、生物、物理等多学科的交叉研
究，而且更注重气候、陆面、人类活动等各方面的相互
影响及反馈作用。2014 年 IPCC 第二工作组发布的第五
次评估报告（AR5）首次将冰川和冻土直接作为水资源
要素纳入到全球水循环系统开展评估，并且增加了对极
端水文事件及其影响的综合评估。

中国关于气候变化对水文水资源影响研究起步较
晚。在被认为是全球气候变化问题政治化进程开端的
1985 年奥地利维拉赫会议后，中国加速了这方面的研
究。自 20 世纪 80 年代中后期，在国家自然科学基金、

国家科技攻关项目中先后设立了与气候变化及其影响相
关的课题。2006 年 1 月国务院发布了《国家中长期科学
和技术发展规划纲要（2006—2020 年）》，在国家重大
战略需求的基础研究之四"全球变化与区域响应"中，
指出了需要重点研究全球气候变化对中国的影响，强调
了"大尺度水文循环对全球变化的响应以及全球变化对
区域水资源的影响"研究问题。2007 年以来的历次
《气候变化国家评估报告》都纳入了气候变化对水资源
影响评估的内容。

主要内容 主要包括气候变化对降水、蒸发、土壤
湿度、多年冻土、冰川、径流、地下水、水质、土壤侵
蚀和泥沙输移以及极端水文事件等水文循环要素变化规
律的影响等方面的评估。涉及对已经发生的和未来可能
发生的影响评估。

技术方法 对于已经发生的影响，基于地表长期观
测资料和代用资料（包括历史文献、冰芯、树木年轮、
孢粉，以及器测资料等），分析各水循环要素的演变规
律是识别气候变化对水文水资源作用的性质和程度的基
础。目前，常用随机水文学以及数理统计的方法［如小
波分析、经验模态分解－希尔伯特（EMD-Hilbert）变
换、曼肯德尔（Mann-Kendall）趋势分析等］识别各要
素演变的趋势、周期、突变以及空间分异规律等方面的
内容。

对于未来的可能影响基本上遵从"未来气候情景设
计-水文模拟-影响评估"的模式，具体可归纳为：①定
义气候情景；②建立水文资源模型；③以气候变化情景
作为水文水资源模型的输入，模拟分析水文循环过程和
水文变量；④评估气候变化对水文水资源的影响，提出
相适应的对策和措施。一种反推技术开始应用于水资源
影响评估，即先假定对系统产生关键影响的水文变化，
然后利用水文模型确定导致这种变化的气象条件，并通
过气候模式估计这种气象条件产生的可能性。另一种方
法则是构建水文指数与气候变化之间的响应关系，用以
快速评估特定气候变化情景下的影响。评估时采用的最
新气候变化情景为典型浓度路径（RCPs）情景和社会
经济情景，气候模式为参加世界气候研究计划
（WCRP）的耦合模式比较计划第 5 阶段（CMIP5）的
海气耦合模式，以及一些研究机构开发的区域气候模
式，水文模型主要包括全球大尺度水文模型和流域水文
模型。

主要结论 IPCC AR5 指出气候变化和土地利用变
化已经改变了已有的水文稳态规律，如春季最大径流提
前改变了径流原有季节性规律。观测结果表明气候变化
已经导致区域降水发生变化，多年冻土、冰川持续退

缩，积雪不断减少；降雪区春季最大径流量逐渐提前，夏季干旱不断加剧。全球 200 条大河中三分之一的河流径流量发生变化，并且以减少为主。预估结果表明，随着气候变化，大部分陆地区域的潜在蒸发在更暖的气候条件下极有可能呈现增加趋势，年均径流量在高纬度及热带湿润地区将增加，大部分干燥地区则减少。全球约一半以上的地方洪水灾害将增加，但流域尺度上存在较大变化（中等信度）。21 世纪亚热带干旱地区的可再生地表水和地下水资源显著减少；原水水质降低；降雪地区的河川径流季节分配改变，由冰川补给的河流其冰川补给量在未来几十年增加，其后出现下降（高信度）。洪水频率将发生改变，气象、农业和水文干旱频率将增加（中等信度）。

中国主要河流径流在过去 100 多年多处于减少趋势。20 世纪 50 年代以来，东部 6 大江河的实测径流量以下降趋势为主，西部的塔里木河源流区、新疆地区总径流和雅鲁藏布江径流表现出增加趋势。冰川表现出阶段性变化，20 世纪上半叶是冰川前进期或由前进期转为后退的时期。现在虽仍有个别冰川在前进，但高原冰川基本上转入全面退缩状态。全球尺度径流预估结果表明，中国年均径流变化具有相当的不确定性，而冰川融水和积雪融水地区的最大径流量峰值有提前趋势。

水资源变化检测归因研究表明，对近半个世纪冰冻圈变化的检测归因有较高信度，冰冻圈淡水系统的变化主要受气候变化影响。而对河川径流变化的检测归因可信度较低，因为许多河川径流变化是气候与非气候因素共同作用的结果。如 20 世纪 50 年代以来中国北方的海河流域、黄河中游和辽河流域实测径流减少主要归因于人类活动的影响，气候自然变化影响的贡献不到 40%。

展望　气候变化对水资源影响评估更多集中于对径流平均变化的影响，对极端水文变化的影响研究正逐步展开，而对水质的影响、对农业灌溉的影响等方面的研究较为薄弱。近年中国在气候变化对水资源影响方面的研究成果明显增多，但对多模式多情景下水文变化不确定性的系统研究，极端水文事件尤其是枯水事件研究，水文系统稳态规律研究等，尤其在亚洲和全球尺度水循环及水资源相关研究方面仍需进一步加强。

由于气候变化预估结果给出的只是一种可能的变化趋势和方向，加之水文循环过程的复杂性，使得气候变化的影响评估结果带有很大的不确定性。未来人类活动，尤其是水资源开发利用的强度存在不确定性，也会影响到对江河径流总量及其时空变化的预估。因此，在水资源影响评估时需要考虑预估结果的不确定性。目前，通过风险评估方法量化不确定性是实践中处理不确定性的唯一方式。

参考书目

Carter T R，Parry M L，Nishioka S，et al，1994. IPCC Technical Guidelines for Assessing Climate Change Impacts and Adaptations ［M］. London，Department of Geography，University College London.

IPCC，2013. Climate change，2013：the physical science basis ［M］. Cambridge：Cambridge University Press.

IPCC，2014. Climate change，2014：impact，adaptation and vulnerability ［M］. Cambridge：Cambridge University Press.

US Academy of science climate. 1997. Climate change and water supply ［M］. Washington：National Academy Press.

WMO，1987. Water resources and climate change：Sensitivity of water resources systems to climate change and variability ［R］. WMO/TO.

（刘绿柳）

qìhòu biànhuà duì shēngtài xìtǒng de yǐngxiǎng pínggū

气候变化对生态系统的影响评估（impact assessment of climate change on ecosystem）　用科学的方法识别和评估气候变化对生态系统造成的影响和结果，包括已有的影响和未来潜在的影响。生态系统是由有生命的生物体和无生命的环境以及在它们的内部和之间的相互作用组成。气候变化已经对生态系统产生了显著的影响，导致生态系统结构和功能、物种的相互作用、分布范围等发生改变，从而影响到生物多样性、生态系统的产品和服务等诸多与人类社会密切相关的方面。气候变化还与人类发展的其他压力共同作用，导致生态系统出现更为快速、不可逆转的变化。气候变化对生态系统的影响评估是减缓和适应气候变化的基础和重要内容，涉及很多方面，包括气候要素、CO$_2$浓度以及极端气候事件等的变化对生态系统的组成、功能、生物多样性以及碳收支的影响，及生态系统变化对气候系统的反馈。

沿革　20 世纪 90 年代以来，生态系统对气候变化的响应研究成为全球变化领域的关注热点，国内外众多学者就生态系统与气候变化相互作用的各个方面进行了大量的研究。美国科学家卢布琴科（Lubchenco）等于 1991 年提出了 12 项生态学基础研究和 10 项应用基础研究前沿领域，德国生态学家利特（Lieth）于 1992 年指出生态科学发展应集中在全球变化，生物多样性和可持续生态系统，均涉及气候变化对生态系统影响评估研究。政府间气候变化专门委员会（IPCC）、联合国气候变化框架公约（UNFCCC）等国际组织和机构也相继在全球范围内开展了气候变化对生态系统的影响评估。

主要内容 气候变化对生物及生态系统影响的评估在内容上主要包括气候变化对物种及生态系统的影响评估、生态系统对气候变化的脆弱性和适应性评估等方面，具体评估对象涉及生态系统的各个方面。气候变化对生态系统的影响评估既可以是对已经发生的影响进行评估，也可以就未来可能发生的影响进行预估。随着科学认识和决策需求的发展，气候变化对生态系统影响评估的范畴也不断扩展，从传统的气候变化到叠加人类活动的影响，评估的对象也发展至人类社会和生态系统耦合的社会-经济-生态系统。

技术方法 气候变化对生态系统影响评估常用的方法可概括为三类：试验观测、类比法和模型模拟。

试验观测 气候作为生物种个体生存与发育以及生物种群、群落、生态系统形成、演变的重要环境条件，其变化对物种个体的生长、发育节律、物候相、生物量积累、适用性与竞争力以及种群、群落、生态系统的结构、功能、种间关系、地理空间分布和生物多样性等方面产生直接或间接的影响，这些影响有些具有可观测性，是可以通过科学的方法或仪器量测生物个体、种群、群落、生态系统对气候变化的响应。实证观测是评估气候变化影响的重要研究手段，不仅可以直观揭示某一或多个生物组织水平对气候变化的响应，而且能够为生态模型的建立和发展，以及气候变化事实的辨识、未来气候变化影响预估提供必要的基础资料与依据。气候变化对生物影响的实证观测分析，往往需要较长时间尺度的连续观测。分析方法多采用趋势分析、相关分析、曼肯德尔（Mann-Kendall）分析、小波分析等方法来揭示变化趋势、突变点、突变时间等信息。

模型模拟 模型模拟是普遍使用、发展最为迅速的研究方法之一。各类生态系统模型发展迅速，概括起来可分为三个阶段，从早期的统计模型和静态模型发展到目前以动态模型、过程模型为主的研究阶段，且正向耦合多个圈层、综合人类活动和自然过程等多因素的综合模型方向发展。第一阶段的模型如霍尔德里奇（Holdridge）的生命地带模型、博古斯（Box）模型，第二阶段的模型如 BIOME2/3、MAPSS、DOLY、TEM、CENTRUY、CEVSA、AVIM 等，第三阶段的动态植被模型如 LPJ、MC2、BIOME4、NASA-CASA 等。模型的应用使得定量描述生态系统的响应成为可能，是定量评价气候变化影响的有效工具之一。其一般步骤为：模型的选择或构建、调试及验证、运行模拟、结果分析。生态模型在评价气候变化影响及脆弱性的不足之处在于影响的阈值难以确定、尺度效应及转换、结果验证、时滞性等方面，成为模型模拟研究中不确定性的主要来源。

类比法 也称为相似分析法，是指寻找气候在时间或空间上的相似作为基准，或者根据生态系统关键成分的生理生态幅度，计算其基础生态位并将其作为影响的开始，或者选取系统特征量在地表各个区域的平均值为基准，对系统的变化或响应进行评价。如在缺乏连续性观测资料的情况下，跨越较长的两个或多个时间点之间的直接对比就成为分析气候变化对生物及生态系统影响的有效手段。

气候变化对生态系统影响评价研究中还不断地有新方法出现，新的方法和模型也逐渐得到发展和应用。

主要结论 气候变化对生态系统的影响是多尺度、多层次的，正面和负面影响并存，但负面影响更受关注。气候变化已经对全球许多地区的自然生态系统产生了影响。一些脆弱的生态系统正面临着不可逆转的变化，如冰川、珊瑚礁岛、红树林、热带雨林、极地和高山生态系统、湿地、天然草地和海岸带生态系统等。未来随着气候变化和人类活动的共同作用，遭受威胁的生态系统还将有所增加。

气候变化对中国生态系统也产出了显著的影响，中国多处地区昆虫、蛙类、鸟类等均对气候变化做出了响应，许多物种的分布向极地或高海拔区移动，物候发生明显的改变，种群数量也受到气候变化的影响。亚热带湿森林及寒温带湿森林对气候变化最为敏感，多数地区高山林线上移，种群密度增加，物候期改变，生物多样性下降。中国东北各类型森林生产力增加，森林碳汇表现出增加的趋势。中国北方草地生态系统生产力下降，系统稳定性降低。

受气候变化影响，生物及生态系统已经发生显著变化，未来还将继续。许多动植物物种的分布范围、丰度、季节性活动发生改变，生物多样性下降。未来很多地区的动植物还将继续以各种方式调整或改变，以适应未来的气候变化。受气候变化或人类活动的共同作用，植被覆盖、生产力、物候或优势种群已经发生变化，并将对气候产生反馈。气候变化还改变了生态系统的干扰格局，许多地方的生态系统干扰频率和强度增加，可能会改变生态系统的结构、组成和功能。

气候变化将使中国植被发生北移和西迁，东部森林带表现出整体北移的趋势，北方落叶林将减少，荒漠、高山苔原缩减，主要造林树种适生面积将缩小。气候变化和二氧化碳的施肥作用预计可致中国北方和温带森林净初级生产力增加，但森林火灾的风险也相应增加。未来气候变化将改变中国草原生态系统的分布格局和面积，高山草原界线上移，高山草甸/灌丛、温带草原、温带灌丛/草甸的面积将有所增加，青藏高原荒漠面积及高原高山草原将减少；高寒草原和草甸分别向北方和温带草原演变，而冻原植被也会演变成温带性山地草原；多数草地生产力下降，群落生物量减少。

展望　由于对生态系统自身的复杂性及其对外界干扰的响应和适应的认知不足，对生态系统影响评估的结论还存在一定不确定性。气候变化对生态系统影响评估因涉及面广、研究手段多样且不够完善、数据信息需求量大等因素，限制了气候变化对生态系统影响评估工作的进一步开展。

随着技术手段的不断完善和基础数据的逐渐丰富，气候变化对生态系统影响评估的需求开始逐步提上日程，未来针对性地开展气候变化对生态系统影响评估的业务化应用的前景也将会更为广阔。

参考书目

蔡晓明，2002. 生态系统生态学［M］. 北京：科学出版社.

殷永元，王桂新，2004. 全球气候变化评估方法及其应用［M］. 北京：高等教育出版社.

K. A. 沃科特，J. C. 戈尔登，J. P. 瓦尔格，等，2002. 生态系统——平衡与管理的科学［M］. 北京：科学出版社.

IPCC，2004. Climate Change 2014：impacts，adaptation and vulnerability［M］. Cambridge：Cambridge University Press.

（於琍）

qìhòu biànhuà duì réntǐ jiànkāng de yǐngxiǎng pínggū
气候变化对人体健康的影响评估（impact assessment of climate change on human health）　根据历史气候监测数据和未来气候变化预估数据，评估气候变化对特定地区人口，特别是脆弱人群健康的影响，并尽可能地评估和确定天气和气候，包括极端天气气候事件对气候敏感疾病的贡献，指出不确定性及其对风险管理的影响。气候变化对人体健康的影响评估既评估气候变化对人体健康的直接影响，又评估间接影响。直接影响包括热浪、洪水等引起的人体不适和人员伤亡，导致某一区域死亡率显著上升或某些传染性疾病的传播，其中近年来城市热浪对人体健康的影响更受人们关注。间接影响包括饮水供应、农业生产、食品安全以及媒介传染性疾病和水传播性疾病的影响等。

沿革　气候变化对人类健康的影响系统性的评估始于20世纪80年代末和90年代初，但相关研究开展的范围较为有限，大部分研究主要关注气候变率、极端事件（如高温热浪等）与人类健康之间的联系。1995年之后，科学界对与传染病特别是与流行性疾病年际变化有关的自然气候变率对健康影响的研究大量增加。2001年发布的政府间气候变化专门委员会（IPCC）第三次评估报告（TAR）综合了20世纪末之前有关气候变化对人类健康影响的研究成果。2007年IPCC第四次评估报告（AR4）收集了有关气候变化对健康影响的研究报告和论文500余篇，其研究范围和内容大致包括了人类健康对气候变化的敏感性、脆弱性和适应性分析；热应力（包括高温热浪、寒潮）对健康的影响；极端事件和天气灾害对健康的影响；大气污染对健康的影响以及气候变化对传染病的影响（包括模拟的气候变化对疟疾、登革热的影响）等。2014年IPCC第五次评估报告（AR5）对气候变化对健康的影响、适应和共益效应研究的最新进展进行了详尽的综述。

评估方法　气候变化能够通过多种途径、分阶段影响人体健康。例如洪水对人体健康的影响短期效应主要是人员伤亡，中期效应主要是传染性疾病的传播和发病率的增加，长期效应则是由洪水造成的经济困难和生命财产损失而导致的精神压抑。此外，气候变化对人体健康的影响，有时甚至是各种胁迫因子联合作用的结果。

气候变化对人体健康的综合影响评估包括以下步骤：综述一个国家或地区疾病（特别是传染性疾病）发病率和死亡率的主要原因；识别高危人群；综述其他部门，特别是水资源、农业、林业、沿海地区和经济等部门的气候变化影响评估结果；综合所收集到的信息，找出关键地区和脆弱人群。

气候变化对人体健康的影响评估需要输入农业、水资源、林业和经济部门等部门进行的并行影响评估的结果。这些评估的不确定性，加上疾病和气候数据问题以及模式问题将在一定程度上引起气候变化对人体健康影响评估的不确定性。

影响预估　IPCC AR5指出，气候变化对人类健康产生了多方面的影响，以间接影响为主。到21世纪中叶，预估气候变化将主要通过加剧已经存在的健康问题来影响人类健康（很高信度）。与没有气候变化的基准期相比，在整个21世纪，预计气候变化会导致很多地区，特别是低收入发展中国家的健康不良状况进一步加剧（高信度）。例如，更强烈的热浪和火灾造成的疾病和伤亡的可能性加大（很高信度）；贫困地区粮食减产导致营养不良的可能性增加（高信度）；脆弱群体面临工作能力丧失和劳动生产率降低的风险；以及食源和水源疾病（很高信度）和病媒疾病（中等信度）增加的风险。预计正面影响可包括由于极端低温事件的减少（低信度）、粮食产地的变化（中等信度）以及病媒传播某些疾病能力的降低（高信度），从而使某些地区与寒冷相关的死亡率和发病率有一定程度的降低。但21世纪在全球范围，负面影响的幅度和严重程度估计会超过正面影响（高信度）。在高排放情景 RCP8.5 下，到 2100 年，估计某些地区某些季节的高温高湿气候会影响到人们的正常活动，包括粮食种植和户外工作（高信度）。

中国气候变化对人体健康影响的研究主要集中在极端天气事件对健康的影响，以及气候变化对媒介传播性疾病的影响等方面。热浪对健康的直接影响可表现为热相关疾病，热浪期间人群死亡率存在"滞后效应"。热浪对北京居民非意外死亡影响的滞后期一般为 2～3 天，呼吸系统疾病死亡的滞后期为 2～5 天。在热浪造成的死亡中，老年人是风险最大的人群。中国疟疾流行区主要分布于 45°N 以南的大部分地区，而随着全球气候变暖，原先月平均气温低于 16℃的无疟区可能变成疟疾流行区。在气候变化的条件下，特别是持续出现暖冬的情况下，当冬季月平均温度升高 1～2℃时，海南省登革热传播的条件有可能发生根本性改变，北部地区可能变为终年均适于登革热传播，而南部地区的传播均处在较高水平，从而有可能使海南登革热的非地方性流行转变为地区性流行，使登革热的潜在危害性更为严重。在全球气候变暖条件下，中国登革热有由南向北扩展的趋势，部分非流行区变成流行区，某些流行区有可能成为地方性流行。以 2030 年和 2050 年中国平均气温将分别上升 1.7℃和 2.2℃为依据，中国血吸虫病潜在流行区将明显北移，潜在流行区面积将达全国总面积的 8%，受血吸虫病威胁的人口将增加 2100 万。

展望 全球因气候变化引起的人类健康不良的负担与其他胁迫因子的影响相比较要小些，且没有得到充分量化，需要通过气候变化对人体健康的影响评估，采取科学、有效的适应措施，使气候变化对人体健康水平造成的影响降至最低水平。中国在应对气候变化对健康影响方面主要对策有：

加强研究 减小气候变化对人类健康的影响不确定性。应重点研究人类健康受气候变化影响的脆弱性、适应性，构建相应的评价体系，进行人体健康适应性对策的成本效益分析；加强气候变化与大气污染的健康风险及健康共益效应的研究；评估未来气候变化对人类健康的影响，为降低脆弱性水平、提高适应能力提供依据和理论基础。

提高适应气候变化能力 人体健康领域适应气候变化的能力主要包括：加强气候变化脆弱地区的公共卫生设施建设；增强气候变化相关疾病特别是传染性和突发性疾病的监测、预警和防控能力；加强气候变化条件下疾病传播媒介及其对人体健康影响的监测与控制；加强对危害人体健康的极端天气气候事件的预警与防范机制。

加大气候变化教育宣传力度 提高公众对气候变化健康风险的认知水平。各地科普基地建设要充实有关气候变化与人类健康方面的科学知识内容，组织气候变化与人类健康科学知识进农村、进学校、进社区、进公交等活动，组织面向地方政府官员、大中学校师生、管理和专业技术人员、社会公众的气候变化与人类健康科普论坛和专题讲座，争取在各类教育和培训内容中纳入气候变化与人类健康方面的科学知识。

参考书目

第三次气候变化国家评估报告编写委员会，2015. 第三次气候变化国家评估报告 [M]. 北京：科学出版社.

IPCC, 2014. Climate change 2014: impacts, adaptation and vulnerability [M]. Cambridge: Cambridge University Press.

WHO, 2003. Methods of assessing human health vulnerability and public health adaptation to climate change [M]. Copenhagen: WHO Regional Office for Europe.

（王长科）

qìhòu biànhuà duì jīngjì shèhuì xìtǒng de yǐngxiǎng pínggū

气候变化对经济社会系统的影响评估（impact assessment of climate change on economy and society）

气候变化的经济影响是从经济损失和收益的角度来评估的。衡量经济影响的指标，既可以是以经济总体［如占国内生产总值（GDP）或社会总消费的比重］来衡量的宏观成本，也可以分为对不同部门的经济影响，例如对水资源、生态系统等领域和农林牧渔业、能源、交通、建筑、工业、基础设施等部门的经济影响。气候系统为社会系统提供了生存的自然环境和条件，因此气候系统的变化必然会对社会系统（包括人口、健康、生计与贫困、安全等方面）产生影响。这里不包括减缓和适应气候变化对经济社会系统产生的影响。

沿革 气候变化对经济社会的影响评估开始于 20 世纪 80 年代初，例如 W. 诺德豪斯早在 1982 年便开始探讨和研究气候变化带来的成本和收益问题。1990 年政府间气候变化专门委员会（IPCC）发布了第一次评估报告 FAR，此后，随着 IPCC 后续报告的不断发布，到第五次评估报告（AR5），气候变化对经济社会影响评估的文献迅速增多，经济学、社会学等社会科学在气候变化的科学研究和政策决策中扮演着越来越重要的角色。

中国气象学者在20世纪80年代对气候变化的经济社会影响有所探讨，90年代经济学家开始采用定量化方法研究气候变化的经济影响，随着IPCC历次评估报告的发布，越来越多的社会科学家开始关注这一领域。

评估方法　气候变化对经济影响的评估方法，在理论上主要有成本—收益分析、成本有效性分析和期望效用理论等。在实证研究中主要有两类模型：一类是投入产出模型（IOM），包括柯布-道格拉斯（Cobb-Douglas）生产函数模型和综合评估模型（IAM）；另一类是统计和计量模型。气候变化社会影响的评估方法主要包括模型评估方法和非模型评估方法，以非模型评估方法为主，包括对比历史、问卷调查、查阅文献、野外调查等方法。

主要结论

气候变化对经济的影响　气候变化对经济的影响评估，可以是对经济总体的影响，也可以分为对不同部门、不同区域的影响。对经济的总体影响评估，又可以采取不同的方法。一是根据历史实际发生的损失来统计，研究表明，与天气和气候灾害有关的经济损失已经增加，尽管存在很大的空间和年际变化。以中国为例，20世纪80年代以来，气象和气候灾害导致的直接经济损失绝对值不断增加，但占GDP比重持续下降，死亡人数也呈持续下降趋势。二是对未来气候变化的情景及其经济影响进行预估。经济学家根据未来不同的温升情景［如典型浓度路径（RCPs）］和经济社会情景［如共享社会经济路径（SSPs）］来预估全球的经济损失，分析减排的投入成本和避免的经济损失，以此决定最优的减排水平。气候变化对全球经济影响的估算存在很大的不确定性，其结果依赖于大量的假设（如温升水平、贴现率、损失函数等），而这些假设往往争议很大。IPCC AR5的研究表明，大多数IAM模型所假设的温升一般在1～3℃（相对工业革命前），对温度额外升高2℃左右造成全球年均经济损失的不完全估计是在收入的0.2%～2%（均值的±1个标准偏差），而实际损失很可能超过这一范围。此外，损失程度在各个国家内部和之间存在着巨大的差异。变暖程度越高，损失增加得越快。

气候变化对各经济部门的影响主要是不利影响。而气候变化造成的经济损失又可以分为直接经济损失和间接经济损失。一般来说，极端气象或气候灾害对国民经济产业影响最大的是农业，其次是工矿业、交通运输业、邮电业和建筑业等行业。气候变化对这些部门的影响，不仅会直接影响这些部门的产出，而且会对以这些

部门产品作为投入的部门造成间接影响。气候变化对某些非正式或非正规经济的影响，以及间接经济影响，对某些领域和部门来说是非常重要的。灾害带来的间接经济损失往往比直接经济损失更大，一般约为直接经济损失的0.1～4.4倍。

对不同区域和国家的经济影响评估。研究表明，气候变化对全球大部分地区的经济影响都以不利影响为主，对少数区域可能有利，例如气候变暖可能会促进高纬地区的农业增产。由于发达国家经济发展水平高，因此气候变化及其相关灾害导致发达国家经济损失的绝对值更高；但发展中国家损失相对GDP的比重往往高于发达国家。对中国的研究表明，农业对气象条件变化敏感性明显高于其他行业，且北部大于南部，西部大于东部；气候变化将增加原木的生产力，相应地降低木材的价格；气候变暖对能源生产和消耗的影响中（尤其是对火电生产和生活能源消耗）有较大影响。未来气候变化背景下，高温、强降水等极端气候事件呈增多增强趋势，随着中国人口增加和财富积聚，经济损失将进一步加重。

气候变化对社会的影响　IPCC总结了定量衡量气候变化和极端天气气候事件对社会影响的11个方面：①人员伤亡；②永久性或暂时性的人员转移；③直接或间接影响的人数；④对财产的影响（以建筑物损坏或摧毁数量衡量）；⑤对基础设施和国民经济命脉设施的影响；⑥对生态服务功能的影响；⑦对农业和粮食系统的影响；⑧疾病的影响；⑨对人的精神和安全的影响；⑩经济或金融损失（包括保险损失）；⑪对社会应对能力和对外部援助需求的影响。

IPCC AR5指出，在社会、经济、文化、政治、体制上或其他方面被边缘化的人通常对气候变化以及对气候变化响应是高度脆弱的，由于边缘人口在社会经济地位、收入和风险暴露度上的不公平性，加上性别、社会等级、种族、年龄和残疾等方面可能受到的歧视，使得这部分人群在气候变化或极端天气气候灾害前尤为脆弱。近半个世纪来，气候变化可能已促成人类健康出现不良的情况，因为全球变暖，在某些区域与炎热有关的死亡率增加，而与寒冷有关的死亡率下降。与气候有关的灾害给贫困人口增添了额外的负担，不仅有损他们的生计和福祉，而且会放大他们面对气候灾害的暴露度、脆弱性和风险。与气候有关的灾害既可以直接影响民生（例如农作物减产或民宅被毁等），也可以通过粮食价格上涨或粮食安全等方式间接影响他们的生活。此外，由气候变化或极端天气气候事件引发的种种社会紧张局势或暴力冲突，不仅会对所在地区的人口、基础设施、机

构、自然资本、社会资本和民生机会等造成不利影响，严重的甚至会影响社会秩序和国家安全。

自 20 世纪 90 年代以来，经过 20 多年的发展，对气候变化经济社会影响有关的研究已有了长足的进步，大量研究表明，总体上气候变化对人类经济和社会系统的影响弊大于利，对人类经济社会可持续发展构成了严峻的挑战。

展望 气候变化对经济社会影响的研究也存在很多问题和挑战。例如，现有的大多数研究只关注缓慢发生的气候变化的经济影响，但对极端天气气候事件的经济影响研究不够，对高温升情景下（如 > 3 ℃）、灾难性的变化、突变点等对经济社会的影响知之甚少。气候变化对经济损失的评估往往只关注直接经济损失，而忽略了间接经济损失；往往只关注有货币价值的商品，而忽视无价格或很难货币化的生态服务价值、人的生命以及文化的价值。对减缓气候变化的经济社会影响研究较多，但对适应的经济社会影响研究少。

对气候变化社会影响的研究尚处于起步阶段，例如气候变化对生计与贫困、脆弱人群（尤其是妇女和本地居民）、健康、安全的影响。对减缓、适应气候变化的社会影响的研究以定性研究为主，定量研究少。由于气候变化本身存在不确定性，加上气候变化对经济社会影响的途径和方式也存在不确定性，因此对气候变化经济社会影响的研究也面临诸多困难，未来需要加强这一领域的研究，尤其是加强自然科学和社会科学的交叉与合作。

参考书目

IPCC，2012. Managing the risks of extreme events and disasters to advance climate change adaptation ［M］. Cambridge，UK，and New York，USA：Cambridge University Press.

IPCC，2014. Climate Change 2014：impacts，adaptation and vulnerability ［M］. Cambridge：Cambridge University Press.

IPCC，2014. Climate Change 2014：Mitigation of climate change ［M］. Cambridge：Cambridge University Press.

（刘昌义）

qìhòu biànhuà duì hǎiàndài de yǐngxiǎng pínggū
气候变化对海岸带的影响评估（impact assessment of climate change on coastal zone） 通过研究海岸带系统对气候变化的响应机制，对气候变化对海岸带社会、经济和生态的潜在影响进行评估。气候变化对海岸带自然系统的影响主要包括海平面上升、海岸侵蚀加剧、抑制初级生产力过程、洪水淹没范围扩大、风暴潮水位升高、河口与地下含水层海水入侵、改变地表水和地下水质量、改变微生物与菌群分布、海面温度升高、海洋酸化、海冰覆盖减少等；气候变化对海岸带社会经济系统的影响主要包括加剧栖息地与财产损失、增加洪水淹没风险和人员伤亡、危害海岸防护体系和沿海设施、增加疾病发生概率、海岸带资源损失、海岸旅游休憩和交通运输功能损失、文化资源与非货币价值损失、因水土环境质量降低影响海岸带农业与渔业生产等。

气候变化对海岸带的影响评估是采用科学的方法，定性或定量评价气候变化造成的海岸带自然系统和社会经济系统的变化和影响情况。根据是否考虑适应措施，可分为潜在影响评估（不考虑适应，对气候变化所产生的全部影响进行评估）和剩余影响评估（采取适应措施后，对气候变化仍将产生的影响进行评估）。根据气候变化的时间尺度效应，影响评估可分为对历史上已发生的影响事实进行评价和对未来气候变化可能的影响进行预估。

沿革 自 20 世纪 90 年代以来，气候变化对海岸带的影响评估进入了快速发展阶段，90 年代主要集中于海平面上升引起的海岸侵蚀、土地（湿地）损失、灾害风险加剧等方面的评估。2000 年以后，逐渐考虑更大范围的气候变化与非气候因素的影响，例如将区域地面沉降、人口与经济发展、土地利用变化、适应性措施与管理、入海径流与物质通量变化、近岸海域水动力与水环境质量变化、近岸海域初级生产力与生物多样性变化等诸多因素纳入气候变化对海岸带的影响评估中。

评估方法 气候变化对海岸带的影响评估是对复杂系统开展的综合性研究。就气候变化而言，涉及气候学、天气学、气象学以及统计学等诸多学科和业务领域；海岸带是陆地、海洋、大气与人类活动交互作用的过渡地带，对海岸带的认识需要借助地理学、地质学、水文学、海洋学、生态学、环境学、社会科学、工程科学等许多相关领域的理论与研究方法；气候变化对海岸带的影响即建立气候变化研究与海岸带研究之间的联系，需要上述多学科的交叉应用；评估会借助不同的研究方法，若为货币形式的评估，则多应用经济学方法，若为非货币形式的评估，则需借助生态学和环境学的研究方法。

进入 21 世纪后，随着计算机技术的不断进步，气候变化对海岸带的影响评估由定性描述向定量化评估发展，特别是基于过程的气候变化影响评估模型得到广泛的应用。相关模型中具有代表性的包括数字高程模型、分布过程模型、海平面影响盐沼模型、全球环境与社会模型和动态交互脆弱性评估模型。同时，传统的统计学方法和指标体系评价方法也得到了进一步的发展，在气候变化对海岸带的影响评估应用中日趋成熟。

气候变化对海岸带的影响结果　气候变化对海岸带的影响评估广泛地应用于全球各类型的海岸地区，特别是那些自然低洼海岸带系统与人类的低适应能力和/或高度暴露风险同时存在的地方，面对气候变化与海平面上升表现得尤为敏感与脆弱。这些关键地区包括三角洲地区（特别是亚洲的大三角洲）、低洼的沿海城市地区（特别是容易发生因自然或人为原因引起的沉降，以及热带风暴登陆的地区）、小岛屿（特别是低洼的环状珊瑚岛）、滨海湿地（特别是红树林湿地）等。

受气候变化影响，中国沿海海平面变化总体呈波动上升趋势，中国沿海验潮站海平面监测和分析结果表明：1980—2014年，中国沿海海平面上升速率为3.0 mm/a，高于全球同期平均水平；受气候变化与海平面上升影响，中国沿海风暴潮发生频率增高、范围扩大、损失加剧，尤其进入21世纪以来这种趋势更为明显；中国沿海地区地势低平，在海平面不断上升的趋势下，海岸带低洼地区和滨海湿地被淹没风险加剧，海岸侵蚀严重，全国53%的砂质海岸和14%的粉砂淤泥质海岸遭受不同程度的侵蚀；由于上游来水减少和海平面上升的影响，中国入海江河的河口地区，特别是长江口、珠江口和钱塘江口地区咸潮入侵呈现出上溯距离长、持续时间长和频率增加的趋势，同时，海水入侵地下淡水层在中国沿海地区较为严重，造成地下淡水咸化和土壤盐渍化等危害；气候变化导致中国沿海部分地区台风和暴雨频发，加之海平面上升和潮位顶托加剧，沿海城市洪涝灾害严重；在全球气候变化的影响下，中国近海海温和盐度呈现上升趋势，同时由于富营养化等环境压力共同作用，近海海域成为海洋酸化现象的敏感区，红树林海岸和珊瑚礁海岸变得更为脆弱。

不确定性问题　气候变化对海岸带的影响评估是多学科交叉与综合应用的业务领域，由于其具有多尺度、全方位和多层次的特点，加之现阶段科学认识能力的局限，气候变化对海岸带的影响机制和过程研究尚有不足，存在诸多不确定性因素。例如海平面上升和人类发展均正在造成海岸带湿地和红树林的丧失，在许多地区海岸带洪水造成的损失增加，但是，研究尚无法建立这些影响的确定性趋势。在全球气候变化影响下，全球范围内海平面整体上升的趋势已成共识，而在区域气候变化对自然环境和人类环境的各种影响综合作用下，同时由于适应和非气候驱动因子等原因，现阶段许多影响尚难辨别。

展望　在未来几十年内，即使做出最迫切的减缓努力，也不能避免气候变化的进一步影响，这使得适应成为主要的措施，特别是应对近期的影响；从长远看，如果不采取减缓措施，气候变化可能会超出自然系统、人工管理系统和人类社会的适应能力。对中国海岸带地区而言，应强化海岸带综合管理，从家庭、企业、地方和国家不同层面，从能源、交通、工业、住宅、农业、林业、水利、环境、规划、人类健康、旅游、自然保护等不同行业，针对气候变化对海岸带的不同影响制定相应的减缓与适应性对策。未来气候变化对海岸带的影响评估应着重发展以下3个方面：①气候变化机理研究与海岸带自然和社会经济过程的机制研究同步深入，特别要加强海岸带社会经济系统发展演变与气候变化之间的相互影响和相互制约研究；②气候变化对海岸带的影响评估与适应和减缓措施紧密结合，有效的影响评估应具有实践价值，评估结果应为适应和减缓措施的制定提供科学依据，并持续关注适应和减缓措施的效果，形成影响评估与适应和减缓措施相结合的动态评估体系；③在数据获取和分析模拟中应用新技术与新方法，通过建立实时观测网络实现大规模、大范围、全天候的信息采集；对基础数据的分析模拟应结合自然过程模型与社会经济过程模型，建立全球尺度和区域尺度的影响评估综合模型。

参考书目

第三次气候变化国家评估报告编写委员会，2015. 第三次气候变化国家评估报告 [M]. 北京：科学出版社.

IPCC, 2014. Climate change 2014：impacts, adaptation and vulnerability [M]. Cambridge：Cambridge University Press.

（刘克修　段晓峰）

qìhòu biànhuà duì qūyù de yǐngxiǎng pínggū
气候变化对区域的影响评估（regional impact assessment of climate change）　用科学的方法识别和评估气候变化对区域自然和人类系统造成的影响和结果，包括已有的影响和未来潜在的影响。评估气候变化对区域自然和人类系统造成的结果，可以区分为潜在的影响和残余的影响。潜在的影响是不考虑适应措施，气候变化所产生的全部影响；残余影响是采取了适应性措施后，气候变化仍将产生的影响。开展气候变化对区域的影响评估可以为制定区域气候变化适应和减缓对策提供科学依据。

沿革　国际上，自1990年以来，从全球到区域观测到的和未来影响的认知在不断演进和深化，以政府间气候变化专门委员会（IPCC）为代表的国际组织发布的评估报告对这一领域的研究进行了评估总结。第一次评估报告（FAR）和第二次评估报告（SAR）从全球尺度、以有限的研究和代表性个例，利用简单气候模式进行预测，给出了气候变化对农林、自然生态系统、水资源、人类居住、海洋与沿海地区，以及季节性积雪和多年冻土变化的影响。从《气候变化区域影响、脆弱性评估》特别报告和第三次评估报告（TAR）开始关注区域尺度的影响，自然和人类系统中增加了保险和金融服务、人类健康，开始确定对非洲、亚洲、澳大利亚和新西兰、欧洲、拉丁美洲、北美、极地、小岛国等8大区域开展评估，在区域评估报告中又将亚洲分为温带亚洲、热带亚洲、中东和西亚干旱地区。2014年第五次评估报告（AR5）《气候变化2014：影响、适应和脆弱性》进一步明确了自2007年第四次评估报告（AR4）以来全球区域观测到可归因于气候变化的影响，从风险的角度评估了未来气候变化的影响，在区域分类上增加了公海。

中国在多年气候变化领域国家级科学研究的基础上，于2006年发布《气候变化国家评估报告》，对气候变化对中国及东北、华北、西北、华东、华中、华南、西南七大区域的主要经济部门和自然生态系统的影响及其变化趋势进行了评估。为满足中国应对气候变化内政外交的需求，2011年发布《第二次气候变化国家评估报告》，在区域评估中将青藏地区和西南地区分别评估。2015年正式发布《第三次气候变化国家评估报告》，把青藏高原地区与西南地区合并为西南地区。

评估方法和工具　气候变化对区域影响评估方法主要包括四类：自然生态研究方法、社会影响评价方法、经济影响评价方法、系统分析方法。

在对未来气候变化区域影响评估时，需要根据区域社会经济发展的驱动因素，采用构建情景的方法，做出评估分析。当气候情景应用到区域上时，需要将全球气候模式对未来气候变化的情景预估结果通过统计降尺度和动力降尺度两种方法进行降尺度分析，从而转为影响评估所需的时间和空间尺度的数据，做进一步区域影响评估。

主要结论　IPCC AR5指出，在洲际区域尺度上自然和生物系统受气候变化影响更为明显，冰川、积雪和冻土的变化在全球各洲均受到影响，亚洲、欧洲、北美、北极及大洋洲地区的陆地生态系统受到影响，欧洲、大洋洲和小岛屿地区的渔业受到影响（高信度）。气候变暖幅度的提高会增加严重的、普遍的和不可逆转的影响的可能性。在亚洲区域，西伯利亚、中亚和青藏高原多年冻土退化，热带海域的珊瑚礁减少主要受气候变化影响（高信度）；亚洲大部山地冰川收缩，北部和东部等地植物物候提前，动植物分布海拔变高或向极地方向移动，俄罗斯河流的最强春汛期提前，中国华北中部和东北的土壤墒情下降（1950—2006年）等主要受气候变化影响（中等信度）。如果没有适应，局地温度比20世纪后期升高2 ℃或更高，预计除个别地区可能会受益外，气候变化将对热带和温带地区的主要作物（小麦、水稻和玉米）的产量产生不利影响；到21世纪末粮食产量每10年将减少0～2%，而预估的粮食需求到2050年则每10年将增加14%。

气候变化对中国各区域的影响各异。20世纪80年代以来，喜马拉雅山脉西段的那木那尼冰川强烈萎缩，青藏地区多年冻土退化。所有区域的农牧业，华北、华中、华东、西北、西南地区的水资源，东北、西北、西南、华南的生态系统，华北、华中、华东地区的健康与生计，华东、华南等地海岸带系统和海平面上升，西南青藏高原和东北北部的冰川、积雪与冻土是气候变化影响的关键领域。1961—2012年，东北地区，气温升高使农作物种植面积扩大，生长季延长，但是湿地大面积萎缩退化，土地荒漠化现象严重，盐渍化、沙化土地不断向东扩展；未来降水量变化不明显，蒸发量明显增加，水资源供需矛盾突出。华北地区，水资源短缺形势严峻，气温年内波动幅度加大，使作物障碍型低温冷害有频繁和严重的趋势；未来水资源缺口仍有增加态势。西北地区，干旱区冰冻圈明显萎缩，导致大部分内陆河河源区径流呈增加趋势，如果气温持续升高，可能导致融雪性洪峰等极端事件的频繁发生。华东地区，1981—2012年增温速率增加，加剧了城市热岛效应，导致高温热浪引起的疾病及死亡率增多，区域旱涝事件总体上趋多趋强，沿海地区风暴潮强度和频率也有所增加。华中地区，气候变化使作物产量波动性加大，水资源总量呈下降趋势，干旱和洪涝等极端水文事件的发生频率和影响程度增多增加，湿地面积减少，水质恶化，生物多样性受到威胁；随着气温持续上升，血吸虫病疫情可能继续扩大和北移。西南地区，高海拔地区冰川退缩明显，生态植被发生向高海拔和高纬度迁移，高原湖泊富营养化程度有逐年加重趋势。华南地区，海平面持续上升，加剧海岸侵蚀和红树林和珊瑚礁生态系统退化，同时使得风暴潮灾害程度和发生概率增大，导致沿海城市内涝频发。

展望　评估的方法和结果还存在一定的不确定性，其中包括气候情景的不确定性、各领域影响评估模式的

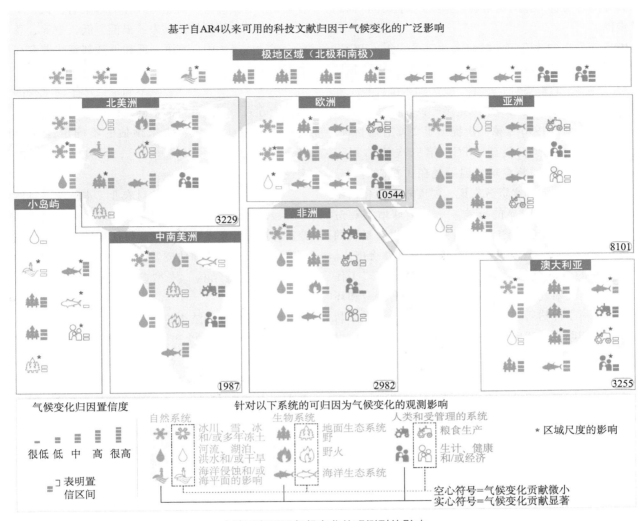

基于自AR4以来可用的科技文献归因于气候变化的广泛影响

极地区域（北极和南极）

北美洲

欧洲

亚洲

10544

小岛屿

3229

非洲

8101

中南美洲

澳大利亚

1987

2982

3255

气候变化归因置信度

很低 低 中 高 很高

表明置信区间

针对以下系统的可归因为气候变化的观测影响

自然系统

冰川、雪、冰和/或多年冻土

河流、湖泊、洪水和/或干旱

海洋侵蚀和/或海平面的影响

生物系统

地面生态系统

野火

海洋生态系统

人类和受管理的系统

粮食生产

生计、健康和/或经济

* 区域尺度的影响

空心符号=气候变化贡献微小
实心符号=气候变化贡献显著

全球可归因于气候变化的观测到的影响

不确定性、社会经济情景的不确定性、适应对策评估的不确定性等方面。

　　未来需要加强的方面主要有：获取更好的气候和社会经济基准资料，以进行气候情景和数据支撑；开发气候、生物圈过程和其他社会经济因素的动力模式，以综合考虑全球变化的动态属性；进行适应性措施评估，包括开发新技术的需求和在新的环境下改进现有技术的机遇；进行不同模型评估比较研究，弥补单一模型评估的不足；在一些领域，比如人体健康、林业、交通和人居环境等加强跨部门、领域、区域的综合影响评估和评估模型研发。

参考书目

第三次气候变化国家评估报告编写委员会，2015. 第三次国家气候变化国家评估报告［M］. 北京：科学出版社.

IPCC，1997. The regional impacts of climate change：an assessment of vulnerability［M］. Cambridge：Cambridge University Press.

IPCC，2014. Climate Change 2014：impacts，adaptation and vulnerability［M］. Cambridge：Cambridge University Press.

（段居琦）

qìhòu biànhuà yùzhí

气候变化阈值（climate change threshold）　阈值是指一个效应能够产生所需的最低值或最高值，有时亦称转折点。气候系统从一个稳定态到另一个稳定态的转折点，假定的临界（危险）阈值超过临界阈值将可能变成不可逆的，或发生气候突变（见第204页气候突变）。气候变化阈值与《联合国气候变化框架公约》（UNFCCC，简称《公约》）第二条所阐述的目标密切相关。公约第二条提出"将大气中温室气体的浓度稳定在防止气候系统受到危险的人为干扰的水平上"。公约呼吁所有缔约方采取有计划的行动来防止和减小气候变化的危害，从而避免达到气候变化阈值，并用"保障粮食供给安全""使生态系统能够自然适应气候变化"以及"经济能够可持续发展"作为决策者度量其达到公约目标的前进步伐。

1995 年发布的政府间气候变化专门委员会（IPCC）第二次评估报告（SAR），整合了全球 1000 多个该领域有影响的科学家的重要研究成果，提出如果温度较工业化前增加 2 ℃，气候变化产生严重影响的风险将显著增加。据此，欧盟于 1996 年第一次提出了 2 ℃升温目标。在此之后的科学研究，包括 IPCC 第三次评估报告（TAR）进一步支持了将全球增温限制在 2 ℃以内这一论点。对于生态系统和水资源来说，温度较工业化前增加 1～2 ℃就会导致明显的影响。一旦全球增温超过 2 ℃，预计气候对粮食生产、水资源供给和生态系统的影响将显著增加，一些不可逆的灾难性的事件将出现。2007 年发布的 IPCC 第四次评估报告（AR4）第二工作组的报告中，在对气候变化已经产生的经济、社会和环境影响进行科学评估后，将气候变化的未来影响直接与温度升高密切联系。2014 年发布的 IPCC 第五次评估报告（AR5）第二工作组的报告中指出，相对于工业化前温度升高 1 ℃或 2 ℃时，全球所遭受的风险处于中等至高风险水平，而温升超过 4 ℃或更高将处于高或非常高的风险水平。

2009 年底公约第 15 次缔约方会议达成了《哥本哈根协议》，该协议接受了 2 ℃这个目标。2010 年底第 16 次缔约方会议再次确认 2 ℃的目标，并指出必须从科学的角度出发，大幅度减少全球排放，并应当依照 IPCC AR4 所述情景，将全球气温升幅控制在 2 ℃以下。缔约方要在公平的基础上行动起来以达成上述基于科学研究的目标。

（许红梅）

qìhòu biànhuà yǐngxiǎng pínggū de bùquèdìngxìng
气候变化影响评估的不确定性（uncertainties of climate change impact assessment） 由于自然气候系统极其复杂，人们对气候系统的认识有限，加之物质及水文循环过程的复杂性和观测的局限性，要准确的预估未来社会经济、人口增长、环境和技术进步等具体情况几乎是不可能的。气候变化影响评估结果，特别是对未来影响的评估结果，给出的只是一种或几种可能的变化趋势和方向。因此，气候变化影响评估结果中尚含有一定的不确定性。IPCC 第五次评估报告对气候变化影响评估中的各种发现的确定性程度的表达，是基于证据（如数据、对机理的认识、理论、模式和专家判断）的类型、数量、质量和一致性及程度，描述证据的术语有：

有限、中等或确凿；描述一致性的术语有：低、中等或高）。其置信度水平表示为：很低、低、中等、高和很高。在这些表述中，有限、低和很低都意味着存在极大的不确定性。

不确定性的来源 影响不确定性产生的主要因素包括三个方面：观测资料的不确定性（参见第 214 页气候变化认识不确定性）；未来预估的不确定性（参见第 214 页气候变化认识不确定性）；影响评估模型的不确定性。

为了综合评估气候变化对农业、水资源、自然生态系统、海平面及海岸带、能源、交通、人体健康和社会经济等产生的重大影响，常需要使用针对不同研究内容而特定设计的影响评估模型，影响评估模型的不确定性主要来自模型结构、模型参数及模型输入的非气候要素。

影响评估模型结构的不确定性 由于不同的区域具有其特有的气候条件和下垫面特征，而且各区域的农业、水资源、能源、交通、社会经济、人口增长、环境和技术进步等具体情况相差较大，因此不同区域对气候变化的响应不同，敏感度和适应能力也不同。因此，在评估过程中，选择的影响评估模型是否适用于所研究对象，能否客观仿真地模拟出气候变化对所研究对象的影响情况，将不可避免地影响到评估结果的确定性，从而产生一定的不确定性。

影响评估模型参数的不确定性 评估模型参数的不确定性是影响评估结果的重要方面。模型参数的不确定性主要来自三个方面：一是影响评估模型物理参数的不确定性。作为一个系统模型，其单过程、过程间相互作用的物理机制十分复杂，在定量描述时都进行了一定程度的简化处理，对许多过程的描述仍然采用经验性方法。影响模型虽然经过大量实验数据的验证，但模型参数的确定本身仍存在较大的不确定性；二是作为模型参数的各种资料本身的精度和序列的代表性限制了模型参数的精度和代表性，而且一些资料很难获取，往往使用简化或粗估的方法，从而影响模拟评估的结果；三是优化模型方法的选择是否总是正确以及优化的程度、识别和优化的结果是否合理，是否为全系列整体最优等也会直接影响评估结果的精度，从而产生一定的不确定性。

影响评估模型中非气候要素的不确定性 除了模型参数，气象资料外，在评估过程中还要求输入区域的一些其他非气候要素的信息，而这些非气候要素由于涉及的领域较广泛，获取难度也较大，所获取资料的质量也存在不确定性。同时，科学技术的发展及其对各方面的推动作用也是关键的影响因素。

不确定性的处理方法

观测不确定性的处理方法　积极发展更加先进的观测仪器，提高观测精度，使系统误差降到最低。在空间尺度上，未来应建立更广泛的气象台站，尤其在地理特征显著而站点稀少的地区应多建立典型台站，进一步扩大地表观测台站网络的覆盖范围，从而使得经纬度单元网格内的数据源分布均匀。对于连续性较差的观测站点，要采用最优的质量控制方法进行订正。

预估不确定性的处理方法　降低预估不确定性的常用方法主要有以下四种：

模式对比法　它是评估模式结果不确定性的主要途径。利用区域气候模式和区域影响模式开展了一系列模式对比计划，例如亚洲区域模式对比计划区域气候模式比较计划（RMIP）、农业模型比较和改进项目（AgMIP）等。

集合模拟法　是通过多模式集合或单模式控制参数的变化，获得集合预估的结果。集合模拟的特点是用概率分布的形式定量描述不确定性。

误差纠正法　它是一种基于历史观测气候数据的误差纠正统计方法，可以有效弥补当前全球气候模式对局地气候要素难以准确模拟的不足，拥有广阔的应用前景。

普适似然度不确定性估计方法　它广泛应用于水文学建模中评估模型输出和参数模拟的不确定性，其特点是假定不存在最优参数，从而避免了使用确定性的唯一参数造成的不确定性。

影响评估模型不确定性的处理方法　降低评估结果不确定性，提高影响评估水平的重要基础就是改进和完善影响评估模型。通过进一步改进影响评估模型的结构，提高模型参数识别和优化的可靠性，增强模型的适用性和模拟能力，同时开发和选择更适用于所研究内容的影响评估模型。此外，还需要进一步增强评估模型与气候模型之间的双向耦合能力，以及研究不同人类活动对评估模型参数的定量影响，从而减小不确定性。

通过多种学科的交流与合作，加强对农业、水资源、自然生态系统、能源、交通、人体健康和社会经济等多学科交叉领域的研究，减小非气候因素输入量的不确定性，提高对社会经济发展规律的认识，正确预估科技发展水平及其推动作用，进一步降低评估过程中的不确定性。

IPCC 评估报告对不确定性的处理方法　（参见第214 页气候变化认识不确定性）

中国主要研究进展　在中国，出版发布的《第二次气候变化国家评估报告》和《第三次气候变化国家评估报告》中，对气候变化影响评估中不确定性都做了详细的阐述，主要集中在气候变化对水文水资源、农业和生态系统影响评估中的不确定性研究，先介绍气候变化影响评估的一般方法，然后分析对其产生影响评估结果不确定性的来源，最后进一步讨论减小评估结果不确定性的可能途径和方法，提出相应的改进建议。例如，分析了产生气候变化对区域水资源影响评估结果不确定性的因素，并进一步讨论减小评估结果不确定性的可能途径；系统总结了气候变化对农业影响评估中不确定性的来源及传播过程，并介绍了降低相应不确定性的处理技术与方法，提出减小潜在不确定性的改进建议；分析了产生气候变化对植物生理生态影响评估不确定性的主要原因。需要注意的是，中国在气候变化影响评估中不确定性的研究多为不确定性的定性描述，而对不确定性的定量化方法的研究则相对较少。

展望　对气候变化影响评估不确定性处理的研究还处于发展阶段，已有的各种处理方法在不确定性的定量化和降低不确定性方面的效果都很有限。同时，影响评估大部分都重点研究气候预估不确定性的处理方法，对综合影响评估模型的不确定性研究还不足，需要更加有效的综合处理工具和方法。

在未来的研究和工作中，需要在评估前，做到对产生不确定性的来源进行全面的识别和研究，在评估过程中，对于来源不同的输入数据要进行必要的质量控制，对选择的模型也要进行严格的验证、改进和完善。同时，对评估过程中总的不确定性需要进行综合评估。

参考书目

第二次气候变化国家评估报告编写委员会，2011. 第二次气候变化国家评估报告 [M]. 北京：科学出版社.

（孟玉婧）

气候变化的适应和减缓

qìhòu biànhuà shìyìng
气候变化适应（climate change adaptation）　是自然或人类系统在实际或预期的气候变化刺激下做出的一种调整反应，这种调整能够使气候变化的不利影响得到减缓或能够回避伤害或能够充分利用气候变化带来的各种有利条件。

沿革　人类在适应气候变化方面具有长期的实践，积累了丰富的经验。在农耕文明产生之前，人类还是无意识地注意物候和气候变化问题，被动地受气候变化影响；农耕文明产生之后，人类逐渐开始主动地认识物候和气候变化，通过采取适应行动与自然环境和谐共处，如农业耕作制度的改变、水利工程的建设等都是人类适应气候变化的有效途径。例如，中国古代早在西汉武帝太初元年（公元前 104 年）制定的《太初历》中正式把二十四节气纳入历法，对促进农业生产的发展起到了重要作用。人类对气候变化的成功适应，是在对已经发生的气候变化规律的认识和对气候变化影响评估的基础上，因时因地制定并采取适应措施的结果。20 世纪 70 年代以后，国际科学界逐渐认识到全球气候变化是人类共同面临的巨大挑战；气候变化带来的风险会对自然生态系统和人类社会发展产生影响；而社会经济路径、适应和减缓行动以及相关治理又将影响气候变化带来的风险。人类社会可以采取适应行动缓解风险，同时社会经济发展路径特别是减缓选择又会改变人类对气候系统的影响程度，进而减少气候变化带来的风险。气候变化、影响、适应、减缓等不是简单的单向线性关系，需要在一个复合统一的系统框架下予以认识和理解。因此，应对气候变化不仅要减少温室气体排放，也要采取积极主动的适应行动，通过加强管理和调整人类活动，充分利用有利因素，减轻气候变化对自然生态系统和社会经济系统的不利影响。

适应内容与方式　根据政府间气候变化专门委员会（IPCC）发布的第五次评估报告（AR5），全球气候变化导致极端天气气候事件频发，冰川和积雪融化加剧，水资源分布失衡，生态系统受到威胁；气候变化还引起海平面上升，海岸带遭受洪涝、风暴等自然灾害影响更为严重，一些海岛和沿海低洼地区甚至面临被淹没的风险；气候变化对农、林、牧、渔等经济活动和城镇运行都会产生不利影响，加剧疾病传播，威胁社会经济发展和人民群众身体健康。气候变化对全球带来严重的经济损失，发展中国家所遭受的损失将更为严重，特别是脆弱地区、部门与群体。在上述各领域适应气候变化的方式多种多样，可采取的适应气候变化措施也灵活多变。总体上看适应气候变化需采取一体化方法，重点在政策、规划、工程实践和计划中综合考虑气候变化适应性战略；需优先考虑弱势群体利益，帮助最需要帮助的人，避免出现不平等和环境公正性问题；需采取最易获得的理论和技术；需部门合作，在部门、地区、各级政府间达成协调一致的合作；需充分应用风险管理方法和工具，有效降低气候变化的风险。

适应措施　适应气候变化的措施包括制度措施、技术措施、工程措施等，如建设应对气候变化基础设施、建立对极端天气和气候事件的监测预警系统、加强对气

候灾害风险的管理等。在制定适应气候变化的措施时应坚持突出重点、主动适应、合理适应、协同配合、广泛参与的原则，在全面评估气候变化影响和损害的基础上，在战略规划制定和政策执行中充分考虑气候变化因素，重点针对脆弱领域、脆弱区域和脆弱人群开展适应行动，提高全民适应气候变化的意识。

农业领域适应的措施　主要有加强监测预警和防灾减灾措施，构建农业防灾减灾技术体系，运用现代信息技术改进农情监测网络，建立健全农业灾害预警与防治体系；加强气候变化诱发的动物疫病的监测、预警和防控，提升农作物病虫害监测预警与防控能力；提高种植业适应能力，开展农田基本建设、土壤培肥改良、病虫害防治等工作，推广节水灌溉、旱作农业、抗旱保墒与保护性耕作等适应技术；利用气候变暖增加的热量资源，细化农业气候区划，适度调整种植北界、作物品种布局和种植制度，在熟制过渡地区适度提高复种指数，使用生育期更长的品种；加强农作物育种能力建设，培育高光效、耐高温和抗寒抗旱作物品种，建立抗逆品种基因库与救灾种子库。

水资源领域适应的措施　包括加强水资源保护与水土流失治理，加强水功能区管理和水源地保护，在全面合理规划的基础上，将预防、保护、监督、治理和修复相结合，构建科学完善的水土流失综合防治体系；加大节水型社会建设力度，因地制宜修建各种蓄水、引水和提水工程，完善骨干水源工程和灌溉工程；实行水资源管理制度，严格规划管理、水资源论证和取水许可制度，合理开发利用雨洪、海水、苦咸水、再生水和矿井水等非常规水资源；健全防汛抗旱体系，加强重要江河堤防建设和河道整治，科学设置并合理运用蓄滞洪区，加强洪水风险管理。

海岸带地区适应的措施　包括合理规划涉海开发活动，开展覆盖海岸带地区及海岛的气候变化影响评估，开展海洋灾害风险评估与区划，各类沿海开发活动应充分考虑气候变化因素；加强沿海生态修复和植被保护，建设海洋保护区，实施典型海岛、海岸带及近海生态系统修复工程；保护现有海岸森林，加强海岸绿化和海岛植被修复，加大沿海防护林营造力度；加强海洋灾害监测预警，加强对风暴潮、海浪、海冰、赤潮、咸潮、海岸带侵蚀等海洋灾害的立体化监测和预报预警能力。

森林和其他自然生态系统适应的措施　包括完善林业发展规划，加强气候变化对林业影响的监测评估；加强森林经营管理，根据气温、降水变化合理调整与配置造林树种和林种，优化林分结构，提升森林整体质量；提高森林灾害防控能力，减少森林火灾发生次数，控制

火灾影响范围，加强林业有害生物监测预警，防控外来有害生物入侵。提高草原涵养水源、保持水土和防风固沙能力，促进草原生态良性循环；加强生态保护和治理，加强野生动植物栖息地环境和生物多样性保护。

人体健康领域适应的措施　包括加强疾病防控体系、健康教育体系和卫生监督执法体系建设，修订居室环境调控标准和工作环境保护标准，加强饮用水卫生监测和安全保障服务，普及公众适应气候变化健康保护知识和极端事件应急防护技能；开展气候变化对敏感脆弱人群健康的影响评估，加强对极端天气敏感脆弱人群的专项服务；加强卫生应急准备，制定和完善应对极端天气气候事件的卫生应急工作机制。

主要行动　国际社会已有很多采取行动适应气候变化的成功案例。加拿大联邦大桥的设计和美国及荷兰对沿海地区管理的设计中已结合未来气候变化情景考虑到海平面升高的情况，采取了积极的适应气候变化的措施。与气候变化密切相关的冰川退缩和冰湖溃决等问题严重影响不丹，联合国开发计划署在不丹实施的全球环境基金项目通过加强灾难管理能力、人工降低索托米湖的水位和安装预警系统等适应措施增强了普纳卡—旺地和查姆卡流域的适应能力。哥伦比亚国家适应综合项目在安第斯山脉中部的拉斯何莫萨马斯夫推行各种适应措施，实施用水管制以保证水力发电并在这一重要山区生态系统内维持环境服务。基里巴斯的国土散布于太平洋地区中西部的33个低平环礁，基里巴斯采取了改善对生物多样性的管理、维护、恢复和可持续利用，改善对红树林和珊瑚礁的管理以及加强政府能力，把适应充分纳入经济规划中，增强了适应气候变化的能力。

中国人口众多、气候条件复杂、生态环境整体脆弱，正处于工业化、信息化、城镇化和农业现代化快速发展的阶段，气候变化已对粮食安全、水安全、生态安全、能源安全、城镇运行安全以及人民生命财产安全构成严重威胁，适应气候变化任务十分繁重，但全社会适应气候变化的意识和能力还普遍薄弱。2013年12月中国正式公布了《国家适应气候变化战略》为统筹协调开展适应工作提供指导。2014年9月发布的《国家应对气候变化规划（2014—2020年）》提出了中国应对气候变化工作的指导思想、目标要求、政策导向、重点任务及保障措施，将减缓和适应气候变化要求融入经济社会发展各方面和全过程，加快构建中国特色的绿色低碳发展模式。到2020年，中国主要气候敏感脆弱领域、区域和人群的脆弱性将明显降低，对极端天气气候事件的监测预警能力和防灾减灾能力将得到进一步加强，社会公众适应气候变化的意识将明显提高。

展望　自1960年以来，随着增温幅度和速率的增加，全球气候灾害事件发生频次上升了4倍，经济损失上升了7倍，气候变化给人类社会的可持续发展和生存环境带来灾难性风险。未来如果全球地表平均气温继续升高1～2℃，一些濒危系统就会遭受极高的风险，一些极端天气气候事件（如热浪、极端降水等）的风险也会上升到较高水平。国际社会已经开始重视气候变化的风险，已经开始关注气候变化、影响、适应和社会经济活动的相互作用，并从多层面强调发展路径、适应和减缓行动以及治理措施的正确选择可以减少气候变化带来的风险。

中国已明确提出了适应气候变化工作的指导思想和原则、适应目标、重点任务、区域格局和保障措施。未来中国将进一步完善适应气候变化的政策与行动，建立完善适应气候变化工作机制，加强适应气候变化能力建设，减轻气候变化带来的不利影响，推动中国经济社会的平稳、健康发展。

（黄磊）

qìhòu biànhuà jiǎnhuǎn
气候变化减缓（climate change mitigation）　通过经济、技术、生物等各种政策、措施和手段，控制温室气体的排放和/或增强温室气体汇。减缓包含两层含义：一是气候变化的减缓，即经过人类干预以便减少温室气体的源或增加温室气体的汇；二是灾害风险和灾害的减缓，即通过行动减少危险、暴露度和脆弱性，达到减小自然灾害的潜在不利影响（包括人类产生的）。为保证气候变化在一定时间段内不威胁生态系统、粮食生产、经济社会的可持续发展，将大气中温室气体的浓度稳定在防止气候系统受到危险的人为干扰的水平上，必须通过减缓气候变化的政策和措施来控制或减少温室气体的排放。减缓的概念是在第一次气候变化评估报告中提出来的。减缓的关键问题是如何在保证可持续发展的基础上来进行减缓气候变化，核心是需要减少排放。

沿革　1988年11月，世界气象组织（WMO）和联合国环境计划署（UNEP）联合建立了政府间气候变化专门委员会（IPCC），为国际社会就气候变化问题提供科学咨询。IPCC自成立以来曾先后于1990年、1995年、2001年、2007年和2014年完成了五次评估报告，评估了全球气候变化问题的最新研究成果，并就关键问题提出了评估结论，已经成为国际社会认识气候变化问题、制定应对政策措施并采取行动的最主要的科学依据，在推动国际社会共同应对气候变化方面，发挥了不可替代的作用。1990年发布的IPCC第一次评估报告

（FAR）提出人类活动引起的排放正在显著增加大气中温室气体的浓度，推动了 1992 年《联合国气候变化框架公约》（简称《公约》）的签署和 1994 年《公约》的生效；1995 年 IPCC 第二次评估报告（SAR）提出人为气候变化是可辨识的，为系统阐述《公约》的最终目标提供了坚实依据，推动了 1997 年《京都议定书》的通过；2001 年 IPCC 第三次评估报告（TAR）进一步明确过去 50 年的大部分变暖现象可能主要归因于人类活动；2007 年 IPCC 第四次评估报告（AR4）明确提出过去 50 年的气候变化很可能归因于人类活动，对哥本哈根大会上各方形成共识起到了积极作用。IPCC 第五次评估报告（AR5）更加侧重气候变化的影响、适应和减缓问题，突出区域气候变化及影响评估、适应气候变化的经济学成本、气候变化与可持续发展等问题，其结论对 2015 年召开的巴黎气候大会达成的协议以及 2020 年后国际气候制度的建立产生了重要影响。

主要内容 减缓气候变化必须减少温室气体排放。工业革命以来，人类活动已造成全球温室气体排放量不断增加，导致了大气温室气体浓度明显升高。1970—2010 年全球人为排放的温室气体量呈加速增长趋势。全球经济和人口增长是二氧化碳排放增长最重要的驱动因子。从增长的温室气体种类看，1970—2010 年 78% 的增长来自化石燃料燃烧和工业过程产生的二氧化碳。以 2010 年为例，二氧化碳占 76%，其后依次为甲烷（16%）、氧化亚氮（6.2%）、氟化气体（2.0%）。从排放增长的部门分布上看，2000—2010 年，排放增长的 47% 来自能源供应、30% 来自工业、11% 来自交通、3% 来自建筑。若不在现有措施基础上加大减排力度，全球人口增长和经济活动将继续推动排放增长。

减缓路径 要实现在 21 世纪末气温升高控制在 2 ℃以内的目标，需要将温室气体浓度控制在 450 ppm 二氧化碳当量。报告认为，最有可能在 2100 年将全球气温升高控制在工业革命前 2 ℃以内，就是将温室气体浓度控制在 450 ppm 二氧化碳当量。为此，到 2030 年全球温室气体排放量要限制在 500 亿吨二氧化碳当量，即 2010 年排放水平；2050 年全球排放量要在 2010 年基础上减少 40%～70%；2100 年实现零排放。这就要求对能源体系进行大规模改变，例如，使 2050 年全球零碳或低碳能源供应占比达到当前的 3～4 倍等。如果在 21 世纪末温室气体浓度控制在 500 ppm 二氧化碳当量浓度，也存在着实现 2 ℃气温升高目标的可能性，但只能允许大气中温室气体浓度在 2100 年之前暂时性超过 530 ppm 二氧化碳当量，然后再回复到较低浓度水平，这意味着需要在后期实施更高强度的减排。

减缓成本 各国在"坎昆协议"下的许诺不符合成本较低的长期减排轨迹（即 450 ppm 和 500 ppm 情景下的轨迹），而减排行动的迟滞将大大增加 2 ℃气温升高目标下的减排难度。在全球碳价统一、技术可获得、减排行动迅速等的理想状态下，预计要实现 2100 年温室气体浓度控制在 450 ppm 情景的目标，2030 年可能造成的消费损失为 1%～4%、2050 年为 2%～6%、2100 年为 3%～11%，减排的成本因各国国情而异。

减缓措施 要实现在 21 世纪末 2 ℃气温升高的目标，需要能源供应部门进行重大变革，并及早实施系统的、跨部门的减排战略。

能源供应部门 实现到 21 世纪末 2 ℃气温升高的目标，需要对能源供应部门进行重大变革，发电装置实现脱碳，来自可再生能源、核能，以及使用碳捕获与碳封存（CCS）技术的化石能源等零碳或低碳能源供给占一次能源供给的比重需大幅度提升，尽可能淘汰不使用碳捕获与封存技术的煤电。中国正在积极推进碳捕获、利用与封存（CCUS）技术，已成功开展了工业级的 CO_2 捕集示范，CCUS 技术总体处于研发和早期示范阶段，预计到 2030 年，CCUS 有望实现每年数亿吨的 CO_2 减排量。

能源应用领域 依靠节能技术、交通工具改进、行为变化、基础设施改进和城市发展，减少能源领域的能源需求；应用新技术、知识和政策，制定发布能效政策、建筑法规和标准，促进建筑部门减少能源的使用；工业部门，要通过升级改造、换代、采用最好的技术等措施，在现有基础上提高能效、降低单位排放、回收利用材料、减少产品需求。

林业领域 造林、减少砍伐和可持续的森林管理是有效的减排手段之一。农业最有效的手段是农田、牧场管理和恢复有机土壤。城市化带来收入增长的同时也带来高能耗和高排放，要在提高能效和土地规划、跨部门措施上遏制扩张来实现减排。

部门协同 能源供应与能源终端用户部门之间在减排步调上具有很强的相互依赖性，及早实施系统的、跨部门的减排战略，可以减少成本、提高成效。

主要行动 社会公众减排。减缓气候变化需要政府、社会和个人的积极参与和行动。社会公众可以通过低碳饮食、低碳居住、低碳出行等低排放的生活方式和适度消费、杜绝浪费等消费模式，积极为减缓气候变化做出贡献。

碳交易 规定碳的实价或隐含价的政策能刺激生产商和消费者大量投资低温室气体（GHG）排放的产品、技术和流程，有助于减缓排放。

技术转让和资金支持　向发展中国家转让技术和资金支持，有助于发展中国家自愿的减排行动，从而有利于全球减排，这个方面发达国家还需要加强行动。

中国行动　中国正处于快速城镇化和工业化进程中，面临着发展经济、消除贫困和应对气候变化的双重压力。在减缓气候变化领域，中国面临着开拓新型发展模式的重大挑战，需要提高能源转换和利用效率，转变经济增长模式，推进国民经济产业结构调整，降低国内生产总值（GDP）能源强度，降低碳排放。

中国积极推进减缓气候变化的政策和行动，于 1997 年签署《京都议定书》后，先后颁布了《节能中长期专项规划》《中国应对气候变化国家方案》《中国应对气候变化科技专项行动》等规章及政策性文件，通过调整经济结构、转变经济发展方式，大力倡导节约资源能源、提高资源能源利用效率、优化能源结构、植树造林增加碳汇等，取得了明显效果。

展望　减缓气候变化需要政府、社会和个人的积极参与和行动，因为对减排责任的认知不同，国际谈判困难重重，但减缓行动仍在艰难中前行。2015 年 11 月在法国巴黎举行的第 21 次联合国气候变化大会通过了《巴黎协定》，明确了将全球平均温度上升幅度控制在大幅低于工业化前水平 2 ℃之内的目标，确立了全缔约方参与、自下而上以"自主贡献＋审评"为中心、全面涉及减缓、适应及其支持的全球应对气候变化新模式。

参考书目

第三次气候变化国家评估报告编写委员会，2015. 第三次气候变化国家评估报告［M］. 北京：科学出版社.

IPCC，2014. Climate change：synthesis report［M］. Cambridge：Cambridge University Press.

（胡国权）

rénjūn lìshǐ lěijī páifàng

人均历史累积排放（historical accumulative emission per capita）

在一时段内某个国家或地区人均逐年温室气体排放量的总和，以体现人均尺度上的历史累积排放对气候变化的贡献。这一概念能够同时兼顾历史排放责任、现实发展阶段差异、未来人文发展需求等因素，相对于某一时点的人均排放，更具公正、公平含义。其理论意义在于反映了一国人文发展对碳排放需求的变动规律，体现了社会经济发展过程中的资本存量累积效应，因而深化了人均排放的概念，描述了人均排放的动态特征，有助于国际社会针对不同发展阶段的国家，准确定位排放需求，细化各自的排放责任。

工业化革命以来的气候变化，主要是工业化国家的历史排放在大气中导致的累积效应所造成的。人均碳排放反映的是某一时点上一国的排放水平，未能反映一国在工业化发展的整个阶段对全球排放的历史责任和义务。因此，有必要从历史累积排放的角度来看待排放与发展问题。累积排放概念最早见于巴西政府于 1997 年提出的"巴西案文"。该案文估算了不同国家和地区的排放源对全球气候变化的相对贡献，旨在量化发达国家的减排义务。这一概念考虑了气候变化的历史责任，揭示了人类活动导致的 CO_2 等长生命周期温室气体排放在大气中累积之后所导致的全球升温效应，具有相应的科学基础。

中国学者基于人均历史累积排放的思想，从多个角度对这一指标进行了研究。最早基于巴西案文的理论思想，国家气候中心专家于 20 世纪 90 年代末提出并阐述了人均历史累积排放的概念。研究表明，世界各国 CO_2 人均历史累积排放量等于 1900 年以来的 CO_2 历史累积排放量与 1990 年当年人口数的比值。2005 年，又提出了人均历史累积排放贡献率的概念，并用气候模式进行了计算。人均历史累积排放贡献率，指的是人均历史累积排放对全球气候变化的贡献率，这一概念进一步描述了人均累积排放与全球气候变化的因果联系。国务院发展研究中心于 2009 年以人均历史累积排放为基础，应用产权理论和外部性理论，建立了一个界定各国历史排放权和未来排放权的理论框架。中国社会科学院于 2009 年论证了"人均累计排放指标"最能体现"共同而有区别的责任"原则和公平正义准则，对各国过去人均累计排放量、应得排放配额以及今后的排放配额做了逐年计算。国务院发展研究中心和中国社会科学院又推出的"碳预算账户方案"，以人均累积排放为核心，将"共同但有区别的责任"原则明确界定。

根据美国橡树岭国家实验室二氧化碳信息分析中心数据统计，1850—2009 年，全球化石燃料燃烧和水泥生产的 CO_2 累积排放量达 2.3 万亿吨，其中发达国家和经济转轨国家占 62.4%，发展中国家占 37.6%。发达国家历史累积的高人均二氧化碳排放，严重挤占发展中国家可持续发展的合理排放空间。中国学者按照 2005 年各国人口基数估算，1850—2009 年，发达国家和经济转轨国家人均 CO_2 累积排放约 645t，发展中国家约 94t。美国、欧盟等发达国家人均 CO_2 累积排放远高于发展中国家水平，分别是发展中国家人均累积排放的 13 倍和 7 倍。1850—2009 年，中国人均 CO_2 累积排放为 95t，是同期全球人均二氧化碳累积排放的 47%，是发达国家和经济转轨国家人均累积排放的 15%，是美国人均累积排放的 8%。

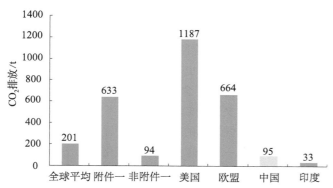

主要国家集团和国家在 1850—2009 年人均历史累计 CO_2 排放比较（资料来源：美国橡树岭国家实验室 CO2 信息分析中心）（附件一国家指的是《联合国气候变化框架公约》（京都议定书）。附件一国家和集团：澳大利亚、奥地利等 40 国与欧洲经济共同体，以发达和转型国家为主；非附件一国家指附件一以外的国家和地区，主要是发展中国家）（引自第三次中国国家气候变化评估报告）

（胡国权）

kěchíxù fāzhǎn

可持续发展（sustainable development）　人类应协调人口、资源、生态环境、社会、经济和发展等之间的相互关系，使之既能满足当代人的需要，又不对后代人构成危害的经济、社会发展模式。其核心是发展，但要求在保持资源和环境永续利用的前提下实现经济和社会的发展，要求在发展中讲究经济效率、关注生态和谐、追求社会公平，最终达到人的全面发展。可持续发展包括两个关键部分，即"需要"和对需要的"限制"，亦是"满足需要，限制危害"。

气候变化与可持续发展密切相关。《联合国气候变化框架公约》强调经济发展对于应对气候变化至关重要，各缔约方有权并且应当促进可持续发展。2002 年 9 月召开的"可持续发展问题世界首脑会议"重申了气候变化应置于可持续发展战略下予以考虑的思想，即应对气候变化的政策措施要符合可持续发展战略的相关原则，不能对各国的经济发展构成制约。2002 年公约第八次缔约方会议通过了《气候变化与可持续发展德里部长级宣言》，其核心思想就是在可持续发展的框架下解决气候变化问题。

起源、发展和现状　20 世纪 50—60 年代，人们在工业化所形成的环境压力下，对经济增长等于发展的模式产生了怀疑。1962 年，美国女科学家雷切尔·卡逊（Rachel Carson）发表《寂静的春天》，在世界范围内引发了人类对传统发展观念的反思。人们逐渐认识到把经

济、社会和环境割裂开来谋求发展，只能给地球和人类社会带来毁灭性的灾难。1972 年，罗马俱乐部的 D. H. 米都斯（D. H. Meadows）等学者首次提出"地球存在极限"的说法，出版了《增长的极限》，论述了现代社会人们无止境的追求经济和效益的增长，而忽视环境的承载力和人类社会的可持续发展。源于这种危机感，可持续发展的思想在 20 世纪 70—80 年代逐步形成。1972 年 6 月，在瑞典斯德哥尔摩召开第一次联合国人类环境会议，讨论了可持续发展概念，通过《人类环境宣言》。1980 年，国际自然保护同盟出版的《世界自然资源保护大纲》指出："必须研究自然的、社会的、生态的、经济的以及利用自然资源过程中的基本关系，以确保全球的可持续发展。"1981 年，美国莱斯特·布朗（Lester R. Brown）出版《建设一个可持续发展的社会》，提出以控制人口增长、保护资源基础和开发再生能源来实现可持续发展。1983 年 11 月，联合国成立世界环境与发展委员会，该委员会于 1987 年出版了《我们共同的未来》报告，首次系统阐述了可持续发展的概念、思想、标准和对策。1992 年 12 月，联合国大会设立可持续发展委员会。自此，可持续发展的思想为世界上绝大多数国家和组织相继承认和接受，很多国家都制定了可持续发展战略。

2002 年 8 月，21 世纪第一届"可持续发展问题世界首脑会议"通过了《约翰内斯堡可持续发展宣言》和《可持续发展问题世界首脑会议执行计划》，前者以更坚定的决心重申对可持续发展的承诺，增强了可持续发展国际合作的信心，后者提出了诸多明确目标，并设立了相应的时间表。2012 年 6 月，联合国可持续发展大会"Rio + 20"① 通过了由 193 个国家领袖签署的题为《我们憧憬的未来》的成果文件，重申各国对实现可持续发展的政治承诺，并就应对新的挑战提出了建议。

国际可持续发展行动　确立了三大基本原则：一是公平性原则，即机会选择的平等性，包括本代人的公平和代际公平两个方面，要求当代人在考虑自己的需求与消费的同时，也要对未来各代人的需求与消费负起历史的责任；二是持续性原则，其核心思想是指人类的经济建设和社会发展不能超越自然资源与生态环境的承载能力，要合理开发、合理利用自然资源；三是共同性原则，指可持续发展作为全球发展的总目标，所体现的公平性原则和持续性原则应是各国共同遵从的，必须采取全球共同的联合行动；只有全人类共同努力，才能实现

---

① 此次会议与 1992 年在里约热内卢召开的联合国环境和发展大会正好时隔 20 年，因此亦称里约 + 20 峰会。

可持续发展的总目标，从而将人类的局部利益与整体利益结合起来。

自1992年联合国环发大会以来，国际社会在推进可持续发展进程方面取得诸多积极进展。国际社会积极推动实施《关于环境与发展的里约宣言》《21世纪议程》和《可持续发展世界首脑会议执行计划》，各种形式的国际和区域环发合作深入发展，许多国际条约应运而生。发展中国家为促进可持续发展付出巨大努力，在消除贫困和实现千年发展目标方面取得一些成绩。100多个国家制定了可持续发展战略，各级政府以及工商界、非政府组织和民众积极参与，可持续发展理念深入人心。

中国可持续发展行动　自1992年联合国环发大会以来，中国坚持经济发展、社会进步和环境保护三大支柱统筹原则，坚持发展模式多样化原则，坚持"共同但有区别的责任"原则等里约热内卢环发大会各项原则，从工业化、城镇化加快发展的国情出发，不断丰富可持续发展内涵，积极应对国内外环境的复杂变化和一系列重大挑战，实现了经济平稳较快发展、人民生活显著改善，在控制人口总量、提高人口素质、节约资源和保护环境等方面取得了积极进展。

中国推进可持续发展的总体思路是：把经济结构调整作为推进可持续发展战略的重大举措，把保障和改善民生作为推进可持续发展战略的主要目的，把加快消除贫困进程作为推进可持续发展战略的紧迫任务，把建设资源节约型和环境友好型社会作为推进可持续发展战略的重要着力点，把全面提升可持续发展能力作为推进可持续发展战略的基础保障。

中国推进可持续发展战略的总体目标是：人口总量得到有效控制、素质明显提高，科技教育水平明显提升，人民生活持续改善，资源能源开发利用更趋合理，生态环境质量显著改善，可持续发展能力持续提升，经济社会与人口资源环境协调发展的局面基本形成。

展望　应对气候变化是可持续发展战略的重要组成部分，而实现可持续发展是解决气候变化这一全球性、长期性和影响深远的问题的根本途径，也是国际社会在长时期内积极应对气候变化的唯一可行的办法。全面、协调、可持续的发展路径，将有助于减缓气候变化；而粗放型的经济增长方式，将大大增加温室气体的排放量，从而加速气候变化。2015年9月25日联合国大会通过决议"改变我们的世界：2030年可持续发展议程"，确定在今后15年内，在那些对人类和地球至关重要的领域中如人类、地球、繁荣、和平与伙伴关系方面采取行动，以维持可持续发展。提出17个可持续发展目标，如在全世界消除一切形式的贫穷，消除饥饿，实现粮食安全，改善营养和促进可持续农业，实现性别平等，减少国家内部和国家之间的不平等，采取紧急行动应对气候变化及其影响等。其中第13个目标"要采取紧急行动应对气候变化及其影响"，包括减缓、适应、资金、透明度、能力建设、防灾减灾等，强调了应对气候变化的紧迫性。会议将坚定不移地致力于实现议程，并充分利用它来改变我们的世界，让世界到2030年时变得更加美好。

参考书目

联合国可持续发展大会中国筹委会，2012. 中华人民共和国可持续发展国家报告 [M]. 北京：人民出版社.

世界环境与发展委员会，1997. 我们共同的未来 [M]. 王之佳，等译. 长春：吉林人民出版社.

D. H. 米都斯，1997. 增长的极限 [M]. 李宝恒，译. 长春：吉林人民出版社.

（胡婷）

dītàn jīngjì

低碳经济（low-carbon economy）　在可持续发展理念指导下，通过技术创新、制度创新、产业转型、新能源开发等多种手段，尽可能地减少煤炭石油等高碳能源消耗，减少温室气体排放，达到经济社会发展与生态环境保护双赢的一种经济发展形态。低碳经济以低能耗、低污染、低排放为基础的经济模式，是人类社会继农业文明、工业文明之后的又一次重大进步。低碳经济一词最早见于政府文件是在2003年的英国能源白皮书（《我们能源的未来——创建低碳经济》）中，指出低碳经济是通过更少的自然资源消耗和更少的环境污染，获得更多的经济产出；低碳经济是创造更高的生活标准和更好的生活机会，也为发展、应用和输出先进技术创造了机会，同时也能创造新的商机和更多的就业机会。

低碳经济是以低排放、低消耗、低污染为特征的经济发展模式，是从传统高能耗、高物耗、高排放的发展模式转向可持续发展模式的桥梁，其目的是使人类社会的发展彻底地与以传统化石能源为代表的高碳能源的高强度消耗模式脱钩，以减缓温室气体排放，保护全球气候，促进人类社会可持续发展。发展低碳经济需要从效率角度来提高能源效率和清洁能源使用比例，最大限度地减少煤炭和石油等高碳能源的消耗，建立以低能耗、低污染为基础的经济模式；或者说，低碳经济是以消耗低碳燃料为主的一种高能效、低能耗、低排放的经济发展模式。发展低碳经济的目的不仅仅是为了应对气候变化，低碳经济也不仅仅只包括低碳生产，还包括低碳消费，最终目标是建立一个良性的可持续的社会发展体系。

中国政府把积极应对气候变化作为推动发展方式转变和经济结构调整的一项重大战略，通过节能减排控制温室气体排放、促进绿色低碳发展。中国通过发展服务业和战略性新兴产业来抑制高耗能、高排放行业的过快增长，加快淘汰落后产能，大力发展可再生能源、新能源、清洁能源，优化能源结构。中国还启动了了低碳发展试点工作，加快建设以低碳排放为特征的工业建筑交通体系，并计划在取得一定经验基础上进一步扩大低碳发展试点的范围，真正把中国经济社会发展推向绿色低碳发展轨道。

（黄磊）

lǜsè jīngjì
绿色经济（green economy）　以市场为导向、以传统产业经济为基础、以经济与环境的和谐为目的而发展起来的一种新经济形式，是能够遵循"开发需求、降低成本、加大动力、协调一致、宏观有控"等五项准则，并且得以可持续发展的经济。

绿色经济一词最早见于英国经济学家皮尔斯于1989年出版的《绿色经济蓝皮书》，主张从社会及其生态条件出发，建立一种"可承受的经济"，即经济发展必须是自然环境和人类自身可以承受的，不能因盲目追求生产增长而造成社会分裂和生态危机，不能因自然资源耗竭而使经济无法持续发展。绿色经济的本质是以生态、环境、经济协调发展为核心的可持续发展经济，强调人与自然的和谐发展。发展绿色经济也是应对气候变化的重要措施，是实现可持续发展的主要途径。特别是2008年金融危机以来，国际社会普遍认识到绿色技术的应用、能源效率的提高、可再生能源的开发和利用在恢复世界经济中的重要作用，世界各国政府纷纷推出了一系列的经济发展计划，把眼光聚焦到绿色经济上，试图将经济复苏与经济转型结合起来，努力寻找新的经济增长点。绿色经济可通过发展创新产业增强生态系统的能力，促进对温室气体吸收、存储和利用，从而推动低碳经济发展，实现经济社会的可持续发展。

中国在发展绿色经济领域面临着巨大挑战。中国发展绿色经济面临着来自能源结构、发展阶段、技术水平等方面的挑战，特别是以煤为主的能源结构是中国向绿色发展模式转变的一个长期制约因素，总体技术水平落后也是中国绿色发展的严重阻碍。因此，中国发展绿色经济必须在借鉴发达国家技术的基础上，进行自主创新，加快发展拥有自有知识产权的核心技术。

（黄磊）

dìqiú gōngchéng
地球工程（geoengineering）　通过人为干预地球系统的物理、化学或生物过程，进而缓解人为因素引起的气候变化，减少并有效管理未来的气候变化风险的一种技术和工程手段。

沿革　1992年美国国家科学院的报告首次对地球工程进行了系统的介绍。2006年，诺贝尔奖获得者德国科学家保罗·约瑟夫·克鲁岑（Paul Jozef Crutzen）呼吁人们重视地球工程问题，使地球工程得到了科技界更为广泛的关注和重视。随后，美国和英国的科技组织陆续发布了有关地球工程的政策建议声明和研究报告，地球工程问题也逐渐走入了政治家的视野。为此，政府间气候变化专门委员会（IPCC）在2013年和2014年发布的第五次评估报告（AR5）中，更加全面地评估了科学界在地球工程方面的科技研发进展。

主要内容　地球工程可大体分为两大类：

二氧化碳脱除技术　即通过大规模使用技术或者实施工程，减少大气温室气体浓度，有效降低地球的增温速率。虽然使用这类技术影响气候的过程比较缓慢，但由于其不确定因素和风险较小，一旦被证明安全、有效、持久且费用合理，便能发挥重要作用。此类技术主要包括：①物理学方法，如使用"碳捕获与碳封存"技术或制造"超级净化器"，直接捕集大气中和工业生产过程中的二氧化碳，埋入地底或海底；②生物学方法，如繁殖海洋浮游植物、培育和种植基因改良树种、植树造林，吸收更多的大气中的二氧化碳；③化学方法，如加速大气二氧化碳与岩石和矿物质的反应速度，强化自然风蚀过程（见图1）。

太阳辐射管理技术　即通过提高地表反射太阳辐射的能力，减少地球吸收的太阳辐射，抵消人为增强的温室效应。虽然这类技术能够快速提高地球反射太阳辐射的能力，使地表温度迅速降低，但是不能减少大气温室气体的含量，不能解决海洋酸化的问题，且费用可能极其昂贵，安全性也得不到保证。此类技术主要包括：①天基技术，如安置"太空反射镜"，削弱到达地球的太阳辐射；②空基技术，如建造"人造火山"或"人造云层"，反射更多的太阳辐射回太空，使地表降温；③地基技术，如把建筑物的屋顶涂成白色、种植反射率高的植物、在地表覆盖反光物质等，增强地表对太阳辐射的反射能力，使地表降温（见图2）。

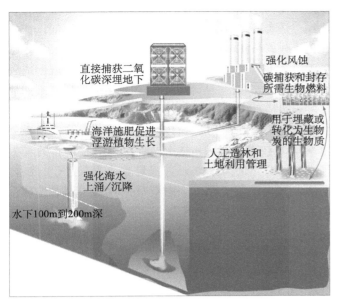

图1 二氧化碳脱除技术示意图（Rusco et al.，2010）

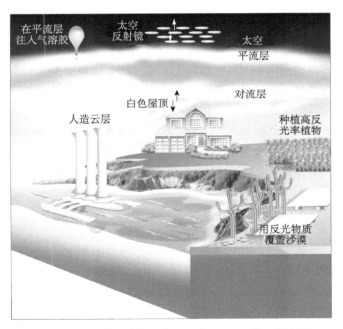

图2 太阳辐射管理技术示意图（Rusco et al.，2010）

中国的地球工程 中国研制的"碳捕集、应用和封存"以及"微藻制油"两项技术，在地球工程技术领域具有代表性。碳捕获、应用和封存技术，在原有相似概念的捕集、运输和封存三大环节的基础上，新增了一项"碳利用"的环节。中国政府和企业也已投入了大量的资金与人力，开展了相关技术研发与示范工作，获得了许多宝贵经验和初步的技术储备；微藻制油，即利用光合作用，将二氧化碳转化为微藻自身的生物质，再把微藻自身的碳物质转化为油脂，然后对油脂进行提炼加工，生产出生物柴油。目前国内个别地区和机构已经启动了微藻生物柴油成套技术研究和小型示范项目。

虽然地球工程作为一种备选方案，有可能减缓当前地球的升温速率，进而降低全球变暖所带来的风险，然而地球工程所带来的"副作用"依然无法忽视。2010年10月举行的联合国《生物多样性公约》第十次缔约方会议，通过了延缓实施地球工程的决议，决定任何与气候相关的地球工程（除小型实验性工程外）都暂不予实施，除非"具备能够对此类活动进行充分论证的科学基础，并且将此类活动对环境及生物多样性所带来的风险，以及对社会、经济和文化所造成的冲击，都给予合理的考虑"。

IPCC第五次评估报告AR5认为，有限的证据无法对太阳辐射管理（SRM）和二氧化碳脱除技术（CDR）以及其对气候系统的影响进行全面定量评估。模拟表明，SRM方法如果可以实现的话，有可能会显著抵消全球温度上升，但同时也会改变全球水循环，而且无法抵消海洋酸化。不管SRM以何种原因终止，具有高信度的是，全球表面温度会极快地上升，升幅与温室气体强迫一致。SRM和CDR会在全球尺度带来副作用和长期后果。

除科学和技术因素外，地球工程在很大程度上还会受到社会、法律和政治因素的制约。主要问题可归纳为以下四点：一是努力减排温室气体的政治动力可能削弱甚至消失；二是贸然实施地球工程所带来的环境和气候风险，可能引发国际紧张局势；三是地球工程的实施必将涉及法律、道德、外交和国家安全等方面的问题；四是涉及社会、自然以至经济、政治资源的再分配问题。更为严重的是，一旦终止地球工程，全球变暖将会加剧，后果可能更加严重。

地球工程尚处在实验性探索阶段，即使通过一定时间的努力完全掌握了部分技术，就其实际应用潜力和工程的具体实施而言，还需要考虑经济、社会、政治、安全等因素。其未来主要是一种技术储备，处于试验阶段，离大规模的应用为时尚早。

参考书目

第三次气候变化国家评估报告编写委员会，2015. 第三次气候变化国家评估报告［M］. 北京：科学出版社.

IPCC，2014. Climate Change 2014—Mitigation of Climate Change：Contribution of Working Group III to the Fifth Assessment Report of the Intergovernmental Panel on Climate Change［M］. Cambridge：Cambridge University Press.

Shonbrun, Sarah, 2010. Climate change: a coordinated strategy cloud focus federal geoengineering research and inform governance efforts [R]. U. S. Government Accountability Office Reports.

（胡国权）

tànbǔhuò yǔ tànfēngcún
碳捕获与碳封存（Carbon Capture and Storage, CCS）

将 CO_2 从工业和相关能源的排放源中分离出来，输送到封存地点，并且长期与大气隔绝，从而减少碳排放。CCS 技术是众多碳减排技术中一种应用前景十分广阔的新兴技术，主要应用于 CO_2 排放比较集中的大型排放源，比如火电厂、钢铁厂、炼油厂等，它最突出的优点是能够实现化石能源使用的 CO_2 近零排放。CCS 技术具有减少整体气候变化减缓成本以及增加实现温室气体减排灵活性的潜力，是应对气候变化特别是稳定大气温室气体浓度的减缓行动组合中的一种选择方案。

沿革 早在 20 世纪 80 年代后期，世界上一些先进国家的科学家就已经在研究碳捕获与碳封存。其中，比较知名的有挪威 Sleipner 项目、加拿大 Weyburn 项目和阿尔及利亚 In Salah 项目等。21 世纪以来，欧美国家又开始把火力发电厂排放的 CO_2 作为主要储存对象，开始进行地下储存的实验。如美国电力能源公司的山顶电厂地质学方法存储 CO_2 的研究项目，欧盟委员会资助的"二氧化碳储存"研究项目，等等。CCS 技术越来越受到国际社会特别是发达国家的重视，美国、欧盟、澳大利亚、日本等国家或地区对 CCS 技术的发展和应用制订了具体规划。美国由农业部牵头，主要负责开展碳捕获、地质封存、海洋封存及相关产品和材料方面的技术研发，不仅可减缓气候变化，而且可以抢占世界环境和气候领域技术制高点，进一步提升社会经济发展水平，维护其超级大国的地位。

主要技术 CCS 技术分为捕获、运输和封存三个环节。

碳捕获 是指将大型发电厂、钢铁厂、化工厂等排放源产生的二氧化碳收集起来，是二氧化碳捕获和封存技术的第一个步骤。

碳运输 包括管道运输和船舶及罐车运输。

碳封存 是指将捕获、压缩后的 CO_2 运输到指定地点进行长期封存的过程，即以捕获碳并安全存储的方式来取代直接向大气中排放 CO_2。根据碳封存地点和方式的不同，可将碳封存方式分为地质封存、海洋封存、碳酸盐矿石固存以及工业利用固存等。这一技术被一些科学家和政治家认为是减少温室气体向大气排放、保护气候的绝佳技术路线。但这项技术目前还存在较大的争议：一是实施这项技术，将需要更多的能源消耗以把二氧化碳分离和储存；二是储存在地下或海洋的二氧化碳是否还会再次进入大气，如通过泄漏排放、地震形成裂缝导致的排放等；三是是否会带来更多的地质灾难如地震等；四是经济成本很高。

展望 作为全球最大的燃煤发电国家，中国也十分重视 CCS 技术的发展和技术储备。2007 年公布的《中国应对气候变化国家方案》强调重点开发 CCS 技术。同年，CCS 技术被列入《中国应对气候变化科技专项行动》的 4 个主要活动领域之一。2009 年 11 月亚洲开发银行对华能集团绿色煤电公司的技术援助项目"CCS 技术示范"正式启动，结合华能集团在天津建设的国内首个整体煤气化联合循环（IGCC）示范电厂项目的实施，开展 CCS 技术在中国应用的示范研究，这是中国第一个较大规模的、全流程的 CCS 示范工程项目。随着 CCS 技术的发展，如果未来能够突破高成本的瓶颈，其在中国将有非常广泛的应用前景。

中国除了重视 CCS 外，还非常重视碳利用技术，合起来称之碳捕获与碳封存利用技术（CCUS）。CCUS 技术是指利用 CO_2 的物理、化学或生物等作用，生产具有商业价值的产品，且与其他生产相同产品或者具有相同功效的工艺相比，可实现 CO_2 减排效果的工农业利用技术。中国政府重视 CO_2 利用技术的发展，相关技术领域的科研产出逐年增加，但各类二氧化碳利用技术发展水平相差较大，大多数 CO_2 利用技术还尚处于解决基础性、关键性技术问题的阶段，未实现商业化。

（胡国权）

Zhōngguó qìhòu biànhuà yùgū yèwù
中国气候变化预估业务（China climate change projection operation）

利用全球和区域气候模式进行数值模拟试验，在试验结果的基础上对未来全球和中国的气候变化趋势进行分析，并进一步应用到气候变化影响、适应和未来可能引起的风险评估等方面，为经济社会发展提供科技支撑。

气候变化预估是气候变化影响和适应工作的基础，其总体目标是推进气候变化综合影响评估业务能力建设，增强气候变化决策服务能力，把适应和应对气候变化以及防御气候灾害有机结合起来，主要包括未来气候变化趋势预估、气候变化影响评估和灾害风险预估等业务，形成全球和区域未来预估服务产品，提高应对气候变化的综合能力。主要分为近期（2035 年之前）和远期（2035—2100 年）两个时间段进行未来气候变化趋势的预估。

主要内容 气候变化预估业务主要包括业务说明、数据处理、图形展示、降尺度应用等。①数据下载：全球和区域气候模式模拟的历史数据以及未来预估数据；②图形展示：温度和降水的逐年变化曲线，不同时间段全国、区域和分省分布图；③进一步降尺度应用：降尺度方法介绍和软件使用指南；④最新国内外进展：未来气候变化预估相关的国内外最新研究成果简介。由于气候变化业务不同于其他气候业务，主要面向不同行业和不同部门气候变化及其影响、适应和未来风险评估等研究用户，因此主要是通过互联网来实现数据和图形下载方式运行，并根据用户需求进行不定期更新。

主要产品 业务产品主要包括：格点化的观测数据，全球和区域气候模式模拟的历史和未来不同时段数据，要素有平均温度、最高和最低温度以及降水；中国和不同分区与省份的未来预估图形显示；气候变化未来预估的最新研究进展介绍等业务产品。目前上述业务产品已形成《气候变化预估数据集》，可通过光盘和网站下载的方式获取。

技术方法 在气候变化预估业务中，区域气候模式是当前较为常用的动力降尺度方法之一。近年来，中国科学研究人员利用适合中国的高分辨率区域气候模式（分辨率为20 km或者更高分辨率）嵌套不同全球模式进行了一系列的气候变化模拟，对较小空间尺度的区域进行未来气候变化预估，但是预估结果仍然依赖于所采用的温室气体排放情景或辐射强迫情景以及全球模式提供的侧边界场。

除了利用上述动力降尺度方法外，通常也利用基于物理过程的统计经验预估技术，构建较小区域尺度高分辨率的未来气候变化情景，将耦合气候模式模拟的大尺度气候变化情景转换到局地尺度上，对未来气候变化趋势和变率进行综合预估。

展望 中国在气候变化未来预估方面已经取得了部分具有业务转化潜力的科技成果，但成果的业务转化工作尚未全面开展，造成科研与业务、服务工作的脱节，围绕气候服务的业务服务水平仍待提高，气候变化预估业务系统建设尚处在初级阶段，除气候变化本身外，还需在业务系统中进一步完善气候变化影响、适应和未来风险预估等内容。加强气候变化预估业务的框架、流程、标准和规范等的系统建设，以便更好地向决策者、科学界以及社会公众提供全面服务，进一步提高科技和公共服务意识。

对气候变化科学的研究，是做好气候变化业务的基础，因此，需针对气候变化中的关键科学问题，特别是近期气候变化预估等加强研究。

参考书目

罗勇，巢清尘，徐影，等，2012. 气候变化业务［M］. 北京：气象出版社.

（徐影）

气候变化监测预估业务体系

Zhōngguó qìhòu biànhuà yèwù

中国气候变化业务（China climate change operation） 以气候资料为基础，检测气候变化信号，揭示气候变化事实，分析气候变化原因，对未来气候变化进行预估，开展气候变化影响与风险评估，开展面向决策、科技和公众的服务与宣传等，为减缓和适应气候变化提供科学支撑。

作为国家应对气候变化的基础性科技部门，中国气象局构建了集气候变化监测、预测预估、影响评估、服务与宣传以及应对等为一体的业务体系，并且邀请中国科学院、相关院校，以及许多有关国家部门和研究单位积极参与。由于气候变化所涉及的领域十分广泛，并且对不同行业不同部门都具有明显影响，因此，为积极应对气候变化，不同行业和部门围绕着各自的目标开展气候变化研究和业务。如水利部针对气候变化对水的影响等方面开展科学研究和重大问题论证以及气候变化对水科学和水工程影响等方面的技术咨询和服务；环保部面向国家气候变化和环境政策领域的重大需求，开展中长期气候变化、可持续能源与环境战略及政策问题的研究；中国科学院对国家气候变化外交和国家可持续发展的需求，开展气候变化科学基础、影响和适应、对策的战略性、综合性和关键性科学问题集成研究，等等。

业务流程 主要由信息收集和质量控制、业务技术开发、产品制作和发布、信息反馈等组成。具体流程为：以多源、长序列和高质量的气候系统综合观测资料和数据集（如卫星遥感数据、地面观测数据等），以及与气候变化有关的社会经济信息（如能源、灾害、人口、土地利用等信息）为基础，依托国家级、区域级的高性能计算机和海量存储系统，通过骨干网与气候变化业务、技术开发、专业信息等系统相连接，在此基础上，开展气候变化监测、预估、影响评估、决策支持与应对等方面的业务，将业务产品传递给用户。同时，通过信息收集等过程纳入信息支撑系统和海量存储系统。

业务布局 中国气候变化业务以国家、区域、省三级布局为主，市县级在省级指导下适当开展影响评估、决策服务等工作。国家级与区域级、省级气候变化业务是一个相互依存、相互支持、相互配套的有机整体。国家级气候变化业务是全国气候变化业务系统的中枢和主体，重点开展全球、亚洲、中国区域尺度气候变化信息的收集和整理，气候变化监测、气候变化预估、气候变化对不同行业和国家级重大工程项目的影响评估等工作，面向国家级政府部门提供应对气候变化的参考措施，为中国参与国际环境外交谈判提供科学依据和技术支持，并与国内外气候变化科研、业务机构和国内有关部门有广泛合作；同时向区域级、省级气候变化业务提供指导产品和技术支持。区域级、省级气候变化业务系统是国家级气候变化业务的重要补充，主要利用国家级业务提供的气候变化业务产品，在区域级、省级开展气候变化监测和气候变化影响评估，发布区域气候变化相关产品，并对国家级业务产品进行细化、评估，提出反馈意见和建议，进而提高国家级业务和产品的针对性。

中国气候变化服务 主要包括决策服务、公众服务和科技服务三类，服务对象涉及政府、公众、企业和非政府组织以及从事气候变化领域科研和业务工作的单位和专家。决策服务以政府决策者为主要服务对象，针对政府所关心的重大气候变化问题以及气候变化领域的焦点热点问题，提供决策咨询建议。一般采用决策咨询报告的方式，向政府和有关部委领导传递气候变化有关信息。公众服务以社会公众、企业以及有关非政府组织等为服务对象，通过电视专访、报刊文章、互联网站、宣传手册、宣讲文稿等提供气候变化方面的服务，其目的是让公众了解气候变化的核心问题，并积极参与到国家各个层面的应对气候变化具体行动中。科技服务的对象主要是从事气候变化科学研究和技术开发的科研、业务和服务单位，一般采用资料、数据等相关信息的有效传递和共享服务方式。

业务产品 是指定期或不定期向决策者和公众提供有关气候变化的监测分析、未来预估、影响评估和对策建议等的数据集、图集、分析报告、研究报告、咨询说明的总称。它是气候变化业

务系统结构的重要组分，是气候变化业务进行专业化服务的直接途径与窗口。气候变化业务产品主要包括国家级、区域级和省级开展影响评估、决策服务等工作。国家级业务产品主要分为基本业务产品，综合、集成、再分析产品，期刊和公众宣传产品三类。基本业务产品主要有气候变化标准资料数据集（气象台站数据和卫星遥感数据的加工产品），气候变化监测、预估、影响评估和应对等各个环节的业务产品，如气候变化预估数据集，气候变化影响评估报告，气候变化监测公报，温室气体公报等。综合、集成、再分析产品包括气候变化专题分析报告、气候变化国家评估报告、气候变化科学与对策特别评估报告、气候变化动态等。期刊和公众宣传产品包括气候变化研究进展，媒体宣传材料等。区域级、省级业务产品有区域、省级气候变化监测公报，区域气候变化评估报告，气候变化专题分析报告等。

展望 当前，气候变化业务服务工作仍然存在不足，气候变化的基础科技能力和业务服务体系亟待加强，气候变化业务领域领军人才匮乏，应对气候变化工作在广度、深度和速度上都难以满足国家和地方的需求。

未来要继续坚持气象部门作为应对气候变化基础性科技部门的战略定位，面向国家需求和国际科技前沿，以强化气候变化公共服务能力为目标，以全面提高气候变化科研业务能力为核心，以加强气候变化监测、预估

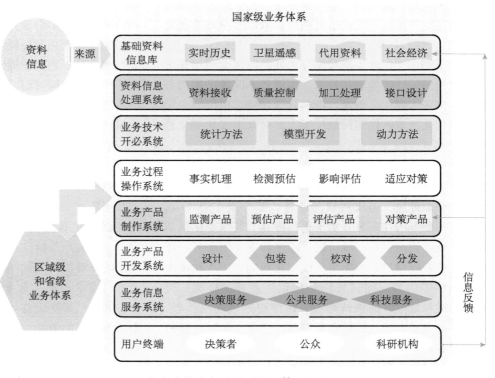

气候变化业务流程（罗勇等，2012）

和影响评估能力建设为重点，加快推进中国气候服务系统建设，充分发挥气象部门在应对气候变化中的科技支撑作用，促进经济发展方式的转变和经济社会可持续发展。

参考书目

罗勇，巢清尘，徐影，等，2012. 气候变化业务［M］. 北京：气象出版社．

（周波涛）

Zhōngguó qìhòu fúwù xìtǒng

中国气候服务系统（China Framework for Climate Services，CFCS） 以气候风险管理和灾害风险管理为核心，以提供现代气候服务为目的，帮助政府、部门和社会有效的利用气候信息，避免管理气候风险的气候服务系统。该系统包括气候观测与监测、气候模拟与预测、气候服务信息系统、用户界面平台和能力发展等组成的中国气候服务体系。

国际背景 2009 年，联合国第三次世界气候大会决定由世界气象组织（WMO）及其合作伙伴建立一个全球气候服务框架（GFCS），加强以科学为依据的气候预测和服务的制作、提供、交付和应用。2011 年 2 月，WMO 发表了题为"付诸行动的气候知识：全球气候服务框架，增强最脆弱者的能力"的高级别专题组特别报告。2013 年 7 月第一届政府间气候服务大会通过了 GFCS 实施计划和管理机制，标志着 GFCS 正式进入实施阶段。GFCS 的愿景是促进社会更好地管理因气候变率和气候变化所引起的各种风险和机遇，尤其是那些对气候相关灾害最脆弱的人群。

主要任务 中国气候服务系统建设主要在气候观测与监测、气候模拟与预测、气候服务信息系统、用户界面平台和能力发展等五个方面开展建设。

气候观测与监测 主要是实现对气候系统基本变量、极端气候事件、关键大气环流过程等的全面监测。

气候模拟与预测 主要是发展气候预测模式，完善模式物理过程，气候预报模式水平分辨率分别达 45 km，预测水平显著提升，初步建立气象灾害综合影响评估模式，形成较为完善的多时间尺度的预报预测产品体系。

气候服务信息系统 主要是建成产品丰富、计算快捷、运行稳定的中国气候服务信息系统。

用户界面平台 主要是建立互动和交流的机制，实现用户与气候服务提供方和气候信息使用者之间充分交流与沟通，从而确保气候服务信息能够满足用户对于气候服务的需求。

能力发展 主要是完善数据共享和产品协同发布机制，深化部门合作交流机制，加强合作研发和联合培训，优化业务服务体系布局。

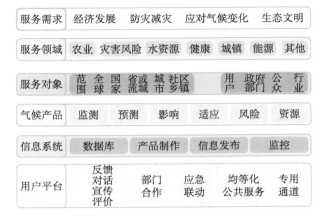

中国气候服务系统流程图

发展目标 到 2020 年基本建成体系完整、机制完善、重点突出、内容丰富、技术可靠、效益明显的中国气候服务系统，为国家经济社会可持续发展提供服务的能力明显提升，对完善公共服务体系和强化社会管理创新的贡献明显增强，在 GFCS 建设中的示范作用明显提高，成为中国特色气象事业发展的新亮点。优先领域和示范项目如下：

农业与粮食安全

主要任务 发布新 30 年全国精细化农业气候资源图集，完成作物种植布局区划；实现土壤墒情动态监测和作物气象条件定量评价；发布农用天气预报和作物产量预报；实现农业气象灾害的定量化评估，农业气象灾害短期预估（致灾等级）细化到乡镇级。

示范项目 东北水稻种植气候服务。东北地区是中国水稻主产区，水稻种植面积约为 7224 万亩①，占全国水稻面积的 15.9%，水稻总产量约为 319.5 亿千克，占全国水稻总产量的 15.6%。根据服务对象，分别提供面向政府及相关部门的决策服务，面向农业生产管理者、农民、种粮大户的公众服务和专业用户服务，信息产品通过服务平台、网站、电子显示屏、电子大喇叭等渠道发布。

灾害风险管理

主要任务 确定气象灾害致灾因子数据库建设；确定 214 个中小河流域不同风险等级致灾临界面雨量；完成城市内涝承灾体信息数据库建设；建设承灾体信息脆弱性和暴露度数据库；完成灾害风险区划。

示范项目 福建山洪灾害风险评估。福建省暴雨洪

---

① 1 亩 = 1/15 hm²。

涝灾害风险管理服务平台具有山洪监测预警、预报预警、风险（预）评估、产品制作、效果检验等功能，特别是对雷达定量降水预报（QPF）和美国天气研究与预报模式（WRF）产品进行了解释应用，可依据预报产品对山洪灾害进行风险预警、预评估；评估不同风险等级下的承灾体风险，包括淹没村庄、淹没面积和淹没水深。

水资源

主要任务 包括空中云水资源和地表水资源及其开发利用。空中云水资源开发利用主要是开展云水资源的监测评估、预报、催化作业设计和分析决策、催化调度指挥和监控以及云水资源开发效果评估等。地表水资源利用主要集中于区域年降水量丰缺预测、汛期主要流域降水量预测及中国十大流域主要控制水文站径流量历年评估等。

示范项目 长江三峡水库气候服务。通过长江流域中长期气象预报系统和关键期气象预测系统的建立，定期和不定期的制作蓄水期、供水期、消落期、汛期等关键期的面雨量和降水趋势预测以及月气候趋势预测和延伸期预报产品，通过网络将产品推送至三峡梯级调度通信中心。

能源

主要任务 风能太阳能选址和资源评估、气象风险评估预警、风能预报等清洁能源开发利用气候服务；北方冬季供暖能源调度及安全运行气候服务；南方夏季空调降温能源调度和安全运行气候服务；气象因子对电力输送保障气候服务。

示范项目 中国风能资源开发利用。建立中国风能资源专业观测网，制作中国风能资源立体图谱，开发具有国际先进水平的风能资源数值模拟系统和风电功率预报系统，为大规模风电并网、电网科学调度和安全运营提供气候服务。

北京城市供暖气候服务。加强城市小尺度温度监测和锅炉回水温度采集，改进预报模型，延长预报时效，推进用户沟通交流，完善供暖预报服务平台。

城镇

主要任务 城市规划和大型建筑物抗风设计气候服务；城市热岛效应气候服务；城市灾害监测预报、风险评估、灾害预警气候服务；城市环境改善气候服务。

示范项目 气候为海口城市规划服务。海口地处海南岛北部，针对总体规划中有无通风走廊方案的设计，定量分析在同样的气象条件和污染源强情况下，有无通风走廊对城市温度和环境的影响。

广州城市内涝气象灾害风险预警服务。布设城市内涝水位监测站，多部门共享城市内涝实景监控，提供城市灾害性和高影响天气未来 6 小时逐时 1 km × 1 km 精细化预报，基于致灾临界条件和城市积涝淹没模型，评估城市内涝灾害影响范围、积水深度和损失和灾害风险等级，分区发布相应内涝灾害预警信息。

上海城市综合气候服务。选取城市气候服务的重点领域，针对极端天气气候事件及其影响，研发有针对性的气候服务产品，强化服务能力，完善基于气候服务产品的用户联动响应机制。

人体健康

主要任务 建立中国重点城市主要极端天气气候事件（高温热浪、雾、霾、沙尘、冷空气和寒潮）与疾病健康数据库；完善中国气候—健康信息系统和共享平台。

示范项目 上海环境气象健康预警服务。基于上海地区气象因素和主要大气成分对呼吸系统疾病的影响研究，建立感冒、儿童哮喘、慢性阻塞性肺病、过敏性鼻炎等呼吸系统疾病的气象、环境风险预警技术，开发环境气象健康预警服务平台，面向公众、易感人群开展环境气象健康预警服务和服务效果效益评估。

展望 中国正大力推进生态文明建设，全社会对针对性的有效气候服务产品需求较大。WMO 也将气候服务作为重点发展方向之一，随着科学技术的进步和气象服务社会化进程的推进，中国气候服务发展面临前所未有的机遇，必将能够为社会提供更加丰富有效的气候服务，经济社会发展面临的气候风险将大大降低。

（高荣）

Zhōngguó qìhòu biànhuà guójiā pínggū bàogào
中国气候变化国家评估报告（China national assessment report on climate change） 由中国政府组织，有关政府部门和科学单位共同编制的中国气候变化评估报告。随着政府间气候变化专门委员会（IPCC）评估报告的出版发布，世界各国/地区先后发布了自己的气候变化评估报告。1999—2000 年，受中国科学技术部委托，由中国气象局国家气候中心协调，组织开展了"中国'十五'气候变化（全球环境变化）领域科技发展规划"报告编制工作，该报告首次提出编写气候变化国家评估报告的建议。后来，由中华人民共和国科学技术部、中国气象局、中国科学院联合牵头组织，其他相关部门共同参与编制了中国气候变化科学评估系列报告，该报告已经在 2006 年、2011 年和 2016 年先后发布了 3 部。

《气候变化国家评估报告》 是 2002 年 12 月，由中华人民共和国科学技术部、中国气象局、中国科学院等 12 个部门组织实施的一项重要工程，共有 17 个部门 88 位专家参与编写工作。内容包括：中国气候变化的科学基础、气候变化的影响与适应对策，以及气候变化的社会经济评价 3 部分，共 25 章，于 2006 年发布。这是中国第一部有关全球和中国气候变化及其影响的国家级评估报告。该评估报告第一部分"气候变化的历史和未来趋势"，主要描述中国气候变化的基本事实与可能原因，并对 21 世纪全球与中国的气候变化趋势做出预估，为气候变化影响研究提供气候演变事实及未来气候变化情景，为政府制定适应与减缓对策提供科学依据，同时分析了气候变化的科学不确定性，并提出有待解决的主要科学问题；第二部分"气候变化的影响与适应"，主要评估了气候变化对中国的敏感领域如农业、水资源、森林与其他自然生态系统、海岸带环境与近海生态系统、人体健康以及重大工程的影响，分析了气候变化对中国不同区域和部门的影响，并提出适应对策；第三部分"减缓气候变化的社会经济评价"，在分析工业、交通、建筑以及能源部门减缓排放技术潜力和农林部门增加碳吸收汇的潜力的基础上，对中国未来减缓碳排放的宏观效果及社会经济影响进行了综合评价，并对全球应对气候变化的公平性原则以及国际合作行动进行了分析，阐述了中国减缓气候变化的战略思路与实施对策。

第一次评估报告给出的关键内容包括：①中国气候变化的主要特征：近 100 年来中国年地表平均气温明显增加，升温幅度约为 $0.5 \sim 0.8$ ℃，比同期全球平均值 [(0.6 ± 0.2)℃] 略强。在最近的 50 年，中国年平均地表气温增加 1.1 ℃，增温速率为 0.22 ℃/10a，明显高于全球或北半球同期平均增温速率。近 100 年和近 50 年中国年降水量变化趋势不显著，但年代际波动较大。近 50 年全国平均的年降水量同样没有呈现显著趋势变化，但降水量趋势存在明显的区域差异。1956—2000 年，长江中下游和东南地区、西部大部分地区以及东北北部和内蒙古大部分的年降水量有不同程度增加；但是，中国华北、西北东部、东北南部等地区年降水量出现下降趋势。②预估到 2020 年，中国年平均气温可能增加 $1.1 \sim 2.1$ ℃，年平均降水量可能增加 2%~3%，降水日数在北方显著增加，降水区域差异更为明显。由于平均气温增加，蒸发增强，总体上北方水资源短缺状况将进一步加剧；未来极端天气气候事件呈增加趋势。

《第二次气候变化国家评估报告》 2008 年底，由中华人民共和国科学技术部、中国气象局和中国科学院牵头组织，会同国家发展和改革委员会、中华人民共和国外交部、中华人民共和国农业部、中华人民共和国教

育部、中华人民共和国水利部、中华人民共和国环境保护部、中华人民共和国林业局、中华人民共和国海洋局、中华人民共和国自然科学基金委员会共同编写。经过 117 位作者两年半的努力，于 2011 年发布。该评估报告由五部分组成：第一部分"中国的气候变化"，主要阐述了中国气候变化的基本事实与可能原因，并对 21 世纪全球和中国的气候变化趋势做出预估；第二部分"气候变化的影响与适应"，主要总结了中国面临的气候问题以及环境和生态问题的现状和发展趋势，概括了未来气候变化对中国主要领域的可能影响，并提出了中国气候变化影响、脆弱性和适应的评估范围以及评估的不确定性来源；第三部分"减缓气候变化的社会经济影响评价"，分析了全球与中国的减排形势，总结了相关各部门的减排技术与潜力，分析了实现这些潜力所需要的成本以及社会代价；第四部分"全球气候变化有关评估方法的分析"，主要总结了全球与中国温度变化的评估方法分析，全球和区域碳收支的评估方法分析，人为气候变化与自然气候变率评估分析，气候变化阈值的科学分析，温室气体减排路径和责任分担方法分析，以及有关低碳经济和可持续发展的评估分析；第五部分"中国应对气候变化的政策"，主要对中国过去所采取的各项应对气候变化政策措施、行动及取得的效果进行评估，并根据评估结果提出了新的政策和行动建议。该评估报告的发布有助于中国适应和减缓气候政策的制定，有助于 IPCC 第五次评估报告（AR5）中引用中国科学家的研究成果，提升了中国在 IPCC 报告中的发言权及中国科学家的国际影响和地位。

第二次评估报告给出的关键内容包括：①中国气候变化的主要特征：1880 年以来中国的变暖速率在 0.5 ℃/100a~0.8 ℃/100a，1951—2009 年，中国陆地表面平均温度上升 1.38 ℃，变暖速率为 0.23 ℃/10a。1880 年以来，中国降水无明显变化趋势，但存在 20~30 年尺度的年代际振荡。②在低、中等、高排放情景下，利用模式预估 21 世纪末中国年平均温度将分别增加约 2.5 ℃、3.8 ℃、4.6 ℃，比全球平均的温度增幅大。总体而言，未来中国会变得更暖。在 IPCC 制定的 A1B 中等排放情景下（参见第 220 页排放情景），全国年平均降水有所增加，中心位于青藏高原南部及云贵高原，以及长江中下游地区。但上述降水变化趋势并非全年一致。

《第三次气候变化国家评估报告》 2012 年 8 月，由中国科学技术部、中国气象局、中华人民共和国科学院和中国工程院牵头组织，会同中华人民共和国外交部、国家发展和改革委员会、中华人民共和国环境保护部、中华人民共和国教育部、中华人民共和国农业部、

中华人民共和国水利部、国家林业局、国家海洋局、国家自然科学基金委员会等 16 部门编写，有 500 多名科学家参与编写，于 2015 年 11 月发布，2015 年正式出版。报告全面、系统汇集中国应对气候变化有关科学、技术、经济和社会研究成果，客观地反映了中国科学界在气候变化领域的研究进展。与前两次评估报告相比，本次报告的主报告增加了气候变化社会经济影响评估等内容。主报告包括五个部分内容：①气候变化的事实、归因和未来趋势；②气候变化的影响与适应；③减缓气候变化；④气候变化的经济社会影响评估；⑤政策、行动及国际合作。另外，还编写了五个特别报告，包括：数据与方法、应对气候变化典型案例集、中国二氧化碳利用技术评估报告（中英文）、气候变化对我国重大工程的影响与对策研究和气候变化国家评估报告科普版。

第三次评估报告给出的关键内容包括：① 1909 年以来中国的变暖速率高于全球平均值，在每百年升温 0.9～1.5 ℃。中国沿海海平面 1980—2012 年上升速率为 2.9 mm/a，高于全球平均速率。20 世纪 70 年代末至 21 世纪初，冰川面积退缩约 10.1%，冻土面积减少约 18.6%。②未来由于人类活动影响，中国区域气温将继续上升，到 21 世纪末，可能增温 1.3～5.0 ℃。全国降水平均增幅为 2%～5%，北方降水可能增加 5%～15%，华南降水变化不显著。高温热浪和极端干旱事件将增加，海平面将继续上升。③气候变化对中国影响利弊共存，总体上弊大于利，中国政府采取了一系列政策和行动积极应对气候变化，取得显著成效。预计 2020 年有望实现二氧化碳排放强度下降 40%～45% 的上限目标。其中技术进步对节能减碳发挥了重要作用，能源密集型产品的单产能耗显著下降，技术节能效果明显，火电煤耗、水泥和钢铁能耗下降 30%～50%，可再生能源技术推广利用世界领先。中国的减缓气候变化政策的行政可实施性强，得到了较高的执行。④与减缓相比，适应气候变化的政策和行动都很不够，需要进一步充实和完善，特别是提高政策目标与资源匹配的一致性、强化适应气候变化决策科学基础、提高各层面适应意识和能力、提高基础设施标准和防灾减灾能力等。

参考书目

第二次气候变化国家评估报告编写委员会，2011. 第二次气候变化国家评估报告 [M]. 北京：科学出版社.

第三次气候变化国家评估报告编写委员会，2015. 第三次气候变化国家评估报告 [M]. 北京：科学出版社.

气候变化国家评估报告编写委员会，2007. 气候变化国家评估报告 [M]. 北京：科学出版社.

（胡国权）

中国极端天气气候事件和灾害风险管理与适应国家评估报告（China national assessment report on risk management and adaptation of climate extremes and disasters）（以下简称"报告"）由来自中国多个政府部门、科研机构和高校的 100 余位专家学者共同编写，秦大河院士担任主编。报告自 2013 年启动编写，并于 2015 年正式发布。

主要内容　报告内容共分六个部分：第一部分为极端天气气候事件和灾害风险管理概述，第二部分阐明极端天气气候事件和灾害风险管理的内涵，第三部分分析极端天气气候事件的变化及其成因，第四部分评估领域和区域影响及脆弱性，第五部分论述天气气候灾害风险管理与实践，第六部分提出了灾害风险管理与适应的策略选择。

主要结论　中国极端天气气候事件种类多、频次高、阶段性和季节性明显、区域差异大、影响范围广。20 世纪 50 年代以来中国极端天气气候事件发生了显著变化，1961—2013 年，中国地表年平均气温平均每 10 年升高 0.25 ℃，北方气温升高明显；高温和热浪日数总体上呈增多趋势，区域性高温事件增多，区域性低温事件显著减少，日最低气温明显变暖，极端低温频次明显下降；除西部地区以外，中国大部分地区降水日数呈减少趋势；华北、东北西和南部、四川盆地西部等地区的年暴雨日数呈减少趋势，中部和东部的其余大部分地区年暴雨日数表现为增加趋势，但并不显著；中国西北地区东部、华北地区和东北地区极端干旱发生的频率明显增加，进入 21 世纪以来西南地区特大干旱发生趋于频繁；群发性或区域性极端天气气候事件频次增加，范围有所增大。登陆中国的台风中心风力大于 12 级的个数呈增加趋势，21 世纪以来登陆台风强度明显增强；中国北方沙尘日数总体呈减少趋势；平均冰冻日数显著减少，全国性寒潮频次明显减少；中国 100 °E 以东地区平均年雾日数总体呈减少趋势，21 世纪以来年霾日数显著增多。

中国是全球气候变化的敏感区和脆弱区之一，天气气候灾害的直接经济损失相当于国内生产总值（GDP）的比重为全球平均水平的近 8 倍，其中暴雨洪涝和干旱造成的直接经济损失分别占总损失的 40.6% 和 21.2%。由于中国天气气候灾害影响范围扩大和人口、经济总量增长，人口老龄化、高密度化和高流动性，社会财富的快速积累和防灾减灾基础薄弱，各类承灾体的暴露度和脆弱性趋于增大。

展望　根据政府间气候变化专门委员会（IPCC）

制定的中等排放（RCP4.5）和高排放（RCP8.5）情景，采用多模式集合方法，预估 21 世纪中国的高温和强降水事件呈增多趋势，人口增加和财富积聚对天气气候灾害风险有叠加和放大效应。到 21 世纪末，中国高温、洪涝和干旱灾害风险加大。

面对气候变化及由此带来的极端天气气候事件和灾害的威胁，应高度重视气候安全，制定国家中长期气候安全目标，编制和实施天气气候灾害风险管理与适应的国家综合规划，采取因地制宜的灾害风险管理和协同适应策略，加强区域协同和领域协同，加强适应规划、应急管理及防范天气气候灾害风险的基础设施建设，增强经济社会系统应对极端天气气候事件的恢复能力，健全天气气候灾害风险治理中的市场机制和社会合作机制，完善国家防灾减灾与应对气候变化的治理体系。

参考书目

秦大河，2015. 中国极端天气气候事件和灾害管理与适应国家评估报告 [M]. 北京：科学出版社.

（魏超）

Zhōngguó yìngduì qìhòu biànhuà bàogào

中国应对气候变化报告（China annual report on actions to address climate change） 亦称气候变化绿皮书，由中国气象局国家气候中心和中国社会科学院城市发展与环境研究所联合组织编写的评估中国应对气候变化行动和成效以及面临的挑战的气候变化绿皮书系列丛书，每年出版一本，自 2009 年起，现已经连续 7 年出版发布。

该书全面介绍全球应对气候变化的最新进展，深入分析中国应对气候变化的行动和成效与面临的挑战，力图为读者全景式地展示国内外应对气候变化关键问题的最新进展和发展方向，帮助读者关注和理解每年一度的联合国气候变化缔约方大会各种可能的国际气候政策选择，以及中国应对气候变化的行动和长期战略。

自 2009 年推出第一部气候变化绿皮书《通向哥本哈根》后，连续出版了《坎昆的挑战与中国的行动》《德班的困境与中国的战略选择》《气候融资与低碳发展》《聚焦低碳城镇化》《科学认知与政治争锋》和《巴黎的新起点和新希望》。

该丛书每年有其独特的主题，但框架结构基本保持稳定，一般分六部分：第一部分为总论，旨在总体上分析把握国际国内的格局、进展与行动。本部分涵盖两方面内容，分别涉及全球应对气候变化的宏观局势和未来走势，以及中国应对气候变化的原则、立场、目标、行动、进展和对当年年底召开的联合国气候变化大会的展望。第二部分聚焦气候谈判议题，如气候变化的科学评估、减排目标、适应问题、资金机制、技术转让等国际气候谈判的关键议题的由来、谈判进展及对未来走向进行深入分析。第三、四部分围绕科学认知、减缓、适应等科学和实践热点问题进行解读，汇集了研究人员对部分热点问题的聚焦式的跟踪解读与评述，如碳预算、低碳经济、碳市场及低碳发展对就业影响等备受关注的热点问题。第五部分为研究专论，选取了研究人员对应对气候变化部分重要领域的最新研究成果。第六部分收录了主要国家、地区以及主要城市人口、经济、能源和二氧化碳排放等相关数据，以及全球和中国气象灾害及损失统计资料。

（胡国权）

气候资源评估与开发利用

气候资源学

qìhòu zīyuánxué

气候资源学（science of climate resources） 以光、热、水、风、大气成分等气候资源要素及其组合为研究对象，分析研究其数量、质量、发展变化、空间分布规律及其综合开发、利用、保护和管理的一门科学，是气候学的一个分支学科。气候资源是一种重要的自然资源，是指在一定的经济技术条件下，能为人类活动提供可利用的气候要素中的物质、能量的总称，包括太阳能资源、热量资源、水分资源、生态气候资源和风资源。气候资源是一种可再生资源，具有广布性和不均衡性、连续性和不稳定性的特点，它是人类赖以生存和发展的条件，为人类活动提供所必需的环境、物质和能量。气候资源是生产力，对社会经济发展具有重要意义。

发展史　气候资源学是随着气候学和自然资源学发展到一定程度而孕育发展起来的。自古以来劳动人民在生产中对气候资源就有了一定的认识，并将之开发利用，早在战国时代，《吕氏春秋》就写有"凡农之道，厚（即候，指气候）之为宝"，将气候直接称之为农业的重要资源（宝）。中国古代总结出的二十四节气和七十二候就是利用气候资源来提高农作物产量和质量的重要实践，一直以来广为应用。

虽然人类在生产活动中研究和利用气候资源的历史悠久，但是气候资源作为学科概念是在 20 世纪 50 年代才得到较快的发展，在气候资源学的发展历程中，主要有以下三个主要节点和重大事件：

20 世纪 40 年代，美国气象学家 H. E. 兰茨贝格（H. E. Landsberg）曾以"气候是一种重要的自然资源"为题发表文章，列举种种理由阐明气候应该是一种重要的气候资源，促进了气候观测、气候资料的收集、整理和管理工作的进一步改善。世界上不仅气候学家，其他科学工作者在从事资源分析和利用时，都能接受气候是资源的观点。

20 世纪 50 年代苏联学者提出了"气候肥力"的概念，所谓气候肥力指气候满足并调节植物生活所需要的光、热、水、气的能力。嗣后，为了全面研究气候在农业上的生产效应，又有学者提出"气候生产力"概念，它指作物最大限度利用气候条件的生产效能和对不利气候因素抗性的综合生产力。

1979 年日内瓦"世界气候大会"会议主席罗伯特·怀特（Robert M. White）在《发展时期的气候》主题报告中强调"应当开始把气候作为一种资源去思考"，把"气候资源"作为新概念提出来。在此次大会上通过了《世界气候计划》，其旨在研究合理利用气候资源的途径，预测气候变化和预防气候灾害，以保护气候环境和气候资源。

研究进展　根据气候资源研究的理论与实践，气候资源学的发展可归纳为以下几个方面的转变：

从个体、局部到全部、整体，已发展为全球性问题的学科研究。气候资源学在与农业相结合中首先得到发展，接着发展成气候资源在林牧渔、建筑、旅游、交通运输等行业开发利用的全方位学科研究。气候资源学的研究重点与全球性的水资源和生态环境保护、粮食、能源问题紧密联系起来，使气候资源研究成为全球性热点，气候资源学日益国际化研究已成必然趋势。

从定性分析转向定量研究，从静态分析走向动态预测，学科研究手段日益现代化。20 世纪 50 年代以后，随着观测技术和手段不断提高，尤其是遥感技术（RS）、全球定位系统（GPS）、地理信息系统（GIS）等现代化观测手段的应用，使气候资源资料能多途径的收集，这为气候资源学的研究奠定了坚实基础，再加上统计学方法、数值模拟方法、气候相似原理等引入，气候资源分析从传统的定性描述转为定量计算。在当代气候资源研究中还引入气候系统概念，把大气圈、水圈、冰雪圈、岩石圈和生物圈纳入气候系统，除考虑大气自身变化外，还研究气候系统内部各个组成部分相互作用在气候变化中的贡献，对气候资源变化的动态过程进行数值模拟并预测。

从气候资源分散、自然、无序开发转向气候资源合理应用、气候资源管理保护研究并逐步成为气候资源学研究的热点。随着社会发展和全球性环境不断恶化，气候资源作为可再生清洁能源的主要来源，利用价值越来越显著，除了考虑气候资源利用中各行各业的适当分配比例和相互结合问题外，还要注重气候资源利用对环境影响和气候资源本身保护问题，只有在保护好气候资源条件下才能更有效利用气候资源，这已经成为当代社会发展的一个重大问题而受到普遍重视。

随着地球上不可再生的化石燃料在能源结构比例的逐步下降，作为可再生清洁能源的气候资源，在社会经济的可持续发展中将会越来越发挥它应有的作用，合理开发利用气候资源和提高气候资源利用率将是气候资源学长期的基本任务。

研究内容、特点和方法

研究内容　主要有以下四个方面：

气候资源分布和变化规律的研究　中国地处热带、亚热带、温带（包括暖温带、中温带和寒温带）和高原气候区等气候带（见第 258 页气候资源区划），南北气候资源有天壤之别，气候资源要素又有日变化、季节变化和年际变化。研究太阳辐射、热量、降水、风等气候资源要素在空间分布和时间分布上的差异及其变化规律，并对不同地带气候资源的数量、质量进行准确评价，可为合理地开发利用气候资源提供科学依据，此为气候资源学中最基本的研究内容。

气候资源计算和评价方法的研究　气候资源要素的时空变化规律比较复杂，不仅受天文、地理因素影响，而且与各地的气候特征密切相关。为了揭示各地气候资源的分布和变化规律，需要对气候资料进行统计计算，并利用气象站的观测资料来推算无观测站地区的气候资源，这些必须建立系列的气候资源计算和评价分析方法，这也是气候资源学的一项主要研究内容。气候资源计算和评价方法的研究包括太阳辐射的系列计算方法、热量资源各指标的表示和确定方法、水分资源的确定和计算统计方法、风能的计算方法、无气象观测地区气候资源推算方法、气候资源综合评价分析方法等。

气候资源合理开发利用的研究　气候资源虽是可再生资源，但在某地某时段的数量是有限的，怎样合理开发利用有限的气候资源，是开展气候资源研究的最终目的。气候资源的合理开发利用，既要基于各种气候资源本身的规律，又要涉及经济学、生态学等有关技术工程学问题，同时又要遵循顺应自然、防灾避害、扬长避短、多种经营等基本原则，是气候资源学中最综合、最复杂、最系统的研究内容。

气候资源管理和保护的研究　随着人类生产活动向深度和广度发展，工业污染使生态环境遭到日益严重的破坏，对气候资源的影响愈来愈明显，世界正面临荒漠化威胁，为了迅速扭转逆势，必须制定和颁布有效的气候资源管理和保护法规。这是气候资源学需开拓的研究内容。

研究特点　可归纳为以下三点：

气候资源信息的多途径收集　气候资源信息的收集主要为：①历史气候资源重建，主要指某些气候载体（如历史文献记载、树木年轮分析、化石考古等）的分析；②现代气候资源信息主要来源于各种气候监测网和大气探测网的建立和发展，并用现代通信技术将各个气候监测网和大气探测网数据有效结合起来，建立统一标准的数据库，以求数据共享。卫星遥感技术的发展为气候资源监测开辟了新的前景，能弥补山区和边远地区常规气候观测资料的不足。

气候资源的开发利用和保护　立足于资源的有效利用，追求经济效益、生态效益和社会效益协调，使得气候资源朝着综合信息化的清洁可再生能源方向发展。

多学科协作将是拓宽和深化气候资源科学研究的关键，随着气候资源研究工作的不断深入，以及与有关学科的相互渗透，气候资源研究将会取得更大成就。

研究方法　主要有以下方法：

传统研究方法　主要包括地理比较法（类型与区划研究）、数学方法（数理统计、线性规划等）、野外考察、实验研究等。

资源遥感调查法　遥感技术集中反映了物理学、计算机、生物学、地球科学等学科的最新成就。遥感技术在资源调查中具有独特的优点，得到了广泛的应用，是一种获取资源资料的先进手段。

气候资源利用系统优化法　资源利用信息系统是把资源数据库同系统工程原理、系统分析方法、计算机、信息处理等综合在一起的新兴技术系统，也是最先进的资源数据管理、分析和决策方法。

与经济社会的关系　气候资源学的发展与社会、经济发展密不可分。在漫长的历史过程中，人类通过开发利用自然资源推动了社会、经济的进步和发展，随着它们的发展，越来越多的气候要素和气候现象具有了资源价值，气候资源学的研究内容日益丰富。另一方面，随着社会、经济发展和科学技术进步，气候资源开发利用的研究已成为制定经济发展规划、规范经济活动必须考虑的因素之一，其影响范围很广，涉及各行各业；在经济建设和生产发展过程中，合理开发气候资源则能取得较好的社会经济效益并防御气候灾害，而盲目无序开发利用气候资源就会造成严重的经济损失和环境破坏。

通过对气候资源指标研究，针对农业生产发展需求，编制多类农业气候区划方案，为多地利用气候资源，发展农业生产提供了明确的利用重点和方向。此外，气候资源研究可以因地制宜选择作物高产品种，选择合理的种植制度，提高农作物产量。

风能、太阳能等气象能源作为一种清洁的可再生能源，其开发利用是世界利用可再生能源的重要组成部分。进入 21 世纪，中国也有很大的发展，风能、太阳能在中国的 15 个省份中已经成为第二大电源。截止到 2014 年底，中国风电陆上累计装机容量（除台湾地区以外）1.15 亿千瓦，海上累计装机容量（包括潮间带）109 万千瓦，风电累计装机容量连续 4 年位居世界第一；中国光伏发电累计装机容量（除台湾地区以外）2805 万千瓦，累计装机容量仅次于德国位居世界第二。

气候资源利用研究在城市规划、建筑设计、交通运输、旅游疗养等各行各业都取得一些成就。随着气候资源研究工作的不断深入，以及与有关学科的相互渗透，气候资源研究将会取得更大成就。

与邻近学科的关系　气候资源学与气候学和自然资源学关系最为密切，气候资源不是一种独立存在的自然现象，它既要应用气候学的原理来研究气候资源的形成、分布和变化规律，又服务于气候学的各个应用领域；气候资源作为自然资源的重要组成部分，与自然资源的其他组成部分（土地资源、生物资源、水资源、能源资源等）相互联系、相互依存。此外，气候资源学还与物理学、地理学、化学、生物学等也有密切关系，一方面广泛应用这些基础科学的基本理论，另一方面又可以拓展这些基础科学的应用领域。

展望　频繁发生的各类气候灾害已经直接威胁到人类赖以生存的粮食、水和能源等基本条件的维持，人类盲目地开发利用资源以及人类活动引起的严重污染事件，造成局地环境生态和气候资源破坏。这些因素都为气候资源研究从定性转为定量并且摆脱定性描述增加难度，造成定量评估气候资源存在研究上不足，使对气候资源开发程度的研究越发困难。

气候资源学的研究重点必须与粮食、环境、能源、土地资源利用等问题联系起来，综合有效地开发利用气候资源，同时随着气候变暖节能减排的呼声越来越高，清洁可再生能源如风能和太阳能的开发利用也越来越受到重视。全球对新能源的开发利用都制定了一系列的新能源发展规划，美国计划在 2025 年将可再生能源的比例占发电的比例提升 25%，欧盟新能源政策目标是到 2020 年实现可再生能源占总能源比例的 20%，而法国计划到 2020 年将可再生能源在其他能源消费总量中的比重至少提高 23%；中国已经规划了风能和太阳能的大规模开发和利用，而且还会随着开发技术的不断提高，进一步提高气候资源的利用效率。但是气候灾害会随着气候资源开发不当而越趋严重，气候灾害又是气候资源充分开发利用的重要限制因素，由于气候灾害存在，在利用气候资源时必须留有余地，需要趋利避害减小风险；气候资源的开发技术也需要不断提高，才能提高气候资源的有效利用。因此如何在保护气候资源的条件下更有效更合理更科学地开发利用，已经成为一个十分紧迫的科学问题。在充分利用气候资源的同时，必须着重研究气候变化对气候资源的影响，避免诱发气候灾害和破坏气候资源，强化气候资源管理和保护的研究，这是气候资源学的发展趋势。

参考书目

邓先瑞，汤大清，张永芳，1995. 气候资源概论［M］. 武汉：华中师范大学出版社.

葛全胜，2007. 中国可持续发展总纲第 7 卷—中国气候资源与可持续发展［M］. 北京：科学出版社.

孙卫国，2008. 气候资源学［M］. 北京：气象出版社.

张家诚，1982. 气象能源学与能源气象学［J］. 气象，2：5-6.

中国自然资源丛书编撰委员会，1995. 中国自然资源丛书—气候卷［M］. 北京：中国环境科学出版社.

（贺芳芳　柳艳香　朱蓉）

qìhòu zīyuán qūhuà

气候资源区划（division of climate resources）　单项或综合考虑光能资源、热量资源、水分资源和风能资源的地域分布差异，根据光、热、水、风资源结构的相似性和自然过程的同一性，将区域内部相似性最大、差异性最小而与其外部相似性最小、差异性最大的地区划分出来，形成一个有规律的单项或综合区划单位等级系统。这是分析评价气候资源及其开发利用的一种科学方法，可为地区充分开发和合理利用气候资源提供科学依据。

沿革　国内外气候资源区划都经历了一个由粗略到详细、由综合区划到部门区划、由全国到省级以至县级的区划的过程。与此同时，气候资源区划的应用目的也越来越明确，开始的各种气候资源区划主要与农业有关，如种植制度的热量资源区划、干湿水资源气候区划、主要农作物（小麦、水稻、棉花等）光温水资源利用区划，后来又发展到为某行业服务的专业气候资源区划，如林业、畜牧业、经济作物、建筑等各种气候资源利用区划，又发展到太阳能、风能资源的气候能源利用区划。尤其是太阳能、风能区划及两者之间的综合利用区划，将太阳能和风能资源的分布特点和时间变化详细分析出来，为太阳能和风能可再生清洁能源的开发利用提供科学依据。

基本原理　气候资源区划必须遵循一定的原则，主要包括：①发生学原则：着重从气候资源形成原因来阐述气候资源分布差异的规律，既遵循气候相似原理又要考虑地区差异性，按指标逐级分区。②实用原则：侧重于按照服务对象的要求进行区划，要有鲜明的为生产、生活服务的特点，适应经济发展规划的需要。③综合因子原则：在进行区划时尽量考虑气候资源利用的各种因子的综合作用，合理利用气候资源，以取得最佳经济效益和良好的社会效益。④主导因子原则：在影响气候资源利用的因子中，各个因子的作用是不均等的，应该根据区划的目的和要求，突出最重要的因子进行区划。

主要方法　确定区划指标是气候资源区划中的关键问题，所选择的各种区划指标，既要反映气候资源的主要特征，又要反映服务对象的基本要求。常用的区划指标确定方法主要有：主导因子法、辅助因子法、主导因子和辅助因子相结合法、综合因子法。常用的区划方法主要有：逐步分区法、集优分区法、数理统计法（聚类分析法、最优分割法、线性规划法）、模糊数学法、灰色系统关联分析法；采用陆地卫星遥感成像法，并采用计算机识别，分辨不同的气候区和气候界限，划分更精确的气候资源区。

基本内容　气候资源区划无论按内容还是按层次都可分成多种多样的区划。通常可归纳为两大类：一类是单项气候资源区划，主要有：太阳能资源利用区划、风能资源利用区划、热量条件区划、干湿气候区划等；另一类是气候资源综合区划，主要有：国家农业气候区划（多为水、热资源综合利用区划）、气候生产潜力区划（光、温、水资源综合利用区划）、建筑气候区划（光、温资源综合利用区划）、气候能源综合利用区划（太阳能-风能综合利用区划）等。

应用领域　气候资源区划是综合自然区划的组成部分，为综合自然区划提供最基本的依据。气候资源区划是各项专业区划的基础，各项专业区划都是直接为专业生产、发展计划规划服务的。中国各种类型的气候资源区划成果已得到广泛应用，气候资源区划为国家或地区编制农业区划、制定农业发展战略、调整农业生产布局和结构、建设"三北"防护林工程、布局某些工业区域等提供气候依据。尤其突出的是，气象专家朱瑞兆、王炳忠等开展了中国风能区划、太阳能区划、风能太阳能综合利用区划，区划出中国风能和太阳能丰富区、可利用区和贫乏区，提出了许多风能太阳能开发利用决策，这些科学成果在中国各地最优开发利用风能、太阳能等清洁能源中发挥关键作用，起到减少消耗化石燃料带来的环境污染、保护生态环境、促进可持续发展的作用。

与相关（或邻近）业务的关系　气候资源区划表现气候资源分类的地理分布的主要特点。任何一种分类指标在地面上的等值线都表现了一定的气候资源的界限，可为气候资源的开发提供参考，因此，各种气候资源分类都可以作为气候资源区划相应的依据，只有在十分科学的气候资源分类基础上，才可能做出切合实际情况的气候区划。

由于农业气候区划图表现的不仅是分类指标线的地理分布，而且还反映了各类气候的空间范围及其面积，气候资源是同其他地理要素联系在一起的，任何优越的气候资源，如果没有一定的地理范围，是没有任何意义或不存在的。根据气候资源区划才能估算出各种气候资源的数量或一定区域气候资源总量，因此气候资源区划是各类气候资源应用到生产中的一个重要依据。

展望　气候资源已经成为各行业共同关心的问题，同时人类活动对气候影响日益加剧，全球气候背景的变迁、人类活动对自然生态系统和环境的改变，全球气候变化引发各种气候灾害的频繁发生，都可能造成气候资源出现大的改变，使以往的气候资源区划带有一定的局限性，为此气候资源区划已经到了进一步发展的时代。

如何科学进行气候资源区划既涉及气候、气候变化及与之有联系的地理和环境问题，又涉及社会发展及其有关经济结构问题，还涉及各行业对气候资源的特殊要求。因此，现代气候资源区划已经是多种科学汇集的领域，是一个比较复杂的科学问题。科学进行气候资源区划不仅可以将气候资源利用纳入社会总体发展中，排除盲目开发气候资源的现象，而且还可以做好气候资源的保护工作，达到各种气候资源合理配置、综合利用，取得最佳经济和社会效益。

参考书目

邓先瑞，汤大清，张永芳，1995. 气候资源概论［M］. 武汉：华中师范大学出版社.

孙卫国，2008. 气候资源学［M］. 北京：气象出版社.

中国自然资源丛书编撰委员会，1995. 中国自然资源丛书——气候卷［M］. 北京：中国环境科学出版社.

（贺芳芳　朱蓉）

kězàishēng néngyuán

可再生能源（renewable energy）　自然界中可以周而复始、不断利用、循环再生的一种能源，这种能源不会随其本身的转化或人类的利用而日益减少。可再生能源包括：风能、太阳能、水能、生物能、海洋能和地热能。可再生能源具有能流密度较低且高度分散、资源丰富且可以再生、清洁干净几乎没有损害生态环境的污染物排放、部分可再生能源（如太阳能、风能、潮汐能等）具有间隙性和随机性、开发利用技术难度大的共同特点。

沿革　20世纪90年代以来各国政府重视并支持鼓励可再生能源发展，把其作为能源政策的基础，为此全球可再生能源发展很快，其中风能、太阳能和生物能发展速度最快、产业前景最好。政府间气候变化专门委员会（IPCC）第五次评估报告（AR5）《可再生能源与减缓气候变化特别报告》（SRREN）给出了事实：2008—2009年，全球大约3亿千瓦的新增电力装机容量中有1.4亿千瓦来自于可再生能源；2009年尽管全球经济面临严峻挑战，可再生能源的装机容量仍然出现增长：风能增长超过30%，水电增长3%，光伏上网电量增长超过50%，地热能增长4%，太阳能热利用增长超过20%。全球可再生能源装机中，发达国家所占比例超过50%，发展中国家如中国，风电新增装机容量为世界第一。

中国政府长期以来一直关注可再生能源发展，早在20世纪80年代，国务院就发布了《关于促进农村能源发展问题的若干意见》，将可再生能源发展的开发利用纳入农村能源建设；自2006年1月1日《可再生能源法》实施以来，中国可再生能源已经进入快速发展时期，截止到2014年底，全国可再生能源发电装机达到了4.33亿千瓦，全国共消纳水电和风电量高达4868万千瓦时，随着《国家应对气候变化规划（2014—2020年）》的发布，"十三五"能源结构调整，可再生能源大幅提升，将进入更大规模发展的新阶段。

分类　根据联合国开发计划署（UNDP）可再生能源的分类和《中华人民共和国可再生能源法》定义的可再生能源，可分为太阳能、风能、水能、生物能、地热能、海洋能六大种类。

太阳能 一般指太阳光的辐射能量，在太阳内部进行的由"氢"聚变成"氦"的原子核反应，不停地释放出巨大的能量，并不断向宇宙空间辐射能量，这种能量就是太阳能。广义上的太阳能是地球上许多能量的来源，狭义上的太阳能则限于太阳辐射能的光热、光电和光化学的直接转换。太阳能资源不仅有日变化、季节变化，而且受天气影响很大。太阳能的利用形式主要有太阳能的光热利用、光电利用和光化学利用，转换方式有光热转换和光电转换两种方式。

风能 是由于空气受到太阳能等能源的加热而产生流动形成的能源，存在于地球的任何地方，风能受地形和天气影响很大，有季节性变化和逐日逐时变化。风能通常是利用专门的装置（风力机）将风力转化为机械能、电能、热能等各种形式的能量，用于提水、助航、发电、制冷和致热等，风力发电是主要的风能利用方式。

水能 是通过运用水的势能和动能转换成机械能或电能等形式的能源。水能的利用方式主要是水力发电，水力发电的优点是成本低、可再生、无污染，但受分布、气候、地貌等自然条件的限制较大。目前水电站的发电量约占全世界总发电量的 6%，主要来自一些大河流上的大型发电站，与大中型水电站比，小水电站具有投资小、风险低、效益稳、运营成本比较低、对环境影响小等优点，能最大限度开发利用水能，是发展方向。

生物能 是指植物通过叶绿素的光合作用将太阳能转换为化学能贮存在生物内部的能量，属于可再生能源。生物能一直是人类赖以生存的重要能源，仅次于煤炭、石油和天然气而居世界能源消费总量第四位。开发利用技术主要是通过热化学转换技术将固体生物质转换成可燃气体等，通过生物化学转换技术将生物质在微生物的发酵作用下转换成沼气、酒精等，通过压块细密成型技术将生物质压缩成高密度固体燃料等。

地热能 是指来自地球内部的热能资源，如果能将热从地球深处带自表面的水重新注回地层，则地热能就是一种再生资源。地热能是在地球演化进程中储存下来的，是独立于太阳能的又一自然能源，它不受天气状况等条件因素的影响，未来的发展潜力也相当大，为了开发利用地热能资源，必须继续研究勘探、开采和转换技术，并处理好环境问题。

海洋能 通常指蕴藏于海洋中的可再生能源，主要包括潮汐能、波浪能、海流能、海水温差能、海水盐差能等。海洋能蕴藏丰富，分布广，清洁无污染，但能量密度低，地域性强，因而开发困难并有一定的局限。开

发利用的方式主要是发电，其中潮汐发电和小型波浪发电技术已经实用化。波浪能发电利用的是海面波浪上下运动的动能。

应用领域 世界上可再生能源最大的应用是生产电力。2002—2012 年 10 年中，全球风电装机年均增长 25%，太阳能光伏发电装机年均增长 44%；中国风电装机年均增长超过 60%，太阳能光伏发电装机年均增长超过 50%，中国可再生能源发电能力发展速度比世界平均速度快。中国水电累计装机和发电量多年居世界第一，中国风电装机容量自 2012 年起连续 4 年居全球榜首。

其次是生产燃料。太阳能热水器向世界近 5000 万户家庭供应热水，中国太阳能热水器生产量和使用量多年均居世界第一，中国还是太阳灶最大生产国，截止到 2014 年底，有 130 万余台太阳灶在使用中。使用生物能和地能采暖的国家有所增多，有 30 多个国家使用超过 200 万处地源热泵；生物燃料（乙醇和生物柴油）的生产量逐年增加。

其三在建筑领域应用。各国大力推动太阳能、浅层地能等在建筑领域应用，世界上已形成了"太阳能建筑"技术领域，通过建筑设计把透光、储能等材料有机集成一起，建造太阳房和太阳能温室，同时建筑中使用太阳能、地热等来制冷和干燥以此改善环境。

小型水电、生物能和太阳能为发展中国家的乡村地区提供了电力、热能、水的泵送，太阳能资源还应用于通讯、广播电视接收，太阳能温室使许多城镇一年四季果蔬充足。

与相关业务的关系 全球可再生能源利用的快速发展要求各国对可再生能源分布进行调查和区划，对其进行管理和保护，从而诞生了一门新兴研究科学——可再生能源研究。可再生能源开发利用又诞生了一门新兴制造业——可再生能源工业，产生了一个新的金融投资领域——可再生能源投资。随着各国可再生能源投资的增长，风力发电制造业、太阳能光伏产业等可再生能源工业在快速发展，新的利用技术（如薄膜光伏技术等）不断出现，可再生能源开发利用不断增大，在能源市场上成为有竞争力的供应源。

展望 在可再生能源开发利用中面临着许多制约因素，其中包括：全面了解可再生能源储备任务艰巨、成本过高、有利发展的经济和法规政策是否出台、开发利用会产生对环境不利情况、发达国家的资金和技术是否能帮助发展中国家等。这些因素都会影响可再生能源开发利用。SRREN 报告显示：可再生能源的资源储量不是限制可再生能源开发利用的主要原因，虽然气候变化可能会影响可再生能源的资源量，但是可再生能源的技

术开发量远远超过全球能源供应需求。据研究，到2014
年前后，全球仅有不足2.5%的可再生能源技术开发量
得到利用。如果有正确的政策保障，到21世纪中叶，
可再生能源能够满足15%～80%的全球能源需求。

逐年提高可再生能源在能源消费构成中的比例将成
为世界各国实施可持续发展的重要基础。为此必须进一
步制定更加有利可再生能源发展的相关政策，加强国际
合作，更加关注技术含量较低、成本较低廉的可再生能
源开发利用，解决储能的技术难关，使可再生能源逐步
成为全球主导能源。

参考书目

钱伯章，2010. 可再生能源发展综述［M］. 北京：科学出版
社.

汪建文，2011. 可再生能源［M］. 北京：机械工业出版社.

阎季惠，1998. 新的可再生能源：未来发展指南［M］. 北京：
海洋出版社.

中国国家发展和改革委员会，2007. 国际可再生能源现状与展
望［M］. 北京：中国环境科学出版社.

IPCC, 2011. Special report on renewable energy sources and cli-
mate change mitigation［M］. Cambridge：Cambridge Univer-
sity Press.

（贺芳芳　朱蓉）

太阳能资源

tàiyángnéng zīyuán

太阳能资源（solar energy resource）　以电磁波的形
式投射到地球，可转化成热能、电能、化学能等以供人
类利用的太阳辐射能。

从广义上而言，地球上绝大部分能量都来自于太
阳，如传统化石能源、风能、生物质能等。这里的"太
阳能资源"仅从狭义而言。太阳能资源属于可再生能
源，它可以在自然界不断生成并有规律地得到补充。同
时，作为气候要素的重要组成部分，太阳能资源也属于
气候资源，为人类的生产和生活提供能量。

太阳能资源表征　到达地表的太阳辐射按照传输路
径的不同可分为散射辐射和直接辐射。其中散射辐射的
定义为被空气分子、云和空气中的各种微粒分散成无方
向性的、但不改变其单色组成的辐射；直接辐射则是指
从日面及其周围一小立体角内发出的辐射。而在水平面
从上方2π立体角范围内接收到的直接辐射和散射辐射
之和则称之为总辐射。总辐射、直接辐射和散射辐射是
用以表征太阳能资源的三个常用物理量。

太阳能资源度量　辐照度和辐照量是用来度量太阳
辐射的基本物理量，二者之间是功率与能量的关系，其
中辐照度是指在单位时间内投射到单位面积上的辐射
能，基本单位是 W/m^2，辐照量是指在给定时间段内辐
照度的积分总量，基本单位是 J/m^2。总辐射辐照度、直
接辐射辐照度和散射辐射辐照度均可以通过专用仪器测
量得到，而相应的辐照量则是通过对辐照度的时间积分
计算得到。

太阳能资源主要特点　①总量巨大，到达地球大气
层上界的太阳辐射功率为 1.73×10^{11} MW，约为1970年
全世界消耗功率的3万倍左右；②取之不尽、用之不
竭，根据太阳产生核能的速率估算，其产生的能量足够
维持上百亿年，而地球的寿命约为几十亿年，从这个意
义上讲，可以说太阳的能量是用之不竭的；③清洁无污
染，相比于传统化石能源，太阳能资源的利用不产生任
何污染物和温室气体的排放；④不受资源分布地域的限
制，太阳光普照大地，无论陆地或海洋，还是高山或岛
屿，处处皆有，可直接开发和利用，且无需开采和运
输。⑤能量分散，密度较低，例如中国中纬度地区到达
地表面的年平均总辐射辐照度仅为 $200 W/m^2$ 左右，因
此，在利用太阳能时，要想得到一定的转换功率，往往
需要面积相当大的一套收集和转换设备，造价和成本都
较高；⑥能量不稳定，由于昼夜、季节、地理纬度和海
拔高度等自然条件的限制以及云、气溶胶、大气成分等
气象因素的影响，到达某一地面的太阳能资源既是间断
的又是极不稳定的，存在着较大的年际变化、年变化和
日变化，这些变化既有规律性，又有随机性。

影响因子　影响太阳辐射的因子包括天文因子、地
理因子和气象因子（参见第264页中国太阳能资源区
划）。

分布及总量　从全球范围来看，太阳能资源空间分
布主要与纬度有关。赤道及其以北、以南30°的广大地
区其年平均总辐射辐照度都在 $250 W/m^2$ 左右，其中非
洲北部地区（撒哈拉沙漠）的太阳能资源最为丰富，超
过 $300 W/m^2$；北纬、南纬30°～40°的中纬度温带地区，
其太阳能资源相对丰富，年平均总辐射辐照度一般在
$200 W/m^2$ 左右；北纬、南纬40°以上的高纬度地区，其
年平均总辐射辐照度通常在 $150 W/m^2$ 以下。

根据政府间气候变化专门委员会（IPCC）2011年
发布的《可再生能源与减缓气候变化特别报告》（SR-
REN），到达地球表面（包括陆地和海洋）的太阳辐射
理论总能量约为 3.2×10^{18} MJ/a。假定世界上未利用土
地的1%用于太阳能发电，则太阳能资源的技术开发量
约为1600 EJ/a，相当于2008年全世界能源消费总量的
3倍。

中国太阳能资源分布及总量　中国的太阳能资源空间分布不仅与纬度有关，还在很大程度上受地形和气候的影响，总的来说西部高于东部、高原大于平原、内陆多于沿海、干燥区大于湿润区。从太阳能资源量的分布来看，可分为"最丰富区""很丰富区""丰富区"和"一般区"4 个等级（4 个等级的区域分布见第 264 页中国太阳能资源区划）。其中"最丰富区"年平均总辐射辐照度将近 250 W/m²，年总辐射辐照量达到 7000 MJ/m²左右；"一般区"年平均总辐射辐照度基本在 120 W/m²以下，年总辐射辐照量仅在 4000 MJ/m²左右。从资源总量而言，中国绝大部分地区都适宜于太阳能开发利用。

到达中国陆地表面的太阳辐射理论总能量约为 5.28×10^{16} MJ/a，太阳辐射总功率约为 1.68×10^9 MW，约占全球陆地表面太阳能资源的 6.8%，大约相当于全国 2010 年一次能源消费总量（约 9.74×10^{13} MJ）的 540 倍。

太阳能资源开发利用　参见第 268 页太阳能资源利用。

参考书目

石广玉，2007. 大气辐射学 [M]. 北京：科学出版社.
王炳忠，张富国，李立贤，1980. 我国的太阳能资源及其计算 [J]. 太阳能学报，1 (1)：1-9.

（申彦波）

tàiyángnéng zīyuán pínggū

太阳能资源评估（solar energy resource assessment）对某一区域或某一站点的太阳能资源的总量、特性和开发潜力等做出定量计算和定性评价。

沿革　太阳能资源评估的实质是利用观测或计算的方法确定到达地面的太阳辐射量（总辐射、直接辐射和散射辐射），评价其丰富程度，进而估算不同太阳能利用方式的产出量（发电量、发热量等）。利用地面辐射观测资料进行一个地区的太阳能资源评估是最简单、最直接也最准确的方法。然而，全球的地面太阳辐射观测站点并不是很多，且空间分布不均匀，即便在观测站点比较密集的地区，观测数据也不能完全满足太阳能电站资源评估的需求。因此，研究者往往需要通过间接的方法来计算到达地面的太阳辐射。

中国对于到达地面太阳辐射计算方法的研究最早从 20 世纪 50 年代初期开始，最初的目的并非是将其作为太阳能资源进行研究，而是作为地表能量平衡的重要组成部分来进行计算，进而为气候学或农学的研究提供基础，为此，这一时期绝大多数的研究都是计算到达地面的总辐射，而对于直接辐射和散射辐射则涉及较少。在 50 年代初期至 60 年代中期这十多年的时间内，中国主要是引用并发展国外（特别是苏联）关于总辐射气候学计算方法的研究成果，例如利用总云量计算的金波尔公式（沙文诺夫-埃斯川姆公式）、利用总云量和低云量计算的库兹明公式、利用日照时数计算的乌克拉英采夫公式以及利用日照百分率计算的埃斯川姆公式等，通过分析不同方法的误差，计算中国总辐射的时空分布。

20 世纪 80 年代，中国的学者在前人工作的基础上，对地面太阳辐射的气候学计算方法进行了更深入的探讨和总结，这一时期的突出特点是开始真正从气候资源的角度对地面太阳辐射进行计算和分析。王炳忠等于 1980 年采用气候学方法利用全国近 700 个气象站 1951—1970 年的日照、气压和湿度观测资料，计算了中国的太阳能资源分布，并于 1983 年对中国的太阳能资源利用进行了区划；除总辐射之外，祝昌汉等还对直接辐射和散射辐射的气候学方法进行了深入的研究。这些成果在中国太阳能资源评估领域得到广泛引用。

20 世纪 90 年代以来，中国气象工作者开始尝试将新的技术方法应用于太阳能资源的计算和分析，主要包括地理信息技术和卫星遥感资料。利用地理信息技术可以提取高精度的坡向、坡度和海拔等地形数据，因而能够充分考虑地形对于太阳能资源空间分布的影响；利用卫星遥感资料可以自上而下地进行地面太阳辐射的物理反演，能够考虑云和大气对太阳辐射的削弱作用。这两种技术方法的运用使得获取精细化的太阳能资源评估结果成为可能，因而在国际上得到广泛而深入的研究，中国在这两个方面也已开展了大量的工作，已逐步将科研成果应用于太阳能资源评估业务和服务。

太阳能资源定性评价　包括总量等级、稳定度等级和直射比等级等三个方面的评价。

总量等级　以水平面总辐射年辐照量为指标，划分为四个等级：最丰富（A）、很丰富（B）、丰富（C）、一般（D）（见表 1）。

表 1　太阳能资源总量等级（G 表示水平面总辐射年辐照量）

等级名称	分级阈值/ kWh·m⁻²	分级阈值/ MJ·m⁻²	等级符号
最丰富	$G \geq 1750$	$G \geq 6300$	A
很丰富	$1400 \leq G < 1750$	$5040 \leq G < 6300$	B
丰富	$1050 \leq G < 1400$	$3780 \leq G < 5040$	C
一般	$G < 1050$	$G < 3780$	D

稳定度等级　以水平面总辐射稳定度为指标，划分为四个等级：很稳定（A）、稳定（B）、一般（C）、欠稳定（D）。其中水平面总辐射稳定度是全年各月水平面总辐射日平均值的最小值与最大值之比（见表 2）。

直射比等级 以直射比为指标，划分为四个等级：很高（A）、高（B）、中（C）、低（D）。其中直射比是水平面直接辐射年总量与水平面总辐射年总量之比（见表3）。

表2 太阳能资源稳定度等级（R_W表示水平面总辐射稳定度）

等级名称	分级阈值	等级符号
很稳定	$R_W \geq 0.47$	A
稳定	$0.36 \leq R_W < 0.47$	B
一般	$0.28 \leq R_W < 0.36$	C
欠稳定	$R_W < 0.28$	D

表3 太阳能资源直射比等级（R_D表示直射比）

等级名称	分级阈值	等级符号	等级说明
很高	$R_D \geq 0.6$	A	直接辐射主导
高	$0.5 \leq R_D < 0.6$	B	直接辐射较多
中	$0.35 \leq R_D < 0.5$	C	散射辐射较多
低	$R_D < 0.35$	D	散射辐射主导

太阳能资源定量计算方法 主要包括观测资料统计、气候学统计和物理反演等三种方法。

观测资料统计法 利用地面气象站实测的太阳辐射数据，统计其日值、月值和年值，计算太阳能资源的方法。观测资料统计法是评估一个地区太阳能资源状况最客观、直接和准确的方法，但由于地面实测数据的有限性，该方法在无太阳辐射观测的地区无法采用。

气候学统计法 基于气候学原理，利用与地面太阳辐射有关的其他气象要素间接计算太阳能资源的方法。该方法首先在有太阳辐射观测的地区建立太阳辐射与其他气象要素的统计关系，获得经验系数，进而将该统计关系和经验系数外推应用到其他无太阳辐射观测的地区，利用当地实测的其他气象要素推算地面太阳辐射。气候学统计法包括3个要素：①初始值，可选用地外太阳辐射（天文辐射）、理想大气总辐射或晴天总辐射；②气象要素，最常用的是日照百分率和总云量；③统计关系和经验系数，水平面总辐射一般与日照百分率呈线性关系，水平面直接辐射一般与日照百分率呈二次抛物线关系，散射辐射一般与总云量呈线性关系，常用的经验系数外推方法有区域平均取值法和连续变化取值法等。气候学统计法的主要优点在于物理意义明确、计算简单、准确度较高；不足之处在于对地面实测太阳辐射数据的依赖度很高，同时为保证统计关系的稳定性，该方法一般只适合于推算太阳辐射的月值或年值。

物理反演法 基于大气辐射传输理论，考虑各种因子对太阳辐射影响的物理过程，计算太阳能资源的方法。该方法首先确定各种因子对太阳辐射影响的参数化方程或物理模型，进而将所有方程或模型综合考虑，计算得到地面太阳辐射。影响太阳辐射的因子包括天文因子、地理因子和气象因子，其中天文因子主要包括太阳常数和日地距离等，地理因子主要包括经度、纬度和海拔高度等，这两者均可通过理论方程精确计算，而气象因子则包括云、气溶胶、水汽和各种气体分子等，由于其时空变化特征、物理化学特性及其对太阳辐射影响的复杂性，是物理反演法的重点和难点所在，同时由于很难通过地面观测获得时空连续的气象因子特征参数，通常需要借助于卫星观测数据。基于卫星观测的物理反演方法是国际上主流的太阳能资源计算方法，该方法的主要优点是不依赖于地面太阳辐射观测，时空连续性好，但其准确度则依赖于卫星观测数据的水平和气象因子参数化方程或物理模型的性能。

展望 太阳能资源评估方法中，利用地面辐射观测资料虽然最直接准确，但由于观测站点的不足而不利于研究大区域的空间分布；气候学方法是研究最早、最成熟的一种方法，它计算简单、精度较高，有利于推广并应用于气象业务；卫星遥感资料为地面太阳辐射量的计算提供了一种自上而下的、时空分辨率较高、连续性较好的观测资料，但精度还不够高，对于云和气溶胶的处理方法也还不够完善。

云和气溶胶对于太阳辐射影响的确定始终是地面太阳辐射量计算的两大难点。在未来的研究中，应以辐射传输理论为基础，结合地面实测数据，应用地理信息系统技术充分考虑地形的影响，同时充分利用卫星遥感资料时空分辨率方面的优势，对大气成分、水汽和气溶胶等各种影响因子加以考虑，对太阳能资源进行精细化评估。

参考书目

高歌，赵东，陈洪武，等，2014. 太阳能资源等级总辐射：GB/T 31155—2014 [S]. 北京：中国标准出版社.

王炳忠，张富国，李立贤，1980. 我国的太阳能资源及其计算 [J]. 太阳能学报，1（1）：1-9.

（申彦波）

qīngxiémiàn fúshè jìsuàn
倾斜面辐射计算（calculation of radiation on sloped surfaces） 对按照一定角度倾斜放置的太阳能利用装置所能获取的太阳辐射量进行计算。由于气象台站一般只观测水平面上的太阳总辐射，而太阳能利用装置为了接收更多的太阳辐射往往需要倾斜放置，因此如何从水平面上的太阳辐射量计算得到倾斜面上的太阳辐射量是太阳能应用系统设计的基础。

倾斜面辐射组成及计算方法 倾斜面上接收的总辐射由倾斜面直接辐射、倾斜面散射辐射和倾斜面反射辐射三个部分组成。

倾斜面直接辐射 是在计算倾斜面与水平面上直接辐射之比的基础上得到。以方位角正南时的倾斜面直接辐射月总量为例，其计算方程为：

$$D_S = D_H R_b \tag{1}$$

$$R_b = \frac{\cos(\varphi-\beta)\cos\delta\sin\omega + \frac{\pi}{180}\omega\sin(\varphi-\beta)\sin\delta}{\cos\varphi\cos\delta\sin\omega + \frac{\pi}{180}\omega\sin\varphi\sin\delta} \tag{2}$$

式中：D_S 为倾斜面直接辐射月总量；D_H 为水平面直接辐射月总量；R_b 为方位角为正南时，倾斜面与水平面上的日太阳直接辐射之比的月平均值；φ 为当地纬度；β 为倾斜面与水平面之间的夹角（倾角）；δ 为各月代表日的太阳赤纬；ω 为各月代表日的日落时角。

倾斜面散射辐射 倾斜面散射辐射的计算又分为各向同性和各向异性模型。以方位角正南时的倾斜面散射辐射月总量为例，其各向同性的计算方程为：

$$S_S = S_H\left(\frac{1+\cos\beta}{2}\right) \tag{3}$$

式中：S_S 为倾斜面散射辐射月总量；S_H 为水平面散射辐射月总量。各向异性计算方程在各向同性的基础上，进一步考虑环日辐射和地平反射，国际上不同研究者对于这两项的计算方法各有不同。以 Hay 模型为例，其各向异性计算方程为：

$$S_S = S_H\left[\frac{D_H}{Q_H}R_b + \left(1-\frac{D_H}{Q_H}\right)\left(\frac{1+\cos\beta}{2}\right)\right] \tag{4}$$

式中：Q_H 为水平面总辐射月总量；该方程考虑了环日辐射。

倾斜面反射辐射 考虑了地面反射太阳辐射到达太阳能利用装置上的能量。以方位角正南时的倾斜面反射辐射月总量为例，其计算方程为：

$$R_S = Q_H\left(\frac{1-\cos\beta}{2}\right)\rho \tag{5}$$

式中：R_S 为倾斜面反射辐射月总量；ρ 为月平均地表反照率。

倾斜面总辐射 是上述直接辐射、散射辐射和反射辐射之和，其计算方程为：

$$Q_S = D_S + S_S + R_S \tag{6}$$

式中：Q_S 为倾斜面总辐射。

（申彦波）

最佳倾角计算（calculation of optimal sloped angle） 根据计算倾斜面辐射量，确定太阳能利用装置的最佳倾斜角度。太阳能应用中，通常将采光面倾斜放置，因此，按照不同的需求，计算并确定最佳倾角是太阳能工程设计的关键步骤之一。

按照太阳能利用方式的不同，可以分为太阳能热水器最佳倾角和光伏发电系统最佳倾角。

太阳能热水器最佳倾角 太阳能热水器最佳倾角的主要判断依据是全年能够满足生活热水需求的日数最多，并不追求全年倾斜面辐射量最大。首先需要确定用户平均每月的生活热水需求量，根据热量方程推算相应的临界太阳辐射量，再根据倾斜面辐射量计算方法，确定每月逐角度的倾斜面辐射量，以大于或等于临界太阳辐射量为判断依据，确定最佳倾角。

光伏发电系统最佳倾角 分为独立光伏发电系统最佳倾角和并网光伏发电系统最佳倾角。

独立光伏发电系统最佳倾角 独立光伏发电系统最佳倾角的计算方法与太阳能热水器最佳倾角计算方法类似，其主要判断依据是全年能够满足负载用电的日数最多。

并网光伏发电系统最佳倾角 并网光伏发电系统最佳倾角的主要判断依据是全年接收的太阳辐射最多，即倾斜面总辐射年总量最大。并网光伏发电系统与常规电网相连，发电量可随时上网，因此主要追求年发电量最大。根据倾斜面辐射量计算方法，确定每月逐角度的倾斜面辐射量，进而计算全年逐角度的倾斜面辐射量，取其中的最大值所对应的倾斜角度，即为并网光伏发电系统最佳倾角。

（申彦波）

中国太阳能资源区划（division of solar energy resources in China） 依据太阳能资源等级划分指标，对中国的太阳能资源进行区域划分。

区划指标 中国太阳能资源区划指标包括总量、稳定度和直射比，3 个指标的等级划分标准参见第 263 页太阳能资源评估。

总量区划 根据年太阳总辐射量的多少，将全国太阳能资源划分为最丰富区、很丰富区、丰富区和一般区。青藏高原及内蒙古西部是中国太阳总辐射资源"最丰富区"（大于 1750 kWh/m²），占国土面积的 22.8%；以内蒙古高原至川西南一线为界，其以西、以北的广大

表1 中国太阳能资源总量等级分布区域

名称	主要分布地区	约占陆地面积/%
A 最丰富区	内蒙古阿拉善盟西部、甘肃酒泉以西、青海大部、西藏中西部、新疆东部边缘地区、四川甘孜部分地区	22.8
B 很丰富区	新疆大部、内蒙古阿拉善盟以东呼伦贝尔以南、黑龙江西部、吉林西部、辽宁西部、河北大部、北京、天津、山东东部、山西大部、陕西北部、宁夏、甘肃酒泉以东大部、青海东部边缘、西藏西部、四川中西部、云南大部、海南	44.0
C 丰富区	内蒙古呼伦贝尔、黑龙江大部、吉林中东部、辽宁中东部、山东中西部、山西南部、陕西中南部、甘肃东部边缘、四川中部、云南东部边缘、贵州南部、湖南大部、湖北大部、广西、广东、福建、台湾、江西、浙江、安徽、江苏、河南	29.8
D 一般区	四川东部、重庆大部、贵州中北部、湖北西南部、湖南西北部	3.3

表2 中国太阳能资源稳定度等级分布区域

名称	主要分布地区	约占陆地面积/%
A 很稳定区	青海中南部、西藏中东部、川西高原、甘肃西南部、贵州西部边缘、广西西部边缘、福建南部、广东西部中部和东部、海南	22.0
B 稳定区	新疆塔里木盆地南部、西藏西北部、青海北部、甘肃中部和南部、内蒙古鄂尔多斯高原和腾格里沙漠、宁夏、陕西大部、山西、河北西部、北京北部、山东中南部、河南、安徽、江苏、浙江、湖北中东部、江西北部和南部、福建中北部、台湾、广东北部、广西大部、贵州西部、四川中部	29.0
C 一般区	新疆中部、甘肃北部、内蒙古西部和中部、黑龙江东南部、吉林大部、辽宁、河北中北部、北京、天津、山东北部、江西中部、湖南大部、湖北西部、广西北部、贵州中部、四川中东部、陕西南部、重庆北部	29.5
D 欠稳定区	重庆大部、四川东部、贵州北部	19.5

表3 中国太阳能资源直射比等级分布区域

名称	主要分布地区	约占陆地面积/%
A 直接辐射主导区	新疆北部、内蒙古大部、甘肃西部、青海中北部、西藏西部和南部、云南楚雄和四川攀枝花交界区、陕西北部、山西北部、河北西部、吉林西部	29.2
B 直接辐射较多区	新疆大部、西藏北部和东部、青海西部和东部、甘肃中部、川西高原、云南中西部、宁夏大部、陕西中部、山西中南部、河北中东部、北京、天津、山东中北部、辽宁大部、吉林中东部、黑龙江、内蒙古呼伦贝尔、海南西部和南部	41.2
C 散射辐射较多区	新疆喀什、西藏林芝、四川中部、云南东部、甘肃南部、陕西南部、河南、山东南部、江苏、安徽、湖北大部、江西、湖南大部、江西、浙江、福建、台湾、广东、广西大部、贵州西部、海南中北部	26.2
D 散射辐射主导区	四川东部、重庆、贵州中北部	3.4

地区是资源"很丰富区",普遍有 1400~1750 kWh/m²,占国土面积的 44.0%;东部的大部分地区,资源量一般有 1050~1400 kWh/m²,属于资源"丰富区",占国土面积的 29.8%;四川盆地由于海拔较低,且全年多云雾,一般不足 1050 kWh/m²,是资源"一般区",占国土面积的 3.3%(见表1)。

稳定度区划 根据稳定度的大小,将全国的太阳能资源分为很稳定区(稳定度 > 0.47)、稳定区(0.36 ≤ 稳定度 < 0.47)、一般区(0.28 ≤ 稳定度 < 0.36)和欠稳定区(稳定度 < 0.28)。各区域占国土面积的百分比:很稳定,占 22.0%;稳定,占 29.0%;一般,占 29.5%;欠稳定,占 19.5%(见表2)。

直射比区划 根据直射比的大小,将全国的太阳能资源分为直接辐射主导区(直射比 > 0.6)、直接辐射较多区(0.5 ≤ 直射比 < 0.6)、散射辐射较多区(0.35 ≤ 直射比 < 0.5)、散射辐射主导区(直射比 < 0.35)。各等级占国土面积的百分比:直接辐射主导,占 29.2%;直接辐射较多,占 41.2%;散射辐射较多,占 26.2%;散射辐射主导,占 3.4%(见表3)。

参考书目

高歌,赵东,陈洪武,等,2014. 太阳能资源等级总辐射:GB/T 31155—2014 [S]. 北京:中国标准出版社.

王炳忠,张富国,李立贤,1980. 我国的太阳能资源及其计算 [J]. 太阳能学报,1(1):1-9.

赵东,罗勇,高歌,等,2009. 我国近50年来太阳直接辐射资源基本特征及其变化 [J]. 太阳能学报,30(7):946-952.

(申彦波)

tàiyángnéng zīyuán chéngyīn

太阳能资源成因（formation of solar energy resources） 形成中国太阳能资源总量、时间变化和空间分布特征的主要原因。

太阳能资源影响因子 影响太阳辐射的因子包括天文因子、地理因子和气象因子。

天文因子 主要考虑太阳赤纬、太阳高度角和日地距离三个方面。①太阳赤纬。又称赤纬角，是地球赤道平面与太阳和地球中心的连线之间的夹角。地球围绕太阳公转，造成赤纬角的变化。赤纬角以年为周期，在 +23°26′ 与 −23°26′ 的范围内移动，成为季节的标志。夏季（6—8月）地球的北半球朝太阳倾斜，北半球赤纬角为正大值，南半球赤纬角为负大值，北半球接受的太阳能辐射量比南半球多得多；冬季（12月至次年2月）则相反。②太阳高度角。太阳在地平线以上的高度，以地平面与太阳光入射线之间的夹角来测量，称为太阳高度角（或仰角）。对于某一地平面而言，太阳高度角低时，光线穿过大气的路程较长，能量衰减得就较多。同时，又因为光线以较小的角度投射到该地平面上时，同样单位面积接收到的光线能量比较大角度的要少。因此，太阳高度角愈大，太阳辐射强度愈大。太阳高度角因时、因地而异：一日之中，太阳高度角正午大于早晚；夏季大于冬季。③日地距离。日地距离是指地球环绕太阳公转时，由于公转轨道呈椭圆形，日地之间的距离则不断改变。由于大气对太阳辐射到达地面之前有很大的衰减作用，而这种衰减又与太阳辐射穿过大气路程的长短有关系。太阳辐射在大气中经过的路程越长，能量损失就越多；路程越短，能量损失越少。所以，地球位于近日点时，获得太阳辐射大于远日点。

地理因子 一般考虑当地的纬度位置、海拔高度、下垫面及地形地貌和障碍物的影响。①纬度位置。纬度低则正午太阳高度角大，太阳辐射经过大气的路程短，被大气削弱得少，到达地面的太阳辐射就强；反之，则弱。我们通常所说的日照时间，它与当地的地理纬度和当时的赤纬角有关，因地因时而异。北半球夏季，纬度越高或赤纬角越大，日照时间就越长；北半球冬季则相反。②海拔高度。海拔高，空气稀薄，大气对太阳辐射的削弱作用弱，到达地面的太阳辐射就强；反之，则弱。③下垫面的性质、粗糙度以及颜色都会通过吸收率和反照率影响近地面的辐射平衡，特别对散射辐射产生较大的影响。④地形地貌和障碍物的影响。在日常生活中经常会看到如下现象。当上午或下午太阳斜照时，高大的山峰、树林会遮住太阳，房屋、烟囱等建筑物也会挡住阳光。由于太阳斜射的影响，阳光更容易被地形、地貌及障碍物遮挡。

气象因子 主要考虑天气状况、大气透明度对太阳辐射的影响，主要包括云、气溶胶、水汽和气体分子。①天气状况，主要指云（包括云量、云状和出现时间）的影响。晴朗的天气，经常为中高云系，大气对太阳辐射的削弱作用弱，到达地面的太阳辐射就强；阴雨的天气，往往以中低云系为主，大气对太阳辐射的削弱作用强，到达地面的太阳辐射就弱。②大气透明度。地球表面接受的太阳辐射要受到大气条件的影响而衰减，主要原因是由空气分子、水蒸气、尘埃、气溶胶引起的大气散射和由臭氧、水蒸气和二氧化碳引起的大气吸收。在晴朗夏天的正午时刻，大约有70%的太阳辐射穿过大气层直接到达地球表面；另有7%左右的太阳辐射经大气分子和粒子散射以后，也最终抵达地面；其余的被大气吸收或经散射返回空间。

中国太阳能资源特征 中国的太阳能资源总体分布趋势大致为西部多于东部、高原大于平原、内陆大于沿海、干燥区大于湿润区。

天文因子的影响主要反映在中国东部（105 °E以东）地区总辐射等值线走向的纬向趋势，这是辐射分布的总背景，体现了天文因子对辐射场形成的主导作用，随着季节的改变，其影响程度可因天文因素和大气环流因素作用对比发生改变而有所变化。

地形对辐射分布的影响主要通过海拔高度差异表现出来。青藏高原平均海拔高度在4000 m以上，其对辐射分布影响最突出，所以，在总辐射分布图上，在青藏高原地区为明显的高值中心。这主要是由海拔高度高所造成的大气对太阳辐射的吸收、散射过程减弱的结果。在青藏高原东部边缘，由于海拔高度的急剧变化，可出现辐射要素等值线密集现象。四川盆地封闭的地形条件，形成了总辐射的低中心，另外，在塔里木盆地区，总辐射的分布也呈类似的闭合区。

大气环流对辐射分布的影响主要通过云状况演变反映出来。实际总辐射分布是纬度、地形和大气环流条件综合影响的结果。由于前两者的影响相对比较固定，唯有大气环流条件影响的变异性最大。长江中下游及其以南地区的副热带高压以及华北雨带对夏季辐射场反映最明显。雨季对青藏高原辐射场的影响也很突出。大气环流条件对各地辐射年变化的影响也较大，它主要造成某些地区辐射要素最大值、最小值出现月份的位移。

此外，大气中的气溶胶和一些天气现象（如雾、霾以及沙尘暴等）也能对太阳能资源产生影响。

参考书目

申彦波，赵宗慈，石广玉，2008. 地面太阳辐射的变化、影响因子及其可能气候效应的最新研究进展 [J]. 地球科学进展, 23 (9): 915-923.

孙卫国, 2008. 气候资源学 [M]. 北京: 气象出版社.

(张永山)

yǐngxiǎng tàiyángnéng diànzhàn zhǔyào qìxiàng zāihài

影响太阳能电站主要气象灾害（main meteorological disasters affectting the solar station） 给太阳能电站建设、运行、维护等各个方面造成的不利影响和损失的气象灾害，主要有：沙尘、高温、大风、雷暴、积雪、冻土、暴雨、冰雹等。

沙尘 大气中的沙尘一方面会削弱到达地面的太阳辐射，另一方面可能加大光伏发电设备的磨损，而沉降在光伏电池表面的沙尘则会降低太阳能发电量。根据地面辐射观测资料的分析，沙尘暴天气下太阳辐射会被削弱80%，扬沙和浮尘天气下会被削弱60%。此外，中国沙尘天气通常发生在3—5月，北方沙尘多发区，沙尘天气对光伏发电影响的折减系数超过4%，在沙尘天气发生之后及时清洗太阳电池板，可以明显提高光伏发电量。

可根据气象站的沙尘暴日数、浮尘日数、扬沙日数分析评估太阳能电站所在地区的沙尘灾害，并计算光伏发电的沙尘折减系数。

高温 对于一般的晶体硅太阳电池，在25 ℃以上，电池板温度每升高1 ℃，其输出功率要下降0.35%～0.5%。因此，高温天气在一定程度上会影响太阳能发电量。

某地区光伏发电的温度折减系数可用下式表示：

$$\eta = \frac{H_{25}}{H_T}(T_{25} - 25) \times 0.4\%$$

式中：H_T 为全年白天小时数；H_{25} 为全年白天板温高于25 ℃的时次；T_{25} 为高于25 ℃的时次的平均温度；0.4% 为晶硅电池温度系数。可见，对于温度高且高温日数多的地区，光伏发电的温度折减系数 η 还是比较大的。

大风 对太阳能电站的影响主要包括三个方面：一是极端大风直接吹翻或毁坏太阳能电池板、架构、电线等设施，特别是垂直于电池板背面的大风，破毁性最强，可以直接掀翻电池板；二是日积月累的大风吹刮，使得电站部分设施日渐变得松动，增加维护维修成本；三是大风夹带的细小沙砾可能会使电池板表面受到不同程度的损伤，影响板材性能。

可根据气象站的大风日数、最大风速、极大风速等指标分析评估太阳能电站所在地区的大风灾害，并计算太阳能电站建设的风载荷。

雷暴 是一种局地性的但却很猛烈的灾害性天气，常伴有大风、暴雨以至冰雹和龙卷。由于太阳能天池板、架构和电线线路等多建在空旷地带，处于雷雨云形成的大气电场中，相对于周围环境，往往成为十分突出的目标，很容易被雷电击中，雷电释放的巨大能量会造成电池板、控制元件烧毁等，致使设备和线路遭受严重破坏，即使没有被雷电直击击中，也可能因静电和电磁感应引起高幅值的雷电压行波，并在终端产生一定的入地雷电流，造成不同程度的危害。虽然通过安装雷电保护系统、在电器电路上安装避雷器等科学合理的防雷措施可以减少雷击事件，但仍不能保证太阳能光伏发电系统的绝对安全。因此，雷暴活动是太阳能电站、输电线路规划设计中的重要气象参数。

可根据气象站的雷暴日数分析评估太阳能电站所在地区的雷暴灾害风险，并提出防雷建议。

积雪 由于太阳能电池板安装在露天处，在冬天的时候会沉积一些积雪，这样就使得太阳能电池板能够接收太阳光照的有效面积减小，降低了太阳能电池板的光电转化率，且影响太阳能电池板的使用寿命。

可根据气象站的积雪日数、积雪深度等分析评估太阳能电站所在地区的积雪影响，并提出除雪建议。

冻土 是一种对温度极为敏感的土体介质，含有丰富的地下冰。因此，冻土具有流变性，其长期强度远低于瞬时强度特征。正由于这些特征，在冻土区修筑太阳能电站工程构筑物就必须面临两大危险：冻胀和融沉。会使建筑的地基承载力减弱，后果有很多方面，例如，房子下沉，开裂。

可根据气象站的冻土深度数据分析评估冻土对太阳能电站建设的影响，并提出地面基础深度和施工期选择建议。

暴雨 带来的短时强降水，以及可能引发的泥石流、滑坡、地面塌陷等次生地质灾害，变电站设备区和电缆沟也会遭受渍涝等灾害，从而对机电设备等造成破坏。

可根据气象站的暴雨日数、最大降雨量等指标分析评估太阳能电站所在地区的暴雨灾害风险，并提出防暴雨影响的建议。

冰雹 从发展强盛的积雨云中降落到地面的冰球或冰块，是一种季节性明显、局地性强，且来势猛、持续时间短、以机械性伤害为主的天气灾害。冰雹的分布特点一般是山地多于平原，冰雹颗粒撞击电池板，可以导致电池板开裂、电池短路等现象。

可根据气象站的冰雹日数分析评估太阳能电站所在地区的冰雹灾害风险,并提出防冰雹影响的建议。

参考书目

温克刚, 2008. 中国气象灾害大典 [M]. 北京: 气象出版社.

(张永山)

tàiyángnéng diànzhàn fādiàn gōnglù yùcè

太阳能电站发电功率预测 (prediction of solar photovoltaic power generation)

对未来时段太阳能电站发电量(或辐照度)的变化进行事先估计和预告的过程。根据太阳能电站发电功率预测的需求,时间尺度有短期预测、中期预测和长期预测。

短期预测 对太阳能电站未来 72 小时或更短时间内可能接收到的太阳总辐照度或发电量进行的定量预报。短期预测主要用于电网合理调度,以保证电能质量。预报的辐照度为光伏发电系统所在地实际水平面太阳总辐照度,单位为 MJ/m^2。预报的发电功率为光伏发电系统的可能发电功率,单位为 kW 或 MW。预报时间分辨率为 1 小时或更小的时间尺度。预报服务对象多为光伏电站、电力调度部门等。

太阳能电站发电功率预测早期主要预测太阳辐照度。方法主要有自回归滑动平均模型法、卡尔曼滤波算法或时间序列法和卡尔曼滤波算法相结合,另外还有一些智能方法,如人工神经网络方法等。这些方法预测的时间尺度较短,对于 0~5 小时的预测,因为其变化主要由大气条件的持续性决定。

太阳能光伏发电预报以中尺度数值模式预报和实况资料为基础,针对给定的并网太阳能光伏系统,综合利用以光电物理过程为基础的原理预报模型和采用线性或非线性统计方法建立的统计预报模型,由预报员加以判断和订正,形成预报产品。尽管数值模式对辐射量的预测技巧还不是很好,但是对于未来 24~72 小时的辐射预测,采用数值天气预测数据和统计订正相结合的方法,预测效果会有明显提高。

中期预测 对未来 4~30 天内太阳辐照度的变化进行事先估计和预告的过程。中期预测主要用于对光伏系统检修安排或调试。

太阳能中期预测主要采用环流分型和历史相似的客观方法,找出环流型的持续、转换、调整及其与天气型的关系,得到中期天气过程的演变规律等等,并得到一些有意义的结果。借助于数值预测技术和集合预测方法,中期预测准确率有明显提高。

长期预测 月、季、年时间尺度的预测。长期预测用于太阳能电站规划设计。长期预测主要是通过大气低频振荡、遥感相关、高中低纬度大气环流相互作用,以及地表状况、海洋、冰雪、天文因子等与大气相互作用的关系等,建立统计预报模型或气候系统预测模式,确定未来月、季、年天气气候趋势,对太阳能时空变化作出预估。

展望 未来短期预报技术的研究重点和方向主要是综合利用数值天气预报数据、卫星遥感数据以及地面气象观测信息,形成多层次、多信息融合的综合预报系统,结合统计外推方法,取得更好的太阳能预报效果,而数值天气模式仍是预报的热点和难点。

(张永山)

tàiyángnéng zīyuán lìyòng

太阳能资源利用 (solar energy resource utilization)

广义上的太阳能是地球上许多能量的来源,如风能、煤、石油等化石能源。狭义的太阳能则限于太阳辐射能的光热、光电和光化学等的直接转换。通常讲的太阳能利用是指狭义的太阳能利用。

沿革 人类对太阳能的利用有着悠久的历史。中国早在两千多年前的战国时期就知道利用钢制四面镜聚焦太阳光来点火;利用太阳能来干燥农副产品。1945 年美国贝尔实验室研制成实用型硅太阳电池,以及其后的太阳选择性涂层和硅太阳电池等技术上的重大突破、平板集热器技术上逐渐成熟,为大规模利用太阳能奠定了基础;20 世纪 70 年代初世界上出现的开发利用太阳能热潮,应用领域不断扩大,如太阳能真空集热管、非晶硅太阳电池、光解水制氢、太阳能热发电等。

利用方式 太阳能资源利用的基本方式可分为光热利用、光电利用和光生物利用三类。

光热利用 将太阳辐射能收集起来,通过与物质的相互作用转换成热能加以利用。使用最多的太阳能收集装置,主要有平板型集热器、真空管集热器和聚焦集热器三种。通常根据所能达到的温度和用途的不同,而把太阳能光热利用分为低温利用 (<200 ℃)、中温利用 (200~800 ℃) 和高温利用 (>800 ℃)。低温利用主要有太阳能热水器、太阳能干燥器、太阳能蒸馏器、太阳房、太阳能温室、太阳能空调制冷系统等;中温利用主要有太阳灶、太阳能热发电聚光集热装置等;高温利用主要有高温太阳炉等。

光电利用 将太阳能直接转变成电能的一种发电方式,主要有光伏发电、热发电两种形式,其中光伏发电是最主要、最普及的一种形式。

光伏发电 利用半导体界面的光生伏特效应而将光能直接转变为电能的一种技术。光伏发电方式主要有离

网、并网和分布式三种方式。

离网光伏发电主要由太阳能电池组件、控制器、蓄电池组成，若要为交流负载供电，还需要配置交流逆变器。离网光伏电站包括边远地区的村庄供电系统，太阳能户用电源系统，通信信号电源、阴极保护、太阳能路灯等各种带有蓄电池的可以独立运行的光伏发电系统。

并网光伏发电就是太阳能组件产生的直流电经过并网逆变器转换成符合市电电网要求的交流电之后直接接入公共电网。

分布式光伏发电系统是指在用户现场或靠近用电现场配置较小的光伏发电供电系统，以满足特定用户的需求。

热发电 也叫聚焦型太阳能热发电（CSP），通过大量反射镜以聚焦的方式将太阳能直射光聚集起来，加热工质，产生高温高压的蒸汽，蒸汽驱动汽轮机发电。太阳能热发电按照太阳能采集方式可划分为槽式热发电、塔式热发电和碟式热发电。槽式热发电是利用抛物柱面槽式反射镜将阳光聚焦到管状的接收器上，并将管内的传热工质加热产生蒸汽，推动常规汽轮机发电。塔式热发电是利用众多的定日镜，将太阳热辐射反射到置于高塔顶部的高温集热器（太阳锅炉）上，加热工质产生过热蒸汽，或直接加热集热器中的水产生过热蒸汽，驱动汽轮机发电机组发电。碟式热发电是利用曲面聚光反射镜，将入射阳光聚集在焦点处，在焦点处直接放置斯特林发动机发电。

光生物利用 通过植物的光合作用来实现将太阳能转换成为生物质能的过程。光生物利用是地球上涉及面最广、产量最高、和人类生活及物质文明关系最大的一类生化反应，陆地与海洋中数量庞大的植物通过光合作用，不仅提供了粮食、木材和多种纤维，而且完成了大气层内氧、氮、碳元素的循环，保持了大气成分的稳定，为生物的生存与繁殖提供了必需的环境条件。

展望 从能源供应安全和清洁利用的角度出发，世界各国正把太阳能的商业化开发和利用作为重要的发展趋势。欧盟、日本和美国把 2030 年以后能源供应安全的重点放在太阳能等可再生能源方面。预计到 2030 年太阳能发电将占世界电力供应的 10% 以上，2050 年达到 20% 以上。从近几年世界太阳能产业发展情况来看，太阳能光伏发电产业仍是未来行业发展的主流。未来发展的方向主要集中在发展新的电池技术，提高光能转换效率，以及发展新的储能技术，保障太阳能能够持续不间断的使用。

参考书目

陆维德，2007. 太阳能利用技术发展趋势评述［J］. 世界科技研究与发展，29（1）：95-99.

罗运俊，何梓年，王长贵，2009. 太阳能利用技术［M］. 北京：化学工业出版社.

（张永山）

热量资源

rèliàng zīyuán

热量资源（heat resources） 是指某一地区在特定的气候条件下所能提供的热量多少。热量资源广义包括气热、地热、水热。热量资源的最直观描述是温度，则气热、地热、水热相应的温度指标为气温、地温、水温。在近地层中由于空气温度能反映气候条件的综合影响，在一定条件下也能反映热量状况，人们习惯上所说的"热量资源"狭义上指气热。

形成过程 地球表面的热量主要来自太阳辐射，地面获得太阳辐射能量后，通过湍流交换和分子传递的形式向大气、土壤、水面输送热量。热量资源的多少主要取决于太阳、大气、地表之间的辐射交换和热量交换，是太阳辐射和地表、大气中各种物理过程的综合结果。由于地球自转、大气运动和下垫面性质的差异，热量资源随时间和空间而变化。

表示方法 热量资源的表示方法，可分为三类：①用温度高低来表示热量资源，常用年平均气温、最热和最冷月平均气温、极端最高和极端最低气温、气温日较差、年较差等。②用热量的累积强度来表示热量资源，包括活动积温、有效积温、大于某一界限温度的积温等。③用时间长度来表示热量资源，常见的有无霜期、生长季、日平均气温 $\geqslant 0$ ℃、5 ℃、10 ℃、15 ℃、20 ℃的持续日数等。

在实际应用中，积温既能考虑温度高低又能考虑温度影响的持续时间，是表示一个地区热量条件的重要温度累积指标，能够代表地区热量资源的农业意义和生物学潜力。

全球热量资源分布特征 全球的热量资源分布与太阳辐射的分布规律基本相一致，大致与纬线相平行，由低纬到高纬热量由高到低呈现带状分布，按纬度划分成赤道带、热带、亚热带、温带、亚极地带和极地带 6 个热量带。赤道带位于在南北纬 10°之间，全年太阳辐射强、热量丰富、年变化很小；两个热带位于南北纬 10°～25°，热量丰富，但有季节变化；两个亚热带位于南北纬25°～35°，热量适中、季节变化明显；两个温带位于南北纬35°～55°，太阳高度角低、昼夜长短有明显的季节变化；南北纬55°至极圈是两个亚极地带，太阳高度角全年很低、太阳辐射已大量减少，热量明显不足；极圈以内是南北半球的极地带，地表全年为冰雪覆盖，是全球热量极少的地带。

中国热量资源分布特征　中国热量资源的时空分布有以下三个基本特征：

雨热同季　中国大部分地区多属季风气候区，降水随温度的升高而逐渐增多，在一年中最热的夏季，降水量也多达高峰，此时正值农作物积极生长期，有利于作物的生长发育，有利农业气候生产潜力的发挥，获得较多的生物量；入秋后温度下降，降水也随之减少，此时正值农作物秋熟期，有利于作物收割。中国许多地区高温和雨季基本同季，为农、林、牧发展提供了适宜的热量水分条件，形成了农业类型、种植制度和作物分布的多样性。

年际变化大　中国位于欧亚大陆东部，东边又面临西太平洋，夏季热带气团和赤道气团几乎控制了整个欧亚大陆东部地区，夏季气温偏高。冬季高纬度欧亚大陆上的冷空气经新疆、内蒙古频繁南下，使得中国冬季又过于偏冷。所以中国各地温度年际变化大，热量资源的年际变化也大。

地区差异大　中国各地的热量资源分布差异很大，具有4大特点：①热量随纬度从北往南增加。中国从南向北包括了热带、亚热带和温带等各种气候类型，热量条件最好的是南岭以南地区，一年四季作物均可生长，水稻可一年三熟；热量条件最差的是青藏高原和东北地区，一年只种一季作物。②南北之间热量差异夏季小，冬季大。最热月平均气温南北约差10 ℃左右，而最冷月平均气温南北可差40 ℃以上。③热量随海拔高度的增加而减少。一般每升高100 m，年平均气温下降0.4～0.7 ℃，≥10 ℃积温少150～200 ℃/d。④地形使热量分布呈现复杂状态。中国西部地区山脉、河谷南北纵贯，东西相间还有丘陵、盆地等，复杂的地形使热量的垂直差异和东西差异甚为明显。

开发利用　在农耕时代热量资源的利用多局限于农业生产，随着社会和科技进步，新产业、新技术的不断出现，热量资源的利用不断向其他生产和生活领域拓宽，林业、牧业、渔业对热量资源的利用程度都在提高，建筑物的结构和布局、取暖空调的设计和实施、疗养地址和旅游季节的选择、交通运输的调控以及各种设施的利用等也需考虑热量资源。

热量资源在各行各业中的利用主要为以下几种：

①各气候带中的种植业作物分布由各地热量资源所决定。②热量资源的多少影响着林木的生长发育和物质积累、森林的分布和类型。③根据热量资源进行禽兽鱼类的合理布局以及草地和渔场资源的规划和保护。④在城市规划和建筑设计施工中，可根据热量资源分布和变化进行城市空间结构的安排和建筑的最佳施工期选择。⑤在交通运输中，在飞行高度选择、公路和铁路建设规划中必须考虑热量资源的分布状况。⑥一年四季可以依据各地热量资源分布选择旅游疗养地。

参考书目

段运怀，章庆辰，高素华，等，1985. 中国热量资源的分布特点及其利用 [J]. 中国农业气象，4：12-14.

葛全胜，2007. 中国可持续发展总纲第7卷—中国气候资源与可持续发展 [M]. 北京：科学出版社.

孙卫国，2008. 气候资源学 [M]. 北京：气象出版社.

（贺芳芳）

jiànzhù cǎinuǎn

建筑采暖（building heating）　通过对建筑物朝向设计及防寒取暖装置的设计，使建筑物内获得适当的温度，通常是指在冬季用人工的方法把室内气候调节到人体适合的温度、湿度、风速。建筑采暖的设备一般为：辐射采暖器、电采热器、燃气（油）采暖炉、热泵、太阳能集热装置、散热器、采热管道网、锅炉房设备等。建筑采暖的方式，设置采暖设备，应根据所在地区的气象条件、建筑物规模、能源状况和政策、环保等要求，通过技术和经济效益比较确定。

现状　建筑采暖的标准和采暖期的长短不仅与气候条件有关，还与经济发展情况有关。北方城镇有采暖的建筑占当地建筑总面积的比例已接近100%，约有70%左右的国土面积处于集中采暖地区，随着中国经济的发展和人民生活水平的提高，建筑采暖开始的标准在提高，建筑采暖的范围在扩展。同时中国建筑采暖的方式也在不断发展，国际上流行的各种现代化建筑采暖方式开始在中国城市中为一部分居民所接受。北方城市出现了多种形式的、以燃气为燃料的分散采暖方式，如以壁挂式燃气采暖炉为热源的水暖供热系统、风道式燃气家用中央空调系统等，与集中供热相比，它有着节约能源解决大气污染问题、简化城市管网优化城市能源供给、安全舒适符合现代生活需要、机动灵活建设和使用方便、配合天然气发展优化城市能源结构等优点。

标准　建筑物开始采暖时标准与室内、室外平均温度直接有关，一般来说，室内自然温度最好在12 ℃以上，低于12 ℃就要开始采暖；由于房屋的保暖作用，室内温度一般比室外温度高 4～8 ℃，采暖的室外界限温度为 5 ℃和 8 ℃。中国采暖通风与空气调节设计规范规定中国建筑采暖标准：室外温度 5 ℃为一般建筑物室外界限温度，用室外温度 5 ℃计算采暖期的标准；高级民用建筑（如宾馆）室外界限温度则为 8 ℃，用室外温度 8 ℃计算采暖期的标准。计算采暖期天数，应按累年日平均气温稳定低于或等于 5 ℃（或 8 ℃）的总日数确定。设计建筑采暖标准，首先确定冬季室外计算温度、室内计算温度和室内通风标准。

中国采暖通风与空气调节规定：①冬季采暖室外计算温度采用历年不保证 5 天的日平均温度（"历年平均不保证"是指累年不保证总天数和小时数的历年平均值）。②设计采暖时，冬季室内计算温度根据建筑物的用途，采用不同的标准。③设置采暖的建筑物，根据建筑物的用途，冬季室内活动区平均风速，采用不同的标准。④凡达不到舒适性室内温度和通风条件的，应设置空气调节。⑤采暖与空气调节室内的热舒适性，采用预计平均热感觉指数（PMV）和预计不满意的百分数（PPD）评价。

区划　为区分中国不同地区气候条件对建筑采暖影响的差异性，明确各气候区的建筑采暖基本要求，提供建筑采暖气候参数，从总体上做到合理利用气候资源，防止气候对建筑采暖的不利影响，为此须根据光、热资源的相似性和自然过程的同一性，将区域内部相似性最大、差异性最小而与其外部相似性最小、差异性最大的地区划分出来，形成一个有规律的建筑采暖区划单位等级系统。中国集中采暖规定：①累年日平均温度稳定低于或等于 5 ℃的日数≥90 天的地区为集中采暖区。②累年日平均温度稳定低于或等于 5 ℃的日数为 60～89 天，或累年日平均温度稳定低于或等于 5 ℃的日数 <60 天，但累年日平均温度稳定低于或等于 8 ℃的日数≥75 天的地区为采暖过渡区。③在上述两个标准之外的地区为非集中采暖区。

按以上标准，朱瑞兆等计算了中国 1000 多个气象台站资料，将全国划分为集中采暖区、采暖过渡区和非集中采暖区。集中采暖区分布在淮河秦岭一线以北及四川和云贵高原一线以西，其全部面积占中国陆地面积的 70%；采暖过渡区分布在集中采暖界限以南与由浙江北部穿江西、湖南北部、贵州南部到云南北部一线以北的中间地带，其面积占中国陆地面积的 15%；非集中采暖区大致分布在浙江、江西、湖南、云南的南部以及福建、广东、广西、台湾、海南全省，在这一带一般不设置集中采暖。

展望　中国城市能源消耗结构中，集中供热（以燃煤采暖为主）在城市中还占有相当大的比重，这不仅会引起中国北方城市冬季大气污染，还会引起阻碍城市能源结构的调整、很难适应不同的消费需求、收费机制上存在不合理等各种社会问题，同时中国建筑采暖总耗能高，长期下去国家的能源生产势必难以长期支撑这种需求。为了建设资源节约型社会，建筑采暖必须节约能源，减少环境污染，加强建筑采暖的新工艺、新能源、新技术开发应用。未来清洁再生能源在建筑采暖中应用是重要的节能减排的高科技技术支撑，其中最主要的是太阳能采暖技术的应用，考虑太阳能采暖时主要注重采暖期太阳辐射总量的大小，而太阳辐射总量的大小不仅与太阳高度角的变化有关，而且与日照率高低有关，中国采暖区近 2/3 地区日照率主峰值正好处于采暖季节，这为利用太阳能作为采暖能源提供了优越条件，为此，中国利用太阳能作为采暖能源有非常光明的前景。

中国冬季采暖区内的室内热环境和热舒适度存在很多问题（如过度供暖或者采暖不足、空气流动性差、空气干燥等），尤其在节能低碳环保的前提下，人们比较注重降低建筑采暖能耗，往往忽视室内需具有良好的热舒适度，特别是老旧建筑内热舒适度更差。因此如何用尽可能少的能量提高热舒适度，对各种影响热舒适度的因素提出针对性的改进手段，低技术、低成本改造建筑热舒适度，并保证最佳舒适度基础上的节能，也是今后建筑采暖发展方向。

参考书目

班广生，刘忠伟，余鹏，2011. 建筑采暖与空调节能设计与实践［M］. 北京：中国建筑工业出版社.

严济远，徐家良，1996. 上海气候［M］. 北京：气象出版社.

中国建筑科学研究院，2012. 民用建筑供暖通风与空气调节设计规范［S］. 北京：中国建筑工业出版社.

中国有色工程设计研究总院，2004. 采暖通风与空气调节设计规范［S］. 北京：中国计划出版社.

朱瑞兆，1991. 应用气候手册［M］. 北京：气象出版社.

（贺芳芳）

水 资 源

shuǐzīyuán

水资源（water resources）　可供人类直接利用，能不断更新的天然淡水。也有将水资源定义为自然界任何形态的水，包括气态水、液态水和固态水。从广义来说是指水圈内水量的总体，包括经人类控制并直接可供灌溉、发电、给水、航运、养殖等用途的地表水和地下水，以及江河、湖泊、井、泉、潮汐、港湾和养殖水域等。从狭义上来说水资源是指由当地降水产生的，可以用于人们生产与生活各类用途，存在于河流、湖泊、地下含水层中的逐年可更新的动态水资源，主要包括地表水和地下水。其中地表水是陆地表各种液态、固态水体的总称，而地下水是贮存于地表以下岩土层中水的总称。通常以淡水体的年补给量作为水资源的定量指标，如用河川年径流量表示地表水资源量，用含水层补给量表示地下水资源量。水通过蒸发、凝结、降水、入渗、地表径流、地下潜流等物理过程在大气、海洋、地表和地下进行转化和循环。水资源具有循环性和有限性、时空分布不均匀性、不可替代性、经济上的利害两重性等四种特性。水资源是发展国民经济不可缺少的重要自然资源。

对于一个区域，由于气流运动的差异以及蒸发量的差异，从而影响该区域上空大气中的水汽含量，造成云水资源量和降水量分布不均，而降水量是陆地一切水资源的来源，而蒸发量则是主要的支出。降水量只有经过地面及地表层贮存后，才能变成能够连续供水的水资源。由于地表和地表层贮水的方式差别，故存在各种类型的水资源。其中，河川径流量与地下水补给量是可以由人类贮存、转运和分配给各用户的水资源，因而应用价值最大。工业生产与人们生活只能使用这一类水资源。因此，在水文统计中把这种水资源简称为水资源，或称作"水资源总量"。此外，空中云水资源、冰雪资源、蒸发量也是水资源的不同类型。全面认识、客观评估、合理开发利用水资源具有重要意义。

水资源的特点

循环性和有限性 地表水和地下水不断得到大气降水的补给，开发利用后可以恢复和更新，是一种可再生资源。但各种水体的补给量是不同的和有限的，为了可持续供水，水的利用量不应超过补给量。水循环过程的无限性和补给量的有限性，决定了水资源在一定数量限度内才是取之不尽、用之不竭的。过度的开发水资源会导致一系列的生态与环境问题。

时空分布不均匀性 水资源在地区分布上很不均匀，年际年内变化大。为满足各地区和各部门的用水要求，必须修建蓄水、引水、提水、水井和跨流域调水工程，对天然水资源进行时空再分配。

用途广泛性 水资源用途广泛，不仅用于农业灌溉、工业生产和城乡居民生活，而且还用于水力发电、航运、水产养殖、旅游娱乐等。

经济上的两重性 水的可供利用及可能引起的灾害（如由于水资源开发利用不当，造成水体污染、地面沉降等人为灾害），决定了水资源在经济上的两重性，既有正效益也有负效益。因此，水资源的综合开发和合理利用，应达到兴利、除害的双重目的。

全球水资源分布 地球全部可供利用的天然淡水的总称。广义的解释把地球上岩石圈、水圈、大气圈和生物圈中一切形态的水都视为水资源的潜在量，即全球总储量，或静态水储量。但从可资利用的角度看，水资源指在一定周期内通过全球水文循环在各类水体中形成的、可恢复更新的淡水。对于一定区域内水资源量的统计，常以年为单位。

全球水储量共约 $1.386 \times 10^{18} \text{ m}^3$，其中包括海洋水在内的全部咸水储量占总储量的97.5%，约 $1.351 \times 10^{18} \text{ m}^3$，而淡水储量包括冰川与永久积雪、地下淡水、河流等水体、大气中的水分和生物体中的水分等在内，只占水总储量的2.5%，约 $3.5 \times 10^{16} \text{ m}^3$，其中人类难以利用的如冰川和永久积雪、永冻地层中的冰就占淡水总储量的69.5%，地下淡水量占淡水总储量的30.1%，人类能够开发利用的地下水只占其极少一部分。

通过全球水文循环，每年在全球陆地上形成的可更新淡水量通常以河川年径流量为代表，约为每年 $4.7 \times 10^{13} \text{ m}^3$，其中外流区河流的入海径流每年约为 $4.35 \times 10^{13} \text{ m}^3$，冰川融化产生的径流量每年约为 $2.5 \times 10^{12} \text{ m}^3$，内流区河流径流每年约为 $1.0 \times 10^{12} \text{ m}^3$。世界各大洲自然条件不同，降水和径流量差异较大，气候变化导致的降水和融雪变化也影响全球径流量。

中国水资源分布 中国国土上可资利用的天然水的总称为中国水资源。在中国水资源评价中，以全部河川年径流量和部分通过水文循环补给更新的年地下水（又称浅层地下水）资源量为代表。根据第二次水资源评价和水资源开发利用的成果，全国水资源总量为 $2.8412 \times 10^{12} \text{ m}^3$，其中地表水资源量占96%，不重复地下水资源量占4%。水资源总量分布表现为南方多、北方少，山区多、平原少。北方地区水资源总量约为 $5.259 \times 10^{11} \text{ m}^3$（其中地表水资源占83%），占中国的19%；南方地区为 $2.3153 \times 10^{12} \text{ m}^3$（其中地表水资源占99%），占中国的81%。在中国水资源总量中，山丘区水资源总量约占90%，平原区约占10%。水资源主要集中在长江、珠江和西南诸河三片，占总水资源量的74%；黄、淮、海、辽四片，水资源量仅占9%。其中松花江流域水资源量为 $1.492 \times 10^{11} \text{ m}^3$，辽河为 $4.98 \times 10^{10} \text{ m}^3$，海河流域为 $3.7 \times 10^{10} \text{ m}^3$，黄河流域为 $7.19 \times 10^{10} \text{ m}^3$，淮河流域为 $9.11 \times 10^{10} \text{ m}^3$，长江流域 $9.958 \times 10^{11} \text{ m}^3$，东南诸河为 $2.675 \times 10^{11} \text{ m}^3$，珠江为 $4.737 \times 10^{11} \text{ m}^3$，西南诸河为 $5.775 \times 10^{11} \text{ m}^3$，西北诸河为 $1.276 \times 10^{11} \text{ m}^3$。

降水量分布 降水量指从天空中降落到地面上的液态或固态（经融化后）降水，未经蒸发、渗透、流失而在水平面上积聚的深度。测定降水量的基本仪器是雨量器和雨量计。中国降水的地区分布从东南向西北递减。年降水量等值线大体呈东北—西南走向，400 mm 降水量等值线始自东北大兴安岭西侧，终止于中国和尼泊尔边境西端，由东北至西南斜贯中国全境。该线以西地区面积约占中国的 42%，除阿尔泰山、天山、祁连山等山地年降水量达 500～800 mm 外，其余大部分地区干旱少雨，其中年降水量 200 mm 以下面积约占中国的 26%。400 mm 以下地区面积约占中国的 58%。800 mm 降水量等值线位于秦岭、淮河一带，该线以南和以东地区，气候湿润，降水丰沛。该区长江以南的湘赣山区、浙江、福建、广东大部、广西东部地区、云南西南部、西藏东南部以及四川西部山区等年降水量超过 1600 mm，其中海南山区年降水量可超过 2000 mm。中国年降水量 800 mm 以上面积约占中国的 30%，其中年降水量超过 1600 mm 的面积约占中国的 8%。

蒸发量分布 蒸发量是水循环中的重要组成部分，通常指在一定时段内，水分经蒸发而散布到空中的量。中国一般采用 20 cm 蒸发皿和 E601 型蒸发器进行水面蒸发的观测。基于蒸发皿观测数据对水面蒸发量的评估结果表明，中国多年平均蒸发量 1767 mm。松花江流域年平均蒸发量为 1281 mm，辽河流域为 1605 mm，海河流域为 1755 mm，黄河流域为 1689 mm，淮河流域为 1510 mm，长江流域为 1414 mm，珠江流域为 1616 mm，西北诸河为 2275 mm，东南诸河为 1382 mm，西南诸河为 1382 mm。由于蒸发量与气温、日照、风速、湿度等气象要素密切相关，因此区域尺度上的蒸发量也可根据气象站气象资料来估算。计算蒸发量的方法较多，在不同气候区选择适当的方法对准确估算蒸发量很重要。

径流量分布 径流量指通过流域出口断面的全部水流数量。径流量是陆地上最重要的水文要素之一，是水量平衡的基本要素。径流量往往以流域作为计算单元，计算方法包括实测法、水量平衡分析法和水文比拟法。基于观测结果对中国径流量评估结果表明：中国多年平均径流深 288 mm，折合为地表水资源量为 $2.7388 \times 10^{12} m^3$。其中，平原区年径流深 75 mm，山丘区年径流深 371 mm。

地下水分布 地下水是自然水文循环过程中的重要组成部分。基于观测结果对中国地下水评估结果表明：中国地下水总量 $8.122 \times 10^{11} m^3$。其中，西北诸河为 $8.4 \times 10^{10} m^3$，松花江流域为 $4.261 \times 10^{10} m^3$，辽河流域为 $1.717 \times 10^{10} m^3$，海河流域为 $2.421 \times 10^{10} m^3$，黄河流域为 $3.447 \times 10^{10} m^3$，淮河流域为 $4.306 \times 10^{10} m^3$，长江流域为 $2.4163 \times 10^{11} m^3$，东南诸河为 $4.544 \times 10^{10} m^3$，珠江流域为 $1.2937 \times 10^{11} m^3$，西南诸河为 $1.5024 \times 10^{11} m^3$。

水资源利用 水资源利用可以分为两种类型。一种是不消耗或者基本不消耗水的内部利用，如水力发电、水运、水产养殖及水上旅游。二是需要消耗并污染水资源的外部利用，如各种类型的工农业用水和生活用水。

中国的人均水资源占有量仅为世界水平的四分之一，但是每年水资源开采量却仅次于美国，位居世界第二位。单位国民生产总值水资源消耗量也高居世界前列，为世界平均水平的 4 倍以上。2014 年全国用水总量 $6.095 \times 10^{11} m^3$，其中农业用水占总用水量 63.5%，工业用水占 22.2%，生活用水占 12.6%，生态环境补水（仅包括人为措施供给的城镇环境用水和部分河湖、湿地补水）占 1.7%。从用水指标分析，全国人均用水量 447 m^3，万元国内生产总值（当年价）用水量 696 m^3，万元工业增加值用水量 59.5 m^3，耕地实际灌溉亩均用水量 402 m^3，城镇生活人均用水量为每日 213L，农村生活人均用水量为每日 81L。

中国水资源利用存在的主要问题表现在：供需矛盾日益加剧，用水效率不高，水环境恶化，水资源缺乏合理配置和经济发展与生产力布局考虑水资源条件不够。

水资源评价 水资源评价是对某一地区或流域水资源的数量、质量、时空分布特征、开发利用条件、开发利用现状和供需发展趋势作出的分析估价。它是合理开发利用和保护管理水资源的基础工作，可以为水利规划提供依据。世界各国对水资源评价工作十分重视，进行了大量的调查研究与分析计算工作。许多国家完成了全国范围内的评价报告。联合国教科文组织和世界气象组织共同制定了《水资源评价活动——国家评价手册》，并针对共同关心的一些水资源问题召开了一系列的国际学术讨论会，推动了水资源评价工作的进程。

1980—1986 年，中国组织开展全国第一次水资源调查评价工作。经过各省级水利部门、各流域机构及有关科研单位的共同努力，通过调查和分析，完成了全国、流域片、省级三个层次的水资源评价。根据 1956—1979 年水文气象资料，对水资源进行了系统评价，基本查明了各地区地表水资源的数量及其时空分布特点，研究了降水、蒸发和径流等水平衡三要素的关系，为各地区水资源评价、水利规划、水利化区划以及农业区划提供了重要的科学依据。项目的主要成果有，1981 年完成的《中国水资源初步评价》，1986 年前后完成的《中国水资源评价》和《中国水资源利用》，1987 年提出《中国水资源概况和展望》，对全国水资源量和质、水能、水运、水产资源概况、利用现状、供需展望及存在问题等进行了全面分析。

第一次中国水资源评价以来，中国经济社会发展很快，对水资源的开发利用、保护造成了很多影响；再加上气候异常，人类活动的加剧，使水资源的平衡在地区分布上已与实际情况发生了很大的变化，第一次评价成果已不能反映当前水资源的实际状况。2002 年 3 月，国家发展和改革委员会和水利部会同国土资源部、环境保护部、住房和城乡建设部、农业部、国家林业局、中国气象局等 8 部门，在全国范围内开展了第二次水资源调查、评价和综合规划编制工作（以下简称：《规划》）。《规划》编制工作分为两个阶段：第一阶段为水资源调查评价，主要任务是全面调查水资源及其开发利用状况；第二阶段为水资源综合规划编制，主要任务是科学制定水资源节约、保护、配置和可持续利用的战略目标、总体思路、主要任务与对策措施。《规划》涵盖全国、流域、行政区域三个层面，涉及经济、社会、生态环境等诸多领域。全国共有 300 多家技术部门和单位、万余名技术人员和专家参加了规划编制工作，最终形成了全国、流域、省级水资源综合规划成果体系。2010 年 11 月国务院批复了《规划》。该《规划》对指导中国水资源宏观配置、开发利用、节约保护与科学管理工作，着力解决突出的水资源问题，积极应对气候变化，推动水资源可持续利用，促进经济长期平稳较快发展和社会和谐发展，具有十分重要的现实意义和战略意义。

国际上不少国家都开展了水资源评价工作，例如美国 1968 年首次提出了水资源评价报告《全国水资源》，提供了美国全国水资源状况、水资源分区以及水资源目前和长远的开发利用等综合性参考资料。1978 年，鉴于水与国家发展及人们生活的密切关系，又提出了第二次全国水资源评价报告。该报告历时 8 年，成为 20 世纪 70 年代末以来美国科学的综合规划水资源的基础。

参考书目

谷树忠，成升魁，2010. 中国资源报告 [M]. 北京：商务印书馆.

（许红梅）

bīngxuě zīyuán

冰雪资源（ice and snow resources） 指地球上可供人类利用的积雪、冰川、冻土等固态水资源。冰雪是气温在 0 ℃ 以下形成的固态水，其稳定性取决于环境温度，有长期性积冰积雪和季节性积冰积雪两种。

地球表面每年被冰雪覆盖的总面积占地球表面积的 19%～21%，其中 3/4 覆盖陆地，1/4 覆盖海洋。陆地面积的 10% 左右被永久冰雪覆盖。中国的冰雪的地理分布相当广泛，也极不均匀。其中稳定积雪区（年积雪日数 60 天以上）主要分布在东北、内蒙古东部、新疆北部和西部及青藏高原地区等，总面积约为 $3.4 \times 10^{6} km^{2}$。冰川是发育在极地或高山地区由多年积雪经过压实、重新结晶、再冻结作用而形成的天然冰体，是冰雪资源的重要组成部分。中国共有冰川 48 571 条（面积 0.01 km² 以上），总面积约 $5.18 \times 10^{4} km^{2}$，约占全国国土面积的 0.54%，冰川冰储量约 $4.3 \times 10^{3} \sim 4.7 \times 10^{3} km^{3}$，分布在西藏、新疆、青海、甘肃、四川和云南等 6 个省区。在全球和亚洲山地冰川中，中国冰川面积约分别占其总量的 14.5% 和 47.6%，是中低纬度山地冰川最发育的国家。此外，冻土也是冰雪资源的重要组成部分之一。冻土是指温度在 0 ℃ 或 0 ℃ 以下含有冰的各种岩土。依据其存在时间一般划分为多年冻土（2 年以上）、季节冻土（半月至数月）和短时冻土（数小时、数日至半月）。中国是仅次于俄罗斯和加拿大的世界第三大多年冻土国，季节冻土和多年冻土区面积约占中国陆地总面积的 70%。其中多年冻土包括分布于东北地区的低海拔多年冻土和分布于西北高山区、青藏高原的高海拔多年冻土。其中低海拔多年冻土面积约为 $1.16 \times 10^{5} km^{2}$，高海拔多年冻土面积约为 $1.373 \times 10^{6} km^{2}$。

冰雪是重要的淡水资源，也是高纬度、高海拔或干旱区水资源的重要来源，被称为"固体水库"。陆地上每年从降雪获得的淡水补给量约为 $6.0 \times 10^{12} m^{3}$，约占陆地淡水年补给量的 5%。中国年平均降雪补给量为 $3.4518 \times 10^{11} m^{3}$，冰雪资源的一半集中在西部和北部高山地区。阿尔泰山和天山地区、青藏高原内陆河流及北部外流河流域的冰雪融水补给占年径流量的 50% 以上。黑龙江流域、大兴安岭和长白山地区冰雪融水补给也占重要地位。此外，冰雪融水径流具有调节河川流量的作用，使水量不致过分集中于夏雨季节。在干旱区，高山终年冰雪区是固体水库，亦是一些河流的水源，并形成沿河的绿洲。冰雪资源在调节水资源、冷藏、冰雪考古、开展冰雪运动和冰雪旅游等方面都有重要意义。

冰川和积雪的变化还是气候变化的指示物。气候变暖对全球许多地区冰雪资源产生了影响。例如，北半球春季积雪面积持续缩小，全球范围内的冰川持续退缩（长度、面积和体积的缩小）等。冰雪资源的变化引起河川径流的变化，对某些依赖冰雪融水地区的水资源供应产生影响，冰川融水增加是海平面上升的主要原因。这些变化日益引起人们的关注。

参考书目

第三次气候变化国家评估报告编写委员会，2015. 第三次气候变化国家评估报告 [M]. 北京：科学出版社.

刘时银，姚晓军，郭万钦，等，2015，基于第二次冰川编目的中国冰川现状［J］．地理学报，70（1）：3-16.

秦大河，董文杰，罗勇，2012．中国气候与环境演变：2012 第一卷 科学基础［M］．北京：科学出版社．

Jiménez Cisneros B E，Oki T，Arnell N W，et al，2014. Freshwater resources［M］//Climate Change 2014—impacts, adaptation and vulnerability. Part A：Global and Sectoral Aspects：Contribution of Working Group II to the Fifth Assessment Report of the IntergovernmentalPanel on Climate Change. Cambridge：Cambridge University Press.

Vaughan D G，Comiso J C，Allison I，et al，2013. Observations：Cryosphere［M］//Climate Change 2013—The Physical Science Basis：Contribution of Working Group I to the Fifth Assessment Report of the Intergovernmental Panel on Climate Change［M］．Cambridge：Cambridge University Press.

（李修仓）

shuǐfèn pínghéng

水分平衡（water balance）　在地球-大气系统中长期平均所得到的和失去的水分相等，称之为水分平衡。水分平衡在大气环流和气候形成中有重要的作用。

对于任意一个自然区域，例如流域、湖泊在一定时段内，其输入的水量、输出的水量以及蓄水量变化的代数和为零，称此为水量平衡原理。下列水量平衡方程式就是水分平衡的定量表达：

$$W_I - W_O = \Delta W_s \tag{1}$$

式中：W_I 为给定时段内进入系统的水量；W_O 为给定时段内从系统中输出的水量；ΔW_s 为给定时段内系统中蓄水量的变化量，可正可负。时段内进入系统的水量是系统"收入"的水量，时段内从系统输出的水量是系统"支出"的水量，时段内系统蓄水量的变化量是系统"库存"水量的变化，因此，水量平衡方程实际就是系统的水量收支平衡关系式（芮孝芳，2004）。

全球水循环　地球表面的水分平衡方程通常写作：

$$\bar{P} - \bar{E} = \bar{R} + \frac{\partial W_e}{\partial t} \tag{2}$$

式中：大气降水（$\bar{P}$）与地面蒸发（$\bar{E}$）的差值由地表径流（$\bar{R}$）和土壤湿度的局地变化 $\left(\frac{\partial W_e}{\partial t}\right)$ 所平衡。

全球每年从海洋和陆地蒸发 57.7 万立方千米水量进入大气圈，相同水量则以降水形式回到陆地和海洋，完成全球水量平衡。地球由陆地和海洋两部分组成，其年水量平衡方程式可分别写为：

$$E_c = P_c - R + \Delta W_c \ 和 \ E_s = P_s + R + \Delta W_s \tag{3}$$

式中：E_c 为年内陆地蒸散发量；P_c 为年内陆地降水量；ΔW_c 为年内陆地蓄水量变化量；E_s 为年内海洋蒸散发量；P_s 为年内海洋降水量；ΔW_s 为年内海洋蓄水量变化量；R 为年内由陆地流入海洋的径流量。

全球海洋中每年蒸发水量 50.5 万立方千米，其中 45.8 万立方千米（约 91%）成为降水落回海洋，4.7 万立方千米（约 9%）以水汽输送方式输向陆地。全球陆地每年降水量约 11.9 万立方千米，其中 7.2 万立方千米（约 61%）通过蒸发重返大气，4.7 万立方千米（约 39%）以径流形式流向海洋，完成海洋和陆地之间的水量交换和平衡。

中国陆地水分平衡　在多年平均情况下，中国大陆上空平均每年水汽总输入量 18 125.4 km³，折合大陆面积上平均深为 1909.4 mm，其中约 31% 形成降水，69% 成为过境水汽越过中国大陆上空输出国界。平均每年中国大陆总蒸发量 364.3 mm，其中约 17% 通过内循环过程，重新形成降水，83% 随气流输出国界。中国大陆平均年降水量为 648.4 mm，其中 90% 是由境外输入水汽形成的，10% 是由大陆内部蒸发的水汽形成的，即大陆年总蒸发量对年总降水量的贡献约为 10%。中国大陆上空水汽总输出量由两部分组成，其中境外输入的过境水汽输出量占总输出量的 81%，大陆蒸发形成的水汽输出量占 19%。每年从大陆上空输出的水汽量与从河川流出的水量之和为 1909.4 mm，等于全年水汽总输入量，实现大陆全年水分平衡。

流域水分平衡　对于流域而言，其水分平衡方程可写作：

$$P + R_{gi} = E + R_{so} + R_{go} = q + \Delta W \tag{4}$$

式中：P 为时段内流域上的降水量；R_{gi} 为时段内从地下流入流域的水量；E 为时段内流域的蒸发量；R_{so} 为时段内从地面流出流域的水量；R_{go} 为时段内从地下流出流域的水量；q 为时段内用水量；ΔW 为时段内流域蓄水量的变化。

大气水分平衡描述一个区域上空的水汽收支状况，包括水汽输入量、输出量和净输入量，

水汽收支沿区域不同边界、不同高度的分布和随时间的变化，以及不同水汽输送机制（涡动输送、平均输送、总输送、经向输送、纬向输送等）对水汽收支的贡献。任一陆地区域，其上空大气中的水分平衡和其下垫面（包括地表和地下）水分平衡是紧密联系的。

大气中水分的平衡方程通常可写作：

$$\left(\frac{\partial W_a}{\partial t}\right) + \boldsymbol{\nabla} \cdot \boldsymbol{Q} = \bar{E} - \bar{P} \tag{5}$$

式中：地球表面平均蒸发（$\bar{E}$）与大气中平均降水量（$\bar{P}$）的差值由大气中水汽含量的局地变化 $\left(\frac{\partial W_a}{\partial t}\right)$ 以

及水汽的净通量（$\nabla \cdot Q$）来平衡。

参考书目

芮孝芳，2004. 水文学原理 ［M］. 北京：中国水利水电出版社.

（翟建青）

shuǐqì hánliàng

水汽含量（moisture content） 空气中含有的水汽数量。它反映空气的潮湿程度，即湿度，是降水必不可少的两个条件之一。大气中因为含有水汽，才可能形成降水。

水汽是气候和水文的重要因素，大气中水汽含量虽然只占全球水文循环系统中总水量的 1.53%，但却是全球水文循环过程中最活跃的成分，是降水的基本条件。

随着全球高空气象站的增加和探测技术的进步，对全球大气中水汽含量先后提出了多组数据。联合国教科文组织（UNESCO）于 1978 年根据国际水文计划（IHP）的成果，公布全球上空大气中水汽总含量为 12 900 km³，如果将这些水汽全部凝结成液态水并均匀分布于地球表面，约相当于 25.4 mm 水深（UNESCO，1978）。1994 年，全球能量与水循环试验（GEWEX）计划的大气水研究子计划（GVaP）公布了不同作者对全球大气中水汽含量的计算成果，不同作者计算结果的平均值为 25.5 mm，彼此相差在 10% 左右，表明对大气中水汽含量的计算结果是具有一定准确度的。

不同作者计算的全球上空水汽含量

作者	年份	资料来源	资料系列/年	水汽含量/mm
GVaP	1994	美国海洋大气署	1989	23.6
Wittmeyer	1994	美国海洋大气署	1983—1989	23.4
Wittmeyer	1990	欧洲中期天气预报中心	1983—1988	27.4
Starr	1969	国际地球物理年	1957—1958	26.0
Trenberth	1991	美国海洋大气署	1957—1978	25.3
Trenberth	1987	美国海洋大气署	1978—1982	28.6

大气中水汽含量的地理分布受纬度、海陆分布、大气环流、洋流和大地形屏蔽以及海拔高度等因素的影响，其分布形势较为复杂。就各大洲大陆而言，以南美洲上空水汽含量最丰富，为 29.5 mm，非洲大陆上空次之，为 28.7 mm，南极洲由于全年气温低，平均水汽含量为全球最少的大陆，仅 1.5 mm。就各大洋而言，以太平洋上空水汽含量最为丰富，其次为印度洋和大西洋，北冰洋上空水汽含量最少。

中国上空大气中水汽总含量为 144.5 km³，占全球大气中水汽总含量的 1.12%。若将中国大气中的水汽含量折合成全国面积上的平均水深，其深度为 15.1 mm。

与各大洲上空水汽含量相比，中国大陆上空的水汽含量低于北美洲，而与欧洲基本接近。

但中国不同流域上空的水汽含量差别很大，长江、珠江及东南沿海地区的面积只占全国面积的 27%，而这些地区上空的水汽含量却占全国上空水汽含量的 50%，其平均深度为北冰洋水系和内流区的 3～4 倍。中国上空的水汽含量存在明显的季节变化：由冬到夏，水汽含量增加，由夏到冬，水汽含量减少。

参考书目

刘国纬，1997. 水文循环的大气过程 ［M］. 北京：科学出版社.

周顺武，吴萍，王传辉，等. 青藏高原夏季上空水汽含量演变特征及其与降水的关系 ［J］. 地理学报，66（11）：1466-1478.

UNESCO，1978. World water balance and water resources of the earth ［M］. Paris：UNESCO Press.

（翟建青　周毓荃）

shuǐqì shūsòng

水汽输送（water vapour transport） 大气中的水分随着气流从一个地区输送到另一个地区或由低空输送到高空的现象，是水分循环的一个环节。

输送方式 水汽输送有三种方式：①湍流输送，它在大气边界层的水汽输送中起重要作用，可把贴近水面和地面的水汽向上空输送。②水平输送，通过大气的水平运动把水汽从一处输送到另一处，这是规模最大的水汽输送过程，水平输送主要把海洋上的水汽带到陆地。降水区所需要的大量水汽主要依靠水平输送。③铅直输送，主要是通过上升气流把水汽从低空向高空输送，是成云致雨的重要原因。水汽在运动过程中，水汽的含量、运动方向、路线，以及输送强度等随时会发生改变，从而对沿途的降水有着重大影响。同时，由于水汽输送过程中，还伴随有动量和热量的转移，因而要影响沿途的气温、气压等其他气象因子发生改变，所以水汽输送是水分循环过程的重要环节，也是影响当地天气过程和气候的重要原因。

表达方式 水汽输送通常用水汽通量和水汽通量散度描述。

单位时间内通过单位面积所输送的水汽量称为水汽通量。水汽水平输送通量的单位为 $g \cdot cm^{-1} \cdot hPa^{-1} \cdot s^{-1}$，风的方向即为水汽输送方向。在天气气候分析中，常将水汽水平输送矢量分解为经向输送和纬向输送两个分量，并规定：向东的纬向输送通量为正，向西的纬向输送通量为负；向北的经向输送为正，向南的经向输送为负。垂直输送的水汽通量单位为 $g \cdot cm^{-2} \cdot s^{-1}$，是指单位时间流经单位水平面积的水汽质量，向上输送为正，向下输送为负。

单位时间内，大气单位体积内辐合进来或辐散出去的水汽量称为水汽通量散度。其单位为 $g \cdot cm^{-2} \cdot hPa^{-1} \cdot s^{-1}$。如果水汽通量散度大于零，则水汽通量是辐散的，表示该体积内水汽减小；如果水汽通量小于零，则水汽通量是辐合的，表示水汽量增加。水汽通量散度与暴雨等天气现象有密切关系，尤其是大气低层水汽通量的辐合是形成暴雨和对流活动的重要条件之一。

亚洲季风区水汽通道 亚洲季风区降水的主要水汽有两条比较明显的水汽通道，第一条水汽通道起源于南印度洋，经过索马里沿岸地区越过赤道，流入阿拉伯海、孟加拉湾和南海，由南海地区转为向北输送到达东亚地区；另一条水汽通道起源于西北太平洋，位于西太平洋副热带高压的南侧和西侧。这两支水汽通道在南海和东亚地区汇合在一起。而对于中国地区，夏季中国水汽主要靠夏季风水汽输送，主要的水汽来源区是南海和中南半岛，其次是孟加拉湾地区，西太平洋也是一个重要水汽来源。对中国北方来说，除亚洲夏季风水汽输送之外，中纬度的水汽输送也是一个来源，但其量值要比夏季风水汽输送小得多。在冬春和夏初，沿 $20\,°N \sim 30\,°N$ 纬度带的南支西风带对中国的水汽供应也起着重要作用，尤其是春季（3～5 月），夏季风未爆发前，它是中国水汽供应的主要通道之一。

应用 通过水汽输送的研究可以探讨气候的形成，天气过程的发生与发展及水分循环与水量平衡的基本规律，为水资源评价和开发提供最基本的依据。

（瞿建青）

jiàngshuǐliàng

降水量（amount of precipitation） 从天空降落到地面上且未经蒸发、渗透、流失的液态或固态（经融化后）水量值，通常用在地面上积聚的深度表示，以 mm 为单位，气象观测中取一位小数。

根据降水量不同的物理特征可分为液态降水和固态降水，液态降水有毛毛雨、雨、阵雨以及冻雨等，固态降水有雪、雹、霰等，还有液态固态混合型降水，如雨夹雪等。测定降水量的基本仪器是雨量器，所以降水量中可能包含少量的霜和露等。

气象学中常用年、月、日、12 小时、6 小时甚至 1 小时的降水量，液态降水量也可称为雨量。

单位时间降水量称为降水强度或雨强，常用 mm/h 或 mm/min 为单位。在气候学中有时也把测站某一时段的总降水量除以该时段的雨日得到平均日降水量作为该时段的日平均降水强度。

（刘绿柳）

kějiàngshuǐliàng

可降水量（precipitable water） 空气柱里含有的水汽总数量也称为可降水量，是指从地面直到大气层顶的单位面积上大气柱中所含水汽总量全部凝结并降落到地面，可以产生的降水量。通常用相当的水量在同面积容器中的深度表示，以 mm 为单位。

其计算方法如下：

设 $x(p)$ 为水汽混合比，它随气压 P 而变，g 为重力加速度，P_0 为地面气压，则

$$W = \frac{1}{g}\int_{P_0}^{0} x\,\mathrm{d}_P$$

计算出的 W 是气柱中的水汽总质量。

一般可降水量有以下四种计算方法：①根据探空资料采用近似计算公式；②根据水汽密度随高度分布的经验公式；③用地面露点查算；④根据日射资料来计算。

一般情况下，可降水量比实际降水量约大 1～2 倍。但在较强的降水系统中，特别是雷雨云中，实际降水量往往显著超过可降水量，这是因为含有大量水汽的空气不断向降水系统辐合而造成的。它对应于空气中的水分全部凝结成雨、雪降落（把空气挤得一点水分都没有）所能形成的降水量。如某地某时的可降水量为 20 mm，即空气柱含有的气体状态的水分的总量。它们全部凝结可以形成的降水量的厚度是 20 mm。暖季非常潮湿的空气中的可降水量也少于 100 mm，气温在 0 ℃ 以下的空气柱里的含水量（可降水量）在 5 mm 以下。可降水量在寒区小，在热带大，全球的可降水量的平均值大约是 25 mm。中国的平均值与此接近，新疆地势高、空气干燥，其降水量的平均值约为 10 mm。

（刘绿柳）

zhēngsàn fāliàng

蒸散发量（evapotranspiration） 在一定时段内，水分经蒸发和蒸腾而散发到空中的量，通常用蒸发和蒸腾掉的水层厚度的毫米数表示。

蒸散发 是指水由液态或固态转变成气态，逸入大气中的过程。狭义的蒸发概念指水面蒸发，广义的蒸发则指自然条件下陆面蒸散发，称之为实际蒸散发（ET_a），包括水面蒸发、土壤蒸发和植物蒸腾等三种类型。实际蒸散量的理论上限称之为潜在蒸散发（ET_p），亦称为可能蒸散量或大气蒸发能力，是指大片而均匀的

自然表面在足够湿润条件下水体保持充分供应时的蒸散量。

蒸散发是地表热量平衡和水量平衡的组成部分，也是水循环中最直接受土地利用和气候变化影响的一项。蒸散发量在估算作物需水和作物水分平衡等方面具有重要的应用价值，蒸散发量变化的研究，对深入了解气候变化、探讨水分循环变化规律具有十分重要的意义。就实际而言，对水利工程设计、农林牧业土壤改良、土壤水分调节、灌溉定额制定以及研究水分资源、制定气候区划等方面都具有重要的指导意义。

蒸散发量的观测　测量蒸（散）发量的仪器有很多。如美国 A 级蒸发器，苏联 гги-3000 型蒸发器，苏联 20 m² 蒸发池等。中国一般采用 20 cm 蒸发皿和 E601 型蒸发器进行水面蒸发的观测，这两种仪器都编入了中国气象局地面气象观测规范，在气象台站中广泛使用。从 2000 年开始，北方气象台站在不同季节开始使用不同的蒸发仪器观测蒸发量，即冬半年使用 20 cm 蒸发皿，夏半年采用 E601 型观测。此外，还有测量土壤蒸发及植被蒸散的各种仪器，如称重式蒸渗仪和水力式蒸散器等。一般来说，仪器测定的蒸（散）发量需要乘以相应的折算系数才能换算成实际的蒸（散）发量。

蒸散发的计算　蒸散发与气温、日照、风速、湿度、降水及下垫面供水条件等气象水文要素密切相关，因此区域尺度的蒸散发量可根据气象水文资料来估算。估算实际蒸散发的方法有水量平衡法、涡度相关法、彭曼（Penman）正比假设法、布歇（Bouchet）互补相关法、布德科（Budyko）水热耦合法及遥感法等。估算潜在蒸散量的方法有温度法、辐射法和综合法等。在不同的气候区，上述方法具有各自不同的适用性及时效性，选择适当的方法是准确估算蒸散量的重要前提条件。计算潜在蒸散法时，对下垫面作物特性进行了进一步的规定而得到的蒸散发量，称之为参考作物蒸散量（ET,或 ET_0）。联合国粮食及农业组织（FAO）将其定义为作物高度为 0.12 m，叶面阻力为 70 s/m，反射率为 0.23，具有同一高度、水分适中、生长活跃和完全覆盖地表的绿草冠层的蒸散发量。推荐计算参考作物蒸散量采用彭曼-蒙蒂思（Penman-Monteith）公式：

$$ET_0 = \frac{0.408\Delta(R_n - G) + \gamma\frac{900}{T + 273}U_2(e_s - e_a)}{\Delta + \gamma(1 + 0.34U_2)}$$

式中：ET_0 为参考作物蒸散量；R_n 为地表净辐射；G 为土壤热通量；T 为 2 m 高处日平均气温；U_2 为 2 m 高处风速；e_s 为饱和水汽压；e_a 为实际水汽压；Δ 为饱和水汽压曲线斜率；γ 为干湿表常数。

蒸散发量分布及变化　全球陆地年平均实际蒸散量约为 438.0～547.5 mm，约占陆地年降水量的 60%～70%，最高值位于低纬度的热带雨林地区，最低值位于高纬度的两极地区和中低纬度的沙漠地区。1982—2008 年，全球陆地实际蒸散发呈现总体增加趋势，但具有阶段性差异。其中 1982—1997 年增加趋势显著，增加速率为 7.1 ± 1 mm/10a，而在 1998—2008 年则呈现下降趋势，下降速率约为 −7.9 mm/10a。从空间上看，南半球的非洲、澳大利亚及南美洲陆面实际蒸散发具有显著的下降趋势，而北半球变化趋势相对较缓。此外，全球尺度的潜在蒸散量由于计算方法的不同而具有较大的差异，但基本分布具有明显的纬向特征，即有低纬度向高纬度递减的特征，同时广泛分布的沙漠地区也是潜在蒸散发的高值区域。由于各国的观测仪器并不统一，因而无法得到全球统一的蒸发皿蒸发量平均值，但研究表明其空间分布的特点与潜在蒸散发基本一致。20 世纪中期以来，全球许多地区计算或观测到的潜在蒸散量及蒸发皿蒸发量都呈现下降趋势，云量和气溶胶的增多使太阳总辐射下降以及气温日较差的下降，多被认为是导致潜在蒸散量和蒸发皿蒸发量下降的原因。

中国蒸散发量　中国多年平均年实际蒸发量约为 426.5 mm，呈现自东向西，自南向北减小的分布规律，最高值一般出现在海南岛和云南南部地区，最低值一般出现在内蒙古西部和新疆的沙漠地区。以 2000 年左右为界，实际蒸散发大致呈现先增后降的变化趋势，其中中国东南半部大部分区域年实际蒸散都呈现显著的下降趋势，而西北和东北地区大都呈现显著的增加趋势。潜在蒸散发方面，中国多年平均潜在蒸散发量约为 941.5 mm，高值中心主要分布在内蒙古中西部、甘肃河西走廊及西部、南疆地区、青海西北部和西藏中西部，一般在 1000～1200 mm，其中新疆塔里木盆地、吐鲁番盆地、青海柴达木盆地以及内蒙古西部、拉萨河谷达 1200～1600 mm。低值区主要位于东北北部和东部、贵州—四川盆地—甘肃南部—黄河流域上游源区等，一般为 600～800 mm。蒸发皿蒸发方面，中国多年平均蒸发皿蒸发量约为 1767.4 mm，其空间分布与潜在蒸散发的分布基本一致。其中，高值区位于西藏中西部、南疆、青海西部、河西走廊、内蒙古中西部以及滇川交界一带，年蒸发量均在 2000 mm 以上，干旱的沙漠地区高达 2400～3200 mm，内蒙古西部更高达 3200～4000 mm；低值区位于东北大兴安岭北端、小兴安岭、长白山地区以及四川盆地和湖南西部、贵州东部和北部等地，一般仅有 1000～1200 mm。中国地区潜在蒸散量和蒸发皿蒸发量的变化趋势与全球基本一致，也呈显著下降趋势。多数地区日照时数、平均风速和温度日较差同蒸发皿蒸发量和潜在蒸散量具有显著的正相关性，并与水面蒸发和潜在蒸散呈同步减少，可能是引起大范围蒸发量趋向减少的直接气候因子。

参考书目

丁一汇，2013. 中国自然地理系列专著：中国气候 [M]. 北京：科学出版社.

裴步祥，1989. 蒸发和蒸散的测定与计算 [M]. 北京：气象出版社.

Jung M，Reichstein M，Ciais P，et al，2010. Recent decline in the global land evapotranspiration trend due to limited moisture supply. Nature，467（7318）：951-954.

Roderick M，Hobbins M，Farquhar G，2009. Pan evaporation trends and the terrestrial water balance. I. Principles and Observations [J]. Geography Compass，3（2）：746-760.

Wang K，Dickinson R E，2012. A review of global terrestrial evapotranspiration：Observation, modeling, climatology and climatic variability [J]. Rev. Geophys.，50（2）：RG2005.

（李修仓）

径流量（runoff volume）

大气降水降落在陆地后或高山冰雪融化成液态水后，经植被截留、填洼、土壤蓄水及雨期蒸发等损失后所剩余的水量，从不透水面积上、地面和地下汇集到流域流出断面的全部水流。常用径流深（mm）或径流量（m³）表示。径流是水循环的主要环节，径流量是陆地上最重要的水文要素之一，是水量平衡的基本要素。从降雨到达地面至水流汇集、流经流域出口断面的整个过程，称为径流形成过程。

径流的形成　径流形成是一个极为复杂的过程，包括产流和汇流两个阶段。①产流阶段。当降雨满足了植物截留、洼地蓄水和表层土壤储存后，后续降雨强度又超过下渗强度，其超过下渗强度的雨量，降到地面以后，开始沿地表坡面流动，称为坡面漫流，是产流的开始。如果雨量继续增大，漫流的范围也就增大，形成全面漫流，这种超渗雨沿坡面流动注入河槽，称为坡面径流。地面漫流的过程，即为产流阶段。②汇流阶段。降雨产生的径流，汇集到附近河网后，又从上游流向下游，最后全部流经流域出口断面，叫做河网汇流，这种河网汇流过程，即为汇流阶段。

表示方法及其度量单位

流量（Q）　指单位时间内通过某一过水断面的水量。常用单位为 m³/s。各个时刻的流量是指该时刻的瞬时流量，此外还有日平均流量、月平均流量、年平均流量和多年平均流量等。

径流总量（W）　Δt 时段内通过河流某一断面的总水量。以所计算时段的时间乘以该时段内的平均流量，就得径流总量 W，即 $W = Q \cdot \Delta t$。常用单位是 m³。以时间为横坐标，以流量为纵坐标点绘出来的流量随时间的变化过程就是流量过程线。流量过程线和横坐标所包围的面积即为径流量。

径流深（R）　指计算时段内的径流总量平铺在整个流域面积上所得到的水层深度。常用单位为 mm。若时段为 Δt（s），平均流量为 Q（m³/s），流域面积为 A（km²），则径流深 R（mm）由下式计算：$R = Q \cdot \Delta t / (1000A)$。

径流模数（M）　一定时段内单位面积上所产生的平均流量称为径流模数 M。常用单位为 m³/（s·km²），计算公式为：$M = Q/A$。

径流系数（α）　指一定时段内降水所产生的径流量与该时段降水量的比值，以小数或百分数计。

中国各流域径流量　根据第二次全国水资源评价和水资源开发利用成果，中国西北诸河多年平均径流深 35 mm，多年平均径流总量为 1.174×10^{11} m³；松花江径流深为 139 mm，径流总量为 1.296×10^{11} m³；辽河径流深 130 mm，径流总量为 4.08×10^{10} m³；海河径流深 68 mm，径流总量为 2.16×10^{10} m³；黄河径流深 76 mm，径流总量为 6.07×10^{10} m³；淮河流深 205 mm，径流总量为 6.77×10^{10} m³；长江径流深 553 mm，径流总量为 9.856×10^{11} m³；珠江径流深 816 mm，径流总量为 4.723×10^{11} m³；东南诸河径流深 1085 mm，径流总量为 2.656×10^{11} m³；西南诸河径流深 684 mm，径流总量为 5.775×10^{11} m³。

参考书目

水利部水利水电规划设计总院，2014. 中国水资源及其开发利用调查评价 [M]. 北京：中国水利水电出版社.

（李修仓）

云水资源（cloud water resources）

存在于空中，可供开发利用的水物质（Q_m）。水物质包括水汽（Q_v）和水凝物（Q_h）两大类，其中水凝物按相态可分为液态（液相，Q_w）和固态（冰相，Q_i），按粒子大小可分为小粒子（云粒子，Q_c）和大粒子（降水粒子，Q_p）（见图1）。

相对于陆地水资源而言，空中水物质的瞬时存量较小，但时空变化快，更新周期短。因此，空中水资源较为丰富，具有较大的开发利用潜力。大气中的水并非都

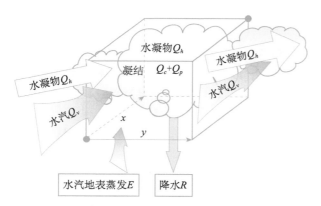

图 1　一定时段和区域中的云水资源演化过程

是水资源，它取决于人类利用它的技术和能力。人工影响天气是开发利用空中水资源的主要技术，空中水物质中有一部分可能通过一定技术手段转化为降水，这部分是空中水资源。其中，水汽量在大气水物质中比例最多，但是从开发利用的角度来说，水汽必须通过直接冷却或抬升膨胀冷却才能凝结成水，其经济技术代价太大，还缺乏具有实用前景的技术。大气水凝物（水滴或冰粒），在一定条件下，可采用人工影响技术促进它更多的转化降落到地表供人利用。这部分水凝物称为空中云水资源。

关于空中水汽含量的观测手段以及计算方法已经相对比较成熟，但是对于空中云水资源的观测及计算还处于不断研究开发中。

计算方法　常用的云水资源量估算方法主要有，一是通过云层厚度和云中含水量来估算，计算公式为：

$$W = \int_{H_b}^{H_t} \rho q \mathrm{d}h$$

式中：W 为云水路径（或积分云水量）；q 为云水比含水量；h 为高度；ρ 为空气密度；H_b 为云底高度；H_t 为云顶高度。该方法的困难在于云顶和云底高度的确定和云水比含水量的估算。二是通过遥感观测手段得到的云水路径和云光学厚度的数据来估算。云水路径（CWP）指在单位面积垂直气柱中所含有的液态云水和固态云水的总和。

分布　从云量上来看，中国云量最多的地区位于四川盆地、贵州、湖南西部和广西西部和北部等地，年平均总云量超过 8 成（云遮蔽天空视野的成数），其次是青藏高原东坡到秦岭淮河一线以南的大部分地区，年平均总云量超过 6 成。中国广大的北方地区云量较少，年平均总云量多在 5 成以下，其中内蒙古北部和西藏西南部等地年平均总云量不足 4 成。此外，研究表明低云量与降水的关系比总云量与降水的关系更好，因此低云量

可以比总云量更好地反映空中云水资源情况。从分布上看，中国青藏高原东部、西南地区和长江中下游以南大部地区的年平均低云量都在 4 成以上，其中贵州和广西北部普遍在 7 成以上，安顺等地接近 8 成，是我国年平均低云量最多的地方。东北和华北的大部分地区年平均低云量在 1～2 成，长白山等地为 3 成，中国西北的年平均低云量在 0～3 成，塔里木盆地到甘肃北部少有低云，是年平均低云量最少的区域。

从 CWP 来看，中国云水资源总体呈现纬向分布特征，即由南向北逐渐递减。最丰富的地区位于四川盆地和东南地区，CWP 值达 0.12 kg/m²，向北逐渐减小至 0.04 kg/m² 以下。东北地区东部、内蒙古东部和华北大部分地区 CWP 值偏小，平均值在 0.05 kg/m² 左右。从变化趋势上看，中国大部分地区 CWP 都有增加趋势，其中，青藏高原东部地区和内蒙古东部地区增加最大，增加速率为 0.015 kg·m⁻²·(10a)⁻¹；在新疆西南部塔里木盆地附近，CWP 呈减小趋势，减小速率为 0.005 kg·m⁻²·(10a)⁻¹；中国其他地区增加幅度相对较小，东部地区和西北部分地区 CWP 增加速率在 0.01 kg·m⁻²·(10a)⁻¹ 左右。

然而这些方法给出的估算均为瞬时存在于空中的云水量，还不能代表总的云水资源量。2011 年 6 月以来，中国气象局正式启动开展了"空中云水资源监测评估"的研究，利用卫星、雷达、探空、地基全球定位系统探测空间气象参数、微波辐射计及地面气象观测网等多种遥感和地基观测资料，以及 Cloudsat、飞机微物理探测等特种观测资料，以及美国国家环境预报中心（NCEP）再分析资料的温度场和湿度场，综合监测诊断得到三维云场和三维云水场，进行空中云水资源监测评估方法的研究和开发，通过持续的理论研究、技术开发、外场试验和业务建设，逐步发展和建立了一套空中云水资源监测评估方法，并不断完善。

CWR-MEM 方案，基于大气水物质平衡，考虑了水物质瞬时变化、水物质的输入和输出、云中凝结和蒸发、地表蒸发和地面降水等复杂的云物理过程，不仅对瞬时的云水路径进行计算评估，还综合考虑了平流输送等对云水资源的贡献，由此给出了水凝物（即云水）的收支平衡方程及各物理量的计算式，可计算得到关心区域和时段内水凝物总量中未降落到地表的那部分水凝物量，即云水资源总量（GCWR）。

利用 CWR-MEM 方案对 2008—2010 年中国空中云水资源的时空分布进行了评估。中国空中 GCWR 在东南沿海的浙江、西南地区的贵州等省最为丰沛，北方的

新疆、内蒙古等地区云水资源总量相对较少，空间分布极不均匀。

对于水资源短缺的国家或地区，开发利用空中云水资源，是增加水资源供应的有效途径之一。开发空中云水资源一般有两个途径，一方面为静力催化，即通过人工催化提高降水效率，减少水凝物输出和终值，从而增加降水；另一方面为动力催化，即通过动力效应，增加凝结，从而增加降水。中国多年平均降水量 630 mm 左右，人均水资源占有量不到世界平均水平的四分之一，淡水资源严重短缺，是世界上 13 个贫水国家之一。中国自 1958 年开始进行云水资源和人工降水的研究工作，对一些地区云水资源的状况已有了较为系统的了解。全国已有近 2000 个县市开展人工影响天气作业，形成了地面催化、高炮、火箭、飞机人工增水（雨、雪）立体网络体系，开发利用空中水资源规模居世界之首。

参考书目

丁一汇，2013. 中国气候 [M]. 北京：科学出版社.

李兴宇，郭学良，朱江，2008. 中国地区空中云水资源气候分布特征及变化趋势 [J]. 大气科学，32 (5)：1094-1106.

（李修仓　周毓荃）

dixiàshuǐ

地下水（groundwater）　有广义和狭义之分。广义地下水泛指埋藏和运动于地表以下不同深度的土层和岩石空隙中的水。狭义地下水指贮存于包气带以下地层空隙，包括岩石孔隙、裂隙和溶洞之中的重力水。地下水是自然水文循环过程中的重要组成部分，其形成和分布主要受地形、气候、地表水、地质构造和岩性等的影响。具有地域分布广、水量稳定、径流缓慢、很少受气候影响、污染程度低的特点，可作为居民生活用水、工业用水以及农业灌溉水源。

总量　全球淡水资源总量约为 3500 万立方千米，占水资源总量的 2.5%，其中约 30% 以地下水（即深达 2000 m 的浅层和深层地下水盆地、土壤水分、沼泽水和永久冻土）形式贮存在地下，构成了人类所有潜在可用淡水资源的 97% 左右。

2014 年，中国地下水资源总量为 7745.0 亿立方米，其中，平原区地下水资源量 1616.5 亿立方米，山丘区浅地下水资源量 6407.8 亿立方米，平原区与山丘区之间的地下水资源重复计算量 279.3 亿立方米。南方地下水资源较为丰富，为 5442.5 亿立方米，约占全国地下水资源总量的 70%，北方地区地下水资源量为 2302.5 亿立方米，仅占到约 30%。松花江流域地下水资源量为 486.3 亿立方米，辽河流域为 161.8 亿立方米，海河流域为 184.5 亿立方米，黄河流域为 378.4 亿立方米，淮河流域为 355.9 亿立方米。长江流域为 2542.1 亿立方米，东南诸河为 520.9 亿立方米，珠江流域为 1092.6 亿立方米，西南诸河为 1286.9 亿立方米，西北诸河为 735.6 亿立方米。2014 年全国地下水供水量约为 1117 亿立方米，占全国总供水量的 18.3%；其中浅层地下水占 85.8%，深层承压水占 13.9%，微咸水占 0.3%。

来源　地下水主要来源于大气降水和地表水的入渗补给，同时以地下渗流方式补给河流、湖泊和沼泽，或直接注入海洋。上层土壤中的水分则以蒸发或被植物根系吸收后再散发入空中，回归大气，从而积极地参与了地球上的水循环过程，以及地球上发生的溶蚀、滑坡、土壤盐碱化等过程，是自然界水循环大系统的重要亚系统。

分类　地下水的分类方法有多种，并可根据不同的分类目的、分类原则与分类标准区分为多种类型体系。如：按地下水的起源和形成可区分为渗入水、凝结水、埋藏水、原生水和脱出水等；按地下水的力学性质可分为结合水、毛细水和重力水；按岩土的贮水空隙的差异可分为孔隙水、裂隙水和岩溶水；按地下水埋藏条件可分为包气带水、潜水和承压水；如果按地下水的化学成分的不同，又有多种分类。

利用与保护　过度使用地下水会引起地下水位下降，造成地层下陷、河水断流，水源枯竭，甚至地裂缝，以及地下水污染、土壤盐渍化、湿地消失、植被退化、土地沙化，导致土地防洪以及调节的功能丧失等环境问题。由于地下水资源比地表水易受到污染而又难以恢复，一旦受到污染，即便清除污染源，也不可能在短时期内净化，污染可持续相当长时间，自然净化期长达数百年以上，污染后再治理相当困难。全球 22% 的含水层面存在超采问题，地下水量正在减少。中国 118 个城市中 97% 地下水源受到污染，华北平原部分含水层地下水位较 1960 年降低 40 m 以上。

参考书目

裴步祥，1989. 蒸发和蒸散的测定与计算 [M]. 北京：气象出版社.

Maidment David R，2002. 水文学手册 [M]. 张建云，李纪生，等译. 北京：科学出版社.

WWAP，2015. The United Nations World Water Development Report 2015：Water for a Sustainable World [M]. Paris：UNESCO Press.

（刘绿柳）

风能资源

fēngnéng zīyuán

风能资源（wind energy resources） 空气沿地球表面流动而产生的动能资源。风能是由空气流动所产生的动能，是清洁可再生能源，具有蕴量巨大、可以再生、分布广泛、没有污染等优点，同时它具有能量密度低、不稳定和分布不均匀等特点。风能资源的丰歉用风能资源等级来描述，风能资源开发潜力常用风能资源技术开发量来表示。为探明中国风能资源技术开发量，中国气象局从 20 世纪 80 年代到 2012 年先后开展了 4 次风能资源普查和详查。

世界风能资源 2012 年，政府间气候变化专门委员会（IPCC）《可再生能源与减缓气候变化特别报告》指出，风能资源技术开发量的大小与风能资源评估技术和风能资源开发技术水平有关；全球风能资源技术开发量能够满足人类对风电发展的需求，但风能资源的分布是十分不均匀的。全球风能资源理论储量约 1.68×10^6 TWh/a，风能资源技术开发量大致范围在 1.94×10^4 TWh/a（陆上）到 1.25×10^5 TWh/a（包括沿海及近海区域）之间，约相当于 2008 年全球发电量的 $1 \sim 6$ 倍，其中近海风能资源技术开发量为 $4000 \sim 37\,000$ TWh/a。

风能资源在全球的分布是很不均匀的。对于陆地上的风能资源，苏联地区和欧洲非经合组织成员国的风能资源技术开发量占全球的 26%，北美地区占 22%，非洲和中东占 19%，太平洋地区占 13%，拉丁美洲占 9%，亚洲其他国家共占 9%，欧洲的经合组织国家（含爱沙尼亚、斯洛文尼亚）占 4%；对于近海风能资源，欧洲经合组织国家占 22%，亚洲其他国家占 21%，拉丁美洲占 18%，转型经济体国家共占 16%，北美地区占 12%，太平洋欧洲经合组织国家占 6%，非洲和中东占 4%。

欧洲陆上海拔高度 2000 m 以下、距地面 80 m 高度风能资源技术开发量约 4.5×10^4 TWh/a，近海水深小于 50 m 的范围内、距海面 120 m 高度风能资源技术开发量约 3.0×10^4 TWh/a。欧洲陆上风能资源最丰富的国家依次为法国、瑞典、英国、芬兰、德国、波兰和西班牙；近海风能资源最丰富的国家依次为英国、挪威、丹麦、瑞典、荷兰和芬兰。在亚洲，印度陆上海拔高度不超过 1500 m、年平均风功率密度大于 200 W/m^2 的 80 m 和 120 m 高度风能资源技术开发量分别为 9.84 亿千瓦和 15.49 亿千瓦，风能资源主要分布在南部和沿海。

中国陆地风能资源 2007 年中国国家发展改革委和财政部启动全国风能资源详查和评价工作，中国气象局在全国范围内建立了由 400 座 70 m、100 m 和 120 m 测风塔组成的全国风能专业观测网，开发了由历史观测资料筛选、数值模式和地理信息系统（GIS）空间分析组成的中国气象局风能数值模拟评估系统。通过风能资源数值得到了水平分辨率 1 km × 1 km 的全国风能资源图谱，并在此基础上采用 GIS 空间分析方法剔除不可开发风能资源的地区，最终得到中国陆地（不包括青藏高原海拔高度超过 3500 m 以上的区域）从距地面 $10 \sim 150$ m 每隔 10 m 间隔的风能资源技术开发量。据 2012 年中国风能资源详查和评价结果，陆地（不包括青藏高原海拔高度超过 3500 m 的区域）50 m、70 m 和 100 m 高度上风能资源技术开发量分别为 20 亿千瓦、26 亿千瓦和 34 亿千瓦。以内蒙古自治区的风能资源技术开发量最高，达到 15 亿千瓦，其次是新疆和甘肃，风能资源技术开发量分别为 4 亿千瓦和 2.4 亿千瓦。黑龙江、吉林、辽宁、河北北部以及河北、山东、江苏和福建等地沿海区域风能资源丰富、资源量大、可开发区域范围广、成片面积较大，适宜规划建设大型风电基地。

中国近海风能资源 最早的海上风能资源调查和评估工作是根据全国陆上 900 多气象站测风数据的统计计算的结果进行外推。1993 年国家气候中心使用船舶气象观测风资料计算了中国领海的 10 m 高度风能密度分布。中国科学院地理科学与资源研究所利用卫星遥感数据，采用反演技术对中国海上风能资源进行了评价。国家发展改革委能源研究所根据《全国海岸带和海涂资源综合调查报告》和 2002 年中国颁布的《全国海洋功能区划》进行了中国近海海域的风能资源评估。中国大陆沿岸浅海 $0 \sim 20$ m 等深线的海域面积约为 15.7 万平方千米，避开港口航运、渔业开发、旅游以及工程规划海区，以及专门划分的 60 个用于开发波浪、潮流等海洋能的利用区，再考虑其总量 20% 的海面可以利用，则近海风电装机容量约为 1.5 亿千瓦。中国具有较长的海岸线，在第四次中国风能资源详查中，采用风能资源数值模拟方法得到近海 $5 \sim 50$ m 水深范围内 100 m 高度上风能资源技术开发量约 5.12 亿千瓦。

中国风能资源区划 中国幅员辽阔，海岸线长，风能资源的蕴含量丰富。中国的风能资源主要分布在西北、华北和东北，"三北"地区和东部沿海以及滩涂地区被称作北部风能资源的丰富带和沿海丰富带，风能资源的大小是按照某一区域风功率密度的大小划分为不同的风能资源等级（见表 1）。对不同等级风能资源的地域分布用风能资源区划表示（见表 2）。

表1　中国风能区划标准　　　　　　　　　　　　　　　　　　　　　　　　　　单位：W/m²

区划	丰富区	较丰富区	一般区	贫乏区
年平均风功率密度（10 m高度）	≥150	150～100	100～50	≤50

表2　中国历次风能资源普查得到的陆地风能资源储量的比较

比较内容	第四次普查	第三次普查	第二次普查
使用资料	风资源专业观测网与数值模拟	气象站资料分析（2384个）	气象站资料分析（900多个）
离地面高度/m	70	10	10
水平分辨率	1 km×1 km	平均大约60 km×60 km	平均大约100 km×100 km
假设风机布设间距	10D×5D	10D×10D	10D×10D
风能资源技术开发量计算方法	在风功率密度大于300 W/m²的风能资源覆盖面积的基础上，通过GIS空间分析剔除不可开发风电的区域后，单位面积装机容量大于1.5 MW/km²的风能资源总量	在风功率密度大于300 W/m²的风能资源总储量	所有风能资源等级的风能资源总储量的1/10
全国陆地风能资源技术开发量/亿千瓦	25.67	8.64	10.14

注：D指风机叶轮直径。

丰富区　包括北部风能资源丰富带和沿海丰富带。北部风能资源丰富带终年处于高空西风带控制之下，是冷空气侵入我国的必经之地，由于地势较平坦，造成三北北部风能资源都很丰富，年平均风功率密度在150 W/m²以上的区域面积大，有效小时数可达5000～6000小时，是中国最大的成片风能资源带。沿海丰富带包括中国东部、东南沿海及近海岛屿。由于海洋热容量大，具有明显的热惯性，大陆热容量小，表面温度变化快，这种明显的海陆差异，导致了海上风速较大，再加海洋表面摩擦力小，一般风速比陆地上增大2～4 m/s。东南沿海由于受台湾海峡的影响，每当冷空气南下，狭管效应使得这一区域风速增大，这里也是中国风能资源最佳的地区。这一地带相对内陆来说，风能资源丰富，150 W/m²年平均风功率密度等值线距离海岸线较近。当然沿海地带夏、秋季节容易受热带气旋的影响，每次热带气旋影响都会造成一次大风过程，有利于风力发电，但它也会对风电机组带来毁损的风险。

较丰富区　这一区域是风能丰富区域的扩展。三北地区向南扩展，风功率密度由北向南缓慢地递减，过渡带宽度在200 km左右。而沿海向内陆扩展是风速急剧减小，海岸向内陆延伸至10 km处风速一般减小33%，至20 km处风速减小66%。东南沿海由海岸线向陆上风功率密度的分布大致为：海岸线附近约为150 W/m²，向内陆5～10 km降到100 W/m²，再向内陆20 km以上则降到50 W/m²以下。很明显，沿海风能丰富区向陆上很快降为风能贫乏区。所以风能丰富区和较丰富区仅分布于沿海岸线陆上狭窄的带状范围内。青藏高原北部也存在一个风能较丰富区，这里海拔相对较高，空气密度相对较小，但风速较大，随着电网、交通等条件的逐步完善，这里的风能资源也可以进行开发利用。

一般区　该区域自东北长白山开始向西、经过华北、西北到中国最西端。东部由沿海风能较丰富区向西到长江、黄河中下游广大地区。只有在大的湖泊和特殊地形的影响下，风能资源才较为丰富，如鄱阳湖湖区较周围地区风能资源丰富，湖南衡山、湖北九宫山、利川，安徽的黄山、云南太华山等也较平地风能丰富。

贫乏区　主要分散在三个地区，一个是以四川盆地为中心，包括陕南、湘西、鄂西以及南岭山地和滇南；一个是雅鲁藏布江河谷；还有一个是塔里木盆地。这三个地区的共同特点是四周为高山环抱，冷暖空气很难侵入，即便冷空气越过高山而过，势力大减，风速剧降。所以其风功率密度都在50 W/m²以下，该区年平均风速都很小，一般在1 m/s左右，有些地方一年静风出现的频率很高，如绵阳、恩施、阿坝、思南、孟定、景洪等年平均静风频率在65%以上，新疆塔里木盆地的拜城和轮台其年平均静风频率也达50%和44%。其风能开发利用价值不大。

零散的风能资源可开发区　第四次全国风能资源普查得到了水平分辨率1 km×1 km的精细化风能资源分布图谱，发现了在西风带、季风和重要天气系统活动路径上以及在海拔较高的山地顶部，存在许多分布零散的风能资源丰富或较丰富的区域，如云、贵、川海拔2000 m以上的山区和江西鄱阳湖地区等等。由于众多零散的风能资源开发区的存在，第四次全国风能资源普查结果表明，全国每个省都具有可开发利用的风能资源。

风能资源评价　风能资源评价方法按照其发展历程可分为风能资源普查和风能资源详查。

风能资源普查　指直接根据气象台站观测资料、通过统计分析风能参数进行风能资源评估，水平分辨率50 km×100 km。受气象台站测风高度限制，风能资源普查只能得到 10 m 高度的风能资源评估结果。

20 世纪 70 年代末，中国气象局首次做出中国风能资源的计算和区划，80 年代末又根据全国 900 多个气象台站实测资料（1980 年以前的观测资料）进行了第二次风能资源普查，较为完整地评估了各省及全国离地面 10 m 高度层上的风能资源量。中国陆地上的风能资源理论储量为 32.26 亿千瓦，风能资源技术开发量为 2.53 亿千瓦，其中不包括近海风能资源。2003 年底国家发展改革委启动了第三次全国风能资源普查，利用全国 2384 个气象台站近 30 年的观测资料，对原来的计算结果进行了修正和重新计算，得到中国陆地上离地面 10 m 高度风能资源理论储量为 43.5 亿千瓦，风能资源技术开发量约为 2.97 亿千瓦，技术开发面积约 20 万平方千米。

风能资源详查　指在气象台站观测资料基础上适当补充测风塔观测，并通过数值模拟技术，得到水平分辨率 1～10 km 的风能参数格点数据，由此进行精细化的风能资源评估。风能资源详查可以得到近地层内任意高度的风能资源评估结果。

2007 年中国国家发展改革委和财政部启动全国风能资源详查和评价工作（第四次风能资源普查），中国气象局通过风能资源数值得到了水平分辨率 1 km × 1 km 的全国风能资源图谱并在此基础上采用地理信息系统（GIS）空间分析方法剔除不可开发风能资源的地区，最终陆地（不包括青藏高原海拔高度超过 3500 m 的区域）50 m、70 m 和 100 m 高度上风能资源技术开发量分别为 20 亿千瓦、26 亿千瓦和 34 亿千瓦。

第二、第三、第四次中国风能资源普查的不同之处详见表 2。第四次全国风能资源普查采用数值模拟技术得到的全国陆地风能资源技术开发量是第二次和第三次全国风能资源普查结果的 9～10 倍。

参考书目

中国气象局，2006. 中国风能资源评价报告 [M]. 北京：气象出版社.

中国气象局，2014. 全国风能资源详查和评价报告 [M]. 北京：气象出版社.

IPCC，2012. Renewable energy sources and climate change mitigation [M]. Cambridge：Cambridge University Press.

（朱蓉）

fēng tèxìng

风特性（wind characteristics）　大气边界层中近地层空气的运动性质。近地层高度大约 100 m 左右。在地面气象观测中通常指空气相对于地面的空气的水平运动，常用风速的大小、方向和湍流强度等反映风特性的特征量，有时也用风力来描述风的大小。风具有随机的波动性和间歇性特征，由于地形地貌的影响，风也可有山谷风、海陆风、湖陆风、焚风及冰川风等，这些类型的风多受太阳辐射的影响，具有明显的日变化特征。风特性还包括平均风特性、脉动风特性和极端风特性。

风速　是指单位时间内空气移动的水平距离（单位：m/s），在观测规范中，在 10 m 高处，以正点前 2 分钟至正点内风速的平均值作为该正点的风速。有时也用风力来描述风的大小，风力主要是指风的强度，气象上用蒲福风级表示，蒲福风级是英国人 F. 蒲福于 1806 年根据风对地面物体或海面的影响程度而定出的风力等级，共分成 13 个风级（0～12 级），后来又增加了 13～17 级风。

平均风速　在给定时段内风速的平均值，常用的有 2 分钟、10 分钟、小时、日、月和年平均风速等，它是

蒲福风力等级表

风力级数	名称	风速/m·s⁻¹	风速/海里①·小时⁻¹	风力级数	名称	风速/m·s⁻¹	风速/海里·小时⁻¹
0	静风	0～0.2	0～0.4	9	烈风	20.8～24.4	40.5～47.5
1	软风	0.3～1.5	0.6～2.9	10	狂风	24.5～28.4	47.5～55.3
2	轻风	1.6～3.3	3～6.4	11	暴风	28.5～32.6	55.5～63.4
3	微风	3.4～5.4	6.5～10.5	12	飓风	32.7～36.9	63.5～71.8
4	和风	5.5～7.9	10.6～15.4	13		37.0～41.4	72～80.5
5	清劲风	8.0～10.7	15.5～20.8	14		41.5～46.1	80.5～89.7
6	强风	10.8～13.8	21～26.8	15		46.2～50.9	89.9～99
7	疾风	13.9～17.1	27～33.3	16		51.0～56.0	99～108.9
8	大风	17.2～20.7	33.5～40.3	17		56.1～61.2	109～119

① 1 海里 = 1852 m。

反映当地风能资源情况的重要参数。

风向　风的来向。一般用风向频率玫瑰图来描述风向的变化特征。它是将风向划分为 16 个扇区，从正北（N）开始沿顺时针方向，每 22.5° 为一个扇区，在给定时段内计算 16 个风向扇区内风向出现的频率并在极坐标底图上表现出来，因为最终的图形状似玫瑰，所以称为风向频率玫瑰图，如图 1 所示。图中最大数值表示该风向为所在区域的盛行风向或主导风向。

最大风速　在给定时段内，选取任意 10 分钟的平均风速最大值。

极大风速　在给定时间段瞬时风速的最大值，通常取 3 秒的平均风速。

威布尔分布　威布尔分布有双参数和三参数两种形式，三参数的分布函数可表示为：

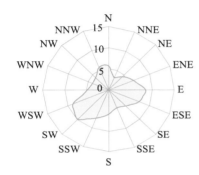

图 1　风向频率玫瑰图示意（单位:%）

$$\begin{cases} f(x) = 1 - \exp[-(\frac{x-\gamma}{A})^{\kappa}] & x \geq \gamma \\ 0 & x < \gamma \end{cases} \quad (1)$$

式中：κ 为形状参数；A 为尺度参数；γ 为位置参数。

实际工程中主要考虑 $x \geq \gamma$ 的情况，双参数是三参数的一种特殊形态，工程中一般多采用双参数的威布尔分布函数：

$$f(x) = \frac{K}{A}\left(\frac{x}{A}\right)^{K-1}\exp\left[-\left(\frac{x}{A}\right)^K\right] \quad (2)$$

$$k = \left(\frac{\sigma}{U}\right)^{-1.086}$$

$$A = \frac{U}{\Gamma(1+1/k)}$$

式中：μ 为平均风速；σ 为标准差；$\Gamma(1+1/k)$ 为伽马函数，可查伽马函数表得到。

风能资源评估中也主要用威布尔双参数分布函数来描述风速概率的分布，尺度参数取决于风速的时间特征和该分布与平均风速之间的关联；形状参数越大，表明平均风速变化的范围越小，风场比较均匀，有利于风电场工程开发。中国大部分地区风速的分布基本都符合威

布尔分布，但在一些地形复杂和受台风影响的地区，是不符合威布尔分布的（见图 2）。

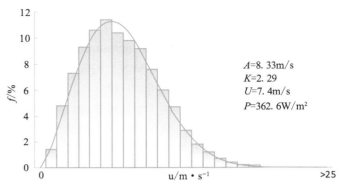

A=8.33m/s
K=2.29
U=7.4m/s
P=362.6W/m²

图 2　某区域风速频率威布尔分布示意图

脉动风速　在短时间内由于空气湍流运动产生的风速随时间的变化。其值等于瞬时风速与平均风速的偏差，可以写成：

$$u' = u - \bar{u}$$

式中：u' 为脉动风速；u 为风速表测得的瞬时风速；$\bar{u}$ 为某一时段内平均风速。脉动风速是描述大气湍流运动特性的最重要的特征量。

湍流强度　湍流强度表示瞬时风速偏离平均风速的程度，是评价气流不规则运动的重要指标。它是风速的标准偏差与平均风速的比率，湍流强度与地表粗糙度和大气稳定度等因素有关，其计算公式为：

$$I = \frac{\sigma_v}{V} \quad (3)$$

式中：V 为平均风速；σ_v 为瞬时风速相对平均风速的标准差。

最大风速重现期　多年一遇最大的 10 分钟平均风速和 3 秒的极大风速。风电场风能资源评估中多用 50 年一遇最大的 10 分钟平均风速和 3 秒的极大风速作为风电项目开发中机组选型和经济评估的一个关键性指标。极端风速也是风电机组设计时重要的参考参数之一，它是决定风电机组极限载荷的关键指标。

风速垂直切变指数　风速垂直切变是指水平风速在垂直方向上的变化，计算公式为：

$$\frac{v_1}{v_2} = \left(\frac{z_1}{z_2}\right)^{\alpha} \quad (4)$$

式中：v_2 为高度 z_2 处的风速；v_1 为高度 z_1 处的风速；α 为两个高度层间的风切变指数，其值的大小表明了风速垂直切变的强度。

参考书目

中国国家质量监督检验检疫总局，2002. 风电场风能资源评估方法: GB/T 18710—2003 [S]. 北京: 中国标准出版社.
中国气象局，2007. 地面气象观测规范第 7 部分: 风向和风速

观测：QX/T 51—2007 ［S］. 北京：气象出版社.

（柳艳香）

fēngnéng zīyuán cèliáng

风能资源测量（wind resources measurement） 利用气象观测站或测风塔对某地实际风况进行观测，进而对风能资源各参数进行统计、分析、计算。

测量系统 风能观测系统主要由传感器、数据采集器、通信传输、电源和系统软件组成。传感器包括常规风向风速传感器、温度传感器、气压传感器等。数据采集器进行各气象要素的采集、处理、存储和管理。通信传输系统进行观测数据的远程传输，电源负责整个观测仪器设备的供电，采用太阳能供电方式，电池效能和容量要求在连续 15 个无日照的情况下保证风能观测系统正常供电。系统软件主要包括嵌入式软件、通信控制软件和用户终端软件三部分，嵌入式软件在采集器中运行，具体实现采集器的数据采集、质量控制、数据处理、数据存储、数据传输。

测风塔设置 一般选取风况较好的地区设置测风塔进行风资源测量，测风塔的位置宜设置在可代表拟建风电场不同大小或类型风资源、并可能安装风机位置处，测风塔高度不低于风机轮毂高度。

测风塔风的测量 可根据实际地形设置测风层的高度，一般情况下，选取 10 m、30 m、50 m、70～80 m、100 m 进行风速测量，风速、风向采样速率：1 次/秒；风向观测至少有 2 层，最低层一般为 10 m 高度，便于与气象观测站风向的比较。高层多设置在轮毂高度处。

数据处理 将采集到的 1 次/秒的观测风速直接作每 10 分钟平均风速和标准差，然后再在计算所需时段的平均风速，在规定时段内，3 秒滑动平均最大和 10 分钟滑动平均最大作为瞬时最大风速和 10 分钟最大风速，用于风电场风能资源的评估。风向一般是取该时段内风向的平均。

测风塔数据完整性检验 对观测记录进行完整性审查后，给出逐月和年度数据的完整性描述，以数据完整率表示：

$$数据完整率 = \frac{应测数据量 - 缺测数据量 - 无效数据量}{应测数据量} \times 100\%$$

式中：应测数据量表示观测时段内应该观测到的每小时数据数目（观测时段日数×24 小时），缺测数据量为观测时段内由于各种原因缺测的观测数目，无效数据量为观测时段内出现的不合理的观测数目。

根据《电场风能资源测量方法》（GB/T18709—2002）及《电场风能资源评估方法》（GB/T18710—2002）规定，风电场风能资源评估中要求测风塔的风场观测数据必须满一个完整年，且观测数据有效完整率要达到 90%以上才可以用于风电场风能资源的评估。

测风雷达 专门用于测风的雷达。它是新近发展起来的用于风能资源测量的一种手段，它是以发射脉冲波和接收从目标返回的脉冲波的方式来跟踪上升且随风飘移的气球，借以测量气球在空间中的运动轨迹来确定各高度上自由大气的风向和水平风速。它的有效测量高度在 30～200 m。雷达测风和测风塔风的测量可以互为补充，进行测风区域风能资源的精细化评估。

超声测风仪 利用超声波在大气中的传播速度随风速而变化的原理制成的测风仪。超声风速风向仪的工作原理是利用超声波时差法来实现风速的测量。可以根据需求安置在测风塔的任意高度，一般多设置在轮毂高度处。采样速率为 10 次/秒，属于高频的三维风速。但是超声测风仪对测量环境的要求较高，抗干扰性较差，还没有相关的观测标准，所以超声测风仪在风电场测风中还是受到一定的制约。

参考书目

中国国家质量监督检验检疫总局，2002. 风电场风能资源评估方法：GB/T 18710—2002 ［S］. 北京：中国标准出版社.

（柳艳香）

qūyù fēngnéng zīyuán pínggū

区域风能资源评估（regional wind energy resources assessment） 对某区域内风能资源的时空分布特性和开发潜力进行评估。在中国，评估范围大到全国，小到一个县。水平分辨率从几百米到几千米。

技术方法 区域风能资源评估的基础资料为国家风能资源专业观测网测风资料和气象台站历史气象观测资料。主要技术手段为长期风能资源数值模拟、短期风能资源数值模拟和风能参数的统计修正。评估过程为：采用数值模拟技术得到反映一段历史时间内的风速时空分布、风能参数统计和与全国风能资源专业观测网的测风塔测风数据同步的风能资源分布和参数统计；通过对比分析测风塔观测和数值模拟的同步风能参数统计结果，对风能资源长期分布和风能参数统计结果进行误差分析和修正；通过地理信息系统（GIS）空间分析提出不适宜开发风电的区域，最后根据可开发风电区域内的风能资源等级和地理条件，计算风能资源储量。区域风能资源评估的关键技术是天气型分类和中小尺度结合的数值模拟方法。中国的区域风能资源评估技术的发展经历了基于气象台站历史观测资料的评估到数值模拟、全国风能资源专业观测网测风资料与气象站历史观测资料结合的综合评估技术的发展历程。

中国风能资源专业观测网 中国气象局于2009年建立了中国风能资源专业观测网，观测网分布在全国31个省（直辖市、自治区），主要覆盖西北、华北、东北以及东部沿海等主要风能资源丰富地区，并兼顾具有风能资源开发潜力的内陆地区。全国风能资源专业观测网由400座测风塔组成，其中70 m测风塔329座，100 m测风塔68座，120 m测风塔3座。风能资源观测内容包括：风向、风速、气温、湿度、气压，以及风梯度和脉动等。观测高度为：10 m、30 m、50 m、70 m、100 m和120 m。全国风能资源专业观测网的测风资料在第四次全国风能资源普查中发挥了关键作用。

风能资源数值模拟评估 水平分辨率在1 km到几十千米之间的数值模拟，通常采用中尺度数值天气预报模式与大气边界层数值模式结合的模式系统。中尺度数值天气预报模式，如美国天气研究和预报模式（WRF）需要气象台站观测资料和全球大气环流模式格点资料作为模式运行的初始条件，地形、植被和土地利用的地理信息产生模式边界条件，同时还包括辐射、行星边界层、陆面过程的物理过程参数化方案。为便于进行风能参数统计分析，数值模拟结果必须逐小时输出。在进行水平分辨率小于或等于1 km×1 km的风能资源数值模拟时，通常采用线性的或非线性的大气边界层数值模拟，在中尺度数值模拟结果基础上进行动力降尺度。常用的小尺度数值模式有：美国CALMET复杂地形动力诊断模式、丹麦WAsP线性诊断模式等等。

风能资源长期数值模拟评估 采用数值模拟技术获得近30年平均风速、风功率密度等风能参数的平均分布。通常采用天气型分类方法得到不同类型典型天气背景条件及其出现的频率，然后逐一以各类天气背景条件为初始场进行风能资源数值模拟计算，最后根据各类天气背景条件出现的频率统计分析风能参数，并绘制分布图谱。

将30年中所有出现过天气条件进行分类，在每个天气型中随意抽取一定比例的天数作为典型日，使对所有典型日风速分布的模拟结果与模拟全部30年风速分布的结果一致，如中国气象局风能资源数值模拟评估系统中的"天气背景分类与典型日筛选系统"，以大气边界层动力学和热力学为理论基础，首先综合考虑了近地层风速的两个特点：①近地层风速分布是天气系统与局地地形作用的结果，风速分布的变化是由天气系统运动与变化引起的；②大气边界层存在着明显的日变化，日最大混合层厚度与天气系统的性质有关。然后依据不受

局地地形摩擦影响高度上（850 hPa或700 hPa）的风向、风速和每日最大混合层高度，将评估范围内历史上出现过的所有天气条件进行分类，从各天气类型中随机抽取5%的样本作为数值模拟的典型日，之后分别对每个典型日进行数值模拟，并逐时输出；最后根据各类天气型出现的频率，统计分析得到风能资源的气候平均分布。进行天气背景分类与典型日筛选时，利用模拟区域内各个气象站20世纪80年代以来近30年地面气象站和探空站历史资料，以风速、风向、日最大混合层高度三个要素进行分类。其中将风速、风向分为8档，采用每日08时探空观测和14时的地面观测资料计算日最大混合层高度，并将其分为4档，最多可得到256类天气类型。经过在每个类型中抽取5%作为典型日和模拟结果逐小时输出后，每个网格点上都会得到10 000以上时次的风速，因此有足够的样本数进行风能参数的统计分析。

风能资源短期数值模拟评估 选定与测风塔观测同步的至少一年时段，采用每日4次的全球大气环流模式再分析资料和对应的常规气象台站观测资料逐日进行数值模拟，并逐小时输出风速、气压、温湿度等基础气象要素，最终通过分析得到年平均风能参数及其分布。

风能参数统计修正 将风能资源短期数值模拟结果与同步测风塔观测结果对比和误差分析；同时将测风塔测风数据通过与参证气象站观测资料的长年代订正，推算出30年平均风速，并与风能资源长期数值模拟结果进行对比；综合风能资源短期数值模拟和长期数值模拟的误差分析结果，得到对区域风能参数的修正量及最终风能资源评估结果的不确定性。

展望 风能、太阳能等是对天气气候条件有较强依赖性的可再生能源，随着在电力供应中比例的不断提高，如何保证电网运行稳定性是风电消纳的关键问题。因此，区域风能资源评估中，不但需要评估风能资源的空间分布，还要评估区域风能资源的时间波动和区域间变化的相关性。

参考书目

中国气象局，2014. 全国风能资源详查和评价报告［M］. 北京：气象出版社.

中国气象局风能太阳能资源评估中心，2010. 中国风能资源评估（2009）［M］. 北京：气象出版社.

（朱蓉）

fēnggōnglǜ mìdù
风功率密度（wind power density） 垂直穿过单位界面流动的空气所具有的动能。它主要取决于风速的大

小，而空气密度的大小对它也有一定的影响。风功率密度是评判一个区域风能资源等级的重要依据。风功率密度公式表示如下：

$$W = \frac{1}{2}\rho v^3 \qquad (1)$$

设定时段内的平均风功率密度计算公式：

$$\overline{W} = \frac{1}{2n}\sum_{i=1}^{n}\rho v_i^{3} \qquad (2)$$

式中：W 为风功率密度；$\overline{W}$ 为平均风功率密度；n 为设定时段内的风速记录数；v_i 为第 i 个记录风速值；ρ 为空气密度。工程上习惯称式（1）为风能公式。

有效风功率密度 风机轮毂高度处风速达到风机切入风速至风机切出风速范围内的风功率密度，大型风机的有效风速多为 3～25 m/s 范围内的风功率密度。

据中国国家标准 GB/T18710—2002 "风电场风能资源评估方法" 规定，各高度层的风功率密度等级划分见表1。

中国国家标准 GB/T18710—2002 中只给出了最高 50 m 高度的风功率密度，但随着风电机组制造技术的发展，风电机组的轮毂高度一般都可以达到 70～100 m，所以在该标准没有修订或新标准发布之前，在风电场风能资源评估中，可以按照瑞利分布外推，估算 50 m 以上高度层的风功率密度。

平均风能密度 一定时间周期内风能密度的平均值，如下式计算：

$$\overline{W_D} = \frac{1}{T}\int_0^T \frac{1}{2}\rho v^3(t)\,\mathrm{d}t \qquad (3)$$

式中：$\overline{W_D}$ 为设定时段内的平均风能密度；T 为设定的时间周期；ρ 为空气密度；v(t) 为随时间变化的风速；dt 为在时间周期 T 内相应于某一风速的持续时间。

平均有效风能密度 风机轮毂高度处风速达到风机切入风速至风机切出风速范围内的风能密度，大型风机的有效风速多为 3～25 m/s 范围内的平均风能密度。

风能方向频率 计算设定时间内 16 个风向扇区风能密度的方向分布占全方位总风能密度的百分比（单位：%）。例如，按（4）式计算年风能东风方向的频率：

$$F_{东} = \frac{\frac{1}{2}\rho\sum_{i=1}^{m}V_i^{3}}{\frac{1}{2}\rho\sum_{j=1}^{n}V_j^{3}} \qquad (4)$$

为一年内东风所具有的能量占总能量的比值。

式中：i = 1，…，m；m 为风向为东风的小时数；j = 1，…，n；n = 8760 或 8784（平年为 8760 小时，闰年为 8784 小时）。

风能密度的方位分布特征不但可以表征该地风能资源的品质，还决定着风机的排布方式。

空气密度 在一个标准大气压下，每立方米空气所具有的质量就是空气密度。空气密度的大小会影响风功率密度和风能密度的大小，在同等风速条件下，空气密度越大风功率密度和风能密度就越大。由下式给出：

$$\rho = \frac{1.276}{1 + 0.00366t}\left(\frac{p - 0.378e}{1000}\right) \qquad (5)$$

式中：ρ 为空气密度；e 为水汽压；t 为气温；p 为大气压。

在风场有压力和气温的观测时，也可以近似的按照下式计算：

$$\rho = \frac{P}{RT} \qquad (6)$$

式中：P 为大气压力；R 为理想气体常数；T 为空气开氏温标绝对温度。

如果没有风场大气压力的观测值，作为海拔高度和

风功率密度等级表

风功率密度等级	10 m 高度		30 m 高度		50 m 高度		应用于并网风力发电
	风功率密度/W·m⁻²	年平均风速参考值/m·s⁻¹	风功率密度/W·m⁻²	年平均风速参考值/m·s⁻¹	风功率密度/W·m⁻²	年平均风速参考值/m·s⁻¹	
1	<100	4.4	<160	5.1	<200	5.6	
2	100～150	5.1	160～240	5.9	200～300	6.4	
3	150～200	5.6	240～320	6.5	300～400	7.0	较好
4	200～250	6.0	320～400	7.0	400～500	7.5	好
5	250～300	6.4	400～480	7.4	500～600	8.0	很好
6	300～400	7.0	480～640	8.2	600～800	8.8	很好
7	400～1000	9.4	640～1600	11.0	800～2000	11.9	很好

注：①不同高度的年平均风速参考值是按风切变指数为 1/7 推算的。
②与风功率密度上限值对应的年平均风速参考值，按海平面标准大气压及风速频率符合瑞利分布的情况推算。

温度的函数，计算风场所在地的空气密度，近似的如下式所示：

$$\rho = \left(\frac{353.05}{T}\right)\exp\left(-0.034\frac{Z}{T}\right) \qquad (7)$$

式中：z 为风场的海拔高度；T 为空气开氏温标绝对温度；标准大气压下空气密度为 1.225 kg/m³。

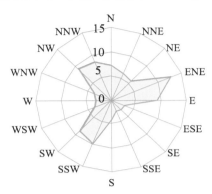

3032 号测风塔 70 m 高风密度玫瑰图

风能资源评估中，可以根据实测资料进行空气密度的计算，使风功率密度和风能密度的计算更接近实况。

参考书目

中国国家质量监督检验检疫总局，2002. 风电场风能资源评估方法：GB/T 18710—2002 [S]. 北京：中国标准出版社.

（柳艳香）

fēngnéng zīyuán chǔliàng

风能资源储量（wind energy content） 对某区域风能资源开发潜力的定量表示。风能资源储量与距地面（或海面、水面）的高度和选取区域的风能资源等级有关，分为风能资源理论储量和风能资源技术开发量。在不同风能资源等级和不同高度的条件下，风能资源理论储量和风能资源技术开发量都不相同。

风能资源理论储量 在给定区域内某一高度上所有风能资源等级的风能资源储量的总和。每个风能资源等级的风能资源储量用装机容量系数乘以该等级风能资源覆盖面积得出。各等级风能资源覆盖面积通常是采用地理信息系统（GIS）直接在风能资源分布图上测量得到。装机容量系数即单位面积上的装机容量，与风机排布的疏密程度有关。第四次全国风能资源普查采用的装机容量计算方法是，假设风能资源等级为 i 的年平均风功率密度为 P_i，风力发电机组相对于盛行风向以纵向 10 倍风轮扫风直径 D 和横向 5 倍风轮扫风直径的间距排布，计算出单位面积上的理论装机容量系数 f_i 为

$$f_i = \frac{P_i\pi\left(\frac{1}{2}D\right)^2}{10D \times 5D} \qquad (1)$$

不同风能资源等级对应的理论装机容量系数见表 1。假设各风能资源等级覆盖面积为 S_i，区域内风能资源理论总储量为

$$M = \sum_{i=1}^{n} f_i S_i \qquad (2)$$

表 1　不同风能资源等级条件下的理论装机容量系数

风能资源等级	平均风功率密度 $P_i/\text{w}\cdot\text{m}^{-2}$	理论装机容量系数 $f_i/\text{MW}\cdot\text{km}^{-2}$
2	200	3.1
3	300	4.7
4	400	6.3
5	500	7.9

风能资源技术开发量 在不同等级的风能资源覆盖区域内，考虑自然地理和国家基本政策对风电开发的制约因素后，计算得到的风能资源储量。技术装机容量系数与风能资源技术开发面积的乘积，即为风能资源技术开发量。风能资源技术开发量随着风电开发技术的发展会有所变化。

风能资源技术开发面积 考虑自然地理条件和国家基本政策的限制，扣除了不能开发风电的区域面积后得到的风能资源覆盖面积。风能资源技术开发面积的计算方法为：采用 GIS 技术，根据评估区域内地形、土地利用等各种地理信息数据，在数值模拟得到的风能资源分布图上，剔除包括水体、湿地、沼泽地，自然保护区、历史遗迹、国家公园、城市及城市周围 3 km 的缓冲区等不可开发风电的地区，考虑到中国严格的耕地保护政策，将基本农田也作为不可开发风电的区域进行剔除，最终得到评估区域内风能资源技术开发面积。此外，对各种土地利用区域限制风电开发的程度会有所不同，例如以下土地利用类型风电可开发利用比率为：草地 80%，森林 20%，灌木丛 65%，其他土地类型 100%。事实上，不可开发风电的区域可以视为风电开发利用比率为 0。因此，可将风能资源覆盖面积乘以风电可开发利用比率，即为风能资源技术开发面积。

技术装机容量系数 考虑自然地理条件和国家基本政策的限制，对限制开发风电区域的装机容量系数进行削减后得到的装机容量系数。技术装机容量系数主要受地形、地貌影响，在平缓、简单地形上的数值大于起伏、复杂地形上的数值。例如，在第四次全国风能资源普查中，根据所选区域风能资源数值模拟分布图上每个网格点上的 GIS 坡度 α 和表 2 的经验值，可以确定每个网格点上的技术装机容量系数。在计算技术开发量时，只统计技术装机容量系数大于等于 1.5MW/km² 的风能资源技术开发面积（见表 2）。

表2　不同地形对应的技术装机容量系数

地形资料水平分辨率	GIS坡度 α/%	技术装机容量系数/MW·km^{-2}
100 m×100 m	0~3	5.0
	3~6	2.5
	6~30	1.5

参考书目

中国气象局，2014. 全国风能资源详查和评价报告［M］. 北京：气象出版社.

中国气象局风能太阳能资源评估中心，2010. 中国风能资源评估（2009）［M］. 北京：气象出版社.

（朱蓉）

fēngdiànchǎng fēngnéng zīyuán pínggū

风电场风能资源评估（wind farm wind energy resources assessment）　以开发风电工程为目的，在区域风能资源评估结果基础上选定具有风能开发潜力的区域，从风能资源的角度论证建设风电场的可行性。评估区域水平尺度一般可达几百千米，水平分辨率几十米到100 m。评估内容包括现场测风、测风资料的质量控制、提出参证资料选取要求并进行数据收集、对测风资料进行代表年分析、计算风能资源的时空分布特征、通过数值模拟技术对风电场及附近区域的风能资源分布状况进行分析，最终提出风电场工程开发所需要的气象背景参数、风特性参数、风能资源参数和气象灾害风向分析，并在风电场区风能资源分布基础上作出风电场发电量估算。

现场测风　现场观测首先需要选定测风塔的位置和数量，然后开展一个完整年以上的风能资源测量。测风塔安装位置应具有代表性，周围开阔，尽量远离障碍物。通过参考风电场所在区域的风能资源详查和评价成果及必要的现场踏勘，按照经济高效和评估要求，提出测风系统的数量和参数要求。开始多采用70 m高测风塔，后来大型风机越来越多，测风塔的高度也在增加。测风系统的测量参数包括风速、风向、气温和气压，风速仪安装高度在10 m、30 m、50 m和70 m，70 m和10 m安装风向仪，气压计和温度计安装高度在3 m；测量传感器的采样时间间隔不高于2秒，记录间隔不高于10分钟，实测数据记录在与测量传感器相连接的数据记录仪内。遥感式测风以声雷达和激光雷达为主，通过声波或激光在不同高度层的反射测算风速、风向，最高测量高度一般均超过100 m。在测风年内应定期对测风系统进行维护，确保数据观测质量。现场测风是风电工程开发的最初环节，覆盖设备招标与采购、传感器鉴定、测风系统现场安装、调试和验收、测风数据收集、备份和保存、测风系统现场质量检查、故障处理和记录，其

工作质量直接影响工程可行性评价的准确性。

代表年分析　风电场现场测风数据由于受到实测年气候特征影响，一般不能够代表风电场工程正常运行期内的平均水平，因此不能直接作为风电场可行性研究和财务评价的基础，需要对测风年实测数据进行代表年分析，确认其偏离多年平均值的程度，并对其进行订正，获得可代表风电场10~20年平均状况的一个完整年的风速时间序列数据。代表年分析一般采用实测数据和参证气象站历史观测数据的相关分析法。

参证气象站选择　长年气象观测资料可用于将测风塔观测资料进行序列延长分析的国家气象站。参证气象站选择需要满足的条件有：气象站的测风环境基本保持常年不变；气象站所处的地理位置、气候特征等应与测风塔所代表地区的相似；气象站历史测风数据年限要达到20年以上。

评估模型　风电场现场测风只能通过数量有限的测风系统获取局部观测点测风数据，为获得风电场工程覆盖范围内的风能资源分布状况，为微观选址和风电场发电量计算提供基础数据，应通过模型计算的方式，以观测点的数据为基础推演风电场内所有地点的风速和风向。评估模型主要包括以丹麦瑞索（Risoe）国家实验室开发的WAsP软件[1]为代表的统计风谱模式、法国Meteodyn WT和挪威WindSim软件为代表的计算流体力学模式和中国气象局的风能资源评估系统（WERAS）为代表的中尺度模式与动力诊断模式结合的数值模式系统。

评估参数　通过对风电场测风年实测数据和代表年分析数据进行整理，获得风电场工程开发所需的评估参数，基本评估参数包括各高度的年、月平均风速和风功率密度、风速威布尔分布参数、风向频率、风能密度方向频率、风速的日变化、年变化，以及风切变指数、湍流强度、50年一遇最大风速和空气密度等。

综合评估结论　风电场工程开发所需的风能资源综合评估结论和建议，确认风电场是否具有开发价值。综合评估结论主要包括风电场风能资源等级、风能资源分布特征、风电机组安全等级和气象灾害风险等。

展望　风电场风能资源测量、评估技术方法，以及模型在准确性和可靠性方面不断提高。新型遥感测风设备的经济性、安全性、数据完整率和准确率仍具有进步空间，其可移动性和相对稳定的传感器结构将使得其在复杂地形、海上项目等地区愈发具有优越性；同时水平式遥感测风设备的逐步完善将为风能资源评估模型提供

———————

[1] WAsP软件是用于风机微观选址的风能资源分析软件，文中提到的Meteodyn WT与WindSim都为微观选址专业软件。

更加准确的验证资料，并有可能在局部区域实现以测量代替模型计算。各种风能资源评估模型将互相借鉴、取长补短，中尺度数值模式、统计风谱和计算流体力学相结合等融合型评估模式可提供更加准确的评估成果，将来为进行电力系统运行和用电负荷匹配等研究，采用时域数据的评估模型将比频域数据评估模型更具有优势。

参考书目

中国电力百科全书编委会，2014. 新能源发电［M］. 北京：中国电力出版社.

Sathyajith Mathew，2011. 风能原理、风资源分析及风电场经济性［M］. 许锋飞，译. 北京：机械工业出版社.

（朱蓉）

yǐngxiǎng fēngdiànchǎng de zhǔyào qìxiàng zāihài
影响风电场的主要气象灾害（main meteorological disasters affectting the wind farm） 指可能对风电场安全运行有影响、甚至造成危害的气象灾害，如极端低温、积冰、沙尘暴、雷电、台风等。

极端低温 极端低温对电子电气器件的正常功能影响较大，液压系统也会因液压油黏度增大出现异常，同时，极端低温也会对油的黏稠度和流动性产生影响，致使机组难以运转，进而危及设备的安全运行。据国际电工委员会IEC标准规定，风电机组的运行温度为-20℃以上，生存温度为-30℃以上。在风能资源丰富的中国"三北"（东北、华北、西北）地区，极端最低温度均在-20℃以下。而东北、内蒙古中东部以及新疆北部地区的极端低温均低于-30℃，这些地区的风电场开发利用时都要考虑到极端低温对风电机组的影响。

积冰 对风电场的安全运行带来的风险更大。风机叶片表面积冰，会造成叶片负载增加，粗糙度增大，风机机翼的气动性能就会大大降低，从而影响机组的正常运行。积冰严重时，会导致导线跳头、扭转甚至拉断或结构倒塌等事故，同时积冰对导线、杆件、风力机自带的常规测风仪中的风杯、风标、输电线路电线等都会造成一定程度的影响，对风电场的正常运行带来一定的威胁。

沙尘暴 发生时往往伴有大风，尤其是强沙尘暴风力往往达8级（风速17.2～20.8 m/s）以上，有的甚至可达12级（风速＞32.7 m/s），大风夹带的沙砾不仅会使叶片表面严重磨损，甚至会造成叶面凹凸不平，影响风机出力；另外还会破坏叶片的强度和韧性，影响风机的性能。

雷电 发生时会产生强大的电流、炙热的高温、猛烈的冲击波、剧变的静电场和强烈的电磁辐射等物理效应，对电力、通讯、电脑等电器设备造成巨大的破坏。由于风机和输电线路多建设在空旷地带，尤其在地势较高的地方，有些风电场建设在山脊之上，处于雷雨云形成的大气电场中，很容易发生尖端放电而被雷电击中，雷电释放的巨大能量造成风力发电机组叶片损坏，发电机绝缘击穿，控制元件烧毁等，致使设备和线路遭受严重破坏，即使没有被雷电直接击中，也可能因静电和电磁感应引起高幅值的雷电压行波，在终端产生一定的入地雷电流，造成不同程度的危害。

台风 对风电场造成的危害是巨大的，伴随台风而来的强风有时会造成风电机组设施损毁、叶片折断、塔筒倒塌等重大损失。

（柳艳香）

fēngnéng zīyuán hélǐ kāifā lìyòng
风能资源合理开发利用（rational development and utilization of wind energy resources） 科学规划、合理有序地发展风电，使风电行业走健康、理性的发展道路。合理开发利用风能资源将重视风能资源评估，考虑电网消纳能力，考虑风电开发对生态自然环境的影响，不盲目建设和发展。

沿革 截至2013年底，全球风电累计装机容量达到了3.18亿千瓦，其中欧洲1.21亿千瓦，亚洲1.17亿千瓦，北美0.71万千瓦；全球海上累计装机容量704万千瓦，全球共有15个国家建立了海上风电场，其中11个位于欧洲。满足大规模风电并网和送出客观上要求电网应具有坚强的网架结构、强大的输电能力和先进的控制技术。德国、西班牙电网通过220千伏及以上跨国联络线与周边国家实现了较强互联，风电消纳得到了欧洲大电网的有力支撑。丹麦电网与挪威、瑞典和德国通过14条联络线实现互联，挪威等国丰富的水电资源发挥了"蓄电池"作用，为丹麦风电起到了良好的调节作用。以分散式风电接入配网为主的欧洲大部分国家日益面临着风电开发和利用的瓶颈，为实现2020年欧盟提出的可再生能源占一次能源的比重达到20%的宏伟目标，欧盟将未来风能资源开发逐步聚焦到海上风电。因此，为实现远距离风电的接入和送出，欧洲国家纷纷提出了构建适应大规模海上风电接入系统的跨大区电网。此外，在欧盟委员会的支持下，荷兰、英国等国家开始研究城市建筑环境中的风能利用，研制了屋顶风能系统，利用屋顶对风力的强化效应进行风力发电。

中国风电装机容量从2001年到2013年由38万千瓦增加到9141万千瓦（不包括台湾地区），居全球风电累计装机容量第一位。内蒙古自治区2013年累计风电装机容量 2027 万千瓦，占全国累计总装机容量的 22%，遥遥领先于其他省份。中国的风电开发大部分分布在"三北"地区，内蒙古、河北、甘肃和辽宁的累积装机容量占全国的 47%。2010 年，中国首个千万千瓦级风电基地一期建设项目在甘肃酒泉竣工，装机容量 536 万千瓦。后续还将建立内蒙古东部、内蒙古西部、河北坝上、新疆哈密、吉林西部、江苏和山东 7 个千万千瓦级风电基地。同样是 2010 年，中国首个海上风电场—上海东海大桥 10 万千瓦海上风电项目正式建成投入运行；100 万千瓦海上风电特许权项目完成招标，标志着中国海上风电建设正式启动。中国风电开发以陆上集中风电场为主，积极推进海上风电场示范项目建设，并探讨开展分散式并网风电项目。

风电发展面临的挑战 中国风电并网和消纳正逐步成为制约风电开发的最主要因素。由于风电开发高度集中在"三北"地区、风电和电网建设不同步，当地负荷水平低，灵活调节电源少，跨省跨区市场不成熟等原因，"三北"地区的风电并网瓶颈和市场消纳问题已开始凸显，弃风现象比较突出。

国家支持政策 2009 年 12 月 26 日，十一届全国人大常委会第十二次会议审议通过了《可再生能源法修正案》，该法于 2010 年 4 月 1 日起施行。修正案对 2005 年所通过的《可再生能源法》中的 6 条进行了修改，从法律层面对短期内处于过剩的新能源产业的开发进行了约束。《可再生能源法修正案》强调了中央全局统筹的职能；提出由国家电监机构和国务院财政部门依照规划制定可再生能源年度收购指标，并公布电网企业应达最低限额指标；首次将电网企业智能电网的发展规划纳入了法律范畴；提出了国家财政设立可再生能源发展基金，并明确用于支持"农村、牧区的可再生能源利用项目、偏远地区和海岛可再生能源独立电力系统建设、可再生能源的资源勘查、评价和相关信息系统建设、促进可再生能源开发利用设备的本地化生产"。《可再生能源法修正案》有利于整个新能源产业健康有序的发展，有利于推动智能电网的建设，从市场的角度提高电网企业对于可再生能源收购的积极性；进一步强化了中国对于新能源的开发。

中国风能资源分布地域广泛，除风能资源丰富区大规模的风能资源开发外，也还有分布零散风能资源，适宜小规模、分散式开发。为了因地制宜、积极稳妥地探索分散式接入风电的开发模式，2011 年国家能源局发布了关于分散式接入风电开发的通知。提出在已运行的配电系统设施就近布置、接入风电机组，不为接入风电而新建变电站、所，不考虑升压输送风电；要求电网企业对分散式多点接入系统的风电发电量认真计量、全额收购。国家能源局这一举措有利于促进中国内陆地区低速风电场的发展，有效缓解风电并网遭遇的困境。

开发的环境效应 大规模风电场建设对周边生态环境和气候变化影响效应越来越受到关注。现有的研究表明，风电场建设期会引发水土流失；运转的风机会造成鸟类和蝙蝠碰撞而死，还会惊扰野生动物；风电场占用野生动物的栖息地和觅食区。此外，针对风电开发对局地气候和气候变化影响的研究越来越多，但还没有一个统一的结论。总之，大规模风电开发的生态环境和气候变化效应还有待深入研究。

展望 中国风电开发以陆上集中风电场为主，积极推进海上风电场示范项目建设，并探讨开展分散式并网风电项目。风电技术发展趋势：①研制单机容量大、安全可靠、效率高、投资费用低、并网运行的大型风力发电设备，进一步降低发电成本；②运用智能控制技术和智能传感等，从原来强调电网适应性向电网的主要构成者转变；③推广分散独立运行方式的应用，特别是风力—柴油发电系统及风力—太阳能电池发电系统的应用；④风力发电蓄能技术的研究与开发；⑤发展智能电网，提高对风电的消纳能力。

参考书目

王仲颖，2013. 中国战略性新兴产业研究与发展（风能）[M]. 北京：机械工业出版社.

（朱蓉）

fēngdiànchǎng lǐlùn fādiànliàng jìsuàn

风电场理论发电量计算（theory for calculation of wind power generation） 风电场发电量是风电场中每台风力发电机发电量的总和，每台风力发电机的理论发电量是根据实际风速的威布尔分布通过风力发电机功率曲线查算得到。

以下为中国北方某地一台风机的年理论发电量实例。已知测风塔 70 m 高度全年风速威布尔分布（见图 1）和一台 2MW 风力发电机的功率曲线（见图 2），通过下式求取年理论发电量：

$$P = \sum_{i=1}^{n} W_i \times F_i \times 8760 \div 100$$

式中：P 为年理论发电量；W_i 为风力发电机功率曲线上第 i 风速段对应的功率；F_i 为风速威布尔分布曲线上第 i 风速段对应的风速频率，用百分率表示；8760 是全年小时数。计算过程如表，最终计算出这台 2MW 风机的年理论发电量为 5 685 460 kWh。

年理论发电量的计算过程

风速 V/m·s⁻¹	功率 W/kW	风速频率 F/%	$W_i \times F_i \times$ 8760÷100	年理论发电量 P/kW·h
<2.5	0	17.60	0	
3	13	11.81	13 449	
4	114	12.25	122 293	
5	268	11.78	276 627	
6	487	10.21	435 699	
7	794	8.44	586 970	
8	1214	6.63	705 183	
9	1723	5.27	795 125	
10	2000	4.19	733 913	
11	2000	3.23	566 422	
12	2000	2.59	454 294	5 685 460
13	2000	1.82	318 514	
14	2000	1.27	222 679	
15	2000	0.89	156 278	
16	2000	0.65	113 004	
17	2000	0.44	76 913	
18	2000	0.30	52 910	
19	2000	0.18	31 886	
20	2000	0.13	23 302	
>20.5	0	0.32	0	

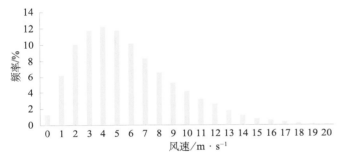

图1 中国北方某地 70 m 高度全年风速威布尔分布

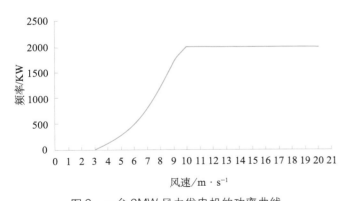

图2 一台 2MW 风力发电机的功率曲线

（朱蓉）

fēngdiànchǎng fēngdiàn gōnglù yùcè

风电场风电功率预测（wind power prediction of wind farm） 风电场通过技术手段预测未来的输出功率，以提高电网调峰能力、增强电网接纳风力发电的能力、改善电力系统运行安全性与经济性。风电功率预测

一方面能为电力系统服务，为电网调度制定运行方式、合理安排调度计划提供支持，有效降低风电间歇性对电力系统的不利影响；另一方面能够为风电场合理安排检修计划、参与市场竞争提供支持，降低风电场的运行成本等。风电场风电功率预测的推广可以带动风电的进一步发展。

预测分类 按照风电场风电功率预测的时间尺度可分为四类：超短期预测、短期预测、中长期预测和长期预测。

超短期预测 以分钟为预测单位，预测时效 0～4 小时，用于机组控制。

短期预测 以小时为预测单位，预测时效 0～72 小时，用于电网合理调度、保证电能质量。也可以为风电场参与竞价上网提供保证。

中长期预测 3 天以上的预测，以天、周或月为预测单位，主要用于机组检修安排或调试。

长期预测 一年以上的预测，用于风电场规划设计。

预测方法 电场风电功率预测方法有两类：持续法和基于数值天气预报的预测方法。

持续法 根据风电场的输出功率，采用统计方法外推未来一段时间的输出功率。实践证明此方法在 6 小时以后偏差较大，因此只适用于 0～4 小时的超短期预测。

基于数值天气预报的预测方法 在数值天气预报模式输出的风速、温度、气压等气象要素的基础上，进一步建立风电场输出功率的预测模型。风电场输出功率的预测模型分两类，一是物理模型，直接根据数值天气预报输出的风速预报和风机出力曲线计算输出功率，一般用于没有历史发电量数据积累的新建风电场；二是统计模型，在数值天气预报基础上，结合风电场历史输出功率资料，建立风电场输出功率与气象要素的统计关系进行风电功率预测。统计模型应用最普遍，风电场有几个月的历史输出功率资料积累以后，就可以采用统计模型进行风电功率预测。

预测准确率要求 国家电网公司 2011 年发布并实施的《风电功率预测功能规范》（Q/GDW）规定：风电功率预测单次计算时间应小于 5 分钟；单个风电场短期预测月均方根误差应小于 20%，超短期预测第四小时预测值月均方根误差应小于 15%。

（朱蓉）

fēnggōnglù yùbào xìtǒng

风功率预报系统（wind power forecasting operation system） 用于预测风电场短期发电功率的软件系统或

业务平台。通过该系统（平台）可获得风电场未来0～4小时或0～72小时的逐15分钟发电功率。

风电功率预报系统最早于1990年由欧洲国家率先研发，并进行大量商业推广。欧洲风资源开发利用较多的国家基本都研发了相应的风电功率预报系统，如：丹麦的Prediktor、风功率预测工具（WPPT）、Zephyr系统，德国的Previento系统，法国的风能预测系统（AWPPS）系统等。20世纪90年代中后期美国也研发了类似的风电功率预报系统。在中国，风电功率预报系统近几年才发展起来，如：中国气象局的风电功率预报系统（WinPOP）、风电功率预测预报系统（WPPS）系统，中国电科院的WPFS系统，华北电力大学的SWPPS系统等。

风功率预报系统一般由"数值预报产品的精细化计算、预报要素的统计订正、订正后气象预报要素产品的传输、风电功率的计算、计算结果显示及预报效果检验"等几个主要部分组成。不同风功率预报系统间的主要差异为风电场区气象要素预报产品的制作方法和风电功率预报方法。

制作气象要素预报值的主要方法有：①对全球模式预报产品进行插值。②中尺度数值预报模式对全球模式预报产品进行动力降尺度。③基于风电场历史测风序列的统计预报。

计算风电功率的主要方法有：①基于理论功率曲线的物理法。②基于历史预报资料和风电场运行数据的统计法。③多种方法的混合预测法。

气象要素尤其是风速预报的准确性对风电功率预报的准确性影响很大，未来将通过资料同化、集合预报等新技术的应用，不断提高风速预报准确性，进而提升风电功率预报能力。

（何晓凤）

fēngdiànchǎng yùnxíng gāoyǐngxiǎng tiānqì yùjǐng
风电场运行高影响天气预警（high impact weather warning of wind farms run）　对极端低温、积冰、沙尘暴、雷电、台风等极端天气系统发布预报警报。这种天气系统会对风电场的安全造成威胁，严重时可以导致风机损毁，使风电场发电效益受损。

一般情况下，在极端天气系统来临之前会提前预警，中国央气象台或省级气象台会发出不同级别的预警信号，预警信号总体上分为四级（Ⅳ，Ⅲ，Ⅱ，Ⅰ），按照灾害的严重性和紧急程度，颜色依次为蓝色、黄色、橙色和红色。目前有预警信号的影响因子有沙尘暴、雷电和台风。

极端低温　据国际电工委员会IEC标准规定，风机组的运行温度为-20℃，生存温度为-30℃。气温低于-30℃，风电机组停止运行。

大风　当风速超过25 m/s时，风电机组应停止运行。为了风电机组的安全，有些风电场会在风速大于21 m/s时就会停止风机运行。

沙尘暴　是指强风将地面大量沙尘卷入空中，使空气混浊，水平能见度小于1 km的天气现象。而强沙尘暴则是指使空气非常混浊，水平能见度小于500 m的天气现象。

沙尘暴发生时，往往狂风大作，黄沙滚滚，遮天蔽日，天空呈土黄色，甚至红黄色，阳光昏暗，能见度十分低劣，严重时甚至伸手不见五指，强风可吹倒或拔起大树、电杆，刮断输电线路，毁坏建筑物和地面设施，造成人畜伤亡，破坏力极大，老百姓又将其称为黑风，是一种致灾重、成灾面广的灾害性天气。

沙尘暴预警信号分三级（黄色、橙色、红色），其中橙色和红色预警的沙尘暴会对风机产生影响。

雷暴　是积雨云在强烈发展阶段产生的雷电现象。雷暴过境时，气象要素和天气变化都很剧烈，常伴有大风、暴雨以至冰雹和龙卷，是一种局地性的但却很猛烈的灾害性天气。

雷电预警信号分为二级，分别以黄色（6小时内可能发生雷电活动，可能会造成雷电灾害事故）、橙色（2小时内发生雷电活动的可能性很大，或者已经受雷电活动影响，且可能持续，出现雷电灾害事故的可能性比较大）表示。雷电会对裸露在外的风电机组、升压站和风机控制系统均会造成威胁。

台风　具有暖性高湿和强烈辐合的特点，它能量很大，来势凶猛，常常伴随狂风、暴雨、风暴潮和龙卷等强烈的天气，是影响我国的主要灾害性天气系统之一。台风的水平尺度约几百千米到上千千米，最大风速出现在中心附近，不少热带气旋都伴有12级以上的大风区，8级大风区半径一般可达上百千米。台风移近海岸时，狂风可引起大范围巨大的海潮，使沿海地区受到猛烈冲击。

台风预警信号分为四级（Ⅳ，Ⅲ，Ⅱ，Ⅰ），按照台风的严重性和紧急程度，颜色依次为蓝色、黄色、橙色和红色，分别代表一般、较重、严重和特别严重。其中橙色和红色预警信号（平均风速大于24.5 m/s）的台风会对风电场造成潜在的威胁，严重时会造成风机桨叶损毁或风机控制系统的损坏。

（柳艳香　石岚）

生态气候资源

nóngyè qìhòu zīyuán

农业气候资源（agroclimatic resources）　为农业生产提供物质和能量的气候资源，由光资源、热量资源、水分资源、空气资源和风资源组成，这些资源的数量、组合及分配情况在一定程度上决定了一个地区的农业生产类型、农业生产力和农业生产潜力。农业气候资源在生态系统参与物质流和能量流的运转过程，具有有限性和无限循环性、周期性和随机波动性、区域差异性和相互依赖性、相互制约性和不可替代性、多宜性和二重性的特点，是开展农业气候区划、制定农业种植制度、进行作物布局和品种配置的重要依据。

基本内容

光资源　由光量、光质、光时组成，在它们的作用下，产生三个植物效应——光合作用、光形态效应和光周期效应。农业光资源包括太阳总辐射量、光合有效辐射量、日照时数等，太阳辐射是农作物通过光合作用形成生物量最基本的能量，在太阳总辐射中占41%～50%的可见光部分为光合有效辐射，被农作物直接吸收；日照时数的多少与光合时间长短和光周期有关；太阳辐射的光谱组成及其各波段所含的能量，对植物生长发育和产量形成起不同的作用。

热量资源　包括积温、生长期、无霜期等，它是农作物生长发育和产量形成的基本条件，决定生长期的长短、种植制度的形式，影响作物的单位面积产量和总产量。

水分资源　由大气降水、土壤水、地表径流、地下水组成，其中大气降水直接补给土壤水和地表径流，间接影响地下水，是水资源的根本来源。水分资源决定农作物生长发育的好坏、产量的高低、种植面积的多少等。

空气资源　包括二氧化碳、氮、氧和其他微量气体。二氧化碳是农作物进行光合作用所必需的物质；氮通过从化石物提取合成和生物固氮等形式转化为氮肥，供给植物营养；氧是植物调节剂，低浓度氧能抑制光呼吸，增强光合作用；微量气体如甲烷能转为农业能源。

风资源　风能转换为机械能和电能，用于农业生产和生活活动，是中国农村一种重要辅助能源。

评价方法

单指标评价方法　主要以单个气候要素数量的大小、出现时间早晚、出现日数等来评价一个地区气候资源和灾害状况及对农业生产对象和过程的满足程度。单指标评价简便易用，但不能全面体现各农业气候资源要素之间的匹配情况和整体水平，存在明显的缺陷。

综合指标评价方法　从农业生产角度出发，阐明光、热、水、气、风等资源的有利和不利方面及其生产性能以及与其他农业自然资源、生产技术和社会经济条件等的关系，坚持整体性和主导因子的原则，既重视各个资源要素的相互影响和制约，又注意水、热资源的决定性作用，使投入到农业生产系统中的物质和能量最省，转换效率最高。

中国农业气候资源分布特征

空间分布大　中国疆域辽阔，南北跨纬度达49°16′，东西跨经度达62°，地形复杂，地势由东向西呈上升趋势，为此农业气候资源分布在空间分布上有明显差异，具有三大特点：①纬度地带性强，南北变化大，光热水资源基本呈现由低纬度向高纬度减少分布趋势。②经度地带性强，东西变化大，东部水热资源较西部丰富，光资源则西部优于东部。③垂直度地带性强，高度变化大。东部平原丘陵地区水热资源丰富，光资源稍有逊色；西部高原地带水热资源贫乏，光资源非常充足；其余地区光热水资源介于以上两者之间，唯四川盆地和川、黔、湘、鄂接壤地区受地形影响，温度较高、降水较多、光照不足。

时间分布不均　年内、年际变化大。受太阳高度和冬夏季风交替影响，年内呈有规律的变化，中国绝大部分地区光热水资源从春季开始增加，夏季达最大，秋季迅速减少，冬季最小。中国农业气候资源年际变化受气候年际变化的影响，尤其是季风的强弱和爆发时间早迟的影响，使不同年份的热量、水分资源有明显差异。

生态环境类型地区差异大　中国从南到北有热带、亚热带、温带等热量带，从东到西有湿润、半湿润、半干旱、干旱等水分带，全年太阳总辐射基本上从西向东递减，各地生态环境类型不同，农业气候资源分布有显著不同。

开发利用

农业是最早开发利用气候资源的领域，近半个多世纪以来，农业气候资源已达较高水平，利用形式多样，时空利用强度和效率也较以往大大提高。首先，科研人员经过长期调查研究，完成多个与农业气候资源利用有关的区划，农业气候区划的不断完善，为各地利用气候发展农业提供明确的利用重点和方向。其次，在空间利用上，各地结合各种作物对气候资源要求，发挥当地气候资源优势进行合理布局，形成一大批专业化生产基地和农业生产带，如新疆的棉花和西瓜生产基地，云南的甘蔗、烟叶生产基地等；山区农业气候资源也得到充分利用，人们根据不同高度光热水资源分布及山地坡度、坡向和山体部位等因素，选择最佳种植区域及其最佳种植品种；在时间利用上，改进原有种植制度，建立了以多熟套种为中心的种植制度，从作物结构、熟制、育种、种植技术等方面有效地提高了光、热、水等气候资源利用强度，使作物朝优质高产方向发展。再次，农业气候资源在林业、畜牧业、渔业特定行业的利用，促进经济林业种植的发展和森林资源的开发利用保护，促进水产养殖业和捕捞业的发展，也有利草地资源的区划养护和牲畜的布局饲养。

参考书目

葛全胜，2007. 中国可持续发展总纲第 7 卷—中国气候资源与可持续发展 [M]. 北京：科学出版社.

郭建平，2010. 气候变化背景下中国农业气候资源演变趋势 [M]. 北京：气象出版社.

侯光良，李继由，张谊光，1993. 中国农业气候资源 [M]. 北京：中国人民大学出版社.

中国自然资源丛书编撰委员会，1995. 中国自然资源丛书—气候卷 [M]. 北京：中国环境科学出版社.

（贺芳芳）

línyè qìhòu zīyuán

林业气候资源（forestry climatic resources）　森林分布地区和树木可能生长地区的气候资源，也是能为林业生产所利用的气候物质、能量和条件。林业气候资源最大特点是森林与气候相互影响，气候资源是森林存在和林木生长的必要条件，森林（包括经济林木）的存在也影响气候资源。一方面，森林植被类型和林种分布很大程度上取决于气候资源的数量、质量和气候要素分布状况；另一方面，森林资源的增减可引起某些气候资源量的波动。

基本内容

热带林业气候资源　主要热量指标为：≥10 ℃的积温为 8000 ℃·d 以上，最冷月气温不低于 16 ℃。中国热带水热资源比较充足，适宜发展热带经济林业，森林类型为热带雨林、季雨林。热带雨林、季雨林分布区全年无春、夏、秋、冬四季，只有干湿两季，湿季（5—10 月）水热资源非常充足，林木生长快，干季（11 月至次年 4 月）水热资源相对湿季逊少，林木生长略慢。

亚热带林业气候资源　主要热量指标为：≥10 ℃的积温为 4500～8000 ℃·d，最冷月气温为 0～16 ℃。中国亚热带东部春夏高温多雨，冬季气温变化大，但基本全年湿润，西部夏秋雨热同季，冬春干凉同季，东西两部支配森林季相变化的气候因子完全不同，林业气候资源地区差异大，森林类型主要为常绿阔叶林，但生态类型呈多样化。

温带林业气候资源　主要热量指标为：①暖温带：≥10 ℃的积温为 3200～4500 ℃·d，最冷月气温为 -8～0 ℃；②中温带：≥10 ℃的积温为 1600～3200 ℃·d，最冷月气温为 -28～-8 ℃；③寒温带：≥10 ℃的积温低于 1600 ℃·d，最冷月气温为低于 -28 ℃。中国温带水热资源由南向北递减，森林类型从南到北变化很有规律（暖温带的落叶阔叶林→中温带的针阔叶混交林→寒温带的针叶林），森林地带性演替显著；由于温带热量水平不高，虽东部较湿，但蒸发较弱，水分仍很不足，森林带还是以针叶林为主且生长缓慢，但材质较细密。

评价方法

单气候因子评价　主要以单个气候要素数量的大小、出现日数等来评价一个地区气候资源和灾害状况及对林业生产对象和过程的满足程度。单项要素指数虽然可以表征单类林业气候资源要素的优劣程度，但是还不能全面综合评价某地的林业气候资源特点。

综合气候因子评价　从林业生长、生产角度出发，阐明光、热、水、气、风等资源的有利和不利方面及其生产性能以及与其他自然资源、生产技术和社会经济条件等的关系，确定经济效益最好、质量最佳的最优化林业生长生产的气候指标，进行林业气候生产力的推算和预估。

中国林业气候资源分布特征

地带性　中国光热水资源基本由低纬度向高纬度减少；东部水热资源较西部丰富，光资源则西部优于东部；东部平原丘陵地区水热资源丰富，西部高原地带光资源非常充足；为此林业气候资源具有纬度地带性强、经度地带性强和垂直地带性强的分布特征。其决定着森林类型和树木种类成分，形成森林的水平和垂直分布规律，使得森林自南至北、从低到高呈现不同生态类型的带状分布。

地区差异显著　中国东部季风区，水热资源充足，林业气候资源极其丰富，森林类型应有尽有；西北干旱区，降水稀少，气温年较差大，大陆性强，沙漠戈壁广布，林业气候资源匮乏，除少数天然或人工落叶阔叶林，只有一些寒温带针叶林分布。青藏高寒区自东南向西北，随着海拔高度升高，热量、水分资源迅速减少，森林植被分布独具一格，如从雅鲁藏布江下游河谷的热带雨林、季雨林基带到高原面上的森林上线，不仅有中国所有的森林类型，而且海拔 4000 m 以下还有人工经济林。

开发利用　林业气候资源开发利用首先体现在空间利用上，如农业气候工作者针对一些经济林木种植适宜程度进行研究，完成了柑橘、橡胶等栽培气候区划和冻害区划，为各地利用林业气候资源生产经济林木提供了科学依据；许多地方的林木种植都遵循了气候适宜种植区集中种植，在不太适宜种植区少种，在不适宜种植区不种的原则。如中国的东北红松林、华北和江南农田防护林及经济林、华南热带经济林和"三北"（西北、华北、东北）防护林体系的建设就是因地制宜合理利用林业气候资源具体体现；在林业气候资源的时间利用上，各地积极选育、培育耐寒耐旱树种，以求树木生长期尽量占满年内可生长季节，一些地方积极培育超短轮伐期的速生材林，获得较好经济效益。林业气候资源的应用还体现在林木的养护上，林业部门通过合理修剪，适当调整间伐强度、频率和轮伐期等措施，在一定程度上提高林木对气候资源的利用率，从而提高气候资源生产力。

问题与展望　全球气候变化已是不争的事实，国际林业研究机构联合会（IUFRO）2009 年得出一个基本结论：气候变化将显著改变森林生态服务的供给水平和质量。气候变化将对森林结构、分布造成严重影响，气候变化与高二氧化碳水平的相互作用，将改变物种集合和生态系统演替，可以造成热点地区的森林物种灭绝和森林生产力的下降；气候变暖延长森林火险期，使林火发生的危险期增大，同时也加大病虫害对林木生长的影响；气候变化还将影响陆地淡水系统的有用水量，加大不同土地利用之间的用水矛盾，影响森林的水文调节作用。

未来要大力开展林业气候资源综合监测，为制定森林和林带适应气候变化相关政策提供坚实的信息基础；增强基础设施投资，提高森林和林带抵御暴风雨、火灾、病虫害的能力；加强森林和林带适应气候变化的自然科学、社会科学、人文科学综合研究，较好地把握气候变化的规律，做好森林和气候的双向研究；加强森林和林带经营水平，提升应对气候变化的能力。

参考书目

葛全胜, 2007. 中国可持续发展总纲第 7 卷—中国气候资源与可持续发展［M］. 北京：科学出版社.

侯光良, 李继由, 张谊光, 1993. 中国农业气候资源［M］. 北京：中国人民大学出版社.

中国自然资源丛书编撰委员会, 1995. 中国自然资源丛书—气候卷［M］. 北京：中国环境科学出版社.

（贺芳芳）

lǚyóu qìhòu zīyuán

旅游气候资源（tourist climatic resource）　直接或间接形成的具有观赏功能或激发旅游动机功能的气候资源。第一，气候本身就是一项旅游资源，它们有直接造景的旅游功能，如雾凇、云海、佛光等气象气候景观；第二，气象气候有间接育景的旅游功能，如海洋在不同气象气候条件下呈现出不同色彩、植物花卉在不同地带不同季节小气候下形成的景色，如生长在北亚热带气候和暖温带季风山地气候杉树风景、北京香山深秋的红叶等景色；第三，气候特点有激发旅游动机的功能，如夏避暑、冬避寒等。旅游气候资源不仅存在于以优越的气候条件为主要吸引力的消寒避暑胜地，而且也是任何一个旅游环境必不可少的重要构成因素，故称其为背景旅游资源。

特点　旅游气候资源的分布既具有地带性、特定性特点，又具有普遍性特征。具体来看，旅游气候资源有持续性和有限性、季节性和地域性、整体性和脆弱性等特点。

持续性和有限性　旅游气候资源是一种可再生、可持续利用的资源。一个地区的旅游气候资源，每年都有一定量，不及时开发利用就会造成资源的浪费。

季节性和地域性　气候类型在同纬度地区较为相似，但由于下垫面及大气环流、地貌形态等多种因素的影响，在年际、月际、日夜之间均有着规律性变化，每个季节呈现不同的景观，故旅游气候资源在时间上有季节性特点。由于地形、位置、海陆分布等因素影响，各地气候又出现明显差异，因此地球上的气候资源千差万别，在空间分布上具有地域性的特点，包括了纬度地带性、干湿度地带性和垂直地带性。

整体性和脆弱性　旅游气候资源作为构成某一地区地理环境和旅游景观的主要因素，对其他旅游资源的形成往往起着十分重要的作用。因此，许多自然景观与人文景观的观赏都必须借助一定的气候背景。旅游气候资源与旅游地其他自然景观、人文景观互为补充，形成天、地、人、物四维立体的旅游资源。旅游气候资源的脆弱性表现在两个方面：一方面是季风气候的不稳定性，旅游气候资源的有效性降低，风险增大；另一方面是人类的旅游活动破坏了旅游地原有的小气候环境。

中国旅游气候资源及类型　中国旅游气候资源类型多样，按纬度位置从南到北可分为赤道带、热带、亚热带、暖温带、温带和寒温带六个热量带。按水分条件，全国自东南向西北可分为湿润、半湿润、半干旱和干旱四个类型。此外山区气候的垂直分布差异也很明显。虽然我国气候类型多，但决定我国气候基本格局的是温带大陆性季风气候。冬季，我国大部分地区为冷高压控制，风向偏北，气温低，降水少，多晴冷天气；夏季，受夏季风影响，气温较高，降水充沛。

中国大部分地区位于适于旅游活动的温带和亚热带地区，从气温和干湿状况来说气候条件十分优越，中国从南到北，从东南到西北，气候类型很多，还有不同高度山地气候和海滨气候。由于下垫面的影响，小气候类型更为复杂多样，因此可以发展多种气候旅游。华北平原四季分明；云贵高原四季如春；南岭以南终年少见霜雪，长夏无冬；东北北部冰封雪盖，长冬无夏。各地气候的差异，便于组织与气候条件相适应的多种旅游活动。即使在同一季节，也可以在全国开展多种气候旅游：隆冬季节在海南岛可以避寒，还可以进行滑水、帆船等水上娱乐活动；而在哈尔滨可以观赏"千里冰封，万里雪飘"的北国风光，也可以组织滑雪、冬猎、观赏冰雕等旅游。

气象气候景观　气象气候景观是指大气中的冷、热、干、温、风、云、雨、雪、霜、雾、雷、电、光等各种物理现象和物理过程所构成的景观。常见的气象景观类型很多，主要有雨景、云雾景、冰雪景、霞景、蜃景、佛光、极光景、日出、日落、云海、雾凇、雨凇等等。

雨景　是降雨发生在特定地理环境和人们的心境下，产生的视觉、听觉、感觉的景色。细雨蒙蒙，使山石林木、小桥流水若隐若现，别具一番朦胧美或意境美，如"江南烟雨"是指东南沿海和四川盆地秋季降落的丝丝细雨，呈细雨霏霏、烟雾缭绕景观。"巴山夜雨"现象是指川陕交界大巴山地的山间谷地，气温高、湿度大谷地中湿热空气不易扩散，夜间降温后湿热的空气上升使水汽凝结，出现的皓月当空、细雨蒙蒙的景观。雨滴声声，雨打"芭蕉"，"雨滴残荷"，也会增添一份宁静和韵律美。

云雾景　山区云蒸雾聚，变幻翻腾，历来就是极具吸引力的胜景，所谓"山无云则不秀"。黄山云海为四绝之一。庐山瀑布云"或听之有声，或嗅之欲醉，团团然若絮，蓬蓬然若海"，奇妙万状。苍山的玉带云，三清山的响云，泰山的云海玉盘，都是奇景。云雾景常给人一种身处神仙境地、飘飘欲仙的美妙感受，在山地最为常见，主要是由多变的山地气候造成的。

冰雪景　降雪使大自然形成银装素裹的冰雪世界，如果配以高山、森林等自然景观，可构成奇异的冰雪风光自然景色，人类用冰雪雕塑成各种造型的景观，称为冰雪艺术景观。冰雪景观主要出现在我国北方高寒地区或寒冷季节，江南在冬季寒潮来临降雪时形成断桥残雪美景。旅游资源区中以雪命名的景点俯拾皆是，如东北"林海雪原"、关中"太白积雪"、长沙"江天暮雪"、九华山的"平岗积雪"，嵩山的"少室晴雪"，燕京八景之一的"西山晴雪"，西湖十景之一的"断桥残雪"等自然冰雪景、哈尔滨的大型冰雕、冰灯等冰雪艺术景。

霞景　霞是日月斜射光，经空气色散使云层呈现红橙黄等彩色的光学现象。常与山地水气、云雾相伴随，多出现在日出或日落时，早晚太阳高度低，阳光接近地平线，通过大气层，最后光波较短的各色光几乎全被水和尘埃散射掉，剩下光波较长的红、橙、黄等色光映在天空或云层上，这就叫"霞"，有些地方俗称"烧"。霞的主要形式有朝霞、晚霞、彩霞、雾霞等。这种景致瞬息万变，五彩缤纷，对游人很有吸引力。

蜃景　也称海市或海市蜃楼。意为海底神仙住所，蜃为蛟龙之属，能吐气为楼，故称海市蜃楼。蜃景成因是由于气温在垂直方向剧烈变化，使空气密度在垂向上出现显著差异，从而产生光线折射和全反射现象，导致远处景物在眼前呈现出奇幻景观。蜃景可分上现蜃景和下现蜃景。上现蜃景是夏日白天，海面上空气温低、陆地上空气温高，故海面上空气密度较大，当陆地暖空气流向海面时，在海面上形成上下密度不同的空气层结，当阳光穿过时则产生折射和反射现象，使远处海面半空中出现山峦、树木、楼阁等地面景物，这种幻景位于物体上面，称上现蜃景。下现蜃景主要发生在沙漠和干旱草原，在烈日当空的旷野中，近地面低层空气温高、密度小；高层空气温则相反，当阳光穿过密度大的空气层时，逐渐向下层密度小的空气折射，并发生全反射时，半空中则出现前方物体的倒影。蜃景一般出现在海滨与沙漠地区。山东蓬莱蜃景出现次数最多，其他观景地有浙江普陀山、连云港海州湾、北戴河联峰山、庐山五老峰、塔克拉玛干沙漠等。

佛光景　佛光又称宝光，一种奇特的气象旅游资源，是山岳中一种与云有关的大气光学现象，一般出现于中低纬度地区及高山茫茫云海之中，阳光在斜射条件下，由云滴雾珠发生的衍射分光现象。水汽丰富的高峻山地，半山腰漫布白茫茫云海，人站在山上若光线从背后射来，由于光线衍射作用，会在前面云幕上出现人影或头影，人影外围绕彩色光环，似佛像头上的光圈，故称佛光。但由于各山的环境条件不同，佛光的出现次数及美丽程度也不同。峨眉山、庐山、泰山、黄山、五台山都是有名的观赏佛光的名山。

极光景 指高纬度地区高空出现的一种辉煌瑰丽的彩色光像，一般呈带状、弧状、幕状或放射状等，明亮时多为黄绿色，微弱时一般为白色，有时带红、蓝、灰、紫色，或兼而有之。它是由太阳发出的高速带电粒子使高层空气分子或原子激发而致的发光现象。这些带电微粒因受地球磁场作用折向南北两极附近，分别形成"北极光"和"南极光"，北极光出现在距地球磁极22～27°的地带，大体上是通过阿拉斯加北部、加拿大北部、冰岛南部、挪威北部、新地岛南部和新西伯利亚群岛南部的一个环状地带，每年有2/3的天数（245天左右）可以看到极光，成为该地区吸引游客的主要自然景观之一。中国黑龙江的漠河地区、新疆阿尔泰地区也能看到极光。

日出景 指太阳初升出地平线或最初看到的太阳的出现。一般是指太阳由东方的地平线徐徐升起的时间，而确实的定义为日面刚从地平线出现的一刹那，而非整个日面离开地平线。

日出时太阳光因为受到地球大气层灰尘的影响而产生瑞利散射，所以这时的天空会弥漫着霞气，然而日出的霞气较日落的淡雅，这是因为日出时大气层里的灰尘较日落时为少。

日出的时间会随季节及各地方纬度的不同而改变。传统上认为在北半球，冬至时日出的时间最晚，然而事实上日出最晚的时间应该是1月初。同一道理，日出最早的时间并非在夏至时，而是在6月初。即使在赤道地区，日出及日落的时间在全年里亦会有少量的变更。而这些变化可以用日行迹表达。日出及日落的时间可以借由跟踪太阳的轨迹而计算得到，但所计算出来的时间会与真实感觉的略有不同，所计算出来的日照时间会比真实感觉到的长，而所计算出来的黑夜的时间则比真实感觉到的短。

因为太阳光会受到地球大气层的影响而产生折射，所以当太阳仍未升上地平线时，人们已看到日出的景色，这是每天日出时产生的错觉。中国古代天文学家曾记录名为"天再旦"的罕见天文现象，意思是同一天接连出现两次日出的情况。通常是由于05—07时的日全食所引起的天文奇观，第一次日出时，天色又逐渐暗去，接着又迎接第二次日出。

日落景 指太阳徐徐降下至西方的地平线下的过程，亦即是夕阳时分，而确实的定义为日面完全没入地平线下的时间。

日落的时候，太阳光因为受到地球大气层的影响而产生瑞利散射，所以这时天空通常弥漫着漫天红霞。日落的颜色可以因为地球的大气现象而增强，如自然界的云、烟及雾及人为制造的废气。此外，火山爆发所释放出的火山灰亦会产生影响。

日落的颜色往往较日出的颜色亮丽，这是因为大气层受到了太阳光照射了一整天之故。此外，日落时分的大气层低空带比较日出时分有着较多的灰尘，这是因为在日照的整天里，太阳光照射至地球的表面，降低了相对湿度，但增加了风速及湍流，而使得灰尘留在空气里。但是，观看者地理位置不同有时使得日出与日落的分别更大，举例来说，在面向西方的海岸线，日落时，太阳徐徐降下至海面，而日出时，太阳则是由地面往上升起。

云海景 云海是山岳风景的重要景观之一，所谓云海，是指在一定的气象条件下形成的云层，并且云顶高度低于山顶高度，当潮湿气流沿山坡上升到一定高度时，水汽冷却凝结形成坡地雾，产生波状云，缭绕于山腰或坡谷时，形成云雾景观，当人们在高山之巅俯视云层时，看到的是漫无边际的云，它与山景相映成趣，如临于大海之滨，波起峰涌，浪花飞溅，惊涛拍岸。故称这一现象为"云海"。日出和日落时形成的云海，五彩斑斓，也称为"彩色云海"，极为壮观。

雾凇景 雾凇又名树挂，是雾气在低于0℃时，附着在物体上而直接凝华生成的白色絮状凝结物。它集聚包裹在附着物外围，漫挂于树枝、树丛等景物上。我国雾凇分布特点是：高山多于平原，湿润地区多于干旱地区，北方多于南方。雾凇出现最多的地方在吉林省。吉林市松花湖下的滨江两岸，由于气温低，多偏南风，空气湿度大以及受水电站泄水增温的影响，常在行道树上结成洁白冰莹的雾凇，在柳条上像白链银丝，在松针上像朵朵白菊，姿态各异。吉林雾凇花色众多，分布密集，出现日数多，有"江城树挂"之称。

雨凇景 雨凇是在低温条件下，小雨滴附着于景物上冻结的透明或半透明的冰层与冰块。雨凇的产生必须是低层空气有逆温现象。从上层气温高于零度的空气中下降的雨滴到下层气温低于零度的空气中，便处于过冷却状态。过冷却水滴附着到寒冷的物体表面便立刻冻结成雨凇。雨凇的分布是高山区多于平原区，湿润区多于干旱区，但南方多于北方。中国雨凇日数最多的地方是峨眉山，庐山雨凇誉称"玻璃世界"，衡山、九华山等也是雨凇景观地。

开发利用和保护 由于人类自身行为造成全球的资源和环境恶化日益加剧，从全球角度分析，合理开发利用和保护旅游气候资源关系到社会全面进步和国民经济可持续发展以及人类社会的文明进步。

旅游气候资源开发是指以旅游气候资源开发为核心，促进旅游业全面发展社会经济活动。它是一项全面的、综合性的系统工程，包括旅游气候资源的调查与评价、旅游景区（点）的规划与设计、旅游景区（点）建设经营和管理、旅游基础设施与服务设施的建设以及旅游社会氛围的营造等各方面的内容。人类通过对旅游气候资源进行分析、评价或分类，并在此基础上提出相应的开发、利用策略及建议。研究对象涉及不同区域、不同类型旅游区，如森林公园、滨海旅游区、山地旅游区等。

旅游气候资源开发的原则是：①提高吸引力；②创造旅游环境；③再开发延长市场寿命。在常规能源告急和全球生态环境恶化的双重压力下，开发旅游气候资源已为世界各国所共识。气象部门要积极发现当地特殊的气象景观及宜人气候区，向公众和旅游部门提供和宣传，充分利用当地旅游气候资源，为公众旅游、度假提供更多更方便的休闲地点，促进当地旅游业的发展，提高经济效益。

展望 旅游业的快速发展对气象服务提出更高、更多的需求，需要根据旅游可持续发展的需求，不断研发更加专业化的旅游气象服务和保障技术，主要包括：①建成由自动气象观测、雷电监测、大气成分观测、实景观测以及数据分析处理中心组成的旅游景区气象观测系统。②进一步开发专业化的旅游气象服务产品加工制作技术，特别是旅游天气预报技术和旅游气象灾害预警评估技术，提高产品的精细化、个性化水平。③开展旅游气候资源评价及其气候变化的影响评估，为旅游气候资源开发利用、旅游发展规划提供科学依据。④加强国际合作和交流，提升中国旅游业气象服务技术和服务水平。

参考书目

董晓峰，2006. 旅游资源学［M］. 北京：中国商业出版社.

吴宜进，2009. 旅游资源学［M］. 武汉：华中科技大学出版社.

杨桂华，1999. 旅游资源学·旅游资源学修订版［M］. 昆明：云南大学出版社.

（慕建利）

大气环境监测和预报

大气环境监测系统

dàqì chéngfèn jiāncè

大气成分监测（atmospheric compositions monitoring） 针对与天气、气候或环境变化等有重要影响的关键大气成分的浓度水平、物理化学特性以及相关的气象因子进行长期、连续的监测。其功能是进行关键大气成分的浓度水平、物理化学特性以及相关的气象因子的准确、可靠的测量，并提供趋势性观测产品及其他分服务。大气成分监测是大气环境监测的主要部分。

沿革 大气成分监测在中国起步较晚，由于大气成分的优劣在环境保护、居民健康、气候变化、经济持续发展等国计民生方面有着重要作用，因此中国环保部门、气象部门以及科学院、高等院校从20世纪70年代起相继开展了各种的观测研究。环保和气象部门把大气成分纳入业务监测。环保部门在中国大陆地区已有180个地级以上城市开展包括部分反应性气体在内的大气污染监测、酸雨等项目的监测系统。中国气象局也有一个包括大气成分本底、沙尘暴、酸雨等项目的监测系统。环保部门的大气成分监测系统偏重于城市环境空气质量的监测，而气象部门大气成分监测系统则偏重于区域性的大气成分监测，特别是大气成分的本底监测。两部门虽然各有侧重，但又相辅相成、互相补充。

气象部门大气成分监测工作始于20世纪80年代中期，随着中国逐步参与世界气象组织（WMO）有关全球气候变化的大气本底污染监测网（BAPMoN），相继建立了1个全球大气本底站和6个区域大气本底站，在气象部门开展大气本底监测。经过近30年的建设，目前已形成包括7个国家级大气成分本底野外科学研究站、29个沙尘暴监测站（包括10个中韩沙尘暴站）等组成的中国气象局大气成分测站网，以及由365个酸雨监测站（国家级157个，省级208个）组成的中国气象局酸雨站网。同时，部分地区根据当地气象服务的需要，开展了与大气成分相关的环境气象观测工作。

监测内容　大气成分监测内容包括温室气体、大气气溶胶、反应性气体、臭氧总量与廓线、辐射、干/湿沉降、放射性物质等，并同时开展气象要素监测等7大类40多种要素。

系统构成及运行　实行国家、省/地、县三级管理模式。气象台站的观测数据经省级气象信息中心上传至国家气象信息中心，进行数据归档、存储、备份、管理和分发等。大气成分观测仪器设备纳入全国气象技术装备保障体系，根据国家、省和台站不同的技术保障职责和保障能力进行高效和快速响应的维护、维修等工作，保证各类监测项目正常、稳定运行。

为保障大气成分监测质量目标，中国气象局制定监测过程的质量保证策略和质量控制方法。实现对各类大气成分监测仪器设备的标校和比对工作，进行标准量值传递工作，以保障监测结果的准确可靠和具有可比性。

业务流程和技术保障　大气成分监测网络的运行管理采取国家级、区域或省级、市县级气象部门管理的体制。国家级、区域或省级、市县业务分工虽有不同，但互相紧密配合。国家级负责和引导观测站网设计及建设，推进大气成分监测与国际接轨，并开展国际合作；在国家层面开展温室气体、气溶胶、反应性气体和降水化学等观测仪器设备的国际、国内标校与比对；进行观测技术方法研究；完善大气成分监测业务的技术规范、技术标准体系；对气象台站的运行进行督察和指导，制定质量保证策略；负责全国大气成分观测站网资料及其他相关信息的接收与收集、统计与监控，增强大气成分观测产品的服务能力。省级负责所属大气成分观测台站的业务运行、质量检查与考核等管理工作；负责台站观测信息的收集与传递；负责台站观测仪器的巡检、专项维护、检修以及常规技术支持。省级培训部门负责台站观测、技术以及管理人员的培训等工作；督促环境监测站严格执行各项业务规范、规章和制度等，并监督大气成分观测站做好监测环境保护工作。市县级气象台站负责本台站范围业务系统装备的运行、维护维修、现场校准等保障业务。

与其他业务系统的关系　大气成分监测系统与其他监测系统，如常规地面监测系统、气象卫星监测系统、高空监测系统等有密切的联系。大气成分的三维立体监测离不开卫星探测、地面探空、遥感技术等。大气成分监测数据也广泛应用于卫星遥感大气成分的对比和检验。大气成分监测的内容与传统气象监测要素密切相关而且还有重要拓展，如霾与大气成分业务所重点关注的对象——大气颗粒物（或气溶胶）紧密相关，而酸雨既与大气颗粒物有关，也是大气中反应性气体的复杂化学过程的结果。大气成分监测数据最首要的应用领域是在气候变化和气候预测以及环境气象预报，一些大气成分的分布和含量的不同，又会影响大气的热力、动力结构，从而影响天气和气候。

应用　中国在气候变化、区域大气质量、大气化学、生态与环境、全球变化研究以及预测、预报业务中，对时空密度高、覆盖范围广的大气成分监测数据有较大需求，预计未来这种需求将更为强烈。大气成分监测与空气质量预报模式相结合，在中国已广泛应用于大气污染形成机制研究和控制对策制定中。大气成分监测系统是气象现代化的科学基础，将对大气成分评估、空气污染预报、气候变化预测预估，提供准确可靠的科学数据。

展望　经过多年的努力，中国气象局的大气成分监测业务系统已初具规模，然而还存在许多不足：人员素质，部分监测项目的规范化和标准化，监测运行保障能力，对相关的科研工作的支撑以及仪器设备国产化方面等都有待进一步提高。

随着国内外大气成分监测技术的迅速发展，以及社会服务需求等的不断提升，中国大气成分业务监测在逐步满足气候变化、环境保护等不同的社会需求的同时，必将使得中国能够逐步形成可与发达国家监测体系相互比对的、具有国际水准的现代化的大气成分监测体系。

参考书目

王强，2012. 综合气象观测（现代气象业务丛书）［M］. 北京：气象出版社.

WMO, 2001. Global Atmosphere Watch Guide, WMO TD No. 1073.

（林伟立　张晓春）

dàqì chéngfèn jiāncè fēnxī jìshù
大气成分监测分析技术（techniques for monitoring and analyzing atmospheric compositions）

用于大气各类成分监测与分析的技术，包括在固定点位和移动平台的原位测量技术、现场取样技术、样品实验室分析技术和遥感测量技术等。按照大气成分的不同，可分为温室气体、反应性气体、气溶胶、臭氧、干/湿沉降和放射性物质监测、分析系统。

温室气体监测分析方法

非色散红外吸收法　可以测量CO_2、H_2O等。该方法利用被测气体的红外吸收特性对其浓度进行定量。但是吸收强度对浓度的响应是非线性的，因此系统标定时通常需要对多个不同浓度进行多次测量标定。该方法在CO_2和H_2O测量中广泛采用。

光腔衰荡光谱法　可以测量 CO_2、CH_4、CO、H_2O、N_2O 等多种温室气体，还可以测量 C、O、H 等同位素。该技术是近些年兴起的测量方法，利用光腔对测量光束形成多次反射，使腔内样品气的 CO_2 等气体对光束多次吸收，通过计算光强的衰减速率来确定气体浓度。该方法主要优势是线性好、精度高、稳定性好、易操作、使用维护成本低。

气相色谱—火焰离子化检测法　可以测量 CH_4、CO_2 和 CO 等。该方法是相对比较早采用的温室气体测量技术，样品经前处理注入后，先用气相色谱柱将样品中的 CH_4、CO_2 和 CO 互相分离以及其他组分分离，然后用 H_2 将 CO_2 和 CO 催化还原为 CH_4，再用火焰离子化检测器测量 CH_4 在氢火焰中产生的离子强度。该方法优点是灵敏度高，能同时分离和检测很小量样品中的 CH_4、CO_2、CO 等组分，但是需要较多的配套设备及载气、氢气等，操作也较复杂，只能进行采样分析或者不连续的在线测量。

气相色谱—电子俘获检测法　可以测量 N_2O、SF_6 及卤代温室气体等。该方法先用气相色谱将待测组分分离，然后在电子俘获检测器中通过放射源将其带电后检测，需要用标准气对每种组分进行标定。该方法具有极高的精度与灵敏度，但系统维护较复杂，此外使用放射性物质需要额外的使用培训和安全监管。

气相色谱—质谱检测法　可以测量多种卤代温室气体等。该方法利用气相色谱将待测组分分离，然后将其电离并产生不同质荷比的碎片，利用质谱检测器获取碎片质谱信号强度，利用标准物质标定后实现定量检测。该方法具有较高的灵敏度，但系统使用维护较复杂。

温室气体样品采集　为了利用一套分析设备对不同站点的温室气体进行观测，或为了观测质量控制、分析比对等目的，经常需要在现场采集温室气体样品，然后在实验室内进行后期分析。样品采集可利用硬质玻璃瓶、不锈钢罐、复合膜气袋、注射器等容器。应确保采样器具在清洁、采集、存贮和运输过程中不被污染和吸附样品。一般应选用高质量的硬质玻璃瓶采集用于 CO_2、CH_4、N_2O、SF_6、CO 等分析的样品，选用内表面经过惰性处理的不锈钢罐采集用于卤代烃、N_2O、SF_6 等分析的样品。

反应性气体监测分析方法

紫外光度法　主要测量地面 O_3 浓度。利用 O_3 对紫外光的强吸收特性对其进行准确的在线测量。该方法是最为常用的 O_3 浓度观测方法，也是世界气象组织的国际臭氧校准中心的标准技术方法，具有准确度高、干扰少、易于操作、连续测量和系统稳定性强等特点。通过测量 O_3 标定仪产生的已知浓度的气流实现仪器标定。

红外气体滤光相关法　主要测量大气中 CO 浓度。利用 CO 的红外吸收特性，通过一半充满 CO 和一半充满 N_2 的滤光片切割，产生参比光束和测量光束，对比两者的信号强度，实现对 CO 的连续测量。测量系统的标定一般采用浓度较高的 CO 标准气，借助动态校准仪定量稀释后引入测量设备，进行多点标定。由于此种原理的设备零点漂移比较快，一般采用每隔几小时测量零气来记录零点的变化，以便扣除其对测量的影响。

气相色谱—氧化汞还原检测方法　主要用于测量 CO、H_2 等还原性气体。利用气相色谱法将待测组分分离，然后使其在高温下与氧化汞发生氧化还原反应，测量产生的气态汞对紫外光的吸收强度，从而实现对 CO、H_2 等的定量检测。该方法测量灵敏度和精度高，但是对大气浓度范围的响应是非线性的，一般需要用标准气进行多点校准。此外，由于涉及汞及其氧化物，在使用过程中需倍加小心。这种方法只能进行不连续的观测。

化学发光法　可以测量 NO_x（$\equiv NO + NO_2$）、NO_y [$\equiv NO_x +$ 其他活性氮氧化物（NO_z）] 和 NH_3 等。该方法利用 NO 与 O_3 反应生成激发态的 NO_2 并迅速发光的原理直接测量 NO 浓度，通过催化转化的方式将 NO_2、其他活性氮氧化物（NO_z）和 NH_3 转化成 NO，测量转化后总的 NO 信号，再从总信号中扣除 NO 本身的信号，实现对 NO_2、NO_z 和 NH_3 浓度的测量。测量设备采用不同的催化转化装置和转化条件，测量不同组合的气体，例如 $NO - NO_2 - NO_x$、$NO - NO_2 - NO_y$、$NO - NO_2 - NO_x - NH_3$。测量设备相对简单，易于操作，在大气环境研究中已得到了广泛应用，但是，采用某些催化装置（例如钼转化炉）存在来自 HNO_3、过氧乙酰硝酸酯（PAN）等对 NO_2 测量的干扰，为此，可以采用光解转化等手段来更准确地测量 NO_2。测量系统标定一般采用浓度较高的 NO 标准气，借助动态校准仪定量稀释后引入测量设备，进行多点标定。

离轴积分腔输出光谱法　可测量 NO_2、NO、NH_3、CO、HCl、HF、H_2S、C_2H_2、COS 等多种气体。该方法利用离轴积分腔输出技术，测量气体对激光光谱的吸收，通过计算获得被测气体的浓度。该方法灵敏度高，响应时间快，线性范围宽，对测量环境的适应性强。虽然该方法从原理上是属于物理测量，但在应用中仍然需要用标准气体进行标定，以便取得高度准确的数据。

气相色谱—电子俘获检测法　主要用于测量过氧乙酰硝酸酯（PAN）、过氧丙酰硝酸酯（PPN）等。该方法一般用多路切换阀及定量环取样进样，用气相色谱将待测组分分离，然后在电子俘获检测器中通过放射源将其带电后检测。通常用 NO 与丙酮或其他有机物在紫外光作用下发生光化学反应，产生 PAN 等浓度可以计算的标准气流，实现对测量系统的标定。该方法具有很高的灵敏度，测量系统结构简单易于操作，但使用放射性物质需要额外的使用培训和安全监管。

脉冲荧光分析法　主要测量 SO_2 浓度。利用紫外光照射样气，使 SO_2 激发并释放荧光，通过检测荧光强度实现对 SO_2 浓度的定量测定。该方法对 SO_2 具有高度选择性，烃类化合物等干扰也易于去除，方法灵敏度和准确度高，设备易于使用和维护，因而被广泛使用。测量系统的标定一般采用浓度较高的 SO_2 标准气，借助动态校准仪定量稀释后引入测量设备，进行多点标定。

气相色谱—火焰光度法　可以同时测量 SO_2、DMS（二甲基硫）、COS（羰基硫）、CS_2（二硫化碳）、CH_3SH（硫醇）等。这种方法一般需要在样品采集过程中除水，对样品进行冷冻富集或吸附剂富集，然后将样品解析到色谱柱中分离，最终用火焰光度检测器检测含硫化合物燃烧产生的特征谱线的强度，进行定量检测。该方法优点是灵敏度高，能同时分离和检测多种含硫组分，但是需要配套设备及载气、氢气、合成空气等，只能进行采样分析或者不连续的在线测量。

热解吸—气相色谱—质谱/火焰离子化法　主要用于 VOCs 的观测。通常利用冷阱将样品中 VOCs 富集后去除水汽和氧气等，然后进行热解析进样，再利用毛细管气相色谱仪将大气样品中众多的 VOCs 分离，随后采用质谱定性和定量检测，或者结合质谱及保留时间定性后用火焰离子化检测器定量。根据所选用的色谱分离柱和标准物质的情况，可测量的 VOCs 种类及范围有所差异，但通常可以测量数十种至近百种 VOCs。采用该方法的测量系统通常用于离线分析，可以从不同点位采集样品后集中分析。样品采集需要采用内表面经过惰性处理的不锈钢罐或者经过清洗的吸附管等器材。也可以在固定点位安装在线测量系统，将室外空气直接引入测量系统，通过周期性的富集、热解析和分析样品实现准连续的测量。这样的测量系统通常较为复杂，除了需要气相色谱载气、氢气、合成空气及配套设备，还需要热解吸仪及其配套系统，还要有标定系统等，整个系统的操作和维护难度相对较大。

大气臭氧监测方法

紫外分光光度遥感法　主要用于臭氧总量的观测。利用臭氧对太阳紫外光的吸收测量整层大气臭氧的光学厚度。较早的仪器由英国科学家陶普生（Dobson）于 1920 年设计，巧妙地利用双单色器，比较几个固定波长对臭氧的差分吸收，从而计算臭氧总量，这样的设备被称为 Dobson 分光光度计，在许多台站上广泛采用。由于 Dobson 在臭氧总量测量方面的开创性工作，臭氧总量的测量单位也以他的名字命名，叫作 Dobson Unit，简称 DU。1973 年，加拿大科学家布鲁尔（Brewer）提出了新型的紫外分光光谱仪测量臭氧总量的设想，于 1989 年实现自动化和商业化生产。该种仪器随后以他的名字来命名，即 Brewer 分光光谱仪，其主要特点是：采用衍射光栅和狭缝在紫外波段选择 5 个波长，利用电脑控制仪器跟踪太阳，测量这些波长的紫外吸收，计算臭氧和二氧化硫总量。

臭氧探空　测量大气臭氧的垂直廓线。通常采用 O_3 与 KI 溶液反应产生 I_2，随后利用电化学池测量 I_2 产生的电流，转换成 O_3 浓度。臭氧探空仪通常由微型抽气泵、电化学池及气象探空模块等组成，总重量不大，采用探空气球携带升空，从而取得 O_3 垂直廓线。地面需要有配套的信号接收设备。采用这种方法获取 O_3 廓线的主要问题是费用昂贵，因此无论科研还是业务工作释放频率都不高。

大气气溶胶监测分析方法

膜采样称重法　测量气溶胶质量浓度，并用于后续的化学成分的相关测量。通常采用抽吸原理和采样膜对气溶胶颗粒的阻挡作用采集气溶胶。气流入口处需要安装粒径切割头，以便采集空气动力学粒径小于 10 μm（PM_{10}）、2.5 μm（$PM_{2.5}$）等粒径段的气溶胶。采样过程流量需要控制并记录。采样膜在采样前后利用高灵敏度天平在相同的恒温恒湿条件下称重，获得采样前后的质量差，再除以采样体积，便获取得气溶胶质量浓度。同样的原理也可以采取分级采样的方案，获取同一时段、同一地点、不同粒径段的气溶胶质量浓度。

离子色谱分析法　测量气溶胶主要可溶性离子成分（SO_4^{2-}、NO_3^-、Cl^-、F^-、Na^+、NH_4^+、K^+、Mg^{2+}、Ca^{2+} 等）。采样和称重后将采样膜用去离子水溶解提取，过滤后用离子色谱仪分离，并用电导池检测各离子的信号强度，积分所获取的电信号作为定量的依据。在测量过程中用一系列不同浓度的标准样品制作校准曲线，以获取准确的离子浓度值。

原子吸收分析法　测量气溶胶主要可溶性金属离子成分（Na^+、K^+、Mg^{2+}、Ca^{2+} 等）。采样和称重后将采样膜用去离子水溶解提取，过滤后用原子吸收分光光度仪检测样品中的 Na^+、K^+、Mg^{2+}、Ca^{2+} 等水溶性金属离子。如果采用样品加酸等采样方法，也可以测量样品中的 Hg、Cd、Cu、Zn 等的含量。

质子诱导荧光法　测量气溶胶中数十种金属和非金

属元素含量。采样和称重后切取部分采样膜，在测量系统中经质子束照射，测量样品产生的荧光，通过分析荧光光谱和强度确定样品中元素的种类和含量。

X 射线荧光法　测量气溶胶中数十种金属和非金属元素含量。采样和称重后切取部分采样膜，在测量系统中经 X 射线照射，测量样品产生的荧光，通过分析荧光光谱和强度确定样品中元素的种类和含量。

热光学分析法　测量气溶胶元素碳及有机碳的含量。采样和称重后切取部分采样膜，在测量系统中上经过逐级升温氧化，产生二氧化碳，再将二氧化碳还原为甲烷，然后利用氢火焰检测器检测，通过测量不同温度对应的甲烷含量来计算有机碳和元素碳的含量。

气溶胶质量浓度在线测量法　可以直接获取气溶胶质量浓度的方法有多种。这些方法的测量原理包括锥管振荡微天平、光学计数和 β 射线衰减等原理，一般能给出从数分钟到更长时间段平均的气溶胶质量浓度。

积分浊度测量法　测量大气气溶胶的散射特性。将环境空气引入测量腔，测量其中悬浮的气溶胶颗粒对一种或多种波长光束的散射强度，获取气溶胶的散射系数。根据这类方法设计的仪器通常称为浊度计。

灰度测量法　测量大气气溶胶的吸收特性。将环境空气引入测量腔，将其中悬浮的气溶胶颗粒采集到滤膜带或单个滤膜上，通过测量所采集气溶胶颗粒引起的灰度增加确定其对某一个或多个波长辐射的吸光度，并通过经验关系将吸光度转换成黑碳气溶胶质量浓度。根据这类方法设计的仪器通常称为黑碳仪。

差分淌度粒子计数法　测量气溶胶的数谱分布。将环境空气连续引入测量系统后使其带电，测量带电粒子在单位电场强度下的移动速率（淌度）。在某一电极电压下，只有淌度值在很小范围内的气溶胶能从分析器中流出，通过改变电压获取不同淌度范围的粒子并进行计数，可获得环境空气中特定粒径范围内的气溶胶粒子的谱分布（数谱）。

气溶胶质谱法　测量气溶胶主要成分随粒径的变化。将环境空气连续引入测量系统后通过气溶胶飞行时间等确定气溶胶颗粒的空气动力学粒径，然后采用质谱原理测量不同粒径颗粒中的硫酸盐、硝酸盐、铵盐及有机碳气溶胶的含量，从而获取这些气溶胶组分随气溶胶粒径和随时间的变化信息。

太阳光度法　测量大气气溶胶的总光学厚度等。通过遥感手段测量大气气溶胶对太阳光的散射与吸收，再通过各种光学反演和计算手段获取大气光学厚度、大气气溶胶的单次散射反照率、粒子谱分布、复折射指数、粗细模态等数据。

电位法　主要测量降水和干沉降溶解样品的 pH 值。利用复合电极中的玻璃电极和甘汞参比电极在溶液中构成测量电池，测量其电动势并利用能斯特（Nernst）方程计算样品溶液的 pH 值。

离子电导法　测量降水样品和干沉降溶解样品的电导率。利用标准电导电极测量样品溶液的电阻，再根据电极参数等确定溶液的电导率。

离子色谱仪法　测量降水样品和干沉降溶解样品的主要可溶性离子成分（SO_4^{2-}、NO_3^-、Cl^-、F^-、NH_4^+等）。样品过滤后用离子色谱仪分离检测样品中的离子。

原子吸收法　测量降水样品和干沉降溶解样品的主要可溶性金属离子成分（Na^+、K^+、Mg^{2+}、Ca^{2+}等）。样品过滤后用原子吸收分光光度仪检测样品中的 Na^+、K^+、Mg^{2+}、Ca^{2+} 等水溶性金属离子。如果采用对样品加酸等样品提取方法，也可以测量样品中的 Hg、Cd、Cu、Zn 等的含量。

梯度法　可测量多种痕量气体的干沉降通量。在近地层内的多个高度上同时测量痕量气体浓度和风速、气温等气象要素，利用边界层的相似性原理（K 理论）计算痕量气体的干沉降通量。

涡动相关法　可以测量能快速检测气体（CO_2、O_3等）的干沉降通量。利用三维超声风速仪获取包括垂直方向在内的三分量风速风向的高频观测值，利用在线气体观测设备获取气体浓度的高频观测值，便可从一段时间（比如半小时）内垂直风速和浓度的脉动值乘积的平均来计算气体干沉降通量。

弛豫涡旋积累法　可以测量多种气体的干沉降通量。利用三维超声风速仪获取包括垂直方向在内的三分量风速风向的高频观测值，根据垂直风的方向和强度选择性地开关采样气路上的阀门，使垂直风向上和向下情况下的空气样品分别导入不同的样品积累池，通过测量垂直风向下和向上两种情况下气体平均浓度，获得其差值，再利用由微气象测量得到的系数，便可计算取得痕量气体的通量。

大流量采样—闪烁计数法　测量大气中放射性元素氡-222 的含量。利用大流量采样仪和一个采样膜将包含氡-222 衰变子体的气溶胶过滤掉，让过滤后的、含有氡-222 的空气在一个腔体中继续衰变，产生钋-218，然后用另一个采样膜采集钋-218，再用闪烁计数器测量采集样品中钋-218 产生的 α 射线强度，从而推算出大气中氡-222 的含量。

大流量采样—高纯锗探测法　主要可探测大气中放

射性元素铅 −210 和铍 −7 等的含量。利用大流量采样法将气溶胶采集到采样膜上，然后用高纯锗探测器检测 46.5 keV 和 477.59 keV 处的射线强度，从而计算铅 −210 和铍 −7 的含量。

大气成分的监测技术和方法是建立在现在科学技术基础上，随着现代科学技术的迅速发展，必将会有新技术、新方法的引进，从而出现新的大气成分的监测技术和方法。

参考书目

刘刚，徐慧，谢学俭，等，2012. 大气环境监测 [M]. 北京：气象出版社.

世界气象组织，2003. 全球大气监测观测指南 [M]. 中国气象局监测网络司，译. 北京：气象出版社.

张小曳，2010. 大气成分与大气环境 [M]. 北京：气象出版社.

Hinds W C，1999. Aerosol Technology：Properties，Behavior，and Measurement of Airborne Particles [M]. 2nd Ed.，Wiley-Interscience Publication，New York，USA.

Huebschmann H J，2009. Handbook of GC/MS：fundamentals and application. Wiley-VCH Verlag GmbH & Co.，Weinheim，Germany.

Kulkarni P，Baron P A，Willeke K，2011. Aerosol Measurement：Principles，Techniques，and Applications [M]. Wiley-Interscience Publication，New Jersey，USA.

（徐晓斌）

dàqì běndǐ jiāncè

大气本底监测（background atmosphere monitoring）

按照世界气象组织全球大气监测体系（WMO/GAW）的规定和要求，在有本底代表性的地区对大气成分及相关特性进行的长期观测。本底大气即远离局地排放源、不受局地环境影响的混合均匀的大气。

沿革 全球变暖、臭氧层损耗、酸性沉降、空气质量下降、大气能见度降低等一系列问题，对人类社会的可持续发展构成了巨大威胁，也是科学界和各国政府所面临的严峻挑战。各国有关机构开展了大量有关大气成分时空变化的业务监测、科学研究和综合评估等工作，以期认识大气成分及其变化，控制区域大气污染，分析并研究较大尺度的源汇分布、变化及其影响，应对由于大气成分变化导致的气候变化，实现人与自然和谐，促进经济、社会、人口、资源和环境的持续、协调发展。世界气象组织（WMO）执行委员会为了顺应这一重大需求，1989 年 6 月批准建立全球大气监测网（GAW），其目的是加强并协调 WMO 开始于 20 世纪 50 年代的由全球臭氧观测系统（GO₃OS）、大气本底污染监测网（BAPMoN）及其他较小的测量网络分别进行的观测及

数据收集活动。通过可靠而系统地观测，获取大气化学组分变化及相关物理特性的信息，以便进一步了解这些变化对环境和气候的影响以及对其进行调控的要求，使那些不良的环境趋势（如全球变暖、臭氧耗减、酸雨等）能得到减缓或制止。经过近 30 年的发展，GAW 已成为当前全球最大、功能最全的国际性大气成分监测网络，截至 2013 年底已包括全球 60 多个国家的 500 多个大气本底站，其中全球大气本底站 30 个、区域大气本底站 400 多个、自愿贡献站 80 多个，涉及大气成分监测要素多达 200 多种。

自 20 世纪 80 年代初开始，中国气象局陆续在北京上甸子、浙江临安和黑龙江龙凤山建设了 3 个区域大气本底站，1994 年建立了青海瓦里关全球大气本底站，这 4 个本底站已纳入全球大气观测网（WMO/GAW）。

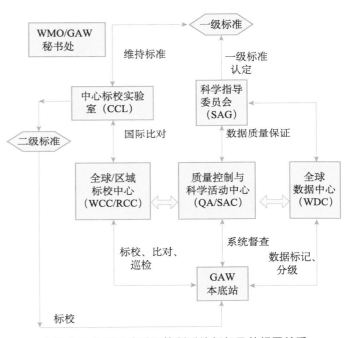

全球大气监测网络质量控制系统框架及其相互关系

为了保障全球大气监测网（GAW）监测，世界气象组织（WMO）在 GAW 体系内设立了若干开展质量保证/科学活动的中心。主要目的是确保全世界数据中心数据的一致性，能够充分科学地描述不同时空分布的全球大气状况。该中心下设的维持原始标准物质的中心标校实验室分别在日本（温室气体/反应性气体）、挪威（气溶胶）、加拿大（臭氧和 UV）、美国（降水化学）、俄罗斯（辐射）设立 5 个世界资料中心（WDCs）；在美国、加拿大、日本、德国、瑞士等国联合成立 4 个质量保证—科学活动中心；若干世界标校中心（WCCs）和区域标校中心（RCCs）。这些中心在确定 GAW 的监测及数据质量目标、质量保证、现场督察及成员国间的

巡回比对等方面发挥着重要的作用，推动观测质量保证和资料、技术共享，提高网络化观测及数据的国际可比性。

监测站分类及任务　在世界气象组织/全球大气监测网体系内，大气本底站开展大气成分本底长期、定点、联网观测的站点，划分为全球大气本底站和区域大气本底站两类。有些国家自愿向该体系提供资料的站称作自愿贡献站。在布局分区方面充分考虑到不同的气候、生态及地理环境以及大气成分源汇的代表性；应能反映出由全球及不同区域经济发展和人类活动导致的大气成分本底及其物理与化学特征的变化。取得的系统观测资料是WMO/GAW的重要组成部分，对未来大气成分的变化起着早期预警、监视作用，将长期、稳定、连续地获取全球基准大气本底监测资料，为研究、评价、预测大气成分变化，进而研究对气候变化的影响提供科学依据。

全球本底站　按照世界气象组织有关大气本底观测的规范和标准，在全球大气本底条件下，对温室气体、大气气溶胶、反应性气体、臭氧总量与廓线、辐射、大气沉降6类主要观测项目中，至少开展3类项目长期综合观测与研究的基地。主要用于监测人类活动对全球气候变化的影响。

区域本底站　按照世界气象组织有关大气本底观测的规范和标准，在有代表性的区域大气本底条件下，对温室气体、大气气溶胶、反应性气体、臭氧总量与廓线、辐射、大气沉降6类主要观测项目中，至少是开展了1类长期综合观测与研究的基地。主要用于监测人类活动对区域气候变化的影响。

自愿贡献站　自愿向世界气象组织/全球大气观测网（WMO/GAW）世界数据中心报送数据，共享观测技术和标准的站点。尚未正式列入GAW台站系列，属于世界气象组织之外的其他组织或国际项目。

主要监测内容　各本底站长期监测的大气成分主要包括温室气体、气溶胶、反应性气体、臭氧总量和廓线、辐射、干/湿沉降、放射性物质、常规气象要素等。

温室气体　二氧化碳、甲烷、氧化亚氮、六氟化硫、氟氯烃类、稳定同位素等。

气溶胶　化学特性（离子成分、元素成分、有机碳、元素碳等）、物理特性（质量浓度、数谱分布）、光学特性（光吸收、光散射、光学厚度等、能见度）。

反应性气体　臭氧、一氧化碳、二氧化硫、氮氧化物、挥发性有机化合物等。

臭氧总量和廓线　臭氧总量和臭氧廓线

辐射　总辐射（包括直接辐射、散射辐射）、反射辐射、长波辐射、紫外辐射等。

干/湿沉降　湿沉降pH、电导率、化学成分；干沉降通量等。

放射性物质　氡-222，铅-210，铍-7等。

常规气象要素　温度、气压、相对湿度、风速风向、降水。

技术方法　参见第301页大气成分监测分析技术。

展望　全球大气本底监测在全球和区域的大气环境、气候变化研究领域发挥了巨大作用，未来将继续为全球经济持续发展做出更大贡献。中国开展大气本底监测虽然起步较晚，但至2014年也有30多年的历史，其经历了从无到有，从小变大的发展过程，在WMO/GAW大气本底监测领域内已有了我们的一席之地。但我们还需进一步提高监测水平，确保获取一流的监测资料，在监测技术和方法做出创新性成果，使中国大气本底监测具有世界一流的水准。

参考书目

WMO, 2001. Global Atmosphere Watch Guide, WMO TD No. 1073.

（周凌晞）

wēnshì qìtǐ jiāncè

温室气体监测（monitoring of greenhouse gases）对地球大气产生温室效应的气体的测量。其质量控制遵循世界气象组织全球大气监测网（WMO/GAW）质量目标和质量管理体系。主要目标聚焦于温室气体导致的气候变化和臭氧层损耗热点问题。监测要素包括CO_2及其稳定同位素和放射性同位素、CH_4及其稳定同位素、N_2O、SF_6、O_2/N_2、CO和H_2等。WMO温室气体数据中心由日本气象厅负责收集、整理和保存。温室气体科学指导委员会负责对温室气体的监测、分析和评估，提出发展性建议。WMO/GAW负责每年一次的温室气体公报的出版发行，报道最主要的几类长寿命温室气体的最新变化趋势和大气载荷，包括CO_2、CH_4、N_2O、SF_6、卤代温室气体等。WMO/国际原子能机构（WMO/IAEA）每两年召开一次温室气体及相关微量成分专家会议；每2～4年组织开展各类物种的全球巡回比对测量、分区域的巡回比对测量、现场比对督查等活动。

气象部门开展统一规范的温室气体本底联网观测研究，20世纪80—90年代先后在青海瓦里关、北京上甸子、浙江临安和黑龙江龙凤山建立4个大气本底站，2003年后又在云南香格里拉、湖北金沙和新疆阿克达拉建立3个大气本底站，并相继开展了温室气体监测，初步建立了与国际接轨的观测分析系统和标校体系，为相关单位提供示范、平台和标准溯源。

温室气体监测包括在线监测和瓶采样室内分析两种。其中,瓦里关全球大气本底站自 1990 年开始采样分析,1994 年开始在线观测,拥有国内最长的大气 CO_2 和 CH_4 浓度观测时间序列。其他站点自 2006 年开始陆续开展在线和采样观测。各站观测要素逐步拓展为 CO_2、CH_4、N_2O、SF_6、HFCs、PFCs、CO、CFCs、HCFCs、Halons 以及 CO_2 稳定同位素等。瓦里关站的观测数据分析显示,2013 年大气 CO_2、CH_4 和 N_2O 平均浓度分别为(397.3 ± 0.8)ppm、(1886 ± 3)ppb 和(326.4 ± 0.4)ppb,与北半球中纬度地区的平均浓度大体相当,但都略高于同期全球平均值 [(396.0 ± 0.1)ppm、(1824 ± 2)ppb 和(325.9 ± 0.1)ppb]。青海瓦里关站和北京上甸子站部分观测资料现已进入温室气体世界数据中心和全球数据库,成果用于《气候变化国家评估报告》《中国气候变化监测公报》《WMO 温室气体公报》《中国温室气体公报》和《UNEP 臭氧层损耗科学评估报告》等。环保、农业、生态等有关部门,针对各部门需要也开展了相关温室气体监测。

(周凌晞)

fǎnyìngxìng qìtǐ jiāncè

反应性气体监测(monitoring of reactive gases) 对在对流层参与光化学反应的主要物种,包括 SO_2、NO_x、CO、NH_3、O_3、VOCs、PANs 等反应性气体的监测。监测反应性气体的主要目的和意义包括:掌握其空间分布和时间变化;研究其来源以及在大气中的输送、转化和沉降等物理化学过程;为天气与气候模式、气候预测与预估、健康影响评估、生态与环境影响评估、环境保护政策和环境外交对策的制定提供基础数据。

气象部门自 1994 年起就在瓦里关全球大气本底站开展地面 SO_2、NO_x、O_3、CO 等反应气体的长期观测,2004 年起又先后在上甸子、临安、龙凤山、香格里拉和阿克达拉等区域本底站开始了 SO_2、NO_x、O_3、CO 等反应气体的长期观测。大气本底站所在地区的反应性气体浓度水平总体呈上升趋势,东部经济发达地区 SO_2 近年有所下降,但依然处于较高水平。环境保护部门的大气环境监测系统始于 20 世纪 70 年代末期,2000 年开始组织 47 个环境保护重点城市开展城市 SO_2、NO_2 等监测,全国已有 180 个地级以上城市开展包括部分反应性气体在内的大气污染监测工作。

反应性气体监测预测内容主要包括:光化学污染(主要是 O_3、PANs 等)预报预测、酸沉降预报预测、细颗粒(二次)气溶胶预报预测。并加强研究相关的气候效应和对云雾物理化学过程影响以及未来大气氧化能力变化趋势,支持气候系统模式的发展。

反应性气体监测数据主要可应用于:为未来的天气、气候业务模式提供基础观测数据;验证天气、气候业务模式的部分预报预测结果,促进模式的进一步改进;掌握污染物时间和空间分布特征及变化趋势,为各级政府制定污染评估污染趋势、环境控制对策和检验污染控制效果服务;提供农业、林业、生态和健康影响评估需要的基础数据;国家环境外交提供话语权;相关的科学研究提供基础数据支持。

(徐晓斌)

dàqì qìróngjiāo jiāncè

大气气溶胶监测(monitoring of atmospheric aerosol) 主要是对大气气溶胶理化特性的监测。

大气气溶胶有重要的气候和环境效应,对其浓度、组分和粒径进行持续监测是认识其理化特性时空变化规律及其对气候和环境影响的基础。

气象部门从 20 世纪 90 年代开始在瓦里关等大气本底站开展了气溶胶相关项目的监测,研究中国不同地区大气成分的本底特性及其对天气气候的影响。出于对沙尘暴灾害天气的监测、预报和评估的需求,从 2004 年开始建立了沙尘暴监测站网,站点主要分布在中国北方受沙尘暴影响的地区,监测项目主要包括 PM_{10} 浓度、气溶胶光学厚度、气溶胶散射特性、能见度等。针对业务和科研的需求,气象部门从 2006 年开始在全国组建大气气溶胶监测站网,最初包括约 30 个站点,监测项目主要有 PM_{10}、$PM_{2.5}$ 和 PM_1 浓度。此后又陆续开展了黑碳气溶胶、气溶胶散射特性、气溶胶光学特性等的监测。近年来环境气象业务对气溶胶监测和评估的需求快速增长,特别是中国东部地区的长三角地区、京津冀地区雾、霾天气频繁出现,大气水平能见度急剧下降,严重影响了空气质量和人体健康,造成交通事故频发,使得对 $PM_{2.5}$ 监测有了迫切要求。因此气象部门的气溶胶监测站点不断增加,中国气象局已有 100 多个气溶胶监测站,一些省级气象局还自建了部分气溶胶监测站。中国气象局的大气化学重点开放实验室拥有众多先进的气溶胶测试分析仪器,可以对气溶胶样品进行化学组分的全分析,并能够进行有针对性的观测研究。通过这些站点长期运行以及科研项目所进行的加强观测,积累了大量的气溶胶观测数据和分析评估结果。

大气气溶胶监测可分为在线监测和样品采集实验室分析两类。在线监测能够获得实时、连续的数据,但是监测的特性有限,主要是监测气溶胶不同粒径范围的质量浓度,例如 PM_{10} 和 $PM_{2.5}$ 浓度,监测方法主要有振荡天平法、激光散射法和 β 射线法。此外在线观测项目通常还有气溶胶的光学特性，包括光学吸收、散射特性及气溶胶光学厚度等。为了进一步分析大气气溶胶的化学组成，需要通过采样仪器将气溶胶采集到滤膜上，然后在实验室对样品进行各种分析，如离子、元素分析和有机碳、元素碳分析。

（王亚强）

dàqì chòuyǎng jiāncè

大气臭氧监测（monitoring of atmospheric ozone） 对近地面、边界层、对流层和平流层臭氧的监测，其目的是了解大气不同高度的臭氧浓度的分布变化及其受自然或人为因素的影响。

中国大陆地区有 6 个臭氧总量监测站点：香河（河北）、昆明（云南）、瓦里关山（青海），临安（浙江）、龙凤山（黑龙江）以及拉萨，前两个由中国科学院负责，后四个由中国气象局负责；此外在香港、台北和南极中山站也建有臭氧总量监测站点。这些站点与分布在其他国家近 200 个站点组成了在世界气象组织质量体系下的地基臭氧总量监测站网。利用大气的后向紫外散射的测量，通过卫星遥感全球的臭氧总量或垂直分布也是臭氧监测重要的手段。世界上最早的卫星监测臭氧总量和垂直分布始于 20 世纪 70 年代，中国从 2008 年风云 - 3 号极轨气象卫星也开始了臭氧总量和垂直分布的监测。卫星的监测覆盖范围广，但也需要地基（或探空）准确的数据资料来验证。

地面臭氧监测主要是利用臭氧强烈吸收 UV 波段（300 nm 以下的）辐射的特性原理，将空气抽入光学腔后测量 UV 波段的光辐射被衰减的程度来量化臭氧浓度。对流层和平流层臭氧监测主要通过臭氧探空气球来实现。探空气球由携带的依据臭氧和碘化钾（KI）发生电化学反应原理研制的轻便臭氧探空仪来完成的。它是目前较为普遍的监测对流层-平流层臭氧垂直分布的手段。激光雷达（UV 波段）也能探测臭氧的垂直分布，但维护成本较大，仅在全球有限的几个站点中使用。对流层臭氧垂直分布的监测对了解臭氧污染的远距离输送，以及平流层—对流层的相互作用有着重要的意义。地基或星基平台上被动光学或微波遥感仪器也能监测对流层（上层）到平流层的臭氧分布，虽然时间-空间分辨率有限，但对于监测和研究臭氧全球分布的长期变化仍有重要意义。因为平流层臭氧是大气臭氧最主要的组成部分，因此，业务化的地基臭氧总量监测主要是监测平流层臭氧变化，其原理也是依据臭氧在 UV 波段的强烈吸收特性，利用类似于差分吸收的原理，通过对太阳

光谱观测获取监测值，代表性的仪器有 Dobson 分光光度计（始于 20 世纪 20 年代）和 Brewer 光谱仪（20 世纪 80 年代）。

（郑向东）

suānyǔ jiāncè

酸雨监测（monitoring of acid rain） 对大气降水 pH 值（酸碱度）、电导率等的监测，以及降水中离子组分分析。是环境气象业务工作的重要组成部分。应用酸雨监测数据，对降水酸度、酸雨频率、降水电导率和降水离子成分的时空分布及其变化特点进行分析，可以准确地掌握区域酸雨分布状况，为治理大气污染和防治酸雨提供重要科学依据。

20 世纪 80 年代末开始，气象部门就将酸雨监测正式列为气象台站监测项目。90 年代初，中国气象局在全国范围内布设酸雨监测站网，1993—2005 年期间酸雨监测台站数量逐渐增至 89 个（含大气本底站），2006 年又新增 68 个监测站，使得国家级酸雨站达到 157 个，初步形成了覆盖全国的长期监测站网。随着社会经济的发展需求，重庆、湖北、江苏、山东和河北等省（市）的气象部门利用地方经济支持，布设了省级酸雨监测站网，进一步扩充了全国酸雨监测网的能力。至 2013 年，全国气象部门共有 365 个酸雨监测站，其按照中国气象局《酸雨观测业务规范》的要求，采集日降水样品，并测量降水 pH 值和电导率（K 值）。其中 5 个大气本底站开展了降水化学观测，降水样品由中国气象局大气化学重点开放实验室分析。分别采用离子色谱法和原子吸收光度法测定降水样品中 9 种可溶性无机离子（F^-、Cl^-、NO_3^-、SO_4^{2-}、NH_4^+、K^+、Na^+、Mg^{2+}、Ca^{2+}）的浓度。其中 SO_4^{2-} 和 NO_3^- 是本底站降水中的主要阴离子，NH_4^+ 和 Ca^{2+} 是主要阳离子。中国气象局综合观测司已组织了 20 余次酸雨观测质量样品考核，考核工作由中国气象局气象探测中心和中国气象科学研究院共同完成。环保部门在城市和部分背景对照点也进行了长期的酸雨监测，对了解中国城市地区的酸雨特征起到重要作用。

气象部门的酸雨监测业务已经逐步走向规范化，观测质量日益提高，所积累的长期酸雨监测资料为研究酸雨的时空分布及其长期变化趋势提供宝贵的科学数据，是服务于可持续发展战略和环境保护等国家决策的基础性工作，已经应用于中国的环境监测、治理的科学决策和相关科学研究。未来气象部门的酸雨监测业务将逐步升级为在线自动测量方式。

（侯青）

mái jiāncè

霾监测（monitoring of haze） 对霾天气现象的监测，包括对霾的环境、健康效应等的评估。中国气象局《地面气象观测规范》中有关霾的定义为：霾是指大量极细微的颗粒物均匀地浮游在空中使水平能见度小于 10 km 的空气普遍混浊现象，霾能使远处光亮的物体微带黄、红色，使黑暗物体微带蓝色。

霾是一种灾害性天气，通过气溶胶的消光作用使大气水平能见度降低，在秋冬季经常和雾混杂交替出现，对交通运输、景观等造成不利影响；当霾天气出现时，细颗粒物还可能通过呼吸系统进入人体危害身体健康；霾的发生也会通过颗粒物对辐射的影响，进而对天气和气候具有反馈作用。霾天气中大量的悬浮颗粒物主要来自人类活动以及自然界排放，并在不利于颗粒物扩散的静稳气象条件下不断累积。

对霾的监测主要依据能见度和相对湿度，当能见度小于 10 km，排除了降水、沙尘暴、扬沙、浮尘等天气现象造成的视程障碍，空气相对湿度小于 80% 时，判识为霾；相对湿度大于 95% 时，判识为雾；相对湿度 80%～95% 时，按照《地面气象观测规范》规定的描述或大气成分指标进一步判识。另外，在一定条件下，一天当中雾和霾随着相对湿度的变化有时会相互转化。气象部门的常规气象监测站网长期以来都有目测的霾天气现象记录。由于人为大气污染排放的快速增加，霾的出现频率和严重程度也急速上升，对霾天气现象人工目测定性的观测难以满足业务发展需求。由于霾的本质是气溶胶的浓度的影响，因此对气溶胶浓度及其他理化特性的监测成为发展的重点。结合气象和气溶胶的监测，有助于理解霾的特性及其发展变化规律。所以气象部门在传统霾的监测判识基础上，增加了气溶胶浓度等大气成分监测。

（王亚强）

chéngshì kōngqì wūrǎn jiāncè

城市空气污染监测（monitoring of air pollution） 在城市区域测定大气中主要污染物浓度，分析其时空分布特征和变化规律。目的在于识别大气中的污染物质，掌握其分布与扩散规律，提供大气污染物的物理化学特征的动态变化信息。为开展大气污染评估、预报预警、防治，大气污染物生成转化机制等方面提供科学数据。

城市空气污染监测，环境保护部门开展较早，20 世纪 70 年代末期，在北京等一批重点城市开始建立环境监测站，开展常规大气污染物的监测。随着城市化发展和城市空气质量下降，为了应对城市环境问题，气象部门也逐渐开展此项工作。21 世纪初，气象部门在北京等大城市逐渐开展常规污染物（颗粒物质量浓度、主要反应性气体浓度等）的监测，同时还开展气溶胶光学特性等方面的监测。截至 2015 年 4 月，气象部门已经建立了 240 多个大气污染监测站（含城市大气环境站、区域本底站及大气成分站），主要开展颗粒物 PM_{10} 和 $PM_{2.5}$ 浓度和反应性气体 SO_2、$NO - NO_2 - NOx$、CO、O_3 等的在线连续观测。在北京、上海、广州等一些大城市建立了城市大气环境综合观测站，观测内容增加了气溶胶光学特性（如黑碳气溶胶、气溶胶散射系数、气溶胶光学厚度等）、气溶胶粒度谱、气溶胶化学成分在线和采样观测，同时也开展挥发性有机化合物（VOCs）、总氮氧化物（NOy）、氨（NH_3）、过氧乙酰硝酸酯（PAN）等研究性观测。有些城市建立了大气环境移动应急监测系统，利用车载平台开展灵活机动的大气环境监测。

城市空气污染监测内容主要包括反应性气体（SO_2、$NO - NO_2 - NOx$、CO、O_3）以及颗粒物 PM_{10} 和 $PM_{2.5}$ 浓度在线连续观测。由于城市边界层对空气污染有着重要影响，因此也有依托气象铁塔、系留汽艇、激光雷达、飞机等开展大气污染物的垂直监测，重点监测和分析污染物在边界层内的变化特征，其对于研究污染物的扩散和输送过程非常重要。但由于经费的限制，还主要以地面监测为主。

除了常规业务性监测外，环保部门、气象部门以及部分科研院所和高校等也在城市区域开展了大量研究性大气污染监测。常规业务性监测主要针对常规污染物，并要求监测设备较为成熟、稳定，能够提供连续的污染物浓度资料，而科研性观测则逐步向高时间分辨率、精细化和多要素方向发展。

（张小玲 赵普生）

kōngqì zhìliàng zhǐshù

空气质量指数（Air Quality Index，AQI） 定量描述空气质量状况的无量纲指数。依据一定的标准，用一定的计算方法归纳大气质量参数，得到能简明、概括地表征大气质量的数值。目前计入空气质量指数的种类有：二氧化硫（SO_2）、二氧化氮（NO_2）、可吸入颗粒物（PM_{10}）、一氧化碳（CO）、细颗粒物（$PM_{2.5}$）和臭氧（O_3）。在 2013 年之前中国用空气污染指数（API）来表示空气质量状况，计入空气污染指数的种类有：二氧化硫（SO_2）、氮氧化物（NOx）和总悬浮颗粒物（TSP），有些大城市还列入臭氧。

由国家环保部制定的中国空气质量指数（AQI）的范围为 0 到 500，空气质量指数分级的浓度限值见表 1。各种污染物的分指数，可由其实测的浓度值，按照分段

表1　空气质量分指数及对应的污染物浓度限值

空气质量分指数（IAQI）	污染物项目浓度限值									
	二氧化硫（SO_2）24 平均（$\mu g/m^3$）	二氧化硫（SO_2）1 平均（$\mu g/m^3$）（1）	二氧化氮（NO_2）24 平均（$\mu g/m^3$）	二氧化氮（NO_2）1 平均（$\mu g/m^3$）（1）	颗粒物（粒径小于等于10 μm）24 平均（$\mu g/m^3$）	一氧化碳（CO）24 平均（mg/m^3）	一氧化碳（CO）1 平均（mg/m^3）（1）	臭氧（O_3）1 平均（$\mu g/m^3$）	臭氧（O_3）8 滑动平均（$\mu g/m^3$）	颗粒物（粒径小于等于2.5 μm）24 平均（$\mu g/m^3$）
0	0	0	0	0	0	0	0	0	0	0
50	50	150	40	100	50	2	5	160	100	35
100	150	500	80	200	150	4	10	200	160	75
150	475	650	180	700	250	14	35	300	215	115
200	800	800	280	1200	350	24	60	400	265	150
300	1600	(2)	565	2340	420	36	90	800	800	250
400	2100	(2)	750	3090	500	48	120	1000	(3)	350
500	2620	(2)	940	3840	600	60	150	1200	(3)	500

说明：

（1）二氧化硫（SO_2）、二氧化氮（NO_2）和一氧化碳（CO）的 1 小时平均浓度限值仅用于实时报，在日报中需使用相应污染物的 24 小时平均浓度限值。

（2）二氧化硫（SO_2）1 小时平均浓度值高于 800 $\mu g/m^3$ 的，不再进行其空气质量分指数计算，二氧化硫（SO_2）空气质量分指数按 24 小时平均浓度计算的分指数报告。

（3）臭氧（O_3）8 小时平均浓度值高于 800 $\mu g/m^3$ 的，不再进行其空气质量分指数计算，臭氧（O_3）空气质量分指数按 1 小时平均浓度计算的分指数报告。

表2　空气质量指数及相关信息

空气质量指数	空气质量指数级别	空气质量指数类别及表示颜色		对健康影响情况	建议采取的措施
0～50	一级	优	绿色	空气质量令人满意，基本无空气污染	各类人群可正常活动
51～100	二级	良	黄色	空气质量可接受，但某些污染物可能对极少数异常敏感人群健康有较弱影响	极少数异常敏感人群应减少户外活动
101～150	三级	轻度污染	橙色	易感人群症状有轻度加剧，健康人群出现刺激症状	儿童、老年人及心脏病、呼吸系统疾病患者应减少长时间、高强度的户外锻炼
151～200	四级	中度污染	红色	进一步加剧易感人群症状，可能对健康人群心脏、呼吸系统有影响	儿童、老年人及心脏病、呼吸系统疾病患者避免长时间、高强度的户外锻炼，一般人群适量减少户外运动
201～300	五级	重度污染	紫色	心脏病和肺病患者症状显著加剧，运动耐受力降低，健康人群普遍出现症状	儿童、老年人和心脏病、肺病患者应停留在室内，停止户外运动，一般人群减少户外运动
>300	六级	严重污染	褐红色	健康人群运动耐受力降低，有明显强烈症状，提前出现某些疾病	儿童、老年人和病人应当留在室内，避免体力消耗，一般人群应避免户外活动

线性比例法计算，空气质量分指数大于 100 的污染物为超标污染物。各种污染物的分指数都计算出以后，取最大者为监测区域或城市的空气质量指数，该项污染物即为该区域或城市空气中的首要污染物。

由国家环保部制定的空气质量级别及对人体健康的影响见表2。空气质量按照空气质量指数大小分为六级，指数越大、级别越高，说明污染的情况越严重，对人体的健康危害也就越大。

（王郁）

dàqì wūrǎnwù páifàng biāozhǔn

大气污染物排放标准（air pollutant release standard）根据大气污染排放源的行业特征、地理位置和排放口的高度、污染物的化学物种、排放物的物理特性（如废气的温度、比重等）等，规定排放口允许排放的污染物的最大浓度或最大排放率的限值。大气污染物排放标准是具体实施大气污染防治法的重要的技术支持之一。如果限值是以浓度给定的标准称为浓度控制的大气污染物排放标准，限值以排放率给定的标准称为排放量控制标准。针对每个烟囱排放口制定排放标准的污染控制称为点源控制标准，针对给定大气污染控制区域控制其单位时间排放总量的标准称为总量控制标准。

中国第一个大气污染物排放标准是 1973 年颁布的《工业"三废"排放试行标准》。自 1997 年 1 月 1 日起实施的《大气污染物综合排放标准（GB 16297—1996）》，规定了 33 种大气污染物的排放限值，包括最高允许排放浓度、最高允许排放速率和无组织排放监控浓度限值，同时规定了标准执行中的各种要求。此外还有许多针对排污行业的专项排放标准。

制定大气污染物排放标准的技术方法有以下几种：

（1）最佳适用工艺法。使排放标准与当前最佳适用的生产和污染控制工艺技术相适应，在不危害环境的前提下，取得最好的经济效益。制定此类标准时经常按单位产品给出允许排放量的最大限值。

（2）地区系数法。使排放标准与地方的经济发展、当地的污染气象条件相适应。制定标准时，常常利用大气扩散模式、当地的气象参数、地方大气质量标准和质量现状，给出地区性大气污染排放控制系数。各地可以按给定系数确定每个污染源排放限值或者确定当地允许排放的总量后再规定每个污染源的允许排放的限值。中国由于地域广大，许多排放标准使用此方法。

（3）经济优化法。使用大气扩散模型、各类生产过程的最佳适用工艺和生产的投入产出的效益组成线性规划模型，以求得当地最佳经济效益的排放标准。

（王郁）

大气环境预报系统

dàqì huánjìng yùbào xìtǒng

大气环境预报系统（atmospheric environmental operational forecasting system） 用数值预报方法，基于空气污染物的理化特征，在大气中的输送、转化，及其与辐射、云和降水的作用，预报空气污染物的时空分布的预报业务系统。大气环境预报业务受空气污染预报水平的制约以及社会对环境问题关注度的影响。

沿革 空气污染预报经历了从早期的污染潜势预报，发展到后来的统计方法预报污染物浓度以及现在的复杂的大气化学数值模式预报几个阶段。大气化学模式的发展与人们所关注的环境和气候问题密切相关。在 20 世纪 70 和 80 年代，酸雨是欧美各国关心的主要环境问题之一，而且涉及污染物的跨境输送和环境外交。为此，区域酸沉降和酸雨模式得到了发展，如：区域酸沉降模式、酸沉降与氧化剂模式和硫黄输送和排放模式。与此同时，城市的污染和光化学现象的发生促使人们关注城市和区域的臭氧问题，发展了城市空气质量模式和区域氧化剂模式。

20 世纪 70 年代以前，大气化学模式与天气、气候模式是并行发展的。当时，大气化学模式与天气气候模式的关系是离线方式，通过观测再分析资料或者天气模式输出的气象场进行驱动，如：（城市）多尺度空气质量模式（CMAQ）、空气污染数值预报系统（CAPPS）和全球三维大气化学模式（MOZART），以及中科院发展的全球和区域大气污染输送模式、嵌套网格空气质量预报模式系统（NAQPMS）等。这种方式计算相对简单，缺点是气象场的时间分辨率差，化学物种的输送、转化等过程与气象场的变化不同步，进而可能会影响数值模拟的精度，并且无法进行气溶胶等对天气气候的反馈研究。这也与早期计算机水平低有关。与离线方式对应的另外一种大气化学模式是化学物种的输送、转化和积分、输入输出等均与气象要素是同步的，这种方式称为在线方式，它的特点是化学物种可以与气象场同步积分、扩散，使得计算更加精确，缺点就是计算量大，尤其是当气态物种增加且采用分档方式描述的气溶胶物种时，计算量更大。如中国气象局沙尘天气天气预报系统（CUACE）、中科院大气物理研究所新版嵌套网格空气质量预报模式系统（NAQPMS）和欧洲的 ECHAM 模式等。因模拟对象和复杂程度不同，离线模式和在线模式的模拟效果各不相同，尤其是在气溶胶对其后的辐射强迫影响研究方面。尽管在线模式存在诸多不便，但它可以保证在一个统一的大气中研究气溶胶多过程、多物种的时空变化及其对天气气候的反馈影响。因其可以更加准确地描述真实的大气，在研究空气质量尤其是气溶胶对天气气候的反馈等方面已成为越来越重要的手段。

从 2001 年开始，中国气象局与国家环保局（现环保部）联合开展全国 47 个城市的污染预报，预报内容包括首要污染物 PM_{10}，SO_2，NO_x 的污染指数。所使用的工具是基于箱模式源反演的城市空气质量预报系统 CAPPS。CAPPS 模式计算简单，但是不能用于多维的空气污染物浓度预报。随着国家和社会对环境问题的关注，中国东部雾/霾天气频发，而雾/霾也是多污染物与天气相互作用的结果，因此，中国气象局发展了雾/霾数值预报系统，建立了实时业务系统，定量预报包括多种污染物以及能见度为指标的雾/霾预警信息。由于中国特殊的地理环境，每年春季沙尘暴频发，中国气象局也发展了亚洲沙尘暴数值预报系统，可定量预报沙尘暴的发生及影响范围。

系统构成　大气环境预报系统包括亚洲沙尘暴数值预报、雾/霾数值预报和环境气象紧急响应系统。

亚洲沙尘暴数值预报系统　中国气象局研究开发的亚洲沙尘暴数值预报系统，采用中国气象局化学数值天气预报系统 CUACE 中的沙尘气溶胶部分，沙尘气溶胶起沙谱分布采用分档方式，将直径小于 40 μm 的沙尘粒子按粒级分为 12 档，每一档都考虑沙尘气溶胶的微物理过程。该系统的起沙方案采用 2003 年龚山陵（Gong）等基于玛蒂柯琳娜（Marticorena）等研究开发的起沙方案（以下简称 MBA 方案），获得水平沙通量。并且在计算垂直沙通量的时候，也考虑了阿尔法罗（Alfaro）等人开发的起沙方案，同时还考虑了地面粗糙度、土壤含水量和近地面大气运动的影响，给出了比较接近实际状态的垂直沙通量。通过使用中国的沙漠和沙漠化分布数据、中国的土壤质地数据、中国的沙尘释放后的实测粒度数据等，形成了适用于亚洲沙尘释放的起沙方案。沙尘暴数值预报系统还配有沙尘暴数值同化系统同化中国气象局 FY-2C/2D 卫星反演的红外差值沙尘指数（IDDI）以及北方干旱地区地面观测的能见度和中国气溶胶遥感监测网（CARSNET）观测的 PM$_{10}$ 浓度。沙尘暴数值预报系统于 2007 年通过中国气象局业务化评估，使中国成为国际上第一个有效开展了沙尘暴数值预报业务与实时发布沙尘暴预报产品的国家，提高了中国沙尘暴预报的准确率，也为发起世界天气研究计划"国际沙尘暴研究与发展示范计划"（WMO/WWPR/SDS RDP），以及为后续国际沙尘暴预警咨询系统（WMO/SDS WAS）"亚洲—中太平洋区域中心"落户中国奠定了基础。它也是 WMO 亚洲沙尘暴业务预报中心的业务预报系统。它可预报未来 72 小时亚洲区域沙尘浓度的空间分布和变化过程，整层沙尘载荷量和光学厚度。

雾/霾数值预报　参见第 312 页雾/霾数值预报。

环境气象紧急响应系统　参见第 112 页环境紧急响应模式系统。

预报内容　大气环境预报内容主要包括 SO$_2$、NO$_2$、CO、O$_3$、PM$_{10}$ 和 PM$_{2.5}$ 等空气污染物浓度，及其时间、空间分布，也有的包括沙尘气溶胶浓度及分布和能见度等气象要素。

技术方法　大气环境预报方法大致可以分为空气污染潜势预报和空气污染浓度预报两大类。空气污染潜势预报，主要预报标志空气扩散稀释能力的气象条件。区域尺度潜势预报是与术语"静稳"区相连的，用来描述一种气象状态，在这种状态下，大气稀释扩散能力低，污染物将会堆积，浓度可能超过国家有关标准。区域污染潜势预报仅涉及气象参数，无须考虑排放源。空气污染浓度预报是定量地预报出大气污染物的浓度时空变化，分为统计方法、天气型相似法以及大气化学模式法。

统计预报法　一般采用简单的相关方程和多元回归方程。这种方法的建立是假定过去存在的相关关系在未来是不变的。因此，统计方法的预报能力是有限的。例如：排放、天气形势、气候状态等发生变化，都将影响预报能力。

天气型相似预报法　天气型相似预报法，在假定排放源定常的基础上，将污染物浓度与对应的天气形势一一对应。当出现某种天气形势，就预报对应的污染浓度。这种方法较简单直观，可通过大量资料分析，建立众多类型。但工作量大，天气型相似指标难于确定。

大气化学模式法　大气化学模式法又有不同的分类。按数学处理方法分为解析型和数值型。数值型中又分为拉格朗日型、欧拉型、半欧拉半拉格朗日型、随机模型和网格质点模型。按是否考虑局地变化项分为诊断模式和演变模式。按照模式的空间尺度分类，有局地尺度、城市尺度、中尺度、大陆尺度和全球尺度模式。按模拟的污染过程可分为酸雨、光化学烟雾、干沉降和微生物扩散传输等。

展望　简单的大气环境预报已经很难满足经济快速发展，人民生活水平提高的需求，因此精细化大气环境预报的要求已经提上日程。另外计算机速度和各种计算技术的快速发展，也为建立细网格、高精度的数值模式提供了物质基础。未来气象模式和化学模式双向耦合的细网格、高精度的在线数值预报系统必将尽快地出现。

参考书目

蒋维楣，曹文俊，姜瑞宾，1993. 空气污染气象学教程［M］. 北京：气象出版社．

张小曳，2011. 大气成分与大气环境（现代气象业务丛书）［M］. 北京：气象出版社．

John H Seinfeld，Spyros N Pandis，1998. Atmospheric Chemistry and Physics：from Air Pollution to Climate Changes［M］. WILEY-INTERSCIENCE，New York，United States.

（周春红）

wù/mái shùzhí yùbào
雾/霾数值预报（haze/fog numerical forecasting）　针对雾/霾天气现象的数值模拟和预报。霾是大量的细微粒子均匀地浮游在空中，使水平能见度在 10 km 及以下的空气混浊现象。而雾则是悬浮在贴近地面的大气中的大量微细水滴（或冰晶）的可见集合体。气溶胶和雾滴有密切的关系，从微观角度来看，它包括气溶胶经过吸湿增长、活化、变成雾滴，或者直接经过冰核核化参与冰云的形成。没有气溶胶粒子就不能形成霾，在实际大气中没有气溶胶粒子参与也无法形成雾。在过去，当人类活动较弱时，这些气溶胶粒子主要源于自然过程，在大气当中被视为背景气溶胶。随着社会经济发展，工业化、城市化、交通运输现代化迅速发展，化石燃料的消耗量随之迅猛增加，汽车尾气、燃油、燃煤、废弃物燃烧直接排放的气溶胶粒子和气态污染物通过光化学反应产生的二次气溶胶污染物日增，使得雾/霾现象日趋严重。大气气溶胶和云雾粒子都可以通过吸收和散射可见光导致视程降低，形成低能见度的天气，这已经成为一种新的灾害性天气。尤其在南亚次大陆、东亚、中国京津冀、长三角、珠三角和四川盆地等工业较为发达的区域和大城市群更为严重。

雾/霾的宏观体现是低能见度，能见度是由气溶胶或云雾粒子的消光特性决定的，受气象和气溶胶两大因素影响。消光系数不仅与气溶胶粒子有关也与雾粒子有关。雾/霾数值预报受气溶胶微物理、云物理、气溶胶和云相互作用、边界层、湍流以及大气环流等多种大气物理和大气化学过程的影响。

中国气象局发展了化学天气数值预报系统（CMA-CUACE），该系统包括自主开发的排放源清单以及排放源处理系统 CUACE/Emis、气溶胶 CUACE/Aero、气态化学 CUACE/Gas 以及化学数值同化系统。已经实现了 CUACE 与第五代中尺度模式（MM5）和中国新一代天气预报模式 GRAPES 的在线耦合，以及气溶胶 CUACE/Aero 与气态化学 CUACE/Gas 和热力学平衡模式完全耦合，可以对大气中 SO_2、NO_x、O_3 等多种气态物种，以及沙尘、海盐、硫酸盐、黑碳和有机碳、硝酸盐、铵盐七种主要的气溶胶组分实现数值模拟。建立了多组分、多粒径的气溶胶与能见度之间的关系，并建立了雾/霾预报系统 CUACE/Haze-fog，可提供 3 天到 5 天的 PM_{10}、$PM_{2.5}$、O_3，以及以能见度为指标的雾/霾数值预报产品。CUACE/Haze-fog 于 2012 年开始向中央气象台以及各省市气象部门提供数值预报产品，试运行 2 年之后，2014 年 10 月通过中国气象局严格的业务化评估，成为正式的业务预报系统。该系统被世界气象组织选为未来开展空气质量预报和化学天气数值预报先导性项目中的预报系统。

（周春红）

大气成分数值预报（atmospheric composition numerical simulation） 对大气中与环境和人体健康具有

重要影响的大气成分的数值模拟和预报。这些成分的源、汇乃至在大气中的浓度均有较大的时空变化，参与大气中的各种动力、热力、物理和化学变化过程，且与气象条件密切相关。

沿革 由美国环保局和海洋大气局共同开发的（城市）多尺度空气质量模式（CMAQ）是应用比较广泛的一个离线空气质量模式系统。该模式的主要模块包括：第五代中尺度模式（MM5）、气象-化学接口处理器（MCIP）、烟雾排放处理器（SMOKE）和 CMAQ。其中，MM5 是中尺度气象模式，提供三维时空的气象场，MCIP 从 MM5 中提取和处理 SMOKE 和 CMAQ 模块所需区域的气象资料，SMOKE 用来生成模式需要的排放源数据，CMAQ 是空气质量模式。但是，该模式系统是一个离线模式，MM5 和 CMAQ 不是在线嵌套，CMAQ 的时间分辨率不能达到与气象模式同步，也不能够计算大气成分对气象场的反馈作用；WRF-Chem 是由美国海洋大气局和环境预报中心开发的在线空气环境预报系统，它主要由天气模式 WRF 和大气化学模块 Chem 组成，实现了 WRF 和 Chem 的在线耦合。该系统主要包括 WPS 前处理、WRF 模式和 ARWpost 等后处理三部分。

中国气象科学研究院发展的 CUACE 模式也是一个在线大气环境模拟系统，主要包括气象模式（GRAPES 和 MM5）、大气化学模式 CUACE、气象模式和化学模式在线耦合，实现了气溶胶—辐射—云的在线双向反馈，既能够实现区域大气环境的模拟和预报，也能够进行气溶胶和气体对气象场、云，乃至天气的反馈机制的研究，已经用于中国气象局环境业务预报。CUACE 模式于 2012 年移植安装到中国国家气象中心，用于提供全国范围的大气扩散条件、雾/霾和能见度等数值预报产品。CUACE 的精细化区域模式，也安装到了一些省区气象部门，用于当地的环境气象和雾/霾预报业务工作。当前模式的发展水平，已经可以实时提供全国和区域的环境气象、空气质量和雾/霾等方面的数值预报。

现有大气环境数值模拟系统具有很多不确定性：排放源、气象模式和大气化学模块都会给该系统带来一定的不确定性。排放源清单存在至少 2 到 3 年的时间滞后性，从原始排放源清单到模拟系统需要的排放源数据处理过程中不同物种、时间和空间分配的不确定性很大；气象模式对气象场的模拟和预报也存在一定的误差；大气化学模块对大气中化学过程的描述和处理与实际情况具有一定的距离；气体—气溶胶—气象场之间的相互作用机制，特别是污染性气体和气溶胶通过辐射、云物理等过程对气象场的影响机制以及在大部分环境数值模拟系统中还缺乏细致的表述。这些都会导致大气环境数值系统的预报和模拟的结果与实况存在一定的偏差和不确定性。

主要内容 大气成分数值模拟与预报的对象主要为 NO_2、SO_2、O_3、CO、VOC_s、H_2S 和 NH_3 等污染性气体和黑碳、有机碳、硫酸盐、硝酸盐、矿物尘、铵盐和海盐，以及 PM_1、$PM_{2.5}$ 和 PM_{10} 等气溶胶，以及由此计算得出的空气质量指数 AQI。通过气象模式和大气化学模式离线或在线耦合，将这些大气组分的大尺度输送和湍流扩散过程和污染物的排放、干湿沉降、云中和云下清除、气溶胶和云相互作用等气溶胶物理和化学过程、气体化学和光化学反应乃至气—粒转化过程均相、非均相反应等，建立预报方程求解和进行参数化处理，形成可以进行 NO_2、SO_2、O_3、H_2S 和 NH_3 等污染性气体和黑碳、有机碳、硫酸盐、硝酸盐、矿物尘、氨盐和海盐，以及 PM_1、$PM_{2.5}$、PM_{10} 气溶胶等以及由此计算出的和空气污染指数 AQI 等的模拟和预报的大气环境数值模拟。

大气环境数值模拟主要包含 3 个要素：①排放源清单；②气象模式；③大气化学模块。鉴于目前大气环境模拟系统中诸多不确定性的存在，因此在利用环境数值模拟系统进行数值预报、模拟研究之前，需要对其进行必要的性能评价，以了解其对不同地域、不同气候背景、不同天气系统、不同季节等条件下的适应能力，了解模式对预报初值、排放源、辐射反馈等方面的敏感程度和不确定度。了解模式的基本性能和特点，有助于合理地评判、订正模式输出结果，有助于分析敏感性试验的可信度。

技术方法 一般而言，环境气象模式的评价包括模式检验、诊断评价两种类型。

模式检验 主要目的是评价模式的预报、模拟结果与实际情况的吻合程度。一般使用同步的源排放、气象背景场、气象探测资料、空气质量监测资料与模拟计算结果进行对比，检验模拟值与实测值之间的符合程度。检验模式所用的资料应当满足以下条件：与模拟值具有同时性，对所要求的时间和空间分辨率具有代表性，并且还需要是模式建立、运行过程中未被使用过的独立数据。在检验方法中，针对气象数据，常用的检验方法或指标包括相关分析、过程分析、TS 评分等；针对空气质量要素，常用的有浓度差分析、最大浓度分析、浓度比值分析、相关分析、浓度分布分析等。随着环境气象预报服务工作的开展，也有很多借用气象预报检验方法来对空气质量要素的模拟效果进行检验评价的工作，比如用 TS 评分指标对各类污染气体、颗粒物的预报、模拟效果进行评价。

诊断评价 其主要目的是分析所使用的模式是否合理，模式运行的方式、功能选项是否恰当，所输入的资料是否正确，进而确定模式的长处和欠缺所在，对模式的性能进行深入的考察和探究。在进行诊断评价时，不仅是模拟研究主要关注的物种浓度，还要追踪测试其排放源、前体物、重要中间产物的浓度变化，以及气象参数、化学反应参数和反应过程等等，以便客观、全面地了解模式的性能和特色。

敏感性分析 是进行模式性能诊断分析的一种重要方法。这里的敏感性是指模式输出对模式参数或输入变量发生变化的影响程度。空气质量模式的敏感性分析至少有两方面的意义：一方面，分析模式输入和输出响应关系的合理性，即考察这种响应关系是否与模式的基本物理和化学假设相一致，其结果可作为改进模式的依据。另一方面，明确模式所依据的各项基础资料的相对重要性以及对其精度和分辨率的要求，定量地估计由于输入和参数的不确定性导致的模式模拟结果的不确定性大小，以便改进观测和收集方案以及确定模式输入参数的方法。

环境气象模式的敏感性分析可分为三类：一是模块和化学机理敏感性的单一测试。例如，研究排放源中不同有机物的分配方案对臭氧预测结果的影响程度；分析化学常数对臭氧、气溶胶和其他二次污染物预测的不确定性等；二是模式的敏感性分析，包括模式输出结果对过程参数化的敏感性、对模式数值算法和模式结构的敏感性以及对模式输入数据的敏感性；三是模式或输入变量的改变对模式输出源于受体关系的影响。一般所关注的对象包括排放源、混合层高度、气象场等等。

应用与展望 大气环境数值模式主要应用于两方面的工作。一是用于科学研究，如模拟污染物区域传输和相互影响、研究化学反应机制、气溶胶生成和转化过程、探讨气体和气溶胶的辐射效应等等；二是用于实际的评估和预报服务工作，如用于环境保护、污染治理、城市规划的决策依据。其中，环境气象模式的一个重要作用是用于预报服务，未来大气环境数值模式的研究将朝着细网格、精细化方向发展，以满足经济社会发展和人民生活水平提高日益增长的需求。

参考书目

唐孝炎，张远航，邵敏，2006. 大气环境化学（第二版）[M]. 北京：高等教育出版社.

（王宏 刘洪利）

dàqì chéngfèn shùzhí tónghuà
大气成分数值同化（data assimilation of atmosphere compositions） 为数值预报模式提供准确的（或最优

的）初值，从而提高模式预报准确率。初值就是模式初始时刻的大气"真实"状态，初边值越准确，预报结果也越准确。由于观测精度有误差，观测范围和要素覆盖不全等使我们无法知道这一真值，只能根据已有的观测信息，采用一定的数学方法，找出最为接近大气"真实"状态的情景作为模式初始状态——这一过程就是资料同化。

沿革 资料同化从 20 世纪 60 年代的客观分析开始，经历了"客观分析—最优插值—三维变分—四维变分和集合卡尔曼滤波"的发展过程，目前三维变分方法已经比较成熟，业务上采用这种方法的国家也最多，四维变分由于其需要伴随模式，开发的难度和计算量都比三维变分大许多，而且容易出现计算不稳定，还不普及。随着集合预报的发展，集合卡尔曼滤波方法得到迅速发展，但由于其庞大的计算量，目前也还不够普及。大气成分预报（或化学天气预报），不仅像普通天气预报一样需要气象场的初边值，而且需要较准确的排放源清单，但是排放源清单的调查非常费时，时效性差，排放源的不确定性给大气成分预报带来很大影响。资料同化是可以改善这种状况的直接有效又最便捷的方法。从资料同化本身的含义来说，只要有观测资料（包括其误差信息）和预报模式（包括其误差信息），就可以进行同化，以实现用观测信息来提高预报准确率的目的。

美国、加拿大、欧洲等较发达国家都开展了空气质量预报，在其业务预报系统中实现了某些单变量的资料同化，如 O_3 的资料同化（主要是利用了 TOM 卫星反演的 O_3 资料），其他大气成分如可吸入颗粒物 PM_{10} 的同化。气象部门应用变分同化方法，综合了卫星和地面气象观测资料对沙尘气溶胶的浓度进行数值同化，建立了沙尘暴数值同化系统。在 2006 年该系统已由中国气象局批准投入业务运行，实现了多种观测的综合同化，最大限度地利用了各种平台获得的观测信息，这是国际上第一个开展的多种沙尘气溶胶观测资料的同化工作。在完成沙尘气溶胶同化系统的基础上，还开展了其他大气成分多变量的同化，如臭氧、气溶胶光学厚度、可吸入颗粒物、能见度等的同化，由气象部门自主研发的"中国雾/霾数值同化系统"与"中国雾/霾数值预报系统"于 2014 年 12 月经中国气象局正式批复，成为中国第一个业务化的大气成分资料同化系统，在国家气象中心实时运行，为提高雾/霾预报的准确率提供了技术支撑。

主要内容 为数值预报模式提供准确的各种空气污染物初边值，从而提高模式预报准确率。

技术方法 以中国气象局亚洲沙尘暴数值同化系统和中国雾/霾数值同化系统为例。

亚洲沙尘暴数值同化系统 基于中国 FY-2 气象卫星遥感信息，通过分裂窗法和光谱聚类方法的综合使用，中国气象部门建立了沙尘暴自动判识处理系统。针对春天的沙尘暴过程，实时处理出了逐日逐时（白天）具有 500 m 空间分辨率的沙尘暴遥感监测图像。同时结合地面各个观测站点数据，对沙尘气溶胶进行定量反演，获取了定量的沙尘暴强度指数。

亚洲沙尘暴数值同化系统主要包括如下三部分：①观测资料获取，即从气象信息综合分析处理系统（MICAPS）系统上读取气象卫星综合应用业务系统（9210 工程）网络下发的实时观测资料和解读国家卫星中心的 FY-2C 沙尘暴实时业务产品。从 MICAPS 上读取该同化系统所需要素主要是地面能见度和天气现象。解读反演的沙尘位置、强度、面积分布的沙尘指数图像产品。②沙尘暴三维变分（3DVar）同化分析系统。主要是利用三维变分同化技术，将沙尘暴数值模式输出的沙尘浓度空间分布与卫星和地面资料的沙尘空间分布的观测信息进行同化，得到既能包含观测信息又能反映模式特征的分析场。③沙尘暴同化分析场与模式场的接口，主要是将含有沙尘暴观测信息的分析场接入到模式中，改进模式预报，减少误差，提高模式预报的准确度。

中国雾/霾数值同化系统 ①利用三维变分同化技术，将中分辨率成像光谱仪（MODIS）反演 AOD 产品和地面 $PM_{2.5}$ 观测资料同化到 CUACE/Haze-fog 预报系统中，对 CUACE/Haze-fog 的预报结果有较显著的改善。

由图1可以清楚地看出，模式预报的 AOD 位置偏南、范围偏大，同化分析增量场在东北南部和河北北部都给出了较大的正增量，在渤海、黄海及黄河中下游地区给出了较大的负增量，分析结果显著改善了预报初始场。

2013 年 1 月中国东部发生了大面积雾/霾天气，但重度雾/霾天气发生时，卫星不能区别雾/霾和低云，所以此时卫星观测不可用，只有地面观测的 $PM_{2.5}$ 资料可

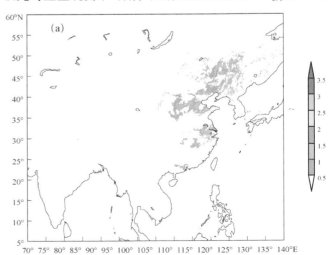

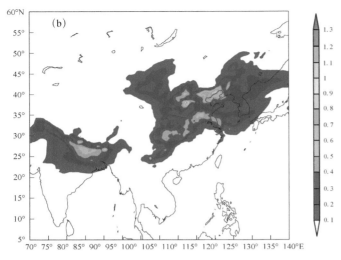

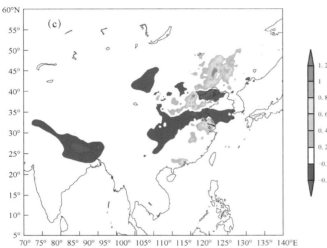

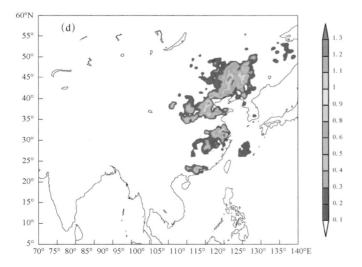

图1 卫星反演及模式预报气溶胶光学厚度及同化效果图
（a）卫星反演的 2008 年 7 月 27 日气溶胶光学厚度；（b）CUACE/Haze 模式预报的气溶胶光学厚度；（c）同化分析增量场；（d）同化分析场

以进入同化系统，图 2 给出了郑州和番禺地区有无 PM$_{2.5}$ 同化的预报结果与观测的对比，可见有同化的预报结果与观测更为接近。

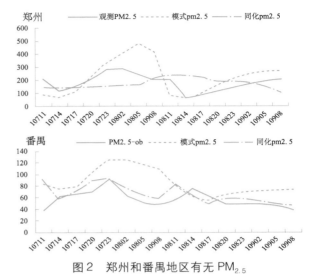

图2 郑州和番禺地区有无 PM$_{2.5}$
同化的模式预报结果与观测的对比

（横坐标为时间轴，时间范围为 2013 年 1 月 7 日 11 时至 2013 年 1 月 9 日 08 时）

相对湿度资料同化对能见度有显著改进。气溶胶的消光性影响大气能见度，而其消光性由其理化特征决定，大气相对湿度对气溶胶的理化特性影响很大，所以模式对大气相对湿度模拟的准确率直接影响对大气能见度的预报，通过同化卫星和探空相对湿度资料，可以校正模式对能见度的预报。

展望 对于气象资料多变量之间的协调同化，如风场和气压场可以利用地转关系来实现。但大气成分中的气态微量成分如 O$_3$，因为其为强氧化剂和 NO$_x$、SO$_2$、CO 等都存在化学反应，所以在做资料同化时，如果仅对 O$_3$ 做同化，必然造成各微量成分之间的不平衡，因此 O$_3$ 等的同化存在协调同化问题，但由于涉及的化学反应很复杂，使得同化系统过于庞大和复杂，国际上还没有开展大气成分协调同化方面的工作，这也是今后工作的一个重要方向。

参考书目

国家气象中心，1991. 资料同化和中期数值预报 [M]. 北京：气象出版社.

章国材，矫梅燕，李延香，等，2007. 现代天气预报技术和方法 [M]. 北京：气象出版社.

Eugenia Kalnay，2005. 大气模式、资料同化和可预报性 [M]. 蒲朝霞，杨福全，等译. 北京：气象出版社.

（牛涛）

chéngshì kōngqì wūrǎn yùbào
城市空气污染预报（urban air pollution forecast）
在对污染物排入大气后扩散、迁移和清除规律认识的基础上，利用科学的方法预测某城市未来不同空间尺度上空气污染物浓度和空气质量变化状况及趋势。空气污染预报对城市环境管理、污染控制、环境规划、城市建设及公共卫生等均有重要的实际应用价值，并能促进公众参与及提高城市居住生态环境意识。空气污染预报通过各类预报方法与手段相结合，可对痕量气体、气溶胶等多种大气污染物在城市、区域和全球尺度的不同类型污染过程进行模拟预测研究，研究内容涉及气象、环境、物理、化学等多个学科，包含宏观、微观多种过程，成为当前城市及区域调控与防治以及空气重污染预警和应急的有效途径。由于城市化及其快速发展，因此，人们尤其关心城市空气污染预报。因此成为当今环境科学研究的热点与难题。

沿革 城市空气污染是世界各国面临的最大挑战之一，城市空气污染预报成为减轻其危害影响的重大而紧迫的课题。发达国家城市空气污染预测预报起始于20世纪60年代，随着空气污染防治和研究工作的开展，人们迫切需要了解空气污染的影响和变化趋势，空气污染预报应运而生。国际上许多国家和地区按照各自环境保护法规的要求和规定，相继开展了空气污染预报和污染警报发布工作，且已成为空气监测网络的主要任务之一，如：美国从60年代就开始做空气污染潜势预报；法国政府于1997年3月11日颁布了空气质量达到三级警报程度的有效措施；日本为了加强防治日趋严重的汽车尾气污染，从1988年12月开始对东京、大阪等地区的氮氧化物进行污染预报；1989年，荷兰开始在部分地区进行空气污染预报，1992年已能够在全国范围以日均浓度水平发布空气污染预报。

中国城市空气质量预报始于20世纪70年代前期，陆续在大气扩散模式、污染气象学、污染气象参数与污染浓度之间的关系以及空气污染预报等方面进行了研究，并先后在北京、沈阳、兰州、太原、长沙等城市初步开展了以二氧化硫为主的城市空气污染试验预测和预报研究工作。有规模的城市空气质量预报起始于80年代末，当时主要是利用城市环境观测资料和对应的气象资料，通过统计方法建立空气质量预报模型来预报城市空气质量。90年代，城市空气质量开始引起政府和民众的广泛关注，相关的研究也开始蓬勃地发展，内容涉及改善空气质量的方法、空气污染指数的分级及其计算方法、城市空气质量的数值预报模型等方面。1997年6月，中国环境监测总站分批组织47个环保重点城市开

展空气质量周报，并于1998年1月1日起陆续通过新闻媒体向社会公众公布。同时期北京、上海等重点城市气象部门也开始进行空气污染气象条件和潜势预报业务。2001年开始，由环保部门和气象部门联合制作发布重点城市空气污染预报，主要预报内容为主要污染物（CO、SO_2、NO_2和PM_{10}）浓度和空气污染指数（API），发布形式为空气污染物指数（API）、首要空气污染物、空气污染级别和空气质量状况。相应空气污染预报技术也得到发展，从污染潜势预报逐渐向定量化的统计预报和区域数值预报模式发展。2012年，环境保护部颁布了《环境空气质量标准》（GB 3095—2012）及环境空气质量指数（AQI）技术规定，标准中除上述四种污染物外，将$PM_{2.5}$和O_3两种污染要素纳入日常监测及预报项目。在中国城市空气质量预报业务开展的同时，相关的研究也开始兴起，内容主要涉及城市空气质量数据管理系统的开发与研究、城市空气质量预报的技术方法研究与预报模型、城市空气质量管理体系的监测技术及模式、城市空气质量的分布规律、影响因子及与气象条件的关系以及重污染预警和应急等。

城市空气污染预报模式也经历了不断发展的过程。以美国EPA为代表，从1970年到现在，已经开发了三代空气质量模型：第一代空气质量模型——拉格朗日轨迹模型，第二代空气质量模型——欧拉网格模型，以及最新推出的第三代空气质量模型——区域多尺度空气质量模型（Models-3/CMAQ）。第一代模式仅适用于模拟无化学活性污染物的扩散及简易的有一定化学活性的轨迹模拟；第二代模式主要针对光化学反应的气态污染物或固态污染物；第三代空气质量模式拟将所有的大气问题均考虑到模式之中，可以有效地进行较为全面的空气质量控制策略的评估。国际上比较著名的空气质量模式还有：欧洲酸沉降模式（EURAD）、酸沉降和氧化剂模式（ADOM）、区域酸沉降模式（RADM）、城市空气流域模式（UAM）、STEM模式等，这些模式各有特色及优缺点。前三种主要用于酸雨问题的研究，而后几种用于大气光化学和气溶胶二次污染的模拟。这些模式对城市空气污染预报，具有良好模拟效果。但上述大部分模式均是离线的（即用气象模式获得的气象场驱动大气化学模式），无法反映大气化学成分的变化对天气过程的反馈（主要通过影响辐射过程）。因此，一个在线的、全耦合的包括多尺度、多过程的模式系统是空气污染模式向区域空气质量实时预报发展的趋势，WRF-Chem气象—化学在线耦合模式即是一个很好个例。WRF-Chem是基于天气研究和预报模式（WRF）加入大气化学模块耦合而成，是新一代气象化学在线耦合模式，可同步

计算物理和化学过程，能够实现大气动力、辐射和化学过程之间的耦合和反馈过程。WRF-Chem 可以模拟计算给出 53 种气体的浓度，13 种气溶胶的浓度以及 $PM_{2.5}$ 与 PM_{10} 的浓度（根据化学方案的不同，物种种类有所不同）。其用途包括气象要素和污染物浓度及主要化学成分时空分布定量预报、空气污染减排措施评估、野外试验制定计划和预报、分析野外观测结果以及同化卫星和站点大气化学观测资料。

中国主要空气质量模式的发展也经历了三个阶段：第一代模型主要是高斯烟流模型，第二代模式有城市尺度的空气质量预报模式（中国科学院大气物理研究所 HRDM）及区域尺度污染物欧拉输送模式（中国科学院大气物理研究所 RAQM、南京大学区域酸沉降模式 RegADM 等）。中国气象科学研究院 1997 年建立起了非静稳多箱空气污染浓度预报和潜势预报系统 [简称空气污染数值预报系统（CAPPS）]，该模式不需要污染源的源强资料就可以预报城市空气污染浓度和污染指数，避免了由污染源强调查本身具有的不确定性给城市空气污染数值预报带来的困难，在全国城市空气污染预报中广泛应用，并逐渐得到发展和改进。第三代模式以一个大气的概念，构建了从全球尺度、区域尺度及套网格的大气环境模式系列，有南京大学的区域大气环境模式系统、中国气象科学研究院的全国和区域化学天气数值预报平台（CUACE），其中的大气化学模式（CUACE/GAS）描述主要气体化学、光化学过程以及简单的气—粒转化过程。CUACE/GAS 以 RADM 反应机制为基础，考虑了 66 种气体和二次有机气溶胶，162 个化学反应。实现了 CUACE 与第五代中尺度模式（MM5）和中国新一代天气预报模式 GRAPES 的在线耦合，建立了气溶胶与能见度之间的关系，构建了雾/霾预报业务预报系统 CUACE/Haze-fog，能够对城市大气污染物浓度（PM_{10}、$PM_{2.5}$、O_3、SO_2、NOx、CO 等）和气溶胶化学组分、能见度等进行客观定量化的数值预报，于 2012 年开始向中央气象台以及各省（自治区、直辖市）气象台提供数值预报产品。部分城市气象台基于 WRF-Chem 或 WRF/CMAQ 建立了高分辨率（空间分辨率小于 10 km）区域空气质量数值预报系统，如北京市气象局建立了京津冀及周边地区空气质量数值预报系统；南京大学在上海和南京建立了空气质量预报系统和灰霾预报系统；上海市气象局构建了长三角区域化学天气数值预报系统；广东省气象局建立了珠三角区域空气质量数值预报系统。这些高分辨率空气质量数值预报模式为城市和区域空气污染预报和预警提供了重要的科技支撑。

主要内容 空气污染预报的污染物主要有 SO_2、NO_2（NO_x）、O_3、CO、PM_{10} 和 $PM_{2.5}$ 等的浓度以及分布变化特征。

技术方法 城市空气污染预报的主要方法有潜势预报、统计预报和数值模式预报方法 3 种。

潜势预报技术方法 空气污染潜势预报也称空气污染天气学预报或污染气象条件预报。其主要基于如下两点进行：一是掌握对近地面大气污染物的聚集和扩散起着至关重要的作用的不同天气系统下城市大气低层的物理化学过程演变趋势与特征；二是特定天气形势下的城市大气污染机制。前者是天气预报的物理基础，其能让预报员了解污染天气的特定天气学特征，后者可让预报员在实际预报过程中通过天气学方法，了解城市空气污染的程度与变化。空气污染潜势预报主要是预报气象条件对污染物的扩散、稀释和清除能力，不考虑污染源强。风速以及低层大气的稳定度、混合层高度等气象要素对于城市大气污染物时空分布有明显的影响。当风速较小，且低层大气稳定、混合层高度较低的天气条件下，将导致城市大气流动性减弱，易造成污染物浓度在城市中滞留、聚集。相反地，在风速较大，且低层大气不稳定度较强的天气条件下，将使得城市大气流动性增强，使污染物的水平或垂直扩散能力增强。因此，通过总结城市地区污染物浓度以及与天气系统和气象条件的关系，建立相关模型和预报指标，则可以结合天气系统的演变对未来污染物浓度或污染程度进行预报。

统计预报技术方法 统计预报方法是进行城市空气污染预报的另外一种重要的方法。设计城市空气污染预报的统计预报模型时，往往从如下几个方面进行：首先需要解决的问题是了解城市中不同污染物浓度与相关气象要素的动态关系，并通过分析其变化趋势来确定与污染物之间的关系；在此基础上通过建立相关统计模型或动态统计预报方法，将污染物浓度及气象参数作为变量组，分析两变量组中各变量之间的关系，进而确定出空气质量与气象参数之间的量化关系进行空气污染预报。但由于排放源或机制不甚清楚，统计预报的预报值往往偏离观测值，因此近来还采取通过对数值预报模式预报结果的解释应用，结合相关的统计预报模型，得到城市或各站点大气污染物浓度和空气质量指数的动力统计预报结果。

数值预报技术方法 空气污染预报数值模式是城市空气污染数值预报的基础和核心。城市空气污染预报模式实用性强，应用面广，其模式的好坏和精度高低对预报结果有着直接的关系，因此，对空气污染预报模式的研究是极其重要的。数值模式包括了以流体质点为核心的拉格朗日模式和以空间点为主体的欧拉模式。应用较广的拉格朗日模式主要有 NOAA-ARL 开发的拉格朗日混合单粒子轨道模型（Hysplit）和欧洲监测和评估计划（EMEP），但是由于这类数值模式假设气团在输送过程中不与外界环境发生交换，主要考虑化学和扩散过程，使其在复杂地形和对流条件下难以适用，因此造成了很大的局限性。相较拉格朗日模式而言，欧拉模式的发展和应用更为广泛。欧拉模式特别是三维网格模式的发展取得了令人瞩目的成果，涌现出了一大批出色的城市、区域和全球尺度的数值模式：如城市尺度的城市空气流域模式（UAM-V）、南京大学空气质量预报模式系统（NJUCAQPS），区域尺度的 CAMx、EURAD、WRF-Chem、CUACE 以及 MAQSIP 等，以及全球尺度的 MO-ZART、GEOS-Chem 等。这些模型考虑了大气污染物的扩散传输、干/湿沉降以及复杂的大气化学过程，在科研领域得到了广泛应用，极大地促进了人们对于痕量气体、气溶胶微物理化学过程的认识和理解。

　　展望　中国仍然面临着大气环境问题的挑战，如部分城市大气环境污染加剧，反应性气体和气溶胶颗粒物排放居高不下，城市污染从煤烟型向城市群区域复合污染转变，污染治理和污染调控更加困难，区域大气污染的全球输送也造成了中国在环境外交问题上的压力。此类挑战促使我们必须在加强大气环境监测的同时，进一步发展城市空气污染数值预报模式。空气质量预报也要从城市或站点预报日平均浓度或 AQI 指数预报，向区域格点化、多要素的预报发展，时间尺度可从几小时、几天的定量高时间分辨率预报，到月、季尺度的趋势预测，可以开展街区—小区—城市—区域不同尺度和有需求服务的精细预报。为此，要大力发展精细化的空气质量数值预报及相关技术。主要包括：要建立全球—区域—城市各尺度之间双向嵌套的大气环境模式系统，从而能够研究各种空间尺度的各类大气污染（沙尘暴、光化学污染、区域复合污染、城市悬浮颗粒物、酸雨等）的变化规律以及各种尺度之间的相互作用，并能实现全球、区域、城市的化学天气预报；要深入研究大气化学四维同化技术和多模式集合预报技术。国际模式比较计划表明目前还没有模式能完全模拟所有大气物理、化学过程，各种模式对不同地域、不同天气过程、不同污染过程的预报效果都有所不同，资料同化和多模式集合预报技术是提高模式预报水平的有效手段；此外，污染物排放源的不确定对空气质量预报具有很大的影响，利用资料同化技术和集合卡尔曼滤波技术对污染源进行反演也是大气环境模式发展的一个重要方向；气溶胶混合状态显著地改变气溶胶的性质，从而造成气溶胶气候效应

评估的极大不确定性，今后必须在大气环境模式中详细加入气溶胶微物理过程、非均相反应过程等对气溶胶混合状态的影响，模拟气溶胶浓度的区域特征，才能准确地模拟气溶胶的真正状态；继续改进大气污染与气象条件的相互反馈作用的研究，建立完全耦合的化学天气数值预报模式系统，提高城市和区域空气污染预报的精准能力和预警水平，研究城市间污染物的输送和相互影响机制，以利于提高大气成分变化的环境气候效应的评估。

参考书目

王自发，庞成明，朱江，等，2008. 大气环境数值模拟研究新进展 [J]. 大气科学，32（4）：987-995.

U. S. EPA, 2009. Technical Assistance Document for Reporting of Daily Air Quality Index（AQI）. EPA-454/B-09-001. U. S. Environmental Protection Agency, Office of Air Quality Planning and Standards, Research Triangle Park, NC.

Yang Zhang, Marc Bocquet, Vivien Mallet, et al, 2012. Real-time air quality forecasting, part I：History, techniques, and current status [J]. Atmospheric Environment, 60：632-655.

（张小玲　徐敬）

大气成分的影响与大气环境评价

dàqì chéngfèn duì huánjìng de yǐngxiǎng

大气成分对环境的影响（impacts of atmospheric compositions on environment）　大气中由于人类活动和自然排放的一些微量成分（主要包括反应性气体、气溶胶、O_3 和干/湿沉降等）对环境的影响。大气成分对环境的影响主要取决于大气中污染物浓度。在人类大量污染物排放和静稳天气的影响下可能出现极端大气污染事件，对人类健康和环境产生巨大的影响。比如 1952 年伦敦烟雾事件，在严重污染的 5 d 内多达 5000 余人丧生。中国东部地区秋冬季严重的雾/霾事件是当今中国最为关注的环境问题，和高浓度 $PM_{2.5}$ 的出现密切相关，另外在多年来中国南方大部分地区出现的酸雨危害，也是由于大量酸性大气污染成分造成的。近年来光化学烟雾较频繁出现造成的影响也不容忽视。

　　反应性气体影响　一部分反应性气体，例如 SO_2、NO_x、NH_3、HCHO、VOCs 中的 BTEX（苯系化合物）等，都属于对人体有害的物质，可直接损伤人体呼吸道、皮肤和眼睛。反应性气体可直接或间接对生态系统造成伤害。SO_2、NO_x 可直接伤害植物叶片，导致森林

死亡及农作物减产。

O₃影响　高浓度 O₃ 能够影响植物细胞的渗透性，导致高产作物的高产性能消失，甚至使植物丧失遗传能力。植物受到臭氧的损害，开始时表皮褪色，呈蜡质状，一段时间后，色素发生变化，叶片上出现红褐色斑点。受伤害的植物叶片易受病虫害影响、树木生长受阻、农作物产量下降。O₃ 是一种强氧化剂，0.1 ppm 浓度时就具有特殊臭味。并可达到呼吸系统的深层，刺激下呼吸道黏膜，引起化学变化，其作用相当于放射线，使染色体异常，红细胞老化。O₃ 还会引起材料损失，主要是加速聚合物材料老化，造成橡胶制品提前脆裂，染料褪色，并损害油漆涂料、纺织纤维和塑料制品等。

气溶胶影响　大量流行病学和毒理学研究表明，大气气溶胶浓度的上升可导致呼吸系统疾病和心脑血管疾病的发病率和死亡风险上升，尤其对已经患有呼吸道或心脑血管疾病的人群危害严重。气溶胶粒子大小和化学组成是影响气溶胶健康效应的重要因素。粒径小于 10 μm 的粒子可被吸入人体，其中粒径小于 2.5 μm 的粒子可以进入人体的肺部，粒径小于 1 μm 的粒子可直达肺泡内。对人体健康影响最大的是粒径为 0.1～2.5 μm 的气溶胶粒子。气溶胶粒子进入人体后在沉积部位上对组织发生的作用或影响由其化学组成所决定，小粒子对人体健康的危害更大。世界卫生组织 2002 年的估计表明，全球城市大气气溶胶污染造成每年至少 100 万例居民死亡和 740 万伤残调整寿命年（Disability Adjusted of Life Years，DALY）的损失，且这些 DALY 损失的 50% 分布在大气气溶胶污染较为严重的东亚和东南亚国家。

由于气溶胶对太阳辐射的消光作用，气溶胶浓度增加会使大气能见度下降，当水平能见度下降到 10 km 以下便形成了霾。在水汽充足的情况下气溶胶作为凝结核参与雾的形成过程，从而使能见度进一步降低。低能见度会影响环境景观，也会对交通产生重要影响。大量的气溶胶的存在还会使到达地面的太阳辐射减少，从而对生态系统产生影响，气溶胶还会减少大气降水。气溶胶中的沙尘气溶胶（俗称沙尘暴）通过沙埋、风蚀、大风袭击、污染大气环境等方式对人民健康、生活质量、经济发展等构成严重威胁，并造成巨大损失。

干/湿沉降影响　湿沉降中酸雨的出现，导致湖泊酸化，引起鱼类死亡。酸雨影响土壤的理化特性，从而影响土壤中小动物和陆地绿色植物的生长发育。酸雨对森林生长的影响实际上是通过两条途径产生的，一是对土壤的影响，二是直接影响树木的叶子。虽然酸雨本身可能并不会使树木受损，但酸雨可能增加树木受病虫害

袭击的概率。中国主要酸雨区重庆南山原有 2700 余亩[①]马尾松，1982 年发现有衰亡现象，从零星死亡发展到成片死亡，到 1984 年森林死亡面积，已占全林面积 40% 以上。有些文献报道，酸雨中可能存在一些对人体有害的有机化合物。例如，日本发现酸雨中存在甲醛、丙烯醛等有机物。土壤中金属氧化物在低 pH 值条件下会有所增加，食用鱼和饮用水就会受到污染，从而对人类健康产生间接的影响。酸雨对建筑物、文物、金属材料有腐蚀作用。理论研究和实验都证明含硫酸和硝酸的降水可使大理石迅速风化，酸雨使欧洲许多大理石建筑物和石雕迅速风化。干沉降同样也对生态系统带来不可逆的影响。

参考书目

唐孝炎，张远航，邵敏，2006. 大气环境化学（第二版）[M]. 北京：高等教育出版社.

张小曳，2010. 大气成分与大气环境（现代气象业务丛书）[M]. 北京：气象出版社.

张小曳，周凌晞，丁国安，2008. 大气成分与环境气象灾害（气象灾害丛书）[M]. 北京：气象出版社.

（王亚强）

gūanghuàxué yānwù

光化学烟雾（photochemical smog）　由高浓度 NOₓ 和 VOCs 等光化学前体物，在高温、强烈紫外光照、弱风等气象条件下，经光化学反应产生的一种大气重污染现象。光化学烟雾的主要特征是出现高浓度 O₃、PAN、醛酮类有机物和细颗粒污染。

形成机制和分布特征　大气中的氮氧化物 NOₓ 是 NO 和 NO₂ 的总称。NO₂ 在 <430 nm 波长的太阳光的作用下，可分解产生氧原子 O，后者与 O₂ 结合形成 O₃。O₃ 在 <320 nm 波长的紫外辐射作用下可光解产生电子激发态的产物 O（¹D）。O（¹D）能很快与空气中的水分子反应生成 OH 自由基。当挥发性有机物 VOCₛ 和 NOₓ 共同存在的条件下，OH 可引发一系列的链式反应，在分解消耗挥发性有机物 VOCs 的同时，产生大量 O₃、PAN、醛酮类有机物和细颗粒气溶胶。

在边界层氮氧化物 NOₓ 和 VOCs 浓度较高的城市、城市群、工业区及其下游区域，夏秋季节紫外辐射较强、气温较高的条件下，如果再有小风或静风、高压系统控制以及不利的地形等条件的配合，极易导致 O₃、PAN、醛酮类有机物和细颗粒气溶胶的大量形成与积

---

① 1 亩 = 1/15 公顷。

累，从而形成光化学烟雾。这种烟雾是一种不同于传统的煤烟型污染（伦敦烟雾），它产生的气象条件为高温、低湿，出现时间为午后，一次污染物为氮氧化物 NO_x 和 VOC，二次污染物为 O_3、PAN、醛酮类有机物和细颗粒气溶胶。

美国的洛杉矶从 20 世纪 40 年代起经常出现的烟雾事件就属于光化学烟雾，它的特征是烟雾呈蓝色，具有强氧化性。美国地面大气中的 O_3 浓度一直较高，主要出现在南加州、工业化的中西部、东部地区，而且具有区域化特征。继洛杉矶之后光化学烟雾在世界各地不断出现，欧洲的情况与美国类似。我国甘肃兰州的西固地区在 20 世纪 70—80 年代也曾出现光化学烟雾事件。至 20 世纪末，在京津地区、珠江三角洲和长江三角洲出现了比较严重的区域性光化学烟雾。这也表明中国污染类型已从煤烟型向复合型过渡，我们应高度警觉光化学烟雾污染的风险。

健康影响　光化学烟雾污染具有一系列环境、生态、气候危害作用。首先，光化学烟雾中的主要污染物 O_3 是一种强氧化剂，混合比达 100 ppb 时就具有特殊臭味。O_3 可达到呼吸系统的深层，刺激下呼吸道黏膜，引起化学变化，其作用相当于放射线，使染色体异常、红细胞老化。其次，PAN、HCHO、丙烯醛等产物对人和动物的眼睛、咽喉、鼻子等有刺激作用。此外，光化学烟雾能促使哮喘病人哮喘发作，引起慢性呼吸系统疾病恶化、呼吸障碍、损害肺部功能等症状，长期吸入氧化剂能降低人体细胞的新陈代谢，加速人的衰老。PAN 还可能造成皮肤癌。前述的美国洛杉矶发生的光化学烟雾事件曾造成 400 多人死亡。光化学烟雾中的大量无机和有机细颗粒气溶胶是引起霾污染现象的主要成分，对人体健康也会产生严重的危害。

农业与生态影响　光化学烟雾中的高浓度 O_3、PAN 可伤害植物叶片致使植物易受病虫害影响，树木生长受阻，农作物产量下降。因为 O_3 能够影响植物细胞的渗透性，从而导致高产作物的高产性能消失，甚至使植物丧失遗传能力。植物受到 O_3 的损害，开始时表皮褪色，呈蜡质状，一段时间后，色素发生变化，叶片上出现红褐色斑点。光化学烟雾会导致禽畜生病和死亡，影响植物生长，降低了植物对病害的抵抗力，致使植物枯萎，农产品产量降低、品质变劣，从而使农业、林业的损失加重。

材料影响　光化学烟雾还会引起材料损失，主要是加速聚合物材料（尤其是对聚合橡胶制品等）提前老化、脆裂，使染料褪色，并损害油漆涂料、纺织纤维和塑料制品等。光化学烟雾促进大气中的硫、氮氧化物向硫酸和硝酸转化，可使酸雨加重，从而也加重了酸雨对材料的腐蚀等危害。

气候效应　严重的光化学烟雾虽然主要发生在城市尺度和区域尺度对流层中，但其影响可能是全球性的。光化学烟雾产生的 O_3、PAN 等可在很大的范围输送。对流层 O_3 是重要的温室气体，具有增温作用。此外，PAN 在到达中、高对流层时，由于低温下不易分解，可以向很清洁的区域输送，然后在那里分解释放出 NO_2，成为 NO_x 从污染区域向清洁地区输送的携带者，对那里的 O_3 产生起促进作用。光化学烟雾中的大量细颗粒气溶胶可在区域乃至全球扩散输送，也能直接和间接地影响到气候。

（徐晓斌）

wēnshì xiàoyìng

温室效应（greenhouse effect）　大气通过对辐射的选择性吸收，而防止地表热能耗散的效应。温室气体能有效地吸收地球表面及其自身和云所发射的热红外辐射，将热量捕获于地面—对流层系统内。

因大气本身含有二氧化碳、水汽等温室气体，大气的温室效应是本已存在的。如果没有大气，地球表面的平均温度要比其实际温度低 33 ℃。目前人们所关注气候变暖则是在原温室效应的基础上，因温室气体浓度持续增加所引起"增强"温室效应对地球气候系统的"扰动"。这种"扰动"随着温室气体浓度的不断增加而日益加剧。大气中温室气体浓度不断增加，使得工业化以来的大气温室效应比工业化以前处于自然平衡态时更强，这就是增强温室效应。

温室气体的辐射强迫可以是直接的，也可以是间接的。辐射活性温室气体通过吸收和发射辐射对辐射平衡产生的影响，称为直接辐射强迫。例如，CO_2、CH_4 和对流层 O_3 等吸收地球长波辐射所产生的辐射强迫是直接辐射强迫。一些温室气体可以通过影响化学转化过程和大气中反应活性物种（例如 OH）的分布对辐射平衡产生间接的影响，称为间接辐射强迫，例如反应性气体 NO_x、CO 和 VOC。一些辐射活性气体也可同时产生间接辐射强迫，如 CH_4，平流层 O_3 和 CFC_s。

为了帮助决策者量度各种长寿命温室气体对地球变暖的潜在影响，IPCC 在 1990 年的报告中引入"全球增温潜势"的概念，用于衡量当前大气中单位质量的某种特定的充分混合的温室气体，在一定时间积分范围内相对于二氧化碳的辐射强迫值。GWP 表示这些气体不同

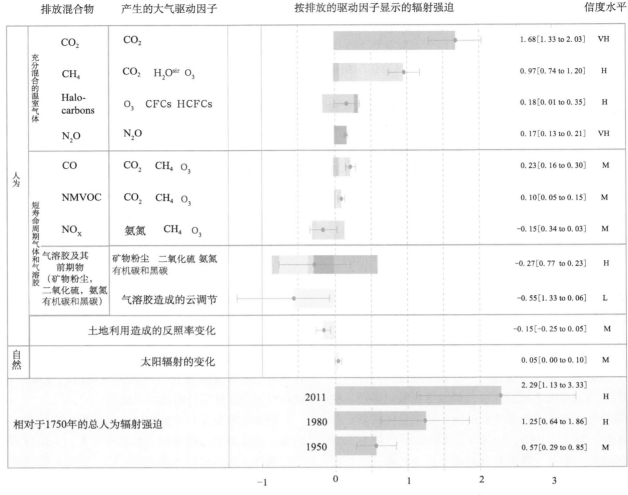

2011 年相对于 1750 年各大气成分的辐射强迫（单位：W·m⁻²）

引自 "IPCC 第五次评估报告" 第一工作组 "气候变化 2013 之科学基础"。

时间在大气中的综合影响及其吸收热红外辐射的相对效果。全球增温潜势这一指数考虑了各种温室气体在大气中的存留时间及其吸收辐射的能力。但由于计算全球变暖潜势的时候，需要了解各温室气体在大气层的演变情况和它们在大气层的余量所产生的辐射能力。因此，全球增温潜势包含有一些不确定因素，它们以 CO_2 作为参比物，一般约在 ±35% 。

参考书目

IPCC, 2013. Climate Change 2013：The Physical Science Basis[M]. Cambridge University Press, Cambridge.

（周凌晞）

dàqì qìróngjiāo fúshè qiángpò

大气气溶胶辐射强迫（atmospheric aerosol radiative forcing） 气溶胶改变地球—大气系统射入和逸出能量平衡影响程度的一种度量值，它同时是一种指数，反映

了该因子在潜在气候变化机制中的重要性。正强迫使地球表面增暖，负强迫则使其降温。

IPCC 第五次评估报告提出了最新的辐射强迫概念——有效辐射强迫，定义为允许大气温度、水汽和云对扰动的调整，但是保持海表温度和海冰覆盖不变，造成的净的大气顶向下辐射通量的变化。气溶胶的辐射强迫包括直接、间接、半直接和雪冰反照率辐射强迫。大气中的气溶胶颗粒通过直接吸收和散射太阳和红外辐射，造成大气顶或地表净辐射通量的变化，称为气溶胶的直接辐射强迫。气溶胶颗粒作为云凝结核或冰核，改变云的微物理和辐射性质，间接地造成辐射通量或云辐射强迫的变化，称为气溶胶的间接辐射强迫。气溶胶的间接辐射强迫通常又分为两类：第一类指的是，当云中的液态水含量不变时，气溶胶粒子的增加会增加云滴数目，减小云滴的有效半径，导致云的反照率增加；第二类指的是，气溶胶粒子增加所造成的云滴有效半径的减

小将降低云的降水效率，增加云的寿命或云中的凝结水，使区域平均的云反照率增加。处于云层处的吸收性气溶胶还能吸收太阳辐射，直接加热该处大气，导致云量减少，从而造成的辐射通量的扰动，称为气溶胶的半直接辐射强迫。此外，吸收性的气溶胶沉降到雪和冰的表面，会降低雪冰表面的反照率，增强其对太阳辐射的吸收，称为气溶胶的雪冰反照率辐射强迫。

在大气气溶胶的所有组分中，黑碳气溶胶是一种比较特殊的成分。黑碳气溶胶能强烈地吸收从可见光到红外波段范围内的太阳辐射，亦能作为云凝结核或冰核影响云辐射过程，它进入到云滴会直接增强云滴对太阳辐射的吸收，它沉降到雪冰的表面还会降低雪冰表面的反照率，增强雪冰表面对太阳辐射的吸收。

气溶胶总的辐射强迫主要表现为负值，其大值区一般出现在气溶胶浓度较高的区域，如：东亚、南亚、西欧、北美南部、非洲和南美中部。气溶胶辐射强迫的大小与气溶胶的浓度、消光系数、单次散射反射比、不对称因子、吸湿增长因子及其本身的物理性质等有关。除了个别气溶胶（如：沙尘）对长波辐射具有一定的吸收作用外，气溶胶主要是对短波辐射的散射和吸收。

IPCC 第五次评估报告中指出，气溶胶的直接辐射强迫已经处于较高的科学认知水平，但是对气溶胶的间接、雪冰反照率辐射强迫等仍知之甚少。

（王志立）

dàqì huánjìng yǐngxiǎng píngjià

大气环境影响评价（atmospheric environmental impact assessment）

对建设项目建成或区域规划实施后可能对大气环境质量造成的影响进行预测和估计，其目的是为环境规划、环境管理提供依据，也为保护和改善环境服务。

沿革 20 世纪 70 年代末至 80 年代初，中国基本以空气污染和相应的野外扩散试验为主，开展了大量的大气环境评价工作。1990 年经国家环保局考核，中国气象科学研究院获取了环境评价甲级证书，接着各省、地级单位也陆续获取了环境评价乙级证书。自此之后气象部门形成了一支专业性的大气环境影响评价队伍，承接了国家级、省级大中型企业大量的大气环境影响评价工作，为中国的经济建设做出了积极的贡献。

主要内容 大气环境影响评价包括建设项目和规划的环境影响评价。大气环境影响评价按地域范围可分为局地的、区域性的。若按时间因素划分，可分为大气环境影响的回顾评价、现状评价和影响评价。其中回顾评价是根据一个地区历史积累下来的大气质量资料进行评价，回顾该地区大气质量的演变过程。现状评价是通过分析近期的监测资料，对区域内的空气质量现状作评定。影响评价是根据一个项目或者城市、区域的规划，预测它们对大气环境的影响。

工程建设的大气环境是大气环境影响评价中的主要部分，是指定量评估工程建设的大气环境影响，通过调查、预测等手段，对工程建设项目在建设施工期及建成后运营期所排放的大气污染物对环境空气质量影响的程度、范围和频率进行分析、预测和评估，为项目的厂址选择、排污口设置、大气污染防治措施制定以及其他有关的工程设计、项目实施环境监测等提供科学依据或指导性意见。工程建设大气环境评价一般分为项目环评、开发区环评、规划环评。

技术方法 项目环评的评价范围直径小于 50 km 的，一般采用静稳态模式进行预测。开发区环评和规划环评评价范围直径往往大于 50 km，采用动态烟团扩散模式模拟预测。在环境影响评价中，还要考虑大气环境容量和大气环境承载力。即在一定的环境标准下，某一环境单元大气所能承纳的污染物的最大允许量。大气环境容量由污染物质量守恒方程计算得到。目前，中国使用的最简单的方法为 A 值法（GB 3840—91）。

展望 随着国民经济持续发展，人们对大气环境的要求也日趋增多，因此对大气环境影响评价也提出了更高的要求。一方面需要从业人员有更高的技术水平，能够把大气边界层研究最新成果引进到大气环境影响评价工作中去，另一方面也需要公众积极参与到这一领域中来，进一步落实公众的知情权，从而更好地发挥监督作用。随着全民环境意识的日益提高，国家也越来越重视环境保护工作，这将对大气环境评价工作提出新的要求，特别在大气环境影响评价中更加强调要有公众参与，因此这一工作逐渐由专家研究，发展为全民参与的业务性工作。另外大气环境评价工作和大气边界层研究水平密切相关，近年来大气边界层探测手段有了长足发展，相信它必定推进大气环境评价有关野外观测试验的水平，从而进一步提高大气环境评价的水平。

参考书目

蒋维楣，曹文俊，蒋瑞宾，1993. 空气污染气象学教程 [M]. 北京：气象出版社.

徐大海，王郁，2013. 确定大气环境承载力的烟云足迹法. 环境科学学报 [J]，33（6）：1734-1740.

（陈辉）

空间天气与预报

空间天气学

kōngjiān tiānqì

空间天气（space weather） 太阳表面、太阳风、磁层、电离层和热层中可影响天基和地基技术系统的正常运行和可靠性，危及人类健康和生命的条件或状态。简言之它是日地空间中一种突发性的、短时间尺度、高度动态异变的条件与状态的变化，常常给人类活动带来危害。

空间天气一词始于1970年。1995年美国制订国家空间天气战略计划之后，空间天气趋于流行并逐步发展。空间天气的概念是在与地球天气类比的基础上发展起来的，作为一个学术领域，它关注离开地表20～30 km以上直至太阳大气这整个日地空间环境中有关电磁环境、粒子环境和大气环境的那些突发性的暴时变化现象，犹如地球天气中的暴风雨、雷鸣闪电现象。

空间天气的变化呈现出清晰的因果链过程。一次完整的空间天气事件通常从太阳表面形成与发展，然后在行星际空间传播和演化，最后在地球磁层、电离层和中高层大气产生影响和效应，形成"空间天气因果链"。空间天气因果链的源头是太阳，太阳活动改变了太阳的辐射和粒子输出，在近地空间环境以及地球表面产生相应的变化。一次典型的空间天气现象可以包括太阳耀斑爆发、日冕物质抛射、行星际激波、地球磁暴、热层暴、电离层暴等。

空间天气的重要性在于它对人类的天基与地基技术系统、人类健康与生命的可能影响甚至危害效应。因此，探索空间天气变化奥秘，不仅仅是增加对自然的认知，还可以帮助减轻或避免空间天气灾害，保障人类空间活动安全以及有效、和平利用空间，为人类社会全面进入空间时代服务。

（魏奉思）

kōngjiān tiānqìxué

空间天气学（science of space weather） 研究地表20～30 km以上的近地空间至太阳大气的日地空间中有关电磁、粒子和大气等状态的变化规律，减轻或防止空间灾害，为人类活动服务的学科。是一门把日地物理科学与地面和空间技术的应用紧密结合在一起的学科，也是一门多学科多技术领域高度交叉综合的新学科。空间天气学涉及太阳以及太阳风、磁层、电离层和热层中的条件，这些条件可以影响天基和地基技术系统的正常运行和可靠性，进而危及人类的生命或健康。一次完整的空间天气事件通常具有从太阳表面形成与发展，然后在行星际空间传播和演化，最后在地球磁层、电离层和中高层大气产生影响和效应的一般规律（见图1）。

图1 空间天气的研究区域示意图

沿革 在"空间天气"一词出现以前，研究太阳与地球之间空间中的自然现象及其内在规律的学科叫作"日地空间物理学"，或称"空间物理学"。人类注意到空间天气造成的极光已经有几个世纪了，但早期并不理解。1600 年在《De Magnete》一书中曾经描述到，中世纪欧洲航海家曾用天然磁石作磁罗盘导航仪，发现石头的方向有时候会偏离磁北极。1840 年记录到空间天气第一次在不同地区不同时段影响到电报业务。1859 年的巨大太阳风暴中断了全球的电报业务。英国天文学家理查德·卡林顿（Richard Carrington）把这次中断与一天前观测到的太阳耀斑以及与电报中断同时发生的地磁场大偏转（磁暴）联系起来。后来，挪威学者克里斯蒂安·伯克兰（Kristian Birkeland）通过在实验室人工制造极光解释了极光的物理过程，并推测出太阳风的存在。随着无线电在商业和军事领域的应用，人们注意到通讯有时会极端平静，有时噪声严重。1942 年一个大太阳事件期间雷达受到的严重干扰导致了太阳射电爆的发现。

但 20 世纪 40 年代的空间物理研究主要局限于电离层探测研究，其原因是美国军方为解决第二次世界大战中发生的通信、导航等问题。随着人造地球卫星、洲际弹道导弹、宇宙飞船、空间站等空间活动的不断增加，对空间的探测范围逐步从电离层、中高层大气扩大到了磁层乃至整个日地空间。1957—1958 年的国际地球物理年（IGY）大大促进了空间天气研究。国际地球物理年期间获得的地基数据表明，极光发生在距离磁极 15～25 纬度、宽 5～20 经距的极光椭圆带上，是一个永久的发光区域。1958 年，美国探险者 1 号（Explorer I）卫星发现了范艾伦带，即辐射粒子被地球磁场束缚的区域。1959 年和 1961 年，苏联月球 1 号（Luna 1）和美国水手 2 号（Mariner 2）卫星分别直接观察到了太阳风。随着军事和商业系统对空间天气影响的依赖性增强，人们对空间天气越来越感兴趣。通信卫星是全球贸易的重要组成部分，气象卫星系统提供地面天气信息，全球定位系统的卫星信号广泛用于各种各样的商业产品和过程。空间天气现象会干扰这些卫星的无线电上行和下行信号，甚至损坏卫星。空间天气现象会在长距离输电线路中产生有损害作用的浪涌电流，也会使飞机上的乘客和机组人员暴露在辐射之中。

这些认识吸引了学术界对空间天气的广泛关注，"空间天气"一词在 20 世纪 90 年代开始密集出现。美国的科学家率先系统地将日地空间中发生的自然现象与人类技术系统（特别是卫星系统）的故障联系起来，并借用"天气"对人类活动的影响来说明日地空间状态对技术的影响，其内涵与外延大大超过以往的"日地空间物理学"。中国学者在国际上首次提出并使用一个新的学科名称——"空间天气学"。

各国在开展空间天气研究的同时，逐步开始建立涉

及日地间各空间层次的空间天气探测系统，研制出一批空间天气描述和预报模式，并于 20 世纪 90 年代初初步具备了提供空间天气预报、警报的能力。这标志着国际空间天气研究已经从基础理论研究、工程设计和建设走向了应用和服务。

研究内容 空间天气学是空间天气（状态或事件）的监测、变化规律研究、建模、预报、效应、信息的传输与处理、对人类活动的影响以及空间天气的开发利用和服务等方面的集成。

空间天气学的基本科学目标是把太阳大气、行星际与地球的磁层、电离层和中高层大气作为一个有机系统（见图 2），按空间灾害性天气事件过程的时序因果链关系配置空间、地面的监测体系，了解空间灾害性天气过程的变化规律。当前开展的主要科学课题涉及：太阳活动过程和物质输出结构研究；太阳风暴的形成、演化以及和地球的相互作用；地球空间系统的空间灾害性天气过程的因果链模式等方面。这些都是空间天气学面临的巨大挑战和难题。

图 2 空间天气各圈层示意图

空间天气学的应用目标，就是减轻和避免灾害性空间天气对高科技系统所造成的昂贵损失，为航天、通信、导航、资源、电力、生态、医学、科研和国防等部门提供区域性和全球性的背景与时变的环境模式；为重要空间和地面活动提供空间天气预报、效应预测和决策

依据；为效应分折和防护措施提供依据；为空间资源的开发、利用和人工控制空间天气探索可能途径，以及有关空间政策的制定等等。

研究特点 由于空间天气覆盖的空间和时间范围巨大，应用性很强，具有以下研究特点。

以准确的空间天气预报为研究目标 空间天气学是一门理论与实践紧密结合的应用学科。空间天气学始于航天、航空、导航、通信、能源、国防等对空间天气预报的需求，准确的空间天气预报是空间天气学研究的主要目标。由于等离子体运动的复杂性和空间天气的多变性，空间天气预报的水平与实际需求差距巨大，目前仅相当于气象天气预报 20 世纪 50 年代的水平。空间天气的变化规律还需要进一步研究，预报精度还需要进一步提高。

以高度交叉和综合为研究手段 空间天气学是根据实际观测资料概括出其变化规律和模式，并以空间物理学为理论基础进行研究的学科。由于空间天气覆盖的空间和时间范围巨大，有限的局域观测无法从整体上把握其变化规律，而且绝大部分的空间天气现象都无法在实验室中进行观察，各圈层又存在复杂的耦合，因此需要把太阳大气、行星际、磁层、电离层和中高层大气作为一个整体"实验室"进行研究。空间天气学涉及多种物理学科与多种技术、由纯科学和应用交叉定义的新兴科学。因此，空间天气研究具有高度交叉和综合的特点。

以多部门联合研究为机制 由于空间天气研究的领域广，空间大，涉及学科多，很多国家对空间天气研究已从部门行为发展为国家或区域性行为，美国、俄罗斯等国及欧洲空间管理局等都已制定并实施空间天气学研究战略规划。

以应用研究和服务为重点 从以研究为主的阶段逐渐向应用和服务阶段转变，从描述向预报转变，从定性向定量转变。已经建立并不断丰富的各种空间天气模式，范围从太阳、太阳风，一直到电离层和热层。预报进入实施并广泛发布阶段，中国、美国、澳大利亚和欧洲空间管理局等国家和区域组织均已通过互联网发布预报。对空间天气效应的研究越来越引起人们的重视，研究成果在工程设计中的地位加强，效应计算软件、设计标准规范等不断问世。

与邻近学科的关系 空间天气学是多种学科（太阳物理、空间物理、地球物理、大气物理、宇宙线物理、等离子体物理、磁流体力学、数值计算、图像处理等）与多种技术（信息技术、计算机技术、各种探测技术和成像技术、空间和地面技术系统与环境相互作用等）的高度综合与交叉。"空间天气"关注所有可能受到日地空间自然过程影响的技术系统。

展望

空间天气探测研究 空间探测是空间天气研究的基础。有关国家都在大力加强日地空间的整体探测研究，尤其是近地空间中的空间天气探测研究，因为这是最具实际应用价值的领域。利用全球导航定位系统探测千千米以下地球大气（包括传统气象探测的中性大气和空间天气研究关注的电离层）的试验研究正在世界范围内蓬勃兴起。

空间天气模式研制 模式的研究和建立是为了提高空间天气预报和警报水平。空间天气预报主要依靠经验预报和统计预报，模式预报是近年来一直致力解决的问题，主要难题在于：建设模式的思路是否正确和完善，模式输入参数能否实时获取、是否可靠等。

灾害性空间天气研究 灾害性空间天气对人类空间活动和生存环境可能直接造成严重影响，而且这种影响一旦产生，损失将十分惨重。所以，灾害性空间天气及其对航空航天、通信、电力等影响的研究将成为未来研究和发展的重点，也是难点。

空间天气灾害和事后分析研究 主要包括空间天气灾害的监测系统、技术系统的灾害影响评估和应对分析、空间天气灾害的预报和灾害标准体系等研究。这是空间天气研究为高科技发展保驾护航和进行空间天气服务的基本需求。

参考书目

涂传诒，等，1988. 日地空间物理学 [M]. 北京：科学出版社.

王劲松，吕建永，2010. 空间天气（现代气象业务丛书）[M]. 北京：气象出版社.

（王劲松　吕建永）

dǎnglízǐtǐ

等离子体（plasma）　由电子、离子等带电粒子以及中性粒子（原子、分子、微粒等）组成，宏观上呈现准中性且具有集体效应的混合气体，广泛存在于宇宙中，经常被视为固态、液态和气态之外的物质第四态。

沿革 等离子体最早是由克鲁克斯（W. Crookes）在 1879 年发现的。1929 年，美国科学家朗缪尔（Langmuir）和汤克斯（Tonks）在研究气体放电过程中的振荡时，首先用"等离子体"（plasma）一词来描述带电粒子的集合体，并指出了等离子体中电子密度的疏密波（即朗缪尔波），等离子体物理学才正式问世。

等离子体重要概念

分布函数 人们利用分布函数 $f(r, v, t)$ 来描述等离子体，其中：r 是粒子的位置矢量，v 是粒子的速度矢量，t 是时间。所谓分布函数就是在速度和坐标组成的六维相空间中单位体积中的平均粒子数。

密度和温度　等离子体中某一类粒子的密度是单位体积中包含此类粒子的数目，等离子体的整体速度是等离子体粒子的平均速度，等离子体中某一类粒子的温度反映此类粒子热运动的剧烈程度。

德拜长度 λ_D　等离子体中一个试验电荷作用范围的量度，$\lambda_D = \sqrt{\varepsilon_0 kT/ne^2}$，其中，$\varepsilon_0$ 是真空中电容率，e 是电子电量。只有当带电粒子集合体的空间尺度远大于德拜长度时，带电粒子集合体才可以看成是等离子体。德拜长度对理解航天器对周围太空等离子体的影响很有帮助。任何净电荷都会扰动航天器附近的等离子体，这个易受扰动的区域叫等离子体鞘。这个区域的尺度就是 λ_D。在大于 λ_D 的地方的等离子体不会因航天器的存在而受影响。

构成　等离子体由离子、电子以及未电离的中性粒子的集合组成，整体呈中性的物质状态。等离子体可分为两种：高温和低温等离子体。等离子体温度分别用电子温度和离子温度表示，两者相等称为高温等离子体；不相等则称低温等离子体。低温等离子体广泛运用于多种生产领域。例如：等离子电视，电脑芯片中的蚀刻运用，让网络时代成为现实。

等离子体是物质的第四态，即电离了的"气体"，它呈现出高度激发的不稳定态，其中包括离子（具有不同符号和电荷）、电子、原子和分子。其实，人们对等离子体现象并不生疏。在自然界里，炽热烁烁的火焰、光辉夺目的闪电，以及绚烂壮丽的极光等都是等离子体作用的结果。对于整个宇宙来讲，几乎 99.9% 以上的物质都是以等离子体态存在的，如恒星和行星际空间等都是由等离子体组成的。用人工方法，如核聚变、核裂变、辉光放电及各种放电都可产生等离子体。分子或原子的内部结构主要由电子和原子核组成。在通常情况下，即上述物质前三种形态，电子与核之间的关系比较固定，即电子以不同的能级存在于核场的周围，其势能或动能不大。

普通气体温度升高时，气体粒子的热运动加剧，使粒子之间发生强烈碰撞，大量原子或分子中的电子被撞掉，当温度高达 $10^6 \sim 10^8$ K，所有气体原子全部电离。电离出的自由电子总的负电量与正离子总的正电量相等。这种高度电离的、宏观上呈中性的气体叫等离子体。

等离子体和普通气体性质不同，普通气体由分子构成，分子之间相互作用力是短程力，仅当分子碰撞时，分子之间的相互作用力才有明显效果，理论上用分子运动论描述。在等离子体中，带电粒子之间的库仑力是长程力，库仑力的作用效果远远超过带电粒子可能发生的局部短程碰撞效果，等离子体中的带电粒子运动时，能引起正电荷或负电荷局部集中，产生电场；电荷定向运动引起电流，产生磁场。电场和磁场要影响其他带电粒子的运动，并伴随着极强的热辐射和热传导；等离子体能被磁场约束做回旋运动等。等离子体的这些特性使它区别于普通气体被称为物质的第四态。

空间和实验室等离子体基本特性　等离子体存在于宇宙中的很多地方。从太阳表面到行星电离层中的很多区域不是完全电离就是高度电离的。太阳风，有磁场的行星粒子辐射带，极区电离层和雷电放电区域等都存在等离子体，在地球上，在各种气体放电过程中，特别是受控热核反应实验装置中都可找到等离子体。典型实验室和空间等离子体的参数范围如表中所示。磁层和太阳风中的等离子体很接近理想等离子体。这里航天器探测的结果不会对研究的等离子体系统有明显的影响，因为航天器的典型尺寸比太空等离子体的尺度小得多。

空间中典型等离子体的性质

等离子体种类	密度（m^{-3}）	温度（eV）	德拜长度（m）
星际等离子体	10^6	10^{-1}	1
太阳风	10^7	10	10
太阳日冕	10^{12}	10^2	10^{-1}
太阳大气	10^{20}	1	10^{-6}
磁层	10^7	10^3	10^2
电离层	10^{12}	10^{-1}	10^{-3}
气体放电	10^{20}	1	10^{-6}
核聚变装置内	10^{22}	10^5	10^{-5}

基本描述方法

单粒子轨道理论　不考虑带电粒子对电磁场的作用，以及粒子之间的相互作用，用牛顿方程确定单个带电粒子在给定的电磁场中的运动轨道。

磁流体力学理论　将等离子体视作导电流体，使用流体力学和麦克斯韦方程组来描述，用速度、密度和温度等流体力学变量来描述等离子体系统特征。

动理学理论　使用统计物理学的方法，确定出等离子体中各种粒子的分布函数。用粒子的分布函数来描述等离子体系统的特征。从等离子体中粒子的分布函数出发，可以导出速度、密度和温度这些等离子体宏观参量。

作用及影响　等离子体物理的发展为材料、能源、信息、环境空间、空间物理、地球物理等科学的进一步发展提供了新的技术和工艺。一些低温等离子体技术也在以往气体放电和电弧技术的基础上，得到进一步应用与推广，如等离子体切割、焊接、喷镀、磁流体发电，等离子体化工，等离子体冶金，以及火箭的离子推进等，都推动了对非完全电离的低温等离子体性质的研究。

（曹晋滨　卞建春　郭学良）

cícéng

磁层（magnetosphere）　从地面 500～1000 km 以上到大气顶之间的稀薄电离气体层。是地球空间的最外层，充满受地球磁场控制的稀薄等离子体，直接受行星际磁场和太阳风扰动的影响。

特征及形成　磁层是太阳风经过地球附近时，把地球磁场屏蔽并包围起来形成的。向阳面磁层顶的外形像一个略微压扁的半球，在日地连线方向上离地心平均 10～11 个地球半径，太阳风动力压强增强时该距离可减小至地球同步高度以下，背阳面磁层可以延伸至数百到上千个地球半径。磁层下边界为地球的电离层。磁层具有复杂的内部结构，同时经常出现剧烈的扰动现象。

地球存在磁层这一现象早在 20 世纪 30 年代已为英国地球物理学家查普曼（Chapman）和费拉罗（Ferraro）所认识。1959 年澳大利亚科学家戈尔德（Gold）首次将这个区域命名为磁层。1961 年，探险者 12 号发现了磁层顶的存在，从而使磁层的概念得以确立并被普遍接受。地球磁层是目前唯一能详细实地探测和研究的磁层，其中包含着许多典型的天体物理和等离子体物理过程，是人们认识宇宙的一个重要窗口。

模式　常见的地球磁层模型有开磁层模式和闭磁层模式。

开磁层模式　是行星际磁场通过磁重联与地磁场直接连接的磁层结构理论模式。由英国科学家 J. 邓基（J. Dungey）在 20 世纪 60 年代初提出。在开磁层模式中，当行星际磁场具有南向或北向分量时，磁层顶磁重联分别发生在日下点附近和极尖区夜侧，磁层对流是由磁层顶磁重联驱动的；太阳风能量和等离子体通过磁层顶磁重联输入磁层。开磁层模式已获得大量卫星观测的支持。

闭磁层模式　认为磁层顶将地磁场完全屏蔽在磁层之内的磁层结构理论模式。在闭磁层模式中，磁层顶是理想的切向间断面，除极尖区外行星际磁场不与地磁场连接；太阳风通过磁层顶的类黏滞作用，向磁层传输能量和等离子体；磁层对流也是由类黏滞作用驱动的，类黏滞作用主要为微观不稳定性和开尔文－赫姆霍兹（Kelvin-Helmholtz）不稳定性引起的反常输运。当行星际磁场具有北向分量时，闭磁层模式能较好地描述太阳风—磁层耦合过程。

作用及影响　太阳风与地球磁层相互作用在磁层顶前方形成的曲面状驻立激波—舷激波又称"弓激波"或"弓形激波"。因类似于快速行驶的船在水中航行时在船头兴起的激波，又称"船首激波"。地球舷激波的厚度一般在 10～100 km。通过舷激波后，太阳风的整体速度从超磁声速下降为亚磁声速，密度、温度以及行星际磁场强度都有所增加。舷激波距离地球的位置受太阳风条件的控制，太阳风动压较强时舷激波会靠近地球，太阳风动压较弱时会远离地球。在普通太阳风条件下，舷激波在日地连线方向上距离地心约为 14 个地球半径，强太阳风时可能退缩到 8～9 个地球半径，而在与日地连线垂直的方向上距离地心约为 25 个地球半径。类似地，太阳风与其他行星相互作用也会在行星磁层顶前方形成舷激波。

人类研究地球磁层的目的是能够了解其变化特征、原因及对地球环境的影响。由于磁层阻挡了来自太阳风携带的大量太阳粒子，避免了这些粒子撞击地球。地球磁层具有对太阳变化非常敏感的动力结构，最能反映太阳的变化，这种变化的动力结构保护了地球上的生物的生存。另外，地球磁层对航空器飞行、空间通信等方面具有重要影响。

磁层研究虽已由地球磁层扩展到行星磁层，但地球磁层还是人类有能力直接探测并详细研究的唯一空间区域，是研究的重点，地球磁层具有很复杂的磁层结构和密度变化范围很宽的等离子体。研究地球磁层，有助于对其他天体磁层的了解。

（宗秋刚　卞建春　郭学良）

diànlícéng

电离层（ionosphere）　地球大气层中被太阳射线电离的部分。通常在 60～600 km 高度的大气层，是地球磁层的内界。

主要特征及形成　电离层的产生主要是太阳紫外线、X 射线导致地球高层大气的分子和原子电离造成的，此外，太阳高能带电粒子和银河宇宙射线也起相当重要的作用。大气电离后产生大量自由电子和正、负离子，形成等离子体区域。电离层从宏观上呈现中性。

电离层的变化，主要表现为电子密度随时间的变化。而电子密度达到平衡的条件，主要取决于电子生成率和电子消失率。电子生成率是指中性气体吸收太阳辐射能发生电离，在单位体积内每秒钟所产生的电子数。电子消失率是指当不考虑电子的漂移运动时，单位体积内每秒钟所消失的电子数。带电粒子通过碰撞等过程又产生复合，使电子和离子的数目减少；带电粒子的漂移和其他运动也可使电子或离子密度发生变化。距地表 60 km 以上的整个地球大气层都处于部分电离或完全电离的状态，电离层是部分电离的大气区域，完全电离的大气区域称磁层。也有人把整个电离的大气称为电离层，这样就把磁层看作电离层的一部分。除地球外，金星、火星和木星都有电离层。

层次结构　电离层通常按电子密度大小从低层到高层依次分为 D 层、E 层和 F 层等。

D 层　高度在 60～90 km，由多原子离子团"簇"组成，没有明显的层峰，电子密度随太阳天顶角的减小和太阳活动性的增强而增加，其主要离化源为硬 X 射线、宇宙线以及 Lyman－α（1216Å）射线。夜间 D 层基本消失。D 层对无线电短波段产生吸收，随着电波频率的增高吸收率下降。D 层最明显的效应是白天无法收到远处的中波电台。

E 层　高度在 90～150 km，主要离子成分为 NO^+ 和 O_2^+，主要离化源为波长小于 140Å 的软 X 射线和 800～1027Å 波段的太阳 EUV 辐射，其密度的峰值高度大约在 110～120 km。这个层只能反射频率低于 10 MHz 的电波，对频率高于 10 MHz 的电波它有吸收的作用。夜间 E 层电子密度会大幅下降。

Es 层　也称为偶发 E 层，是高密度等离子体的不均匀结构，可以持续数分钟到数小时。厚度约为 0.2～5 km，高度大约在 100～120 km。Es 层的出现可引起30～100MH_2 无线电波的反射和前向散射。Es 层是引起无线电波及卫星信号闪烁的机制之一。

F 层　高度在 150～1000 km，其主要离子成分为 O^+。F 层是电离层电子密度最稠密的区域，也是电离层最主要的区域。F 层主要离化源为 140～800Å 的 EUV 辐射。此层又可以细分为 F1 层（140～200 km）和 F2 层（200 km 以上），F1 层电子密度的峰值高度约在 180 km，F2 层电子密度的峰值高度约在 200～400 km。夜间 F1 层会消失，白天也不是一个常规出现的层结。大多数无线电波天波传送是 F2 层反射形成的。全球短波通信由 F2 层的反射而实现。在 F2 层峰高以上部分属于顶部电离层，其离子成分由以 O^+ 为主逐渐过渡到以 H^+、He^+ 为主。

扩展 F　是 F 层的不规则结构，在测高仪电离图上表现为回波描迹的高度或频率扩展。主要出现在赤道和高纬地区的夜间，这些不规则结构可造成电波传播的相位和幅度强烈闪烁，干扰卫星通信、影响卫星导航定位系统的导航精度等。

电离层分层结构只是电离层状态的理想描述，实际上电离层总是随纬度、经度呈现复杂的空间变化，并且具有昼夜、季节、年、太阳黑子周等变化。由于电离层各层的化学结构、热结构不同，各层的形态变化也不尽相同，各层的高度、厚度和电子密度随昼夜、季节而变化，并受太阳活动（如太阳黑子等）的影响。能将短波波段的无线电波折回地面，从而完成远距离无线电通信。由于电离层影响到无线电波的传播，因此它有非常重要的实际应用价值。

作用及影响　电离层对电波传播的影响与人类活动密切相关，如无线电通信、广播、无线电导航、雷达定位等。受电离层影响的波段从极低频（ELF）直至甚高频（VHF），但影响最大的是中波和短波段。在地震多发区，其上空的电离层常常异常，这是由俄罗斯及日本学者组成的研究小组通过多年对电离层电子浓度观测发现的，它将对人类研究地震形成及地震前期预报提供帮助。

参考书目

盛裴轩，毛节泰，李建国，等，2003. 大气物理学［M］. 北京：北京大学出版社.

涂传诒等，1988. 日地空间物理学［M］. 北京：科学出版社.

（安俊岭　郭学良　余涛）

空间天气业务

kōngjiān tiānqì yèwù

空间天气业务（space weather operation）　将空间天气状态、趋势和影响等信息及时、持续、明确地发布给用户的工作。空间天气可能引发空间天气灾害，最终影响人类的活动，随着人类对空间开发与利用的规模加剧和程度加深，对空间天气保障的需求日趋迫切，空间天气业务的出现是人类科技和社会发展的必然结果。

沿革　早在 1928 年，国际无线电科学联盟（URSI）开始在巴黎埃菲尔铁塔上广播日地观测数据，为当时的无线电通信服务；随着 1957—1958 年国际地球物理年（IGY）期间"世界日"日历的制定以及一系列区域预警中心（RWC）和全球预警机构的建立，1962 年国际无线电科学联盟将这些机构合并为数据交换与世界日服务组织，1996 年在国际科联（ICSU）的支持下，进一步重组为一个准业务机构，并更名为"国际空间环境服务机构（ISES）"，隶属于美国国家海洋和大气管理局（NOAA）的空间环境中心（其前身为空间环境实验室，成立于 1965 年，1995 年更名为空间环境中心）成为国

际空间环境服务机构的全球预警中心。随着人类活动越来越依赖各种天基和地基系统，减缓空间天气灾害带来的影响已经成为很多国家的共识。美国于 1995 年和 2010 年两次制定"国家空间天气战略计划"，2007 年美国空间环境中心更名为"空间天气预报中心（SWPC）"，并加入国家天气局（NWS），成为日常气象服务的一部分。欧洲空间管理局（ESA）根据欧盟国家的特点，确定了以市场为导向来开展空间天气研究和服务，实现空间天气的描述、预报和效应分析的有机结合，主持制定了欧洲空间天气计划，创立欧洲空间天气网络（SWENET），以联盟的方式将欧洲的空间天气服务有序地组织起来，同时欧洲空间态势感知项目（SSA）也将空间天气纳入其三个主要领域之一，发展监测对卫星在轨运行造成危害的物体和事件的能力。而法国、德国、英国、意大利、俄罗斯、加拿大、瑞典、日本、韩国、澳大利亚等数十个国家也都制定了各自的空间天气计划，成立空间天气业务或准业务机构，开展空间天气服务。中国也于 1999 年由国家科技部等 10 个部委提出"国家空间天气战略规划建议"，将空间天气作为中长期科技发展规划和基础学科重要的优先发展领域之一。此外许多国际性、区域性和国家级组织都对空间天气表现出很大的积极性或兴趣，如空间研究委员会（COSPAR）、日地物理科学委员会 SCOSTEP/ICSU、国际气象卫星协调组织（CGMS）、国际 GPS 服务机构（IGS）、国际电信联盟（ITU）、欧洲地球科学联合会（EGU）、美国地球物理学会（AGU）、国际无线电科学联盟、国际民航组织（ICAO）等，特别是世界气象组织（WMO）也意识到空间天气的重要性，成立国际空间天气计划协调组织（ICTSW），并开始组织协调空间天气事务，美国空间天气预报中心和中国气象局国家空间天气监测预警中心是该组织的联合主席单位。

中国国家天文台最早在国内开展带有业务性质的太阳监测和预报工作，其最早的服务目标是"东方红一号"卫星；成立于 1963 年的中国电波传播研究所则在电离层监测和预报方面形成了系统的能力，主要服务于短波通信等信息系统。空间天气业务则相对起步较晚，2003 年，中国科学院以空间科学与应用研究中心的空间环境室为基础成立了一个非法人联合机构——中国科学院空间环境研究预报中心，系统开展空间环境和空间天气预报研究，并承担一些重大航天活动的专项保障任务；2002 年，经国务院批准，中国气象局成立"国家空间天气监测预警中心"，并于 2004 年开始正式开展国家级业务工作，这也是国际上第一个真正将"空间天气"列入业务系列的单位。

业务内容　空间天气业务主要涉及空间天气监测、预警预报、应用服务，研发以及相关的基础设施建设等。作为中国国务院授权开展空间天气业务的机构，国家空间天气监测预警中心目前已初步构建了集监测、预警、预报与服务为一体的国家级空间天气业务主体框架。

空间天气监测　空间天气监测的内容包括：太阳表面、行星际、磁层和电离层中的粒子、电场、磁场和波动等等离子体和电磁参数，热层和电离层中的密度、温度和速度等流体参数。太阳监测中主要关心太阳黑子、太阳射电辐射、冕洞、太阳耀斑和日冕物质抛射；行星际主要监测行星际太阳风等离子体的密度、温度、磁场强度和方向等要素；磁层主要监测要素是磁层高能粒子事件、磁层亚暴和磁暴；电离层主要关注电离层背景等离子体，具体涉及观测站垂直方向的最大电子密度、最大电子密度所在的高度、和电离层电子密度廓线和电子总含量（TEC），电离层扰动和闪烁，扰动主要包括电离层暴、电离层骚扰以及行进式电离层扰动，电离层闪烁的监测要素是某一特定无线电信号的幅度和相位起伏强度；极光监测主要监测要素包括极光光谱、极光强度、范围和位置等；中高层大气主要监测要素包括大气密度、风速和温度。

中国气象局国家空间天气监测预警中心天地相结合的空间天气监测系统已经形成持续稳定的业务监测能力。

系列化的天基监测能力　在天基监测方面，以风云系列卫星为核心，充分利用现有的风云卫星平台装载空间天气仪器，目前在轨的 8 颗风云卫星上，装载有 6 类空间天气监测设备，共计 20 台仪器，所有监测已全部实现在线业务；在未来的规划中，风云三号还将装载国际先进的广角极光成像仪和电离层光度计，风云四号将装载先进的高能粒子探测器、空间环境效应探测器、磁强计、X-射线和极紫外成像仪和流量计等（见表1）。

表 1　风云卫星空间天气监测能力

卫星型号	搭载仪器
FY-1D	高能粒子探测器
FY-2C/D/E/F/G	太阳 X 射线探测器、高能粒子探测器
FY-3 A/B/C	高能粒子探测器、辐射剂量仪、表面电位探测器、单粒子试验、GNSS 掩星
FY-3 D/E/F（计划中）	高能粒子探测器、广角极光成像仪、电离层光度计、GNSS 掩星、辐射剂量仪、表面电位探测器
FY-4 A（计划中）	高能粒子探测器、磁强计、辐射剂量仪、充电电位探测器（表面绝对电位、表面差异电位、深层充电）

网络化的地基监测台站　在地基监测方面，国家空间天气监测预警中心以"气象监测与灾害预警工程"为基础，结合现有的地基探测站以及子午工程，在关键地点建设了太阳、电离层和高空大气的台站，共计 9 类 20 台套设备（见表 2），涉及 13 个省（自治区、直辖市），

包括不同轨道磁场分布的现报和预报、不同轨道带电粒子能量的现报和预报，以及质子事件和高能电子增强事件的警报；电离层天气预报是对电离层空间天气要素、现象和事件做出的现报、短期预报和警报，业务中主要提供电离层状态参数的现报和短时预报以及用户专项预

表 2　空间天气地基监测台站

设备名称	探测要素	数量	站址	建成日期
电离层闪烁仪	电离层闪烁、电离层电子总密度（TEC）	4	广东广州	2010. 4
			广东韶关	2010. 4
			广东茂名	2010. 7
			福建厦门	2010. 7
电离层测高仪	电离层电子浓度剖面	6	福建厦门	2008
			广西南宁	2011. 5
			新疆喀什	2010. 12
			青海格尔木	2010. 12
			陕西西安	2011. 12
			湖北武汉	2012. 11
电离层 D 区吸收机	电离层 D 区吸收	4	黑龙江漠河	2011. 5
			黑龙江佳木斯	2011. 12
			海南三亚	2011. 6
			北京市	2011. 7
中频雷达	中层大气风场、电子密度	1	山西五寨	2012. 12
FPI 成像干涉仪	高层大气风场、温度	1	山西岢岚	2012. 12
太阳磁场望远镜	太阳磁场	1	新疆温泉	2013. 12
电离层移动应急系统	电离层闪烁、电离层电子浓度	1	北京（移动式）	2012. 12
太阳射电望远镜	太阳射电流量	1	山东威海	2011. 10
太阳光球色球望远镜	太阳光球，色球	1	山东威海	2010. 12

已初步形成了"三带六区"地基空间天气专业网布局，综合监测能力已达到中国领先地位，近千个 GPS 观测站提供的电离层 TEC 监测资料，已经实时进入中国气象局的空间天气业务中，形成了国际领先的区域电离层业务监测能力。

预报预警　根据区域划分，空间天气预报包括太阳活动预报、行星际空间天气预报、磁层天气预报、电离层天气预报和中高层大气预报。太阳活动预报是预报未来太阳活动趋势、活动总体水平、太阳活动区、太阳耀斑、日冕物质抛射、射电流量和太阳黑子数等；行星际天气预报是指对未来一段时间内行星际空间天气要素和现象的预测，主要包括太阳风参数预报，如太阳风密度、速度及行星际磁场的大小和方向，预测太阳爆发现象在行星际空间的表现、传播和演化，以及太阳高能粒子事件预报，预报未来几小时到几天内事件发生的可能性、预期的峰值通量、峰值发生的事件、总流量和事件持续的时间；磁层天气预报对象为磁层带电粒子和场，

报等；中高层大气预报主要包括对中高层大气参量（密度、温度、风场和大气成分等）的结构分布和扰动进行的现报和短时预报。

国家空间天气监测预警中心具备了对太阳活动、行星际、磁层、电离层、中高层大气等关键区域的关键要素做出长期、中期、短期预报以及预警和现报的能力，具备自动化与人工干预相结合的综合数据分析能力，构建了空间天气定量化预报初步框架，是中国首个面向业务应用的跨越空间天气所涉及的五大区域（太阳、行星际、磁层、电离层和中高层大气）的集成预报模式，具备了初步的定量化分析能力与模式预报能力，形成了由日报、周报、月报、年报、警报、现报和专报组成的系列化预报产品。此外国家空间天气监测预警中心还完成中国第一部《空间天气业务预报技术规范》；制定了 14 项预报业务规范，其中 3 项申请了行业标准，3 项申请了国家标准；12 种预报产品（见表 3）通过职能司审定正式成为气象预报产品；初步制定了预报产品质量检验

标准；关键空间天气参数的预报准确率居中国先进水平，与国际水平相当。

表3 空间天气预报产品

预报要素	产品名称	预报时效
太阳活动	F107 指数	24～72 小时
	M 级耀斑概率	24～72 小时
	X 级耀斑概率	
	质子事件概率	
	太阳黑子数中期预报	3～27 天
	F107 指数中期预报	3～27 天
	太阳黑子数长期预报	1～5 年
	F107 指数长期预报	
地磁活动	Ap 指数	24～72 小时
	小地磁暴概率	
	大地磁暴概率	
电离层	TEC 现报	1 小时

应用服务 中国的空间天气服务分为决策服务、公众服务和专业服务。决策服务是为各级政府和有关部门决策提供的服务；公众气象服务是为公众提供的日常服务；专业服务是为各行各业提供的针对行业需要的服务，例如航空航天、通信导航、电力管网等专业用户。

国家空间天气监测预警中心的空间天气应用服务包括决策服务、公众服务、专业服务和用户培养，实施了一系列重要的空间天气保障服务，先后开发了航天器在轨碎片预警系统、高能粒子环境及其辐射效应预报系统、中高层大气环境预报系统、电离层环境预报系统等多个应用服务系统，形成了航天、空军、民航等稳定的专业应用用户群体，特别是在重大服务方面取得了突破性的成绩。例如，利用风云三号高能粒子探测资料预报的神舟七号航天员安全出舱起始时间仅与实际出舱时间相差1分钟；基于对卫星常发故障的分析，结合空间天气监测预报，曾准确预报了一次由空间辐射环境改变导致的某通信卫星故障发生时间；基于 GPS/MET 的电离层 TEC 实时监测系统通过专线为嫦娥二号的测控提供电离层实况。此外国家空间天气监测预警中心还开展了大量空间天气科普宣传和用户培养工作，通过各种媒体进行空间天气信息传播，支持中国气象频道常规播放空间天气电视专题节目，开通了中国天气网空间天气频道、空间天气微博、空间天气微信公众平台和空间天气APP 应用服务。

展望 未来空间天气业务监测，需要对整个日地系统进行整体探测，对空间天气因果链上各个区域进行实时、定量的监测，在天基监测方面其发展的总趋势是多点协同，关注日地系统的关键区域，局地和成像联合监测、现象和效应并重，关注空间天气日地因果链上多时空尺度的整体行为、局地效应及其相互关系，注重空间天气事件发生、发展、传输及其地球物理效应的因果联系，在地基方面，组网监测、小型化自动监测是主要的发展潮流，而将传统的气象监测领域与空间天气监测领域衔接，形成地球大气的无缝隙监测，则正在成为最新的发展趋势。未来的空间天气预报则是形成从源头到效应的基于物理过程的空间天气因果链集成预报，而且数值预报是未来预报发展的主流方向。空间天气和其他气象业务的配合，可以实现从太阳到地球表面气象环境的无缝隙监测和预报，并成为相关气象综合服务的基础。

参考书目

王劲松，吕建永，2010. 空间天气（现代业务气象丛书）[M]. 北京：气象出版社.

（张效信　宗位国　郭建广）

Zhōngguó kōngjiān tiānqì jiāncè yèwù bùjú

中国空间天气监测业务布局（space weather monitoring business layout in China）

根据空间天气的区域特征和国家相关需求而制定的构建中国空间天气监测的业务布局，呈现"三带六区"的格局。"三带"是指北部带、中部带和南部带，"六区"分别是黄海区、东海区、南海区、北亚区、中亚区和南亚区。

2006 年，中国气象局首次提出：空间天气业务形成"三带六区"的业务布局；建立空间天气初级监测系统，和传统气象观测结合，初步实现大气—空间无缝隙监测系统，以满足国家对空间天气监测预警的需求。随后，中国气象局地基空间天气监测按照"三带六区"的业务布局，陆续在关键地点建设了太阳、电离层和高空大气观测台站。截止到2013 年底，已初步形成了"三带六区"的地基空间天气专业网布局（参见第 329 页空间天气业务）。

空间天气业务的"三带六区"划分表

带区	范围	主要依托台站	特点
北部带	北纬 40°以北	北京	极区过程影响区
中部带	北纬 30°～北纬 40°	上海，武汉，拉萨	极区—赤道过渡区
南部带	北纬 30°以南	广州	赤道过程影响区
黄海区	东北亚海区	青岛，威海	日本海区域
东海区	台湾海峡附近区域	厦门	台湾海峡区域
南海区	南海海域	三亚	南海与东南亚海区
北亚区	俄蒙区域	佳木斯（漠河）	俄罗斯、蒙古区域
中亚区	中亚区域	喀什（乌鲁木齐）	中亚各国区域
南亚区	南亚区域	昆明	东南亚陆区

参考书目

王劲松，吕建永，2009. 空间天气（现代气象业务丛书）
[M]. 北京：气象出版社.

（敦金平）

kōngjiān tiānqì jiāncè

空间天气监测（space weather monitoring）

测量和观察空间天气各层次物理特性及其变化规律的活动，是进行空间天气预报和服务的基础。

监测区域 根据空间天气研究和业务预报需求，空间天气监测需对太阳—行星际—磁层空间—电离层和中高层大气这一空间天气事件因果链进行必要的监测，通常关注三个主要区域：①源头—太阳，该区域到地球约 1.5×10^9 km；②传播与演化区域—日地连线贯穿的行星际和磁层区域，从太阳表面一直到地面数千千米高空；③响应区域—电离层和中高层大气，从数千千米高空一直到地面 20～30 km。

监测内容 空间天气监测的主要内容包括太阳表面、行星际、磁层和电离层中的粒子、电场、磁场和波动等等离子体和电磁参数，热层和电离层中的密度、温度和速度等流体参数。太阳监测内容包括太阳黑子、太阳射电辐射、冕洞、太阳耀斑和日冕物质抛射等；行星际和磁层监测内容包括行星际磁场和太阳风、磁层高能粒子事件、磁层亚暴和磁暴等；电离层与中高层大气监测内容包括电离层背景等离子体、电离层扰动和闪烁、极区沉降粒子和极光、中高层大气背景等。

监测技术手段 根据观测平台的性质，空间天气监测可分为天基监测和地基监测。

天基监测 空间天气天基监测系统由卫星平台、有效载荷和信息接收处理应用等部分组成。其中，从观测对象与观测平台的距离而言，天基监测可分为天基遥感和原位监测两大类。

天基遥感监测 主要包括成像监测、光谱监测和全球导航卫星系统（GNSS）掩星探测。

成像监测 利用具有成像能力的遥感器收集和捕获探测对象发出的包含观测对象信息的光学和无线电等信号，获得观测对象的整体信息的一种非接触、远距离的探测手段。成像方式主要包括利用面阵探测器在特定波段或能段上的直接成像和具有谱分辨的扫描成像（包括空间扫描和波长扫描），以及利用线阵探测器进行推扫成像等。观测获得的图像由像元组成，图像所覆盖的观测对象的空间范围称为视场（也可用视场角来表示），图像的空间和时间分辨能力由单个像元覆盖的尺度和获取一副图像需要的时间决定。在空间天气监测中，成像监测常用的电磁波辐射包括 X 射线、紫外、可见光、红外、射电等波段，常用的粒子辐射包括来自磁层的能量中性原子等。X 射线、紫外波段成像监测由于地球大气的阻挡而必须采用天基监测。太阳成像监测主要包括太阳可见光成像和 X 射线、极紫外成像，具有可实时获取太阳全日面和局部活动区二维信息的优势，是监测太阳活动的重要手段；磁层成像监测包括对环电流的中性原子成像、对等离子体的极紫外成像和 X 射线成像、对极区的极光成像、电离层的光学成像和层析成像。

光谱监测 指在 X 射线、极紫外、远紫外、紫外、可见光、近红外、中红外和远红外等电磁波段范围内对目标的光谱信息进行监测，以获取目标相关特性和参数的监测方法和技术。自然界中绝大部分物体或者自己产生光谱辐射，或者在外来光源照射下产生光谱辐射，或者在外来粒子的激发下产生光谱辐射，利用光谱监测方法可以监测物体的表面和内部变化信息。光谱监测方法有单色光谱监测、成像光谱监测和多光谱成像监测。单色光谱监测可以采用单色仪对监测的目标进行局部和整体光谱扫描，获取目标光谱信息；光谱监测也可采用光谱仪进行监测，对一个特定的光谱范围同时进行观测，一次获得目标全部光谱信息；成像光谱监测可以采用成像光谱仪对目标进行不同光谱范围和不同的区域进行成像，再将不同光谱图像拼接成目标整体图像，最终获得观测目标不同光谱波段的图像，可以同时获得目标的光谱和结构信息；多光谱监测可以在特定波段对目标进行成像观测，一次获得特定波段的目标图像，这种成像方法通常光谱带宽较大，空间分辨率较高。在空间，利用高空气球、探测火箭和卫星，搭载光谱仪器，可以对大气、电离层、极光、等离子体层等进行监测，同时也可以监测太阳活动对地球环境的影响，进行天气、空间天气预报和研究。

GNSS 掩星探测 利用测量经过中性大气和电离层遮掩的全球导航卫星系统（GNSS）无线电波的变化来获得中性大气和电离层相关信息的探测方法。当 GNSS 信号穿过大气或电离层到达低轨卫星上的接收机时，由于大气及电离层的折射效应，会对信号产生附加的相位延迟。通过精确提取该相位延迟量，测量出全球导航卫星系统无线电波的弯曲角，可以反演得到大气折射指数剖面，进而推导出电波射线路径与大气切点位置的 80～800 km 高度范围的电子密度剖面和 0～60 km 高度范围的大气温度、压力、密度和水汽剖面。一台天基 GNSS 掩星探测仪如只接收一个导航系统（如北斗）的信号，每天可观测到掩星事件约 600 次，增加导航系统则增加相应的掩星点数。若采用多颗低轨卫星组网观测，则可以快速获得全球的掩星观测数据。GNSS 无线电掩星探测具有全天候、全球覆盖、高垂直分辨率、高精度、高长期稳定性、无须标定等诸多优点。而且利用从大气层开始的剥皮测量，可以得到中性大气和电离层参量的垂直分布。

原位监测　使用探测设备对其所在位置的空间粒子和电磁场等物理要素进行监测的方法和技术。

空间粒子探测　主要是对高能带电粒子（质子、电子、重离子）、等离子体、中性大气和微小碎片的探测。对高能带电粒子的监测主要是测定粒子通量，确定粒子的电荷、质量、能量和方向等。不同类型的探测器依据的原理不尽相同，但大多数是利用带电粒子对物质原子的电离和激发效应。利用电离和激发原理的探测器主要包括气体探测器、半导体探测器、闪烁探测器和云室等。等离子体探测主要确定等离子体的密度、温度、成分和漂移速度矢量，主要探测手段包括静电分析器、朗缪尔探针、阻滞势分析器等。对中性大气的监测主要通过真空规、微音规和质谱仪等直接探测手段，或通过加速度计等反演方法获取大气密度、成分、温度和风场等信息。利用半导体探测器或聚偏二氟乙烯等聚合物材料可实现对直径 1 毫米以下的微小空间碎片的探测。

空间物理场—空间磁场和电场的监测　原理与地面磁场和电场的监测原理相同，但是由于卫星平台及有效载荷工作时会产生一定的磁场和电场，为了避免这些物理场对探测的影响，在尽量控制卫星电磁环境的同时，通常采用伸杆探测等方式将探头送到舱外将干扰信号的强度降低到可接受范围。常见的空间磁场探测器包括线圈式磁强计、磁通门式磁强计、质子旋进式磁强计、光泵磁强计和磁阻磁强计等。应用最多的是磁通门磁强计，利用法拉第电磁感应定律进行磁场测量。常见的空间电场测量方法包括双探针电场测量法和电子漂移电场测量法。

地基监测　作为空间天气监测的重要手段之一，地基监测逐渐形成组网监测、自动化监测和无缝隙监测的能力。与天基监测类似，地基监测的对象主要包括太阳、电离层和中高层大气、地磁场和宇宙线监测等，但监测要素侧重点与天基监测有所不同。

太阳监测　地基可实现的太阳监测包括光学监测、磁场监测和射电监测。

地基太阳光学监测的最简单观测仪是太阳照相仪，也称为光球望远镜，实质上就是配备有照相装置的天文望远镜，主要对太阳直接进行照相。由于可见光波段的太阳辐射几乎全部来自太阳光球层，这种仪器拍摄到的照片是太阳最底层大气—光球层的形象。此外，来自其他太阳大气层发射谱线所在波长处非常窄的谱段的辐射强度甚至可以超过光球层辐射强度，在此波长处用非常窄的单色光（波宽小于 1Å）可以用来观测该太阳大气层，由此得到的太阳像就称在此波长处的太阳单色像（如太阳 Hα 色球像）。

地基太阳磁场监测主要借助于太阳光谱线的逆塞曼效应，即太阳光谱中某些对磁场敏感的吸收线在磁场的作用下发生分裂现象。平行视场和垂直视场方向磁场分别分裂为 2 条和 3 条支线，支线间裂距与磁场强度成正比，可以利用此特性测定磁场强度，太阳磁场望远镜就是利用这种间接方法来测定磁场的。

对太阳射电波段辐射探测的专门观测仪器是太阳射电望远镜，经典射电望远镜的基本原理和光学反射望远镜相似。

地磁场监测　反映地球空间环境扰动水平的地磁参数均来自地磁场监测。地磁场测量仪器多种多样，有利用永久磁铁与地磁场相互作用的机械式磁力仪，有利用质子在磁场中旋进原理的质子旋进磁力仪，有利用变化磁场电磁感应原理的感应式磁力仪，有利用光波通过磁场时发生谱线分裂性质的光泵磁力仪。此外，还有磁通门磁强计、超导磁力仪、无定向磁力仪、旋转磁力仪等。

在不同的使用场合，对磁力仪有不同的要求，固定地磁台站的磁力仪要求基线值和标度值长期稳定可靠，野外磁场巡测要求磁力仪防震性能良好，安装方便、测量快捷，古地磁和医学诊断用的磁力仪要求精度高，卫星磁力仪要求抗干扰力强。

宇宙线监测　地基宇宙线监测通过观测宇宙线粒子与大气层分子相互作用过程中产生的次级粒子，反演推断原始的宇宙线特征，主要包括电离室、方向性宇宙线望远镜和地面中子探测器。电离室宇宙线探测通过捕捉宇宙线成分在电离室气体中造成的电离形成的放电信号来记录宇宙线粒子；方向性宇宙线望远镜是两个或两个以上的探头沿同心轴排列，只有一定角度范围内的粒子，才能同时穿过望远镜的两个或多个探头而被记录；地面中子探测器为记录从大气层来的高能中子，通过减速剂（石蜡或石墨）将高能中子变成热中子，再通过计数管记录，但热中子穿透能力依然很强，人们提出了局部中子产生器将快中子转化为大量次级中子进行记录，这种局部中子产生器、减速剂和中子探测器的组合称为中子堆。

中高层大气监测　中高层大气监测方法主要分为主动式探测和被动式探测两种。

主动式探测　主要是由发射源发射激光或无线电

波，探测大气回波的响应来计算大气风场、温度场以及密度。包括激光方式和无线电波方式两种。激光探测主要通过大气中钠层对激光的荧光共振机制和大气分子对激光的瑞利散射，来探测特定高度上原子密度、波动以及风场、温度场等信息；无线电波方式是利用电离层下部（60～100 km）存在的大量等离子体不均匀云团对无线电波的发射和衍射来探测高空大气风场和动力学参数的一种无线电遥感探测技术。

被动式探测 是依靠观测大气中分子或原子的跃迁辐射形成的极光或气辉特定谱线的多普勒移动及展宽，来确定大气的风场和温度场。

电离层监测 地基电离层监测包括垂直监测、电离层 GPS 监测和非相干散射雷达监测。

电离层垂直监测 是利用高频无线电波从地面垂直入射电离层进行电离层结构探测的技术，观测时从地面垂直向上发射频率随时间变化的无线电脉冲，并在同一地点接收这些脉冲的电离层反射信号，测量出电波往返的传播时间（或称为时延），从而获得电波反射高度与频率的关系曲线。这种曲线称为频高图或者电离图。使用电离层垂直观测技术的设备称为电离层垂测仪或者电离层测高仪，简称测高仪。

电离层 GPS 监测 可实现电离层 TEC 和闪烁测量。通过测定 GPS 卫星两种不同频率信号到达接收机的时延差和相位差可以推算沿电波路径上的电子总含量（TEC）；通过接收穿过电离层而被改变特征的电波信号，根据已知卫星信号特征可以推知电离层附加的时延及其抖动、信号强度抖动、相位抖动信息，进而反演电离层的载波相位闪烁、幅度闪烁。

非相干散射雷达监测 是利用地面大功率雷达观测电离层中自由电子汤姆孙散射（非相干散射，单个电子对电磁波的散射）回波，从而获取电离层特性的方法。非相干散射雷达主要测量电离层中的电子密度、电子温度、离子温度和离子视线速度，其他参量可由这四个参量推导出来。

参考书目

王劲松，吕建永，2012. 空间天气（现代气象业务丛书）[M]. 北京：气象出版社.

叶宗海，1986. 空间粒子辐射探测技术 [M]. 北京：科学出版社.

（孙越强　陈波　陈鸿飞）

kōngjiān tiānqì yùbào
空间天气预报（space weather forecast） 根据相关监测数据，参考专业预报模型输出结果，结合预报员的经验得出的对未来空间天气状态的判断。

沿革 较为正规的空间天气预报开始于 20 世纪 80 年代，早期主要是针对航天任务和特定用户进行的关键空间天气参数的预报。90 年代以后，特别是进入 21 世纪以来，空间天气成为独立的学科，空间天气预报作为空间天气科学的应用窗口，空间天气预报理论体系逐渐形成，在空间天气理论发展的基础上，预报领域得到拓展，预报技术水平得到显著提升。同时，空间天气预报的业务化程度也在向天气预报业务靠拢，这也为专业的空间天气服务奠定了基础。中国正式的空间天气预报开始于 1997 年，是为载人航天工程提供空间天气保障。2002 年国家空间天气监测预警中心成立，正规的空间天气预报业务开始起步。

预报时效与内容 空间天气预报可分为：长期预报、中期预报、短期预报等，还有针对已出现的灾害性空间天气过程所发布的警报和现报。

长期预报 是指以年为时间尺度的预报，时效为 1 年以上至十几年，主要预报内容是太阳黑子数的长期变化，特别是黑子数的太阳周变化，其预报方法主要有时间序列法、活动周参量法、先兆法和行星位置法四种。除了黑子相对数外，太阳在 2800 MHz 射电波段的辐射流量密度、日面上每天的黑子总面积及其分布，可望成为未来主要的长期预报量。

中期预报 是指以月为时间尺度的预报，时效为半个月至几个月，主要包括太阳活动、磁层天气的中期预报。太阳活动中期预报的内容以太阳耀斑及黑子数为主，实质上是要预报新的太阳活动区的产生及其活动性，预报已有的日面上的活动区将在什么时候有多大幅度的活动。因为缺乏对活动区演化的物理过程和规律的了解，太阳活动中期预报是目前最困难的预报种类。现在的太阳活动中期预报方法是综合经验预报法，它主要是根据以下几个主要的考虑做出预报：长期预报所提示的活动水平和位相；活动经度的分布特征；各活动经度的统计性质；黑子群的类型在时间—经度图上的分布；活动区回转能力及活动能力的估计；活动的周期性，如 3 个自转周或 80 天左右的周期；行星位置的考虑；日冕增强辐射区的出现等。磁层天气中期预报主要是指地磁暴的预报，也即提前 27 天左右的地磁活动预报。太阳活动高年地磁活动的中期预报非常困难。而在太阳活动的低年，日冕物质抛射事件较少，冕洞对地磁活动的影响有 27 天左右的周期，可以利用冕洞的特征进行地磁活动的中期预报。

短期预报 是对未来几小时到几天的空间天气状况进行的预报，主要包括太阳活动、行星际空间天气、磁层天气、电离层天气和中高层大气天气等的短期预报。其中，太阳活动短期预报是对未来1～3天的太阳爆发型活动事件的预报和太阳活动水平的预报，主要有太阳耀斑、日冕物质抛射、质子事件、太阳射电流量等的短期预报。行星际空间天气短期预报主要是对日球层，特别是对1天文单位（AU）附近的太阳风参数的预报，以及太阳高能粒子事件预报。太阳风参数短期预报是预报太阳爆发现象未来几小时到几天内在行星际空间的表现、传播和演化。太阳高能粒子事件预报以短期预报为主，预报未来几小时到几天内事件发生的可能性、预期的峰值通量、峰值发生的时间、总流量和事件持续的时间等。磁层天气短期预报是根据太阳风的观测，提前1～4天对地磁活动、磁层带电粒子和场进行预报。磁暴短期预报需要考虑的最主要的因素是CME的位置、速度和方向、冕洞发出的太阳风的速度、冕洞的大小以及冕洞高速流太阳风磁场的特征等。电离层天气短期预报主要是提前2～3天电离层暴出现概率的预报和磁暴发生后半日至数日电离层暴特性的短期实时预报。由于探测手段的制约，中高层大气天气预报是目前发展最为滞后的领域。

空间天气警报　是针对太阳上已经发生，但还未到达地球空间的空间天气灾害事件，以及本身存在于近地或行星际空间中影响空间、地面技术系统运行的恶劣空间天气状态发布的警报。主要包括太阳X射线耀斑、太阳质子事件、日冕物质抛射、地磁暴、电离层暴等的警报等。

空间天气现报　是针对已经发生的、卫星或者地面系统已经观测到的灾害性空间天气事件发布的实时报告。空间天气现报包括：太阳X射线耀斑现报、太阳质子事件现报、日冕物质抛射现报、地磁暴现报、电离层暴现报。

从预报的受众类别上，可分为常规预报和专业预报。常规预报是对能够对空间天气整体行为构成影响的参数和事件进行的预报。目前常规空间天气预报的参数包括：太阳F107指数、地磁Ap指数等参数预报，以及太阳耀斑、质子事件、地磁暴等事件的发生概率预报。专业预报则是针对用户的特殊需求，对相关区域、关键参数所开展的预报。例如，地球同步轨道的高能电子是引发卫星故障的重要因素，依据常规预报的结果，可以通过相关模型，进一步加工得到高能电子通量的预报。

从预报内容上分，空间天气预报又可分为参数预报和概率预报。参数预报给出的是可通过探测得到和验证的，能够反映空间天气状态或能够对用户开展空间天气应用有帮助的空间天气参数的预报；概率预报则是预报员结合模式和分析得到的结果，对未来空间天气事件发生概率的预报。

应用　空间天气预报能够对未来空间天气的状态和发展趋势进行定性和定量描述，对于航天、通信等受空间天气影响的行业保障设备安全、提高业务质量起着至关重要的保障作用。例如，航天器设计部门需要根据太阳质子事件的长期预报，合理规划关键器件的防护厚度；卫星管理部门需要根据强质子事件预报，及时关闭抗辐射水平较低的设备，避免不必要的损失等；电离层天气扰动的预报和现报则可以显著地提高保障通信、导航业务的质量。因此，空间天气预报业务正在被越来越多的航天、通信部门所关注，随着用户对空间天气影响认识的深入，对空间天气产品的内容和精细化程度的要求也不断提高，进一步推动了空间天气预报水平和质量的提升，一种空间天气预报与业务应用的良性互动局面正在形成。

展望　随着空间天气探测技术的进步和理论研究的深入，实时数据驱动的基于因果链原理的物理预报模型在预报应用技术中的份额将逐步加大，预报的自动化水平显著提高，由此带来的将是空间天气预报的准确性、时效性和精细化程度的提升。

参考书目

焦维新，2003. 空间天气学 [M]. 北京：气象出版社.

王劲松，吕建永，2010. 空间天气 [M]. 北京：气象出版社.

（薛炳森　吕建永）

tàiyáng huódòng yùbào

太阳活动预报（solar activity prediction）　提前预测太阳活动发生的强度（或数量、流量、级别）、时间和位置等，为用户提供空间天气信息服务。

沿革　20世纪20年代末期，法国人开始利用巴黎的埃菲尔铁塔做太阳活动和地球物理数据的广播服务，来研究太阳活动对电波在电离层中传播的影响。60年代，美国首次为阿波罗登月计划做了太阳活动预报服务。中国于1969年首次为"东方红1号"卫星的升空与运行做了太阳活动预测。为满足人们对太阳观测资料与太阳活动预报日益增长的需要，1962年国际上制定了"国际无线电科联日地资料快速交换与世界日服务"计划，并建立了相应的机构。中国于1990年申请参加该机构，并于同年被接受为该计划和相应组织的成员。该组织后来更名为ISES（即国际空间环境服务组织）。1991年中国国家科委和中国科学院批准成立世界警报中心北京日地物理预报中心，并于从1991年1月开始做常规的短期太阳X射线耀斑预报。2004年7月中国国家空间天气监测预警中心开始进行包括太阳预报在内的空间天气业务预报。

主要方法　太阳活动预报最常用的分类方法是依据预报的时间提前量，将其分为短期预报、中期预报和长期预报。短期预报是根据提前量为 1～3 天或更短时间段的预报。这种预报主要针对太阳耀斑的发生、级别，日冕物质抛射的发生以及未来 3 天太阳活动的整体水平。预测主要依据日面上活动区近期的演化，以及活动区近几小时或几个小时为时间尺度的变化。虽然现在这个问题还没有完全解决，但是国际国内的专家还是发展了一些预报方法。大概有三种。

先兆法　适用 1～3 天或更短（几十分钟以内）的提前量预报工作。在耀斑开始之前，常可见光学、射电或 X 射线波段观测到该活动区某些异常。这些异常对于耀斑发生的时间提前量是不一样的。因此可利用它们做不同提前量的预报。可利用的现象有：色球暗条活动或突然消失，异常的纤维状结构排列规整，谱斑增亮或小爆发增多，以及小幅度的长时间的辐射增强、射电爆发等，黑子群类型变复杂或增强，如出现 Fkc、Ekc、Dkc 或者 Delta、Beta-Gamma、Beta-Gamma-Delta，活动区中新磁通量的浮现或磁场梯度的增强，以及磁中性线弯曲度加大，反极性区的连线与日面纬线接近垂直等。

经验公式法　通过对活动区参量与耀斑产率的进行大量统计研究，得出经验公式。此类预报时间提前量为 1～3 天。

物理预报法　作为短期太阳爆发的预测，物理预报法最有前途。该方法的提出主要是根据耀斑储能过程的研究不断发展起来的，已经取得一些有益的成果，并逐步吸收到业务预报之中。虽然物理预报尚不能得到全面应用，但是作为一种相当有潜力的异军正日益受到重视。

预报时效　太阳活动预报一般有中期预报和长期预报。

中期预报　提前量为 1/2 个或 1 个太阳自转周，也可采用 1/4 个太阳自转周（即每个星期）。其主要工作任务是预测未来一个预报区间内黑子活动的平均水平和较强太阳活动的可能出现时间，以及对未来一个预报期间内太阳活动水平做总体评估。原来，人们无法对太阳球面做连续观测，所以以前是一个很困难的课题，但是随着 STEREO 卫星的上天，并逐渐运行到最佳位置，我们现在对于整个太阳球面都能做有效的监测，大大提高了中期预报的水平。另外应用日震学的方法，也可以推演出日背活动区的状况，但是该方法还需要逐步完善。虽然现在能够做全球面的连续观测，但是由于对活动区

的演化缺乏了解，中期预报仍然是太阳活动预报中的难点。

长期预报　是指提前一个或几个太阳周的太阳活动水平预报。预报内容主要围绕着太阳黑子相对数和 10 cm 射电辐射流量，太阳黑子数月均平滑值的峰值、峰期、上升期平均值等。太阳黑子相对数虽然有其缺点，而且缺乏物理意义，但是由于它具有 200 多年的观测记录，仍然具有很好的观测统计意义，能够从一定程度上反映太阳活动的周期性，而且被广大太阳物理工作者和地球物理工作者习惯使用。太阳活动的长期预报现在依然没有解决，仍然处于不断的探索中，而且通过检验发现，没有哪一种方法能对每一个太阳活动周都给出成功的预报（≤20% 的误差都被认为是成功的）。

展望　太阳活动预报是一个方兴未艾的学科，现在国际国内的太阳预报水平仍处于不断完善中。随着太阳第 24 活动周的到来，会继续积累强有力的观测资料，改进现有的预报模型，提高预报的精度、准度，减少漏报和虚报，而且还将要根据社会的需求，增加预报业务产品，尽量使其多样化、多元化。

（王华宁　陈安芹）

地磁活动预报（prediction of geomagnetic disturbance）　利用地磁场对空间天气变化响应的规律，在对地磁场观测资料和相关的太阳、行星际观测资料综合分析研究基础上，根据当前及近期的地磁场扰动水平和空间天气形势，对未来一定时期内的地磁场活动状况进行预测。

产生地磁活动的源不尽相同，部分原因是太阳风压缩磁层造成的，同时也有来自磁场重联和大尺度对流造成的扰动，另外空间电流体系和不稳定波动也可以带来地磁场变化。不同的地磁场扰动具有不同的空间影响范围和时间变化尺度，其中可以持续数天的剧烈的全球性地磁扰动现象——磁暴，是空间天气特别关注的重点。早在 1957 年国际地球物理年，全世界主要发达国家大规模地协同合作，开展了地磁活动预报，2002 年中国气象部门成立了国家空间天气监测预警中心，正式开启了地磁活动预报业务。

预报方法　预报方法可分为三类。

经验预报　在对有关的资料进行分析后，依据地磁活动的一些规律并结合预报员的工作经验，对未来的地磁活动做出预报。该方法通常给出未来一段时期内是否发生地磁暴的判断，并用平静、微扰、强扰三个等级定性地描述地磁活动程度。总的来说，该类预报的准确率

不高，但在一些特定的预报，如利用重现性地磁活动特点预报空间天气"安全期"的预报中还是很重要的。经验预报始于早期的太阳观测，往往通过太阳黑子、活动区和冕洞的经验积累来判断对未来地磁活动影响的程度。

统计预报　通过对各种反映地磁扰动程度的地磁指数与太阳活动、太阳风各种参数的统计和相关分析，利用所得到的统计规律和相关关系，对未来的地磁活动做出预报。该方法通常以地磁活动性指数定量地给出地磁活动程度，是卫星上天后发展最快的地磁活动预报方法。大量地基和天基数据的积累为统计预报奠定了基础，其目的是从数据关联中寻找影响地磁活动的因素。

物理预报　在了解和认识引起地磁扰动的物理过程和机制基础上，利用求解相应物理方程得到的数值结果，对未来地磁活动做出预报。该方法既可模拟给出未来地磁活动的定量演化过程，还可揭示其产生机制。从科学意义上来说，这种方法是解决地磁活动预报最理想的方法，但由于地磁活动涉及太阳活动、太阳风—磁层—电离层耦合以及磁层状态，要完全达到这一步还要进行多方面深入研究。事实上，效果比较好的物理预报中，物理方程中的一些参数往往也是利用统计相关方法来确定的，如求解环电流指数（Dst）变化的物理方程时，其中决定 Dst 指数衰减的延迟时间关系就是利用历史的 Dst 指数与相应的太阳风速度和行星际磁场南向分量统计得到的。随着计算能力的跨越式发展，物理模式的数值计算越来越得到人们的重视，WSA-Enlil 模式可以输出未来几天行星际参数的变化，预报的可靠性逐渐提高。

（陈耿雄　陈博）

电离层天气预报（ionospheric forecast）

依据电离层的物理变化规律，根据当前及近期的电离层形势、变化及影响电离层变化的物理因素状态的基础上，对未来一定时期内的电离层天气状况进行预测。电离层天气预报主要为中长期预报，2000 年后随着观测数据的增多，模式的发展，才逐渐开始尝试电离层天气预报。

预报方法　按照预报方法分类，电离层天气预报分为三类：

经验预报　具有专业知识和经验丰富的预报人员，在对大量的通过可选观测获得的有关的太阳活动、地磁活动和电离层扰动资料进行综合分析和理解的基础上后，并依据空间天气的变化趋势，结合当地电离层状态和变化的特点和规律，对该地区未来的电离层状态和变化做出预报。该方法通常给出未来一段时期内是否发生电离层扰动、电离层暴、电离层骚扰等定性的预测。这类预报方便可以充分发挥预报人员的知识和经验，简洁明了地给出电离层的大致趋势，适合于对电离层扰动状态信息有需求的用户进行服务。

统计预报　通过对影响电离层状态和变化的各类地球物理参数，如地磁指数、太阳活动指数、太阳风参数等，与电离层各主要参量，如最大电子密度，电子密度总含量等的历史观测资料进行统计和相关分析，利用所得到的统计规律和相关关系，建立统计预报模型，对未来的电离层状态进行预报。该方法通常可以给出电离层单一或多种参量的定量预报。这里预报方法建立在对以往统计规律认识的基础上，对于某些统计关系明确的电离层参量的预报，往往有非常不错的预报效果，适合于对单一或少数电离层参量有定量需求的用户提供服务。

物理预报　在了解和认识引起电离层中各类物理过程和机制基础上，利用求解相应物理方程，通过数值计算得到电离层中各参量的数值结果，对未来电离层状态和变化做出预报。目前科学家正在试图建立一套完全以物理模式为基础、结合实际观测数据，发展出类似于数值天气预报系统的电离层数值预报系统，通过输入太阳、地磁等外部参数，并吸收全球各类电离层观测资料，可以较好地描述全球电离层当前状态，并可以给出电离层中各种参量较可靠的短期预报和中长期预测。这里预报方法目前仍在发展中，其准确性建立在对电离层及空间天气中各类物理过程的认识理解和准确的数值计算的基础上，物理预报能够对电离层中各类参数进行全面的数值计算和仿真，适合于对电离层中多种参量均有应用需求、对电离层中物理过程有理论需求的用户提供服务。

（余涛　毛田）

中高层大气预报（middle and upper atmosphere prediction）

对未来一定时间段内的中高层大气密度、温度、风场和成分等参数的分布和扰动的预测。

中高层大气虽然比较稀薄，却占有非常巨大的体积，其区域内存在复杂的光化学和动力学过程，与人类的生存发展和航天活动密切相关。中高层大气结构主要受太阳辐射和地磁活动的影响，包括长期变化、太阳周变化、季节变化、周日变化以及地磁活动引起的十几小时到几十小时尺度的变化等。

相对于常规天气预报而言，中高层大气预报仅处于探索研究阶段，目前仅能进行试验性的预报。中高层大气预报与天气预报的相同之处是都需要建立一个能够反映预报时段的（短期的、中期的）数值预报模式；其次，都要利用各种观测手段获取资料，并对观测资料进行适当的调整、处理和客观分析。中高层大气预报与天气预报的不同之处是对中高层大气的观测手段和观测资料相对较少，需要多种观测手段对动力学参数、化学成分和电动力学参数进行联合观测，才能对整个中高层大气进行全面的了解，这也增加获取中高层大气观测资料和开展中高层大气预报的难度。

目前国内外逐步发展起来的高层大气模式可分为经验模式，半经验模式和理论模式。

主要的经验模式有标准大气，在遵从理想气体定律和流体静力学方程的条件下，假设的一种大气温度、压力和密度的垂直分布。国际标准化组织把美国的 1976 年标准大气 50～80 km 部分作为暂定标准。应用标准大气的典型例子是气压高度计的校准、飞机性能计算，飞机、火箭设计，编制弹道表，气象图解等。

主要的半经验模式有 JB 模式、Jacchia 模式、质谱非相干散射模式（MSIS）和热层水平风模式（HWM）等。MSIS 模式是全球尺度大气经验模式，可给出自地面至热层空间的中性大气温度、密度等大气参数。大气参数随地理位置和地方时的变化公式是建立在低阶球谐函数的基础上，球谐函数的展开也反映了大气参数随太阳活动、地磁活动及年、半年、季节、昼夜和半日等变化。

主要的理论模式有大气环流模式（GCM）和热层电离层电动力学全球耦合模式（TIEGCM）等。热层电离层电动力学全球耦合模式采用有限差分方法求解关于高层大气的动力学、热学和连续性方程，并考虑了极区粒子沉降、高纬电场和低层大气潮汐等过程。通过数据 F107 和 Kp 等参数，计算 90～500 km 高度范围的全球热层大气及其成分的温度、密度和风场等参数的分布。

参考书目

Drob D P, Emmert J T, Crowley G, et al, 2008. An empirical model of the Earth's horizontal wind fields：HWM 07［J］. J. Geophys. Res., 113, A12304.

Picone J M, Hedin A E, Drob D P, et al, 2002. NRLMSISE-00 empirical model of the atmosphere：Statistical comparisons and scientific issues［J］. J. Geophys. Res., 107（A12）.1468.

（徐寄遥　李嘉巍）

kōngjiān tiānqì yùjǐng jíbié
空间天气预警级别（classification on space weather alert）　根据空间天气灾害可能造成的影响程度所确定的预警级别。空间天气灾害预警指标分为四级：一般空间天气灾害（Ⅳ级）、较大空间天气灾害（Ⅲ级）、重大空间天气灾害（Ⅱ级）和特别重大空间天气灾害（Ⅰ级）。空间天气灾害事件包括：太阳耀斑、质子事件、地磁暴、高能电子增强事件、电离层扰动，根据这些事件的强度指标确定空间天气灾害预警级别，划分标准如下：

一般空间天气灾害（Ⅳ级）　　M5～X1 级太阳耀斑；小地磁暴，$Kp = 5$；10～100pfu 质子事件；地球同步轨道能量大于 2 MeV 高能电子通量超过 3×10^8 个/（$cm^2 \cdot d$）；中等电离层扰动。

较大空间天气灾害（Ⅲ级）　　X1～X10 级太阳耀斑，持续时间小于 20 分钟；中等地磁暴，$Kp = 6$；100～1000pfu 质子事件；地球同步轨道能量大于 2 MeV 高能电子通量连续 3 天超过 3×10^8 个/（$cm^2 \cdot d$）；长时间中等电离层扰动。

重大空间天气灾害（Ⅱ级）　　X1～X10 级太阳耀斑，持续时间大于 20 分钟，位于日面中心且伴有 500pfu 以下质子事件，对地有效性明显；大地磁暴，$Kp = 7$ 或 8；1000～10 000pfu 质子事件；地球同步轨道能量大于 2 MeV 高能电子通量超过 10^9 个/（$cm^2 \cdot d$）；强电离层扰动。

特别重大空间天气灾害（Ⅰ级）　　大于 X10 级太阳耀斑；大地磁暴，$Kp = 9$；大于 10 000pfu 质子事件，伴有 GLE 事件；地球同步轨道能量大于 2 MeV 高能电子通量连续 3 天超过 10^9 个/（$cm^2 \cdot d$）；多次长时间强电离层扰动。

（薛炳森）

kōngjiān tiānqì shùzhí móshì
空间天气数值模式（space weather numerical model）　在不失去实际空间天气主要特征的情况下，将非常复杂的空间天气简化并离散化后的数学模型，即闭合方程组。其所以简化，是因为实际空间天气非常复杂，它既表现为从杂乱的等离子体运动到全球规模的行星际尺度的运动，也表现为非绝热物理过程的复杂性和多样性。对这样的空间天气要预报它或模拟它是非常困难的，不仅水平达不到，而且也不必要；但是，把它简化并离散化后则是可能的。

模式的建立在现有水平的情况下，可以认为磁流体方程组或等离子体方程组可以描写实际的等离子体的运动。针对一定时空尺度的运动和目的，空间天气数值模式可在这个方程组的基础上建立。建立过程包括如下步骤：

（1）量级比较。模式的核心在于是否含有描写空间天气过程的主要物理因子和物理机制，而在准中性、绝热、无耗散或无碰撞等情况下，就一定尺度的特征量，比较方程组中各项的量级保留其主要的和较主要的项，而略去较次要的项，得出初步的简化方程组，则是一个重要的考虑这些因子和机制的方法。

（2）满足空间天气主要物理规律。分析初步得出的简化方程组是否满足空间天气的主要物理规律，如质量守恒和能量守恒等，否则，须对简化方程组进行修正。

（3）考虑主要的物理过程。不同区域或圈层的物理现象，如太阳爆发、行星际传播、磁暴、亚暴、电离层暴、热层暴等发生的各种物理过程，如碰撞、磁场重联、等离子体不稳定性和波等，对不同时间和空间尺度的运动的作用很不相同，有的作用缓慢，但持续时间长；有的作用快，但持续时间短；有的作用具有连续性和周期性，有的则是间歇的或非周期的。因此，针对一定时空的运动，物理过程应有主次之分；和量级比较一样，应确定它们之间的相对重要性，对运动有重要和较重要影响的物理过程应当优先考虑。

（4）计算稳定、精确。简化、修正并加入物理过程的模式方程组在计算时要化成离散的形式。这样，就须提出计算方案，而且还须使计算稳定、精确。因为只有计算稳定的方案，结果才是可用的，而稳定又精确的方案，才可能算出好结果。

（5）模式各部分之间协调集成。在模式各部分之间，如动力过程和物理过程之间，各动力过程之间和各物理过程之间，甚至各要素参数之间，均应力求协调。不同区域或圈层物理过程存在巨大差异，需要上下圈层之间和整个空间天气因果联的模式集成。

（6）分辨率恰当，计算区合理。分辨率和计算范围是直接影响计算精度的重要因素，分辨率应根据有关的客观条件，如所用的计算机的性能和可能获取的资料的数量、质量和覆盖度，以及预报或模拟的要求等来决定。

（7）程序高效、可靠。计算方案的程序应当是高效可靠的，从而才能严格地实施方案，及时算出结果。

空间天气数值模式主要按以下几种方式来分析空间的物理状态：①把空间环境当作流体的磁流体模拟，常常是三维大尺度模式；②粒子模拟，常常是局域模式；③由统计或经验关系描述的半静态模型，或者经验方法与上述数值方法的结合。

模式建立起来以后，可以根据空间天气要素的初始状态，用来确定其未来的状态，即制作预报；也可以进行数值模拟或数值试验。比如，制作耀斑、太阳射电流量、地磁活动指数和电离层天气预报，或针对特定用户的专业预报；空间天气过程，如磁暴、电离层暴等的数值模拟，也可以用来插补某些缺乏观测区域的资料。

（吕建永）

kōngjiān tiānqì fúwù
空间天气服务（space weather service） 空间天气科技部门向政府、社会、公众和生产部门提供空间天气信息和技术产品。

服务分类 按服务对象划分，空间天气服务可分为空间天气决策服务、空间天气公众服务、空间天气专业服务。

决策服务 是为决策部门组织应对和减缓空间天气灾害、制定国防安全计划、组织重大社会活动和重大工程建设等方面进行科学决策提供空间天气信息技术支持的活动。其服务对象主要是中央和地方各级党政军机关。其目的是在第一时间让决策部门获得科学、及时、有决策价值的空间天气信息。

公众服务 是向社会公众发布空间天气预报、警报、预警信号等信息，普及空间天气科学知识，以防灾减灾、服务经济社会发展和人民生活等为主要目的的公益性服务，其服务对象主要是社会公众。

专业服务 是为经济社会特定行业和用户提供的有专业用途的空间天气服务，其通过空间天气服务产品加工和信息技术应用，提高服务产品的针对性和满足个性的服务需求，使国民经济各行各业的不同生产过程对空间天气条件的特殊要求得到满足，从而达到提高功效、减少消耗和损失的目的。其服务对象主要是各生产部门，各行业的专业用户。空间天气专业服务已涉及航天、通信、导航、航空、电力等多个行业和部门。

空间天气服务主要利用电视、报纸、广播、网站、电子显示屏、电话、传真、短信、电子邮件、APP、微博、微信等媒介进行信息传播。

服务内容 包括常规空间天气信息、空间天气灾害预警信息和空间天气专业服务指数。常规空间天气信息包括太阳活动水平、地磁活动水平、电离层天气及 F107 指数、Ap 指数等参数的短期、中期、长期预报结果。空间天气灾害预警信息包括太阳质子事件、太阳耀斑、地磁暴、电离层扰动、高能电子暴等空间天气灾害的预报结果及其影响提示。空间天气专业服务指数是根据空间天气灾害效应而制作的面向用户的空间天气指数，包括信鸽飞行指数、航空指数、短波收听指数、GPS 导航指数等。

服务技术 包括空间天气效应评估、空间天气服务产品制作和空间天气信息发布技术。空间天气效应评估技术主要研究灾害性空间天气可能对卫星和地面系统造成的危害程度，空间天气服务产品制作技术主要研究从空间天气基本信息到空间天气服务产品的加工方法和技术，空间天气信息发布技术主要研究空间天气服务产品从空间天气业务科技部门到用户的传递方法和技术。

（杨光林）

灾害性空间天气

tàiyáng huódòng

太阳活动（solar activity） 发生在太阳大气中的各种扰动现象的统称，如太阳黑子、光斑、谱斑、冕洞、日珥（暗条）及其爆发、太阳耀斑、日冕物质抛射、太阳射电暴、太阳高能粒子事件等。早在 17 世纪欧洲科学家就注意到黑子在太阳上成群出现且数目不断变化。因而称这种现象为"太阳活动"。1859 年英国天文学家卡林顿首次观测到太阳耀斑，并发现这一现象与地磁活动有联系。1908 年美国天文学家海尔发现黑子区域具有很强的磁场。一个多世纪的地基和天基观测研究表明：太阳活动与太阳磁场变化有着密切关系，其源头在太阳内部的对流层，波及光球、色球、日冕乃至行星际空间。太阳物理学中把标准太阳模型描述的太阳称为宁静太阳，而发生在宁静太阳各个圈层的扰动现象则定义为太阳活动。由此可见，太阳上有很多现象可以归入太阳活动的范畴。

主要事件 依据不同的观测手段可以观测不同的太阳大气圈层的太阳活动。如在太阳光球层可以看到黑子、光斑等现象，太阳色球层可以看到谱斑、日珥（暗条）等现象，日冕层可以看到冕环、冕洞等现象。这些现象在太阳大气中可以存在数日至数十日，因而又称为太阳缓变现象。太阳大气中还常常发生爆发现象，如日浪、日喷、日珥爆发、耀斑、日冕物质抛射、太阳质子加速等现象。由于这些现象延续的时标在几分钟乃至数十小时之内，因而又称为太阳瞬变现象。日冕物质抛射曾叫作日冕瞬变现象。黑子、耀斑、日冕物质抛射是主要活动现象，尤其是耀斑和日冕物质抛射属于剧烈太阳爆发现象，可能对日地空间产生巨大影响。

黑子 是太阳光球层中观测到的现象，其温度比周围低一千多度，因而看起来显得"黑"。黑子出现的地方有很强的磁场，而磁场的变化往往导致多种多样的太阳活动现象。黑子寿命长短不一，长的可能有两三个月，短的不过几小时。太阳上黑子数量的变化约有 11 年的周期。该周期称为太阳活动周。通过长期观测发现，太阳上黑子多的时候，其他活动现象也会比较频繁，而且绝大多数活动现象是发生在黑子上方的大气中。所以太阳大气从低层到高层，以强磁场的黑子为核心，形成了一个太阳活动区。黑子是活动区最明显的标志，复杂的黑子群形态往往对应着复杂的磁场结构。日面上黑子和黑子群的多寡就代表了某一时期太阳活动的整体水平（见图 1）。

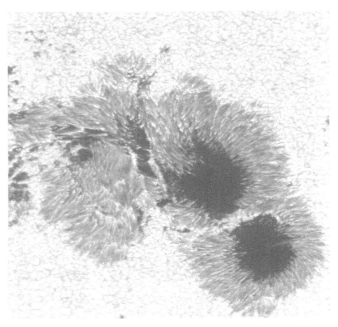

图 1　2013 年 4 月 10 日中国云南天文台抚仙湖太阳观测站观测到的超精细太阳黑子结构图

黑子群出现的平均纬度随时间的长期变化遵从孟德尔蝴蝶图规律，黑子的前导和后随极性的变化遵从海尔—尼克尔森定律，即双极黑子的前导和后随随太阳活动周的结束而极性变换，并且同一活动周中北半球的前导/后随黑子和南半球的后随/前导黑子极性相同。

耀斑 是剧烈的太阳活动现象之一，是发生在太阳表面局部区域中突然和大规模的能量释放过程。

一次大耀斑输出的总能量可达 4×10^{32} erg，其中电磁辐射部分只占 1/4，即 10^{32} erg，而且主要集中在可见光波段，射电辐射增强功率可以忽略。其余 3/4 能量则以高能粒子和等离子体动能形式释放。小耀斑（亚耀斑）释放的能量为 $10^{28} \sim 10^{29}$ erg，中等耀斑为 $10^{30} \sim 10^{31}$ erg。释放能量 $10^{26} \sim 10^{27}$ erg 的称为微耀斑（microflare），释放能量 $\leq 10^{25}$ erg 的称为纳耀斑（nanoflare）。

太阳耀斑爆发时伴随一系列的高能现象发生，包括从波长短于 1Å 埃的 γ 射线和 X 射线，直到波长达几千米的射电波段，几乎全波段的电磁辐射增强，以及发射

能量从 10^3eV 直到 10^{11}eV 的各种粒子流。耀斑事件引起的 X 射线辐射增强将破坏地球电离层的正常状态，耀斑的高能粒子流将造成地球轨道附近高能粒子污染并干扰地球磁层，这些扰动也会向下传播，导致地球低层大气（平流层和对流层）热力学状态的变化。通过这些扰动，太阳耀斑对人类的航天活动、无线通信，以及天气和水文领域产生影响（见图2）。

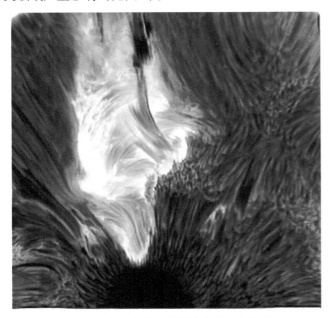

图2　云南天文台一米新真空太阳望远镜
观测到的 M 级耀斑（色球，6562.8Å）

日珥（暗条）　是太阳大气中的温度较低、密度较高的物质，当其突出于太阳边缘时，呈现为环状结构，因而称之为日珥；当日珥随着太阳自转到日面方向时，由于其亮度比日面的亮度小约两个数量级，因此它在日轮上的投影是暗黑的，被称为暗条。因此，日珥和暗条实际上是同一种现象，只不过观测角度不一样。暗条的分布范围比黑子广，除了中纬和低纬的活动区中会出现暗条之外，纬度超过40°的极区也可能出现暗条。与活动区相关的暗条出现频数和平均纬度都有 11 年周期变化，而极区暗条则在黑子数极大过去大约 3 年后才开始出现，持续到活动周极小期。

日珥爆发也是太阳上的常见活动现象。日珥是在日面边缘看到的受到特殊太阳磁场支持的相对稳定结构。一旦太阳磁场不稳定，日珥（或暗条）就发生爆发（见图3）。

日冕物质抛射　是太阳大气中剧烈的爆发活动之一。是指在较短的时间内从日冕大规模抛入行星际空间的带磁场的物质。日冕物质抛射实质上是等离子体从日冕高速喷发的过程。一次抛射的物质大概有 $10^{14}\sim10^{16}\,\text{g}$，

图3　云南天文台一米新真空太阳望远镜观测到的太阳日珥

平均为 $10^{15}\,\text{g}$。日冕物质抛射的尺度可达到百万千米量级。抛射出的等离子体运动速度可高达 3000 km/s。从每次物质抛射的整体速度和质量来估计，一次日冕物质抛射所携带出去的动能大约为 $10^{29}\sim10^{34}\,\text{erg}$，平均为 $10^{31}\,\text{erg}$。

日冕物质抛射的形态结构非常复杂，较经典的形态为膨胀的泡沫状圆环，前端是亮环，中间是暗腔，末端是亮核。还有诸如晕状、扇形等其他形态。

日冕物质抛是造成日地空间物理效应的主要源头。大流量的粒子事件都是由日冕和太阳风粒子通过激波加速形成的，而激波正是由快速日冕物质抛射驱动的。日冕物质抛射驱动的行星际扰动也是非重现性强地磁暴的主要扰动源。

参考书目

方成，丁明德，陈鹏飞，2008. 太阳活动区物理［M］. 南京：南京大学出版社．

（王华宁）

tàiyáng yàobān

太阳耀斑（solar flare）　发生在太阳大气中的辐射局部剧烈增强现象，在数十分钟内释放出 $10^{22}\sim10^{25}\,\text{J}$ 的能量，其中大耀斑辐射的能量可相当于整个太阳在 1 秒内辐射的能量的六分之一（或 16 亿亿吨 TNT 的当量）。太阳耀斑是 1859 年由英国天文学家 R. 卡林顿（R. Carrington）和 R. 霍德森（R. Hodgson）通过观测白光像首次发现的，他们观测到的这个耀斑属于比较稀少、能量巨大的白光耀斑。之后采用 Hα 谱线观测，则发现耀斑通常表现为色球中的亮带。待到利用火箭和卫星进行紫外和 X 射线观测后，研究人员发现耀斑其实起初诞生于日冕中，能量以非热粒子和热传导的方式加热下面的色球（偶尔以辐射的形式加热光球），从而出现从射电、光学、紫外，一直到 X 射线甚至 r 射线的全波段辐射。

耀斑有很多种分类方法。从形态上通常分为双带耀斑和致密耀斑，前者多对应日冕物质抛射，持续的时间比较长（数十分钟至数小时），后者常对应环—环相互作用（持续时间较短）。从强度上，早期根据 Hα 增亮的面积将耀斑分为 S，1，2，3，4 五类，并根据其亮度由弱而强分成 f，n，b 三个子类。1974 年美国第一个地球静止轨道环境业务卫星（GOES）发射上天后，人们根据 GOES 卫星探测到的太阳耀斑 1～8Å 软 X 射线波段的峰值积分强度将耀斑分为 A，B，C，M，X 五个级别，按顺序逐个强十倍，A 级对应 10^{-8} W/m²。如 A8.3 级对应的 1～8Å 软 X 射线强度是 8.3×10^{-8} W/m²。

太阳耀斑的发生率随太阳周变化，在太阳活动极大年附近，平均每天发生约 20 个；在太阳活动极小年附近，平均每天发生约 1 个。和其他很多爆发现象一样，耀斑的强度、等待时间均符合幂律分布。

2011 年 11 月 3 日，美国太阳动力天文台
在 30.4 nm 波段观测到的大耀斑

在理论方面，英美科学家于 20 世纪 50—60 年代逐渐发展并建立了耀斑的磁重联模型，该模型被 90 年代的卫星观测证实。该模型认为含电流片的磁场通过磁感线断开并重组的形式将磁自由能释放出来，该过程伴随磁能向等离子体热能、动能和高能粒子的非热能量的转换。

（陈鹏飞）

miǎndòng
冕洞（coronal hole） 日冕可见光、软 X 射线和极紫外观测图像中的大片亮度较低的区域，其密度和温度均比日冕的平均值低，在红外波段（1083 nm）观测，则冕洞区域亮度较高。

在日面边缘以上的冕洞虽然在数百年的日全食观测中早已被观测到，真正被定量研究却是源于 1956 年瑞士天文学家瓦尔德梅耶（Waldmeier）的日冕仪观测。在日面上，冕洞是在 20 世纪 60 年代由搭载在火箭上的紫外和 X 射线望远镜首次认证。之后，美国宇航局 1973 年发射的天空实验室（Skylab）卫星搭载的 X 射线望远镜对冕洞进行了更为准确的测量。

在太阳活动极小年附近，冕洞主要出现在高纬度的南北极区，且极区冕洞是长期存在的，寿命最长可达一年。然而在太阳活动极大年附近，冕洞可以出现在日面上任何纬度，并存在数月而消失。出现在低纬度的冕洞的磁场更容易连接到地球轨道，导致太阳风高速流与地球相互作用，并因太阳自转而出现约 27 d 左右的周期。有时低纬度冕洞向高纬度延伸，与极区冕洞相连。在太阳表面，和冕洞相应的是以单个磁极性（正或负）为主的大片区域，这里是高速太阳风的源区。

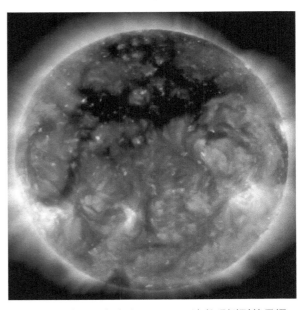

美国太阳动力天文台在 19.3 nm 波段观测到的冕洞
（图中黑色区域）

J. 威尔柯克斯（J. Wilcox）在 1968 年认证出冕洞对应开放磁场。可以认为冕洞形成于大尺度的磁环（对应弱磁场）无法束缚住其中的日冕物质，从而不断往行星际空间膨胀，导致出现开放的磁场。靠近冕洞中心被加热后的日冕物质沿着开放的磁感线往外运动形成高速太阳风，其边界处的磁流管因为急剧膨胀而导致出现慢速太阳风。这些太阳风很可能起源于冕洞底部的磁重联过程。

另外，日冕物质抛射发生后，会在爆发源区的正负极区各出现一个尺度较小的暗黑区域，可存在数小时或数十小时，称为瞬现冕洞，它通常被认为对应爆发磁绳的两个足点。

参考书目

Wilcox J M, 1968. The interplanetary magnetic field, solar origin and terrestrial effects [J]. Space Sci. Rev., 8：258.

（陈鹏飞）

rìmiǎn wùzhì pāoshè

日冕物质抛射（coronal mass ejection） 大量的质量、能量和磁通量短时间内从日冕抛射到行星际空间，是太阳大气中最猛烈的喷发现象。人类第一次空间观测到日冕物质抛射是在1971年12月通过空间轨道天文台实现的。

日冕物质抛射现象可以通过日冕仪进行观测。自然界中的日全食发生时，人们能够用肉眼观察到太阳的大气层，亦有一定的概率会见到在太阳边缘发生的日冕物质抛射现象。通常日冕物质抛射现象与太阳表面的活动区密切相关，但是在宁静太阳表面，亦可产生日冕物质抛射现象。在太阳活动高年，日冕物质抛射现象随活动区的增多而频发，平均每天4～5次；在太阳活动低年，日冕物质抛射现象发生率显著降低，大约两天一次。

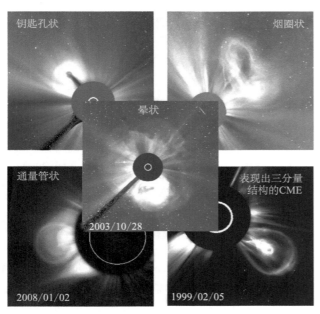

由SOHO卫星上的日冕仪拍摄到的不同形态的日冕物质抛射

日冕物质抛射具有不同的表现形态和结构，如晕状、钥匙孔状、烟圈状和通量管状等，事实上，日冕物质抛射的形态会随时间而变化，且不同波段观测的日冕物质抛射的形态也不同。典型的日冕物质抛射由三部分

组成：亮的外环、暗的空腔和亮密的内核。外环具有前沿和后缘，平均携带着10^{14}～10^{16}g的物质向外运动，其足点基本上位于日面固定位置。暗腔是有较强磁场的低密度区域。腔内亮核通常是平均携有10^{14}g等离子体的爆发日珥物质。

日冕物质抛射现象的物理成因和过程目前还没有完全研究清楚。现阶段理论认为日冕物质抛射源于太阳表面较强的闭合磁力线支撑的等离子体，当发生磁重联或磁流体力学不稳定性过程时，该闭合磁场结构就会向外喷发，形成日冕物质抛射。

根据美国国家航空航天局和欧洲空间管理局的联合卫星太阳和日球观测台卫星的观测结果，日冕物质抛射的速率从20 km/s到3000 km/s以上。根据白光观测推测，日冕物质抛射的物质密度可以得到抛射物质量的下限为1.6×10^{12}kg。日冕物质抛射除了白光观测外，通常还结合有高能粒子现象、射电暴和行星际激波。

参考书目

方成，丁明德，陈鹏飞，2008. 太阳活动区物理 [M]. 南京：南京大学出版社.

Hudson H S, Bougeret J L, Burkepile J, 2006. Coronal Mass E-jections：Overview of Observations [J]. Space Sci. Rev., 123：13-30.

（汪毓明）

tàiyáng zhìzǐ shìjiàn

太阳质子事件（solar proton events） 太阳耀斑和日冕物质抛射爆发导致地球静止轨道处，能量大于10 MeV的质子流强度连续15分钟达到或超过10 pfu（1 pfu = 1 proton · cm^{-2} · sr^{-1} · s^{-1}）的现象。太阳质子事件的强度（表1）分为四个等级（GB/T 31161—2014）。

太阳质子事件强度等级的划分

等级	类别	范围
1级	弱	10^1 pfu ≤ Ip max < 10^2 pfu
2级	中	10^2 pfu ≤ Ip max < 10^3 pfu
3级	强	10^3 pfu ≤ Ip max < 10^4 pfu
4级	超强	Ip max ≥ 10^4 pfu

一个太阳活动周期间，弱、中、强、超强太阳质子事件的次数分别可达到约50次、25次、10次和1～3次。

太阳质子事件期间，太阳高能质子可直接进入地球磁场磁力线开放的区域，使得极区中高层大气电离程度增加，造成极区无线电短波通信能力下降，极区的目标定位误差也增加。太阳高能质子可直接溅射掉太阳能帆板上用于太阳能发电的晶格阵列上有序排列的原子，从而形成越来越多的晶格缺陷，造成卫星太阳能电池输出功率的不断下降。高能的质子穿透力强，可穿透宇航员的宇航服甚至穿透空间站的保护壳，从而对宇航员的健康带来危害。高能质子还会对电路的逻辑状态造成影响，形成单粒子事件。对卫星上的光学系统的辐射，可造成光学系统的像素下降，长期积累会造成光学系统失效。太阳高能质子还会对其他的功能器件造成损害。

高能的质子到达地球大气层时，会与大气层中的中性成分发生核反应，从而产生大量的次级成分，这些次级成分对飞机乘客的安全构成威胁。高能质子比较容易到达高纬区域，因此，飞过极区航线的飞机，在太阳高能粒子事件爆发期间，受到的辐射程度会增加，对飞机乘客和飞机驾驶员的健康有一定危害。不同强度的太阳质子事件，其危害程度不同。

参考书目

乐贵明，赵海娟，陈博，2014. 太阳质子事件强度分级：GB/T 31161—2014［S］. 北京：中国标准出版社.

（乐贵明）

tàiyáng shèdiàn bàofā

太阳射电爆发（solar radio burst）　与耀斑有关的太阳射电辐射增强称为太阳射电爆发，是太阳在无线电波段强度急剧变化的现象。当太阳受到强烈扰动［例如耀斑，日冕物质抛射（CME）］时产生，发生在与日面活动区有关的局部区域，是太阳上强烈扰动产生的高能电子、高能粒子等与环境等离子体、磁场、波动等相互作用的结果，对研究太阳大气结构、磁场特性及太阳活动的物理过程等有重要的科学意义。

太阳射电爆发的波长范围从短毫米波到十米波，充斥了整个地球大气的"无线电窗口"。用短毫米波的射电望远镜观测到的一些极强的毫米波大爆发，其峰值可能在更短的波长上，空间飞船还观测到千米波的射电爆发。太阳射电爆发的时标从小于 1 秒（已发现时标为毫秒级的叠加在爆发之上的精细结构）至若干小时，甚至数日。太阳射电爆发的幅度从宁静太阳射电的百分之几（或小于设备的灵敏度）到几十万倍。

太阳射电爆发按波长可以分为：微波爆发、分米波爆发和米波（包括更长直至千米波）爆发，它们分别起源于太阳的色球层—过渡区—低日冕、低日冕和日冕—日地空间。

微波爆发，通常是指频率大于 1 GHz（λ≤30 cm）的频段中所出现的爆发。根据辐射强度随时间变化的特点可以分为"渐变型""脉冲型"和微波 IV 型爆发 IV$_\mu$（长持续型）。后两种型与硬 X 射线爆发相关性很好，常常有十分相似的时变曲线。微波 IV 型爆发较为少见，

十分复杂，幅度可达宁静太阳的数十倍。它们与地球附近观测到的高能质子事件及很多地球物理事件密切相关。近来发现微波爆发中也常有各种精细结构，如微波 III 型爆发，微波尖峰辐射等。

分米波爆发（200 MHz～1 或 2 GHz）形态十分复杂，其短波段类似于微波爆发向长波的延伸，其长波段则类似于米波爆发的高频延伸，常见的分米波 III 型爆发，时标更短，常有复杂的精细结构出现。目前认为耀斑、日冕物质抛射等太阳上激变时的磁重联、电流片、粒子加速等过程大部分都发生在这一区域。

米波爆发形态十分复杂，根据动态频谱仪的记录特征可以分为 I 型、II 型、III 型、IV 型、V 型五种类型。I 型爆发（噪暴 Storm）由持续几小时到几天的宽带连续谱及叠加其上的一系列窄带短持续脉冲组成，和太阳上大的活动区出现有关；II 型爆发是一种持续几分钟到十几分钟的大事件，与耀斑、日冕物质抛射、太阳质子事件等关系密切，其频谱特征为慢速频漂，平均速度约为 800 km/s，有谐波结构。现在认为是太阳上激变产生的高能粒子在等离子体中运动形成激波后的产物，一直可以延续到地球附近；III 型爆发是一种十分常见的爆发，其特征为窄带快速频漂，一般认为速度可高达 0.3 倍光速的高能电子与太阳等离子体作用的产物；IV 型爆发是一种宽带连续谱辐射，分成运动 IV 型，耀斑连续谱 IV 型等，II—IV 型事件对地球环境有重要意义；V 型爆发为与某些 III 型爆发相伴发生的连续辐射，一般只发生在低于 150 MHz 的频率。

太阳射电爆发（如 II 型爆发、III 型爆发）及相关的日冕物质抛射（CME）发生时，抛射出的高速带电粒子流与太阳风相互作用形成行星际激波，会引起强烈的地磁扰动，产生一系列的影响，如：影响地球高层大气和电离层，引发短波通信中断；影响空间飞行器载荷；导致宇航员受辐射伤害；卫星定位精度显著下降；卫星偏离轨道甚至陨落；电网和输油管道受破坏等。因而它是空间天气监测预警的重要内容，具有重要的实用价值。

（傅其骏　赵海娟）

xíngxīngjì jībō

行星际激波（interplanetary shock）　行星际空间中由于驱动源的运动速度达到或者超过了行星际介质中的特征传播速度（磁声波速）时所形成的一种强烈的压缩波，表现为密度、温度、速度以及与激波法向垂直的磁场强度等物理量在波阵面上发生突然跃变。该波阵面称为激波面，是未扰动区（上游）和扰动区（下游）的分界面。激波的强度通常用声马赫数（驱动源运动速

率与音速之比）或阿尔芬马赫数（驱动源运动速率与阿尔芬波速之比）来表示。

行星际激波一般有两种驱动源，一种是日冕物质抛射或磁云，另一种是太阳风高速流。日冕物质抛射的速度通常高达每秒上百乃至上千千米，当它相对于行星际背景太阳风等离子体的运行速度超过磁声波速时，它的前方就会形成并驱动行星际激波（见图1）。由于太阳表面源区磁场拓扑结构的不同，太阳风有高速流和低速流之别。太阳风高速流来自有开放磁场结构的冕洞区域，而太阳风低速流来自有着闭合磁场结构的盔状区。当源自冕洞的太阳风高速流追上并压缩前方的太阳风低速流时，它们的相互作用区前方就会逐渐形成并驱动行星际激波，并且在其后方也会形成一个后向激波（见图2）。与日冕物质抛射驱动的激波不同，太阳风高速流驱动的激波往往在距离太阳1AU之外才会形成。

行星际激波是磁流体中的激波，与普通流体的激波有所不同。首先行星际介质是等离子体，会受到电磁场的显著影响；其次它们是无碰撞的，粒子的平均自由程大约是1AU。因此从特性上来讲，行星际激波是无碰撞等离子体激波。行星际激波可以从形成原因（日冕物质抛射或者太阳风高速流冲入低速流）、马赫数（激波强度）、特征（快、慢和中间激波）、激波上游磁场方向与激波面法线方向的夹角（平行、垂直、倾斜激波），以及传播特点（前向、后向激波）等角度进行分类（见图3）。行星际空间中的激波是加速高能带电粒子的有效途径，高能带电粒子会对人类空间飞行器和宇航员造成危害。高能带电粒子的激波加速机制和过程是当前空间物理和空间天气学的研究热点之一。

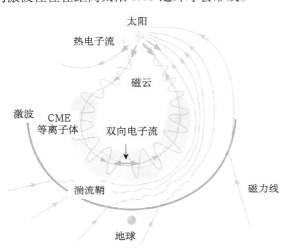

图1 日冕物质抛射前方驱动行星际激波的示意图

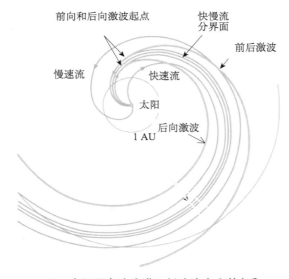

图2 太阳风高速流进入低速流产生前向和后向激波的示意图

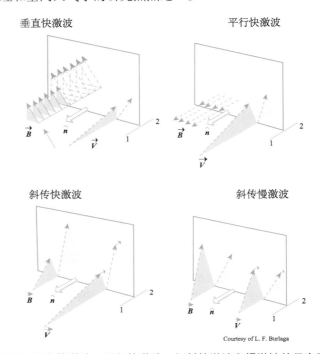

图3 垂直快激波、平行快激波、倾斜快激波和慢激波的示意图
（1区为上游，2区为下游）

参考书目

Zurbuchen T H, Richardson I G, 2006. In-situ solar wind and magneticfield signatures of interplanetary coronal mass ejections [J]. Space Sci. Rev., 123：31-43.

（汪毓明 缪彬）

dìcí huódòng

地磁活动（geomagnetic activities） 通常是指由固体地球之外的空间电流体系，以及通过电磁感应在地球内部形成的感应电流所产生的地球变化磁场，其幅度和频率随时间不断变化的现象。地磁场是地球环境中最基本的物理场之一，它包括地核主磁场、地壳异常磁场组成的内源场和形成地球变化磁场的外源场两部分。广义地说，两部分地磁场随时间的变化都构成了地磁活动，但由于外源场变化的时间尺度一般远小于内源场变化的时间尺度，因此地磁活动通常是针对变化速度较快的地球变化磁场。

地磁活动的形态学特征

按照形态特征一般把决定地磁活动的变化磁场分为平静变化和扰动变化两大类。最主要的平静变化有太阳静日变化（简称 Sq）和太阴日变化，它们的变化周期分别为 1 个太阳日（24 小时）和 1 个太阴日（约 25 小时）。在中低纬度地区，只要不是强烈扰动的日子，在磁照图上总可以清楚地分辨出占优势的 Sq 变化。太阴日变化幅度很小，必须用有效的统计方法，从大量记录中才能提取出来，只有在赤道附近，太阴日变化才能直接从磁照图上看出来。

与周期性的平静变化形成明显对照的是扰动变化。它们的主要特点是出现时间不规则，变化形态复杂，缺乏长期连续性。

地磁活动的主要分类

磁暴 是最重要的一种全球性的扰动类型。在太阳活动低年，磁暴，特别是强烈磁暴很少出现。但在太阳活动高年，磁暴频繁发生，而且强度很大，变化剧烈。在中低纬度地区，磁暴变化在 H 或 X 分量上表现最明显。

地磁亚暴 是另一种重要的地磁场扰动变化，它主要表现在极区和高纬度区。在极光带，亚暴有极其复杂的变化形态，在中低纬度，亚暴表现为变化较平缓的湾扰。亚暴通常持续几十分钟到一两个小时，有时一个接一个连续发生，有时孤立发生。

钩扰 是偶尔能观测到的一种扰动类型，出现的范围限于中低纬度白天一侧，形态规则呈钩状，幅度一般也不大。

地磁脉动 比上述磁扰周期更短的一种地磁扰动，幅度不大，周期范围很宽。在常规地磁台只能看到长周期脉动，而短周期脉要用快速记录才可得到。根据形态特征，脉动又可分成持续性（规则）脉动和不规则脉动两大类，每大类又根据变化周期分为若干类。

地磁活动的时间尺度

本质上，地磁活动源自于太阳活动产生的行星际扰动，地磁活动性与太阳黑子都有11 年周期变化，虽然在不同时期，利用不同的地磁活动性指数与太阳黑子数的统计相关分析，其两者之间的相位变化不尽相同，但地磁活动存在 11 年周期的变化已为人们普遍接受。

地磁活动的另一个特征是半年变化，即春分、秋分附近极大，而夏至、冬至附近极小。为了解释这种半年周期变化，人们考虑过两种天文因素，一种是太阳经过地球赤道的时间（分点），另一种是地球经过太阳旋转赤道的时间（至点）。目前，地磁活动性高峰的相位还不能十分准确地确定，因而无法断定调制活动性的因素是前者还是后者，但人们普遍接受的一个观点是，当行星际磁场相对于地磁偶极子轴为南向时，地磁扰动容易发生，而且地磁活动性随行星际磁场南向分量的增大而增大。

太阳相对地球的自转周期（太阳自转的会合周期）近似为 27 天，随太阳一起旋转的太阳活动区，如长寿命的太阳冕洞或黑子将每隔一个太阳自转周朝向地球，在这些活动区连续发出的太阳风高速流作用下，磁层发生强烈扰动，地磁活动呈现 27 天的重现性周期变化。

地磁活动的行星际源

地球磁层的形成是太阳风与地磁场作用而达到压力平衡的结果，因此太阳风的速度、温度、密度、磁场等参数的变化必然会影响这种平衡，从而引发地磁扰动。其中行星际磁场的南向分量对太阳风—磁层耦合和地磁活动起着重要的控制作用，在行星际磁场持续南向时，在向日面磁层顶处行星际磁场与地磁场反向，有利于磁场重联的发生，在这种情形下，太阳风能量向磁层输运效率提高，导致地磁场扰动，地磁活动水平提高，常常发生磁暴和磁层亚暴这样一些可能影响人类活动的强地磁活动。此外，地磁活动也与行星际磁场扇形极性存在一定的关系，其产生的地磁变化在高纬度地区最明显，通常称之为行星际磁场扇形效应。

（陈耿雄）

dìcíbào
地磁暴（geomagnetic storm） 全球范围内地磁场的强烈扰动，持续时间十几到几十个小时，地面的扰动幅度在几十至几百个纳特斯拉（nT 电磁场中的一种单位），偶尔可达 1000 nT 以上。太阳活动可将大量携带太阳磁场的等离子体抛射进入行星际空间，当这些物质到达地球近地空间时，与地球磁层产生强烈作用，引起地磁场激烈扰动，在行星际磁场转南且持续较长时间等行星际条件下，近地等离子体片中的带电粒子将获得加能并注入内磁层，在地球赤道附近空间形成西向环电流，导致全球地面磁场水平分量大幅度下降。

磁暴是一种全球性的地磁扰动现象，从赤道到极区均可观测到磁暴扰动；磁暴现象几乎是全球同时发生，各地磁暴起始时间只相差 1～2 分钟。

磁暴的形态复杂多样，每一个磁暴还包含其他许多扰动变化成分。这些扰动主要有太阳扰日变化、亚暴活动、地磁脉动以及其他不规则扰动。当磁暴发生时，所有地磁要素都发生剧烈变化，其中，中低纬度地区的水平分量 H（或 X 分量）变化幅度最大，而且形态最清楚，所以磁暴的大部分形态学和统计学特征是依据中低纬度 H 分量（或 X 分量）的变化得到的。

很多磁暴开始的典型标志是水平分量突然增加，呈现一种正脉冲变化，变化幅度一般为 $10\sim20$ nT，而强度大的可超过 50 nT，这个变化称为"磁暴急始"，相应地把伴随有急始的磁暴称作"急始磁暴"。有的磁暴起始变化表现为平缓上升，这种磁暴称为"缓始磁暴"。

过程相态 按照磁暴开始后，H 分量在不同阶段的变化特征，磁暴过程分为三个相：

初相 H 分量保持在高于暴前值的水平上起伏变化，持续时间从几十分钟到几个小时。在此阶段，磁场值虽然高于平静值，但扰动变化不太大。

主相 初相以后，H 分量迅速大幅度下降，几个小时到半天下降到最低值，并伴随激烈的起伏变化。主相是磁暴的主要特征，其变化幅度一般为几十到几百 nT，个别可超过 1000 nT。

恢复相 主相之后，磁场逐渐向暴前水平恢复，在此期间，磁场仍有扰动起伏，但总扰动强度渐渐减弱，一般需要 $2\sim3$ 天才能完全恢复平静状态。

特点分类 磁暴可按照其形态特点或者强度大小进行分类：

按磁暴起始特点分 磁暴分为急始磁暴和缓始磁暴两大类，它们包括的初相、主相、恢复相三个阶段没有系统的差别。

按 K 指数大小分 磁暴分为：中常磁暴（$K=5$，6）、中烈磁暴（$K=7$，8）、强烈磁暴（$K>9$）；

按 Dst 指数值的下限值分 磁暴分为：弱、中、强、烈、巨五类，各类磁暴最低点 Dst 指数的值分别为 -30 nT、-50 nT、-100 nT，-200 nT、-350 nT；

按磁暴重现性分 磁暴分为：重现性和非重现性两类。其中重现性磁暴主要是指那些受太阳自转影响，周期性重复出现的磁暴。

影响 磁暴期间磁场强度的急剧变化可能在输电线路和变压器中产生很高的感应电流，甚至造成严重的事故。磁暴时还常伴随有电离层扰动，使无线电短波通信受到干扰。磁暴期间外辐射带高能电子发生剧烈变化，高能电子通量在恢复相时可比暴前增强几个数量级以上，给航天器造成巨大危害，另外磁暴期间中高层大气密度增加，低轨卫星和国际空间站会因阻力的增大加快了轨道的衰变。因此磁暴及其伴随的物理现象是空间天气研究的重要课题之一。

（陈耿雄）

cícéng yàbào

磁层亚暴（substorm） 背阳侧磁层—电离层系统的剧烈扰动事件，经常发生在行星际磁场有南向分量时，平均每天 $4\sim5$ 次，每次持续约 $1\sim3$ 小时。产生原因是太阳风通过向阳面磁场重联等机制向磁层输入能量的急剧增加，这些能量的一部分随即释放，驱动磁层对流和极光电集流，称为"直接驱动过程"；另一部分先以磁能的形式在磁尾积累，然后突然释放，称为"载卸过程"。

亚暴释放的能量使磁尾能量电子加速，沿磁力线沉降到极区电离层和高层大气，产生极光，并加热高层大气；同时极区电离层极光电集流增强，引起地磁场剧烈扰动。亚暴释放的能量还驱动高速流，向近磁尾输送磁通量，引起磁场"偶极化"，进而加热带电粒子，并将它们注入内磁层，形成或增强环电流；激发等离子体波，加速辐射带高能电子。通常将这些现象总称为磁层亚暴，并将磁层亚暴所引发的在整个地球高纬区，特别是极光带剧烈变化的地磁扰动现象称为地磁亚暴，而将与磁层亚暴相伴随的极光活动增强事件称为极光亚暴。目前的研究表明，亚暴发生除了引发以上的现象外，还可能导致位于极光带区域的输油管道产生巨大的感生电流，加速管道的腐蚀，亚暴期间除了可以看见由于能量交换电子跃迁形成的绚丽多彩的极光，其潜在的高能电离辐射会对跨极区飞行的旅客带来一定的辐射影响，另外极轨卫星有可能会受到高能粒子的轰击，产生一定的空间天气效应。

描述亚暴期间地磁场扰动程度的指标是极光电集流指数。通常将亚暴的装卸载过程划分为三个阶段：

（1）亚暴增长相：此阶段从行星际磁场转为南向开始，平均持续约 1 小时，此时，磁尾电流增强，使近地等离子体片变薄，并使磁场位形变得更加类似于磁尾。在这一阶段，磁尾积累着能量，反映地磁扰动程度的 AE 指数平缓上升，变化不太显著。

（2）亚暴膨胀相：此阶段开始于极光弧突然增亮并向高纬和晨昏方向扩展，同时类尾磁场位形崩溃，磁尾磁场变成类偶极子位形，这种磁场偶极化过程首先在近地等离子体片中开始发生，然后向磁尾和晨昏方向发展。磁场偶极化过程伴随着亚暴电流楔的形成和电离层极光电集流的增强，AE 指数急剧变大，膨胀相持续约 30 分钟。

（3）亚暴恢复相：在亚暴膨胀相，磁尾重联使原来储存在磁尾瓣中的能量突然释放，为等离子体片和电离层中亚暴活动提供了主要的能量，当磁尾中储存的能量减少到一定程度时，膨胀相渐趋平静，亚暴恢复相开始，AE 指数逐渐回落到亚暴前平静水平。

（陈耿雄）

diànlícéng tiānqì

电离层天气 （ionospheric weather） 电离层短时（类似于气象学中天气尺度的变化）和瞬时状态变化，称之为电离层天气。电离层天气现象包括电离层逐日变化、突然骚扰，行进式扰动、电离层暴、电离层闪烁等。引起电离层短时变化的原因包括：太阳辐射变化（如辐射逐日变化、太阳耀斑、日食等），太阳风变化引起的磁层扰动，低高度大气扰动向上传播，背景热层大气扰动，电离层自身不稳定性等。电离层天气变化能显著影响无线电波传播，从而对无线电通信，卫星通信、卫星定位导航等产生重要影响。

电离层的发现 早在 1839 年德国著名数学及物理学家卡尔·费里德里希·高斯（Carl Friedrich Gauss）就猜测地球上空存在一个导电层，从而解释地面观测到的磁场变化。1901 年 12 月 12 日，意大利科学家古列尔莫·马可尼（Guglielmo Marconi）成功地进行了从英格兰发出的跨过大西洋的无线电传输试验。1926 年，苏格兰物理学家罗伯特·沃顿·瓦特（Robert Waton-Watt）在一封信中首次引入"电离层"这一词汇来描述高空带电层。1926 年英国物理学家爱德华·阿普尔顿（Edward V. Appleton）发现高度约为 241 km 的电离层，后被命名为阿普顿层，1947 年爱德华·阿普尔顿因证实电离层的存在获得诺贝尔物理学奖。

电离层天气现象

电离层逐日变化 表现为电离层基本参量出现显著的逐日扰动，其产生原因很多，包括太阳辐射变化、地磁场扰动、低层大气扰动等。

电离层突然骚扰 表现为电离层发生瞬时（几分钟至几十分钟）大幅扰动，主要来源于太阳耀斑产生的极紫外辐射剧烈增加。电离层 D 层电子密度增加最剧烈，会导致无线电突然频率吸收、突然天电噪声增强、突然相位异常等。电离层 E 层电导率也会突然增加，Sq 电流系得到增强，地面磁场从而出现扰动，称之为磁钩扰。从 E 层到 F 层的电子密度增加导致总电子含量突然增加。

电离层行进式扰动 表现为水平传播的电离层密度波动结构。主要来源于大气重力波对电离层的影响，F 层电子密度能产生偏离正常值 20%～30% 的扰动，这一扰动严重改变无线电波的传播环境。周期为半小时至几小时，水平尺度为几百至几千千米。磁暴引起的极区扰动、火山喷发、地震、海啸、台风、雷暴、日夜交替线、日食等均能激发大气重力波并进而产生电离层行进式扰动。它可改变频段很宽的无线电波的射线轨道和传播时延；在通信、授时、定向定位和导航系统中引起聚焦效应和折射误差；对中、短波还会引起多径现象。

电离层暴 表现为持续几小时至几天的全球范围电离层激烈扰动。主要由磁暴激发产生。在磁暴主相期间，与粒子沉降相伴的强电场和电急流，使极区电离层发生极复杂的热力学扰动、电磁场扰动和磁流动力扰动，这些扰动进一步向中低纬传播，从而引起全球范围的电离层扰动。电离层暴包括正向扰动（称为正暴）和负向扰动（称为负暴）。电离层暴期间电子密度的剧烈扰动会严重影响甚至截断依赖电离层传播的短波通信、导航定位等。

电离层闪烁 电离层电子密度不均匀性结构导致穿越电离层的电波信号振幅、相位等的短周期不规则变化，称作电离层闪烁现象。地理区域上有两个强闪烁的高发区，一个是集中在 ±20° 的低纬区域，主要由赤道等离子体泡所引起；另一个是高纬地区，主要由粒子沉降引起。电离层闪烁是对电子信息系统产生严重影响。对卫星通信系统来说，电离层闪烁会导致信号幅度的衰落，使信道的信噪比下降，误码率上升，严重时使卫星通信链路中断。

参考书目

熊年禄，唐存琛，李行健，等，1999. 电离层物理概论［M］. 武汉：武汉大学出版社.

（乐会军　余涛）

diànlícéng rǎodòng

电离层扰动 （ionospheric disturbance） 由于波动、辐射、粒子注入等外部因素的影响，引起电离层中电子密度、电离层高度等偏离正常状态的短时间变化。包括电离层行进式扰动、电离层闪烁以及极盖吸收等。这些扰动变化改变了电离层的正常形态，给电波传播带来显著的影响，产生吸收、折射、色散等各种效应，使得电波的频率、相位等参数发生改变。

电离层行扰 电离层扰动的第一种形式是电离层行扰。电离层扰动是存在于电离层中的一种行波型扰动，是电离层对大气声重力波的响应。早在 20 世纪 20 年代，学者们在对电离层进行无线电波探测的过程中发现，电离层反射的高频电波信号经常出现有规律的起伏。进一步的实验研究表明，这种起伏是电离层中的波动与电波本身相互调制的结果，因其具有行波的特征而被称之为电离层行进式扰动。在观测中，电离层扰动主要表现为电离层电子密度的准周期波动，或者是电离层峰高的规律性起伏。此外，也有观测表明电离层扰动引起电离层离子漂移速度和电离层温度的波动。大量探测结果显示，电离层扰动可以明显区分为大尺度电离层扰动和中尺度电离层扰动两种类型。大尺度电离层行扰主要由地磁扰动期间的极区活动激发。磁扰期间的极区电集流增强或粒子沉降加热大气，激发大气声重力波，并产生大尺度电离层扰动。大尺度电离层扰动从极区向赤道方向传播，并有可能跨越赤道到达另一半球，引起全球尺度的电离层电子密度起伏。中尺度电离层扰动的激发源极为丰富。观测表明，可能的源包括低层大气中的气象过程（如西风急流，雷暴，台风）、地质过程（如地震及火山爆发），以及人工过程（如核爆）等。在传播过程中，中尺度电离层扰动受到源于背景大气的较强的耗散作用，因而其水平传播距离比大尺度电离层扰动短得多。

电离层闪烁 电离层扰动的第二种形式是电离层闪烁，是无线电波穿越电离层传播时，由于电离层结构的不均匀性和随机时变性，造成信号的振幅、相位、到达角状态等发生快速随机变化的现象。最早观测到的电离层闪烁现象在 1946 年，J. S. 海伊（J. S. Hey）等观测到天鹅星座的 64 MHz 辐射的强度有明显的短周期不规则起伏，随后的观测证实，这种信号起伏是由电离层中电子密度分布的不规则体结构引起的。电离层闪烁分为幅度闪烁和相位闪烁两种。电离层不规则结构是引起电波闪烁的原因。电离层闪烁效应导致地空无线电系统的信号幅度、相位的随机起伏，对依赖空间平台的卫星通信、卫星导航及卫星遥感等系统有影响，使其使系统性能下降，严重时可造成通信系统、导航系统、地空目标监测系统信号中断。随着全球范围的导航和通信系统对空间平台的依赖日益增强，监测并预报电离层闪烁对通信系统的影响，成为人们关注的重要问题。电离层闪烁对无线电信号影响程度与信号的频率有关，在相同的电离层条件下，随频率的升高，闪烁的影响逐渐减弱。电离层闪烁主要发生在 3 GHz 频率以下，但在发生在剧烈太阳活动时，也会对 C 波段及其以上频段造成影响。例如，在日本冲绳曾记录了 12 GHz 卫星信号最大 3 dB 值得电离层闪烁事件。

极盖吸收 电离层扰动的第三种形式是极盖吸收，指因太阳质子事件引起的高纬极盖区电离层 D 区电离增强，使通过该区的电波遭受强烈吸收的现象。引起极盖吸收的源是来自从耀斑中抛射出的粒子，以质子为主。当大太阳耀斑出现时，太阳释放出大量能量在 5～20 MeV 范围的质子和其他粒子，这些高能粒子受地磁场作用沿着地球磁力线沉降到极盖区高层大气中，在电离层 D 区产生附加电离，使得地面以上 50～90 km 高度范围内的电子密度增加，导致通过极区的无线电波被严重吸收。1956 年 2 月 23 日太阳发生了一次特大耀斑，并引发了太阳质子事件。这次耀斑发生后，极区无线电通信中断持续好几天。甚高频（VHF）前向散射效应证明通信中断是 D 层附加电离造成的。这是人类第一次发现极盖吸收事件。通常观测到的极盖吸收大约在南北纬 75°以上纬度区域，在磁暴主相期间可以降低至 65°。极盖吸收事件一般发生在大耀斑后 15 分钟至几小时，可持续几个小时至数天。在极盖吸收事件期间，极盖区的短波被完全吸收可持续数小时之久。天波吸收可达到 100 dB 以上。极盖吸收发生的频次不高，在太阳黑子低年极盖吸收发生的概率极低，在太阳黑子高年平均大约每月发生一次。

（丁锋　单海滨　唐伟）

diànlícéngbào

电离层暴（ionospheric storm） 在磁暴期间电离层出现的强烈扰动。电离层从低到高依次分为 D 层、E 层、F$_1$ 层和 F$_2$ 层。电离层电子密度一般在 F$_2$ 层达到峰值，这一 F$_2$ 层峰值电子密度记作 NmF2。磁暴期间，F$_2$ 层峰值电子密度 NmF2 变化显著（相对幅值可达 ±50%，甚至更大），所以有时电离层暴特指 F$_2$ 层暴。

分类及特征 考察电离层暴，需要扣除电离层平静日的变化。以磁暴前一天或前 5 天的平均 NmF2 日变化作为参考（亦可选取 NmF2 月中值或滑动月中值作为参考），如果 NmF2 暴时值显著增大，称之为电离层正相暴，简称为正暴；反之，如果 NmF2 暴时值显著减小，则称之为电离层负相暴，简称为负暴。典型的电离层负暴经历几个阶段，在开始几个小时，电子密度增加，后大幅减少，在随后的几天内逐渐回到正常值。各个阶段分别称为初相、主相和恢复相。

就某个特定的磁暴事件来说，相应的电离层扰动与所考察点的经纬度有关，还受到如季节、地方时和太阳活动等诸多因素的影响。从统计上来说，负暴多出现在高纬和中纬地区，在特大磁暴期间也能渗透到低纬，甚至赤道地区；正暴易出现在赤道和低纬地区。负暴多出现在夏季，且幅度较冬季大，其传播能达到的地磁纬度更低；冬季易在中低纬地区观测到大的正暴。在太阳活动高年，低纬电离层倾向于负相扰动；而在太阳活动低年，倾向于正相扰动。夜间有利于负相暴向中低纬渗透，而白天发生正相暴概率高。

电离层暴的扰动特征还依赖于磁暴类型和开始时间，在不同磁暴阶段也会表现出不同的扰动特征。通过对一些急始型磁暴事件的分析发现，磁暴主相发生在白天，中低纬电离层正暴的延迟时间较负暴要短，而子夜到凌晨间发生的地磁暴引起的负相扰动会更强、持续时间更长。

电离层暴效应不仅出现在 F_2 层，有时在 F_1、E 和 D 层也能观察到显著的暴时变化。譬如，测高仪观测发现，中高纬地区 F_1 层暴以负暴效应为主，不依赖于 F2 层暴的形态，且冬季暴时效应比夏季明显。

物理机制　电离层暴的物理机制，目前流行的是暴环流模型，强调对电离层扰动起主要作用的是热层温度、密度、成分和中性风系的改变。然而在低纬及赤道地区磁层对流电场和风场扰动发电机电场对电离层产生非常显著的影响，如导致暴时赤道异常驼峰减弱、甚至消失；也可能将驼峰纬度迁移到更高纬度，产生超喷泉效应。

总之，电离层暴是一种极端的电离层空间天气现象。研究电离层暴及与之密切相关的热层暴，具有重要的学术意义和应用价值，有助于揭示暴时能量注入所引起的电离层和热层中化学过程、动力学过程和电动力学过程的作用机理，建立适用于暴时条件下的电离层/热层暴时模式。

（赵必强　丁峰）

diànlícéng diànbō chuánbō

电离层电波传播（ionospheric radio wave propagation）　无线电波在经过电离层时会受到其间的等离子体的影响，受影响的无线电波频段从几赫兹到几吉赫兹，涉及的电离层区域从 D 区延伸至 F 区以上。电离层中存在的离子和电子多到足以影响无线电波在其中的传播，而与电离层关系最为密切的电波频段为高频（HF，3 MHz～30 MHz，也称为短波），其天波传播模式主要依靠电离层实现传播。历史上，电离层的发现就是通过 HF 无线电波探测手段。近 20 年来，随着卫星精密导航和雷达成像技术的发展，L、S 等波段的电离层效应也日益受到重视。

磁离子理论　研究电磁波在磁化等离子体中传播的理论。等离子体又是自由电子和离子的集合，在宏观上一般表现为电中性。电离层主要受太阳电磁辐射和太阳活动支配，既是时变也是空变媒质，无线电波在这样的媒质中的传播也相对复杂。在 20 世纪 40—50 年代，为了研究无线电波在电离层中的传播，逐步建立了完善的磁离子理论。在该理论中，媒质的折射指数是一个最根本的参数。在忽略离子的影响时（当无线电波的频率远远大于离子的等离子体频率时通常可以忽略），复折射指数的平方满足一个双二次方程，存在两个特征根，根据求根公式求解出复折射指数的平方的表达式，即为阿普顿-哈特里公式（Applenton-Hartree 公式），该公式表明复折射指数的平方是电子等离子体频率、电波频率、传播方向与磁场的夹角、电子磁旋频率、电子的碰撞频率等参量的函数。该公式也称为色散方程，它是描述无线电波在电离层中传播的特性方程。从该方程出发，电磁波在电离层中的很多传播特性都可以得到。

寻常波与非常波　根据磁离子理论，无线电波入射进入电离层后，会分成两个独立的传播模式分别传播，分别对应于阿普顿-哈特里公式所表达的两个特征根。其中一个特征根对应于阿普顿-哈特里公式中取"＋"号，称为"寻常波"（或 O 波）；另一个特征根对应于阿普顿-哈特里公式中取"－"号，称为"非常波"（或 X 波）。这种波分裂的现象又称为双折射现象，电离层也称为双折射媒质。寻常波受地磁场的影响较小，而非常波受地磁场的支配较大。在垂测频高图上，这两种特征波分别对应于两条独立的描迹，各对应一个临界频率，寻常波与忽略地磁场影响时的传播情形更接近。

极化　电磁波在传播过程中，其电场矢量（或磁场矢量）不断地改变方向和大小，用这些矢量端点的轨迹来表示电磁波的这种特征，称为电磁波的极化。如果电场矢量端点随时间变化的轨迹是一直线，则称为线极化波。如果电场矢量端点的轨迹是一个圆，则称为圆极化波。沿着波矢方向看，矢量旋转的方向符合右手法则的称为右旋极化，符合左手法则的称为左旋极化。一般来说，电场矢量端点的轨迹为椭圆，称这种波为椭圆极化波。在传播的过程中，如果波的极化状态保持不变，则称该波为特征波。O 波和 X 波就是磁化等离子体中传播的两个特征波。波的极化状态使用场的三个分量之比来描述。电磁波在电离层中传播时，一般为椭圆极化，研究较多的是两种特殊情形：平行于地磁场的传播和垂直于地磁场的传播。当波矢方向平行于地磁场时，两个特征波都是圆极化的横波。当波矢方向垂直于地磁场时，O 波为纯横波，即电场矢量平面垂直于波矢方向而平行于地磁场方向，而 X 波通常不是横波，它在垂直于地磁场方向的平面内椭圆极化。

电离层吸收　指电离层对电波有衰减作用。吸收主要与电离层中的电子和分子或原子的碰撞频率和电波频率有关。根据磁离子理论，吸收体现在复折射指数中的虚部。按照发生的区域，吸收又分为非偏移吸收和偏移吸收。非偏移吸收主要发生在电离层的 D 区，在此区域

折射指数接近于 1 （自由空间折射指数），非偏移吸收的大小正比于电子浓度与碰撞频率，反比于电波频率的平方。偏移吸收主要发生在电波的反射区域，在此区域射线（电波的传播路径）的曲率变化较大，折射指数接近于 0，偏移吸收的大小正比于折射指数的倒数与折射指数之差。在两种吸收中，占主要地位的是非偏移吸收。

正是由于电离层吸收的影响，在电波垂直入射时，存在一个低截止频率，当电波频率低于该频率时，地面无法接收到反射信号，电波能量的衰减主要由电离层吸收引起。所以在进行远距离短波通信时，通常尽量采用较高的频率，或者在夜间通信。

电离层电波传播方式

反射传播 长波（30 kHz～300 kHz）、中波（300 kHz～3 MHz）和短波（3 MHz～30 MHz）在电离层中的传播方式主要以反射传播为主。为了区别于沿着地表的传播方式（地波传播），这种传播方式也通常称为天波传播方式。长波天波传播广泛应用于导航和授时，中波天波传播广泛用于广播和导航，短波传播广泛用于通信和广播。透射传播：当电波频率超过电离层 F2 层临界频率时（见第 335 页 电离层），电离层电子密度不足以造成反射，且折射作用也不大，电波会直接穿透电离层。星地通信的信号传播方式就是透射传播。透射传播主要受到电离层闪烁的影响。电离层闪烁现象主要出现在磁赤道和极区，而在中纬地区较弱（见视距电波传播、光波传播、10 GHz 以上电波传播）。当闪烁严重时，会造成星地通信的中断。

散射传播 电离层不规则体（散射体）对无线电波产生漫反射的传播方式。入射到散射体的波场能量，一部分被散射，还有一部分被吸收，通常用散射截面和吸收截面来表征两者的强度。天波超视距返回散射雷达的信号传播方式即为散射传播。通常散射效率低，信号强度弱，衰落快，距离有限且信道间互相干扰，因而限制了它们的广泛应用。

波导传播 极低频、甚低频（0.3～30 kHz）波段的电波，可在地与电离层所构成的同心球壳间实现"波导传播"，其优点是传播相位稳定和传播距离远，广泛用于导航、授时和通信。

短波传播方式

天波 指短波信号经电离层反射回到地面接收点的传播形式。这是远距离短波通信的最主要传播形式。除此之外，短波天波传播还可以实现靠地波传播难以实现的非常短距离内的短波通信。

地波 短波的一种传播方式，即电波沿着地球表面传播。当短波天线较低且沿地面具有最大辐射方向时，主要的传播形式就是地波传播方式。地波传播的通信距离主要取决于传输媒质的介电特性（如陆地、海洋等）。同其他形式的传播一样，地波传播也会受到各种干扰的影响，如大气噪声、天电干扰、其他设备的干扰等。地波传播的通信距离较短，一般最大可传输 300～400 km。

参考书目

熊浩，2002. 无线电波传播［M］. 北京：电子工业出版社.

Davies K，1985. Ionosphere Radio Propaation［R］. U. S. Government Printing Office，Washington D. C..

（曾中超 王云冈）

jíduān kōngjiān tiānqì shìjiàn
极端空间天气事件（extremely space weather events）

空间天气的状态严重偏离其平均态，在统计意义上属于不易发生的事件。如同日常生活中的天气，空间天气也有好、差和恶劣之分，而极恶劣的空间天气，或者极端空间天气，就是各种剧烈的"空间暴"，如强的日冕物质抛射、大耀斑、极高速太阳风、大磁暴、超级亚暴、剧烈电离层突然骚扰等。极端空间天气事件，会对人类高技术系统产生严重的影响，可使得卫星提前失效乃至陨落、通信中断、导航跟踪失误、电力系统损坏，甚至危及人类健康。

由于极端空间天气事件属于低概率/高风险型事件，并不常发生，而人类则是从 20 世纪 60 年代进入空间纪元后，才真正地对空间天气进行系统观测，不过几十年的历史，目前对极端空间天气的认识，在很大程度上来自如 1989 年 3 月和 2003 年 10—11 月等少数超级地磁暴事件的观测，还难以从统计学的角度对极端空间天气事件进行非常严格的定量描述和划分，根据现有的观测记录，大致可以估算出对于达到 −1000 nT（电磁场中的一种单位）地磁暴级别的极端空间天气事件的发生概率，平均而言不超过 0.01 次/年，即至少是百年一遇。极端空间天气事件带来的灾害虽然会导致经济社会和国家安全受损，但是只要做好空间天气监测和预报工作，并对可能出现的影响进行评估，建立有效的应对机制，就能够未雨绸缪，防患于未然。

极端空间天气事件现象 太阳活动的突然增强和地球空间能量的积蓄和释放，是极端空间天气事件发生的主要因素，通常可以将不同类型的极端空间天气事件概括为"太阳风暴"和"地球空间暴"。其中，"太阳风暴"是太阳上发生的各种剧烈的能量与物质爆发过程及其在日地空间的传播过程的通称，而"地球空间暴"则指近地空间内（地球高层大气至磁层顶）对太阳风暴的响应过程。极端空间天气事件期间，各空间区域的典型现象如下：

太阳与行星际

耀斑 太阳大气局部突然变亮的活动现象，其产生的主要原因是太阳磁场能量在短时间内突然释放，一个典型的大耀斑可在 1000s 内释放 10^{32} 尔格（erg）的能量，等效于同时爆炸几百万个亿吨级的氢弹，比火山爆发所释放的能量大 1000 万倍，并伴有强烈的电磁辐射，波段覆盖射电波段、光学波段、紫外线以及 X 射线、射线区域，耀斑引起的太阳 X 射线爆发，会使电离层的电离层度增加，出现一系列的电离层效应，而且耀斑往往伴随高能质子事件和日冕物质抛射，引发地球空间环境的强烈扰动。2003 年 10 月底到 11 月初，西方的万圣节期间，太阳连续爆发大耀斑，最大达到 X28 级，并伴有多次大的日冕物质抛射（CME）事件，引发地球空间环境强烈的扰动，多颗卫星发生故障，暂时与地面失去联系，国际空间站的宇航员被迫启动辐射防护舱，瑞典马尔默市的一个电力系统遭到破坏，甚至美国国家航空与航天局（NASA）火星探测器奥德赛飞船上的 MARIE 观测设备也被粒子辐射彻底毁坏。

太阳高能质子事件 一般存在缓变型和脉冲型两类太阳高能质子事件，脉冲型事件中的高能粒子由耀斑中的磁重联过程加速，而缓变型事件中的高能粒子是由日冕物质抛射事件驱动的激波加速，极端的高能质子事件其通量高于 10^5 个/（$cm^2 \cdot sr \cdot s$），比普通事件的流量增加 10 000 倍，高能粒子经常会引起单粒子事件，即微电子器件状态改变，从而使航天器发生异常。1972 年 8 月 4 日，太阳爆发了进入空间时代第一个由航天器观测记录了流量的最强的太阳质子事件，大于 30 MeV 的质子流量达到 5.0×10^9 个/cm^2，后来的分析计算表明，如果当时的阿波罗 16 号和 17 号在登月期间发生类似的事件，那么在月球漫步的宇航员保守估计会受到超过接近 1 Gy/h 的辐射，而美国国家辐射防护和测量局（NCRP）推荐的皮肤安全辐射剂量是 0.05 Gy/a。1859 年的卡林顿事件中伴随的太阳高能质子事件是有史以来的最强一次，大于 30 MeV 的质子流量估计高达 1.9×10^{10} 个/cm^2，4 倍于 1972 年 8 月发生的事件，不过该次事件没有直接的观测记录，其质子流量是通过分析极区冰核样本中的硝酸盐异常得到的，太阳高能质子事件轰击极区高层大气会产生硝酸盐，并在事件后数周内逐渐沉淀下来保存在极区冰层中。

日冕物质抛射 是太阳上最剧烈的大尺度活动现象，日冕物质抛射爆发时，大量的等离子体物质从在短时间从低日冕抛出，一般认为，日冕物质抛射是由磁场不稳定或失去平衡引起的，已有剪切磁拱模型、磁爆破模型、磁灾变、新浮磁流触发模型等多种触发机制，但是还没有哪一种机制能够完全描述日冕物质抛射，在极端情况下，日冕抛射出的物质比平时增加 2000 倍以上，达几十万亿吨；总能量比平时增加 1000 倍以上，达几十亿亿焦耳，日冕物质抛射侵袭地球时，在地球附近的太阳风速度比平静时期增加 3 倍以上，可达 2000 km/s 左右；密度比平常增加 100 倍以上，达 2000 个/cm^3，同时会引起地球空间环境的强烈扰动，产生地磁暴、电离层暴等现象。1989 年 3 月可见日面上出现了一个大黑子群，爆发了一系列大耀斑，最大达到 X20 级，其中伴随 X15 级强耀斑的日冕物质抛射，对地球磁场产生了强烈影响，引起了特大磁暴，Dst 指数达到 −548 nT，剧烈的磁场变化使得魁北克电力公司一台变压器因感应电流过大而被烧毁，瞬间引起巨大的电力缺口，导致电网无法承受重荷而崩溃，整个电网在不到 90s 内全部瘫痪。

磁层

磁层顶 太阳爆发后 20 h 以内地球磁场出现系统响应，受太阳风的挤压作用，地球磁层顶由原来距地球表面 10 个地球半径（Re）左右可被压缩到 5 个 Re 以内。

地磁暴 磁暴是一种剧烈的全球性的地磁扰动现象，磁暴发生时，所有的地磁要素都发生剧烈的变化，特别是水平分量，地磁扰动指数 Dst 就与水平分量密切相关，Dst 最小值低至可达 −1000 nT 以下，1859 年 8—9 月的超级磁暴，即著名的卡林顿事件，被认为是有记录以来最剧烈的一次，地磁观测记录了地球磁场极端剧烈的地磁扰动，以至于仪器都无法正常工作，有学者估计此次磁暴的 Dst 达到 −1500 nT（大致相当于地球赤道表面磁场减小约 1/20），是大磁暴的十几倍。一般认为，地磁暴是由行星际磁场南向分量通过磁场重联，从而使太阳风中的能量、粒子注入磁层内部而触发的，注入的粒子形成环电流，使得地球表面磁场水平分量大幅度下降。磁暴对通信系统、电力系统、输油管道、空间飞行器有严重的影响。

辐射带 地磁场捕获太阳风中的粒子就形成了辐射带，在极端条件下，地球辐射带高能粒子比正常状态高数百倍，外辐射带电子通量峰值区域在赤道面内向里移动到 2 个 Re，与内辐射带完全合并，原先内外辐射带之间的低辐射"安全区"完全消失。2000 年 7 月 14 日，太阳爆发 X5.7 级耀斑，并伴有强烈的质子事件和日冕物质抛射，引起强烈的地磁暴，Dst 指数达到 −301 nT，此次事件也被称作"巴士底"事件。此次太阳风暴事件造成了很多卫星出现不同程度的故障，甚至损毁，美国的 GOES－8、GEOS－10 卫星大于 2 MeV 的电子传感器发生故障，丢失两天数据，SOHO 卫星的成像仪被高能粒子污染，太阳能电池板受到严重退化，其程度相当于一年的正常退化，AKEBONO 卫星的控制系统失灵。

极光 产生持续数日的强烈极光，亮得可以用于阅读，极光区可从通常的纬度 65°区域扩展到低纬度 20°左右。1859 年的卡林顿事件中，从 8 月 28 日到 9 月 4 日，整个美洲、欧洲、亚洲和澳大利亚，甚至远到夏威夷、加勒比海、智利圣地亚哥的广大地区，都可以看到由磁暴引发的极其灿烂的极光。

电离层

耀斑效应 在耀斑爆发约 8.5 分钟后开始，效应持续 1 小时以上，D 层电子密度可增加 10 倍以上，E 层电子密度可增加 5 倍以上，短波通信会受到严重影响。2003 年万圣节风暴期间，连续爆发的大耀斑使得中国北方短波通信受到严重干扰，北京、满洲里无线电观测点短波信号一度中断。

超强电离层暴 电离层结构完全改变，暴后 10 小时左右 F_2 层接近消失，在地磁暴结束后需要 7 天以上时间才能逐步恢复正常。

中高层大气

密度 热层上部大气密度急剧增加，最大可超过原来密度的 5 倍。2000 年 7 月 14 日的"巴士底"事件中，太阳爆发 X5.7 级耀斑，并且伴有强烈的质子事件和 CME，并引发地磁暴，造成了很多的卫星出现了不同程度的故障，日本的 ASCA 卫星受到的影响最严重，磁暴引发的大气密度增加造成了卫星轨道下降和定位故障，太阳能电池板不能正常工作，最终卫星丢失。

温度 热层全球温度平均上升最大超过 700K，在某些区域甚至超过 1000K，风暴结束后温度下降，需要两三天时间才能恢复正常。

风场 暴时产生最大可达到 500 m/s 的强烈扰动风场，是静日风速的 5 倍，其形态极其复杂。极区臭氧层臭氧急剧减少，并持续数天。

参考书目

美国国家研究理事会，2011. 恶劣空间天气事件—解读其对社会与经济的影响［M］. 王劲松，张效信，等译，北京：气象出版社.

王劲松，焦维新，2009. 空间天气灾害［M］. 北京：气象出版社.

Jennifer L Parsons, Lawrence W Townsend, 2000. Interplanetary Crew Exposure Estimates for the August 1972 and October 1989 Solar Particle Events［J］. Radiation research, 153（6）：729-733.

（郭建广）

kōngjiān tiānqì duì dìmiàn tiānqì de yǐngxiǎng
空间天气对地面天气的影响（influence of space weather on terrestrial weather） 研究距离地面 30 km 以上的各种空间天气现象（如太阳活动、宇宙射线、地球磁场、电离层暴、平流层变化等）对地球对流层内天气气候产生的影响，它是空间物理学和大气科学相交叉的一个领域。这方面的研究对于空间天气的认知、天气预报和气候预测以及气候变化归因有重要意义。

沿革 对于空间天气对地面天气的影响研究，出现最早的是有关太阳活动对地面天气气候的影响，是 1801 年英国科学家威廉姆·赫歇尔（William Herschel）第一次根据太阳黑子数与小麦价格的关系推断出太阳黑子少时日照和降水偏少、温度偏低的结论。之后的两百年来，科学家又发现了许多空间天气影响天气气候的观测事实和影响机制假说。但这一领域的研究被认为缺乏足够准确的数据和合理的统计方法。

直到 20 世纪 70 年代以后进入卫星时代，一些令人信服的证据才被相继发现，包括大气涡度与地磁暴、"小冰期"与太阳黑子低值期、干旱周期与太阳黑子 Hale 周期、地球温度长期变化与太阳周期长度、准两年振荡与太阳黑子周期的非线性关系等。而且，部分长期争议的问题也得到解决。比如，太阳总辐照度 TSI 的连续直接测量表明太阳常数并不是真正的常数，其在 11 年周期尺度上的变化幅度在 0.1% 左右。一般认为，如此小的变化幅度不足以直接对地面气候产生显著影响。于是，近些年来，一些新的影响机制假说被提出来，例如：紫外辐射作用机制、宇宙射线—云作用机制、地球磁场作用机制等，这些机制都在试图解释小的太阳总辐射变化如何在气候系统中被放大。关于空间天气与气候变化的研究也有新的进展，IPCC 第五次评估报告（2013）称，低的太阳活动可能是 20 世纪 90 年代末之后 10 多年的气候变暖暂缓的原因之一。

研究内容 空间天气对地面天气的影响，主要包括两方面内容：空间天气及其变化影响地面天气气候的观测事实；空间天气影响地面天气气候的机制。

研究类型主要分为：空间天气对地球表面温度和降水的影响，包括对气候变化、"小冰期"、区域性干旱等的影响；空间天气对大气现象和气候系统的影响，包括对雷电、准两年振荡、厄尔尼诺和南方涛动、北极涛动、北大西洋涛动和季风等的影响；空间天气影响地面天气气候的机理，包括太阳总辐照度、紫外辐射和云等关键参数的长期资料重建、地球辐射收支、平流层臭氧对太阳辐射的响应及其对大气的强迫、平流层与对流层耦合、行星波垂直传播、大气电离作用与云的微观宏观变化之间的联系等。

影响机制 关于空间天气对地面天气的影响机制，尚未形成完整的理论。目前，可以归纳成几种可能途径。

太阳总辐射作用机制 太阳活动引起太阳总辐射变化，太阳总辐射的变化直接影响地球表面，改变地球平均能量平衡，从而引起对流层天气气候的变化。太阳活动高年，蒸发和水汽增加，上升运动增强，导致环流改变，信风增强，东太平洋海水上涌增强并变冷，哈得来（Hadley）环流和沃克（Walker）环流增强，副热带下沉运动增强，进而形成正反馈，减少云量，增加表面太阳辐射。这实际上是一种"下—上"机制，它很早就被提出。然而，自从太阳总辐射数值被卫星直接测量后，一个太阳周内 0.1% 的 TSI 变化在气候模式中不足以造成明显的气候变化。模拟研究显示，太阳总辐射 $1\ W\cdot m^{-2}$ 的变化被转换成地球表面温度变化时只有 0.07 K。因此，必须有一定的放大机制作为中间环节才能进一步解释太阳对天气气候的可能影响。

紫外辐射作用机制 紫外辐射机制被认为是一种可能的放大机制。它认为，太阳紫外辐射有较大变率（约7%），能够影响中高层大气（如平流层臭氧）的许多性质，通过某种转移（换）过程，如改变经向温度梯度和风场，进而影响行星波的传播等，再通过平流层与对流层的耦合，如北半球环状模异常或 B-D 环流与 Hadley 环流的相互作用等，引起对流层大气环流发生改变，使 Walker 环流增强，Hadley 环流扩张，急流和热带辐合带（ITCZ）北移等，最终影响气候。尽管紫外辐射吸收只占总的太阳能量输入的一小部分（约8%），但是它有着相对大的 11 年太阳周期变率，200 nm 波段可达7%左右的变化，超过60% 的 TSI 变化来自 400 nm 以下的波段。这比起同期太阳总辐射约 0.1% 的变化而言，要大得多。这种机制实际是一种"上—下"机制，其关键问题包括紫外辐射的变率及其对臭氧和中层大气的影响，平流层与对流层的相互作用及行星波的垂直传播等。

宇宙射线—云机制 这是另一种相对较新的放大机制，它认为，当太阳活动不活跃时，其磁场的屏蔽作用较弱，到达地球表面的银河宇宙射线将增多，再通过云微物理过程引起云量改变，进而影响天气和气候。这一机制在一些观测资料中得到部分证实，如全球云气候学计划（ISCCP）资料发现十年尺度上银河宇宙射线通量变化与全球低层云云量间存在联系；又如在短时间尺度上（数小时到数天）的太阳活动事件，如日冕物质爆发、太阳能量粒子事件、行星际磁场变化等，亦对云量产生影响。这种机制也是一种"上—下"机制，其核心是空间天气变化与云微物理过程的联系，针对这种联系主要有两大假说：一个是离子诱导成核假说，它认为太阳活动所引起的大气电离程度变化必然引起高层大气中离子含量的改变，高离子含量的空气被带到对流层，从而改变凝结核数量，最后影响到云和降水过程；另一个是空间天气—全球大气电路—静电云微物理学假说，它将云微物理过程与受宇宙射线影响的大气电场联系起来，其机制可归纳为太阳活动→空间天气变化→全球大气电路→云微物理→云层宏观特征变化→天气气候变化过程。

地球磁场机制 这种机制认为太阳活动引起地球磁场的变化，地磁场的变化可能最终影响气候。至于地磁场如何影响气候可能有两种机制：一种是动力机制，即地磁场的变化将引起地壳内部磁流体（溶浆）运动的改变，通过核幔耦合作用，引起地球自转（日长）的变化，再通过地球与大气和海洋的角动量交换引起大气和海洋环流的变化，最终影响气候；另一种地磁场影响气候可能途径是通过热力机制，即地球内部不断向大气释放焦耳热从而影响气候。

参考书目

赵亮，徐影，王劲松，等，2011. 太阳活动对近百年气候变化的影响研究进展 [J]. 气象科技进展，1（4）：37-48.

肖子牛，钟琦，尹志强，等，2013. 太阳活动年代际变化对现代气候影响的研究进展 [J]. 地球科学进展，28（12）：1335-1348.

Herman J R，Goldberg R A，1978. 太阳、天气、气候 [M]. 盛承禹，等译. 北京：气象出版社.

（赵亮　王劲松）

kōngjiān tiānqì xiàoyìng

空间天气效应（effects of space weather） 空间天气状态及变化对人类的技术系统和社会生活所产生的影响。空间天气涉及的空间区域广阔，空间天气要素众多，因此，空间天气效应是非常复杂的。概括来说主要有以下方面：对在轨航天器的效应；对航天员的效应；对通信、导航和定位系统的效应；对地面技术系统的效应；对人类社会生活的效应。

对在轨航天器的效应 指空间天气要素对在轨航天器的状态和运行所带来的效应，包括空间等离子体造成的航天器表面充电，高能电子产生的航天器内部充电，高能质子和宇宙线产生的单粒子效应，空间辐射对航天器的总剂量效应，带电粒子对航天器部件和材料的位移损伤效应，大气层对航天器的拽力引起的轨道异常，地球引力矩、地磁力矩、空气动力矩、太阳光压矩等各种摄动力矩对航天器姿态定向稳定性的影响，大气层中原子氧对卫星表面材料的剥蚀作用，空间辐射对太阳电池输出的衰减作用，地磁场变化对航天器导航与定位的影响，微流星体与轨道碎片带来的撞击危害，太阳射电辐射对航天器遥测系统的影响等。

在航天器暴露的外表面上的电荷积累称为航天器表面充电。表面充电包括绝对充电和不等量充电两种类型。如果航天器表面全都是金属，整个飞船将充电到相同的电位，这个过程称为绝对充电。绝对充电只是瞬时才能实现，特征周期是毫秒的量级。如果航天器表面使用电介质材料，表面不同部位可能具有不同的电位，这个过程称不等量充电。不等量充电具有秒到分钟的时间尺度。介电材料是积累电荷的不良分布者，因此将存贮在它们中的电荷保持在某一部分。带电粒子通量的变化使得这些表面达到不同的浮动电位。飞船受日照的表面和处于阴影的表面，是不等量充电的典型情况。在两个表面浮动电位差的进一步发展，将引起它们之间电场的发展。不等量充电可能产生强的电场并影响航天器绝对充电的水平。从异常效应的观点来看，不等量充电比绝对充电效应更大，因为它可导致表面弧光放电或航天器不同电位表面之间的静电放电。这种弧光放电或火花放电直接引起航天器部件的损坏和在电子部件中产生严重的干扰脉冲。在同步轨道，航天器异常基本上是由不等量充电引起的。在平静空间天气条件下，地球同步轨道空间等离子体为高密度冷等离子体（等效温度约 1eV，密度约 100 个/cm^3），一般卫星表面充电电位不会很高，由表面带电引起的卫星异常发生可能性较小，但亚暴期间，由于粒子从磁尾的注入，高密度冷等离子体被能量为 1～50 keV 的低密度（1～10 个/cm^3）等离子体云代替，等离子体温度一般会随着地方时和 Ap 指数的变化而变化。这些新注入的高温度电子导致卫星明显的充电，使卫星异常事件增多。磁层亚暴加热近磁尾等离子体，使高能电子通量急剧增强。电子温度是决定卫星表面充电电位的决定因素，大量的高温电子撞击到卫星表面，使卫星表面电位可增加到负几万伏。如果卫星表面各部分是不等量带电，则不同部件之间的电位差可引起放电，导致卫星故障。地球同步轨道卫星的这类故障绝大多数发生在亚暴期间。

航天器内部充电是由能量范围为 0.1～10 MeV 的高能电子引起的，它们穿透航天器的屏蔽层，沉积在电介质内。当电荷的积累率高于电荷的泄漏率时，这些电荷产生的电场有可能超过介质的击穿阈值，产生静电放电，从而造成航天器某些部件的损坏，最终导致航天器

完全失效，带来严重的经济损失和社会影响。据美国地球物理中心数据库提供的资料，从 1989 年 3 月 7 日至 31 日的 46 例卫星异常，大部分诊断为 ESD。由此可见，高能电子引起的 ESD 对卫星构成了严重的威胁。正因如此，高能电子被称为卫星的"杀手"。

随着卫星上用到的集成电路越来越多，集成度越来越高，一个高能带电粒子就可以造成卫星操作异常，这种事件我们叫单粒子事件，就是一个粒子就可以造成的事件。单粒子事件是由单个的高能质子或重离子引起的微电子器件状态改变，造成航天器异常或故障的事件，当控制系统的逻辑混乱时，甚至能造成灾难性后果。单粒子事件又分为单粒子翻转、单粒子锁定、单粒子烧毁和单粒子门击穿等事件。单粒子事件可以发生在各种轨道上，所以单粒子事件效应对各种轨道飞行器都是有危害的，是最严重的空间天气效应之一。

电离总剂量效应，又称总剂量效应，是空间具有一定能量的带电粒子通过电离作用对航天器用的材料和器件等造成的影响。航天器所受的总剂量效应通常针对器件而言，是指器件在空间长时间应用时，累积遭受到大量空间带电粒子的电离作用，电离电荷在器件氧化层中形成俘获电荷和在氧化层与半导体材料界面处形成界面态电荷，这些额外的电荷导致器件电参数和性能逐渐下降，严重时导致器件无法正常工作。

位移损伤剂量效应，也称为非电离能量损失效应，是空间具有一定能量的带电粒子通过弹性碰撞作用导致航天器用器件和材料等物质的原子发生移位而造成的影响。航天器所受的位移损伤效应通常针对器件而言，是指器件在空间长时间应用时，遭受到空间带电粒子的弹性碰撞作用，使得器件材料的原子发生移位从而产生缺陷，这些额外出现的缺陷导致器件赖以正常工作的载流子寿命缩短、迁移率变慢、浓度降低等，最终使得器件电参数和性能下降，严重时导致器件无法正常工作。

高层大气层密度变化对卫星的阻力加速度有直接的影响。大气密度有随太阳周期活动的长期变化，也有随太阳爆发性活动的剧烈变化。高层大气受太阳辐射通量的影响，有十分明显的 11 年周期的长期变化特征，对长期飞行的航天器轨道、寿命产生严重影响。而在大磁暴期间，大气密度在短时间内急剧增加，可导致低轨卫星轨道迅速下降，严重情况会导致卫星坠落于大气层。波长短于 200 nm 的太阳紫外辐射几乎完全被地球高层大气吸收，引起高层大气加热。就中、低纬和全球平均而言，它是 170 km 以上高度热层大气的主要能源。在 340 km 高度太阳紫外辐射 11 年变化引起的大气密度变化约一个量级；而在 500 km 高度则达近 50 倍。如对

400 km 轨道高度。太阳活动谷年时卫星寿命大于 4 年；而在峰年时，其寿命不到 7 个月，相差近一个量级。几个小时到几天时间的轨道周期变化，对卫星的跟踪及确认各种飞行目标所需要的编目表的维护十分重要。磁暴期间从磁层带来的高能粒子沉降和源于磁层电场耗散引起焦耳热，使极盖区和极区增温，驱动大尺度风场，通过热传输，短时间内引起全球加热和大气密度增加，使航天器飞行发生异常，造成定位偏差，扰乱空间目标编目表，足以使地面跟踪系统丢失需要跟踪的大量飞行目标。

在轨航天器的控制包括轨道确定与预报、姿态控制，以及对航天器轨道衰变的控制。作为其飞行的环境，空间天气直接影响在轨航天器，空间天气灾害严重影响在轨航天器控制，会导致轨道确定与预报、姿态控制精度降低，甚至发生失控的状态。

微流星体和轨道碎片对航天器的危害主要来自撞击作用。撞击危害可降低暴露的飞船材料的性能，在某些情况下，破坏航天器执行或完成发射的能力（如大的粒子可穿透防护层）。具有相对速度为 10 km/s、直径约为 0.7 mm 的铝碎片可穿透典型的 2.5 mm 厚的铝屏蔽。这些撞击对卫星内部部件、电子学部件、电池、马达和机械部件等都是很危险的。

对航天员的效应 主要是高能辐射效应，即银河宇宙线、次级中子和来自太阳的高能带电粒子对航天员健康的影响。高能电磁辐射或带电粒子辐射穿入生物体细胞，使组成细胞的原子电离，毁坏了细胞的正常功能。如果细胞受损的程度自己不能自动修复，或者细胞已经死亡，则辐射效应是非常明显的。对细胞最严重的危害是损伤脱氧核糖核酸（DNA）。DNA 是细胞的心脏，包含所有产生新细胞的结构。对 DNA 的辐射损伤有两种主要形式：间接方式和直接方式。间接方式：当人体中的水分子吸收了大部分辐射而电离时，形成了具有高度活性的自由基，这些自由基可损坏 DNA 分子。直接方式：辐射与 DNA 分子碰撞，使其电离或直接损坏。

对通信、导航和定位系统的效应 发生太阳爆发性活动时，强烈的短波电磁辐射和带电粒子辐射使地球电离层的状态发生剧烈变化，产生电离层突然骚扰、极盖吸收、电离层暴及电离层闪烁。

当太阳发生大的耀斑时，短波电磁辐射急剧增加，导致日照面地球电离层 D 层电子密度突然的、强烈的增加。电离层突然骚扰对高频无线电波传播危害极大。由于 D 层电离徒增，电子密度突然大幅度增加，在该层传播的高频电波被强烈吸收，吸收程度与所用电波频率的平方成反比，即频率越低，吸收程度越严重。发生电离层突然骚扰时，高频信号的较低频部分首先中断，致使高频传播电路的最低可用频率上升，可用频率变窄。随着太阳 X 射线辐射流量的增加，较高频率信号也因吸收增加而中断，严重时可使全频段的短波无线电信号被吸收，造成高频通信广播、雷达等电波传播信号全面突然中断。

极盖吸收是太阳爆发时产生的质子，在地球磁场的至偏作用下飞向地球两极附近的地区（极盖区），并深入至 D 层，使极盖区的 D 层超额电离，电子密度大大增加，从而使极冠区的电子与中性成分粒子的碰撞机会大大增加，跨极区的高频无线电信号遭受强烈吸收。

电离层暴是在太阳爆发性活动期间喷发的带电粒子流与地球中高层大气相互作用，引起大范围的电离层电子密度等参数剧烈变化的现象。电离层暴往往与磁暴、极光等相伴发生。伴随着磁暴发生，高纬电离层受到强烈扰动，接着中、低纬电离层发生电离层暴，F 区电子密度一般先增加（正相暴），数小时后开始减小。这种情况可持续 2～3 d（磁暴主相），然后逐渐恢复（磁暴恢复相）。电离层暴对电子系统有广泛的影响，如在电离层暴期间，系统的最大可用频率下降，短波高频段会穿透而不再反射回来，电离层对电波的反射频率可降低 50% 以上。短波通信、广播等系统的最大可用频率严重下降，可通频段变窄。如果所用的频率超过此时的最大可用频率，电波信号将穿透电离层飞向宇宙空间而不返回，导致通信广播中断。另外，在电离层暴期间 F 区扰动强烈，不遵循正常形态规律，使信道条件和适用频率的选择都遇到困难。

信号闪烁效应是指电离层不规则结构造成穿越其中的电波散射，使得电磁能量在时空中重新分布，引起电波信号幅度和相位发生短期不规则的变化。电离层闪烁主要发生在当地日落后至第二天凌晨，每次闪烁持续时间从几十分钟到几小时，较强的闪烁主要发生在午夜前。在太阳活动高年的磁赤道异常区，电离层闪烁几乎每天日落后都出现，在 4000 MHz 信号上观测到的峰值衰落超过 10 dB。在地理区域上，有两个强闪烁的高发区，一个集中在以磁赤道为中心的 ±20° 的低纬区域，以磁赤道异常驼峰区闪烁最强。赤道地区，闪烁活动的高发期一般出现在春分和秋分前后。闪烁活动出现率和强度随太阳活动水平的增强而增大。另一个闪烁高发区在高纬地区，其闪烁变化随着太阳活动水平呈现较明显的变化。在赤道和高纬地区都观测到了千兆赫频率信号的严重闪烁。在中纬地区，闪烁主要影响 1 千兆赫以下的 VHF 频段和 UHF 频段信号，其电离层闪烁主要随时间、纬度、季节以及太阳活动水平等变化。电离层闪烁效应能导致地空无线电系统性能下降，严重时可造成地空通信系统、卫星导航系统、目标监测系统信号中断。对卫星通信系统来说，电离层闪烁会导致信号幅度的衰落，使信道的信噪比下降，误码率上升，严重时使卫星通信链路中断；对卫星导航系统来说，闪烁较强时会导致某一颗或某几颗卫星信号强度出现起伏和衰落，严重时导致导航接收机失锁，无法提供导航信息。对天基地基雷达目标监测系统来说，会导致测距误差和测角误差增大，影响图像的分辨率。

对地面技术系统的效应　在磁暴和磁层亚暴期间，地磁场发生显著变化，并在地表面产生感应电场。感应电场强度可达到每千米几伏到几十伏，持续时间从几秒到几小时。因为地球是导体，这样强的感应电场在地球内产生电磁感应电流（GIC）。GIC 的产生会导致输电线路的超载以及油气管道的腐蚀等现象。

磁暴期间，在长输电电缆上会引起电压起伏，这个起伏电压作为一个电压源加到电力系统 Y 型连接的接地中线之间，产生地磁感应电流。与 50～60 Hz 交流电相比，GIC 可看作是直流，这个直流电流作为变压器的偏置电流，使变压器产生所谓"半波饱和"，严重的半波饱和会产生很大的热量，使变压器受损甚至烧毁。近年来最引人注目的磁暴损坏输电系统的事件发生在 1989 年 3 月，这一个强磁暴使加拿大魁北克的一个巨大电力系统损坏，600 万居民停电达 9 小时，光是电力损失就达 2000 万 kW，直接经济损失约 5 亿美元。在这次事件中，美国的损失虽小，但亦达 2500 万美元。据美国科学家估计，此事件若发生在美国东北部，直接经济损失可达 30 亿～60 亿美元。

磁暴期间由地磁场变化产生的电场对地下的油气管线也有直接影响，但这种影响不像电力系统那样快，多次磁扰动的积累作用才会产生明显的效应。保持地下管线正常运行的关键因素是防止钢管的腐蚀。腐蚀是一个电化学过程，如果保持管线与大地之间有一个至少 850 mV 的电位差，则腐蚀效应可减小。通常采取的办法是在管线与大地之间加一个直流电压，管线接负极。因此，这种办法称为阴极防护。对管线电位定期监测，可保证管线处于合适的电位。然而，在磁暴期间，观测到的管线电位变化在要求的 850～1150 mV 范围之外，因此将发生腐蚀作用。多次腐蚀作用的积累将对管线产生严重危害。

对人类社会生活的效应　太阳爆发时产生的高能粒子辐射，可导致平流层臭氧浓度的减少，进而增加地面的紫外辐射通量。还有一些统计数据显示，磁暴发生时，会使心血管患者人数增加。当太阳发生大的耀斑或

日冕物质抛射时，大量带电粒子沉降在极区，产生强烈的极光活动，极区电离层的电子密度发生很大变化，影响电磁波在电离层中的传播，这种情况会导致通信异常甚至通信中断，会影响极区航线的飞行安全。

参考书目

焦维新，2003. 空间天气学［M］. 北京：气象出版社.

王劲松，焦维新，2009. 空间天气灾害（气象灾害丛书）［M］. 北京：气象出版社.

（薛炳森　韩建伟　周率）

重大空间天气计划

zhòngdà kōngjiān tiānqì jìhuà

重大空间天气计划（major space weather projects）为监测空间天气变化和状况，认识空间天气变化规律，开展空间天气研究和应用服务而组织的大型科技基础设施建设、创新与保障能力建设和相关监测、研究和应用服务活动。由于日地空间是人类空间活动的主要区域，由太阳活动引起的短时间尺度的剧烈变化（即空间天气现象）会对航天、通信、导航和国家安全等构成严重威胁，因此，日地空间的物理过程与变化规律及其对人类活动的影响是重大空间天气计划的中心任务。从 20 世纪 90 年代开始，人们逐渐认识到把日地系统整体作为一个有机因果链进行研究的重要性。

20 世纪 90 年代中期，美国开始制定"国家空间天气战略计划"，计划到 21 世纪前叶建立空间天气监测体系，在物理上和数值模拟上建立从太阳到地面的空间天气预报模式，实现常规和可靠的空间天气预报。在制定、实施第一个国家空间天气十年计划（1997—2007）的基础上，由美国国家空间天气计划委员会提出的新的第二个国家空间天气十年计划已通过白宫评议与批准，于 2010 年 6 月正式公布。欧洲空间管理局根据欧盟国家的特点，以市场为引导，主持制定了欧洲空间天气计划，而法国、德国、英国、意大利、俄罗斯、加拿大、瑞典、日本、澳大利亚等数十个国家也都制定了各自的空间天气计划。

与此同时，国际空间局协调组织开始整合各国发射的空间探测卫星，形成新的 ISTP 全球联测。过去十年，国际科联所属日地物理委员会组织实施日地系统气候和天气计划（CAWSES），现正推动 2014—2018 年期间的太阳变化及其对地效应（VarSITI）。以美国宇航局为首、世界众多国家参加的国际与太阳同在（ILWS）计划是一个"聚焦空间天气、由应用驱动的研究计划"，

规模空前宏大，将在太阳附近和整个日地系统配置 20 余颗卫星，将日地系统作为一个有机联系的整体来探测研究。

2007—2008 年，为纪念国际地球物理年 50 周年，国际上又开展了国际日球物理年（IHY）、国际极地年（IPY）和地球物理信息化年等计划。从 2010 年开始，联合国和平利用外层空间委员会又在国际日球物理年的基础上发起国际空间天气起步计划（ISWI）。这些合作计划都是涉及多学科的综合观测研究，研究目标都集中在空间天气领域的核心问题上——太阳活动对地球空间环境和人类社会的影响。

与科学和认知的发展相适应，一些空间大国最先将研究性的空间天气预报推进到业务化的监测预警阶段，空间天气业务已经成为气象业务的重要组成部分，并在航天、电力、航空、电波通信等众多重要领域进行了卓有成效的保障和服务。为此，世界气象组织（WMO）于 2008 年开始以美国国家大气海洋局和中国气象局为联合主席机构，协调全球空间天气业务，将空间天气的监测、预警与应对提升到全球协同的新高度。

（王赤）

Zhōngguó kōngjiān tiānqì tiānjī tàncè jìhuà

中国空间天气天基探测计划（space-borne space weather exploration projects in China） "地球空间双星探测计划"（简称双星计划）是中国第一次以自主提出的空间探测计划进行国际合作的重大科学探测项目，是国家第一次以明确的空间科学问题列入的卫星型号。双星计划包括两颗卫星：近地赤道区卫星（TC-1，2003 年发射）和极区卫星（TC-2，2004 年发射），运行于国际上地球空间探测卫星尚未覆盖的近地磁层活动区。这两颗卫星相互配合，形成了独立的具有创新和特色的地球空间探测计划。而且双星计划与欧洲空间管理局的星簇计划（Cluster）相配合，构成了历史上第一次使用相同或相似的探测器对地球空间进行"六点"探测，研究地球磁层整体变化规律和爆发事件的机理。双星计划 2005 年被两院院士评选为 "2004 年中国十大科学进展"，在科学普及方面产生了重大社会效益。双星计划获得 "2010 年度国家科学技术进步奖一等奖"。双星计划和星簇计划的团队获得国际宇航科学院 "2010 年度杰出团队成就奖"。

风云系列气象卫星是中国首个实现业务型空间天气天基探测的卫星系列。在风云卫星的静止轨道系列（风云二号系列）和极轨系列（风云一号和风云三号系列）均装载有空间天气的遥感和原位探测设备，实现了太阳 X 射线流量监测、地球同步轨道和 830 km 左右空间的高能粒子监测、电离层掩星监测以及在轨卫星空间环境效应监测等，目前在轨共有 8 颗卫星装载 6 类共 20 台空间天气监测仪器，其观测已全面取代国际同类数据而成为中国空间天气业务的数据支撑。此外规划和研制中的风云三号后续卫星以及风云四号卫星，还将装载多种全新的空间天气设备，实现太阳极紫外及 X 射线成像和流量、轨道高度电磁场及高能粒子、在轨卫星空间天气效应、电离层成像与掩星探测、极光成像观测等多种空间天气要素探测。

继"双星计划"取得成功之后，中国正积极规划和推进新的卫星探测计划。全面探测太阳风暴和极光的"夸父计划"，该计划是由 "L1 + 极轨" 的 3 颗卫星组成的一个空间观测系统：位于地球与太阳连线引力平衡处第一拉格朗日点（即 L1 点）上的夸父 A 星和在地球极轨上共轭飞行的夸父 B1、B2 星，3 颗卫星的联测将完成从太阳大气到近地空间完整的扰动因果链探测，包括太阳耀斑、日冕物质抛射、行星际磁云、行星际激波以及它们的地球效应，比如磁层亚暴、磁暴以及极光活动。以及国际上首个把磁层-电离层-热层作为一个整体来研究的专项卫星探测计划——磁层-电离层-热层耦合小卫星星座探测计划（MIT 计划），和首次在太阳极轨上以遥感成像及就位探测相结合的方式对太阳高纬地区的太阳活动及行星际空间的变化进行连续观测的太阳极轨射电成像望远镜计划（SPORT 计划）等（参见第 329 页<u>空间天气业务</u>）。

（王赤）

Zhōngguó kōngjiān tiānqì dìjī tàncè jìhuà

中国空间天气地基探测计划（ground-based space weather exploration projects in China） 从 1957 年参加国际地球物理年开始，中国一直十分重视日地空间天气的地基监测。"东半球空间环境地基综合监测子午链"（简称子午工程）投资 1.67 亿元，2012 年 10 月进入正式运行，预期寿命 11 年。子午工程沿东半球 120° 子午线附近，利用北起漠河、经北京、武汉，南至海南并延伸到南极中山站，以及东起上海、经武汉、成都、西至拉萨的沿北纬 30° 附近共 15 个观测台站，形成一个以链为主、链网结合的，运用无线电、地磁、光学和探空火箭等多种探测手段，连续监测地球表面 20～30 km 以上到几百千米的中高层大气、电离层和磁层，以及十几个地球半径以外的行星际空间天气中的地磁场、电场、中高层大气的风场、密度、温度和成分，电离层、磁层和行星际空间中的有关参数，联合运作的大型空间天气地基监测系统。

子午工程的主要特色是，全球性：形成唯一可环绕地球一周的空间天气监测子午圈；地域性：适合中国上空环境特性研究，为了解全球环境变化不可或缺；综合性：综合地磁（电）、无线电、光学、探空火箭等多种科学装置和手段进行多学科综合研究；先进性：世界上跨度最长、功能最全、综合性最高的子午链，为世界仅有，可进行其他国家和地区难于开展的国际最前沿课题的研究。子午工程Ⅱ期工程也在稳步推进之中，该工程在子午工程基础上，将建设完善包括子午工程的东经120°和北纬30°链路，同时新增东经100°、北纬40°链路和低纬沿海电离层监测台站，重点建设中国战略纵深西北部近1/3的国土面积、中西部地区、西南地震多发带、青藏高原、低纬电离层闪烁及蒙古地磁场异常等特殊环境的地基监测，加强航天基地附近区域空间天气的监测能力，最终形成覆盖中国大部分区域上空的空间天气监测地基系统。

以子午工程为基础，中国科学家提出了"国际空间天气子午圈计划"，拟通过国际合作，将中国的子午链向北延伸到俄罗斯，向南经过澳大利亚，并和西半球60°附近的子午链构成第一个环绕地球一周的空间天气地基监测子午圈。地球每自转一周，就可以对地球空间各个方向，包括向阳面和背阳面的空间天气完成一次比较全面的观测。国际子午圈计划建成后将实现：协调全球空间天气联测及共同研究；向全世界科学界提供可使用的观测数据；支持基于空间天气科学攻关和观测所需的密切协作；推动空间科学和技术的公众教育和科学普及。

在空间天气业务监测方面，中国气象局还以气象监测与灾害预警工程为基础，依托现有气象台站，结合子午工程，在关键地点建设了业务化的太阳、电离层和高空大气的台站，涉及13个省（自治区、直辖市），已初步形成了"三带六区"地基空间天气专业网布局。同时，不同渠道建设的近千个全球定位系统（GPS）观测站提供的电离层TEC监测资料，已经实时进入中国气象局的空间天气业务中，形成了国际领先的区域电离层业务监测能力（参见第329页 空间天气业务）。

（王赤）

shìjiè qìxiàng zǔzhī kōngjiān jìhuà
世界气象组织空间计划（WMO space program）
2003年5月，第14届世界气象组织气象大会通过决议成立一个多边交叉项目，旨在推动WMO会员对天气、气候、水和相关应用卫星资料与产品的获取和应用。2004年1月，世界气象组织空间计划正式建立，其主要任务是协调世界气象组织（WMO）计划中与环境卫星有关的事宜和活动，提供气象、水文和相关学科及应用等方面的遥感技术指导，确保国际伙伴和组织间开展与卫星系统有关的有效合作。WMO基本系统委员会负责牵头该计划的技术部分，WMO卫星事务高级政策磋商会负责审议该计划的总体政策，并在WMO综合观测与信息系统司设立世界气象组织空间计划办公室，处理与卫星有关的事务，维持与WMO其他项目以及其他国际组织在卫星领域内的合作关系。世界气象组织成员通过各自的空间机构，派遣相关的专家，以及相关培训中心参与到WMO空间计划。

世界气象组织空间计划主要在综合空基观测系统、卫星资料和产品的可获取及使用、信息与培训、空间天气协调四大领域内开展活动。

综合空基观测系统 通过与卫星运营机构、国际气象卫星协调组织及地球观测卫星委员会之间的相互合作，评估分析空基观测的能力，以及与需求之间的差距，确定基本的观测需求，协调全球卫星观测计划，组织卫星交叉定标，增进新技术在业务中的转化应用。

卫星资料和产品获取及使用 关键产品应用、处理软件和数据同化以及数据共享。

信息与培训 实施虚拟实验室计划，促进发展中国家参与相关的培训和科学会议，监督WMO成员对卫星数据的使用，维持相关网站以指导用户使用卫星数据、产品和服务。

空间天气协调 成立国际空间天气计划协调组织（ICTSW）具体进行空间天气领域内的相关活动，主要包括评估现有空间天气观测能力和应用需求，并开展差距分析，为未来的观测提供建议，通过WMO信息系统规范和增强空间天气资料交换和分发，加强与航空及其他主要应用部门的互动，以协调确定最终的产品和服务，鼓励空间天气研究团体与业务机构之间开展合作交流。

中国参与情况 中国一直积极参与空间计划的各项活动，风云卫星作为WMO对地观测系统的重要成员，通过产品共享、分发、交叉定标等措施，推动全球卫星资料应用，还协助创办了国际空间天气协调小组，并担任协调小组联合主席。

（张效信　郭建广）

附录 1

风力等级

　　风力等级简称风级，是风强度（风力）的一种表示方法。国际通用的风力等级是由英国人弗朗西斯·蒲福（Francis Beaufort）于 1805 年根据风对地面物体或海面的影响程度而定出的，故又称"蒲福风力等级"（Beaufort scale）。蒲福风力等级最初是根据风对炊烟、沙尘、地物、渔船、海浪等的影响大小分为 0～12 级，共 13 个等级，并将风速大于 32.7 m/s 的风统称 12 级。到 20 世纪 50 年代，随着测风仪器精度的提高，测量范围的增大，0～12 级的风级，已不能准确反映风力的实际情况，于是就把风级扩展为 0～17 级，共 18 个等级。目前世界气象组织航海气象服务手册采用的分级仍为 0～12 级，因此，扩展的 13～17 级并非世界气象组织的建议分级。中国气象局于 2001 年下发《台风业务和服务规定》，正式将蒲福风力等级扩充至 18 级（见蒲福风力等级表）。

蒲福风力等级表

风力级数	名称	海面状况（海浪）		海岸船只征象	陆地地面征象	相当于空旷平地上标准高度 10 m 处的风速		
		一般/m	最高/m			n mile/h	m/s	km/h
0	静稳	—	—	静	静，烟直上	<1	0～0.2	<1
1	软风	0.1	0.1	平常渔船略觉摇动	烟能表示风向，但风向标不能动	1～3	0.3～1.5	1～5
2	轻风	0.2	0.3	渔船张帆时，每小时可随风移行 2～3 km	人面感觉有风，树叶微响，风向标能转动	4～6	1.6～3.3	6～11
3	微风	0.6	1.0	渔船渐觉颠簸，每小时可随风移行 5～6 km	树叶及微枝摇动不息，旌旗展开	7～10	3.4～5.4	12～19
4	和风	1.0	1.5	渔船满帆时，可使船身倾向一侧	能吹起地面灰尘和纸张，树的小枝摇动	11～16	5.5～7.9	20～28
5	清劲风	2.0	2.5	渔船缩帆（即收去帆之一部）	有叶的小树摇摆，内陆的水面有小波	17～21	8.0～10.7	29～38
6	强风	3.0	4.0	渔船加倍缩帆，捕鱼须注意风险	大树枝摇动，电线呼呼有声，举伞困难	22～27	10.8～13.8	39～49
7	疾风	4.0	5.5	渔船停泊港中，在海者下锚	全树摇动，迎风步行感觉不便	28～33	13.9～17.1	50～61
8	大风	5.5	7.5	进港的渔船皆停留不出	微枝拆毁，人行向前，感觉阻力甚大	34～40	17.2～20.7	62～74
9	烈风	7.0	10.0	汽船航行困难	建筑物有小损（烟囱顶部及平屋摇动）	41～47	20.8～24.4	75～88
10	狂风	9.0	12.5	汽船航行颇危险	陆上少见，见时可使树木拔起或使建筑物损坏严重	48～55	24.5～28.4	89～102
11	暴风	11.5	16.0	汽船遇之极危险	陆上很少见，有则必有广泛损坏	56～63	28.5～32.6	103～117
12	飓风	14.0	—	海浪滔天	陆上绝少见，摧毁力极大	64～71	32.7～36.9	118～133
13	—	—	—	—	—	72～80	37.0～41.4	134～149
14	—	—	—	—	—	81～89	41.5～46.1	150～166
15	—	—	—	—	—	90～99	46.2～50.9	167～183
16	—	—	—	—	—	100～108	51.0～56.0	184～201
17	—	—	—	—	—	109～118	56.1～61.2	202～220

　　注：资料取自由全国气象防灾减灾标准化技术委员会、中国标准出版社编，中国标准出版社 2012 年出版的《灾害性天气预警与气象服务》。

附录2

降水量等级

降水量是指一定时间内从天空降落到地面上的液态或固态（经融化后）水，未经蒸发、渗透、流失，而在水平面上积聚的深度。降水量以毫米（mm）为单位，气象观测中取一位小数。在气象上以 12 小时或 24 小时降水量来区分降水的强度。其中降雨分为微量降雨（零星小雨）、小雨、中雨、大雨、暴雨、大暴雨、特大暴雨共 7 个等级（表 1）；降雪分为微量降雪（零星小雪）、小雪、中雪、大雪、暴雪、大暴雪、特大暴雪共 7 个等级（表 2）。

表 1   不同时段的降雨量等级划分表

等级	时段降雨量	
	12 小时降雨量/mm	24 小时降雨量/mm
微量降雨（零星小雨）	<0.1	<0.1
小雨	0.1～4.9	0.1～9.9
中雨	5.0～14.9	10.0～24.9
大雨	15.0～29.9	25.0～49.9
暴雨	30.0～69.9	50.0～99.9
大暴雨	70.0～139.9	100.0～249.9
特大暴雨	≥140.0	≥250.0

注：资料取自由全国气象防灾减灾标准化技术委员会、中国标准出版社编，中国标准出版社 2012 年出版的《灾害性天气预警与气象服务》。

表 2   不同时段的降雪量等级划分表

等级	时段降雨量	
	12 小时降雪量/mm	24 小时降雪量/mm
微量降雪（零星小雪）	<0.1	<0.1
小雪	0.1～0.9	0.1～2.4
中雪	1.0～2.9	2.5～4.9
大雪	3.0～5.9	5.0～9.9
暴雪	6.0～9.9	10.0～19.9
大暴雪	10.0～14.9	20.0～29.9
特大暴雪	≥15.0	≥30.0

注：资料取自由全国气象防灾减灾标准化技术委员会、中国标准出版社编，中国标准出版社 2012 年出版的《灾害性天气预警与气象服务》。

附录3

热带气旋等级

　　热带气旋是生成于热带或副热带洋（海）面上，具有有组织的对流和确定的气旋性环流的非锋面性涡旋的统称。热带气旋等级的划分以其底层中心附近最大平均风速为标准，共分为热带低压、热带风暴、强热带风暴、台风、强台风和超强台风6个等级（见下表）。

热带气旋等级表

热带气旋等级	底层中心附近最大平均风速/m·s⁻¹	底层中心附件最大风力/级
热带低压	10.8～17.1	6～7
热带风暴	17.2～24.4	8～9
强热带风暴	24.5～32.6	10～11
台风	32.7～41.4	12～13
强台风	41.5～50.9	14～15
超强台风	≥51	16 或以上

注：资料取自由全国气象防灾减灾标准化技术委员会、中国标准出版社编，中国标准出版社2012年出版的《灾害性天气预警与气象服务》。

附录4
西北太平洋和南海热带气旋命名表

西北太平洋和南海热带气旋命名表

第1列		第2列		第3列		第4列		第5列		名字来源
外文	中文	外文	中文	外文	中文	外文	中文	外文	中文	
Damrey	达维	Kong-rey	康妮	Nakri	娜基莉	Krovanh	科罗旺	Sarika	莎莉嘉	柬埔寨
Haikui	海葵	Yutu	玉兔	Fengshen	风神	Dujuan	杜鹃	Haima	海马	中国
Kirogi	鸿雁	Toraji	桃芝	Kalmaegi	海鸥	Mujigae	彩虹	Meari	米雷	朝鲜
Kai-tak	启德	Man-yi	万宜	Fung-wong	凤凰	Choi-wan	彩云	Ma-on	马鞍	中国香港
Tembin	天秤	Usagi	天兔	Kammuri	北冕	Koppu	巨爵	Tokage	蝎虎	日本
Bolaven	布拉万	Pabuk	帕布	Phanfone	巴蓬	Champi	蔷琵	Nock-ten	洛坦	老挝
Sanba	三巴	Wutip	蝴蝶	Vongfong	黄蜂	In-fa	烟花	Muifa	梅花	中国澳门
Jelawat	杰拉华	Sepat	圣帕	Nuri	鹦鹉	Melor	茉莉	Merbok	苗柏	马来西亚
Ewiniar	艾云尼	Mun	木恩	Sinlaku	森拉克	Nepartak	尼伯特	Nanmadol	南玛都	密克罗尼西亚
Maliksi	马力斯	Danas	丹娜丝	Hagupit	黑格比	Lupit	卢碧	Talas	塔拉斯	菲律宾
Gaemi	格美	Nari	百合	Jangmi	蔷薇	Mirinae	银河	Noru	奥鹿	韩国
Prapiroon	派比安	Wipha	韦帕	Mekkhala	米克拉	Nida	妮妲	Kulap	玫瑰	泰国
Maria	玛莉亚	Francisco	范斯高	Higos	海高斯	Omais	奥麦斯	Roke	洛克	美国
Son-Tinh	山神	Lekima	利奇马	Bavi	巴威	Conson	康森	Sonca	桑卡	越南
Ampil	安比	Krosa	罗莎	Maysak	美莎克	Chanthu	灿都	Nesat	纳沙	柬埔寨
Wukong	悟空	Bailu	白鹿	Haishen	海神	Dianmu	电母	Haitang	海棠	中国
Jongdari	云雀	Podul	杨柳	Noul	红霞	Mindulle	蒲公英	Nalgae	尼格	朝鲜
Shanshan	珊珊	Lingling	玲玲	Dolphin	白海豚	Lionrock	狮子山	Banyan	榕树	中国香港
Yagi	摩羯	Kajiki	剑鱼	Kujira	鲸鱼	Kompasu	圆规	Hato	天鸽	日本
Leepi	丽琵	Faxai	法茜	Chan-hom	灿鸿	Namtheun	南川	Pakhar	帕卡	老挝
Bebinca	贝碧嘉	Peipah	琵琶	Linfa	莲花	Malou	玛瑙	Sanvu	珊瑚	中国澳门
Rumbia	温比亚	Tapah	塔巴	Nangka	浪卡	Meranti	莫兰蒂	Mawar	玛娃	马来西亚
Soulik	苏力	Mitag	米娜	Soudelor	苏迪罗	Rai	雷伊	Guchol	古超	密克罗尼西亚
Cimaron	西马仑	Hagibis	海贝思	Molave	莫拉菲	Malakas	马勒卡	Talim	泰利	菲律宾
Jebi	飞燕	Neoguri	浣熊	Goni	天鹅	Megi	鲇鱼	Doksuri	杜苏芮	韩国
Mangkhut	山竹	Rammasun	威马逊	Atsani	艾莎尼	Chaba	暹芭	Khanun	卡努	泰国
Barijat	百里嘉	Matmo	麦德姆	Etau	艾涛	Aere	艾利	Lan	兰恩	美国
Trami	潭美	Halong	夏浪	Vamco	环高	Songda	桑达	Saola	苏拉	越南

  1997年11月25日至12月1日在中国香港举行的亚太经社理事会/世界气象组织（ESCAP/WMO）台风委员会第30届会议，决定就西北太平洋和南海热带气旋采用具有亚洲风格名字的建议展开研究，并指派台风研究协调小组（TRCG）研究执行的细节。1998年12月1—7日在菲律宾马尼拉举行的台风委员会第31届会议，同意台风研究协调小组提出的西北太平洋和南海热带气旋命名方案，即：①在西北太平洋和南海地区采用一套热带气旋命名表；②邀请台风委员会所有成员以及该区域世界气象组织有关成员提供热带气旋名字；③每个有关成员提供等量的热带气旋名字，命名表按顺序、循环使用，命名表共有五列，每列分两组，每组里的名字按每个成员的字母顺序依次排列。④对造成特别严重灾害的热带气旋，台风委员会成员可以申请将该热带气旋使用的名字从命名表中删去（永久命名），也可以因为其他原因申请删除名字。每年的台风委员会届会将审议台风命名表。会议决定的新热带气旋命名方法从2000年1月1日开始执行。

　　从 2000 年 1 月 1 日起，中国气象局中央气象台发布热带气旋警报时，除继续使用热带气旋编号外，还同时使用热带气旋名字。为避免一名多译造成的不必要的混乱，中国中央气象台和香港天文台、澳门地球物理暨气象台经过协商确定了一套统一的中文译名。2015 年 2 月在泰国曼谷举行的台风委员会第 47 次届会决议，原台风名字"尤特"（Utor）、"菲特"（Fitow）、"韦森特"（Vicente）、"海燕"（Haiyan）、"清松"（Sonamu）被删除，分别由"百里嘉"（Barijat）、"木恩"（Mun）、"兰恩"（Lan）、"白鹿"（Bailu）及"云雀"（Jongdari）所取代，形成最新的西北太平洋和南海热带气旋命名表（上表），并于 2015 年 5 月 1 日开始执行。

附录5

热带气旋（台风）警戒区划分图（中国）

下图为中国中央气象台确定的西北太平洋和南海热带气旋登陆前48小时和24小时警戒线。热带气旋进入48小时警戒区，中央气象台开始每天8次定位，并发布相应警报；进入24小时警戒区，中央气象台开始每天24次定位，并发布相应警报等。

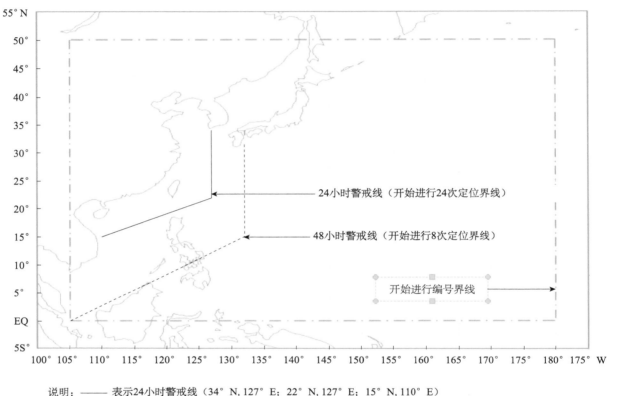

说明：—— 表示24小时警戒线（34°N，127°E；22°N，127°E；15°N，110°E）

----- 表示48小时警戒线（34°N，132°E；15°N，132°E；00°N，105°E）

热带气旋（台风）警戒区划分图

附录6
中国登录台风概况统计表

附表6.1　中国沿海各省（自治区、直辖市）台风登陆频次分布（1949—2010 年）　　　单位：次

省份	1月	2月	3月	4月	5月	6月	7月	8月	9月	10月	11月	12月	全年
广东					0.06	0.29	0.76	0.58	0.68	0.21	0.06	0.02	2.66
台湾					0.03	0.12	0.53	0.52	0.52	0.05	0.03	0.02	1.82
福建						0.06	0.36	0.50	0.42	0.08			1.42
海南				0.02	0.05	0.11	0.25	0.24	0.4	0.23	0.10		1.40
浙江							0.16	0.27	0.14	0.03			0.60
广西					0.03	0.05	0.08	0.06	0.08	0.02			0.32
香港					0.02	0.03	0.03	0.06	0.02				0.16
山东							0.08	0.08					0.16
辽宁							0.02	0.08					0.10
上海							0.02	0.02	0.02				0.06
江苏							0.02	0.03					0.05

附表6.2　中国沿海各省（自治区、直辖市）台风登陆平均强度（1949—2010 年）　　　单位：m/s

省份	1月	2月	3月	4月	5月	6月	7月	8月	9月	10月	11月	12月	全年
广东	—	—	—	—	29.75	27.72	28.89	29.28	31.95	27.77	25.50	23.00	29.44
台湾	—	—	—	—	34.00	34.75	35.97	38.66	40.56	47.67	41.50	28.00	38.25
福建	—	—	—	—	—	30.25	28.18	28.65	31.88	33.60	—	—	29.84
海南	—	—	—	30.00	27.00	30.71	30.31	32.00	30.68	31.93	30.50	—	30.90
浙江	—	—	—	—	—	—	32.00	39.18	31.88	36.50	—	—	35.51
广西	—	—	—	—	21.50	28.67	24.80	23.25	24.60	22.00	—	—	24.55
香港	—	—	—	—	38.00	30.00	20.50	30.25	40.00	—	—	—	30.00
山东	—	—	—	—	—	—	28.00	25.00	—	—	—	—	26.50
辽宁	—	—	—	—	—	—	23.00	22.80	—	—	—	—	22.83
上海	—	—	—	—	—	—	35.00	28.00	25.00	—	—	—	30.75
江苏	—	—	—	—	—	—	30.00	25.00	—	—	—	—	26.67
全国	—	—	—	30.00	30.60	30.08	31.21	33.74	34.04	32.36	30.73	25.50	32.54

附表6.3　中国沿海各省（自治区、直辖市）年台风登陆频数的最大值和最小值（1949—2010 年）

省份	1月	2月	3月	4月	5月	6月	7月	8月	9月	10月	11月	12月
广东					1（0）	2（0）	4（0）	3（0）	3（0）	2（0）	1（0）	1（0）
台湾					1（0）	2（0）	2（0）	3（0）	3（0）	1（0）	1（0）	1（0）
福建						2（0）	2（0）	2（0）	4（0）	1（0）		
海南				1（0）	2（0）	1（0）	1（0）	1（0）	2（0）	2（0）	1（0）	
浙江							1（0）	2（0）	1（0）	1（0）		
广西					1（0）	1（0）	1（0）	1（0）	1（0）	1（0）		
香港					1（0）	1（0）	1（0）	1（0）	1（0）			
山东							1（0）	1（0）				
辽宁							1（0）	1（0）				
上海							1（0）	1（0）	1（0）			
江苏							1（0）	1（0）				

注：括号外为最大值，括号内为最小值。

附表6.4 中国沿海各省（自治区、直辖市）1—12月及年登陆台风强度最大值（1949—2010年）单位：m/s

省份	1月	2月	3月	4月	5月	6月	7月	8月	9月	10月	11月	12月	全年 风速最大值	全年 台风编号	全年 台风名字	全年 登陆时间
广东					35	40	48	45	50	40	30	23	50	9615	Sally	1996.9.9
台湾					38	50	60	75	60	50	45	28	75	5904	Joan	1959.8.29
福建						35	40	45	50	35			50	8015	Percy	1980.9.19
海南				30	35	40	45	40	60	50	40		60	7314	Marge	1973.9.14
浙江							40	65	50	40			65	5612	Wanda	1956.8.1
广西					23	38	30	30	30	22			38	8410	Ike	1984.9.6
香港					38	35	23	38	40				40	6213	Wanda	1962.9.1
山东							30	30					30	7203	Rita	1972.7.26
辽宁							23	30					30	8509	Mamie	1985.8.19
上海							40	28	25				40	4906	Gloria	1949.7.25
江苏							30	30					30	8509	Mamie	1985.8.18
全国					30	38	50	60	75	60	50	45	28	75	5904	Joan	1959.8.29

附表6.5 中国沿海各省（自治区、直辖市）初台、终台登陆时间（1949—2010年）

省（自治区、直辖市）	初台登陆平均日期	初台登陆最早日期	初台登陆最晚日期	终台登陆平均日期	终台登陆最早日期	终台登陆最晚日期
广东	7月19日	5月18日	10月6日	9月7日	6月5日	12月4日
台湾	7月24日	5月26日	9月23日	8月29日	6月3日	12月5日
福建	8月6日	6月21日	10月9日	8月30日	7月20日	10月23日
海南	8月9日	4月18日	11月23日	9月16日	5月11日	11月23日
浙江	8月14日	7月4日	10月4日	8月23日	7月16日	10月7日
广西	8月1日	5月12日	10月13日	8月10日	5月12日	10月13日
香港	7月19日	5月19日	9月1日	7月19日	5月19日	9月1日
山东	8月5日	7月19日	8月29日	8月6日	7月19日	8月29日
辽宁	8月15日	7月29日	8月30日	8月15日	7月29日	8月30日
上海	8月7日	7月17日	9月11日	8月7日	7月17日	9月11日
江苏	8月15日	8月1日	8月25日	8月15日	8月1日	8月25日
全国	6月27日	4月18日	8月2日	10月8日	8月10日	12月4日

附表6.6 中国登陆台风频数的最大值和最小值（1949—2010年）

月份	最大值 登陆数	最大值 出现年份	最小值 登陆数	最小值 出现年份
1月	0	1949—2010	0	1949—2010
2月	0	1949—2010	0	1949—2010
3月	0	1949—2010	0	1949—2010
4月	1	2008	0	除2008年外的其余61年
5月	2	1961、1972	0	除1954、1961、1964、1966、1971、1980、1989、2006等8年外的其余54年
6月	3	1990	0	除1950、1952、1955、1956、1957、1958、1960、1965、1967、1971、1972、1974、1980、1981、1984、1985、1986、1987、1988、1989、1990、1992、1993、1994、1999、2001、2008、2009等28年外的其余34年
7月	5	2001	0	1950、1951、1954、1955、1975、1997、1999
8月	5	1994、1995	0	1949、1950、1977、1983、2010
9月	4	1952、2010	0	1950、1960、1972、1978、1997、2006
10月	2	1973、1974、1975、1988、1989、1995	0	除1949、1950、1960、1961、1962、1964、1967、1968、1970、1971、1973、1974、1975、1978、1983、1985、1986、1988、1989、1995、1999、2004、2005、2007、2008、2009、2010等27年外的其余35年
11月	2	1967	0	除1950、1952、1953、1954、1967、1972、1981、1990、1993、2003等10年外的其余52年
12月	1	1974、2004	0	除1974、2004年外的其余60年

附表6.7 中国台风登陆频数气候特征（1949—2010年）

登陆月份	1月	2月	3月	4月	5月	6月	7月	8月	9月	10月	11月	12月	全年*
登陆个数				0.02	0.16	0.58	1.85	1.81	1.81	0.53	0.18	0.03	6.97

*登陆个数最多年为1971年，12个；登陆个数最少年为1950年和1951年，均为3个。

附表6.8 西北太平洋和南海台风生成频数气候特征（1949—2010年）

生成月份	1月	2月	3月	4月	5月	6月	7月	8月	9月	10月	11月	12月	全年*
生成个数	0.42	0.20	0.37	0.71	1.10	1.74	4.05	5.79	5.08	3.84	2.51	1.28	27.09

*生成个数最多年为1967年，40个；生成个数最少年为1998年和2010年，均为14个。

附表6.9 西北太平洋和南海台风年生成数最大值及最小值（1949—2010年）

月份	最大值		最小值	
	生成数	出现年份	生成数	出现年份
1月	2	1957、1965、1985	0	除1949、1955、1957、1958、1961、1965、1969、1971、1972、1974、1975、1976、1978、1979、1987、1988—1990、1992、2002、2003、2005等22年外的其余40年
2月	1	1953、1955、1959、1962、1965、1967、1968、1970、1976、1986、1992、2002	0	除1953、1955、1959、1962、1965、1967、1968、1970、1976、1986、1992、2002等12年外的其余50年
3月	3	1982	0	除1951、1954、1955、1956、1959、1961、1965、1967、1969、1971、1974、1977、1979、1981、1982、1991、1993、2005、2010等19年外的其余43年
4月	3	1971	0	1949、1952、1953、1954、1961、1964、1970、1972、1973、1975、1977、1982、1983、1984、1988、1992、1993、1998、2000、2001、2002、2006、2009、2010
5月	4	1971、1980、2008	0	1949、1952、1955、1956、1959、1963、1969、1970、1973、1975、1977、1978、1983、1984、1987、1992、1993、1995、1998、1999、2010
6月	5	2004	0	1954、1959、1962、1969、1973、1975、1979、1996、1998、2000、2005、2007、2010
7月	8	1967、1971、1994	1	1954、1957、1985、1998
8月	11	1960	2	1979
9月	9	1966、1967	2	1951
10月	7	1984、1992	1	1956、1976
11月	6	1991	0	1963、1994、2010
12月	5	1952	0	1957、1965、1968、1970、1971、1978、1991、1992、2003、2005、2007、2009、2010

说明：资料取自《台风年鉴》，统计值基于1949—2010年。

附录 7

大气化学名词检索表

西文	中文	西文	中文
O_3	臭氧	DMS（CH3SCH3）	二甲基硫
N_2	氮气	CS_2	二硫化碳
H_2	氢气	COS	氧硫化碳
O_2	氧气	N_2O_5	五氧化二氮
CO_2	二氧化碳	N_2O_3	三氧化二氮
H_2O	水汽	PAN（$CH_3COOONO_2$）	过氧乙酰基硝酸酯
Ar	氩	NH_3	氨
He	氦	Br	溴
Kr	氪	HO_2	HO_2 自由基
Xe	氙	VOCs	挥发性有机物
Ne	氖	BVOCs	生物挥发性有机物
CF_4	全氟甲烷	ClO	氧化氯
SF_6	六氟化硫	O（3P）	基态氧原子
H_2S	硫化氢	O（1D）	激发态氧原子
OVOCs	含氧挥发性有机物	OH	OH 自由基
HFCs	氢氟碳化物	H_2	氢气
PFCs	全氟化碳	H_2O_2	过氧水
ClFCs	氯氟碳化物	$ClONO_2$	硝酸氯
CH_4	甲烷	HCl	盐酸
NMHC	非甲烷烃	BrOx	溴化物
N_2O	氧化亚氮	POPs	持久性有机污染物
HCHO	甲醛	HNO_3	硝酸
$PM_{2.5}$	细颗粒物	HNO_2	亚硝酸
PM_{10}	可吸入颗粒物	$ClNO_3$	硝酸氯
PM_1	超细颗粒物	Cl_2	氯气
TSP	总悬浮颗粒物	SO_2	二氧化硫
Aerosol	气溶胶	NOx	氮氧化物
SOA	二次气溶胶	NO_2	二氧化氮
NO	一氧化氮	$CaCO_3$	碳酸钙
CO	一氧化碳	C-14	碳-14
H_2SO_4	硫酸	U-235	铀-235
NO_2	亚硝酸根离子	U-238	铀-238
$SO4_2^{2-}$	硫酸根离子	Tu-232	钍-232
NO_3^-	硝酸根离子	Rn-222	氡-222
Cl^-	氯离子	Rn-220	氡-220
F^-	氟离子	Be-7	铍-7
H^+	氢离子	Si-90	锶-90
Ca^{2+}	钙离子	Pb-210	铅-210
Mg^{2+}	镁离子	Kr-85	氪-85
NH_4^+	铵离子	H-3	氢-3
K^+	钾离子	Fe-55	铁-55
Na^+	纳离子		

附录8

常用英文缩略词对照表

缩略词	英文全称	中文全称
3DVar	Three-Dimensional Variational Assimilation	三维变分
4DEnVar	Four-Dimensional Ensemble Variational Assimilation	四维集合变分方法
4DVar	Four-Dimensional Variational Assimilation	四维变分
AAO	Antarctic Oscillation	南极涛动
ADOM	Acid Deposition and Oxidant Model	酸沉降和氧化剂模式
AFDOS	Analyzing Forecasting Data-processing Operational System	分析预报和数据处理业务系统（中国）
AFOS	Automation of Field Operations and Services	业务和服务自动化系统（美国）
AGCM	Atmospheric Global Circulation Model	全球（区域）大气环流模式
AgMIP	Agricultural Model Intercomparison and Improvement Project	农业模型比较和改进项目
AGU	American Geophysical Union	美国地球物理学会
AHPS	Advanced Hydrologic Prediction Services	先进水文预报业务（美国）
AIDJEX	Arctic Ice Dynamics Joint Experiment	北极海冰动力学联合实验
AMDAR	Aircraft Meteorological Data Acquisition and Relay	飞机气象资料接收与下传
AMIGAS	Advanced Meterorological Image and Graphics Analysis System	高级气象图像和图像分析系统（美国）
AMIP	Atmospheric Model Intercomparison Project	大气模式比较计划
AMOC	Atlantic Meridional Overturning Circulation	大西洋经向翻转环流
ANC	Auto-Nowcaster	自动临近预报系统（美国）
AOGCM	Atmosphere-Ocean General Circulation Model	全球海气耦合模式
AO	Arctic Oscillation	北极涛动
API	Air Pollution Index	空气污染指数
AQI	Air Quality Index	空气质量指数
AR4	Fourth Assessment Report	（IPCC）第四次评估报告
AR5	Fifth Assessment Report	（IPCC）第五次评估报告
ARCMIP	Arctic Regional Climate Model Intercomparison Project	北极区域气候模式比较计划
AREM	Advanced Regional Eta-coordinate Model	先进的有限区域 η 坐标暴雨数值预报模式
ARPEGE	Action de Recherche Petite Échelle Grande Échelle	大小尺度天气研究天气模式（法国）
AVIM	Atmosphere-Vegetation Interaction Model	大气-植被相互作用模式
AVIM2	Atmosphere-Vegetation Interaction Model 2	第二代大气-植被相互作用模式
AWIPS	Advanced Weather Interactive Processing System	高级天气交互处理系统（美国）
AWPPS	ARMINES Wind Power Prediction System	风能预测系统
BACROS	Basic Crop Growth Simulation	基本作物生长模型
BAPMoN	Background Air Pollution Monitoring Network	大气本底污染监测网
BATS	Biosphere-Atmosphere Transfer Scheme	生物圈-大气传输方案
BCC	Beijing Climate Center	北京气候中心
BGM	Breeding of Growing Modes	增长模繁殖法
BJ-ANC	Beijing Auto-Nowcaster	北京自动临近预报系统（中国）
BJ-RUC	Beijing-Rapid Update Cycle	北京快速更新分析预报系统
C4MIP	Coupled Climate-Carbon Cycle Model Intercomprison Project	气候－碳循环耦合模式比较计划
CAM3/NCAR	Community Atmosphere Model3/NCAR	公用大气模式第三版/美国国家大气研究中心

续表

缩略词	英文全称	中文全称
CAPE	Convective Available Potential Energy	对流有效位能
CAPPS	City Air Pollution Prediction System	空气污染数值预报系统
CARDS	Canadian Radar Decision Support	加拿大雷达决策支持
CARSNET	China Aerosol Remote Sensing Network	中国气溶胶遥感监测网
CAS	Commission for Atmospheric Sciences	（WMO）大气科学委员会
CAWSES	Climate and Weather of the Sun-Earth System	日地系统气候和天气计划
CBS	Commision for Basic Systems	基本系统委员会
CCI	Commission for Climatology	气候学委员会
CCM1	Community Climate Model, version 1	公共气候模式（第一版）
CCS	Carbon Capture and Storage	碳捕获与碳封存
CCSM	Community Climate System Model	共同气候系统模式
CCUS	Carbon Capture, Utilization and Storage	碳捕获、利用与封存
CDR	Carbon Dioxide Removal Techniques	二氧化碳移除技术
CEEMA	Center for Extreme Events Monitoring in Asia	亚洲极端天气气候事件监测评估中心
CERES	Crop Environment Resource Synthesis	作物环境资源综合系统
CESM	Community Earth System Model	通用地球系统模式
CFCS	China Framework for Climate Services	中国气候服务系统
CFMIP	Cloud Feedback Model Intercomparison Program	云反馈模式比较计划
CGCM	Coupled Global Climate Model	全球海气耦合模式
CGMS	Coordination Group for Meteorological Satellites	国际气象卫星协调组织
CIN	Convective Inhibition	对流抑制能量
CIPAS	Climate Information Processing and Analysis System	气候信息处理与分析系统（中国）
CLIVAR	Climate Variability and Predictability	气候变率与可预报性［研究计划］
CLM	Community Land Model	公用陆面模式
CMA	China Meteorological Administration	中国气象局
CMAP	CPC Merged Analysis Precipitation	美国气候预报中心合成分析降水
CMAQ	Community Multi-scale Air Quality	（城市）多尺度空气质量模式
CMC	Canadian Meteorological Centre	加拿大气象中心
CME	Coronal Mass Ejection	日冕物质抛射
CMIP	Coupled Model Intercomparison Project	耦合模式比较计划
CMIP5	Coupled Model Intercomparison Project Phase 5	耦合模式比较计划第 5 阶段
COADS	Comprehensive Ocean-Atmosphere Data Set	全球综合海洋 – 大气资料集
COARE	Coupled Ocean-Atmosphere Response Experiment	海气耦合响应试验
CoLM	Common Land Model	通用陆面模式
CORDEX	Coordinated Regional Climate Downscaling Experiment	区域气候降尺度协同实验
COSPAR	Committee on Space Research	空间研究委员会
CPC	Climate Prediction Center	气候预测中心（美国）
CPTEC	Centro De Previsão De Tempo E EstudosClimáticos（葡萄牙语）	巴西天气气候研究中心
CREM	Climate version of Regional Eta-coordinate Model	埃塔坐标区域气候模式
CRPS	Continuous Ranked Probability Score	连续分级概率评分
CRU	Climatic Research Unit	气候研究中心（东英吉利大学）
CSM	Climate System Model	气候系统模式
CSP	Concentrating Solar Power	聚焦型太阳能热发电
CSU	Colorado State University	科罗拉多州立大学
CTBTO	Comprehensive Nuclear-Test-Ban Treaty Organization	全面禁止核试验公约组织

缩略词	英文全称	中文全称
CWP	Cloud Water Path	云水路径
DAO	Data Assimilation Office	资料同化办公室
DCPC	Data Collection or Production Centres	（WMO）数据收集或产品中心
DMO	Direct Model Output	直接模式输出
DNA	Deoxyribonucleic acid	脱氧核糖核酸
DOE	Department of Energy	美国能源部
EA	East Atlantic	东大西洋
EAMAC	East Asian Monsoon Activities Center	东亚季风活动中心
EBM	Energy Balance Model	能量平衡模式
ECMWF	European Centre for Medium-Range Weather Forecasts	欧洲中期天气预报中心
EERC	Energy and Environmental Research Center	环境紧急响应中心
EFAS	European Flood Awareness System	欧洲洪水预警系统
EFFS	European Flood Forecasting System	欧洲洪水预警系统
EGU	European Geosciences Union	欧洲地球物理学会
EKF	Extend Kaman Filter	扩展卡曼滤波
ELCROS	Elementary Crop Growth Simulation	初级作物生长模型
ELF	Extremely Low Frequency	极低频
EMD	Empirical Mode Decomposition	经验模态分解
EMEP	European Monitoring and Evaluation Programme	欧洲监测和评估计划
En4Dvar	Ensemble Four-Dimensional Variational Assimilation	集合四维变分方法
EN	El Nino	厄尔尼诺
EnKF	Ensemble Kalman Filter	集合卡尔曼滤波
EnKS	Ensemble Kaman Smooth	集合卡尔曼平滑
EnOI	Ensemble Optimal Interpolation	集合最优插值
ENSO	El Nino-Southern Oscillation	厄尔尼诺南方涛动
EOF	Empirical Orth-ogonal Function	经验正交函数
EOS	Earth Observing System	地球观测系统
EPA	Environmental Protection Agency	环境保护局（美国）
ERA	Emergency Response Activities	（WMO）紧急响应计划
ESA	European Space Agency	欧洲空间管理局
ESM	Earth System Model	地球系统模式
ESM2	Earth System Model 2	第二版地球系统模式
ET	Echo Tops	回波顶高
ETKF	Ensemble Transform Kalman Filer	集合变换卡尔曼滤波法
EUP	Eurasia-Pacific	欧亚—太平洋
EURAD	European Acid Deposition Model	欧洲酸沉降模式
EUROSIP	European Seasonal to Interannual Prediction	欧洲的季节到年际预测
EVP	Elastic Visco-Plastic	弹粘塑性
FAO	Food and Agriculture Organization	（联合国）粮食及农业组织
FAR	First Assessment Report	（IPCC）第一次评估报告
FGGE	First GARP Global Experiment	第一次全球实验
FGOALS	Flexible Global Ocean-Atmosphere-Land System Model	全球海洋－大气－陆面系统耦合模式
GAW	Global Atmosphere Watch	（WMO）全球大气观测网
GCAM	Global Change Assessment Model	全球变化评估模式
GCM	General Circulation Model	大气环流模式

缩略词	英文全称	中文全称
GCM	Global Climate Model	全球气候模式
GCOS	Global Climate Observing System	全球气候观测系统
GCR	Galactic Cosmic Rays	银河宇宙线
GCWR	Gross Cloud Water Resource	云水资源总量
GDPFS	Global Data-processing and Forecasting Systems	全球资料加工和预报系统
GDP	Gross Domestic Product	国内生产总值
GEM	Global Environmental Multiscale Model	全球环境多尺度模式（加拿大）
GEOS-Chem	Goddard Earth Observing System-chem	大气化学传输模型
GEWEX	Global Energy and Water Cycle Experiment	全球能量与水循环试验
GFCS	Global Framework for Climate Services	全球气候服务框架
GFDL	Geophysical Fluid Dynamics Laboratory	地球物理流体动力实验室（美国）
GFS	Global Forecast System	全球预报系统模式（美国）
GHCN	Global Historical Climatology Network	全球历史气候网
GHG	Greenhouse Gas	温室气体
GIC	Geomagnetically Induced Current	地磁感应电流
GISC	Global Information System Centre	全球信息系统中心
GIS	Geographic Information System	地理信息系统
GISS	Goddard Institute for Space Studies	戈达德空间科学研究所（美国）
GMDSS	Global Maritime Distress and Safety System	全球海上遇险安全系统
GME	Global Meteorological Model	全球气象模式（德国）
GM	Global Model	全球数值天气预报模式
GMS	Geostationary Meteorological Satellite	静止气象卫星
GNSS	Global Navigation Satellite System	全球导航卫星系统
GO_3OS	Global Ozone Observing System	全球臭氧观测系统
GOES	Geostationary Operational Environmental Satellites	地球静止轨道环境业务卫星
GOOS	Global Ocean Observing System	全球海洋观测系统
GOS	Global Observing System	（WMO）全球观测系统
GPC-LRF	Global Producing Centres for Long Range Forecasts	（WMO）全球长期预报产品中心
GPCP	Global Precipitation Climatology Project	全球气候计划降水资料
GPS	Global Positioning System	全球定位系统
GRAPES	Global/Regional Assimilation and Prediction Enhanced System	全球/区域同化和预报增强系统（中国自主研发的第一代数值预报模式）
GRAPES-CUACE/Dust	Cuace-China Unified Atmospheric Chemistry Environment	中国沙尘天气预报系统
GRAPES_GFS	GRAPES Global Forecast System	GRAPES全球数值预报系统
GRAPES_Meso	GRAPES regional Mesoscale numerical prediction system	GRAPES区域中尺度数值预报系统
GS	Gerrity Score	Gerrity评分
GSM	Global Spectral Model	全球谱模式（日本）
GTOS	Global Terrestrial Observing System	全球陆地观测系统
GTP	Global Temperature change Potential	全球温变潜能
GTS	Global Telecommunication System	全球电信系统
GVaP	GEWEX Water Vapor Project	国际地球能量和水循环实验计划（GEWEX）的大气水研究子计划
GWP	Global Warming Potential	全球增温潜能
HadGEM2	Hadley Centre Global Environmental Model，version 2	哈德雷中心全球环境模式（第二版）

续表

缩略词	英文全称	中文全称
HBV	Hydrologiska Byrans Vattenbalansavdelning	水文局水平衡部门
HEPEX	Hydrological Ensemble Prediction Experiment	水文集合预报试验
HLAFS	High Resolution Limited Area Forecast System	高分辨率有限区域同化预报系统
HSS	Heidke Skill Score	海德克技巧评分
HWM	Horizontal Neutral Wind Model	热层水平风模式
HWRF	Hurricane Weather Research and Forecastmodeling system	飓风天气研究和预报模式系统
HYSPLIT	Hybrid Single Particle Lagrangian Integrated Trajectory Model	拉格朗日混合单粒子轨道模型
IAEA	International Atomic Energy Agency	国际原子能机构
IAHS	International Association of Hydrological Sciences	国际水文科学协会
IAM	Integrated Assessment Models	综合评估系统
IAP	Institute of Atmospheric Physics, Chinese Academy of Science	中国科学院大气物理研究所
ICAO	International Civil Aviation Organization	国际民航组织
ICSU	International Council of Scientific Unions	国际科学联盟理事会
ICTSW	Inter-programme Coordination Team on Space Weather	国际空间天气计划协调组织
IDDI	InfraRed Difference Dust Index	红外差值沙尘指数
IEC	International Electrotechnical Commission	国际电工委员会
IFS	Integrated Forecast System	集合预报系统（欧洲中期天气预报中心）
IGBP	International Geosphere-Biosphere Program	国际地圈生物圈计划
IGCC	Integrated Gasification Combined Cycle	整体煤气化联合循环
IGS	International GPS Service	国际 GPS 服务机构
IGY	International Geophysical Year	国际地球物理年
IHDP	International Human Dimensions Programme on Global Environmental Change	国际全球环境变化人文因素计划
IHP	International Hydrological Programme	（联合国）国际水文计划
IHY	International Heliophysical Year	国际日球物理年
IIASA	International Institute for Applied System Analysis	国际应用系统分析研究所
ILWS	International Living With a Star	国际与太阳同在计划
IMAGE	Integrated Model to Assess Greenhouse Effect	温室效应综合评估模式
IMOP	Instruments and Methods of Observation Programme	（WMO）仪器和观测方法计划
IOBW	Indian Ocean basin-wide	印度洋全区
IOC	Intergovernmental Oceanographic Commission	政府间海洋学委员会
IOD	Indian Ocean Dipole	印度洋偶极子
IOM	Input-Output Model	投入产出模型
IPCC	Intergovernmental Panel on Climate Change	政府间气候变化专门委员会
IPY	International Polar Year	国际极地年
IRF	Instantaneous Radiative Forcing	瞬时辐射强迫
IRI	International Reference Ionosphere	国际参考电离层
ISCS	International Seminar on Climate System and Climate Change	气候学委员会
ISES	International Space Environment Service	国际空间环境服务机构
ISWI	International Space Weather Initiative	国际空间天气起步计划
ITCZ	Intertropical Convergence Zone	热带辐合带
ITU	International Telecommunication Union	国际电信联盟
IUFRO	International Union of Forest Research Organizations	国际林业研究机构联合会
JMA	Japan Meteorological Agency	日本气象厅
KF	Kaman Filter	卡尔曼滤波

缩略词	英文全称	中文全称
KMA	Korea Meteorological Administration	韩国气象厅
KS	Kaman Smooth	卡尔曼平滑
LAF	Lagging Average Forecasting	时间滞后平均法
LAGS	State Key Laboratory of Numerical Modeling for Atmospheric Sciences and Geophysical Fluid Dynamics	大气科学和地球流体力学数值模拟国家重点实验室
LAM	Limited Area Model	有限区域数值天气预报模式
LC-LRFMME	Leading Center for Long-Range Forecasts of Multi-Model Ensemble	多模式集合长期预报示范中心
LC-SVSLRF	Leading Center for Standardized Verification System for Long-Range Forecasts	长期预报标准化检验系统示范中心
LSM	Land Surface Model	陆面模式
MACROS	Crop Growth Simulation	一年作物生长模拟
MAGICS	Meteorological Applications Graphics Integrated Colour System	气象应用图形集成彩色系统（美国）
MAQSIP	Multiscale Air Quality Simulation Platform	多尺度空气质量模拟平台
MCC	Mesoscale Convective Complex	中尺度对流复合体
MCF	MonteCarloForecasting	蒙特卡罗随机扰动方法
McIDAS	Man computer Interactive Data Access System	天气预报人机对话系统（美国）
MCIP	Meteorology-Chemistry Interface Processor	气象－化学接口处理器
MCS	Mesoscale Convective System	中尺度对流系统
MEA	Millennium Ecosystem Assessment	新千年生态系统评估
MICAPS	Meteorological Information Comprehensive Analysis and Processing System	气象信息综合分析处理系统（中国）
MJO	Madden and Julian	季内振荡
MM4	Mesoscale Model 4	第四代中尺度模式（美国）
MM5	Mesoscale Model 5	第五代中尺度模式（美国）
MODIS	Moderate Resolution Imaging Spectroradiometer	中分辨率成像光谱仪
MOHC	Met Office Hadley Centre	英国气象局哈德莱中心
MOM	Modular Ocean Model	模块化海洋模式
MOS	Model Output Statistics	模式输出统计
MOZART	Model for OZone And Related Chemical Tracers	全球三维大气化学模式
MPI-ESM	Max Planck Institute-Earth System Model	德国马普气象研究所－地球系统模式
MPI-M	Max Planek Institute for Meteorology	德国马普气象研究所
MPIOM	Max Planck Institute Ocean Model	德国马普气象研究所－海洋模式
MPI	Max Planck Institute	马克斯－普朗克研究所（德国）
MRF	Medium Range Forecast	中期预报
MSC	Meteorological Service of Canada	加拿大气象局
MSIS	Mass Spectrometer Incoherent Scatter	质谱非相干散射模式
NAEFS	North American Ensemble Forecast System	北美集合预报系统
NAM	Northern Annular Mode	北半球环状模
NAO	North Atlantic Oscillation	北大西洋涛动
NAQPMS	Nested Air Quality Prediction Modeling System	嵌套网格空气质量预报模式系统
NASA	National Aeronautics and Space Administration	国家航空与航天局（美国）
NCAR	National Center for Atmospheric Research	国家大气研究中心（美国）
NCC	National Climate Center	国家气候中心（中国）
NCDC	National Climatic Data Center	国家气候资料中心（美国）
NCEP	National Centers for Environmental Prediction	国家环境预报中心（美国）
NCRP	National Council on Radiation Protection and Measurements	国家辐射防护和测量局（美国）

续表

缩略词	英文全称	中文全称
NDVI	Normalized Difference Vegetation Index	归一化差分植被指数
NHC	National Hurricane Center	国家飓风预报中心（美国）
NJUCAQPS	Nanjing University City Air Quality Numerical Prediction System	南京大学空气质量预报模式系统
NMC	National Meterological Center	美国国家气象中心
NMME	North American Multimodel Ensemble	北美多模式集合
NOAA	National Oceanic and Atmospheric Administration	美国国家海洋大气局
NPO	North Pacific Oscillation	北太平洋涛动
NWFD	National Weather Forecast Database	全国精细化预报产品共享数据库
NWP	Numerical Weather Prediction	数值天气预报
NWS	National Weather Service	国家气象局（美国）
OCMIP	Ocean Carbon Model Intercomparison Project	海洋碳循环模式比较计划
OGCM	Oceanic General Circulation Model	全球（区域）海洋环流模式
OI	Optimal Interpolation	最优插值
OR	Odds Ratio	让步比
ORSS	Odds Ratioskillscore	让步比技巧评分
PAOBS	Pseudo Surface-pressure Observations	地表气压观测实验
PBL	Planetary Boundary Layer	大气边界层
PDF	Probability Density Function	概率密度函数
PDO	Pacific Decadal Oscillation	太平洋十年振荡
PILPS	Project for Inter-comparison of Land-Surface Parameterization Scheme	陆面参数化方案比较计划
PIRATA	Prediction and Research Moored Array in the Atlantic	热带大西洋浮标观测阵列预测研究计划
PJO	Pacific-Japan Oscillation	太平洋—日本涛动
PJ	Pacific-Japan	太平洋—日本
PMIP	Paleoclimate Modeling Intercomparison Project	古气候模式比较计划
PMV	Predicted Mean Vote	预计平均评价
PNA	Pacific-North American	太平洋—北美
POD	Probability of Detection	命中率
POFD	Probability of False Detection	空报探测率
PO	Perturbed Observation	观测扰动法
POSH	Probability of Severe Hail	强冰雹概率
PPD	Predicted Percent Dissatisfied	预计不满意度百分比
PPM	Perfect Prediction Method	完全预报法
PROVIA	Global Programme of Research on Climate Change Vulnerability, Impacts and Adaptation	气候变化脆弱性及影响与适应研究计划
PSU	Pennsylvania State University	宾州州立大学
PUP	Principal User Processor	天气雷达主用户处理器
PWSP	Public Weather Services Programme	（WMO）公共天气服务计划
QBO	quasi-biennial oscillation	准两年振荡
QPE	Quantitative Precipitation Estimation	定量降水估计
QPF	Quantitative Precipitation Forecast	定量降水预报
RADM	Regional Acid Deposition Model	区域酸沉降模式
RAMS	Regional Atmospheric Modeling System	区域大气模式系统
RCC	Regional Climate Center	（WMO）区域气候中心
RCCs	Regional Calibration Centers	区域标校中心
RCM	Radiative Convective Model	辐射对流模式

缩略词	英文全称	中文全称
RCM	Regional Climate Model	区域气候模式
RCPs	Representative concentration pathways	典型浓度路径
RCSODS	Rice Cultivation Simulation Optimization Decision System	水稻栽培模拟优化决策系统
RegCM1	Regional Climate Model 1	第一代区域气候模式
RegCM2	Regional Climate Model 2	第二代区域气候模式
RegCM4	Regional Climate Model 4	第4代区域气候模式
RegCM-NCC	Regional Climate Model-National Climate Center	国家气候中心区域气候模式
RegCM	Regional Climate Model	区域气候模式
RFCs	River Forecast Centerns	河流预报中心（美国）
RF	Radiative Forcing	辐射强迫
RHMC	Russian Hydrological and Meteorological Center	俄罗斯水文气象中心
RIEMS	Regional Integrated Environmental Modeling System	区域环境集成模式系统（中国）
RMIP	Regional Climate Model Intercomparison Project	区域气候模式比较计划
ROC	Receiver Operating Characteristiccurve	受试者工作特征曲线
RRTM	RadiativeTransfer for Inhomogeneous Atmospheres	非均匀大气辐射传输
RSMC	Regional Specialised Meteorological Center	（WMO）区域专业气象中心
RS	Remote Sensing Technique	遥感技术
RUC	Rapid Update Analysis/Forecast System	快速更新分析预报系统
RVI	Radio Vegetation Index	比值植被指数
RWC	Regional Wammg Center	区域预警中心
SAM	Southern Annular Mode	南半球环状模
SAR	Second Assessment Report	（IPCC）第二次评估报告
SAS	Simplified Arakawa-Schubert scheme	简化的荒川 – 舒伯特方案
SAST	Snow-Atmosphere-Soil Transfer	雪盖与大气相互作用模型
SAWS	South African Weather Services	南非气象局
SCIT	Storm Cell Identification and Tracking	风暴质心识别和追踪
SCM	Successive Correction Method	逐步订正法
SCOSTEP	The Scientific Committee on Solar Terrestrial Physics	日地物理科学委员会
SiB	Simple Biosphere Model	简单生物圈模式
SiB2	Simple Biosphere Model 2	简单生物圈模式2
SMOKE	SMOKE emissions processor	烟雾排放处理器
SO	Southern Oscillation	南方涛动
SPC	Storm Prediction Center	强天气预报中心（美国）
SQL	Structured Query Language	结构化查询语言
SRES	Special Report on Emissions Scenarios	排放情景特别报告
SREX	Managing the Risks of Extreme Events and Disasters to Advance Climate Change Adaptation	（IPCC）管理极端事件和灾害风险推进气候变化适应
SRM	Solar Radiative Management	太阳辐射管理
SRREN	Special Report Renewable Energy Sources and Climate Change Mitigation	可再生能源与减缓气候变化特别报告
SSA	European Space Situational Awareness	欧洲空间态势感知项目
SSPs	Shared Socio-Economic Pathways	共享社会经济路径
SST	Sea Surface Temperature	海表面温度
STEPS	Short-Term Ensemble Prediction System	短期集合预报系统（英国、澳大利亚）
SUCROS	Simple and Universal Crop Growth Simulation	简单和通用作物生长模型

续表

缩略词	英文全称	中文全称
SVM	Support Vector Machine	支持向量机（机器学习领域）
SV	Singular Vector	奇异向量法
SVSLRF	Standardized Verification System for Long-range Forecasts	长期预报标准化检验系统
SWAN	Severe Weather Automatic Nowcast System	灾害性天气短时临近预报业务系统
SWAP	Satellite Weather Application Platform	卫星天气应用平台
SWAS	South Africa Weather Service	南非气象局
SWAT	Soil and Water Assessment Tool	水土资源评估工具
SWENET	Space Weather European Network	欧洲空间天气网络
SWIFT	Severe Weather Integrated Forecasting Tool	强天气综合预报工具（中国）
SWPC	NWS Space Weather Prediction Center	空间天气预报中心（美国）
TAO	Tropical Atmosphere Ocean	热带海洋大气浮标观测阵列
TAR	Third Assessment Report	（IPCC）第三次评估报告
TBO	Tropospheric Biennial Oscillation	对流层准两年振荡
TCC	Tokyo Climate Center	东京气候中心
TCP	Tropical Cyclone Programme	（WMO）热带气旋计划
TEC	Total Electron Content	电子总含量
THORPEX	The Observing System Research and Predictability Experiment	全球观测系统研究与可预报性试验
TIEGCM	Thermosphere Ionosphere Electrodynamic General Circulation Model	热层电离层电动力学全球耦合模式
TIGGE	THORPEX Interactive Grand Global Ensemble	交互式全球大集合预报系统
TITAN	Thunderstorm Identification，Tracking，Analysis and Nowcasting	雷暴单体识别、追踪、分析和临近预报
TOGA	Tropical Ocean and Global Atmosphere	（WCRP）热带海洋全球大气计划
TOMS	Total Ozone	总臭氧量测图光谱
TOVS	TIROS Operational Vertical Sounder	垂直探测仪
TREC	Tracking Radar Echoes by Correlation	雷达回波追踪
TSI	Total Solar Irradiance	太阳辐照度
TSP	Total Suspended Particulate	总悬浮颗粒物
TSS	True Skill Statistic	真实技巧统计量
TS	Threat Score	临界成功指数评分
TVS	Tornadic Vortex Signature	龙卷涡旋特征
UAM	Urban Airshed Model	城市空气流域模式
UM	Unified Model	统一模式（英国）
UNDP	United Nations Development Program	联合国开发计划署
UNEP	United Nations Environment Programme	联合国环境计划署
UNESCO	United Nations Educational，Scientific and Cultural Organization	联合国教科文组织
UNFCCC	United Nations Framework Convention on Climate Change	联合国气候变化框架公约
URSI	Union Radio-Scientifique Internationale	国际无线电科学联盟
UV	Ultraviolet	紫外线
VHF	Very High Frequency	甚高频
VIC	Variable Infiltration Capacity Macroscale Hydrologic Model	可变下渗容量大尺度水文模型
VIL	Vertically Integrated Liquid	垂直累积液态水含量
WA	West Atlantic	西大西洋
WCCs	World Calibration Centers	世界标校中心
WCDMP	World Climate Data and Monitoring Programme	（WMO）世界气候资料和监测计划
WCDP	World Climate Data Program	世界气候资料计划
WCIP	World Climate Impacts Programme	世界气候影响研究计划

缩略词	英文全称	中文全称
WCP	World Climate Programme	（WMO）世界气候计划
WCRP	World Climate Research Programme	（WMO）世界气候研究计划
WCSP	World Climate Services Programme	（WMO）世界气候服务计划
WDCs	World Data Centres	世界资料中心
WERAS	Wind Energy Resource Assessment System	风能资源评估系统
WINPOPWinPoP	Wind Power Prediction	风电功率预报系（中国气象局）
WIS	WMO Information System	世界气象组织信息系统
WMOAA	WMO Antarctic Activities	世界气象组织南极活动计划
WMOSP	WMO Space Programme	世界气象组织空间计划
WMO	World Meteorological Organization	世界气象组织
WOFOST	World Food Studies	世界粮食作物研究
WPC	Weather Prediction Center	天气预报中心（美国）
WPPS	Wind Power Prediction System	风电功率预测预报系统（中国）
WPPT	Wind Power Prediction Tool	风电功率预测工具（丹麦）
WP	West Pacific	西太平洋
WRF	Weather Research and Forecasting Model	天气研究和预报模式（美国）
WSM6	WRF Single Moment	WRF 单时刻
WWRP	World Weather Research Program	（WMO）世界天气研究计划
WWW	World Weather Watch	世界天气监视网

索引 1

条目标题汉字笔画索引

说　明

一、本索引供读者按条目标题的汉字笔画查检条目。

二、条目标题按第一字的笔画由少到多的顺序排列，同画数的按起笔笔形横（一）、竖（丨）、撇（丿）、点（丶）、折（乛，包括丁乚𠃌等）的顺序排列。笔画数和起笔笔形相同的字，按字形结构排列，先左右形字，再上下形字，后整体字。第一字相同的，依次按后面各字的笔画数和起笔笔形顺序排列。

三、以英文字母、阿拉伯数字、希腊字母、罗马数字开头的条目标题，依次排在全部汉字标题的后面。

索引 2
条目英文标题索引（Index of Articles）

说　明

　　一、本索引按照条目英文标题的逐词排列法顺序排列。无论是单词标题，还是多词标题，均以单词为单位，按字母顺序、按单词在标题中所处的先后位置，顺序排列。如果第一个单词相同，再依次按第二个、第三个，余类推。

　　二、索引主题中含标点符号的，按符号后第一个字母排序。以阿拉伯数字、希腊字母、罗马数字开头的条目英文标题，依次排在全部英文标题的后面。

索引 3
内容索引

说　明

一、本索引是全书条目和条目内容的主题分析索引。索引主题按照汉语拼音字母的顺序排列。索引主题含标点符号的，按符号后的第一个字排序；以英文字母、阿拉伯数字、希腊字母、罗马数字开头的，依次排在全部汉字索引主题之后。

二、设有条目的主题用黑体字，未设条目的主题用宋体字。

三、索引主题之后的阿拉伯数字是主题内容所在的页码，数字之后的小写英文字母表示索引内容所在页的版面区域。本书正文的版面区域划分如右图。

a	d
b	e
c	f

后　记

一

《中国气象百科全书》（以下简称《全书》）经过多年酝酿和 5 年的编纂努力，终于与读者见面了。全书分《综合卷》《气象科学基础卷》《气象服务卷》《气象预报预测卷》《气象观测与信息网络卷》及《索引卷》共 6 卷，约 560 万字，是中国气象局组织编纂的迄今为止气象知识集成度最高、反映气象事业发展最全、篇幅最大的综合性工具书。《全书》的出版，填补了气象专科性百科全书的空白，满足了气象行业和广大社会读者的迫切需求，对普及气象知识，提高公众对气象事业发展全貌的了解和认识，促进气象科学更好地为经济社会发展服务具有重要意义。

（一）出版背景

编纂出版《全书》是全国广大气象工作者期盼已久的一件大事。早在 20 世纪 90 年代后期，气象界就有呼声，期盼出版一部关于气象知识和气象事业发展的专科性百科全书，以适应气象事业快速发展的需要。1997 年 2 月，气象出版社领导提出编纂出版《全书》的设想，并向中国气象局上报了编纂出版方案，得到了当时中国气象局局长温克刚和名誉局长邹竞蒙等的大力支持。1998 年 2 月，成立了以邹竞蒙为主任，叶笃正和陶诗言为顾问，马鹤年、周秀骥、毛耀顺、彭光宜为副主任的编委会，并在马鹤年、毛耀顺等的具体组织下，启动了编纂工作。1999 年，《全书》经新闻出版署批准，列入国家"九五"重点图书出版规划。当时按大气科学的各分支学科及气象事业特点设置了条目框架，并选定了相应学科的知名专家作为分科牵头人，组织作者做了大量编写工作。但由于种种原因，此项工作没有持续下去。

2009 年，气象出版社重新提出编纂出版《全书》的方案，得到了现任中国气象局局长郑国光及领导班子的大力支持。2011 年，由气象界多位院士和知名专家联名推荐，经新闻出版总署批准，《全书》正式列入国家出版基金资助项目，同时被列为"十二五"国家重点出版物出版规划项目。随后，编纂出版工作重新启动。

（二）编纂过程

从新闻出版总署 2011 年批准中国气象局重新启动编纂《全书》到 2016 年年底正式出版为止，大体经历了启动、撰稿审稿、统稿定稿和编辑出版几个阶段。

启动阶段　2011 年 11 月召开第一次《全书》编委会，标志着编纂工作全面启动。这一阶段主要做了以下工作：建立编纂机构，成立了由中国气象局局长郑国光为主编，王守荣为常务副主编，许小峰、矫梅燕、于新文、丁一汇为副主编的总编委会，总编委会委员由 45 人组成。同时总编委会还设置顾问组和协调指导小组，确定了《全书》定位（具体见前言），确定了《全书》的构架，明确主体部分共设置五卷，并成立了各卷的编委会。按照总编委会的要求，各卷编委会组织编写队伍，共确定了一千多名撰稿人，撰稿人姓名均已在各条目之后标明。

撰稿审稿阶段　这一阶段是《全书》编纂工作的主体阶段，主要做了以下工作：推进条目的编写工作。2013年3月开始，各卷先后由主编或第一副主编主持召开条目撰写启动会，全面部署编写工作，同时每卷成立了5～7人的专家工作班子，负责初稿的审查、评议和协调等工作，采取边撰写、边研讨、边评审的方法，反复修订条目。各卷还专门成立了审稿专家组，对条目稿件反复进行评估、研讨和修改，至2015年11月，各卷先后完成五次修订工作。之后，各卷陆续召开专家评审会（见各卷专家评审会一览表），对本卷的书稿进行评审。专家评审中对稿件既给予了充分肯定，也提出了不少修改意见和建议。专家评审会之后，各卷审稿专家组对专家评审会提出的意见认真进行梳理，并与本卷各分科负责人及有关撰稿人共同修订条目，再经专家审核后于2016年1月初完成第六次修订。据统计，《全书》五卷先后聘请指导、审稿专家近150人。加上参加讨论、咨询和评审的专家，参与编纂工作的总人数约1500人。

各卷专家评审会一览表

卷次	主持人	专家组组长	专家组成员					
综合卷	许小峰	温克刚 马鹤年	许小峰 刘春蓁 孙 健	王守荣 任振海 毕宝贵	丁一汇 王 强 杨 军	李泽椿 毛耀顺	王会军 阮水根	刘式适 端义宏
气象科学基础卷	许小峰	丁一汇	许小峰 张人禾 祝昌汉	王守荣 李维京 丁国安	李泽椿 刘式适 陶国庆	王文兴 何金海	刘春蓁 王 强	张庆云 赵宗慈
气象服务卷	矫梅燕	温克刚	史培军 张庆云 顾建峰	马鹤年 姜海如 高学浩	阮水根 章国材 金荣花	王守荣 刘燕辉 王志华	李泽椿 毛耀顺 赵振国	赵曙光 张祖强 赵同进
气象预报预测卷	矫梅燕	李泽椿	王守荣 端义宏 赵宗慈	刘春蓁 王存忠 丁国安	刘式适 翟盘茂 陶国庆	顾建峰 赵同进	杨 军 祝昌汉	孙 健 赵振国
气象观测与信息网络卷	于新文	许健民	王 强 韩通武	方宗义 李昌兴	王守荣 周 林	朱元竞 张沛源	章国材	余 勇

统稿定稿阶段　第六次修订稿形成后，协调指导小组和各卷编委会于2016年1月下旬组织专家进行综合统稿。综合统稿分为三个步骤：一是各卷成立统稿组，重点解决本卷各个分科的重复、交叉、统一问题；二是协调指导小组成立统稿组，重点研讨解决各卷之间的重复、交叉、统一问题，力求五卷内容完整统一，数据准确吻合，并在此基础上分别对各卷明确一位总统稿专家（一支笔），对整卷内容、体例、文字进行全面审改；三是各卷总统稿专家完成统稿后，再由协调指导小组王守荣、韩通武、赵同进等对五卷进行全面交叉通读审改。综合统稿于2016年3月底完成，之后提交总编委会审定。此外，协调指导小组及各卷编委会还组织完成了五卷卷前文章的起草修订工作；前言、后记、凡例的起草工作；目录的编排工作；图照、附录的选取、撰写工作；索引的初选工作。

2016年5月初郑国光主编主持召开《全书》总编委会办公会，审定五卷的全部书稿。会议对该书的编纂过程给予充分肯定，认为总体质量较好，已达到出版要求，同意进入编辑出版程序。至此，《全书》的编写工作已基本完成。5月中旬由协调指导小组统一将书稿交气象出版社编辑出版。

（三）各方贡献

编纂《全书》是一项崭新的工作，工作量很大，难度也很大。参与编纂工作的全体人员克服困难，通力合作，共同完成了这一重要书籍的编写任务。

总编委会高度重视，郑国光主编每年至少主持召开一次主编办公会，多次听取协调指导小组和各卷编委会的汇报，对编纂过程中存在的问题逐一研究解决，并对《全书》各阶段的工作提出明确要求。

各卷编委会加强领导，落实责任。各卷主编经常了解本卷进展情况，从条目框架设计，到重要条目的撰写，经常与编委会和撰稿人进行讨论，确保条目框架设计的合理性和书稿的质量。

协调指导小组认真负责，精心设计、全面协调，对每一阶段的工作精心指导，对一些重要稿件多次组织专家研讨修改，对一些难点和交叉问题协调排解，特别是对一些关键节点，组织专家协同攻关突破，保证了《全书》顺利进行。

各卷专家咨询组具有学术水平高、知识面广、工作经验丰富的优势，提出的咨询意见，对书稿科学精准、拾遗补阙起到重要作用。各卷审稿专家组既审稿，又改稿，对增补的条目亲自动手撰写，投入大量的时间和精力，付出了辛勤的劳动，保证了书稿的质量。

参加编纂《全书》的一千多名撰稿人，有中国气象局的现任局领导和退休局领导及司局级领导干部，有两院院士和众多的资深气象专家，也有气象业务、气象科研、气象教育单位和行业单位的一线气象专家学者，他们认真撰稿，反复修改，为《全书》编纂做出了实质性的贡献。

《全书》的编纂工作还得到中国气象局各内设机构，各直属单位、各省（自治区、直辖市）气象局，中国科学院大气物理所，北京大学，农业、水利、民航、盐业、军队等有关部门的大力支持。中国气象局办公室等有关职能机构和中国气象局气象宣传与科普中心等单位做了大量组织、指导、协调工作，从各方面鼎力支持；各卷的挂靠单位：中国气象科学研究院、中国气象局公共气象服务中心、国家气象中心、中国气象局气象探测中心等，不但承担了大量的协调和日常事务性工作，还在人力、财力等各方面给予大力支持，为《全书》编纂做出了积极贡献。气象出版社对于该书的筹划、立项、编辑、出版做了大量工作，保证了《全书》的出版发行。

《全书》是各方齐心协力的智慧结晶和创作成果，在此对上述做出贡献的所有单位和个人表示深深的谢意！

二

《中国气象百科全书·气象预报预测卷》（以下简称《气象预报预测卷》）的编纂工作自2012年全面启动以来，作为反映当今中国气象预报预测业务的一卷，在214名撰稿人和40余名指导、审稿专家的共同努力下，进展顺利，于2016年初完成了各项编纂任务。

（一）《气象预报预测卷》的定位与构架

《气象预报预测卷》的定位是：以气象预报预测作为基础内容，全面概述天气预报、气候预测、数值天气预报、气候变化、空间天气预报、环境气象预报、气候资源等方面业务情况、技术路线和基本理论；重点展示当代中国气象预报预测业务现状和未来发展方向，充分展示国内外气象预报预测业务发展成就和科学研究成果。

《气象预报预测卷》的构架：本卷设有卷前文章、8个分科、附录及索引共11个部分，总条目数344条，文前彩色图照32幅，共计98.5万字。

（二）《气象预报预测卷》编写过程

确立条目框架和组织样条编写　2012年7月，编委会确定了《气象预报预测卷》条目框架初稿，经过多次研究论证以及专家咨询，2012年底条目框架基本确定，在编写过程中又对条目框架不断进行修订和完善，形成了目前的框架结构。

2012年10月开始组织样条的编写，前后共完成30余条样条的编写工作，经过专家研讨修改后供广大作者参考。

全面启动编写、评审和统稿工作　2013年3月《气象预报预测卷》编委会召开条目撰写启动会，全面启动条目编写工作。会后首先组建撰稿队伍，各分科邀请各领域专家和熟悉业务情况的一线专业人员参与条目的编写工作。先后共计邀请214人参与条目撰稿。在整个编写过程中采取边撰写、边评议、边修改的原则，至2015年9月先后五易其稿。为了保证稿件的权威性、代表性，在评议修改过程中还邀请了部分来自气象科研、气象教育等部门的专家共同参与。

2015年11月初组织召开了专家评审会，对第五稿进行专家评议，专家们一致认为《气象预报预测卷》以气象预报预测为基本内容，普及了气象预报预测科学知识，展示了当代中国气象预报预测业务发展现状和方向。专家组一致同意《气象预报预测卷》通过评审。同时，也提出了修改意见和建议。会议之后，本卷编委会针对专家评审会上提出的问题和意见进行了深入分析研究，按专家评审会的意见再次进行修订，于12月中旬形成了第六稿。

《气象预报预测卷》的统稿工作，首先于2015年12月中旬由王建捷、王劲松、金荣花、李维京、赵宗慈、祝昌汉、丁国安等7位专家分工进行了综合统稿，之后由赵同进作为统稿专家（一支笔）进行总统稿，于2016年3月底完成后，提交协调指导小组审核把关。

（三）致谢有关机构和人员

《气象预报预测卷》编写工作涉及的内容广，编写难度大，在本卷编委会的领导下，在专家咨询组的指导下，经 214 名撰稿人和 40 余名指导、审稿专家的共同努力，顺利完成了编撰工作。《气象预报预测卷》编委会在整个编撰过程中按总编委会的部署要求和协调指导小组的统筹安排，保证书稿按时完成；专家咨询组积极建言献策，把好历史关、科学关、技术关，做出积极贡献。编委会和专家咨询组成员名单见本卷正文前。其他各相关人员在《气象预报预测卷》的编写与审改过程中做了大量具体工作，付出了辛勤劳动，发挥了重要作用，分列如下：

1. 各分科负责人在编写组织过程中承上启下、具体组织稿件撰写，发挥了重要的作用。

分科及附录	负责人
预报预测业务系统	金荣花
天气预报	魏 丽
数值天气预报	王建捷
气候预测	张培群
气候变化	巢清尘
气候资源评估与开发利用	朱 蓉
大气环境监测和预报	孙俊英
空间天气与预报	王劲松
附录	陶亦为

2. 《气象预报预测卷》审稿专家组由赵振国任组长，李小泉、薛纪善、任国玉、赵宗慈、丁国安、肖佐、濮祖荫为成员，他们认真审稿，反复核实相关内容，保证了稿件的质量。

3. 评审专家组在评审中认真阅读，全面评判，除对本卷给予高度评价外，还对存在的问题提出了改进意见，对完善《气象预报预测卷》的内容、提高编撰质量起到了指导作用（详见"各卷专家评审会一览表"）。

4. 本卷学术秘书陶亦为，承上启下，及时反馈各方面意见，收集撰写附录和索引，做了大量工作，保障了本卷编撰工作的顺利进行。编委会办公室成员张博、王毅、管成功、魏超、胡婷、柳艳香、王亚强、李嘉巍在所负责分科的工作协调、材料收集、稿件整理以及格式编排等方面做了大量工作。

在编辑出版过程中，气象出版社编辑组进一步统一全书体例，把好质量关。国家气象中心、国家气候中心、国家卫星气象中心、中国气象科学研究院、公共气象服务中心等单位在《气象预报预测卷》编写过程中给予大力的支持与帮助；还有许多同志为本卷的编写和出版做过重要的贡献，对所有在《气象预报预测卷》编写过程中提供支持与帮助的同志们表示衷心感谢。

由于《气象预报预测卷》编撰工作难度很大，很多工作是第一次组织，缺乏经验，加之很多内容无先例可循，资料收集难度大，需协调的内容多，我们虽然进行了反复讨论、认真修改，但难免仍有不足之处和错误的地方，恳请广大读者给予批评指正。

《中国气象百科全书·气象预报预测卷》编委会
2016 年 9 月